iOS
项目开发全程实录

管蕾 编著

人民邮电出版社

北京

图书在版编目（CIP）数据

iOS项目开发全程实录 / 管蕾 编著. -- 北京：人民邮电出版社，2017.2
ISBN 978-7-115-43357-2

Ⅰ. ①i… Ⅱ. ①管… Ⅲ. ①移动终端－应用程序－程序设计 Ⅳ. ①TN929.53

中国版本图书馆CIP数据核字(2016)第308731号

内 容 提 要

本书共17章，从搭建开发环境开始，依次讲解了搭建开发环境实战，Objective-C语法实战，Swift语法实战，界面布局实战，控件应用实战，屏幕显示实战，自动交互实战，图形、图像和动画实战，多媒体应用实战，互联网应用实战，地图定位应用实战，传感器、触摸和交互实战，硬件设备操作实战，游戏应用实战，WatchOS 2开发实战，开发框架实战以及移动Web应用等知识。

本书适合iOS初学者、iOS爱好者、iOS开发人员学习，也可以作为相关培训学校和大专院校相关专业的教学用书。

◆ 编 著 管 蕾
责任编辑 张 涛
责任印制 焦志炜

◆ 人民邮电出版社出版发行　北京市丰台区成寿寺路11号
邮编 100164　电子邮件 315@ptpress.com.cn
网址 http://www.ptpress.com.cn
三河市海波印务有限公司印刷

◆ 开本：787×1092　1/16
印张：46
字数：1 334千字　　　2017年2月第1版
印数：1—2 500册　　2017年2月河北第1次印刷

定价：99.00元（附光盘）

读者服务热线：(010)81055410　印装质量热线：(010)81055316
反盗版热线：(010)81055315
广告经营许可证：京东工商广字第8052号

前　言

iOS最早于2007年1月9日的苹果Macworld展览会上公布，随后苹果公司于同年6月发布了第一版iOS操作系统，当初的名称为"iPhone运行OS X"。当时的苹果公司CEO史蒂夫·乔布斯先生说服了各大软件公司以及开发者可以先搭建低成本的网络应用程序（Web App），这样可以使得它们能像iPhone的本地化程序一样来测试"iPhone运行OS X"平台。根据当前的市场显示，搭载iOS系统的iPhone手机仍然是当前最受欢迎的一款智能手机，搭载iOS系统的iPad仍然是当前最受欢迎的一款平板电脑。

本书特色

本书内容相当丰富，实例内容覆盖全面。我们的目标是通过一本图书提供多本图书的价值，读者可以根据自己的需要有选择地阅读。在内容的编写上，本书具有以下特色。

1. Objective-C 和 Swift 双剑合璧

在本书涵盖的实例中，不但演示了用传统Objective-C语言开发iOS应用程序的方法，而且也演示了用苹果公司的最新语言——Swift开发iOS应用程序的方法。本书实现了Objective-C和Swift的鲜明对比，能够给读者以启迪。

2. 实例全面

本书中的实例涉及UI、控件、游戏、网络、多媒体、地图定位、平板电脑开发、优化和创意开发等，几乎涵盖了所有的iOS应用领域，每个实例讲解翔实，让读者真正明白具体原理和具体实现的方法。

3. 结构合理

从用户的实际需要出发，科学安排知识结构，内容由浅入深，叙述清楚。

4. 易学易懂

本书条理清晰，语言简洁，可帮助读者快速掌握每个知识点。读者既可以按照本书编排的章节顺序进行学习，也可以根据自己的需求对某一章节进行有针对性的学习。

5. 实用性强

本书彻底摒弃枯燥的理论和简单的操作，注重实用性和可操作性，详细讲解了各个实例的具体实现原理。用户在掌握相关操作技能的同时，还能学习到相应的基础知识。

6. 基于新的 Swift

在本书涵盖的实例中，所有的Swift实例都是用2.0实现的，运行更加稳定高效，不会产生莫名其妙的调试错误。

读者对象

- 初学iOS编程的自学者
- Objective-C开发人员
- Swift开发人员
- 大中专院校的老师和学生
- 毕业设计的学生

iOS 编程爱好者

相关培训机构的老师和学员

从事 iOS 开发的程序员

在本书编写过程中,得到了人民邮电出版社工作人员的大力支持,正是各位编辑的耐心和效率,才使得本书在这么短的时间内出版。另外也十分感谢我们的家人,在写作的时候给予了巨大的支持。但水平毕竟有限,纰漏和不尽如人意之处在所难免,诚请读者提出意见或建议,以便修订并使之更臻完善。

源程序下载地址:www.toppr.net。

读者 QQ 交流群:283166615

作者

目 录

第1章 搭建开发环境实战 ... 1
1.1 下载并安装Xcode ... 1
1.1.1 范例说明 ... 1
1.1.2 具体实现 ... 1
1.1.3 范例技巧——成为免费会员还是付费会员 ... 4
1.2 创建iOS项目并启动模拟器 ... 4
1.2.1 范例说明 ... 4
1.2.2 具体实现 ... 5
1.2.3 范例技巧——Xcode里的模拟器到底在哪里 ... 7
1.3 打开一个现有的iOS项目 ... 7
1.3.1 范例说明 ... 7
1.3.2 具体实现 ... 8
1.3.3 范例技巧——直接双击打开 ... 8
1.4 Xcode基本面板介绍 ... 8
1.4.1 范例说明 ... 8
1.4.2 具体实现 ... 8
1.4.3 范例技巧——使用断点调试 ... 11
1.5 通过搜索框缩小文件范围 ... 13
1.5.1 范例说明 ... 13
1.5.2 具体实现 ... 13
1.5.3 范例技巧——改变公司名称 ... 13
1.6 格式化代码 ... 14
1.6.1 范例说明 ... 14
1.6.2 具体实现 ... 14
1.6.3 范例技巧——代码缩进和自动完成 ... 14
1.7 文件内查找和替代 ... 15
1.7.1 范例说明 ... 15
1.7.2 具体实现 ... 15
1.7.3 范例技巧——快速定位到代码行 ... 16
1.8 使用Xcode 7帮助系统 ... 17
1.8.1 范例说明 ... 17
1.8.2 具体实现 ... 17
1.8.3 范例技巧——使用Xcode帮助 ... 19

第2章 Objective-C语法实战 ... 20
2.1 输出一个整数 ... 20
2.1.1 范例说明 ... 20
2.1.2 具体实现 ... 20
2.1.3 范例技巧——两种特殊的格式 ... 20
2.2 实现格式化输出 ... 21
2.2.1 范例说明 ... 21
2.2.2 具体实现 ... 21
2.2.3 范例技巧——还存在两种特殊的格式 ... 21
2.3 使用%f和%e实现格式化输出 ... 21
2.3.1 范例说明 ... 21
2.3.2 具体实现 ... 22
2.3.3 范例技巧——类型double与类型float类似 ... 22
2.4 有效数字造成误差 ... 22
2.4.1 范例说明 ... 22
2.4.2 具体实现 ... 22
2.4.3 范例技巧——实型数据的分类 ... 23
2.5 使用基本的Objective-C数据类型 ... 23
2.5.1 范例说明 ... 23
2.5.2 具体实现 ... 24
2.5.3 范例技巧——char类型应用注意事项 ... 24
2.6 使用转义字符 ... 24
2.6.1 范例说明 ... 24
2.6.2 具体实现 ... 24
2.6.3 范例技巧——总结Objective-C常用的转义字符 ... 25
2.7 使用NSLog函数输出不同的数据类型 ... 25
2.7.1 范例说明 ... 25
2.7.2 具体实现 ... 26
2.7.3 范例技巧——NSLog函数的基本功能 ... 26
2.8 显示变量值并计算结果 ... 27
2.8.1 范例说明 ... 27
2.8.2 具体实现 ... 27
2.8.3 范例技巧——变量的使用诀窍 ... 27
2.9 统一定义变量 ... 28
2.9.1 范例说明 ... 28
2.9.2 具体实现 ... 28
2.9.3 范例技巧——Objective-C对变量命名的硬性规定 ... 28
2.10 使用NSString输出字符 ... 28
2.10.1 范例说明 ... 29

2.10.2 具体实现·········29
2.10.3 范例技巧——字符串常量和字符常量的区别·········29
2.11 实现四则运算·········29
 2.11.1 范例说明·········29
 2.11.2 具体实现·········29
 2.11.3 范例技巧——什么是运算符的优先级·········30
2.12 使用整数运算符和一元负号运算符·········30
 2.12.1 范例说明·········30
 2.12.2 具体实现·········30
 2.12.3 范例技巧——代码之美观·········31
2.13 使用Objective-C模运算符·········31
 2.13.1 范例说明·········31
 2.13.2 具体实现·········31
 2.13.3 范例技巧——注意模运算符的优先级·········32
2.14 整型值和浮点值的相互转换·········32
 2.14.1 范例说明·········32
 2.14.2 具体实现·········32
 2.14.3 范例技巧——在编写算术表达式时要记住和整数运算的关系·········33
2.15 使用条件运算符·········33
 2.15.1 范例说明·········33
 2.15.2 具体实现·········33
 2.15.3 范例技巧——用作if语句的一种缩写形式·········33
2.16 使用比较运算符判断数据大小·········34
 2.16.1 范例说明·········34
 2.16.2 具体实现·········34
 2.16.3 范例技巧——使用Objective-C关系运算符·········34
2.17 使用强制类型转换运算符·········35
 2.17.1 范例说明·········35
 2.17.2 具体实现·········35
 2.17.3 范例技巧——注意表达式类型的自动提升机制·········35
2.18 实现一个计算器·········36
 2.18.1 范例说明·········36
 2.18.2 具体实现·········36
 2.18.3 范例技巧——使用赋值运算符的目的·········37
2.19 使用位运算符·········37
 2.19.1 范例说明·········37
 2.19.2 具体实现·········37
 2.19.3 范例技巧——需要特别注意求反运算符·········38
2.20 使用头文件实现特殊数学运算·········38
 2.20.1 范例说明·········38
 2.20.2 具体实现·········38

2.20.3 范例技巧——总结Objective-C的运算符·········39
2.21 使用逻辑运算符·········40
 2.21.1 范例说明·········40
 2.21.2 具体实现·········40
 2.21.3 范例技巧——逻辑运算符的特殊说明和规律总结·········41
2.22 显示输入数字的绝对值·········41
 2.22.1 范例说明·········41
 2.22.2 具体实现·········41
 2.22.3 范例技巧——单分支if结构的技巧·········42
2.23 判断是奇数还是偶数·········42
 2.23.1 范例说明·········42
 2.23.2 具体实现·········42
 2.23.3 范例技巧——if-else是if语句一般格式的一种扩展形式·········43
2.24 判断是否是闰年·········43
 2.24.1 范例说明·········43
 2.24.2 具体实现·········43
 2.24.3 范例技巧——复合运算符的作用·········44
2.25 判断输入字符的类型·········44
 2.25.1 范例说明·········44
 2.25.2 具体实现·········44
 2.25.3 范例技巧——"Enter"键的作用·········45
2.26 使用switch计算输入表达式的值·········45
 2.26.1 范例说明·········45
 2.26.2 具体实现·········45
 2.26.3 范例技巧——Objective-C与C语言的区别·········46
2.27 计算第200个三角形数·········46
 2.27.1 范例说明·········46
 2.27.2 具体实现·········46
 2.27.3 范例技巧——掌握for语句的语法格式·········47
2.28 计算三角形数·········47
 2.28.1 范例说明·········47
 2.28.2 具体实现·········47
 2.28.3 范例技巧——注意界限问题·········48
2.29 输出从1到5的整数·········48
 2.29.1 范例说明·········48
 2.29.2 具体实现·········48
 2.29.3 范例技巧——for语句和while语句的等价转换·········48
2.30 显示输入数的各个位的值·········49
 2.30.1 范例说明·········49
 2.30.2 具体实现·········49
 2.30.3 范例技巧——使用do语句进行替换·········50
2.31 计算圆的周长和面积·········50

2.31.1 范例说明 ·································50
2.31.2 具体实现 ·································50
2.31.3 范例技巧——另外一种计算圆的周长和面积的方法 ·······················51
2.32 判断用户输入月份的天数 ··············51
    2.32.1 范例说明 ·································51
    2.32.2 具体实现 ·································51
    2.32.3 范例技巧——尽量把枚举值当作独立的数据类型来对待 ···············52
2.33 生成一个素数表 ···························53
    2.33.1 范例说明 ·································53
    2.33.2 具体实现 ·································53
    2.33.3 范例技巧——类Foundation为使用数组提供了便利 ·················54
2.34 使用方法copy实现复制 ················54
    2.34.1 范例说明 ·································54
    2.34.2 具体实现 ·································54
    2.34.3 范例技巧——复制操作时的内存问题 ·······························55
2.35 生成斐波纳契数的前15个值 ··········55
    2.35.1 范例说明 ·································55
    2.35.2 具体实现 ·································55
    2.35.3 范例技巧——必须在定义数组后才能使用下标变量 ·······················56
2.36 通过数组模拟五子棋应用 ··············56
    2.36.1 范例说明 ·································56
    2.36.2 具体实现 ·································56
    2.36.3 范例技巧——字符数组的作用 ·····57
2.37 计算三角形数 ·······························58
    2.37.1 范例说明 ·································58
    2.37.2 具体实现 ·································58
    2.37.3 范例技巧——方法是函数，消息表达式是函数调用 ·······················58
2.38 使用头文件实现特殊数学运算 ········58
    2.38.1 范例说明 ·································58
    2.38.2 具体实现 ·································59
    2.38.3 范例技巧——可以省略返回整数的函数返回类型声明吗 ···············59
2.39 通过函数递归计算fn(10)的值 ········59
    2.39.1 范例说明 ·································59
    2.39.2 具体实现 ·································59
    2.39.3 范例技巧——函数递归调用的两个要素 ····································60
2.40 将数组作为函数的参数 ···················60
    2.40.1 范例说明 ·································60
    2.40.2 具体实现 ·································60
    2.40.3 范例技巧——使用防御式编程 ·····61
2.41 实现冒泡排序 ·······························62
    2.41.1 范例说明 ·································62
    2.41.2 具体实现 ·································62
    2.41.3 范例技巧——冒泡排序算法的运作过程 ····································62
2.42 统计数组数据最大值、最小值、平均值和总和 ·······································63
    2.42.1 范例说明 ·································63
    2.42.2 具体实现 ·································63
    2.42.3 范例技巧——局部变量的作用域的注意事项 ·······························64
2.43 利用静态static计算阶乘 ················64
    2.43.1 范例说明 ·································64
    2.43.2 具体实现 ·································64
    2.43.3 范例技巧——静态存储变量的生存期 ··64
2.44 显示当前的日期 ···························65
    2.44.1 范例说明 ·································65
    2.44.2 具体实现 ·································65
    2.44.3 范例技巧——基本数据类型成员变量的初始化缺省值 ···············65
2.45 确定今天是不是一个月最后一天 ·····66
    2.45.1 范例说明 ·································66
    2.45.2 具体实现 ·································66
    2.45.3 范例技巧——必须导入文件Foundation.h ·······························67
2.46 使用指针遍历数组元素 ···················68
    2.46.1 范例说明 ·································68
    2.46.2 具体实现 ·································68
    2.46.3 范例技巧——使用简化方式遍历数组 ··68
2.47 对数组元素进行快速排序 ··············69
    2.47.1 范例说明 ·································69
    2.47.2 具体实现 ·································69
    2.47.3 范例技巧——指针和数组的关系 ···70
2.48 计算整型数组所包含元素的和 ········70
    2.48.1 范例说明 ·································70
    2.48.2 具体实现 ·································70
    2.48.3 范例技巧——数组还是指针的选择 ··71
2.49 将字符串按照从小到大的顺序进行排序 ··71
    2.49.1 范例说明 ·································71
    2.49.2 具体实现 ·································71
    2.49.3 范例技巧——使用字符串指针变量与字符数组的区别 ···············72
2.50 计算最大值和平均值 ·····················73
    2.50.1 范例说明 ·································73
    2.50.2 具体实现 ·································73
    2.50.3 范例技巧——把函数地址赋值给函数指针的两种形式 ···············74
2.51 分别计算数组元素的平方和立方值 ···74
    2.51.1 范例说明 ·································74
    2.51.2 具体实现 ·································74

2.51.3 范例技巧——通过函数交换
       数值…………………………………75

第3章 Swift语法实战……………………76

3.1 定义并输出常量的值………………76
   3.1.1 范例说明………………………76
   3.1.2 具体实现………………………76
   3.1.3 范例技巧——Swift的编程风格……76
3.2 定义指定类型的变量………………77
   3.2.1 范例说明………………………77
   3.2.2 具体实现………………………77
   3.2.3 范例技巧——被称为动态语言的
       原因…………………………………77
3.3 计算一个圆的面积…………………77
   3.3.1 范例说明………………………77
   3.3.2 具体实现………………………78
   3.3.3 范例技巧——占位符的用法……78
3.4 添加单行注释和多行注释…………78
   3.4.1 范例说明………………………78
   3.4.2 具体实现………………………78
   3.4.3 范例技巧——使用注释时的
       注意事项……………………………78
3.5 输出大整数值………………………79
   3.5.1 范例说明………………………79
   3.5.2 具体实现………………………79
   3.5.3 范例技巧——建议读者尽量不要使用
       UInt…………………………………79
3.6 使用浮点数…………………………79
   3.6.1 范例说明………………………80
   3.6.2 具体实现………………………80
   3.6.3 范例技巧——浮点数的精度……80
3.7 输出不同进制的数字17……………80
   3.7.1 范例说明………………………80
   3.7.2 具体实现………………………81
   3.7.3 范例技巧——使用整型字面量的
       规则…………………………………81
3.8 实现整型转换………………………81
   3.8.1 范例说明………………………81
   3.8.2 具体实现………………………81
   3.8.3 范例技巧——显式指定长度类型的
       意义…………………………………82
3.9 使用赋值运算符和表达式…………82
   3.9.1 范例说明………………………82
   3.9.2 具体实现………………………83
   3.9.3 范例技巧——与C和Objective-C的
       不同…………………………………83
3.10 实现复杂的数学运算………………83
   3.10.1 范例说明………………………83
   3.10.2 具体实现………………………83
   3.10.3 范例技巧——Swift语言的双目
       运算符………………………………84

3.11 使用头文件实现特殊数学运算……84
   3.11.1 范例说明………………………84
   3.11.2 具体实现………………………84
   3.11.3 范例技巧——恒等"=="和不恒等
       "!="……………………………………85
3.12 使用三元条件运算符判断变量值…85
   3.12.1 范例说明………………………85
   3.12.2 具体实现………………………85
   3.12.3 范例技巧——避免在一个组合语句中
       使用多个三元条件运算符…………86
3.13 使用闭范围运算符…………………86
   3.13.1 范例说明………………………86
   3.13.2 具体实现………………………86
   3.13.3 范例技巧——使用半闭区间
       运算符………………………………86
3.14 使用括号设置运算优先级…………87
   3.14.1 范例说明………………………87
   3.14.2 具体实现………………………87
   3.14.3 范例技巧——建议在可以让代码变清
       晰的地方加一个括号………………87
3.15 使用左移/右移运算符……………87
   3.15.1 范例说明………………………87
   3.15.2 具体实现………………………88
   3.15.3 范例技巧——左移运算符和右移运算
       符的实质……………………………88
3.16 使用溢出运算符……………………88
   3.16.1 范例说明………………………88
   3.16.2 具体实现………………………89
   3.16.3 范例技巧——实现值的上溢……89
3.17 演示运算符的优先级和结合性……90
   3.17.1 范例说明………………………90
   3.17.2 具体实现………………………90
   3.17.3 范例技巧——总结Swift语言运算符的
       优先级………………………………90
3.18 使用字符型变量……………………91
   3.18.1 范例说明………………………91
   3.18.2 具体实现………………………91
   3.18.3 范例技巧——string与Foundation
       NSString的无缝桥接………………92
3.19 判断字符串是否为空………………92
   3.19.1 范例说明………………………92
   3.19.2 具体实现………………………92
   3.19.3 范例技巧——初始化空字符串……92
3.20 追加字符串的内容…………………92
   3.20.1 范例说明………………………92
   3.20.2 具体实现………………………93
   3.20.3 范例技巧——设置字符串是否可以被
       修改的方法…………………………93
3.21 获取字符串的字符数量……………93
   3.21.1 范例说明………………………93

- 3.21.2 具体实现 …… 93
- 3.21.3 范例技巧——定占用相同内存空间的问题 …… 94
- 3.22 验证字符串是否相等 …… 94
  - 3.22.1 范例说明 …… 94
  - 3.22.2 具体实现 …… 94
  - 3.22.3 范例技巧——字符串相等和前缀/后缀相等 …… 94
- 3.23 声明数组变量 …… 95
  - 3.23.1 范例说明 …… 95
  - 3.23.2 具体实现 …… 95
  - 3.23.3 范例技巧——推荐用较短的方式声明数组 …… 95
- 3.24 向数组中添加元素 …… 96
  - 3.24.1 范例说明 …… 96
  - 3.24.2 具体实现 …… 96
  - 3.24.3 范例技巧——不能使用下标语法在数组尾部添加新项 …… 96
- 3.25 一道数组面试题 …… 96
  - 3.25.1 范例说明 …… 96
  - 3.25.2 具体实现 …… 97
  - 3.25.3 范例技巧——创建并构造一个数组 …… 98
- 3.26 声明字典变量 …… 98
  - 3.26.1 范例说明 …… 98
  - 3.26.2 具体实现 …… 98
  - 3.26.3 范例技巧——字典的深层意义 …… 99
- 3.27 遍历字典中的数据 …… 99
  - 3.27.1 范例说明 …… 100
  - 3.27.2 具体实现 …… 100
  - 3.27.3 范例技巧——使用for-in循环遍历字典数据 …… 100
- 3.28 使用字典统计字符的出现次数 …… 100
  - 3.28.1 范例说明 …… 101
  - 3.28.2 具体实现 …… 101
  - 3.28.3 范例技巧——字典和数组的复制是不同的 …… 101
- 3.29 使用for语句遍历数组 …… 102
  - 3.29.1 范例说明 …… 102
  - 3.29.2 具体实现 …… 102
  - 3.29.3 范例技巧——for语句的执行流程 …… 102
- 3.30 使用if语句判断年龄 …… 103
  - 3.30.1 范例说明 …… 103
  - 3.30.2 具体实现 …… 103
  - 3.30.3 范例技巧——if语句的两种标准形式 …… 103
- 3.31 使用switch语句判断成绩 …… 103
  - 3.31.1 范例说明 …… 103
  - 3.31.2 具体实现 …… 104
- 3.31.3 范例技巧——分支switch {case:...}语句的特点 …… 104
- 3.32 计算指定整数的阶乘 …… 104
  - 3.32.1 范例说明 …… 104
  - 3.32.2 具体实现 …… 105
  - 3.32.3 范例技巧——使用for循环代替while循环 …… 105
- 3.33 while循环中的死循环 …… 105
  - 3.33.1 范例说明 …… 105
  - 3.33.2 具体实现 …… 105
  - 3.33.3 范例技巧——实现循环语句的嵌套 …… 106
- 3.34 使用头文件实现特殊数学运算 …… 106
  - 3.34.1 范例说明 …… 106
  - 3.34.2 具体实现 …… 106
  - 3.34.3 范例技巧——允许多个case匹配同一个值 …… 107
- 3.35 通过函数比较两个数的大小 …… 107
  - 3.35.1 范例说明 …… 107
  - 3.35.2 具体实现 …… 107
  - 3.35.3 范例技巧——3种调用函数的方式 …… 107
- 3.36 使用函数改变引用变量本身 …… 108
  - 3.36.1 范例说明 …… 108
  - 3.36.2 具体实现 …… 108
  - 3.36.3 范例技巧——传递输入输出参数值时的注意事项 …… 109
- 3.37 在函数中定义函数类型的形参 …… 109
  - 3.37.1 范例说明 …… 109
  - 3.37.2 具体实现 …… 109
  - 3.37.3 范例技巧——将函数类型作为另一个函数的返回类型 …… 110
- 3.38 使用嵌套函数 …… 110
  - 3.38.1 范例说明 …… 110
  - 3.38.2 具体实现 …… 111
  - 3.38.3 范例技巧——在函数中定义函数 …… 111
- 3.39 使用递归解决一道数学题 …… 112
  - 3.39.1 范例说明 …… 112
  - 3.39.2 具体实现 …… 112
  - 3.39.3 范例技巧——Swift中的内置函数 …… 112
- 3.40 调用闭包 …… 112
  - 3.40.1 范例说明 …… 112
  - 3.40.2 具体实现 …… 113
  - 3.40.3 范例技巧——闭包的优化目标 …… 113
- 3.41 捕获上下文中的变量和常量 …… 113
  - 3.41.1 范例说明 …… 113
  - 3.41.2 具体实现 …… 113
  - 3.41.3 范例技巧——尾随闭包的作用 …… 114

3.42 使用case定义多个枚举 ········· 114
   3.42.1 范例说明 ················· 114
   3.42.2 具体实现 ················· 114
   3.42.3 范例技巧——为枚举定义原始值 ··· 115
3.43 使用可选链代替强制解析 ········ 116
   3.43.1 范例说明 ················· 116
   3.43.2 具体实现 ················· 116
   3.43.3 范例技巧——如何选择类型 ···· 117
3.44 测试释放的时间点 ············· 118
   3.44.1 范例说明 ················· 118
   3.44.2 具体实现 ················· 118
   3.44.3 范例技巧——弱引用的作用 ···· 119
3.45 使用类型约束实现冒泡排序算法 ··· 119
   3.45.1 范例说明 ················· 119
   3.45.2 具体实现 ················· 119
   3.45.3 范例技巧——定义冒泡排序函数 ·· 120
3.46 使用关联类型 ················ 121
   3.46.1 范例说明 ················· 121
   3.46.2 具体实现 ················· 121
   3.46.3 范例技巧——Array的3个功能 ·· 122

第4章 界面布局实战 ················ 123
4.1 将Xcode界面连接到代码 ········ 123
   4.1.1 范例说明 ················· 123
   4.1.2 具体实现 ················· 123
   4.1.3 范例技巧——Interface Builder可以提高开发效率 ············ 128
4.2 纯代码方式实现UI ············ 128
   4.2.1 范例说明 ················· 128
   4.2.2 具体实现 ················· 128
   4.2.3 范例技巧——什么情况下使用IB进行开发 ···················· 129
4.3 使用模板Single View Application ··· 130
   4.3.1 范例说明 ················· 130
   4.3.2 具体实现 ················· 130
   4.3.3 范例技巧——Xcode中的MVC ·· 140
4.4 使用头文件实现特殊数学运算 ····· 140
   4.4.1 范例说明 ················· 140
   4.4.2 具体实现 ················· 140
   4.4.3 范例技巧——<math.h>头文件中的常用函数 ················ 142
4.5 拆分表视图 ··················· 142
   4.5.1 范例说明 ················· 142
   4.5.2 具体实现 ················· 142
   4.5.3 范例技巧——表视图的外观 ···· 143
4.6 自定义一个UITableViewCell ····· 143
   4.6.1 范例说明 ················· 144
   4.6.2 具体实现 ················· 144
   4.6.3 范例技巧——什么是表单元格 ·· 147
4.7 实现一个图文样式联系人列表效果 ·· 148
   4.7.1 范例说明 ················· 148
   4.7.2 具体实现 ················· 148
   4.7.3 范例技巧——在配置表视图时必须设置标识符 ················ 148
4.8 在表视图中动态操作单元格（Swift版）··· 148
   4.8.1 范例说明 ················· 148
   4.8.2 具体实现 ················· 149
   4.8.3 范例技巧——表视图数据源协议 ·· 150
4.9 给四条边框加上阴影 ··········· 151
   4.9.1 范例说明 ················· 151
   4.9.2 具体实现 ················· 151
   4.9.3 范例技巧——UITableView的属性 ··· 151
4.10 给UIView加上各种圆角、边框效果 ··· 152
   4.10.1 范例说明 ················· 152
   4.10.2 具体实现 ················· 152
   4.10.3 范例技巧——UIView在MVC中的重要作用 ················ 152
4.11 实现弹出式动画表单效果 ······· 153
   4.11.1 范例说明 ················· 153
   4.11.2 具体实现 ················· 153
   4.11.3 范例技巧——UIView的本质 ·· 154
4.12 创建一个滚动图片浏览器（Swift版）··· 154
   4.12.1 范例说明 ················· 154
   4.12.2 具体实现 ················· 154
   4.12.3 范例技巧——UIView中的CALayer ················· 155
4.13 实现可以移动切换的视图效果 ···· 155
   4.13.1 范例说明 ················· 155
   4.13.2 具体实现 ················· 155
   4.13.3 范例技巧——iOS程序的视图架构 ·················· 158
4.14 实现手动旋转屏幕的效果 ······· 159
   4.14.1 范例说明 ················· 159
   4.14.2 具体实现 ················· 159
   4.14.3 范例技巧——视图层次和子视图管理 ·················· 160
4.15 实现会员登录系统（Swift版）··· 160
   4.15.1 范例说明 ················· 160
   4.15.2 具体实现 ················· 160
   4.15.3 范例技巧——UIViewController的属性 ·················· 161
4.16 使用导航控制器展现3个场景 ···· 162
   4.16.1 范例说明 ················· 162
   4.16.2 具体实现 ················· 162
   4.16.3 范例技巧——UINavigationController的作用 ·················· 163
4.17 实现一个界面导航条功能 ······· 163
   4.17.1 范例说明 ················· 163
   4.17.2 具体实现 ················· 163
   4.17.3 范例技巧——导航栏、导航项和栏按钮项 ················ 165

4.18 创建主从关系的"主-子"视图
　　（Swift版）······································166
　　4.18.1 范例说明······························166
　　4.18.2 具体实现······························166
　　4.18.3 范例技巧——深入理解navigationItem
　　　　　的作用································167
4.19 使用选项卡栏控制器构建3个场景······167
　　4.19.1 范例说明······························167
　　4.19.2 具体实现······························167
　　4.19.3 范例技巧——UITabBarController推入
　　　　　和推出视图的方式··················168
4.20 使用动态单元格定制表格行···············168
　　4.20.1 范例说明······························168
　　4.20.2 具体实现······························168
　　4.20.3 范例技巧——选项卡栏和选项卡
　　　　　栏项····································169
4.21 开发一个界面选择控制器（Swift版）···169
　　4.21.1 范例说明······························169
　　4.21.2 具体实现······························169
　　4.21.3 范例技巧——添加选项卡栏控制器的
　　　　　方法····································170
4.22 使用第二个视图来编辑第一个视图中的
　　信息··171
　　4.22.1 范例说明······························171
　　4.22.2 具体实现······························171
　　4.22.3 范例技巧——多场景应用程序的常用
　　　　　术语····································175
4.23 实现多个视图之间的切换···················175
　　4.23.1 范例说明······························176
　　4.23.2 具体实现······························176
　　4.23.3 范例技巧——实现多场景功能的方法
　　　　　是在故事板文件中创建多个场景···179
4.24 实现多场景视图数据传输（Swift版）···179
　　4.24.1 范例说明······························180
　　4.24.2 具体实现······························180
　　4.24.3 范例技巧——初步理解手势识别的
　　　　　作用····································181
4.25 使用Segue实现过渡效果···················181
　　4.25.1 范例说明······························181
　　4.25.2 具体实现······························181
　　4.25.3 范例技巧——隐藏指定的UIView
　　　　　区域的方法··························182
4.26 为Interface Builder设置自定义类
　　（Swift版）······································182
　　4.26.1 范例说明······························182
　　4.26.2 具体实现······························182
　　4.26.3 范例技巧——IB和纯代码联合编码的
　　　　　好处····································183
4.27 在同一个工程中创建多个分类
　　（Swift版）······································183

4.27.1 范例说明······························183
4.27.2 具体实现······························183
4.27.3 范例技巧——MVC中对控制器对象的
　　　　理解····································184
4.28 创建一个自定义的UIView视图
　　（Swift版）······································185
　　4.28.1 范例说明······························185
　　4.28.2 具体实现······························185
　　4.28.3 范例技巧——定位屏幕中的图片的
　　　　　方法····································186
4.29 动态控制屏幕中动画的颜色
　　（Swift版）······································186
　　4.29.1 范例说明······························186
　　4.29.2 具体实现······························186
　　4.29.3 范例技巧——视图绘制周期·······187
4.30 实现多视图导航界面系统（Swift版）···187
　　4.30.1 范例说明······························187
　　4.30.2 具体实现······························188
　　4.30.3 范例技巧——实现背景透明·······188
4.31 实现一个会员登录系统（Swift版）······188
　　4.31.1 范例说明······························188
　　4.31.2 具体实现······························188
　　4.31.3 范例技巧——旋转和缩放视图的
　　　　　方法····································190
4.32 创建一个App软件管理系统
　　（Swift版）······································190
　　4.32.1 范例说明······························190
　　4.32.2 具体实现······························190
　　4.32.3 范例技巧——UIActivityIndicatorView
　　　　　的系统样式··························192
4.33 创建一个图片浏览系统（Swift版）······192
　　4.33.1 范例说明······························192
　　4.33.2 具体实现······························192
　　4.33.3 范例技巧——UITableView的主要
　　　　　作用····································194
4.34 创建多界面视图（Swift版）···············194
　　4.34.1 范例说明······························194
　　4.34.2 具体实现······························194
　　4.34.3 范例技巧——UITableView的初始化
　　　　　方法····································195
4.35 联合使用UITabbarController和UIWebView
　　（Swift版）······································195
　　4.35.1 范例说明······························195
　　4.35.2 具体实现······························195
　　4.35.3 范例技巧——UITableView的委托
　　　　　方法····································196

第5章 控件应用实战······························198

5.1 控制是否显示TextField中的密码明文
　　信息··198

5.1.1 范例说明 198
5.1.2 具体实现 198
5.1.3 范例技巧——文本框的功能 199
5.2 对输入内容的长度进行验证 199
5.2.1 范例说明 199
5.2.2 具体实现 199
5.2.3 范例技巧——ViewController.m的功能 200
5.3 实现用户登录框界面 200
5.3.1 范例说明 200
5.3.2 具体实现 200
5.3.3 范例技巧——控件UITextField的常用属性 201
5.4 震动UITextField控件（Swift版） 201
5.4.1 范例说明 201
5.4.2 具体实现 201
5.4.3 范例技巧——改变TextField背景图片 202
5.5 动态输入的文本 202
5.5.1 范例说明 202
5.5.2 具体实现 202
5.5.3 范例技巧——什么是文本视图（UITextView） 203
5.6 自定义文字的行间距 203
5.6.1 范例说明 203
5.6.2 具体实现 203
5.6.3 范例技巧——Text Field部分的具体说明 204
5.7 自定义UITextView控件的样式 205
5.7.1 范例说明 205
5.7.2 具体实现 205
5.7.3 范例技巧——Captitalization的作用 206
5.8 在指定的区域中输入文本（Swift版） 206
5.8.1 范例说明 206
5.8.2 具体实现 206
5.8.3 范例技巧——3个重要的键盘属性 207
5.9 使用UILabel显示一段文本 207
5.9.1 范例说明 207
5.9.2 具体实现 207
5.9.3 范例技巧——标签（UILabel）的作用 208
5.10 为文字分别添加上划线、下划线和中划线 209
5.10.1 范例说明 209
5.10.2 具体实现 209
5.10.3 范例技巧——标签（UILabel）的常用属性 209
5.11 显示被触摸单词的字母 210
5.11.1 范例说明 210

5.11.2 具体实现 210
5.11.3 范例技巧——截取文本操作 211
5.12 输出一个指定样式的文本（Swift版） 211
5.12.1 范例说明 211
5.12.2 具体实现 211
5.12.3 范例技巧——让UILabel的文字顶部对齐 212
5.13 自定义设置按钮的图案（Swift版） 212
5.13.1 范例说明 212
5.13.2 具体实现 212
5.13.3 范例技巧——按钮（UIButton）的作用 214
5.14 实现一个变换形状的动画按钮 215
5.14.1 范例说明 215
5.14.2 具体实现 215
5.14.3 范例技巧——按钮的外观风格 216
5.15 联合使用文本框、文本视图和按钮 216
5.15.1 范例说明 216
5.15.2 具体实现 216
5.15.3 范例技巧——设置成不同的背景颜色 217
5.16 自定义一个按钮（Swift版） 218
5.16.1 范例说明 218
5.16.2 具体实现 218
5.16.3 范例技巧——何时释放release UIButton 219
5.17 使用素材图片实现滑动条特效 219
5.17.1 范例说明 219
5.17.2 具体实现 219
5.17.3 范例技巧——滑块（UISlider）介绍 220
5.18 实现一个自动显示刻度记号的滑动条 221
5.18.1 范例说明 221
5.18.2 具体实现 221
5.18.3 范例技巧——滑块的作用 222
5.19 在屏幕中实现各种各样的滑块 222
5.19.1 范例说明 222
5.19.2 具体实现 223
5.19.3 范例技巧——UISlider控件的常用属性 223
5.20 自定义实现UISlider控件功能（Swift版） 223
5.20.1 范例说明 223
5.20.2 具体实现 223
5.20.3 范例技巧——设定滑块的范围与默认值 224
5.21 自定义步进控件的样式 224
5.21.1 范例说明 224
5.21.2 具体实现 224
5.21.3 范例技巧——IStepper的属性 225

5.22 设置指定样式的步进控件 ·················225
　5.22.1 范例说明 ·······························225
　5.22.2 具体实现 ·······························225
　5.22.3 范例技巧——UIStepper的控制
　　　　 属性 ···226
5.23 使用步进控件自动增减数字
　　　（Swift版） ·······································226
　5.23.1 范例说明 ·······························226
　5.23.2 具体实现 ·······························227
　5.23.3 范例技巧——UIStepper控件的一个有
　　　　 趣特性 ·······································227
5.24 限制输入文本的长度 ···························227
　5.24.1 范例说明 ·······························227
　5.24.2 具体实现 ·······························228
　5.24.3 范例技巧——复制文件到测试
　　　　 工程中 ·······································228
5.25 关闭虚拟键盘的输入动作 ·················228
　5.25.1 范例说明 ·······························228
　5.25.2 具体实现 ·······························228
　5.25.3 范例技巧——接口文件的实现 ······229
5.26 复制UILabel中的文本内容 ·················229
　5.26.1 范例说明 ·······························229
　5.26.2 具体实现 ·······························229
　5.26.3 范例技巧——核心文件的具体
　　　　 实现 ···231
5.27 实现丰富多彩的控制按钮 ·················231
　5.27.1 范例说明 ·······························231
　5.27.2 具体实现 ·······························231
　5.27.3 范例技巧——创建按钮的通用
　　　　 方法 ···231
5.28 显示对应的刻度 ·································232
　5.28.1 范例说明 ·······························232
　5.28.2 具体实现 ·······························232
　5.28.3 范例技巧——按钮控件中的常用
　　　　 事件 ···233
5.29 在屏幕中输入文本（Swift版） ··········234
　5.29.1 范例说明 ·······························234
　5.29.2 具体实现 ·······························234
　5.29.3 范例技巧——UITextField的按钮
　　　　 样式 ···235
5.30 验证输入的文本（Swift版） ··············235
　5.30.1 范例说明 ·······························236
　5.30.2 具体实现 ·······························236
　5.30.3 范例技巧——重写UITextField的绘制
　　　　 行为 ···237
5.31 实现一个文本编辑器（Swift版） ······237
　5.31.1 范例说明 ·······························237
　5.31.2 具体实现 ·······························237
　5.31.3 范例技巧——UITextView退出键盘的
　　　　 几种方式 ···································238

5.32 在屏幕中输入可编辑文本
　　　（Swift版） ·······································238
　5.32.1 范例说明 ·······························238
　5.32.2 具体实现 ·······························238
　5.32.3 范例技巧——为UITextView设定圆角
　　　　 效果 ···240
5.33 实现图文样式的按钮（Swift版） ······240
　5.33.1 范例说明 ·······························240
　5.33.2 具体实现 ·······························241
　5.33.3 范例技巧——通过按钮的事件来设置
　　　　 背景色 ·······································241
5.34 在UILabel中显示图标（Swift版） ·····241
　5.34.1 范例说明 ·······························241
　5.34.2 具体实现 ·······························242
　5.34.3 范例技巧——创建指定大小的系统默
　　　　 认字体(默认:Helvetica) ···············242
5.35 自定义按钮的样式（Swift版） ··········243
　5.35.1 范例说明 ·······························243
　5.35.2 具体实现 ·······························243
　5.35.3 范例技巧——获取可用的字体名
　　　　 数组 ···243
5.36 自定义设置一个指定的按钮样式
　　　（Swift版） ·······································243
　5.36.1 范例说明 ·······························244
　5.36.2 具体实现 ·······························244
　5.36.3 范例技巧——UIButton控件中的
　　　　 addSubview问题 ·······················245
5.37 实现纵向样式的滑块效果（Swift版）···245
　5.37.1 范例说明 ·······························245
　5.37.2 具体实现 ·······························246
　5.37.3 范例技巧——滑块控件的通知
　　　　 问题 ···246
5.38 实现滑块和进度条效果（Swift版） ···247
　5.38.1 范例说明 ·······························247
　5.38.2 具体实现 ·······························247
　5.38.3 范例技巧——UISlider的本质 ·······247
5.39 使用步进控件浏览图片（Swift版） ···248
　5.39.1 范例说明 ·······························248
　5.39.2 具体实现 ·······························248
　5.39.3 范例技巧——设置步进控件的
　　　　 颜色 ···248
5.40 使用步进控件显示数值（Swift版） ···248
　5.40.1 范例说明 ·······························248
　5.40.2 具体实现 ·······························249
　5.40.3 范例技巧——Swift步进控件的通用
　　　　 用法 ···249

第6章 屏幕显示实战 ··································250
6.1 改变UISwitch的文本和颜色 ···············250
　6.1.1 范例说明 ·································250
　6.1.2 具体实现 ·································250

6.1.3 范例技巧——不要在设备屏幕上显示
出乎用户意料的控件……………252
6.2 在屏幕中显示具有开关状态的开关………252
    6.2.1 范例说明…………………………252
    6.2.2 具体实现…………………………252
    6.2.3 范例技巧——总结开关控件的基本
用法……………………………253
6.3 控制是否显示密码明文（Swift版）………253
    6.3.1 范例说明…………………………253
    6.3.2 具体实现…………………………254
    6.3.3 范例技巧——单独编写类文件
DKTextField.swift的原因…………255
6.4 在屏幕中使用UISegmentedControl控件…255
    6.4.1 范例说明…………………………255
    6.4.2 具体实现…………………………255
    6.4.3 范例技巧——解决分段控件导致内容
变化的问题……………………256
6.5 添加图标和文本………………………256
    6.5.1 范例说明…………………………257
    6.5.2 具体实现…………………………257
    6.5.3 范例技巧——分段控件的属性和
方法……………………………257
6.6 使用分段控件控制背景颜色………………258
    6.6.1 范例说明…………………………258
    6.6.2 具体实现…………………………259
    6.6.3 范例技巧——要获取分段控件中当前
选定按钮的标题…………………259
6.7 自定义UISegmentedControl控件的样式
（Swift版）………………………………260
    6.7.1 范例说明…………………………260
    6.7.2 具体实现…………………………260
    6.7.3 范例技巧——UISegmentedControl的常
用方法…………………………260
6.8 实现一个自定义提醒对话框………………260
    6.8.1 范例说明…………………………261
    6.8.2 具体实现…………………………261
    6.8.3 范例技巧——设置标签之间分割线的
图案……………………………261
6.9 实现振动提醒框效果…………………262
    6.9.1 范例说明…………………………262
    6.9.2 具体实现…………………………262
    6.9.3 范例技巧——提醒框视图的意义…262
6.10 自定义UIAlertView控件的外观…………263
    6.10.1 范例说明…………………………263
    6.10.2 具体实现…………………………263
    6.10.3 范例技巧——对UIAlertView的
要求……………………………266
6.11 使用UIAlertView控件（Swift版）………266
    6.11.1 范例说明…………………………266
    6.11.2 具体实现…………………………266

6.11.3 范例技巧——在实现提醒视图前需要
先声明一个UIAlertView对象………266
6.12 实现特殊样式效果的UIActionSheet………266
    6.12.1 范例说明…………………………267
    6.12.2 具体实现…………………………267
    6.12.3 范例技巧——UIActionSheet的
作用……………………………267
6.13 实现Reeder阅读器效果…………………267
    6.13.1 范例说明…………………………267
    6.13.2 具体实现…………………………267
    6.13.3 范例技巧——Reeder阅读器介绍…271
6.14 定制一个按钮面板………………………271
    6.14.1 范例说明…………………………271
    6.14.2 具体实现…………………………271
    6.14.3 范例技巧——操作表的基本用法…272
6.15 实现一个分享App（Swift版）……………272
    6.15.1 范例说明…………………………272
    6.15.2 具体实现…………………………272
    6.15.3 范例技巧——操作表外观有4种
样式……………………………274
6.16 使用UIToolBar实现工具栏（Swift版）…274
    6.16.1 范例说明…………………………274
    6.16.2 具体实现…………………………274
    6.16.3 范例技巧——工具栏的作用………275
6.17 自定义UIToolBar的颜色和样式…………275
    6.17.1 范例说明…………………………275
    6.17.2 具体实现…………………………275
    6.17.3 范例技巧——工具栏与分段控件的
差别……………………………276
6.18 创建一个带有图标按钮的工具栏…………276
    6.18.1 范例说明…………………………276
    6.18.2 具体实现…………………………276
    6.18.3 范例技巧——调整工具栏按钮位置的
方法……………………………277
6.19 实现网格效果……………………………278
    6.19.1 范例说明…………………………278
    6.19.2 具体实现…………………………278
    6.19.3 范例技巧——UICollectionView的
构成……………………………280
6.20 实现大小不相同的网格效果………………280
    6.20.1 范例说明…………………………281
    6.20.2 具体实现…………………………281
    6.20.3 范例技巧——UICollectionViewDataSource
代理介绍………………………283
6.21 实现Pinterest样式的布局效果
（Swift版）………………………………283
    6.21.1 范例说明…………………………284
    6.21.2 具体实现…………………………284
    6.21.3 范例技巧——得到高效View的
秘籍……………………………285

6.22 创建并使用选择框 …………………286
　6.22.1 范例说明 …………………286
　6.22.2 具体实现 …………………286
　6.22.3 范例技巧——开关控件的
　　　　默认尺寸 ……………………287
6.23 自定义工具条 …………………287
　6.23.1 范例说明 …………………287
　6.23.2 具体实现 …………………287
　6.23.3 范例技巧——为UIAlertView添加多个
　　　　按钮 …………………………288
6.24 实现一个带输入框的提示框 …………288
　6.24.1 范例说明 …………………288
　6.24.2 具体实现 …………………288
　6.24.3 范例技巧——如何为UIAlertView添加
　　　　子视图 ………………………289
6.25 实现一个图片选择器 …………289
　6.25.1 范例说明 …………………289
　6.25.2 具体实现 …………………289
　6.25.3 范例技巧——自定义消息文本 …291
6.26 控制开关控件的状态（Swift版） …291
　6.26.1 范例说明 …………………291
　6.26.2 具体实现 …………………291
　6.26.3 范例技巧——设置在开关状态切换时
　　　　收到通知 ……………………292
6.27 在屏幕中显示不同样式的开关控件
　　（Swift版） …………………292
　6.27.1 范例说明 …………………292
　6.27.2 具体实现 …………………292
　6.27.3 范例技巧——关于UISwitch的亮点特
　　　　殊说明 ………………………295
6.28 实现指定样式的选项卡效果（Swift版） …295
　6.28.1 范例说明 …………………295
　6.28.2 具体实现 …………………295
　6.28.3 范例技巧——获取标签之间分割线的
　　　　图案 …………………………296
6.29 使用选项卡控制屏幕的背景颜色
　　（Swift版） …………………296
　6.29.1 范例说明 …………………296
　6.29.2 具体实现 …………………296
　6.29.3 范例技巧——自行设置标签内容的偏
　　　　移量 …………………………297
6.30 实现图文效果的提醒框（Swift版） …297
　6.30.1 范例说明 …………………297
　6.30.2 具体实现 …………………297
　6.30.3 范例技巧——didPresentAlertView和
　　　　willPresentAlertView的区别 …298
6.31 实现一个独立的提醒框效果
　　（Swift版） …………………298
　6.31.1 范例说明 …………………298
　6.31.2 具体实现 …………………299

6.31.3 范例技巧——提醒框视图delegate 方
　　　法的执行顺序 …………………299
6.32 实现一个基本的选项卡提醒框
　　（Swift版） …………………299
　6.32.1 范例说明 …………………299
　6.32.2 具体实现 …………………299
　6.32.3 范例技巧——操作表与提醒视图的
　　　　区别 …………………………300
6.33 创建自定义效果的UIActionSheet
　　（Swift版） …………………300
　6.33.1 范例说明 …………………300
　6.33.2 具体实现 …………………300
　6.33.3 范例技巧——响应操作表的方法 …301
6.34 设置UIBarButtonItem图标（Swift版） …302
　6.34.1 范例说明 …………………302
　6.34.2 具体实现 …………………302
　6.34.3 范例技巧——UIBarButtonItem的最简
　　　　单定制方法 …………………303
6.35 编辑UIBarButtonItem的标题
　　（Swift版） …………………303
　6.35.1 范例说明 …………………303
　6.35.2 具体实现 …………………303
　6.35.3 范例技巧——配制栏按钮的属性 …304

第7章 自动交互实战 ……………306
7.1 实现界面滚动效果 ………………306
　7.1.1 范例说明 ……………………306
　7.1.2 具体实现 ……………………306
　7.1.3 范例技巧——滚动功能在移动设备中
　　　　的意义 ………………………307
7.2 滑动隐藏状态栏 ……………………307
　7.2.1 范例说明 ……………………307
　7.2.2 具体实现 ……………………307
　7.2.3 范例技巧——滚动控件的原理 ……308
7.3 滚动浏览图片（Swift版） ………308
　7.3.1 范例说明 ……………………308
　7.3.2 具体实现 ……………………308
　7.3.3 范例技巧——滚动控件的初始化 …309
7.4 自定义UIPageControl的外观样式 …309
　7.4.1 范例说明 ……………………309
　7.4.2 具体实现 ……………………309
　7.4.3 范例技巧——什么是翻页控件 ……310
7.5 实现一个图片播放器 ………………310
　7.5.1 范例说明 ……………………310
　7.5.2 具体实现 ……………………310
　7.5.3 范例技巧——分页控件的展示
　　　　方式 …………………………312
7.6 实现一个图片浏览程序 …………312
　7.6.1 范例说明 ……………………312
　7.6.2 具体实现 ……………………312

7.6.3 范例技巧——创建UIPageControl控件并设置属性的通用方法…………313
7.7 使用UIPageControl设置4个界面（Swift版）…………313
　7.7.1 范例说明…………313
　7.7.2 具体实现…………313
　7.7.3 范例技巧——发送分页通知的解决方案…………315
7.8 实现两个UIPickerView间的数据依赖…………315
　7.8.1 范例说明…………315
　7.8.2 具体实现…………315
　7.8.3 范例技巧——为什么修改参数…………317
7.9 自定义一个选择器…………317
　7.9.1 范例说明…………318
　7.9.2 具体实现…………318
　7.9.3 范例技巧——总结规划变量和连接的过程…………321
7.10 实现一个单列选择器…………321
　7.10.1 范例说明…………321
　7.10.2 具体实现…………321
　7.10.3 范例技巧——添加选择器视图的方法…………322
7.11 实现一个会发音的倒计时器（Swift版）…………322
　7.11.1 范例说明…………322
　7.11.2 具体实现…………322
　7.11.3 范例技巧——选择器视图的数据源协议…………324
7.12 实现一个日期选择器…………325
　7.12.1 范例说明…………325
　7.12.2 具体实现…………325
　7.12.3 范例技巧——什么是选择器…………328
7.13 使用日期选择器自动选择一个时间…………328
　7.13.1 范例说明…………328
　7.13.2 具体实现…………328
　7.13.3 范例技巧——Apple中的两种选择器…………329
7.14 使用UIDatePicker（Swift版）…………329
　7.14.1 范例说明…………329
　7.14.2 具体实现…………329
　7.14.3 范例技巧——总结日期选择器的常用属性…………331
7.15 自定义UIActivityIndicatorView的样式…………332
　7.15.1 范例说明…………332
　7.15.2 具体实现…………332
　7.15.3 范例技巧——UIActivityIndicatorView的功能…………334
7.16 自定义活动指示器的显示样式…………335
　7.16.1 范例说明…………335
　7.16.2 具体实现…………335
7.16.3 范例技巧——iOS内置的不同样式的UIActivityIndicator View…………338
7.17 实现不同外观的活动指示器效果…………338
　7.17.1 范例说明…………338
　7.17.2 具体实现…………338
　7.17.3 范例技巧——UIActivityIndicatorView的使用演示…………339
7.18 使用UIActivityIndicatorView控件（Swift版）…………339
　7.18.1 范例说明…………339
　7.18.2 具体实现…………339
　7.18.3 范例技巧——总结UIActivityIndicatorView的用处…………340
7.19 自定义进度条的外观样式…………340
　7.19.1 范例说明…………340
　7.19.2 具体实现…………340
　7.19.3 范例技巧——3种属性设置风格…………341
7.20 实现多个具有动态条纹背景的进度条…………341
　7.20.1 范例说明…………341
　7.20.2 具体实现…………341
　7.20.3 范例技巧——UIProgressView与UIActivityIndicatorView的差异…………343
7.21 自定义一个指定外观样式的进度条…………344
　7.21.1 范例说明…………344
　7.21.2 具体实现…………344
　7.21.3 范例技巧——进度条的常用属性…………347
7.22 实现自定义进度条效果（Swift版）…………348
　7.22.1 范例说明…………348
　7.22.2 具体实现…………348
　7.22.3 范例技巧——常用的两种进度条风格…………349
7.23 在查找信息输入关键字时实现自动提示功能…………349
　7.23.1 范例说明…………349
　7.23.2 具体实现…………349
　7.23.3 范例技巧——UISearchBar控件的常用属性…………350
7.24 实现文字输入的自动填充和自动提示功能…………351
　7.24.1 范例说明…………351
　7.24.2 具体实现…………351
　7.24.3 范例技巧——修改UISearchBar的背景颜色…………352
7.25 使用检索控件快速搜索信息…………352
　7.25.1 范例说明…………352
　7.25.2 具体实现…………352
　7.25.3 范例技巧——利用委托进行搜索的过程…………355
7.26 使用UISearchBar控件（Swift版）…………355
　7.26.1 范例说明…………355

7.26.2 具体实现 ……………………… 355
7.26.3 范例技巧——searchDisplayController
的搜索过程 ……………… 356
7.27 在屏幕中显示一个日期选择器 ……… 356
7.27.1 范例说明 ……………………… 356
7.27.2 具体实现 ……………………… 356
7.27.3 范例技巧——创建日期/时间
选取器 …………………… 357
7.28 通过滚动屏幕的方式浏览信息 ……… 357
7.28.1 范例说明 ……………………… 357
7.28.2 具体实现 ……………………… 358
7.28.3 范例技巧——滚动控件的属性
总结 ……………………… 358
7.29 实现一个图文样式联系人列表效果 … 359
7.29.1 范例说明 ……………………… 359
7.29.2 具体实现 ……………………… 359
7.29.3 范例技巧——UIScrollView的
实现理念 ………………… 360
7.30 在屏幕中实现一个环形进度条效果 … 360
7.30.1 范例说明 ……………………… 360
7.30.2 具体实现 ……………………… 360
7.30.3 范例技巧——改变UIProgressView
控件的高度 ……………… 361
7.31 实现快速搜索功能 …………………… 361
7.31.1 范例说明 ……………………… 361
7.31.2 具体实现 ……………………… 362
7.31.3 范例技巧——去除SearchBar背景的
方法 ……………………… 364
7.32 实现一个"星期"选择框（Swift版）… 364
7.32.1 范例说明 ……………………… 364
7.32.2 具体实现 ……………………… 364
7.32.3 范例技巧——日期选取器的模式 … 365
7.33 实现一个自动输入系统（Swift版）… 365
7.33.1 范例说明 ……………………… 365
7.33.2 具体实现 ……………………… 366
7.33.3 范例技巧——设置时间间隔 …… 367
7.34 自定义UIDatePicker控件（Swift版）… 367
7.34.1 范例说明 ……………………… 367
7.34.2 具体实现 ……………………… 367
7.34.3 范例技巧——设置日期的范围 … 369
7.35 自定义"日期-时间"控件（Swift版）… 370
7.35.1 范例说明 ……………………… 370
7.35.2 具体实现 ……………………… 370
7.35.3 范例技巧——显示日期选择器的
方法 ……………………… 370
7.36 实现一个图片浏览器（Swift版）…… 370
7.36.1 范例说明 ……………………… 370
7.36.2 具体实现 ……………………… 370
7.36.3 范例技巧——UIScrollView的
核心理念 ………………… 371

7.37 实现一个分页图片浏览器（Swift版）…371
7.37.1 范例说明 ……………………… 372
7.37.2 具体实现 ……………………… 372
7.37.3 范例技巧——实现翻页通知的
方法 ……………………… 372
7.38 实现一个图片浏览器（Swift版）…… 373
7.38.1 范例说明 ……………………… 373
7.38.2 具体实现 ……………………… 373
7.38.3 范例技巧——给UIPageControl控件添
加背景 …………………… 374
7.39 设置多个分页视图（Swift版）……… 374
7.39.1 范例说明 ……………………… 374
7.39.2 具体实现 ……………………… 375
7.39.3 范例技巧——推出UIPageControl的
意义 ……………………… 376
7.40 自定义UIActivityIndicatorView控件
（Swift版）…………………………… 376
7.40.1 范例说明 ……………………… 376
7.40.2 具体实现 ……………………… 376
7.40.3 范例技巧——关闭活动指示器动画的
方法 ……………………… 377
7.41 实现5种样式的活动指示器效果
（Swift版）…………………………… 377
7.41.1 范例说明 ……………………… 377
7.41.2 具体实现 ……………………… 377
7.41.3 范例技巧——设置
UIActivityIndicatorView背景颜色的
方法 ……………………… 380
7.42 自定义设置ProgressBar的
样式（Swift版）……………………… 380
7.42.1 范例说明 ……………………… 380
7.42.2 具体实现 ……………………… 380
7.42.3 范例技巧——单独设置已走过进度的
进度条颜色的方法 ……… 380
7.43 设置UIProgressView的样式（Swift版）…380
7.43.1 范例说明 ……………………… 381
7.43.2 具体实现 ……………………… 381
7.43.3 范例技巧——如何设置未走过进度的
进度条颜色 ……………… 381
7.44 快速搜索系统（Swift版）…………… 381
7.44.1 范例说明 ……………………… 381
7.44.2 具体实现 ……………………… 381
7.44.3 范例技巧——4个搜索状态改变的关
键函数 …………………… 383
7.45 实现具有两个视图界面的搜索系统
（Swift版）…………………………… 383
7.45.1 范例说明 ……………………… 383
7.45.2 具体实现 ……………………… 383
7.45.3 范例技巧——显示和隐藏tableview的
4种方法 ………………… 383

第8章 图形、图像和动画实战 ·········· 384

- 8.1 实现图像的模糊效果 ············ 384
  - 8.1.1 范例说明 ················· 384
  - 8.1.2 具体实现 ················· 384
  - 8.1.3 范例技巧——iOS模糊功能的发展历程 ············ 386
- 8.2 滚动浏览图片 ·················· 386
  - 8.2.1 范例说明 ················· 387
  - 8.2.2 具体实现 ················· 387
  - 8.2.3 范例技巧——图像视图的作用 ·· 387
- 8.3 实现一个图片浏览器 ············ 388
  - 8.3.1 范例说明 ················· 388
  - 8.3.2 具体实现 ················· 388
  - 8.3.3 范例技巧——创建一个UIImageView的方法 ············ 389
- 8.4 实现3个图片按钮（Swift版） ··· 389
  - 8.4.1 范例说明 ················· 389
  - 8.4.2 具体实现 ················· 390
  - 8.4.3 范例技巧——属性frame与属性bounds ············ 391
- 8.5 在屏幕中绘制一个三角形 ······· 391
  - 8.5.1 范例说明 ················· 391
  - 8.5.2 具体实现 ················· 391
  - 8.5.3 范例技巧——在iOS中绘图的两种方式 ············ 392
- 8.6 在屏幕中绘制一个三角形 ······· 392
  - 8.6.1 范例说明 ················· 392
  - 8.6.2 具体实现 ················· 392
  - 8.6.3 范例技巧——iOS的核心图形库的绘图原理 ············ 395
- 8.7 绘制移动的曲线（Swift版） ···· 395
  - 8.7.1 范例说明 ················· 395
  - 8.7.2 具体实现 ················· 395
  - 8.7.3 范例技巧——OpenGL ES绘图方式的原理 ············ 395
- 8.8 在屏幕中实现颜色选择器/调色板功能 ··· 396
  - 8.8.1 范例说明 ················· 396
  - 8.8.2 具体实现 ················· 396
  - 8.8.3 范例技巧——UIImageView和Core Graphics都可以绘图 ···· 396
- 8.9 绘制一个小黄人图像 ············ 396
  - 8.9.1 范例说明 ················· 397
  - 8.9.2 具体实现 ················· 397
  - 8.9.3 范例技巧——绘图中的坐标系 ·· 397
- 8.10 实现图片、文字以及翻转效果 ·· 398
  - 8.10.1 范例说明 ················ 398
  - 8.10.2 具体实现 ················ 398
  - 8.10.3 范例技巧——绘图系统的画图板原理 ············ 399
- 8.11 滑动展示不同的图片 ··········· 399
  - 8.11.1 范例说明 ················ 399
  - 8.11.2 具体实现 ················ 399
  - 8.11.3 范例技巧——什么是图层 ··· 400
- 8.12 演示CALayers图层的用法（Swift版） ·· 400
  - 8.12.1 范例说明 ················ 400
  - 8.12.2 具体实现 ················ 401
  - 8.12.3 范例技巧——图层有影响绘图效果的属性 ············ 401
- 8.13 使用图像动画 ·················· 402
  - 8.13.1 范例说明 ················ 402
  - 8.13.2 具体实现 ················ 402
  - 8.13.3 范例技巧——需要提前考虑的两个问题 ············ 405
- 8.14 实现UIView分类动画效果 ···· 405
  - 8.14.1 范例说明 ················ 405
  - 8.14.2 具体实现 ················ 405
  - 8.14.3 范例技巧——在iOS中实现动画的方法 ············ 406
- 8.15 使用动画的样式显示电量的使用情况 ··· 407
  - 8.15.1 范例说明 ················ 407
  - 8.15.2 具体实现 ················ 407
  - 8.15.3 范例技巧——UIImageView实现动画的原理 ············ 410
- 8.16 图形图像的人脸检测处理（Swift版） ·· 410
  - 8.16.1 范例说明 ················ 410
  - 8.16.2 具体实现 ················ 410
  - 8.16.3 范例技巧——在UIImageView中和动画相关的方法和属性 ···· 411
- 8.17 实现一个幻灯片播放器效果 ···· 411
  - 8.17.1 范例说明 ················ 411
  - 8.17.2 具体实现 ················ 411
  - 8.17.3 范例技巧——iOS系统的核心动画 ············ 412
- 8.18 绘制几何图形 ·················· 412
  - 8.18.1 范例说明 ················ 412
  - 8.18.2 具体实现 ················ 412
  - 8.18.3 范例技巧——基本的绘图过程 ·· 413
- 8.19 实现对图片的旋转和缩放 ······ 414
  - 8.19.1 范例说明 ················ 414
  - 8.19.2 具体实现 ················ 414
  - 8.19.3 范例技巧——总结Core Graphics中常用的绘图方法 ···· 414
- 8.20 使用属性动画 ·················· 414
  - 8.20.1 范例说明 ················ 415
  - 8.20.2 具体实现 ················ 415
  - 8.20.3 范例技巧——总结beginAnimations:context:的功能 ··· 417
- 8.21 给图片着色（Swift版） ········ 417
  - 8.21.1 范例说明 ················ 417
  - 8.21.2 具体实现 ················ 417

8.21.3 范例技巧——总结contentMode属性 ································ 418
8.22 实现旋转动画效果（Swift版）············· 419
 8.22.1 范例说明 ··································· 419
 8.22.2 具体实现 ··································· 419
 8.22.3 范例技巧——总结+(void)commitAnimations ············ 419
8.23 绘制一个时钟（Swift版） ················ 420
 8.23.1 范例说明 ··································· 420
 8.23.2 具体实现 ··································· 420
 8.23.3 范例技巧——更改图片位置的方法 ·················· 421
8.24 绘制一个可控制的环形进度条（Swift版） ····························· 422
 8.24.1 范例说明 ··································· 422
 8.24.2 具体实现 ··································· 422
 8.24.3 范例技巧——总结旋转图像的方法 ·················· 422
8.25 实现大小图形的变换（Swift版）···· 423
 8.25.1 范例说明 ··································· 423
 8.25.2 具体实现 ··································· 423
 8.25.3 范例技巧——图层可以在一个单独的视图中被组合起来 ············ 424
8.26 为图层增加阴影效果（Swift版）··· 424
 8.26.1 范例说明 ··································· 424
 8.26.2 具体实现 ··································· 424
 8.26.3 范例技巧——图层是动画的基本组成部分 ························ 425
8.27 实现触摸动画效果（Swift版）······ 425
 8.27.1 范例说明 ··································· 425
 8.27.2 具体实现 ··································· 425
 8.27.3 范例技巧——视图和图层的关系 ··· 426
8.28 实现动画效果（Swift版） ················ 426
 8.28.1 范例说明 ··································· 427
 8.28.2 具体实现 ··································· 427
 8.28.3 范例技巧——实现多个动画的方法 ······························ 429
8.29 在屏幕中实现模糊效果 ··············· 429
 8.29.1 范例说明 ··································· 429
 8.29.2 具体实现 ··································· 429
 8.29.3 范例技巧——避免将UIVisualEffectView的Alpha设置为小于1.0的值 ···················· 430
8.30 给指定图片实现模糊效果 ··········· 430
 8.30.1 范例说明 ··································· 431
 8.30.2 具体实现 ··································· 431
 8.30.3 范例技巧——初始化一个UIVisualEffectView对象的方法 ···· 433
8.31 编码实现指定图像的模糊效果（Swift版） ····························· 433
 8.31.1 范例说明 ··································· 433
 8.31.2 具体实现 ··································· 433
 8.31.3 范例技巧——UIBlurEffect和UIVibrancyEffect的区别 ·········· 434

第9章 多媒体应用实战 ····················· 435

9.1 播放声音文件 ·································· 435
 9.1.1 范例说明 ····································· 435
 9.1.2 具体实现 ····································· 435
 9.1.3 范例技巧——访问声音服务 ······· 438
9.2 播放列表中的音乐（Swift版）······· 438
 9.2.1 范例说明 ····································· 438
 9.2.2 具体实现 ····································· 439
 9.2.3 范例技巧——iOS系统的播放声音服务 ························· 442
9.3 使用iOS的提醒功能 ······················ 442
 9.3.1 范例说明 ····································· 442
 9.3.2 具体实现 ····································· 442
 9.3.3 范例技巧——创建包含多个按钮的提醒视图 ························· 444
9.4 实现两种类型的振动效果（Swift版）···· 444
 9.4.1 范例说明 ····································· 444
 9.4.2 具体实现 ····································· 444
 9.4.3 范例技巧——System Sound Services支持的3种通知 ··············· 445
9.5 使用Media Player播放视频 ·········· 445
 9.5.1 范例说明 ····································· 445
 9.5.2 具体实现 ····································· 445
 9.5.3 范例技巧——iOS系统的多媒体播放机制 ··························· 447
9.6 边下载边播放视频 ·························· 447
 9.6.1 范例说明 ····································· 447
 9.6.2 具体实现 ····································· 447
 9.6.3 范例技巧——Media Player框架介绍 ······························ 449
9.7 播放指定的视频（Swift版）··········· 449
 9.7.1 范例说明 ····································· 449
 9.7.2 具体实现 ····································· 449
 9.7.3 范例技巧——Media Player的原理 ···· 451
9.8 播放指定的视频 ····························· 451
 9.8.1 范例说明 ····································· 451
 9.8.2 具体实现 ····································· 452
 9.8.3 范例技巧——官方建议使用AV Foundation框架 ·················· 452
9.9 播放和暂停指定的MP3文件（Swift版） ······························ 452
 9.9.1 范例说明 ····································· 453
 9.9.2 具体实现 ····································· 453
 9.9.3 范例技巧——牢记开发前的准备工作 ····························· 453
9.10 获取相机Camera中的图片并缩放···· 453

9.10.1 范例说明 454
9.10.2 具体实现 454
9.10.3 范例技巧——图像选择器的重要
　　　　功能 457
9.11 选择相机中的照片（Swift版）..........457
9.11.1 范例说明 457
9.11.2 具体实现 457
9.11.3 范例技巧——使用图像选择器的通用
　　　　流程 459
9.12 实现一个多媒体的应用程序..............459
9.12.1 范例说明 459
9.12.2 具体实现 460
9.12.3 范例技巧——系统总体规划....462
9.13 实现一个音乐播放器（Swift版）.....462
9.13.1 范例说明 462
9.13.2 具体实现 463
9.13.3 范例技巧——使用AV Foundation框架
　　　　前的准备 463
9.14 实现一个美观的音乐播放器
　　　（Swift版）.......................................463
9.14.1 范例说明 464
9.14.2 具体实现 464
9.14.3 范例技巧——使用AV音频播放器的通
　　　　用流程 465
9.15 实现视频播放和调用照片库
　　　功能（Swift版）...............................466
9.15.1 范例说明 466
9.15.2 具体实现 466
9.15.3 范例技巧——总结Media Player框架中
　　　　的常用类 467
9.16 播放指定的MP4视频（Swift版）.....467
9.16.1 范例说明 468
9.16.2 具体实现 468
9.16.3 范例技巧——使用多媒体播放器前的
　　　　准备 468
9.17 播放和暂停指定的MP3（Swift版）..468
9.17.1 范例说明 468
9.17.2 具体实现 468
9.17.3 范例技巧——总结使用AV录音机的基
　　　　本流程 470
9.18 实现一个图片浏览器（Swift版）.....470
9.18.1 范例说明 470
9.18.2 具体实现 471
9.18.3 范例技巧——图像选择器控制器
　　　　委托 472
9.19 实现一个智能图片浏览器（Swift版）...473
9.19.1 范例说明 473
9.19.2 具体实现 473
9.19.3 范例技巧——UIImagePickerController
　　　　在iPhone和iPad上的区别.......475

第10章 互联网应用实战 476
10.1 调用JavaScript脚本.............................476
10.1.1 范例说明 476
10.1.2 具体实现 476
10.1.3 范例技巧——Web视图的作用.....477
10.2 动态改变字体的大小..........................477
10.2.1 范例说明的 477
10.2.2 具体实现 478
10.2.3 范例技巧——总结Web视图可以实现
　　　　的文件 478
10.3 实现一个迷你浏览器工具..................479
10.3.1 范例说明 479
10.3.2 具体实现 479
10.3.3 范例技巧——总结使用Web视图的基
　　　　本流程 480
10.4 加载显示指定的网页（Swift版）......480
10.4.1 范例说明 480
10.4.2 具体实现 481
10.4.3 范例技巧——显示内容的另一种解决
　　　　方案 481
10.5 使用可滚动视图控件（Swift版）......482
10.5.1 范例说明 482
10.5.2 具体实现 482
10.5.3 范例技巧——本项目规划........483
10.6 使用Message UI发送邮件（Swift版）...483
10.6.1 范例说明 483
10.6.2 具体实现 483
10.6.3 范例技巧——总结使用框架Message
　　　　UI的基本流程 484
10.7 开发一个Twitter客户端（Swift版）..485
10.7.1 范例说明 485
10.7.2 具体实现 485
10.7.3 范例技巧——总结使用Twitter框架的
　　　　基本流程 486
10.8 联合使用地址簿、电子邮件、Twitter和地图
　　　（Swift版）.......................................487
10.8.1 范例说明 487
10.8.2 具体实现 487
10.8.3 范例技巧——总结为iOS项目添加第
　　　　三方框架的方法 488
10.9 获取网站中的照片信息（Swift版）...489
10.9.1 范例说明 489
10.9.2 具体实现 489
10.9.3 范例技巧——手机和云平台之间传递
　　　　的通用数据格式 492
10.10 快速浏览不同的站点（Swift版）....492
10.10.1 范例说明 493
10.10.2 具体实现 493
10.10.3 范例技巧——控制屏幕中的网页的
　　　　　方法 493

10.11 实现一个网页浏览器（Swift版）……493
  10.11.1 范例说明……493
  10.11.2 具体实现……493
  10.11.3 范例技巧——在网页中实现触摸处理的方法……494
10.12 自动缓存网页数据……494
  10.12.1 范例说明……494
  10.12.2 具体实现……494
  10.12.3 范例技巧——总结UIWebView中主要的委托方法……495
10.13 实现一个Web浏览器……495
  10.13.1 范例说明……495
  10.13.2 具体实现……495
  10.13.3 范例技巧——MIME在浏览器中的作用……498
10.14 实现Cookie功能的登录系统（Swift版）……499
  10.14.1 范例说明……499
  10.14.2 具体实现……499
  10.14.3 范例技巧——本实例的两个难点……501
10.15 加载指定的网页文件……501
  10.15.1 范例说明……501
  10.15.2 具体实现……501
  10.15.3 范例技巧——总结UIWebView的优点……502
10.16 实现Objective-C和JS桥接功能……503
  10.16.1 范例说明……503
  10.16.2 具体实现……503
  10.16.3 范例技巧——iOS中最常用的桥接开发……504
10.17 实现微信样式的导航效果……505
  10.17.1 范例说明……505
  10.17.2 具体实现……505
  10.17.3 范例技巧——加载本地文本文件的通用方法……507
10.18 实现和JavaScript的交互……508
  10.18.1 范例说明……508
  10.18.2 具体实现……508
  10.18.3 范例技巧——总结UIWebViewDelegate的代理方法……509
10.19 浏览网页返回时显示"关闭"按钮……509
  10.19.1 范例说明……509
  10.19.2 具体实现……510
  10.19.3 范例技巧——UIWebView加载PDF文件的方法……511

第11章 地图定位应用实战……512

11.1 定位显示当前的位置信息（Swift版）…512
  11.1.1 范例说明……512
  11.1.2 具体实现……512
  11.1.3 范例技巧——iOS实现位置监听功能的技术方案……515
11.2 在地图中定位当前的位置信息（Swift版）……516
  11.2.1 范例说明……516
  11.2.2 具体实现……516
  11.2.3 范例技巧——实现定位功能需要的类……517
11.3 创建一个支持定位的应用程序（Swift版）……517
  11.3.1 范例说明……517
  11.3.2 具体实现……518
  11.3.3 范例技巧——规划变量和连接……519
11.4 定位当前的位置信息……519
  11.4.1 范例说明……519
  11.4.2 具体实现……519
  11.4.3 范例技巧——总结实现位置定位的基本流程……520
11.5 在地图中绘制导航线路……522
  11.5.1 范例说明……522
  11.5.2 具体实现……522
  11.5.3 范例技巧——Map Kit的作用……524
11.6 实现一个轨迹记录仪（Swift版）……524
  11.6.1 范例说明……524
  11.6.2 具体实现……524
  11.6.3 范例技巧——总结Map Kit的开发流程……528
11.7 实现一个位置跟踪器（Swift版）……529
  11.7.1 范例说明……529
  11.7.2 具体实现……529
  11.7.3 范例技巧——地图视图区域的常见操作……531
11.8 在地图中搜索和选择附近位置（Swift版）……532
  11.8.1 范例说明……532
  11.8.2 具体实现……532
  11.8.3 范例技巧——总结给地图添加标注的方法……533
11.9 获取当前的经度和纬度……534
  11.9.1 范例说明……534
  11.9.2 具体实现……534
  11.9.3 范例技巧——总结市面中常用的坐标系统……534
11.10 在地图中添加大头针提示……535
  11.10.1 范例说明……535
  11.10.2 具体实现……535
  11.10.3 范例技巧——删除地图标注的方法……536
11.11 在地图中标注移动的飞机……537
  11.11.1 范例说明……537

11.11.2 具体实现……537
11.11.3 范例技巧——总结获取当前位置的基本方法……538
11.12 在地图中定位当前位置（Swift版）……539
　11.12.1 范例说明……539
　11.12.2 具体实现……539
　11.12.3 范例技巧——总结位置管理器委托……541
11.13 实现一个位置管理器（Swift版）……542
　11.13.1 范例说明……542
　11.13.2 具体实现……542
　11.13.3 范例技巧——处理定位错误的方法……544

第12章 传感器、触摸和交互实战……545

12.1 实现界面自适应（Swift版）……545
　12.1.1 范例说明……545
　12.1.2 具体实现……545
　12.1.3 范例技巧——多点触摸和手势识别基础……546
12.2 创建可旋转和调整大小的界面……547
　12.2.1 范例说明……547
　12.2.2 具体实现……547
　12.2.3 范例技巧——测试旋转的方法……548
12.3 在旋转时调整控件……549
　12.3.1 范例说明……549
　12.3.2 具体实现……549
　12.3.3 范例技巧——当Interface Builder不满足需求时的解决方案……551
12.4 管理横向和纵向视图（Swift版）……551
　12.4.1 范例说明……551
　12.4.2 具体实现……552
　12.4.3 范例技巧——视图太复杂时的解决方案……553
12.5 实现屏幕视图的自动切换（Swift版）……553
　12.5.1 范例说明……553
　12.5.2 具体实现……553
　12.5.3 范例技巧——界面自动旋转的基本知识……554
12.6 使用触摸的方式移动当前视图……554
　12.6.1 范例说明……554
　12.6.2 具体实现……554
　12.6.3 范例技巧——总结常用的手势识别类……555
12.7 触摸挪动彩色方块（Swift版）……555
　12.7.1 范例说明……555
　12.7.2 具体实现……555
　12.7.3 范例技巧——触摸识别的意义……559
12.8 实现一个手势识别器……559
　12.8.1 范例说明……559
　12.8.2 具体实现……559
　12.8.3 范例技巧——规划本实例的变量和连接……559
12.9 识别手势并移动屏幕中的方块（Swift版）……560
　12.9.1 范例说明……560
　12.9.2 具体实现……560
　12.9.3 范例技巧——iOS触摸处理的基本含义……562
12.10 使用Force Touch……563
　12.10.1 范例说明……563
　12.10.2 具体实现……563
　12.10.3 范例技巧——Force Touch介绍……564
12.11 启动Force Touch触控面板……564
　12.11.1 范例说明……564
　12.11.2 具体实现……564
　12.11.3 范例技巧——总结常用的Force Touch API……564
12.12 实现界面旋转的自适应处理（Swift版）……565
　12.12.1 范例说明……565
　12.12.2 具体实现……565
　12.12.3 范例技巧——实现界面自动旋转的基本方法……566
12.13 实现手势识别（Swift版）……566
　12.13.1 范例说明……566
　12.13.2 具体实现……566
　12.13.3 范例技巧——总结iOS的屏幕触摸操作……567
12.14 识别手势并移动图像（Swift版）……567
　12.14.1 范例说明……568
　12.14.2 具体实现……568
　12.14.3 范例技巧——如何调整框架……568
12.15 实现一个绘图板系统（Swift版）……569
　12.15.1 范例说明……569
　12.15.2 具体实现……569
　12.15.3 范例技巧——如何切换视图……571
12.16 使用Force Touch技术（Swift版）……571
　12.16.1 范例说明……571
　12.16.2 具体实现……571
　12.16.3 范例技巧——挖掘Force Touch技术的方法……572
12.17 实现Touch ID身份验证……573
　12.17.1 范例说明……573
　12.17.2 具体实现……573
　12.17.3 范例技巧——什么是Touch ID……574
12.18 演示触摸拖动操作……574
　12.18.1 范例说明……574
　12.18.2 具体实现……574
　12.18.3 范例技巧——总结接收触摸的方法……575

12.19 实现一个绘图板系统（Swift版）……576
  12.19.1 范例说明……576
  12.19.2 具体实现……576
  12.19.3 范例技巧——实现多点触摸的方法……578
12.20 实现手势识别……578
  12.20.1 范例说明……578
  12.20.2 具体实现……578
  12.20.3 范例技巧——总结iOS触摸处理事件……579
12.21 实现单击手势识别器……580
  12.21.1 范例说明……580
  12.21.2 具体实现……580
  12.21.3 范例技巧——总结触摸和响应链操作……581
12.22 获取单击位置的坐标……581
  12.22.1 范例说明……582
  12.22.2 具体实现……582
  12.22.3 范例技巧——总结iOS中的手势操作……584

第13章 硬件设备操作实战 586

13.1 检测设备的倾斜和旋转……586
  13.1.1 范例说明……586
  13.1.2 具体实现……586
  13.1.3 范例技巧——本实例的应用程序逻辑……587
13.2 使用Motion传感器（Swift版）……587
  13.2.1 范例说明……587
  13.2.2 具体实现……587
  13.2.3 范例技巧——加速剂和陀螺仪的作用……588
13.3 检测设备的朝向……588
  13.3.1 范例说明……588
  13.3.2 具体实现……589
  13.3.3 范例技巧——需要解决的两个问题……589
13.4 传感器综合练习（Swift版）……589
  13.4.1 范例说明……590
  13.4.2 具体实现……590
  13.4.3 范例技巧——分析核心文件的功能……592
13.5 使用Touch ID认证……592
  13.5.1 范例说明……592
  13.5.2 具体实现……593
  13.5.3 范例技巧——Touch ID的官方资料……594
13.6 使用Touch ID密码和指纹认证……594
  13.6.1 范例说明……594
  13.6.2 具体实现……594
  13.6.3 范例技巧——总结开发Touch ID应用

程序的基本步骤……598
13.7 Touch ID认证的综合演练……599
  13.7.1 范例说明……599
  13.7.2 具体实现……599
  13.7.3 范例技巧——指纹识别的安全性……601
13.8 使用CoreMotion传感器（Swift版）……601
  13.8.1 范例说明……601
  13.8.2 具体实现……601
  13.8.3 范例技巧——硬件设备的必要性……604
13.9 获取加速度的值（Swift版）……604
  13.9.1 范例说明……604
  13.9.2 具体实现……604
  13.9.3 范例技巧——总结使用加速计的流程……605
13.10 演示CoreMotion的加速旋转功能……606
  13.10.1 范例说明……606
  13.10.2 具体实现……606
  13.10.3 范例技巧——总结UIAccelerometer类……607
13.11 CoreMotion远程测试（Swift版）……609
  13.11.1 范例说明……609
  13.11.2 具体实现……609
  13.11.3 范例技巧——陀螺仪的工作原理……612

第14章 游戏应用实战 613

14.1 开发一个SpriteKit游戏……613
  14.1.1 范例说明……613
  14.1.2 具体实现……613
  14.1.3 范例技巧——SpriteKit的优点和缺点……621
14.2 开发一个四子棋游戏（Swift版）……622
  14.2.1 范例说明……622
  14.2.2 具体实现……622
  14.2.3 范例技巧——SpriteKit、Cocos2D、Cocos2D-X和Unity的选择……626
14.3 使用SpriteKit框架……626
  14.3.1 范例说明……626
  14.3.2 具体实现……627
  14.3.3 范例技巧——总结开发游戏的流程……628
14.4 开发一个SpriteKit游戏（Swift版）……628
  14.4.1 范例说明……629
  14.4.2 具体实现……629
  14.4.3 范例技巧——一款游戏产品受到的限制……631
14.5 开发一个小球游戏（Swift版）……631
  14.5.1 范例说明……631
  14.5.2 具体实现……632

14.5.3 范例技巧——游戏的大纲策划……634

第15章 WatchOS 2开发实战……635

15.1 实现Apple Watch界面布局……635
- 15.1.1 范例说明……635
- 15.1.2 具体实现……635
- 15.1.3 范例技巧——Apple Watch介绍……638

15.2 演示Apple Watch的日历事件……639
- 15.2.1 范例说明……639
- 15.2.2 具体实现……639
- 15.2.3 范例技巧——总结Apple Watch的3大核心功能……641

15.3 在手表中控制小球的移动……641
- 15.3.1 范例说明……642
- 15.3.2 具体实现……642
- 15.3.3 范例技巧——学习WatchOS 2开发的官方资料……643

15.4 实现一个Watch录音程序……643
- 15.4.1 范例说明……643
- 15.4.2 具体实现……644
- 15.4.3 范例技巧——WatchKit的核心功能……646

15.5 综合性智能手表管理系统（Swift版）……647
- 15.5.1 范例说明……647
- 15.5.2 具体实现……647
- 15.5.3 范例技巧——快速搭建WatchKit开发环境……652

15.6 移动视频播放系统（Swift版）……653
- 15.6.1 范例说明……653
- 15.6.2 具体实现……653
- 15.6.3 范例技巧——总结WatchKit架构……655

第16章 开发框架实战……657

16.1 实现一个HomeKit控制程序……657
- 16.1.1 范例说明……657
- 16.1.2 具体实现……657
- 16.1.3 范例技巧——苹果HomeKit如何牵动全国智能硬件格局……660

16.2 实现一个智能家居控制程序（Swift版）……660
- 16.2.1 范例说明……660
- 16.2.2 具体实现……661
- 16.2.3 范例技巧——HomeKit给开发者和厂家提供的巨大机会……663

16.3 检测一天消耗掉的能量……664
- 16.3.1 范例说明……664
- 16.3.2 具体实现……664
- 16.3.3 范例技巧——HomeKit应用程序的层次模型……669

16.4 心率检测（Swift版）……669
- 16.4.1 范例说明……670
- 16.4.2 具体实现……670
- 16.4.3 范例技巧——HomeKit程序架构模式……673

第17章 移动Web应用实战……675

17.1 在iOS模拟器中测试网页……675
- 17.1.1 范例说明……675
- 17.1.2 具体实现……675
- 17.1.3 范例技巧——移动设备将占据未来计算机市场……677

17.2 使用页面模板……677
- 17.2.1 范例说明……677
- 17.2.2 具体实现……677
- 17.2.3 范例技巧——组件的增强样式……678

17.3 使用多页面模板……678
- 17.3.1 范例说明……678
- 17.3.2 具体实现……678
- 17.3.3 范例技巧——设置内部页面的标题……679

17.4 使用Ajax驱动导航……679
- 17.4.1 范例说明……679
- 17.4.2 具体实现……680
- 17.4.3 范例技巧——分析jQuery Mobile的处理流程……680

17.5 实现基本对话框效果……681
- 17.5.1 范例说明……681
- 17.5.2 具体实现……681
- 17.5.3 范例技巧——使用操作表……682

17.6 实现警告框……683
- 17.6.1 范例说明……683
- 17.6.2 具体实现……683
- 17.6.3 范例技巧——使用多选项操作表……684

17.7 实现竖屏和横屏自适应效果……684
- 17.7.1 范例说明……684
- 17.7.2 具体实现……684
- 17.7.3 范例技巧——WebKit的媒体扩展……685

17.8 实现全屏显示效果……685
- 17.8.1 范例说明……685
- 17.8.2 具体实现……685
- 17.8.3 范例技巧——可以用于定位页眉的3种样式……686

17.9 实现只有图标的按钮效果……687
- 17.9.1 范例说明……687
- 17.9.2 具体实现……687
- 17.9.3 范例技巧——在页眉中使用分段控件……688

17.10 实现回退按钮效果……688
- 17.10.1 范例说明……688
- 17.10.2 具体实现……689

17.10.3 范例技巧——在页眉中添加回退
       链接···690
17.11 在表单中输入文本·····································690
  17.11.1 范例说明···690
  17.11.2 具体实现···690
  17.11.3 范例技巧——将输入字段与其语义
       类型关联···692
17.12 动态输入文本··692
  17.12.1 范例说明···692
  17.12.2 具体实现···692
  17.12.3 范例技巧——使用选择菜单·········693
17.13 实现一个自定义选择菜单效果············693
  17.13.1 范例说明···693
  17.13.2 具体实现···694
  17.13.3 范例技巧——占位符选项···········695
17.14 使用内置列表··695
  17.14.1 范例说明···695
  17.14.2 具体实现···695
  17.14.3 范例技巧——使用列表分割线···696
17.15 实现缩略图列表效果·····························696
  17.15.1 范例说明···696
  17.15.2 具体实现···696

17.15.3 范例技巧——使用折分按钮
       列表···698
17.16 实现可折叠设置效果·····························698
  17.16.1 范例说明···698
  17.16.2 具体实现···698
  17.16.3 范例技巧——使用CSS设置样式···700
17.17 使用网络连接API·································700
  17.17.1 范例说明···700
  17.17.2 具体实现···700
  17.17.3 范例技巧——使用指南针API···701
17.18 预加载一个网页·····································702
  17.18.1 范例说明···702
  17.18.2 具体实现···702
  17.18.3 范例技巧——Pagebeforechange
       事件···702
17.19 开发一个Web版的电话簿系统············703
  17.19.1 范例说明···703
  17.19.2 具体实现···703
  17.19.3 范例技巧——使用页面初始化事件
       Page initialization events··················707

第 1 章 搭建开发环境实战

都说"工欲善其事，必先利其器！"，在进行iOS开发之前，也同样需要先为自己准备一个好的开发工具，并预先搭建一个合适的开发环境。本章将以具体实例来详细介绍搭建iOS开发环境中的知识，让读者从实例中体会搭建iOS开发环境的方法和技巧，为步入本书后面知识的学习打下基础。

1.1 下载并安装Xcode

范例1-1	下载并安装Xcode
源码路径	无

1.1.1 范例说明

要开发iOS的应用程序，需要一台安装有Xcode工具的Mac OS X电脑。Xcode是苹果提供的开发工具集，提供了项目管理、代码编辑、创建执行程序、代码级调试、代码库管理和性能调节等功能。这个工具集的核心就是Xcode程序，提供了基本的源代码开发环境。

Xcode是一款强大的专业开发工具，可以简单快速而且以我们熟悉的方式执行绝大多数常见的软件开发任务。相对于创建单一类型的应用程序所需要的能力而言，Xcode要强大得多，它的设计目的是使我们可以创建任何想象到的软件产品类型，从Cocoa及Carbon应用程序，到内核扩展及Spotlight导入器等各种开发任务，Xcode都能完成。Xcode独具特色的用户界面可以帮助用户以各种不同的方式来漫游工具中的代码，并且可以访问工具箱下面的大量功能，包括GCC、javac、jikes和GDB，这些功能都是制作软件产品所需要的。它是一个由专业人员设计的又由专业人员使用的工具。

由于能力出众，Xcode已经被Mac开发者社区广为采纳。而且随着苹果电脑向基于Intel的Macintosh迁移，转向Xcode变得比以往的任何时候更加重要。这是因为使用Xcode可以创建通用的二进制代码，这里所说的通用二进制代码是一种可以把PowerPC和Intel架构下的本地代码同时放到一个程序包的执行文件格式。事实上，对于还没有采用Xcode的开发人员，转向Xcode是将应用程序连编为通用二进制代码的第一个必要的步骤。

1.1.2 具体实现

其实对于初学者来说，只需安装Xcode即可。通过使用Xcode，既能开发iPhone程序，也能够开发iPad程序。并且Xcode还是完全免费的，通过它提供的模拟器就可以在电脑上测试我们的iOS程序。如果要发布iOS程序或在真实机器上测试iOS程序的话，就需要99美元。

（1）下载的前提是先注册成为一名开发人员，来到苹果开发页面主页https://developer.apple.com/，如图1-1所示。

如果通过使用iTunes、iCloud或其他Apple服务获得了Apple ID，可将该ID用作开发账户。如果目前还没有Apple ID，或者需要新注册一个专门用于开发的新ID，可通过注册的方法创建一个新Apple ID。注册界面如图1-2所示。

图1-1 苹果开发页面主页

图1-2 注册Apple ID的界面

（2）单击图1-2中的"Create Apple ID"按钮后可以创建一个新的Apple ID账号，注册成功后，输入信息登录，登录成功后的界面如图1-3所示。

图1-3 使用Apple ID账号登录后的界面

（3）登录到Xcode的下载页面https://developer.apple.com/xcode/downloads/，找到"Xcode 7"选项，如图1-4所示。

图1-4 Xcode的下载页面

（4）如果是付费账户，可以直接在苹果官方网站中下载获得。如果不是付费会员用户，可以从网络中搜索热心网友们的共享信息，以此达到下载Xcode 7的目的。单击"Download Xcode 7 beta"链接后弹出下载对话框，如图1-5所示。单击"下载"按钮开始下载。

（5）下载完成后，打开下载的".dmg"格式文件如图1-6所示。

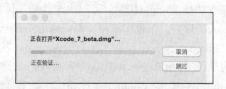

图1-5 单击"Download Xcode 7 beta"链接　　图1-6 打开下载的Xcode文件

（6）双击Xcode下载得到的文件开始安装，在弹出的对话框中单击"Continue"按钮，如图1-7所示。

（7）在弹出的欢迎界面中单击"Agree"按钮，如图1-8所示。

图1-7 单击"Continue"按钮　　图1-8 单击"Agree"按钮

（8）在弹出的对话框中单击"Install"按钮，如图1-9所示。

（9）在弹出的对话框中输入用户名和密码，然后单击"好"按钮，如图1-10所示。

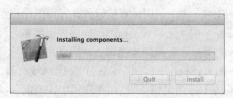

图1-9 单击"Install"按钮　　图1-10 单击"好"按钮

（10）在弹出的新对话框中显示安装进度，安装完成后的界面如图1-11所示。
（11）Xcode 7的默认启动界面如图1-12所示。

图1-11 完成安装

图1-12 启动Xcode 7后的初始界面

1.1.3 范例技巧——成为免费会员还是付费会员

在成功登录Apple ID后，可以决定是加入付费的开发人员计划还是继续使用免费资源。要加入付费的开发人员计划，请再次将浏览器指向iOS开发计划网页（http://developer.apple.com/programs/ios/），并单击"Enron New"链接加入。阅读说明性文字后，单击"Continue"按钮开始进入加入流程。在系统提示时选择"I'm Registered as a Developer with Apple and Would Like to Enroll in a Paid Apple Developer Program"，再单击"Continue"按钮。注册工具会引导我们申请加入付费的开发人员计划，包括在个人和公司选项之间做出选择。如果不确定成为付费成员是否合适，建议读者先不要急于成为付费会员，而是先成为免费成员，在编写一些示例应用程序并在模拟器中运行它们后再升级为付费会员。显然，模拟器不能精确地模拟移动传感器输入和GPS数据等。

如果读者准备选择付费模式，付费的开发人员计划提供了两种等级：标准计划（99美元）和企业计划（299美元），前者适用于要通过App Store发布其应用程序的开发人员，而后者适用于开发的应用程序要在内部（而不是通过App Store）发布的大型公司（雇员超过500人）。你很可能想选择标准计划。

其实无论是公司用户还是个人用户，都可选择标准计划（99美元）。在将应用程序发布到App Store时，如果需要指出公司名，则在注册期间会给出标准的"个人"或"公司"计划选项。

1.2 创建iOS项目并启动模拟器

范例1-2	创建iOS项目并启动模拟器
源码路径	无

1.2.1 范例说明

计算机模拟（简称SIM）是利用计算机进行模拟的方法，利用计算机软件开发出的模拟器，可以进行故障树分析、测试VLSI逻辑设计等复杂的模拟任务。在优化领域，物理过程的模拟经常与演化计算一同用于优化控制策略。计算机模拟器中有一种特殊类型：计算机架构模拟器，用以在一台计算机上模拟另一台指令不兼容或者体系不同的计算机。阿兰·图灵曾提出：（不同体系的）机器A或机器B不考虑硬件和速度的限制，在理论上可以用指令实现互相模仿（即图灵机）。然而在现实中，速度和硬件是必须考虑的。

1.2.2 具体实现

（1）Xcode位于"Developer"文件夹内的"Applications"子文件夹中，快捷图标如图1-13所示。

（2）启动Xcode 7后的初始界面如图1-14所示，在此可以设置是创建新工程还是打开一个已存在的工程。

图1-13 Xcode图标　　　　　　　　　　　　图1-14 启动一个新项目

（3）单击"Create a new Xcode project"后会出现"Choose a template…"窗口，如图1-15所示。在窗口的左侧，显示了可供选择的模板类别，因为我们的重点是类别iOS Application，所以在此需要确保选择了它。而在右侧显示了当前类别中的模板以及当前选定模板的描述。

（4）从iOS 9开始，在"Choose a template…"窗口的左侧新增了"watchOS"选项，这是为开发苹果手表应用程序所准备的。选择"watchOS"选项后的效果如图1-16所示。

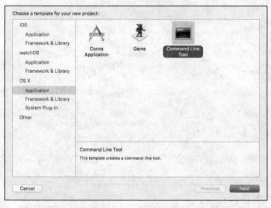 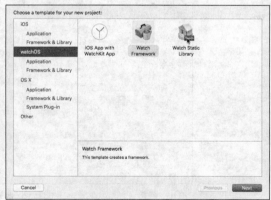

图1-15 "Choose a template…"窗口　　　　图1-16 选择"watchOS"选项后的效果

（5）对于大多数iOS 9应用程序来说，只需选择"iOS"下的"Application（应用程序）"模板，然后单击"Next"按钮即可，如图1-17所示。

（6）选择模板并单击"Next"按钮后，在新界面中Xcode将要求指定产品名称和公司标识符。产品名称就是应用程序的名称，而公司标识符是创建应用程序的组织或个人的域名，但按相反的顺序排列。这两者组成了标识符，它将您的应用程序与其他iOS应用程序区分开来，如图1-18所示。

例如，创建一个名为"exSwift"的应用程序，设置域名为"apple"。如果没有域名，在开发时可以使用默认的标识符。

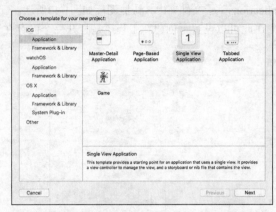

图1-17 单击模板"Empty Application（空应用程序）"

图1-18 Xcode文件列表窗口

（7）单击"Next"按钮，Xcode将要求指定项目的存储位置。切换到硬盘中合适的文件夹，确保没有选择复选框"Source Control"，再单击"Create（创建）"按钮。Xcode将创建一个名称与项目名相同的文件夹，并将所有相关联的模板文件都放到该文件夹中，如图1-19所示。

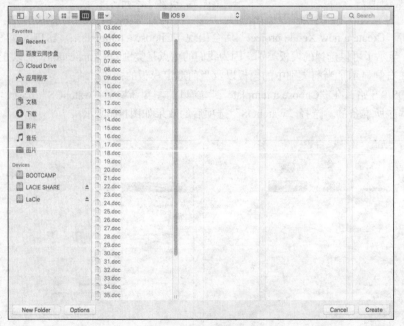

图1-19 选择保存位置

（8）在Xcode中创建或打开项目后，将出现一个类似于iTunes的窗口，需要使用它来完成所有的工作，从编写代码到设计应用程序界面。如果这是您第一次接触Xcode，令人眼花缭乱的按钮、下拉列表和图标将让您感到不适。为让您对这些东西有大致认识，下面首先介绍该界面的主要功能区域，如图1-20所示。

（9）运行iOS模拟器的方法十分简单，只需单击左上角的 按钮即可，运行效果如图1-21所示。

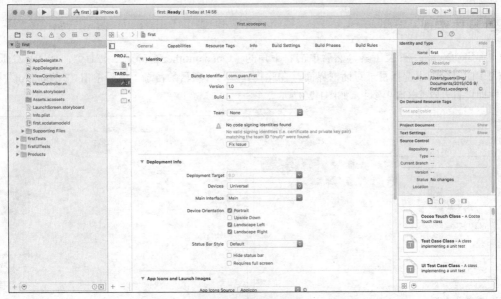

图1-20 Xcode界面

图1-21 iPhone模拟器的运行效果

1.2.3 范例技巧——Xcode里的模拟器到底在哪里

在Xcode中，模拟器的安装目录在：
/Users/你当前登录的用户名/Library/Application Support/iPhone Simulator/

1.3 打开一个现有的iOS项目

范例1-3	打开一个现有的iOS项目
源码路径	无

1.3.1 范例说明

本范例的功能是，演示了打开一个已经存在的Xcode项目的方法。

1.3.2 具体实现

（1）启动Xcode 7开发工具，然后单击右下角的"Open another project…"命令，如图1-22所示。

（2）此时会弹出选择目录对话框界面，在此找到要打开项目的目录，然后单击".xcodeproj"格式的文件即可打开这个iOS 9项目，如图1-23所示。

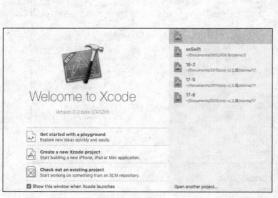 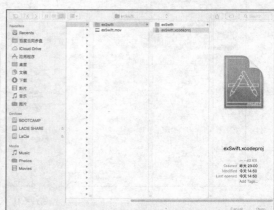

图1-22 单击右下角的"Open another project…"　　图1-23 单击".xcodeproj"格式的文件

另外，读者也可以直接来到要打开工程的目录位置，双击里面的".xcodeproj"格式的文件也可以打开这个iOS 9项目。

1.3.3 范例技巧——直接双击打开

在iOS 9开发过程中，可以直接通过双击项目中的project.pbxproj的方式打开这个工程项目。

1.4 Xcode基本面板介绍

范例1-4	Xcode基本面板介绍
源码路径	无

1.4.1 范例说明

Xcode 7是一款功能全面的应用程序，通过此工具可以轻松输入、编译、调试并执行Objective-C程序。如果想在Mac上快速开发iOS应用程序，则必须学会使用这个强大的工具。在下面的内容中，将详细讲解Xcode 7开发工具的基本知识，为读者步入本书后面知识的学习打下基础。

1.4.2 具体实现

1. 整体面板介绍

使用Xcode 7打开一个iOS 9项目后的效果如图1-24所示。

（1）调试区域：左上角的这部分是控制程序编译进行调试或者终止调试，还有选择Scheme目标的地方。单击三角形图标会启动模拟器运行这个iOS程序，单击正方形图标会停止运行。

（2）资源管理器：左边这一部分是资源管理器，上方可以设置选择显示的视图，有Class视图、搜索视图、错误视图等。

1.4 Xcode基本面板介绍　9

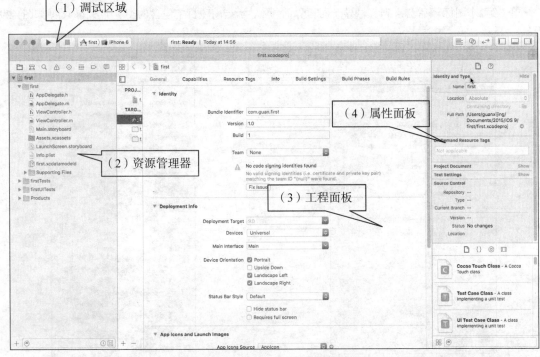

图1-24 打开一个iOS 9项目后的效果

（3）工程面板：这部分是最重要的，也是整个窗口中占用面积最大的区域，通常显示当前工程的总体信息，例如编译信息、版本信息和团队信息等。当在"资源管理器"中用鼠标选择一个源码文件时，这个区域将变为"编码面板"，在面板中将显示这个文件的具体源码。

（4）属性面板：在进行Storyboard或者xib设计的时候十分有用，可以设置每个控件的属性。和Visual C++、Visual Studio.NET中的属性面板类似。

2．调试工具栏介绍

调试工具栏界面效果如图1-25所示。从左面开始我们来看看常用的工具栏项目，首先是运行按钮▶，单击它可以打开模拟器来运行我们的项目。停止运行按钮是■。另外当单击并按住片刻后可以看到下面的弹出菜单，为我们提供了更多的运行选项。

在停止运行按钮■的旁边，可以看到如图1-26所示的一个下拉列表，在这里可以选择虚拟器的属性，是iPad还是iPhone。iOS Device是指真机测试。

工具栏最右侧有3个关闭视图控制器工具，可以用来关闭一些不需要的视图，如图1-27所示。

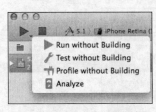　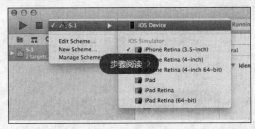　

图1-25 调试工具栏界面效果　　图1-26 选择虚拟器的属性　　图1-27 关闭视图控制器工具

3．导航面板介绍

在导航区域包含了多个导航类型，例如选中第1个图标后会显示项目导航面板，即显示当前项目的构成文件，如图1-28所示。

单击第2个图标 后会来到符号导航面板界面，将显示当前项目中包含的类、方法和属性，如图1-29所示。

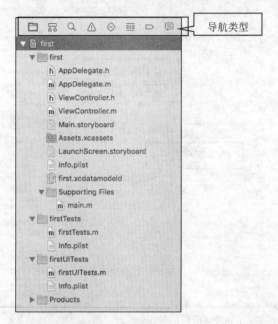

图1-28 项目导航面板界面

图1-29 符号导航面板界面

单击第3个图标 后会来到搜索导航面板界面，在此可以输入将要搜索的关键字，按下回车键后将会显示搜索结果。例如，输入关键字"first"后的效果如图1-30所示。

单击第4个图标 后会来到问题导航面板界面，如果当前项目存在错误或警告，则会在此面板中显示出来，如图1-31所示。

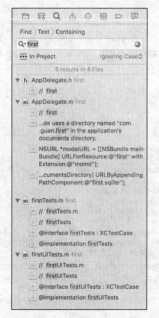

图1-30 搜索导航面板界面

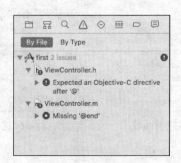

图1-31 显示出错信息

单击第5个图标后会来到测试导航面板界面，将会显示当前项目包含的测试用例和测试方法等，如图1-32所示。

单击第6个图标后会来到调试导航面板界面，在默认情况下将会显示一片空白，如图1-33所示。只有进行项目调试时，才会在这个面板中显示内容。

图1-32 测试导航面板界面

图1-33 调试导航面板界面

4. 检查器面板介绍

单击属性窗口中的图标后会来到文件检查器面板界面，此面板用于显示该文件存储的相关信息，例如文件名、文件类型、文件存储路径和文件编码等信息，如图1-34所示。

单击属性窗口中的图标后会来到快速帮助面板界面，当将光标停留在某个源码文件中的声明代码片段部分时，会在快速帮助面板界面中显示帮助信息。图1-35的右上方显示了光标所在位置的帮助信息。

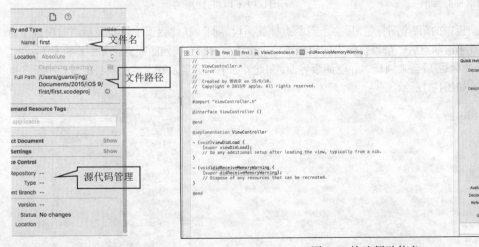

图1-34 文件检查器面板界面　　　　　　图1-35 快速帮助信息

1.4.3 范例技巧——使用断点调试

在Xcode 7中使用断点调试的基本流程如下所示。

打开某一个文件，在编码窗口中找到想要添加断点的行号位置，然后鼠标左键单击，此时这行代码前面将会出现图标，如图1-36所示。如果想删除断点，只需用鼠标左键按住断点并拖向旁边，断点就会消失。

在添加断点并运行项目后，程序会进入调试状态，并且会执行到断点处停下来，此面板中将会显示执行这个断点时的所有变量以及变量的值，如图1-37所示。此时的测试导航界面如图1-38所示。

图1-36 设置的断点

图1-37 变量检查值

断点测试导航界面的功能非常强大，甚至可以查看程序对CPU的使用情况，如图1-39所示。

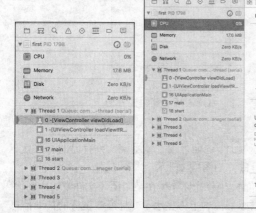
图1-38 断点测试导航界面

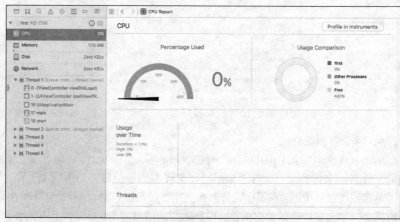
图1-39 CPU的使用情况

单击导航面板中的第7个图标后会来到断点导航面板界面，在此界面中将会显示当前项目中的所有断点。右键单击断点后，可以在弹出的快捷菜单中设置禁用断点或删除断点，如图1-40所示。

单击第8个图标后会来到日志导航面板界面，在此界面中将会显示开发整个项目的过程中所发生过的所有信息，如图1-41所示。

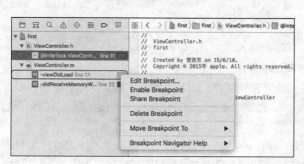
图1-40 禁用断点或删除断点

图1-41 日志导航面板界面

1.5 通过搜索框缩小文件范围

范例1-5	通过搜索框缩小文件范围
源码路径	无

1.5.1 范例说明

在开发iOS 9项目的过程中，为了快速搜索到项目程序中的某个关键字，可以使用Xcode搜索框实现快速查询功能。

1.5.2 具体实现

当项目开发一段时间后，源代码文件会越来越多。再从Groups & Files的界面去点选，效率比较差。可以借助Xcode的浏览器窗口，如图1-42所示。

图1-42 Xcode的浏览器窗口

在图1-42的搜索框中可以输入关键字，这样浏览器窗口里就只显示带关键字的文件了，比如只想看SKTexture相关的类，如图1-43所示。

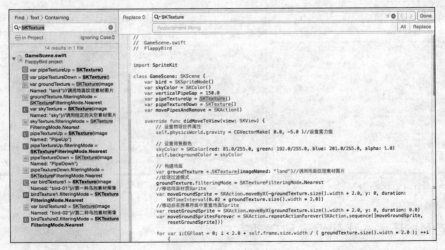

图1-43 输入关键字

1.5.3 范例技巧——改变公司名称

通过Xcode编写代码，代码的头部会有类似于如图1-44所示的内容。

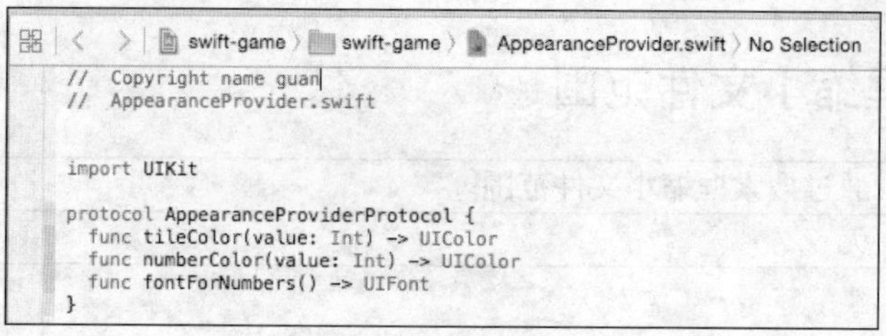

14 | 第1章 搭建开发环境实战

图1-44 头部内容

在此可以将这部分内容改为公司的名称或者项目的名称。

1.6 格式化代码

范例1-6	格式化代码
源码路径	无

1.6.1 范例说明

这里的格式化是指将Xcode中的源码进行修饰，目标是将代码按照一定的格式显示出来，使整个界面看起来整洁大方，提高程序的阅读性。

1.6.2 具体实现

例如在下面图1-45所示的界面中，有很多行都顶格了，此时需要进行格式化处理。

选中需要格式化的代码，然后在上下文菜单中进行查找，这是比较规矩的办法，如图1-46所示。

Xcode没有提供快捷键，当然自己可以设置，此时可以用快捷键实现，例如：Command+A（全选文字）、Command+X（剪切文字）和Command+V（粘贴文字）。Xcode 7会对粘贴的文字格式化。

图1-45 多行都顶格

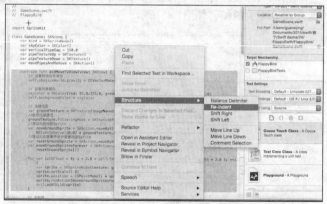

图1-46 在上下文菜单中进行查找

1.6.3 范例技巧——代码缩进和自动完成

有的时候代码需要缩进，有的时候又要做相反的操作。单行缩进和其他编辑器类似，只需使用"Tab"键即可。如果选中多行则需要使用快捷键了，其中"Command+]"表示缩进，"Command+["表示反向缩进。

使用IDE工具的一大好处是，工具能够帮助我们自动完成比较冗长的类型名称。Xcode提供了这方面的功能。比如下面的的输出日志。
```
NSLog(@"book author: %@",book.author);
```
如果都自己输入会很麻烦的,可以先输入"ns",然后使用快捷键"Ctrl+.",会自动出现如下代码。
```
NSLog(NSString * format)
```
然后填写参数即可。快捷键"Ctrl+."的功能是自动给出第一个匹配ns关键字的函数或类型,而NSLog是第一个。如果继续使用"Ctrl+.",则会出现比如NSString的形式。以此类推,会显示所有ns开头的类型或函数,并循环往复。或者,也可以用"Ctrl+,"快捷键,比如还是ns,那么会显示全部ns开头的类型、函数、常量等的列表。可以在这里选择。其实,Xcode也可以在输入代码的过程中自动给出建议。比如要输入"NSString",当输入到"NSStr"的时候:
```
NSString
```
此时后面的ing会自动出现,如果和预想的一样,只需直接按"Tab"键确认即可。如果想输入的是"NSStream",那么可以继续输入。另外也可按"Esc"键,这时就会出现结果列表供选择了,如图1-47所示。

如果是正在输入方法,那么会自动完成,如图1-48所示。

图1-47 出现结果列表　　　　　　图1-48 自动完成的结果

我们可以使用"Tab"键确认方法中的内容,或者通过快捷键"Ctrl+/"在方法中的参数间来回切换。

1.7 文件内查找和替代

范例1-7	文件内查找和替代
源码路径	无

1.7.1 范例说明

和其他市面中的主流开发工具类似,Xcode也为开发者提供了在项目中实现快速查找和替代的功能,提高了开发效率。

1.7.2 具体实现

在编辑代码的过程中经常会做查找和替代的操作,如果只是查找则直接按"Command+F"快捷键即可,在代码的右上角会出现如图1-49所示的界面。只需在里面输入关键字,不论大小写,代码中所有命中的文字都高亮显示。

也可以实现更复杂的查找,例如是否大小写敏感、是否使用正则表达式等。设置界面如图1-50所示。通过图1-51中的"Find & Replace"可以切换到替代界面。

例如,图1-52所示的界面将查找设置为大小写敏感,然后替代为myBook。

图1-49 查找界面

图1-50 复杂查找设置

图1-51 "Find & Replace"替换　　　　图1-52 替代为myBook

另外,也可以单击按钮选择是全部替代,还是查找一个替代一个等。如果需要在整个项目内查找和替代,则依次单击 "Find" → "Find in Project…" 命令,如图1-53所示。

还是以找关键字 "book" 为例,则实现界面如图1-54所示。

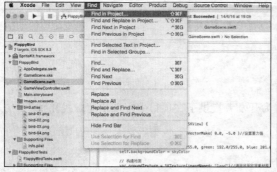

图1-53 "Find in Project…"命令　　　　图1-54 在整个项目内查找"book"关键字

替代操作的过程也与之类似,在此不再进行详细讲解。

1.7.3 范例技巧——快速定位到代码行

如果想定位光标到选中文件的行上,可以使用快捷键 "Command+L" 来实现,也可以依次单击 "Navigate" → "Jump to Line…" 命令实现,如图1-55所示。

在使用菜单命令或者快捷键时都会出现如图1-56所示的对话框,输入行号和回车后就会来到该文件的指定行。

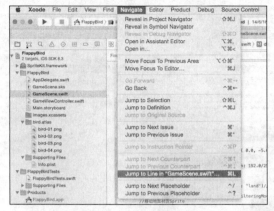

图1-55 "Jump to Line…"命令　　　　　　　　图1-56 输入行号

1.8 使用Xcode 7帮助系统

范例1-8	使用Xcode 7帮助系统
源码路径	无

1.8.1 范例说明

在Mac中使用Xcode 7进行iOS开发时，难免会遇到很多API、类和函数等资料的查询操作，此时可以利用Xcode自带的帮助文档系统进行学习并解决我们的问题。

1.8.2 具体实现

使用Xcode 7帮助系统的方式有如下3种。
（1）使用"快速帮助面板"。
只需将光标放在源码中的某个类或函数上，即可在"快速帮助面板"中弹出帮助信息，如图1-57所示。

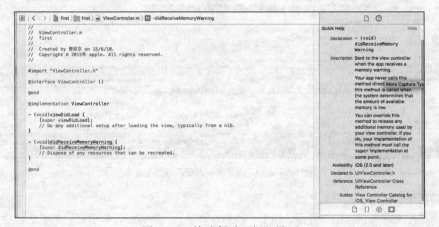

图1-57 "快速帮助面板"界面

此时单击右下角中的"View Controller Catalog for iOS，View Controller"后会在新界面中显示详细

信息,如图1-58所示。

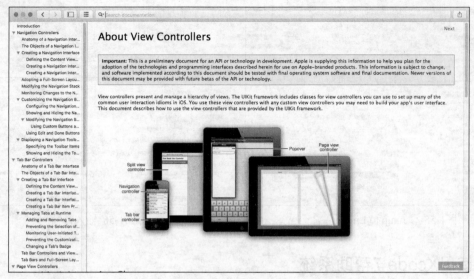

图1-58 详细帮助信息

(2)使用搜索功能。

在上图中的帮助系统中,可以在顶部文本框中输入一个关键字,即可在下方展示对应的知识点信息。例如,输入关键字"NSS"后的效果如图1-59所示。

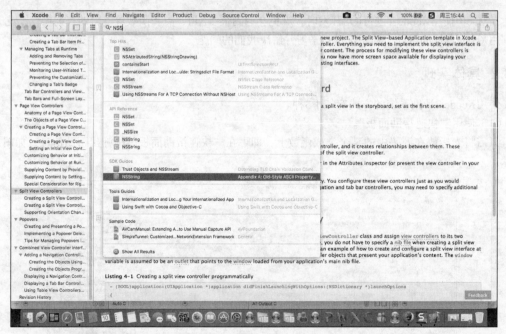

图1-59 输入关键字"NSS"后的效果

(3)使用编辑区的快速帮助。

在某个程序文件的代码编辑界面,按下"Option"键后,当将光标移动到某个类上时会变为问号,此时单击鼠标左键就会弹出悬浮样式的快速帮助信息,显示对应的接口文件和参考文档。当单击参考文档名时,会弹出帮助界面显示相关的帮助信息,如图1-60所示。

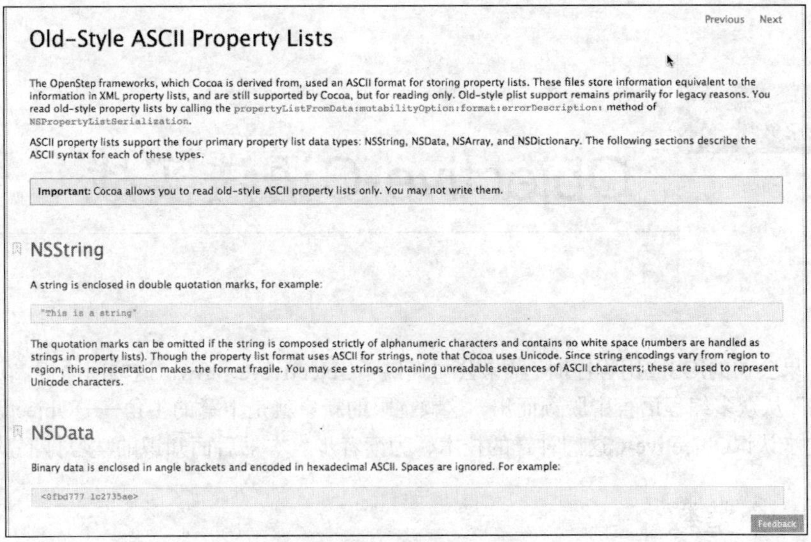

图1-60 详细帮助信息

1.8.3 范例技巧——使用Xcode帮助

如果想快速的查看官方API文档，可以在源代码中按下"Option"键并鼠标双击该类型（函数、变量等），如下面图1-61所示的是SKTextureFilteringMode的API文档对话框。

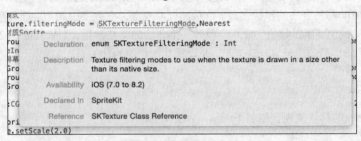

图1-61 SKTextureFilteringMode的API文档对话框

如果单击上图中标识的按钮，会弹出完整文档的窗口，如图1-62所示。

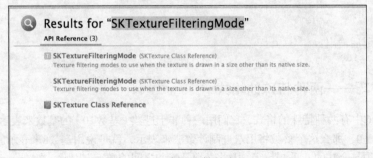

图1-62 完整文档的窗口

第 2 章 Objective-C语法实战

在开发苹果公司的iOS应用程序时，苹果公司提供了Objective-C和Swift这两门语言。在最近几年来，有一匹"黑马"从众多编程语言中脱颖而出，这颗耀眼的新星就是本章的主角——Objective-C。本章将带领大家来初步认识Objective-C这门神奇的技术，为读者步入本书后面知识的学习打下基础。

2.1 输出一个整数

范例2-1	输出一个整数
源码路径	光盘\daima\第2章\2-1

2.1.1 范例说明

在Objective-C程序中，整数常量由一个或多个数字的序列组成。序列前的负号表示该值是一个负数，例如值88、-10和100都是合法的整数常量。Objective-C规定，在数字中间不能插入空格，并且不能用逗号来表示大于999的值。所以数值"12,00"就是一个非法的整数常量，如果写成"1200"就是正确的。在本实例中定义了int类型的变量 *integerVar*，并设置其初始值为100。

2.1.2 具体实现

实例文件main.m的具体实现代码如下所示。
```
#import <Foundation/Foundation.h>
int main(int argc, const char * argv[]) {
    @autoreleasepool {
        int integerVar = 100;
        NSLog (@"integerVar = %i", integerVar);
    }
    return 0;
}
```
执行上述代码后输出：
```
integerVar =100
```

2.1.3 范例技巧——两种特殊的格式

在Objective-C中有两种特殊的格式，它们用一种非十进数（基数10）的基数来表示整数常量。如果整型值的第一位是0，那么这个整数将用八进制计数法来表示，就是说用基数8来表示。在这种情况下，该值的其余位必须是合法的八进制数字，因此必须是0到7之间的数字。因此，在Objective-C中以八进制表示的值50（等价于十进制的值40），表示方式为050。与此类似，八进制的常量0177表示十进制的值127（1×64+7×8+7）。通过在NSLog调用的格式字符串中使用格式符号%o，可以在终端上用八进制显示整型值。在这种情况下，使用八进制显示的值不带有前导0。而格式符号%#o将在八进制值的前面显示前导0。

2.2 实现格式化输出

范例2-2	实现格式化输出
源码路径	光盘\daima\第2章\2-2

2.2.1 范例说明

在Ojective-C程序中,可以实现整数的运算处理,并且可以通过"%i"实现格式转换。例如在本实例的实现代码中,"%i"是格式转换符,表示打印出来的数据是int类型的。

2.2.2 具体实现

实例文件main.m的具体实现代码如下所示。

```
#import <Foundation/Foundation.h>
int main(int argc, const char * argv[]) {
    @autoreleasepool {
        int a,b,c,d;
        unsigned u;
        a = 12;
        b = -24;
        u = 10;
        c = a + u;
        d = b + u;
        NSLog (@"a+u=%i,b+u=%i", c, d);
    }
    return 0;
}
```

执行上述代码后输出:
```
a+u=22,b+u=-14
```

2.2.3 范例技巧——还存在两种特殊的格式

其实在Objective-C中还存在两种特殊的格式,这两种格式用一种非十进制形式表达整型数据。如果一个整型的值是以0开头的,那么这个整型的数据将要使用八进制的计数法来表示,也就是说:基数是8而不是10。在这种情况下,这个数的其余位必须是合法的八进制数字,也就是0~7的数字。例如,八进制数010表示十进制数8,在NSLog调用的格式字符串中使用的符号为%o,表示可以打印出八进制的数字。

如果整型数据以数字0和字母x或者X开头,那么这个值将要用十六进制计数法来表示。在x后面的数字是十六进制的数字,它可以由0~9的数字和a~f(A~F)的字母组成。字母分别表示10~15。与此对应的格式转换符为%X或者%#X(%x或者%#x)。

2.3 使用%f和%e实现格式化输出

范例2-3	使用%f和%e实现格式化输出
源码路径	光盘\daima\第2章\2-3

2.3.1 范例说明

对于float和double类型来说,%f为十进制数形式的格式转换符,表示使用浮点数小数形式打印出来;%e表示用科学计数法的形式打印出浮点数;%g表示用最短的方式表示一个浮点数,并且使用科学计数法。例如在下面的实例代码中很好地说明了这一点。

2.3.2 具体实现

实例文件main.m的具体实现代码如下所示。
```objc
#import <Foundation/Foundation.h>

int main(int argc, const char * argv[]) {
    @autoreleasepool {
        float floatingVar = 331.79;
        double doubleVar = 8.44e+11;
        NSLog (@"floatingVar = %f", floatingVar);
        NSLog (@"doubleVar = %e", doubleVar);
        NSLog (@"doubleVar = %g", doubleVar);
    }
    return 0;
}
```
执行上述代码后输出。
```
floatingVar=331.790009
doubleVar=8.440000e+11
doubleVar=8.44e+11
```

2.3.3 范例技巧——类型double与类型float类似

在Objective-C程序中，类型double与类型float类似。Objective-C规定，当在float变量中所提供的值域不能满足要求时，需要使用double变量来实现需求。声明为double类型的变量可以存储的位数，大概是float变量所存储的两倍多。在现实应用中，大多数计算机使用64位来表示double值。除非另有特殊说明，否则Objective-C编译器将全部浮点常量当作double值来对待。要想清楚地表示float常量，需要在数字的尾部添加字符f或F，例如：
```
12.4f
```
要想显示double的值，可以使用格式符号%f、%e或%g来辅助实现，它们与显示float值所用的格式符号是相同的。

2.4 有效数字造成误差

范例2-4	有效数字造成误差
源码路径	光盘\daima\第2章\2-4

2.4.1 范例说明

在Objective-C语言中，由于实型变量能提供的有效数字总是有限的，比如，float只能提供7位有效数字，这样会在实际计算中存在一些舍入误差。例如在下面的实例代码中，演示了因为有效数字而造成误差的情形。

2.4.2 具体实现

实例文件main.m的具体实现代码如下所示。
```objc
#import <Foundation/Foundation.h>

int main(int argc, const char * argv[]) {
    @autoreleasepool {
        float a=123456.789e5;
        float b=a+20;
        NSLog(@"%f",a);
        NSLog(@"%f",b);
    }
```

```
        return 0;
}
```
执行上述代码后输出:
```
12345678848.000000
12345678848.000000
```

2.4.3 范例技巧——实型数据的分类

在Objective-C语言中,实型数据分为实型常量和实型变量两种。

1. 实型常量

实型常量也称为实数或者浮点数,在Objective-C中有两种形式:小数形式和指数形式。具体说明如下所示。

- 小数形式:由数字0~9和小数点组成。例如:0.0、25.0、5.789、0.13、5.0、300.0、-267.8230等均为合法的实数。注意,此处必须有小数点。在NSLog中,需要使用%f格式输出小数形式的实数。
- 指数形式:由十进制数,加阶码标志"e"或"E"以及阶码(只能为整数,可以带符号)组成。其一般形式为:aEn(a为十进制数,n为十进制整数)。其值为$a\times 10^n$。在NSLog上,使用%e格式来输出指数形式的实数。例如下面是一些合法的实数。

```
2.1E5 (等于2.1×10⁵)
3.7E-2 (等于3.7×10⁻²)
```

而下面是不合法的实数。

```
345 (无小数点)
E7 (阶码标志E 之前无数字)
-5 (无阶码标志)
53.-E3 (负号位置不对)
2.7E (无阶码)
```

Objective-C允许浮点数使用后缀,后缀为"f"或"F",表示该数为浮点数,例如356f和356F是等价的。

2. 实型变量

(1)实型数据在内存中的存放形式。

实型数据一般占4个字节(32位)的内存空间,按指数形式存储。小数部分占的位(bit)数越多,数的有效数字越多,精度越高。指数部分占的位数越多,则能表示的数值范围愈大。

(2)实型变量的分类。

实型变量分为:单精度(float型)、双精度(double型)和长双精度(long—double型)3类。在大多数机器上,单精度型占4个字节(32位)内存空间,其数值范围为3.4E-38~3.4E+38,只能提供7位有效数字。双精度型占8个字节(64位)的内存空间,其数值范围为1.7E-308~1.7E+308,可提供16位有效数字。

2.5 使用基本的Objective-C数据类型

范例2-5	使用基本的Objective-C数据类型
源码路径	光盘\daima\第2章\2-5

2.5.1 范例说明

在本实例中,第二行floatingVar的值是331.79,但是实际显示为331.790009。这是因为,实际显示的值是由使用的特定计算机系统决定的。出现这种不准确值的原因是计算机内部使用特殊的方式表示数字。当使用计算器处理数字时,很可能遇到相同的不准确性。如果用计算器计算1除以3,将得到结果.33333333,很可能结尾带有一些附加的3。这串3是计算器计算1/3的近似值。理论上,应该存在无限个3。然而该计算器只能保存这些位的数字,这就是计算机的不确定性。此处应用了相同类型的不确定性:在计算机内存中不能精确地表示一些浮点值。

2.5.2 具体实现

实例文件main.m的具体实现代码如下所示。

```objectivec
#import <Foundation/Foundation.h>

int main(int argc, const char * argv[]) {
    @autoreleasepool {
        int    integerVar = 50;
        float  floatingVar = 331.79;
        double doubleVar = 8.44e+11;
        char   charVar = 'W';
        NSLog (@"integerVar = %i", integerVar);
        NSLog (@"floatingVar = %f", floatingVar);
        NSLog (@"doubleVar = %e", doubleVar);
        NSLog (@"doubleVar = %g", doubleVar);
        NSLog (@"charVar = %c", charVar);
    }
    return 0;
}
```

执行上述代码后输出:
```
integerVar = 50
floatingVar = 331.790009
doubleVar = 8.440000e+11
doubleVar = 8.44e+11
charVar = 'W'
```

2.5.3 范例技巧——char类型应用注意事项

在Objective-C程序中，char类型变量的功能是存储单个字符，只要将字符放到一对单引号中就能得到字符常量。例如"a"";"和"0"都是合法的字符常量。其中"a"表示字母a，";"表示分号，"0"表示字符0（并不等同于数字0）。在Objective-C程序中，不能把字符常量和C语言风格的字符串混为一谈，字符常量是放在单引号中的单个字符，而字符串则是放在双引号中任意个数的字符，不但要求在前面有@字符，而且要求放在双引号中的字符串才是NSString字符串对象。

2.6 使用转义字符

范例2-6	使用转义字符
源码路径	光盘\daima\第2章\2-6

2.6.1 范例说明

转义字符是一种特殊的字符常量。转义字符以反斜线"\"开头，后面紧跟一个或几个字符。转义字符具有特定的含义，不同于字符原有的意义，所以被称为"转义"字符。例如，"\n"就是一个转义字符，表示"换行"。转义字符主要用来表示那些用一般字符不便于表示的控制代码。例如在下面的实例代码中，定义a、b为字符型，但在赋值语句中赋予整型值。从结果看，输出a和b值的形式取决于NSLog函数格式串中的格式符。当格式符为"%c"时，对应输出的变量值为字符；当格式符为"%i"时，对应输出的变量值为整数。

2.6.2 具体实现

实例文件main.m的具体实现代码如下所示。

```objectivec
#import <Foundation/Foundation.h>
int main(int argc, const char * argv[]) {
    @autoreleasepool {
```

```
            char a=120;
            char b=121;
            NSLog(@"%c,%c",a,b);
            NSLog(@"%i,%i",a,b);
    }
    return 0;
}
```
执行上述代码后输出：
```
x,y
120,121
```

2.6.3 范例技巧——总结Objective-C常用的转义字符

在Objective-C语言中，常用的转义字符及其含义如表2-1所示。

表2-1 常用的转义字符及其含义

转义字符	转义字符的含义	ASCII代码
\n	回车换行	10
\t	横向跳到下一制表位置	9
\b	退格	8
\r	回车	13
\f	走纸换页	12
\\	反斜线符"\"	92
\'	单引号符	39
\"	双引号符	34
\a	鸣铃	7
\ddd	1～3位八进制数所代表的字符	
\xhh	1～2位十六进制数所代表的字符	

在大多数情况下，Objective-C字符集中的任何一个字符都可以使用转义字符来表示。在上述表2-1中，ddd和hh分别为八进制和十六进制的ASCII代码，表中的\ddd和\xhh正是为此而提出的。例如\101表示字母A，\102表示字母B，\134表示反斜线，\XOA表示换行等。

2.7 使用NSLog函数输出不同的数据类型

范例2-7	使用NSLog函数输出不同的数据类型
源码路径	光盘\daima\第2章\2-7

2.7.1 范例说明

在Objective-C程序中，NSLog函数支持的输出格式如下所示。
- %@：对象。
- %d, %i：整数。
- %u：无符整形。
- %f：浮点/双字。
- %x, %X：二进制整数。
- %o：八进制整数。
- %zu：size_t。

- %p：指针。
- %e：浮点/双字（科学计算）。
- %g：浮点/双字。
- %s：C 字符串。
- %.*s：Pascal字符串。
- %c：字符。
- %C：unichar。
- %lld：64位长整数（long long）。
- %llu：无符64位长整数。
- %Lf：64位双字。

在下面的实例代码中，使用NSLog函数输出了不同的支持的数据类型。

2.7.2 具体实现

实例文件main.m的具体实现代码如下所示。

```
#import <Foundation/Foundation.h>
int main(int argc , char* argv[])
{
    @autoreleasepool {
        int a = 56;
        NSLog(@"==%d==" , a);
        NSLog(@"==%9d==" , a);      // 输出整数占9位
        NSLog(@"==%-9d==" , a);     // 输出整数占9位，并且左对齐
        NSLog(@"==%o==" , a);       // 输出八进制数
        NSLog(@"==%x==" , a);       // 输出十六进制数
        long b = 12;
        NSLog(@"%ld" , b);  // 输出long int型的整数
        NSLog(@"%lx" , b);  // 以十六进制输出long int型的整数
        double d1 = 2.3;
        NSLog(@"==%f==" , d1);  // 以小数形式输出浮点数
        NSLog(@"==%e==" , d1);  // 以指数形式输出浮点数
        NSLog(@"==%g==" , d1);  // 以最简形式输出浮点数
        // 以小数形式输出浮点数，并且最少占用9位
        NSLog(@"==%9f==" , d1);
        // 以小数形式输出浮点数，至少占用9位，小数部分共4位
        NSLog(@"==%9.4f==" , d1);
        long double d2 = 2.3;
        NSLog(@"==%lf==" , d1);  // 以小数形式输出长浮点数
        NSLog(@"==%le==" , d1);  // 以指数形式输出长浮点数
        NSLog(@"==%lg==" , d1);  // 以最简形式输出长浮点数
        // 以小数形式输出长浮点数，并且最少占用9位
        NSLog(@"==%9lf==" , d1);
        // 以小数形式输出长浮点数，至少占用9位，小数部分共4位
        NSLog(@"==%9.4lf==" , d1);
        NSString *str = @"iOS好好学";
        NSLog(@"==%@==" , str);  // 输出Objective-C的字符串
        NSDate *date = [NSDate date];
        NSLog(@"==%@==" , date); // 输出Objective-C对象
    }
}
```

通过上述实例代码，使用NSLog函数输出了各种类型的数据，既包括基本类型，也包括Objective-C中的NSString对象和NSDate对象。执行后的效果如图2-1所示。

2.7.3 范例技巧——NSLog函数的基本功能

在Objective-C程序中，NSLog 既可以像C语言中的printf那

图2-1 执行效果

样方便地格式化输出数据,同时还能输出时间以及进程ID等信息。但是其实NSLog对程序性能也有不小的影响,在执行次数比较少的情况下可能看不出来什么,当短时间内大量执行的时候就会对程序执行效率产生可观的影响。

NSLog在文件NSObjCRuntime.h中定义,具体格式如下所示。

```
void NSLog(NSString *format, …);
```

基本上,NSLog很像printf,同样会在console中输出显示结果。不同的是,传递进去的格式化字符是NSString的对象,而不是chat *这种字符串指针。

2.8 显示变量值并计算结果

范例2-8	显示变量值并计算结果
源码路径	光盘\daima\第2章\2-8

2.8.1 范例说明

在Objective-C程序中,通过NSLog不仅可以显示简单的短语,而且还能显示定义的变量值并计算结果。例如在本实例的代码中,使用NSLog显示了数字"10+20"的结果。

2.8.2 具体实现

实例文件main.m的具体实现代码如下所示。

```
#import <Foundation/Foundation.h>
int main(int argc, const char * argv[]) {
    @autoreleasepool {
        int sum;
        sum = 10 + 20;
        NSLog (@"10和20的和是: %i", sum);
    }
    return 0;
}
```

执行上述代码后输出:

```
10和20的和是: 30
```

2.8.3 范例技巧——变量的使用诀窍

在Objective-C程序中经常需要定义一些变量,比如下面定义了a为一个int(整数)变量。

```
int a=5;
```

每个变量都有名字和数据类型,在内存中占据一定的存储单元,并在该存储单元中存放变量的值。在Objective-C中,变量是区分大小写的。下面是一些合法变量名的例子。

```
member a4 flagType is_it_ok
```

下面是一些不合法变量名的例子。

```
#member 4a flag-Type is/it/ok
```

在选择变量名、接口名、方法名、类名时,应该做到"见名知意",即其他人一读就能猜出是干什么用的,以增强程序的可读性。另外,变量定义必须放在变量使用之前。

在程序中常常需要对变量赋初值,以便使用变量。Objective-C 语言中可有多种方法为变量提供初值。本小节先介绍进行变量定义的同时给变量赋予初值的方法,这种方法称为初始化。在变量定义中赋初值的一般形式如下。

```
类型说明符 变量1= 值1,变量2= 值2,……;
```

2.9 统一定义变量

范例2-9	统一定义变量
源码路径	光盘\daima\第2章\2-9

2.9.1 范例说明

在下面的实例代码中统一定义了变量value1、value2和sum，其中函数main中的第二条语句定义了3个int类型变量，分别是value1、value2和sum。这条语句可以等价于如下3条独立的语句。
```
int value1;
int value2;
int sum;
```
在定义了上述3个变量之后，程序将整数10赋值给变量value1，将整数20赋值给变量value2，然后计算这两个整数的和，并将计算结果赋值给变量sum。

2.9.2 具体实现

实例文件main.m的具体实现代码如下所示。
```objc
#import <Foundation/Foundation.h>

int main(int argc, const char * argv[]) {
    @autoreleasepool {
        int value1, value2, sum;
        value1 = 10;
        value2 = 20;
        sum = value1 + value2;
        NSLog (@"The sum of %i and %i is %i", value1, value2, sum);
    }
    return 0;
}
```
执行上述代码后输出：
```
The sum of 10 and 20 is 30
```

2.9.3 范例技巧——Objective-C对变量命名的硬性规定

下面是Objective-C对变量命名的硬性规定。
- 变量和函数名由字母、数字和下划线"_"组成。
- 第一个字符必须是一个下划线或一个字母。
- 变量和函数名是区分大小写的，例如，bandersnatch和Bandersnatch是表示不同意义的名称。
- 在一个名称的中间不能有任何空白。

例如下面是一些合法的名称。
```
j
aaa2012
aaa_bbb_ccc
aaabbbccc
```
而下面的名称是不合法的。
```
2012Year
aaa&bbb
I love you
```

2.10 使用NSString输出字符

范例2-10	使用NSString输出字符
源码路径	光盘\daima\第2章\2-10

2.10.1 范例说明

在Objective-C语言中，字符串不是作为字符的数组被实现。Objective-C中的字符串类型是NSString，不是一个简单数据类型，而是一个对象类型，这是与C++语言不同的。例如下面是一个简单使用NSString的例子。

2.10.2 具体实现

实例文件main.m的具体实现代码如下所示。

```
#import <Foundation/Foundation.h>
int main(int argc, const char * argv[]) {
    @autoreleasepool {
        // insert code here...
        NSLog(@"Programming is 牛!");
    }
    return 0;
}
```

上述代码和本书的第一段Objective-C程序类似，执行后输出：

```
Programming is 牛!
```

2.10.3 范例技巧——字符串常量和字符常量的区别

在Objective-C程序中，字符串常量是由@和一对双引号括起来的字符序列。比如，@"CHINA"、@"program"、@"$12.5" 等都是合法的字符串常量。它与C语言的区别是有无"@"。

字符串常量和字符常量是不同的量，主要有如下两点区别。
（1）字符常量由单引号括起来，字符串常量由双引号括起来。
（2）字符常量只能是单个字符，字符串常量则可以包含一个或多个字符。

2.11 实现四则运算

范例2-11	实现四则运算
源码路径	光盘\daima\第2章\2-11

2.11.1 范例说明

在下面的实例代码中，演示了减法、乘法和除法的运算优先级。在程序中执行的最后两个运算引入了一个运算符比另一个运算符有更高优先级的概念。事实上，Objective-C中的每一个运算符都有与之相关的优先级。

2.11.2 具体实现

实例文件main.m的具体实现代码如下所示。

```
#import <Foundation/Foundation.h>
int main(int argc, const char * argv[]) {
    @autoreleasepool {
        int    a = 100;
        int    b = 2;
        int    c = 20;
        int    d = 4;
        int    result;
        result = a - b;      //subtraction
        NSLog(@"a - b = %i", result);
        result = b * c;      //multiplication
```

```
            NSLog (@"b * c = %i", result);

            result = a / c;      //division
            NSLog (@"a / c = %i", result);

            result = a + b * c;   //precedence
            NSLog (@"a + b * c = %i", result);

            NSLog (@"a * b + c * d = %i", a * b + c * d);
    }
    return 0;
}
```
执行上述代码后输出：
```
a - b = 98
b * c = 40
a / c = 5
a + b * c = 140
a * b + c * d = 280
```

2.11.3 范例技巧——什么是运算符的优先级

在Objective-C语言中，两个数相加时使用加号（+），两个数相减时使用减号（-），两个数相乘时使用乘号（*），两个数相除时使用除号（/）。因为它们运算两个值或项，所以这些运算符称为二元算术运算符。运算符的优先级是指运算符的运算顺序，例如数学中的先乘除后加减就是一种运算顺序。算数优先级用于确定拥有多个运算符的表达式如何求值。在Objective-C中规定，优先级较高的运算符首先求值。如果表达式中包含优先级相同的运算符，可以按照从左到右或从右到左的方向来求值，运算符决定了具体按哪个方向求值。上述描述就是通常所说的运算符结合性。

2.12 使用整数运算符和一元负号运算符

范例2-12	使用整数运算符和一元负号运算符
源码路径	光盘\daima\第2章\2-12

2.12.1 范例说明

在本实例中演示了整数运算符和一元负号运算符的优先级，在代码中引入了整数运算的概念。

（1）第一个NSLog调用中的表达式巩固了运算符优先级的概念。该表达式的计算按以下顺序执行。
- 因为除法的优先级比加法高，所以先将a的值（25）除以5。该运算将给出中间结果5。
- 因为乘法的优先级也大于加法，所以随后中间结果（5）将乘以2（即b的值），并获得新的中间结果（10）。
- 最后计算6加10，并得出最终结果（16）。

（2）第二条NSLog语句会产生一个新误区，我们希望a除以b再乘以b的操作返回a（已经设置为25）。但是此操作并不会产生这一结果，在显示器上输出显示的是24。其实该问题的实际情况是：这个表达式是采用整数运算来求值的。再看变量a和b的声明，它们都是用int类型声明的。当包含两个整数的表达式求值时，Objective-C系统都将使用整数运算来执行这个操作。在这种情况下，数字的所有小数部分将丢失。因此，计算a除以b，即25除以2时，得到的中间结果是12，而不是期望的12.5。这个中间结果乘以2就得到最终结果24，这样，就解释了出现"丢失"数字的情况。

2.12.2 具体实现

实例文件main.m的具体实现代码如下所示。
```
#import <Foundation/Foundation.h>

int main(int argc, const char * argv[]) {
```

```
    @autoreleasepool {
        int    a = 25;
        int    b = 2;
        int    result;
        float  c = 25.0;
        float  d = 2.0;

        NSLog (@"6 + a / 5 * b = %i", 6 + a / 5 * b);
        NSLog (@"a / b * b = %i", a / b * b);
        NSLog (@"c / d * d = %f", c / d * d);
        NSLog (@"-a = %i", -a);
    }
    return 0;
}
```
执行上述代码后输出：
```
6 + a / 5 * b = 16
a / b * b = 24
c / d * d = 25.000000
-a = -25
```

由此可见，与其他算术运算符相比，一元负号运算符具有更高的优先级，但一元正号运算符（+）除外，它和算术运算符的优先级相同。所以表达式 "c = -a * b;" 将执行 -a 乘以 b。

2.12.3 范例技巧——代码之美观

在本实例的前3条语句中，在int和a、b及result的声明中插入了额外的空格，这样做的目的是对齐每个变量的声明，这种书写语句的方法使程序更加容易阅读。另外我们还需要养成这样一个习惯——每个运算符前后都有空格，这种做法不是必需的，仅仅是出于美观上的考虑。一般说，在允许单个空格的任何位置都可以插入额外的空格。

2.13 使用Objective-C模运算符

范例2-13	使用Objective-C模运算符
源码路径	光盘\daima\第2章\2-13

2.13.1 范例说明

在Objective-C程序中，使用百分号（%）表示模运算符。例如下面实例的具体实现流程如下所示。

（1）在main语句中定义并初始化4个变量：a、b、c和d，这些工作都是在一条语句内完成的。NSLog使用百分号之后的字符来确定如何输出下一个参数。如果它后面紧跟另一个百分号，那么NSLog例程认为您其实想显示百分号，并在程序输出的适当位置插入一个百分号。

（2）模运算符%的功能是计算第一个值除以第二个值所得的余数，在上述第一个例子中，25除以5所得的余数，显示为0。如果用25除以10，会得到余数5，输出中的第二行可以证实。执行25除以7将得到余数4，它显示在输出的第三行。

（3）最后一条求值表达式语句。

2.13.2 具体实现

实例文件main.m的具体实现代码如下所示。
```
#import <Foundation/Foundation.h>

int main(int argc, const char * argv[]) {
    @autoreleasepool {
        int a = 25, b = 5, c = 10, d = 7;
```

```
            NSLog (@"a %% b = %i", a % b);
            NSLog (@"a %% c = %i", a % c);
            NSLog (@"a %% d = %i", a % d);
            NSLog (@"a / d * d + a %% d = %i", a / d * d + a % d);
    }
    return 0;
}
```
执行上述代码后输出：
```
a % b = 0
a % c = 5
a % d = 4
a / d * d + a % d = 25
```

2.13.3 范例技巧——注意模运算符的优先级

在Objective-C程序中，模运算符的优先级与乘法和除法的优先级相同。由此可以得出，表达式：
`table + value % TABLE_SIZE`
等价于表达式：
`table + (value % TABLE_SIZE)`

2.14 整型值和浮点值的相互转换

范例2-14	整型值和浮点值的相互转换
源码路径	光盘\daima\第2章\2-14

2.14.1 范例说明

在Objective-C程序中，要想实现更复杂的数据处理功能，必须掌握浮点值和整型值之间进行隐式转换的规则。例如在下面的实例代码中，演示了不同数值数据类型间的一些简单转换过程。

2.14.2 具体实现

实例文件main.m的具体实现代码如下所示。
```
#import <Foundation/Foundation.h>
int main(int argc, const char * argv[]) {
    @autoreleasepool {
        float   f1 = 123.125, f2;
        int     i1, i2 = -150;
        i1 = f1;       // floating 转换integer
        NSLog (@"%f assigned to an int produces %i", f1, i1);
        f1 = i2;       // integer 转换floating
        NSLog (@"%i assigned to a float produces %f", i2, f1);
        f1 = i2 / 100;     // 整除integer类型
        NSLog (@"%i divided by 100 produces %f", i2, f1);
        f2 = i2 / 100.0;   //整除float类型
        NSLog (@"%i divided by 100.0 produces %f", i2, f2);
        f2 = (float) i2 / 100;  //类型转换操作符
        NSLog (@"(float) %i divided by 100 produces %f", i2, f2);
    }
    return 0;
}
```
对于上述代码的具体说明如下所示。

（1）因为在Objective-C中，只要将浮点值赋值给整型变量，数字的小数部分都会被删掉，所以在第一个程序中，当把f1的值赋予i1时会删除数字.125，这意味着只有整数部分（即123）存储到了i1中。

（2）当产生把整型变量指派给浮点变量的操作时，不会引起数字值的任何改变，该值仅由系统转换并存储到浮点变量中。例如上述代码的第二行验证了这一情况——i2的值（-150）进行了正确转换并储到float变量f1中。

执行上述代码后输出：
```
123.125000 assigned to an int produces 123
-150 assigned to a float produces -150.000000
-150 divided by 100 produces -1.000000
-150 divided by 100.0 produces -1.500000
(float) -150 divided by 100 produces -1.500000
```

2.14.3 范例技巧——在编写算术表达式时要记住和整数运算的关系

在本实例中，程序输出的后两行说明了在编写算术表达式时要记住和整数运算的关系，只要表达式中的两个运算数是整型，而且这一情况还适用于short、unsigned和long所修饰的整型，该运算就将在整数运算的规则下进行。因此，由乘法运算产生的任何小数部分都将被删除，即使该结果指派给一个浮点变量（如同在程序中所做的那样）也是如此。当整型变量i2除以整数常量100时，系统将该除法作为整数除法来执行。因此，-150除以100的结果，即-1，将存储到float变量f1中。

2.15 使用条件运算符

范例2-15	使用条件运算符
源码路径	光盘\daima\第2章\2-15

2.15.1 范例说明

Objective-C中的条件运算符也被称为条件表达式，因为其条件表达式由3个子表达式组成，所以经常被称为三目运算符。Objective-C条件运算符的语法格式如下所示。
```
expression1 ? expression2 : expression3
```
在本实例的实现代码中，演示了使用Objective-C条件运算符的具体过程。

2.15.2 具体实现

实例文件main.m的具体实现代码如下所示。
```
#import <Foundation/Foundation.h>
int main(int argc , char * argv[])
{
    @autoreleasepool{
        NSString * str = 5 > 3 ? @"5大于3" : @"5不大于3";
        NSLog(@"%@" , str);    // 输出"5大于3"

        // 输出"5大于3"
        5 > 3 ? NSLog(@"5大于3") : NSLog(@"5小于3");
        int a = 5;
        int b = 5;
        // 下面将输出"a等于b"
        a > b ? NSLog(@"a大于b") : (a < b ? NSLog(@"a小于b") : NSLog(@"a等于b"));
    }
}
```
执行上述代码后输出：
```
5大于3
5大于3
a等于b
```

2.15.3 范例技巧——用作if语句的一种缩写形式

在Objective-C程序中，条件表达式通常用作一条简单的if语句的一种缩写形式。例如下面的代码：
```
a = ( b > 0 ) ? c : d;
```
等价于下面的代码：

```
if ( b > 0 )
    a = c;
else
    a = d;
```

假设a、b、c是表达式,则表达式 "a ? b : c"在a为非0时,值为b,否则为c。只有表达式b或c其中之一被求值。

表达式b和c必须具有相同的数据类型。如果它们的类型不同,但都是算术数据类型,就要对其执行常见的算术转换以使其类型相同。如果一个是指针,另一个为0,则后者将被看作是与前者具有相同类型的空指针。如果一个是指向void的指针,另一个是指向其他类型的指针,则后者将被转换成指向void的指针并作为结果类型。

2.16 使用比较运算符判断数据大小

范例2-16	使用比较运算符判断数据大小
源码路径	光盘\daima\第2章\2-16

2.16.1 范例说明

因为关系运算符用于比较运算,所以经常也被称为比较运算符。Objective-C中的关系运算符包括大于(>)、小于(<)、等于(==)、大于等于(>=)、小于等于(<=)和不等于(!=)6种,而关系运算符的结果是BOOL类型的数值。当运算符成立时,结果为YES(1);当不成立时,结果为NO(0)。在下面的实例代码中,使用Objective-C比较运算符判断数据的大小。

2.16.2 具体实现

实例文件main.m的具体实现代码如下所示。

```
#import <Foundation/Foundation.h>
int main(int argc , char * argv[])
{
    @autoreleasepool {
        NSLog(@"5是否大于 4.0:%d" , (5 > 4.0));    // 输出1
        NSLog(@"5和5.0是否相等:%d" , (5 == 5.0));  // 输出1
        NSLog(@"97和'a'是否相等:%d" , (97 == 'a')); // 输出1
        NSLog(@"YES和NO是否相等:%d" , (YES == NO)); // 输出0
        // 创建两个NSDate对象,分别赋给t1和t2两个引用
        NSDate * t1 = [NSDate date];
        NSDate * t2 = [NSDate date];
        //  t1和t2是同一个类的两个实例的引用,所以可以比较,
        // 但t1和t2引用不同的对象,所以返回0
        NSLog(@"t1是否等于t2: %d" , (t1 == t2));
    }
}
```

执行后的效果如图2-2所示。

```
5是否大于 4.0: 1
5和5.0是否相等: 1
97和'a'是否相等: 1
YES和NO是否相等: 0
t1是否等于t2: 0
```

图2-2 执行效果

2.16.3 范例技巧——使用Objective-C关系运算符

请看下面的一段代码。
```
int main(int argc, const char * argv[]) {
    @autoreleasepool {
        NSLog (@"%i",3>5) ;
        NSLog (@"%i",3<5) ;
        NSLog (@"%i",3!=5) ;
    }
    return 0;
}
```

在上述代码中,根据程序中的判断我们得知,3>5 是不成立的,所以结果是0;3<5 是成立的,所

以结果是1；3!=5的结果也同样成立，所以结果为1。执行上述代码后输出：
```
0
1
1
```

2.17 使用强制类型转换运算符

范例2-17	使用强制类型转换运算符
源码路径	光盘\daima\第2章\2-17

2.17.1 范例说明

在Objective-C程序中，强制类型转换运算符的功能是把表达式的运算结果强制转换成类型说明符所表示的类型。使用强制类型转换的语法格式如下所示。

（类型说明符）（表达式）

例如：

（float）//a 把a 转换为实型
（int）(x+y) //把x+y 的结果转换为整型

在下面的实例代码中，演示Objective-C强制类型转换运算符的基本用法。

2.17.2 具体实现

实例文件main.m的具体实现代码如下所示。

```
#import <Foundation/Foundation.h>
int main(int argc, const char * argv[]) {
    @autoreleasepool {
        float f1=123.125,f2;
        int i1,i2=-150;
        i1=f1;
        NSLog (@"%f 转换为整型为%i",f1,i1) ;
        f1=i2;
        NSLog (@"%i 转换为浮点型为%f",i2,f1) ;
        f1=i2/100;
        NSLog (@"%i 除以100 为 %f",i2,f1) ;
        f2=i2/100.0;
        NSLog (@"%i 除以100.0 为 %f",i2,f2) ;
        f2= (float) i2/100;
        NSLog (@"%i 除以100 转换为浮点型为%f",i2,f2) ;
    }
    return 0;
}
```

执行上述代码后输出：
```
123.125000 转换为整型为123
-150 转换为浮点型为-150.000000
-150 除以100 为 -1.000000
-150 除以100.0 为 -1.500000
-150 除以100 转换为浮点型为-1.500000
```

2.17.3 范例技巧——注意表达式类型的自动提升机制

在使用强制类型转换运算符时，需要注意表达式类型的自动提升机制。当一个算术表达式中包含多个基本类型的值时，整个算数表达式的数据类型将自动提升。具体提升规则如下所示。

（1）所有short型和char型将被提升到int型。

（2）整个算术表达式的数据类型自动提升到与表达式中最高等级操作数相同的类型。操作数的等级排列如下所示，右边类型的等级高于左边类型的等级。

short| int| long| long long| float| double| long double

2.18 实现一个计算器

范例2-18	实现一个计算器
源码路径	光盘\daima\第2章\2-18

2.18.1 范例说明

为了讲解Objective-C运算符的基本用法，在本实例中将创建一个类——Calaulator，通过此类实现一个简单的四则计算功能，可以执行加、减、乘和除运算。此类型的计算器必须能够记录累加结果，即通常所说的累加器。因此，方法必须能够执行以下操作：将累加器设置为特定值、将其清空（或设置为0），以及在完成时检索它的值。

2.18.2 具体实现

实例文件main.m的具体实现代码如下所示。

```objectivec
#import <Foundation/Foundation.h>
@interface Calculator: NSObject
{
    double accumulator;
}
-(void)   setAccumulator: (double) value;
-(void)   clear;
-(double) accumulator;
-(void) add: (double) value;
-(void) subtract: (double) value;
-(void) multiply: (double) value;
-(void) divide: (double) value;
@end
@implementation Calculator
-(void) setAccumulator: (double) value
{
    accumulator = value;
}
-(void) clear
{
    accumulator = 0;
}
-(double) accumulator
{
    return accumulator;
}
-(void) add: (double) value
{
    accumulator += value;
}
-(void) subtract: (double) value
{
    accumulator -= value;
}
-(void) multiply: (double) value
{
    accumulator *= value;
}
-(void) divide: (double) value
{
    accumulator /= value;
}
@end
int main(int argc, const char * argv[]) {
    @autoreleasepool {
        Calculator *deskCalc;
```

```
        deskCalc = [[Calculator alloc] init];
        [deskCalc clear];
        [deskCalc setAccumulator: 100.0];
        [deskCalc add: 200.];
        [deskCalc divide: 15.0];
        [deskCalc subtract: 10.0];
        [deskCalc multiply: 5];
        NSLog (@ "结果是 %g",[deskCalc accumulator]);
    }
    return 0;
}
```

执行上述代码后输出：

结果是 50

在上述Calcauator类的实现代码中，只有一个实例变量和一个用于保存累加器值的double变量。在此需要注意调用multiply方法的消息。

```
[deskCalc multiply: 5];
```

此方法的参数是一个整数，但是它期望的参数类型却是double。因为方法的数值参数会自动转换以匹配期望的类型，所以此处不会出现任何问题。"multiply:"希望使用double值，因此当调用该函数时，整数5将自动转换成双精度浮点值。即使自动转换过程会自己进行，然而在调用方法时提供正确的参数类型仍是一个较好的程序设计习惯。

2.18.3 范例技巧——使用赋值运算符的目的

在Objective-C语言中，有如下3个使用赋值运算符的目的。

（1）程序语句更容易书写，因为运算符左侧的部分没有必要在右侧重写。
（2）结果表达式通常容易阅读。
（3）这些运算符的使用可使程序的运行速度更快，因为编译器有时在计算表达式时能够产生更少的代码。

2.19 使用位运算符

范例2-19	使用位运算符
源码路径	光盘\daima\第2章\2-19

2.19.1 范例说明

在Objective-C语言中，通过位运算符可处理数字中的位处理。常用的位运算符如下所示。

- &：按位与。
- |：按位或。
- ^：按位异或。
- ~：一次求反。
- <<：向左移位。
- >>：向右移位。

在上述列出的所有运算符中，除了一次求反运算符（~）外都是二元运算符，因此需要两个运算数。位运算符可处理任何类型的整型值，但不能处理浮点值。在本实例中，演示了使用Objective-C中各种位运算符的方法。

2.19.2 具体实现

实例文件main.m的具体实现代码如下所示。

```
#import <Foundation/Foundation.h>
int main(int argc, const char * argv[]) {
    @autoreleasepool {
        unsigned int w1 = 0xA0A0A0A0, w2 = 0xFFFF0000,w3 = 0x00007777;
        NSLog (@"%x %x %x", w1 & w2, w1 | w2, w1 ^ w2);
        NSLog (@"%x %x %x", ~w1, ~w2, ~w3);
        NSLog (@"%x %x %x", w1 ^ w1, w1 & ~w2, w1 | w2 | w3);
        NSLog (@"%x %x", w1 | w2 & w3, w1 | w2 & ~w3);
        NSLog (@"%x %x", ~(~w1 & ~w2), ~(~w1 | ~w2));
    }
    return 0;
}
```

在上述代码的第4个NSLog调用中，需要注意"按位与运算符的优先级要高于按位或运算符"这一结论，因为这会实际影响表达式的最终结果值。而第5个NSLog调用展示了DeMorgan的规则：~(~a & ~b)等于a | b，~(~a | ~b)等于a & b。

执行上述代码后输出：
```
a0a00000 ffffa0a0 5f5fa0a0
5f5f5f5f ffff ffff8888
0 a0a0 fffff7f7
a0a0a0a0 ffffa0a0
ffffa0a0 a0a00000
```

2.19.3 范例技巧——需要特别注意求反运算符

在Objective-C程序中，一次求反运算符是一种一元运算符，功能是对运算数的位进行"翻转"处理，将运算数的每个是1的位翻转为0，而将每个是0的位翻转为1。此处提供真值表只是为了保持内容的完整性。

如果不知道运算中数值的准确位大小，那么一次求反运算符非常有用，使用它可让程序不会依赖于整数数据类型的特定大小。例如，要将类型为int的n1的最低位设为0，可将一个所有位都是1，但最右边的位是0的int值与n1进行与运算。所以像下面这样的C语句在用32位表示整数的机器上可正常工作。

```
n1 &= 0xFFFFFFFE;
```

如果用"n1 &= ~1;"替换上面的代码，那么在任何机器上n1都会同正确的值进行与运算。这是因为这条语句会对1求反，然后在左侧会加入足够的1，以满足int的大小要求（在32位机器上，会在左侧的31个位上加入1）。

2.20 使用头文件实现特殊数学运算

范例2-20	使用头文件<math.h>实现特殊数学运算
源码路径	光盘\daima\第2章\2-20

2.20.1 范例说明

在Objective-C语言中并没有提供很复杂的算数运算符，如果需要实现乘方、开方等运算，需要借助ANSIC标准库中的头文件<math.h>定义的数学函数来实现。头文件<math.h>中包含了多个常用的数学函数，用于完成各种复杂的数学运算。

2.20.2 具体实现

实例文件main.m的具体实现代码如下所示。
```
int main(int argc ,char * argv[])
{
    @autoreleasepool {
        double a = 3.2;    // 定义变量a为3.2
        double b = pow(a , 5);    // 求a的5次方，并将计算结果赋给b
```

```
        NSLog(@"%g" , b);   // 输出b的值
        double c = sqrt(a);  // 求a的平方根,并将结果赋给c
        NSLog(@"%g" ,c);    // 输出c的值
        double d = arc4random() % 10;   // 计算随机数,返回一个0~10之间的伪随机数
        NSLog(@"随机数: %g" ,d);    // 输出随机数d的值
        double e = sin(1.57);   // 求1.57的sin函数值; 1.57被当成弧度数
        NSLog(@"%g" ,e);    // 输出接近1
        double x = -5.0;    // 定义double变量x,其值为-5.0
        x = -x;    // 将x求负,其值变成5.0
        // x实际的值为5.0,但使用%g格式则输出5
        NSLog(@"%g" ,x);
    }
```

执行后的效果如图2-3所示。

2.20.3 范例技巧——总结Objective-C的运算符

图2-3 执行效果

在下面的表2-2中,总结了Objective-C语言中的各种运算符,这些运算符按其优先级降序列出,组合在一起的运算符具有相同的优先级,上一行的优先级要高于下一行。

表2-2 Objective-C的运算符的优先级

运算符	描述	结合性
() [] -> .	函数调用 数组元素引用或者消息表达式 指向结构成员引用的指针 结构成员引用或方法调用	从左到右
- + ++ -- ! ~ * & sizeof (type)	一元负号 一元正号 加1 减1 逻辑非 求反 指针引用(间接) 取地址 对象的大小 类型强制转换(转换)	从右到左
* / %	乘 除 取模	从左到右
+ -	加 减	从左到右
<< >> <	左移 右移 小于	从左到右
<= > >=	小于等于 大于 大于等于	从左到右
== !=	相等性 不等性	从左到右

续表

运算符	描述	结合性
&	按位AND	从左到右
^	按位XOR	从左到右
|	按位OR	从左到右
&&	逻辑 AND	从左到右
||	逻辑OR	从左到右
?:	条件	从左到右
= *= /= %= += -= &= ^= |= <<= >>=	赋值运算符	从右到左
,	逗号运算符	从右到左

2.21 使用逻辑运算符

范例2-21	使用逻辑运算符
源码路径	光盘\daima\第2章\2-21

2.21.1 范例说明

在Objective-C语言中，逻辑运算就是将关系表达式用逻辑运算符连接起来，并对其求值的一个运算过程。在Objective-C语言中提供了如下4种逻辑运算符。

- &&：逻辑与。
- ||：逻辑或。
- !：逻辑非。
- ^：按位异或。

其中，"逻辑与"和"逻辑或"是双目运算符，要求有两个运算量，例如 (A>B) && (X>Y)。"逻辑非"是单目运算符，只要求有一个运算量，例如 !(A>B)。"按位异或"只需要一个操作数，如果操作数为真，则返回假；如果操作数为假，则返回真。在本实例中，演示了使用上述4种逻辑运算符的方法。

2.21.2 具体实现

实例文件main.m的具体实现代码如下所示。

```
#import <Foundation/Foundation.h>
int main(int argc , char * argv[])
{
    @autoreleasepool{
        // 直接对!5求非运算,将返回假(用0表示)
        NSLog(@"!5的结果为: %d" , !5);
        // 5>3返回真, '6'转换为整数54, '6'>10返回真,求与后返回真(用1表示)
        NSLog(@" 5 > 3 && '6' > 10的结果为: %d"
              , 5 > 3 && '6' > 10);
        // 4>=5返回假, 'c'>'a'返回真。求或后返回真(用1表示)
        NSLog(@"4 >= 5 || 'c' > 'a'的结果为: %d"
              ,4 >= 5 || 'c' > 'a');
```

```
            // 4>=5返回假,'c'>'a'返回真。两个不同的操作数求异或返回真(用
1表示)
            NSLog(@"4 >= 5 ^ 'c' > 'a'的结果为：%d"
                    ,4 >= 5 ^ 'c' > 'a');
    }
}
```

本实例执行后的效果如图2-4所示。

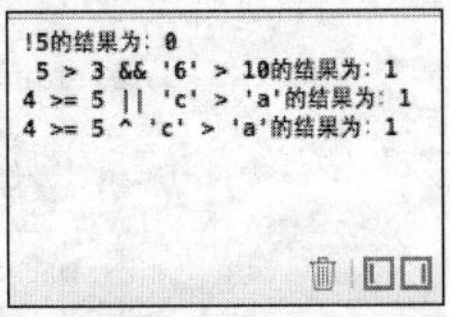

图2-4 执行效果

2.21.3 范例技巧——逻辑运算符的特殊说明和规律总结

"逻辑与"相当于我们日常生活中说的"并且"，就是两个条件都成立的情况下"逻辑与"的运算结果才为"真"。"逻辑或"相当于生活中的"或者"，当两个条件中有任一个条件满足时，"逻辑或"的运算结果就为"真"。"逻辑非"相当于生活中的"不"，当一个条件为真时，"逻辑非"的运算结果为"假"。

看表2-3中a和b之间的逻辑运算，在此假设$a=5$，$b=2$。

表2-3 逻辑运算

表达式	结果
!a	0
!b	0
a&&b	1
!a&&b	0
a&&!b	0
!a&&!b	0
a||b	1
!a||b	1
a||!b	1
!a||!b	0

从表2-3的运算结果中可以得出如下规律。
（1）进行与运算时，只要参与运算中的两个对象有一个是假，则结果就为假。
（2）进行或运算时，只要参与运算中的两个对象有一个是真，则结果就为真。

2.22 显示输入数字的绝对值

范例2-22	显示输入数字的绝对值
源码路径	光盘\daima\第2章\2-22

2.22.1 范例说明

本实例的功能是，使用if语句编写一个能够接受从键盘输入整数的程序，并在控制台中显示这个整数的绝对值。向用户提示输入数据消息之后，用户将输入整数值，程序将该值存储到number中，然后程序测试number的值以确定该值是否小于0。如果这个值小于0，将执行下面的程序语句，对number的值求反。如果number的值不小于0，将自动略过这条程序语句（如果这个值已经是正的，则无需对它求反）。随后程序将显示number的绝对值，并终止运行。

2.22.2 具体实现

实例文件main.m的具体实现代码如下所示。
```
#import <Foundation/Foundation.h>
int main(int argc, const char * argv[]) {
```

```
    @autoreleasepool {
        int number;
        NSLog (@"Type in your number: ");
        scanf ("%i", &number);
        if ( number < 0 )
            number = -number;
        NSLog (@"The absolute value is %i", number);
    }
    return 0;
}
```

执行上述代码后输出：

```
Type in your number:
-500
The absolute value is 500
```

2.22.3 范例技巧——单分支if结构的技巧

对于单分支结构的if语句，功能是计算一个表达式，并根据计算的结果决定是否执行后面的语句。在Objective-C程序中，if语句能够根据一个表达式的真值来有条件地执行代码。使用if语句的语法格式如下所示。

```
if ( expression )
   statement
```

如果expression计算为真（非0），将执行statement；否则，从if语句之后的下一条语句开始继续执行。其过程可表示为图2-5所示。

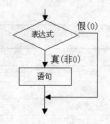

图2-5 单分支if语句

2.23 判断是奇数还是偶数

范例2-23	判断是奇数还是偶数
源码路径	光盘\daima\第2章\2-23

2.23.1 范例说明

本实例的功能是判断输入的数据是奇数还是偶数。在传统编程模式下，判断奇偶数的方法是检查这个数的最后一位数字。如果最后一位数字是0、2、4、6或8中的任何一个，则说明这个数是偶数，否则就是奇数。当在计算机中确定特定的数是偶数还是奇数时，并不检查这个数的最后一位数字来观察此数字是否是0、2、4、6或8，而是简单地通过检验这个数能否整除2来确定。如果能整除2，这个数是偶数，否则就是奇数。在Objective-C语言中，可以使用模运算符"%"来计算两个整数相除所得的余数。在编程中可以使用模运算符"%"来进行除法判断，如果某个数除以2所得的余数为0，它就是偶数，否则就是奇数。

2.23.2 具体实现

实例文件main.m的具体实现代码如下所示。

```
#import <Foundation/Foundation.h>
int main(int argc, const char * argv[]) {
    @autoreleasepool {
        int number_to_test, remainder;
        NSLog (@"输入一个数字进行测试：");
        scanf ("%i", &number_to_test);
        remainder = number_to_test % 2;
        if ( remainder == 0 )
            NSLog (@"ou");
        if ( remainder != 0 )
            NSLog (@"ji");
    }
```

```
        return 0;
}
```
执行上述代码后输出:
```
输入一个数字进行测试:
5
ji
```

2.23.3 范例技巧——if-else是if语句一般格式的一种扩展形式

在本实例中，只要第一条if语句成功，则第二条if语句肯定失败。如果一个数能被2整除，它就是偶数，否则就是奇数。在编写程序时，会多次使用"否则"这一概念。在Objective-C语言中，这通常称为if-else结构。其实if-else仅仅是if语句一般格式的一种扩展形式。如果表达式的计算结果是TRUE，将执行之后的program statement 1；否则，将执行program statement 2。在任何情况下，都会执行program statement 1或program statement 2中的一个，而不是两个都执行。

2.24 判断是否是闰年

范例2-24	判断是否是闰年
源码路径	光盘\daima\第2章\2-24

2.24.1 范例说明

本实例的功能是，编写一个程序来测试某个年份是不是闰年。众所周知，如果某个年份能被4整除，它就是闰年。但是能被100整除的年份并不是闰年，除非它能同时被400整除。

2.24.2 具体实现

本实例的实现代码如下所示。
```
#import <Foundation/Foundation.h>
int main(int argc, const char * argv[]) {
    @autoreleasepool {
        int year, rem_4, rem_100, rem_400;
        NSLog (@"输入一个年份: ");
        scanf ("%i", &year);
        rem_4 = year % 4;
        rem_100 = year % 100;
        rem_400 = year % 400;
        if ( (rem_4 == 0 && rem_100 != 0) || rem_400 == 0 )
            NSLog (@"是闰年.");
        else
            NSLog (@"不是闰年.");
    }
    return 0;
}
```
接下来开始测试运行效果，笔者分别输入了3个年份进行测试，输入第一个年份，执行后输出:
```
输入一个年份:
1955
不是闰年.
```
输入第二个年份，执行后输出:
```
输入一个年份:
2000
是闰年.
```
输入第三个年份，执行后输出:
```
输入一个年份:
1800
不是闰年.
```

2.24.3 范例技巧——复合运算符的作用

在Objective-C开发应用中，if语句判定表达式的形式不可能总是类似于"remainder == 0"的简单格式。在接下来的内容中，将开始讲解复合条件测试的内容。复合条件测试的功能是，用逻辑与或者逻辑或运算符连接起来形成一个或多个简单条件测试。这两个运算符分别用字符对"&&"和"||"来表示。使用条件运算符的格式如下所示。

表达式1？表达式2：表达式3

上述格式的规则是：如果表达式1的值为真，则以表达式2的值作为条件表达式的值，否则以表达式3的值作为整个条件表达式的值。条件表达式通常被用于赋值语句之中。上述过程可表示为图2-6所示。

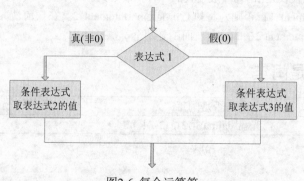

图2-6 复合运算符

复合运算符可用于形成极其复杂的表达式，这样大大提高了程序员在构成表达式时的灵活性，但是此时需要注意要谨慎使用这种灵活性。通常比较简单的表达式会更容易被阅读和调试，所以可以大量使用圆括号来提高表达式的可读性。它的主要优点是避免由于错误假设表达式中的运算符优先级而陷入麻烦之中。与任何算术运算符或关系运算符相比，"&&"运算符有更低的优先级，但比"||"运算符的优先级要高。同时在表达式中还应该使用空格以加强表达式的可读性。

2.25 判断输入字符的类型

范例2-25	判断输入字符的类型
源码路径	光盘\daima\第2章\2-25

2.25.1 范例说明

在本实例中，可以从终端输入的字符，并根据字母符号（a~z或A~Z）、数字（0~9）或特殊字符（其他任何字符）进行分类。要从终端读取单个字符，需要在scanf调用中使用格式字符%c。通过读入字符后构建的第一个测试方式，确定了char变量c是否是字母符号。此功能通过测试该字符是否是小写字母或大写字母来完成。

2.25.2 具体实现

实例文件main.m的具体实现代码如下所示。
```
#import <Foundation/Foundation.h>
int main(int argc, const char * argv[]) {
    @autoreleasepool {
        char c;
        NSLog (@"Enter a single character:");
        scanf ("%c", &c);
```

```
            if ( (c >= 'a' && c <= 'z') || (c >= 'A' && c <= 'Z') )
                NSLog (@"It's an alphabetic character.");
            else if ( c >= '0' && c <= '9' )
                NSLog (@"It's a digit.");
            else
                NSLog (@"It's a special character.");
    }
    return 0;
}
```
执行上述代码后,如果输入"&"则会输出:
```
Enter a single character:
&
It's a special character.
```
如果输入"9"则会输出:
```
Enter a single character:
9
It's a digit.
```
如果输入"D"则会输出:
```
Enter a single character:
D
It's an alphabetic character.
```

2.25.3 范例技巧——"Enter"键的作用

在本实例中,虽然使用scanf读取了单个字符,但是在输入字符之后仍需按下"Enter"键,这样做的目的是便于向程序发送输入。在Objective-C程序中规定:在按下"Enter"键之前,无论何时从终端读入数据,程序都不会接收到在数据行中输入的任何数据。

2.26 使用switch计算输入表达式的值

范例2-26	使用switch计算输入表达式的值
源码路径	光盘\daima\第2章\2-26

2.26.1 范例说明

在本实例中,当读入表达式之后,operator的值会逐一比较每种情况指定的值。当发现一个匹配的值时,会执行包含在这种情况中的语句。通过使用break语句终止执行switch语句,程序也会在此处结束。如果不存在匹配operator值的情况,将执行可显示"Unkown operator."的default语句。在本实例的default情况中,break语句实际上不是必需的,因为这种情况之后的switch中不存在任何语句。然而,记住在每种情况的结尾都包含break语句是一种良好的程序设计习惯。

2.26.2 具体实现

实例文件main.m的具体实现代码如下所示。
```
#import <Foundation/Foundation.h>
int main(int argc, const char * argv[]) {
    @autoreleasepool {
        double   value1, value2;
        char     operator;
        Calculator *deskCalc = [[Calculator alloc] init];
        NSLog (@"输入一个表达式.");
        scanf ("%lf %c %lf", &value1, &operator, &value2);
        [deskCalc setAccumulator: value1];
        switch ( operator ) {
            case '+':
                [deskCalc add: value2];
                break;
```

```
            case '-':
                [deskCalc subtract: value2];
                break;
            case '*':
                [deskCalc multiply: value2];
                break;
            case '/':
                [deskCalc divide: value2];
                break;
            default:
                NSLog (@"Unknown operator.");
                break;
        }
        NSLog (@"%.2f", [deskCalc accumulator]);
    }
```

执行上述代码后输出：

```
输入一个表达式.
178.99 - 324.8
-147.81
```

2.26.3 范例技巧——Objective-C与C语言的区别

Objective-C的switch语句与C语言中的其他部分稍微有点不一致，每个case可以有多条语句，而不需要一条复合语句。value1, value2, ...必须是整数、字符常量或者计算为一个整数的常量表达式。换句话说，在编译时必须得到一个整数。不允许具有相同整数值的重复的case。

当执行一条switch语句时会计算expression，并且switch将结果与整数case标签进行比较。如果找到一个匹配，则执行将跳到匹配的case标签后面的语句。执行逐一按照顺序进行，直到遇到一条break语句或到达了switch的末尾。break语句会导致执行跳出到 switch之后的第一条语句。在case后面并不一定必须有一条break语句。如果省略了break，则执行将跳入到后续的case。如果你看到已有的代码中省略了break，这可能是一个错误（这是很容易犯的错误），也可能是有意的（如果程序员想要一个case及其后续的case都执行相同的代码会这样做）。如果integer_expression没有和任何case标签匹配，如果有该标签的话，执行将跳到可选的default:标签后面的语句。如果没有匹配也没有default:，那么switch什么也不做，它将从switch后面的第一条语句开始继续执行。

2.27 计算第200个三角形数

范例2-27	计算第200个三角形数
源码路径	光盘\daima\第2章\2-27

2.27.1 范例说明

本实例的功能是计算1到200之间整数的和。在执行for语句之前，变量triangularNumber被设置为0。一般来说，在程序使用变量之前，需要将所有的变量初始化为某个值（和处理对象一样）。后面将学到，某些类型的变量将给定默认的初始值，但是无论如何都应该为变量设置初始值。

2.27.2 具体实现

实例文件main.m的具体实现代码如下所示。

```
#import <Foundation/Foundation.h>
int main(int argc, const char * argv[]) {
    @autoreleasepool {
        int n, triangularNumber;
        triangularNumber = 0;
        for ( n = 1; n <= 200; n = n + 1 )
```

```
        triangularNumber += n;
        NSLog (@"The 200th triangular number is %i", triangularNumber);
    }
    return 0;
}
```
执行上述代码后输出：
```
The 200th triangular number is 20100
```
由此可见，使用for语句可以避免显式地写出1到200之间的每个整数，for语句可以生成这些数字。

2.27.3 范例技巧——掌握for语句的语法格式

在Objective-C的官方文档中，定义了如下使用for语句的语法格式。
```
for ( init_expression; loop_condition; loop_expression )
program statement
```
- init_expression、loop_condition和loop_expression：是3个不同的表达式，功能是建立了程序循环的"环境"。
- program statement：以一个分号结束，可以是任何合法的Objective-C程序语句，它们组成循环体。这条语句执行的次数由for语句中设置的参数决定。

2.28 计算三角形数

范例2-28	计算三角形数
源码路径	光盘\daima\第2章\2-28

2.28.1 范例说明

虽然通过前面的实例2-27可计算出第200个三角形数，但是如果要计算第50个或第100个三角形数，该怎么办呢？此时可以修改程序，以便让for循环可以执行合适的次数，并且还必须更改NSLog语句来显示正确的消息。

最简单的解决方法是编写一个可以通过键盘输入的回答程序，先让程序询问我们要计算哪个三角形数。得到我们的回答后，程序可以计算出我们期望的三角形数。可以使用一个名为scanf的例程实现这样的解决方案，虽然从表面上看，scanf例程与NSLog例程类似，但是两者是有区别的：
- NSLog例程：功能是显示一个值。
- scanf例程：功能是可以把值输入到程序中。

在本实例的实现代码中，演示了键盘输出的过程，执行后会首先询问我们要计算哪个三角形数，得到命令后会计算该数并显示结果。

2.28.2 具体实现

实例文件main.m的具体实现代码如下所示。
```
#import <Foundation/Foundation.h>
int main(int argc, const char * argv[]) {
    @autoreleasepool {
        int n, number, triangularNumber;
        NSLog (@"number do you want?");
        scanf ("%i", &number);
        triangularNumber = 0;
        for ( n = 1; n <= number; ++n )
            triangularNumber += n;
        NSLog (@"Triangular number %i is %i\n", number, triangularNumber);
    }
    return 0;
}
```

执行后首先输出询问语句：
```
number do you want?
```
假设我们在屏幕中输入：
```
100
```
按回车键后在屏幕中输出：
```
Triangular number 100 is 5050
```
由上述执行过程可以看出，数字100是由用户输入的。然后该程序计算第100个三角形数，并将结果5050显示在终端上。如果用户想要计算一个特定的三角形数，可以输入10或30之类的数字。

2.28.3 范例技巧——注意界限问题

由此可以看出，在本实例中scanf调用指定要输入整型值并将其存储到变量number中，通过此值将用户希望计算哪个三角形数的命令送达程序。在键盘中输入这个数字后，然后按下键盘上的"Enter"键，表示该数字的输入工作已完成，之后程序便计算指定的三角形数。具体实现方式和实例2-27中的一样，区别是此处没有使用200作为界限，而是用number作为界限。计算出期望的三角形数之后显示结果，然后执行结束。

2.29 输出从1到5的整数

范例2-29	输出从1到5的整数
源码路径	光盘\daima\第2章\2-29

2.29.1 范例说明

本实例的功能是输出从1到5的整数值。开始将count的值设为1，然后执行while循环。因为count的值小于或等于5，所以将执行它后面的语句。花括号将NSLog语句和对count执行加1操作的语句定义为while循环。

2.29.2 具体实现

实例文件main.m的具体实现代码如下所示。
```
#import <Foundation/Foundation.h>
int main(int argc, const char * argv[]) {
    @autoreleasepool {
        int count = 1;
        while ( count <= 5 ) {
            NSLog (@"%i", count);
            ++count;
        }
    }
    return 0;
}
```
执行上述代码后输出：
```
1
2
3
4
5
```

2.29.3 范例技巧——for语句和while语句的等价转换

从本实例的执行效果可以看出，上述程序执行了5次，直到count的值是5为止。其实for语句都可转换成等价的while语句，反之也是如此。例如下面的for语句。

```
for (init_expression; loop_conditon; loop_expression )
    program statement
```
同理，也可以使用while语句实现上述等价功能。
```
init_expression;
while ( loop_condition )
{
    program statement
    loop_expression;
}
```
在Objective-C程序中，一般优先选用for语句来实现执行预定次数的循环。如果初始表达式、循环表达式和循环条件都涉及同一变量，那么for语句很可能是合适的选择。

2.30 显示输入数的各个位的值

范例2-30	显示输入数的各个位的值
源码路径	光盘\daima\第2章\2-30

2.30.1 范例说明

例如有这样一个"颠倒数字"的问题，最终目的是"从右到左依次读取数字的位"。可以开发这样一个过程：从数字最右边的位开始依次分离或取出该数字的每个位，计算机程序就可以依次读取数字的各个位。提取的位随后可以作为已颠倒数字的下一位显示在终端上。通过将整数除以10之后取其余数，可提取整数最右边的数字。例如，"1234 % 10"的计算结果是4，就是1234最右边的数字，也是第一个要颠倒的数字（记住，可以使用模运算符得到一个整数除以另一个整数所得的余数）。通过将数字除以10这个过程，可以获得下一个数字。因此，"1234 % 10"的计算结果为123，而"123 % 10"的计算结果为3，它是颠倒数字的下一个数。这个过程可一直继续执行，直到计算出最后一个数字为止。一般情况下，如果最后一个整数除以10的结果为0，那么这个数字就是最后一个要提取的数字。

我们可以将整个上述描述称为算法，根据上述算法可以编写如下代码，实现从右向左依次显示该数值各个位的数字的功能。

2.30.2 具体实现

实例文件main.m的具体实现代码如下所示。
```
#import <Foundation/Foundation.h>
int main(int argc, const char * argv[]) {
    @autoreleasepool {
        int number, right_digit;
        NSLog (@"Enter: ");
        scanf ("%i", &number);
        while ( number != 0 )   {
            right_digit = number % 10;
            NSLog (@"%i", right_digit);
            number /= 10;
        }
    }
    return 0;
}
```
执行上述代码后输出：
```
Enter:
246810
10
8
6
4
2
```

2.30.3 范例技巧——使用do语句进行替换

如果在本实例程序中输入"0",此时while循环中的语句将永远不会执行,输出中什么也不会显示。如果用do语句代替while语句,这样可以确保程序循环要至少执行一次,从而保证在所有情况下都至少显示一个数字。例如在下面的代码中,演示了使用do语句的过程。

```
#import <Foundation/Foundation.h>
int main(int argc, const char * argv[]) {
    @autoreleasepool {
        int number, right_digit;
        NSLog (@"输入数字.");
        scanf ("%i", &number);
        do {
            right_digit = number % 10;
            NSLog (@"%i", right_digit);
            number /= 10;
        }
        while ( number != 0 );
    }
    return 0;
}
```

如果用户输入"135",则输出:
```
5
3
1
```
如果用户输入"0",则输出:
```
0
0
```
由此可见,当向程序输入"0"时,程序就会正确地显示数字0。

2.31 计算圆的周长和面积

范例2-31	计算圆的周长和面积
源码路径	光盘\daima\第2章\2-31

2.31.1 范例说明

在Objective-C程序中,有时可能需要使一些已经定义的名称成为未定义的,通过使用#undef语句就可以实现上述功能。要想消除特定名称的定义,可以编写如下语句实现。

```
#undef    name
```

此时使用如下代码可以消除POWER_PC的定义,后面的#ifdef POWER_PC或#if defined(POWER_PC)语句都将判断为假。

```
#undef    POWER_PC
```

例如在本实例中,使用无参宏定义计算圆的周长和面积。

2.31.2 具体实现

实例文件main.m的具体实现代码如下所示。

```
#import <Foundation/Foundation.h>
#define PI 3.14159262537     // 定义PI代替3.14159262537
int main(int argc , char * argv[])
{
    @autoreleasepool{
        NSLog(@"请输入圆的半径: ");
        double radius;
        scanf("%lg" , &radius);
        // 使用PI
```

```
            NSLog(@"圆周长: %g" , PI * 2 * radius);
            NSLog(@"圆面积: %g" , PI * radius * radius);
    }
}
```

本实例执行后的效果如图2-7所示。

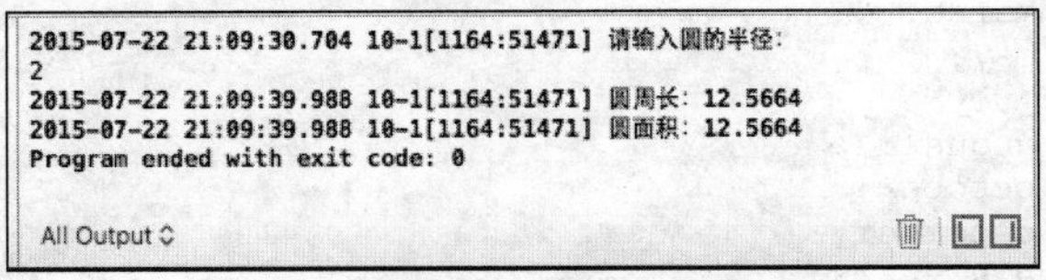

```
2015-07-22 21:09:30.704 10-1[1164:51471] 请输入圆的半径:
2
2015-07-22 21:09:39.988 10-1[1164:51471] 圆周长: 12.5664
2015-07-22 21:09:39.988 10-1[1164:51471] 圆面积: 12.5664
Program ended with exit code: 0

All Output ○
```

图2-7 执行效果

2.31.3 范例技巧——另外一种计算圆的周长和面积的方法

在下面的一段代码中，演示了另外一种计算圆的周长和面积的方法。

```
#import <Foundation/Foundation.h>
#define PI 3.1415926     // 定义PI代替3.1415926
#define TWO_PI PI * 2   // 直接使用前面已有的PI来定义新的宏
int main(int argc , char * argv[])
{
    @autoreleasepool{
        NSLog(@"亲，请输入圆的半径: ");
        double radius;
        scanf("%lg" , &radius);
        // 使用PI
        NSLog(@"圆的周长是: %g" , TWO_PI * radius);
        NSLog(@"圆的面积是: %g" , PI * radius * radius);
    }
}
```

执行上述代码后输出：
亲，请输入圆的半径:
3
圆的周长是: 18.8496
圆的面积是: 28.2743

2.32 判断用户输入月份的天数

范例2-32	判断用户输入月份的天数
源码路径	光盘\daima\第2章\2-32

2.32.1 范例说明

在本实例的代码中，展示了使用枚举数据类型的简单程序。该程序首先读取一个月份数，然后进入switch语句来判断要进入哪个月份。因为编译器把枚举值当作整型常量来处理，所以它们都是有效的case值。将变量*days*赋值为该月的天数，在switch退出后显示*days*的值。程序中包含特定的测试代码，用来查看该月是否为二月。

2.32.2 具体实现

实例文件main.m的具体实现代码如下所示。
```
#import <Foundation/Foundation.h>
int main(int argc, const char * argv[]) {
    @autoreleasepool {
        enum month { january = 1, february, march, april, may, june,
            july, august, september, october, november,
            december };
```

```
        enum month amonth;
        int     days;
        NSLog (@"亲,请输入一个月份: ");
        scanf ("%i", &amonth);
        switch (amonth) {
            case january:
            case march:
            case may:
            case july:
            case august:
            case october:
            case december:
                days = 31;
                break;
            case april:
            case june:
            case september:
            case november:
                days = 30;
                break;
            case february:
                days = 28;
                break;
            default:
                NSLog (@"输入的不是月份");
                days = 0;
                break;
        }
        if ( days != 0 )
            NSLog (@"%i天", days);
        if ( amonth == february )
            NSLog (@"...闰年是29天");
    }
    return 0;
}
```

下面开始测试上述代码,如果输入数字"5",则执行后输出:

```
亲,请输入一个月份:
5
31天
```

如果输入数字"2",则执行后输出:

```
亲,请输入一个月份:
2
28天
...闰年是29天
```

此时可以明确地给枚举类型的变量指派一个整数值,此时应该使用类型转换运算符。如果monthValue是值为6的整型变量,那么下面的表达式是合法的。

```
lastMonth = (enum month) (monthValue - 1);
```

但是如果不使用类型转换运算符,编译器也不会有异议。

2.32.3 范例技巧——尽量把枚举值当作独立的数据类型来对待

在使用包含枚举数据类型的程序时,应该尽量把枚举值当作独立的数据类型来对待。枚举类型提供了一种方法,使开发人员能够把整数值和有象征意义的名称对应起来。如果以后需要更改这个整数值,只能在定义枚举数据类型的地方更改。如果根据枚举数据类型的实际值进行假设,就丧失了使用枚举数据类型带来的好处。

在定义枚举数据类型时允许有所变化,例如可以省略数据类型的名称。在定义该类型时,可以将变量声明为特定枚举数据类型中的一个。例如下面的代码同时展示了这两种选择。

```
enum { east, west, south, north } direction;
```

上述代码中义了一个(未命名的)枚举数据类型,它包含的值有east、west、south和north,分别表示四个方向,同时还声明了该类型的变量direction。在代码块中定义的枚举数据类型的作用域仅仅限于块的内部，在程序的开始位置及所有块之外定义的枚举数据类型对于该文件是全局的。在定义枚举数据类型时，必须确保枚举标识符与定义在相同作用域之内的变量名和其他标识符不同。

2.33 生成一个素数表

范例2-33	生成一个素数表
源码路径	光盘\daima\第2章\2-33

2.33.1 范例说明

本实例的功能是生成一个素数表。因为需要把生成的素数添加到数组中，所以需要一个可变数组。在本实例中使用方法arrayWithCapacity:分配了NSMutableArray的素数，并且使用参数20指定了数组的初始化大小。在程序运行时，可变数组的容量会根据需要自动增长。

2.33.2 具体实现

实例文件main.m的具体实现代码如下所示。

```
#define MAXPRIME   50
int main(int argc, const char * argv[]) {
    @autoreleasepool {
        int     i, p, prevPrime;
        BOOL    isPrime;
        NSMutableArray *primes =
        [NSMutableArray arrayWithCapacity: 20];
        [primes addObject: [NSNumber numberWithInteger: 2]];
        [primes addObject: [NSNumber numberWithInteger: 3]];
        for (p = 5; p <= MAXPRIME; p += 2) {
            isPrime = YES;
            i = 1;
            do {
                prevPrime = [[primes objectAtIndex: i] integerValue];
                if (p % prevPrime == 0)
                    isPrime = NO;
                ++i;
            } while ( isPrime == YES && p / prevPrime >= prevPrime);
            if (isPrime)
                [primes addObject: [NSNumber numberWithInteger: p]];
        }
        for (i = 0; i < [primes count]; ++i)
            NSLog (@"%li", (long) [[primes objectAtIndex: i] integerValue]);
    }
    return 0;
}
```

执行上述代码后输出：

```
2
3
5
7
11
13
17
19
23
29
31
37
41
43
47
```

2.33.3 范例技巧——类Foundation为使用数组提供了便利

即使索数是整数,也不能直接在数组中存储int值。因为上述数组只能容纳对象,所以需要在primes数组中存储NSNumber整数对象。并且上述代码将kMaxPrime定义为希望程序计算的最大素数,在此设置的是50。在分配primes数组之后,可以使用如下语句设置数组开始的两个元素。

```
[primes addObject: [NSNumber numberWithInteger: 2]];
[primes addObject: [NSNumber numberWithInteger: 3]];
```

在上述代码中,方法addObject:向数组的末尾添加了一个对象,然后分别添加由整数2和3所创建的NSNumber对象。由此可见,类Foundation为使用数组提供了许多便利。但是当使用复杂的运算法则操纵大型数字数组时,用Objective-C语言提供的低级数组构造来执行这种任务会更加有效,对于内存使用和执行速度来说,都是如此。

2.34 使用方法copy实现复制

范例2-34	使用方法copy实现复制
源码路径	光盘\daima\第2章\2-34

2.34.1 范例说明

在本实例中,首先定义了可变数组对象dataArray,并分别将其元素设置为字符串对象@"one"、@"two"、@"three"和@"four"。例如在如下赋值语句中,仅仅创建了对内存中同一数组对象的另一个引用。

```
dataArray2 = dataArray;
```

这样从dataArray2中删除第一个对象,并且随后输出两个数组对象中的元素,此时这两个引用中的第一个元素(字符串@"one")都会消失。然后创建了一个dataArray的可变副本,并将它赋值给dataArray2的最终副本。这样就在内存中创建了两个截然不同的可变数组,两者都包含3个元素。现在删除dataArray2中的第一个元素,不会对dataArray的内容产生任何影响。

2.34.2 具体实现

实例文件main.m的具体实现代码如下所示。

```
int main(int argc, const char * argv[]) {
    @autoreleasepool {
        NSMutableArray *dataArray = [NSMutableArray arrayWithObjects:
                                     @"one", @"two", @"three", @"four", nil];
        NSMutableArray    *dataArray2;
        dataArray2 = dataArray;
        [dataArray2 removeObjectAtIndex: 0];
        NSLog (@"dataArray: ");
        for ( NSString *elem in dataArray )
            NSLog (@" %@", elem);
        NSLog (@"dataArray2: ");
        for ( NSString *elem in dataArray2 )
            NSLog (@"   %@", elem);
        dataArray2 = [dataArray mutableCopy];
        [dataArray2 removeObjectAtIndex: 0];
        NSLog   (@"dataArray:       ");
        for ( NSString *elem in dataArray )
            NSLog (@" %@", elem);
        NSLog   (@"dataArray2: ");
        for ( NSString *elem in dataArray2 )
            NSLog (@" %@", elem);
    }
    return 0;
}
```

执行上述代码后输出：
```
dataArray:
  two
  three
  four
dataArray2:
  two
  three
  four
dataArray:
  two
  three
  four
dataArray2:
  three
  four
```

2.34.3 范例技巧——复制操作时的内存问题

在Objective-C程序中，产生一个对象的可变副本并不要求被复制的对象本身是可变的，在编程时可以为可变对象的创建本可变的副本。所以当在上述代码中产生数组的副本时，通过复制操作将数组中每个元素的保持计自动增1。由此可见，如果产生数组的副本并随即释放原始数组，那么副本仍然包含有效的元素。因为dataArray的副本是在程序中使用方法mutableCopy产生的，所以需要释放它的内存。

2.35 生成斐波纳契数的前15个值

范例2-35	生成斐波纳契数的前15个值
源码路径	光盘\daima\第2章\2-35

2.35.1 范例说明

在本实例中，首先将前两个斐波纳契数称之为F_0和F_1，分别定义为0和1。此后的每个斐波纳契数F_i都定义为前两个斐波纳契数F_{i-2}和F_{i-1}之和，所以F_0和F_1数值之和是F_2的值。对于前面的程序，通过计算Fibonacci[0]和Fibonacci[1]之和，就可以直接计算出Fibonacci[2]。这个计算公式是在for循环中执行的，它计算出F_2到F_{14}的值（或者，等价地，Fibonacci[2]到Fibonacci[14]的值）。

2.35.2 具体实现

实例文件main.m的具体实现代码如下所示。
```
#import <Foundation/Foundation.h>
int main(int argc, const char * argv[]) {
    @autoreleasepool {
        int Fibonacci[15], i;
        Fibonacci[0] = 0;  /* by definition */
        Fibonacci[1] = 1;  /*   ditto    */
        for ( i = 2; i < 15; ++i )
            Fibonacci[i] = Fibonacci[i-2] + Fibonacci[i-1];
        for ( i = 0; i < 15; ++i )
            NSLog (@"%i", Fibonacci[i]);
    }
    return 0;
}
```
执行上述程序后输出：
```
0
1
1
2
```

```
3
5
8
13
21
34
55
89
144
233
377
```

2.35.3 范例技巧——必须在定义数组后才能使用下标变量

在Objective-C程序中，必须在定义数组后才能使用下标变量。并且只能逐个使用下标变量，而不能一次引用整个数组。假如要输出有10个元素的数组，必须使用循环语句逐个输出各下标变量。

2.36 通过数组模拟五子棋应用

范例2-36	通过数组模拟五子棋应用
源码路径	光盘\daima\第2章\2-36

2.36.1 范例说明

在下面的实例代码中，通过数组在控制台实现了一个模拟五子棋应用程序。

2.36.2 具体实现

实例文件main.m的具体实现代码如下所示。

```
#import <Foundation/Foundation.h>
#define NO_CHESS "✚"
#define BLACK_CHESS "●"
#define WHITE_CHESS "○"
#define BOARD_SIZE 15    // 定义棋盘的大小

static char * board[BOARD_SIZE][BOARD_SIZE];    // 定义一个二维数组来充当棋盘
void initBoard()
{
// 把每个元素赋为"✚",用于在控制台画出棋盘
for (int i = 0 ; i < BOARD_SIZE ; i++)
{
    for ( int j = 0 ; j < BOARD_SIZE ; j++)
    {
        board[i][j] = NO_CHESS;
    }
}
}
void printBoard()    // 在控制台输出棋盘的方法
{
// 打印每个数组元素
for (int i = 0 ; i < BOARD_SIZE ; i++)
{
    for ( int j = 0 ; j < BOARD_SIZE ; j++)
    {
        printf("%s " , board[i][j]);    // 打印数组元素后不换行
    }
    printf("\n");    // 每打印完一行数组元素后输出一个换行符
}
}
int main(int argc, char * argv[])
{
```

```
@autoreleasepool{
    initBoard();
    printBoard();
    while(YES)
    {
        int xPos;
        int yPos;
        printf("请输入您下棋的坐标，应以x,y的格式: \n");
        scanf("%d,%d" , &xPos , &yPos);    // 获取用户输入的下棋坐标
        // 把对应的数组元素赋为黑棋
        board[xPos - 1][yPos - 1]= BLACK_CHESS;
        // 随机生成两个0~15的整数作为电脑的下棋坐标
        int pcX = arc4random() % BOARD_SIZE;
        int pcY = arc4random() % BOARD_SIZE;
        board[pcX][pcY] = WHITE_CHESS;    // 将电脑下棋的坐标赋为白棋

        /*
          上面代码还涉及如下需要改进的地方
            1.用户输入坐标的有效性，只能是数字，不能超出棋盘范围
            2.如果是下棋的点，不能重复下棋
            3.每次下棋后，需要扫描谁赢了
        */
        printBoard();
    }
}
```

本实例执行后的效果如图2-8所示。

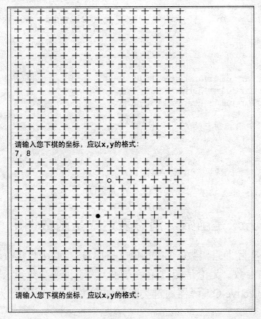

图2-8 执行效果

2.36.3 范例技巧——字符数组的作用

字符数组能够存放字符型数据，其中每个数组元素存放的值都是单个字符。在字符型数组中可以存放若干个字符，所以可以用来存放字符串。若干个字符串可以用若干个一维字符数组存放，也可以用一个二维字符数组来存放，即每行存放一个字符串。无论在字符数组中存放的是字符串，还是若干个字符，都可以将每个字符数组的元素看作是一个字符型变量来使用，具体处理方法和前面介绍的普通一维数组完全相同。但是，存放字符串的字符数组还有一些特殊的用法。

2.37 计算三角形数

范例2-37	计算三角形数
源码路径	光盘\daima\第2章\2-37

2.37.1 范例说明

其实在本书前面的内容中，已经多次用到了函数的知识。假设想开发一个计算三角形数的程序，并将其命名为calculateTriangularNumber。通过该函数的一个参数，指定要计算哪个三角形数，然后通过这个函数计算出所求的数值并显示结果。例如在下面的实例代码中，显示了完成上述任务的函数和测试它的main例程。

2.37.2 具体实现

实例文件main.m的具体实现代码如下所示。

```
#import <Foundation/Foundation.h>
void calculateTriangularNumber (int n)
{
    int i, triangularNumber = 0;
    for ( i = 1; i <= n; ++i )
        triangularNumber += i;
    NSLog (@"Triangular number %i is %i", n, triangularNumber);
}

int main(int argc, const char * argv[]) {
    @autoreleasepool {
        calculateTriangularNumber (10);
        calculateTriangularNumber (20);
        calculateTriangularNumber (50);
    }
    return 0;
}
```

执行上述代码后输出：

```
Triangular number 10 is 55
Triangular number 20 is 210
Triangular number 50 is 1275
```

2.37.3 范例技巧——方法是函数，消息表达式是函数调用

在Objective-C中，方法实际上是函数。在调用方法时，是在调用与接收者类相关的函数。传递给函数的参数是接收者和方法的参数。无论是函数还是方法，关于传递参数给函数、返回值以及自动和静态变量的规则都是一样的。Objective-C编译器通过类名称和方法名称的组合，为每个函数产生唯一的名称。

2.38 使用头文件实现特殊数学运算

范例2-38	使用头文件<math.h>实现特殊数学运算
源码路径	光盘\daima\第2章\2-38

2.38.1 范例说明

本实例的功能是，使用函数来计算最大公约数，该函数的两个参数是想要计算最大公约数（gcd）的两个数。函数gcd规定带有两个整型参数，该函数通过形参名称u和v来指明这些参数。将变量temp声明为整型之后，该程序将在终端显示参数u、v的值和相关消息。然后，这个函数计算并返回这两个整数

的最大公约数。

2.38.2 具体实现

实例文件main.m的具体实现代码如下所示。
```objc
#import <Foundation/Foundation.h>
int gcd (int u, int v)
{
    int temp;
    while ( v != 0 )
    {
        temp = u % v;
        u = v;
        v = temp;
    }
    return u;
}
int main(int argc, const char * argv[]) {
    @autoreleasepool {
        int result;
        result = gcd (150, 35);
        NSLog (@"The gcd of 150 and 35 is %i", result);
        result = gcd (1026, 405);
        NSLog (@"The gcd of 1026 and 405 is %i", result);
        NSLog (@"The gcd of 83 and 240 is %i", gcd (83, 240));
    }
    return 0;
}
```
执行上述代码后输出：
```
The gcd of 150 and 35 is 5
The gcd of 1026 and 405 is 27
The gcd of 83 and 240 is 1
```

2.38.3 范例技巧——可以省略返回整数的函数返回类型声明吗？

在本实例中，表达式"result = gcd (150, 35);"表示使用参数150和35来调用函数gcd，并且将返回值存储到变量*result*中。如果在该函数返回任何值时省略函数的返回类型声明，并且它确实返回数值，那么编译器就会假设该值为整数。许多程序员利用这个事实，省略返回整数的函数返回类型声明。但是，这是不好的编程习惯，应该避免。函数的默认返回类型与方法的默认返回类型不同。如果没有为方法指定返回类型，编译器就假设它返回id类型的值。同样应该总是声明方法的返回类型，而不是依赖于这个事实。

2.39 通过函数递归计算fn(10)的值

范例2-39	通过函数递归计算fn(10)的值
源码路径	光盘\daima\第2章\2-39

2.39.1 范例说明

如果一个函数在它的函数体内调用它自身，则这个过程被称为递归调用，这个函数被称为递归函数。在完全平等的语言中允许函数的递归调用。在递归调用中，主调函数也是被调函数。执行递归函数将反复调用其自身，每调用一次就进入新的一层。本实例的功能是，通过函数递归计算fn(10)的值。

2.39.2 具体实现

实例文件main.m的具体实现代码如下所示。

```
#import <Foundation/Foundation.h>
int fn(int n)
{
if (n == 0)
{
    return 1;
}
else if (n == 1)
{
    return 4;
}
else
{
    // 函数中调用它自身，就是函数递归
    return 2 * fn(n - 1) + fn(n - 2);
}
}
int main(int argc , char * argv[])
{
@autoreleasepool{
    NSLog(@"%d" , fn(10));   // 输出fn(10)的结果
}
}
```

执行上述代码后输出：
```
10497
```

2.39.3 范例技巧——函数递归调用的两个要素

函数递归调用方法有如下两个要素。
（1）递归调用公式：即问题的解决能写成递归调用的形式。
（2）结束条件：确定何时结束递归。

2.40 将数组作为函数的参数

范例2-30	将数组作为函数的参数
源码路径	光盘\daima\第2章\2-30

2.40.1 范例说明

在Objective-C程序中，数组作为函数的参数跟普通变量作为函数的参数的用法完全相同。例如在本实例的代码中，演示了数组作为函数的参数的功能。

2.40.2 具体实现

实例文件main.m的具体实现代码如下所示。
```
#import <Foundation/Foundation.h>
// 定义一个函数，该函数的形参为两个int型变量
int big(int x , int y)
{
// 如果x>y，返回1；如果x<y，返回-1，如果x==y，返回0
return x > y ? 1 : (x < y ? -1 : 0);
}

int main(int argc , char * argv[])
{
@autoreleasepool{
    int a[10] , b[10];
    // 采用循环读入10个数值作为第一个数组元素的值
    NSLog(@"输入第一个数组的10个元素: ");
    for(int i = 0 ; i < 10 ; i++)
```

```
    {
        scanf("%d" , &a[i]);
    }
    // 采用循环读入10个数值作为第二个数组元素的值
    NSLog(@"输入第二个数组的10个元素: ");
    for(int i = 0 ; i < 10 ; i++)
    {
        scanf("%d" , &b[i]);
    }
    int aBigCount = 0;
    int bBigCount = 0;
    int equalsCount = 0;
    // 采用循环依次比较a、b两个数组的元素
    // 并累计其比较结果
    for(int i= 0 ; i < 10 ; i++)
    {
        NSLog(@"%d , %d" , a[i], b[i]);
        if(big(a[i] , b[i]) == 1)
        {
            aBigCount ++;
        }
        else if(big(a[i] , b[i]) == -1)
        {
            bBigCount ++;
        }
        else
        {
            equalsCount ++;
        }
    }
    NSLog(@"a数组元素更大的次数%d, b数组元素更大的次数为: %d , 相等次数为: %d"
        , aBigCount , bBigCount, equalsCount);
    NSString * result = aBigCount > bBigCount ?
            @"a数组更大": (aBigCount < bBigCount ? @"b数组更大" : @"两个数组相等");
    NSLog(@"%@" , result);
}
}
```

执行上述代码后输出:
输入第一个数组的10个元素:
1 2 3 4 5 6 7 8 9 10
输入第二个数组的10个元素:
11 12 13 14 15 16 17 18 19 20
1 , 11
2 , 12
3 , 13
4 , 14
5 , 15
6 , 16
7 , 17
8 , 18
9 , 19
10 , 20
a数组元素更大的次数0, b数组元素更大的次数为: 10 , 相等次数为: 0
b数组更大

2.40.3 范例技巧——使用防御式编程

在存取方法中使用通用代码来检查实例变量的数组索引，以保证它是有效数值，若是超出了有效范围，那么程序就会输出错误信息并且退出，那么该段代码就是所谓的防御式编程。防御式编程是指编程者需要考虑种种可能出现的问题，并且设置异常抛出机制，引申到编程者换位思考的问题上，就可发现程序所欠缺的部分待优化的功能。

2.41 实现冒泡排序

范例2-41	实现冒泡排序
源码路径	光盘\daima\第2章\2-41

2.41.1 范例说明

冒泡排序（Bubble Sort）是一种计算机科学领域的较简单的排序算法，能够重复地走访过要排序的数列，一次比较两个元素，如果他们的顺序错误就把他们交换过来。走访数列的工作是重复进行直到没有再需要交换的，也就是说该数列已经排序完成。在下面的实例代码中，演示了通过函数实现冒泡排序的过程。

2.41.2 具体实现

实例文件main.m的具体实现代码如下所示。

```objectivec
#import <Foundation/Foundation.h>
// 定义一个函数，该函数没有返回值
void bubbleSort(int nums[] , unsigned long len)
{
    // 控制本轮循环是否有发生过交换
    // 如果没有发生交换，说明该数组已经处于有序状态，可以提前结束排序
    BOOL hasSwap = YES;
    for (int i = 0; i < len && hasSwap; i++)
    {
        hasSwap = NO;  // 将hasSwap设为NO
        for (int j = 0 ; j < len - 1 - i ; j++)
        {
            // 如果nums[j]大于nums[j + 1]，交换它们
            if(nums[j] > nums[j + 1])
            {
                int tmp = nums[j];
                nums[j] = nums[j + 1];
                nums[j + 1] = tmp;
                // 本轮循环发生过交换，将hasSwap设为YES
                hasSwap = YES;
            }
        }
    }
}
int main(int argc, const char * argv[])
{
    @autoreleasepool {
        int nums[] = {12 , 8, 23, -15, -20, 15};   // 随便给出一个整数数组
        int len = sizeof(nums) / sizeof(nums[0]);  // 计算数组的长度
        bubbleSort(nums , len);   // 调用函数对数组排序
        for(int i = 0 ; i < len ; i++)   // 采用遍历，输出数组元素
        {
            printf("%d," , nums[i]);
        }
        printf("\n");   // 输出换行
    }
}
```

执行上述代码后输出：

```
-20,-15,8,12,15,23,
```

2.41.3 范例技巧——冒泡排序算法的运作过程

冒泡排序算法的运作过程如下所示。
（1）比较相邻的元素。如果第一个比第二个大，就交换他们两个。

（2）对每一对相邻元素做同样的工作，从开始第一对到结尾的最后一对。在这一点，最后的元素应该会是最大的数。
（3）针对所有的元素重复以上的步骤，除了最后一个。
（4）持续每次对越来越少的元素重复上面的步骤，直到没有任何一对数字需要比较。

2.42 统计数组数据最大值、最小值、平均值和总和

范例2-42	统计数组数据最大值、最小值、平均值和总和
源码路径	光盘\daima\第2章\2-42

2.42.1 范例说明

在Objective-C程序中，全局变量是在函数外部定义的变量，也被称为外部变量。全局变量不属于具体哪一个函数，只是属于一个源程序文件，其作用域是整个源程序。在函数中使用全局变量时需要对全局变量进行说明，只有在函数内经过说明的全局变量才能使用，全局变量的说明符为extern。如果是在一个函数之前定义的全局变量，在该函数内使用时可不用再加以说明。例如在本实例的实现代码中，实现了一个统计数组数据最大值、最小值、平均值和总和的函数statistics。

2.42.2 具体实现

实例文件main.m的具体实现代码如下所示。

```
#import <Foundation/Foundation.h>
// 定义4个全局变量
int sum;
int avg;
int max;
int min;
void statistics(int nums[] , unsigned long len)
{
    min = nums[0];
    for (int i = 0 ; i < len ; i++)
    {
        // 始终让max保存较大的整数
        if(nums[i] > max)
        {
            max = nums[i];
        }
        // 始终让min保存较小的整数
        if(nums[i] < min)
        {
            min = nums[i];
        }
        // 统计总和
        sum += nums[i];
    }
    // 计算平均值
    avg = sum / len;
}
int main(int argc , char * argv[])
{
    @autoreleasepool{
        int nums[] = {12, 30 , 4, 120 ,5, 12, 14, 34};
        statistics(nums , sizeof(nums) / sizeof(nums[0]));
        NSLog(@"总和: %d" , sum);
        NSLog(@"平均值: %d" , avg);
        NSLog(@"最大值: %d" , max);
        NSLog(@"最小值: %d" , min);
    }
}
```

执行上述代码后输出：
总和：231
平均值：28
最大值：120
最小值：4

2.42.3 范例技巧——局部变量的作用域的注意事项

关于局部变量的作用域，应该注意如下4点。

- 主函数中定义的变量也只能在主函数中使用，不能在其他函数中使用。同时，主函数中也不能使用其他函数中定义的变量。因为主函数也是一个函数，所以它与其他函数是平行关系。这一点是与其他语言不同的，应加以注意。
- 形参变量属于被调函数的局部变量，实参变量属于主调函数的局部变量。
- 在Objective-C中，允许在不同的函数中使用相同的变量名，它们代表不同的对象，分配不同的单元，互不干扰，也不会发生混淆。
- 在复合语句中也可定义变量，其作用域只在复合语句范围内。

2.43 利用静态static计算阶乘

范例2-43	利用静态static计算阶乘
源码路径	光盘\daima\第2章\2-43

2.43.1 范例说明

在Objective-C程序中，如果从存储方式角度分析，可以将变量划分为静态存储和动态存储两种。静态存储变量通常是在变量定义时就分定存储单元并一直保持不变，直至整个程序结束。在本实例中，利用静态static实现了计算阶乘的功能。

2.43.2 具体实现

实例文件main.m的具体实现代码如下所示。

```
#import <Foundation/Foundation.h>

int fac(int n)
{
// static变量，第一次运行时该变量的值为1
// f可以保留上一次调用函数的结果
static int f = 1;
f = f * n;
return f;
}
int main(int argc , char * argv[])
{
@autoreleasepool{
    // 采用循环，控制调用该函数7次
    for(int i = 1 ; i < 8 ; i++)
    {
        NSLog(@"%d的阶乘为：%d", i , fac(i));
    }
}
}
```

本实例执行后的效果如图2-9所示。

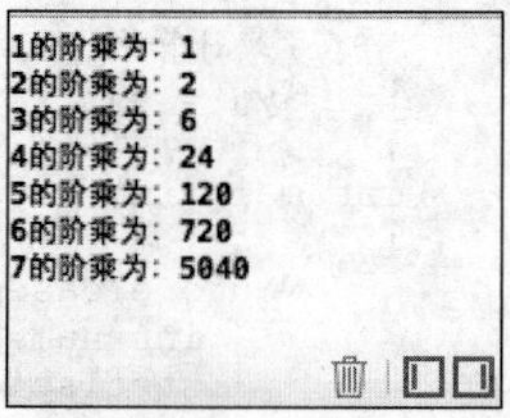

图2-9 执行效果

2.43.3 范例技巧——静态存储变量的生存期

静态存储变量是一直存在的，而动态存储变量是时而存在时而消失的，我们把这种由于变量存储方式不同而产生的特性称为变量的生存期。生存期表示了变量存在的时间。生存期和作用域从时间和空间这两个不同的角度来描述变量的特性，这两者既有联系又有区别。不能仅从作用域来判定一个变量究竟属于哪一种存储方式，还应该有明确的存储类型说明。

2.44 显示当前的日期

范例2-44	显示当前的日期
源码路径	光盘\daima\第2章\2-44

2.44.1 范例说明

在本实例中，main函数的第一条语句定义了名为date的结构，它包含3个整型成员，分别是month、day和year。在第二条语句中，变量today声明为struct date类型。第一条语句只是简单地向Objective-C编译器说明了date结构的外观，并没有在计算机中分配存储空间。第二条语句定义了一个struct date类型的变量，所以导致内存中分配了空间，以便存储结构变量today的3个整型成员。在赋值完成后，通过调用适当的NSLog语句来显示包含在结构中的值。Today.year除以100的余数是在传递给NSLog函数之前计算的，这样可以使年份只显示04。NSLog中的"%.2i"格式符号指明了最少显示两位字符，从而强制显示年份开头的0。

2.44.2 具体实现

实例文件main.m的具体实现代码如下所示。

```
#import <Foundation/Foundation.h>
int main(int argc, const char * argv[]) {
    @autoreleasepool {
        struct date
        {
            int month;
            int day;
            int year;
        };
        struct date today;
        today.month = 9;
        today.day = 25;
        today.year = 2015;
        NSLog (@"Today's date is %i/%i/%.2i.", today.month,
                today.day, today.year % 100);
    }
    return 0;
}
```

执行上述代码后输出：
```
Today's date is 9/25/15.
```

2.44.3 范例技巧——基本数据类型成员变量的初始化缺省值

初始化处理是仅仅对其中的部分成员变量进行初始化。Ojective-C语言要求初始化的数据至少有一个，其他没有初始化的成员变量由系统完成初始化，系统提供了缺省的初始化值。各种基本数据类型的成员变量初始化缺省值如表2-4所示。

表2-4 基本数据类型成员变量的初始化缺省值

数据类型	初始化缺省值
Int	0
Char	'\0x0'

数据类型	初始化缺省值
float	0.0
double	0.0
char Array[n]	""
int Array[n]	{0,0…,0}

对于复杂结构体类型变量的初始化，同样遵循上述规律，对结构体成员变量分别赋予初始化值。

2.45 确定今天是不是一个月最后一天

范例2-45	确定今天是不是一个月最后一天
源码路径	光盘\daima\第2章\2-45

2.45.1 范例说明

假设要编写一个简单的程序，它接收今天的日期作为输入数据，并向用户显示明天的日期。第一眼看上去，这似乎是一项非常简单的任务，可以让用户输入今天的日期，然后通过一系列语句计算出明天的日期，实现代码如下。

```
tomorrow.month = today.month;
tomorrow.day = today.day + 1;
tomorrow.year = today.year;
```

对于大多数日期来讲，使用上面的代码可以得出正确结果，但是不能正确处理如下两种情况。

❑ 如果今天的日期是一个月的最后一天。
❑ 如果今天的日期是一年的最后一天（即今天的日期是12月31日）。

确定今天的日期是不是一个月最后一天，其中的一种简便方法是设置对应于每月天数的整型数组。

2.45.2 具体实现

实例文件main.m的具体实现代码如下所示。

```
#import <Foundation/Foundation.h>
struct date
{
    int month;
    int day;
    int year;
};
struct date dateUpdate (struct date today)
{
    struct date tomorrow;
    int numberOfDays (struct date d);
    if ( today.day != numberOfDays (today) )
    {
        tomorrow.day = today.day + 1;
        tomorrow.month = today.month;
        tomorrow.year = today.year;
    }
    else if ( today.month == 12 )   // end of year
    {
        tomorrow.day = 1;
        tomorrow.month = 1;
        tomorrow.year = today.year + 1;
    }
    else
```

```
        {                    // end of month
            tomorrow.day = 1;
            tomorrow.month = today.month + 1;
            tomorrow.year = today.year;
        }
        return (tomorrow);
}
//找到月份的天数
int numberOfDays (struct date d)
{
    int answer;
    BOOL isLeapYear (struct date d);
    int daysPerMonth[12] =
        { 31, 28, 31, 30, 31, 30, 31, 31, 30, 31, 30, 31 };
    if ( isLeapYear (d) == YES && d.month == 2 )
        answer = 29;
    else
        answer = daysPerMonth[d.month - 1];
    return (answer);
}
// 确定是否闰年
BOOL isLeapYear (struct date d)
{
    if ( (d.year % 4 == 0 && d.year % 100 != 0) ||
          d.year % 400 == 0 )
        return YES;
    else
        return NO;
}

int main(int argc, const char * argv[]) {
    @autoreleasepool {
        struct date dateUpdate (struct date today);
        struct date thisDay, nextDay;
        NSLog (@"Enter today's date (mm dd yyyy): ");
        scanf ("%i%i%i", &thisDay.month, &thisDay
```

执行上述代码，根据输入数据的不同会输出不同的结果。

第一种输入得到：
```
Enter today's date (mm dd yyyy):
2 28 2012
Tomorrow's date is 2/29/12.
```

第二种输入得到：
```
Enter today's date (mm dd yyyy):
10 2 2009
Tomorrow's date is 10/3/09.
```

第三种输入得到：
```
Enter today's date (mm dd yyyy):
12 31 2010
Tomorrow's date is 1/1/10.
```

2.45.3 范例技巧——必须导入文件Foundation.h

从本实例的实现代码可以看出，即使没有用到该程序中的任何类，仍然导入了Foundation.h这个文件，因为您想要使用BOOL类型，并定义YES和NO。它们定义在Foundation.h文件中。date结构的定义最先出现并且在所有函数之外，这是因为结构定义的行为与变量定义非常类似：如果在特定函数中定义结构，那么只有这个函数知道它的存在，这是一个局部结构定义。如果将结构定义在函数之外，那么该定义是全局的。使用全局结构定义，该程序中随后定义的任何变量（不论是在函数之内还是之外）都可以声明为这种结构类型。多个文件共用的结构定义都集中放在一个头文件中，然后向要使用这些结构的文件导入这个头文件。

2.46 使用指针遍历数组元素

范例2-46	使用指针遍历数组元素
源码路径	光盘\daima\第2章\2-46

2.46.1 范例说明

如果指针变量 p 已经指向了数组中的一个元素, 那么 $p+1$ 指向了同一数组中的下一个元素。当引入指针变量后, 就可以访问数组元素了。假设 p 的初值为 $&a[0]$, 则:

(1) $p+i$ 和 $a+i$ 就是 $a[i]$ 的地址, 或者说它们指向 a 数组的第 i 个元素。
(2) $*(p+i)$ 或 $*(a+i)$ 就是 $p+i$ 或 $a+i$ 所指向的数组元素, 即 $a[i]$。例如, $*(p+5)$ 或 $*(a+5)$ 就是 $a[5]$。
(3) 指向数组的指针变量也可以带下标, 如 $p[i]$ 与 $*(p+i)$ 等价。

在本实例中, 演示了使用指针遍历数组元素的过程。

2.46.2 具体实现

实例文件main.m的具体实现代码如下所示。

```
#import <Foundation/Foundation.h>
int main(int argc, char * argv[])
{
@autoreleasepool{
    int arr[] = {4, 20 , 10 , -3, 34};
    for(int i = 0 , len = sizeof(arr) / sizeof(arr[0]);
        i < len ; i++)
    {
        NSLog(@"%d" , *(arr + i));    // 采用指针加法来访问数组元素
    }
}
}
```

执行上述代码后输出:
```
4
20
10
-3
34
```

2.46.3 范例技巧——使用简化方式遍历数组

例如在下面的代码中, 基于实例2-46演示了使用简化方式遍历数组的过程。

```
#import <Foundation/Foundation.h>
int main(int argc, char * argv[])
{
@autoreleasepool{
    int arr[] = {4, 20 , 10 , -3, 34};
    for(int* p = arr , len = sizeof(arr) / sizeof(arr[0]);
        p < arr + len; p++)
    {
        NSLog(@"%d" , *p);    // 通过指针来访问数组元素
    }
}
}
```

执行上述代码后输出:
```
4
20
10
-3
34
```

2.47 对数组元素进行快速排序

范例2-47	对数组元素进行快速排序
源码路径	光盘\daima\第2章\2-47

2.47.1 范例说明

在本实例中，对指定数组中的元素快速实现了从小到大的排列。

2.47.2 具体实现

实例文件main.m的具体实现代码如下所示。

```
#import <Foundation/Foundation.h>
// 将指定数组的i和j索引处的元素交换
void swap(int* data, int i, int j)
{
    int tmp;
    tmp = *(data + i);
    *(data + i) = *(data + j);
    *(data + j) = tmp;
}
// 对data数组中从start~end索引范围的子序列进行处理
// 使之满足所有小于分界值的放在左边，所有大于分界值的放在右边
void subSort(int* data , int start , int end)
{
    // 需要排序
    if (start < end)
    {
        int base = *(data + start);   // 以第一个元素作为分界值
        int i = start;   // i从左边搜索，搜索大于分界值的元素的索引
        int j = end + 1;   // j从右边开始搜索，搜索小于分界值的元素的索引
        while(YES)
        {
            // 找到大于分界值的元素的索引，或i已经到了end处
            while(i < end && data[++i] <= base);
            // 找到小于分界值的元素的索引，或j已经到了start处
            while(j > start && data[--j] >= base);
            if (i < j)
            {
                swap(data , i , j);
            }
            else
            {
                break;
            }
        }
        swap(data , start , j);
        subSort(data , start , j - 1);   // 递归左边子序列
        subSort(data , j + 1, end);   // 递归右边子序列
    }
}
void quickSort(int* data , int len)
{
    subSort(data , 0 , len - 1);
}
void printArray(int* array , int len)
{
    for(int* p = array ; p < array + len ; p++)
    {
        printf("%d," , *p);
    }
    printf("\n");
```

```
}
int main(int argc , char * argv[])
{
    @autoreleasepool{
        int data[] = {9, -16 , 21 ,123 ,-120 ,-47 , 22 , 30 ,15};
        int len = sizeof(data) / sizeof(data[0]);
        NSLog(@"排序之前");
        printArray(data, len);
        quickSort(data , len);
        NSLog(@"排序之后");
        printArray(data, len);
    }
}
```

执行上述代码后输出：
排序之前
9,-16,21,123,-120,-47,22,30,15,
排序之后
-120,-47,-16,9,15,21,22,30,123,

2.47.3 范例技巧——指针和数组的关系

在Objective-C中指针和数组的关系是密切相关的，这就是为什么可以在函数arraySum中将array声明为"int数组"类型，或者是"int指针"类型。如果要使用索引数来引用数组元素，那么要将对应的形参声明为数组。这能更准确地反映该函数对数组的使用情况。类似地，如果要将参数作为指向数组的指针，则要将其声明为指针类型。

2.48 计算整型数组所包含元素的和

范例2-48	计算整型数组所包含元素的和
源码路径	光盘\daima\第2章\2-48

2.48.1 范例说明

在下面的实例代码中说明了指向数组的指针的用法，其中函数arraySum计算整型数组所包含的元素之和。在函数arraySum中，定义了整型指针arrayEnd，并使其指向数组最后一个元素之后的指针。然后设置for循环来顺序浏览array的元素，当循环开始时，ptr的值被设置为array的首字符。每循环一次，ptr所指向的array元素的值都被加到sum中。然后for循环自动递增ptr的值，将它设置为指向array的下一个元素。当ptr超出了数组范围时，就退出for循环，并将sum的值返回给调用者。

2.48.2 具体实现

实例文件main.m的具体实现代码如下所示。

```
#import <Foundation/Foundation.h>
int arraySum (int array[], int n)
{
    int sum = 0, *ptr;
    int *arrayEnd = array + n;
    for ( ptr = array; ptr < arrayEnd; ++ptr )
        sum += *ptr;
    return (sum);
}

int main(int argc, const char * argv[]) {
    @autoreleasepool {
        int arraySum (int array[], int n);
        int values[10] = { 3, 7, -9, 3, 6, -1, 7, 9, 1, -5 };
        NSLog (@"The sum is %i", arraySum (values, 10));
```

```
        }
        return 0;
}
```
执行上述代码后输出：
```
The sum is 21
```

2.48.3 范例技巧——数组还是指针的选择

要将数组传递给函数，只要和前面调用函数arraySum一样，简单地指定数组名称即可。要想产生指向数组的指针，只需指定数组名称即可。这暗示着在调用函数arraySum时，传递给函数的实际上是数组values的指针。这确切地解释了为什么能够在函数中更改数组元素的值。但是，如果事实情况是将数组的指针传递给函数，那么为什么函数中的形参不声明为指针呢？换句话说，函数arraySum的array声明中，为什么没有用到下面的声明代码？

```
int *array;
```

在函数中，是不是所有对数组的引用都是通过指针变量实现的？要回答这些问题，首先必须重申前面提到的关于指针和数组的话题。我们提到过，如果valuesPtr指向的数据类型和values数组中包含的元素的类型相同，并且假设将valuesPtr设为指向values的首字符，那么表达式*(valuesPtr + i)与符号values[i]完全相同。然后，还可以用表达式*(values + i)来引用数组values的第i个元素，并且一般说来，如果x是任意类型的数组，则在Objective-C中可以将表达式x[i]等价地表示为*($x+i$)。

2.49 将字符串按照从小到大的顺序进行排序

范例2-49	将字符串按照从小到大的顺序进行排序
源码路径	光盘\daima\第2章\2-49

2.49.1 范例说明

例如在本实例的实现代码中，对多个字符串进行排序操作，将字符串按照从小到大的顺序进行排序。

2.49.2 具体实现

实例文件main.m的具体实现代码如下所示。
```
#import <Foundation/Foundation.h>
void sort(char* names[] , int n)
{
    char* tmp;
    // 外部循环控制依次取得0~n-2个字符串
    for(int i = 0 ; i < n - 1 ; i++)
    {
        // 用第i个字符串，依次与后面的每个字符串相比
        for(int j = i + 1 ; j < n ; j++)
        {
            // 如果names[i]的字符串大于names[j]的字符串，交换它们
            // 就可以保证第i个位置的字符串总比后面的所有字符串小
            if(strcmp(names[i] , names[j]) > 1)
            {
                tmp = names[i];
                names[i] = names[j];
                names[j] = tmp;
            }
        }
    }
}
int main(int argc , char * argv[])
```

```
{
    @autoreleasepool{
        int nums = 5;
        // 定义5个字符串
        char* strs[] = {"Objective-C" , "iOS" , "Swift", "Java" , "Android"};
        sort(strs , nums);   // 对字符串排序
        // 输出字符串
        for(int i = 0 ; i < nums ; i ++)
        {
            NSLog(@"%s" , strs[i]);
        }
    }
}
```

本实例执行后的效果如图2-10所示。

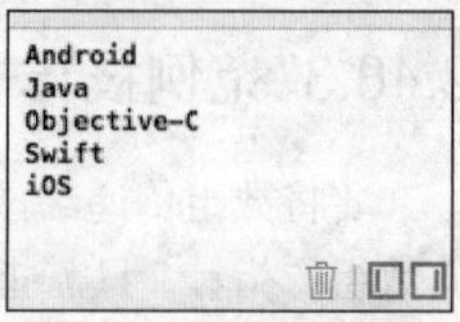

图2-10 执行效果

2.49.3 范例技巧——使用字符串指针变量与字符数组的区别

用字符数组和字符指针变量都可实现字符串的存储和运算，但是两者是有区别的，在使用时应注意以下7点。

（1）字符串指针变量用于存放字符串的首地址，它本身是一个变量。字符串本身存放在以该首地址为首的一块连续的内存空间中并以'\0'作为串的结束。而字符数组是由于若干个数组元素组成的，它可用来存放整个字符串。

（2）赋值方式有差别。如果是字符数组，则只能对各个元素赋值，而不能用下面的格式对字符数组赋值。

```
char  str[14];
str="I love China"
```

如果是字符指针变量，则可以采用下面方法赋值。

```
char *a;
a= "I love China.";         /*赋给a的是串的首地址*/
```

（3）字符数组由若干个元素组成，每个元素中放一个字符，而字符指针变量中存放的是地址，并不是将字符串放到字符指针变量中。

（4）对字符指针变量赋初值。例如下面的代码：

```
char *a="I love China";
```

等价于下面的代码：

```
char  *a;
a="I love  China. ";
```

而对数组的初始化代码为：

```
char   str[14]={ "I love China"};
```

上述代码不等价于下面的代码：

```
char   str[14];
str[]="I love   China. ";
```

即数组可以在变量定义时整体赋初值，但不能在赋值语句中整体赋值。

（5）定义了一个字符数组后，因为有确定的地址，所以可以在编译时为它分配内存单元。当定义一个字符指针变量时，可以给指针变量分配内存单元，在其中可以放一个地址值。即该指针变量可以指向一个字符型数据，如果没有对它赋一个地址值，则它并未具体指向一个确定的字符数据。例如下面的代码：

```
char str[10];
scanf("%s",str);      //是可以的
char  *a;
scanf("%s",a);         //能运行，但危险，不提倡，因为在a单元中是一个不可预料的值
```

需要改为如下格式：

```
char *a,str[10];   a=str;   scanf("%s",a);
```

（6）可以改变指针变量的值，但是不能改变数组名的值。可以使用下标形式来引用所指的字符串中的字符。

（7）当用指针变量指向一个格式字符串时，即可以用它来代替printf函数中的格式字符串，也可以用字符数组实现，但是不能采用赋值语句对数组整体赋值。看下面的代码：

```
char *format; format="a=%d,b=%f\n";
printf(format,a,b);
```

上述代码等价于下面的代码：

```
printf("a=%d,b=%f\n",a,b);
```

2.50 计算最大值和平均值

范例2-50	计算最大值和平均值
源码路径	光盘\daima\第2章\2-50

2.50.1 范例说明

在Objective-C程序中，指针函数和函数指针十分类似，只需在前面的声明格式中加一个括号，就构成了函数指针。

类型说明符 (*函数名)(参数)

在上述格式中，指针名和指针运算符外面的括号改变了默认的运算符优先级，这样就成为了函数指针。指向函数的指针包含了函数的地址，可以通过它来调用函数。例如在本实例中定义了一个函数指针变量，这个指针变量先后指向了两个不同的函数。

2.50.2 具体实现

实例文件main.m的具体实现代码如下所示。

```
#import <Foundation/Foundation.h>
int max(int* data , int len)
{
    int max = *data;
    // 采用指针遍历data数组的元素
    for(int* p = data ; p < data + len ; p++)
    {
        // 保证max始终存储较大的值
        if(*p > max)
        {
            max = *p;
        }
    }
    return max;
}
int avg(int* data , int len)
{
    int sum = 0;
    // 采用指针遍历data数组的元素
    for(int* p = data ; p < data + len ; p++)
    {
        // 累加所有数组元素的值
        sum += *p;
    }
    return sum / len;
}
int main(int argc , char * argv[])
{
    @autoreleasepool{
        int data[] = {20, 82, 8, 16, 24};
        // 定义指向函数的指针变量：fnPt，并将max函数的入口赋给fnPt
        int (*fnPt)() = max;
        NSLog(@"最大值: %d" , (*fnPt)(data , 5));
        // 将avg函数的入口赋给fnPt
        fnPt = avg;
```

```
        NSLog(@"平均值：%d" , (*fnPt)(data , 5));
    }
```
在上述代码中，当两次通过同一个函数指针变量调用函数时，实际上调用的是不同的函数。执行上述代码后输出：

最大值：82
平均值：30

2.50.3 范例技巧——把函数地址赋值给函数指针的两种形式

在Objective-C程序中，指针的声明必须和它指向函数的声明保持一致，例如：
```
void (*fptr)();
```
把函数的地址赋值给函数指针，可以采用下面的两种形式。
```
fptr=&Function;
=Function;
```
将一个函数的地址初始化或赋值给一个指向函数的指针时，无需显式地指明函数地址，只需采用第二种情况即可。我们可以采用如下两种方式来通过指针调用函数。
```
x=(*fptr)();
x=fptr();
```
第二种格式看上去和函数调用相同，但是很多程序员倾向于使用第一种格式，因为它明确指出了是通过指针而非函数名来调用函数的。

2.51 分别计算数组元素的平方和立方值

范例2-51	分别计算数组元素的平方和立方值
源码路径	光盘\daima\第2章\2-51

2.51.1 范例说明

在Ojective-C语言中，虽然有时函数的功能不同，但是它们的返回值和形式参数列表相同。在这种情况下，为了有利于进行程序的模块化设计，可以构造一个通用的函数，把函数的指针作为函数参数。例如在本实例中，演示了用函数指针变量作为函数参数的用法。

2.51.2 具体实现

实例文件main.m的具体实现代码如下所示。
```
#import <Foundation/Foundation.h>
void map(int* data , int len , int (*fn)())
{
    // 采用指针遍历data数组的元素
    for(int* p = data ; p < data + len ; p++)
    {
        // 调用fn函数（fn函数是动态传入的）
        printf("%d , " , (*fn)(*p));
    }
    printf("\n");
}
int noChange(int val)
{
    return val;
}
// 定义一个计算平方的函数
int square(int val)
{
    return val * val;
}
// 定义一个计算立方的函数
```

```
int cube(int val)
{
    return val * val * val;
}
int main(int argc , char * argv[])
{
    @autoreleasepool{
        int data[] = {20, 82, 8, 36, 28};
        // 下面的程序代码3次调用map()函数，每次调用时传入不同的函数
        map(data , 5 , noChange);
        NSLog(@"计算数组元素平方");
        map(data , 5 , square);
        NSLog(@"计算数组元素立方");
        map(data , 5 , cube);
    }
}
```

执行上述代码后输出：

```
20 , 82 , 8 , 36 , 28 ,
计算数组元素平方
400 , 6724 , 64 , 1296 , 784 ,
计算数组元素立方
8000 , 551368 , 512 , 46656 , 21952 ,
```

2.51.3 范例技巧——通过函数交换数值

可以按一般方式将指针作为参数传递给方法或函数，并且可以让函数或者方法返回指针。alloc和init方法一直都在这么做，也就是返回指针。例如在下面的代码中，演示了通过函数交换数值的过程。

```
#import <Foundation/Foundation.h>
void exchange (int *pint1, int *pint2)
{
    int temp;
    temp = *pint1;
    *pint1 = *pint2;
    *pint2 = temp;
}
int main(int argc, const char * argv[]) {
    @autoreleasepool {
        void exchange (int *pint1, int *pint2);
        int  i1 = -5, i2 = 66, *p1 = &i1, *p2 = &i2;
        NSLog (@"i1 = %i, i2 = %i", i1, i2);
        exchange (p1, p2);
        NSLog (@"i1 = %i, i2 = %i", i1, i2);
        exchange (&i1, &i2);
        NSLog (@"i1 = %i, i2 = %i", i1, i2);
    }
    return 0;
}
```

执行上述代码后输出：

```
i1 = -5, i2 = 66
i1 = 66, i2 = -5
i1 = -5, i2 = 66
```

从上述程序的输出结果中可以看出，函数exchange成功地将i1和i2的数值交换回它们原本的值。

第3章 Swift语法实战

Swift是Apple公司在WWDC2014大会上发布的一门全新的编程语言，用来编写OS X和iOS应用程序。苹果公司在设计Swift语言时，就有意使其和Objective-C共存。Objective-C是Apple操作系统在导入Swift前使用的编程语言。本章将以具体实例来介绍Swift语言的基本语法知识，为读者步入本书后面知识的学习打下基础。

3.1 定义并输出常量的值

范例3-1	定义并输出常量的值
源码路径	光盘\daima\第3章\3-1

3.1.1 范例说明

Swift语言中的基本数据类型，按其取值可以分为常量和变量两种。在程序执行过程中，其值不发生改变的量被称为常量，其值可变的量被称为变量。在本实例中定义了常量maxAge、eduName和myName，并分别输出了这3个常量的值。

3.1.2 具体实现

实例文件main.swift的具体实现代码如下所示。

```
import Foundation
// 定义常量，没有显式指定类型，编译器根据初始值确定常量的类型
let maxAge = 120
// 定义常量时，既显式指定常量的类型，也指定常量的初始值
let eduName : String = "卓越科技"
// 常量不允许重新赋值，因此下面代码是错误的
//maxAge = 12
// 同时定义多个变量
let myName = "guan" , myAge = 32
print("myName的值为:\(myName) , myAge的值为:\(myAge)")
```

本实例执行后的效果如图3-1所示。

图3-1 执行效果

3.1.3 范例技巧——Swift的编程风格

（1）常量通过let关键字定义，而变量使用var关键字定义。任何值如果是一个不变量，那么请使用let关键字恰如其分地定义它，最后你会发现自己喜欢使用let远多于far。

（2）有一个方法可以帮开发者符合该项规则，即将所有值都定义成常量，然后在编译器提示的时候将其改为变量。

3.2 定义指定类型的变量

范例3-2	定义指定类型的变量
源码路径	光盘\daima\第3章\3-2

3.2.1 范例说明

在Swift语言中，其值可以改变的量被称为变量。一个变量应该有一个名字，在内存中占据一定的存储单元。变量定义必须放在变量使用之前，一般放在函数体的开头部分。可以在Swift程序的同一行代码中声明多个常量或者多个变量，之间用逗号","隔开。本实例中定义了指定类型的变量，然后在控制台中输出变量的值。

3.2.2 具体实现

实例文件main.swift的具体实现代码如下所示。
```
import Foundation
// 声明变量时显式指定类型
var b : Int
// 声明变量时指定初始值，编译器会根据初始值确定该变量的类型为string
var name = "www.toppr.net"
b = 20; // b的类型是int（整型），赋值正确
name = "top.org" // name类型为string，赋值正确
//name = 12 // name类型为string，但12为int，赋值失败
// 声明变量时既显式指定类型，也指定初始值，
// 显式指定的类型与初始值的类型一致，声明变量正确
var age : Int = 25;
age = 12; // age的类型是int，赋值正确
// 声明变量时既显式指定类型，也指定初始值，
// 显式指定的类型与初始值的类型不一致，声明变量失败
//var sun : String = 500;
// 同时声明多个变量，而且不需要变量具有相同的类型
var a = 20 , d:String , c = "swift"
// 输出变量name的值
print(name)
```
本实例执行后的效果如图3-2所示。

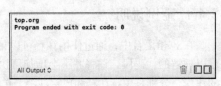

图3-2 执行效果

3.2.3 范例技巧——被称为动态语言的原因

对于动态语言来说，变量也必须要有一个数据类型，只是这个数据类型并不是在定义变量时指定的，而是在程序运行到为这个变量第一次初始化的语句时才确定数据类型。所以，动态语言的变量数据类型是在程序运行时确定的，这也是这种语言被称为动态语言的原因之一。

3.3 计算一个圆的面积

范例3-3	计算一个圆的面积
源码路径	光盘\daima\第3章\3-3

3.3.1 范例说明

在Swift 2.0语言中，可以用函数print来输出当前常量或变量的值。例如在下面的实例中，演示了在Swift程序中使用变量和常量计算圆的面积的方法，使用函数print输出了计算结果。

3.3.2 具体实现

实例文件main.swift的具体实现代码如下所示。
```
import Foundation
var r,pi,area,circ:Float
r=5
pi=3.14
circ=pi*2*r
area=pi*r*r
print(r)        //显示结果
print(circ)     //显示结果
print(area)     //显示结果
```
本实例执行后的效果如图3-3所示。

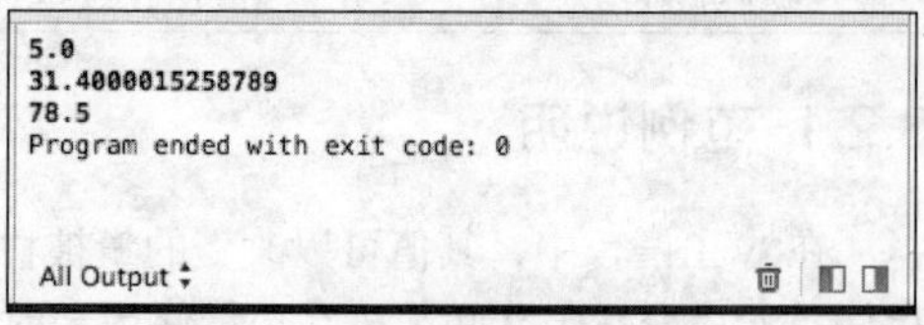

图3-3 执行效果

3.3.3 范例技巧——占位符的用法

在Swift语言中，使用字符串插值（String Interpolation）的方式把常量名或者变量名当作占位符加入到长字符串中。Swift会用当前常量或变量的值替换这些占位符，将常量或变量名放入圆括号中，并在开括号前使用反斜杠将其转义。例如如下所示的演示代码。
```
var friendlyWelcome = "Hello!"
friendlyWelcome = "mm!"
print("The current value of friendlyWelcome is \(friendlyWelcome)")
// 输出 "The current value of friendlyWelcome is mm!
```

3.4 添加单行注释和多行注释

范例3-4	添加单行注释和多行注释
源码路径	光盘\daima\第3章\3-4

3.4.1 范例说明

在Swift语言中，通过使用注释可以帮助阅读程序，通常用于概括算法、确认变量的用途或者阐明难以理解的代码段。注释并不会增加可执行程序的大小，编译器会忽略所有注释。Swift中有两种类型的注释，分别是单行注释和成对注释。单行注释以双斜线"//"开头，行中处于双斜线右边的内容是注释，被编译器忽略。在下面的实例中，演示了在Swift程序中添加单行注释和多行注释的方法。

3.4.2 具体实现

实例文件main.swift的具体实现代码如下所示。
```
import Foundation
/*
这里面的内容全部是多行注释
Swift语言真的很简单
*/
// 这是一行简单的注释
print("Hello World!")
// print(@"这行代码被注释了，将不会被编译、执行!")
/* 这是第一个多行注释的开头
/* 这是第二个被嵌套的多行注释 */
这是第一个多行注释的结尾 */
```
本实例执行后的效果如图3-4所示。

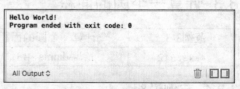

图3-4 执行效果

3.4.3 范例技巧——使用注释时的注意事项

在Swift语言中，可以在任何允许有制表符、空格或换行符的地方放置注释对。注释对可跨越程序的多行，但不是一定要如此。当注释跨越多行时，最好能直观地指明每一行都是注释的一部分。我们的风格是在注释的每一行以星号开始，指明整个范围是多行注释的一部分。

在Swift程序中通常混用两种注释形式。注释对一般用于多行解释，而双斜线注释则常用于半行或单行的标记。太多的注释混入程序代码可能会使代码难以理解，通常最好是将一个注释块放在所解释代码的上方。

当改变代码时，注释应与代码保持一致。程序员即使知道系统其他形式的文档已经过期，还是会信任注释，认为它会是正确的。错误的注释比没有注释更糟，因为它会误导后来者。

3.5 输出大整数值

范例3-5	输出大整数值
源码路径	光盘\daima\第3章\3-5

3.5.1 范例说明

整数（integers）就是像 -3、-2、-1、0、1、2、3等之类的数。整数的全体构成整数集，整数集是一个数环。在整数系中，零和正整数统称为自然数。-1、-2、-3、…、-n、…（n为非零自然数）为负整数。、正整数、零与负整数构成整数系。例如在下面的实例中，演示了在Swift程序中输出大整数的方法。

3.5.2 具体实现

实例文件main.swift的具体实现代码如下所示。

```
import Foundation
// 下面的代码是正确的
var a:Int = 56
// 下面的代码需要隐式地将2999999999转为int32使用，因此编译器将会报错
//var bigValue : Int32 = 2999999999;
// 下面的代码是正确的
var bigValue2: Int64 = 2999999999;
//print(bigValue);
print(bigValue2);
print(Int16.min)
print(Int16.max)
// 无符号整数的最小值为0，最大值比对应int16的最大值大一倍
print(UInt16.min)
print(UInt16.max)
```

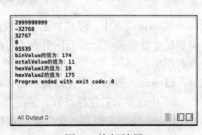

在上述代码中，将2999999999作为int32类型变量的初始值，但是2999999999是在int64范围内的，所以在执行这行代码时会报错。本实例执行后的效果如图3-5所示。

图3-5 执行效果

3.5.3 范例技巧——建议读者尽量不要使用UInt

建议读者尽量不要使用UInt，除非真的需要存储一个和当前平台原生字长相同的无符号整数。除了这种情况，最好使用int，即使你要存储的值已知是非负的。统一使用int可以提高代码的可复用性，避免不同类型数字之间的转换，并且匹配数字的类型推断，请参考类型安全和类型推断。

3.6 使用浮点数

范例3-6	使用浮点数
源码路径	光盘\daima\第3章\3-6

3.6.1 范例说明

浮点数就是实数,有两种表示方式:十进制形式(如123,123.0)和指数形式(如123e3,e前必须有数字,后面必须是整数)。例如在下面的实例中,演示了在Swift程序中使用浮点数的方法。

3.6.2 具体实现

实例文件main.swift的具体实现代码如下所示。

```
import Foundation
var af: Float = 25.2345556
// 下面将看到af的值已经发生了改变,float只能接受6位有效数值
print("af的值为: \(af)");
// f1的类型被推断为double
var f1 = 5.12e2
print("f1的值为:\(f1)")
// f2的类型被推断为double,其值转为10进制的数为: 22.53125
var f2 = 0x5.a2p2
print("f2的值为:\(f2)")
var a = 0.0
// 5.0除以0.0将出现正无穷大
print("5.0/a的值为: \(5.0 / a)")
// 所有正无穷大都相等,所以下面将会输出true
print(5.0 / a == 50000 / 0.0);
// -5.0除以0.0将出现负无穷大
print("-5.0/a的值为: \(-5.0 / a)")
// 所有负无穷大都相等,所以下面将会输出true
print(-5.0 / a == -50000 / 0.0);
// 0.0除以0.0将出现非数
var nan : Double = a / a;
print("a/a的值为: \(nan)")
// 非数与自己都不相等,所以下面将会输出false
print(nan == nan)
```

本实例执行后的效果如图3-6所示。

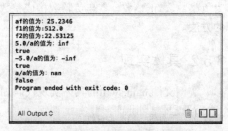

图3-6 执行效果

3.6.3 范例技巧——浮点数的精度

在Swift语言中,浮点数是有小数部分的数字,比如3.14159, 0.1和-273.15。在Swift程序中,浮点类型比整数类型表示的范围更大,可以存储比int类型更大或者更小的数字。Swift提供了两种有符号浮点数类型:

❏ double表示64位浮点数。当你需要存储很大或者很高精度的浮点数时请使用此类型。
❏ float表示32位浮点数。精度要求不高的话可以使用此类型。

double精确度很高,至少有15位数字,而float最少只有6位数字。选择哪个类型取决于你的代码需要处理的值的范围。

3.7 输出不同进制的数字17

范例3-7	输出不同进制的数字17
源码路径	光盘\daima\第3章\3-7

3.7.1 范例说明

整型字面量(integer literals)表示未指定精度整型数的值。在Swift语言中,整型字面量默认用十进制表示,可以加前缀来指定其他的进制,具体说明如下所示。

❏ 二进制字面量加"0b"。

- 八进制字面量加"0o"。
- 十六进制字面量加"0x"。

例如在下面的实例中，演示了在Swift程序中输出不同进制的17的方法。

3.7.2 具体实现

实例文件main.swift的具体实现代码如下所示。
```
import Foundation
let aa = 17          //十进制17
let zz = 0b10001    // 二进制17
let cc = 0o21       //八进制17
let dd = 0x11       //十六进制17
print(aa)   //显示结果
print(zz)   //显示结果
print(cc)   //显示结果
print(dd)   //显示结果
```
本实例执行后的效果如图3-7所示。

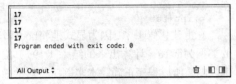

图3-7 执行效果

3.7.3 范例技巧——使用整型字面量的规则

在Swift语言中，整型字面量的具体规则如下所示。
（1）十进制字面量包含数字0至9。
（2）二进制字面量只包含0和1。
（3）八进制字面量包含数字0至7。
（4）十六进制字面量包含数字0至9以及字母A至F（大小写均可）。
（5）负整数的字面量的写法是在数字前加减号"-"，例如"-42"。
（6）允许使用下划线"_"来增加数字的可读性，下划线不会影响字面量的值。整型字面量也可以在数字前加0，同样不会影响字面量的值。例如下面的演示代码。
```
1000_000     // 等于 1000000
005          // 等于 5
```
（7）除非特殊指定，整型字面量的默认类型为 Swift 标准库类型中的 int。另外，在Swift标准库中还定义了其他不同长度以及是否带符号的整数类型。

3.8 实现整型转换

范例3-8	实现整型转换
源码路径	光盘\daima\第3章\3-8

3.8.1 范例说明

在Swift语言中，不同整数类型的变量和常量可以存储不同范围的数字。int8类型的常量或者变量可以存储的数字范围是-128~127，而uint8类型的常量或者变量能存储的数字范围是0~255。如果数字超出了常量或者变量可存储的范围，编译的时候会报错。例如在下面的实例中，演示了在Swift程序中实现整型转换的方法。

3.8.2 具体实现

实例文件main.swift的具体实现代码如下所示。
```
import Foundation
var bookPrice : Int8 = 79
var itemPrice : Int16 = 120
```

```
// bookPrice是int8类型，但变量a是int16类型，因此下面的代码错误
//var a : UInt16 = bookPrice
// bookPrice与itemPrice类型不同，不能进行加法运算
//var total = bookPrice + itemPrice
// 显式将bookPrice强转为int16类型
var a : Int16 = Int16(bookPrice)
// 显式将bookPrice强转为int16类型，整个表达式结果为int16类型
// 所以total的类型为int16，计算出来的结果（199）位于int16的取值范围之内，因此程序正确
var total = Int16(bookPrice) + itemPrice   // ①
print("total的值为:\(total)")
// 显式将itemPrice强转为int8类型，整个表达式结果为int8类型，
// tot的类型为Int9，计算出来的结果（199）超过了int8的取值范围，因此程序运行出错
var tot = bookPrice + Int8(itemPrice) // ②
print(tot)
```

在上述代码①中，因为显式地将bookPrice强转为int16类型，整个表达式结果为int16类型，所以total的类型为int16，计算出来的结果（199）位于int16的取值范围之内，所以程序正确。本实例执行后的效果如图3-8所示。

而在上述代码②中，因为显式将itemPrice强转为int8类型，整个表达式结果为int8类型，所以tot的类型为int9，计算出来的结果（199）超过了int8的取值范围之内，因此程序运行出错，如图3-9所示。

图3-8 执行效果

图3-9 编译出错

3.8.3 范例技巧——显式指定长度类型的意义

通常来讲，即使代码中的整数常量和变量已知非负，也建议使用int类型。在程序中总是使用默认的整数类型，可以保证整数常量和变量可以直接被复用，并且可以匹配整数类字面量的类型推断。只有在必要的时候才使用其他整数类型，比如要处理外部的长度明确的数据，或者为了优化性能、内存占用等。通过使用显式指定长度的类型，不但可以及时发现值溢出，还可以暗示正在处理特殊数据。

3.9 使用赋值运算符和表达式

范例3-9	使用赋值运算符和表达式
源码路径	光盘\daima\第3章\3-9

3.9.1 范例说明

在Swift语言中，赋值运算（a = b）表示用b的值来初始化或更新a的值。Swift语言的基本赋值运算符记为"="，由"="连接的表达式称为赋值表达式。其一般使用格式如下所示。

变量=表达式

例如在下面的实例中，演示了在Swift程序中使用赋值运算符和表达式的方法。

3.9.2 具体实现

实例文件main.swift的具体实现代码如下所示。

```
import Foundation
// 为变量str赋值为Swift
var str = "Swift"
// 为变量pi赋值为3.14
var pi:Double = 3.14
// 为变量visited赋值为YES
var visited:Bool = true
// 将变量str的值赋给str2
var str2 : String = str

var a:Int
// 由于赋值表达式a=20实际上并没有值，因此编译器会对变量b发出警告
var b = a = 20
var d1: Double = 12.34
// 将表达式的值赋给d2
var d2 = d1 + 5
// 输出d2的值
print("d2的值为：\(d2)")
```

本实例执行后的效果如图3-10所示。

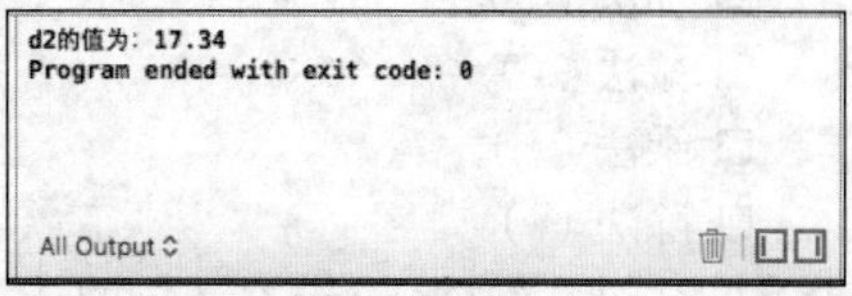

图3-10 执行效果

3.9.3 范例技巧——与C和Objective-C 的不同

在实际应用中，与 C 语言和 Objective-C 不同，Swift 的赋值操作并不返回任何值。所以下面的代码是错误的。

```
if x = y {
    // 此句错误，因为 x = y 并不返回任何值
}
```

Swift语言的这个特性使开发者无法把（==）错写成（=），由于if x = y是错误代码，Swift从底层帮开发者避免了这些错误代码。

3.10 实现复杂的数学运算

范例3-10	实现复杂的数学运算
源码路径	光盘\daima\第3章\3-10

3.10.1 范例说明

例如在下面的实例中，演示了在Swift程序中使用实现复杂的数学运算的方法，分别实现了5次方、平方根、随机数和sin值的运算。

3.10.2 具体实现

实例文件main.swift的具体实现代码如下所示。

```
import Foundation
// 定义变量a为3.2
var a = 3.2
// 求a的5次方，并将计算结果赋给b
var b = pow(a , 5)
// 输出b的值
print("b的值为：\(b)")
// 求a的平方根，并将结果赋给c
var c = sqrt(a)
```

```
// 输出c的值
print("c的值为：\(c)")
// 计算随机数，返回一个0～10之间的伪随机数
var d = arc4random() % 10
// 输出随机数d的值
print("d的值为：\(d)")
// 求1.57的sin函数值：1.57被当成弧度数
var e = sin(1.57)
// 输出接近1
print("e的值为：\(e)")
```

本实例执行后的效果如图3-11所示。

图3-11 执行效果

3.10.3 范例技巧——Swift语言的双目运算符

双目运算符是指可以有两个操作数进行操作的运算符，Swift 中所有数值类型都支持如下基本的四则运算，这些都是双目运算符。

- 加法（+）。
- 减法（-）。
- 乘法（*）。
- 除法（/）。

与 C 语言和 Objective-C 不同的是，Swift 默认不允许在数值运算中出现溢出情况。但是可以使用 Swift 的溢出运算符来达到有目的的溢出（如a &+ b）。

3.11 使用头文件实现特殊数学运算

范例3-11	使用头文件<math.h>实现特殊数学运算
源码路径	光盘\daima\第3章\3-11

3.11.1 范例说明

在Swift语言程序中经常用到关系运算，其实关系运算就是比较运算。所有标准 C 语言中的比较运算都可以在Swift 中使用，具体说明如下所示。

- 等于（a == b）。
- 不等于（a != b）。
- 大于（a > b）。
- 小于（a < b）。
- 大于等于（a >= b）。
- 小于等于（a <= b）。

上述关系运算符的优先级低于算数运算符，高于赋值运算符。其中<、<=、>和>=是同级的，而==和!=是同级的，并且前4种的优先级高于后两种。例如在下面的实例中，演示了在Swift程序中综合使用比较运算符的方法。

3.11.2 具体实现

实例文件main.swift的具体实现代码如下所示。
```
import Foundation
// 输出true
print("6是否大于 5：\(6 > 5)")
// 输出false
print("3的4次方是否大于等于91.0：\(pow(3, 4) >= 91.0)")
// Swift要求比较运算符两边的数值的类型完全一样
```

```
// 因此必须把前面int类型强转为double之后再比较，输出true
print("20是否大于等于20.0: \(Double(20) >= 20.0)")
// 输出true
print("5和5.0是否相等：\(Double(5) == 5.0)")
// 输出false
print("true和false是否相等: \(true == false)")
// 创建2个对象
var d1 = NSMutableArray()
var d2 = NSMutableArray()
// 判断两个对象的内容是否相等，输出true
print(d1 == d2)
// 判断d1、d2是否指向同一个对象，输出false
print(d1 === d2)
```

本实例执行后的效果如图3-12所示。

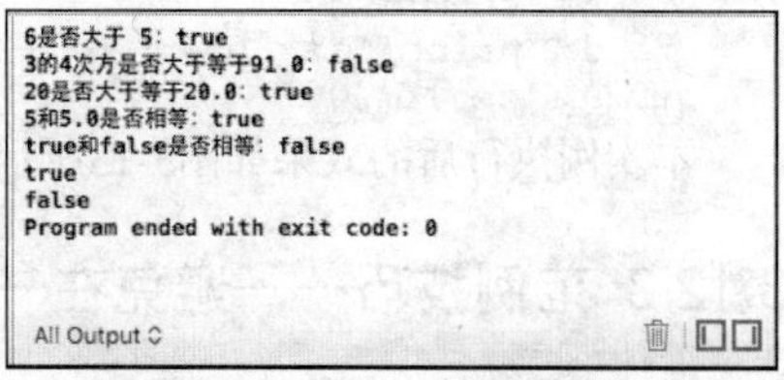

图3-12 执行效果

3.11.3 范例技巧——恒等"=="和不恒等"!=="

在Swift语言中，提供了恒等"=="和不恒等"!=="这两个比较符来判断两个对象是否引用同一个对象实例。每个比较运算都返回了一个标识表达式是否成立的布尔值，例如如下所示的演示代码。

```
1 == 1    // true, 因为 1 等于 1
2 != 1    // true, 因为 2 不等于 1
2 > 1     // true, 因为 2 大于 1
1 < 2     // true, 因为 1 小于2
1 >= 1    // true, 因为 1 大于等于 1
2 <= 1    // false, 因为 2 并不小于等于 1
```

3.12 使用三元条件运算符判断变量值

范例3-12	使用三元条件运算符判断变量值
源码路径	光盘\daima\第3章\3-12

3.12.1 范例说明

在Swift语言中，三元条件运算有3个操作数，其使用原型如下所示。

问题 ? 答案1 : 答案2

三元条件运算可以简洁地表达根据问题成立与否作出二选一的操作。如果问题成立，返回答案1的结果；如果不成立，则返回答案2的结果。例如在下面的实例中，演示了在Swift程序中使用三元条件运算符判断变量值的方法。

3.12.2 具体实现

实例文件main.swift的具体实现代码如下所示。
```
import Foundation
var a = 8
var b = 1
var str = a > b ? "a大于b" : "a不大于b"
// 输出"a大于b"
print(str)
var str2: String! = nil
if a > b
{
    str2 = "a大于b"
}
    else
{
    str2 = "a不大于b"
}
// 输出"a大于b"
print(str2)
```

```
// 输出"a大于b"
a > b ? print("a大于b") : print("a不大于b")
var c = 5
var d = 5
// 下面将输出c等于d
c > d ? print("c大于d") : (c < d ? print("c小于d") : print("c等于d"))
```
本实例执行后的效果如图3-13所示。

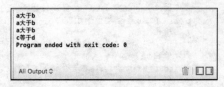

图3-13 执行效果

3.12.3 范例技巧——避免在一个组合语句中使用多个三元条件运算符

在Swift语言中，三元条件运算提供了有效率并且便捷的方式来表达二选一的选择。读者需要注意的是，过度使用三元条件运算就会由简洁的代码变成难懂的代码，所以应该避免在一个组合语句使用多个三元条件运算符。

3.13 使用闭范围运算符

范例3-13	使用闭范围运算符
源码路径	光盘\daima\第3章\3-13

3.13.1 范例说明

在Swift语言中，半闭区间（ $a..<b$ ）定义了一个从a到b但不包括b的区间。之所以称为半闭区间，是因为该区间包含第一个值而不包含最后的值。在Swift语言中，半闭区间的实用性在于当你使用一个0始的列表(如数组)时，非常方便地从0数到列表的长度。例如在下面的实例中，演示了在Swift程序中使用闭范围运算符的方法。

3.13.2 具体实现

实例文件main.swift的具体实现代码如下所示。
```
import Foundation
// 使用闭范围运算符定义范围
var range1 = 2...7
for num in range1
{
    print("\(num) * 5 = \(num * 5)")
}
print("-----下面是半开范围-----")
// 定义数组
let books = ["Swift" , "Objective-C" , "C" , "C++"]
// 使用半开范围运算符定义范围
for index in 0..<books.count
{
    print("第\(index+1)种语言是:\(books[index])")
}
```
本实例执行后的效果如图3-14所示。

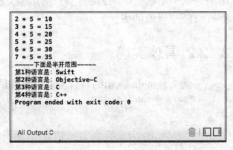

图3-14 执行效果

3.13.3 范例技巧——使用半闭区间运算符

例如在下面的代码中，演示了在Swift程序中使用半闭区间运算符的方法。
```
import Foundation
let coutry = ["荷兰", "德国", "巴西", "法国"]
let count = coutry.count
for i in 0..<count {
    print("2014年世界杯第 \(i + 1) 名： \(coutry[i])")
}
```

上述代码中的数组有4个元素，但是"0..<count"只数到3（最后一个元素的下标），因为它是半闭区间。上述代码执行后的效果如图3-15所示。

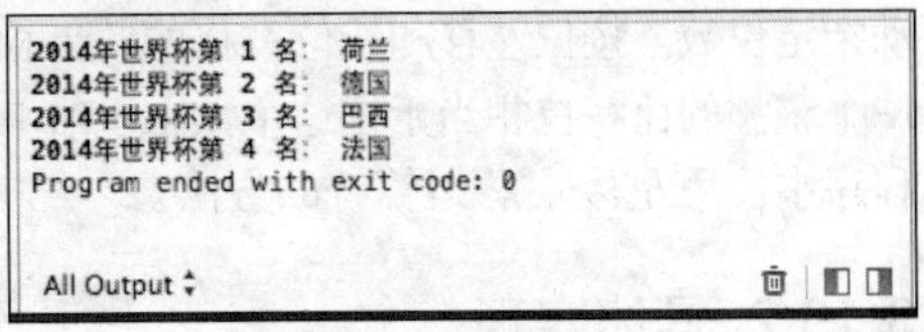

图3-15 执行效果

3.14 使用括号设置运算优先级

范例3-14	使用括号设置运算优先级
源码路径	光盘\daima\第3章\3-14

3.14.1 范例说明

在Swift语言中，为了使一个复杂表达式更容易读懂，在合适的地方使用括号来明确优先级是很有效的，虽然它并非是必要的。例如在下面的实例中，演示了在Swift程序中使用括号设置运算优先级的方法。

3.14.2 具体实现

实例文件main.swift的具体实现代码如下所示。
```
import Foundation
//声明变量并定义初值
var a,b,c:Int
a=17
b=15
c=20
let x=a>b
let y=a<c
if x && y {
    print("欢迎光临马拉卡纳球场!!! ")
} else {
    print("对不起，您没有球票，禁止入内！")
}
```
本实例执行后的效果如图3-16所示。

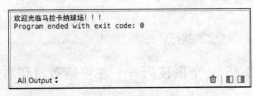

图3-16 执行效果

3.14.3 范例技巧——建议在可以让代码变清晰的地方加一个括号

请看下面的代码。
```
if (enteredDoorCode && passedRetinaScan) || hasDoorKey || knowsOverridePassword {
    print("Welcome!")
} else {
    print("ACCESS DENIED")
}
// 输出 "Welcome!"
```
括号使得前两个值被看成整个逻辑表达中独立的一个部分。虽然有括号和没括号的输出结果是一样的，但对于读代码的人来说有括号的代码更清晰。可读性比简洁性更重要，建议在可以让代码变清晰的地方加一个括号。

3.15 使用左移/右移运算符

范例3-15	使用左移/右移运算符
源码路径	光盘\daima\第3章\3-15

3.15.1 范例说明

左移运算符"<<"和右移运算符">>"会把一个数的所有比特位按以下定义的规则向左或向右移

动指定位数。按位左移和按位右移的效果相当于把一个整数乘于或除于一个因子为2的整数。向左移动一个整型的比特位相当于把这个数乘于2,向右移一位就是除于2。例如在下面的实例中,演示了在Swift程序中使用左移/右移运算符的方法。

3.15.2 具体实现

实例文件main.swift的具体实现代码如下所示。

```
import Foundation
var a,b,i:Int//定义三个整型变量
a=255
b=10
//计算两个数的与运算
print(a & b);
//计算两个数的或运算
print(a | b);
//计算两个数的异或运算
print(a^b);
//计算a进行取反运算的值
print(~a);
for(i=1;i<4;i++)
{
    b=a<<i        //使a左移i位
    print(b)      //输出当前左移结果
}
    for(i=1;i<4;i++)
{
    b=a>>i;       //使a右移i位
    print(b)      //输出当前右移结果
}
```

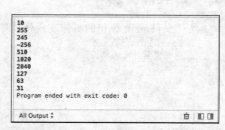

图3-17 执行效果

本实例执行后的效果如图3-17所示。

3.15.3 范例技巧——左移运算符和右移运算符的实质

左移运算符"<<"是双目运算符,其功能是把"<<"左边运算数的各二进位全部左移若干位,由"<<"右边的数指定移动的位数,高位丢弃,低位补0。左移运算的实质是将对应的数据的二进制值逐位左移若干位,并在空出的位置上填0,最高位溢出并舍弃。

右移运算符的实质是将对应的数据的二进制值逐位右移若干位,并舍弃出界的数字。如果当前的数为无符号数,高位补零。如果当前的数据为有符号数,在进行右移的时候,根据符号位决定左边补0还是补1。如果符号位为0,则左边补0;但是如果符号位为1,则根据不同的计算机系统,可能有不同的处理方式。由此可以看出,位右移运算可以实现对除数为2的数的整除运算。在此需要说明的是,对于有符号数,在右移时符号位将随同移动。当为正数时,最高位补0,而为负数时,符号位为1,最高位是补0还是补1取决于编译系统的规定。

3.16 使用溢出运算符

范例3-16	使用溢出运算符
源码路径	光盘\daima\第3章\3-16

3.16.1 范例说明

在Swfit语言中,为整型计算提供了如下5个&符号开头的溢出运算符。
- 溢出加法 &+。
- 溢出减法 &-。

- ❑ 溢出乘法 &*。
- ❑ 溢出除法 &/。
- ❑ 溢出求余 &%。

例如在下面的实例中，演示了在Swift程序中使用溢出运算符的方法。

3.16.2 具体实现

实例文件main.swift的具体实现代码如下所示。
```
import Foundation
var mm:Int16
mm = 12
print(mm)
var nn = Int16.max
// nn 等于 32767，这是 int16 能承载的最大整数
nn += 1//出错
print(nn)
```

本实例执行后的效果如图3-18所示。

并且Xcode 7会报错，如图3-19所示。

图3-18 执行效果

图3-19 报错信息

例如，int16整型能承载的整数范围是−32768到32767，如果给它赋上超过这个范围的数就会报错。
```
var potentialOverflow = Int16.max
// potentialOverflow 等于 32767，这是 int16 能承载的最大整数
potentialOverflow += 1
//出错
```
对过大或过小的数值进行错误处理让你的数值边界条件更灵活。当然，如果有意在溢出时对有效位进行截断，可以采用溢出运算，而不是错误处理。

3.16.3 范例技巧——实现值的上溢

例如在下面的代码中，演示了在Swift程序中实现值的上溢的过程。
```
import Foundation
var a:Int16 = 20222
a = a &* 6
```

```
print(a)    // 输出-9740
var b:UInt16 = 20
b = b &- 24
print(b)    // 输出65532
var c = Int8.min
c = c &- 1
print(c)    // 输出127
```

本实例执行后的效果如图3-20所示。

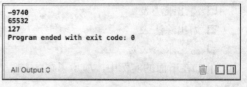

图3-20 执行效果

3.17 演示运算符的优先级和结合性

范例3-17	演示运算符的优先级和结合性
源码路径	光盘\daima\第3章\3-17

3.17.1 范例说明

Swift语言运算符的运算优先级共分为15级，1级最高，15级最低。在表达式中，优先级较高的先于优先级较低的进行运算。当一个运算符号两侧的运算符优先级相同时，则按运算符的结合性所规定的结合方向处理。例如在下面的实例中，演示了在Swift程序中运算符的优先级和结合性的过程。

3.17.2 具体实现

实例文件main.swift的具体实现代码如下所示。

```
import Cocoa
var str = "Hello, playground"
/**
注意: 在Swift中x=y是不返回任何东西的，所以如果
if x=y{
}这样子去判断的话会出现错误
*/
var x =  2, y = 4
if x == y{

}
var addStr = str + "! 你好，雨燕"
/**
和C,Objective-C相比较，Swift支持浮点型余数
*/
var remainderOfFloat = 8%2.5
/**
快速遍历中a..<b代表从a到b并包括b ,a..<b 代表从a到b不包括b
a...b
a..b
*/
for index in 1..<5 {
    print("\(index) times 5 is \(index * 5)")
}
let names = ["Anna", "Alex", "Brian", "Jack"]
let count = names.count
for i in 0..count {
    print("Person \(i + 1) is called \(names[i])")
}
```

本实例执行后的效果如图3-21所示。

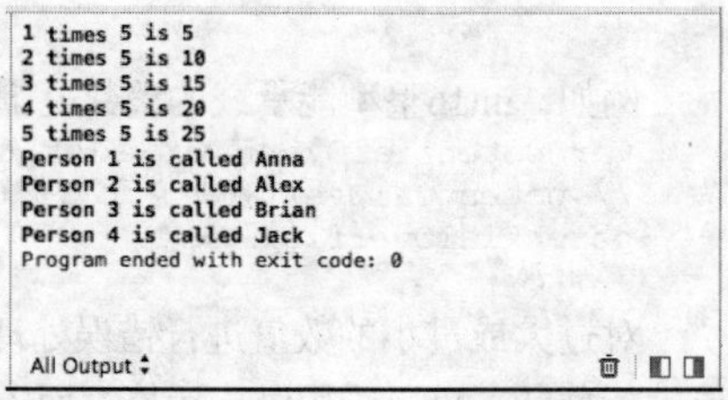

图3-21 执行效果

3.17.3 范例技巧——总结Swift语言运算符的优先级

Swift语言运算符优先级的具体说明如下表所示。

表 Swift语言运算符优先级

优先级	运算符	解释	结合方式
1	( ) [ ] -> .	括号（函数等），数组，两种结构成员访问	由左向右
2	! ~ ++ -- + -	否定，按位否定，增量，减量，正负号，间接，取地址	由右向左
3	* / %	乘，除，取模	由左向右
4	+ -	加，减	由左向右
5	<< >>	左移，右移	由左向右
6	< <= >= >	小于，小于等于，大于等于，大于	由左向右
7	== !=	等于，不等于	由左向右
8	&	按位与	由左向右
9	^	按位异或	由左向右
10	|	按位或	由左向右
11	&&	逻辑与	由左向右
12	||	逻辑或	由左向右
13	? :	条件	由右向左
14	= += -= *= /= &= ^= |= <<= >>=	各种赋值	由右向左
15	,	逗号（顺序）	由左向右

3.18 使用字符型变量

范例3-18	使用字符型变量
源码路径	光盘\daima\第3章\3-18

3.18.1 范例说明

在Swift语言中，字符类型是String，例如"hello, world""海贼王"等有序的character（字符）类型的值的集合，通过String类型来表示。Swift中的string和character类型提供了一个快速的、兼容Unicode的方式来处理代码中的文本信息。在Swift语言中，创建和操作字符串的语法与C语言中字符串的操作相似。例如在下面的实例中，演示了在Swift程序中使用字符型变量的方法。

3.18.2 具体实现

实例文件main.swift的具体实现代码如下所示。

```
import Foundation
var s: Character = "好"
var quote1 = "\""
var quote2 = "\u{22}"
print("quote1的值为: \(quote1), quote2的值为: \(quote2)")
// 使用Unicode形式定义4个字符
var diamond : Character = "\u{2666}"
var heart : Character = "\u{2663}"
var club : Character = "\u{2665}"
var spade : Character = "\u{2660}"
print("\(diamond) \(heart) \(club) \(spade)")
```

本实例执行后的效果如图3-22所示。

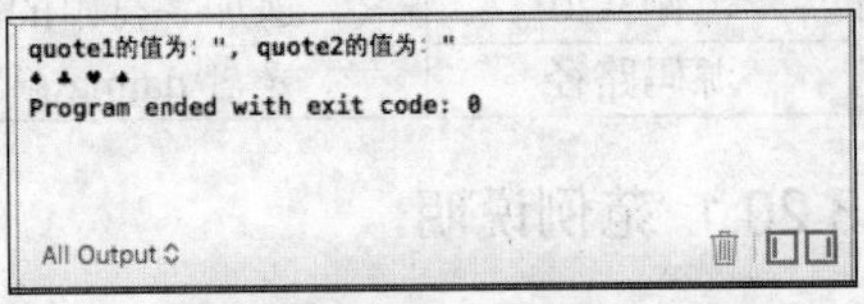

图3-22 执行效果

3.18.3 范例技巧——string与Foundation NSString的无缝桥接

在Swift语言中，string类型与Foundation NSString类进行了无缝桥接。如果利用Cocoa或Cocoa Touch中的Foundation框架进行开发工作，那么所有的NSString API都可以调用我们创建的任意string类型的值。除此之外，还可以使用本章介绍的string特性，在任意要求传入NSString实例作为参数的API中使用string类型的值作为替代。

3.19 判断字符串是否为空

范例3-19	判断字符串是否为空
源码路径	光盘\daima\第3章\3-19

3.19.1 范例说明

在Swift语言中，为了构造一个很长的字符串，可以创建一个空字符串作为初始值。并且可以将空的字符串字面量赋值给变量，也可以初始化一个新的string实例。例如在下面的实例中，演示了在Swift程序中判断字符串是否为空的方法。

3.19.2 具体实现

实例文件main.swift的具体实现代码如下所示。
```
import Foundation
//-----------判断字符串是否为空
var str3:String = " 啊啊啊啊 "
if str3.isEmpty { //isEmpty是字符串的一个属性，判断字符串是否为空
    print("str3的值是空")
}
else{
    print("str3的值不为空")
}
```
本实例执行后的效果如图3-23所示。

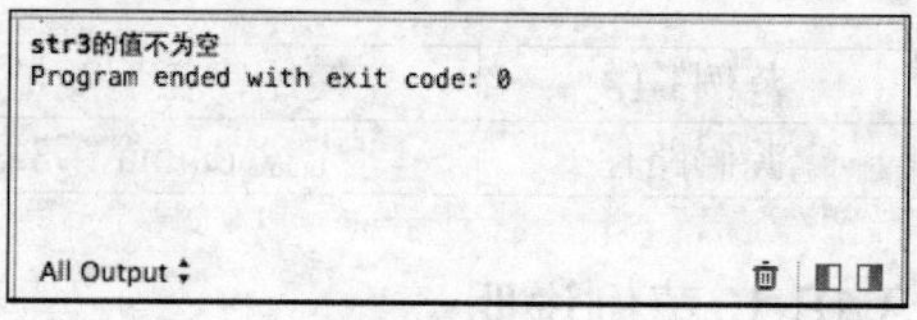

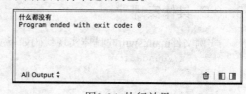

图3-23 执行效果

3.19.3 范例技巧——初始化空字符串

如下代码实现了在Swift程序中初始化空字符串的功能。
```
var emptyString = ""              // 空字符串字面量
var anotherEmptyString = String()  // 初始化 String 实例
// 两个字符串均为空并等价。
```
接下来可以通过检查其Boolean类型的isEmpty属性，以判断该字符串是否为空。
```
if emptyString.isEmpty {
    print("什么都没有")
}
```
本实例执行后的效果如图3-24所示。

图3-24 执行效果

3.20 追加字符串的内容

范例3-20	追加字符串的内容
源码路径	光盘\daima\第3章\3-20

3.20.1 范例说明

在Swift语言中，可以通过将一个特定字符串分配给一个变量来对其进行修改，或者通过分配给

一个常量的方式来保证其不会被修改。例如在下面的实例中，演示了在Swift程序中追加字符串内容的方法。

3.20.2 具体实现

实例文件main.swift的具体实现代码如下所示。
```
import Foundation
var mutableStr = "swift"
// var声明的String是可变的
mutableStr += " is a good programming language"
print(mutableStr) // 输出 "swift is a good programming language"
// 清空mutableStr的所有字符
mutableStr.removeAll(keepCapacity:false)
print(mutableStr) // 输出空
let immutableStr = "Objective-C"
// let声明的string是不可变的，因此不能追加
//immutableStr += " is a classic programming language"
// 不可变字符串不允许改变字符串中字符序列，因此下面代码编译出错
//immutableStr.removeAll(keepCapacity:false)
print(immutableStr) // 输出空
```
本实例执行后的效果如图3-25所示。

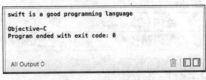

图3-25 执行效果

3.20.3 范例技巧——设置字符串是否可以被修改的方法

在Objective-C程序和Cocoa程序中，通过选择两个不同的类(NSString和NSMutableString)来指定该字符串是否可以被修改。在Swift语言中，字符串是否可以修改仅通过定义的是变量还是常量来决定，实现了多种类型可变性操作的统一。

3.21 获取字符串的字符数量

范例3-21	获取字符串的字符数量
源码路径	光盘\daima\第3章\3-21

3.21.1 范例说明

在Swift程序中，定义字符的格式如下所示。
```
变量关键字和常量关键字  变量 : character =  字符值
```
"字符值"必须用双引号括起来，必须是一个字符。字符串和字符的关系是：字符串是由N个字符组成的，即字符串是字符的集合。例如在下面的实例中，演示了在Swift程序中获取字符串的字符数量的方法。

3.21.2 具体实现

实例文件main.swift的具体实现代码如下所示。
```
import Foundation
let unusualMenagerie = "Koala □, Snail □, Penguin □, Dromedary □"
let 啊啊啊 = "2014世界杯4强：巴西、德国、阿根廷、荷兰"
print("unusualMenagerie has \(count(unusualMenagerie)) characters")
print("啊啊啊 has \(count(啊啊啊)) 个字符")
```
本实例执行后的效果如图3-26所示。

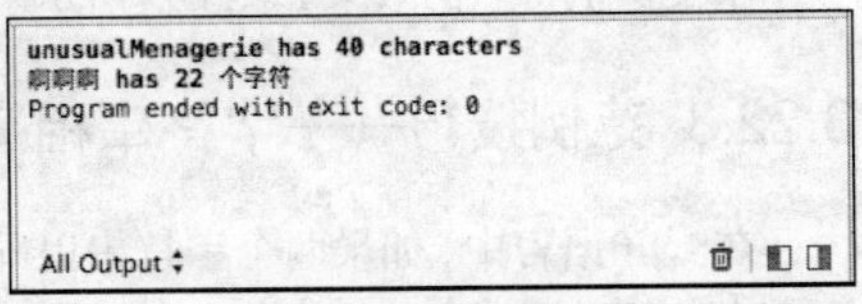

图3-26 执行效果

3.21.3 范例技巧——定占用相同内存空间的问题

在Swift程序中,可能需要不同数量的内存空间来存储不同Unicode字符的不同表示方式,以及相同Unicode字符的不同表示方式。所以对于在Swift的一个字符串中的字符来说,并不一定占用相同的内存空间。因此字符串的长度不得不通过迭代字符串中每一个字符的长度来进行计算。如果正在处理一个长字符串,需要注意countElements函数必须遍历字符串中的字符以精准计算字符串的长度。另外需要注意的是,通过countElements返回的字符数量并不总是与包含相同字符的NSString的length属性相同。NSString的length属性是基于利用 UTF-16表示的十六位代码单元数字,而不是基于Unicode字符。为了解决这个问题,NSString的length属性在被Swift的string访问时会成为utf16count。

3.22 验证字符串是否相等

范例3-22	验证字符串是否相等
源码路径	光盘\daima\第3章\3-22

3.22.1 范例说明

在Swift语言中,提供了3种方式来比较字符串的值,分别是字符串相等、前缀相等和后缀相等。例如在下面的实例中,演示了在Swift程序中验证字符串是否相等的方法。

3.22.2 具体实现

实例文件main.swift的具体实现代码如下所示。

```
import Foundation
var   strA = "Hello"
var   strB = "Hello"
//-----------字符串相等 == -------
if   strA == strB{
    print("字符串-相等")
}
else{
    print("字符串-不相等")
}

//-----------字符串前缀相等 hasPrefix---------
if strA.hasPrefix("H"){
    print("字符串前缀-相等")
}
else{
    print("字符串前缀-不相等")
}
//-----------字符串后缀相等 hasSuffix---------
if strA.hasSuffix("o"){
    print("字符串后缀-相等")
}
else{
    print("字符串后缀-不相等")
}
```

本实例执行后的效果如图3-27所示。

图3-27 执行效果

3.22.3 范例技巧——字符串相等和前缀/后缀相等

在Swift语言中,如果两个字符串以同一顺序包含完全相同的字符,则认为两个字符串相等。在Swift语言中,通过调用字符串的hasPrefix/hasSuffix方法来检查字符串是否拥有特定前缀/后缀。这两个方法均需要以字符串作为参数传入并传出Boolean值,并且都执行基本字符串和前缀/后缀字符串之间逐个字符的比较操作。

3.23 声明数组变量

范例3-23	声明数组变量
源码路径	光盘\daima\第3章\3-23

3.23.1 范例说明

在Swift语言中使用数组之前必须先进行定义,定义数组的基本格式如下所示。
`var name:[type] = ["value", …]`
其中,"name"是数组的名字,"type"是数组的数据类型,"value"是数组内元素的值。
例如在下面的实例中,演示了在Swift程序中声明数组变量的方法。

3.23.2 具体实现

实例文件main.swift的具体实现代码如下所示。

```
import Foundation
// 使用泛型语法声明数组
var myArr : Array<String>
// 使用简化语法声明数组
var names : [String]
var nums : [Int]
// 创建一个空数组,并将该空数组赋值给myArr变量
myArr = Array<String>()
// 创建一个包含10个"fkit"元素的数组,并将该数组赋值给names变量
names = Array<String>(count: 10, repeatedValue: "toppr")
// 创建一个包含100个数值0的数组,并将该数组赋值给nums变量
nums = Array<Int>(count: 100, repeatedValue: 0)

// 使用简化语法创建数组,并将数组赋值给flowers变量
var flowers:[String] = ["♦" , "♣" , "❤" , "♠"]
// 使用简化语法创建数组,并将数组赋值给values变量
var values = ["2" , "3" , "3" , "4" , "5" , "6",
    "7" , "8" , "9" , "10" , "J" , "Q" , "K" , "A"]
// 输出names数组的第二个元素,将输出字符串"fkit"
print(names[1])
// 为names的第一个数组元素赋值
names[0] = "Spring"
print(names)
//println(names[10])
// 使用循环输出flowers数组每个数组元素的值
for var i = 0; i < flowers.count ; i++
{
    print(flowers[i])
}
// 对names数组的数组元素进行赋值
names[1] = "Lua"
names[2] = "Ruby"
// 使用循环输出names数组每个数组元素的值
for var i = 0 ; i < names.count ; i++
{
    print(names[i])
}
```

本实例执行后的效果如图3-28所示。

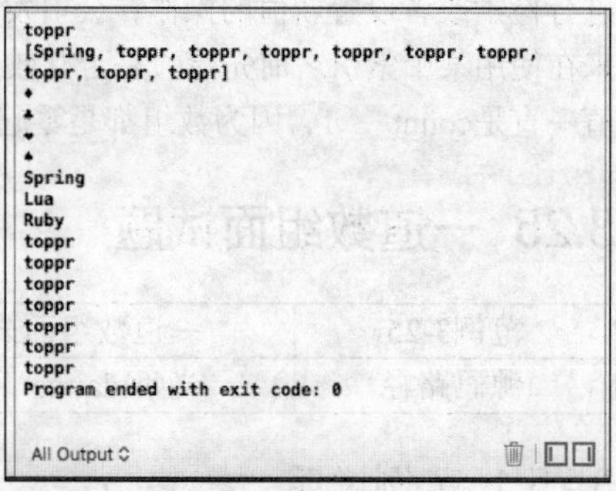

图3-28 执行效果

3.23.3 范例技巧——推荐用较短的方式声明数组

在Swift语言中,书写数组应该遵循像Array<SomeType>这样的形式,其中SomeType是这个数组中

唯一允许存在的数据类型。我们也可以使用像SomeType[]这样的简单语法。尽管这两种形式在功能上是一样的，但是推荐较短的那种，而且在本文中都会使用这种形式来使用数组。

3.24 向数组中添加元素

范例3-24	向数组中添加元素
源码路径	光盘\daima\第3章\3-24

3.24.1 范例说明

在Swift语言中，可以通过数组的方法和属性来访问和修改数组或者下标语法，还可以使用数组的只读属性count来获取数组中的数据项数量。例如在下面的实例中，演示了在Swift程序中向数组中添加元素的方法。

3.24.2 具体实现

实例文件main.swift的具体实现代码如下所示。
```
import Foundation
// 使用var定义一个可变数组
var languages = ["Swift"]
// 追加一个元素
languages.append("Go")
languages.append("Lua")
// 输出Swift, Go, Lua
print(languages)
print(languages.count) // 输出3
languages = languages + ["Ruby"]
// 上面的代码可简写为如下
languages += ["Ruby"]
// 输出Swift, Go, Lua, Ruby, Ruby
print(languages)
print(languages.count) // 输出5
```
本实例执行后的效果如图3-29所示。

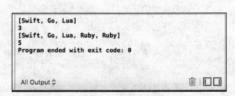

图3-29 执行效果

3.24.3 范例技巧——不能使用下标语法在数组尾部添加新项

在Swift语言中，不能使用下标语法在数组尾部添加新项。如果试着用这种方法对索引越界的数据进行检索或者设置新值的操作，会引发一个运行期错误。可以使用索引值和数组的count属性进行比较来在使用某个索引之前先检验是否有效，除了当count等于0时（说明这是个空数组）以外，最大索引值一直是count - 1，因为数组都是零起索引。

3.25 一道数组面试题

范例3-25	一道数组面试题
源码路径	光盘\daima\第3章\3-25

3.25.1 范例说明

请看一道面试题，给定整数4，应该输出如下所示的数据：
```
01  12  11  10
02  13  16  09
03  14  15  08
```

04 05 06 07

给定整数5，应该输出如下所示的数据：

01 16 15 14 13
02 17 24 23 12
03 18 25 22 11
04 19 20 21 10
05 06 07 08 09

…

请编程实现上述输出要求！

3.25.2 具体实现

实例文件main.swift的具体实现代码如下所示。

```swift
import Foundation
let SIZE:Int = 7
var array = Array<[Int]>(count: SIZE , repeatedValue:Array<Int>(count:SIZE, repeatedValue:7))
// 该orient代表绕圈的方向
// 其中0代表向下，1代表向右，2代表向左，3代表向上
var orient:Int8 = 0
// 控制将1～SIZE * SIZE的数值填入二维数组
// 其中j控制行索引，k控制列索引
for var i = 1 , j = 0 , k = 0; i <= SIZE * SIZE ; i++
{
    array[j][k] = i
    // 如果位于图5.2的①号转弯线
    if j + k == SIZE - 1
    {
        // j>k，位于左下角
        if j > k
        {
            orient = 1
        }
        // 位于右上角
        else
        {
            orient = 2
        }
    }
    // 如果位于图5.2中②号转弯线
    else if (k == j) && (k >= SIZE / 2)
    {
        orient = 3
    }
    // 如果j位于图5.2的③号转弯线
    else if (j == k - 1) && (k <= SIZE / 2)
    {
        orient = 0
    }
    // 根据方向来控制行索引、列索引的改变
    switch(orient)
    {
    // 如果方向为向下绕圈
    case 0:
        j++
    // 如果方向为向右绕圈
    case 1:
        k++
    // 如果方向为向左绕圈
    case 2:
        k--
    // 如果方向为向上绕圈
```

```
case 3:
    j--
default:
    break;
    }
}
// 采用遍历输出上面的二维数组
for var i = 0 ; i < SIZE ; i++
{
    for var j = 0; j < SIZE; j++
    {
    if array[i][j] < 10
    {
    print("0\(array[i][j]) ")
    }
    else
    {
    print("\(array[i][j]) ")
    }
    }
    print()
}
```

3.25.3 范例技巧——创建并构造一个数组

在Swift语言中，可以使用构造语法来创建一个由特定数据类型构成的空数组。例如如下所示的演示代码。

```
var someInts = [Int]()
print("someInts is of type Int[] with \(someInts.count) items。")
// 打印 "someInts is of type [Int] with 0 items。"（someInts是0数据项的Int[]数组）
```

在上述格式中，someInts被设置为一个Int[]构造函数的输出，所以它的变量类型被定义为Int[]。除此之外，如果代码上下文中提供了类型信息，例如一个函数参数或者一个已经定义好类型的常量或者变量，可以使用空数组语句创建一个空数组，它的写法很简单，只需使用[]（一对空方括号）即可。

3.26 声明字典变量

范例3-26	声明字典变量
源码路径	光盘\daima\第3章\3-26

3.26.1 范例说明

在Swift语言中，字典类型的速记语法是：
`Dictionary<Key, Value>`
其中Key是值类型，可以作为字典的键，这些键和值是字典存储值的类型。也可以写为速记形式的<Key, Value>格式。虽然这两种形式的功能相同，但是简写形式是首选。例如在下面的实例中，演示了在Swift程序中声明字典变量的方法。

3.26.2 具体实现

实例文件main.swift的具体实现代码如下所示。
```
import Foundation
// 使用泛型语法声明字典
var myDict : Dictionary<String, String>
// 使用简化语法声明字典
var scores : [String:Int]
var health : [String:String]
// 创建一个Dictionary结构体，使用默认的参数
myDict = Dictionary<String, String>()
```

```
// 将minimumCapacity参数设为5，创建Dictionary结构体
scores = Dictionary<String, Int>(minimumCapacity:5)
print(scores)
// 使用简化语法创建字典
health = ["身高":"172" , "体重":"75" , "血压":"86/113"]
print(health)
var dict = ["one": 1 , "two": 2 , "three": 3, "four": 4]
print(dict)
// 使用简化语法创建不包含key-value对的字典
var emptyDict:[String:Double] = [:]
// isEmpty属性可判断数组、字典是否不包含任何元素
print(emptyDict.isEmpty)    // 输出true
print(emptyDict) // 输出[:]

var height = health["身高"]
print("身高为：\(height)") // 输出Optional("178")
// 访问并不存在的key对应的value时，将会返回nil
var noExist = health["no"]
print(noExist)    // 输出nil
// 修改指定key对应的value
health["血压"] = "78/112"
print(health) // 输出[体重: 74, 血压: 78/112, 身高: 178]
// 对不存在的key设置value，该字典将会添加key-value对
scores["语文"] = 87
scores["数学"] = 92
scores["英文"] = 95
print(scores)   // 输出[数学: 92, 语文: 87, 英文: 95]
// 注意englishScore的类型是int?，而不是int
var englishScore: Int? =  scores["英文"]
if englishScore != nil
{
    // 注意程序使用!执行强制解析
    print("scores中包含的英文成绩为：\(englishScore!)")
}
// 为scores添加新的key-value对
var result = scores.updateValue(20, forKey:"java")
// 由于上面调用updateValue()方法并未替换已有的key-value对，因此result为nil
print(result)   // 输出nil
print(scores)   // 输出[数学: 92, 语文: 87, 英文: 95]
```

本实例执行后的效果如图3-30所示。

3.26.3 范例技巧——字典的深层意义

在Swift语言中，字典是一种存储多个相同类型的值的容器。每个值（value）都关联唯一的键（key），键作为字典中这个值数据的标识符。和数组中的数据项不同，字典中的数据项并没有具体顺序。我们在需要通过标识符（键）访问数据的时候使用字典，这种方法很大程度上和我们在现实世界中使用字典查字义的方法一样。在Swift语言中，使用字典时需要具体规定可以存储键和值类型。不同于Objective-C的NSDictionary和NSMutableDictionary类，Swift字典可以使用任何类型的对象来作键和值并且不提供任何关于这些对象的本质信息。在Swift语言中，在某个特定字典中可以存储的键和值必须提前定义清楚，方法是通过显性类型标注或者类型推断来实现。

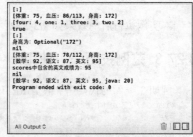

图3-30 执行效果

3.27 遍历字典中的数据

范例3-27	遍历字典中的数据
源码路径	光盘\daima\第3章\3-27

3.27.1 范例说明

在Swift语言中，可以使用for-in循环来遍历某个字典中的键值对。每一个字典中的数据项都由（key, value）元组形式返回，并且可以使用临时常量或者变量来分解这些元组。例如在下面的实例中，演示了在Swift程序中遍历字典中的数据的方法。

3.27.2 具体实现

实例文件main.swift的具体实现代码如下所示。

```
import Foundation
  // 声明一个学生字典
var student:Dictionary<String,Int> = ["小明":10001,"小华":10002,"小红":10003];
//添加
student["理想"]=10004;
print(student);
//遍历for in字典会以元组(键，值)的形式返回
for (key,value) in student   //无序
{
    print("键:\(key) 值:\(value)");
}
//或者
for tuples in student   //无序
{
    print("键:\(tuples.0) 值:\(tuples.1)");
}
//我们也可以通过访问keys或者values属性(都是可遍历集合)
检索一个字典的键或者值
for key in student.keys
{
    print("key=:\(key)");
}
//执行结果：
for value in student.values
{
    print("value=:\(value)");
}
```

本实例执行后的效果如图3-31所示。

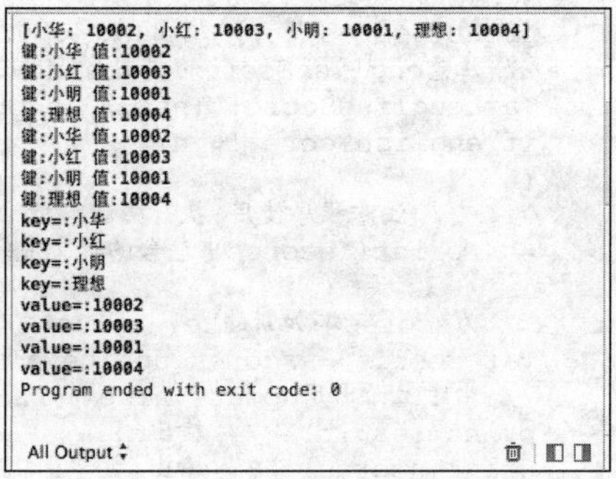

图3-31 执行效果

3.27.3 范例技巧——使用for-in循环遍历字典数据

例如在下面的代码中，使用for-in循环遍历了字典中的数据。

```
import Foundation
var seasons = ["spring":"下关风" ,
    "summer":"洱海月" ,
    "autumn":"苍山雪" ,
    "winter":"上关花"]
// 使用for-in循环来遍历字典
// 其中(season , desc)元组将会自动迭代字典的key-value对
for (season , desc) in seasons
{
    print("\(season)-->\(desc)")
}
```

本实例执行后的效果如图3-32所示。

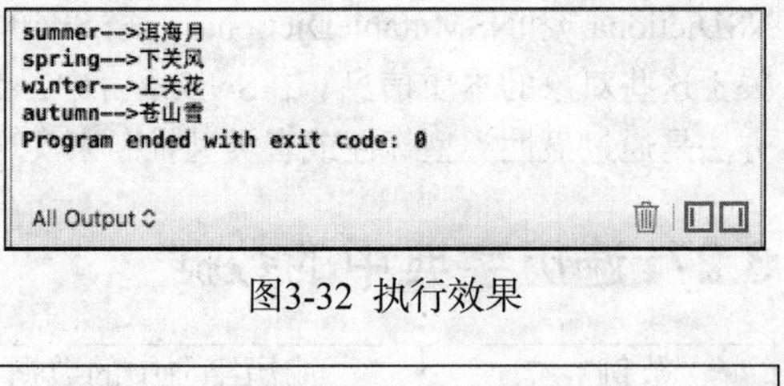

图3-32 执行效果

3.28 使用字典统计字符的出现次数

范例3-28	使用字典统计字符的出现次数
源码路径	光盘\daima\第3章\3-28

3.28.1 范例说明

在Swift程序，字典类型必须是可哈希的以被存储在一组中，该类型必须为本身的哈希计算值提供了一种处理方法。哈希值是一个int值，所有的哈希对象相等，即如果$a=b$，则：a.hashvalue == b.hashvalue。Swift的基本类型（string、int、double和bool）是默认的表，并且可以作为设定值类型或字典的键类型。即使枚举成员的值没有关联的值（如枚举）也默认哈希。例如在下面的实例中，演示了在Swift程序中使用字典统计字符出现次数的方法。

3.28.2 具体实现

实例文件main.swift的具体实现代码如下所示。
```
import Foundation
let str = "toppr.netsdsbrtbtyttn7778myfhn"
// 定义一个Dictionary，统计各字符的出现次数
var status:[Character:Int] = [:]
// 遍历str字符串中的字符，统计各字符的出现次数
for ch in str.characters
{
    // 获取ch字符已经出现的次数
    var num = status[ch]
    // 如果之前从未出现过ch字符，那么status字典中并不包含ch字符的统计信息
    // num将会等于nil
    if num != nil
    {
        // 将ch的出现次数加1
        status[ch] = num! + 1
    }
    else
    {
        // 在status数组中设置ch字符出现了一次
        status[ch] = 1
    }
}
print(status)
var maxOccurs = 0
// 遍历status的value集合，找出字符的最大出现次数
for occurs in Array(status.values)
{
    if occurs > maxOccurs
    {
        maxOccurs = occurs
    }
}
// 找出最多出现次数对应的字符
for (ch, occurs) in status
{
    if occurs == maxOccurs
    {
        print("出现最多的字符为 \(ch)，该字符出现\(occurs)次")
    }
}
```
本实例执行后的效果如图3-33所示。

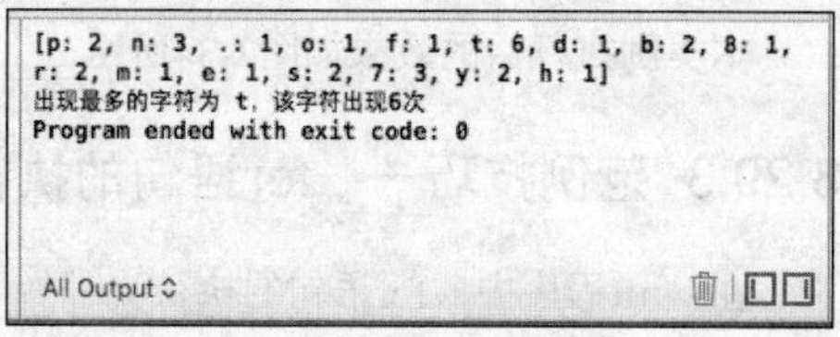

图3-33 执行效果

3.28.3 范例技巧——字典和数组的复制是不同的

（1）无论何时将一个字典实例赋给一个常量或变量，或者传递给一个函数或方法，这个字典都会在赋值或调用发生时被复制。

（2）如果字典实例中所储存的键(keys)和/或值(values)是值类型(结构体或枚举)，当赋值或调用发生

时，它们都会被复制。相反，如果键(keys)和/或值(values)是引用类型，被复制的将会是引用，而不是被它们引用的类实例或函数。

3.29 使用for语句遍历数组

范例3-29	使用for语句遍历数组
源码路径	光盘\daima\第3章\3-29

3.29.1 范例说明

在Swift程序中，for语句允许在重复执行代码块的同时，递增一个计数器。for语句的具体语法格式如下所示。

```
for initialzation; condition; increment {
    statements
}
```

例如在下面的实例中，演示了在Swift程序中使用for语句遍历数组的方法。

3.29.2 具体实现

实例文件main.swift的具体实现代码如下所示。

```
import Foundation
//遍历数组
var arr = [String]()    //定义一个空的字符串数组
//for遍历数组 方式1
for index in 0..<100{
    arr.append("item \(index)")    //给数组赋值
}
print(arr)
//for遍历数组 方式2
for value in arr{
    print(value)
}
//while遍历数组
var i = 0
while i<arr.count {
    print(arr[i])
    i++
}
//遍历字典
var dict = ["name":"xiangtao","age":"16"]
for (key,value) in dict{
    print("\(key),\(value)")
}
```

本实例执行后的效果如图3-34所示。

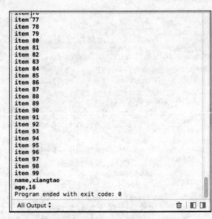

图3-34 执行效果

3.29.3 范例技巧——for语句的执行流程

在Swift程序中，for语句的执行流程如下所示。

（1）initialzation 只会被执行一次，通常用于声明和初始化在接下来的循环中需要使用的变量。

（2）计算 condition 表达式：如果为true，statements将会被执行，然后转到后面的第3步；如果为false，statements 和 increment 都不会被执行，for至此执行完毕。

（3）计算 increment 表达式，然后转到第2步。

（4）定义initialzation 中的变量仅在for语句的作用域以内有效，condition 表达式的值的类型必须遵循LogicValue协议。

3.30 使用if语句判断年龄

范例3-30	使用if语句判断年龄
源码路径	光盘\daima\第3章\3-30

3.30.1 范例说明

在Swift程序中，分支条件语句取决于一个或者多个条件的值，分支语句允许程序执行指定部分的代码。由此可见，分支语句中条件的值将会决定如何分支以及执行哪一块代码。在Swift程序中，提供了两种类型的分支语句，分别是if语句和switch语句。例如在下面的实例中，演示了在Swift程序中使用if语句判断年龄的方法。

3.30.2 具体实现

实例文件main.swift的具体实现代码如下所示。
```
import Foundation
var age = 33
if age > 20
    // 只有当age > 20时，下面花括号括起来的语句块才会执行
    // 花括号括起来的语句是一个整体，要么一起执行，要么一起不会执行
{
    print("年龄已经大于20岁了")
    print("20岁以上的人应该学会承担责任...")
}

var a : Int? = 5
if a != nil
    // 只要a为非零，系统都当其为真，执行下面的执行体，只有一行代码作为代码块
{
    print("a为非空")
}
    else
    // 否则，执行下面的执行体，只有一行代码作为代码块
{
    print("a为空")
}
```
本实例执行后的效果如图3-35所示。

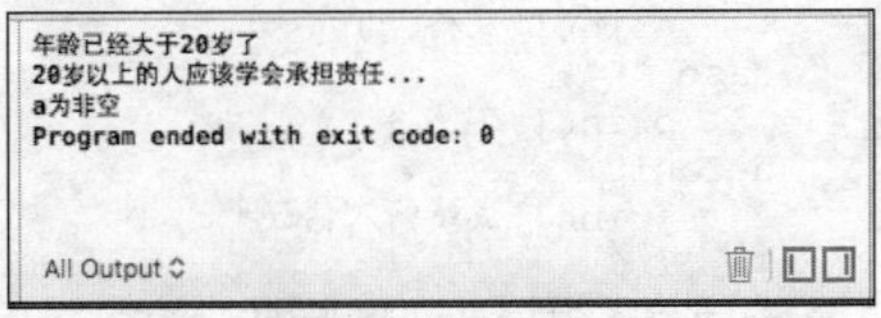

图3-35 执行效果

3.30.3 范例技巧——if语句的两种标准形式

在Swift程序中，if语句取决于一个或多个条件的值，if语句将决定执行哪一块代码。if语句有两种标准形式，在这两种形式里都必须有大括号。

（1）第一种形式是当且仅当条件为真时执行代码。

（2）第二种形式是在第一种形式的基础上添加else语句，当只有一个else语句时，else 语句也可包含if语句，从而形成一条链来测试更多的条件。

3.31 使用switch语句判断成绩

范例3-31	使用switch语句判断成绩
源码路径	光盘\daima\第3章\3-31

3.31.1 范例说明

在Swift程序中，switch语句取决于switch语句的控制表达式（control expression），switch语句将决定

执行哪一块代码。
```
switch control expression {
    case pattern 1:
        statements
    case pattern 2 where condition:
        statements
    case pattern 3 where condition,
         pattern 4 where condition:
        statements
    default:
        statements
}
```

在上述格式中，会首先计算switch语句的控制表达式（control expression），然后与每一个case的模式（pattern）进行匹配。如果匹配成功，程序将执行对应的case分支里的statements。另外，每一个case分支都不能为空，也就是说在每一个case分支中至少有一条语句。如果不想在匹配到的case分支中执行代码，只需在该分支里写一条break语句即可。例如在下面的实例中，演示了在Swift程序中使用switch语句判断成绩的方法。

3.31.2 具体实现

实例文件main.swift的具体实现代码如下所示。
```
import Foundation
var score = "C"
// 执行switch分支语句
switch score
    {
case "A":
    print("优秀.")
case "B":
    print("良好.")
case "C":
    print("中.")
case "D":
    print("及格.")
case "F":
    print("不及格.")
default:
    print("成绩输入错误")
}
```
本实例执行后的效果如图3-36所示。

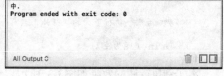

图3-36 执行效果

3.31.3 范例技巧——分支switch {case:...}语句的特点

在Swift程序中，分支 switch {case:...}语句的特点如下所示。
- ❏ 支持任意类型的数据以及各种比较操作，不仅仅是整数以及测试相等。
- ❏ 运行switch中匹配到的子句之后，程序会退出switch语句，并不会继续向下运行，所以不需要在每个子句结尾写break。如果想继续执行，在原来break的位置写 fallthrough即可。

3.32 计算指定整数的阶乘

范例3-32	计算指定整数的阶乘
源码路径	光盘\daima\第3章\3-32

3.32.1 范例说明

在Swift语言中，可以使用for-in循环来遍历一个集合里面的所有元素，例如由数字表示的区间、数组

3.32.2 具体实现

实例文件main.swift的具体实现代码如下所示。
```
import Foundation
var max = 7
var result = 1
// 使用for-in循环遍历范围
for num in 1...max
{
    result *= num
}
print(result)
```
本实例执行后的效果如图3-37所示。

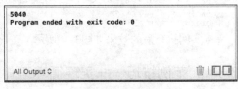

图3-37 执行效果

3.32.3 范例技巧——使用for循环代替while循环

例如在下面的代码中，演示了在Swift程序中使用for循环代替while循环的方法。
```
import Foundation
// 循环的初始化条件、循环条件、循环迭代语句都在下面一行
for var count = 0 ; count < 10 ; count++
{
    print("count: \(count)")
}
print("循环结束!")
```
本实例执行后的效果如图3-38所示。

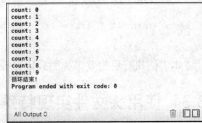

图3-38 执行效果

3.33 while循环中的死循环

范例3-33	while循环中的死循环
源码路径	光盘\daima\第3章\3-33

3.33.1 范例说明

在Swift语言中，while循环从计算单一条件开始。如果条件为true，会重复运行一系列语句，直到条件变为false。下面是一般情况下while循环的语法格式。
```
while condition {
statements
}
```
例如在下面的实例中，演示了在Swift程序中产生while死循环的过程。

3.33.2 具体实现

实例文件main.swift的具体实现代码如下所示。
```
import Foundation
// 循环的初始化条件
var count = 0
// 当count小于10时，执行循环体
while count < 10
{
    print("count:\(count)")
    // 迭代语句
    count++
}
print("循环结束!")
// 下面是一个死循环
var count2 = 0
```

```
while count2 < 10
{
    print("不停执行的死循环 \(count2)")
    count2--
}
print("永远无法跳出的循环体")

var count3 = 0
// 即使循环体只有一行代码，也不允许省略花括号
//while count3 < 10
print("count3: \(count3++)")
```
本实例执行后的效果如图3-39所示。

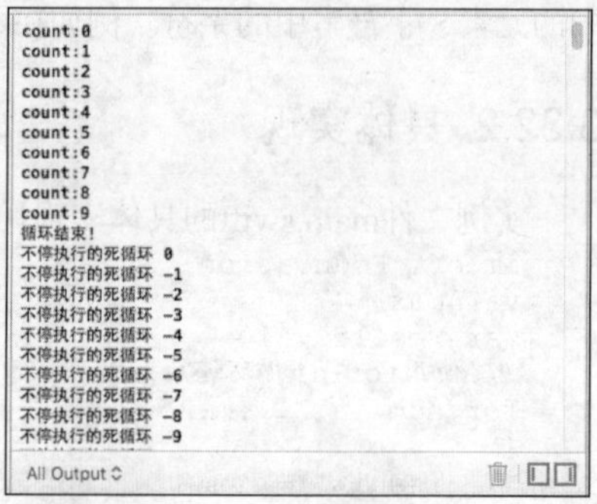

3.33.3 范例技巧——实现循环语句的嵌套

例如在下面的代码中，演示了在Swift程序中实现循环语句的嵌套的方法。
```
import Foundation
// 外层循环
for var i = 0 ; i < 5 ; i++
{
    // 内层循环
    for var j = 0; j < 3 ; j++
    {
        print("i的值为: \(i) , j的值为: \(j)")
    }
}
```
本实例执行后的效果如图3-40所示。

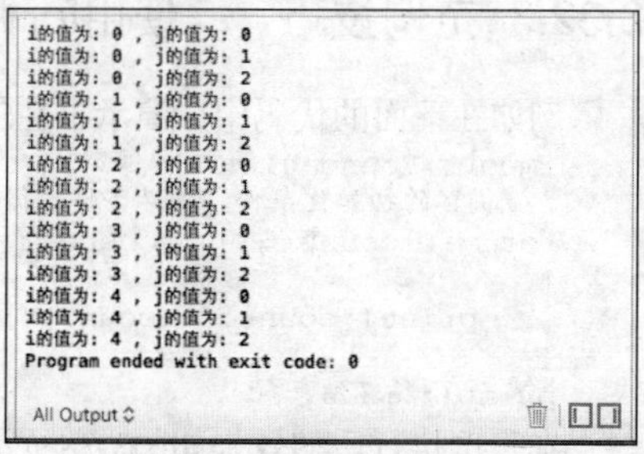

图3-39 执行效果

图3-40 执行效果

3.34 使用头文件实现特殊数学运算

范例3-34	使用头文件<math.h>实现特殊数学运算
源码路径	光盘\daima\第3章\3-34

3.34.1 范例说明

在Swift语言中，可以使用元组在同一个switch语句中测试多个值。元组中的元素可以是值，也可以是区间。另外，使用下划线"_"来匹配所有可能的值。例如在下面的实例中，演示了在Swift程序中判断某个点位于哪个象限的方法。

3.34.2 具体实现

实例文件main.swift的具体实现代码如下所示。
```
import Foundation
var somePoint = (x:0, y:0)
switch somePoint
    {
case (0, 0):
    print("(0, 0)位于原点")
case (_, 0):
    print("(\(somePoint.0), 0)位于X轴上")
case (0, _):
    print("(0, \(somePoint.1))位于Y轴上")
case (0...Int.max , 0...Int.max):
    print("(\(somePoint.0), \(somePoint.1))位于第一象限")
case (Int.min..<0 , 0...Int.max):
    print("(\(somePoint.0), \(somePoint.1))位于第二象限")
case (Int.min..<0 , Int.min..<0):
    print("(\(somePoint.0), \(somePoint.1))位于第三象限")
case (0...Int.max , Int.min..<0):
```

```
        print("\(somePoint.0), \(somePoint.1))位于第四象限")
default:
    break
}
```

本实例执行后的效果如图3-41所示。

3.34.3 范例技巧——允许多个case匹配同一个值

和C语言不同，Swift允许多个case匹配同一个值。其实在上述例子中，点(0,0)可以匹配所有4个case。但是如果存在多个匹配，那么只会执行第一个被匹配到的case分支。考虑点(0,0)会首先匹配case (0,0)，因此剩下的能够匹配(0,0)的case分支都会被忽视掉。

3.35 通过函数比较两个数的大小

范例3-35	通过函数比较两个数的大小
源码路径	光盘\daima\第3章\3-35

3.35.1 范例说明

在Swift语言中，函数是用来完成特定任务的独立的代码块，需要给一个函数起一个合适的名字，用来标识函数是做什么的，并且当函数需要执行的时候，这个名字会被"调用"。Swift制定函数语法十分灵活，可以用来表示任何函数，包括从最简单的没有参数名字的C风格函数，到复杂的带局部和外部参数名的Objective-C风格函数。函数的参数可以提供默认值，以简化函数调用。参数也可以既当作传入参数，也当作传出参数，也就是说，一旦函数执行结束，传入的参数值就可以被修改。例如在下面的实例中，演示了在Swift程序中通过函数比较两个数的大小的方法。

3.35.2 具体实现

实例文件main.swift的具体实现代码如下所示。

```
import Foundation
//定义函数返回值的类型、函数名、形式参数
func max(a:Int ,b:Int)
{
    if(a>b){
        print(a)
    }
    else    {
        print(,)
    }
}
var x,y,z:Int
x=12                    //设置一个数
y=5                     //设置一个数
z=max(x,y)              //调用函数，比较两个数的大小
print("x和y相比，较大的数是:\(z)")
```

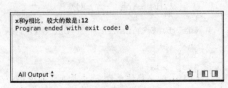

图3-42 执行效果

本实例执行后的效果如图3-42所示。

3.35.3 范例技巧——3种调用函数的方式

在Swift语言中，可以使用如下3种方式调用函数。
（1）函数表达式。
函数作为表达式中的一项出现在表达式中，以函数返回值参与表达式的运算。这种方式要求函数是有返回值的。

（2）函数语句。

函数调用的一般形式加上分号即构成函数语句。

（3）函数实参。

函数作为另一个函数调用的实际参数出现，此时把该函数的返回值作为实参进行传送，因此要求该函数必须是有返回值的。

3.36 使用函数改变引用变量本身

范例3-36	使用函数改变引用变量本身
源码路径	光盘\daima\第3章\3-36

3.36.1 范例说明

在Swift语言中，函数参数默认是常量。如果试图在函数体中更改参数值将会导致编译错误。这意味着不能错误地更改参数值。由此可见，Swift函数的所有参数默认都是常量，无法修改。如果要想修改参数，可以使用var将参数声明为变量。例如在下面的实例中，演示了在Swift程序中使用函数改变引用变量本身的方法。

3.36.2 具体实现

实例文件main.swift的具体实现代码如下所示。
```
import Foundation
class DataWrap
    {
    var a :Int = 0
    var b :Int = 0
}
func swap(inout dw : DataWrap!)
{
    // 下面3行代码实现dw的a、b两个成员变量的值交换
    // 定义一个临时变量来保存dw对象的a成员变量的值
    let tmp = dw.a
    // 把dw对象的b成员变量的值赋给a成员变量
    dw.a = dw.b
    // 把临时变量tmp的值赋给dw对象的b成员变量
    dw.b = tmp
    print("swap()函数里，a成员变量的值是\(dw.a)"
        + "; b成员变量的值是\(dw.b)")
    // 把dw直接赋值为nil
    //dw = nil   // ①
}
var dw : DataWrap! = DataWrap()
dw.a = 6
dw.b = 8
swap(&dw)
print("交换结束后，a成员变量的值是\(dw.a )"
    + "; b成员变量的值是\(dw.b)")
```
本实例执行后的效果如图3-43所示。

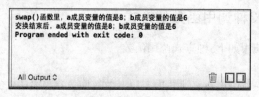

图3-43 执行效果

如果将上述代码中的注释①去掉，则会发生编译错误，如图3-44所示。

图3-44 编译错误

3.36.3 范例技巧——传递输入输出参数值时的注意事项

在传递输入输出参数值时应注意如下3点。
（1）指定输入输出参数值时必须使用变量，不能使用常量或值。
（2）指定变量时前面需要加&。
（3）在声明变量时，必须初始化。

3.37 在函数中定义函数类型的形参

范例3-37	在函数中定义函数类型的形参
源码路径	光盘\daima\第3章\3-37

3.37.1 范例说明

在Swift语言中，可以用(Int, Int) -> Int之类的函数类型作为另一个函数的参数类型，这样可以将函数的一部分实现交给函数的调用者。例如在下面的实例中，演示了在Swift程序的函数中定义函数类型的形参的方法。

3.37.2 具体实现

实例文件main.swift的具体实现代码如下所示。
```
import Foundation
// 定义函数类型的形参，其中fn是(Int) -> Int类型的形参
func map(var data data : [Int],  fn: (Int) -> Int) -> [Int]
{
    // 遍历data数组中的每个元素，并用fn函数计算对data[i]进行计算
```

```
        // 然后将计算结果作为新的数组元素
        for var i = 0 , len = data.count ; i < len ; i++
    {
        data[i] = fn(data[i])
        }
        return data
    }
    // 定义一个计算平方的函数
    func square(val: Int) -> Int
    {
        return val * val
    }
    // 定义一个计算立方的函数
    func cube(val: Int) -> Int
    {
        return val * val * val
    }
    // 定义一个计算阶乘的函数
    func factorial(val: Int) -> Int
    {
        var result = 1
        for index in 2...val
    {
        result *= index
        }
        return result
    }
var data = [3 , 4 , 9 , 5 , 8]
print("原数据\(data)")
// 下面程序代码3次调用map()函数，每次调用时传入不同的
函数
print("计算数组元素平方")
print(map(data:data , fn:square))
print("计算数组元素立方")
print(map(data:data , fn:cube))
print("计算数组元素阶乘")
print(map(data:data , fn:factorial))
```

本实例执行后的效果如图3-45所示。

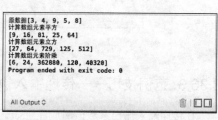

图3-45 执行效果

3.37.3 范例技巧——将函数类型作为另一个函数的返回类型

在Swift语言中，可以用函数类型作为另一个函数的返回类型。开发者需要做的是在返回箭头"->"后写一个完整的函数类型。例如下面的代码中定义了两个简单函数，分别是stepForward和stepBackward。其中函数stepForward 用于返回一个比输入值大1的值，函数stepBackward用于返回一个比输入值小1的值，这两个函数的类型都是 (Int) -> Int。

```
func stepForward(input: Int) -> Int {
    return input + 1
}
func stepBackward(input: Int) -> Int {
    return input - 1
}
```

3.38 使用嵌套函数

范例3-38	使用嵌套函数
源码路径	光盘\daima\第3章\3-38

3.38.1 范例说明

在本章前面的内容中所见到的所有函数都叫全局函数（global functions），它们都被定义在全局域中。在Swift语言中，也可以把函数定义在别的函数体中，这被称作嵌套函数（nested functions）。在默

认情况下，嵌套函数是对外界不可见的，但是可以被他们的封闭函数（enclosing function）来调用。一个封闭函数也可以返回它的某一个嵌套函数，使这个函数可以在其他域中被使用。例如在下面的实例中，演示了在Swift程序中使用嵌套函数的方法。

3.38.2 具体实现

实例文件main.swift的具体实现代码如下所示。

```swift
import Foundation
// 定义函数，该函数的返回值类型为(Int) -> Int
func getMathFunc(type type:String) -> (Int) -> Int
{
    // 定义一个计算平方的嵌套函数
    func square(val: Int) -> Int    // ①
    {
        return val * val
    }
    // 定义一个计算立方的嵌套函数
    func cube(val: Int) -> Int    // ②
    {
        return val * val * val
    }
    // 定义一个计算阶乘的嵌套函数
    func factorial(val: Int) -> Int    // ③
    {
        var result = 1
        for index in 2...val
        {
            result *= index
        }
        return result
    }
    // 该函数返回的是嵌套函数
    switch(type)
    {
    case "square":
        return square
    case "cube":
        return cube
    default:
        return factorial
    }
}
// 调用getMathFunc()，得到程序返回一个(Int)->Int类型的函数
var mathFunc = getMathFunc(type:"cube")  // 得到cube函数
print(mathFunc(6))  // 输出216
mathFunc = getMathFunc(type:"square")
                    // 得到square函数
print(mathFunc(5))  // 输出25
mathFunc = getMathFunc(type:"other")
                    // 得到factorial函数
print(mathFunc(3))  // 输出6
```

本实例执行后的效果如图3-46所示。

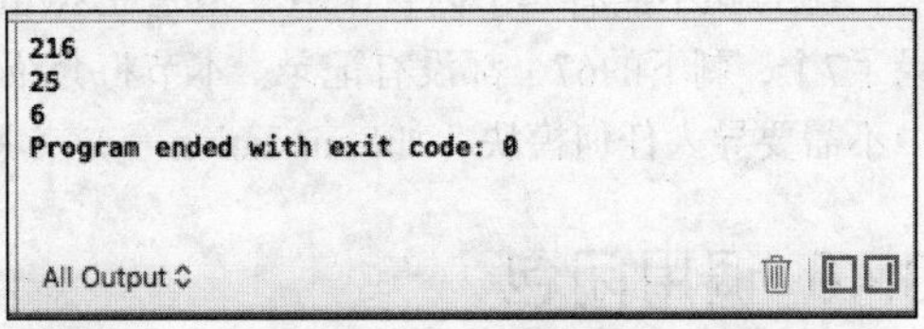

图3-46 执行效果

3.38.3 范例技巧——在函数中定义函数

在Swift程序中，可以在函数内定义另外一个函数，例如下面就是一个很典型的例子。

```swift
import Foundation
func greetingGenerator(object:String) -> (greeting:String) -> String {
    func sayGreeting(greeting:String) -> String {
        return greeting + ", " + object
    }
    return sayGreeting
}
```

```
let sayToWorld = greetingGenerator("world")
sayToWorld(greeting: "Hello") // "Hello, World"
sayToWorld(greeting: " 你好 ") // " 你好, World"
```

如果使用block实现上述功能，可读性就不会有这么好，而且block的语法本身也比较怪异。在Swift中可以将函数当作对象赋值，这和很多函数式编程语言是一样的。

3.39 使用递归解决一道数学题

范例3-39	使用递归解决一道数学题
源码路径	光盘\daima\第3章\3-39

3.39.1 范例说明

例如在下面的实例中，演示了在Swift程序中使用递归解决数学题的方法。这道数学题是：已知存在一个数列，$f(0)=1$，$f(1)=4$，$f(n+2)=2*f(n+1)+f(n)$，其中n是大于0的整数，求$f(10)$的值。

3.39.2 具体实现

实例文件main.swift的具体实现代码如下所示。
```
import Foundation
func fn(n:Int) -> Int
{
    if n == 0 {
    return 1
    }
    else if n == 1 {
    return 4
    }
    else {
    // 函数中调用它自身，就是函数递归
    return 2 * fn(n - 1) + fn(n - 2)
    }
}
// 输出fn(10)的结果
print("fn(10)的结果是:\(fn(10))")
```
本实例执行后的效果如图3-47所示。

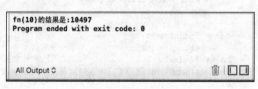

图3-47 执行效果

3.39.3 范例技巧——Swift中的内置函数

在Swift中共有74个内置函数，但是在Swift官方文档（"The Swift Programming Language"）中只记录了7个，剩下的67个都没有记录。本节将介绍Swift中常用的内置函数，这些内置函数是指那些在Swift中不需要导入任何模块（如Foundation等）或者引用任何类就可以使用的函数。

3.40 调用闭包

范例3-40	调用闭包
源码路径	光盘\daima\第3章\3-40

3.40.1 范例说明

闭包表达式是一种利用简洁语法构建内联闭包的方式，闭包表达式提供了一些语法优化，使得撰写闭包变得简单明了。闭包的格式如下所示。
```
{
    (参数:类型) ->返回类型    in
```

```
    执行方法
    return 返回类型
}
```

例如在下面的实例中，演示了在Swift程序中调用闭包的方法。

3.40.2 具体实现

实例文件main.swift的具体实现代码如下所示。

```
import Foundation
// 定义一个闭包，并为闭包表达式的形参定义外部形参名
// 然后将闭包赋值给square变量
var square = {(value val: Int) -> Int in
    return val * val
}
// 使用square调用闭包
print(square(value: 3))   // 输出9
print(square(value: 6))   // 输出36
// 使用闭包表达式定义闭包，并在闭包表达式后面增加圆括号来调用该闭包
var result = {(base base: Int , exponent exponent:Int) -> Int in
    var result = 1
    for i in 1...exponent
    {
        result *= base
    }
    return result
}(base: 4, exponent: 3)
print(result)   // 输出64
```

本实例执行后的效果如图3-48所示。

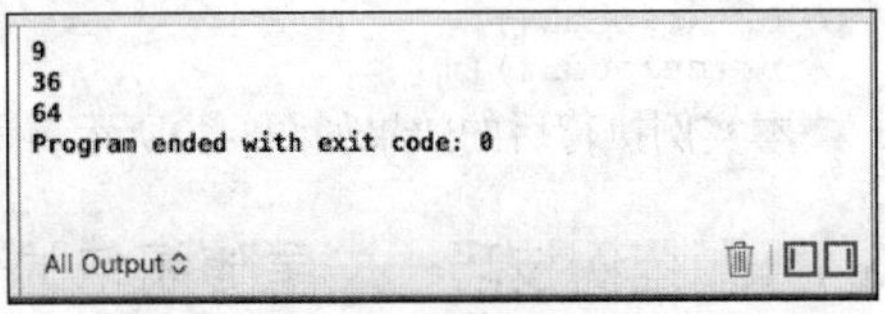

图3-48 执行效果

3.40.3 范例技巧——闭包的优化目标

Swift的闭包表达式拥有简洁的风格，并鼓励在常见场景中进行语法优化，主要优化如下所示。
- ❑ 利用上下文推断参数和返回值类型。
- ❑ 隐式返回单表达式闭包，即单表达式闭包可以省略return关键字。
- ❑ 参数名称缩写。
- ❑ 尾随（Trailing）闭包语法。

3.41 捕获上下文中的变量和常量

范例3-41	捕获上下文中的变量和常量
源码路径	光盘\daima\第3章\3-41

3.41.1 范例说明

在Swift语言中，闭包可以在其定义的上下文中捕获常量或变量。即使定义这些常量和变量的原域已经不存在，闭包仍然可以在闭包函数体内引用和修改这些值。Swift最简单的闭包形式是嵌套函数，也就是定义在其他函数的函数体内的函数。在Swift语言中，嵌套函数可以捕获其外部函数所有的参数以及定义的常量和变量。例如在下面的实例中，演示了在Swift程序中捕获上下文中变量和常量的方法。

3.41.2 具体实现

实例文件main.swift的具体实现代码如下所示。

```
import Foundation
// 定义一个函数，该函数返回值类型为() -> [String]
func makeArray(ele:String) -> () -> [String]
{
```

```
        // 创建一个不包含任何元素的数组
        var arr:[String] = []
        func addElement() -> [String]
{
        // 向arr数组中添加一个元素
        arr.append(ele)
        return arr
        }
        return addElement
}
print("-----add1返回的数组------")
// add1将会持有arr的副本
let add1 = makeArray("大师兄")
print(add1())
print(add1())
print("-----add2返回的数组------")
// add2将会持有arr的副本，与add1的arr副本没有关系
let add2 = makeArray("二师兄")
print(add2())
print(add2())
print("-----add3返回的数组------")
// 将add2赋值给add3，实际上是让add2、add3指向同一个闭包
let add3 = add2
print(add3())
print(add3())
```

本实例执行后的效果如图3-49所示。

图3-49 执行效果

3.41.3 范例技巧——尾随闭包的作用

在Swift语言中，如果需要将一个很长的闭包表达式作为最后一个参数传递给函数，可以使用尾随闭包来增强函数的可读性。尾随闭包是一个书写在函数括号之后的闭包表达式，函数支持将其作为最后一个参数调用。在Swift程序中，当闭包非常长以至于不能在一行中书写时，尾随闭包就变得非常有用。举例来说，Swift的Array类型有一个map方法，其获取一个闭包表达式作为其唯一参数。数组中的每一个元素调用一次该闭包函数，并返回该元素所映射的值(也可以是不同类型的值)。具体的映射方式和返回值类型由闭包来指定。当提供给数组闭包函数后，map方法将会返回一个新的数组，数组中包含了与原数组一一对应的映射后的值。

3.42 使用case定义多个枚举

范例3-38	使用case定义多个枚举
源码路径	光盘\daima\第3章\3-42

3.42.1 范例说明

在Swift语言中，枚举类型是一等（first-class）类型。枚举采用了很多传统上只被类（class）所支持的特征，如下所示。

- 计算型属性（computed properties）：用于提供关于枚举当前值的附加信息。
- 实例方法（instance methods）：用于提供和枚举所代表的值相关联的功能。

在Swift语言中，枚举也可以定义构造函数（initializers）来提供一个初始成员值。可以在原始的实现基础上扩展它们的功能，可以遵守协议（protocols）来提供标准的功能。

例如在下面的实例中，演示了在Swift程序中使用case定义多个枚举的方法。

3.42.2 具体实现

实例文件main.swift的具体实现代码如下所示。

3.42 使用 case 定义多个枚举

```swift
import Foundation
enum Weekday
    {
    // 使用一个case列出7个枚举实例
    case Monday, Tuesday, Wednesday , Thursday, Friday, Saturday, Sunday
}
// 使用枚举声明变量
var day : Weekday
// 使用已有的枚举实例赋值
day = Weekday.Sunday
// 由于程序可以推断day是Weekday的实例，因此可以省略枚举名前缀
day = .Wednesday
print(day)
var chooseDay = Weekday.Saturday
// 使用switch语句判断枚举
switch(chooseDay)
    {
case .Monday:
    print("星期一，准备上班")
case .Tuesday, .Wednesday:
    print("星期二、三，距离休班还很远")
case .Thursday:
    print("星期四，一天比一天恣")
case .Friday:
    print("星期五，上山打老虎")
case .Saturday:
    print("星期六，快乐的一天")
case .Sunday:
    print("星期天，这么快就过了一天？")
}
// 使用switch语句判断枚举
switch(chooseDay)
    {
case .Monday:
    print("星期一，准备上班")
case .Tuesday, .Wednesday:
    print("星期二、三，离休班还很远")
default:
    print("要么在休班，要么在准备休班")
}
```

本实例执行后的效果如图3-50所示。

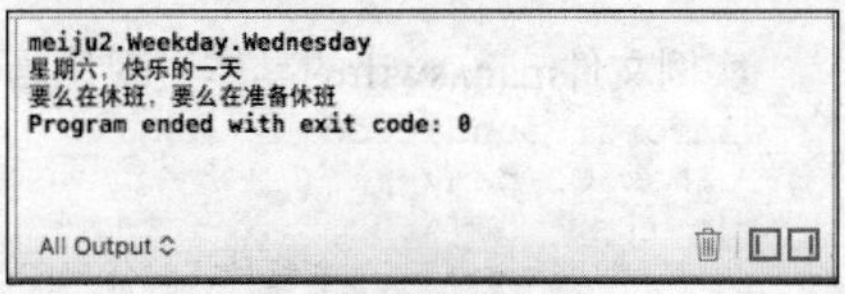

图3-50 执行效果

3.42.3 范例技巧——为枚举定义原始值

通过如下所示的代码，在Swift程序中为枚举定义了一个原始值。

```swift
import Foundation
enum Season : Character
    {
    // 每个case定义一个枚举实例，为每个枚举都指定原始值
    case Spring = "S"
    case Summer = "U"
    case Fall = "F"
    case Winter = "W"
}
enum Weekday: Int
    {
    // 使用一个case列出7个枚举实例
    case Monday, Tuesday = 1, Wednesday = 5, Thursday, Friday, Saturday, Sunday
}
var day = Weekday.Saturday
print(".Saturday的原始值为：\(day.rawValue)") // 输出8
day = .Thursday
print(".Saturday的原始值为：\(day.rawValue)") // 输出8
// 根据原始值来获取枚举值
var mySeason = Season(rawValue: "S")
if mySeason != nil
    {
```

```
        // 使用switch语句判断mySeason
        // 需要使用!进行强制解析
        switch(mySeason!){
        case .Spring:
        print("春天不是读书天")
case .Summer:
        print("夏日炎炎正好眠")
case .Fall , .Winter:
        print("秋多蚊蝇冬日冷")
default:
        print("读书只好等明年")
        }
}
```

本实例执行后的效果如图3-51所示。

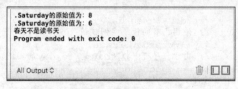

图3-51 执行效果

3.43 使用可选链代替强制解析

范例3-43	使用可选链代替强制解析
源码路径	光盘\daima\第3章\3-43

3.43.1 范例说明

在Swift语言中，值类型和引用类型最基本的区别在于复制之后的结果。当一个值类型被复制的时候，相当于创造了一个完全独立的实例，这个实例保存了属于自己的独有数据，数据不会受到其他实例数据的变化影响。例如在下面的实例中，演示了在Swift程序中使用可选链代替强制解析的方法。

3.43.2 具体实现

实例文件main.swift的具体实现代码如下所示。
```
import Foundation
class Company
    {
    var name = "卓越科技软件中心"
    var addr = "山东省济南市高新技术开发区"
    init(name: String , addr: String)
{
    self.name = name
    self.addr = addr
    }
}
class Employee
    {
    var name = "白富美"
    var title = "销售客服"
    var company: Company!
    init(name:String , title: String)
{
    self.name = name
    self.title = title
    }
    func info()
{
    print("本员工名为\(self.name),职位是\(self.title)")
    }
}
class Customer
    {
    var name = ""
    var emp: Employee?
    init(name : String)
{
    self.name = name
```

```
        }
        // 定义一个常量类型的employees数组，用于模拟系统中所有员工
        let employees = [
        Employee(name:"白富美" , title:"销售客服"),
        Employee(name:"嗲嗲妹" , title:"售后客服"),
        Employee(name:"眼镜女" , title:"普通客服"),
        Employee(name:"御姐范" , title:"销售主管")
        ]
        // 定义一个方法，该方法可根据员工名返回对应的员工，返回值为可选类型
        func findEmp(empName: String) -> Employee!
{
        for emp in employees {
        if emp.name == empName {
                return emp
        }
        }
        return nil
        }
}
var c = Customer(name:"孙悟空")
var emp = Employee(name:"嗲嗲妹" , title:"售后客服")
// 设置Customer关联的Employee实例
c.emp = emp
// 设置Employee关联的Company实例
emp.company = Company(name:"阿里巴巴" , addr:"杭州")
//print("为\(c.name)服务的公司是: \(c.emp!.company.name)")
print("为\(c.name)服务的公司是: \(c.emp?.company?.name)")
var c2 = Customer(name:"唐僧")
// 设置Customer关联的Employee实例
c2.emp = Employee(name:"眼镜女" , title:"普通客服")
    //print("为\(c2.name)服务的公司是: \(c2.emp!.company.name)")
// 使用可选链访问属性
print("为\(c2.name)服务的公司是: \(c2.emp?.company?.name)")
var c3 = Customer(name:"唐僧")
//print("为\(c3.name)服务的公司是: \(c3.emp!.company.name)")
// 使用可选链访问属性
print("为\(c3.name)服务的公司是: \(c3.emp?.company?.name)")
// 使用可选链调用方法
c3.findEmp("白富美")?.info()
c3.findEmp("玉兔精")?.info()
var dict = [Int : Customer]()
dict[1] = Customer(name:"猪八戒")
dict[2] = Customer(name:"沙僧")
        // 使用可选链访问下标
dict[1]?.findEmp("御姐范")?.info()
dict[4]?.findEmp("御姐范")?.info()
```

本实例执行后的效果如图3-52所示。

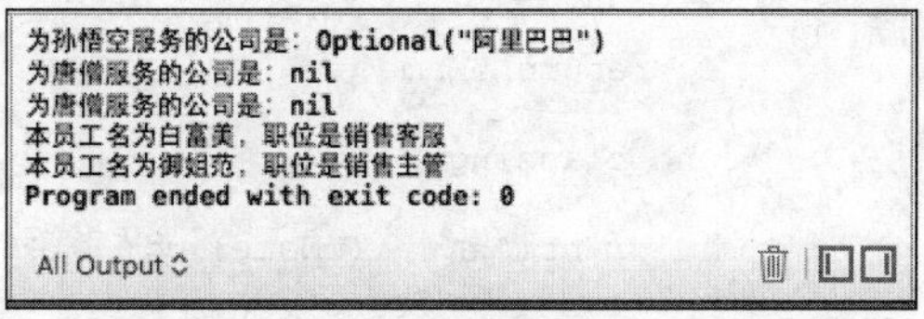

图3-52 执行效果

3.43.3 范例技巧——如何选择类型？

在Swift语言中，当想要建立一个新的类型时，怎么决定是用值类型还是用引用类型呢？当使用Cocoa框架的时候，很多API都要通过NSObject的子类进行使用，所以这时必须要用到引用类型class。在其他情况下，需要遵循如下所示的准则。

（1）什么时候该用值类型：
- 要用==运算符来比较实例的数据时。
- 你希望那个实例的拷贝能保持独立的状态时。
- 数据会被多个线程使用时。

（2）什么时候该用引用类型（class）：
- 要用==运算符来比较实例身份的时候。
- 你希望有创建一个共享的、可变对象的时候。

在Swift程序中，数组(Array)、字符串(String)、字典(Dictionary)都属于值类型。它们就像C语言里面

简单的int值,是一个个独立的数据个体。你不需要花任何功夫来防范其他代码在暗地里修改它们。更重要的是,你可以在线程之间安全地传递变量,而不需要特地去同步。在Swift高安全性的精神下,这个模式会帮助你用Swift写出更可控的代码。

3.44 测试释放的时间点

范例3-44	测试释放的时间点
源码路径	光盘\daima\第3章\3-44

3.44.1 范例说明

在Swift语言中,弱引用和无主引用允许循环引用中的一个实例引用另外一个实例而不保持强引用,这样实例能够互相引用而不产生循环强引用。对生命周期中会变为nil的实例使用弱引用,与之相反的是,对初始化赋值后再也不会被赋值为nil的实例使用无主引用。例如在下面的实例代码中,通过将"weak var student : Student?"设为弱引用的方式来测试释放的时间点。

3.44.2 具体实现

实例文件main.swift的具体实现代码如下所示。

```swift
import Foundation
class Teacher
{
    var tName : String
    var student : Student?                  //添加学生对象,初始时为nil
    init(name:String)
    {
        tName = name
        print("老师 \(tName) 实例初始化完成.")
    }
    func getName() -> String
    {
        return tName
    }
    func classing()
    {
        print("老师 \(tName) 正在给学生 \(student?.getName()) 讲课.")
    }
    deinit
    {
        print("老师 \(tName) 实例析构完成.")
    }
}
class Student
{
    var tName : String
    var teacher : Teacher?          //添加老师对象,初始时为nil
    init(name:String)
    {
        tName = name
        print("学生 \(tName) 实例初始化完成.")
    }
    func getName() -> String
    {
        return tName
    }
    func listening()
    {
        print("学生 \(tName) 正在听 \(teacher?.getName()) 老师讲的课")
    }
    deinit
```

```
    {
        print("学生 \(tName) 实例析构化完成.")
    }
}
var teacher :Teacher?
var student :Student?
teacher = Teacher(name:"范佩西")
student = Student(name:"梅西")
teacher!.student = student    //赋值后将产生"学生"对象的强引用
student!.teacher = teacher    //赋值后将产生"老师"对象的强引用
teacher!.classing()
student!.listening()
teacher = nil                 //此时没有马上调用析构,要等student释放后才会释放
//student = nil
print("释放后输出")
teacher?.classing()//前面已设为nil,所以没有输出
student?.listening()
```
本实例执行后的效果如图3-53所示。

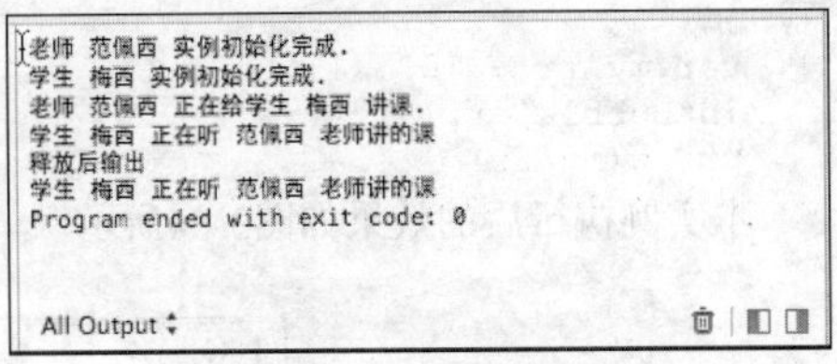

3.44.3 范例技巧——弱引用的作用

在Swift语言中,因为弱引用不会保持所引用的实例,所以即使引用存在,实例也有可能被销毁。因此,ARC会在引用的实例被销毁后自动将其赋值为nil。开发者可以像其他可选值一样,检查弱引用的值是否存在,永远也不会遇到被销毁了而不存在的实例。

在swift程序中,某个类中的实例对象如果在整个生命周期中,有某个时间可能会被设为nil的实例,使用弱引用。整个生命周期中某一实例一旦构造,过程中就不可能再设为nil的实例变量,通常使用无宿主引用。但是有些时候,两个类中的相互引用属性都一直有值,并且都不可以被设置为nil。这种情况下,通常设置一个类的实例为无宿主属性,而将另一个类中的实例变量设为的隐式装箱可选属性(即!号属性)。

图3-53 执行效果

3.45 使用类型约束实现冒泡排序算法

范例3-45	使用类型约束实现冒泡排序算法
源码路径	光盘\daima\第3章\3-45

3.45.1 范例说明

在Swift语言中,swapTwoValues函数和Stack类型可以作用于任何类。但是,有时将使用在泛型函数和泛型类型上的类型强制约束为某种特定类型是非常有用的。类型约束指定了一个必须继承自指定类的类型参数,或者遵循一个特定的协议或协议构成。例如在下面的实例中,演示了在Swift程序中使用类型约束实现冒泡排序算法的方法。

3.45.2 具体实现

实例文件main.swift的具体实现代码如下所示。

```
import Foundation
// 定义冒泡排序算法
func intBubbleSort(inout array: [Int])
{
    // 获取数组的长度
    let len = array.count
    // 定义本趟比较是否发生交换的旗标
    var hasSwap = true
    for var i = 0 ; i < len - 1 && hasSwap; i++
    {
```

```
            hasSwap = false
            // 如果两个"挨着"的数并非由小到大，交换它们
            for var j = 0 ; j < len - i - 1 ; j++
        {
            if array[j] > array[j + 1]
        {
                    let tmp = array[j]
                    array[j] = array[j + 1]
                    array[j + 1] = tmp
                    hasSwap = true
                }
            }
        }
    }
var myArr = [-2, 11, 20, 13, 9, -40, 23, -19, 34, 78, 10]
intBubbleSort(&myArr)
print(myArr)
```

本实例执行后的效果如图3-54所示。

```
[-40, -19, -2, 9, 10, 11, 13, 20, 23, 34, 78]
Program ended with exit code: 0
```

图3-54 执行效果

3.45.3 范例技巧——定义冒泡排序函数

例如通过如下所示的代码，在Swift程序中定义了一个冒泡排序函数。

```swift
import Foundation
// 定义冒泡排序算法
func bubbleSort <T: Comparable> (inout array: [T])
{
    // 获取数组的长度
    let len = array.count
    // 定义本趟比较是否发生交换的旗标
    var hasSwap = true
    for var i = 0 ; i < len - 1 && hasSwap; i++
    {
        hasSwap = false
        // 如果两个"挨着"的数并非由小到大，交换它们
        for var j = 0 ; j < len - i - 1 ; j++
        {
            if array[j] > array[j + 1]
        {
                    let tmp = array[j]
                    array[j] = array[j + 1]
                    array[j + 1] = tmp
                    hasSwap = true
                }
            }
        }
    }
var myArr = [-2, 12, 20, 9, 6, -40, 23, -19, 34, 78, 10]
bubbleSort(&myArr)
print(myArr)
var doubleArr = [-2.1, 2.0, 3.9, 9.2, 6.4, -41.2, 23.5, -19.8, 34.7]
bubbleSort(&doubleArr)
print(doubleArr)
var strArr = ["aa", "bb", "dd", "cc", "ff", "ee", "gg", "hh"]
bubbleSort(&strArr)
print(strArr)
```

本实例执行后的效果如图3-55所示。

```
[-40, -19, -2, 6, 9, 10, 12, 20, 23, 34, 78]
[-41.2, -19.8, -2.1, 2.0, 3.9, 6.4, 9.2, 23.5, 34.7]
[aa, bb, cc, dd, ee, ff, gg, hh]
Program ended with exit code: 0
```

图3-55 执行效果

3.46 使用关联类型

范例3-46	使用关联类型
源码路径	光盘\daima\第3章\3-46

3.46.1 范例说明

在Swift语言中，当定义一个协议时，有时声明一个或多个关联类型作为协议定义的一部分是非常有用的。一个关联类型给定作用于协议部分的类型一个节点名（或别名），作用于关联类型上的实际类型是不需要指定的，直到该协议被接受为止。关联类型被指定为typealias关键字。例如在下面的实例中，演示了在Swift程序中使用关联类型的方法。

3.46.2 具体实现

实例文件main.swift的具体实现代码如下所示。

```
import Foundation
protocol Container
    {
    // 声明类型形参，该类型形参需要等到协议被实现时才能被确定下来
    typealias ItemType
    // 向该容器中添加一个元素
    mutating func append(item: ItemType)
    // 获取容器中元素的个数
    var count: Int { get }
    // 根据索引来获取元素
    subscript(i: Int) -> ItemType { get }
}
struct IntList: Container
    {
    // 显式指定ItemType类型代表了int类型
    //  typealias ItemType = Int   // ①
    var items = [Int]()
    // 向该容器中添加一个元素
    mutating func append(item: Int)
{
    items.append(item)
    }
    // 获取容器中元素的个数
    var count: Int
    {
    return items.count
    }
    // 根据索引来获取元素
    subscript(i: Int) -> Int
    {
    return items[i]
    }
}
struct List<E>: Container
    {
    var items = [E]()
    // 向该容器中添加一个元素
    mutating func append(item: E)
{
```

```
        items.append(item)
    }
    // 获取容器中元素的个数
    var count: Int
    {
    return items.count
    }
    // 根据索引来获取元素
    subscript(i: Int) -> E
    {
    return items[i]
    }
}
var list = IntList()
list.append(10)
list.append(11)
list.append(-8)
print("list的元素个数为：\(list.count)")
print("list中索引1处的元素为：\(list[1])")
var strList = List<String>()
strList.append("Swift")
strList.append("iOS")
strList.append("Objective-C")
print("strList的元素个数为：\(strList.count)")
print("strList中索引1处的元素为：\(strList[1])")
```

本实例执行后的效果如图3-56所示。

```
list的元素个数为：3
list中索引1处的元素为：11
strList的元素个数为：3
strList中索引1处的元素为：iOS
Program ended with exit code: 0
```

图3-56 执行效果

3.46.3 范例技巧——Array的3个功能

在Swift语言中，当使用扩展来添加协议的兼容性时，有描述扩展一个存在的类型添加遵循一个协议，这个类型包含一个关联类型的协议。Swift的Array已经提供了append方法，一个count属性和通过下标来查找一个自己的元素，这3个功能都达到Container协议的要求。也就意味着可以扩展Array去遵循Container协议，只要通过简单声明Array适用于这个协议即可。

第4章 界面布局实战

对于网站开发人员来说，网站结构和界面设计是影响浏览用户第一视觉的关键。而对于iOS应用开发来说，除了功能强大的应用程序外，屏幕界面效果也是影响程序质量的重要元素。因为用户永远喜欢的是既界面美观而又功能强大的软件产品。在设计优美界面之前，一定要先对屏幕进行布局。本章将以具体实例来介绍布局iOS屏幕的知识，为读者步入本书后面知识的学习打下基础。

4.1 将Xcode界面连接到代码

范例4-1	将Xcode界面连接到代码
源码路径	光盘\daima\第4章\4-1

4.1.1 范例说明

Interface Builder（通常缩写为IB）是Mac OS X平台下用于设计和测试用户界面（GUI）的应用程序。为了生成GUI，IB并不是必需的，实际上Mac OS X下所有的用户界面元素都可以使用代码直接生成，但是IB能够使开发者简单快捷地开发出符合Mac OS X human-interface guidelines的GUI。通常你只需要通过简单的拖曳（drag-n-drop）操作来构建GUI就可以了。下面的实例详细讲解了将界面连接到代码并让应用程序运行的方法。

4.1.2 具体实现

1. 打开项目

首先，我们将使用本章Projects文件夹中的项目"lianjie"。打开该文件夹，并双击文件"lianjie.xcworkspace"，将在Xcode中打开该项目，如图4-1所示。

加载该项目后，展开项目代码编组（Disconnected），并单击文件MainStoryboard.storyboard，此故事板文件包含该应用程序，将把它显示为界面的场景和视图，并且会在Interface Builder编辑器中显示场景，如图4-2所示。

由图4-2所示的效果可知，该界面包含了如下4个交互式元素。
- 一个按钮栏（分段控件）。
- 一个按钮。
- 一个输出标签。
- 一个Web视图（一个集成的Web浏览器组件）。

这些控件将与应用程序代码交互，让用户选择花朵颜色，并且单击"获取花朵"按钮时，文本标签将显示选择的颜色，并从网站http://www.floraphotographs.com随机取回一朵这种颜色的花朵。假设我们期望的执行结果如图4-3所示。

但是到目前为止，还没有将界面连接到应用程序代码，因此执行后只是显示一张漂亮的图片。为了让应用程序能够正常运行，需要创建到应用程序代码中定义的输出口和操作的连接。

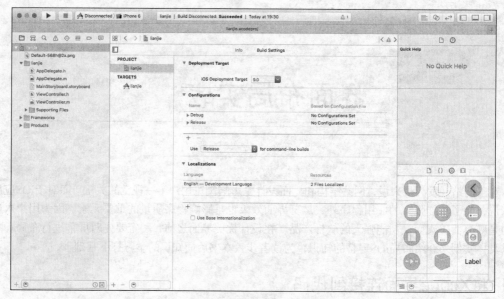

图4-1 在Xcode中打开项目

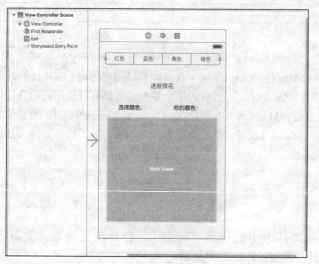

图4-2 显示应用程序的场景和相应的视图

图4-3 执行效果

2．输出口和操作

输出口（outlet）是一个通过它可引用对象的变量，假如Interface Builder中创建了一个用于收集用户姓名的文本框，可能想在代码中为它创建一个名为userName的输出口。这样便可以使用该输出口和相应的属性获取或修改该文本框的内容。

操作（action）是代码中的一个方法，在相应的事件发生时调用它。有些对象（如按钮和开关）可在用户与之交互（如触摸屏幕）时通过事件触发操作。通过在代码中定义操作，Interface Builder可使其能够被屏幕对象触发。

我们可以将Interface Builder中的界面元素与输出口或操作相连，这样就可以创建一个连接。为了让应用程序Disconnected能够成功运行，需要创建到如下所示的输出口和操作的连接。

❑ ColorChoice：一个对应于按钮栏的输出口，用于访问用户选择的颜色。
❑ GetFlower：这是一个操作，它从网上获取一幅花朵图像并显示它，然后将标签更新为选择的颜色。

4.1 将Xcode界面连接到代码

❑ ChoosedColor：对应于标签的输出口，将被getFlower更新以显示选定颜色的名称。
❑ FlowerView：对应于Web视图的输出口，将被getFlower更新以显示获取的花朵图像。

3．创建到输出口的连接

要想建立从界面元素到输出口的连接，可以先按住"Control"键，并同时从场景的View Controller图标（它出现在文档大纲区域和视图下方的图标栏中）拖曳到视图中对象的可视化表示或文档大纲区域中的相应图标。读者可以尝试对按钮栏（分段控件）进行这样的操作。在按住"Control"键的同时，再单击文档大纲区域中的View Controller图标，并将其拖曳到屏幕上的按钮栏。拖曳时将出现一条线，这样让我们能够轻松地指向要连接的对象。

当松开鼠标按键时会出现一个下拉列表，其中列出了可供选择的输出口，如图4-4所示。再次选择"选择颜色"。

因为Interface Builder知道什么类型的对象可以连接到给定的输出口，所以只显示适合当前要创建的连接的输出口。对文本"你的颜色"的标签和Web视图重复上述过程，将它们分别连接到输出口chosenColor和flowerView。

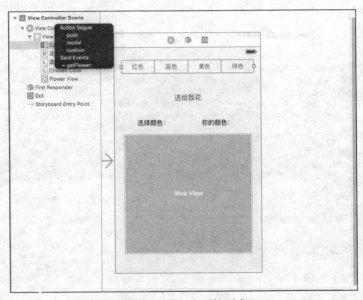

图4-4 出现一个下拉列表

在这个演示工程中，其核心功能是通过文件ViewController.m实现的，其主要代码如下所示。

```objc
#import "ViewController.h"

@implementation ViewController

@synthesize colorChoice;
@synthesize chosenColor;
@synthesize flowerView;


-(IBAction)getFlower:(id)sender {
  NSString *outputHTML;
  NSString *color;
  NSString *colorVal;
  int colorNum;
  colorNum=colorChoice.selectedSegmentIndex;
  switch (colorNum) {
     case 0:
         color=@"Red";
         colorVal=@"red";
```

```objc
            break;
        case 1:
            color=@"Blue";
            colorVal=@"blue";
            break;
        case 2:
            color=@"Yellow";
            colorVal=@"yellow";
            break;
        case 3:
            color=@"Green";
            colorVal=@"green";
            break;
    }
    chosenColor.text=[[NSString alloc] initWithFormat:@"%@",color];
    outputHTML=[[NSString alloc] initWithFormat:@"<body style='margin: 0px; padding: 0px'><img height='1200' src='http://www.floraphotographs.com/showrandom.php?color= %@'></body>",colorVal];
    [flowerView loadHTMLString:outputHTML baseURL:nil];
}

- (void)didReceiveMemoryWarning
{
    [super didReceiveMemoryWarning];
}

#pragma mark - View lifecycle

- (void)viewDidLoad
{
    [super viewDidLoad];
}

- (void)viewDidUnload
{
    [self setFlowerView:nil];
    [self setChosenColor:nil];
    [self setColorChoice:nil];
    [super viewDidUnload];
}

- (void)viewWillAppear:(BOOL)animated
{
    [super viewWillAppear:animated];
}

- (void)viewDidAppear:(BOOL)animated
{
    [super viewDidAppear:animated];
}

- (void)viewWillDisappear:(BOOL)animated
{
    [super viewWillDisappear:animated];
}

- (void)viewDidDisappear:(BOOL)animated
{
    [super viewDidDisappear:animated];
}

- (BOOL)shouldAutorotateToInterfaceOrientation:(UIInterfaceOrientation)interfaceOrientation
{
    return (interfaceOrientation != UIInterfaceOrientationPortraitUpsideDown);
}

@end
```

4．创建到操作的连接

选择将调用操作的对象，并单击Utility区域顶部的箭头图标以打开Connections Inspector（连接检查器）。另外，也可以单击View→Utilities→Show Connections Inspector（Option+ Command+6）菜单命令。

Connections Inspector显示了当前对象（这里是按钮）支持的事件列表，如图4-5所示。每个事件旁边都有一个空心圆圈，要将事件连接到代码中的操作，可单击相应的圆圈并将其拖曳到文档大纲区域中的View Controller图标。

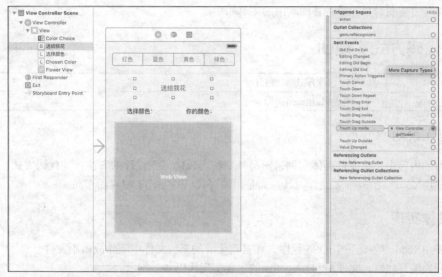

图4-5 使用Connections Inspector操作连接

假如要将按钮"送给我花"连接到方法getFlower，可选择该按钮并打开Connections Inspector（Option+Command+6）。然后将Touch Up Inside事件旁边的圆圈拖曳到场景的View Controller图标，再松开鼠标按键。当系统询问时选择操作getFlower，如图4-6所示。

在建立连接后检查器会自动更新，以显示事件及其调用的操作。如果单击了其他对象，Connections Inspector将显示该对象到输出口和操作的连接。到此为止，已经将界面连接到了支持它的代码。单击Xcode工具栏中的"Run"按钮，在iOS模拟器或iOS设备中便可以生成并运行该应用程序，执行效果如图4-7所示。

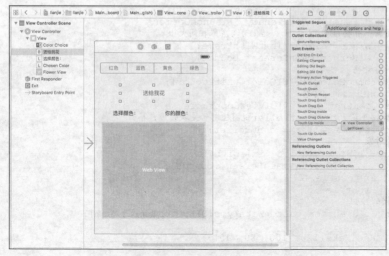

图4-6 选择希望界面元素触发的操作　　　　　　　图4-7 执行效果

4.1.3 范例技巧——Interface Builder可以提高开发效率

通过使用Interface Builder（IB），可以快速创建一个应用程序界面。这不仅是一个GUI绘画工具，而且还可以在不编写任何代码的情况下添加应用程序。这样不但可以减少bug，而且缩短了开发周期，并且让整个项目更容易维护。IB向Objective-C开发者提供了包含一系列用户界面对象的工具箱，这些对象包括文本框、数据表格、滚动条和弹出式菜单等控件。IB的工具箱是可扩展的，也就是说，所有开发者都可以开发新的对象，并将其加入IB的工具箱中。

4.2 纯代码方式实现UI

范例4-2	纯代码方式实现UI
源码路径	光盘\daima\第4章\4-2

4.2.1 范例说明

在下面的内容中，将通过具体实例讲解另外一种实现UI界面设计的方法：纯代码方式。在本实例中，将不使用Xcode 7的故事版设计工具，而是用编写代码的方式实现界面布局。

4.2.2 具体实现

（1）使用Xcode 7创建一个iOS 9程序，在自动生成的工程文件中删除故事版文件。

（2）开始编写代码，文件AppDelegate.h的主要实现代码如下所示。

```
#import <UIKit/UIKit.h>
@interface AppDelegate : UIResponder <UIApplicationDelegate>
@property (strong, nonatomic) UIWindow *window;
@end
```

（3）文件AppDelegate.m的主要实现代码如下所示。

```
#import "AppDelegate.h"

@interface AppDelegate ()
@property (nonatomic , strong) UILabel* show;
@end
@implementation AppDelegate

- (BOOL)application:(UIApplication *)application
didFinishLaunchingWithOptions:(NSDictionary *)launchOptions {
    // 创建UIWindow对象，并将该UIWindow初始化为与屏幕相同大小
    self.window = [[UIWindow alloc] initWithFrame:
                        [UIScreen mainScreen].bounds];
    // 设置UIWindow的背景色
    self.window.backgroundColor = [UIColor whiteColor];
    // 创建一个UIViewController对象
    UIViewController* controller = [[UIViewController alloc] init];
    // 让该程序的窗口加载并显示viewController视图控制器关联的用户界面
    self.window.rootViewController = controller;
    // 创建一个UIView对象
    UIView* rootView = [[UIView alloc] initWithFrame:
                        [UIScreen mainScreen].bounds];
    // 设置controller显示rootView控件
    controller.view = rootView;
    // 创建一个系统风格的按钮
    UIButton* button = [UIButton buttonWithType:UIButtonTypeSystem];
    // 设置按钮的大小
    button.frame = CGRectMake(120, 100, 80, 40);
    // 为按钮设置文本
    [button setTitle:@"确定" forState:UIControlStateNormal];
    // 将按钮添加到rootView控件中
```

```objc
    [rootView addSubview: button];
    // 创建一个UILabel对象
    self.show = [[UILabel alloc] initWithFrame:
             CGRectMake(60 , 40 , 180 , 30)];
    // 将UILabel添加到rootView控件中
    [rootView addSubview: self.show];
    // 设置UILabel默认显示的文本
    self.show.text = @"初始文本";
    self.show.backgroundColor = [UIColor grayColor];
    // 为按钮的触碰事件绑定事件处理方法
    [button addTarget:self action:@selector(tappedHandler:)
            forControlEvents:UIControlEventTouchUpInside];
    // 将该UIWindow对象设为主窗口并显示出来
    [self.window makeKeyAndVisible];
    return YES;
}

- (void)applicationWillResignActive:(UIApplication *)application {
    // Sent when the application is about to move from active to inactive state. This
can occur for certain types of temporary interruptions (such as an incoming phone call
or SMS message) or when the user quits the application and it begins the transition to
the background state.
    // Use this method to pause ongoing tasks, disable timers, and throttle down OpenGL
ES frame rates. Games should use this method to pause the game.
}

- (void)applicationDidEnterBackground:(UIApplication *)application {
    // Use this method to release shared resources, save user data, invalidate timers,
and store enough application state information to restore your application to its current
state in case it is terminated later.
    // If your application supports background execution, this method is called instead
of applicationWillTerminate: when the user quits.
}

- (void)applicationWillEnterForeground:(UIApplication *)application {
    // Called as part of the transition from the background to the inactive state; here
you can undo many of the changes made on entering the background.
}

- (void)applicationDidBecomeActive:(UIApplication *)application {
    // Restart any tasks that were paused (or not yet started) while the application
was inactive. If the application was previously in the background, optionally refresh
the user interface.
}

- (void)applicationWillTerminate:(UIApplication *)application {
    // Called when the application is about to terminate. Save data if appropriate.
See also applicationDidEnterBackground:.
}

- (void) tappedHandler: (UIButton*) sender
{
    self.show.text = @"开始学习iOS吧! ";
}
@end
```

这样就用纯代码的方式实现了一个简单的iOS 9界面程序。

4.2.3 范例技巧——什么情况下使用IB进行开发

（1）软件体积小。
（2）交互的数据量小。
（3）团队开发时开发人数少，任务周期短。
（4）开发者是新手，对iOS开发理解和开发经验还不是很充足，编写代码容易出错或速度太慢。
（5）对iOS的内存管理了解不透彻，建议使用IB+ARC实现。

(6) 个人开发。

4.3 使用模板Single View Application

范例4-3	在Xcode中使用模板Single View Application
源码路径	光盘\daima\第4章\4-3

4.3.1 范例说明

Apple在Xcode中提供了一种很有用的应用程序模板，可以快速创建一个这样的项目，即包含一个故事板、一个空视图和相关联的视图控制器。模板Single View Application（单视图应用程序）是最简单的模板，在本节的内容中将创建一个应用程序，本程序包含了一个视图和一个视图控制器。本节的实例非常简单，先创建一个用于获取用户输入的文本框（UITextField）和一个按钮，当用户在文本框中输入内容并按下按钮时，将更新屏幕标签（UILabel）以显示Hello和用户输入。虽然本实例程序比较简单，但是几乎包含了本章讨论的所有元素：视图、视图控制器、输出口和操作。

4.3.2 具体实现

首先在Xcode 7中新建一个项目，并将其命名为"hello"。
（1）启动Xcode 7，然后在左侧导航选择第一项"Create a new Xcode project"，如图4-8所示。
（2）在弹出的新界面中选择项目类型和模板。在New Project窗口的左侧，确保选择了项目类型iOS中的"Application"，在右边的列表中选择"Single View Application"，再单击"Next"按钮，如图4-9所示。

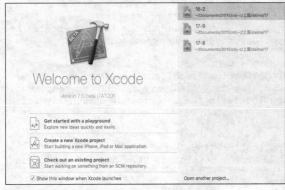
图4-8 新建一个 Xcode工程

图4-9 选择"Single View Application"

1. 类文件

展开项目代码编组（名为HelloNoun），并查看其内容。会看到如下5个文件。
- AppDelegate.h。
- AppDelegate.m。
- ViewController.h。
- ViewController.m。
- MainStoryboard.storyboard。

其中文件AppDelegate.h和AppDelegate.m组成了该项目将创建的UIApplication实例的委托，也就是说我们可以对这些文件进行编辑，以添加控制应用程序运行时如何工作的方法。我们可以修改委托，在启动时执行应用程序级设置，告诉应用程序进入后台时如何做以及应用程序被迫退出时该如何处理。就本章这个演示项目来说，不需要在应用程序委托中编写任何代码，但是需要记住它在整个应用程序

4.3 使用模板 Single View Application

生命周期中扮演的角色。

其中文件AppDelegate.h的代码如下所示。

```
#import <UIKit/UIKit.h>

@interface AppDelegate : UIResponder <UIApplicationDelegate>

@property (strong, nonatomic) UIWindow *window;

@end
```

文件AppDelegate.m的代码如下所示。

```
//
//  AppDelegate.m
//  hello

#import "AppDelegate.h"

@implementation AppDelegate

- (BOOL)application:(UIApplication *)application didFinishLaunchingWithOptions:(NSDictionary *)launchOptions
{
    // Override point for customization after application launch.
    return YES;
}

- (void)applicationWillResignActive:(UIApplication *)application
{
    // Sent when the application is about to move from active to inactive state. This can occur for certain types of temporary interruptions (such as an incoming phone call or SMS message) or when the user quits the application and it begins the transition to the background state.
    // Use this method to pause ongoing tasks, disable timers, and throttle down OpenGL ES frame rates. Games should use this method to pause the game.
}

- (void)applicationDidEnterBackground:(UIApplication *)application
{
    // Use this method to release shared resources, save user data, invalidate timers, and store enough application state information to restore your application to its current state in case it is terminated later.
    // If your application supports background execution, this method is called instead of applicationWillTerminate: when the user quits.
}

- (void)applicationWillEnterForeground:(UIApplication *)application
{
    // Called as part of the transition from the background to the inactive state; here you can undo many of the changes made on entering the background.
}

- (void)applicationDidBecomeActive:(UIApplication *)application
{
    // Restart any tasks that were paused (or not yet started) while the application was inactive. If the application was previously in the background, optionally refresh the user interface.
}

- (void)applicationWillTerminate:(UIApplication *)application
{
    // Called when the application is about to terminate. Save data if appropriate. See
    // also applicationDidEnterBackground:.
}

@end
```

上述两个文件的代码都是自动生成的。

文件ViewController.h和ViewController.m实现了一个视图控制器（UIViewController），这个类包含控

制视图的逻辑。一开始这些文件几乎是空的,只有一个基本结构,此时如果单击Xcode窗口顶部的"Run"按钮,应用程序将编译并运行,运行后一片空白,如图4-10所示。

> **注意**:如果在Xcode中新建项目时指定了类前缀,所有类文件名都将以指定的内容打头。在以前的Xcode版本中,Apple将应用程序名作为类的前缀。要让应用程序有一定的功能,需要处理前面讨论过的两个地方:视图和视图控制器。

2. 故事板文件

除了类文件之外,该项目还包含了一个故事板文件,它用于存储界面设计。单击故事板文件MainStoryboardstoryboard,在Interface Builder编辑器中打开它,如图4-11所示。

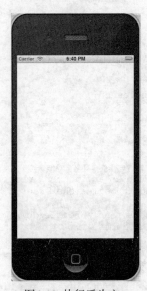
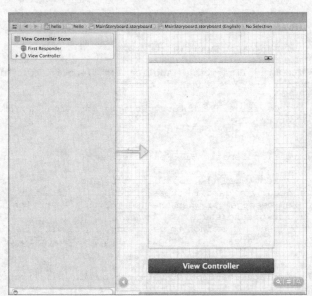

图4-10 执行后为空　　　　图4-11 MainStoryboardstoryboard界面

MainStoryboard.storyboard界面中包含了如下3个图标:
- First Responder(一个UIResponder实例)。
- View Controller(我们的ViewController类)。
- 应用程序视图(一个UIView实例)。

视图控制器和第一响应者还出现在图标栏中,该图标栏位于编辑器中视图的下方。如果在该图标栏中没有看到图标,只需单击图标栏,它们就会显示出来。

当应用程序加载故事板文件时,其中的对象将被实例化,成为应用程序的一部分。就本项目"hello"来说,当它启动时会创建一个窗口并加载MainStoryboard.storyboard,实例化ViewController类及其视图,并将其加入到窗口中。

在文件HelloNoun-Info.plist中,通过属性Main storyboard file base name(主故事板文件名)指定了加载的文件是MainStoryboard.storyboard。要想核实这一点,读者可展开文件夹Supporting Files,再单击plist文件显示其内容。另外也可以单击项目的顶级图标,确保选择了目标"hello",再查看选项卡"Summary"中的文本框"Main Storyboard",如图4-12所示。

如果有多个场景,在Interface Builder编辑器中会使用很不明显的方式指定初始场景。在前面的图4-12中,会发现编辑器中有一个灰色箭头,它指向视图的左边缘。这个箭头是可以拖动的,当有多个场景时可以拖动它,使其指向任何场景对应的视图。这就自动配置了项目,使其在应用程序启动时启动该场景的视图控制器和视图。

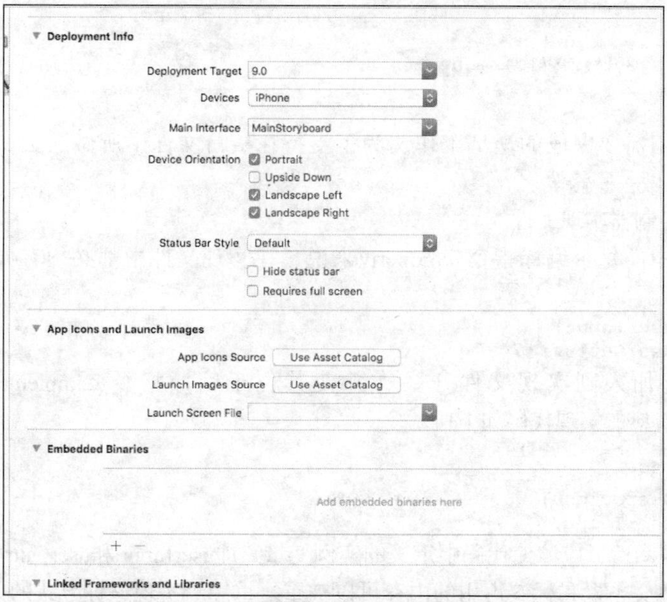

4.3 使用模板 Single View Application

图4-12 指定应用程序启动时将加载的故事板

总之，对应用程序进行了配置，使其加载MainStoryboard.storyboard，而MainStoryboard.storyboard查找初始场景，并创建该场景的视图控制器类（文件ViewController.h和ViewController.m定义的ViewController）的实例。视图控制器加载其视图，而视图被自动添加到主窗口中。

3. 规划变量和连接

要创建该应用程序，第一步是确定视图控制器需要的东西。为引用要使用的对象，必须与如下3个对象进行交互：

- 一个文本框（UITextField）。
- 一个标签（UILabel）。
- 一个按钮（UIButton）。

其中前两个对象分别是用户输入区域（文本框）和输出（标签），而第3个对象（按钮）触发代码中的操作，以便将标签的内容设置为文本框的内容。

（1）修改视图控制器接口文件。

基于上述信息，便可以编辑视图控制器类的接口文件（ViewController.h），在其中定义需要用来引用界面元素的实例变量以及用来操作它们的属性（和输出口）。我们将把用于收集用户输入的文本框（UITextField）命名为user@property，将提供输出的标签（URLabel）命名为userOutput。前面说过，通过使用编译指令@property可同时创建实例变量和属性，而通过添加关键字IBoutlet可以创建输出口，以便在界面和代码之间建立连接。

综上所述，可以添加如下两行代码。

```
@property (strong, nonatomic) IBOutlet UILabel *userOutput;
@property (strong, nonatomic) IBOutlet UITextField *userInput;
```

为了完成接口文件的编写工作，还需添加一个在按钮被按下时执行的操作。将该操作命名为setOutput。

```
- (IBAction)setOutput: (id)sender;
```

添加这些代码后，文件ViewController.h的代码如下所示。其中以粗体显示的代码行是新增的：

```
#import <UIKit/UIKit.h>

@interface ViewController : UIViewController

@property (strong, nonatomic) IBOutlet UILabel *userOutput;
```

```
@property (strong, nonatomic) IBOutlet UITextField *userInput;

- (IBAction)setOutput:(id)sender;

@end
```

但是这并非我们需要完成的全部工作。为了支持在接口文件中所做的工作,还需对实现文件(ViewController.m)做一些修改。

(2)修改视图控制器实现文件。

对于接口文件中的每个编译指令@property来说,在实现文件中都必须有如下对应的编译指令@synthesize。

```
@synthesize userInput;
@synthesize userOutput;
```

将这些代码行加入到实现文件开头,并使其位于编译指令@implementation后面,文件ViewController.m中对应的实现代码如下所示。

```
#import "ViewController.h"
@implementation ViewController
@synthesize userOutput;
@synthesize userInput;
```

在确保使用完视图后,应该使代码中定义的实例变量(即userInput和userOutput)不再指向对象,这样做的好处是这些文本框和标签占用的内存可以被重复重用。实现这种方式的方法非常简单,只需将这些实例变量对应的属性设置为nil即可。

```
[self setUserInput:nil];
[self setUserOutput:nil];
```

上述清理工作是在视图控制器的一个特殊方法中进行的,这个方法名为viewDidUnload,在视图成功地从屏幕上删除时被调用。为添加上述代码,需要在实现文件ViewController.h中找到这个方法,并添加代码行。同样,这里演示的是如果要手工准备输出口、操作、实例变量和属性时,需要完成的设置工作。

文件ViewController.m中对应清理工作的实现代码如下所示。

```
- (void)viewDidUnload
{
    self.userInput = nil;
    self.userOutput = nil;
    [self setUserOutput:nil];
    [self setUserInput:nil];
    [super viewDidUnload];
    // Release any retained subviews of the main view.
    // e.g. self.myOutlet = nil;
}
```

注意:如果浏览HelloNoun的代码文件,可能发现其中包含绿色的注释(以字符"//"打头的代码行)。为节省篇幅,通常在本书的程序清单中删除了这些注释。

(3)一种简化的方法。

虽然还没有输入任何代码,但还是希望能够掌握规划和设置Xcode项目的方法。所以还需要做如下所示的工作。

❑ 确定所需的实例变量:确定哪些值和对象需要在类(通常是视图控制器)的整个生命周期内都存在。
❑ 确定所需的输出口和操作:哪些实例变量需要连接到界面中定义的对象?界面将触发哪些方法?
❑ 创建相应的属性:对于打算操作的每个实例变量,都应使用@property来定义实例变量和属性,并为该属性合成设置函数和获取函数。如果属性表示的是一个界面对象,还应在声明它时包含关键字IBOutlet。
❑ 清理:对于在类的生命周期内不再需要的实例变量,使用其对应的属性将其值设置为nil。对于视图控制器,通常是在视图被卸载时(即方法viewDidUnload中)这样做。

当然可手工完成这些工作，但是在Xcode中使用Interface Builder编辑器能够在建立连接时添加编译指令@property和@synthesize、创建输出口和操作、插入清理代码。

将视图与视图控制器关联起来的是前面介绍的代码，但可在创建界面的同时让Xcode自动为我们编写这些代码。创建界面前，仍然需要确定要创建的实例变量/属性、输出口和操作，而有时候还需添加一些额外的代码，但让Xcode自动生成代码可极大地加快初始开发阶段的进度。

4．添加对象

本节的演示程序"hello"的界面很简单，只需提供一个输出区域、一个用于输入的文本框以及一个将输出设置成与输入相同的按钮。请按如下步骤创建该UI。

（1）在Xcode项目导航器中选择"MainStoryboard.storyboard"，并打开它。

（2）打开它的是Interface Builder编辑器。其中文档大纲区域显示了场景中的对象，而编辑器中显示了视图的可视化表示。

（3）单击菜单命令View→Utilities→Show Object Library（Control+Option+Command+3），在右边显示对象库。在对象库中确保从下拉列表中选择了"Objects"，这样将显示可拖放到视图中的所有控件，此时的工作区类似于图4-13所示。

（4）通过在对象库中单击标签（UILabel）对象并将其拖曳到视图中，在视图中添加两个标签。

（5）第一个标签应包含静态文本Hello，为此该标签的双击默认文本Label并将其改为"你好"。选择第二个标签，它将用作输出区域。这里将该标签的文本改为"请输入信息"。将此作为默认值，直到用户提供新字符串为止。我们可能需要增大该文本标签以便显示这些内容，为此可单击并拖曳其手柄。

我们还要将这些标签居中对齐，此时可以通过单击选择视图中的标签，再按下"Option+Command+4"或单击Utility区域顶部的滑块图标，打开标签的Attributes Inspector。

使用"Alignment"选项调整标签文本的对齐

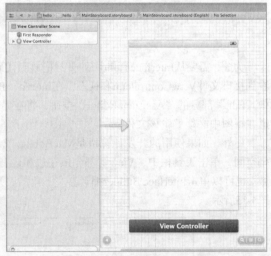

图4-13 初始界面

方式。另外还可能会使用其他属性来设置文本的显示样式，例如字号、阴影、颜色等。现在整个视图应该包含两个标签。

（6）如果对结果满意，便可以添加用户将与之交互的元素文本框和按钮。为了添加文本框，在对象库中找到文本框对象（UITextField），单击并将其拖曳到两个标签下方。使用手柄将其增大到与输出标签等宽。

（7）再次按"Option+Command+4"打开Attributes Inspector，并将字号设置成与标签的字号相同。注意到文本框并没有增大，这是因为默认iPhone文本框的高度是固定的。要修改文本框的高度，在Attributes Inspector中单击包含方形边框的按钮"Border Style"，然后便可随意调整文本框的大小。

（8）在对象库单击圆角矩形按钮（UIButton）并将其拖曳到视图中，将其放在文本框下方。双击该按钮给它添加一个标题，如Set Label，再调整按钮的大小，使其能够容纳该标题。也可以使用Attributes Inspector增大文本的字号。

最终UI界面效果如图4-14所示，其中包含了4个对象，分别是两个标签、1个文本框和1个按钮。

5．创建并连接输出口和操作

现在，在Interface Builder编辑器中需要做的工作就要完成了，最后一步工作是将视图连接到视图控制器。如果按前面介绍的方式手工定义了输出口和操作，则只需在对象图标之间拖曳即可。但即使就地创建输出口和操作，也只需执行拖放操作。

图4-14 最终的UI界面

为此，需要从Interface Builder编辑器拖放到代码中需要添加输出口或操作的地方，即需要能够同时看到接口文件VeiwController.h和视图。在Interface Builder编辑器中还显示了刚设计的界面，单击工具栏中"Edit"部分的"Assistant Editor"按钮，将在界面右边自动打开文件ViewController.h，因为Xcode知道在视图中必须编辑该文件。

另外，如果使用的开发计算机是MacBook，或编辑的是iPad项目，屏幕空间将不够用。为了节省屏幕空间，单击工具栏中"View"部分最左边和最右边的按钮，以隐藏Xcode窗口的导航区域和Utility区域。也可以单击Interface Builder编辑器左下角的展开箭头将文档大纲区域隐藏起来。这样屏幕将类似于图4-15所示。

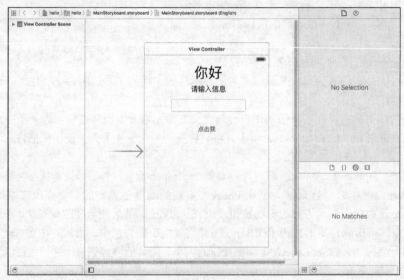

图4-15 切换工作空间

6．添加输出口

下面首先连接用于显示输出的标签。前面说过，我们想用一个名为userOutput的实例变量/属性表示它。

（1）按住"Control"键，并拖曳用于输出的标签（在这里，其标题为<请输入信息>）或文档大纲中表示它的图标。将其拖曳到包含文件ViewController.h的代码编辑器中，当光标位于@interface行下方时松开。拖曳时，Xcode将指出如果此时松开鼠标按键将插入什么，如图4-16所示。

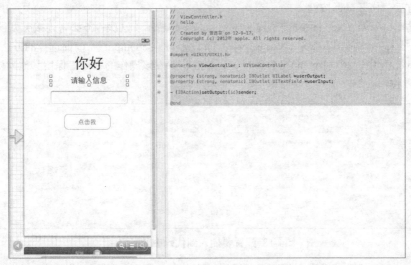

图4-16 生成代码

（2）当松开鼠标按键时会要求我们定义输出口。接下来首先确保从下拉列表"Connection"中选择了"Outlet"，从"Storage"下拉列表中选择了"Strong"，并从"Type"下拉列表中选择了"UILabel"。最后指定要使用的实例"变量/属性"名（userOutput），最后再单击"Connect"按钮，如图4-17所示。

（3）当单击"Connect"按钮时，Xcode将自动插入合适的编译指令@property和关键字IBOut:put（隐式地声明实例变量）、编译指令@synthesize（插入到文件ViewController.m中）以及清理代码（也是文件ViewController.m中）。更重要的是，还在刚创建的输出口和界面对象之间建立连接。

（4）对文本框重复上述操作过程。将其拖曳至刚插入的@property代码行下方，将"Type"设置为"UITextField"，并将输出口命名为userInput。

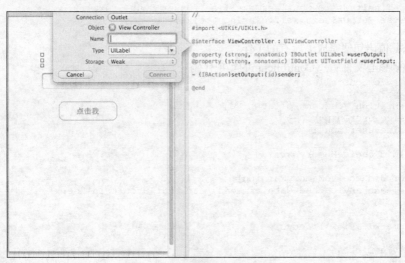

图4-17 配置创建的输出口

7．添加操作

添加操作并在按钮和操作之间建立连接的方式与添加输出口相同。唯一的差别是在接口文件中，操作通常是在属性后面定义的,因此需要拖放到稍微不同的位置。

(1)按住"Control"键,并将视图中的按钮拖曳到接口文件(ViewController.h)中刚添加的两个@property编译指令下方。同样,拖曳时Xcode将提供反馈,指出它将在哪里插入代码。拖曳到要插入操作代码的地方后,松开鼠标按键。

(2)与输出口一样,Xcode将要求配置连接,如图4-18所示。这次,务必将连接类型设置为Action,否则Xcode将插入一个输出口。将"Name(名称)"设置为"setOutput"(前面选择的方法名)。务必从下拉列表"Event"中选择"Touch Up Inside",以指定将触发该操作的事件。保留其他默认设置,并单击"Connect"按钮。

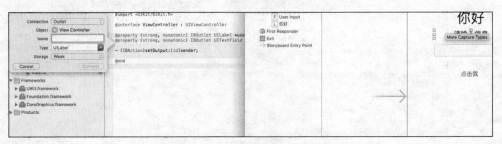

图4-18 配置要插入到代码中的操作

到此为止,我们成功添加了实例变量、属性、输出口,并将它们连接到了界面元素。最后还需要重新配置工作区,确保项目导航器可见。

8. 实现应用程序逻辑

创建好视图并建立到视图控制器的连接后,接下来的唯一任务便是实现逻辑。现在将注意力转向文件ViewController.m以及setOutput的实现上。setOutput方法将输出标签的内容设置为用户在文本框中输入的内容。如何获取并设置这些值呢?UILabel和UITextField都有包含其内容的text属性,通过读写该属性,只需一个简单的步骤便可将userOutput的内容设置为userInput的内容。

打开文件ViewController.m并滚动到末尾,会发现Xcode在创建操作连接代码时自动编写了空的方法定义(这里是setOutput),只需填充内容即可。找到方法setOutput,其实现代码如下所示。

```
- (IBAction)setOutput:(id)sender {
//     [[self userOutput]setText:[[self userInput] text]];
    self.userOutput.text=self.userInput.text;
}
```

通过这条赋值语句便完成了所有的工作。

接下来整理核心文件ViewController.m的实现代码。

```
#import "ViewController.h"

@implementation ViewController
@synthesize userOutput;
@synthesize userInput;

- (void)didReceiveMemoryWarning
{
    [super didReceiveMemoryWarning];
    // Release any cached data, images, etc that aren't in use.
}

#pragma mark - View lifecycle

- (void)viewDidLoad
{
    [super viewDidLoad];
    // Do any additional setup after loading the view, typically from a nib.
}
```

```
- (void)viewDidUnload
{
    self.userInput = nil;
    self.userOutput = nil;
    [self setUserOutput:nil];
    [self setUserInput:nil];
    [super viewDidUnload];
    // Release any retained subviews of the main view.
    // e.g. self.myOutlet = nil;
}

- (void)viewWillAppear:(BOOL)animated
{
    [super viewWillAppear:animated];
}

- (void)viewDidAppear:(BOOL)animated
{
    [super viewDidAppear:animated];
}

- (void)viewWillDisappear:(BOOL)animated
{
    [super viewWillDisappear:animated];
}

- (void)viewDidDisappear:(BOOL)animated
{
    [super viewDidDisappear:animated];
}

- (BOOL)shouldAutorotateToInterfaceOrientation:(UIInterfaceOrientation)interfaceOrientation
{
    // Return YES for supported orientations
    return (interfaceOrientation != UIInterfaceOrientationPortraitUpsideDown);
}

- (IBAction)setOutput:(id)sender {
    //    [[self userOutput]setText:[[self userInput] text]];
    self.userOutput.text=self.userInput.text;
}

@end
```

上述代码几乎都是用Xcode自动实现的。

9．生成应用程序

现在可以生成并测试演示程序了，执行后的效果如图4-19所示。在文本框中输入信息并单击"点击我"按钮后，会在上方显示输入的文本，如图4-20所示。

图4-19 执行效果

图4-20 显示输入的信息

4.3.3 范例技巧——Xcode中的MVC

Xcode提供了若干模板，这样可以在应用程序中实现MVC架构。

1．View-Based Application（基于视图的应用程序）

如果应用程序仅使用一个视图，建议使用这个模板。一个简单的视图控制器会管理应用程序的主视图，而界面设置则使用一个Interface Builder模板来定义。特别是那些未使用任何导航功能的简单应用程序应该使用这个模板。如果应用程序需要在多个视图之间切换，建议考虑使用基于导航的模板。

2．Navigation-Based Application（基于导航的应用程序）

基于导航的模板用在需要多个视图之间进行切换的应用程序。如果可以预见在应用程序中，会有某些画面上带有一个"回退"按钮，此时就应该使用这个模板。导航控制器会完成所有关于建立导航按钮以及在视图"栈"之间切换的内部工作。这个模板提供了一个基本的导航控制器以及一个用来显示信息的根视图（基础层）控制器。

3．Utility Application（工具应用程序）

适合于微件（Widget）类型的应用程序，这种应用程序有一个主视图，并且可以将其"翻"过来，例如iPhone中的天气预报和股票程序等就是这类程序。这个模板还包括一个信息按钮，可以将视图翻转过来显示应用程序的反面，这部分常常用来对设置或者显示的信息进行修改。

4．OpenGL ES application（OpenGL ES应用程序）

在创建3D游戏或者图形时可以使用这个模板，它会创建一个配置好的视图，专门用来显示GL场景，并提供了一个例子计时器，可以令其演示动画。

5．Tab Bar Application（标签栏应用程序）

提供了一种特殊的控制器，会沿着屏幕底部显示一个按钮栏。这个模板适用于像iPod或者电话这样的应用程序，它们都会在底部显示一行标签，提供一系列的快捷方式，来使用应用程序的核心功能。

6．Window-based Application（基于窗口的应用程序）

提供了一个简单的、带有一个窗口的应用程序。这是一个应用程序所需的最小框架，可以用它作为开始来编写自己的程序。

4.4 使用头文件实现特殊数学运算

范例4-4	使用头文件<math.h>实现特殊数学运算
源码路径	光盘\daima\第4章\4-4

4.4.1 范例说明

在实际的编程工作中，有些程序不可避免地需要使用数学函数进行计算，比如地图程序的地理坐标到地图坐标的变换。Objective-C作为ANSI C的扩展，使用C标准库头文件<math.h>中定义的数学常量宏及数学函数来实现基本的数学计算操作，所以不必费神再在Cocoa Foundation中寻找相应的函数和类了。在本实例中，演示了使用头文件<math.h>实现特殊数学运算的方法。

4.4.2 具体实现

（1）打开Main.storyboard，为本工程设计一个视图界面，如图4-21所示。

4.4 使用头文件实现特殊数学运算   141

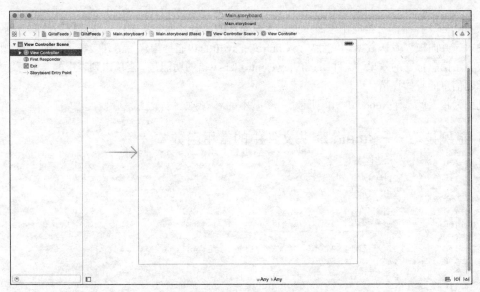

图4-21 Main.storyboard界面

（2）实现"models"目录。

文件QiitaApiModel.swift是实现业务模型核心，用于处理应用程序数据逻辑的部分，此模型对象通常负责在数据库中存取数据。在本实例中，此文件用于获取https://qiita.com/api/v2/items中的条目数据。文件QiitaApiModel.swift的主要实现代码如下所示。

```
import Foundation
import Alamofire
import SwiftyJSON
import Alamofire_SwiftyJSON
class QiitaApiModel : NSObject{
    dynamic var articles: [[String: String]] = []
    let api_uri = "https://qiita.com/api/v2/items"
    override init() {
    }
    func lists() -> [[String: String]]{
        return self.articles
    }
    func updateLists() {
        var lists: [[String: String]] = []
        Alamofire.request(.GET, self.api_uri, parameters: nil)
            .responseJSON { (req, res, json, error) in
                if(error != nil) {
                    NSLog("Error: \(error)")
                    println(req)
                    println(res)
                }
                else {
                    NSLog("Success: \(self.api_uri)")
                    var json = JSON(json!)
                    let count:Int! = json.count
                    for var i = 0; i < count; i++ {
                        lists.append(["title": json[i]["title"].string!, "uri": json[i]["url"].string!])
                    }
                    self.articles = lists
                }
        }
    }
}
```

（3）在"views"目录下，文件ListView.swift用于显示从"models"模块中获取的条目数据。

（4）在"controllers"目录下有两个文件：ViewController.swift和DetailViewController.swift。我们知道，Controller（控制器）是应用程序中处理用户交互的部分。通常控制器负责从视图读取数据，控制用户输入，并向模型发送数据。文件ViewController.swift的功能是构建一个列表显示界面，在视图中构建列表显示信息标题的效果。文件DetailViewController.swift的功能是，当单击列表中的某个标题后显示这个标题信息的具体详情。

到此为止，就基于Xcode+Swift创建了一个基本的MVC项目。

4.4.3 范例技巧——<math.h>头文件中的常用函数

```
//指数运算
NSLog(@"%.f", pow(3,2) ); //result 9
NSLog(@"%.f", pow(3,3) ); //result 27
//开平方运算
NSLog(@"%.f", sqrt(16) ); //result 4
NSLog(@"%.f", sqrt(81) ); //result 9
//上舍入
NSLog(@"res: %.f", ceil(3.000000000001)); //result 4
NSLog(@"res: %.f", ceil(3.00)); //result 3
//下舍入
NSLog(@"res: %.f", floor(3.000000000001)); //result 3
NSLog(@"res: %.f", floor(3.9999999)); //result 3
//四舍五入
NSLog(@"res: %.f", round(3.5)); //result 4
NSLog(@"res: %.f", round(3.46)); //result 3
NSLog(@"res: %.f", round(-3.5)); //NB: this one returns -4
//最小值
NSLog(@"res: %.f", fmin(5,10)); //result 5
//最大值
NSLog(@"res: %.f", fmax(5,10)); //result 10
//绝对值
NSLog(@"res: %.f", fabs(10)); //result 10
NSLog(@"res: %.f", fabs(-10)); //result 10
```

4.5 拆分表视图

范例4-5	拆分表视图
源码路径	光盘\daima\第4章\4-5

4.5.1 范例说明

本实例中创建了一个表视图，它包含两个分区，这两个分区的标题分别为Red和Blue，且分别包含常见的红色和绿色花朵的名称。除标题外，每个单元格还包含一幅花朵图像和一个展开箭头。用户触摸单元格时，将出现一个提醒视图，指出选定花朵的名称和颜色。

4.5.2 具体实现

实例文件 ViewController.m 的主要实现代码如下所示。

```
- (void)tableView:(UITableView *)tableView
            didSelectRowAtIndexPath:(NSIndexPath *)indexPath {
    UIAlertView *showSelection;
    NSString*flowerMessage;

    switch (indexPath.section) {
        case kRedSection:
            flowerMessage=[[NSString alloc]
                            initWithFormat:
                            @"你选择了红色 - %@",
                            [self.redFlowers objectAtIndex: indexPath.row]];
```

```
            break;
        case kBlueSection:
            flowerMessage=[[NSString alloc]
                            initWithFormat:
                            @"你选择了蓝色 - %@",
                            [self.blueFlowers objectAtIndex: indexPath.row]];
            break;
        default:
            flowerMessage=[[NSString alloc]
                            initWithFormat:
                            @"我不知道选什么!?"];
            break;
    }
    showSelection = [[UIAlertView alloc]
                      initWithTitle: @"已经选择了"
                      message:flowerMessage
                      delegate: nil
                      cancelButtonTitle: @"Ok"
                      otherButtonTitles: nil];
    [showSelection show];
}
@end
```

本实例执行后的效果如图4-22所示。

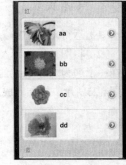

图4-22 执行效果

4.5.3 范例技巧——表视图的外观

与本书前面介绍的其他视图一样，表视图UITable也用于放置信息。使用表视图可以在屏幕上显示一个单元格列表，每个单元格都可以包含多项信息，但仍然是一个整体。并且可以将表视图划分成多个区（section），以便从视觉上将信息分组。表视图控制器是一种只能显示表视图的标准视图控制器，可以在表视图占据整个视图时使用这种控制器。通过使用标准视图控制器可以根据需要在视图中创建任意尺寸的表，只需将表的委托和数据源输出口连接到视图控制器类即可。在iOS中有两种基本的表视图样式：无格式（plain）和分组，如图4-23所示。

无格式表不像分组表那样在视觉上将各个区分开，但通常带可触摸的索引（类似于通信录）。因此，它们有时称为索引表。我们将使用Xcode指定的名称（无格式/分组）来表示它们。

分组表　　　　　　　　无格式表

图4-23 两种格式

4.6 自定义一个UITableViewCell

范例4-6	自定义一个UITableViewCell
源码路径	光盘\daima\第4章\4-6

4.6.1 范例说明

在iOS应用中，可以自己定义UITableViewCell的风格，其实原理就是向行中添加子视图。添加子视图的方法主要有两种：使用代码以及从.xib文件加载。当然后一种方法比较直观。在本实例中会自定义一个Cell，使得它像QQ好友列表的一行一样：左边显示一张图片，在图片的右边显示三行标签。

4.6.2 具体实现

（1）运行Xcode 7，新建一个Single View Application，设置名称为Custom Cell，如图4-24所示。

（2）将图片资源导入到工程。本实例使用了14张50×50的.png图片，名称依次是1、2、……、14，放在一个名为"Images"的文件夹中。将此文件夹拖到工程中，在弹出的窗口中选中"Copy items into…"，如图4-25所示，添加完成后的工程目录如图4-26所示。

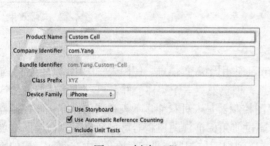
图4-24 创建工程

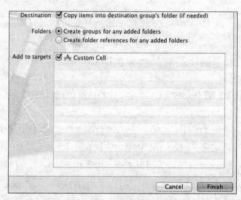
图4-25 选中"Copy items into…"

（3）创建一个UITableViewCell的子类：选中"Custom Cell"目录，依次单击菜单命令File→New→New File，在弹出的窗口左边选择"Cocoa Touch"，右边选择"Objective-C class"。如图4-27所示。

图4-26 工程目录

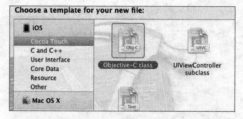
图4-27 创建一个UITableViewCell的子类

然后单击"Next"按钮，输入类名"CustomCell"，"Subclass of"选择"UITableViewCell"，如图4-28所示。

然后分别单击"Next"和"Create"按钮，这样就建立了两个文件：CustomCell.h和CustomCell.m。

（4）创建CustomCell.xib：依次单击菜单命令File→New→New File，在弹出窗口的左边选择"User Interface"，在右边选择"Empty"，如图4-29所示。

图4-28 设置类名　　　　　　　　　图4-29 创建CustomCell.xib

单击"Next"按钮，选择"iPhone"，再单击"Next"按钮，输入名称为"CustomCell"，并选择保存位置，如图4-30所示。

单击"Create"按钮，这样就创建了CustomCell.xib。

（5）打开CustomCell.xib，拖一个Table View Cell控件到面板上，如图4-31所示。

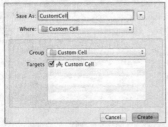
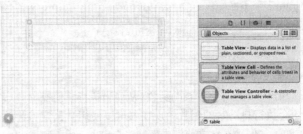

图4-30 设置保存路径　　　　　　图4-31 加入一个Table View Cell控件

选中新加的控件，打开Identity Inspector，选择"Class"为"CustomCell"，然后打开Size Inspector，调整高度为60。

（6）向新加的Table View Cell添加控件，拖放一个ImageView控件到左边，并设置大小为50×50。然后在ImageView右边添加三个Label，设置标签字号，最上边的是14，其余两个是12，如图4-32所示。接下来向文件CustomCell.h中添加Outlet映射，将ImageView与3个Label建立映射，名称分别为imageView、nameLabel、decLabel以及locLabel，分别表示头像、昵称、个性签名、地点。然后选中Table View Cell，打开Attribute Inspector，将"Identifier"设置为"CustomCellIdentifier"，如图4-33所示。

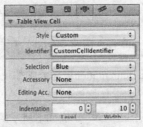

图4-32 添加控件　　　　　　　　图4-33 建立映射

为了充分使用这些标签，还要自己创建一些数据，存在plist文件中，后边会做。

（7）打开文件CustomCell.h添加如下3个属性。

```
@property (copy, nonatomic) UIImage *image;
@property (copy, nonatomic) NSString *name;
@property (copy, nonatomic) NSString *dec;
@property (copy, nonatomic) NSString *loc;
```

（8）打开文件CustomCell.m，在@implementation下面添加如下所示的代码。

```
@synthesize image;
@synthesize name;
@synthesize dec;
@synthesize loc;
```

然后在@end之前添加如下所示的代码。

```
- (void)setImage:(UIImage *)img {
```

```
    if (![img isEqual:image]) {
        image = [img copy];
        self.imageView.image = image;
    }
}
-(void)setName:(NSString *)n {
    if (![n isEqualToString:name]) {
        name = [n copy];
        self.nameLabel.text = name;
    }
}
-(void)setDec:(NSString *)d {
    if (![d isEqualToString:dec]) {
        dec = [d copy];
        self.decLabel.text = dec;
    }
}
-(void)setLoc:(NSString *)l {
    if (![l isEqualToString:loc]) {
        loc = [l copy];
        self.locLabel.text = loc;
    }
}
```

这相当于重写了各个set()函数，从而当执行赋值操作时，会执行自己写的函数。现在就可以使用自己定义的Cell了，但是在此之前们先新建一个plist，用于存储想要显示的数据。在建好的friendsInfo.plist中添加如图4-34所示的数据。

Key	Type	Value
▶1	Diction...	(3 items)
▶2	Diction...	(3 items)
▼3	Diction...	(3 items)
name	String	疯子
dec	String	倚楼听风雨，淡看江湖路。
loc	String	南京
▶4	Diction...	(3 items)
▶5	Diction...	(3 items)
▶6	Diction...	(3 items)
▶7	Diction...	(3 items)
▶8	Diction...	(3 items)
▶9	Diction...	(3 items)
▶10	Diction...	(3 items)
▶11	Diction...	(3 items)
▶12	Diction...	(3 items)
▶13	Diction...	(3 items)
▶14	Diction...	(3 items)

图4-34 添加数据

在此需要注意每个节点类型的选择。

（9）打开ViewController.xib，拖一个Table View到视图上，并将Delegate和DataSource都指向File' Owner。

（10）打开文件ViewController.h，向其中添加如下所示的代码。

```
#import <UIKit/UIKit.h>
@interface ViewController : UIViewController<UITableViewDelegate,
UITableViewDataSource>
@property (strong, nonatomic) NSArray *dataList;
@property (strong, nonatomic) NSArray *imageList;
@end
```

（11）打开文件ViewController.m，在首部添加如下代码。

```
#import "CustomCell.h"
```

然后在@implementation后面添加如下代码。

```
@synthesize dataList;
@synthesize imageList;
```

在方法viewDidLoad中添加如下所示的代码。

```
- (void)viewDidLoad
{
    [super viewDidLoad];
    // Do any additional setup after loading the view, typically from a nib.
    //加载plist文件的数据和图片
    NSBundle *bundle = [NSBundle mainBundle];
    NSURL *plistURL = [bundle URLForResource:@"friendsInfo" withExtension:@"plist"];
    NSDictionary *dictionary = [NSDictionary dictionaryWithContentsOfURL:plistURL];
NSMutableArray *tmpDataArray = [[NSMutableArray alloc] init];
    NSMutableArray *tmpImageArray = [[NSMutableArray alloc] init];
    for (int i=0; i<[dictionary count]; i++) {
        NSString *key = [[NSString alloc] initWithFormat:@"%i", i+1];
        NSDictionary *tmpDic = [dictionary objectForKey:key];
        [tmpDataArray addObject:tmpDic];
NSString *imageUrl = [[NSString alloc] initWithFormat:@"%i.png", i+1];
        UIImage *image = [UIImage imageNamed:imageUrl];
        [tmpImageArray addObject:image];
```

```
        }
        self.dataList = [tmpDataArray copy];
        self.imageList = [tmpImageArray copy];
}
```
在方法ViewDidUnload中添加如下所示的代码。
```
self.dataList = nil;
self.imageList = nil;
```
在@end之前添加如下所示的代码。
```
#pragma mark -
#pragma mark Table Data Source Methods
- (NSInteger)tableView:(UITableView *)tableView numberOfRowsInSection:(NSInteger)
section {
    return [self.dataList count];
}
- (UITableViewCell *)tableView:(UITableView *)tableView
cellForRowAtIndexPath:(NSIndexPath *)indexPath {
    static NSString *CustomCellIdentifier = @"CustomCellIdentifier";
static BOOL nibsRegistered = NO;
    if (!nibsRegistered) {
        UINib *nib = [UINib nibWithNibName:@"CustomCell" bundle:nil];
        [tableView registerNib:nib forCellReuseIdentifier:CustomCellIdentifier];
        nibsRegistered = YES;
    }
CustomCell *cell = [tableView
dequeueReusableCellWithIdentifier:CustomCellIdentifier];
NSUInteger row = [indexPath row];
    NSDictionary *rowData = [self.dataList objectAtIndex:row];
cell.name = [rowData objectForKey:@"name"];
    cell.dec = [rowData objectForKey:@"dec"];
    cell.loc = [rowData objectForKey:@"loc"];
    cell.image = [imageList objectAtIndex:row];
return cell;
}
#pragma mark Table Delegate Methods
- (CGFloat)tableView:(UITableView *)tableView
heightForRowAtIndexPath:(NSIndexPath *)indexPath {
    return 60.0;
}
- (NSIndexPath *)tableView:(UITableView *)tableView
  willSelectRowAtIndexPath:(NSIndexPath *)indexPath {
    return nil;
}
```
到此为止，整个实例介绍完毕，执行后的效果如图4-35所示。

图4-35 执行效果

4.6.3 范例技巧——什么是表单元格

表只是一个容器，要在表中显示内容，必须给表提供信息，这是通过配置表视图（UITableViewCell）实现的。在默认情况下，单元格可显示标题、详细信息标签（detail label）、图像和附属视图（accessory），其中附属视图通常是一个展开箭头，告诉用户可通过压入切换和导航控制器挖掘更详细的信息，图4-36所示了一种单元格布局，其中包含前面说的所有元素。

图4-36 表由单元格组成

4.7 实现一个图文样式联系人列表效果

范例4-7	实现一个图文样式联系人列表效果
源码路径	光盘\daima\第4章\4-7

4.7.1 范例说明

本实例的功能是实现一个图文样式联系人列表效果，和Android、iPhone中的联系人界面类似。

4.7.2 具体实现

（1）本实例遵循了MVC编程模式，首先看"Models"目录下的文件ContactModel.h，这是接口文件，定义了系统中需要的属性对象，主要实现代码如下所示。

```
#import <Foundation/Foundation.h>
#define ContactNameKey @"name"
#define ContactJobKey @"job"
#define ContactThumbnailKey @"thumbnail"
@interface ContactModel : NSObject
@property (strong, nonatomic) NSString *name;
@property (strong, nonatomic) NSString *job;
@property (strong, nonatomic) NSString *workPhone;
@property (strong, nonatomic) NSString *homePhone;
@property (strong, nonatomic) NSString *email;
@property (strong, nonatomic) NSString *address;
@property (strong, nonatomic) NSURL *thumbnail;
@property (strong, nonatomic) NSURL *photo;
- (instancetype)initWithDictionary:(NSDictionary *)contactDictionary;
@end
```

（2）在"Views"目录下保存了视图文件，文件ContactTableViewCell.m实现了联系人信息的表格视图单元格。

（3）在"Controllers"目录下，文件ContactsTableViewController.m实现了联系人表格视图控制器。文件ContactRepository.m的功能是获取联系人信息库，然后将获取的信息显示在单元格列表中。

本实例执行后的效果如图4-37所示。

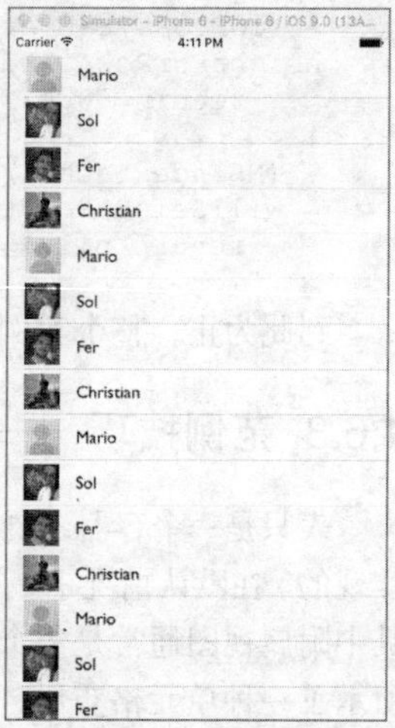

4.7.3 范例技巧——在配置表视图时必须设置标识符

其实除了视觉方面的设计外，每个单元格都有独特的标识符。这种标识符被称为重用标识符（reuse identifier），用于在编码时引用单元格。配置表视图时，必须设置这些标识符。

4.8 在表视图中动态操作单元格（Swift版）

图4-37 执行效果

范例4-8	在表视图中动态操作单元格（Swift版）
源码路径	光盘\daima\第4章\4-8

4.8.1 范例说明

本实例是使用Swif语言实现的，通过编程的方式来操作单元格，实现动态改变单元格的功能。

4.8.2 具体实现

文件ViewController.swift的功能是构建界面视图,主要实现代码如下所示。

```swift
import UIKit
class ViewController: UIViewController, UITableViewDelegate, UITableViewDataSource {
    
    @IBOutlet var tableView: UITableView!
    var items :[String:NSInteger] = ["Cold Drinks":4, "Water bottles":2, "Burgers":4, "Ice Cream":8]
    
    var arrPlayerNumber = [1,2,3,4,5,6,7,8,9,10,11,12,13,14,15]
    override func viewDidLoad() {
        super.viewDidLoad()
        self.title = "Editing TableView"
        ////      类型转换后的数据定义         ////
        let label = "The width is "
        let width = 60
        let widthLabel = label + String(width)
        print(widthLabel)
        
        ////      在字符串中添加值\()       ////
        let apples = 3
        let oranges = 5
        _ = "I have \(apples) apples"
        let fruitSummary = "I have \(oranges + apples) fruits"
        print(fruitSummary)
        ////        数组      ////
        _ = [String]() //用字符串数据类型初始化空数组
              _ = []  //没有任何数据类型的空数组初始化
        
        var shoppingListArray = ["Catfish", "Water", "Tulips", "Blue Paint"] // Set data to array
        shoppingListArray[1] = "Water Bottle"       // 改变索引Index 1位置对象的数据
        shoppingListArray.append("Toilet Soap")     //动态添加对象数组
        shoppingListArray.removeAtIndex(2)          //动态删除数组中的对象
        print(shoppingListArray)
        
        ////       词典      ////
        _ = [String: Float]()  //用字符串键和浮点值数据类型初始化空字典
        
        _ = [:]  //"初始化没有任何数据类型"key/ value的空字典
        
        var heightOfStudents = [
            "Abhi": 5.8,
            "Ashok": 5.5,
            "Bhanu": 6.1,
            "Himmat": 5.10,
            "Kamaal": 5.6
        ]
        
        heightOfStudents["Ashok"] = 5.4              // 改变key的值
        heightOfStudents["Paramjeet"] = 5.11        //动态添加关键值
        heightOfStudents.removeValueForKey("Himmat") //从字典中动态删除键的值
        print(heightOfStudents)
        
        ////      调用函数       ////
        self.forEachLoopInSwift()
        
        self.tableView.registerClass(UITableViewCell.self, forCellReuseIdentifier: "TableCell")
        self.navigationItem.leftBarButtonItem = self.editButtonItem()
        let imgBarBtnAdd = UIImage(named: "icon_add.png")
        let barBtnAddRow = UIBarButtonItem(image: imgBarBtnAdd, style: .Plain, target: self, action: "insertNewRow:")
        self.navigationItem .setRightBarButtonItem(barBtnAddRow, animated: true)
    }
    override func didReceiveMemoryWarning() {
        super.didReceiveMemoryWarning()
```

```
    }
    func forEachLoopInSwift() {
        for player in self.arrPlayerNumber {
            if player < 12 {
                print("Player number \(player) is on field")
            } else {
                print("Player number \(player) is extra player")
            }
        }
    }
    func tableView(tableView: UITableView, numberOfRowsInSection section: Int) -> Int {
        // 返回单元格数目
        return self.arrPlayerNumber.count
    }
    func tableView(tableView: UITableView, cellForRowAtIndexPath indexPath: NSIndexPath) -> UITableViewCell {
        
        let cell: UITableViewCell = UITableViewCell(style: UITableViewCellStyle.Default, reuseIdentifier: "TableCell")
        cell.textLabel!.text = String(self.arrPlayerNumber[indexPath.row])
        return cell
    }
```

执行后的初始界面效果如图4-38所示。单击"+"可以新增单元格,单击"Edit"后的效果如图4-39所示。

单击某个单元格"|"前面的 ● 后的效果如图4-40所示。单击"Delete"键后会删除这行单元格。

图4-38 执行效果　　　　　图4-39 单击"Edit"后的效果　　　　图4-40 单击某个单元格"|"
　　　　　　　　　　　　　　　　　　　　　　　　　　　　　　　　　　　前面的 ● 后的效果

4.8.3 范例技巧——表视图数据源协议

表视图数据源协议（UITableViewDataSource）包含了描述表视图将显示多少信息的方法,并将UITableViewCell对象提供给应用程序进行显示。这与选择器视图不太一样,选择器视图的数据源协议方法只提供要显示的信息量。如下4个是最有用的数据源协议方法。

❑ numberofSectionsInTableView：返回表视图将划分成多少个分区。
❑ tableView:numberOfRowsInSection：返回给定分区包含多少行。分区编号从0开始。

- tableView:titleForHeaderInSection：返回一个字符串，用作给定分区的标题。
- tableView:cellForRowAtIndexPath：返回一个经过正确配置的单元格对象，用于显示在表视图中指定的位置。

4.9 给四条边框加上阴影

范例4-9	给任意UIView视图四条边框加上阴影
源码路径	光盘\daima\第4章\4-9

4.9.1 范例说明

本实例的功能是给任意UIView视图四条边框加上阴影，自定义阴影的颜色、粗细程度、透明程度以及位置（上、下、左、右边框）。

4.9.2 具体实现

（1）在文件UIView+Shadow.h中定义了接口和功能函数，主要实现代码如下所示。

```
#import <UIKit/UIKit.h>
#import <QuartzCore/QuartzCore.h>
@interface UIView (Shadow)
- (void) makeInsetShadow;
- (void) makeInsetShadowWithRadius:(float)radius Alpha:(float)alpha;
- (void) makeInsetShadowWithRadius:(float)radius Color:(UIColor *)color
Directions:(NSArray *)directions;
@end
```

（2）文件UIView+Shadow.m的功能是定义上、下、左、右4个方向的阴影样式，在左边UIView的四周加上黑色半透明阴影，在右边UIView的上、下边框各加上绿色不透明阴影。

（3）文件PYViewController.m的功能是调用上面的样式显示阴影效果。

执行后在左边UIView的四周加上了黑色半透明阴影，在右边UIView的上下边框各加上了绿色不透明阴影，如图4-41所示。

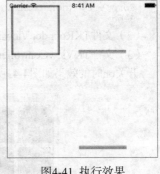

图4-41 执行效果

4.9.3 范例技巧——UITableView的属性

UITableView主要用于显示数据列表，数据列表中的每项都由行表示，其主要作用如下所示。
- 为了让用户能通过分层的数据进行导航。
- 为了把项以索引列表的形式展示。
- 用于分类不同的项并展示其详细信息。
- 为了展示选项的可选列表。

UITableView表中的每一行都由一个UITableViewCell表示，可以使用一个图像、一些文本、一个可选的辅助图标来配置每个UITableView Cell对象，其模型如图4-42所示。

类UITableViewCell为每个Cell定义了如下所示的属性。

图4-42 UITableViewCell的模型

- textLabel：Cell的主文本标签（一个UILabel对象）。
- detailTextLabel：Cell的二级文本标签，当需要添加额外细节时（一个UILabel对象）使用。

❑ imageView：一个用来装载图片的图片视图（一个UIImageView对象）。

4.10 给UIView加上各种圆角、边框效果

范例4-10	给UIView加上各种圆角、边框效果
源码路径	光盘\daima\第4章\4-10

4.10.1 范例说明

本实例的功能是不通过载图片的方式给UIView加上各种圆角、边框效果。给UIView的一个角或者两个角加上圆角效果，并且可以自定义圆角的直径以及边框的宽度和颜色。

4.10.2 具体实现

（1）在文件TKRoundedView.h中定义样式接口和属性对象，主要实现代码如下所示。

```
/* 绘制边界线，但是不绘制不圆的边界 */
@property (nonatomic, assign) TKDrawnBorderSides drawnBordersSides;
/* 绘制圆形区域 */
@property (nonatomic, assign) TKRoundedCorner roundedCorners;
/* 填充颜色，默认为白色 */
@property (nonatomic, strong) UIColor *fillColor;
/* 画笔亚瑟，默认为淡灰色*/
@property (nonatomic, strong) UIColor *borderColor;
/* 边线宽度，默认为1.0f */
@property (nonatomic, assign) CGFloat borderWidth;
/* 圆角半径，默认为15.0f */
@property (nonatomic, assign) CGFloat cornerRadius;
@end
```

（2）文件TKRoundedView.m的功能是绘制指定样式的圆角和边界线，并用指定的颜色填充图形。

（3）文件TKViewController.m的功能是调用上面的样式，在屏幕中绘制不同的圆角图形。

开关on时的效果如图4-43所示，开关off时的效果如图4-44所示。

图4-43 执行效果

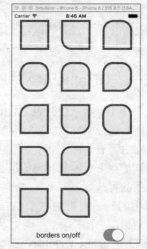

图4-44 执行效果

4.10.3 范例技巧——UIView在MVC中的重要作用

UIView也是MVC中非常重要的一层，是iOS系统下所有界面的基础。UIView在屏幕上定义了一个矩形区域和管理区域内容的接口。在运行时，一个视图对象控制该区域的渲染，同时也控制内容的交互。

所以说UIView具有3个基本的功能：画图和动画、管理内容的布局、控制事件。正是因为UIView具有这些功能，它才能担当起MVC中视图层的作用。视图和窗口展示了应用的用户界面，同时负责界面的交互。UIKit和其他系统框架提供了很多视图，可以就地使用而几乎不需要修改。当需要展示的内容与标准视图允许的有很大的差别时，也可以定义自己的视图。无论是使用系统的视图还是创建自己的视图，均需要理解类UIView和类UIWindow所提供的基本结构。这些类提供了复杂的方法来管理视图的布局和展示。理解这些方法的工作非常重要，使我们在应用发生改变时可以确认视图有合适的行为。

在iOS应用中，绝大部分可视化操作都是由视图对象（即UIView类的实例）进行的。一个视图对象定义了一个屏幕上的一个矩形区域，同时处理该区域的绘制和触屏事件。一个视图也可以作为其他视图的父视图，同时决定着这些子视图的位置和大小。UIView类做了大量的工作去管理这些内部视图的关系，但是需要的时候也可以定制默认的行为。

4.11 实现弹出式动画表单效果

范例4-11	使用UIView控件实现弹出式动画表单效果
源码路径	光盘\daima\第4章\4-11

4.11.1 范例说明

本实例的功能是，使用UIView控件实现弹出式动画表单效果。

4.11.2 具体实现

文件ViewController.m的主要实现代码如下所示。
```
- (IBAction)plusButtonPressed:(UIButton *)sender {
    self.logInIsOpen = !self.logInIsOpen;
    self.loginViewHeightConstraint.constant = self.logInIsOpen ? 200 : 50;
    [UIView animateWithDuration:2.0 delay:0.0 usingSpringWithDamping:0.8 initialSpringVelocity:0.5 options:UIViewAnimationOptionCurveLinear animations:^{
        [self.view layoutIfNeeded];
    } completion:nil];
    CGFloat angle = self.logInIsOpen ? M_PI_4 : 0;
    self.plusButton.transform = CGAffineTransformMakeRotation(angle);
}
```
执行后的效果如图4-45所示。单击右上角的"×"后表单将消失，如图4-46所示。单击"+"号后将再次显示。

图4-45 执行效果　　　　　　　　图4-46 表单消失

4.11.3 范例技巧——UIView的本质

在官方API中为UIView定义了各种函数接口，首先看视图最基本的功能显示和动画，其实UIView的所有绘图和动画接口都是可以用CALayer和CAAnimation实现的。也就是说苹果公司是不是把CoreAnimation的功能封装到了UIView中呢？但是每一个UIView都会包含一个CALayer，并且在CALayer里面可以加入各种动画。其次，我们来看UIView管理布局的思想，其实和CALayer也是非常接近的。最后看控制事件的功能，UIView继承了UIResponder。经过上面的分析很容易就可以分解出UIView的本质。UIView就相当于一块白墙，这块白墙只是负责把加入到里面的东西显示出来而已。

4.12 创建一个滚动图片浏览器（Swift版）

范例4-12	在UIView中创建一个滚动图片浏览器（Swift版）
源码路径	光盘\daima\第4章\4-12

4.12.1 范例说明

在下面的内容中，将通过一个具体实例的实现过程，详细讲解在UIView中创建一个滚动图片浏览器的过程。

4.12.2 具体实现

（1）编写文件ViewController.swift加载视图中的图片控件，通过CGRect绘制不同的图片层次，在视图中可以随意添加需要的图片素材，并需要将backgroundcolororiginal属性的zsocialpullview作为父视图的颜色。文件ViewController.swift的主要实现代码如下所示。

```swift
import UIKit
class ViewController: UIViewController, ZSocialPullDelegate {
    override func viewDidLoad() {
        super.viewDidLoad()
        // 加载视图中的图片控件
        var he = UIImage(named: "heart_e.png")
        var hf = UIImage(named: "heart_f.png")
        var se = UIImage(named: "share_e.png")
        var sf = UIImage(named: "share_f.png")
        self.view.backgroundColor = UIColor.blackColor()
        
        var v = UIView(frame: CGRect(x: 0, y: 0, width: 250, height: 375))
        var img1 = UIImageView(frame: CGRect(x: 0, y: 0, width: 250, height: 375))
        img1.image = UIImage(named: "1.jpg")
        v.addSubview(img1)
        
        var socialPullPortrait = ZSocialPullView(frame: CGRect(x: 0, y: 22, width: self.view.frame.width, height: 400))
        socialPullPortrait.setLikeImages(he!, filledImage: hf!)
        socialPullPortrait.setShareImages(se!, filledImage: sf!)
        socialPullPortrait.backgroundColorOriginal = UIColor.blackColor()
        socialPullPortrait.Zdelegate = self
        socialPullPortrait.setUIView(v)
        self.view.addSubview(socialPullPortrait)
```

（2）编写文件ZSocialScrollView.swift实现ZSocialPullDelegate视图控制器。
执行后将构造一个滚动图片浏览器界面效果，如图4-47所示。

图4-47 执行效果

4.12.3 范例技巧——UIView中的CALayer

CALayer就是图层，图层的功能是渲染图片和播放动画等。每当创建一个UIView的时候，系统会自动创建一个CALayer，但是这个CALayer对象不能改变，只能修改某些属性。所以通过修改CALayer，不仅可以修饰UIView的外观，还可以给UIView添加各种动画。CALayer属于CoreAnimation框架中的类，通过Core Animation Programming Guide就可以了解很多CALayer中的特点，假如掌握了这些特点，自然也就理解了UIView是如何显示和渲染的。

UIView和NSView明显是MVC中的视图模型，Animation Layer更像是模型对象。它们封装了几何、时间和一些可视的属性，并且提供了可以显示的内容，但是实际的显示并不是Layer的职责。每一个层树的后台都有两个响应树：一个曾现树和一个渲染树。所以很显然Layer封装了模型数据，每当更改Layer中某些模型数据的属性时，曾现树都会做一个动画代替，之后由渲染树负责渲染图片。

4.13 实现可以移动切换的视图效果

范例4-13	实现可以移动切换的视图效果
源码路径	光盘\daima\第4章\4-13

4.13.1 范例说明

本实例的功能是实现可以移动切换的视图效果。当手指往左（往右）划动当前视图时，当前视图先缩小一定尺度，然后往左（往右）移动，出现新视图。新视图变成当前视图之后，会变成全屏显示效果。

4.13.2 具体实现

文件DVSlideViewController.m的功能是定义视图的样式，实现视图切换时的动画效果，并且在视图中构建灰色外观。文件DVSlideViewController.m的主要实现代码如下所示。

```
//添加视图
- (void)addViewController:(UIViewController *)viewController atIndex:(int)index;
{
```

```objc
    viewController.view.frame = CGRectMake(self.view.bounds.size.width * index, 0,
self.view.frame.size.width, self.view.frame.size.height);
    viewController.view.backgroundColor = [UIColor colorWithWhite:(index + 1) * 0.2
alpha:1.0];
    [viewsContainer addSubview:viewController.view];
    if ([viewController respondsToSelector:@selector(setSlideViewController:)]) {
        [viewController performSelector:@selector(setSlideViewController:)
withObject:self];
    }

    UISwipeGestureRecognizer *swipeLeft = [[UISwipeGestureRecognizer alloc]
initWithTarget:self action:@selector(changeViewController:)];
    [swipeLeft setDirection:UISwipeGestureRecognizerDirectionLeft];
    [viewController.view addGestureRecognizer:swipeLeft];
    [swipeLeft release];

    UISwipeGestureRecognizer *swipeRight = [[UISwipeGestureRecognizer alloc]
initWithTarget:self action:@selector(changeViewController:)];
    [swipeRight setDirection:UISwipeGestureRecognizerDirectionRight];
    [viewController.view addGestureRecognizer:swipeRight];
    [swipeRight release];
}
//修改视图
- (void)changeViewController:(UISwipeGestureRecognizer *)gesture
{
 NSUInteger nextIndex = _selectedIndex;
 if (gesture.direction == UISwipeGestureRecognizerDirectionLeft)
     nextIndex++;
 else if (gesture.direction == UISwipeGestureRecognizerDirectionRight)
     nextIndex--;
 if (nextIndex >= _viewControllers.count || nextIndex == -1)
     return;
 [self slideToViewControllerAtIndex:nextIndex];
}

- (UIViewController *)viewControllerWithIndex:(NSUInteger)index
{
 UIViewController *viewController = nil;
 if (_viewControllers.count > index)
 {
     viewController = [_viewControllers objectAtIndex:index];
 }
 return viewController;
}
//实现旋转动画，跟随操控方向旋转视图
-
(void)willAnimateRotationToInterfaceOrientation:(UIInterfaceOrientation)toInterface
Orientation duration:(NSTimeInterval)duration
{
 for (int i = 0; i < _viewControllers.count; i++)
 {
     UIViewController *viewController = [_viewControllers objectAtIndex:i];
     viewController.view.frame = CGRectMake(self.view.bounds.size.width * i,
                                            0,
                                            self.view.bounds.size.width,
                                            self.view.bounds.size.height);
        //重新计算阴影
     viewController.view.layer.shadowPath = [UIBezierPath bezierPathWithRect:viewController.
view.bounds].CGPath;
 }
 viewsContainer.contentOffset = CGPointMake(_selectedIndex *
self.view.bounds.size.width, viewsContainer.contentOffset.y);
}
//自动跟随界面方向旋转
-
(BOOL)shouldAutorotateToInterfaceOrientation:(UIInterfaceOrientation)toInterfaceOri
entation
{
```

4.13 实现可以移动切换的视图效果

```objc
    return YES;
}
#pragma mark - Animations
//滑动到索引的视图控制器
- (void)slideToViewControllerAtIndex:(NSUInteger)toIndex
{
    UIViewController *currentViewController = [self viewControllerWithIndex:_selectedIndex];
    UIViewController *nextViewController = [self viewControllerWithIndex:toIndex];
    if (nextViewController == nil)
        return;
    CGPoint toPoint = viewsContainer.contentOffset;
    toPoint.x = toIndex * viewsContainer.bounds.size.width;
    //开始位置
    nextViewController.view.transform = CGAffineTransformMakeScale(_scaleFactor, _scaleFactor);
    currentViewController.view.layer.masksToBounds = NO;
    currentViewController.view.layer.shadowRadius = 10;
    currentViewController.view.layer.shadowOpacity = 0.5;
    currentViewController.view.layer.shadowPath = [UIBezierPath bezierPathWithRect:currentViewController.view.bounds].CGPath;
    currentViewController.view.layer.shadowOffset = CGSizeMake(5.0, 5.0);
    
    [currentViewController viewWillDisappear:YES];
    
    //缩小动画
    [UIView animateWithDuration:0.25
                          delay:0.0
                        options:UIViewAnimationCurveEaseInOut
                     animations:^{
                         currentViewController.view.transform = CGAffineTransformMakeScale(_scaleFactor, _scaleFactor);
                     }
                     completion:^(BOOL completed){
                         
                         //添加阴影到下一个视图控制器
                         nextViewController.view.layer.masksToBounds = NO;
                         nextViewController.view.layer.shadowRadius = 10;
                         nextViewController.view.layer.shadowOpacity = 0.5;
                         nextViewController.view.layer.shadowPath = [UIBezierPath bezierPathWithRect:nextViewController.view.bounds].CGPath;
                         nextViewController.view.layer.shadowOffset = CGSizeMake(5.0, 5.0);
                         
                         [nextViewController viewWillAppear:YES];
                     }];
    //幻灯片动画
    [UIView animateWithDuration:0.5
                          delay:0.25
                        options:UIViewAnimationCurveEaseInOut
                     animations:^{
                         [viewsContainer setContentOffset:toPoint];
                     }
                     completion:^(BOOL completed){
                         //删除当前的视图控制器
                         currentViewController.view.layer.masksToBounds = YES;
                         currentViewController.view.layer.shadowRadius = 10;
                         currentViewController.view.layer.shadowOpacity = 0.0;
                         currentViewController.view.layer.shadowPath = [UIBezierPath bezierPathWithRect:currentViewController.view.bounds].CGPath;
                         currentViewController.view.layer.shadowOffset = CGSizeMake(0.0, 0.0);
                         [self calculateSelectedIndex];
                         [currentViewController viewDidDisappear:YES];
                     }];
    //缩放动画
    [UIView animateWithDuration:0.25
```

```
                    delay:0.75
                    options:UIViewAnimationCurveEaseInOut
        animations:^{
                    nextViewController.view.transform = CGAffineTransform
                    MakeScale(1.0, 1.0);
        }
        completion:^(BOOL completed){
        currentViewController.view.transform = CGAffineTransform
        MakeScale(1.0, 1.0);
                    //删除下个视图中的阴影
                    nextViewController.view.layer.masksToBounds = YES;
                    nextViewController.view.layer.shadowRadius = 0.0;
                    nextViewController.view.layer.shadowOpacity = 0.0;
                    nextViewController.view.layer.shadowPath = [UIBezierPath
                    bezierPathWithRect:nextViewController.view.bounds].CGPath;
                    nextViewController.view.layer.shadowOffset = CGSizeMake
                    (0.0, 0.0);
                    [nextViewController viewDidAppear:YES];
        }];
}
#pragma mark - UIScrollView Delegate
- (void)scrollViewDidEndDecelerating:(UIScrollView *)scrollView
{
 [self calculateSelectedIndex];
}
//计算选择的索引
- (void)calculateSelectedIndex
{
 _selectedIndex = floor((viewsContainer.contentOffset.x - self.view.bounds.size.width
/ 2) / self.view.bounds.size.width) + 1;
}

#pragma mark - Controller methods
//下一个视图
- (void)nextViewController
{
 [self slideToViewControllerAtIndex:_selectedIndex + 1];
}

- (void)prevViewController
{
 [self slideToViewControllerAtIndex:_selectedIndex - 1];
}
@end
```

本实例执行后的效果如图4-48所示。

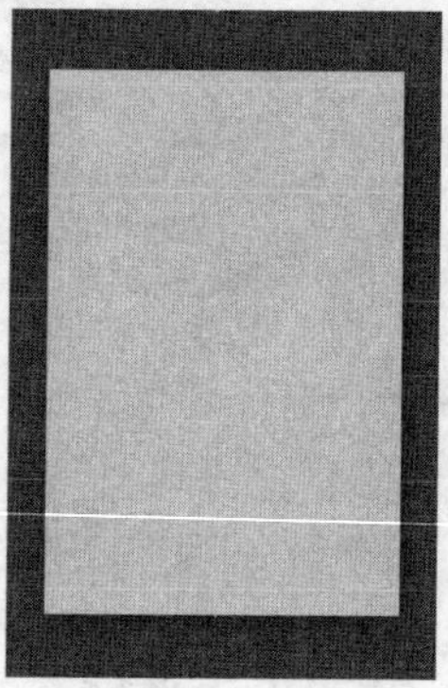

图4-48 执行效果

4.13.3 范例技巧——iOS程序的视图架构

在iOS中，一个视图对象定义了一个屏幕上的一个矩形区域，同时处理该区域的绘制和触屏事件。一个视图也可以作为其他视图的父视图，同时决定着这些子视图的位置和大小。UIView类做了大量的工作去管理这些内部视图的关系，但是需要的时候也可以定制默认的行为。视图view与Core Animation层联合起来处理视图内容的解释和动画过渡。每个UIKit框架里的视图都被一个层对象支持，这通常是一个CALayer类的实例，它管理着后台的视图存储和处理视图相关的动画。然而，当需要对视图的解释和动画行为有更多的控制权时可以使用层。

为了理解视图和层之间的关系，可以借助于一些例子。图4-49显示了ViewTransitions例程的视图层次及其对底层Core Animation层的关系。应用中的视图包括了一个Window（同时也是一个视图）、一个通用的表现得像一个容器视图的UIView对象、一个图像视图、一个控制显示用的工具条和一个工具条按钮（它本身不是一个视图，但是在内部管理着一个视图）。注意这个应用包含了一个额外的图像视图，它是用来实现动画的。为了简化流程，同时因为这个视图通常是被隐藏的，所以没把它包含在下面的图中。每个视图都有一个相应的层对象，它可以通过视图属性被访问。因为工具条按钮不是一个视图，所以不能直接访问它的层对象。在它们的层对象之后是Core Animation的解释对象，最后是用来管理屏幕上的位的硬件缓存。

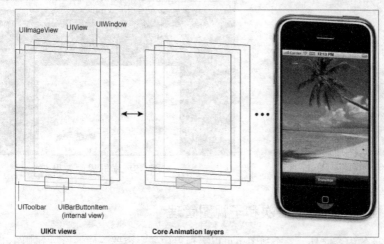

图4-49 层关系

一个视图对象的绘制代码需要尽量地少被调用，当它被调用时，其绘制结果会被Core Animation缓存起来并在往后可以被尽可能重用。重用已经解释过的内容消除了通常需要更新视图的开销昂贵的绘制周期。

4.14 实现手动旋转屏幕的效果

范例4-14	实现手动旋转屏幕的效果
源码路径	光盘\daima\第4章\4-14

4.14.1 范例说明

本实例的功能是实现在竖屏的NavigationController中Push（推送）一个横屏的UIViewController，实现手动旋转屏幕的效果。

4.14.2 具体实现

（1）文件UINavigationController+Autorotate.m的功能是实现屏幕旋转功能，主要实现代码如下所示。
```
#import "UINavigationController+Autorotate.h"
@implementation UINavigationController (Autorotate)
//返回最上层的子Controller的shouldAutorotate
//子类要实现屏幕旋转需重写该方法
- (BOOL)shouldAutorotate{
    return self.topViewController.shouldAutorotate;
}
//返回最上层的子Controller的supportedInterfaceOrientations
- (NSUInteger)supportedInterfaceOrientations{
    return self.topViewController.supportedInterfaceOrientations;
}
@end
```
（2）文件AppDelegate.m的功能是使程序兼容iPhone和iPad设备。

本实例执行后的效果如图4-50所示，旋转至横屏界面后的效果如图4-51所示。

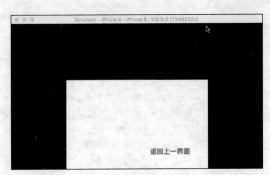

图4-50 执行效果　　　　　图4-51 横屏界面效果

4.14.3 范例技巧——视图层次和子视图管理

除了提供自己的内容之外，一个视图也可以表现得像一个容器一样。当一个视图包含其他视图时，就在两个视图之间创建了一个父子关系。在这个关系中孩子视图被当作子视图，父视图被当作超视图。创建这样一个关系对应用的可视化和行为都有重要的意义。在视觉上，子视图隐藏了父视图的内容。如果子视图是完全不透明的，那么子视图所占据的区域就完全隐藏了父视图的相应区域。如果子视图是部分透明的，那么两个视图在显示在屏幕上之前就混合在一起了。每个父视图都用一个有序的数组存储着它的子视图，存储的顺序会影响到每个子视图的显示效果。如果两个兄弟子视图重叠在一起，后来被加入的那个（或者说是排在子视图数组后面的那个）出现在另一个上面。父子视图关系也影响着一些视图行为。改变父视图的尺寸会连带着改变子视图的尺寸和位置。在这种情况下，可以通过合适的配置视图来重定义子视图的尺寸。其他会影响到子视图的改变包括隐藏父视图，改变父视图的Alpha值，以及转换父视图。视图层次的安排也会决定应用如何去响应事件。在一个具体的视图内部发生的触摸事件通常会被直接发送到该视图去处理。然而，如果该视图没有处理，它会将该事件传递给它的父视图，在响应者链中依此类推。具体视图可能也会传递事件给一个干预响应者对象，例如视图控制器。如果没有对象处理这个事件，它最终会到达应用对象，此时通常就被丢弃了。

4.15 实现会员登录系统（Swift版）

范例4-15	实现会员登录系统（Swift版）
源码路径	光盘\daima\第4章\4-15

4.15.1 范例说明

本实例的功能是在屏幕中实现一个基本的会员登录系统，首先实现了两个文本框供用户输入用户名和密码，然后单击下面的按钮就可以登录系统。

4.15.2 具体实现

（1）编写登录界面视图文件LoginViewController.swift，功能是获取文本框中用户名和密码，验证输入信息的正确性。主要实现代码如下所示。

```
override func render(key: String!, value: NSObject!) {
    switch(key){
```

```
            case "message":
                self.labelMessage.text = value as? String
            default:
                super.render(key, value: value)
        }
    }

    override func getValue(key: String!) -> NSObject {
        switch(key){
        case "username":
            return self.textFieldUsername.text!
        case "password":
            return self.textFieldPassword.text!
        default:
            return super.getValue(key)
        }
    }

    override func goToPage(pageName: String!) {
        switch(pageName){
            case "Home":
                self.performSegueWithIdentifier("HomeIdentifier", sender: self)
            default:
                super.goToPage(pageName)
        }
    }

    @IBAction func onLoginButtonPressed(sender: AnyObject) {
        self.eventable?.dispatchEvent("loginButtonPressed", object: nil)
    }
}
```

（2）文件LoginBusinessLogicController.swift的功能是验证在登录界面中输入登录信息的正确性。

（3）文件HomeViewController.swift实现了Home视图界面，当输入正确的登录信息并单击"Login"后会来到这个界面，此界面是一个空白界面。

本实例执行后的效果如图4-52所示。

图4-52 执行效果

4.15.3 范例技巧——UIViewController的属性

类UIViewController提供了一个显示用的view界面，同时包含view加载、卸载事件的重定义功能。需要注意的是，在自定义其子类实现时，必须在Interface Builder中手动关联view属性。类UIViewController中的常用属性和方法如下所示。

- ❑ @property(nonatomic, retain) UIView *view：此属性为ViewController类的默认显示界面，可以使用自定义实现的View类替换。
- ❑ - (id)initWithNibName:(NSString *)nibName bundle:(NSBundle *)nibBundle：最常用的初始化方法，其中nibName名称必须与要调用的Interface Builder文件名一致，但不包括文件扩展名，比如要使用"aa.xib"，则应写为[[UIViewController alloc] initWithNibName:@"aa" bundle:nil]。nibBundle用于指定在哪个文件束中搜索指定的nib文件，如在项目主目录下，则可直接使用nil。
- ❑ - (void)viewDidLoad：此方法在ViewController实例中的View被加载完毕后调用，如需要重定义某些要在View加载后立刻执行的动作或者界面修改，则应把代码写在此函数中。
- ❑ - (void)viewDidUnload：此方法在ViewController实例中的View被卸载完毕后调用，如需要重定义某些要在View卸载后立刻执行的动作或者释放的内存等动作，则应把代码写在此函数中。
- ❑ - (BOOL)shouldAutorotateToInterfaceOrientation:(UIInterfaceOrientation)interfaceOrientation：iPhone的重力感应装置感应到屏幕由横向变为纵向或者由纵向变为横向时调用此方法。如返回结果为NO，则不自动调整显示方式；如返回结果为YES，则自动调整显示方式。

- @property(nonatomic, copy) NSString *title：如View中包含NavBar时，其中的当前NavItem的显示标题。当NavBar前进或后退时，此title则变为后退或前进的尖头按钮中的文字。

4.16 使用导航控制器展现3个场景

范例4-16	使用导航控制器展现3个场景
源码路径	光盘\daima\第4章\4-16

4.16.1 范例说明

在本项目实例中，将通过导航控制器显示3个场景。每个场景都有一个"前进"按钮，它将计数器加1，再切换到下一个场景。该计数器存储在一个自定义的导航控制器子类中。在具体实现时，首先使用模板Single View Application创建一个项目，然后删除初始场景和视图控制器，再添加一个导航控制器和两个自定义类。导航控制器子类的功能是让应用程序场景能够共享信息，而视图控制器子类负责处理场景中的用户交互。除了随导航控制器添加的默认根场景外，还需要添加另外两个场景。每个场景的视图包含一个"前进"按钮，该按钮连接到一个将计数器加1的操作方法，它还触发到下一个场景的切换。

4.16.2 具体实现

在文件GenericViewController.m中，添加如下所示的代码。

```
#import "GenericViewController.h"

@implementation GenericViewController
@synthesize countLabel;

- (id)initWithNibName:(NSString *)nibNameOrNil bundle:(NSBundle *)nibBundleOrNil
{
    self = [super initWithNibName:nibNameOrNil bundle:nibBundleOrNil];
    if (self) {
    }
    return self;
}

- (void)didReceiveMemoryWarning
{
    // Releases the view if it doesn't have a superview.
    [super didReceiveMemoryWarning];
    
    // Release any cached data, images, etc that aren't in use.
}

#pragma mark - View lifecycle
- (void)viewDidLoad
{
    [super viewDidLoad];
}
*/

-(void)viewWillAppear:(BOOL)animated {
    NSString *pushText;
    pushText=[[NSString alloc] initWithFormat:@"%d",((CountingNavigationController *)self.parentViewController).pushCount];
    self.countLabel.text=pushText;
}

- (void)viewDidUnload
{
    [self setCountLabel:nil];
    [super viewDidUnload];
    // Release any retained subviews of the main view.
    // e.g. self.myOutlet = nil;
```

```
}
- (BOOL)shouldAutorotateToInterfaceOrientation:(UIInterfaceOrientation)interfaceOrien
tation
{
    return (interfaceOrientation == UIInterfaceOrientationPortrait);
}

- (IBAction)incrementCount:(id)sender {
    ((CountingNavigationController *)self.parentViewController).pushCount++;
}

@end
```

在上述代码中,首先声明了一个字符串变量(pushText),用于存储计数器的字符串表示。然后给这个字符串变量分配空间,并使用NSString的方法initWithFormat初始化它。格式字符串%d将被替换为pushCount的内容,而访问该属性的方式与方法incrementCount中相同。最后使用字符串变量pushText更新countLabel。

到此为止,整个实例介绍完毕,执行后可以实现3个界面的转换,如图4-53所示。

图4-53 执行效果

4.16.3 范例技巧——UINavigationController的作用

在iOS应用中,导航控制器(UINavigationController)可以管理一系列显示层次型信息的场景。也就是说,第一个场景显示有关特定主题的高级视图,第二个场景用于进一步描述,第三个场景再进一步描述,以此类推。例如,iPhone应用程序"通信录"显示一个联系人编组列表。触摸编组将打开其中的联系人列表,而触摸联系人将显示其详细信息。另外,用户可以随时返回到上一级,甚至直接回到起点(根)。

4.17 实现一个界面导航条功能

范例4-17	实现一个界面导航条功能
源码路径	光盘\daima\第4章\4-17

4.17.1 范例说明

在iOS应用中,导航控制器(UINavigationController)可以管理一系列显示层次型信息的场景。也就是说,第一个场景显示有关特定主题的高级视图,第二个场景用于进一步描述,第三个场景再进一步描述,以此类推。例如,iPhone应用程序"通信录"显示一个联系人编组列表。触摸编组将打开其中的联系人列表,而触摸联系人将显示其详细信息。另外,用户可以随时返回到上一级,甚至直接回到起点(根)。

4.17.2 具体实现

(1)文件ViewController.m的主要实现代码如下所示。
```
#import "ViewController.h"
@implementation ViewController{
 // 记录当前是添加第几个UINavigationItem的计数器
 NSInteger _count;
 UINavigationBar * _navigationBar;
}
- (void)viewDidLoad
{
 [super viewDidLoad];
```

```objc
    _count = 1;
    // 创建一个导航栏
    _navigationBar = [[UINavigationBar alloc]
        initWithFrame:CGRectMake(0, 20, self.view.bounds.size.width, 44)];
    // 把导航栏添加到视图中
    [self.view addSubview:_navigationBar];
    // 调用push方法添加一个UINavigationItem
    [self push];
}
-(void)push
{
    // 把导航项集合添加到导航栏中，设置动画打开
    [_navigationBar pushNavigationItem:
        [self makeNavItem] animated:YES];
    _count++;
}
-(void)pop
{
    // 如果还有超过两个的UINavigationItem
    if(_count > 2)
    {
        _count--;
        // 弹出最顶层的UINavigationItem
         [_navigationBar popNavigationItemAnimated:YES];
    }
    else
    {
        // 使用UIAlertView提示用户
        UIAlertView* alert = [[UIAlertView alloc]
            initWithTitle:@"提示"
            message:@"只剩下最后一个导航项,再出栈就没有了"
            delegate:nil cancelButtonTitle:@"OK"
            otherButtonTitles: nil];
        [alert show];
    }
}
- (UINavigationItem*) makeNavItem
{
    // 创建一个导航项
    UINavigationItem *navigationItem = [[UINavigationItem alloc]
        initWithTitle:nil];
    // 创建一个左边按钮
    UIBarButtonItem *leftButton = [[UIBarButtonItem alloc]
        initWithBarButtonSystemItem:UIBarButtonSystemItemAdd
        target:self action:@selector(push)];
    // 创建一个右边按钮
    UIBarButtonItem *rightButton = [[UIBarButtonItem alloc]
        initWithBarButtonSystemItem:UIBarButtonSystemItemCancel
        target:self action:@selector(pop)];
    //设置导航栏内容
    navigationItem.title = [NSString stringWithFormat:
        @"第【%ld】个导航项" , _count];
    //把左右两个按钮添加到导航项集合中
    [navigationItem setLeftBarButtonItem:leftButton];
    [navigationItem setRightBarButtonItem:rightButton];
    return navigationItem;
}
@end
```

本实例执行后的效果如图4-54所示。

（2）编辑视图界面EditViewController.m的主要实现代码如下所示。

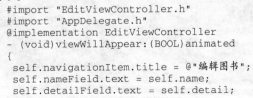

图4-54 执行效果

```objc
#import "EditViewController.h"
#import "AppDelegate.h"
@implementation EditViewController
- (void)viewWillAppear:(BOOL)animated
{
    self.navigationItem.title = @"编辑图书";
    self.nameField.text = self.name;
    self.detailField.text = self.detail;
```

```objc
    // 设置默认不允许编辑
    self.nameField.enabled = NO;
    self.detailField.editable = NO;
    // 设置边框
    self.detailField.layer.borderWidth = 1.5;
    self.detailField.layer.borderColor = [[UIColor grayColor] CGColor];
    // 设置圆角
    self.detailField.layer.cornerRadius = 4.0f;
    self.detailField.layer.masksToBounds = YES;
    // 创建一个UIBarButtonItem对象，作为界面的导航项右边的按钮
    UIBarButtonItem* rightBn = [[UIBarButtonItem alloc]
        initWithTitle:@"编辑" style:UIBarButtonItemStylePlain
        target:self action:@selector(beginEdit:)];
    self.navigationItem.rightBarButtonItem = rightBn;
}

- (void) beginEdit:(id)   sender
{
    // 如果该按钮的文本为"编辑"
    if([[sender title] isEqualToString:@"编辑"])
    {
        // 设置nameField、detailField允许编辑
        self.nameField.enabled = YES;
        self.detailField.editable = YES;
        // 设置按钮文本为"完成"
        self.navigationItem.rightBarButtonItem.title = @"完成";
    }
    else
    {
        // 放弃作为第一响应者
        [self.nameField resignFirstResponder];
        [self.detailField resignFirstResponder];
        // 获取应用程序委托对象
        AppDelegate* appDelegate = [UIApplication
            sharedApplication].delegate;
        // 使用用户在第一个文本框中输入的内容替换viewController
        // 的books集合中指定位置的元素
        [appDelegate.viewController.books replaceObjectAtIndex:
            self.rowNo withObject:self.nameField.text];
        // 使用用户在第一个文本框中输入的内容替换viewController
        // 的details集合中指定位置的元素
        [appDelegate.viewController.details replaceObjectAtIndex:
            self.rowNo withObject:self.detailField.text];
        // 设置nameField、detailField不允许编辑
        self.nameField.enabled = NO;
        self.detailField.editable = NO;
        // 设置按钮文本为"编辑"
        self.navigationItem.rightBarButtonItem.title = @"编辑";
    }
}
- (IBAction)finish:(id)sender {
    [sender resignFirstResponder];    // 放弃作为第一响应者
}
@end
```

编辑视图界面的执行效果如图4-55所示。

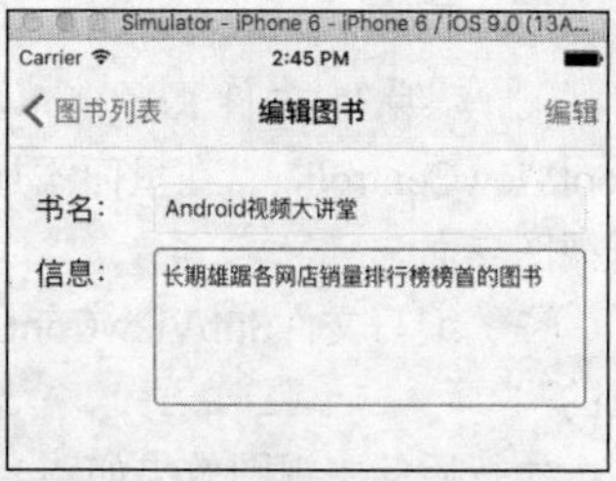

图4-55 编辑视图界面的执行效果

4.17.3 范例技巧——导航栏、导航项和栏按钮项

除了管理视图控制器栈外，导航控制器还管理一个导航栏（UINavigationBar）。导航栏类似于工具栏，但它是使用导航项（UINavigationItem）实例填充的，该实例被加入到导航控制器管理的每个场景中。默认情况下，场景的导航项包含一个标题和一个Back按钮。Back按钮是以栏按钮项（UIBarButtonItem）的方式加入到导航项中的，就像前一章使用的栏按钮一样。我们甚至可以将额外的栏按钮项拖放到导航项中，从而在场景显示的导航栏中添加自定义按钮。

通过使用Interface Builder，可以很容易地完成上述工作。只要知道了创建每个场景的方法，就很容

易在应用程序中使用这些对象。

4.18 创建主从关系的"主-子"视图（Swift版）

范例4-18	创建主从关系的"主-子"视图
源码路径	光盘\daima\第4章\4-18

4.18.1 范例说明

通过导航控制器可以管理这种场景间的过渡，它会创建一个视图控制器"栈"，栈底是根视图控制器。当用户在场景之间进行切换时，依次将视图控制器压入栈中，并且当前场景的视图控制器位于栈顶。要返回到上一级，导航控制器将弹出栈顶的控制器，从而回到它下面的控制器。在本实例中，使用Swift语言创建了一个主从关系的"主-子"视图。

4.18.2 具体实现

（1）编写文件ViewController.swift创建一个ViewController视图，主要实现代码如下所示。

```swift
import UIKit

class ViewController: UIViewController {
    var navController: UINavigationController?
    let rootViewController = RootViewController()
    
    override func viewDidLoad() {
        super.viewDidLoad()
        
        navController = UINavigationController(rootViewController: rootViewController)
        self.view.addSubview(navController!.view)
    }
    override func viewDidAppear(animated: Bool) {
    }
    override func didReceiveMemoryWarning() {
        super.didReceiveMemoryWarning()
        // Dispose of any resources that can be recreated.
    }
}
```

（2）编写文件RootViewController.swift，定义一个继承于类UIViewController的主视图类RootViewController，在里面添加文本"I am 老管"和标题"无敌的"，并设置单击"按下我"后会来到子视图界面。

（3）编写文件SubViewController.swift实现子视图界面，在里面添加文本"I am 老管"和标题"无敌的"。

执行后的主视图效果如图4-56所示，按下"按下我"后来到子视图界面，如图4-57所示。

图4-56 主视图界面

图4-57 子视图界面

4.18.3 范例技巧——深入理解navigationItem的作用

在iOS系统中，navigationItem是UIViewController的一个属性，此属性是为UINavigationController服务的。navigationItem在navigation Bar中代表一个viewController，就是每一个加到navigationController的viewController都会有一个对应的navigationItem，该对象由viewController以懒加载的方式创建，在后面就可以在对象中对navigationItem进行配置。可以设置leftBarButtonItem、rightBarButtonItem、backBarButtonItem、title以及prompt等属性。其中前3个都是一个UIBarButtonItem对象，最后两个属性是一个NSString类型描述，注意添加该描述以后NaviigationBar的高度会增加30，总的高度会变成74（不管当前方向是Portrait还是Landscape，此模式下navgationbar都使用高度44加上prompt30的方式进行显示）。当然如果觉得只是设置文字的title不够爽，还可以通过titleview属性指定一个定制的titleview，这样就可以随心所欲了，当然要注意指定的titleview的frame大小，不要显示出界。

4.19 使用选项卡栏控制器构建3个场景

范例4-19	使用选项卡栏控制器构建3个场景
源码路径	光盘\daima\第4章\4-19

4.19.1 范例说明

在本演示实例中，使用选项卡栏控制器来管理3个场景，每个场景都包含一个将计数器加1的按钮，但每个场景都有独立的计数器，并且显示在其视图中。并且还将设置选项卡栏项的徽章，使其包含相应场景的计数器值。在具体实现时，先使用模板Single View Application创建一个项目，并对其进行清理，再添加一个选项卡栏控制器和两个自定义类：一个是选项卡栏控制器子类，负责管理应用程序的属性；另一个是视图控制器子类，负责显示其他3个场景。每个场景都有一个按钮，它触发将当前场景的计数器加1的方法。由于这个项目要求每个场景都有自己的计数器，而每个按钮触发的方法差别不大，这让我们能够在视图之间共享相同的代码（更新徽章和输出标签的代码），但每个将计数器递增的方法又稍有不同，并且不需要切换。

4.19.2 具体实现

本实例的最后一步是实现方法incrementCountFirst、incrementCountSecond和increment CountThird。由于更新标签和徽章的代码包含在独立的方法中，所以这3个方法都只有3行代码，且除设置的属性不同外，其他的都相同。这些方法必须更新CountingTabBarController类中相应的计数器，然后调用方法updateCounts和updateBadge以更新界面。下面的代码演示了这3个方法的具体实现。

```
- (IBAction)incrementCountFirst:(id)sender {
    ((CountingTabBarController *)self.parentViewController).firstCount++;
    [self updateBadge];
    [self updateCounts];
}
- (IBAction)incrementCountSecond:(id)sender {
    ((CountingTabBarController *)self.parentViewController).secondCount++;
    [self updateBadge];
    [self updateCounts];
}
- (IBAction)incrementCountThird:(id)sender {
    ((CountingTabBarController *)self.parentViewController).thirdCount++;
    [self updateBadge];
    [self updateCounts];
}
```

到此为止，整个实例介绍完毕。运行后可以在不同场景之间切换，执行效果如图4-58所示。

图4-58 执行效果

4.19.3 范例技巧——UITabBarController推入和推出视图的方式

借助屏幕底部的选项卡栏，UITabBarController不必像UINavigationController那样以栈的方式推入和推出视图，而是组建一系列的控制器（它们各自可以是UIViewController、UINavigationController、UITableViewController或任何其他种类的视图控制器），并将它们添加到选项卡栏，使每个选项卡对应一个视图控制器。每个场景都呈现了应用程序的一项功能，或提供了一种查看应用程序信息的独特方式。UITabBarController是iOS中很常用的一个viewController，例如系统的闹钟程序、ipod程序等。UITabBarController通常作为整个程序的rootViewController，而且不能添加到别的container viewController中。

4.20 使用动态单元格定制表格行

范例4-20	使用动态单元格定制表格行
源码路径	光盘\daima\第4章\4-20

4.20.1 范例说明

选项卡栏控制器（UITabBarController）与导航控制器一样，也被广泛用于各种iOS应用程序。顾名思义，选项卡栏控制器在屏幕底部显示一系列"选项卡"，这些选项卡表示为图标和文本，用户触摸它们将在场景间切换。和UINavigationController类似，UITabBarController也可以用来控制多个页面导航，用户可以在多个视图控制器之间移动，并可以定制屏幕底部的选项卡栏。在本实例中，使用动态单元格定制了一个表格行。

4.20.2 具体实现

文件ViewController.m的主要实现代码如下所示。
```
#import "ViewController.h"
@implementation ViewController{
NSArray* _books;
}
- (void)viewDidLoad
{
[super viewDidLoad];
self.tableView.dataSource = self;
_books = @[@"Android", @"iOS", @"Ajax",
@"Swift"];
}
- (NSInteger)tableView:(UITableView *)tableView
numberOfRowsInSection:(NSInteger)section
```

```
{
return _books.count;
}
- (UITableViewCell *)tableView:(UITableView *)tableView
cellForRowAtIndexPath:(NSIndexPath *)indexPath
{
NSInteger rowNo = indexPath.row;    // 获取行号
// 根据行号的奇偶性使用不同的标识符
NSString* identifier = rowNo % 2 == 0 ? @"cell1" : @"cell2";
// 根据identifier获取表格行（identifier要么是cell1, 要么是cell2）
UITableViewCell *cell = [tableView
dequeueReusableCellWithIdentifier:
identifier forIndexPath:indexPath];
// 获取cell内包含的Tag为1的UILabel
UILabel* label = (UILabel*)[cell viewWithTag:1];
label.text = _books[rowNo];
return cell;
}
@end
```

本实例执行后的效果如图4-59所示。

图4-59 执行效果

4.20.3 范例技巧——选项卡栏和选项卡栏项

在故事板中，选项卡栏的实现与导航控制器也很像，它包含一个UITabBar，类似于工具栏。选项卡栏控制器管理的每个场景都将继承这个导航栏。选项卡栏控制器管理的场景必须包含一个选项卡栏项（UITabBarItem），它包含标题、图像和徽章。

4.21 开发一个界面选择控制器（Swift版）

范例4-21	开发一个界面选择控制器（Swift版）
源码路径	光盘\daima\第4章\4-21

4.21.1 范例说明

本实例的功能是，使用Swift语言开发一个界面选择控制器。

4.21.2 具体实现

（1）第一个子视图文件FirstViewController.swift的主要实现代码如下所示。
```
import UIKit

class FirstViewController: UIViewController {

    override func viewDidLoad() {
        super.viewDidLoad()
        // Do any additional setup after loading the view, typically from a nib.
    }
    override func didReceiveMemoryWarning() {
        super.didReceiveMemoryWarning()
        // Dispose of any resources that can be recreated.
    }
}
```

（2）第二个子视图文件SecondViewController.swift的主要实现代码如下所示。
```
import UIKit
class SecondViewController: UIViewController {
    override func viewDidLoad() {
        super.viewDidLoad()
        // Do any additional setup after loading the view, typically from a nib.
    }
```

```
override func didReceiveMemoryWarning() {
    super.didReceiveMemoryWarning()
    // Dispose of any resources that can be recreated.
}
```

执行后将默认显示第一个子视图,如图4-60所示。通过底部的UITabBarController控件可以在两个子视图之间实现灵活切换。第二个子视图界面效果如图4-61所示。

图4-60 第一个子视图　　　　　图4-61 第二个子视图

4.21.3 范例技巧——添加选项卡栏控制器的方法

在故事板中添加选项卡栏控制器与添加导航控制器一样容易。下面介绍如何在故事板中添加选项卡栏控制器、配置选项卡栏按钮以及添加选项卡栏控制器管理的场景。如果要在应用程序中使用选项卡栏控制器,推荐使用模板Single View Application创建项目。如果不想从默认创建的场景切换到选项卡栏控制器,可以将其删除。为此可以删除其视图控制器,再删除相应的文件ViewController.h和ViewController.m。故事板处于我们想要的状态后,从对象库拖曳一个选项卡栏控制器实例到文档大纲或编辑器中,这样会添加一个选项卡栏控制器和两个相关联的场景,如图4-62所示。

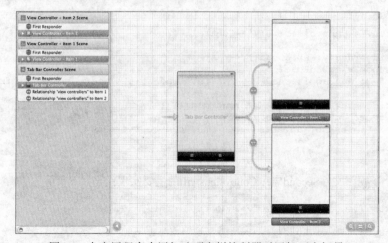

图4-62 在应用程序中添加选项卡栏控制器时添加两个场景

4.22 使用第二个视图来编辑第一个视图中的信息

范例4-22	使用第二个视图来编辑第一个视图中的信息
源码路径	光盘\daima\第4章\4-22

4.22.1 范例说明

在本实例中将使用第二个视图来编辑第一个视图中的信息。这个项目显示一个屏幕，其中包含电子邮件地址和"Edit"按钮。当用户单击"Edit"按钮时会出现一个新场景，让用户能修改电子邮件地址。关闭编辑器视图后，原始场景中的电子邮件地址将相应地更新。

4.22.2 具体实现

（1）使用模板Single View Application新建一个项目，并将其命名为ModalEditor，如图4-63所示。

（2）添加一个名为EditorViewController的类，此类用于编辑电子邮件地址的视图。在创建项目后，单击项目导航器左下角的"+@"按钮。在出现的对话框中选择类别"iOS Cocoa Touch"，再选择图标"UIViewController subclass"，然后单击"Next"按钮，如图4-64所示。

图4-63 创建项目

图4-64 新建一个UIViewController子类

（3）在新出现的对话框中，将名称设置为EditorViewController。如果创建的是iPad项目，则需要选中复选框"Targeted for iPad"，再单击"Next"按钮。在最后一个对话框中，必须从下拉列表"Group"中选择项目代码编组，再单击"Create"按钮。这样，此新类便被加入到了项目中。

（4）开始添加新场景并将其关联到EditorViewController。

在Interface Builder编辑器中打开文件MaimStoryboard.storyboard，按下"Control+Option+Command+3"快捷键打开对象库，并拖曳View Controller到Interface Builder编辑器的空白区域，此时的屏幕如图4-65所示。

为了将新的视图控制器关联到添加到项目中的EditorViewController，在文档大纲中选择第二个场景中的"View Controller"图标，再打开Identity Inspector(option+command+3)，从下拉列表"Class"中选择"EditorViewController"，如图4-66所示。

建立上述关联后，在更新后的文档大纲中会显示一个名为View Controller Scene的场景和一个名为Editor View Controller Scene的场景。

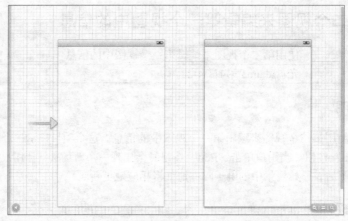

图4-65 在项目中新增一个视图控制器

（5）重新设置视图控制器标签。首先选择第一个场景中的视图控制器图标，确保打开了Identity Inspector。然后在该检查器的 Identity部分将第一个视图的标签设置为"Initial"，对第二个场景也重复进行上述操作，将其视图控制器标签设置为"Editor"。在文档大纲中，场景将显示为Initial Scene和Editor Scene，如图4-67所示。

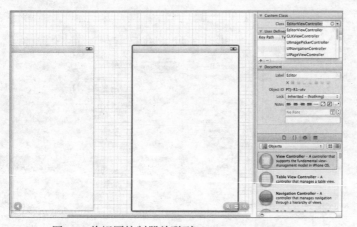

图4-66 将视图控制器关联到EditorViewController　　　　图4-67 设置视图控制器标签

（6）开始规划变量和连接。

在初始场景中有一个标签，它包含了当前的电子邮件地址。我们需要创建一个实例变量来指向该标签，并将其命名为emailLabel。该场景还包含一个触发模态切换的按钮，但是无需为此定义任何输出口和操作。

编辑器场景中包含了一个文本框，将通过一个名为emailField的属性来引用它，其中还包含了一个按钮，通过调用操作dismissEditor来关闭该模态视图。就本实例而言，一个文本框和一个按钮就是这个项目中需要连接到代码的全部对象。

（7）为了给初始场景和编辑器场景创建界面，打开文件MainStoryboard.storyboard，在编辑器中滚动，以便能够将注意力放在创建初始场景上。使用对象库将两个标签和一个按钮拖放到视图中。将其中一个标签的文本设置为"邮箱地址"，并将其放在屏幕顶部中央。在下方放置第二个标签，并将其文本设置为您的电子邮件地址。增大第二个标签，使其边缘和视图的边缘参考下对齐，这样做的目的是防止遇到非常长的电子邮件地址。

（8）将按钮放在两个标签下方，并根据自己的喜好在Attributes Inspector (Option+Command+4)中设置其文本样式,本实例的初始场景如图4-68所示。

图4-68 创建初始场景

(9)来到编辑器场景,该场景与第一个场景很像,但将显示电子邮件地址的标签替换为空文本框(UITextField)。本场景也包含一个按钮,但是其标签不是"修改",而是"好",图4-69显示了设计的编辑器场景效果。

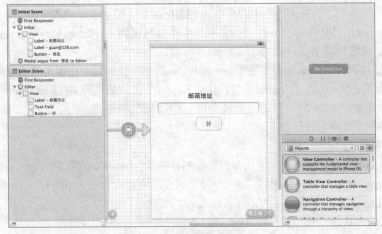

图4-69 创建编辑器场景

(10)开始创建模态切换。

为了创建从初始场景到编辑器场景的切换,按住"Control"键并从Interface Builder编辑器中的"Edit"按钮拖曳到文档大纲中编辑器场景的视图控制器图标(现在名为Editor),如图4-70所示。

(11)当Xcode要求指定故事板切换类型时选择"Modal",这样在文档大纲中的初始场景中将新增一行,其内容为"Segue from UIButton to Editor"。选择这行并打开Attributes Inspector(Option+Command+4),以配置该切换。

(12)给切换设置一个标识符,如toEditor,虽然对这样简单的项目来说,这完全是可选的。接下来选择过渡样式,例如Partial Curl。如果这是一个iPad项目,还可以设置显示样式,图4-71显示了给这个模态切换指定的设置。

(13)开始创建并连接输出口和操作。现在需要处理的是两个视图控制器,初始场景中的UI对象需要连接到文件ViewController.h中的输出口,而编辑器场景中的UI对象需要连接到文件EditorViewController.h。

有时Xcode在助手编辑器模式下会有点混乱，如果没有看到认为应该看到的东西，请单击另一个文件，再单击原来的文件。

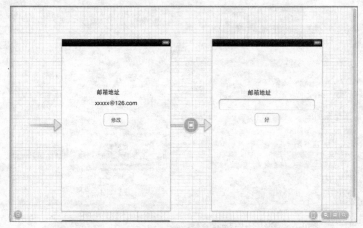

图4-70 创建模态切换　　　　　　　　　　　图4-71 配置模态切换

（14）添加输出口。先选择初始场景中包含电子邮件地址的标签，并切换到助手编辑器。按住"Control"键，并从该标签拖曳到文件ViewController.h中编译指令@interface下方。在Xcode提示时，新建一个名为emailLabel的输出口。

（15）移到编辑器场景，并选择其中的文本框（UITextField）。助手编辑器应更新，在右边显示文件EditorViewController.h。按住"Control"键，并从该文本框拖曳到文件EditorViewController.h中编译指令@interface下方，并将该输出口命名为emailField。

（16）开始添加操作。这个项目只需要dismissEditor这一个操作，它由编辑器场景中的"Done"按钮触发。为创建该操作，按住"Control"键，并从"Done"按钮拖曳到文件EditorViewController.h中属性定义的下方。在Xcode提示时，新增一个名为dismissEditor的操作。

至此为止，整个界面就设计好了。

（17）开始实现应用程序逻辑。

当显示编辑器场景时，应用程序应从源视图控制器的属性emailLabel获取内容，并将其放在编辑器场景的文本框emailField中。用户单击"好"按钮时，应用程序应采取相反的措施：使用文本框"emailField"的内容更新emailLabel。我们在EditorViewController类中进行这两种修改。在这个类中，可以通过属性presentingViewController访问初始场景的视图控制器。

然而在执行这些修改工作之前，必须确保类EditorViewController知道类ViewController的属性。所以应该在EditorViewController.h中导入接口文件ViewController.h。在文件EditorViewController.h中，在现有的#import语句后面添加如下代码行。

```
#import"ViewController.h"
```

现在可以编写余下的代码了。要在编辑器场景加载时设置emailField的值，可以实现EditorViewController类的方法viewDidLoad，此方法的实现代码如下所示。

```
- (void)viewDidLoad
{
    self.emailField.text=((ViewController
*)self.presentingViewController).emailLabel.text;
    [super viewDidLoad];
}
```

默认情况下此方法会被注释掉，因此，请务必删除它周围的"/*"和"*/"。通过上述代码，会将编辑器场景中文本框"emailField"的text属性设置为初始视图控制器的emailLabel的text属性。要想访问初始场景的视图控制器，可以使用当前视图的属性presentingViewController，但是必须将其强制转换为

ViewController对象，否则它将不知道ViewController类暴露的属性emailLabel。接下来需要实现方法dismissEditor，使其执行相反的操作并关闭模态视图。所以将方法存根dismissEditor的代码修改为如下所示的格式。

```
- (IBAction)dismissEditor:(id)sender {
    ((ViewController
*)self.presentingViewController).emailLabel.text=self.emailField.text;
    [self dismissViewControllerAnimated:YES completion:nil];
}
```

在上述代码中，第一行代码的作用与上一段代码中设置文本框内容的代码相反。而第二行调用了方法dismissViewControllerAnimated:completion关闭模态视图，并返回到初始场景。

（18）开始生成应用程序。

在本测试实例中，包含了两个按钮和一个文本框，执行后可以在场景间切换并在场景间交换数据，初始执行效果如图4-72所示。单击"修改"按钮后来到第二个场景，在此可以输入新的邮箱地址，如图4-73所示。

图4-72 初始效果

图4-73 来到第二个场景

4.22.3 范例技巧——多场景应用程序的常用术语

在讲解多场景开发的知识之前，需要先介绍一些术语，帮助读者学习本书后面的知识。

- 视图控制器（view controller）：负责管理用户与其iOS设备交互的类。在本书的很多示例中，都使用单视图控制器来处理大部分应用程序逻辑，但存在其他类型的控制器，接下来的几章将使用它们。
- 视图（view）：用户在屏幕上看到的布局，本书前面一直在视图控制器中创建视图。
- 场景（scene）：视图控制器和视图的独特组合。假设用户要开发一个图像编辑程序，可能要创建用于选择文件的场景、实现编辑器的场景、应用滤镜的场景等。
- 切换（segue）：切换是场景间的过渡，常使用视觉过渡效果。有多种切换类型，具体使用哪些类型取决于使用的视图控制器的类型。
- 模态视图（modal view）：在需要进行用户交互时，通过模态视图显示在另一个视图上。
- 关系（relationship）：类似于切换，用于某些类型的视图控制器，如选项卡栏控制器。关系是在主选项卡栏的按钮之间创建的，当用户触摸这些按钮时会显示独立的场景。
- 故事板（storyboard）：包含项目中场景、切换和关系定义的文件。

要在应用程序中包含多个视图控制器，必须创建相应的类文件，并且需要掌握在Xcode中添加新文件的方法。除此之外，还需要知道如何按住"Control"键进行拖曳操作。

4.23 实现多个视图之间的切换

范例4-23	实现多个视图之间的切换
源码路径	光盘\daima\第4章\4-23

4.23.1 范例说明

在下面的演示实例中,在一个编辑区域设计多个视图,并通过可视化的方法进行各个视图之间的切换。

4.23.2 具体实现

(1)运行Xcode 7,创建一个Empty Application,命名为"Storyboard Test"。

(2)打开AppDelegate.m,找到didFinishLaunchingWithOptions方法,删除其中的代码,使其只有"return YES;"语句。

(3)创建一个Storyboard,在菜单栏依次选择File→New→New File命令,在弹出的窗口的左边选择"iOS"组中的"User Interface",在右边选择"Storyboard"。如图4-74所示。

然后单击"Next"按钮,选择"Device Family"为"iPhone",单击"Next"按钮,输入名称"MainStoryboard",并设好Group,单击"Create"按钮后便创建了一个Storyboard。

(4)配置程序,使得从MainStoryboard启动,先单击左边带蓝色图标的"Storyboard Test",然后选择"General",接下来在"Main Interface"中选择"MainStoryboard",如图4-75所示。

图4-74 选择"Storyboard"　　　　　图4-75 设置启动时的场景

当运行程序时,就从MainStoryboard加载内容了。

(5)单击MainStoryboard.storyboard,会发现编辑区域是空的。拖曳一个Navigation Controller到编辑区域,如图4-76所示。

(6)选中右边的"View Controller",然后按"Delete"键删除它。之后拖曳一个Table View Controller到编辑区域,如图4-77所示。

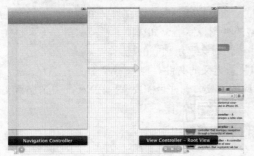

图4-76 拖曳一个Navigation Controller到编辑区域　　图4-77 拖曳一个Table View Controller到编辑区域

(7)将在这个Table View Controller中创建静态表格,在此之前需要先将其设置为左边Navigation

Controller的Root Controller，方法是选中"Navigation Controller"，按住"Control"键，向Table View Controller拉线。当松开鼠标按键后，在弹出的菜单中单击Relationship→ rootViewController命令，这样会在两个框之间会出现一个连接线，这个就可以称之为Segue。

（8）选中"Table View Controller"中的"Table View"，然后打开Attribute Inspector，设置其"Content"属性为"Static Cells"，如图4-78所示。此时会发现Table View中出现了3行Cell。在图4-78中可以设置很多属性，如Style、Section数量等。

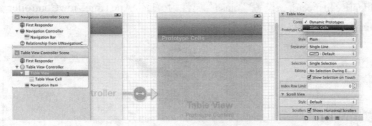

图4-78 设置"Content"属性为"Static Cells"

（9）设置行数。选中"Table View Section"，在Attribute Inspector中设置其行数为2，如图4-79所示。

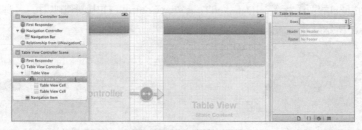

图4-79 设置行数为2

然后选中每一行，设置其"Style"为"Basic"，如图4-80所示。

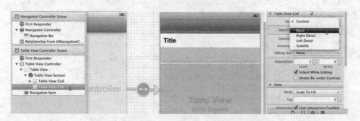

图4-80 设置"Style"为"Basic"

设置第一行中Label的值为Date and Time，设置第二行中的Label为List。然后选中下方的"Navigation Item"，在"Attribute Inspector"中设置"Title"为"Root View"，设置"Back Button"为"Root"，如图4-81所示。

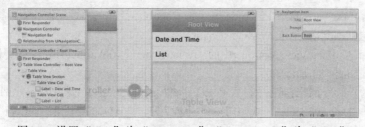

图4-81 设置"Title"为"Root View"，"Back Button"为"Root"

（10）单击表格中的Date and Time这一行实现页面转换，在新页面显示切换时的时间。在菜单栏依次单击File→New→New File命令，在弹出的窗口左边选择"iOS"中的"Cocoa Touch"，在右边选择"UIViewController subclass"，如图4-82所示。

单击"Next"按钮，输入名称"DateAndTimeViewController"，但是不要选XIB，之后选好位置和Group，完成创建工作。

（11）再次打开MainStoryboard.storyboard，拖曳一个View Controller到编辑区域，然后选中这个View Controller，打开Identity Inspector，设置"class"属性为"DateAndTimeViewController"，如图4-83所示。这样就可以向DateAndTimeViewController创建映射了。

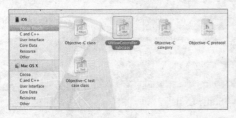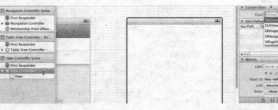

图4-82 选择"UIViewController subclass"　　图4-83 设置"class"属性为"DateAndTimeViewController"

（12）向新拖入的View Controller添加控件，如图4-84所示。

然后将显示为Label的两个标签向DateAndTimeViewController.h中创建映射，名称分别是dateLabel、timeLabel，如图4-85所示。

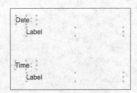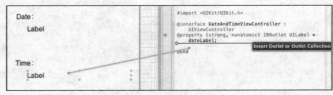

图4-84 添加控件　　　　　　　　　图4-85 创建映射

（13）打开DateAndTimeViewController.m，在ViewDidUnload方法之后添加如下代码。

```
//每次切换到这个视图，显示切换时的日期和时间
- (void)viewWillAppear:(BOOL)animated {
    NSDate *now = [NSDate date];
    dateLabel.text = [NSDateFormatter
                      localizedStringFromDate:now
                      dateStyle:NSDateFormatterLongStyle
                      timeStyle:NSDateFormatterNoStyle];
    timeLabel.text = [NSDateFormatter
                      localizedStringFromDate:now
                      dateStyle:NSDateFormatterNoStyle
                      timeStyle:NSDateFormatterLongStyle];
}
```

（14）打开MainStoryboard.storyboard，选中表格的行"Date and Time"，按住"Control"键并向View Controller拉线，如图4-86所示。

在弹出的快捷菜单中选择"Push"，如图4-87所示。

这样，Root View Controller与DateAndTimeViewController之间就出现了箭头，运行时单击表格中的那一行，视图就会切换到DateAndTimeViewController。

（15）选中DateAndTimeViewController中的Navigation Item，在Attribute Inspector中设置其"Title"为"Date and Time"，如图4-88所示。

到此为止，整个实例全部完成。运行后首先程序将加载静态表格，在表格中显示两行：Date and Time和List。如果单击"Date and Time"，视图切换到相应视图。如果单击左上角的"Root"按钮，视图会回到Root View。每当进入Date and Time视图时会显示不同的时间，如图4-89所示。

4.24 实现多场景视图数据传输（Swift版） 179

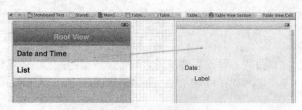

图4-86 向View Controller拉线

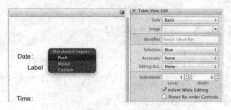

图4-87 选择"Push"

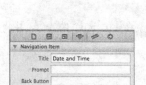

图4-88 设置"Title"为"Date and Time"　　图4-89 执行效果

4.23.3 范例技巧——实现多场景功能的方法是在故事板文件中创建多个场景

在iOS应用中，使用单个视图也可以创建功能众多的应用程序，但很多应用程序不适合使用单视图。在我们下载的应用程序中，几乎都有配置屏幕、帮助屏幕或在启动时加载的初始视图之外显示信息的例子。

要在iOS应用程序中实现多场景的功能，需要在故事板文件中创建多个场景。通常简单的项目只有一个视图控制器和一个视图，如果能够不受限制地添加场景（视图和视图控制器）就会增加很多功能，这些功能可以通过故事板实现。并且还可以在场景之间建立连接，图4-90显示了一个包含切换的多场景应用程序的设计。

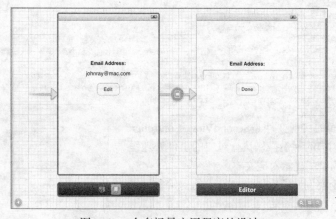

图4-90 一个多场景应用程序的设计

4.24 实现多场景视图数据传输（Swift版）

范例4-24	实现多场景视图数据传输（Swift版）
源码路径	光盘\daima\第4章\4-24

4.24.1 范例说明

在下面的内容中,将通过一个具体实例的实现过程,详细讲解视图之间传递数据的过程。本实例是一个具有多场景UI视图的应用程序,分别涉及了主界面跟FirstViewController和SecondViewController两个子界面的数据传递。

4.24.2 具体实现

(1)打开Xcode 7,然后创建一个名为"circleButton"的工程,在"Main.storyboard"面板中设置系统的UI界面,分别设计了3个UI界面。

(2)其中第一个界面的实现文件是FirstViewController.swift,功能是定义了触摸屏幕过程中如下手势识别处理程序。

- UIPanGestureRecognizer:屏幕平移处理。获取平移手势对象在self.view的位置点,并将这个点作为self.aView的center,这样就实现了拖动的效果。
- UITapGestureRecognizer:屏幕轻击处理。
- UISwipeGestureRecognizer:屏幕轻扫处理。

在文件FirstViewController.swift中还定义了针对上述操作的事件处理程序,主要实现代码如下所示。

```
func draggedView(sender:UIGestureRecognizer){
    panView.alpha = 1.0
    
    var translation = panRec.translationInView(self.view)
    
    //monitor the position of the circle view ,not to go out of the screen
    if panView.center.x > self.view.frame.width - 25 {
        panView.center.x = self.view.frame.width - 25
    }
    if panView.center.x < 25{
        panView.center.x = 25
    }
    if panView.center.y > self.view.frame.height - 25 {
        panView.center.y = self.view.frame.height - 25
    }
    if panView.center.y < 45{
        panView.center.y = 45
    }
    panView.center = CGPointMake(sender.view!.center.x + translation.x,
        sender.view!.center.y + translation.y)
    panRec.setTranslation(CGPointZero, inView: self.view)
    self.panviewPosition = CGPointMake(sender.view!.center.x + translation.x,
        sender.view!.center.y + translation.y)
}
```

(3)第二个界面的实现文件是SecondView Controller.swift,功能是根据用户的触摸操作执行对应的事件处理程序,在指定区域框内绘制显示对应文本。

到此为止,整个实例介绍完毕,执行后的初始效果如图4-91所示。触摸下方的圆圈后会弹出一个新界面,如图4-92所示。

在新界面中触摸拖曳某个图标后,会在初始界面顶部的矩形框中显示对应的文本,如图4-93所示。

图4-91 初始效果

图4-92 弹出的新界面

图4-93 显示对应的文本

4.24.3 范例技巧——初步理解手势识别的作用

在计算机科学中,手势识别是通过数学算法来识别人类手势的一个议题。手势识别可以来自人的身体各部位的运动,但一般是指脸部和手的运动。手势识别在iOS上非常重要,手势操作移动设备的重要特征,大大增加了移动设备使用便捷性。iOS系统在3.2以后,为方便开发使用一些常用的手势,提供了UIGestureRecognizer类。

4.25 使用Segue实现过渡效果

范例4-25	使用Segue实现过渡效果
源码路径	光盘\daima\第4章\4-25

4.25.1 范例说明

在本实例中首先设置了一个灰色的背景视图,单击"编辑"后将会获取segue并跳转到目标视图控制器。

4.25.2 具体实现

(1)主视图界面文件ViewController.m的主要实现代码如下所示。

```
#import "ViewController.h"
@implementation ViewController
- (void)viewDidLoad
{
[super viewDidLoad];
self.view.backgroundColor = [UIColor grayColor];
if (!self.content) {
    self.content = @"今朝酒醒何处,\n杨柳岸晓风残月!";
}
self.label.text = self.content;
}
- (void)prepareForSegue:(UIStoryboardSegue *)segue sender:(id)sender
{
// 获取segue将要跳转到的目标视图控制器
id destController = segue.destinationViewController;
// 使用KVC方式将label内的文本设为destController的editContent属性值
[destController setValue:self.label.text forKey:@"editContent"];
}
@end
```

主视图界面的执行效果如图4-94所示。

（2）编辑视图界面文件EditViewController.m的主要实现代码如下所示。

```
#import "EditViewController.h"
@implementation EditViewController
- (void)viewDidLoad
{
 [super viewDidLoad];
 self.tv.text = self.editContent;
}
- (void)prepareForSegue:(UIStoryboardSegue *)segue sender:(id)sender
{
 // 获取segue将要跳转到的目标视图控制器
 id destController = segue.destinationViewController;
 // 使用KVC方式将tv内的编辑完成的文本设为destController的content属性值
 [destController setValue:self.tv.text forKey:@"content"];
}
@end
```

编辑视图界面的执行效果如图4-95所示。

图4-94 主视图界面的执行效果

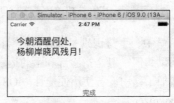
图4-95 执行效果

4.25.3 范例技巧——隐藏指定的UIView区域的方法

使用UIView的属性hidden可以隐藏指定的区域，当属性hidden的值为YES时隐藏UIView，当属性hidden的值为NO时显示UIView。

4.26 为Interface Builder设置自定义类（Swift版）

范例4-26	为Interface Builder设置自定义类（Swift版）
源码路径	光盘\daima\第4章\4-26

4.26.1 范例说明

Interface Builder是开发iOS应用程序的一个关键设计技术。在本实例中，将介绍为Interface Builder设置自定义类的方法。

4.26.2 具体实现

在文件ColorBlockView.swift中为Interface Builder设置自定义类ColorBlockView，主要实现代码如下所示。

```
import UIKit
@IBDesignable class ColorBlockView: UIView {
    @IBInspectable var blockColour: UIColor = UIColor.grayColor() {
        didSet {
            backgroundColor = blockColour
        }
    }
    @IBInspectable var cornerRounding: CGFloat = 10 {
        didSet {
```

```
            layer.cornerRadius = cornerRounding
        }
    }
    override func prepareForInterfaceBuilder() {
        backgroundColor = blockColour
        layer.cornerRadius = cornerRounding
    }
    override func awakeFromNib() {
        backgroundColor = blockColour
        layer.cornerRadius = cornerRounding
    }
}
```

本实例执行后的效果如图4-96所示。

4.26.3 范例技巧——IB和纯代码联合编码的好处

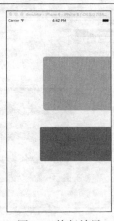

图4-96 执行效果

（1）数据量大的视图使用纯代码编写。
（2）用户经常查看的视图使用纯代码编写。
（3）不常使用或隐藏很深，用户不易或根本很少会看的东西使用IB编写，如软件的帮助、版权协议等。
（4）如果对软件的执行效率没有要求或者软件太小根本不会涉及到效率的问题，那么建议使用IB编写。

4.27 在同一个工程中创建多个分类（Swift版）

范例4-27	在同一个工程中创建多个分类（Swift版）
源码路径	光盘\daima\第4章\4-27

4.27.1 范例说明

在下面的内容中，将通过一个具体实例的实现过程，详细讲解基于Swift语言利用MVC方式在同一个工程创建多个分类的过程。

4.27.2 具体实现

（1）打开Xcode 7，然后新建一个名为"Psychologist"的工程，工程的最终目录结构如图4-97所示。
（2）打开故事板文件Main.storyboard，为本工程规划设计多个视图界面，每个视图界面对应一个独立的分类，如图4-98所示。
（3）文件FaceView.swift的功能是构建脸部图形视图，通过CGFloat和CGPoin绘制脸部线条，通过UIColor设置线条颜色为"blue"，通过函数bezierPathForEye绘制眼睛曲线，通过函数bezierPathForSmile绘制微笑曲线，通过函数drawRect在屏幕中进行具体的绘制工作。
（4）文件PsychologistViewController.swift的主要功能是，根据case语句判断获取的表情参数是"sad"、"happy"还是"nothing"，分别调用对应的绘制函数，在屏幕中绘制"悲伤"、"高兴"和"无表情"3种样式的图形。
（5）文件HappinessViewController.swift的功能是控制屏幕中绘制图形的面部表情，在函数changeHappiness中通过变量happinessChange设置表情的变化。

图4-97 工程的目录结构

执行后会在屏幕中显示文本列表，效果如图4-99所示。

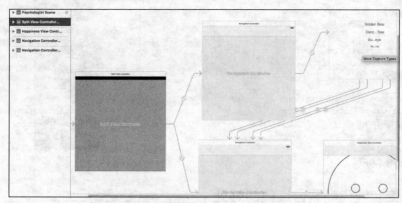

图4-98 Main.storyboard界面　　　　　　　　图4-99 执行效果

单击列表中的文本链接后会在屏幕中显示不同的面部表情，如图4-100所示。

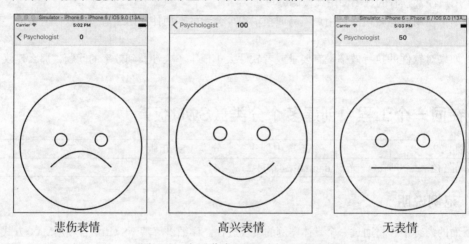

　　悲伤表情　　　　　　　　高兴表情　　　　　　　　无表情

图4-100 在屏幕中显示不同的面部表情

4.27.3 范例技巧——MVC中对控制器对象的理解

　　在应用程序的一个或多个视图对象和一个或多个模型对象之间，控制器对象充当媒介。控制器对象是同步管道程序，通过它，视图对象了解模型对象的更改，反之亦然。控制器对象还可以为应用程序执行设置和协调任务，并管理其他对象的生命周期。

　　控制器对象解释在视图对象中进行的用户操作，并将新的或更改过的数据传达给模型对象。模型对象更改时，一个控制器对象会将新的模型数据传达给视图对象，以便视图对象可以显示它。

　　对于不同的UIView，有相应的UIViewController，对应MVC中的C。例如在iOS上常用的UITableView，所对应的Controller就是UITableViewController。

　　（1）Model和View永远不能相互通信，只能通过Controller传递。

　　（2）Controller可以直接与Model对话（读写调用Model），Model通过Notification和KVO机制与Controller间接通信。

　　（3）Controller可以直接与View对话，通过outlet,直接操作View,outlet直接对应到View中的控件，View通过action向Controller报告事件的发生(如用户Touch我了)。Controller是View的直接数据源（数据很可能是Controller从Model中取得并经过加工了）。Controller是View的代理（delegate），以同步View与Controller。

4.28 创建一个自定义的UIView视图（Swift版）

范例4-28	创建一个自定义的UIView视图
源码路径	光盘\daima\第4章\4-28

4.28.1 范例说明

在本实例中，使用素材图片和文字创建了一个自定义的UIView视图。

4.28.2 具体实现

文件MyCustomView.swift的功能是自定义UIView视图的样式，设置绘制视图边框的大小和颜色，并设置在视图中显示的图像和文本。文件MyCustomView.swift的主要实现代码如下所示。

```swift
import UIKit
@IBDesignable
class MyCustomView: UIView {
    @IBOutlet weak var iconImageView: UIImageView!
    @IBOutlet weak var titleLabel: UILabel!
    @IBOutlet weak var okButton: UIButton!
    @IBInspectable var borderColor: UIColor = UIColor.clearColor() {
        didSet {
            self.layer.borderColor = borderColor.CGColor
        }
    }
    @IBInspectable var borderWidth: CGFloat = 0 {
        didSet {
            self.layer.borderWidth = borderWidth
        }
    }
    @IBInspectable var cornerRadius: CGFloat = 0 {
        didSet {
            self.layer.cornerRadius = cornerRadius
            self.layer.masksToBounds = true
        }
    }
    @IBInspectable var titleText: String = "" {
        didSet {
            titleLabel.text = titleText
        }
    }
    @IBInspectable var iconImage: UIImage? {
        didSet {
            iconImageView.image = iconImage
        }
    }
    @IBInspectable var buttonTitle: String = "" {
        didSet {
            okButton.setTitle(buttonTitle, forState: .Normal)
        }
    }
    override init(frame: CGRect) {
        super.init(frame: frame)
        comminInit()
    }
    
    required init?(coder aDecoder: NSCoder) {
        super.init(coder: aDecoder)
        comminInit()
    }
    
    private func comminInit() {
        let bundle = NSBundle(forClass: self.dynamicType)
```

```
            let nib = UINib(nibName: "MyCustomView", bundle: bundle)
            let view = nib.instantiateWithOwner(self, options: nil).first as! UIView
            addSubview(view)
            
            view.translatesAutoresizingMaskIntoConstraints = false
            let bindings = ["view": view]
            addConstraints(NSLayoutConstraint.constraintsWithVisualFormat("H:|[view]|",
options:NSLayoutFormatOptions(rawValue: 0), metrics:nil, views: bindings))
            addConstraints(NSLayoutConstraint.constraintsWithVisualFormat("V:|[view]|",
options:NSLayoutFormatOptions(rawValue: 0), metrics:nil, views: bindings))
        }
        
        @IBAction func okButtonTouched(sender: AnyObject) {
            let appStoreUrl = "https://itunes.apple.com/app/id934444072?mt=8"
            if let URL = NSURL(string: appStoreUrl) {
                if UIApplication.sharedApplication().canOpenURL(URL) {
                    UIApplication.sharedApplication().openURL(URL)
                }
            }
        }
}
```

本实例执行后的效果如图4-101所示。

4.28.3 范例技巧——定位屏幕中的图片的方法

在iOS应用中，UIView类使用一个点播绘制模型来展示内容。当一个视图第一次出现在屏幕前时，系统会要求它绘制自己的内容。在该流

图4-101 执行效果

程中，系统会创建一个快照，这个快照出现在屏幕中视图内容的可见部分。如果从来没有改变视图的内容，这个视图的绘制代码可能永远不会再被调用。这个快照图像在大部分涉及视图的操作中被重用。如果改变了视图内容，也不会直接重新绘制视图内容。相反，使用setNeedsDisplay或者setNeedsDisplayInRect:方法废止该视图，同时让系统稍后重画内容。系统等待当前运行循环结束，然后开始绘制操作。这个延迟给了你一个机会来废止多个视图，从层次中增加或者删除视图，隐藏、重设大小和重定位视图。所有改变稍后会在同一时间反映出来。

4.29 动态控制屏幕中动画的颜色（Swift版）

范例4-29	动态控制屏幕中动画的颜色
源码路径	光盘\daima\第4章\4-29

4.29.1 范例说明

本实例的功能是动态控制屏幕中动画的颜色，其中文件CZKRejectAnimation.swift的功能是在屏幕上方的指定位置绘制动画区域。文件ViewController.swift的功能是监听用户选择的开关选项，根据用户触摸的展示区域事件分别演示3种动画样式效果。

4.29.2 具体实现

文件ViewController.swift的主要实现代码如下所示。
```
import UIKit
class ViewController: UIViewController {
    let reject = CZKRejectAnimationSwift()
    @IBOutlet weak var titleLabel: UILabel!
    @IBOutlet weak var exampleButton: UIButton!
    @IBOutlet weak var labelSwitch: UISwitch!
    @IBOutlet weak var repeatSixSwitch: UISwitch!
    @IBOutlet weak var colorSwitch: UISwitch!
```

```
    override func viewDidLoad() {
        super.viewDidLoad()
        exampleButton.layer.borderWidth = 2
    }
    override func didReceiveMemoryWarning() {
        super.didReceiveMemoryWarning()
        // Dispose of any resources that can be recreated.
    }
    func resetAppearance() {
        titleLabel.backgroundColor = .clearColor()
        titleLabel.tintColor = .blueColor()
        exampleButton.backgroundColor = .clearColor()
        exampleButton.tintColor = .blueColor()
    }
    @IBAction func buttonTapped(sender: AnyObject) {
        resetAppearance()
        if (repeatSixSwitch.on && colorSwitch.on) {
            reject.addRejectAnimation(exampleButton, repeatCount: 6,
backgroundColor: .redColor(), tintColor: .redColor())
            reject.addRejectAnimation(titleLabel, repeatCount: 6,
backgroundColor: .redColor(), tintColor: .redColor())
        } else if (repeatSixSwitch.on && !colorSwitch.on) {
            reject.addRejectAnimation(exampleButton, repeatCount: 6)
            reject.addRejectAnimation(titleLabel, repeatCount: 6)
        } else if (!repeatSixSwitch.on && colorSwitch.on) {
             reject.addRejectAnimation(exampleButton, repeatCount: 2,
backgroundColor: .redColor(), tintColor: .redColor())
             reject.addRejectAnimation(titleLabel, repeatCount: 2,
backgroundColor: .redColor(), tintColor: .redColor())
        } else if (!repeatSixSwitch.on && !colorSwitch.on) {
            reject.addDefaultRejectAnimation(exampleButton)
            reject.addDefaultRejectAnimation(titleLabel)
        }
    }
}
```

本实例执行后的效果如图4-102所示。

4.29.3 范例技巧——视图绘制周期

UIView类使用一个点播绘制模型来展示内容。当一个视图第一次出现在屏幕前时，系统会要求它绘制自己的内容。在该流程中，系统会创建一个快照，这个快照出现在屏幕中视图内容的可见部分。如果从来没有改变视图的内容，这个视图的绘制代码可能永远不会再被调用。这个快照图像在大部分涉及视图的操作中被重用。如果改变了视图内容，也不会直接重新绘制视图内容。相反，使用setNeedsDisplay或者setNeedsDisplayInRect:方法废止该视图，同时让系统稍后重画内容。系统等待当前运行循环结束，然后开始绘制操作。这个延迟给了你一个机会来废止多个视图，从层次中增加或者删除视图，隐藏、重设大小和重定位视图。所有改变稍后会在同一时间反映出来。

图4-102 执行效果

4.30 实现多视图导航界面系统（Swift版）

范例4-30	实现多视图导航界面系统
源码路径	光盘\daima\第4章\4-30

4.30.1 范例说明

本实例的功能是实现多视图导航界面系统，各个文件的具体功能如下所示：

- 文件FirstNavViewController.swift的功能是实现第1个导航视图控制器视图。
- 文件SecondNavViewController.swift的功能是实现第2个导航视图控制器视图。
- 文件ThirdNavViewController.swift的功能是实现第3个导航视图控制器视图。
- 文件FourthNavViewController.swift的功能是实现第4个导航视图控制器视图。

4.30.2 具体实现

文件FirstNavViewController.swift的主要实现代码如下所示。

```
import UIKit
let zcTabBarFirstString : String = "Messages"
let zcTabBarFirstSelectedString : String = "MessagesSelected"

class FirstNavViewController: UINavigationController {
    override func awakeFromNib() {
        super.awakeFromNib()
        //swift 1.1
        self.tabBarItem.image = UIImage(named:
zcTabBarFirstString)?.imageWithRenderingMode(.AlwaysOriginal)
        self.tabBarItem.selectedImage = UIImage(named:
zcTabBarFirstSelectedString)?.imageWithRenderingMode(.AlwaysOriginal)
    }

    override func viewDidLoad() {
        super.viewDidLoad()
        let version: NSString =
UIDevice.currentDevice().systemVersion;
        if version.intValue > 7 {
            //  print("设备高于iOS7 \(version)")
            UITabBar.appearance().translucent = false
        }
    }
    override func didReceiveMemoryWarning() {
        super.didReceiveMemoryWarning()
    }
}
```

本实例执行后的效果如图4-103所示。

4.30.3 范例技巧——实现背景透明

使用UIView的属性alpha可以改变指定视图的透明度。

图4-103 执行效果

4.31 实现一个会员登录系统（Swift版）

范例4-31	实现一个会员登录系统
源码路径	光盘\daima\第4章\4-31

4.31.1 范例说明

本实例的会员登录系统的实现过程比较简单，默认的合法用户名和密码都是"aaa"。

4.31.2 具体实现

（1）文件LoginViewController.swift的功能是实现一个用户登录表单界面，主要实现代码如下所示。

```
import UIKit
class LoginViewController: BaseViewController{
    @IBOutlet weak var labelMessage: UILabel!
    @IBOutlet weak var textFieldUsername: UITextField!
    @IBOutlet weak var textFieldPassword: UITextField!
```

```swift
    required init?(coder aDecoder: NSCoder) {
        super.init(coder: aDecoder)
        self.eventable = LoginBusinessLogicController()
    }
    override func render(key: String!, value: NSObject!) {
        switch(key){
            case "message":
                self.labelMessage.text = value as? String
            default:
                super.render(key, value: value)
        }
    }

    override func getValue(key: String!) -> NSObject {
        switch(key){
        case "username":
            return self.textFieldUsername.text!
        case "password":
            return self.textFieldPassword.text!
        default:
            return super.getValue(key)
        }
    }

    override func goToPage(pageName: String!) {
        switch(pageName){
            case "Home":
                self.performSegueWithIdentifier("HomeIdentifier", sender: self)
            default:
                super.goToPage(pageName)
        }
    }

    @IBAction func onLoginButtonPressed(sender: AnyObject) {
        self.eventable?.dispatchEvent("loginButtonPressed", object: nil)
    }
}
```

（2）文件LoginBusinessLogicController.swift的功能是获取用户输入的登录信息，并验证信息的合法性。

（3）文件HomeViewController.swift的功能是实现登录成功后的主视图界面。

执行后的效果如图4-104所示。输入用户名"aaa"和密码"aaa"后登录主界面视图，如图4-105所示。

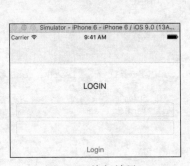

图4-104 执行效果

图4-105 主界面视图

4.31.3 范例技巧——旋转和缩放视图的方法

在iOS系统中，可以使用UIView的属性transform来翻转或者放缩视图。例如首先在屏幕上方设置UIImageView区域，在此区域显示一幅图片。然后在下方设置4个按钮，分别是旋转、扩大、缩小、翻转，最后为这4个按钮添加对应的4个操作方法，例如如下所示的4个方法。

- ☐ -(void)rotateDidPush：以90°为单位旋转。
- ☐ -(void)bigDidPush：以0.1为单位扩大。
- ☐ -(void)smallDidPush：以0.1为单位缩小。
- ☐ -(void)invertDidPush：左右反转。

4.32 创建一个App软件管理系统（Swift版）

范例4-32	创建一个App软件管理系统
源码路径	光盘\daima\第4章\4-32

4.32.1 范例说明

本实例的功能是创建一个App软件管理系统。在"Model"目录下，文件ItemStore.swift的功能是实现对Item列表项的操作处理，包括创建、删除、删除指定的Item、删除所有的Item。在"View"目录下，文件HeaderSectionView.swift的功能是实现界面的头部视图，文件ItemCell.swift的功能是实现Item单元格中显示的文字。

4.32.2 具体实现

（1）文件DateViewController.swift的功能是实现上述日期视图控制器界面。

（2）文件ItemsViewController.swift的功能是实现Items视图控制器界面，设置主视图具有相应的标题，并且价格为50美元的项目显示在顶部，其余的项目显示在底部。文件ItemsViewController.swift的主要实现代码如下所示。

```
import UIKit
class ItemsViewController: UITableViewController {
    private let tableSectionTitles = [ 0 : "Price Equal or Greater Than $50",
                                       1 : "Price Less Than $50"]
    private let tableSectionFilters : [(BNRItem) -> Bool] = [ {$0.valueInDollars() >= 50},
                                                              {$0.valueInDollars() < 50 } ]
    private let staticCellTitle = "No more items"
    private let removeTitle = "Remove"
    private let navTitle = "Homepwner"
    private let defaultCellHeight : CGFloat = 60.0
    private let staticCellHeight : CGFloat = 30.0
    private var itemStore : ItemStore!
    init(itemStore: ItemStore) {
        super.init(style:UITableViewStyle.Grouped)
        self.itemStore = itemStore
        navigationItem.title = self.navTitle
        let addItem = UIBarButtonItem(barButtonSystemItem: UIBarButtonSystemItem.Add,
        target: self, action: "addNewItem:")
        navigationItem.rightBarButtonItem = addItem
        navigationItem.leftBarButtonItem = editButtonItem()
    }
    convenience init() {
        let itemStore = ItemStore()
        self.init(itemStore: itemStore)
        self.itemStore.segmentsFilterFunctions = self.tableSectionFilters
    }
```

```swift
    override init(nibName nibNameOrNil: String?, bundle nibBundleOrNil: NSBundle?) {
        super.init(nibName: nibNameOrNil, bundle: nibBundleOrNil)
    }
    required init(coder aDecoder: NSCoder) {
        fatalError("This class doesn't support initialization using a NSCoder")
    }
    override func viewDidLoad() {
        super.viewDidLoad()
        
        if(numberOfSectionsInTableView(self.tableView) != self.tableSectionFilters.count) {
            fatalError("The number of sections in the table doesn't match the number of section filter expressions")
        }
        let nib = UINib(nibName: "ItemCell", bundle: nil)
        tableView.registerNib(nib, forCellReuseIdentifier: "ItemCell")
        let headerNib = UINib(nibName: "HeaderSectionView", bundle: nil)
        tableView.registerNib(headerNib, forHeaderFooterViewReuseIdentifier: "HeaderSectionView")
        //设置表格的背景图片
        let backgroundImage = UIImage(named: "background.jpg")
        tableView.backgroundView = UIImageView(image: backgroundImage!)
    }
    override func viewWillAppear(animated: Bool) {
        super.viewWillAppear(animated)
        tableView.reloadData()
    }
    override func numberOfSectionsInTableView(tableView: UITableView) -> Int {
        return tableSectionTitles.count
    }
    override func tableView(tableView: UITableView, numberOfRowsInSection section: Int) -> Int {
        var rows :Int = 0
        //Return the number of items depending on the section
        rows = itemStore.allItemsInSegment(section).count
        //Add one to save room for the static cell "No more items!"
        return rows + 1
    }
    override func tableView(tableView: UITableView, titleForHeaderInSection section: Int) -> String? {
        return tableSectionTitles[section]
    }
    override func tableView(tableView: UITableView, viewForHeaderInSection section: Int) -> UIView? {
        // Header部视图
        let header = tableView.dequeueReusableHeaderFooterViewWithIdentifier
            ("HeaderSectionView") as! HeaderSectionView
        
        //设置标题
        header.sectionTitle.text = self.tableView(tableView, titleForHeaderInSection: section)
        return header
    }
    override func tableView(tableView: UITableView, cellForRowAtIndexPath indexPath: NSIndexPath) -> UITableViewCell {
        let cell = tableView.dequeueReusableCellWithIdentifier("ItemCell", forIndexPath: indexPath) as! ItemCell
        //If it is the last row of a section return the static cell "No more items!"
        if ( isLastRow(indexPath) ) {
            cell.nameLabel.text = staticCellTitle
            cell.serialNumberLabel.text = ""
            cell.valueLabel.text = ""
        } else { //If it is not the last row, return its corresponding cell depending
                //on the section
            let item: BNRItem = itemStore.allItemsInSegment(indexPath.section)[indexPath.row]
            let labelFont = UIFont(name: "HelveticaNeue", size: 20.0)
            cell.nameLabel.text = item.itemName()
            cell.nameLabel.font = labelFont
            cell.serialNumberLabel.text = item.serialNumber()
            cell.serialNumberLabel.font = labelFont
```

```
            cell.valueLabel.text = "$\(item.valueInDollars())"
            cell.valueLabel.font = labelFont
        }
        return cell
    }
```

通过上述代码可知，通过单击"+"按钮可以添加新的项目，通过单击"编辑"按钮可以编辑项目，在编辑模式下可以实现项目的重新排序和删除操作。

视图界面设计器DetailViewController.xib的界面截图如图4-106所示。

（3）文件DetailViewController.swift的功能是实现软件详情界面视图，显示软件的名字、创建时间和更新时间等信息。

本实例执行后的效果如图4-107所示。

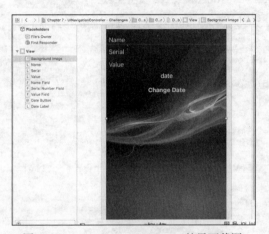

图4-106 DetailViewController.xib的界面截图　　　　　　图4-107 执行效果

4.32.3 范例技巧——UIActivityIndicatorView的系统样式

iOS中提供了几种不同样式的UIActivityIndicatorView类，UIActivityIndicator-ViewStyleWhite和UIActivityIndicatorViewStyleGray是最简洁的。黑色背景下最适合白色版本的外观，白色背景最适合灰色外观，它非常瘦小，而且采用夏普风格。在选择白色或灰色时要格外注意。全白显示在白色背景下将不能显示任何内容。而UIActivityIndicatorViewStyleWhiteLarge只能用于深色背景。它提供最大、最清晰的指示器。

4.33　创建一个图片浏览系统（Swift版）

范例4-33	创建一个图片浏览系统
源码路径	光盘\daima\第4章\4-33

4.33.1 范例说明

本实例的功能是使用Swift语言创建一个图片浏览系统。文件ViewController.swift的功能是实现主界面视图，监听用户触摸屏幕的按钮；文件SecondViewController.swift的功能是实现第二个视图控制器界面；文件CircleTransitionAnimator.swift的功能是实现圆形过渡动画效果；文件CircleTransitionPopAnimator.swift的功能是实现过渡动画特效。

4.33.2 具体实现

文件NavigationControllerDelegate.swift的功能是声明导航控制器，调用前面定制的动画特效来加载显示指定的素材图片。文件NavigationControllerDelegate.swift的主要实现代码如下所示。

```swift
import UIKit
class NavigationControllerDelegate: NSObject, UINavigationControllerDelegate {
  @IBOutlet weak var navigationController: UINavigationController?

  var interactionController: UIPercentDrivenInteractiveTransition?

  override func awakeFromNib() {
    super.awakeFromNib()
    let panGesture = UIPanGestureRecognizer(target: self, action: Selector("panned:"))
    self.navigationController!.view.addGestureRecognizer(panGesture)
  }

  @IBAction func panned(gestureRecognizer: UIPanGestureRecognizer) {
    switch gestureRecognizer.state {
    case .Began:
      self.interactionController = UIPercentDrivenInteractiveTransition()
      if self.navigationController?.viewControllers.count > 1 {
        self.navigationController?.popViewControllerAnimated(true)
      } else {
self.navigationController?.topViewController!.performSegueWithIdentifier("PushSegue", sender: nil)
      }
    case .Changed:
      let translation = gestureRecognizer.translationInView(self.navigationController!.view)
      let completionProgress = translation.x/CGRectGetWidth(self.navigationController!.view.bounds)
      self.interactionController?.updateInteractiveTransition(completionProgress)
    case .Ended:
      if (gestureRecognizer.velocityInView(self.navigationController!.view).x > 0) {
        self.interactionController?.finishInteractiveTransition()
      } else {
        self.interactionController?.cancelInteractiveTransition()
      }
      self.interactionController = nil

    default:
      self.interactionController?.cancelInteractiveTransition()
      self.interactionController = nil
    }
  }

  func navigationController(navigationController: UINavigationController,
animationControllerForOperation operation: UINavigationControllerOperation,
fromViewController fromVC: UIViewController, toViewController toVC: UIViewController)
-> UIViewControllerAnimatedTransitioning? {

    switch operation {
    case .Push:
      return CircleTransitionAnimator()
    case .Pop:
      return CircleTransitionPopAnimator()
    default:
      return nil
    }
  }

  func navigationController(navigationController: UINavigationController,
interactionControllerForAnimationController animationController:
UIViewControllerAnimatedTransitioning) -> UIViewControllerInteractiveTransitioning? {
    return self.interactionController
  }
}
```

执行后的效果如图4-108所示，单击黑色圆圈按钮后会以动画特效的样式展示指定的素材图片。

图4-108 执行效果

4.33.3 范例技巧——UITableView的主要作用

UITableView主要用于显示数据列表，数据列表中的每项都由行表示，其主要作用如下所示：
- 让用户能通过分层的数据进行导航。
- 把项以索引列表的形式展示。
- 用于分类不同的项并展示其详细信息。
- 展示选项的可选列表。

4.34 创建多界面视图（Swift版）

范例4-34	创建多界面视图
源码路径	光盘\daima\第4章\4-34

4.34.1 范例说明

在本实例中创建了一个多界面视图，其中文件AppDelegate.swift的功能是设置故事版中的视图界面Tab1和Tab2，并分别设置标题。文件FirstViewController.swift的功能是实现第1个视图控制器界面。文件SecondViewController.swift的功能是实现第2个视图控制器界面。文件ThirdViewController.swift的功能是实现第3个视图控制器界面。文件TabViewController.swift的功能是实现选项卡视图控制器界面。

4.34.2 具体实现

文件AppDelegate.swift的主要实现代码如下所示。
```
import UIKit
@UIApplicationMain
class AppDelegate: UIResponder, UIApplicationDelegate {
    var window: UIWindow?
    func application(application: UIApplication, didFinishLaunchingWithOptions launchOptions: [NSObject: AnyObject]?) -> Bool {
        let tab = UITabBarController()
        let storyboard: UIStoryboard = UIStoryboard(name: "Main", bundle: NSBundle.mainBundle())
        let f = storyboard.instantiateViewControllerWithIdentifier("Tab1")
```

```
        let s = storyboard.instantiateViewControllerWithIdentifier("Tab2")
        f.tabBarItem = UITabBarItem(title: "item1", image: nil, tag: 0)
        s.tabBarItem = UITabBarItem(title: "item2", image: nil, tag: 1)
        tab.setViewControllers([f,s], animated: true)
        return true
}
```
本实例执行后的效果如图4-109所示。

4.34.3 范例技巧——UITableView的初始化方法

请看下面的代码。
```
UITableView tableview= [[UITableView alloc] initWithFrame:
CGRectMake(0, 0, 320, 420)];
[tableview setDelegate:self];
[tableview setDataSource:self];
[self.view addSubview: tableview];
[tableview release];
```

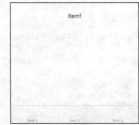

图4-109 执行效果

（1）在初始化UITableView的时候必须实现UITableView的是，在.h文件中要继承UITableViewDelegate和UITableViewDataSource，并实现3个UITableView数据源方法和设置它的delegate为self，这个是在不直接继承UITableViewController时实现的方法。

（2）直接在Xcode生成项目的时候继承UITableViewController，它会帮你自动写好UITableView必须要实现的方法。

（3）UITableView继承自UIScrollView。

4.35 联合使用UITabbarController和UIWebView（Swift版）

范例4-35	联合使用UITabbarController和UIWebView
源码路径	光盘\daima\第4章\4-35

4.35.1 范例说明

本实例是使用Swfit语言实现的，功能是联合使用UITabbarController和UIWebView创建一个具有两个选项卡的界面视图。

4.35.2 具体实现

（1）文件SportsViewController.swift的功能是实现Sports子视图界面控制器，主要实现代码如下所示。
```
import UIKit
class SportsViewController: UIViewController, UIWebViewDelegate {
    @IBOutlet var webView: UIWebView!
    @IBOutlet var activityIndicator: UIActivityIndicatorView!
    override func viewDidLoad() {
        super.viewDidLoad()
    }
    override func viewDidAppear(animated: Bool) {
        super.viewDidAppear(true)
        let url = NSURL(string: "http://m.baidu.com/")
        let urlRequest = NSURLRequest(URL: url!)
        webView.loadRequest(urlRequest)
        activityIndicator.startAnimating()
        activityIndicator.hidesWhenStopped = true
    }
    override func didReceiveMemoryWarning() {
        super.didReceiveMemoryWarning()
    }
    func webViewDidFinishLoad(webView: UIWebView) {
        activityIndicator.stopAnimating()
```

}

（2）文件ViewController.swift的功能是设置在屏幕子视图中加载的网页信息。

本实例执行后的效果如图4-110所示。

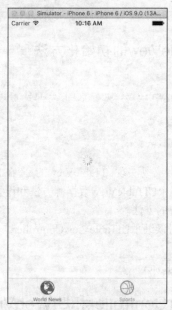

图4-110 执行效果

4.35.3 范例技巧——UITableView的委托方法

使用委托是为了响应用户的交互动作，比如下拉更新数据和选择某一行单元格，在UITableView中有很多这种方法供开发人员选择。例如在下面的代码中演示了UITableView委托方法的使用过程。

```
//设置Section的数量
- (NSArray *)sectionIndexTitlesForTableView:(UITableView *)tableView{
 return TitleData;
}
//设置每个section显示的Title
- (NSString *)tableView:(UITableView *)tableViewtitleForHeaderInSection:(NSInteger)
section{
 return @"Andy-11";
}
//指定有多少个分区(Section)，默认为1
- (NSInteger)numberOfSectionsInTableView:(UITableView *)tableView { return 2;
}
//指定每个分区中有多少行，默认为1
- (NSInteger)tableView:(UITableView *)tableViewnumberOfRowsInSection:(NSInteger)
section{
}
//设置每行调用的cell
-(UITableViewCell *)tableView:(UITableView *)tableViewcellForRowAtIndexPath:
(NSIndexPath *)indexPath {
static NSString *SimpleTableIdentifier = @"SimpleTableIdentifier";

    UITableViewCell *cell = [tableViewdequeueReusableCellWithIdentifier:
                     SimpleTableIdentifier];
    if (cell == nil) {
        cell = [[[UITableViewCellalloc] initWithStyle:UITableViewCellStyleDefault
                    reuseIdentifier:SimpleTableIdentifier] autorelease];
    }
```

4.35 联合使用 UITabbarController 和 UIWebView（Swift 版）

```
    cell.imageView.image=image;//未选cell时的图片
    cell.imageView.highlightedImage=highlightImage;//选中cell后的图片
    cell.text=@"Andy-清风";
    return cell;
}
//设置让UITableView行缩进
-(NSInteger)tableView:(UITableView
*)tableViewindentationLevelForRowAtIndexPath:(NSIndexPath *)indexPath{
    NSUInteger row = [indexPath row];
    return row;
}
//设置cell每行间隔的高度
- (CGFloat)tableView:(UITableView *)tableViewheightForRowAtIndexPath:(NSIndexPath
*)indexPath{
    return 40;
}
//返回当前所选cell
NSIndexPath *ip = [NSIndexPath indexPathForRow:row inSection:section];
[TopicsTable selectRowAtIndexPath:ip
animated:YESscrollPosition:UITableViewScrollPositionNone];

//设置UITableView的style
[tableView setSeparatorStyle:UITableViewCellSelectionStyleNone];
//设置选中Cell的响应事件
- (void)tableView:(UITableView *)tableView didSelectRowAtIndexPath:(NSIndexPath*)
indexPath{
    [tableView deselectRowAtIndexPath:indexPath animated:YES];//选中后的反显颜色即刻消失
}
//设置选中的行所执行的动作

-(NSIndexPath *)tableView:(UITableView *)tableViewwillSelectRowAtIndexPath:
(NSIndexPath *)indexPath
{
    NSUInteger row = [indexPath row];
    return indexPath;
}
//设置滑动cell是否出现del按钮，可供删除数据时进行处理
- (BOOL)tableView:(UITableView *)tableView
canEditRowAtIndexPath:(NSIndexPath*)indexPath {
}
//设置删除时的编辑状态
- (void)tableView:(UITableView *)tableView
commitEditingStyle:(UITableViewCellEditingStyle)editingStyle
forRowAtIndexPath:(NSIndexPath *)indexPath
{
}
//右侧添加一个索引表
- (NSArray *)sectionIndexTitlesForTableView:(UITableView *)tableView{
}
```

第 5 章 控件应用实战

作为智能设备开发项目来说，几乎所有的应用功能都需要用控件来实现。控件就如同Web开发中的一个模块，通过调用这些控件能够实现对应的功能效果。其实在本书第2章的内容中，所有的实例都是基于控件实现的，无论是Button还是TextView，都是控件。之所以将它们作为单独的一章来讲解，是因为屏幕布局的重要性。本章将通过具体的实例来讲解iOS系统中各个常用控件的基本用法。

5.1 控制是否显示TextField中的密码明文信息

范例5-1	控制是否显示TextField中的密码明文信息
源码路径	光盘\daima\第5章\5-1

5.1.1 范例说明

本实例的功能是控制是否显示TextField中的密码明文信息。本实例实现了一个支持明暗码切换的TextField控件功能，因为iOS 9系统自带的UITextField在切换到暗码时会清除之前的输入文本，所以就可以实现本实例的DKTextField功能。在本实例中，DKTextField功能继承于UITextField实现，并且不影响UITextField的Delegate。

5.1.2 具体实现

（1）在文件ViewController.h中定义需要的接口和功能函数。

（2）文件ViewController.m是文件ViewController.h的具体实现，通函数switchChanged来控制是否显示密码明文信息，主要实现代码如下所示。

```
#import "ViewController.h"
#import "DKTextField.h"
@interface ViewController ()
@property (nonatomic, weak) IBOutlet DKTextField *textField;
@end
@implementation ViewController
- (void)viewDidLoad {
    [super viewDidLoad];
}
- (void)didReceiveMemoryWarning {
    [super didReceiveMemoryWarning];
}
- (IBAction)switchChanged:(UISwitch *)sender {
    self.textField.secureTextEntry = sender.on;
}
@end
```

执行后可以通过UISwitch开关控件来控制是否显示密码明文信息，关闭时显示密码明文信息，如图5-1所示，打开时不显示密码明文信息，如图5-2所示。

图5-1 开关控件关闭时　　　图5-2 开关控件打开时

5.1.3 范例技巧——文本框的功能

在iOS应用中，文本框（UITextField）是一种常见的信息输入机制，类似于Web表单中的表单字段。当在文本框中输入数据时，可以使用各种iOS键盘将其输入限制为数字或文本。和按钮一样，文本框也能响应事件，但是通常将其实现为被动（passive）界面元素，这意味着视图控制器可随时通过text属性读取其内容。

5.2 对输入内容的长度进行验证

范例5-2	对输入内容的长度进行验证
源码路径	光盘\daima\第5章\5-2

5.2.1 范例说明

本实例的功能是实现对输入内容长度的验证。当超出设置的输入长度时，通过抖动动画告知用户。在实现本实例时需要先创建引用工程Pods，创建后的目录结构如图5-3所示。

5.2.2 具体实现

（1）首先创建测试工程TextFieldDemo，在故事板中插入两个可以输入信息的文本框，在下方通过文本控件显示允许输入的字符限制规则。

（2）文件ViewController.m的主要实现代码如下所示。

```
- (void)viewDidLoad
{
    [super viewDidLoad];
    self.ckTextField.validationDelegate = self;
    self.numericCKTextField.validationDelegate = self;
}
- (void)didReceiveMemoryWarning
{
    [super didReceiveMemoryWarning];
}
```

图5-3 创建的引用工程

```
#pragma mark Text Field Delegate
- (void)textFieldDidEndEditing:(UITextField *)textField
{
    self.latestEditLabel.text = textField.text;
}

#pragma mark Validation Delegate

- (void)textField:(CKTextField*)aTextField
validationResult:(enum CKTextFieldValidationResult)aResult
forText:(NSString*)aText
{
    if (aResult == CKTextFieldValidationFailed) {
        [aTextField shake];
    } else if (aResult == CKTextFieldValidationPassed) {
        [aTextField showAcceptButton];
    } else {
        [aTextField hideAcceptButton];
    }
}
@end
```
本实例执行后的效果如图5-4所示。

图5-4 执行效果

5.2.3 范例技巧——ViewController.m的功能

文件ViewController.m的功能是，通过CKTextField 验证textField文本框中输入的字符是否合法。当验证结果"CKTextFieldValidationFailed"的值是"CKTextFieldValidationFailed"时，表示不符合规定的长度，则显示抖动动画效果。

5.3 实现用户登录框界面

范例5-3	实现用户登录框界面
源码路径	光盘\daima\第5章\5-3

5.3.1 范例说明

本实例的功能是实现一个基本的会员登录表单系统，其中sender放弃作为第一响应者，让passField控件放弃作为第一响应者，让nameField控件放弃作为第一响应者。

5.3.2 具体实现

文件ViewController.m的主要实现代码如下所示。
```
#import "ViewController.h"
@interface ViewController ()
@end
@implementation ViewController
- (void)viewDidLoad {
 [super viewDidLoad];
}
- (void)didReceiveMemoryWarning {
 [super didReceiveMemoryWarning];
}
- (IBAction)finishEdit:(id)sender {
 // sender放弃作为第一响应者
 [sender resignFirstResponder];
}
- (IBAction)backTap:(id)sender {
 //让passField控件放弃作为第一响应者
 [self.passField resignFirstResponder];
 //让nameField控件放弃作为第一响应者
```

```
    [self.nameField resignFirstResponder];
}
@end
```
本实例执行后的效果如图5-5所示。

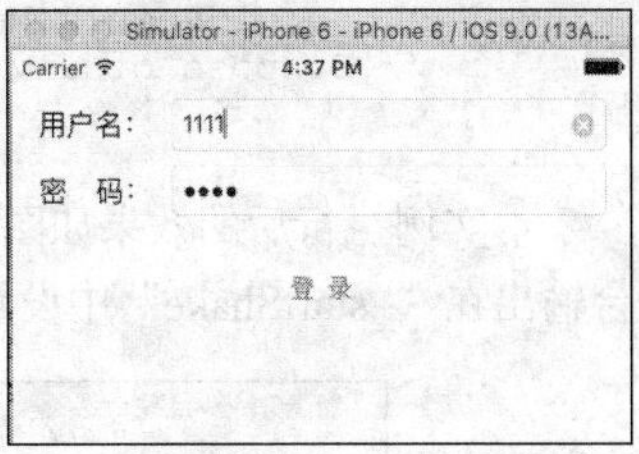

5.3.3 范例技巧——控件UITextField的常用属性

控件UITextField的常用属性如下所示。

（1）borderStyle属性：设置输入框的边框线样式。

图5-5 执行效果

（2）backgroundColor属性：设置输入框的背景颜色，使用其font属性设置字体。

（3）clearButtonMode属性：设置一个清空按钮，通过设置clearButtonMode可以指定是否以及何时显示清除按钮。此属性主要有如下几种类型。

- UITextFieldViewModeAlways：不为空，获得焦点与没有获得焦点都显示清空按钮。
- UITextFieldViewModeNever：不显示清空按钮。
- UITextFieldViewModeWhileEditing：不为空，且在编辑状态（及获得焦点）时显示清空按钮。
- UITextFieldViewModeUnlessEditing：不为空，且不在编译状态（焦点不在输入框上）时显示清空按钮。

（4）background属性：设置一个背景图片。

5.4 震动UITextField控件（Swift版）

范例5-4	震动UITextField控件
源码路径	光盘\daima\第5章\5-4

5.4.1 范例说明

本实例的功能是震动UITextField控件，震动时会在Xcode 7控制台输出在"_startShake"中设置的传递信息"我是回调啊"。

5.4.2 具体实现

文件ViewController.swift的主要实现代码如下所示。
```
override func viewDidLoad() {
    super.viewDidLoad()
    textField = UITextField(frame: CGRectMake(10, 20, 200, 30))
    textField!.borderStyle = UITextBorderStyle.RoundedRect
    textField!.placeholder = "我是文本框"
    textField!.center = self.view.center
    self.view.addSubview(textField!)
    
    let button: UIButton = UIButton(type: UIButtonType.System)
    button.frame = CGRectMake(20, 64, 100, 44)
    button.setTitle("Shake", forState: UIControlState.Normal)
    button.addTarget(self, action: "_startShake:", forControlEvents: UIControlEvents.TouchUpInside)
    self.view.addSubview(button)
    
}

// MARK: - 执行振动
func _startShake(sender: UIButton) {
    self.textField?.wy_shakeWith(completionHandle: {() -> () in
        print("我是回调啊")
    })
}
override func didReceiveMemoryWarning() {
```

```
    super.didReceiveMemoryWarning()
    // Dispose of any resources that can be recreated.
}
```

本实例执行后的效果如图5-6所示,单击"Shake"会震动下方的文本框。震动时会在Xcode 7控制台输出在"_startShake"中设置的传递信息"我是回调啊",如图5-7所示。

图5-6 执行效果

图5-7 控制台显示的信息

5.4.3 范例技巧——改变TextField背景图片

在Xcode中,默认的TextField的Border Style如图5-8所示。

此时如果想设置背景图片,是没有效果的。但是如果选择其他3种Border Style,就可以设置背景图片了。

图5-8 TextField的Border Style的默认样式

5.5 动态输入的文本

范例5-5	动态输入的文本
源码路径	光盘\daima\第5章\5-5

5.5.1 范例说明

在本实例中,将控制器本身设置为textView控件的委托对象,然后创建并添加一个导航条。在创建导航项时设置了导航项的标题,将导航项添加到导航条中后创建一个UIBarButtonItem对象,并赋给_done成员变量。

5.5.2 具体实现

在文件ViewController.m中创建导航项,并设置导航项的标题。文件ViewController.m的主要实现代码如下所示。

```
#import "ViewController.h"
@implementation ViewController{
 UIBarButtonItem* _done;
 UINavigationItem* _navItem;
}
- (void)viewDidLoad
{
[super viewDidLoad];
// 将该控制器本身设置为textView控件的委托对象
self.textView.delegate = self;
// 创建并添加导航条
UINavigationBar* navBar = [[UINavigationBar alloc]
    initWithFrame:CGRectMake(0, 20
```

```objc
        , [UIScreen mainScreen].bounds.size.width, 44)];
    [self.view addSubview:navBar];
    // 创建导航项,并设置导航项的标题
    _navItem = [[UINavigationItem alloc]
        initWithTitle:@"导航条"];
    // 将导航项添加到导航条中
    navBar.items = @[_navItem];
    // 创建一个UIBarButtonItem对象,并赋给_done成员变量
    _done = [[UIBarButtonItem alloc] initWithBarButtonSystemItem:
        UIBarButtonSystemItemDone
        target:self action:@selector(finishEdit)];
}
- (void)textViewDidBeginEditing:(UITextView *)textView {
    // 为导航条设置右边的按钮
    _navItem.rightBarButtonItem = _done;
}
- (void)textViewDidEndEditing:(UITextView *)textView {
    // 取消导航条设置右边的按钮
    _navItem.rightBarButtonItem = nil;
}
- (void) finishEdit {
    // 让textView控件放弃作为第一响应者
    [self.textView resignFirstResponder];
}
@end
```

本实例执行后的效果如图5-9所示。

图5-9 执行效果

5.5.3 范例技巧——什么是文本视图（UITextView）

文本视图（UITextView）与文本框类似,差别在于文本视图可显示一个可滚动和编辑的文本块,供用户阅读或修改。仅当需要的输入很多时,才使用文本视图。

5.6 自定义文字的行间距

范例5-6	自定义UITextView控件中的文字的行间距
源码路径	光盘\daima\第5章\5-6

5.6.1 范例说明

本实例的功能是自定义UITextView控件中文字的行间距,在文件ViewController.m中通过函数changeLineSpace改变文本行间距,在if语句中通过"paragraphStyle.lineSpacing"设置行间距的大小。

5.6.2 具体实现

文件ViewController.m的主要实现代码如下所示。
```objc
#import "ViewController.h"
@interface ViewController ()
@end
@implementation ViewController
@synthesize textview = _textview;
@synthesize lineSpaceRateSegCon = _lineSpaceRateSegCon;
- (void)viewDidLoad
{
    [super viewDidLoad];
    [_textview setEditable:NO];
}

- (void)didReceiveMemoryWarning
{
    [super didReceiveMemoryWarning];
```

```
}
-(IBAction)changeLineSpace:(id)sender{
    NSMutableParagraphStyle *paragraphStyle = [[[NSMutableParagraphStyle alloc]init] autorelease];
    if (_lineSpaceRateSegCon.selectedSegmentIndex == 0) {
        paragraphStyle.lineSpacing = 0;
    }else if (_lineSpaceRateSegCon.selectedSegmentIndex == 1) {
        paragraphStyle.lineSpacing = 2;
    }else if (_lineSpaceRateSegCon.selectedSegmentIndex == 2) {
        paragraphStyle.lineSpacing = 4;
    }else if (_lineSpaceRateSegCon.selectedSegmentIndex == 3) {
        paragraphStyle.lineSpacing = 6;
    }else if (_lineSpaceRateSegCon.selectedSegmentIndex == 4) {
        paragraphStyle.lineSpacing = 8;
    }
    NSDictionary *attributes = @{ NSFontAttributeName:[UIFont systemFontOfSize:14], NSParagraphStyleAttributeName:paragraphStyle};
    _textview.attributedText = [[NSAttributedString alloc]initWithString:_textview.text attributes:attributes];
}
-(void)dealloc{
    [_textview release];
    [_lineSpaceRateSegCon release];
    [super dealloc];
}
@end
```

本实例执行后的效果如图5-10所示，可以通过选择下方的分割条来控制文本的行间距。

5.6.3 范例技巧——Text Field部分的具体说明

Attribute Inspector分为3部分，分别是Text Field、Control和View部分。我们重点看看Text Field 部分，其中包括以下选项。

（1）Text：设置文本框的默认文本。

（2）Placeholder：可以在文本框中显示灰色的字，用于提示用户应该在这个文本框输入什么内容。当这个文本框中输入了数据时，用于提示的灰色的字将会自动消失。

图5-10 执行效果

（3）Background：设置背景。

（4）Disabled：若选中此项，用户将不能更改文本框中的内容。

（5）接下来是3个按钮，用来设置对齐方式。

（6）Border Style：选择边界风格。

（7）Clear Button：这是一个下拉菜单，你可以选择清除按钮什么时候出现。所谓清除按钮就是出现一个在文本框右边的小×，可以有以下选择：

❑ Never appears：从不出现。

❑ Appears while editing：编辑时出现。

❑ Appears unless editing：编辑时不出现。

❑ Is always visible：总是可见。

（8）Clear when editing begins：若选中此项，则当开始编辑这个文本框时，文本框中之前的内容会被清除掉。比如，先在这个文本框A中输入 "What"，之后去编辑文本框B，若再回来编辑文本框 A，则其中的 "What" 会被立即清除。

（9）Text Color：设置文本框中文本的颜色。

（10）Font：设置文本的字体与字号。

（11）Min Font Size：设置文本框可以显示的最小字号（不过我感觉没什么用）。

（12）Adjust To Fit：指定当文本框尺寸减小时文本框中的文本是否也要缩小。选择它，可以使得全部文本都可见，即使文本很长也可以。但是这个选项要跟Min Font Size配合使用，文本再缩小，也不会小于设定的 Min Font Size。

5.7 自定义UITextView控件的样式

范例5-7	自定义 UITextView 控件的样式
源码路径	光盘\daima\第5章\5-7

5.7.1 范例说明

本实例的功能是自定义 UITextView 控件的样式效果，设置给文字视图每行下面加上横线，用于分隔每行文字。另外还可以动态调整文字大小，在调整文字大小时，每行横线的宽度也随之调整。并且还能动态改变屏幕中文字的字体。读者可以以本实例为基础进行改编，也可以直接将本项目源码嵌入到自己的记事本APP项目中。

5.7.2 具体实现

（1）文件KGNotePad.m的功能是自定义 UITextView 控件的样式，设置给文字视图每行下面加上横线。首先调用QuartzCore对UIView屏幕对象里面的层进行管理，然后通过CGRect在视图中绘制帧对象，通过函数updateLines来更新线条的显示。文件KGNotePad.m的主要实现代码如下所示。

```
//设置垂直线的颜色样式
- (void)setVerticalLineColor:(UIColor *)verticalLineColor{
    if(_verticalLineColor != verticalLineColor){
        _verticalLineColor = verticalLineColor;
        [self updateLines];
    }
}

- (UIColor *)verticalLineColor{
    if(_verticalLineColor == nil){
        self.verticalLineColor = [UIColor colorWithRed:0.8 green:0.863 blue:1 alpha:1];
    }
    return _verticalLineColor;
}
//设置水平线的颜色样式
- (void)setHorizontalLineColor:(UIColor *)horizontalLineColor{
    if(_horizontalLineColor != horizontalLineColor){
        _horizontalLineColor = horizontalLineColor;
        [self updateLines];
    }
}

- (UIColor *)horizontalLineColor{
    if(_horizontalLineColor == nil){
        self.horizontalLineColor = [UIColor colorWithRed:1 green:0.718 blue:0.718 alpha:1];
    }
    return _horizontalLineColor;
}
//设置背景颜色
- (void)setPaperBackgroundColor:(UIColor *)paperBackgroundColor{
    if(_paperBackgroundColor != paperBackgroundColor){
        _paperBackgroundColor = paperBackgroundColor;
        [self updateLines];
    }
}
```

（2）文件KGNotePadExampleViewController.m是测试文件，功能是调用上面的分隔行样式来分割显示屏幕中的文字，通过函数fontSliderAction监听滑动条的值来设置屏幕中文字的大小。

本实例执行后的效果如图5-11所示。

5.7.3 范例技巧——Captitalization的作用

在iOS的文本控件中，Captitalization的作用是设置大写，在下拉菜单中有如下所示的4个选项。

- None：不设置大写。
- Words：每个单词首字母大写，这里的单词指的是以空格分开的字符串。
- Sentances：每个句子的第一个字母大写，这里的句子是以句号加空格分开的字符串。
- All Characters：所有字母大写。

图5-11 执行效果

5.8 在指定的区域中输入文本（Swift版）

范例5-8	在指定的区域中输入文本
源码路径	光盘\daima\第5章\5-8

5.8.1 范例说明

本实例十分简单，功能是使用UITextView控件在屏幕中输入文本。在实现时需要先打开Main.storyboard，在故事板中设置能够输入文本的区域，如图5-12所示。

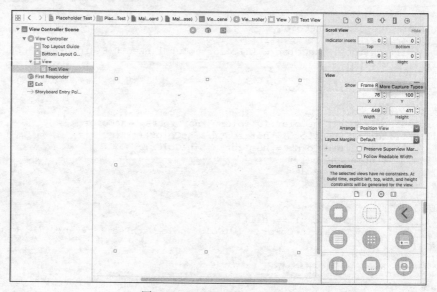

图5-12 Main.storyboard记事板

5.8.2 具体实现

文件ViewController.swift的主要实现代码如下所示。

```
import UIKit
class ViewController: UIViewController, UITextViewDelegate {
    @IBOutlet weak var textView: UITextView!
    override func viewDidLoad() {
        super.viewDidLoad()
        textView.delegate = self
        if (textView.text == "") {
            textViewDidEndEditing(textView)
        }
        let tapDismiss = UITapGestureRecognizer(target: self, action: "dismissKeyboard")
        self.view.addGestureRecognizer(tapDismiss)
    }
    func dismissKeyboard(){
        textView.resignFirstResponder()
    }
    override func didReceiveMemoryWarning() {
        super.didReceiveMemoryWarning()
        // Dispose of any resources that can be recreated.
    }

    func textViewDidEndEditing(textView: UITextView) {
        if (textView.text == "") {
            textView.text = "Placeholder"
            textView.textColor = UIColor.lightGrayColor()
        }
        textView.resignFirstResponder()
    }
    func textViewDidBeginEditing(textView: UITextView){
        if (textView.text == "Placeholder"){
            textView.text = ""
            textView.textColor =
            UIColor.blackColor()
        }
        textView.becomeFirstResponder()
    }
}
```

执行后可以在文本区域输入文本，效果如图5-13所示。

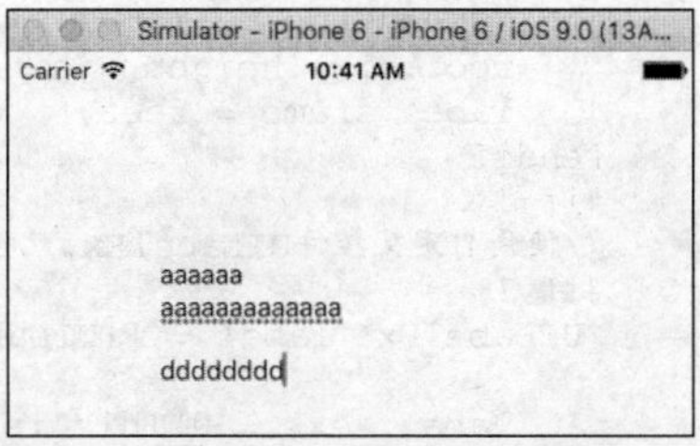

5.8.3 范例技巧——3个重要的键盘属性

图5-13 执行效果

（1）Keyboard：选择键盘类型，比如全数字、字母和数字等。
（2）Return Key：选择返回键，可以选择Search、Return、Done等。
（3）Auto-enable Return Key：如选择此项，则只有至少在文本框中输入一个字符后键盘的返回键才有效。

5.9 使用UILabel显示一段文本

范例5-9	使用UILabel显示一段文本
源码路径	光盘\daima\第5章\5-9

5.9.1 范例说明

在本实例中，在文件ViewController.m中创建了一个UILabel对象，并分别设置了显示文本的字体、颜色、背景颜色和水平位置等。并且在此文件中使用了自定义控件UILabelEx，此控件可以设置文本的垂直方向位置。

5.9.2 具体实现

（1）文件ViewController.m的实现代码如下所示。

```objc
- (void)viewDidLoad
{
    [superviewDidLoad];
#if 0
//创建
- (void)viewDidLoad
{
    [superviewDidLoad];

#if 0
//创建UIlabel对象
UILabel* label = [[UILabel alloc] initWithFrame:self.view.bounds];
    //设置显示文本
    label.text = @"This is a UILabel Demo,";
  //设置文本字体
    label.font = [UIFont fontWithName:@"Arial" size:35];
  //设置文本颜色
    label.textColor = [UIColor yellowColor];
  //设置文本水平显示位置
    label.textAlignment = UITextAlignmentCenter;
  //设置背景颜色
    label.backgroundColor = [UIColor blueColor];
  //设置单词折行方式
    label.lineBreakMode = UILineBreakModeWordWrap;
  //设置label是否可以显示多行, 0则显示多行
    label.numberOfLines = 0;
  //根据内容大小,动态设置UILabel的高度
    CGSize size = [label.text sizeWithFont:label.font constrainedToSize:self.view.
bounds.size lineBreakMode:label.lineBreakMode];
    CGRect rect = label.frame;
    rect.size.height = size.height;
    label.frame = rect;
#endif
#if 1
//使用自定义控件UILabelEx,此控件可以设置文本的垂直方向位置
#if 1
 UILabelEx* label = [[UILabelEx alloc] initWithFrame:self.view.bounds];

    label.text = @"This is a UILabel Demo,";
    label.font = [UIFont fontWithName:@"Arial" size:35];
    label.textColor = [UIColor yellowColor];
    label.textAlignment = NSTextAlignmentCenter;
    label.backgroundColor = [UIColor blueColor];
    label.lineBreakMode = NSLineBreakByWordWrapping;
    label.numberOfLines = 0;
    label.verticalAlignment = VerticalAlignmentTop;

#endif
  //将label对象添加到view中,这样才可以显示
    [self.view addSubview:label];
    [label release];
}
```

（2）接下来开始看自定义控件UILabelEx的实现过程。首先在文件UILabelEx.h中定义一个枚举类型，在里面分别设置了顶部、居中和底部对齐3种类型。

（3）看文件 UILabelEx.m，在此设置了文本显示类型，并重写了两个父类。

这样整个实例讲解完毕，执行后的效果如图5-14所示。

5.9.3 范例技巧——标签（UILabel）的作用

图5-14 执行效果

在iOS应用中，使用标签（UILabel）可以在视图中显示字符串，这一功能是通过设置其text属性实现的。标签中可以控制文本的属性有很多，例如字体、字号、对齐方式以及颜色。通过标签可以在视

图中显示静态文本，也可显示在代码中生成的动态输出。

5.10 为文字分别添加上划线、下划线和中划线

范例5-10	为文字分别添加上划线、下划线和中划线
源码路径	光盘\daima\第5章\5-10

5.10.1 范例说明

本实例的功能是为UILabel控件中的文字分别添加上划线、下划线和中划线，并且可以设置线条的类型和颜色。

5.10.2 具体实现

（1）在文件UICustomLineLabel.h中定义接口、数组和功能函数。

（2）在文件ViewController.m中调用UICustomLineLabel.m中定义的绘制函数，在屏幕中设置9个UILabel的文本颜色和线条样式，主要实现代码如下所示。

```
#import "ViewController.h"
@interface ViewController ()
@end
@implementation ViewController
- (void)viewDidLoad
{
    [super viewDidLoad];
    self.testLabel1.lineType = self.testLabel4.lineType = self.testLabel7.lineType = LineTypeUp;
    self.testLabel2.lineType = self.testLabel5.lineType = self.testLabel8.lineType = LineTypeMiddle;
    self.testLabel3.lineType = self.testLabel6.lineType = self.testLabel9.lineType = LineTypeDown;
    self.testLabel1.lineColor = self.testLabel2.lineColor = self.testLabel3.lineColor = [UIColor blueColor];
    self.testLabel4.lineColor = self.testLabel5.lineColor = self.testLabel6.lineColor = [UIColor redColor];
    self.testLabel7.lineColor = self.testLabel8.lineColor = self.testLabel9.lineColor = [UIColor grayColor];
}
- (void)didReceiveMemoryWarning
{
    [super didReceiveMemoryWarning];
}
@end
```

本实例执行后的效果如图5-15所示。

5.10.3 范例技巧——标签（UILabel）的常用属性

标签（UILabel）有如下5个常用的属性。

（1）font属性：设置显示文本的字体。

（2）size属性：设置文本的大小。

（3）backgroundColor属性：设置背景颜色，并分别使用如下3个对齐属性设置文本的对齐方式。

❑ UITextAlignmentLeft：左对齐。

❑ UITextAlignmentCenter：居中对齐。

❑ UITextAlignmentRight：右对齐。

（4）textColor属性：设置文本的颜色。

图5-15 执行效果

（5）adjustsFontSizeToFitWidth属性：如将adjustsFontSizeToFitWidth的值设置为YES，表示文本文字自适应大小。

5.11 显示被触摸单词的字母

范例5-11	显示被触摸单词的字母
源码路径	光盘\daima\第5章\5-11

5.11.1 范例说明

本实例的功能是，在屏幕下方通过UILabel显示一个英文单词，触摸单词中的某个字母时会在屏幕上方显示这个字母。

5.11.2 具体实现

（1）文件APLabel.m是文件APLabel.h的具体实现，通过函数touchesEnded获取触摸单词的长度，并获取被触摸字母的索引序号。文件APLabel.m的主要实现代码如下所示。

```
#import "APLabel.h"
@implementation APLabel
- (id)initWithCoder:(NSCoder *)aDecoder
{
  if ( self = [super initWithCoder:aDecoder])
  {
    self.backgroundColor       = [UIColor greenColor];
    self.userInteractionEnabled = YES;
  }
  return self;
}

- (void)touchesEnded:(NSSet *)touches withEvent:(UIEvent *)event
{
  UITouch *touch = [[touches allObjects] objectAtIndex:0];
  CGPoint pos    = [touch locationInView:self];
//定义单词长度
  int sizes[self.text.length];
  for ( int i=0; i<self .text.length; i++ )
  {
    char letter            = [self.text characterAtIndex:i];
    NSString *letterStr = [NSString stringWithFormat:@"%c", letter];
    CGSize letterSize   = [letterStr sizeWithFont:self.font];
    sizes[i]              = letterSize.width;
  }
//计算单词的长度
  int sum = 0;
  for ( int i=0; i<self.text.length; i++)
  {
    sum += sizes[i];
    if ( sum >= pos.x )
    {
      [ _delegate didLetterFound:[ self.text characterAtIndex:i] ];
//被触摸字母的索引号
      return;
    }
  }
}
@end
```

（2）文件APViewController.m是一个测试文件，功能是调用文件APLabel.m来获取被触摸单词的字母。

本实例执行后的效果如图5-16所示。

图5-16 执行效果

5.11.3 范例技巧——截取文本操作

在iOS程序中，可以截取UILabel控件中的文本，具体说明如下所示。
- UILineBreakModeClip：截去多余部分。
- UILineBreakModeHeadTruncation：截去头部。
- UILineBreakModeTailTruncation：截去尾部。
- UILineBreakModeMiddleTruncation：截去中间。

5.12 输出一个指定样式的文本（Swift版）

范例5-12	显示一个指定样式的文本
源码路径	光盘\daima\第5章\5-12

5.12.1 范例说明

在本实例中，通过文件ViewController.swift定义一个UILabel变量，并设置在屏幕中绘制文字的颜色和字体等样式。

5.12.2 具体实现

文件ViewController.swift的主要实现代码如下所示。

```
import UIKit
class ViewController: UIViewController {
    override func viewDidLoad() {
        super.viewDidLoad()
        // 定义UILabel变量
        let myLabel: UILabel = UILabel()
        // 绘制文本
        myLabel.frame = CGRectMake(0,0,300,100)
        // 位置
        myLabel.layer.position = CGPoint(x: self.view.bounds.width/2,y: 200)
        // 背景色
        myLabel.backgroundColor = UIColor.redColor()
        // 文字
        myLabel.text = "Hello!!"
        // 设置文本颜色
        myLabel.font = UIFont.systemFontOfSize(40)
        // 文字色
        myLabel.textColor = UIColor.whiteColor()
        // 文字阴影色
        myLabel.shadowColor = UIColor.blueColor()
        // 文字居中对齐
        myLabel.textAlignment = NSTextAlignment.Center
        // 初始值
        myLabel.layer.masksToBounds = true
        // 设置半径
        myLabel.layer.cornerRadius = 20.0
        // View追加显示
        self.view.addSubview(myLabel)
    }
    override func didReceiveMemoryWarning() {
        super.didReceiveMemoryWarning()
        // Dispose of any resources that can be recreated.
    }
}
```

到此为止，整个实例介绍完毕。执行后将在屏幕中显示指定样式的字体和背景颜色，如图5-17所示。

图5-17 执行效果

5.12.3 范例技巧——让UILabel的文字顶部对齐

默认UILabel是垂直居中对齐的，如果UILabel高度有多行，当内容少的时候，会自动垂直居中，如图5-18所示。比较郁闷的是，UILabel并不提供设置其垂直对齐方式的选项。所以如果想让文字顶部对齐，就需要自己想办法了。

在显示文字时，首先计算显示当前的文字需要多宽和多高，然后将对应的UILabel的大小改变成对应的宽度和高度。此方法的示意图如图5-19所示。

图5-18 居中对齐

图5-19 设置宽度和高度

在显示文字时，首先计算显示当前的文字需要多宽和多高，然后将对应的UILabel的大小改变成对应的宽度和高度。此方法的相应代码如下：

```
CGSize maximumSize = CGSizeMake(300, 9999);
NSString *dateString = @"The date today is January 1st, 1999";
UIFont *dateFont = [UIFont fontWithName:@"Helvetica" size:14];
CGSize dateStringSize = [dateString sizeWithFont:dateFont
    constrainedToSize:maximumSize
    lineBreakMode:self.dateLabel.lineBreakMode];
CGRect dateFrame = CGRectMake(10, 10, 300, dateStringSize.height);
self.dateLabel.frame = dateFrame;
```

5.13 自定义设置按钮的图案（Swift版）

范例5-13	自定义设置按钮的图案
源码路径	光盘\daima\第5章\5-13

5.13.1 范例说明

本实例的功能是在屏幕中设置4个控制按钮和1个展示按钮，单击这4个控制按钮后，会分别在展示按钮的上、下、左、右4个位置显示图案。

5.13.2 具体实现

在文件UIButton+TQEasyIcon.m中分别实现屏幕下方4个操作按钮的单击事件功能，单击"set Icon In Left"按钮后调用函数setIconInLeftWithSpacing将图标放在展示按钮的左侧，单击"set Icon In Top"按钮后调用函数setIconInTopWithSpacing将图标放在展示按钮的顶部，单击"set Icon In Right"按钮后调用函数setIconInRightWithSpacing将图标放在展示按钮的右侧，单击"set Icon In Bottom"按钮后调用函数setIconInBottomWithSpacing将图标放在展示按钮的底部。文件UIButton+TQEasyIcon.m的主要实现代码如下所示。

```
#import "UIButton+TQEasyIcon.h"
@implementation UIButton (TQEasyIcon)
- (void)setIconInLeft
{
    [self setIconInLeftWithSpacing:0];
```

```objc
}
- (void)setIconInRight
{
    [self setIconInRightWithSpacing:0];
}

- (void)setIconInTop
{
    [self setIconInTopWithSpacing:0];
}

- (void)setIconInBottom
{
    [self setIconInBottomWithSpacing:0];
}

- (void)setIconInLeftWithSpacing:(CGFloat)Spacing
{
    self.titleEdgeInsets = (UIEdgeInsets){
        .top    = 0,
        .left   = 0,
        .bottom = 0,
        .right  = 0,
    };
    
    self.imageEdgeInsets = (UIEdgeInsets){
        .top    = 0,
        .left   = 0,
        .bottom = 0,
        .right  = 0,
    };
}

- (void)setIconInRightWithSpacing:(CGFloat)Spacing
{
    CGFloat img_W = self.imageView.frame.size.width;
    CGFloat tit_W = self.titleLabel.frame.size.width;
    
    self.titleEdgeInsets = (UIEdgeInsets){
        .top    = 0,
        .left   = - (img_W + Spacing / 2),
        .bottom = 0,
        .right  =   (img_W + Spacing / 2),
    };
    
    self.imageEdgeInsets = (UIEdgeInsets){
        .top    = 0,
        .left   =   (tit_W + Spacing / 2),
        .bottom = 0,
        .right  = - (tit_W + Spacing / 2),
    };
}

- (void)setIconInTopWithSpacing:(CGFloat)Spacing
{
    CGFloat img_W = self.imageView.frame.size.width;
    CGFloat img_H = self.imageView.frame.size.height;
    CGFloat tit_W = self.titleLabel.frame.size.width;
    CGFloat tit_H = self.titleLabel.frame.size.height;
    
    self.titleEdgeInsets = (UIEdgeInsets){
        .top    =   (tit_H / 2 + Spacing / 2),
        .left   = - (img_W / 2),
        .bottom = - (tit_H / 2 + Spacing / 2),
        .right  =   (img_W / 2),
    };
    
    self.imageEdgeInsets = (UIEdgeInsets){
```

```
            .top     = - (img_H / 2 + Spacing / 2),
            .left    =   (tit_W / 2),
            .bottom  =   (img_H / 2 + Spacing / 2),
            .right   = - (tit_W / 2),
        };
    }

    - (void)setIconInBottomWithSpacing:(CGFloat)Spacing
    {
        CGFloat img_W = self.imageView.frame.size.width;
        CGFloat img_H = self.imageView.frame.size.height;
        CGFloat tit_W = self.titleLabel.frame.size.width;
        CGFloat tit_H = self.titleLabel.frame.size.height;

        self.titleEdgeInsets = (UIEdgeInsets){
            .top     = - (tit_H / 2 + Spacing / 2),
            .left    = - (img_W / 2),
            .bottom  =   (tit_H / 2 + Spacing / 2),
            .right   =   (img_W / 2),
        };
        self.imageEdgeInsets = (UIEdgeInsets){
            .top     =   (img_H / 2 + Spacing / 2),
            .left    =   (tit_W / 2),
            .bottom  = - (img_H / 2 + Spacing / 2),
            .right   = - (tit_W / 2),
        };
    }

    @end
```

执行上述代码后，单击"set icon in left"按钮后的效果如图5-20所示，单击"set icon in buttom"按钮后的效果如图5-21所示。

图5-20 单击"set icon in left"按钮后的效果　　图5-21 单击"set icon in buttom"按钮后的效果

5.13.3 范例技巧——按钮（UIButton）的作用

在iOS应用中，最常见的与用户交互的方式是检测用户轻按按钮（UIButton）并对此做出反应。按钮在iOS中是一个视图元素，用于响应用户在界面中触发的事件。按钮通常用Touch Up Inside事件来体现，能够抓取用户用手指按下按钮并在该按钮上松开发生的事件。当检测到事件后，便可能触发相应视图控件中的操作（IBAction）。

5.14 实现一个变换形状的动画按钮

范例5-14	实现了一个变换形状动画按钮
源码路径	光盘\daima\第5章\5-14

5.14.1 范例说明

本实例实现了一个简单的变换形状动画按钮效果，执行后会显示一个带图标的"微信注册"按钮，单击此按钮后会变为一个带动画效果的圆形按钮。

5.14.2 具体实现

在文件ViewController.m中通过forDisplayButton展示按钮中的文本和图标，主要实现代码如下所示。

```
- (void)viewDidLoad {
    [super viewDidLoad];
deformationBtn = [[DeformationButton alloc]initWithFrame:CGRectMake(100, 100, 140, 36)];
//设置颜色
    deformationBtn.contentColor = [self getColor:@"52c332"];
    deformationBtn.progressColor = [UIColor whiteColor];
    [self.view addSubview:deformationBtn];
    //按钮初始效果
    [deformationBtn.forDisplayButton setTitle:@"微信注册" forState:UIControlStateNormal];
[deformationBtn.forDisplayButton.titleLabel setFont:[UIFont systemFontOfSize:15]];
//设置文字颜色
    [deformationBtn.forDisplayButton setTitleColor:[UIColor whiteColor] forState:UIControlStateNormal];
    [deformationBtn.forDisplayButton setTitleEdgeInsets:UIEdgeInsetsMake(0, 6, 0, 0)];
    [deformationBtn.forDisplayButton setImage:[UIImage imageNamed:@"logo_.png"] forState:UIControlStateNormal];
    UIImage *bgImage = [UIImage imageNamed:@"button_bg.png"];
    [deformationBtn.forDisplayButton setBackgroundImage:[bgImage resizableImageWithCapInsets:UIEdgeInsetsMake(10, 10, 10, 10)] forState:UIControlStateNormal];
    [deformationBtn addTarget:self action:@selector(btnEvent) forControlEvents:UIControlEventTouchUpInside];
}
- (void)btnEvent{
    NSLog(@"btnEvent");
}
-(void)touchesEnded:(NSSet *)touches withEvent:(UIEvent *)event{
}
- (void)didReceiveMemoryWarning {
    [super didReceiveMemoryWarning];
}
@end
```

本实例执行后的初始效果如图5-22所示。

单击"微信注册"按钮后的效果如图5-23所示。

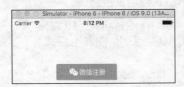 

图5-22 初始执行效果　　　　　图5-23 单击"微信注册"按钮后的效果

5.14.3 范例技巧——按钮的外观风格

在iOS应用中，使用UIButton控件可以实现不同样式的按钮效果。通过使用方法 ButtonWithType可以指定几种不同的UIButtonType的类型常量，用不同的常量可以显示不同外观样式的按钮。UIButtonType属性指定了一个按钮的风格，其中有如下几种常用的外观风格。
- UIButtonTypeCustom：无按钮的样式。
- UIButtonTypeRoundedRect：一个圆角矩形样式的按钮。
- UIButtonTypeDetailDisclosure：一个详细披露按钮。
- UIButtonTypeInfoLight：一个信息按钮，有一个浅色背景。
- UIButtonTypeInfoDark：一个信息按钮，有一个黑暗的背景。
- UIButtonTypeContactAdd：一个联系人添加按钮。

5.15 联合使用文本框、文本视图和按钮

范例5-15	联合使用文本框、文本视图和按钮
源码路径	光盘\daima\第5章\5-15

5.15.1 范例说明

下面将通过一个具体实例的实现过程，来说明联合使用文本框、文本视图和按钮的流程。在这个实例中将创建一个故事生成器，可以让用户通过3个文本框（UITextField）输入一个名词（地点）、一个动词和一个数字。用户还可输入或修改一个模板，该模板包含将生成的故事概要。由于模板可能有多行，因此将使用一个文本视图（UITextView）来显示这些信息。当用户按下按钮（UIButton）时将触发一个操作，该操作生成故事并将其输出到另一个文本视图中。

5.15.2 具体实现

文件ViewController.m的具体实现代码如下所示。
```
#import "ViewController.h"
@implementation ViewController
@synthesize thePlace;
@synthesize theVerb;
@synthesize theNumber;
@synthesize theTemplate;
@synthesize theStory;
@synthesize theButton;
- (void)didReceiveMemoryWarning
{
    [super didReceiveMemoryWarning];
}
#pragma mark - View lifecycle
- (void)viewDidLoad
{
    UIImage *normalImage = [[UIImage imageNamed:@"whiteButton.png"]
                    stretchableImageWithLeftCapWidth:12.0
                            topCapHeight:0.0];
    UIImage *pressedImage = [[UIImage imageNamed:@"blueButton.png"]
                    stretchableImageWithLeftCapWidth:12.0
                            topCapHeight:0.0];
    [self.theButton setBackgroundImage:normalImage
                    forState:UIControlStateNormal];
    [self.theButton setBackgroundImage:pressedImage
                    forState:UIControlStateHighlighted];
    [super viewDidLoad];
```

```
}
- (void)viewDidUnload
{
    [self setThePlace:nil];
    [self setTheVerb:nil];
    [self setTheNumber:nil];
    [self setTheTemplate:nil];
    [self setTheStory:nil];
    [self setTheButton:nil];
    [super viewDidUnload];
}
- (void)viewWillAppear:(BOOL)animated
{
    [super viewWillAppear:animated];
}
- (void)viewDidAppear:(BOOL)animated
{
    [super viewDidAppear:animated];
}
- (void)viewWillDisappear:(BOOL)animated
{
    [super viewWillDisappear:animated];
}
- (void)viewDidDisappear:(BOOL)animated
{
    [super viewDidDisappear:animated];
}
- (BOOL)shouldAutorotateToInterfaceOrientation:(UIInterfaceOrientation)interfaceOrientation
{
    return (interfaceOrientation != UIInterfaceOrientationPortraitUpsideDown);
}
- (IBAction)hideKeyboard:(id)sender {
    [self.thePlace resignFirstResponder];
    [self.theVerb resignFirstResponder];
    [self.theNumber resignFirstResponder];
    [self.theTemplate resignFirstResponder];
}
@end
```

最终的执行效果如图5-24所示。在文本框中输入信息，单击"构造"按钮后的效果如图5-25所示。

图5-24 初始执行效

图5-25 单击按钮后的效果

5.15.3 范例技巧——设置成不同的背景颜色

在本实例中，为了让这两个文本视图看起来不同，特意将Template文本视图的背景色设置成淡红色，并将Story文本视图的背景色设置成淡绿色。要在这个项目中完成这项任务，只需选择要设置其背景色的文本视图，然后在Attributes Inspector的"View"部分单击属性"Background"，这样就可以打开拾色器。

5.16 自定义一个按钮（Swift版）

范例5-16	自定义一个按钮
源码路径	光盘\daima\第5章\5-16

5.16.1 范例说明

在本实例的文件ViewController.swift中，定义了一个继承于类UIViewController的类ViewController，在界面中自定义设计了4个制定样式的按钮。

5.16.2 具体实现

编写文件ViewController.swift，定义继承于类UIViewController的类ViewController，在界面中自定义设计4个按钮，主要实现代码如下所示。

```swift
import UIKit
class ViewController: UIViewController {
    override func viewDidLoad() {
        super.viewDidLoad()
        // *** UIButton ***
        //无样式Button
        let button = UIButton()
        button.setTitle("Tap Me!", forState: .Normal)
        button.setTitleColor(UIColor.blueColor(), forState: .Normal)
        button.setTitle("Tapped!", forState: .Highlighted)
        button.setTitleColor(UIColor.redColor(), forState: .Highlighted)
        button.frame = CGRectMake(0, 0, 300, 50)
        button.tag = 1
        button.layer.position = CGPoint(x: self.view.frame.width/2, y:100)
        button.backgroundColor = UIColor(red: 0.7, green: 0.2, blue: 0.2, alpha: 0.2)
        button.layer.cornerRadius = 10
        button.layer.borderWidth = 1
        button.addTarget(self, action: "tapped:", forControlEvents:.TouchUpInside)
        self.view.addSubview(button)
        // ***按钮样式 ***
        //ContactAdd Button
        let addButton: UIButton = UIButton.buttonWithType(.ContactAdd) as! UIButton
        addButton.layer.position = CGPoint(x: self.view.frame.width/2, y:200)
        addButton.tag = 2
        addButton.addTarget(self, action: "tapped:", forControlEvents: .TouchUpInside)
        self.view.addSubview(addButton)


        //DetailDisclosure Button
        let detailButton: UIButton = UIButton.buttonWithType(.DetailDisclosure) as! UIButton
        detailButton.layer.position = CGPoint(x: self.view.frame.width/2, y:300)
        detailButton.tag = 3
        detailButton.addTarget(self, action: "tapped:", forControlEvents: .TouchUpInside)
        self.view.addSubview(detailButton)


        // *** 图片按钮UIButton ***
        let image = UIImage(named: "stop.png") as UIImage?
        let imageButton     = UIButton()
        imageButton.tag = 4
        imageButton.frame = CGRectMake(0, 0, 128, 128)
        imageButton.layer.position = CGPoint(x: self.view.frame.width/2, y:450)
        imageButton.setImage(image, forState: .Normal)
        imageButton.addTarget(self, action: "tapped:",
```

```
                forControlEvents:.TouchUpInside)
        self.view.addSubview(imageButton)
    }
    override func didReceiveMemoryWarning() {
        super.didReceiveMemoryWarning()
        // Dispose of any resources that can be recreated.
    }
    func tapped(sender: UIButton){
        println("Tapped Button Tag:\(sender.tag)")
    }
}
```

本实例执行后的效果如图5-26所示，单击某个按钮后，会在Xcode控制台中显示其操作，如图5-27所示。

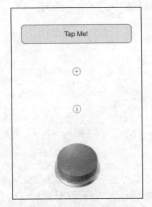
图5-26 执行效果

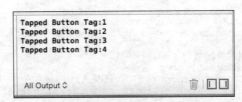
图5-27 在控制台中显示的操作信息

5.16.3 范例技巧——何时释放release UIButton

在iOS程序中，是否在dealloc中对UIButton对象进行release操作，取决于UIButton初始化的方式。如果使用 [UIButtonbuttonWithType:UIButtonTypeRoundedRect]方式，是不需要进行release操作的，因为这种方式是自动释放的。如果使用 [[UIButton alloc]init]的方式，则需要主动进行release操作。

5.17 使用素材图片实现滑动条特效

范例5-17	使用素材图片实现滑动条特效
源码路径	光盘\daima\第5章\5-17

5.17.1 范例说明

本实例的功能是使用素材图片实现滑动条特效。文件ViewController.m中定义了数组numbers，通过此数组设置了滑动条的刻度值以5为单位，并设置每个单位节点用".png"图片进行标记。

5.17.2 具体实现

文件ViewController.m的主要实现代码如下所示。

```
- (void)viewDidLoad {
    [super viewDidLoad];

    numbers = @[@(0), @(5), @(10), @(15), @(20), @(25), @(30), @(35)];
    NSInteger numberOfSteps = ((float)[numbers count] - 1);
```

```
    slider.maximumValue = numberOfSteps;
    slider.minimumValue = 0;
    [slider setValue:3];
    valueLabel.text = [NSString stringWithFormat:@"%d", 3];

    slider.layer.zPosition = 2;
    UIImage *clearImage = [[UIImage alloc] init];
    [slider setMaximumTrackImage:clearImage forState:UIControlStateNormal];
    [slider setMinimumTrackImage:clearImage forState:UIControlStateNormal];
    UIImage *sliderThumbImage = [UIImage imageNamed:@"slider-handler.png"];
    [slider setThumbImage:sliderThumbImage forState:UIControlStateNormal];

    sliderBackgroundImageView.image = [UIImage imageNamed:@"sliderbar.png"];
    sliderBackgroundImageView.layer.zPosition = 0;

    slider.continuous = YES; // NO makes it call only once you let go
    [slider addTarget:self action:@selector(valueChanged:) forControlEvents:UIControlEventValueChanged];

    [NSTimer scheduledTimerWithTimeInterval:0.5 target:self selector:@selector(drawSliders) userInfo:nil repeats:NO];

}
//值改变时增加0.5
-(void)valueChanged:(UISlider *)sender {
    NSUInteger index = (NSUInteger)(slider.value + 0.5);
    [slider setValue:index animated:NO];
    valueLabel.text = [NSString stringWithFormat:@"%ld", index];
}
//绘制滑动条
-(void)drawSliders {
    CGFloat sliderWidth = slider.frame.size.width - slider.currentThumbImage.size.width;
    CGFloat sliderOriginX = slider.frame.origin.x + slider.currentThumbImage.size.width / 2.0;

    UIImage *sliderMarkImage = [UIImage imageNamed:@"slider-mark.png"];
    CGFloat sliderMarkWidth  = sliderMarkImage.size.width;
    CGFloat sliderMarkHeight = sliderMarkImage.size.height;
    CGFloat sliderMarkOriginY = slider.frame.origin.y + slider.frame.size.height / 2.0;

    for (NSUInteger index = 0; index < [numbers count]; ++index) {
        CGFloat value = (CGFloat) index;
        CGFloat sliderMarkOriginX = ((value - slider.minimumValue) / (slider.maximumValue - slider.minimumValue)) * sliderWidth + sliderOriginX;
        UIImageView *markImageView = [[UIImageView alloc] initWithFrame:CGRectMake(sliderMarkOriginX - sliderMarkWidth / 2, sliderMarkOriginY - sliderMarkHeight / 2, sliderMarkWidth, sliderMarkHeight)];
        markImageView.image = sliderMarkImage;
        markImageView.layer.zPosition = 1;
        [self.view addSubview:markImageView];
    }
}
@end
```

本实例执行后的效果如图5-28所示。

5.17.3 范例技巧——滑块（UISlider）介绍

滑块（UISlider）是常用的界面组件，能够让用户可以用可视化方式设置指定范围内的值。假如想让用户提高或降低速度，采取让用户输入值的方式并不合理，可以提供一个如图5-29所示的滑块，让用户能够轻按并来回拖曳。在幕后将设置一个value属性，应用程序可使用它来设置速度。这不要求用户理解幕后的细节，也不需要用户执行除使用手指拖曳之外的其他操作。

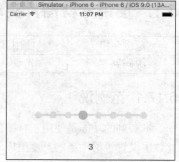

图5-28 执行效果

图5-29 使用滑块收集特定范围内的值

5.18 实现一个自动显示刻度记号的滑动条

范例5-18	实现一个自动显示刻度记号的滑动条
源码路径	光盘\daima\第5章\5-18

5.18.1 范例说明

本实例实现了一个自动显示刻度记号的滑动条，当滑动到某处时，该处的刻度会自动上升，并且在滑动条两边还配置了动态刻度图像。

5.18.2 具体实现

在文件ViewController.m中，调用"Library"目录中的样式文件HUMSlider.h/m到项目中即可使用。文件ViewController.m的主要实现代码如下所示。

```
- (void)viewDidLoad
{
    [super viewDidLoad];
    // 设置滑动条的最大值和最小值
    self.sliderFromNib.minimumValueImage = [self sadImage];
    self.sliderFromNib.maximumValueImage = [self happyImage];
    //设置每个滑动条的颜色
    self.sliderFromNibSideColors.minimumValueImage = [self sadImage];
    self.sliderFromNibSideColors.maximumValueImage = [self happyImage];
    [self.sliderFromNibSideColors setSaturatedColor:[UIColor redColor]
                                    forSide:HUMSliderSideLeft];
    [self.sliderFromNibSideColors setSaturatedColor:[UIColor greenColor]
                                    forSide:HUMSliderSideRight];
    [self.sliderFromNibSideColors setDesaturatedColor:[UIColor lightGrayColor]
                                    forSide:HUMSliderSideLeft];
    [self.sliderFromNibSideColors setDesaturatedColor:[UIColor darkGrayColor]
                                    forSide:HUMSliderSideRight];

    //设置默认刻度值以外的颜色
    self.noImageSliderFromNib.tintColor = [UIColor redColor];
    [self setupSliderProgrammatically];
}
//实现滑块
- (void)setupSliderProgrammatically
{
    self.programmaticSlider = [[HUMSlider alloc] init];
    self.programmaticSlider.translatesAutoresizingMaskIntoConstraints = NO;
    [self.view addSubview:self.programmaticSlider];
    // 自动布局
    // 左右滑块尖
    [self.view addConstraint:[NSLayoutConstraint
constraintWithItem:self.programmaticSlider attribute:NSLayoutAttributeLeft
relatedBy:NSLayoutRelationEqual
toItem:self.sliderFromNib
attribute:NSLayoutAttributeLeft
                                                            multiplier:1
                                                            constant:0]];
[self.view addConstraint:[NSLayoutConstraint constraintWithItem:self.programmaticSlider
attribute:NSLayoutAttributeRight
relatedBy:NSLayoutRelationEqual
toItem:self.sliderFromNib
attribute:NSLayoutAttributeRight
                            multiplier:1
                            constant:0]];
// 设置底部和顶部不同滑块的颜色
[self.view addConstraint:[NSLayoutConstraint constraintWithItem:self.programmaticSlider
attribute:NSLayoutAttributeTop
```

```
                relatedBy:NSLayoutRelationEqual
                toItem:self.sliderFromNibSideColors
                attribute:NSLayoutAttributeBottom
                                                        multiplier:1
                                                          constant:0]];
    self.programmaticSlider.minimumValueImage = [self sadImage];
    self.programmaticSlider.maximumValueImage = [self happyImage];
    self.programmaticSlider.minimumValue = 0;
    self.programmaticSlider.maximumValue = 100;
    self.programmaticSlider.value = 25;

    // 自定义滑块跟踪
    [self.programmaticSlider setMinimumTrackImage:[self darkTrack] forState:UIControlStateNormal];
    [self.programmaticSlider setMaximumTrackImage:[self darkTrack] forState:UIControlStateNormal];
    [self.programmaticSlider setThumbImage:[self darkThumb] forState:UIControlStateNormal];

    // 构建刻度影子
    self.programmaticSlider.pointAdjustmentForCustomThumb = 8;

    // 使用crazypants颜色
    self.programmaticSlider.saturatedColor = [UIColor blueColor];
    self.programmaticSlider.desaturatedColor = [[UIColor brownColor] colorWithAlphaComponent:0.2f];
    self.programmaticSlider.tickColor = [UIColor orangeColor];

    // 设置动画持续时间
    self.programmaticSlider.tickAlphaAnimationDuration = 0.7;
    self.programmaticSlider.tickMovementAnimationDuration = 1.0;
    self.programmaticSlider.secondTickMovementAndimationDuration = 0.8;
    self.programmaticSlider.nextTickAnimationDelay = 0.1;
}
```

本实例执行后的效果如图5-30所示,滑动3个滑动条时都会自动弹出刻度。

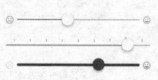

图5-30 执行效果

5.18.3 范例技巧——滑块的作用

和按钮一样,滑块也能响应事件,还可像文本框一样被读取。如果希望用户对滑块的调整立刻影响应用程序,则需要让它触发操作。滑块为用户提供了一种可见的针对范围的调整方法,可以通过拖动一个滑动条来改变它的值,并且可以对其配置以适合不同值域。可以设置滑块值的范围,也可以在两端加上图片,以及进行各种调整让它更美观。滑块非常适合用于表示在很大范围(但不精确)的数值中进行选择,比如音量设置、灵敏度控制等诸如此类的用途。

5.19 在屏幕中实现各种各样的滑块

范例5-19	在屏幕中实现各种各样的滑块
源码路径	光盘\daima\第5章\5-19

5.19.1 范例说明

本实例的功能是在屏幕中实现各种各样的滑块。在设计UI界面时,在界面中设置了如下所示的3个控件。

❑ UISlider:放在界面的顶部,用于实现滑块功能。
❑ UIProgressView:这是一个进度条控件,放在界面中间,能够实现进度条效果。
❑ UICircularSlider:这是一个自定义滑块控件,放在界面底部,能够实现圆环状的滑块效果。

5.19.2 具体实现

（1）打开Xcode 7，创建一个名为"test_project"的工程。
（2）准备一幅名为"circularSliderThumbImage.png"的图片作为素材。
（3）看文件UICircularSlider.m的源码，此文件是UICircularSlider Library的一部分。这里的UICircularProgressView是一款自由软件，读者们可以从网络中免费获取这个软件，并且可以重新分配和/或修改使用。
（4）再看文件UICircularSliderViewController.m，此文件也是借助了自由软件UICircularProgressView，读者可以从网络中免费获取这个软件，并且可以重新分配或修改使用。

这样整个实例就介绍完毕了，执行后的效果如图5-31所示。

5.19.3 范例技巧——UISlider控件的常用属性

UISlider控件的常用属性如下所示。
- minimumValue属性：设置滑块的最小值。
- maximumValue属性：设置滑块的最大值。
- UIImage属性：为滑块设置表示放大和缩小的图像素材。

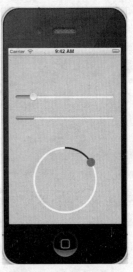

图5-31 执行效果

5.20 自定义实现UISlider控件功能（Swift版）

范例5-20	自定义实现UISlider控件功能
源码路径	光盘\daima\第5章\5-20

5.20.1 范例说明

在本实例中自定义实现了一个UISlider控件，其中类文件FibonacciModel.swift的功能是通过calculateFibonacciNumbers计算斐波那契数值。文件ViewController.swift的功能是监听滑动条数值的变动，并及时显示滑块中的更新值。

5.20.2 具体实现

文件ViewController.swift的主要实现代码如下所示。

```
@IBAction func sliderValueDidChange(sender: UISlider) {
func sliderValueDidChange () {
    var returnedArray: [Int] = []
    var formattedOutput:String = ""
    
    //显示更新的滑块值
    self.selectedValueLabel!.text = String(Int(theSlider!.value))
    returnedArray = self.fibo.calculateFibonacciNumbers(minimum2: Int(theSlider!.value))
    for number in returnedArray {
        formattedOutput = formattedOutput + String(number) + ", "
    }
    self.outputTextView!.text = formattedOutput
}
}
```

本实例执行后将在屏幕中实现一个滑动条效果，如图5-32所示。

224 | 第5章 控件应用实战

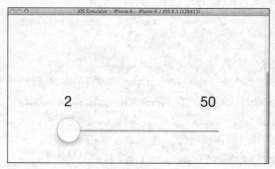

图5-32 执行效果

5.20.3 范例技巧——设定滑块的范围与默认值

创建完毕的同时需要设置好滑块的范围，如果没有设置，那么会使用默认的0.0到1.0之间的值。UISlider提供了两个属性来设置范围：mininumValue和maxinumValue。例如：

```
mySlider.mininumValue = 0.0;//下限
mySlider.maxinumValue = 50.0;//上限
```

同时也可以为滑块设定一个默认值：

```
mySlider.value = 22.0;
```

5.21 自定义步进控件的样式

范例5-21	自定义步进控件的样式
源码路径	光盘\daima\第5章\5-21

5.21.1 范例说明

本实例的功能是自定义一个指定样式的步进控件。其中文件RPVerticalStepper.h的功能是定义样式，分别设置步进条的最大值、最小值和stepValue值。文件RPVerticalStepper.m的功能是在屏幕中定义一个宽为35、高为63的区域，然后在里面设置两个高分别为31和32的两个步进区域。然后设置第一个步进条的范围是-100到+100，每次递增或递减5。然后设置第二个步进条的范围是+1到+100，每次递增或递减1。

5.21.2 具体实现

视图控制器文件ViewController.m的功能是，调用RPVerticalStepper.h和RPVerticalStepper.m的样式在屏幕中显示两个步进条，主要实现代码如下所示。

```
- (void)viewDidLoad
{
    [super viewDidLoad];
    self.stepperViaDelegate.delegate = self;
    self.stepperViaDelegate.value = 5.0f;
    self.stepperViaDelegate.minimumValue = -100.0f;
    self.stepperViaDelegate.maximumValue = 100.0f;
    self.stepperViaDelegate.stepValue = 5.0f;
    self.stepperViaDelegate.autoRepeatInterval = 0.1f;
    self.stepper.value = 1.0f;
    self.stepper.autoRepeat = NO;
}
#pragma mark - Delegate Method
- (void)stepperValueDidChange:(RPVerticalStepper *)stepper
{
    self.stepperViaDelegateLabel.text = [NSString stringWithFormat:@"%.f", stepper.value];
}
```

```
#pragma mark - Standard Method
- (IBAction)stepperDidChange:(RPVerticalStepper *)stepper
{
    self.stepperLabel.text = [NSString stringWithFormat:@"%.f", stepper.value];
}
@end
```
本实例执行后的效果如图5-33所示。

5.21.3 范例技巧——IStepper的属性

IStepper继承自UIControl,它主要的事件是UIControlEventValueChanged,每当它的值改变时就会触发这个事件。IStepper主要有下面几个属性。
- value:当前所表示的值,默认为0.0。
- minimumValue:最小可以表示的值,默认为0.0。
- maximumValue:最大可以表示的值,默认为100.0。
- stepValue:每次递增或递减的值,默认为1.0。

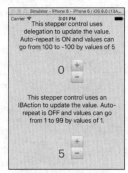

图5-33 执行效果

5.22 设置指定样式的步进控件

范例5-20	设置指定样式的步进控件
源码路径	光盘\daima\第5章\5-20

5.22.1 范例说明

本实例的功能是设置指定样式的步进控件。其中文件FMStepper.h的功能是设置样式对象接口,分别设置步进控件的颜色、最大/最小值、当前值、按钮样式和文本字体。文件FMStepper.m的功能是实现在文件FMStepper.m中定义的功能接口函数,文件FMStepperButton.h的功能是设置步进条中的按钮样式,文件FMStepperButton.m的功能是实现上面的功能函数。

5.22.2 具体实现

文件FMStepper.h的主要实现代码如下所示。
```
#import <UIKit/UIKit.h>
@interface FMStepper : UIControl
/**
 设置步进控件的颜色
 */
@property (strong, nonatomic) UIColor *tintColor;
/**
 设置最小值
 */
@property (assign, nonatomic) double minimumValue;
/**
 设置最大值
 */
@property (assign, nonatomic) double maximumValue;
/**
 设置步进值,即每次按下时的变化值
 */
@property (assign, nonatomic) double stepValue;
/**
 设置是否是连续步进,如果是,在用户交互的值发生改变时,立即发送值变化事件
 如果为否,用户交互结束时发送值变化事件。此属性的默认值是"是"
 */
@property (assign, nonatomic, getter=isContinuous) BOOL continuous;
/**
 设置是否超过允许的最大值和最小值
```

```objc
 */
@property (assign, nonatomic) BOOL wraps;
/**
设置自动与非自动重复步进状态，如果是，用户按下时则步进反复地改变值。此属性的默认值是"是"
 */
@property (assign, nonatomic) BOOL autorepeat;
/**
对于自动重复的时间间隔,默认为0.35s
 */
@property (assign, nonatomic) double autorepeatInterval;


/**
辅助功能描述的标签（提示、值） */
@property (copy, nonatomic) NSString *accessibilityTag;
/**
 设置步进条的当前值
 */
- (void)setValue:(double)value;
/**
获取当前值
 */
- (double)value;
/**
获取当前值
 */
- (NSNumber *)valueObject;
+ (FMStepper *)stepperWithFrame:(CGRect)frame min:(CGFloat)min max:(CGFloat)max step:(CGFloat)step value:(CGFloat)value;
/**
设置显示文字的字体
 */
- (void)setFont:(NSString *)fontName size:(CGFloat)size;
/**
设置步进按钮两个角的半径
 */
- (void)setCornerRadius:(CGFloat)cornerRadius;
@end
```

执行后将在屏幕中显示3种指定样式的步控件,如图5-34所示。

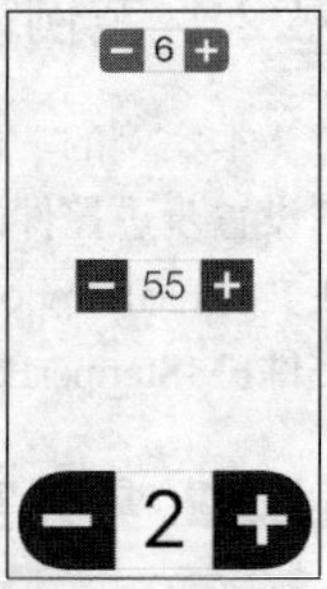

5.22.3 范例技巧——UIStepper的控制属性

UIStepper 有如下所示的3个控制属性。
- continuous：控制是否持续触发UIControlEventValueChanged事件。默认为YES，即当按住时每次值改变都触发一次UIControlEventValueChanged事件，否则只有在释放按钮时触发UIControlEventValueChanged事件。
- autorepeat：控制是否在按住时自动持续递增或递减。默认为YES。
- wraps：控制值是否在[minimumValue,maximumValue]区间内循环。默认为NO。

图5-34 执行效果

5.23 使用步进控件自动增减数字（Swift版）

范例5-23	使用步进控件自动增减数字
源码路径	光盘\daima\第5章\5-23

5.23.1 范例说明

本实例的功能是使用步进控件自动增减数字，通过文件ViewController.swift定义了一个界面视图，并分别设置了步进控件的wraps、autorepeat和maximumValue属性。

5.23.2 具体实现

（1）文件ViewController.swift的主要实现代码如下所示。
```
import UIKit

class ViewController: UIViewController {
  @IBOutlet weak var valueLabel: UILabel!
  @IBOutlet weak var stepper: UIStepper!
  override func viewDidLoad() {
    super.viewDidLoad()
    stepper.wraps = true
    stepper.autorepeat = true
    stepper.maximumValue = 10
  }
  override func didReceiveMemoryWarning() {
    super.didReceiveMemoryWarning()
  }
  @IBAction func stepperValueChanged(sender: UIStepper) {
    valueLabel.text = Int(sender.value).description
  }
}
```

（2）测试文件SwiftUIStepperTests.swift的主要实现代码如下所示。
```
import UIKit
import XCTest
class iOS8SwiftUIStepperTests: XCTestCase {
    override func setUp() {
        super.setUp()
    }

    override func tearDown() {
        super.tearDown()
    }

    func testExample() {
        XCTAssert(true, "Pass")
    }
    func testPerformanceExample() {
        self.measureBlock() {
        }
    }
}
```

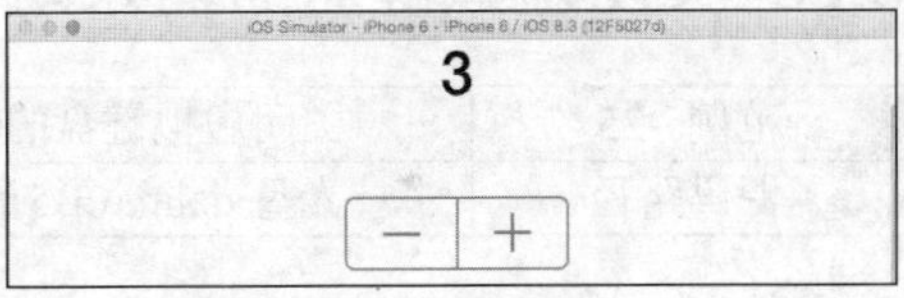

执行后将显示步进控件的基本功能，如图5-35所示。

图5-35 执行效果

5.23.3 范例技巧——UIStepper控件的一个有趣特性

UIStepper控件一个有趣的特征是当用户按住"+""-"按钮时，根据按住的时间长度不同，控件值的数字也以不同的速度改变。按住的时间越长，数值改变得越快。可以为UIStepper设定一个数值范围，比如0～99。

5.24 限制输入文本的长度

范例5-24	限制输入文本的长度
源码路径	光盘\daima\第5章\5-24

5.24.1 范例说明

本实例的功能是，实现iOS 9内置控件UITextField和UITextView的输入长度限制，使其可以在其他程序中直接使用。

5.24.2 具体实现

文件ViewController.m是本项目中的测试文件，功能是调用文件LimitInput.m中的输入文本限制功能，限制故事版中两个textfield文本框的输入文本长度。在本例中，第一个文本框限制输入4个字符，第二个文本框限制输入6个字符。文件ViewController.m的主要实现代码如下所示。

```
- (void)viewDidLoad
{
    [super viewDidLoad];
    // 调用限制功能，下面的第一个文本框限制输入4个字符，第二个文本框限制输入6个字符
    [self.textfield setValue:@4 forKey:@"limit"];
    [self.textview setValue:@6 forKey:@"limit"];
}
- (void)didReceiveMemoryWarning
{
    [super didReceiveMemoryWarning];
}
@end
```

本实例执行后的效果如图5-36所示。

图5-36 执行效果

5.24.3 范例技巧——拷贝文件到测试工程中

当需要使用本项目的输入长度限制功能时，需要将"textInputLimit"目录下的".h"文件和".m"文件直接拷贝到测试工程中，然后通过如下代码调用需要做输入长度限制的textField或textView对象方法。

```
[textObj setValue:@4 forKey:@"limit"];
```

在上述整个使用过程中，无需对UITextField和UITextView、Xib或故事板文件做任何修改，也不需要引用头文件。

5.25 关闭虚拟键盘的输入动作

范例5-25	关闭虚拟键盘的输入动作
源码路径	光盘\daima\第5章\5-25

5.25.1 范例说明

本实例的功能是关闭虚拟键盘的输入动作，单击虚拟键盘中的"完成"按钮后可以关闭弹出的虚拟键盘。

5.25.2 具体实现

文件ViewController.m的主要实现代码如下所示。

```
- (void)viewDidLoad
{
[super viewDidLoad];
// 创建一个UIToolBar工具条
UIToolbar * topView = [[UIToolbar alloc]
    initWithFrame:CGRectMake(0, 0,
    [UIScreen mainScreen].bounds.size.width, 30)];
// 设置工具条风格
[topView setBarStyle:UIBarStyleDefault];
// 为工具条创建第1个"按钮"
UIBarButtonItem* myBn = [[UIBarButtonItem alloc]
    initWithTitle:@"无动作" style:UIBarButtonItemStylePlain
    target:self action:nil];
// 为工具条创建第2个"按钮"，该按钮只是一片可伸缩的空白区
```

```
UIBarButtonItem* spaceBn = [[UIBarButtonItem alloc]
    initWithBarButtonSystemItem:UIBarButtonSystemItemFlexibleSpace
    target:self action:nil];
// 为工具条创建第3个"按钮", 单击该按钮会激发editFinish方法
UIBarButtonItem* doneBn = [[UIBarButtonItem alloc]
    initWithTitle:@"完成" style:UIBarButtonItemStyleDone
    target:self action:@selector(editFinish)];
// 以3个按钮创建NSArray集合
NSArray * buttonsArray = @[myBn, spaceBn, doneBn];
// 为UIToolBar设置按钮
topView.items = buttonsArray;
// 为textView关联的虚拟键盘设置附件
self.textView.inputAccessoryView = topView;
}
-(void) editFinish
{
    [self.textView resignFirstResponder];
}
@end
```
本实例执行后的效果如图5-37所示。

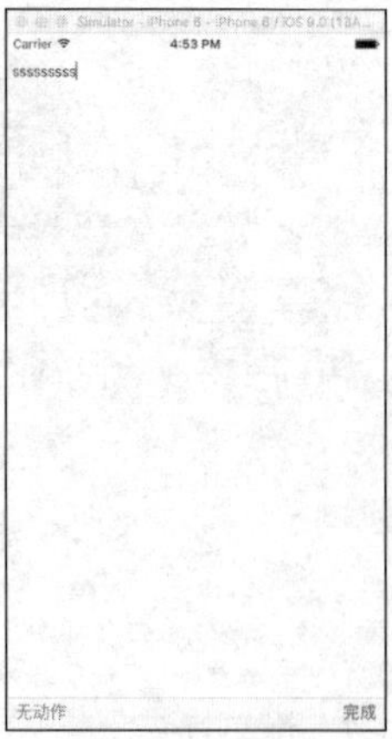

5.25.3 范例技巧——接口文件的实现

本实例接口文件ViewController.h的主要实现代码如下所示。
```
#import <UIKit/UIKit.h>
@interface ViewController : UIViewController
@property (strong, nonatomic) IBOutlet UITextView *textView;
@end
```

图5-37 执行效果

5.26 复制UILabel中的文本内容

范例5-26	复制UILabel中的文本内容
源码路径	光盘\daima\第5章\5-26

5.26.1 范例说明

本实例的功能是, 长按屏幕后可以复制UILabel中的文本内容, 并将复制的内容显示在屏幕中。本实例支持界面生成器, 允许长按手势启用或禁止复制功能。

5.26.2 具体实现

文件UILabel+Copyable.m的主要实现代码如下所示。
```
- (BOOL)canPerformAction:(SEL)action withSender:(id)sender
{
    BOOL retValue = NO;

    if (action == @selector(copy:))
    {
        retValue = self.copyingEnabled;
    }
    else
    {
        // 通过canPerformAction:withSender: 消息类响应链接
        retValue = [super canPerformAction:action withSender:sender];
    }
    return retValue;
}
//复制文本框中的文本
- (void)copy:(id)sender
{
    if(self.copyingEnabled)
```

```objc
        {
            // 复制文本框中的文本
            UIPasteboard *pasteboard = [UIPasteboard generalPasteboard];
            [pasteboard setString:self.text];
        }
}

#pragma mark - UI Actions
//长按手势检测
- (void) longPressGestureRecognized:(UIGestureRecognizer *) gestureRecognizer
{
    if (gestureRecognizer == self.longPressGestureRecognizer)
    {
        if (gestureRecognizer.state == UIGestureRecognizerStateBegan)
        {
            [self becomeFirstResponder];

            UIMenuController *copyMenu = [UIMenuController sharedMenuController];
            [copyMenu setTargetRect:self.bounds inView:self];
            copyMenu.arrowDirection = UIMenuControllerArrowDefault;
            [copyMenu setMenuVisible:YES animated:YES];
        }
    }
}

#pragma mark - Properties
- (BOOL)copyingEnabled
{
    return [objc_getAssociatedObject(self, @selector(copyingEnabled)) boolValue];
}
//启用复制功能
- (void)setCopyingEnabled:(BOOL)copyingEnabled
{
    if(self.copyingEnabled != copyingEnabled)
    {
        objc_setAssociatedObject(self, @selector(copyingEnabled), @(copyingEnabled), OBJC_ASSOCIATION_RETAIN_NONATOMIC);

        [self setupGestureRecognizers];
    }
}
//识别长按屏幕手势
- (UILongPressGestureRecognizer *)longPressGestureRecognizer
{
    return objc_getAssociatedObject(self, @selector(longPressGestureRecognizer));
}
- (void)setLongPressGestureRecognizer:(UILongPressGestureRecognizer *)longPressGestureRecognizer
{
    objc_setAssociatedObject(self, @selector(longPressGestureRecognizer), longPressGestureRecognizer, OBJC_ASSOCIATION_RETAIN_NONATOMIC);
}

- (BOOL)shouldUseLongPressGestureRecognizer
{
    NSNumber *value = objc_getAssociatedObject(self, @selector(shouldUseLongPressGestureRecognizer));
    if(value == nil) {
        // Set the default value
        value = @YES;
        objc_setAssociatedObject(self, @selector(shouldUseLongPressGestureRecognizer), value, OBJC_ASSOCIATION_RETAIN_NONATOMIC);
    }

    return [value boolValue];
}
```

本实例执行后的效果如图5-38所示。

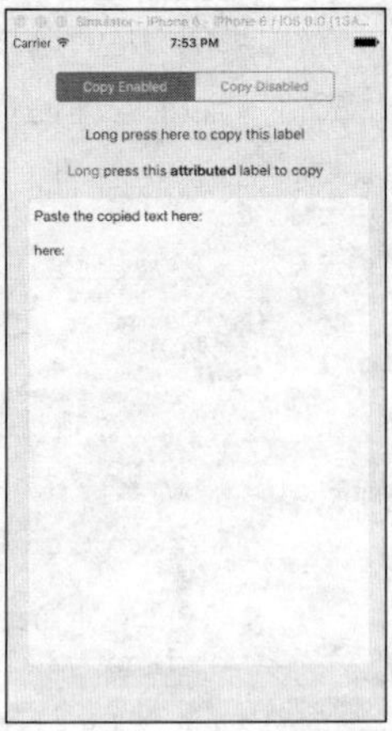

图5-38 执行效果

5.26.3 范例技巧——核心文件的具体实现

文件UILabel+Copyable.m的功能是实现具体的复制功能，通过函数copy复制文本框中的文本，通过函数longPressGestureRecognized识别长按屏幕手势，识别长按手势操作后开始复制文本。

5.27 实现丰富多彩的控制按钮

范例5-27	实现丰富多彩的控制按钮
源码路径	光盘\daima\第5章\5-27

5.27.1 范例说明

在本实例中，当单击第5个按钮时会设置切换第6个和第7个按钮的"禁用/可用"状态。当单击第6个按钮时，此按钮的文本会变为红色，并且会高亮显示。当单击第7个按钮时，会自动切换显示红色图片，并且会高亮显示。当单击"禁用"按钮时会禁用第6个和第7个按钮。

5.27.2 具体实现

文件ViewController.m的主要实现代码如下所示。
```
- (void)viewDidLoad {
    [super viewDidLoad];
}
- (IBAction)disableHandler:(id)sender {
    // 切换bn1、bn2两个按钮的enabled状态
    // 如果这两个按钮处于启用状态，将它们设为禁用
    // 如果这两个按钮处于禁用状态，将它们设为启用
    self.bn1.enabled = !(self.bn1.enabled);
    self.bn2.enabled = !(self.bn2.enabled);
    // 切换事件源（第5个按钮）上的文本标题
    if([[sender titleForState:UIControlStateNormal] isEqualToString:@"禁用"])
    {
        [sender setTitle:@"启用" forState:UIControlStateNormal];
    }
    else
    {
        [sender setTitle:@"禁用" forState:UIControlStateNormal];
    }
}
@end
```
本实例执行后的效果如图5-39所示。

图5-39 执行效果

5.27.3 范例技巧——创建按钮的通用方法

在iOS程序中，通过如下构造器方法来创建某个样式的按钮对象。
```
+ (id)buttonWithType:(UIButtonType)buttonType
```
参数buttonType是一个表示按钮样式的枚举值，各个值的具体说明如下所示。

❏ UIButtonTypeCustom = 0：自定义风格。

❏ UIButtonTypeRoundedRect：圆角矩形。

❏ UIButtonTypeDetailDisclosure：蓝色小箭头按钮，主要做详细说明用。

❏ UIButtonTypeInfoLight：亮色感叹号。

❏ UIButtonTypeInfoDark：暗色感叹号。

❏ UIButtonTypeContactAdd：十字加号按钮。

5.28 显示对应的刻度

范例5-28	滑动时在滑动条上方显示对应的刻度
源码路径	光盘\daima\第5章\5-28

5.28.1 范例说明

本实例的功能是滑动时在滑动条上方显示对应的刻度。文件BottomSliderView.m的功能是定义滑动条的样式，滑动时在上方显示对应的刻度。定义函数initWithFrame，根据CGRect的尺寸初始化并返回一个新的视图对象，定义了一个指定颜色和粗细的滑动条，并在滑动时显示对应的刻度值。

5.28.2 具体实现

文件BottomSliderView.m的主要实现代码如下所示。

```
//根据CGRect的尺寸初始化并返回一个新的视图对象
- (id)initWithFrame:(CGRect)frame
{
    self = [super initWithFrame:frame];
    if (self) {
        self.textLabel = [[UILabel alloc] initWithFrame:CGRectMake(15, 0, 40, 20)];
        self.textLabel.backgroundColor = [UIColor purpleColor];
        self.textLabel.textColor = [UIColor whiteColor];
        self.textLabel.font = [UIFont boldSystemFontOfSize:13];
        self.textLabel.textAlignment = NSTextAlignmentCenter;
        self.textLabel.adjustsFontSizeToFitWidth = YES;
        self.textLabel.alpha = 0;
        self.opaque = NO;
        [self addSubview:self.textLabel];
        self.slider = [[UISlider alloc]initWithFrame:CGRectMake(20, CGRectGetMaxY
        (self.textLabel.frame) + 5, frame.size.width - 20, 20)];
        self.slider.minimumValue = 1;
        self.slider.maximumValue = 20;
        self.slider.backgroundColor = [UIColor clearColor];
        [self.slider setMinimumTrackImage:[UIImage imageNamed:@""] forState:UIControl
        StateNormal];
        [self.slider setMaximumTrackImage:[UIImage imageNamed:@""] forState:UIControl
        StateNormal];
        [self.slider setMinimumTrackTintColor:[UIColor grayColor]];
        [self.slider setThumbImage:[UIImage imageNamed:@"<UIRoundedRectButton>
        normal"] forState:UIControlStateHighlighted];
        [self.slider setThumbImage:[UIImage imageNamed:@"<UIRoundedRectButton>
        normal"] forState:UIControlStateNormal];
        [self.slider addTarget:self action:@selector(sliderValueChanged:) forControlEvents:
        UIControlEventValueChanged];
        [self addSubview:self.slider];
    }
    return self;
}
//滑动条改变时改变标签的值
- (void)sliderValueChanged:(UISlider *)sender
{
    self.slider.value = sender.value;
    if (sender.value >= 1) {
        self.textLabel.alpha = 1;
        self.textLabel.text = [NSString stringWithFormat:@"%.f",sender.value];
        [self updatePopoverFrame];
    }
}
//更新弹出框
- (void)updatePopoverFrame
{
```

```
        CGFloat minimum = self.slider.minimumValue;
        CGFloat maximum = self.slider.maximumValue;
        CGFloat value = self.slider.value;

        if (minimum < 0.0) {
            value = self.slider.value - minimum;
            maximum = maximum - minimum;
            minimum = 0.0;
        }

        CGFloat x = 20;//self.frame.origin.x;
        CGFloat maxMin = (maximum + minimum) / 2.0;

        x += (((value - minimum) / (maximum - minimum)) * (self.frame.size.width - 20)) -
        (self.textLabel.frame.size.width / 2.0);
        if (value > maxMin) {
            value = (value - maxMin) + (minimum * 1.0);
            value = value / maxMin;
            value = value * 11.0;
            x = x - value;
        }
        else {
            value = (maxMin - value) + (minimum * 1.0);
            value = value / maxMin;
            value = value * 11.0;
            x = x + value;
        }
        CGRect popoverRect = self.textLabel.frame;
        popoverRect.origin.x = x;
        popoverRect.origin.y = 0;
        self.textLabel.frame = popoverRect;
    }
    @end
```

文件ViewController.m是一个测试文件，调用了上面定义的滑动条样式BottomSliderView定义了一个新的滑动条对象slider。本实例执行后的效果如图5-40所示。

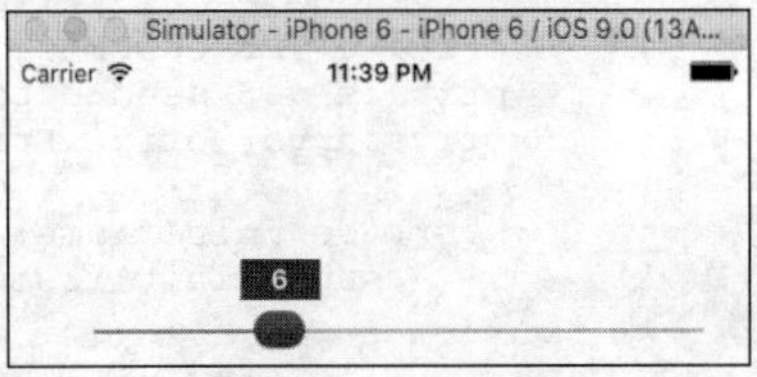

图5-40 执行效果

5.28.3 范例技巧——按钮控件中的常用事件

```
UIControlEventTouchDown              // 单点触摸按下事件：用户点触屏幕，或者又有新手指落下的时候
    UIControlEventTouchDownRepeat    // 多点触摸按下事件，点触计数大于1：用户按下第二、三或第四
根手指的时候
    UIControlEventTouchDragInside        // 当一次触摸在控件窗口内拖动时
    UIControlEventTouchDragOutside       // 当一次触摸在控件窗口之外拖动时
    UIControlEventTouchDragEnter         // 当一次触摸从控件窗口之外拖动到内部时
    UIControlEventTouchDragExit          // 当一次触摸从控件窗口内部拖动到外部时
    UIControlEventTouchUpInside          // 所有在控件之内触摸抬起事件
    UIControlEventTouchUpOutside         // 所有在控件之外触摸抬起事件(点触必须开始于控件内部
才会发送通知)
    UIControlEventTouchCancel            //所有触摸取消事件，即一次触摸因为放上了太多手指而被
取消，或者被上锁或者因电话呼叫被打断

    UIControlEventValueChanged           // 当控件的值发生改变时，发送通知。用于滑块、分段控件
以及其他取值的控件。可以配置滑块控件何时发送通知，在滑块被放下时发送，或者在被拖动时发送

    UIControlEventEditingDidBegin        // 当文本控件中的文本开始编辑时发送通知
    UIControlEventEditingChanged         // 当文本控件中的文本被改变时发送通知
    UIControlEventEditingDidEnd          // 当文本控件中编辑结束时发送通知
    UIControlEventEditingDidEndOnExit    // 当文本控件内通过按下回车键(或等价行为)结束编辑时,
发送通知

    UIControlEventAllTouchEvents         // 通知所有触摸事件
    UIControlEventAllEditingEvents       // 通知所有关于文本编辑的事件
    UIControlEventApplicationReserved    // range available for application use
    UIControlEventSystemReserved         // range reserved for internal framework use
    UIControlEventAllEvents              // 通知所有事件
```

5.29 在屏幕中输入文本（Swift版）

范例5-29	使用UITextField控件在屏幕中输入文本
源码路径	光盘\daima\第5章\5-29

5.29.1 范例说明

本实例的功能是实现一个可以在屏幕中输入文本的文本框，单击"Send"按钮后会将文本框中发布的信息显示在屏幕上方。本实例的功能和市面中的聊天软件的文本发送框类似，例如腾讯的QQ。

5.29.2 具体实现

（1）文件XYInputView.swift的功能是实现一个可以在屏幕中输入文本的文本框，和市面中的聊天软件的文本发送框类似。文件XYInputView.swift的主要实现代码如下所示。

```swift
import UIKit
@objc protocol XYInputViewDelegate {
    func sendButtonPressedWith(str: String)
}
class XYInputView: UIView
{
    weak var delegate: XYInputViewDelegate!
    private var textField = UITextField()
    private var sendButton = UIButton()
    private var originFrame = CGRect()
    
    override init(frame: CGRect) {
        super.init(frame: frame)
        
        self.backgroundColor = UIColor(red: 0.95, green: 0.95, blue: 0.95, alpha: 1)
        self.frame = CGRect(x: 0, y: CGRectGetMinY(frame), width: CGRectGetWidth(frame), height: CGRectGetHeight(frame))
        self.layer.borderColor = UIColor(red: 0.5, green: 0.5, blue: 0.5, alpha: 0.3).CGColor
        self.layer.borderWidth = 0.5
        originFrame = self.frame
        
        self.addCustomView()
        
        NSNotificationCenter.defaultCenter().addObserver(self, selector: "keyboardWillShow:", name: UIKeyboardWillShowNotification, object: nil)
        NSNotificationCenter.defaultCenter().addObserver(self, selector: "keyboardWillHide:", name: UIKeyboardWillHideNotification, object: nil)
    }
    
    required init?(coder aDecoder: NSCoder) {
        fatalError("init(coder:) has not been implemented")
    }
    
    private func addCustomView() {
        textField.frame = CGRect(x: 8, y: 8, width: CGRectGetWidth(frame)*0.8, height: 24)
        textField.backgroundColor = UIColor.whiteColor()
        textField.layer.borderColor = UIColor(red: 0.5, green: 0.5, blue: 0.5, alpha: 0.3).CGColor
        textField.layer.borderWidth = 0.8
        textField.borderStyle = .RoundedRect
        textField.placeholder = "Message"
        self.addSubview(textField)
        
        sendButton = UIButton(type: .System)
        sendButton.tintColor = UIColor.grayColor()
        sendButton.setTitle("Send", forState: .Normal)
        sendButton.titleLabel?.font = UIFont(name: "Helvetica-Bold", size: UIFont.systemFontSize())
        sendButton.frame = CGRect(x: CGRectGetWidth(frame)*0.8, y: 8, width:
```

```
        CGRectGetWidth(frame)*0.2, height: 24)
        sendButton.addTarget(self, action: "sendButtonPressed:", forControlEvents: .TouchUpInside)
            self.addSubview(sendButton)
        }
        //单击"Send"按钮后发送文本信息
        func sendButtonPressed(sender: UIButton) {
            if self.textField.text != "" {
                delegate?.sendButtonPressedWith(self.textField.text!)
                self.textField.text = ""
                self.endEditing(true)
            }
        }
        func keyboardWillShow(sender: NSNotification) {
            let dictionary = sender.userInfo as! Dictionary<String, AnyObject>
            let value = dictionary[UIKeyboardFrameEndUserInfoKey] as! NSValue
            let keyboardRect = value.CGRectValue();
            
            UIView.animateWithDuration(
                0.3,
                delay: 0,
                options: .CurveEaseInOut,
                animations: { void in
                    self.transform = CGAffineTransformMakeTranslation(0,
                        -keyboardRect.size.height)
                }, completion: nil)
        }
        func keyboardWillHide(sender: NSNotification) {
            UIView.animateWithDuration(
                0.3,
                delay: 0,
                options: .CurveEaseInOut,
                animations: { void in
                    self.transform = CGAffineTransformMakeTranslation(0, 0)
                }, completion: nil)
        }
    }
```

（2）文件ViewController.swift的功能是在屏幕中显示信息文本框，单击"Send"按钮后会将文本框中发布的信息显示在屏幕上方。

本实例执行后的效果如图5-41所示。

5.29.3 范例技巧——UITextField的按钮样式

- UIReturnKeyDefault：默认为灰色按钮，标有Return。
- UIReturnKeyGo：标有Go的蓝色按钮。
- UIReturnKeyGoogle：标有Google的蓝色按钮，用于搜索。
- UIReturnKeyJoin：标有Join的蓝色按钮。
- UIReturnKeyNext：标有Next的蓝色按钮。
- UIReturnKeyRoute：标有Route的蓝色按钮。
- UIReturnKeySearch：标有Search的蓝色按钮。
- UIReturnKeySend：标有Send的蓝色按钮。
- UIReturnKeyYahoo：标有Yahoo的蓝色按钮。
- UIReturnKeyYahoo：标有Yahoo的蓝色按钮。
- UIReturnKeyEmergencyCall：紧急呼叫按钮。

图5-41 执行效果

5.30 验证输入的文本（Swift版）

范例5-30	使用UITextField验证输入的文本
源码路径	光盘\daima\第5章\5-30

5.30.1 范例说明

本实例的功能是使用UITextField控件验证输入的文本。其中文件ValidateText.swift的功能是设置在文本框中可以输入的文本，并设置文本长度不能超过20。文件ViewController.swift的功能是在屏幕中显示文本框，并监控用户在文本框中输入的文本是否合法，如果长度超出限制则在文本框中以红色样式显示。

5.30.2 具体实现

文件ValidateText.swift的主要实现代码如下所示。

```swift
//设置可输入的字符
public class Validation : NSObject  {

    private var passwordRegex: String =
"(?=^.{6,255}$)((?=.*\\d)(?=.*[A-Z])(?=.*[a-z])|(?=.*\\d)(?=.*[^A-Za-z0-9])(?=.*[a-z])|(?=.*[^A-Za-z0-9])(?=.*[A-Z])(?=.*[a-z])|(?=.*\\d)(?=.*[A-Z])(?=.*[^A-Za-z0-9]))^.*"
    private var nonEmailStrictRegex: String =
"[A-Z0-9a-z\\._%+-]+@([A-Za-z0-5-]+\\.)+[A-Za-z]{2,4}"
    private var strictEmailRegex: String = ".+@([A-Za-z0-9]+\\.)+[A-Za-z]{2}[A-Za-z]*"
    private var strict: Bool = true
    private var longZip: Bool = false
    private var nameReq: Int = 3
    //判断是否是合法邮件地址
    func isValidEmail(text: String, strict:Bool._ObjectiveCType?) -> Bool {
        let useStrict = (strict != nil) ? strict : false

        let emailRegex = (useStrict != false) ? self.strictEmailRegex :
        self.nonEmailStrictRegex
        let email = NSPredicate(format:"SELF MATCHES %@", emailRegex)
        let result =  email.evaluateWithObject(text)
        return result
    }
     //判断是否是合法密码
    func isValidPassword(text: String, regex: String) -> Bool {
        let password = NSPredicate(format:"SELF MATCHES %@", regex)
        let result =  password.evaluateWithObject(text)
        return result
    }
     //判断是否是合法的文本长度
    func isTextEqualTo(length: Int, text: String) -> Bool {
        return text.utf16.count == length
    }
     //判断是否是合法的最短文本长度
    func isTextAtLeast(length: Int, text: String) -> Bool {
        return text.utf16.count >= length
    }
    //判断是否是合法的电话号码
    func isValidPhone(text: String) -> Bool {
        let numericString = getNumbers(text)
        return isTextEqualTo(10, text: numericString) || isTextEqualTo(11, text: numericString)
    }
    //判断是否是合法的区号
    func isValid5Zip(text: String) -> Bool {
        let numericString = getNumbers(text)
        if longZip {
            return isTextEqualTo(9, text: numericString)
        }
        return isTextEqualTo(5, text: numericString)
    }
    deinit {
        NSNotificationCenter.defaultCenter().removeObserver(self)
```

```
    }
    func getNumbers(text: String) -> String {
        let numericComponents =
text.componentsSeparatedByCharactersInSet(NSCharacterSet(charactersInString:
"1234567890").invertedSet)
        return "".join(numericComponents)
    }
}
```

本实例执行后的效果如图5-42所示。

5.30.3 范例技巧——重写UITextField的绘制行为

除了UITextField对象的风格选项外，开发者还可以定制化UITextField对象，为他添加许多不同的重写方法，来改变文本字段的显示行为。这些方法都会返回一个CGRect结构，制定了文本字段每个部件的边界范围。以下方法都可以重写。

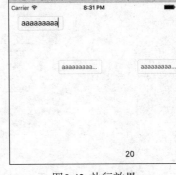

图5-42 执行效果

- textRectForBounds：重写来重置文字区域。
- drawTextInRect：改变绘制文字属性。重写时调用super可以按默认图形属性绘制，若自己完全重写绘制函数，就不用调用super了。
- placeholderRectForBounds：重写来重置占位符区域。
- drawPlaceholderInRect：重写改变绘制占位符属性。重写时调用super可以按默认图形属性绘制，若自己完全重写绘制函数，就不用调用super了。
- borderRectForBounds：重写来重置边缘区域。
- editingRectForBounds：重写来重置编辑区域。
- clearButtonRectForBounds：重写来重置clearButton位置，改变size可能导致button的图片失真。

5.31 实现一个文本编辑器（Swift版）

范例5-21	使用UITextView实现一个文本编辑器
源码路径	光盘\daima\第5章\5-31

5.31.1 范例说明

本实例的功能是使用UITextView控件实现一个文本编辑器。其中文件UITextViewAutoListUtils.swift的功能是，将整个屏幕区域构建成一个可输入文本视图，并且可以为输入的新文本自动设置行号。文件ViewController.swift的功能是在屏幕中加载显示默认预置的几行文本，并显示用户在屏幕中新输入的文本。

5.31.2 具体实现

文件UITextViewAutoListUtils.swift的主要实现代码如下所示。

```
    class func autoUnorderedList(textView: UITextView, range: NSRange, text: String)
-> Bool {
        return self.filter(textView, range: range, text: text, completeHandler: { (text,
textRange) -> Bool in
            do {
                let regularExpression = try NSRegularExpression(pattern:
"^[\\s\\t]*[-+*](?=\\s)", options: .AnchorsMatchLines)
                if let result = regularExpression.matchesInString(text as String,
options: .WithTransparentBounds, range: NSMakeRange(0, text.length)).first {
                    let matchedRange = result.range
                    let selectedRange = textView.selectedRange
                    let matchedText = text.substringWithRange(matchedRange)
```

```
                    if (text.stringByTrimmingCharactersInSet(NSCharacterSet.
whitespaceAndNewlineCharacterSet()) as NSString).length == 1 {
                        if let deleteTextRange = textView.textRangeFromPosition
(textRange.start, toPosition: textView.selectedTextRange!.start) {
                            textView.replaceRange(deleteTextRange, withText: "")
                        }
                        return false
                    }
                    let nextLinePrefixText: NSString = "\n\(matchedText) "
                    textView.insertText(nextLinePrefixText as String)
                    textView.selectedRange = NSMakeRange(selectedRange.location +
nextLinePrefixText.length, selectedRange.length)
                    return false
                }
            } catch { }
            return true
        })
    }
}
```

本实例执行后的效果如图5-43所示。

5.31.3 范例技巧——UITextView退出键盘的几种方式

（1）如果程序是有导航条的，可以在导航条上面多加一个Done按钮，用来退出键盘，当然要先实UITextViewDelegate。

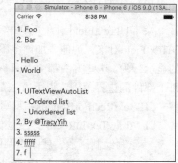

图5-43 执行效果

（2）如果在textview里不用回车键，可以把回车键当作退出键盘的响应键。这样无论是使用电脑键盘上的回车键，还是使用弹出键盘里的return键，都可以达到退出键盘的效果。

（3）可以自定义其他加载键盘上的按钮用来退出，比如在弹出的键盘上面加一个view来放置退出键盘的Done按钮。

5.32 在屏幕中输入可编辑文本（Swift版）

范例5-32	使用UITextView在屏幕中输入可编辑文本
源码路径	光盘\daima\第5章\5-32

5.32.1 范例说明

本实例的功能是使用UITextView控件在屏幕中输入可编辑的文本。其中文件SwipeSelectionBar.swift的功能是监听用户对屏幕的触摸操控，可以在屏幕中输入新的文本，并通过辅助选项卡来实现快速文本输入功能。而文件ViewController.swift的功能是加载显示屏幕视图。

5.32.2 具体实现

文件SwipeSelectionBar.swift的主要实现代码如下所示。

```
override func observeValueForKeyPath(keyPath: String?, ofObject object: AnyObject?,
    change: [String : AnyObject]?, context: UnsafeMutablePointer<Void>) {
    if textView.isEqual(object) && keyPath == "selectedTextRange" {
        if let selectedTextRange = textView.selectedTextRange {
            if selectedTextRange.empty {
                leftSwipeSelected = false
                rightSwipeSelected = false
            } else {
                leftSwipeSelected = false
                rightSwipeSelected = false
            }
        }
```

```swift
    }
    private func swiped(direction: SwipeDirection, selected: Bool) {
        if let selectedTextRange = textView?.selectedTextRange {
            let positionStart = selectedTextRange.start
            let positionEnd = selectedTextRange.end
            let empty = selectedTextRange.empty
            
            var fromPosition: UITextPosition!
            var toPosition: UITextPosition!
            
            if direction == .Left {
                if empty {
                    fromPosition = textView.positionFromPosition(positionEnd,
                        inDirection: .Left, offset: 1)
                    toPosition = selected ? positionStart: fromPosition
                    leftSwipeSelected = selected
                } else {
                    if rightSwipeSelected {
                        fromPosition = positionStart
                        toPosition = textView.positionFromPosition(positionEnd,
                            inDirection: .Left, offset: 1)
                    } else {
                        fromPosition = textView.positionFromPosition(positionStart,
                            inDirection: .Left, offset: 1)
                        toPosition = positionEnd
                    }
                }
                let textRange = textView.textRangeFromPosition(fromPosition, toPosition:
                    toPosition)
                textView.selectedTextRange = textRange
            } else if direction == .Right {
                if empty {
                    fromPosition = textView.positionFromPosition(positionStart,
                        inDirection: .Right, offset: 1)
                    toPosition = selected ? positionEnd: fromPosition
                    rightSwipeSelected = selected
                } else {
                    if leftSwipeSelected {
                        fromPosition = textView.positionFromPosition(positionStart,
                            inDirection: .Right, offset: 1)
                        toPosition = positionEnd
                    } else {
                        fromPosition = positionStart
                        toPosition = textView.positionFromPosition(positionEnd,
                            inDirection: .Right, offset: 1)
                    }
                }
                let textRange = textView.textRangeFromPosition(fromPosition, toPosition:
                    toPosition)
                textView.selectedTextRange = textRange
            }
        }
    }
    private func showMenuController() {
        if let selectedTextRange = textView?.selectedTextRange {
            if !selectedTextRange.empty {
                let rect = textView.firstRectForRange(selectedTextRange)
                let menuController = UIMenuController.sharedMenuController()
                menuController.setTargetRect(rect, inView: textView)
                menuController.setMenuVisible(true, animated: true)
            }
        }
    }
    func panAction(gesture: UIPanGestureRecognizer) {
        if gesture.state == .Began {
            previousPosition = gesture.locationInView(self)
        } else if gesture.state == .Changed {
            gesture.cancelsTouchesInView = true
```

```
            let position = gesture.locationInView(self)
            let delta = CGPointMake(position.x - previousPosition.x, position.y - 
                previousPosition.y)

            if delta.x > Constants.xMinimum {
                let selected = previousPosition.x < Constants.selectionWidth
                swiped(.Right, selected: selected)
                previousPosition = position
            } else if delta.x < -Constants.xMinimum {
                let selected = previousPosition.x > CGRectGetWidth(self.bounds) - 
                    Constants.selectionWidth
                swiped(.Left, selected: selected)
                previousPosition = position
            }
        } else {
            previousPosition = CGPointZero
            gesture.cancelsTouchesInView = false
            if menuControllerEnable {
                showMenuController()
            }
        }
    }
}
```

本实例执行后的效果如图5-44所示。

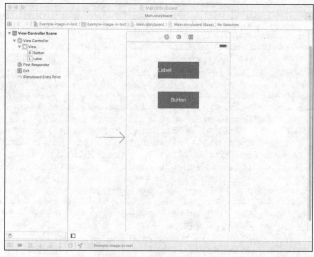

图5-44 执行效果

5.32.3 范例技巧——为UITextView设定圆角效果

通过"#import QuartzCore/QuartzCore.h"引入第三方文件后，便能调用"[textView.layer setCornerRadius:10];"为 UITextView 设定圆角效果。

5.33 实现图文样式的按钮（Swift版）

范例5-33	实现图文样式的按钮
源码路径	光盘\daima\第5章\5-33

5.33.1 范例说明

本实例的功能是在屏幕中构建图像和文本样式的UILabel或UIButton。在实现时需要先在故事板面板中分别插入一个文本控件和一个按钮控件，如图5-45所示。

图5-45 故事板设计界面

5.33.2 具体实现

文件ViewController.swift的功能是在屏幕中构建图像和文本样式的UILabel或UIButton，主要实现代码如下所示。

```
func generateText(text text:String,withImage image: String) -> NSAttributedString? {
    /*附加图像*/
    let imageForText = NSTextAttachment()
    imageForText.image = UIImage(named: image)

    /*带有属性的字典*/
    let textAttributes = [NSForegroundColorAttributeName:UIColor.whiteColor(),
                          NSFontAttributeName:UIFont.systemFontOfSize(15)]
    /* 添加文本属性 */
    let attributedString = NSMutableAttributedString()
    attributedString.appendAttributedString(NSAttributedString(attachment:
    imageForText))
    attributedString.appendAttributedString(NSAttributedString(string: text,
                      attributes: textAttributes))

    /*设置文本垂直对齐*/
    let range = NSMakeRange(1, text.characters.count)
    attributedString.addAttribute(NSBaselineOffsetAttributeName, value: 8.0,
            range: range);
    return attributedString
}
```

本实例执行后的效果如图5-46所示。

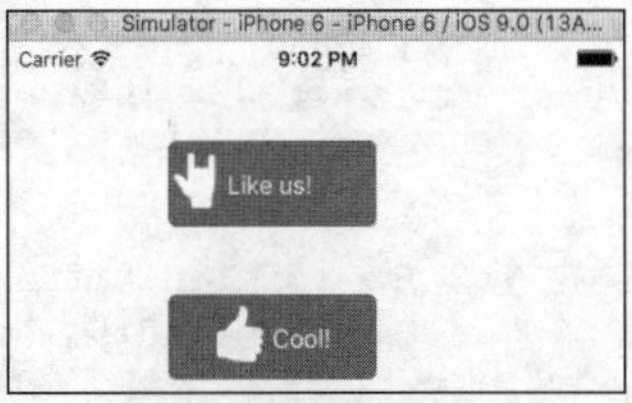

5.33.3 范例技巧——通过按钮的事件来设置背景色

```
- (void)viewDidLoad {
    [super viewDidLoad];
    UIButton *button1 = [[UIButton alloc] initWithFrame:CGRectMake(50, 200, 100, 50)];
    [button1 setTitle:@"button1" forState:UIControlStateNormal];
    button1.backgroundColor = [UIColor orangeColor];
    [button1 addTarget:self action:@selector(button1BackGroundHighlighted:)
forControlEvents:UIControlEventTouchDown];
    [button1 addTarget:self action:@selector(button1BackGroundNormal:)
forControlEvents:UIControlEventTouchUpInside];
    [self.view addSubview:button1];
}
//  button1普通状态下的背景色
- (void)button1BackGroundNormal:(UIButton *)sender
{
    sender.backgroundColor = [UIColor orangeColor];
}
//  button1高亮状态下的背景色
- (void)button1BackGroundHighlighted:(UIButton *)sender
{
    sender.backgroundColor = [UIColor greenColor];
}
```

图5-46 执行效果

5.34 在UILabel中显示图标（Swift版）

范例5-34	在UILabel中显示图标
源码路径	光盘\daima\第5章\5-34

5.34.1 范例说明

本实例的功能是设置文本字体和图标的样式，在UILabel中显示一个指定样式的图标。

5.34.2 具体实现

文件IconLabelView.swift的功能是设置文本字体和图标的样式，主要实现代码如下所示。

```swift
//MARK:- 属性
var textFont:UIFont = UIFont.systemFontOfSize(14.0) {
    didSet {
        textLabel.font = textFont//设置字体
    }
}
@IBInspectable var textColor:UIColor = UIColor.darkTextColor() {
    didSet {
        textLabel.textColor = textColor
    }
}
@IBInspectable var iconImage:UIImage = UIImage() {
    didSet {
        iconImageView.image = iconImage//设置图标
    }
}
@IBInspectable var text:String = "" {
    didSet {
        textLabel.text = text
    }
}
//MARK:- 初始化操作
required init?(coder aDecoder:NSCoder) {
    super.init(coder:aDecoder)
    setup()
}
override init(frame: CGRect) {
    super.init(frame: frame)
    setup()
}
//MARK:- 覆盖方法
override func prepareForInterfaceBuilder() {
    setup()
}
override func layoutSubviews() {
    super.layoutSubviews()
    
    let viewHeight = CGRectGetHeight(frame)
    let viewWidth = CGRectGetWidth(frame)
    
    iconImageView.frame = CGRect(x: 0, y: 0, width: viewHeight, height: viewHeight)
    textLabel.frame = CGRect(x: viewHeight + kPadding, y: 0, width: viewWidth - viewHeight, height: viewHeight)
}
//MARK:- 私有方法
private func setup() {
    textLabel.font = UIFont.systemFontOfSize(frame.height * 0.9)
    textLabel.baselineAdjustment = UIBaselineAdjustment.AlignCenters
    textLabel.textAlignment = NSTextAlignment.Left
    self.addSubview(textLabel)
    
    iconImageView.contentMode = UIViewContentMode.Center
    self.addSubview(iconImageView)
}
```

本实例执行后的效果如图5-47所示。

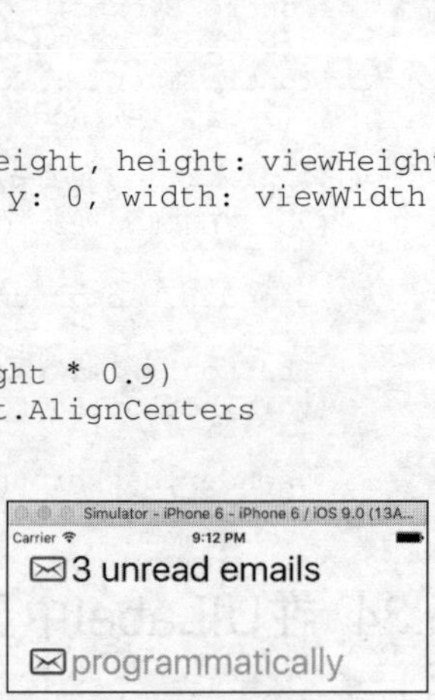

图5-47 执行效果

5.34.3 范例技巧——创建指定大小的系统默认字体(默认:Helvetica)

```
label.font = [UIFont systemFontOfSize:17];
label.font = [UIFont boldSystemFontOfSize:17];    // 指定大小粗体
label.font = [UIFont italicSystemFontOfSize:17];  // 指定大小斜体
```

5.35 自定义按钮的样式（Swift版）

范例5-35	自定义按钮样式
源码路径	光盘\daima\第5章\5-35

5.35.1 范例说明

本实例的功能是自定义一个指定样式的按钮，其中文件SwiftTintedButtonExtension.swift的功能是根据用户触摸屏幕操作给按钮着色，而文件ViewController.swift的功能是在屏幕中显示不同颜色的自定义按钮。

5.35.2 具体实现

文件SwiftTintedButtonExtension.swift的主要实现代码如下所示。

```
public extension UIButton {
    public func setImageTintColor(color: UIColor, state: UIControlState) {
        let image = self.imageForState(state)
        if image != nil {
            self.setImage(self.tintedImageWithColor(color, image: image!), forState: state)
        }
    }
    public func setBackgroundTintColor(color: UIColor, state: UIControlState) {
        let backgroundImage = self.backgroundImageForState(state)
        if backgroundImage != nil {
            self.setBackgroundImage(self.tintedImageWithColor(color, image: backgroundImage!), forState: state)
        }
    }
    private func tintedImageWithColor(tintColor: UIColor, image: UIImage) -> UIImage {
        UIGraphicsBeginImageContextWithOptions(image.size, false, UIScreen.mainScreen(). scale)
        let context = UIGraphicsGetCurrentContext()
        CGContextTranslateCTM(context, 0, image.size.height)
        CGContextScaleCTM(context, 1.0, -1.0)
        let rect = CGRectMake(0, 0, image.size.width, image.size.height)
        CGContextSetBlendMode(context, CGBlendMode.Normal)
        CGContextDrawImage(context, rect, image.CGImage)
        CGContextSetBlendMode(context, CGBlendMode.SourceIn)
        tintColor.setFill()
        CGContextFillRect(context, rect)
        let coloredImage = UIGraphicsGetImageFromCurrentImageContext()
        UIGraphicsEndImageContext()
        return coloredImage
    }
}
```

本实例执行后的效果如图5-48所示。

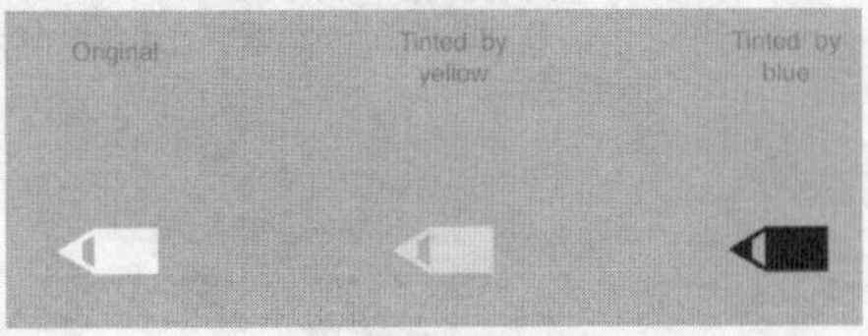

5.35.3 范例技巧——获取可用的字体名数组

图5-48 执行效果

```
//返回所有可用的fontFamily
NSArray *fontFamilies = [UIFont familyNames];
//返回指定fontFamily下的所有fontName
NSArray *fontNames = [UIFont fontNamesForFamilyName:@"fongFamilyName"];
```

5.36 自定义设置一个指定的按钮样式（Swift版）

范例5-36	自定义设置一个指定的按钮样式
源码路径	光盘\daima\第5章\5-36

5.36.1 范例说明

本实例的功能是自定义设置一个指定的按钮样式。文件ZMaterialButton.swift的功能是在屏幕中绘制一个指定大小和颜色的图形,并且设置触摸操作按钮时的变化样式。文件ViewController.swift的功能是在屏幕中加载显示设计的按钮。

5.36.2 具体实现

文件ZMaterialButton.swift的主要实现代码如下所示。

```
class ZMaterialButton: UIButton {
    var endPoint:CGPoint!
    var changeToImage:UIImage!
    var expandBy:CGFloat = 9.0
    private var originalFrame:CGRect!
    private var originalImage: UIImage!
    private var originalColor: UIColor!
    var Zdelegate: ZMaterialButtonDelegate?
    var expanded: Bool!
    required init?(coder aDecoder: NSCoder) {
        super.init(coder: aDecoder)
        fatalError("init(coder:) has not been implemented")
    }
    override init(frame: CGRect) {
        super.init(frame: frame)
        super.layer.cornerRadius = frame.width/2
        super.imageView?.contentMode = UIViewContentMode.Center
        self.expanded = false
        self.originalFrame = frame
    }
    private func touchesBegan(touches: Set<NSObject>, withEvent event: UIEvent)
    {
        if self.expanded == true {
            self.buttonReduce()
        }
        else {
            self.buttonMove()
        }
    }
    func setEndPont(point: CGPoint){
        endPoint = point
    }
    private func buttonMove(){
        self.originalColor = self.superview!.backgroundColor
        self.originalImage = self.imageView?.image
        UIView.animateWithDuration(0.3, delay: 0, options: .CurveEaseOut, animations:
{
            self.frame = CGRect(x: self.endPoint.x, y: self.endPoint.y, width:
            self.frame.width, height: self.frame.height)
            }, completion:{
                finished in
                self.buttonExpand()
            })
    }
    private func buttonExpand(){
        let parentView: UIView = self.superview!
        self.imageView!.alpha = 0
        let dummyImageView = UIImageView(frame: self.frame)
        dummyImageView.image = self.originalImage
        dummyImageView.contentMode = UIViewContentMode.Center
        parentView.addSubview(dummyImageView)
        UIView.animateWithDuration(0.3, delay: 0, options: .CurveEaseOut, animations: {
            self.transform = CGAffineTransformMakeScale(self.expandBy,self.expandBy)

            }, completion:{
```

```swift
            finished in
            self.transform = CGAffineTransformMakeScale(1.0,1.0)
            self.imageView!.alpha = 1
            self.imageView?.image = self.changeToImage
            parentView.backgroundColor = self.backgroundColor
            dummyImageView.removeFromSuperview()
            self.expanded = true
            self.Zdelegate?.ZMaterialButtonDidExpand(self, expanded: self.expanded)
        })
    }
    private func buttonReduce(){
        let parentView: UIView = self.superview!
        let dummyImageView = UIImageView(frame: self.frame)
        dummyImageView.image = self.changeToImage
        dummyImageView.contentMode = UIViewContentMode.Center
        parentView.addSubview(dummyImageView)
        self.alpha = 0
        self.imageView!.alpha = 0;
        self.transform = CGAffineTransformMakeScale(self.expandBy,self.expandBy)
        parentView.backgroundColor = originalColor
        self.alpha = 1
        self.expanded = false
        self.Zdelegate?.ZMaterialButtonDidExpand(self, expanded: self.expanded)
        UIView.animateWithDuration(0.3, delay: 0, options: .CurveEaseOut, animations: {
            self.transform = CGAffineTransformMakeScale(1,1)
            
            }, completion:{
                finished in
                self.imageView!.alpha = 1;
                self.imageView?.image = self.originalImage
                dummyImageView.removeFromSuperview()
                self.buttonGetBack()
        })
    }
    
    private func buttonGetBack(){
        UIView.animateWithDuration(0.6, delay: 0,
usingSpringWithDamping: 0.5, initialSpringVelocity: 0,
options: .CurveEaseOut, animations: {
            self.frame = self.originalFrame
            }, completion:nil)
    }
}
```

本实例执行后的效果如图5-49所示。

图5-49 执行效果

5.36.3 范例技巧——UIButton控件中的addSubview问题

在iOS系统中，UIView的userInteractionEnabled值默认为YES，必须设置UIButton所有的subview的userInteractionEnabled为NO，才能让UIButton正常响应单击。但是如果设置了UIView的setUserInteractionEnabled为NO，则其子view都将得不到响应。

5.37 实现纵向样式的滑块效果（Swift版）

范例5-37	实现纵向样式的滑块效果
源码路径	光盘\daima\第5章\5-37

5.37.1 范例说明

本实例的功能是实现纵向样式的滑块效果。其中文件KBHBarSlider.swift的功能是在屏幕中绘制指定样式的进度条，设置进度条滑动时最大值和最小值的显示样式，并且设置滑块的颜色和大小。视图文件ViewController.swift的功能是在屏幕中加载显示上述指定的进度条样式。

5.37.2 具体实现

文件KBHBarSlider.swift的主要实现代码如下所示。

```swift
import UIKit
public let KBHBarSliderBarWidthNotSet: CGFloat = -1.0
/**
从最小值到最大值
- LeftToRight: 最小值将在左边, 右边为最大值
- RightToLeft: 最小值将在右边, 左边为最大值
- TopToBottom: 最小值将在顶部, 最大值在底部
- BottomToTop: 最低值将在底部, 最大值在顶部
*/
public enum KBHBarSliderDirection {
    case LeftToRight
    case RightToLeft
    case TopToBottom
    case BottomToTop
}

/**
设置在该视图中, 条形滑块将与视图对齐的地方
*/
public enum KBHBarSliderAlignment {
    case Left
    case Center
    case Right
}
public class KBHBarSlider: UIControl {
    private var _value: CGFloat = 0.5
    private var _minimumValue: CGFloat = 0.0
    private var _maximumValue: CGFloat = 1.0
    private var _barWidth: CGFloat = KBHBarSliderBarWidthNotSet
    private var _adjustedValue: CGFloat {
        get {
            return (self.value - self.minimumValue) / (self.maximumValue - self.minimumValue)
        }
        set {
            self.value = (newValue * (self.maximumValue - self.minimumValue)) + self.minimumValue
        }
    }
    private var _panGesture: UIPanGestureRecognizer?
    @IBInspectable public var value: CGFloat {
        get {
            return _value
        }
        set {
            if newValue > self.maximumValue {
                _value = self.maximumValue
            } else if (newValue < self.minimumValue) {
                _value = self.minimumValue
            } else {
                _value = newValue
            }
            self.setNeedsDisplay()
            self.sendActionsForControlEvents(.ValueChanged)
        }
    }
```

本实例执行后的效果如图5-50所示。

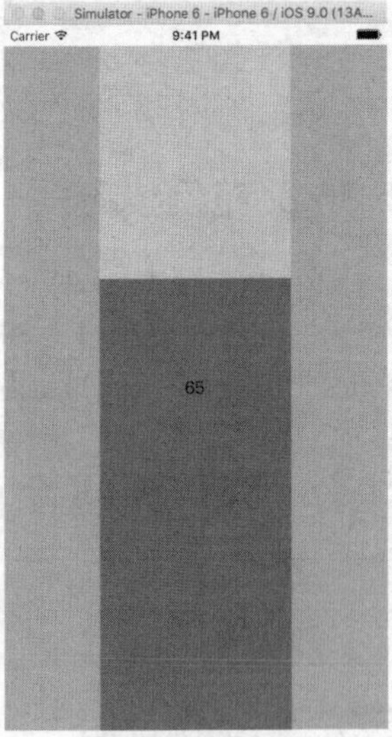

图5-50 执行效果

5.37.3 范例技巧——滑块控件的通知问题

要想在滑块值改变时收到通知, 可以用UIControl类的addTarget方法为UIControlEventValueChanged事件添加一个动作。

```
[ mySlider addTarget:self action:@selector(sliderValueChanged:)
forControlEventValueChanged ];
```
只要滑块停放（注意是停放，如果要在拖动中也触发，请看后文）到新的位置，动作方法就会被调用。
```
- (void) sliderValueChanged:(id)sender{
        UISlider* control = (UISlider*)sender;
        if(control == mySlider){
                float value = control.value;
                /* 添加自己的处理代码 */
        }
}
```
如果要在拖动中也触发，需要设置滑块的 continuous 属性。
```
mySlider.continuous = YES ;
```
这个通知最简单的一个实例就是实时显示滑块的值，可以用一个UILabel来显示值，在每次触发上面的方法时改变label的值的方式就可以实现实时显示。

5.38 实现滑块和进度条效果（Swift版）

范例5-38	实现滑块和进度条效果
源码路径	光盘\daima\第5章\5-38

5.38.1 范例说明

在本实例的视图文件ViewController.swift中，在屏幕上方实现一个进度条效果，在下方实现一个滑块效果。

5.38.2 具体实现

文件ViewController.swift的主要实现代码如下所示。
```
import UIKit
class ViewController: UIViewController {
    var myTimer = NSTimer()
    @IBOutlet weak var myLabel: UILabel!
    @IBOutlet weak var myProgView: UIProgressView!
    @IBAction func myButtonPressed(sender: UIButton) {
        myTimer = NSTimer.scheduledTimerWithTimeInterval(1.0, target: self, selector:
Selector("myFunction"), userInfo: nil, repeats: true)
    }
    @IBAction func stopButton(sender: UIButton) {
        myTimer.invalidate()
    }
    func myFunction(){
        myProgView.progress = myProgView.progress + 0.1
        myLabel.text = "progress: \(myProgView.progress)"
    }
    @IBAction func sliderMoved(sender: UISlider) {
        print("slider is at value \(sender.value)")

        myProgView.progress = sender.value
        myLabel.text = "progress: \(myProgView.progress)"
    }
}
```
本实例执行后的效果如图5-51所示。

图5-51 执行效果

5.38.3 范例技巧——UISlider的本质

UISlider实例提供一个控件，让用户通过左右拖动一个滑块（可称其为"缩略图"）来选择一个值。默认情况下，滑块的最小值为0.0，最大值为1.0。当然可以在属性面板中通过设置minimumValue和maximumValue来定制这两个值。如果要为控件两端设置样式，可以添加一对相关图像（minimumValueImage和maximumValueImage属性）来加强该设置，也可在代码中通过setMimimumTrackImage: forState: 和setMaximumTrackImage: forState: 方法来添加设置两端图片。滑块的continuous属性控制在用户拖动缩略图时一个滑块是否持续发送值更新。设置为NO（默认为YES）时，用户释放缩略图时滑块仅发送一个动作事件。UISlider类还允许直接更新其缩略图组件，通过调用setThumbImage: forState:方法可定制自己的滑块图片。

5.39 使用步进控件浏览图片（Swift版）

范例5-39	使用步进控件浏览图片
源码路径	光盘\daima\第5章\5-39

5.39.1 范例说明

本实例的功能十分简单，在视图文件ViewController.swift中通过监听用户对步进控件的操作来显示指定的素材图片。

5.39.2 具体实现

视图文件ViewController.swift的主要实现代码如下所示。

```
import UIKit
class ViewController: UIViewController {
    @IBOutlet weak var ivTarget: UIImageView!
    override func viewDidLoad() {
        super.viewDidLoad()
    }
    override func didReceiveMemoryWarning() {
        super.didReceiveMemoryWarning()
    }
    // 监听步进的变化
    @IBAction func changeStepper(sender: UIStepper) {
        // double → int キャスト
        // 显示画面
        let idx:Int  = Int(sender.value)
        print("\(idx)")
        let str:NSString = NSString(format:"image%02d.png",idx)
        // 粘贴图像
        self.ivTarget.image = UIImage(named:str as String)
    }
}
```

本实例执行后的效果如图5-52所示。

5.39.3 范例技巧——设置步进控件的颜色

在iOS系统中，使用tintColor属性可以设置步进控件的颜色。而加减符号图标、背景图片、中间分割线图片都可以替换成自己图片。

图5-52 执行效果

5.40 使用步进控件显示数值（Swift版）

范例5-40	使用步进控件显示数值
源码路径	光盘\daima\第5章\5-40

5.40.1 范例说明

在本实例中，视图文件ViewController.swift的功能是监听用户对步进控件的操作，根据具体操作在屏幕上方显示对应的数值。

5.40.2 具体实现

文件ViewController.swift的主要实现代码如下所示。

```swift
import UIKit
class ViewController: UIViewController {
    var stepper:UIStepper!
    var label:UILabel!
    override func viewDidLoad() {
        super.viewDidLoad()
        stepper=UIStepper()
        stepper.center=view.center
        stepper.maximumValue=10
        stepper.minimumValue=0
        stepper.value=1
        stepper.stepValue=0.1
        stepper.continuous=true
        stepper.wraps=false
        stepper.addTarget(self, action: ("ValueChanged"), forControlEvents: UIControlEvents.ValueChanged)
        self.view.addSubview(stepper)
        label=UILabel(frame: CGRectMake(100, 200, 300, 30))
        self.view.addSubview(label)
    }
    func ValueChanged(){
        label.text="stepper的值为\(stepper.value)"
    }
    override func didReceiveMemoryWarning() {
        super.didReceiveMemoryWarning()
    }
}
```

本实例执行后的效果如图5-53所示。

图5-53 执行效果

5.40.3 范例技巧——Swift步进控件的通用用法

```swift
class ViewController: UIViewController {
    var stepper:UIStepper!
    var label:UILabel!
    override func viewDidLoad() {
        super.viewDidLoad()
        stepper=UIStepper()
        stepper.center=self.view.center
        //设置stepper的范围与初始值
        stepper.maximumValue=10
        stepper.minimumValue=1
        stepper.value=5.5
        //设置每次增减的值
        stepper.stepValue=0.5
        //设置stepper可以按住不放来连续更改值
        stepper.continuous=true
        //设置stepper是否循环（到最大值时再增加数值从最小值开始）
        stepper.wraps=true
        stepper.addTarget(self,action:"stepperValueIschanged",
        forControlEvents: UIControlEvents.ValueChanged)
        self.view.addSubview(stepper)
        label=UILabel(frame:CGRectMake(100,190,300,30))
        println(stepper.value)
        label.text = "当前值为：\(stepper.value)"
        self.view.addSubview(label)
    }
    func stepperValueIschanged(){
        label.text="当前值为：\(stepper.value)"
    }
}
```

第 6 章 屏幕显示实战

我们在购买一款智能设备时，追求的是既界面美观又功能强大的产品。所以对于iOS程序员来说，主要任务是开发既能保证界面美观绚丽、又能保证功能强大的应用程序。本章将以前面5章的内容为基础，通过具体范例详细讲解在iOS屏幕中显示信息的方法，为读者步入本书后面知识的学习打下基础。

6.1 改变UISwitch的文本和颜色

范例6-1	改变UISwitch的文本和颜色
源码路径	光盘\daima\第6章\6-1

6.1.1 范例说明

iOS中的Switch控件默认的文本为ON和OFF两种，不同的语言显示不同，颜色均为蓝色和亮灰色。如果想改变上面的ON或OFF文本，必须从UISwitch继承一个新类，然后在新的Switch类中修改替换原有的Views。在本实例中，根据上述原理改变UISwitch的文本和颜色。

6.1.2 具体实现

本实例的具体的实现代码如下所示。
```
#import <UIKit/UIKit.h>
//该方法是SDK文档中没有的，添加一个category
@interface UISwitch (extended)
- (void) setAlternateColors:(BOOL) boolean;
@end
//自定义Slider 类
@interface _UISwitchSlider : UIView
@end
 @interface UICustomSwitch : UISwitch {
}
- (void) setLeftLabelText:(NSString *)labelText
                    font:(UIFont*)labelFont
                   color:(UIColor *)labelColor;
- (void) setRightLabelText:(NSString *)labelText
                    font:(UIFont*)labelFont
                   color:(UIColor *)labelColor;
- (UILabel*) createLabelWithText:(NSString*)labelText
                     font:(UIFont*)labelFont
                    color:(UIColor*)labelColor;
@end
```
这样在上述代码中添加了一个名为extended的category，主要作用是声明一下UISwitch的setAlternateColors消息，否则在使用的时候会出现找不到该消息的警告。其实setAlternateColors已经在UISwitch中实现，只是没有在头文件中公开而已，所以在此只是做一个声明。当调用setAlternateColors:YES时，UISwitch的状态为"on"时会显示为橙色，否则为亮蓝色。对应的文件 UICustomSwitch.m的实现代码如下所示。

```objc
#import "UICustomSwitch.h"
@implementation UICustomSwitch
- (id)initWithFrame:(CGRect)frame {
    if (self = [super initWithFrame:frame]) {
        // Initialization code
    }
    return self;
}
- (void)drawRect:(CGRect)rect {
    // Drawing code
}
- (void)dealloc {
    [super dealloc];
}
- (_UISwitchSlider *) slider {
    return [[self subviews] lastObject];
}
- (UIView *) textHolder {
    return [[[self slider] subviews] objectAtIndex:2];
}
- (UILabel *) leftLabel {
    return [[[self textHolder] subviews] objectAtIndex:0];
}
- (UILabel *) rightLabel {
    return [[[self textHolder] subviews] objectAtIndex:1];
}

// 创建文本标签
- (UILabel*) createLabelWithText:(NSString*)labelText
                            font:(UIFont*)labelFont
                           color:(UIColor*)labelColor{
    CGRect rect = CGRectMake(-25.0f, -11.0f, 50.0f, 20.0f);
    UILabel *label = [[UILabel alloc] initWithFrame: rect];
    label.text = labelText;
    label.font = labelFont;
    label.textColor = labelColor;
    label.textAlignment = UITextAlignmentCenter;
    label.backgroundColor = [UIColor clearColor];
    return label;
}
// 重新设定左边的文本标签
- (void) setLeftLabelText:(NSString *)labelText
                     font:(UIFont*)labelFont
                    color:(UIColor *)labelColor
{
    @try {
        //
        [[self leftLabel] setText:labelText];
        [[self leftLabel] setFont:labelFont];
        [[self leftLabel] setTextColor:labelColor];
    } @catch (NSException *ex) {
        //
        UIImageView* leftImage = (UIImageView*)[self leftLabel];
        leftImage.image = nil;
        leftImage.frame = CGRectMake(0.0f, 0.0f, 0.0f, 0.0f);
        [leftImage addSubview: [[self createLabelWithText:labelText
                                                     font:labelFont
                                                    color:labelColor] autorelease]];
    }
}

// 重新设定右边的文本
- (void) setRightLabelText:(NSString *)labelText font:(UIFont*)labelFont
color:(UIColor *)labelColor {
    @try {
        //
        [[self rightLabel] setText:labelText];
        [[self rightLabel] setFont:labelFont];
```

```objc
            [[self rightLabel] setTextColor:labelColor];
    } @catch (NSException *ex) {
        //
        UIImageView* rightImage = (UIImageView*)[self rightLabel];
        rightImage.image = nil;
        rightImage.frame = CGRectMake(0.0f, 0.0f, 0.0f, 0.0f);
        [rightImage addSubview: [[self createLabelWithText:labelText
                                            font:labelFont
                                            color:labelColor] autorelease]];
    }
}
@end
```

由此可见，具体的实现过程就是替换原有的标签view以及slider。使用方法非常简单，只需设置一下左右文本以及颜色即可，比如下面的代码。

```objc
switchCtl = [[UICustomSwitch alloc] initWithFrame:frame];
//[switchCtl setAlternateColors:YES];
    [switchCtl setLeftLabelText:@"Yes"
                          font:[UIFont boldSystemFontOfSize: 17.0f]
                          color:[UIColor whiteColor]];
    [switchCtl setRightLabelText:@"No"
                          font:[UIFont boldSystemFontOfSize: 17.0f]
                          color:[UIColor grayColor]];
```

这样上面的代码将显示"Yes"、"No"两个选项，如图6-1所示。

图6-1 显示效果

6.1.3 范例技巧——不要在设备屏幕上显示出乎用户意料的控件

复选框和单选按钮虽然不包含在iOS UI库中，但可以通过UIButton类并使用按钮状态和自定义按钮图像来创建它们。Apple让您能够随心所欲地进行定制，但建议您不要在设备屏幕上显示出乎用户意料的控件。

6.2 在屏幕中显示具有开关状态的开关

范例6-2	在屏幕中显示具有开关状态的开关
源码路径	光盘\daima\第6章\6-2

6.2.1 范例说明

本实例简单地演示了UIswitch控件的基本用法。首先通过方法- (IBAction)switchChanged:(id)sender获取了开关的状态，然后通过setOn:setting设置了开关的显示状态。

6.2.2 具体实现

文件UIswitchViewController.m的实现代码如下所示。

```objc
#import "UIswitchViewController.h"
@interface UIswitchViewController ()
@end
@implementation UIswitchViewController
@synthesize leftSwitch,rightSwitch;
- (id)initWithNibName:(NSString *)nibNameOrNil bundle:(NSBundle *)nibBundleOrNil
{
    self = [super initWithNibName:nibNameOrNil bundle:nibBundleOrNil];
    if (self) {
        // Custom initialization
    }
    return self;
}
- (void)viewDidLoad
{
```

```objc
    [super viewDidLoad];
    leftSwitch=[[UISwitch alloc]initWithFrame:CGRectMake(0, 0, 40, 20)];
    rightSwitch=[[UISwitch alloc] initWithFrame:CGRectMake(0,240, 40, 20)];
    [leftSwitch addTarget:self action:@selector(switchChanged:) forControlEvents:UIControlEventValueChanged];
    
    [self.view addSubview:leftSwitch];
    [rightSwitch addTarget:self action:@selector(switchChanged:) forControlEvents:UIControlEventValueChanged];
    [self.view addSubview:rightSwitch];
    // Do any additional setup after loading the view.
}
- (IBAction)switchChanged:(id)sender {
    UISwitch *mySwitch = (UISwitch *)sender;
    BOOL setting = mySwitch.isOn;   //获得开关状态
    if(setting)
    {
        NSLog(@"YES");
    }else {
        NSLog(@"NO");
    }
    [leftSwitch setOn:setting animated:YES];//设置开关状态
    [rightSwitch setOn:setting animated:YES];
}
- (void)viewDidUnload
{
    [super viewDidUnload];
    // Release any retained subviews of the main view.
}
- (BOOL)shouldAutorotateToInterfaceOrientation:(UIInterfaceOr-ientation)interfaceOrientation
{
    return (interfaceOrientation == UIInterfaceOrientationPortrait);
}
@end
```

本实例执行后的效果如图6-2所示。

6.2.3 范例技巧——总结开关控件的基本用法

为了利用开关，将使用其Value Changed事件来检测开关切换，并通过属性on或实例方法isOn来获取当前值。检查开关时将返回一个布尔值，这意味着可将其与TRUE或FALSE (YES/NO)进行比较以确定其状态，还可直接在条件语句中判断结果。例如，要检查开关mySwitch是否是开的，可使用类似于下面的代码。

```objc
if([mySwitch isOn]){
<switch is on>
}
else{
<switch is off>
}
```

图6-2 执行效果

6.3 控制是否显示密码明文（Swift版）

范例6-3	控制是否显示密码明文
源码路径	光盘\daima\第6章\6-3

6.3.1 范例说明

在下面的内容中，将通过一个具体实例的实现过程，详细讲解基于Swift语言控制是否显示密码明文的过程。

6.3.2 具体实现

（1）文件DKTextField.swift的具体实现代码如下所示。

```
import UIKit

class DKTextField: UITextField {

    required init(coder aDecoder: NSCoder) {
        super.init(coder: aDecoder)
    }
    override init(frame: CGRect) {
        super.init(frame: frame)
        self.awakeFromNib()
    }
    private var password:String = ""

    private var beginEditingObserver:AnyObject!

    private var endEditingObserver:AnyObject!

    override func awakeFromNib() {
        super.awakeFromNib()

      //  unowned var that=self

        self.beginEditingObserver
    NSNotificationCenter.defaultCenter().addObserver ForName(UITextFieldTextDidBegin
EditingNotification, object: nil, queue: nil, usingBlock: {
            [unowned self](note:NSNotification!) in

            if self == note.object as DKTextField && self.secureTextEntry {
                self.text = ""
                self.insertText(self.password)
            }
        })
        self.endEditingObserver
    NSNotificationCenter.defaultCenter().addObserverForName (UITextFieldTextDidEnd
EditingNotification, object: nil, queue: nil, usingBlock: {
            [unowned self](note:NSNotification!) in
            if self == note.object as DKTextField {
                self.password = self.text
            }
        })
    }
    deinit{
        NSNotificationCenter.defaultCenter().removeObserver(self.beginEditingObserver)
        NSNotificationCenter.defaultCenter().removeObserver(self.endEditingObserver)
            }
            override var secureTextEntry: Bool{
                get {
                    return super.secureTextEntry
                }
                set{
                    self.resignFirstResponder()
                    super.secureTextEntry = newValue
                    self.becomeFirstResponder()
                }
            }
        }
```

（2）编写文件ViewController.swift，功能是通过switchChanged监听UISwitch控件的开关状态，并根据监听到的状态设置密码的显示样式。

下面看执行后的效果，如果打开UISwitch控件则显示密码，如图6-3所示。

如果关闭UISwitch，则显示密码明文，如图6-4所示。

图6-3 显示密码　　　　　　　　图6-4 显示密码明文

6.3.3 范例技巧——单独编写类文件DKTextField.swift的原因

由于系统的UITextField控件在切换到密码状态时会清除之前的输入文本，于是特意编写类文件DKTextField.swift。DKTextField继承于UITextField，并且不影响UITextFiel的Delegate。

6.4 在屏幕中使用UISegmentedControl控件

范例6-4	在屏幕中使用UISegmentedControl控件
源码路径	光盘\daima\第6章\6-4

6.4.1 范例说明

本实例的功能是使用UISegmentedControl控件在屏幕中实现分段卡的显示功能。

6.4.2 具体实现

文件ViewController.m的实现代码如下所示。

```
#import "ViewController.h"
@implementation ViewController

- (void)didReceiveMemoryWarning
{
    [super didReceiveMemoryWarning];
    // Release any cached data, images, etc that aren't in use.
}

#pragma mark - View lifecycle
-(void)selected:(id)sender{
    UISegmentedControl* control = (UISegmentedControl*)sender;
    switch (control.selectedSegmentIndex) {
        case 0:
            //
            break;
        case 1:
            //
            break;
        case 2:
            //
            break;
        default:
            break;
    }
}
- (void)viewDidLoad
{
```

```
    [super viewDidLoad];
    UISegmentedControl* mySegmentedControl = [[UISegmentedControl alloc]initWithItems: nil];
    mySegmentedControl.segmentedControlStyle = UISegmentedControlStyleBezeled;
    UIColor *myTint = [[ UIColor alloc]initWithRed:0.66 green:1.0 blue:0.77 alpha:1.0];
    mySegmentedControl.tintColor = myTint;
    mySegmentedControl.momentary = YES;

    [mySegmentedControl insertSegmentWithTitle:@"First" atIndex:0 animated:YES];
    [mySegmentedControl insertSegmentWithTitle:@"Second" atIndex:2 animated:YES];
    [mySegmentedControl insertSegmentWithImage:[UIImage imageNamed:@"pic"] atIndex:3 animated:YES];

    //[mySegmentedControl removeSegmentAtIndex:0 animated:YES];//删除一个片段
    //[mySegmentedControl removeAllSegments];//删除所有片段

    [mySegmentedControl setTitle:@"ZERO" forSegmentAtIndex:0];//设置标题
    NSString* myTitle = [mySegmentedControl titleForSegmentAtIndex:1];//读取标题
    NSLog(@"myTitle:%@",myTitle);

    //[mySegmentedControl setImage:[UIImage imageNamed:@"pic"] forSegmentAtIndex:1];//设置
    UIImage* myImage = [mySegmentedControl imageForSegmentAtIndex:2];//读取

    [mySegmentedControl setWidth:100 forSegmentAtIndex:0];//设置Item的宽度

    [mySegmentedControl addTarget:self action:@selector(selected:) forControlEvents:
UIControlEventValueChanged];

    //[self.view addSubview:mySegmentedControl];//添加到父视图

    self.navigationItem.titleView = mySegmentedControl;//添加到导航栏

}

- (void)viewDidUnload
{
    [super viewDidUnload];
    // Release any retained subviews of the main view.
    // e.g. self.myOutlet = nil;
}

- (void)viewWillAppear:(BOOL)animated
{
    [super viewWillAppear:animated];
}

- (void)viewDidAppear:(BOOL)animated
{
    [super viewDidAppear:animated];
}
```

本实例执行后的效果如图6-5所示。

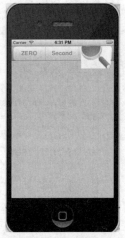

图6-5 执行效果

6.4.3 范例技巧——解决分段控件导致内容变化的问题

如果我们按Apple指南使用UISegmentedControl，分段控件会导致用户在屏幕上看到的内容发生变化。它们常用于在不同类别的信息之间选择，或在不同的应用程序屏幕——如配置屏幕和结果屏幕之间切换。如果在一系列值中选择时不会立刻发生视觉方面的变化，应使用选择器（Picker）对象。处理用户与分段控件交互的方法与处理开关极其相似，也是通过监视Value Changed事件，并通过selectedSegmentIndex判断当前选择的按钮，返回当前选定按钮的编号（从0开始按从左到右的顺序对按钮编号）。

6.5 添加图标和文本

范例6-5	添加图标和文本
源码路径	光盘\daima\第6章\6-5

6.5.1 范例说明

本实例的功能是，将指定的图标和文本添加到默认的UISegmentedControl控件中。

6.5.2 具体实现

（1）在文件UIImage+UISegmentedControlIconAndText.h中定义样式接口和功能函数，具体实现代码如下所示。

```
#import <UIKit/UIKit.h>
@interface UIImage (UISegmentedControlIconAndText)
+ (id)imageFromImage:(UIImage *)image string:(NSString *)string font:(UIFont *)font color:(UIColor *)color;
@end
```

（2）文件UIImage+UISegmentedControlIconAndText.m的功能是定义指定的样式，将图标和文本添加到UISegmentedControl控件中。

（3）文件ViewController.m的功能是调用上面的样式设置UISegmentedControl控件的外观效果。

本实例执行后的效果如图6-6所示。

图6-6 执行效果

6.5.3 范例技巧——分段控件的属性和方法

为了说明UISegmentedControl控件的各种属性与方法的使用，请看下面的一段代码，其中几乎包括了UISegmentedControl控件的所有属性和方法。

```
#import "SegmentedControlTestViewController.h"
@implementation SegmentedControlTestViewController
@synthesize segmentedControl;

// Implement viewDidLoad to do additional setup after loading the view, typically from a nib.
- (void)viewDidLoad {
    NSArray *segmentedArray = [[NSArray alloc]initWithObjects:@"1",@"2",@"3",@"4", nil];
    //初始化UISegmentedControl
    UISegmentedControl *segmentedTemp = [[UISegmentedControl alloc]initWithItems:segmentedArray];
    segmentedControl = segmentedTemp;
    segmentedControl.frame = CGRectMake(60.0, 9.0, 200.0, 50.0);

    [segmentedControl setTitle:@"two" forSegmentAtIndex:1];  //设置指定索引的题目
    [segmentedControl setImage:[UIImage imageNamed:@"lan.png"] forSegmentAtIndex:3];
//设置指定索引的图片
    [segmentedControl insertSegmentWithImage:[UIImage imageNamed:@"mei.png"] atIndex:2 animated:NO]; //在指定索引处插入一个选项并设置图片
    [segmentedControl insertSegmentWithTitle:@"insert" atIndex:3 animated:NO];
//在指定索引处插入一个选项并设置题目
    [segmentedControl removeSegmentAtIndex:0 animated:NO];    //移除指定索引的选项
    [segmentedControl setWidth:70.0 forSegmentAtIndex:2];     //设置指定索引选项的宽度
    [segmentedControl setContentOffset:CGSizeMake(9.0,9.0) forSegmentAtIndex:1];
//设置选项中图片等的左上角的位置

    //获取指定索引选项的图片imageForSegmentAtIndex:
    UIImageView *imageForSegmentAtIndex = [[UIImageView alloc]initWithImage:[segmentedControl imageForSegmentAtIndex:1]];
    imageForSegmentAtIndex.frame = CGRectMake(60.0, 100.0, 30.0, 30.0);

    //获取指定索引选项的标题titleForSegmentAtIndex
    UILabel *titleForSegmentAtIndex = [[UILabel alloc]initWithFrame:CGRectMake(100.0, 100.0, 30.0, 30.0)];
    titleForSegmentAtIndex.text = [segmentedControl titleForSegmentAtIndex:0];

    //获取总选项数segmentedControl.numberOfSegments
```

```objc
    UILabel *numberOfSegments = [[UILabel alloc]initWithFrame:CGRectMake(140.0, 100.0,
30.0, 30.0)];
    numberOfSegments.text = [NSString stringWithFormat:@"%d",segmentedControl.
numberOfSegments];

    //获取指定索引选项的宽度widthForSegmentAtIndex:
    UILabel *widthForSegmentAtIndex = [[UILabel alloc]initWithFrame:CGRectMake(180.0,
100.0, 70.0, 30.0)];
    widthForSegmentAtIndex.text = [NSString stringWithFormat:@"%f",[segmentedControl
widthForSegmentAtIndex:2]];

    segmentedControl.selectedSegmentIndex = 2;  //设置默认选择项索引
    segmentedControl.tintColor = [UIColor redColor];
    segmentedControl.segmentedControlStyle = UISegmentedControlStylePlain;//设置样式
    segmentedControl.momentary = YES;  //设置在单击后是否恢复原样

    [segmentedControl setEnabled:NO forSegmentAtIndex:4];      //设置指定索引选项不可选
    BOOL enableFlag = [segmentedControl isEnabledForSegmentAtIndex:4];
//判断指定索引选项是否可选
    NSLog(@"%d",enableFlag);

    [self.view addSubview:widthForSegmentAtIndex];
    [self.view addSubview:numberOfSegments];
    [self.view addSubview:titleForSegmentAtIndex];
    [self.view addSubview:imageForSegmentAtIndex];
    [self.view addSubview:segmentedControl];

    [widthForSegmentAtIndex release];
    [numberOfSegments release];
    [titleForSegmentAtIndex release];
    [segmentedTemp release];
    [imageForSegmentAtIndex release];

    //移除所有选项
    //[segmentedControl removeAllSegments];
    [super viewDidLoad];
}
- (void)didReceiveMemoryWarning {
    [super didReceiveMemoryWarning];
}
- (void)viewDidUnload {
}

- (void)dealloc {
    [segmentedControl release];
    [super dealloc];
}
@end
```

6.6 使用分段控件控制背景颜色

范例6-6	使用分段控件控制背景颜色
源码路径	光盘\daima\第6章\6-6

6.6.1 范例说明

本实例的功能是使用分段控件控制背景颜色。在文件ViewController.m中通过switch语句来判断用户选择的选项值，根据所选的值设置不同的背景颜色，各个值对应的颜色如下所示。

- ❑ 0：将应用背景设为红色。
- ❑ 1：将应用背景设为绿色。
- ❑ 2：将应用背景设为蓝色。

❏ 3：将应用背景设为紫色。

6.6.2 具体实现

文件ViewController.m的具体实现代码如下所示。

```
#import "ViewController.h"
@implementation ViewController
- (void)viewDidLoad
{
    [super viewDidLoad];
}
- (IBAction)segmentChanged:(id)sender {
  // 根据UISegmentedControl被选中的索引
  switch ([sender selectedSegmentIndex]) {
        case 0:   // 将应用背景设为红色
            self.view.backgroundColor = [UIColor redColor];
            break;
        case 1:   // 将应用背景设为绿色
            self.view.backgroundColor = [UIColor greenColor];
            break;
        case 2:   // 将应用背景设为蓝色
            self.view.backgroundColor = [UIColor blueColor];
            break;
        case 3:   // 将应用背景设为紫色
            self.view.backgroundColor = [UIColor purpleColor];
            break;
    }
}
@end
```

执行后的效果如图6-7所示，选择"绿"选项卡后的效果如图6-8所示。

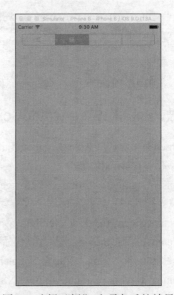

图6-7 执行效果　　　　　　图6-8 选择"绿"选项卡后的效果

6.6.3 范例技巧——要获取分段控件中当前选定按钮的标题

可以结合使用索引和实例方法titleForSegmentAtIndex来获得每个分段的标题。要获取分段控件mySegment中当前选定按钮的标题，可使用如下代码段。

```
[mySegment titleForSegmentAtIndex: mySegment.selectedSegmentIndex]
```

6.7 自定义UISegmentedControl控件的样式（Swift版）

范例6-7	自定义UISegmentedControl控件的样式
源码路径	光盘\daima\第6章\6-7

6.7.1 范例说明

在下面的内容中，将通过一个具体实例的实现过程，详细讲解基于Swift语言使用UISegmentedControl控件的过程。

6.7.2 具体实现

编写文件ViewController.swift实现主视图功能，分别设置了3个选项卡显示的内容。文件ViewController.swift的具体实现代码如下所示。

```swift
import UIKit
class ViewController: UIViewController {
    override func viewDidLoad() {
        super.viewDidLoad()


        var items=["选项1","选项2"] as [AnyObject]
        items.append(UIImage(named: "item03")!)
        let segmented=UISegmentedControl(items:items)
        segmented.center=self.view.center
        segmented.selectedSegmentIndex=1
        segmented.tintColor=UIColor.redColor()
        self.view.addSubview(segmented)

    }
    override func didReceiveMemoryWarning() {
        super.didReceiveMemoryWarning()
        // Dispose of any resources that can be recreated
    }
}
```

图6-9 执行效果

到此为止，整个实例介绍完毕，执行效果如图6-9所示。

6.7.3 范例技巧——UISegmentedControl的常用方法

- ❑ - (void)insertSegmentWithTitle:(NSString *)title atIndex:(NSUInteger)segment animated:(BOOL)animated：插入文字标签在index位置。
- ❑ - (void)insertSegmentWithImage:(UIImage *)image atIndex:(NSUInteger)segment animated:(BOOL)animated：插入图片标签在index位置。
- ❑ - (void)removeSegmentAtIndex:(NSUInteger)segment animated:(BOOL)animated：根据索引删除标签。
- ❑ - (void)removeAllSegments：删除所有标签。
- ❑ - (void)setTitle:(NSString *)title forSegmentAtIndex:(NSUInteger)segment：重设标签标题。
- ❑ - (NSString *)titleForSegmentAtIndex:(NSUInteger)segment：获取标签标题。
- ❑ - (void)setImage:(UIImage *)image forSegmentAtIndex:(NSUInteger)segment：设置标签图片。
- ❑ - (UIImage *)imageForSegmentAtIndex:(NSUInteger)segment：获取标签图片。

6.8 实现一个自定义提醒对话框

范例6-8	实现一个自定义提醒对话框
源码路径	光盘\daima\第6章\6-8

6.8.1 范例说明

本实例是一个iPad项目，功能是实现一个自定义提醒对话框。

6.8.2 具体实现

文件 ViewController.m 的源码如下所示。

```
#import "ViewController.h"
@interface ViewController ()
@end
@implementation ViewController

- (void)viewDidLoad
{
    [super viewDidLoad];
  // Do any additional setup after loading the view, typically from a nib.
    // Release any retained subviews of the main view.
    UIButton *test = [UIButton
    buttonWithType:UIButtonTypeRoundedRect];
    [test setFrame:CGRectMake(200, 200, 200, 200)];
    [test setTitle:@"弹出窗口" forState:UIControlStateNormal];
    [test addTarget:self action:@selector(ButtonClicked:)
    forControlEvents:UIControlEventTouchUpInside];
    [self.view addSubview:test];
}

-(void) ButtonClicked:(id)sender
{
    UIButton *btn1 = [UIButton buttonWithType:UIButtonTypeCustom];
    [btn1 setImage:[UIImage imageNamed:@"puzzle_longbt_1.png"]
    forState:UIControlStateNormal];
    [btn1 setImage:[UIImage imageNamed:@"puzzle_longbt_2.png"]
    forState:UIControlStateHighlighted];
    [btn1 setFrame:CGRectMake(73, 180, 160, 48)];

    UIButton *btn2 = [UIButton buttonWithType:UIButtonTypeCustom];
    [btn2 setImage:[UIImage imageNamed:@"puzzle_longbt_1.png"]
    forState:UIControlStateNormal];
    [btn2 setImage:[UIImage imageNamed:@"puzzle_longbt_2.png"]
    forState:UIControlStateHighlighted];
    [btn2 setFrame:CGRectMake(263, 180, 160, 48)];

    UIImage *backgroundImage = [UIImage imageNamed:@"puzzle_warning_bg.png"];
    UIImage *content = [UIImage imageNamed:@"puzzle_warning_sn.png"];
    JKCustomAlert * alert = [[JKCustomAlert alloc] initWithImage:backgroundImage
    contentImage:content ];

    alert.JKdelegate = self;
    [alert addButtonWithUIButton:btn1];
    [alert addButtonWithUIButton:btn2];
    [alert show];
}
```

执行后会在iPad模拟器中显示一个提醒框，如图6-10所示。

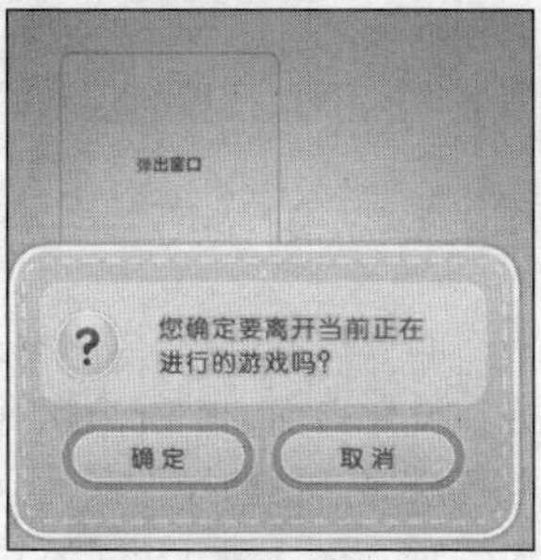

6.8.3 范例技巧——设置标签之间分割线的图案

在iOS应用程序中，通过如下函数可以设置标签之间分割线的图案。

```
- (void)setDividerImage:(UIImage *)dividerImage
forLeftSegmentState:(UIControlState)leftState
rightSegmentState:(UIControlState)rightState barMetrics:(UIBarMetrics)barMetrics
```

图6-10 执行效果

6.9 实现振动提醒框效果

范例6-9	实现振动提醒框效果
源码路径	光盘\daima\第6章\6-9

6.9.1 范例说明

本实例的功能是当输入密码时弹出一个密码输入框（一个UIAlertView），如果密码输入错误则密码输入框（UIAlertView）会发生颤动，这样能更加高效地提示密码错误。

6.9.2 具体实现

（1）在文件ShakingAlertView.h中定义接口和属性对象，具体实现代码如下所示。

```
#import <UIKit/UIKit.h>
typedef enum {
    HashTechniqueNone,
    HashTechniqueSHA1,
    HashTechniqueMD5
} HashTechnique;
@interface ShakingAlertView : UIAlertView <UITextFieldDelegate>
@property (nonatomic, retain) NSString *password;
@property (nonatomic, copy) void(^onCorrectPassword)();
@property (nonatomic, copy) void(^onDismissalWithoutPassword)();
@property (assign) HashTechnique hashTechnique;
// 明文密码构造函数
- (id)initWithAlertTitle:(NSString *)title
        checkForPassword:(NSString *)password;
- (id)initWithAlertTitle:(NSString *)title
        checkForPassword:(NSString *)password
       onCorrectPassword:(void(^)())correctPasswordBlock
onDismissalWithoutPassword:(void(^)())dismissalWithoutPasswordBlock;
// 哈希密码构造函数
- (id)initWithAlertTitle:(NSString *)title
        checkForPassword:(NSString *)password
    usingHashingTechnique:(HashTechnique)hashingTechnique;
- (id)initWithAlertTitle:(NSString *)title
        checkForPassword:(NSString *)password
    usingHashingTechnique:(HashTechnique)hashingTechnique
       onCorrectPassword:(void(^)())correctPasswordBlock
onDismissalWithoutPassword:(void(^)())dismissalWithoutPasswordBlock;
@end
```

（2）文件ShakingAlertView.m的功能是自定义实现一个振动效果的提醒框。

本实例执行后的效果如图6-11所示。

图6-11 执行效果

6.9.3 范例技巧——提醒框视图的意义

iOS应用程序是以用户为中心的，这意味着它们通常不在后台执行功能或在没有界面的情况下运行。它们让用户能够处理数据、玩游戏、通信或执行众多其他的操作。当应用程序需要发出提醒、提供反馈或让用户做出决策时，它总是以相同的方式进行。Cocoa Touch通过各种对象和方法来引起用户注意，这包括UIAlertView和UIActionSheet。这些控件不同于本书前面介绍的其他对象，需要使用代码来创建它们。

6.10 自定义UIAlertView控件的外观

范例6-10	自定义UIAlertView控件的外观
源码路径	光盘\daima\第6章\6-10

6.10.1 范例说明

在本实例的文件WCAlertView.m中自定义了一个提醒框的样式,包括背景图片、颜色等,这样在其他项目中只需调用这个文件即可实现自定义的样式。

6.10.2 具体实现

(1)文件WCAlertView.m用于自定义提醒框的样式,主要实现代码如下所示。

```
- (void)drawRect:(CGRect)rect
{
    [super drawRect:rect];
    if (self.style) {
        /*
         *  当前图形上下文
         */
        CGContextRef context = UIGraphicsGetCurrentContext();
        /*
         *  创建基础形状圆角的界限
         */
        CGRect activeBounds = self.bounds;
        CGFloat cornerRadius = self.cornerRadius;
        CGFloat inset = 5.5f;
        CGFloat originX = activeBounds.origin.x + inset;
        CGFloat originY = activeBounds.origin.y + inset;
        CGFloat width = activeBounds.size.width - (inset*2.0f);
        CGFloat height = activeBounds.size.height - ((inset+2.0)*2.0f);
        
        CGFloat buttonOffset = self.bounds.size.height - 50.5f;
        
        CGRect bPathFrame = CGRectMake(originX, originY, width, height);
        CGPathRef path = [UIBezierPath bezierPathWithRoundedRect:bPathFrame cornerRadius:cornerRadius].CGPath;
        /*
         *  填充创建阴影
         */
        CGContextAddPath(context, path);
        CGContextSetFillColorWithColor(context, [UIColor colorWithRed:210.0f/255.0f green:210.0f/255.0f blue:210.0f/255.0f alpha:1.0f].CGColor);
        CGContextSetShadowWithColor(context, self.outerFrameShadowOffset, self.outerFrameShadowBlur, self.outerFrameShadowColor.CGColor);
        CGContextDrawPath(context, kCGPathFill);
        /*
         *  剪辑状态
         */
        CGContextSaveGState(context); //在 "path"中保存上下文状态
        CGContextAddPath(context, path);
        CGContextClip(context);
        
        ///////////////DRAW GRADIENT
        /*
         *  从 gradientLocations中绘制grafient
         */
        
        CGColorSpaceRef colorSpace = CGColorSpaceCreateDeviceRGB();
        size_t count = [self.gradientLocations count];
        
        CGFloat *locations = malloc(count * sizeof(CGFloat));
```

```objc
            [self.gradientLocations enumerateObjectsUsingBlock:^(id obj, NSUInteger idx,
BOOL *stop) {
                locations[idx] = [((NSNumber *)obj) floatValue];
            }];

            CGFloat *components = malloc([self.gradientColors count] * 4 * sizeof(CGFloat));

            [self.gradientColors enumerateObjectsUsingBlock:^(id obj, NSUInteger idx, BOOL *stop) {
                UIColor *color = (UIColor *)obj;

                NSInteger startIndex = (idx * 4);

                [color getRed:&components[startIndex]
                        green:&components[startIndex+1]
                         blue:&components[startIndex+2]
                        alpha:&components[startIndex+3]];
            }];

            CGGradientRef gradient = CGGradientCreateWithColorComponents(colorSpace,
            components, locations, count);

            CGPoint startPoint = CGPointMake(activeBounds.size.width * 0.5f, 0.0f);
            CGPoint endPoint = CGPointMake(activeBounds.size.width * 0.5f,
            activeBounds.size.height);

            CGContextDrawLinearGradient(context, gradient, startPoint, endPoint, 0);
            CGColorSpaceRelease(colorSpace);
            CGGradientRelease(gradient);
            free(locations);
            free(components);
            /*
             * 构建背景
             */
            if (self.hatchedLinesColor || self.hatchedBackgroundColor) {
                CGContextSaveGState(context); //Save Context State Before Clipping
                "hatchPath"CGRect hatchFrame = CGRectMake(0.0f, buttonOffset-15,
                activeBounds.size.width, (activeBounds.size.height - buttonOffset+1.0f)+15);
                CGContextClipToRect(context, hatchFrame);
                if (self.hatchedBackgroundColor) {
                    CGFloat r,g,b,a;
                    [self.hatchedBackgroundColor getRed:&r green:&g blue:&b alpha:&a];
                    CGContextSetRGBFillColor(context, r*255,g*255, b*255, 255);
                    CGContextFillRect(context, hatchFrame);
                }
                if (self.hatchedLinesColor) {
                    CGFloat spacer = 4.0f;
                    int rows = (activeBounds.size.width + activeBounds.size.height/spacer);
                    CGFloat padding = 0.0f;
                    CGMutablePathRef hatchPath = CGPathCreateMutable();
                    for(int i=1; i<=rows; i++) {
                        CGPathMoveToPoint(hatchPath, NULL, spacer * i, padding);
                        CGPathAddLineToPoint(hatchPath, NULL, padding, spacer * i);
                    }
                    CGContextAddPath(context, hatchPath);
                    CGPathRelease(hatchPath);
                    CGContextSetLineWidth(context, 1.0f);
                    CGContextSetLineCap(context, kCGLineCapButt);
                    CGContextSetStrokeColorWithColor(context, self.hatchedLinesColor.CGColor);
                    CGContextDrawPath(context, kCGPathStroke);
                }

                CGContextRestoreGState(context); //Restore Last Context State Before
                Clipping "hatchPath"
            }

            /*
             * 绘制垂直线
             */
            if (self.verticalLineColor) {
```

6.10 自定义 UIAlertView 控件的外观

```objc
            CGMutablePathRef linePath = CGPathCreateMutable();
            CGFloat linePathY = (buttonOffset - 1.0f) - 15;
            CGPathMoveToPoint(linePath, NULL, 0.0f, linePathY);
            CGPathAddLineToPoint(linePath, NULL, activeBounds.size.width, linePathY);
            CGContextAddPath(context, linePath);
            CGPathRelease(linePath);
            CGContextSetLineWidth(context, 1.0f);
            //在保存上下文之前绘制 "linePath" 阴影
            CGContextSaveGState(context);
            CGContextSetStrokeColorWithColor(context,
            self.verticalLineColor.CGColor);
            CGContextSetShadowWithColor(context, CGSizeMake(0.0f, 1.0f), 0.0f, [UIColor
            colorWithRed:255.0f/255.0f green:255.0f/255.0f blue:255.0f/255.0f alpha:0.2f].CGColor);
            CGContextDrawPath(context, kCGPathStroke);
            CGContextRestoreGState(context); //恢复状态后绘制"linePath" 阴影
        }
        
        /*
         * 设置内路径描边的颜色
         */

        if (self.innerFrameShadowColor || self.innerFrameStrokeColor) {
            CGContextAddPath(context, path);
            CGContextSetLineWidth(context, 3.0f);
            
            if (self.innerFrameStrokeColor) {
                CGContextSetStrokeColorWithColor(context, self.innerFrameStrokeColor.CGColor);
            }
            if (self.innerFrameShadowColor) {
                CGContextSetShadowWithColor(context, CGSizeMake(0.0f, 0.0f), 6.0f,
self.innerFrameShadowColor.CGColor);
            }
            
            CGContextDrawPath(context, kCGPathStroke);
        }
@end
```

（2）文件WCViewController.m的功能是调用上面定义的样式，在屏幕中显示自定义的提醒框，具体实现代码如下所示。

```objc
#import "WCViewController.h"
#import "WCAlertView.h"
@interface WCViewController ()
@end
@implementation WCViewController
- (void)viewDidLoad
{
    [super viewDidLoad];
    [WCAlertView showAlertWithTitle:@"Some title" message:@"Custom message"
customizationBlock:^(WCAlertView *alertView) {
        alertView.style = WCAlertViewStyleWhiteHatched;
    } completionBlock:^(NSUInteger buttonIndex, WCAlertView
*alertView) {
        if (buttonIndex == 0) {
            NSLog(@"Cancel");
        } else {
            NSLog(@"Ok");
        }
    } cancelButtonTitle:@"Cancel" otherButtonTitles:@"Ok", nil];
}

- (void)didReceiveMemoryWarning
{
    [super didReceiveMemoryWarning];
}
@end
```

本实例执行后的效果如图6-12所示。

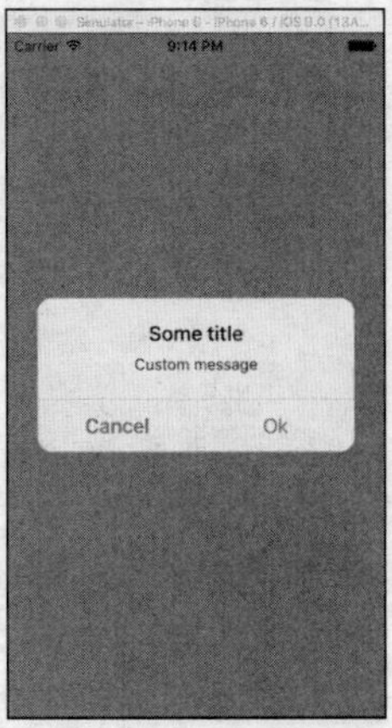

图6-12 执行效果

6.10.3 范例技巧——对UIAlertView的要求

UIAlertView类可以创建一个简单的模态提醒窗口,其中包含一条消息和几个按钮,还可能有普通文本框和密码文本框。在iOS应用中,模态UI元素要求用户必须与之交互(通常是按下按钮)后才能做其他事情。它们通常位于其他窗口前面,在可见时禁止用户与其他任何界面元素交互。

6.11 使用UIAlertView控件(Swift版)

范例6-11	使用UIAlertView控件
源码路径	光盘\daima\第6章\6-11

6.11.1 范例说明

本实例十分简单,功能是使用Swift语言调用UIAlertView控件,使用控件内置的属性选项设置显示样式。

6.11.2 具体实现

文件ViewController.swift的功能是设置提醒框的显示格式,具体实现代码如下所示。

```
import UIKit

class ViewController: UIViewController {
    override func viewDidAppear(animated: Bool) {
        alertIt()
    }
    func alertIt() {
        let alert = UIAlertController(
            title: "MyAlert",
            message: "Hello, can you see me?",
            preferredStyle: UIAlertControllerStyle.Alert)
        alert.addAction(
            UIAlertAction(
                title: "OK",
                style: UIAlertActionStyle.Default,
                handler: nil
            )
        )
        presentViewController(alert, animated: true, completion: nil)
    }
}
```

图6-13 执行效果

本实例执行后的效果如图6-13所示。

6.11.3 范例技巧——在实现提醒视图前需要先声明一个UIAlertView对象

要实现提醒视图,需要声明一个UIAlertView对象,再初始化并显示它。其中最简单的用法如下所示。

```
UIAlertView*alert = [[UIAlertView alloc]initWithTitle:@"提示"
                message:@"这是一个简单的警告框!"
                delegate:nil
                  cancelButtonTitle:@"确定"
                  otherButtonTitles:nil];
[alert show];
[alert release];
```

6.12 实现特殊样式效果的UIActionSheet

范例6-12	实现特殊样式效果的UIActionSheet
源码路径	光盘\daima\第6章\6-12

6.12.1 范例说明

本实例的功能是实现特殊样式效果的UIActionSheet，ActionSheet弹出到最后会有一种弹跳（Bounce）特效。

6.12.2 具体实现

（1）文件CMActionSheet.m的功能是定义UIActionSheet控件的外观样式。

（2）旋转模式视图控制器文件CMRotatableModalViewController.m的具体实现代码如下所示。

```
#import "CMRotatableModalViewController.h"
@implementation CMRotatableModalViewController
@synthesize rootViewController;
- (void)dealloc {
    self.rootViewController = nil;

    [super dealloc];
}
- (BOOL)shouldAutorotateToInterfaceOrientation:(UIInterfaceOrientation)
interfaceOrientation {
    if (interfaceOrientation == self.rootViewController.
interfaceOrientation) {
        return YES;
    } else {
        return NO;
    }
}
@end
```

执行后单击"Show"文本后的效果如图6-14所示。

图6-14 执行效果

6.12.3 范例技巧——UIActionSheet的作用

本书前面介绍的提醒视图可以显示提醒消息，这样可以告知用户应用程序的状态或条件发生了变化。然而，有时候需要让用户根据操作结果做出决策。例如，如果应用程序提供了让用户能够与朋友共享信息的选项，可能需要让用户指定共享方法（如发送电子邮件、上传文件等），如图6-15所示。

这种界面元素被称为操作表，在iOS应用中，是通过UIActionSheet类的实例实现的。操作表还可用于对可能破坏数据的操作进行确认。事实上，它们提供了一种亮红色按钮样式，让用户注意可能删除数据的操作。

图6-15 可以让用户在多个选项之间做出选择的操作表

6.13 实现Reeder阅读器效果

范例6-13	实现Reeder阅读器效果
源码路径	光盘\daima\第6章\6-13

6.13.1 范例说明

本实例的功能是实现类似于Reeder App的UIActionSheet效果，可以用作类似UIActivity的弹出视图功能。

6.13.2 具体实现

（1）通过"AAActivityAction"目录下的如下6个文件设置样式。

❑ AAActivity.h。

- AAActivity.m。
- AAActivityAction.h。
- AAActivityAction.m。
- AAPanelView.h。
- AAPanelView.m。

其中文件AAActivityAction.h用于设置图片的大小，具体实现代码如下所示。

```objc
#import <UIKit/UIKit.h>
#import "AAPanelView.h"
typedef enum AAImageSize : NSUInteger {
    AAImageSizeSmall = 29,
    AAImageSizeNormal = 59,
    AAImageSizeiPad = 74
} AAImageSize;
@interface AAActivityAction : UIView {
@private;
    NSArray *_activityItems;
    NSArray *_activities;
    AAImageSize _imageSize;
    AAPanelView *_panelView;
}
@property (nonatomic, strong) NSString *title;
@property (nonatomic, assign, readonly) BOOL isShowing;
- (id)initWithActivityItems:(NSArray *)activityItems applicationActivities:(NSArray *)applicationActivities imageSize:(AAImageSize)imageSize;
// Attempt automatically use top of hierarchy view
- (void)show;
- (void)showInView:(UIView *)view;
- (void)dismissActionSheet;
@end
```

（2）在文件AAActivityAction.m中定义设置面板的外观样式。

```objc
- (id)initWithActivityItems:(NSArray *)activityItems applicationActivities:(NSArray *)applicationActivities imageSize:(AAImageSize)imageSize
{
    self = [super initWithFrame:[UIScreen mainScreen].bounds];
    if (self) {
        // 调整到 iPad 大小
        _imageSize = UI_USER_INTERFACE_IDIOM() == UIUserInterfaceIdiomPad ? AAImageSizeiPad : imageSize;
        //检查支持的活动
        NSMutableArray *array = [NSMutableArray array];
        for (AAActivity *activity in applicationActivities)
            if ([activity canPerformWithActivityItems:activityItems])
                [array addObject:activity];
        _activities = array;
        _activityItems = activityItems;
        self.autoresizingMask = (UIViewAutoresizingFlexibleWidth | UIViewAutoresizingFlexibleHeight);
        [self setAutoresizesSubviews:YES];
        UIControl *baseView = [[UIControl alloc] initWithFrame:self.frame];
        baseView.backgroundColor = [UIColor colorWithWhite:0.0 alpha:0.3];
        [baseView addTarget:self action:@selector(dismissActionSheet) forControlEvents:UIControlEventTouchUpInside];
        baseView.autoresizingMask = (UIViewAutoresizingFlexibleWidth | UIViewAutoresizingFlexibleHeight);
        [self addSubview:baseView];
        NSUInteger rowsCount = [self numberOfRowFromCount:[_activities count]];
        CGFloat height = self.rowHeight * rowsCount + kTitleHeight;
        CGRect baseRect = CGRectMake(0, baseView.frame.size.height - height - kPanelViewBottomMargin, baseView.frame.size.width, height);
        _panelView = [[AAPanelView alloc] initWithFrame:baseRect];
        _panelView.autoresizingMask = (UIViewAutoresizingFlexibleWidth | UIViewAutoresizingFlexibleWidth | UIViewAutoresizingFlexibleTopMargin);
        _panelView.transform = CGAffineTransformMakeScale(1.0, 0.1);
        [baseView addSubview:_panelView];
        [UIView animateWithDuration:0.1 animations:^ {
            _panelView.transform = CGAffineTransformIdentity;
```

6.13 实现 Reeder 阅读器效果

```objc
        }];
        [self addActivities:_activities];
    }
    return self;
}
//添加活动
- (void)addActivities:(NSArray *)activities
{
    CGFloat x = 0;
    CGFloat y = 0;
    NSUInteger count = 0;
    CGFloat activityWidth = self.activityWidth;
    for (AAActivity *activity in activities) {
        count++;
        UIButton *button = [[UIButton alloc] initWithFrame:CGRectMake(x, y,
        activityWidth, activityWidth)];
        button.tag = count - 1;
        [button addTarget:self action:@selector(invokeActivity:)
        forControlEvents:UIControlEventTouchUpInside];
        [button setImage:activity.image forState:UIControlStateNormal];
        CGFloat sideWidth = activityWidth - activity.image.size.height;
        CGFloat leftInset = roundf(sideWidth / 2.0f);
        button.imageEdgeInsets = UIEdgeInsetsMake(0, leftInset, sideWidth, sideWidth
        - leftInset);
        button.accessibilityLabel = activity.title;
        button.showsTouchWhenHighlighted = _imageSize == AAImageSizeSmall ? YES : NO;
        UILabel *label = [[UILabel alloc] initWithFrame:CGRectMake(0,
        activity.image.size.height + 2.0f, activityWidth, 10.0f)];
        label.textAlignment = ALIGN_CENTER;
        label.backgroundColor = [UIColor clearColor];
        label.textColor = [UIColor whiteColor];
        label.shadowColor = [UIColor colorWithRed:0 green:0 blue:0 alpha:0.75];
        label.shadowOffset = CGSizeMake(0, 1);
        label.text = activity.title;
        CGFloat fontSize = 11.0f;
        if (_imageSize == AAImageSizeNormal)
            fontSize = 12.0f;
        else if (_imageSize == AAImageSizeiPad)
            fontSize = 15.0f;
        label.font = [UIFont systemFontOfSize:fontSize];
        label.numberOfLines = 0;
        [label sizeToFit];
        CGRect frame = label.frame;
        frame.origin.x = roundf((button.frame.size.width - frame.size.width) / 2.0f);
        label.frame = frame;
        [button addSubview:label];
        [_panelView addSubview:button];
    }
}
#pragma mark Action
//调用活动
- (void)invokeActivity:(UIButton *)button
{
    AAActivity *activity = [_activities objectAtIndex:button.tag];
    if (activity.actionBlock)
        activity.actionBlock(activity, _activityItems);
    [self dismissActionSheet];
}
#pragma mark Layout
//布局视图
- (void)layoutSubviews
{
    [super layoutSubviews];
    [self layoutActivities];
    [_panelView setNeedsDisplay];
}
//活动布局
- (void)layoutActivities
{
    NSUInteger rowsCount = [self numberOfRowFromCount:[_activities count]];
    CGFloat height = self.rowHeight * rowsCount + kTitleHeight;
```

```
    _panelView.frame = CGRectMake(0, _panelView.superview.frame.size.height - height
- kPanelViewBottomMargin, _panelView.superview.frame.size.width, height);
    CGFloat x = 0;
    CGFloat y = 0;
    NSUInteger count = 0;
    CGFloat activityWidth = self.activityWidth;
    CGFloat spaceWidth = (_panelView.frame.size.width - (activityWidth * self.numberOfActivitiesInRow)
- (2 * kPanelViewSideMargin)) / (self.numberOfActivitiesInRow - 1);
    for (UIButton *button in _panelView.subviews) {
        count++;
        x = kPanelViewSideMargin + (activityWidth + spaceWidth) * (CGFloat)(count %
self.numberOfActivitiesInRow == 0 ? self.numberOfActivitiesInRow - 1 : count %
self.numberOfActivitiesInRow - 1);
        y = kPanelViewSideMargin + self.rowHeight * ([self numberOfRowFromCount:count] - 1);
        button.frame = CGRectMake(x, y, activityWidth, activityWidth);
    }
}
#pragma mark Appearence
- (void)show
{
    UIWindow *keyboardWindow = nil;
    for (UIWindow *testWindow in [UIApplication sharedApplication].windows) {
        if (![[testWindow class] isEqual:[UIWindow class]]) {
            keyboardWindow = testWindow;
            break;
        }
    }
    UIView *topView = [[UIApplication sharedApplication].keyWindow.subviews objectAtIndex:0];
    [self showInView:keyboardWindow ? : topView];
}
//在视图中显示
- (void)showInView:(UIView *)view
{
    _panelView.title = self.title;
    self.frame = view.bounds;
    [view addSubview:self];
    _isShowing = YES;
}
//撤销ActionSheet
- (void)dismissActionSheet
{
    if (self.isShowing) {
        [UIView animateWithDuration:0.1 animations:^ {
            _panelView.transform = CGAffineTransformMakeScale(1.0, 0.2);
        } completion:^ (BOOL finished){
            [self removeFromSuperview];
        }];
        _isShowing = NO;
    }
}
@end
```

本实例执行后的效果如图6-16所示。

图6-16 执行效果

6.13.3 范例技巧——Reeder阅读器介绍

Reeder是一款评价极高的谷歌阅读器Google Reader软件,获得了2600多个5星评价。软件简约的UI和强大的功能都是其重要特色。首先,它支持与Google Reader云端同步,支持文件夹分类管理,还可以给RSS条目加星或做注释,还支持条目分享、图片缓存、状态保存等。在其他服务的关联方面,Reeder还支持Instapaper/ReadItLater,还可以发送给Delicious/Pinbard或Twitter。

6.14 定制一个按钮面板

范例6-14	使用UIActionSheet控件定制一个按钮面板
源码路径	光盘\daima\第6章\6-14

6.14.1 范例说明

本实例的功能是使用UIActionSheet控件定制一个指定样式的按钮面板,分别设置了UIActionSheet控件的如下属性。

- 指定标题。
- 指定该UIActionSheet的委托对象就是该控制器自身。
- 指定取消按钮的标题。
- 指定销毁按钮的标题。
- 为其他按钮指定标题。
- 设置UIActionSheet的风格。

6.14.2 具体实现

文件ViewController.m的具体实现代码如下所示。

```
#import "ViewController.h"
- (IBAction)tapped:(id)sender {
 // 创建一个UIActionSheet
 UIActionSheet* sheet = [[UIActionSheet alloc]
      initWithTitle:@"请确认是否删除"    // 指定标题
      delegate:self    // 指定该UIActionSheet的委托对象就是该控制器自身
      cancelButtonTitle:@"取消"   // 指定取消按钮的标题
      destructiveButtonTitle:@"确定"   // 指定销毁按钮的标题
      otherButtonTitles:@"按钮一", @"按钮二", nil];  // 为其他按钮指定标题
 // 设置UIActionSheet的风格
 sheet.actionSheetStyle = UIActionSheetStyleAutomatic;
 [sheet showInView:self.view];
}
- (void)actionSheet:(UIActionSheet *)actionSheet
 clickedButtonAtIndex:(NSInteger)buttonIndex
{
 // 使用UIAlertView来显示用户单击了第几个按钮
 UIAlertView* alert = [[UIAlertView alloc] initWithTitle:@"提示"
     message:[NSString stringWithFormat:@"您单击了第%ld个按钮" ,
buttonIndex]
     delegate:nil
     cancelButtonTitle:@"确定"
     otherButtonTitles: nil];
 [alert show];
}
@end
```

运行本项目,单击"打开ActionSheet"后的效果如图6-17所示。

图6-17 执行效果

6.14.3 范例技巧——操作表的基本用法

操作表的实现方式与提醒视图极其相似，也分为初始化、配置和显示这几个过程，例如下面的代码。

```
 1:  - (IBAction)doActionSheet:(id)sender {
 2:      UIActionSheet *actionSheet;
 3:      actionSheet=[ [UIActionSheet allocJ  initWithTitle:@"Available Actions"
 4:                           delegate:self
 5:                           cancelButtonTitle:@"Cancel"
 6:                           destructiveButtonTitle:@"Delete"
 7:                   otherButtonTitles:@"Keep",nil];
 8:      actionSheet .actionSheetStyle=UIActionSheetStyleBlackTranslucent ;
 9:      [actionSheet showlnView:self.view] ;
10:  }
```

由上述代码可知，设置UIActionSheet的方式与设置提醒视图极其相似，具体说明如下所示。
第2~7行声明并实例化了一个名为actionSheet的UIActionSheet实例。与创建提醒类似，这个初始化方法几乎完成了所有的设置工作。该方法及其参数如下。

- initWithTitle：使用指定的标题初始化操作表。
- delegate：指定将作为操作表委托的对象。如果将其设置为nil，操作表将能够显示，但用户按下任何按钮都只是关闭操作表，而不会有其他任何影响。
- cancelButtonTitle：指定操作表中默认按钮的标题。
- destructiveButtonTitle：指定将导致信息丢失的按钮的标题。该按钮将呈亮红色显示（与其他按钮形成强烈对比）。如果将其设置为nil，将不会显示破坏性按钮。
- otherButtonTitles：在操作表中添加其他按钮，总是以nil结尾。

6.15 实现一个分享App（Swift版）

范例6-15	使用UIActionsheet实现一个分享App
源码路径	光盘\daima\第6章\6-15

6.15.1 范例说明

本实例的功能是使用UIActionsheet控件实现一个分享应用程序。实例文件ViewController.swift的功能是监听用户触摸屏幕中的文本，根据触摸的文本来选择执行对应的处理函数openAlertView和openActionSheet，通过这两个函数可以打开两个不同的新界面。

6.15.2 具体实现

文件ViewController.swift的具体实现代码如下所示。
```swift
import UIKit
import Social
class ViewController: UIViewController, UIActionSheetDelegate {

    override func viewDidLoad() {
        super.viewDidLoad()
        // Do any additional setup after loading the view, typically from a nib.
    }
    @IBAction func share(sender: AnyObject) {
        let alert = UIAlertController(title: "Share", message: "Share the app", preferredStyle: UIAlertControllerStyle.ActionSheet)
        let twBtn = UIAlertAction(title: "Twitter", style: UIAlertActionStyle.Default) { (alert) -> Void in
            if SLComposeViewController.isAvailableForServiceType(SLServiceTypeTwitter){
                let twitterSheet:SLComposeViewController = SLComposeViewController(forServiceType: SLServiceTypeTwitter)
```

```
                    twitterSheet.setInitialText("Share on Twitter")
                    self.presentViewController(twitterSheet, animated: true, completion: nil)
            } else {
                    let alert = UIAlertController(title: "Accounts", message: "Please login to a Twitter account to share.", preferredStyle: UIAlertControllerStyle.Alert)
                    alert.addAction(UIAlertAction(title: "OK", style: UIAlertActionStyle.Default, handler: nil))
                    self.presentViewController(alert, animated: true, completion: nil)
            }
        }

        let fbBtn = UIAlertAction(title: "Facebook", style: UIAlertActionStyle.Default) { (alert) -> Void in
            if SLComposeViewController.isAvailableForServiceType(SLServiceTypeFacebook){
                    let facebookSheet:SLComposeViewController = SLComposeViewController(forServiceType: SLServiceTypeFacebook)
                    facebookSheet.setInitialText("Share on Facebook")
                    self.presentViewController(facebookSheet, animated: true, completion: nil)
            } else {
                    let alert = UIAlertController(title: "Accounts", message: "Please login to a Facebook account to share.", preferredStyle: UIAlertControllerStyle.Alert)
                    alert.addAction(UIAlertAction(title: "OK", style: UIAlertActionStyle.Default, handler: nil))
                    self.presentViewController(alert, animated: true, completion: nil)
            }
        }
        let cancelButton = UIAlertAction(title: "Cancel", style: UIAlertActionStyle.Cancel) { (alert) -> Void in
            print("Cancel Pressed")
        }

        alert.addAction(twBtn)
        alert.addAction(fbBtn)
        alert.addAction(cancelButton)
        self.presentViewController(alert, animated: true, completion: nil)

    }


    override func didReceiveMemoryWarning() {
        super.didReceiveMemoryWarning()
        // Dispose of any resources that can be recreated.
    }
}
```

到此为止，整个实例介绍完毕，执行后的效果如图6-18所示。单击UI主界面中"Share"文本后将打开一个分享界面，执行效果如图6-19所示。

图6-18 执行效果

图6-19 单击"Share"后的界面

6.15.3 范例技巧——操作表外观有4种样式

- UIActionSheetStyleAutomatic：如果屏幕底部有按钮栏，则采用与按纽栏匹配的样式，否则采用默认样式。
- UIActionSheetStyleDefault：由iOS决定的操作表默认外观。
- UIActionSheetStyleBlackTranslucent：一种半透明的深色样式。
- UIActionSheetStyleBlackOpaque：一种不透明的深色样式。

6.16 使用UIToolBar实现工具栏（Swift版）

范例6-16	使用UIToolBar实现工具栏
源码路径	光盘\daima\第6章\6-16

6.16.1 范例说明

本实例的功能是使用UIToolBar实现工具栏，首先创建一个Empty Applcition的项目，然后创建3个类，分别为MainViewController、RedViewController、BuleViewController。

6.16.2 具体实现

（1）打开AppDelegate.h，添加如下所示的代码。
```
@property (strong, nonatomic) MainViewController *mainView;
```
（2）打开AppDelegate.m，添加如下所示的代码。
```
- (BOOL)application:(UIApplication *)application
didFinishLaunchingWithOptions:(NSDictionary *)launchOptions
{
    self.window = [[[UIWindow alloc] initWithFrame:[[UIScreen mainScreen] bounds]] autorelease];
    self.mainView = [[MainViewController alloc] init];
    self.window.rootViewController = self.mainView;
    [self.window makeKeyAndVisible];
    return YES;
}
```
（3）在MainViewController的loadView方法中添加初始化父View的代码，具体代码如下所示。
```
mainView = [[[UIView alloc] initWithFrame:[[UIScreen mainScreen] applicationFrame]] autorelease];
// View的背景设置为白色
mainView.backgroundColor = [UIColor whiteColor];
```
（4）初始化最开始显示的红色View，具体代码如下所示。
```
RedViewController *redView = [[RedViewController alloc] init];
self.redViewController = redView;
```
（5）初始化一个UIBarButtonItem并保存到NSMutableArray中，最后Set到myToolbar中。具体代码如下所示。
```
UIToolbar *myToolbar = [[UIToolbar alloc] initWithFrame:CGRectMake(0, 0, 320, 44)];
NSMutableArray *btnArray = [[NSMutableArray alloc] init];
[btnArray addObject:[[UIBarButtonItem alloc] initWithTitle:@"Switch"
style:UIBarButtonItemStyleDone target:self action:@selector(onClickSwitch:)]];
[myToolbar setItems:btnArray];
```
（6）将刚刚初始化的控件添加到mainView的窗口上，具体代码如下所示。
```
[mainView insertSubview:self.redViewController.view atIndex:0];
[mainView addSubview:myToolbar];
self.view = mainView;
```
（7）实现onClickSwitch的单击事件，具体代码如下所示。
```
if (self.blueViewController.view.superview == nil)
{
```

```
<span style="white-space:pre"> </span>if (self.blueViewController == nil)
        {
                self.blueViewController = [[[BlueViewController alloc] init] autorelease];
        }
        [self.redViewController.view removeFromSuperview];
        [mainView insertSubview:self.blueViewController.view atIndex:0];
}
else
{
        if (self.redViewController == nil)
        {
                self.redViewController = [[[RedViewController alloc] init] autorelease];
        }
        [self.blueViewController.view removeFromSuperview];
        [mainView insertSubview:self.redView Controller.view atIndex:0];
}
```

这样执行后便实现了两个视图之间的切换，执行效果如图6-20所示。

6.16.3 范例技巧——工具栏的作用

工具栏用于提供一组选项，让用户执行某个功能，而并非用于在完全不同的应用程序界面之间切换。要想在不同的应用程序界面间实现切换功能，则需要使用选项卡栏。在iOS应用中，可以用可视化的方式实现工具栏，这是在iPad中显示弹出框的标准途径。要想在视图中添加iPhone，可打开对

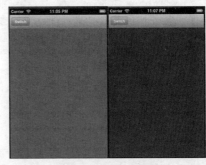

图6-20 执行效果

象库并使用toolbar进行搜索，再将工具栏对象拖曳到视图顶部或底部（在iPhone应用程序中，工具栏通常位于底部）。

6.17 自定义UIToolBar的颜色和样式

范例6-17	自定义UIToolBar的颜色和样式
源码路径	光盘\daima\第6章\6-17

6.17.1 范例说明

本实例的功能是自定义UIToolBar控件的颜色和样式，在屏幕四个角加上工具栏。当用户单击三角按钮时，工具栏便会收起或者打开。

6.17.2 具体实现

（1）在文件ToolDrawerView.h中定义接口和功能函数，具体实现代码如下所示。

```
#import <UIKit/UIKit.h>
typedef enum{
    kTopCorner = 1,
    kBottomCorner = -1
} ToolDrawerVerticalCorner;
typedef enum{
    kLeftCorner = 1,
    kRightCorner = -1
} ToolDrawerHorizontalCorner;
typedef enum{
    kHorizontally,
    kVertically
} ToolDrawerDirection;
@interface ToolDrawerView : UIView {
    NSTimer *toolDrawerFadeTimer;
    CGPoint openPosition;
```

```
    CGPoint closePosition;
    CGAffineTransform positionTransform;
    UIButton *handleButton;
    UIImage *handleButtonImage;
    UIImage *handleButtonBlinkImage;
    NSTimer *handleButtonBlinkTimer;
    BOOL open;
}
@property (assign) ToolDrawerHorizontalCorner horizontalCorner;
@property (assign) ToolDrawerVerticalCorner verticalCorner;
@property (assign) ToolDrawerDirection direction;
@property (nonatomic, retain) UIButton *handleButton;
@property (assign) NSTimeInterval durationToFade;
@property (assign) NSTimeInterval perItemAnimationDuration;
- (id)initInVerticalCorner:(ToolDrawerVerticalCorner)vCorner
andHorizontalCorner:(ToolDrawerHorizontalCorner)hCorner moving:(ToolDrawerDirection)aDirection;
- (void)blinkTabButton;
- (UIButton *)appendItem:(NSString *)imageName;
- (UIButton *)appendImage:(UIImage *)img;
- (void)appendButton:(UIButton *)button;
- (bool)isOpen;
- (void)open;
- (void)close;
@end
```

（2）在文件ToolDrawerView.m中定义工具栏的外观样式，在屏幕中绘制了如下所示的效果。

- 工具栏角的圆弧。
- 弹出工具栏的白边样式。
- 标签按钮。
- Cheveron样式的图形按钮。
- 翻转按钮图像。
- 重置按钮标签。
- 闪烁按钮标签。
- 工具栏消失动画特效。
- 附加Item条目、图像和按钮选项。

（3）文件ToolDrawerViewController.m的功能是调用上面定义的样式，在屏幕中生成指定的工具栏特效。

本实例执行后的效果如图6-21所示。

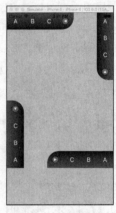

图6-21 执行效果

6.17.3 范例技巧——工具栏与分段控件的差别

虽然工具栏的实现与分段控件类似，但是工具栏中的控件是完全独立的对象。UIToolbar实例只是一个横跨屏幕的灰色条而已，要想让工具栏具备一定的功能，还需要在其中添加按钮。

6.18 创建一个带有图标按钮的工具栏

范例6-18	创建一个带有图标按钮的工具栏
源码路径	光盘\daima\第6章\6-18

6.18.1 范例说明

本实例的功能是使用UIToolBar控件创建一个带有图标按钮的工具栏。

6.18.2 具体实现

文件ViewController.m的具体实现代码如下所示。

```objc
#import "ViewController.h"
@interface ViewController ()
@end
@implementation ViewController
- (void)viewDidLoad {
    [super viewDidLoad];
    self.navigationController.navigationBar.barTintColor = [UIColor orangeColor];
    self.navigationItem.title = @"UIToolBar的使用";
    self.view.backgroundColor = [UIColor grayColor];
    //设置UINavigationController的toolbarHidden属性可显示UIToolBar
    [self.navigationController setToolbarHidden:NO animated:YES];
    //设置痕迹颜色
    [self.navigationController.toolbar setBarTintColor:[UIColor orangeColor]];
    //设置背景图片
    [self.navigationController.toolbar setBackgroundImage:[UIImage imageNamed:@""] forToolbarPosition:UIBarPositionBottom barMetrics:UIBarMetricsDefault];
    //设置toolbar包含的视图/控制器
    UIBarButtonItem *item0 = [[UIBarButtonItem alloc] initWithBarButtonSystemItem:UIBarButtonSystemItemDone target:self action:@selector(toolbarAction:)];
    item0.tag = 0;
    UIView *customView = [[UIView alloc]initWithFrame:CGRectMake(0, 5, 50, 20)];
    customView.backgroundColor = [UIColor purpleColor];
    UIBarButtonItem *item1 = [[UIBarButtonItem alloc] initWithCustomView:customView];
    item1.tag = 1;
    //iOS7以后使用，不然不显示这类图片，  有透明效果的可以直接添加
    UIImage *item2Image = [[UIImage imageNamed:@"car.png"] imageWithRenderingMode:UIImageRenderingModeAlwaysOriginal];
    //直接添加[UIImage imageNamed:@"close.png"]，则不透明则重画tincolor为默认蓝色
    UIBarButtonItem *item2 = [[UIBarButtonItem alloc] initWithImage:item2Image style:UIBarButtonItemStyleDone target:self action:@selector(toolbarAction:)];
    item2.tag = 2;

    UIBarButtonItem *item3 = [[UIBarButtonItem alloc] initWithTitle:@"item3" style:UIBarButtonItemStyleDone target:self action:@selector(toolbarAction:)];
    item3.tag = 3;
    //间隔符
    UIBarButtonItem *spaceItem = [[UIBarButtonItem alloc] initWithBarButtonSystemItem:UIBarButtonSystemItemFlexibleSpace target:self action:nil];
    //每个Item之间、前后都添加一个代表空格的spaceItem
    NSArray *itemsArray = [NSArray arrayWithObjects:spaceItem,item0,spaceItem,item1,spaceItem,item2,spaceItem,item3,spaceItem, nil];
    self.toolbarItems = itemsArray;
}
-(void)toolbarAction:(UIBarButtonItem*)sender{
    NSLog(@"toolbarItems : %ld ",sender.tag);
    switch (sender.tag) {
        case 0:{ } break;
        case 1:{ } break;
        case 2:{ } break;
        case 3:{ } break;

        default:
            break;
    }
}
- (void)didReceiveMemoryWarning {
    [super didReceiveMemoryWarning];
}
@end
```

本实例执行后的效果如图6-22所示。

图6-22 执行效果

6.18.3 范例技巧——调整工具栏按钮位置的方法

要想调整工具栏按钮的位置，需要在工具栏中插入特殊的栏按钮项：灵活间距栏按钮项和固定间

距栏按钮项。灵活间距（flexible space）栏按钮项自动增大，以填满它两边的按钮之间的空间（或工具栏两端的空间）。例如，要将一个按钮放在工具栏中央，可在它两边添加灵活间距栏按钮项。要将两个按钮分放在工具栏两端，只需在它们之间添加一个灵活间距栏按钮项即可。固定间距栏按钮项的宽度是固定不变的，可以插入到现有按钮的前面或后面。

6.19 实现网格效果

范例6-19	使用UICollectionView控件实现网格效果
源码路径	光盘\daima\第6章\6-19

6.19.1 范例说明

UICollectionView是从iOS 6开始提供的控件，是一种新的数据展示方式，可以把它理解成多列的UITableView，当然这只是UICollectionView最简单的形式。本实例的功能是使用UICollectionView控件实现网格效果。

6.19.2 具体实现

（1）主视图文件ViewController.m的具体实现代码如下所示。

```objc
#import "ViewController.h"
#import "DetailViewController.h"
@implementation ViewController{
    NSArray* _books;
    NSArray* _covers;
}
- (void)viewDidLoad
{
    [super viewDidLoad];
    // 创建并初始化NSArray对象
    _books = @[@"Ajax",
               @"Android",
               @"HTML5/CSS3/JavaScript" ,
               @"Java",
               @"Java程序员",
               @"Java EE",
               @"Java EE",
               @"Swift"];
    // 创建并初始化NSArray对象
    _covers = [NSArray arrayWithObjects:@"ajax.png",
               @"android.png",
               @"html.png" ,
               @"java.png",
               @"java2.png",
               @"javaee.png",
               @"javaee2.png",
               @"swift.png", nil];
    // 为当前导航项设置标题
    self.navigationItem.title = @"图书列表";
    // 为UICollectionView设置dataSource和delegate
    self.grid.dataSource = self;
    self.grid.delegate = self;
    // 创建UICollectionViewFlowLayout布局对象
    UICollectionViewFlowLayout *flowLayout =
        [[UICollectionViewFlowLayout alloc] init];
    // 设置UICollectionView中各单元格的大小
    flowLayout.itemSize = CGSizeMake(120, 160);
    // 设置该UICollectionView只支持水平滚动
    flowLayout.scrollDirection = UICollectionViewScrollDirectionVertical;
    // 设置各分区上、下、左、右空白的大小
    flowLayout.sectionInset = UIEdgeInsetsMake(0, 0, 0, 0);
```

```objc
        // 设置两行单元格之间的行距
        flowLayout.minimumLineSpacing = 5;
        // 设置两个单元格之间的间距
        flowLayout.minimumInteritemSpacing = 0;
        // 为UICollectionView设置布局对象
        self.grid.collectionViewLayout = flowLayout;
}
// 该方法的返回值决定各单元格的控件
- (UICollectionViewCell *)collectionView:(UICollectionView *)
       collectionView cellForItemAtIndexPath:(NSIndexPath *)indexPath
{
        // 为单元格定义一个静态字符串作为标识符
        static NSString* cellId = @"bookCell";       // ①
        // 从可重用单元格的队列中取出一个单元格
        UICollectionViewCell* cell = [collectionView
             dequeueReusableCellWithReuseIdentifier:cellId
             forIndexPath:indexPath];
        // 设置圆角
        cell.layer.cornerRadius = 8;
        cell.layer.masksToBounds = YES;
        NSInteger rowNo = indexPath.row;
        // 通过tag属性获取单元格内的UIImageView控件
        UIImageView* iv = (UIImageView*)[cell viewWithTag:1];
        // 为单元格内的图片控件设置图片
        iv.image = [UIImage imageNamed:_covers[rowNo]];
        // 通过tag属性获取单元格内的UILabel控件
        UILabel* label = (UILabel*)[cell viewWithTag:2];
        // 为单元格内的UILabel控件设置文本
        label.text = _books[rowNo];
        return cell;
}
// 该方法的返回值决定UICollectionView包含多少个单元格
- (NSInteger)collectionView:(UICollectionView *)collectionView
        numberOfItemsInSection:(NSInteger)section
{
        return _books.count;
}
// 当用户单击单元格跳转到下一个视图控制器时激发该方法
- (void)prepareForSegue:(UIStoryboardSegue *)segue sender:(id)sender
{
        // 获取激发该跳转的单元格
        UICollectionViewCell* cell = (UICollectionViewCell*)sender;
        // 获取该单元格所在的NSIndexPath
        NSIndexPath* indexPath = [self.grid indexPathForCell:cell];
        NSInteger rowNo = indexPath.row;
        // 获取跳转的目标视图控制器: DetailViewController控制器
        DetailViewController *detailController = segue.destinationViewController;
        // 将选中单元格内的数据传给DetailViewController控制器对象
        detailController.imageName = _covers[rowNo];
        detailController.bookNo = rowNo;
}
@end
```

(2)详情界面视图接口文件DetailViewController.h的具体实现代码如下所示。

```objc
#import <UIKit/UIKit.h>
@interface DetailViewController : UIViewController
@property (strong, nonatomic) IBOutlet UIImageView *bookCover;
@property (strong, nonatomic) IBOutlet UITextView *bookDetail;
// 用于接收上一个控制器传入参数的属性
@property (strong, nonatomic) NSString* imageName;
@property (nonatomic, assign) NSInteger bookNo;
@end
```

(3)详情界面视图文件DetailViewController.m的具体实现代码如下所示。

```objc
#import "DetailViewController.h"
@implementation DetailViewController{
        NSArray* _bookDetails;
}
- (void)viewDidLoad
{
```

```
    [super viewDidLoad];
    _bookDetails = @[
        @"前端开发知识",
        @"Andrioid销量排行榜榜首。",
        @"介绍HTML 5、CSS3、JavaScript知识",
        @"Java图书,值得仔细阅读的图书",
        @"重点图书",
        @"Java3大框架整合开发",
        @"EJB 3",
        @"图书"];
}
- (void)viewWillAppear:(BOOL)animated
{
    // 设置bookCover控件显示的图片
    self.bookCover.image = [UIImage imageNamed:self.imageName];
    // 设置bookDetail显示的内容
    self.bookDetail.text = _bookDetails[self.bookNo];
}
@end
```

主视图界面的执行效果如图6-23所示,详情视图界面的执行效果如图6-24所示。

图6-23 执行效果

图6-24 详情视图界面的执行效果

6.19.3 范例技巧——UICollectionView的构成

在iOS应用中,最简单的UICollectionView就是一个GridView,可以多列的方式将数据进行展示。标准的UICollectionView包含如下3个部分,它们都是UIView的子类。

- Cells:用于展示内容的主体,对于不同的cell可以指定不同尺寸和不同的内容,这个稍后再说。
- Supplementary Views:用于追加视图,如果读者对UITableView比较熟悉的话,可以理解为每个Section的Header或者Footer,用来标记每个Section的View。
- Decoration Views:用于装饰视图,这部分是每个Section的背景,比如iBooks中的书架就是这部分实现的。

6.20 实现大小不相同的网格效果

范例6-20	实现大小不相同的网格效果
源码路径	光盘\daima\第6章\6-20

6.20.1 范例说明

本实例的功能是使用网格控件实现一个书架效果，分别将Ajax、Android、HTML5/CSS3/JavaScript、Java、Java EE和Swift作为选项进行展示。

6.20.2 具体实现

（1）主界面视图文件ViewController.m的具体实现代码如下所示。

```objc
#import "ViewController.h"
#import "DetailViewController.h"
@implementation ViewController{
    NSArray* _books;
    NSArray* _covers;
}
- (void)viewDidLoad
{
    [super viewDidLoad];
    // 创建并初始化NSArray对象
    _books = @[@"Ajax",
               @"Android",
               @"HTML5/CSS3/JavaScript" ,
               @"Java",
               @"Java",
               @"Java EE",
               @"Java EE",
               @"Swift"];
    // 创建并初始化NSArray对象
    _covers = [NSArray arrayWithObjects:@"ajax.png",
               @"android.png",
               @"html.png" ,
               @"java.png",
               @"java2.png",
               @"javaee.png",
               @"javaee2.png",
               @"swift.png", nil];
    // 为当前导航项设置标题
    self.navigationItem.title = @"图书列表";
    // 为UICollectionView设置dataSource和delegate
    self.grid.dataSource = self;
    self.grid.delegate = self;
    // 创建UICollectionViewFlowLayout布局对象
    UICollectionViewFlowLayout *flowLayout =
    [[UICollectionViewFlowLayout alloc] init];
    // 设置UICollectionView中各单元格的大小
    flowLayout.itemSize = CGSizeMake(120, 160);
    // 设置该UICollectionView只支持水平滚动
    flowLayout.scrollDirection = UICollectionViewScrollDirectionVertical;
    // 设置各分区上、下、左、右空白的大小
    flowLayout.sectionInset = UIEdgeInsetsMake(0, 0, 0, 0);
    // 设置两行单元格之间的行距
    flowLayout.minimumLineSpacing = 5;
    // 设置两个单元格之间的间距
    flowLayout.minimumInteritemSpacing = 0;
    // 为UICollectionView设置布局对象
    self.grid.collectionViewLayout = flowLayout;
}
// 该方法的返回值决定各单元格的控件
- (UICollectionViewCell *)collectionView:(UICollectionView *)
    collectionView cellForItemAtIndexPath:(NSIndexPath *)indexPath
{
    // 为单元格定义一个静态字符串作为标识符
    static NSString* cellId = @"bookCell";   // ①
    // 从可重用单元格的队列中取出一个单元格
    UICollectionViewCell* cell = [collectionView
```

```objc
            dequeueReusableCellWithReuseIdentifier:cellId
            forIndexPath:indexPath];
    // 设置圆角
    cell.layer.cornerRadius = 8;
    cell.layer.masksToBounds = YES;
    NSInteger rowNo = indexPath.row;
    // 通过tag属性获取单元格内的UIImageView控件
    UIImageView* iv = (UIImageView*)[cell viewWithTag:1];
    // 为单元格内的图片控件设置图片
    iv.image = [UIImage imageNamed:_covers[rowNo]];
    // 通过tag属性获取单元格内的UILabel控件
    UILabel* label = (UILabel*)[cell viewWithTag:2];
    // 为单元格内的UILabel控件设置文本
    label.text = _books[rowNo];
    return cell;
}
// 该方法的返回值决定UICollectionView包含多少个单元格
- (NSInteger)collectionView:(UICollectionView *)collectionView
    numberOfItemsInSection:(NSInteger)section
{
    return _books.count;
}
// 当用户单击单元格跳转到下一个视图控制器时激发该方法
- (void)prepareForSegue:(UIStoryboardSegue *)segue sender:(id)sender
{
    // 获取激发该跳转的单元格
    UICollectionViewCell* cell = (UICollectionViewCell*)sender;
    // 获取该单元格所在的NSIndexPath
    NSIndexPath* indexPath = [self.grid indexPathForCell:cell];
    NSInteger rowNo = indexPath.row;
    // 获取跳转的目标视图控制器: DetailViewController控制器
    DetailViewController *detailController = segue.destinationViewController;
    // 将选中单元格内的数据传给DetailViewController控制器对象
    detailController.imageName = _covers[rowNo];
    detailController.bookNo = rowNo;
}
- (CGSize)collectionView:(UICollectionView *)collectionView layout:
    (UICollectionViewLayout*)collectionViewLayout
    sizeForItemAtIndexPath:(NSIndexPath *)indexPath
{
    // 获取indexPath对应的单元格将要显示的图片
    UIImage* image = [UIImage imageNamed:
        _covers[indexPath.row]];
    // 控制该单元格的大小为它显示的图片大小的一半
    return CGSizeMake(image.size.width / 2
        , image.size.height / 2);
}
@end
```

（2）详情界面DetailViewController.m的具体实现代码如下所示。

```objc
#import "DetailViewController.h"
@implementation DetailViewController{
    NSArray* _bookDetails;
}
- (void)viewDidLoad
{
    [super viewDidLoad];
    _bookDetails = @[
        @"介绍了前端开发知识",
        @"图书。",
        @"前端开发基础知识",
        @"值得仔细阅读的图书",
        @"突破重点的图书",
        @"3大框架整合开发的图书",
        @"EJB 3开发图书",
        @"Swift图书"];
}
- (void)viewWillAppear:(BOOL)animated
{
```

```
        // 设置bookCover控件显示的图片
        self.bookCover.image = [UIImage imageNamed:self.imageName];
        // 设置bookDetail显示的内容
        self.bookDetail.text = _bookDetails[self.bookNo];
}
@end
```

主视图界面执行后的效果如图6-25所示，详情界面的执行效果如图6-26所示。

图6-25 执行效果

图6-26 详情界面的执行效果

6.20.3 范例技巧——UICollectionViewDataSource代理介绍

UICollectionViewDataSource 是一个代理，主要用于向 Collection View 提供数据。UICollectionViewDataSource的主要功能如下所示。

❑ Section数目。
❑ Section里面有多少item。
❑ 提供Cell和supplementary view设置。

UICollectionViewDataSource通过如下3个方法实现上述功能。

❑ numberOfSectionsInCollection：section的数量。
❑ collectionView:numberOfItemsInSection：某个section里有多少个item。
❑ collectionView:cellForItemAtIndexPath：对于某个位置应该显示什么样的cell。

实现以上3个委托方法，基本上就可以保证CollectionView工作正常了。当然还提供了Supplementary View的如下方法。

❑ collectionView:viewForSupplementaryElementOfKind:atIndexPath：对于Decoration Views来说，提供的方法并不在UICollectionViewDataSource中，而是直接在类UICollectionViewLayout中，这是因为它仅仅是和视图相关的，而与数据无关。

6.21 实现Pinterest样式的布局效果（Swift版）

范例6-21	实现Pinterest样式的布局效果
源码路径	光盘\daima\第6章\6-21

6.21.1 范例说明

本实例的功能是使用UICollectionView和UICollectionViewFlow实现Pinterest样式的布局效果。Pinterest样式采用的是瀑布流的形式展现图片内容，无需用户翻页，新的图片不断自动加载在页面底端，让用户不断发现新的图片。

6.21.2 具体实现

（1）主界面布局文件LayoutController.swift的具体实现代码如下所示。

```swift
import UIKit
let reuseIdentifier = "collCell"
class LayoutController: UICollectionViewController,
UICollectionViewDelegateFlowLayout {
    let sectionInsets = UIEdgeInsets(top: 10.0, left: 10.0, bottom: 10.0, right: 10.0)
    let titles = ["Sand Harbor, Lake Tahoe - California","Beautiful View of Manhattan skyline.","Watcher in the Fog","Great Smoky Mountains National Park, Tennessee","Most beautiful place"]
    override func viewDidLoad() {
        super.viewDidLoad()
    }

    override func didReceiveMemoryWarning() {
        super.didReceiveMemoryWarning()
        // Dispose of any resources that can be recreated
    }

    override func numberOfSectionsInCollectionView(collectionView: UICollectionView) -> Int {
        //#warning Incomplete method implementation -- Return the number of sections
        return 1
    }
    override func collectionView(collectionView: UICollectionView, numberOfItemsInSection section: Int) -> Int {
        //#warning Incomplete method implementation -- Return the number of items in the section
        return 50
    }
    override func collectionView(collectionView: UICollectionView, cellForItemAtIndexPath indexPath: NSIndexPath) -> UICollectionViewCell {
        let cell = collectionView.dequeueReusableCellWithReuseIdentifier(reuseIdentifier, forIndexPath: indexPath) as! CollectionViewCell
        cell.title.text = self.titles[indexPath.row % 5]
        let curr = indexPath.row % 5  + 1
        let imgName = "pin\(curr).jpg"
        cell.pinImage.image = UIImage(named: imgName)
        return cell
    }
    func collectionView(collectionView: UICollectionView,
        layout collectionViewLayout: UICollectionViewLayout,
        sizeForItemAtIndexPath indexPath: NSIndexPath) -> CGSize {
            return CGSize(width: 170, height: 300)
    }
    func collectionView(collectionView: UICollectionView,
        layout collectionViewLayout: UICollectionViewLayout,
        insetForSectionAtIndex section: Int) -> UIEdgeInsets {
            return sectionInsets
    }

    override func prepareForSegue(segue: UIStoryboardSegue, sender: AnyObject?) {
        print(segue.identifier)
        print(sender)
        if(segue.identifier == "detail"){
            let cell = sender as! CollectionViewCell
            let indexPath = collectionView?.indexPathForCell(cell)
            let vc = segue.destinationViewController as! DetailViewController
```

6.21 实现 Pinterest 样式的布局效果（Swift 版）

```
            let curr = indexPath!.row % 5  + 1
            let imgName = "pin\(curr).jpg"
            print(vc)
            vc.currImage = UIImage(named: imgName)
            vc.textHeading = self.titles[indexPath!.row % 5]
        }
    }
}
```

（2）详情界面文件DetailViewController.swift的具体实现代码如下所示。

```
import UIKit
class DetailViewController: UIViewController {
    @IBOutlet weak var myImageView: UIImageView!
    @IBOutlet weak var myLabel: UILabel!
    var currImage: UIImage?
    var textHeading: String?
    override func viewDidLoad() {
        super.viewDidLoad()
        print("Detail view controller")
        myLabel.text = textHeading
        myImageView.image = currImage
    }
    override func didReceiveMemoryWarning() {
        super.didReceiveMemoryWarning()
        // Dispose of any resources that can be recreated.
    }
}
```

执行后的效果如图6-27所示，单击某个图文信息后在新界面中显示信息详情，如图6-28所示。

图6-27　执行效果　　　　　　　　图6-28　信息详情界面

6.21.3　范例技巧——得到高效View的秘籍

为了得到高效的View，则必须对cell进行重用，这样避免了不断生成和销毁对象的操作，这与在UITableView中的情况是一致的。需要注意的是，在UICollectionView中不仅可以重用cell，而且Supplementary View和Decoration View也是可以被重用的。在iOS中，Apple对UITableView的重用做了简化，以往要写类似下面这样的代码。

```
UITableViewCell *cell = [tableView dequeueReusableCellWithIdentifier:@"MY_CELL_ID"];
if (!cell)  //如果没有可重用的cell，那么生成一个
{
```

```
        cell = [[UITableViewCell alloc] init];
    }
    //配置cell, blablabla
    return cell;
```
如果在TableView向数据源请求数据之前，使用-registerNib:forCellReuseIdentifier:方法为@"MY_CELL_ID"注册过nib的话，就可以省下每次判断并初始化cell的代码，要是在重用队列里没有可用的cell的话，runtime将自动生成并初始化一个可用的cell。

这个特性很受欢迎，因此在UICollectionView中Apple继承使用了这个特性，并且把其进行了一些扩展。使用如下所示的方法进行注册。

- -registerClass:forCellWithReuseIdentifier:。
- -registerClass:forSupplementaryViewOfKind:withReuseIdentifier:。
- -registerNib:forCellWithReuseIdentifier:。
- -registerNib:forSupplementaryViewOfKind:withReuseIdentifier:。

UICollectionView和UITableView相比主要有以下两个变化。

- 加入了对某个Class的注册，这样即使不用提供nib而是用代码生成的view也可以被接受为cell了。
- 不仅是cell，Supplementary View也可以用注册的方法绑定初始化了。

在对collection view的重用ID注册后，就可以像UITableView那样简单地写cell配置了，例如：

```
-(UICollectionView*)collectionView:(UICollectionView*)cv
cellForItemAtIndexPath:(NSIndexPath*)indexPath{
    MyCell*cell=[cvdequeueReusableCellWithReuseIdentifier:@"MY_CELL_ID"];
    //Configure the cell's content
    cell.imageView.image=...
    returncell;
}
```

6.22 创建并使用选择框

范例6-22	创建并使用UISwitch控件
源码路径	光盘\daima\第6章\6-22

6.22.1 范例说明

本实例的功能是创建并使用了UISwitch控件，在加载视图时插入一个开关控件，分别设置"开启/关闭"控件时的颜色和图片。

6.22.2 具体实现

文件ViewController.m的功能是在加载视图时插入开关控件，分别设置"开启/关闭"控件时的颜色和图片。文件ViewController.m的具体实现代码如下所示。

```
#import "ViewController.h"
@interface ViewController ()
@end
@implementation ViewController

- (void)viewDidLoad {
    [super viewDidLoad];
    // Do any additional setup after loading the view.
    self.navigationController.navigationBar.barTintColor = [UIColor orangeColor];
    self.navigationItem.title = @"UISwitch创建和使用";
    self.view.backgroundColor = [UIColor grayColor];
    UISwitch *mySwitch = [[UISwitch alloc] initWithFrame:CGRectMake(10, 100, 300, 50)];
    mySwitch.backgroundColor = [UIColor orangeColor];
    [self.view addSubview:mySwitch];
    //设置开启颜色图片
    mySwitch.onTintColor = [UIColor yellowColor];
```

```
    mySwitch.onImage = [UIImage imageNamed:@""];
    //设置关闭颜色图片
    mySwitch.tintColor = [UIColor redColor];
    mySwitch.offImage = [UIImage imageNamed:@""];
    //设置圆形按钮颜色
    mySwitch.thumbTintColor = [UIColor purpleColor];
    //代码设置开启/关闭状态，设置YES或NO，控制是否使用animated动画效果
    [mySwitch setOn:YES animated:YES];
    //获取UISwitch的开闭状态  注：默认关闭
    if (mySwitch.isOn) {
        NSLog(@"开启状态");
    }else{
        NSLog(@"关闭状态");
    }
    //添加动作事件
    [mySwitch addTarget:self action:@selector(switchChange:)
forControlEvents:UIControlEventValueChanged];
}
- (void)switchChange:(id)sender{
    UISwitch *mySwitch = (UISwitch *)sender;
    if (mySwitch.isOn) {
        NSLog(@"开关开启");
    }else{
        NSLog(@"开关关闭");
    }
}
@end
```

本实例执行后的效果如图6-29所示。

6.22.3 范例技巧——开关控件的默认尺寸

假如编写下面的代码。
```
UISwitch* mySwitch = [[ UISwitch alloc]
initWithFrame:CGRectMake(200.0,10.0,0.0,0.0)];
```

图6-29 执行效果

虽然上述代码设置的大小只有0.0×0.0，但是系统会自动决定最佳的尺寸，我们自己写的尺寸会被忽略掉，开发者只要定义好相对父视图的位置就好了。默认尺寸为79×27。

6.23 自定义工具条

范例6-23	自定义工具条
源码路径	光盘\daima\第6章\6-23

6.23.1 范例说明

本实例的功能是自定义一个指定样式的工具条，使用UIAlertView控件显示用户单击了哪一个按钮。

6.23.2 具体实现

文件ViewController.m的具体实现代码如下所示。
```
#import "ViewController.h"
@implementation ViewController
- (void)viewDidLoad
{
    [super viewDidLoad];
}
- (IBAction)tapped:(id)sender {
    // 使用UIAlertView显示用户单击了哪个按钮
    NSString* msg = [NSString stringWithFormat:@"您点击了【%@】按钮"
        , [sender title]];
```

```
        UIAlertView* alert = [[UIAlertView alloc] initWithTitle:@"提示"
            message:msg delegate:nil
            cancelButtonTitle:@"确定"
            otherButtonTitles: nil];
    [alert show];
}
@end
```
本实例执行后的效果如图6-30所示。

6.23.3 范例技巧——为UIAlertView添加多个按钮

通过如下代码可以为UIAlertView添加多个按钮。
```
UIAlertView *alert = [[UIAlertView alloc] initWithTitle:@"温馨提示"
                            message:@"请选择校区或者课室类别"
                            delegate:self
                            cancelButtonTitle:@"返回"
                            otherButtonTitles:@"hello", nil];
        [alert show];
        [alert release];
```

图6-30 执行效果

6.24 实现一个带输入框的提示框

范例6-24	实现一个带输入框的提示框
源码路径	光盘\daima\第6章\6-24

6.24.1 范例说明

本实例的功能是自定义UIAlertView控件的外观，包括背景图片、颜色等。

6.24.2 具体实现

文件ViewController.m的具体实现代码如下所示。
```
#import "ViewController.h"
@implementation ViewController
- (void)viewDidLoad
{
    [super viewDidLoad];
}
- (IBAction)tapped:(id)sender {
 UIAlertView *alert = [[UIAlertView alloc]
        initWithTitle:@"登录"
        message:@"请输入用户名和密码登录系统"
        delegate:self
        cancelButtonTitle:@"取消"
        otherButtonTitles:@"确定" , nil];
// 设置该警告框显示输入用户名和密码的输入框
alert.alertViewStyle = UIAlertViewStyleLoginAndPasswordInput;
// 设置第2个文本框关联的键盘只是数字键盘
[alert textFieldAtIndex:1].keyboardType = UIKeyboardTypeNumberPad;
// 显示UIAlertView
[alert show];
}
- (void) alertView:(UIAlertView *)alertView
clickedButtonAtIndex:(NSInteger)buttonIndex
{
 // 如果用户单击了第一个按钮
 if (buttonIndex == 1) {
     // 获取UIAlertView中第1个输入框
     UITextField* nameField = [alertView textFieldAtIndex:0];
     // 获取UIAlertView中第2个输入框
     UITextField* passField = [alertView textFieldAtIndex:1];
```

```
        // 显示用户输入的用户名和密码
        NSString* msg = [NSString stringWithFormat:
            @"您输入的用户名为:%@,密码为:%@"
            , nameField.text, passField.text];
        UIAlertView *alert = [[UIAlertView alloc]initWithTitle:@"提示"
            message:msg
            delegate:nil
            cancelButtonTitle:@"确定"
            otherButtonTitles: nil];
        // 显示UIAlertView
        [alert show];
    }
}
// 当警告框将要显示出来时激发该方法
-(void) willPresentAlertView:(UIAlertView *)alertView
{
    // 遍历UIAlertView包含的全部子控件
    for( UIView * view in alertView.subviews )
    {
        // 如果该子控件是UILabel控件
        if( [view isKindOfClass:[UILabel class]] )
        {
            UILabel* label = (UILabel*) view;
            // 将UILabel的文字对齐方式设为左对齐
            label.textAlignment = NSTextAlignmentLeft;
        }
    }
}
@end
```

执行后单击"打开带输入框的警告框"后的效果如图6-31所示。

图6-31 执行效果

6.24.3 范例技巧——如何为UIAlertView添加子视图

在为UIAlertView对象添加子视图的过程中需要注意，如果删除按钮，也就是取消UIAlerView视图中所有按钮的时候，可能会导致整个显示结构失衡。按钮占用的空间不会消失，也可以理解为这些按钮没有真正的删除，仅仅是不可见了而已。如果在UIAlertview对象中仅仅用来显示文本，那么在消息的开头添加换行符（@"\n）有助于平衡按钮底部和顶部的空间。

6.25 实现一个图片选择器

范例6-25	实现一个图片选择器
源码路径	光盘\daima\第6章\6-25

6.25.1 范例说明

本实例的功能是使用UIActionSheet控件实现一个图片选择器。

6.25.2 具体实现

文件ViewController.m的具体实现代码如下所示。
```
- (IBAction)changeAvata:(id)sender {
    //创建一个UIActionSheet，其中destructiveButton会以红色显示，可以用于一些重要的选项
    UIActionSheet *actionSheet = [[UIActionSheet alloc] initWithTitle:@"更换头像"
delegate:self cancelButtonTitle:@"取消" destructiveButtonTitle:nil otherButtonTitles:
@"拍照", @"从相册选择", nil];
    //actionSheet风格
    actionSheet.actionSheetStyle = UIActionSheetStyleDefault;//默认风格,灰色背景,白色文字
//    actionSheet.actionSheetStyle = UIActionSheetStyleAutomatic;
//    actionSheet.actionSheetStyle = UIActionSheetStyleBlackTranslucent;
//    actionSheet.actionSheetStyle = UIActionSheetStyleBlackOpaque;//纯黑背景,白色文字
```

```objc
        //如果想再添加button
//      [actionSheet addButtonWithTitle:@"其他方式"];
        //更改ActionSheet标题
//      actionSheet.title = @"选择照片";
        //获取按钮总数
        NSString *num = [NSString stringWithFormat:@"%ld", actionSheet.numberOfButtons];
        NSLog(@"%@", num);
        
        //获取某个索引按钮的标题
        NSString *btnTitle = [actionSheet buttonTitleAtIndex:1];
        NSLog(@"%@", btnTitle);
        [actionSheet showInView:self.view];
}
#pragma mark - UIActionSheetDelegate
//根据被单击的按钮做出反应, 0对应destructiveButton, 之后的button依次排序
- (void)actionSheet:(UIActionSheet *)actionSheet
clickedButtonAtIndex:(NSInteger)buttonIndex {
    if (buttonIndex == 1) {
        NSLog(@"拍照");
    }
    else if (buttonIndex == 2) {
        NSLog(@"相册");
    }
}
//取消ActionSheet时调用
- (void)actionSheetCancel:(UIActionSheet *)actionSheet {
}
//将要显示ActionSheet时调用
- (void)willPresentActionSheet:(UIActionSheet *)actionSheet {
}
//已经显示ActionSheet时调用
-(void)didPresentActionSheet:(UIActionSheet *)actionSheet {
}
//ActionSheet已经消失时调用
- (void)actionSheet:(UIActionSheet *)actionSheet
didDismissWithButtonIndex:(NSInteger)buttonIndex {
}
//ActionSheet即将消失时调用
- (void)actionSheet:(UIActionSheet *)actionSheet
willDismissWithButtonIndex:(NSInteger)buttonIndex {
}
@end
```

本实例执行后的效果如图6-32所示。

图6-32 执行效果

6.25.3 范例技巧——自定义消息文本

UIAlertView默认情况下所有的text是居中对齐的。那如果需要将文本向左对齐或者添加其他控件比如输入框时该怎么办呢？不用担心，iPhone SDK还是很灵活的，有很多delegate消息供调用程序使用。所要做的就是在"- (void)willPresentAlertView:(UIAlertView *)alertView"中按照自己的需要修改或添加即可，比如需要将消息文本左对齐，只需通过下面的代码即可实现。

```
-(void) willPresentAlertView:(UIAlertView *)alertView
{
    for( UIView * view in alertView.subviews )
    {
        if( [view isKindOfClass:[UILabel class]] )
        {
            UILabel* label = (UILabel*) view;
            label.textAlignment=UITextAlignmentLeft;
        }
    }
}
```

上述代码很简单，就是在消息框即将弹出时，遍历所有消息框对象，将其文本对齐属性修改为UITextAlignmentLeft即可。

6.26 控制开关控件的状态（Swift版）

范例6-26	控制开关控件的状态
源码路径	光盘\daima\第6章\6-26

6.26.1 范例说明

本实例的功能是控制开关控件的状态。视图文件ViewController.swift的功能是在屏幕中加载显示文本控件、文本框控件和开关控件，并监听用户对文本控件的操作，根据操作来控制开关控件的状态，并在文本框中显示开关控件的状态。

6.26.2 具体实现

文件ViewController.swift的主要实现代码如下所示。
```
import UIKit
class ViewController: UIViewController {
    @IBOutlet weak var myText: UITextField!
    @IBOutlet weak var mySwitch: UISwitch!
    @IBAction func btn(sender: AnyObject) {
        if mySwitch.on{
            myText.text = "关"
            mySwitch.setOn(false, animated: true)
        }else {
            myText.text = "开"
            mySwitch.setOn(true, animated: true)
        }
    }
    
    func stateChanged(switchState: UISwitch) {
        if switchState.on {
            myText.text = "开"
        }else {
            myText.text = "关"
        }
    }
    override func viewDidLoad() {
        super.viewDidLoad()
```

```
        // Do any additional setup after loading the view, typically from a nib.
        mySwitch.addTarget(self, action: Selector("stateChanged:"), forControlEvents:
UIControlEvents.ValueChanged)
    }
    override func didReceiveMemoryWarning() {
        super.didReceiveMemoryWarning()
    }
}
```

本实例执行后的效果如图6-33所示,单击下面的开关按钮后的效果如图6-34所示。

单击上面的文字"改变状态"后的效果如图6-35所示。

图6-33 执行效果

图6-34 单击开关按钮后的效果

图6-35 单击文字"改变状态"后的效果

6.26.3 范例技巧——设置在开关状态切换时收到通知

要想在开关状态切换时收到通知,可以用UIControl类的addTarget方法为UIControlEventValueChanged事件添加一个动作,具体格式如下所示。

```
[ mySwitch addTarget: self action:@selector(switchValueChanged:)
forControlEvents:UIControlEventValueChanged];
```

这样,只要开关一被切换目标类(上例中目标类就是当前控制器self)就会调用switchValueChanged方法,例如下面的演示代码。

```
- (void) switchValueChanged:(id)sender{
UISwitch* control = (UISwitch*)sender;
if(control == mySwitch){
BOOL on = control.on;
//添加自己要处理的事情代码
    }
}
```

6.27 在屏幕中显示不同样式的开关控件(Swift版)

范例6-27	在屏幕中显示不同样式的开关控件
源码路径	光盘\daima\第6章\6-27

6.27.1 范例说明

本实例的功能是在屏幕中显示不同样式的开关控件。视图文件ViewController.m的功能是在屏幕中创建开关图形,文件SevenSwitch.swift的功能是设置开关控件显示的图像效果,并且设置在打开或关闭时的动画特效。

6.27.2 具体实现

(1)文件SevenSwitch.swift的主要实现代码如下所示。

```
import UIKit
import QuartzCore
@IBDesignable @objc public class SevenSwitch: UIControl {
```

6.27 在屏幕中显示不同样式的开关控件（Swift 版）

```swift
        // public
        /*
        *   设置（没有动画），无论是开关是开还是关
        */
        @IBInspectable public var on: Bool {
            get {
                return switchValue
            }
            set {
                switchValue = newValue
                self.setOn(newValue, animated: false)
            }
        }
        /*
        * 当触摸开关时设置显示的背景色，默认为淡灰色
        */
        @IBInspectable public var activeColor: UIColor = UIColor(red: 0.89, green: 0.89, blue: 0.89, alpha: 1) {
            willSet {
                if self.on && !self.tracking {
                    backgroundView.backgroundColor = newValue
                }
            }
        }

    /*
    * 设置开关关闭时的背景色，默认为明确的颜色
    */
        @IBInspectable public var inactiveColor: UIColor = UIColor.clearColor() {
            willSet {
                if !self.on && !self.tracking {
                    backgroundView.backgroundColor = newValue
                }
            }
        }

        /*
        *  设置开关打开时的背景色
        *  默认为绿色
        */
        @IBInspectable public var onTintColor: UIColor = UIColor(red: 0.3, green: 0.85, blue: 0.39, alpha: 1) {
            willSet {
                if self.on && !self.tracking {
                    backgroundView.backgroundColor = newValue
                    backgroundView.layer.borderColor = newValue.CGColor
                }
            }
        }

        /*
        *  设置开关关闭时显示的边框颜色，默认为浅灰色
        */
        @IBInspectable public var borderColor: UIColor = UIColor(red: 0.78, green: 0.78, blue: 0.8, alpha: 1) {
            willSet {
                if !self.on {
                    backgroundView.layer.borderColor = newValue.CGColor
                }
            }
        }

        /*
        * 设置旋钮颜色，默认为白色
        */
        @IBInspectable public var thumbTintColor: UIColor = UIColor.whiteColor() {
```

```
        willSet {
            if !userDidSpecifyOnThumbTintColor {
                onThumbTintColor = newValue
            }
            if (!userDidSpecifyOnThumbTintColor || !self.on) && !self.tracking {
                thumbView.backgroundColor = newValue
            }
        }
    }

    /*
    * 设置开关打开时显示的旋钮颜色，默认为白色
    */
    @IBInspectable public var onThumbTintColor: UIColor = UIColor.whiteColor() {
        willSet {
            userDidSpecifyOnThumbTintColor = true
            if self.on && !self.tracking {
                thumbView.backgroundColor = newValue
            }
        }
    }


    /*
    * 设置旋钮的阴影颜色，默认为灰色
    */
    @IBInspectable public var shadowColor: UIColor = UIColor.grayColor() {
        willSet {
            thumbView.layer.shadowColor = newValue.CGColor
        }
    }
    /*
    * 设置开关边缘是否为圆形，设置为没有得到一个时尚的方形开关，默认为是
    */
    @IBInspectable public var isRounded: Bool = true {
        willSet {
            if newValue {
                backgroundView.layer.cornerRadius = self.frame.size.height * 0.5
                thumbView.layer.cornerRadius = (self.frame.size.height * 0.5) - 1
            }
            else {
                backgroundView.layer.cornerRadius = 2
                thumbView.layer.cornerRadius = 2
            }

            thumbView.layer.shadowPath = UIBezierPath(roundedRect: thumbView.bounds, cornerRadius: thumbView.layer.cornerRadius).CGPath
        }
    }
    /*
    *设置在开关上显示的图像
    */
    @IBInspectable public var thumbImage: UIImage! {
        willSet {
            thumbImageView.image = newValue
        }
    }
    /*
    *   设置开关打开时显示的图像，图像集中在没有覆盖的区域，确保适当的图像大小
    */
    @IBInspectable public var onImage: UIImage! {
        willSet {
            onImageView.image = newValue
        }
    }
    /*
    *设置开关关闭时显示的图像，图像集中在没有覆盖的区域，确保适当的图像大小
```

```
*/
@IBInspectable public var offImage: UIImage! {
    willSet {
        offImageView.image = newValue
    }
}
```

（2）视图文件ViewController.swift的功能是在屏幕中显示定制的4个开关。本实例执行后的效果如图6-36所示。

6.27.3 范例技巧——关于UISwitch的亮点特殊说明

（1）UISwitch的大小也是固定的，不随frame设置的大小而改变；也是裁剪成圆角的，设置背景为矩形。

（2）UISwitch的背景图片设置无效，即只能设置颜色，不能用图片当背景，虽然实验了很小的图片，也是不行。可能需要借助第三方类来实现。

图6-36 执行效果

6.28 实现指定样式的选项卡效果（Swift版）

范例6-28	实现指定样式的选项卡效果
源码路径	光盘\daima\第6章\6-28

6.28.1 范例说明

本实例的功能是使用UISegmentedControl控件在屏幕上实现一个指定样式的选项卡效果。

6.28.2 具体实现

视图文件ViewController.swift的功能是在屏幕上实现一个指定样式的选项卡，主要实现代码如下所示。

```
import UIKit
class ViewController: UIViewController {
    var segmentedControl: UISegmentedControl!
    let items = ["Apple", "Google", "Facebook"]
    let itemsWithImage = NSArray(objects: "Google", UIImage(named: "AppleIcon")!, "Facebook")
    @IBOutlet weak var segmentTextLabel: UILabel!
    override func viewDidLoad() {
        super.viewDidLoad()
        segmentedControl = UISegmentedControl(items: itemsWithImage as [AnyObject])
        segmentedControl.center = CGPointMake(view.center.x, view.center.y + 200)
        view.addSubview(segmentedControl)
        segmentedControl.addTarget(self, action: "segmentedControlChanged:", forControlEvents: .ValueChanged)
    }
    func segmentedControlChanged(sender: UISegmentedControl)
    {
        let selectedIndex = sender.selectedSegmentIndex
        print(selectedIndex)
        
        if let selectedSegment = sender.titleForSegmentAtIndex(selectedIndex) {
            segmentTextLabel.text = selectedSegment
        }
    }
}
```

本实例执行后的效果如图6-37所示。

图6-37 执行效果

6.28.3 范例技巧——获取标签之间分割线的图案

```
- (UIImage *)dividerImageForLeftSegmentState:(UIControlState)leftState
rightSegmentState:(UIControlState)rightState barMetrics:(UIBarMetrics)barMetrics
```

6.29 使用选项卡控制屏幕的背景颜色（Swift版）

范例6-29	使用选项卡控制屏幕的背景颜色
源码路径	光盘\daima\第6章\6-29

6.29.1 范例说明

本实例的功能是监听用户的触摸动作，根据触摸的选项卡来控制屏幕的背景颜色。

6.29.2 具体实现

视图文件ViewController.swift的功能是监听用户的触摸动作，根据触摸的选项卡来控制屏幕的背景颜色。文件ViewController.swift的主要实现代码如下所示。

```swift
import UIKit
class ViewController: UIViewController {
    override func loadView() {
        super.loadView()
        self.view.backgroundColor = UIColor.purpleColor()
        print("Main view's loadView() called.")
        let items = ["Purple", "Green", "Blue"]
        let customSC = UISegmentedControl(items: items)
        customSC.selectedSegmentIndex = 0
        let frame = UIScreen.mainScreen().bounds
        customSC.frame = CGRectMake(frame.minX + 10, frame.minY + 50,
                                    frame.width - 20, frame.height*0.1)
        customSC.layer.cornerRadius = 5.0
        customSC.backgroundColor = UIColor.blackColor()
        customSC.tintColor = UIColor.whiteColor()
        customSC.addTarget(self, action: "changeColor:", forControlEvents: .ValueChanged)
        self.view.addSubview(customSC)
    }
    func changeColor(sender: UISegmentedControl) {
        print("Change color handler is called.")
        print("Changing Color to ", appendNewline: false)
        switch sender.selectedSegmentIndex {
        case 1:
            self.view.backgroundColor = UIColor.greenColor()
            print("Green")
        case 2:
            self.view.backgroundColor = UIColor.blueColor()
            print("Blue")
        default:
            self.view.backgroundColor = UIColor.purpleColor()
            print("Purple")
        }
    }
    override func viewDidLoad() {
        super.viewDidLoad()
    }
    override func didReceiveMemoryWarning() {
        super.didReceiveMemoryWarning()
    }
}
```

本实例执行后的效果如图6-38所示。

按下第1个选项　　　　　　按下第2个选项　　　　　　按下第3个选项

图6-38　执行效果

6.29.3　范例技巧——自行设置标签内容的偏移量

通过如下方法可以自行设置标签内容的偏移量。

```
- (void)setContentPositionAdjustment:(UIOffset)adjustment
forSegmentType:(UISegmentedControlSegment)leftCenterRightOrAlone
barMetrics:(UIBarMetrics)barMetrics
```

UIOffset表示偏移量，这个结构体中有两个浮点数，分别表示水平量和竖直量。UISegmentedControlSegment类型参数是一个枚举，这个枚举的定义如下所示。

```
typedef NS_ENUM(NSInteger, UISegmentedControlSegment) {
    UISegmentedControlSegmentAny = 0,//所有标签都受影响
    UISegmentedControlSegmentLeft = 1,   //只有左边部分受到影响
    UISegmentedControlSegmentCenter = 2, // 只有中间部分受到影响
    UISegmentedControlSegmentRight = 3,  // 只有右边部分受到影响
    UISegmentedControlSegmentAlone = 4,  // 在只有一个标签的时候生效
};
```

6.30　实现图文效果的提醒框（Swift版）

范例6-30	实现图文效果的提醒框
源码路径	光盘\daima\第6章\6-30

6.30.1　范例说明

本实例的功能是实现一个图文样式的提醒框效果。其中视图文件ViewController.swift的功能是调用显示CustomAlertViewController视图，而文件CustomAlertViewTransitioner.swift的功能是自定义实现提醒框视图。

6.30.2　具体实现

文件CustomAlertViewController.swift的功能是实现自定义提醒框视图控制器，主要实现代码如下所示。

```
import UIKit
class CustomAlertViewController : UIViewController {
    var transitioner : CAVTransitioner
```

```
    override init(nibName nibNameOrNil: String!, bundle nibBundleOrNil: NSBundle!) {
        self.transitioner = CAVTransitioner()
        super.init(nibName: nibNameOrNil, bundle: nibBundleOrNil)
        self.modalPresentationStyle = .Custom
        self.transitioningDelegate = self.transitioner
    }
    convenience init() {
        self.init(nibName:"CustomAlertViewController", bundle:nil)
    }

    required init?(coder: NSCoder) {
        fatalError("NSCoding not supported")
    }
    @IBAction func doDismiss(sender:AnyObject?) {
        self.presentingViewController!.dismissViewControllerAnimated(true,
completion: nil)
    }
}
```

执行后的效果如图6-39所示,单击"Show Custom Alert View"后弹出显示指定样式的提醒框,如图6-40所示。

图6-39 执行效果

图6-40 图文效果的提醒框

6.30.3 范例技巧——didPresentAlertView和willPresentAlertView的区别

- ❑ - (void)didPresentAlertView:(UIAlertView *)alertView:在视图提交给用户以后调用。
- ❑ - (void)willPresentAlertView:(UIAlertView *)alertView:在视图提交给用户以前调用。

6.31 实现一个独立的提醒框效果（Swift版）

范例6-31	实现一个独立的提醒框效果
源码路径	光盘\daima\第6章\6-31

6.31.1 范例说明

本实例的功能是实现一个独立的提醒框效果。其中文件ModalViewController.swift的功能是实现一个模态视图控制器,分别设置视图的标题和背景颜色。视图文件ViewController.swift的功能是加载显示创建的独立的提醒框视图。

6.31.2 具体实现

文件DBAlertController.swift的功能是创建一个自定义的提醒框视图，这个视图独立并继承于UIAlertController，主要实现代码如下所示。

```swift
import UIKit
class DBAlertController: UIAlertController {
    private lazy var alertWindow: UIWindow = {
        let window = UIWindow(frame: UIScreen.mainScreen().bounds)
        window.rootViewController = UIViewController()
        window.windowLevel = UIWindowLevelAlert + 1
        return window
    }()
    func show(animated flag: Bool = true, completion: (() -> Void)? = nil) {
up the UIAlertController the alertWindow is removed.
        alertWindow.makeKeyAndVisible()
        alertWindow.rootViewController!.presentViewController(self, animated: flag, completion: completion)
    }
}
```

本实例执行后的效果如图6-41所示。

6.31.3 范例技巧——提醒框视图delegate方法的执行顺序

在iOS系统中，UIAlertView的delegate方法调用的顺序依次是：
alertViewShouldEnableFirstOtherButton → willPresentAlertView → didPresentAlertView → clickedButtonAtIndex →（如果会触发视图取消，则会调用alertViewCancel）willDismissWithButtonIndex → didDismissWithButtonIndex

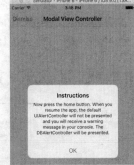

图6-41 执行效果

6.32 实现一个基本的选项卡提醒框（Swift版）

范例6-32	实现一个基本的选项卡提醒框
源码路径	光盘\daima\第6章\6-32

6.32.1 范例说明

本实例的功能是，使用UIActionSheet控件在屏幕中实现一个具有3个选项的选项卡提醒框。

6.32.2 具体实现

视图文件ViewController.swift的主要实现代码如下所示。

```swift
@IBAction func displayActionSheets(sender: UIButton) {
    let title = "Action Sheet Title"
    let message = "Action Sheet Message"
    //选项
    let optionOneText = "Option 1"
    let optionTwoText = "Option 2"
    let optionThreeText = "Option 3"
    //Sheet的动作
    let actionSheet = UIAlertController(title: title, message: message, preferredStyle: UIAlertControllerStyle.ActionSheet)
    
    //动作
    let actionOne = UIAlertAction(title:optionOneText, style: .Default, handler: nil)
    let actionTwo = UIAlertAction(title: optionTwoText, style: .Default, handler: nil)
    let actionThree = UIAlertAction(title: optionThreeText, style: .Default, handler: nil)
    //添加动作
    actionSheet.addAction(actionOne)
    actionSheet.addAction(actionTwo)
```

```
        actionSheet.addAction(actionThree)
        //显示视图
        self.presentViewController(actionSheet, animated: true, completion: nil)
    }
}
```

本实例执行后的效果如图6-42所示,单击"Action Sheets"后会弹出选项卡提醒框,如图6-43所示。

图6-42 执行效果　　　　　图6-43 弹出选项卡提醒框

6.32.3 范例技巧——操作表与提醒视图的区别

在初始化、修改和响应方面,操作表与提醒视图很像。然而,不同于提醒视图的是,操作表可与给定的视图、选项卡栏或工具栏相关联。操作表出现在屏幕上时,将以动画方式展示它与这些元素的关系。

6.33 创建自定义效果的UIActionSheet(Swift版)

范例6-33	创建自定义效果的UIActionSheet
源码路径	光盘\daima\第6章\6-33

6.33.1 范例说明

在本实例的视图文件ViewController.swift中,自定义了一个指定的UIActionSheet样式,设置选项中显示的文本内容。

6.33.2 具体实现

(1)打开Xcode 7,然后创建一个名为"UIActionSheetTest"的工程,工程的最终目录结构如图6-44所示。

(2)打开Main.storyboard设计面板,在主界面中插入3行文本,如图6-45所示。

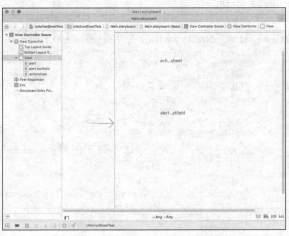

图6-44 工程的目录结构　　　　　图6-45 Main.storyboard设计面板

本实例执行后的效果如图6-46所示，单击屏幕中的文本后会弹出自定义的UIActionSheet，如图6-47所示。

图6-46 执行效果

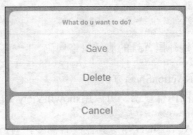

图6-47 弹出自定义的UIActionSheet

6.33.3 范例技巧——响应操作表的方法

操作表和提醒视图在设置方面有很多相似性，在响应用户按下按钮方面也是相似的，需要完成下面的3个工作。

（1）因为负责响应操作表的类必须遵守协议UIActionSheetDelete，所以只需对类接口文件中的@interface行做简单的修改。

```
@interface ViewController : UIViewController <UIActionSheetDelegate>
```

（2）必须将操作表的属性delegate设置为实现了该协议的对象（例如上述代码中的第4行）。如果负责响应和调用操作表的是同一个对象，只需将delegate设置为self即可，即：

```
delegate:self
```

（3）为了捕获单击事件，需要实现方法actionSheet:clickedButtonAtIndex。与方法alertView: clickedButtonAtIndex一样，这个方法也将用户按下的按钮的索引作为参数。与响应提醒视图一样，也可利用方法buttonTitleAtIndex获取用户触摸的按钮的标题，而不通过数字来获悉。

下面继续讲解UIActionSheet类的响应问题，假设有一个图6-48所示的界面。

为了实现图6-16所示的界面，首先需要下面的代码：

```
UIActionSheet* mySheet = [[UIActionSheet alloc]
                initWithTitle:@"ActionChoose"
                delegate:self
                cancelButtonTitle:@"Cancel"
                destructiveButtonTitle:@"Destroy"
                otherButtonTitles:@"OK", nil];
     [mySheet showInView:self.view];
```

图6-48 操作表界面

接下来的工作与UIAlertView类似，也是在委托方法里处理按下按钮后的动作。记得为所委托的类加上UIActionSheetDelegate。

```
- (void)actionSheetCancel:(UIActionSheet *)actionSheet{
    //
}
- (void) actionSheet:(UIActionSheet *)actionSheet
clickedButtonAtIndex:(NSInteger)buttonIndex{
    //
}
-(void)actionSheet:(UIActionSheet *)actionSheet
didDismissWithButtonIndex:(NSInteger)buttonIndex{
    //
}
-(void)actionSheet:(UIActionSheet *)actionSheet
willDismissWithButtonIndex:(NSInteger)buttonIndex{
    //
}
```

其中的红色按钮是ActionSheet支持的一种所谓的销毁按钮，对用户的某个动作起到警示作用，比如永久性删除一条消息或者日志。如果指定了一个销毁按钮，它就会以红色高亮显示。
```
mySheet.destructiveButtonIndex=1;
```
与导航栏类似，操作表单也支持3种风格。
```
UIActionSheetStyleDefault            //默认风格：在灰色背景上显示白色文字
UIActionSheetStyleBlackTranslucent   //透明黑色背景，白色文字
UIActionSheetStyleBlackOpaque        //纯黑背景，白色文字
```
例如下面是使用纯黑背景的演示风格代码。
```
mySheet.actionSheetStyle = UIActionSheetStyleBlackOpaque;
```
有如下3种显示ActionSheet方法。

（1）在一个视图内部显示，可以用showInView实现。
```
[mySheet showInView:self];
```
（2）如果要将ActonSheet与工具栏或者标签栏对齐，可以使用showFromToolBar或showFromTabBar实现。
```
[mySheet showFromToolBar:toolbar];
[mySheet showFromTabBar:tabbar];    解除操作表单
```
用户按下按钮之后，ActionSheet就会消失，除非应用程序有特殊原因，需要用户按下某个按钮。用dismiss方法可令表单消失。
```
[mySheet dismissWithClickButtonIndex:1 animated:YES];
```

6.34 设置UIBarButtonItem图标（Swift版）

范例6-34	设置UIBarButtonItem图标
源码路径	光盘\daima\第6章\6-34

6.34.1 范例说明

本实例的功能是为UIBarButtonItem设置指定的图标。其中视图文件ViewController.swift的功能是在屏幕中显示设置的图标，而文件AnimatedBarButtonItem.swift的功能是自定义实现动画效果的箭头图标。

6.34.2 具体实现

（1）视图文件ViewController.swift的功能是在屏幕中显示设置的图标，主要实现代码如下所示。
```swift
import UIKit
class ViewController: UIViewController {
    override func viewDidLoad() {
        super.viewDidLoad()
        let barButton = RotatingBarButtonItem(image: UIImage(named: "arrow")!)
        self.navigationItem.setLeftBarButtonItem(barButton, animated: true)
    }
}
```
（2）文件AnimatedBarButtonItem.swift的功能是自定义实现动画效果的箭头图标，主要实现代码如下所示。
```swift
import UIKit
class RotatingBarButtonItem: UIBarButtonItem {
    let angle = CGFloat(90 * M_PI / 180.0)
    var isRotated = false
    init(image: UIImage) {
        super.init()
        
        let customButton = UIButton(frame: CGRectMake(0, 0, 40, 40))
        customButton.setBackgroundImage(image, forState: UIControlState.Normal)
        customButton.showsTouchWhenHighlighted = true
        customButton.addTarget(self, action: "animate", forControlEvents: UIControlEvents.TouchDown
```

```
            self.customView = customButton
        }
        required init(coder aDecoder: NSCoder) {
            fatalError("init(coder:) has not been implemented")
        }
        func animate() {
            UIView.animateWithDuration(0.6, delay: 0, usingSpringWithDamping: 0.8,
initialSpringVelocity: 0, options: UIViewAnimationOptions.CurveEaseInOut, animations:
{ () -> Void in
                if self.isRotated {
                    self.customView?.transform = CGAffineTransformIdentity
                } else {
                    self.customView?.transform = CGAffineTransformMakeRotation(self.angle)
                }
                self.isRotated = !self.isRotated
            }, completion: nil);
        }
    }
```

本实例执行后的效果如图6-49所示。

单击箭头后以动画样式显示为图6-50所示的效果。

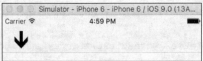
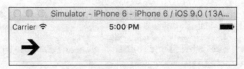

图6-49 执行效果　　　　　　　　　图6-50 单击箭头后的效果

6.34.3 范例技巧——UIBarButtonItem的最简单定制方法

UIBarButtonItem工具栏中的按钮有如下3种定制方法。

❑ 在Interface Builder中定制。

❑ setItems方法定制。

❑ addSubview方法定制。

其中最简单的方法是在Interface Builder中定制，这种方法只需在Interface Builder中将Bar Button Item的style设置为Plain，然后修改image属性即可。

6.35 编辑UIBarButtonItem的标题（Swift版）

范例6-35	编辑UIBarButtonItem的标题
源码路径	光盘\daima\第6章\6-35

6.35.1 范例说明

本实例的功能是编辑UIBarButtonItem的标题。视图文件TableViewController.swift的功能是设置在屏幕顶部标题中显示的文本，并根据用户的触摸操作来编辑UIBarButtonItem的标题。

6.35.2 具体实现

文件TableViewController.swift的主要实现代码如下所示。
```
import UIKit
class TableViewController: UITableViewController {
    override func viewDidLoad() {
        super.viewDidLoad()
        let editItem = UIBarButtonItem(title: "Edit", style: .Bordered, target: self,
```

```
action: "editMode:")
        editItem.possibleTitles = NSSet(array: ["Edit", "Done"]) as? Set<String>
        self.navigationItem.rightBarButtonItem = editItem
    }
    func editMode(sender: UIBarButtonItem) {
        if self.tableView.editing {
            sender.title = "Edit"
            self.tableView.setEditing(false, animated: true)
        } else {
            sender.title = "Done"
            self.tableView.setEditing(true, animated: true)
        }
    }
    override func numberOfSectionsInTableView(tableView: UITableView) -> Int {
        return 1
    }
    override func tableView(tableView: UITableView, numberOfRowsInSection section: Int) -> Int {
        return 3
    }
    override func tableView(tableView: UITableView, cellForRowAtIndexPath indexPath:
NSIndexPath) -> UITableViewCell {
        let cell = tableView.dequeueReusableCellWithIdentifier("cell", forIndexPath:
indexPath) as UITableViewCell
        cell.textLabel?.text = "Yo, I'm a cell here!"
        return cell
    }
    override func tableView(tableView: UITableView, canEditRowAtIndexPath indexPath:
NSIndexPath) -> Bool {
        return true
    }
}
```

本实例执行后的效果如图6-51所示。

单击"Edit"后的效果如图6-52所示。

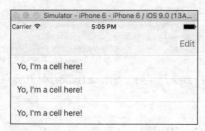

图6-51 执行效果

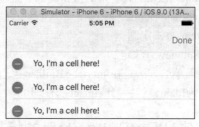

图6-52 单击"Edit"后的效果

单击●后的效果如图6-53所示。

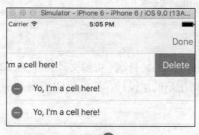

图6-53 单击●后的效果

6.35.3 范例技巧——配制栏按钮的属性

要想配置栏按钮项的外观，可以选择它并打开Attributes Inspector（Option+ Command +4），如

图6-54所示。

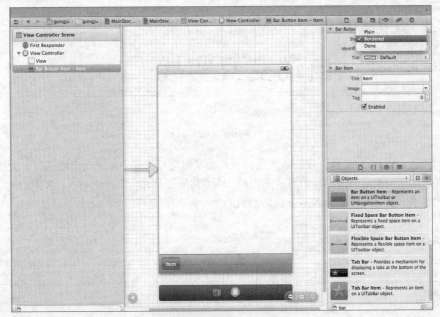

图6-54 配置栏按钮项

由图6-54可见，一共有如下3种样式可供选择。
❑ Bordered：简单按钮。
❑ Plain：只包含文本。
❑ Done：呈蓝色。

另外，还可以设置多个"标识符"，它们是常见的按钮图标/标签，让工具栏按钮符合iOS应用程序标准。并且通过使用灵活间距标识符和固定间距标识符，可以让栏按钮项的行为像这两种特殊的按钮类型一样。如果这些标准按钮样式都不合适，可以设置按钮显示一幅图像，这种图像的尺寸必须是20×20点，其透明部分将变成白色，而纯色将被忽略。

第 7 章 自动交互实战

iOS设备是一个神奇的工具,在有新情况时会自动发出交互信息,实现自动化提醒和交互服务,这种自动化提示信息功能是通过编程的方式实现的。本章将通过具体实例来讲解在iOS系统中实现自动化交互服务的基本方法,为读者步入本书后面知识的学习打下基础。

7.1 实现界面滚动效果

范例7-1	实现界面滚动效果
源码路径	光盘\daima\第7章\7-1

7.1.1 范例说明

我们知道,iPhone设备的界面空间有限,所以经常会出现不能完全显示信息的情形。在这个时候,滚动控件UIScrollView就可以发挥它的作用,使用后可在添加控件和界面元素时不受设备屏幕边界的限制。本节将通过一个演示实例的实现过程来讲解使用UIScrollView控件的方法。

7.1.2 具体实现

文件ViewController.m的主要实现代码如下所示。
```
#import "ViewController.h"
@implementation ViewController
@synthesize theScroller;
- (void)didReceiveMemoryWarning
{
    [super didReceiveMemoryWarning];
    // Release any cached data, images, etc that aren't in use.
}
#pragma mark - View lifecycle
- (void)viewDidLoad
{
    self.theScroller.contentSize=CGSizeMake(280.0,600.0);
    [super viewDidLoad];
}
- (void)viewDidUnload
{
    [self setTheScroller:nil];
    [super viewDidUnload];
}

- (void)viewWillAppear:(BOOL)animated
{
    [super viewWillAppear:animated];
}
- (void)viewDidAppear:(BOOL)animated
{
    [super viewDidAppear:animated];
}
```

```
- (void)viewWillDisappear:(BOOL)animated
{
    [super viewWillDisappear:animated];
}
- (void)viewDidDisappear:(BOOL)animated
{
    [super viewDidDisappear:animated];
}
- (BOOL)shouldAutorotateToInterfaceOrientation:(UIInterfaceOrientation)interfaceOrientation
{
    return (interfaceOrientation != UIInterfaceOrientationPortraitUpsideDown);
}
@end
```

到此为止，整个实例介绍完毕。单击Xcode工具栏中的按钮"Run"，执行后的效果如图7-1所示。

7.1.3 范例技巧——滚动功能在移动设备中的意义

大家肯定使用过这样的应用程序，它显示的信息在一屏中容纳不下。在这种情况下，使用可滚动视图控件（UIScrollView）来解决。顾名思义，可滚动的视图提供了滚动功能，可显示超过一屏的信息。但是在让我们能够通过Interface Builder将可滚动视图加入项目中方面，Apple做得并不完美。我们可以添加可滚动视图，但要想让它实现滚动效果，必须在应用程序中编写一行代码。

图7-1 执行效果

7.2 滑动隐藏状态栏

范例7-2	滑动隐藏状态栏
源码路径	光盘\daima\第7章\7-2

7.2.1 范例说明

本实例的功能是当滑动 UIScrollView 时，UIPageControl 出现在状态栏（UIStatusBar）上，并且遮挡住状态栏。当UIScrollView 滚动结束时，UIPageControl 消失，状态栏重新出现。

7.2.2 具体实现

（1）文件APScrollView.m的功能是实现滚动特效功能，主要实现代码如下所示。
```
#import "APScrollView.h"
@implementation APScrollView
- (void)layoutSubviews {
    [super layoutSubviews];

    if (!_statusBarPageControl) {
        _lastOrientation = [[UIApplication sharedApplication] statusBarOrientation];
        _statusBarPageControl = [[UIPageControl alloc] initWithFrame:[[UIApplication sharedApplication] statusBarFrame]];
        _statusBarPageControl.numberOfPages = (self.contentSize.width / self.frame.size.width);
        _statusBarPageControl.backgroundColor = [UIColor clearColor];
    }
}
- (void)setContentOffset:(CGPoint)contentOffset {
    [super setContentOffset:contentOffset];
    if (self.isTracking) {
        [self _setShowsPageControl:YES];
    }
    else if (!self.isDragging) {
        [self _setShowsPageControl:NO];
```

}
        _statusBarPageControl.currentPage = (contentOffset.x + (self.frame.size.width / 2))
/ (self.frame.size.width);
}

（2）文件APDemoViewController.m的功能是调用上面的特效功能，通过函数viewDidLoad加载显示滚动信息。

执行后滚动屏幕时的效果如图7-2所示。

7.2.3 范例技巧——滚动控件的原理

在滚动过程中，其实是在修改原点坐标。当手指触摸后，Scroll View会暂时拦截触摸事件，使用一个计时器。假如在计时器到点后没有发生手指移动事件，那么Scroll View发送tracking events 到被单击的 subview。假如在计时器到点前发生了移动事件，那么Scroll View取消 tracking 自己发生滚动。

图7-2 执行效果

7.3 滚动浏览图片（Swift版）

范例7-3	滚动浏览图片
源码路径	光盘\daima\第7章\7-3

7.3.1 范例说明

本实例的功能是在视图中追加显示指定位置的3幅图像，使用UIScrollView控件来滚动显示展示的图片。

7.3.2 具体实现

文件ViewController.swift的主要实现代码如下所示。

```
import UIKit
class ViewController: UIViewController {
    override func viewDidLoad() {
        super.viewDidLoad()
        //设置UIImage的素材位置
        let img1 = UIImage(named:"img1.jpg");
        let img2 = UIImage(named:"img2.jpg");
        let img3 = UIImage(named:"img3.jpg");
        //在UIImageView中添加图像
        let imageView1 = UIImageView(image:img1)
        let imageView2 = UIImageView(image:img2)
        let imageView3 = UIImageView(image:img3)
        //UIScrollView滚动
        let scrView = UIScrollView()
        //表示位置
        scrView.frame = CGRectMake(50, 50, 240, 240)
        //所有视图大小
        scrView.contentSize = CGSizeMake(240*3, 240)
        //UIImageView坐标位置
        imageView1.frame = CGRectMake(0, 0, 240, 240)
        imageView2.frame = CGRectMake(240, 0, 240, 240)
        imageView3.frame = CGRectMake(480, 0, 240, 240)
        //在view中追加图像
        self.view.addSubview(scrView)
        scrView.addSubview(imageView1)
        scrView.addSubview(imageView2)
        scrView.addSubview(imageView3)
        // 设置图像边界
        scrView.pagingEnabled = true
```

```
            //设置scroll画面的初期位置
            scrView.contentOffset = CGPointMake(0, 0);
        }
        override func didReceiveMemoryWarning() {
            super.didReceiveMemoryWarning()
        }
    }
```

执行后将在屏幕中显示指定位置的图像，效果如图7-3所示。左右触摸屏幕中的图像时，会展示另外的素材图片，如图7-4所示。

图7-3 执行效果

图7-4 显示另外的图片

7.3.3 范例技巧——滚动控件的初始化

一般的组件初始化都可以alloc和init来初始化，上一段代码的初始化方法如下。
```
UIScrollView *sv =[[UIScrollView alloc]
initWithFrame:CGRectMake(0.0, 0.0,self.view.frame.size.width, 400)];
```
一般的初始化都有很多方法，都可以确定组件的Frame，或者一些属性，比如UIButton的初始化可以确定Button的类型。当然，我比较提倡大家用代码来写，这样比较了解整个代码执行的流程，而不是利用IB来弄布局。确实很多人都用IB来布局，这样会省很多时间，但这个因人而异，我比较提倡用纯代码写。

7.4 自定义 UIPageControl的外观样式

范例7-4	自定义UIPageControl的外观样式
源码路径	光盘\daima\第7章\7-4

7.4.1 范例说明

本实例的功能是自定义 UIPageControl 控件的外观样式，使用自定义的图片来代替 UIPageControl 中的小点。

7.4.2 具体实现

（1）在 "Assets"目录中保存了素材图片，在文件MCPagerView.h中定义了自定义样式的接口和功能函数，主要实现代码如下所示。
```
#import <UIKit/UIKit.h>
#define MCPAGERVIEW_DID_UPDATE_NOTIFICATION @"MCPageViewDidUpdate"
@protocol MCPagerViewDelegate;
@interface MCPagerView : UIView
- (void)setImage:(UIImage *)normalImage highlightedImage:(UIImage *)highlightedImage
```

```
forKey:(NSString *)key;
@property (nonatomic,assign) NSInteger page;
@property (nonatomic,readonly) NSInteger numberOfPages;
@property (nonatomic,copy) NSString *pattern;
@property (nonatomic,assign) id<MCPagerViewDelegate>delegate;
@end
@protocol MCPagerViewDelegate <NSObject>
@optional
- (BOOL)pageView:(MCPagerView *)pageView shouldUpdateToPage:(NSInteger)newPage;
- (void)pageView:(MCPagerView *)pageView didUpdateToPage:(NSInteger)newPage;
@end
```

（2）文件MCPagerView.m是文件MCPagerView.h的具体实现，设置使用自定义的图片来代替UIPageControl中的小点。

（3）文件ViewController.m多功能是调用上面的样式文件，在界面中显示自定义的分页。

本实例执行后的效果如图7-5所示。

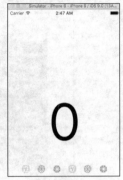

图7-5 执行效果

7.4.3 范例技巧——什么是翻页控件

IPageControl控件在iOS应用程序中出现得比较频繁，尤其是在和UIScrollView配合来显示大量数据时，会使用它来控制UIScrollView的翻页。在滚动ScrollView时可通过PageControl中的小白点来观察当前页面的位置，也可通过单击PageContrll中的小白点来滚动到指定的页面。例如图7-6中的小白点。

图7-6 利小白点实现翻页

图7-6中所示的曲线图和表格便是由ScrollView加载两个控件（UIWebView和UITableView）使用其翻页属性实现的页面滚动。而PageControll担当配合角色，页面滚动小白点会跟着变化位置，而单击小白点ScrollView会滚动到指定的页面。

7.5 实现一个图片播放器

范例7-5	实现一个图片播放器
源码路径	光盘\daima\第7章\7-5

7.5.1 范例说明

本实例的功能是使用UIScrollView和UIPageControl实现一个图片播放器，并且同时实现定时滚动屏幕的功能。

7.5.2 具体实现

文件ViewController.m的主要实现代码如下所示。
```
#import "ViewController.h"
#define screenW self.view.frame.size.width
#define screenH self.view.frame.size.height
#define numImageCount 4
@interface ViewController ()<UIScrollViewDelegate>
@property (nonatomic,weak) UIScrollView *scrollView;
```

```objectivec
@property (nonatomic,weak)UIPageControl * pageControl;
@property (nonatomic,strong)NSTimer *timer;
@end
@implementation ViewController
- (void)viewDidLoad {
    [super viewDidLoad];
    UIScrollView *scrollView = [[UIScrollView alloc]init];
    CGFloat scrollViewW = screenW-10;
    scrollView.frame = CGRectMake(5, 5, scrollViewW,180);
    [self.view addSubview:scrollView];
    scrollView.contentSize = CGSizeMake(scrollViewW*numImageCount, 0);
    scrollView.contentInset = UIEdgeInsetsMake(0, 20, 0, 20);
    scrollView.showsHorizontalScrollIndicator = NO;
    scrollView.delegate = self;
    scrollView.pagingEnabled = YES;
    self.scrollView = scrollView;
    for (int i = 0; i < numImageCount; i++) {
        UIImageView *imageView = [[UIImageView alloc]init];
        CGFloat imageViewY = 0;
        CGFloat imageViewW = scrollViewW;
        CGFloat imageViewH = 200;
        CGFloat imageViewX = i * imageViewW;
        imageView.frame = CGRectMake(imageViewX, imageViewY, imageViewW, imageViewH);
        [self.scrollView addSubview:imageView];
        NSString *name = [NSString stringWithFormat:@"function_guide_%d",i+1];
        imageView.image = [UIImage imageNamed:name];
    }
    UIPageControl *pageControl = [[UIPageControl alloc]init];
    CGFloat pageW = 60;
    CGFloat pageH = 30;
    CGFloat pageX = screenW /2- pageW/2;
    CGFloat pageY = 160;
    pageControl.frame = CGRectMake(pageX, pageY, pageW, pageH);
    //设置pagecontrol的总页数
    pageControl.numberOfPages = 5;
    pageControl.currentPageIndicatorTintColor = [UIColor redColor];
    pageControl.pageIndicatorTintColor = [UIColor whiteColor];
    [self.view addSubview:pageControl];
    self.pageControl = pageControl;
    [self addTimer];
}
-(void)playImage
{
    //增加pageControl的页码
    int page = 0;
    if (self.pageControl.currentPage == numImageCount-1) {
        page = 0;
    }else{
        page = self.pageControl.currentPage+1;
    }
    //计算scrollView的滚动位置
    CGFloat offsetX = page * self.scrollView.frame.size.width;
    CGPoint offset = CGPointMake(offsetX, 0);
    [self.scrollView setContentOffset:offset animated:YES];
}
-(void)scrollViewDidScroll:(UIScrollView *)scrollView
{
    CGFloat scrollW = scrollView.frame.size.width;
    CGFloat width = scrollView.contentOffset.x;
    int page = (width  + scrollW * 0.5) / scrollW;
    self.pageControl.currentPage = page;
}
-(void)scrollViewWillBeginDecelerating:(UIScrollView *)scrollView
{
    //停止定时器,定时器停止了,就不能使用了
    [self.timer invalidate];
    self.timer = nil;
}
- (void)scrollViewDidEndDragging:(UIScrollView *)scrollView
willDecelerate:(BOOL)decelerate
{
```

```
        //开启定时器
        [self addTimer];
}
-(void)addTimer
{
        //添加定时器
        self.timer = [NSTimer scheduledTimerWithTimeInterval:1.0 target:self
selector:@selector(playImage) userInfo:nil repeats:YES];
        //消息循环,添加到主线程
        //默认没有优先级
//      extern NSString* const NSDefaultRunLoopMode;
        //提高优先级
//      extern NSString* const NSRunLoopCommonModes;
        [[NSRunLoop currentRunLoop] addTimer:self.timer forMode:NSRunLoopCommonModes];
}
@end
```

本实例执行后的效果如图7-7所示。

7.5.3 范例技巧——分页控件的展示方式

其实分页控件是一种用来取代导航栏的可见指示器,方便手势直接翻页,最典型的应用便是iPhone的主屏幕,当图标过多时会自动增加页面,在屏幕底部你会看到圆点,用来指示当前页面,并且会随着翻页自动更新。

图7-7 执行效果

7.6 实现一个图片浏览程序

范例7-6	实现一个图片浏览程序
源码路径	光盘\daima\第7章\7-6

7.6.1 范例说明

本实例和上一个实例类似,也是打造了一个图片浏览程序,实现了分页显示图片的功能。

7.6.2 具体实现

(1)样式文件PageViewController.h的主要实现代码如下所示。
```
#import <UIKit/UIKit.h>
@interface PageController : UIViewController
// 代表界面上两个UILabel和一个UIImageView
@property (strong, nonatomic) UILabel* label;
@property (strong, nonatomic) UILabel* bookLabel;
@property (strong, nonatomic) UIImageView* bookImage;
- (id)initWithPageNumber:(NSInteger)pageNumber;
@end
```

(2)文件PageViewController.m的功能是设置分页数目,主要实现代码如下所示。
```
#import "PageViewController.h"
@implementation PageController
- (id)initWithPageNumber:(NSInteger)pageNumber
{
        self = [super initWithNibName:nil bundle:nil];
        if (self)
        {
                self.label = [[UILabel alloc] initWithFrame:
                        CGRectMake(260 , 10 , 60 , 30)];
                self.label.backgroundColor = [UIColor clearColor];
                self.label.textColor = [UIColor redColor];
                self.label.text = [NSString stringWithFormat:@"第[%ld]页"
                        , pageNumber + 1];
                [self.view addSubview:self.label];
```

```
        self.bookLabel = [[UILabel alloc] initWithFrame:
            CGRectMake(0, 30, CGRectGetWidth(self.view.frame), 60)];
        self.bookLabel.textAlignment = NSTextAlignmentCenter;
        self.bookLabel.numberOfLines = 2;
        self.bookLabel.font = [UIFont systemFontOfSize:24];
        self.bookLabel.backgroundColor = [UIColor clearColor];
        self.bookLabel.textColor = [UIColor blueColor];
          [self.view addSubview:self.bookLabel];
        self.bookImage = [[UIImageView alloc] initWithFrame:
            CGRectMake(0, 90, CGRectGetWidth(self.view.frame), 320)];
        self.bookImage.contentMode = UIViewContentModeScaleAspectFit;
          [self.view addSubview:self.bookImage];
    }
    return self;
    }
    @end
```

本实例执行后的效果如图7-8所示。

7.6.3 范例技巧——创建UIPageControl控件并设置属性的通用方法

1．创建

创建UIPageControl控件的代码如下所示。

```
UIPageControl* myPageControl = [[UIPageControl
alloc]initWithFrame:CGRectMake(0.0, 400.0, 320.0, 0.0)];
```

2．设置属性

设置页面数目的代码如下所示。

```
myPageControl.numberOfPages =5;
```

图7-8 执行效果

默认第一页会被选中，如果要选择其他页，可以设置currentPage属性，页面索引从0开始，例如下面的代码。

```
myPageControl.currentPage =3;// 当前页数，第4页
```

默认情况下，即使只有一个页面，指示器也会显示进来。如果要在仅有一个页面的情况下隐藏指示器，可以将hidesForSinglePage的值设为YES。

```
myPageControl.hidesForSinglePage=YES;
```

如果希望直到有时间执行完操作之后，才更新当前指示器的当前指示页，可以将defersCurrentPageDisPlay设为YES。但是此时必须调用控件的 updateCurentPageDisPlay 来更新当前页。

```
myPageControl.defersCurrentPageDisplay = YES;
        [myPageControl updateCurrentPageDisplay];
```

7.7 使用UIPageControl设置4个界面（Swift版）

范例7-7	使用UIPageControl控件设置4个界面
源码路径	光盘\daima\第7章\7-7

7.7.1 范例说明

本实例的功能是创建一个动态分页程序，使用UIPageControl控件设置在4个界面之间进行切换操作。

7.7.2 具体实现

编写文件ViewController.swift，使用UIPageControl控件设置在4个界面之间进行切换。主要实现代码如下所示。

```
import UIKit
class ViewController: UIViewController, UIPageViewControllerDataSource, UIPageView
ControllerDelegate {
```

```
        let pageTitles = ["Title 1", "Title 2", "Title 3", "Title 4"]
        var images = ["long3.png","long4.png","long1.png","long2.png"]
        var count = 0
        var pageViewController : UIPageViewController!
        func reset() {
            pageViewController = self.storyboard?.instantiateViewControllerWithIdentifier
("PageViewController") as! UIPageViewController
            self.pageViewController.dataSource = self
            let pageContentViewController = self.viewControllerAtIndex(0)
            self.pageViewController.setViewControllers([pageContentViewController!], direction:
UIPageViewControllerNavigationDirection.Forward, animated: true, completion: nil)
            self.pageViewController.view.frame = CGRectMake(0, 0, self.view.frame.width,
self.view.frame.height - 30)
            self.addChildViewController(pageViewController)
            self.view.addSubview(pageViewController.view)
            self.pageViewController.didMoveToParentViewController(self)
        }
        override func viewDidLoad() {
            super.viewDidLoad()
            reset()
            setupPageControl()
        }
        override func didReceiveMemoryWarning() {
            super.didReceiveMemoryWarning()
        }
        func pageViewController(pageViewController: UIPageViewController, viewControllerBefore
ViewController viewController: UIViewController) -> UIViewController? {
            var index = (viewController as! PageContentViewController).pageIndex!
            if (index <= 0) {
                return nil
            }
            index--
            return self.viewControllerAtIndex(index)
            
        }
        func pageViewController(pageViewController: UIPageViewController, viewControllerAfter
ViewController viewController: UIViewController) -> UIViewController? {
            
            var index = (viewController as! PageContentViewController).pageIndex!
            index++
            if(index >= self.images.count){
                return nil
            }
            return self.viewControllerAtIndex(index)
            
        }
```

本实例执行后的效果如图7-9所示。

第一个界面　　　　　　　　　　切换到第三个界面

图7-9　执行效果

7.7.3 范例技巧——发送分页通知的解决方案

当用户点触分页控件时，会产生一个 UIControlEventVakueChanged 事件。可以用类UIControl中的addTarget方法为其指定一个动作，例如下面的代码。

```
-(void)pageChanged:(id)sender{
    UIPageControl* control = (UIPageControl*)sender;
    NSInteger page = control.currentPage;
    //添加要处理的代码
}
[myPageControl addTarget:self action:@selector(pageChanged:) forControlEvents:
UIControlEventValueChanged];
```

7.8 实现两个UIPickerView间的数据依赖

范例7-8	实现两个UIPickerView控件间的数据依赖
源码路径	光盘\daima\第7章\7-8

7.8.1 范例说明

本实例的功能是实现两个选取器的关联操作，滚动第一个滚轮时第二个滚轮中的内容随着第一个的变化而变化，然后单击按钮触发一个动作。

7.8.2 具体实现

（1）首先在工程中创建一个songInfo.plist文件，储存数据，如图7-10所示。
添加的内容如图7-11所示。

图7-10 创建songInfo.plist文件

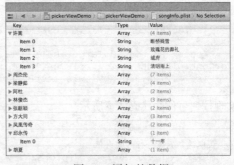
图7-11 添加的数据

（2）在ViewController中设置一个选取器pickerView对象，两个数组存放选取器数据和一个字典，读取plist文件。具体代码如下所示。

```
#import <UIKit/UIKit.h>
@interface ViewController :
UIViewController<UIPickerViewDelegate,UIPickerViewDataSource>
{
//定义滑轮组件
    UIPickerView *pickerView;
//     储存第一个选取器的的数据
    NSArray *singerData;
//     储存第二个选取器
    NSArray *singData;
//     读取plist文件数据
    NSDictionary *pickerDictionary;
}
-(void) buttonPressed:(id)sender;
@end
```

（3）在ViewController.m文件的ViewDidLoad中完成初始化。首先定义如下两个宏。

```
#define singerPickerView 0
#define singPickerView 1
```

上述代码分别表示两个选取器的索引序号值，并放在#import "ViewController.h"后面。

```
- (void)viewDidLoad
{
    [super viewDidLoad];
    // Do any additional setup after loading the view, typically from a nib.
    
    pickerView = [[UIPickerView alloc] initWithFrame:CGRectMake(0, 0, 320, 216)];
//    指定Delegate
    pickerView.delegate=self;
    pickerView.dataSource=self;
//    显示选中框
    pickerView.showsSelectionIndicator=YES;
    [self.view addSubview:pickerView];
//    获取mainBundle
    NSBundle *bundle = [NSBundle mainBundle];
//    获取songInfo.plist文件路径
    NSURL *songInfo = [bundle URLForResource:@"songInfo" withExtension:@"plist"];
//    把plist文件里面的内容存入数组
    NSDictionary *dic = [NSDictionary dictionaryWithContentsOfURL:songInfo];
    pickerDictionary=dic;
//    将字典里面的内容取出放到数组中
    NSArray *components = [pickerDictionary allKeys];
//选取出第一个滚轮中的值
    NSArray *sorted = [components sortedArrayUsingSelector:@selector(compare:)];
    singerData = sorted;
//    根据第一个滚轮中的值，选取第二个滚轮中的值
    NSString *selectedState = [singerData objectAtIndex:0];
    NSArray *array = [pickerDictionary objectForKey:selectedState];
    singData=array;
//    添加按钮
    CGRect frame = CGRectMake(120, 250, 80, 40);
    UIButton *selectButton = [UIButton buttonWithType:UIButtonTypeRoundedRect];
    selectButton.frame=frame;
    [selectButton setTitle:@"SELECT" forState:UIControlStateNormal];
    
    [selectButton addTarget:self action:@selector(buttonPressed:)
forControlEvents:UIControlEventTouchUpInside];
    [self.view addSubview:selectButton];
}
```

实现按钮事件的代码如下所示。

```
-(void) buttonPressed:(id)sender
{
//  获取选取器某一行的索引值
    NSInteger singerrow =[pickerView selectedRowInComponent:singerPickerView];
    NSInteger singrow = [pickerView selectedRowInComponent:singPickerView];
//  将singerData数组中的值取出
    NSString *selectedsinger = [singerData objectAtIndex:singerrow];
    NSString *selectedsing = [singData objectAtIndex:singrow];
    NSString *message = [[NSString alloc] initWithFormat:@"你选择了%@的
    %@",selectedsinger,selectedsing];
    
    UIAlertView *alert = [[UIAlertView alloc] initWithTitle:@"提示"
                                                    message:message
                                                   delegate:self
                                          cancelButtonTitle:@"OK"
                                          otherButtonTitles: nil];
    [alert show];
}
```

（4）关于两个协议的代理方法的实现代码如下所示。

```
#pragma mark -
#pragma mark Picker Date Source Methods

//返回显示的列数
```

```objc
-(NSInteger)numberOfComponentsInPickerView:(UIPickerView *)pickerView
{
//    返回几就有几个选取器
    return 2;
}
//返回当前列显示的行数
-(NSInteger)pickerView:(UIPickerView *)pickerView
numberOfRowsInComponent:(NSInteger)component
{
    if (component==singerPickerView) {
        return [singerData count];
    }
        return [singData count];
}
#pragma mark Picker Delegate Methods

//返回当前行的内容,此处是将数组中的数值添加到滚动的那个显示栏上
-(NSString*)pickerView:(UIPickerView *)pickerView titleForRow:(NSInteger)row
forComponent:(NSInteger)component
{
    if (component==singerPickerView) {
        return [singerData objectAtIndex:row];
    }
        return [singData objectAtIndex:row];
}
-(void)pickerView:(UIPickerView *)pickerViewt didSelectRow:(NSInteger)row
inComponent:(NSInteger)component
{
//  如果选取的是第一个选取器
    if (component == singerPickerView) {
//  得到第一个选取器的当前行
        NSString *selectedState =[singerData objectAtIndex:row];
//  根据从pickerDictionary字典中取出的值,选择对应的第二个选取器中的值
        NSArray *array = [pickerDictionary objectForKey:selectedState];
        singData=array;
        [pickerView selectRow:0 inComponent:singPickerView animated:YES];
//  重新装载第二个滚轮中的值
        [pickerView reloadComponent:singPickerView];
    }
}
//设置滚轮的宽度
-(CGFloat)pickerView:(UIPickerView *)pickerView
widthForComponent:(NSInteger)component
{
    if (component == singerPickerView) {
        return 120;
    }
    return 200;
}
```

这样整个实例接收完毕,执行后的效果如图7-12所示。

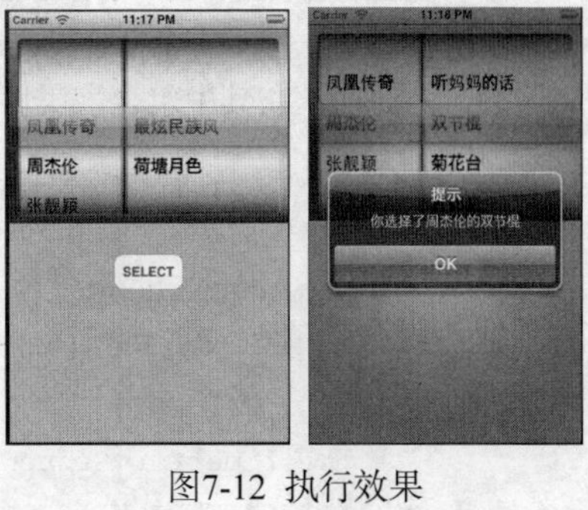

7.8.3 范例技巧——为什么修改参数

图7-12 执行效果

在方法-(void)pickerView:(UIPickerView *) pickerViewt didSelectRow:(NSInteger)row inComponent: (NSInteger)component中,把(UIPickerView *)pickerView参数改成了(UIPickerView *)pickerViewt,因为定义的pickerView对象和参数发生冲突,所以把参数进行了修改。

7.9 自定义一个选择器

范例7-9	自定义一个选择器
源码路径	光盘\daima\第7章\7-9

7.9.1 范例说明

在本实例中将创建一个自定义选择器，它包含两个组件，一个显示动物图像，另一个显示动物声音。当用户在自定义选择器视图中选择动物图像或动物声音时，输出标签中将显示出用户所做的选择。

7.9.2 具体实现

（1）导入接口文件。

修改两个视图控制器类的接口文件，让它们彼此导入对方的接口文件。为此在文件ViewController.h中，在#import语句下方添加如下代码行。

```
#import "AnimalChooserViewController.h"
```

在文件AnimalChooserViewController.h中，添加导入ViewController.h的代码。

```
#import"ViewController.h"
```

（2）创建并设置属性delegate。

使用属性delegate访问初始场景的视图控制器，在文件AnimalChooserViewController.h中，在编译指令@interface后面添加如下代码行。

```
@property (strong, nonatomic) id delegate;
```

接下来修改文件AnimalChooserViewController.m，在@implementation后面添加配套的编译指令@synthesize。

```
@synthesize delegate;
```

开始执行清理工作，将该实例"变量/属性"设置为nil。为此，在文件AnimalChooserViewController.m的方法viewDidUnload中添加如下代码。

```
[self setDelegate:nil];
```

为了设置属性delegate，修改文件ViewController.m，在其中添加如下所示的代码。

```
- (void)prepareForSegue:(UIStoryboardSegue *)segue sender:(id)sender {
    ((AnimalChooserViewController *)segue.destinationViewController).delegate=self;
}
```

（3）处理初始场景和日期选择场景之间的切换。

在本项目中，使用一个属性（animalChooserVisible）来存储动物选择场景的当前可见性。修改文件ViewController.h，在其中包含该属性的定义。

```
@property (nonatomic) Boolean animalChooserVisible;
```

在文件ViewController.m中添加配套的编译指令@synthesize：

```
@synthesize animalChooserVisible;
```

实现方法showAnimalChooser，使其在标记animalChooserVisible为NO时调用performSegueWithIdentifier: sender。下面显示了在文件ViewController.m中实现的方法showAnimalChooser。

```
- (IBAction)showAnimalChooser:(id)sender {
    if (self.animalChooserVisible!=YES) {
        [self performSegueWithIdentifier:@"toAnimalChooser" sender:sender];
        self.animalChooserVisible=YES;
    }
}
```

为了在图像选择场景关闭时将标记animalChoorrsible设置为NO，可在文件AnimalChooserViewController.m的方法viewWillDisappear中使用如下所示的代码。

```
- (void)viewWillDisappear:(BOOL)animated
{
    [super viewWillDisappear:animated];
}
```

（4）在文件AnimalChooserViewController.m中方法viewDidLoad的实现代码如下所示。

```
- (void)viewDidLoad
{
    self.animalNames=[[NSArray alloc]initWithObjects:
                @"Mouse",@"Goose",@"Cat",@"Dog",@"Snake",@"Bear",@"Pig",nil];
```

```
    self.animalSounds=[[NSArray alloc]initWithObjects:
@"Oink",@"Rawr",@"Ssss",@"Roof",@"Meow",@"Honk",@"Squeak",nil];
    self.animalImages=[[NSArray alloc]initWithObjects:
                        [[UIImageView alloc] initWithImage:[UIImage
imageNamed:@"mouse.png"]],
                        [[UIImageView alloc] initWithImage:[UIImage
imageNamed:@"goose.png"]],
                        [[UIImageView alloc] initWithImage:[UIImage
imageNamed:@"cat.png"]],
                        [[UIImageView alloc] initWithImage:[UIImage
imageNamed:@"dog.png"]],
                        [[UIImageView alloc] initWithImage:[UIImage
imageNamed:@"snake.png"]],
                        [[UIImageView alloc] initWithImage:[UIImage
imageNamed:@"bear.png"]],
                        [[UIImageView alloc] initWithImage:[UIImage
imageNamed:@"pig.png"]],
                        nil
                        ];
    [super viewDidLoad];
}
```

对上述代码的具体说明如下所示。

- 创建数组animalNames，其中包含7个动物名。别忘了，数组以nil结尾，因此需要将第8个元素指定为nil。
- 初始化数组animalSounds，使其包含7种动物声音。
- 创建数组animalImages，其中包含7个UIImageView实例，这些实例是使用本节开头导入的图像创建的。

（5）在文件AnimalChooserViewController.h中，将@interface行设置为如下格式。

```
@interface AnimalChooserViewController  :
UIViewController <UIPickerViewDataSource>
```

这样将这个类声明为遵守协议UIPickerViewDataSource。

（6）修改组件的宽度和行高。

为了调整选择器视图的组件大小，可以实现另外两个委托方法：pickerView:rowHeightForComponent和pickerView:widthForComponent。在此设置动物组件的宽度为75点，设置声音组件在宽度大约为150点，设置这两个组件都使用固定的行高55点。上述功能是在文件AnimalChooserViewController.m中实现的，具体代码如下所示。

```
- (CGFloat)pickerView:(UIPickerView *)pickerView
rowHeightForComponent:(NSInteger)component {
    return 55.0;
}

- (CGFloat)pickerView:(UIPickerView *)pickerView
widthForComponent:(NSInteger)component {
    if (component==kAnimalComponent) {
        return 75.0;
    } else {
        return 150.0;
    }
}
```

（7）在用户做出选择时进行响应。

当用户做出选择时会调用方法displayAnimal:withSound:fromComponent，将选择情况显示在初始场景的输出标签中。在文件ViewController.h中，添加这个方法的原型。

```
- (void)displayAnimal:(NSString*)chosenAnimal
withSound: (NSString*)chosenSound
fromComponent: (NSString  *)chosenComponent;
```

在文件ViewControler.m中实现这个方法。它应将传入的字符串参数显示在输出标签中，具体代码如下所示。

```objc
- (void)displayAnimal:(NSString *)chosenAnimal withSound:(NSString *)chosenSound
fromComponent:(NSString *)chosenComponent {
    NSString *animalSoundString;
    animalSoundString=[[NSString alloc]
                       initWithFormat:@"你改变 %@ (%@ 和声音文字 %@)",
chosenComponent,chosenAnimal,chosenSound];
    self.outputLabel.text=animalSoundString;
}
```

这样根据字符串参数 chosenComponent、chosenAnimal 和 chosenSound 的内容，创建了一个 animalSoundString 字符串，然后设置输出标签的内容，以显示这个字符串。

有了用于显示用户选择情况的机制后，需要在用户选择时做出响应了。在文件 AnimalChooserViewController.m 中，实现方法 pickerView:didSelectRow:inComponent，具体代码如下所示。

```objc
- (void)pickerView:(UIPickerView *)pickerView didSelectRow:(NSInteger)row
      inComponent:(NSInteger)component {

    ViewController *initialView;
    initialView=(ViewController *)self.delegate;

    if (component==kAnimalComponent) {
        int chosenSound=[pickerView selectedRowInComponent:kSoundComponent];
        [initialView displayAnimal:[self.animalNames objectAtIndex:row]
                    withSound:[self.animalSounds objectAtIndex:chosenSound]
                    fromComponent:@"动物图像"];
    } else {
        int chosenAnimal=[pickerView selectedRowInComponent:kAnimalComponent];
        [initialView displayAnimal:[self.animalNames objectAtIndex:chosenAnimal]
                    withSound:[self.animalSounds objectAtIndex:row]
                    fromComponent:@"声音"];
    }
}
```

对上述代码的具体说明如下所示。

❑ 首先获取指向初始场景的视图控制器的引用，需要用它在初始场景中指出用户做出的选择。
❑ 检查当前选择的组件是否为动物组件，如果是则需要获取当前选择的声音（第7行）。
❑ 调用前面编写的方法 displayAnimal:withSound:fromComponent，将动物名、当前选择的声音以及一个字符串传递给它，其中动物名是根据参数 row 从相应的数组中获取的。

到此为止，整个实例介绍完毕。运行后当用户在选择器视图（显示在一个弹出框中）中做出选择后，输出标签将立即更新，执行后的效果如图7-13所示。

图7-13 执行效果

7.9.3 范例技巧——总结规划变量和连接的过程

本项目需要的输出口和操作与前一个项目相同,但有一个例外。在前一个项目中,当日期选择器的值发生变化时,需要执行一个方法。但在这个项目中,将实现选择器协议,其中包含的一个方法将在用户使用选择器时自动被调用。

在初始场景中,将包含一个输出标签(outputLabel),还有一个用于显示动物选择场景的操作(showAnimalChooser)。该场景的视图控制器类ViewController将通过属性animalChooserVisible跟踪动物选择场景是否可见。还有一个显示用户选择的动物和声音的方法:displayAnimal:WithSound:FromComponent。

7.10 实现一个单列选择器

范例7-10	实现一个单列选择器
源码路径	光盘\daima\第7章\7-10

7.10.1 范例说明

本实例的功能是实现一个单列选择器,首先在UIPickerViewDataSource中定义一个方法,该方法的返回值决定该控件包含多少列。然后在UIPickerViewDelegate中定义一个方法,该方法返回的NSString将作为UIPickerView中指定列和列表项的标题文本。

7.10.2 具体实现

文件ViewController.m的主要实现代码如下所示。
```
- (void)viewDidLoad
{
  [super viewDidLoad];
  // 创建并初始化NSArray对象
  _books = @[@"AAAAA", @"BBBBB",
      @"CCCCC" , @"DDDDD"];
  // 为UIPickerView控件设置dataSource和delegate
  self.picker.dataSource = self;
  self.picker.delegate = self;
}
// UIPickerViewDataSource中定义的方法,该方法的返回值决定该控件包含多少列
- (NSInteger)numberOfComponentsInPickerView:(UIPickerView*)pickerView
{
 return 1;    // 返回1表明该控件只包含1列
}
// UIPickerViewDataSource中定义的方法,该方法的返回值决定该控件指定列包含多少个列表项
- (NSInteger)pickerView:(UIPickerView *)pickerView
 numberOfRowsInComponent:(NSInteger)component
{
  // 由于该控件只包含一列,因此无需理会列序号参数component
  // 该方法返回_books.count,表明_books包含多少个元素,该控件就包含多少列表项
  return _books.count;
}
// UIPickerViewDelegate中定义的方法,该方法返回的NSString将作为UIPickerView
// 中指定列和列表项的标题文本
- (NSString *)pickerView:(UIPickerView *)pickerView
 titleForRow:(NSInteger)row forComponent:(NSInteger)component
{
  // 由于该控件只包含一列,因此无需理会列序号参数component
  // 该方法根据row参数返回_books中的元素,row参数代表列表项的编号
  // 因此该方法表示第几个列表项,就使用_books中的第几个元素
  return _books [row];
}
// 当用户选中UIPickerViewDataSource中指定的列和列表项时激发该方法
```

```objc
- (void)pickerView:(UIPickerView *)pickerView didSelectRow:
(NSInteger)row inComponent:(NSInteger)component
{
// 使用一个UIAlertView来显示用户选中的列表项
UIAlertView* alert = [[UIAlertView alloc]
    initWithTitle:@"提示"
    message:[NSString stringWithFormat:@"你选中的图书是：%@", _books[row]]
    delegate:nil
    cancelButtonTitle:@"确定"
    otherButtonTitles:nil];
    [alert show];
}
@end
```

本实例执行后的效果如图7-14所示。

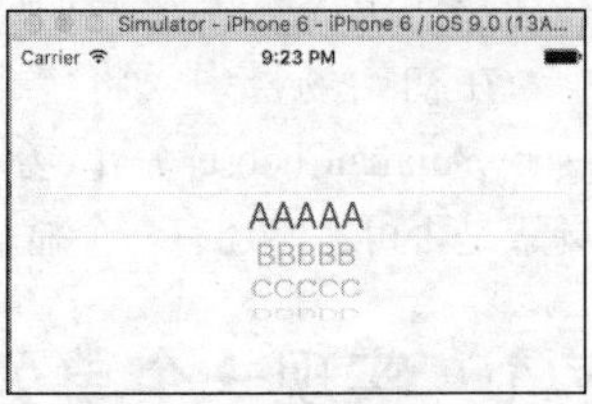

7.10.3 范例技巧——添加选择器视图的方法

图7-14 执行效果

要想在应用程序中添加选择器视图，可以使用Interface Builder编辑器从对象库拖曳选择器视图到我们的视图中。但是不能在Connections Inspector中配置选择器视图的外观，而需要编写遵守两个协议的代码，其中一个协议提供选择器的布局（数据源协议），另一个提供选择器将包含的信息（委托）。可以使用Connections Inspector将委托和数据源输出口连接到一个类，也可以使用代码设置这些属性。

7.11 实现一个会发音的倒计时器（Swift版）

范例7-1	实现一个会发音的倒计时器
源码路径	光盘\daima\第7章\7-11

7.11.1 范例说明

本实例功能是实现一个会发音的倒计时器，可以根据用户选择的倒计时时间，监听用户是否单击"Start"按钮。单击"Start"按钮后将开始倒计时，倒计时完毕后会发音。

7.11.2 具体实现

文件TimerViewController.swift的主要实现代码如下所示。

```swift
@IBAction func endTimer(sender: AnyObject) {
    if(self.presentingViewController != nil){
        speakTimer.invalidate()
        speakCatchupTimer.invalidate()
        labelTimer.invalidate()
        self.dismissViewControllerAnimated(true, completion: nil)
    }
}

@IBAction func toggleTimer(sender: AnyObject) {
    if !timerRunning {
        speakCatchupTimerRunning = true
        timerRunning = true
        let updateSelector: Selector = "updateTime"
        let speakCatchupSelector: Selector = "speakCatchupTimeAloud"
        labelTimer = NSTimer.scheduledTimerWithTimeInterval(0.01, target: self,
            selector: updateSelector, userInfo: nil, repeats: true)
        NSRunLoop.mainRunLoop().addTimer(labelTimer, forMode: NSRunLoopCommonModes)
        
        sender.setTitle("Pause", forState: .Normal)
        
        let currentTime = NSDate.timeIntervalSinceReferenceDate()
        elapsedPausedTimeTotal += elapsedPausedTime
        let elapsedTime: NSTimeInterval = currentTime - startTime - elapsedPausedTimeTotal
        let catchupInterval = Double(speakInterval) - (Double(elapsedTime) %
```

```swift
Double(speakInterval))
            if speakCatchupTimer.valid {
                speakCatchupTimer.invalidate()
            }
            speakCatchupTimer = NSTimer.scheduledTimerWithTimeInterval(catchupInterval,
target: self, selector: speakCatchupSelector, userInfo: nil, repeats: false)
            NSRunLoop.mainRunLoop().addTimer(speakCatchupTimer, forMode: NSRunLoopCommonModes)
        } else {
            timerRunning = false
            pausedTime = NSDate()
            sender.setTitle("Resume", forState: .Normal)
            speakTimer.invalidate()
        }
    }
    
    var startTime: NSTimeInterval!
    var labelTimer: NSTimer = NSTimer()
    var speakTimer: NSTimer = NSTimer()
    var speakCatchupTimer: NSTimer = NSTimer()
    var timerRunning = true
    var speakCatchupTimerRunning = false
    var pausedTime: NSDate!
    var elapsedPausedTime: NSTimeInterval = 0.0
    var elapsedPausedTimeTotal: NSTimeInterval = 0.0
    var speakInterval: Int!
    let synth = AVSpeechSynthesizer()
    var audioSession = AVAudioSession.sharedInstance()
    
    override func viewDidLoad() {
        super.viewDidLoad()
        if (!labelTimer.valid) {
            do {
                try audioSession.setCategory(AVAudioSessionCategoryPlayback,
withOptions: .DuckOthers)
            } catch _ {
            }
            startTime = NSDate.timeIntervalSinceReferenceDate()
            do {
                try audioSession.setActive(true)
            } catch _ {
            }
            let updateSelector: Selector = "updateTime"
            let speakSelector: Selector = "speakTimeAloud"
            labelTimer = NSTimer.scheduledTimerWithTimeInterval(0.01, target: self,
selector: updateSelector, userInfo: nil, repeats: true)
            NSRunLoop.mainRunLoop().addTimer(labelTimer, forMode: NSRunLoopCommonModes)
            speakTimer = NSTimer.scheduledTimerWithTimeInterval(Double(speakInterval),
target: self, selector: speakSelector, userInfo: nil, repeats: true)
            NSRunLoop.mainRunLoop().addTimer(speakTimer, forMode: NSRunLoopCommonModes)
        }
    }
    override func didReceiveMemoryWarning() {
        super.didReceiveMemoryWarning()
    }
    //倒计时函数,更改函数
    func updateTime() {
        if timerRunning {
            let currentTime = NSDate.timeIntervalSinceReferenceDate()
            var elapsedTime: NSTimeInterval = currentTime - startTime - elapsedPausedTimeTotal
            
            let minutes = UInt8(elapsedTime / 60.0)
            elapsedTime -= (NSTimeInterval(minutes) * 60)
            
            let seconds = UInt8(elapsedTime)
            elapsedTime -= NSTimeInterval(seconds)
            
            let fraction = UInt8(elapsedTime * 100)
            
            let strMinutes = minutes > 9 ? String(minutes): "0" + String(minutes)
            let strSeconds = seconds > 9 ? String(seconds): "0" + String(seconds)
```

```
                let strFraction = fraction > 9 ? String(fraction): "0" + String(fraction)
                timerLabel.text = "\(strMinutes):\(strSeconds):\(strFraction)"
            } else {
                let elapsedPausedTimeCalculator = NSDate.timeIntervalSinceDate(NSDate())
                elapsedPausedTime = elapsedPausedTimeCalculator(pausedTime)
            }
    }
    //发音函数，倒计时完成时会发音
    func speakTimeAloud() {
            let currentTime = NSDate.timeIntervalSinceReferenceDate()
            let elapsedTime: NSTimeInterval = currentTime - startTime - elapsedPausedTimeTotal

            let myUtterance = AVSpeechUtterance(string: "\(Int(elapsedTime)) seconds")
            myUtterance.rate = 0.2
            myUtterance.voice = AVSpeechSynthesisVoice(language: "en-GB")
            synth.speakUtterance(myUtterance)
    }
```

执行后显示设置时间列表界面，如图7-15所示。选择一个时间后单击下方的"Start"按钮，会来到倒计时界面，如图7-16所示。

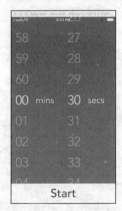

图7-15 执行效果　　　　　　图7-16 倒计时界面

7.11.3 范例技巧——选择器视图的数据源协议

选择器视图数据源协议（UIPickerViewDataSource）中包含如下描述选择器将显示多少信息的方法。

❑ numberOfComponentInPickerView：返回选择器需要的组件数。

❑ pickerView:numberOflRowsInComponent：返回指定组件包含多少行（不同的输入值）。

只要创建这两个方法并返回有意义的数字，便可以遵守选择器视图数据源协议。例如要创建一个自定义选择器，它显示两列，其中第一列包含一个可供选择的值，而第二列包含两个，则可以像如下代码那样实现协议UIPickerViewDataSource。

```
- (NSInteger)numberOfComponentsInPickerView:(UIPickerView *)pickerView {
    return 2;
}

- (NSInteger)pickerView:(UIPickerView *)pickerView
numberOfRowsInComponent:(NSInteger)component {
    if (component== 0) {
        return 1;
    } else {
        return 2;
    }
}
```

对上述代码的具体说明如下所示。

（1）首先实现了方法numberOfComponentsInPickerView，此方法会返回2，因此选择器将有两个组件，即两个转轮。

（2）然后实现了方法pickerView:numberOfRowsInComponent。当iOS指定的component为0时（选择器的第一个组件），此方法返回1（第8行），这意味着这个转轮中只显示一个标签。当component为1时（选择器的第二个组件），这个方法返回2（第10行），因此该转轮将向用户显示两个选项。在实现数据源协议后，还需实现一个协议（选择器视图委托协议）才能提供一个可行的选择器视图。

7.12 实现一个日期选择器

范例7-12	实现一个日期选择器
源码路径	光盘\daima\第7章\7-12

7.12.1 范例说明

在本实例中，使用UIDatePicker实现一个人日期选择器，该选择器通过模态切换方式显示。本实例的初始场景中包含一个输出标签以及一个工具栏，其中输出标签用于显示日期计算的结果，而工具栏中包含一个按钮，用户触摸它将触发到第二个场景的手动切换。

7.12.2 具体实现

（1）导入接口文件。

在这个示例项目中，类ViewController和类DateChooserViewController需要彼此访问对方的属性。

在文件ViewController.h中，在#import语句下方添加如下代码行。
```
#import "DateChooserViewController.h"
```
同样在文件DateChooserViewController.h中，添加导入ViewController.h的代码。
```
#import "ViewController.h"
```
添加这些代码行后，这两个类便可彼此访问对方的接口（.h）文件中定义的方法和属性了。

（2）创建并设置属性delegate。

除了让这两个类彼此知道对方提供的方法和属性外，还需提供一个属性，让日期选择视图控制器能够访问初始场景的视图控制器，它将通过该属性调用初始场景的iPad控制器中的日期计算方法，并在自己关闭时指出这一点。

如果该项目只使用模态切换，则可使用DateChooserViewController的属性presentingView。

Controller用来获取初始场景的视图控制器，但该属性不适用于弹出框。为了保持模态实现和弹出框的实现一致，将给类DateChooserViewController添加一个delegate属性。
```
@property (strong, nonatomic) id delegate;
```
上述代码定义了一个类型为id的属性，这意味着它可以指向任何对象，就像Apple类内置的delegate属性一样。

接下来，修改文件DateChooserViewController.m，在@implementation后面添加配套的变异指令@synthesize。
```
@synthesize delegate;
```
最后执行清理工作，将该实例的变量/属性设置为nil。需要在文件DateChooserViewController.m的方法viewDidUnload中添加如下代码行。
```
[self setDelegate:nil];
```
要想设置属性delegate，可以在ViewController.m的方法prepareForSegue:sender中实现。当初始场景和日期选择场景之间的切换被触发时会调用这个方法。修改文件ViewController.h，在其中添加该方法，具体代码如下所示。
```
- (void)prepareForSegue:(UIStoryboardSegue *)segue sender:(id)sender {
    ((DateChooserViewController *)segue.destinationViewController).delegate=self;
}
```

通过上述代码，将参数segue的属性destinationViewController强制转换为一个DateChooserViewController，并将其delegate属性设置为self，即初始场景的VewController类的当前实例。

（3）处理初始场景和日期选择场景之间的切换。

在这个应用程序中，切换是在视图控制器之间，而不是对象和视图控制器之间创建的。通常将这种切换称为"手工"切换，因为需要在方法showDateChooser中使用代码来触发它。在触发场景时，首先需要检查当前是否显示了日期选择器，这是通过一个布尔属性（dateChooserVisible）进行判断的。因此，需要在ViewController类中添加该属性。为此，修改文件ViewController.h，在其中包含该属性的定义。

```
@property (nonatomic) Boolean dateChooserVisible;
```

布尔值不是对象，因此声明这种类型的属性/变量时，不需要使用关键字strong，也无需在使用完后将其设置为nil。然而确实需要在文件ViewController.m中添加配套的编译指令@synthesize。

```
@synthesize dateChooserVisible;
```

接下来实现方法showDateChooser，使其首先核实属性dateChooserVisible不为YES，再调用performSegueWithIdentifier:sender启动到日期选择场景的切换，然后将属性dateChooserVisible设置为YES，以便知道当前显示了日期选择场景。这个功能是通过文件ViewController.m中的方法showDateChooser实现的，具体代码如下所示。

```
- (IBAction)showDateChooser:(id)sender {
    if (self.dateChooserVisible!=YES) {
        [self performSegueWithIdentifier:@"toDateChooser" sender:sender];
        self.dateChooserVisible=YES;
    }
}
```

此时可以运行该应用程序，并触摸"选择日期"按钮显示日期选择场景。但是用户将无法关闭模态的日期选择场景，因为还没有给"确定"按钮触发的操作编写代码。下面开始实现当用户单击日期选择场景中的Done时关闭该场景。前面已经建立了到操作dismissDateChooser的连接，因此只需在该方法中调用dismissViewControllerAnimated:completion即可。这一功能是通过文件DateChooserViewController.m中的方法dismissDateChooser实现的，具体实现代码如下所示。

```
- (IBAction)dismissDateChooser:(id)sender {
    [self dismissViewControllerAnimated:YES completion:nil];
}
```

（4）显示日期和时间。

显示日期和时间比获取当前日期要复杂。由于将在标签（UILabel）中显示输出，并且知道它将如何显示在屏幕上，因此真正的问题是，如何根据NSDate对象获得一个字符串并设置其格式？

有趣的是，有一个处理这项工作的类！创建并初始化一个NSDateFormatter对象，然后使用该对象的setDateFormat和一个模式字符串创建一种自定义格式，最后调用NSDateFormatter的另一个方法stringFromDate将这种格式应用于日期，这个方法接受一个NSDate作为参数，并以指定格式返回一个字符串。

假如已经将一个NDDate存储在变量todaysDate中，并要以"月份，日，年 小时：分：秒（AM或PM）"的格式输出，则可使用如下代码。

```
dateFormat= [[NSDateFormatter alloc] init];
[dateFormat setDateFormat:@ "MMMM d,yyyy hh:mm:ssa"];
todaysDateString=[dateFormat stringFromDate:todaysDate];
```

首先，分配并初始化了一个NSDateFormatter对象，再将其存储到dateFormat中，然后将字符串@"MMMMd，yyyy hh：mm:ssa"用作格式化字符串以设置格式，最后使用dateFormat对象的实例方法stringFromDate生成一个新的字符串，并将其存储在todaysDateString中。

> 注意：可用于定义日期格式的字符串是在一项Unicode标准中定义的，该标准可在如下网址找到。
>
> http://unicode.org/reports/tr35/tr356.html#Date_Format_Pattems.
>
> 对这个示例中使用的模式解释如下。

❑ MMMM：完整的月份名。

7.12 实现一个日期选择器

- d：没有前导零的日期。
- YYYY：4位的年份。
- hh：两位的小时（必要时加上前导零）。
- mm：两位的分钟。
- ss：两位的秒。
- a：AM或PM。

（5）计算两个日期相差多少天。

要想计算两个日期相差多少天，可以使用NSDate对象的实例方法timeIntervalSinceDate实现，而无需进行复杂的计算。这个方法返回两个日期相差多少秒，假如有两个NSDate对象（todaysDate和futureDate），可以使用如下代码计算它们之间相差多少秒。

```
NSTimeInterval difference;
    difference=[todaysDate timeIntervalSinceDate:futureDate];
```

（6）实现日期计算和显示。

为了计算两个日期相差多少天并显示结果，在ViewController.m中实现方法calculateDateDifference，它接受一个参数（chosenDate）。编写该方法后，在日期选择视图控制器中编写调用该方法的代码，而这些代码将在用户使用日期选择器时被执行。

首先，在文件ViewController.h中，添加日期计算方法的原型。

```
- (void) calculateDateDifference: (NSDate *)chosenDate;
```

接下来在文件ViewController.m中添加方法calculateDateDifference，其实现代码如下所示。

```
- (void)calculateDateDifference:(NSDate *)chosenDate {
    NSDate *todaysDate;
    NSString *differenceOutput;
    NSString *todaysDateString;
    NSString *chosenDateString;
    NSDateFormatter *dateFormat;
    NSTimeInterval difference;

    todaysDate=[NSDate date];
    difference = [todaysDate timeIntervalSinceDate:chosenDate] / 86400;

    dateFormat = [[NSDateFormatter alloc] init];
    [dateFormat setDateFormat:@"MMMM d, yyyy hh:mm:ssa"];
    todaysDateString = [dateFormat stringFromDate:todaysDate];
    chosenDateString = [dateFormat stringFromDate:chosenDate];

    differenceOutput=[[NSString alloc] initWithFormat:
                    @"选择的日期 (%@) 和今天 (%@) 相差:%1.2f天",
                    chosenDateString,todaysDateString,fabs(difference)];
    self.outputLabel.text=differenceOutput;
}
```

到此为止，本日期选择器实例全部介绍完毕，执行后的效果如图7-17所示。

图7-17 执行效果

7.12.3 范例技巧——什么是选择器

选择器是iOS的一种独特功能，它们通过转轮界面提供一系列多值选项，这类似于自动贩卖机。选择器的每个组件显示数行可供用户选择的值，而不是水果或数字。在桌面应用程序中，与选择器最接近的组件是下拉列表。当用户需要选择多个（通常相关的）值时应使用选择器。它们通常用于设置日期和事件，但是可以对其进行定制以处理能想到的任何选择方式。

7.13 使用日期选择器自动选择一个时间

范例7-13	使用日期选择器自动选择一个时间
源码路径	光盘\daima\第7章\7-13

7.13.1 范例说明

本实例的功能是在屏幕中显示一个日期选择器，选择日期后会弹出一个提醒框显示当前选择的时间。

7.13.2 具体实现

文件ViewController.m的主要实现代码如下所示。
```
#import "ViewController.h"
@implementation ViewController
- (void)viewDidLoad
{
 [super viewDidLoad];
}
- (IBAction)tapped:(id)sender {
 // 获取用户通过UIDatePicker设置的日期和时间
 NSDate *selected = [self.datePicker date];
 // 创建一个日期格式器
 NSDateFormatter *dateFormatter = [[NSDateFormatter alloc] init];
 // 为日期格式器设置格式字符串
 [dateFormatter setDateFormat:@"yyyy年MM月dd日 HH:mm +0800"];
 // 使用日期格式器格式化日期、时间
 NSString *destDateString = [dateFormatter stringFromDate:selected];
 NSString *message =  [NSString stringWithFormat:
        @"您选择的日期和时间是：%@", destDateString];
 // 创建一个UIAlertView对象（警告框），并通过该警告框显示用户选择的日期、时间
 UIAlertView *alert = [[UIAlertView alloc]
         initWithTitle:@"日期和时间"
         message:message
         delegate:nil
         cancelButtonTitle:@"确定"
         otherButtonTitles:nil];
 // 显示UIAlertView
 [alert show];
}
@end
```
本实例执行后的效果如图7-18所示，单击"确定"按钮后的效果如图7-19所示。

图7-18 执行效果

图7-19 显示当前选择的时间

7.13.3 范例技巧——Apple中的两种选择器

在选择日期和时间方面，选择器是一种不错的界面元素，所以Apple特意提供了如下两种形式的选择器。
- 日期选择器：这种方式易于实现，且专门用于处理日期和时间。
- 自定义选择器视图：可以根据需要配置成显示任意数量的组件。

7.14 使用UIDatePicker（Swift版）

范例7-14	使用UIDatePicker
源码路径	光盘\daima\第7章\7-14

7.14.1 范例说明

本实例的功能是使用UIDatePicker创造一个日期选择器，其中编写类文件Person.swift，功能是定义类Person，在里面分别设置name和data两个变量。文件的 personTVC.swift功能是，在主界面中创建数据并生成列表显示，当用户单击某一个列表项后会在下面显示对应的日期和时间格式。

7.14.2 具体实现

文件personTVC.swift的主要实现代码如下所示。

```
// 创建用户数据
    func createUselessData() {
        let person1 = Person(name: "Johnathan Watson", date: NSDate(timeIntervalSince1970: 6324480000))
        let person2 = Person(name: "Hazel Lindsey", date: NSDate(timeIntervalSince1970: 123456789))
        let person3 = Person(name: "Lola Paul", date: NSDate(timeIntervalSince1970: 2349872398))
        let person4 = Person(name: "Lynn Walsh", date: NSDate(timeIntervalSince1970: 6524480000))
        let person5 = Person(name: "Jacqueline Ramos", date: NSDate(timeIntervalSince1970: 2952972398))
        let person6 = Person(name: "Bobbie Casey", date: NSDate(timeIntervalSince1970: 6354580800))
        data.append(person1)
        data.append(person2)
        data.append(person3)
        data.append(person4)
        data.append(person5)
        data.append(person6)
    }
    func hasInlineDatePicker() -> Bool {
        if (datePickerIndexPath != nil) {
            return true
        } else {
            return false
        }
    }
//显示列表导航索引
    func displayInlinePickerAtIndexPath(indexPath: NSIndexPath) {
        tableView.beginUpdates()
        datePickerIndexPath = indexPath
        tableView.insertRowsAtIndexPaths([indexPath], withRowAnimation: UITableViewRowAnimation.Fade)
        tableView.endUpdates()
    }
    func hidePickerCell() {
```

```swift
            tableView.beginUpdates()
            tableView.deleteRowsAtIndexPaths([datePickerIndexPath!], withRowAnimation:
UITableViewRowAnimation.Fade)
            datePickerIndexPath = nil
            tableView.endUpdates()
        }
    }
    // MARK: - Table view data source
    override func numberOfSectionsInTableView(tableView: UITableView) -> Int {
        return 1
    }
    override func tableView(tableView: UITableView, numberOfRowsInSection section: Int) -> Int {
        var rows = data.count
        if (hasInlineDatePicker()) {
            rows++
        }
        return rows
    }
    override func tableView(tableView: UITableView, cellForRowAtIndexPath indexPath:
NSIndexPath) -> UITableViewCell {
        
        if (datePickerIndexPath?.row == indexPath.row) {
            let person = data[indexPath.row-1]
            let cell = tableView.dequeueReusableCellWithIdentifier(kDatePickerCellID,
forIndexPath: indexPath) as UITableViewCell
            let targetedDatePicker = cell.viewWithTag(kDatePickerTag) as UIDatePicker
            targetedDatePicker.setDate(person.date, animated: false)
            return cell
        } else {
            var modelRow = indexPath.row
            if (datePickerIndexPath != nil && datePickerIndexPath?.row <= indexPath.row) {
                modelRow--
            }
            let cell = tableView.dequeueReusableCellWithIdentifier(kPersonCellID,
forIndexPath: indexPath) as UITableViewCell
            let person = data[modelRow] as Person
            cell.textLabel.text = person.name
            cell.detailTextLabel!.text = dateFormatter.stringFromDate(person.date)
            return cell
        }
    }
    override func tableView(tableView: UITableView, didSelectRowAtIndexPath indexPath:
NSIndexPath) {
        let cell = tableView.cellForRowAtIndexPath(indexPath)
        var newPickerRow = Int()
        var currentPickerRow: Int?
        newPickerRow = indexPath.row + 1
        if hasInlineDatePicker() {
            currentPickerRow = datePickerIndexPath?.row
            if (newPickerRow > currentPickerRow) {
                newPickerRow -= 1
            }
            hidePickerCell()
            if (newPickerRow == currentPickerRow) {
                return
            }
        }
        let pickerIndexPath = NSIndexPath(forRow: newPickerRow, inSection: 0)
        displayInlinePickerAtIndexPath(pickerIndexPath)
    }
    // 改日期和时间值
    @IBAction func datePickerChanged(sender: UIDatePicker) {
        if (hasInlineDatePicker()) {
            let parentCellIndexPath = NSIndexPath(forRow: datePickerIndexPath!.row-1,
inSection: 0)
            let person = data[parentCellIndexPath.row]
            person.date = sender.date
            
            if let parentCell = tableView.cellForRowAtIndexPath(parentCellIndexPath)
```

```
                        parentCell.detailTextLabel?.text =
dateFormatter.stringFromDate(sender.date)
            }
        } else {
            return
        }
    }
}
```

到此为止，整个实例介绍完毕。在默认UI主界面中会显示生成的列表项，如图7-20所示。单击UI主界面中某一个列表项后的执行效果如图7-21所示。

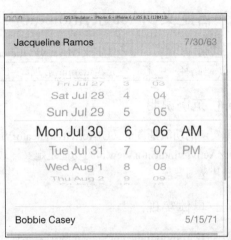

图7-20 默认主界面　　　　　图7-21 单击某个列表项后的界面

7.14.3 范例技巧——总结日期选择器的常用属性

与众多其他的GUI对象一样，也可以使用Attributes Inspector对日期选择器进行定制，如图7-22所示。

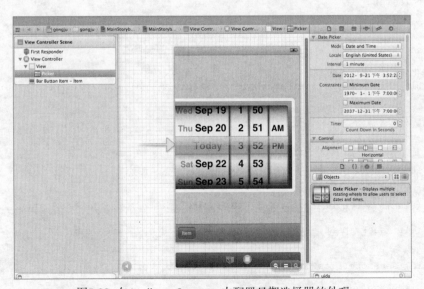

图7-22 在Attributes Inspector中配置日期选择器的外观

可以对日期选择器进行配置，使其以4种模式显示。

- Date&Time（日期和时间）：显示用于选择日期和时间的选项。
- Time（时间）：只显示时间。
- Date（日期）：只显示日期。
- Timer（计时器）：显示类似于时钟的界面，用于选择持续时间。

另外还可以设置Locale（区域，这决定了各个组成部分的排列顺序）、设置默认显示的日期/时间以及设置日期/时间约束（这决定了用户可选择的范围）。属性Date（日期）被自动设置为在视图中加入该控件的日期和时间。

7.15 自定义UIActivityIndicatorView的样式

范例7-15	自定义UIActivityIndicatorView控件的样式
源码路径	光盘\daima\第7章\7-15

7.15.1 范例说明

本实例的功能是自定义UIActivityIndicatorView控件的样式，包括颜色、图案和转动速度等。其中文件HZActivityIndicatorView.m的功能是定义样式，设置活动指示器中的颜色、旋转翅片大小、旋转速度和翅片丛图案等。

7.15.2 具体实现

文件HZActivityIndicatorView.m的主要实现代码如下所示。

```
//在使用IB的时候调用此方法
- (void)awakeFromNib
{
    [self _setPropertiesForStyle:UIActivityIndicatorViewStyleWhite];
}
- (id)initWithFrame:(CGRect)frame
{
    self = [super initWithFrame:frame];
    if (self)
    {
        [self _setPropertiesForStyle:UIActivityIndicatorViewStyleWhite];
    }
    return self;
}
//初始化活动指示器的样式
- (id)initWithActivityIndicatorStyle:(UIActivityIndicatorViewStyle)style;
{
    self = [self initWithFrame:CGRectZero];
    if (self)
    {
        [self _setPropertiesForStyle:style];
    }
    return self;
}
//设置活动指示器视图样式
- (void)setActivityIndicatorViewStyle:(UIActivityIndicatorViewStyle)activityIndicatorViewStyle
{
    [self _setPropertiesForStyle:activityIndicatorViewStyle];
}
//设置样式属性
- (void)_setPropertiesForStyle:(UIActivityIndicatorViewStyle)style
{
    self.backgroundColor = [UIColor clearColor];
    self.direction = HZActivityIndicatorDirectionClockwise;
    self.roundedCoreners = UIRectCornerAllCorners;
    self.cornerRadii = CGSizeMake(1, 1);
```

```objc
    self.stepDuration = 0.1;
    self.steps = 12;
    switch (style) {
        case UIActivityIndicatorViewStyleGray://灰色视图样式
        {
            self.color = [UIColor darkGrayColor];
            self.finSize = CGSizeMake(2, 5);
            self.indicatorRadius = 5;
            break;
        }
        case UIActivityIndicatorViewStyleWhite://白色视图样式
        {
            self.color = [UIColor whiteColor];
            self.finSize = CGSizeMake(2, 5);
            self.indicatorRadius = 5;
            break;
        }
        case UIActivityIndicatorViewStyleWhiteLarge://大白样式
        {
            self.color = [UIColor whiteColor];
            self.cornerRadii = CGSizeMake(2, 2);
            self.finSize = CGSizeMake(3, 9);
            self.indicatorRadius = 8.5;
            
            break;
        }
        default:
            [NSException raise:NSInvalidArgumentException format:@"style invalid"];
            break;
    }
    _isAnimating = NO;
    if (_hidesWhenStopped)
        self.hidden = YES;
}
#pragma mark - UIActivityIndicator
//开始动画特效
- (void)startAnimating
{
    _currStep = 0;
    _timer = [NSTimer scheduledTimerWithTimeInterval:_stepDuration target:self selector:@selector(_repeatAnimation:) userInfo:nil repeats:YES];
    _isAnimating = YES;
    if (_hidesWhenStopped)
        self.hidden = NO;
}
//停止动画
- (void)stopAnimating
{
    if (_timer)
    {
        [_timer invalidate];
        _timer = nil;
    }
    _isAnimating = NO;
    if (_hidesWhenStopped)
        self.hidden = YES;
}
- (BOOL)isAnimating
{
    return _isAnimating;
}
#pragma mark - HZActivityIndicator Drawing.
//设置指示器的旋转半径
- (void)setIndicatorRadius:(NSUInteger)indicatorRadius
{
    _indicatorRadius = indicatorRadius;
    self.frame = CGRectMake(self.frame.origin.x, self.frame.origin.y,
                            _indicatorRadius*2 + _finSize.height*2,
```

```objectivec
                                        _indicatorRadius*2 + _finSize.height*2);
    [self setNeedsDisplay];
}
//设置旋转步进
- (void)setSteps:(NSUInteger)steps
{
    _anglePerStep = (360/steps) * M_PI / 180;
    _steps = steps;
    [self setNeedsDisplay];
}
//设置翅片的尺寸
- (void)setFinSize:(CGSize)finSize
{
    _finSize = finSize;
    [self setNeedsDisplay];
}
//步进颜色
- (UIColor*)_colorForStep:(NSUInteger)stepIndex
{
    CGFloat alpha = 1.0 - (stepIndex % _steps) * (1.0 / _steps);
    return [UIColor colorWithCGColor:CGColorCreateCopyWithAlpha(_color.CGColor, alpha)];
}
//重复动画
- (void)_repeatAnimation:(NSTimer*)timer
{
    _currStep++;
    [self setNeedsDisplay];
}
//翅片路径
- (CGPathRef)finPathWithRect:(CGRect)rect
{
    UIBezierPath *bezierPath = [UIBezierPath bezierPathWithRoundedRect:rect byRoundingCorners:_roundedCoreners cornerRadii:_cornerRadii];
    CGPathRef path = CGPathCreateCopy([bezierPath CGPath]);
    return path;
}
//绘制图形
- (void)drawRect:(CGRect)rect
{
    CGContextRef context = UIGraphicsGetCurrentContext();
    CGRect finRect = CGRectMake(self.bounds.size.width/2 - _finSize.width/2, 0,
                                _finSize.width, _finSize.height);
    CGPathRef bezierPath = [self finPathWithRect:finRect];
    for (int i = 0; i < _steps; i++)
    {
        [[self _colorForStep:_currStep+i*_direction] set];
        
        CGContextBeginPath(context);
        CGContextAddPath(context, bezierPath);
        CGContextClosePath(context);
        CGContextFillPath(context);
        CGContextTranslateCTM(context, self.bounds.size.width / 2, self.bounds.size.height / 2);
        CGContextRotateCTM(context, _anglePerStep);
        CGContextTranslateCTM(context, -(self.bounds.size.width / 2), -(self.bounds.size.height / 2));
    }
}
@end
```

本实例执行后的效果如图7-23所示。

7.15.3 范例技巧——UIActivityIndicatorView的功能

图7-23 执行效果

在iOS应用程序中,可以使用控件UIActivityIndicatorView实现一个活动指示器效果。在开发过程中,可以使用UIActivityIndicatorView实例提供轻型视图,这些视图显示一个标准的旋转进度轮。当使用这些视图时,20×20像素是大多数指示器样式获得最清楚显示效果的最佳大小。只要稍大一点,指示器都会变得模糊。

7.16 自定义活动指示器的显示样式

范例7-16	自定义活动指示器的显示样式
源码路径	光盘\daima\第7章\7-16

7.16.1 范例说明

本实例的功能是通过文件HNButton.m自定义一个指定样式的指示器,并设置指示器的加载状态,创建闪烁样式的旋转条的效果。

7.16.2 具体实现

文件HNButton.m的主要实现代码如下所示。

```objc
#import <UIKit/UIKit.h>
@interface HNButton : UIButton
#pragma mark - Properties
/**
 *  自定义变换状态
 **/
@property (assign, nonatomic)   NSString * successText;
@property (assign, nonatomic)   NSString * failureText;
@property (assign, nonatomic)   NSTimeInterval hnTransitionTimeInterval;
#pragma mark - Required : End State
// 需要完成加载过程
/**
 *  恢复到原始状态按钮
 **/
- (void)finishLoading;
/**
 *  恢复到原始过渡状态的按钮
 **/
- (void)finishLoading:(BOOL)loadingStatus;
- (void)finishLoading:(BOOL)loadingStatus withCompletionHandler:(void (^)(BOOL done))completion;
/**
 *  控制选项
 **/
/**
 *  移动到选定状态
 */
- (void)setSelectedOnCompletion;
/**
 *  禁用指示按钮
 */
-(void)disableButtonIndicator;
/**
 *  指示按钮可用
 */
-(void)enableButtonIndicator;
#pragma mark - Optional : Customize Indicator View
/**
 *  设置颜色
 **/
- (void)setIndicatorColor:(UIColor*)indicatorViewColor;
/**
 *  设置颜色和样式
 **/
```

```objc
(-void)setIndicatorStyle:(UIActivityIndicatorViewStyle)activityIndicatorViewStyle
withColor:(UIColor*)indicatorViewColor;
#pragma mark - Optional : Customize Transition State
/**
 *  创建一个闪烁的成功图像
 **/
- (void)setSuccessImage:(UIImage*)successImage showingText:(BOOL)textVisibilityStatus;
/**
 *  创建一个闪烁的失败图像
 **/
- (void)setFailureImage:(UIImage*)failureImage showingText:(BOOL)textVisibilityStatus;
/**
 *  设置成功闪烁图像
 **/
- (void)setSuccessImage:(UIImage*)successImage showingText:(BOOL)textVisibilityStatus
andShowingIcon:(BOOL)iconVisibilityStatus;
/**
 *  设置失败图像
 **/
- (void)setFailureImage:(UIImage*)failureImage
showingText:(BOOL)textVisibilityStatus andShowingIcon:(BOOL)iconVisibilityStatus;
@end
HNButton.m
typedef NS_ENUM (NSUInteger, HNButtonDesignState){
    HNButton_OnlyTextWithColor,    //Icon图片
    HNButton_TextColourImage,      //Icon图片
    HNButton_TextandImage,         //Icon图片
    HNButton_OnlyText,
    HNButton_OnlyImage,
    HNButton_OnlyBgImage,
    HNButton_TextandBgImage,
    HNButton_TheWholeEnchilada,
};
typedef void (^HNCompletionHandler)(BOOL success);
#import "HNButton.h"
#define hRevertTime 2
#define hNilBackground       [UIColor clearColor]
#define hDisabledBackground [UIColor grayColor]
@interface HNButton()
{
    BOOL backGroundImage;

    NSString * buttonText;
    UIColor  * buttonColor;
    UIImage  * buttonImage;
    UIImage  * buttonBgImage;
    HNCompletionHandler _completionHandler;
}
..................
//设置指示器的颜色
- (void)setIndicatorColor:(UIColor*)indicatorViewColor
{
    _hnIndyColor = indicatorViewColor;
    [_hnIndyView setColor:_hnIndyColor];
}
//设置指示器的样式
- (void)setIndicatorStyle:(UIActivityIndicatorViewStyle)activityIndicatorViewStyle
withColor:(UIColor*)indicatorViewColor
{
    [self setIndicatorColor:indicatorViewColor];
    [self setIndicatorStyle:activityIndicatorViewStyle];
    [_hnIndyView setActivityIndicatorViewStyle:activityIndicatorViewStyle];
}
#pragma mark - Required : End State
//完成加载
-(void)finishLoading
```

7.16 自定义活动指示器的显示样式

```objc
{
    if(![self.hnIndyView isAnimating]) return;
    [self.hnIndyView stopAnimating];
    self.enabled = YES;
    [self revertToOriginalState];
}
//加载完成后保存当前界面
-(void)finishLoading:(BOOL)loadingStatus
{
    if(![self.hnIndyView isAnimating]) return;
    [self.hnIndyView stopAnimating];
    [NSTimer scheduledTimerWithTimeInterval: self.hnTransitionTimeInterval
                                    target: self
                                  selector: @selector(revertToOriginalState)
                                  userInfo: nil
                                   repeats: NO];
    self.enabled = YES;
    [self setUserInteractionEnabled:NO];
    [self setFinishedState:loadingStatus];
}
-(void)finishLoading:(BOOL)loadingStatus withCompletionHandler:(void
(^)(BOOL))completion
{
    if(![self.hnIndyView isAnimating]) return;
    [self.hnIndyView stopAnimating];
    [NSTimer scheduledTimerWithTimeInterval: self.hnTransitionTimeInterval
                                    target: self
                                  selector: @selector(revertToOriginalState)
                                  userInfo: nil
                                   repeats: NO];
    self.enabled = YES;
    [self setFinishedState:loadingStatus];
    _completionHandler = [completion copy];
}
- (void)setSelectedOnCompletion
{
    _endStateSelected = YES;
}
//设置按钮可用
-(void)enableButtonIndicator
{
    [self setButtonIndicator:YES];
}
//设置按钮不可用
-(void)disableButtonIndicator
{
    [self setButtonIndicator:NO];
}
//单击按钮后的处理程序
-(IBAction)buttonWasClicked:(id)sender
{
    if(!_initialSaved) {[self saveCurrent]; [self addIndicator];}
    if(!_indicatorSet) return;
    [self.hnIndyView startAnimating];
    self.enabled = NO;//直到按钮禁用为止
    if(([self designQuery]|HNButton_TextColourImage)==1)
    {
        const double* rgbOfColor = CGColorGetComponents(buttonColor.CGColor);
        [self setBackgroundColor:[UIColor colorWithRed:rgbOfColor[0] green:rgbOfColor[1] blue:rgbOfColor[2] alpha:0.5]];
    }
    else if([self designQuery] > HNButton_OnlyText){
    }
    [self setNeedsDisplay];
}
-(void)saveCurrent
{
    backGroundImage = !(self.currentBackgroundImage == nil);
```

```
    buttonColor  = self.backgroundColor;
    buttonText   = [self titleForState:[self state]];
    buttonImage  = [self imageForState:[self state]];
    buttonBgImage = [self backgroundImageForState:[self state]];
    _initialSaved = YES;
    [self setUserInteractionEnabled:YES];
}
```

本实例执行后的效果如图7-24所示。

7.16.3 范例技巧——iOS内置的不同样式的UIActivityIndicatorView

iOS中提供了几种不同样式的UIActivityIndicatorView类，其中UIActivityIndicatorViewStyleWhite和UIActivityIndicatorViewStyleGray是最简洁的。黑色背景下最适合白色版本的外观，白色背景最适合灰色外观，它非常瘦小，而且采用夏普风格。在选择白色或灰色时要格外注意。全白显示在白色背景下将不能显示任何内容，而 UIActivityIndicatorViewStyleWhiteLarge只能用于深色背景。它提供最大、最清晰的指示器。

图7-24 执行效果

7.17 实现不同外观的活动指示器效果

范例7-17	实现不同外观的活动指示器效果
源码路径	光盘\daima\第7章\7-17

7.17.1 范例说明

本实例十分简单，功能是实现不同外观的活动指示器效果。

7.17.2 具体实现

文件ViewController.m的主要实现代码如下所示。
```
#import "ViewController.h"
@implementation ViewController
- (void)viewDidLoad
{
 [super viewDidLoad];
}
- (IBAction)start:(id)sender {
// 控制4个进度环开始转动
    for(int i = 0 ; i < self.indicators.count ; i++)
    {
        [self.indicators[i] startAnimating];
    }
}
- (IBAction)stop:(id)sender {
// 停止4个进度环的转动
    for(int i = 0 ; i < self.indicators.count ; i++)
    {
        [self.indicators[i] stopAnimating];
    }
}
@end
```

本实例执行后的效果如图7-25所示，单击"停止"按钮后会停止转动效果。

图7-25 执行效果

7.17.3 范例技巧——UIActivityIndicatorView的使用演示

```
//初始化:
UIActivityIndicatorView* indicator = [[UIActivityIndicatorView alloc]
initWithFrame:CGRectMake(0, 0, 50, 50)];
//设置显示样式,见UIActivityIndicatorViewStyle的定义
indicator.activityIndicatorViewStyle = UIActivityIndicatorViewStyleWhiteLarge;

//设置显示位置
[indicator setCenter:CGPointMake(self.frame.size.width / 2, self.frame.size.height /
2)];
//设置背景色
indicator.backgroundColor = UIColor.gray.
//设置背景透明
indicator.alpha = 0.5;
//设置背景为圆角矩形
indicator.layer.cornerRadius = 6;
indicator.layer.masksToBuounds = YES;
//将初始化好的indicator add到view中
[view addSubView:indicator];
//开始显示Loading动画
[indicator startAnimating];
//停止显示Loading动画
[indicator stopAnimating];
```

7.18 使用UIActivityIndicatorView控件（Swift版）

范例7-18	使用UIActivityIndicatorView控件
源码路径	光盘\daima\第7章\7-18

7.18.1 范例说明

在本实例中使用UIActivityIndicatorView控件，功能是当用户单击屏幕中的"Share"文本后会弹出一个新界面，在新界面中显示"Mail"和"Copy"两个选项。

7.18.2 具体实现

文件ViewController.swift的主要实现代码如下所示。
```
import UIKit
class ViewController: UIViewController {
    override func viewDidLoad() {
        super.viewDidLoad()
    }
    override func didReceiveMemoryWarning() {
        super.didReceiveMemoryWarning()
    }
    //MARK: UIActivityViewController Setup
    @IBAction func shareSheet(sender: AnyObject){
        let firstActivityItem = "Hey, check out this mediocre site that sometimes posts about Swift!"
        let urlString = "http://www.dvdowns.com/"
        let secondActivityItem : NSURL = NSURL(string:urlString)!
        let activityViewController : UIActivityViewController = UIActivityViewController(
            activityItems: [firstActivityItem, secondActivityItem], applicationActivities: nil)
        activityViewController.excludedActivityTypes = [
            UIActivityTypePostToWeibo,
            UIActivityTypePrint,
            UIActivityTypeAssignToContact,
            UIActivityTypeSaveToCameraRoll,
            UIActivityTypeAddToReadingList,
            UIActivityTypePostToFlickr,
```

```
                UIActivityTypePostToVimeo,
                UIActivityTypePostToTencentWeibo
            ]
            self.presentViewController(activityViewController, animated: true, completion: nil)
    }
}
```

到此为止，整个实例介绍完毕。执行后的初始效果如图7-26所示。

单击屏幕中的"Share"文本后会弹出一个新界面，如图7-27所示。

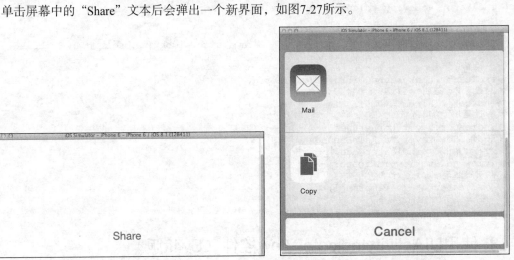

图7-26 执行后的初始效果　　　　　　　　图7-27 弹出一个新界面

7.18.3 范例技巧——总结UIActivityIndicatorView的用处

UIActivityIndicatorView实例提供轻型视图，这些视图显示一个标准的旋转进度轮。当使用这些视图时，最重要的一个关键词是小。20×20像素是大多数指示器样式获得最清楚显示效果的大小。只要稍大一点，指示器都会变得模糊。iPhone提供了几种不同样式的UIActivityIndicatorView类。UIActivityIndicator ViewStyleWhite和UIActivityIndicatorViewStyleGray是最简洁的。黑色背景下最适合白色版本的外观，白色背景最适合灰色外观。它非常瘦小，而且采用夏普风格。选择白色或灰色时要格外注意。全白显示在白色背景下将不能显示任何内容。而UIActivityIndicatorViewStyleWhiteLarge只能用于深色背景。它提供最大、最清晰的指示器。

7.19 自定义进度条的外观样式

范例7-19	自定义进度条的外观样式
源码路径	光盘\daima\第7章\7-19

7.19.1 范例说明

本实例的功能是自定义一个指定样式的进度条外观样式，实现一个金属质感样式的进度条效果。

7.19.2 具体实现

文件MCProgressBarView.m的功能是定义一个金属质感样式的进度条效果，主要实现代码如下所示。

```
#import "MCProgressBarView.h"
@implementation MCProgressBarView {
    UIImageView * _backgroundImageView;
    UIImageView * _foregroundImageView;
```

```
        CGFloat minimumForegroundWidth;
        CGFloat availableWidth;
}
- (id)initWithFrame:(CGRect)frame backgroundImage:(UIImage *)backgroundImage foregroundImage:
(UIImage *)foregroundImage
{
    self = [super initWithFrame:frame];
    if (self) {
        _backgroundImageView = [[UIImageView alloc] initWithFrame:self.bounds];
        _backgroundImageView.image = backgroundImage;
        [self addSubview:_backgroundImageView];

        _foregroundImageView = [[UIImageView alloc] initWithFrame:self.bounds];
        _foregroundImageView.image = foregroundImage;
        [self addSubview:_foregroundImageView];
        UIEdgeInsets insets = foregroundImage.capInsets;
        minimumForegroundWidth = insets.left + insets.right;
        availableWidth = self.bounds.size.width - minimumForegroundWidth;

        self.progress = 0.5;
    }
    return self;
}
- (void)setProgress:(double)progress
{
    _progress = progress;
    CGRect frame = _foregroundImageView.frame;
    frame.size.width = roundf(minimumForegroundWidth + availableWidth * progress);
    _foregroundImageView.frame = frame;
}
@end
```

本实例执行后的效果如图7-28所示。

7.19.3 范例技巧——3种属性设置风格

- UIActivityIndicatorViewStyleWhiteLarge：大型白色指示器。
- UIActivityIndicatorViewStyleWhite：标准尺寸白色指示器。
- UIActivityIndicatorViewStyleGray：灰色指示器，用于白色背景。

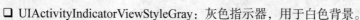

图7-28 执行效果

7.20 实现多个具有动态条纹背景的进度条

范例7-20	实现多个具有动态条纹背景的进度条
源码路径	光盘\daima\第7章\7-20

7.20.1 范例说明

本实例的功能是实现多个具有动态条纹背景的进度条（UIProgressView），可以自定义进度条的条纹颜色和条纹移动速度。

7.20.2 具体实现

文件JGProgressView.m的功能是设置进度条的图像样式、动画样式和进度速率，主要实现代码如下所示。

```
//附加图片
- (UIImage *)attachImage:(UIImage *)image {
UIGraphicsBeginImageContextWithOptions(CGSizeMake(self.size.width+image.size.width,
self.size.height), NO, 0.0);
```

```objc
        CGContextRef context = UIGraphicsGetCurrentContext();
        CGContextTranslateCTM(context, 0, self.size.height);
        CGContextScaleCTM(context, 1.0, -1.0);
        CGContextDrawImage(context, CGRectMake(0, 0, self.size.width, self.size.height), self.CGImage);
        CGContextDrawImage(context, CGRectMake(self.size.width, 0, image.size.width, self.size.height), image.CGImage);
        UIImage *result = UIGraphicsGetImageFromCurrentImageContext();
        UIGraphicsEndImageContext();
        return result;
}
@end
//设置进度条动画向右
- (void)setAnimateToRight:(BOOL)_animateToRight {
    animateToRight = _animateToRight;
    [self reloopForInterfaceChange];
}

- (void)beginUpdates {
    updating = YES;
}

- (void)endUpdates {
    updating = NO;
    [self reloopForInterfaceChange];
}

- (id)initWithCoder:(NSCoder *)aDecoder {
    self = [super initWithCoder:aDecoder];
    if (self) {
        [self setClipsToBounds:YES];
        self.animationSpeed = 0.5f;
    }
    return self;
}
//动画图像
- (NSMutableArray *)animationImages {
    return (self.useSharedImages ? _animationImages : images);
}
//设置动画图像
- (void)setAnimationImages:(NSMutableArray *)imgs {
    if (self.useSharedImages) {
        _animationImages = imgs;
    }
    else {
        images = imgs;
    }
}
//主图像
- (UIImage *)masterImage {
    return (self.useSharedImages ? _masterImage : master);
}
//设置主图像
- (void)setMasterImage:(UIImage *)img {
    if (self.useSharedImages) {
        _masterImage = img;
    }
    else {
        master = img;
    }
}
//当前样式
- (UIProgressViewStyle)currentStyle {
    return (self.useSharedImages ? _currentStyle : currentStyle);
}
//设置当前样式
- (void)setCurrentStyle:(UIProgressViewStyle)_style {
    if (self.useSharedImages) {
```

```objc
            _currentStyle = _style;
        }
        else {
            currentStyle = _style;
        }
    }
}
//当前动画向右
- (BOOL)currentAnimateToRight {
    return (self.useSharedImages ? _right : absoluteAnimateRight);
}
//设置当前动画向右
- (void)setCurrentAnimateToRight:(BOOL)right {
    if (self.useSharedImages) {
        _right = right;
    }
    else {
        absoluteAnimateRight = right;
    }
}
//图像的当前样式
- (UIImage *)imageForCurrentStyle {
    if (self.progressViewStyle == UIProgressViewStyleDefault) {
        return [UIImage imageNamed:@"Indeterminate.png"];
    }
    else {
        return [UIImage imageNamed:@"IndeterminateBar.png"];
    }
}
//设置动画速度
- (void)setAnimationSpeed:(NSTimeInterval)_animationSpeed {
    if ([[UIScreen mainScreen] respondsToSelector:@selector(scale)]) {
        animationSpeed = _animationSpeed*[[UIScreen mainScreen] scale];
    }
    else {
        animationSpeed = _animationSpeed;
    }
    if (_animationSpeed >= 0.0f) {
        animationSpeed = _animationSpeed;
    }
    if (self.isIndeterminate) {
        [theImageView setAnimationDuration:self.animationSpeed];
    }
}
//设置进度条的样式
- (void)setProgressViewStyle:(UIProgressViewStyle)progressViewStyle {
    if (progressViewStyle == self.progressViewStyle) {
        return;
    }
    
    [super setProgressViewStyle:progressViewStyle];
    
    if (self.isIndeterminate) {
        [self reloopForInterfaceChange];
    }
}
```

本实例执行后的效果如图7-29所示。

图7-29 执行效果

7.20.3 范例技巧——UIProgressView与UIActivityIndicatorView的差异

在iOS应用中，通过UIProgressView来显示进度效果，如音乐、视频的播放进度和文件的上传下载进度等。在iOS应用中，UIProgressView与UIActivityIndicatorView相似，只不过UIProgressView提供了一个接口可以显示一个进度条，这样就能让用户知道当前操作完成了多少。在开发过程中，可以使用控件UIProgressView实现一个进度条效果。

7.21 自定义一个指定外观样式的进度条

范例7-21	自定义一个指定外观样式的进度条
源码路径	光盘\daima\第7章\7-21

7.21.1 范例说明

本实例的功能是自定义实现一个指定外观样式的进度条效果。其中文件KOAProgressBar.m的功能是自定义进度条的外观样式，在屏幕中绘制指定颜色、阴影、背景和轨道样式的进度条。

7.21.2 具体实现

文件KOAProgressBar.m的主要实现代码如下所示。
```
//初始化进度条
- (void)initializeProgressBar {
 _animator = nil;
 self.progressOffset = 0.0;
 self.stripeWidth = 10.0;
 self.inset = 2.0;
 self.radius = 10.0;
 self.minValue = 0.0;
 self.maxValue = 1.0;
 self.shadowColor = [UIColor colorWithRed:223.0/255.0 green:238.0/255.0 blue:181.0/255.0 alpha:1.0];
 self.progressBarColorBackground = [UIColor colorWithRed:25.0/255.0 green:29.0/255 blue:33.0/255.0 alpha:1.0];
 self.progressBarColorBackgroundGlow = [UIColor colorWithRed:17.0/255.0 green:20.0/255.0 blue:23.0/255.0 alpha:1.0];
 self.stripeColor = [UIColor colorWithRed:101.0/255.0 green:151.0/255.0 blue:120.0/255.0 alpha:0.9];
 self.lighterProgressColor = [UIColor colorWithRed:223.0/255.0 green:237.0/255.0 blue:180.0/255.0 alpha:1.0];
 self.darkerProgressColor = [UIColor colorWithRed:156.0/255.0 green:200.0/255.0 blue:84.0/255.0 alpha:1.0];
 self.lighterStripeColor = [UIColor colorWithRed:182.0/255.0 green:216.0/255.0 blue:86.0/255.0 alpha:1.0];
 self.darkerStripeColor = [UIColor colorWithRed:126.0/255.0 green:187.0/255.0 blue:55.0/255.0 alpha:1.0];
 self.displayedWhenStopped = YES;
 self.timerInterval = 0.1;
 self.progressValue = 0.01;
 initialized = YES;
}
- (void)awakeFromNib
{
    [super awakeFromNib];

    [self initializeProgressBar];
}

// 重写drawRect，实现自定义绘制功能
- (void)drawRect:(CGRect)rect
{
    // 绘制坐标
    self.progressOffset = (self.progressOffset > (2*self.stripeWidth)-1) ? 0 : ++self.progressOffset;
 [self drawBackgroundWithRect:rect];
    if (self.progress) {
        CGRect bounds = CGRectMake(self.inset, self.inset, self.frame.size.width*self.progress-2*self.inset, (self.frame.size.height-2*self.inset)-1);
        [self drawProgressWithBounds:bounds];
        [self drawStripesInBounds:bounds];
```

```objc
        [self drawGlossWithRect:bounds];
    }
}
#pragma mark -
#pragma mark Drawing
//绘制背景
- (void)drawBackgroundWithRect:(CGRect)rect
{
    CGContextRef ctx = UIGraphicsGetCurrentContext();
    CGContextSaveGState(ctx);
    {
        // 绘制白色阴影
        [[UIColor colorWithRed:1.0f green:1.0f blue:1.0f alpha:0.2] set];
        UIBezierPath* shadow = [UIBezierPath bezierPathWithRoundedRect:CGRectMake(0.5, 0, rect.size.width - 1, rect.size.height - 1)
         cornerRadius:self.radius];
        [shadow stroke];
        // 绘制轨道
        [self.progressBarColorBackground set];
        UIBezierPath* roundedRect = [UIBezierPath
bezierPathWithRoundedRect:CGRectMake(0, 0, rect.size.width, rect.size.height-1) cornerRadius:self.radius];
        [roundedRect fill];
        CGMutablePathRef glow = CGPathCreateMutable();
        CGPathMoveToPoint(glow, NULL, self.radius, 0);
        CGPathAddLineToPoint(glow, NULL, rect.size.width - self.radius, 0);
        CGContextAddPath(ctx, glow);
        CGContextDrawPath(ctx, kCGPathStroke);
        CGPathRelease(glow);
    }
    CGContextRestoreGState(ctx);
}
//绘制边界阴影
-(void)drawShadowInBounds:(CGRect)bounds {
    [self.shadowColor set];
 UIBezierPath *shadow = [UIBezierPath bezierPath];
 [shadow moveToPoint:CGPointMake(5.0, 2.0)];
 [shadow addLineToPoint:CGPointMake(bounds.size.width - 10.0, 3.0)];
    [shadow stroke];
}
//绘制条纹
-(UIBezierPath*)stripeWithOrigin:(CGPoint)origin bounds:(CGRect)frame {
    float height = frame.size.height;

 UIBezierPath *rect = [UIBezierPath bezierPath];

    [rect moveToPoint:origin];
 [rect addLineToPoint:CGPointMake(origin.x + self.stripeWidth, origin.y)];
 [rect addLineToPoint:CGPointMake(origin.x + self.stripeWidth - 8.0, origin.y + height)];
 [rect addLineToPoint:CGPointMake(origin.x - 8.0, origin.y + height)];
 [rect addLineToPoint:origin];

    return rect;
}
//绘制边界条纹
-(void)drawStripesInBounds:(CGRect)frame {
 koaGradient *gradient = [[koaGradient alloc]
initWithStartingColor:self.lighterStripeColor endingColor:self.darkerStripeColor];
    UIBezierPath* allStripes = [[UIBezierPath alloc] init];
    for (int i = 0; i <= frame.size.width/(2*self.stripeWidth)+(2*self.stripeWidth); i++) {
        UIBezierPath *stripe = [self
stripeWithOrigin:CGPointMake(i*2*self.stripeWidth+self.progressOffset, self.inset)
bounds:frame];
        [allStripes appendPath:stripe];
 }
 UIBezierPath *clipPath = [UIBezierPath bezierPathWithRoundedRect:frame cornerRadius:
 self.radius];
```

```objc
        [clipPath addClip];
        [gradient drawInBezierPath:allStripes angle:90];
    }
//绘制进度条边界
-(void)drawProgressWithBounds:(CGRect)frame {
    UIBezierPath *bounds = [UIBezierPath bezierPathWithRoundedRect:frame cornerRadius:self.radius];
    koaGradient *gradient = [[koaGradient alloc] initWithStartingColor:self.lighterProgressColor endingColor:self.darkerProgressColor];
    [gradient drawInBezierPath:bounds angle:90];
}
// 绘制光泽
- (void)drawGlossWithRect:(CGRect)rect
{
    CGContextRef ctx = UIGraphicsGetCurrentContext();
    CGColorSpaceRef colorSpace = CGColorSpaceCreateDeviceRGB();
    CGContextSaveGState(ctx);
    {
        CGContextSetBlendMode(ctx, kCGBlendModeOverlay);
        CGContextBeginTransparencyLayerWithRect(ctx, CGRectMake(rect.origin.x, rect.origin.y + floorf(rect.size.height) / 2, rect.size.width, floorf(rect.size.height) / 2), NULL);
        {
            const CGFloat glossGradientComponents[] = {1.0f, 1.0f, 1.0f, 0.50f, 0.0f, 0.0f, 0.0f, 0.0f};
            const CGFloat glossGradientLocations[] = {1.0, 0.0};
            CGGradientRef glossGradient = CGGradientCreateWithColorComponents(colorSpace, glossGradientComponents, glossGradientLocations, (kCGGradientDrawsBeforeStartLocation | kCGGradientDrawsAfterEndLocation));
            CGContextDrawLinearGradient(ctx, glossGradient, CGPointMake(0, 0), CGPointMake(0, rect.size.width), 0);
            CGGradientRelease(glossGradient);
        }
        CGContextEndTransparencyLayer(ctx);

        // 绘制光泽阴影
        CGContextSetBlendMode(ctx, kCGBlendModeSoftLight);
        CGContextBeginTransparencyLayer(ctx, NULL);
        {
            CGRect fillRect = CGRectMake(rect.origin.x, rect.origin.y + floorf(rect.size.height / 2), rect.size.width, floorf(rect.size.height / 2));
            const CGFloat glossDropShadowComponents[] = {0.0f, 0.0f, 0.0f, 0.56f, 0.0f, 0.0f, 0.0f, 0.0f};
            CGColorRef glossDropShadowColor = CGColorCreate(colorSpace, glossDropShadowComponents);
            CGContextSaveGState(ctx);
            {
                CGContextSetShadowWithColor(ctx, CGSizeMake(0, -1), 4, glossDropShadowColor);
                CGContextFillRect(ctx, fillRect);
                CGColorRelease(glossDropShadowColor);
            }
            CGContextRestoreGState(ctx);
            CGContextSetBlendMode(ctx, kCGBlendModeClear);
            CGContextFillRect(ctx, fillRect);
        }
        CGContextEndTransparencyLayer(ctx);
    }
    CGContextRestoreGState(ctx);
    UIBezierPath *progressBounds = [UIBezierPath bezierPathWithRoundedRect:rect cornerRadius:self.radius];
    // 绘制进度条的光泽
    CGContextSaveGState(ctx);
    {
        CGContextAddPath(ctx, [progressBounds CGPath]);
        const CGFloat progressBarGlowComponents[] = {1.0f, 1.0f, 1.0f, 0.12f};
        CGColorRef progressBarGlowColor = CGColorCreate(colorSpace, progressBarGlowComponents);

        CGContextSetBlendMode(ctx, kCGBlendModeOverlay);
        CGContextSetStrokeColorWithColor(ctx, progressBarGlowColor);
        CGContextSetLineWidth(ctx, 2.0f);
```

```objc
        CGContextStrokePath(ctx);
        CGColorRelease(progressBarGlowColor);
    }
    CGContextRestoreGState(ctx);

    CGColorSpaceRelease(colorSpace);
}

#pragma mark -
//设置最大值
- (void)setMaxValue:(float)mValue {
 if (mValue < _minValue) {
     _maxValue = _minValue + 1.0;
 } else {
     _maxValue = mValue;
 }
}
//设置最小值
- (void)setMinValue:(float)mValue {
 if (mValue > _maxValue) {
     _minValue = _maxValue - 1.0;
 } else {
     _minValue = mValue;
 }
}

#pragma mark Animation
//开始动画
-(void)startAnimation:(id)sender {
 self.hidden = NO;
    if (!self.animator) {
        self.animator = [NSTimer scheduledTimerWithTimeInterval:self.timerInterval
                                        target:self
                                        selector:@selector(activateAnimation:)
                                        userInfo:nil
                                        repeats:YES];
    }
}
//停止动画
-(void)stopAnimation:(id)sender {
    self.animator = nil;
}
//活动的动画
-(void)activateAnimation:(NSTimer*)timer {
    float progressValue = self.realProgress;
    progressValue += self.progressValue;
    [self setRealProgress:progressValue];

    [self setNeedsDisplay];
}
//设置动画的持续时间
- (void)setAnimationDuration:(float)duration {
 float distance = self.maxValue - self.minValue;
 float steps = distance / self.progressValue;
 self.timerInterval = duration / steps;
}
@end
```

本实例执行后的效果如图7-30所示。

图7-30 执行效果

7.21.3 范例技巧——进度条的常用属性

（1）center属性和frame属性：设置进度条的显示位置，并添加到显示画面中。

（2）UIProgressViewStyle属性：设置进度条的样式，可以设置如下两种样式。

- UIProgressViewStyleDefault：标准进度条。
- UIProgressViewStyleDefault：深灰色进度条，用于工具栏中。

7.22 实现自定义进度条效果（Swift版）

范例7-22	实现自定义进度条效果
源码路径	光盘\daima\第7章\7-22

7.22.1 范例说明

在本实例中，核心文件ViewController.swift的功能是在视图界面中创建3种进度条样式circularProgress1、circularProgress2和circularProgress3，然后分别通过函数setupKYCircularProgress1()、setupKYCircularProgress2()和setupKYCircularProgress3()设置上述3种进度条的具体样式，第1种是环形显示进度数字样式，第2种是环形不显示进度数字样式，第3种是绘制五角星样式。

7.22.2 具体实现

（1）文件ViewController.swift的主要实现代码如下所示。

```
override func viewDidLoad() {
        super.viewDidLoad()
        setupKYCircularProgress1()
        setupKYCircularProgress2()
        setupKYCircularProgress3()
        
        NSTimer.scheduledTimerWithTimeInterval(0.03, target: self, selector: Selector("updateProgress"), userInfo: nil, repeats: true)
    }
    
    override func didReceiveMemoryWarning() {
        super.didReceiveMemoryWarning()
    }
    
    func setupKYCircularProgress1() {
        circularProgress1 = KYCircularProgress(frame: CGRectMake(0, 0, self.view.frame.size.width, self.view.frame.size.height/2))
        let center = (CGFloat(160.0), CGFloat(200.0))
        circularProgress1.path = UIBezierPath(arcCenter: CGPointMake(center.0, center.1), radius: CGFloat(circularProgress1.frame.size.width/3.0), startAngle: CGFloat(M_PI), endAngle: CGFloat(0.0), clockwise: true)
        circularProgress1.lineWidth = 8.0
        
        let textLabel = UILabel(frame: CGRectMake(circularProgress1.frame.origin.x + 120.0, 170.0, 80.0, 32.0))
        textLabel.font = UIFont(name: "HelveticaNeue-UltraLight", size: 32)
        textLabel.textAlignment = .Center
        textLabel.textColor = UIColor.greenColor()
        textLabel.alpha = 0.3
        self.view.addSubview(textLabel)
        
        circularProgress1.progressChangedClosure({ (progress: Double, circularView: KYCircularProgress) in
            println("progress: \(progress)")
            textLabel.text = "\(Int(progress * 100.0))%"
        })
        
        self.view.addSubview(circularProgress1)
    }
    
    func setupKYCircularProgress2() {
        circularProgress2 = KYCircularProgress(frame: CGRectMake(0, circularProgress1.frame.size.height, self.view.frame.size.width/2, self.view.frame.size.height/3))
        circularProgress2.colors = [0xA6E39D, 0xAEC1E3, 0xAEC1E3, 0xF3C0AB]
        
        self.view.addSubview(circularProgress2)
```

```
    }
    func setupKYCircularProgress3() {
        circularProgress3 = KYCircularProgress(frame: CGRectMake(circularProgress2.frame.size.
width*1.25, circularProgress1.frame.size.height*1.15, self.view.frame.size.width/2, self.view.
frame.size.height/2))
        circularProgress3.colors = [0xFFF77A, 0xF3C0AB]
        circularProgress3.lineWidth = 3.0

        let path = UIBezierPath()
        path.moveToPoint(CGPointMake(50.0, 2.0))
        path.addLineToPoint(CGPointMake(84.0, 86.0))
        path.addLineToPoint(CGPointMake(6.0, 33.0))
        path.addLineToPoint(CGPointMake(96.0, 33.0))
        path.addLineToPoint(CGPointMake(17.0, 86.0))
        path.closePath()
        circularProgress3.path = path

        self.view.addSubview(circularProgress3)
    }

    func updateProgress() {
        progress = progress &+ 1
        let normalizedProgress = Double(progress) / 255.0

        circularProgress1.progress = normalizedProgress
        circularProgress2.progress = normalizedProgress
        circularProgress3.progress = normalizedProgress
    }
}
```

（2）文件的KYCircularProgress.swift功能是实现进度条的进度绘制功能，分别通过变量startAngle和变量endAngle设置进度条的起始点。

到此为止，整个实例全部介绍完毕。执行后将在屏幕中显示3种不同样式的进度条效果，如图7-31所示。

7.22.3 范例技巧——常用的两种进度条风格

- UIProgressViewStyleDefault：标准进度条。
- UIProgressViewStyleDefault：深灰色进度条，用于工具栏中。

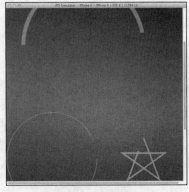

图7-31 执行效果

7.23 在查找信息输入关键字时实现自动提示功能

范例7-23	在查找信息输入关键字时实现自动提示功能
源码路径	光盘\daima\第7章\7-23

7.23.1 范例说明

本实例的功能是在查找信息输入关键字时实现自动提示功能。用户在搜索框（UISearchBar）中输入英文，根据输入的字母出现文字提示，即类似于电话本的首字母索引功能。

7.23.2 具体实现

（1）启动Xcode 7，本项目工程的最终目录结构和故事板界面如图7-32所示。
（2）文件JCAutocompletingSearchViewController.m的功能是获取用户在文本框中输入的关键字，检索在UITableView中是否有对应的信息匹配。

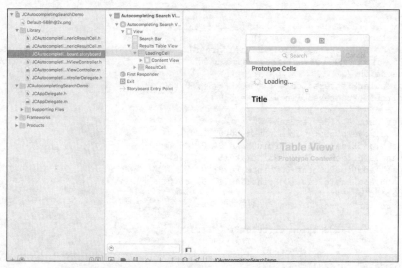

图7-32 本项目工程的最终目录结构和故事板界面

执行后的效果如图7-33所示。输入关键字"A"时会在下方自动显示提示信息，如图7-34所示。选中单元格中的第一项时会弹出一个提醒框，如图7-35所示。

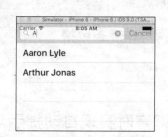

图7-33 执行效果　　图7-34 在下方自动显示提示信息　　图7-35 弹出提醒框

7.23.3 范例技巧——UISearchBar控件的常用属性

UISearchBar控件各个属性的具体说明如下表所示。

表 UISearchBar控件的属性

属性	作用
UIBarStyle barStyle	控件的样式
id<UISearchBarDelegate> delegate	设置控件的委托
NSString *text	控件上面的显示的文字
NSString *prompt	显示在顶部的单行文字，通常作为一个提示行
NSString *placeholder	半透明的提示文字，输入搜索内容消失

属性	作用
BOOL showsBookmarkButton	是否在控件的右端显示一个书的按钮（没有文字时）
BOOL showsCancelButton	是否显示cancel按钮
BOOL showsSearchResultsButton	是否在控件的右端显示搜索结果按钮（没有文字时）
BOOL searchResultsButtonSelected	搜索结果按钮是否被选中
UIColor *tintColor	bar的颜色（具有渐变效果）
BOOL translucent	指定控件是否会有透视效果
UITextAutocapitalizationTypeautocapitalizationType	设置在什么的情况下自动大写
UITextAutocorrectionTypeautocorrectionType	对于文本对象自动校正风格
UIKeyboardTypekeyboardType	键盘的样式
NSArray *scopeButtonTitles	搜索栏下部的选择栏，数组里面的内容是按钮的标题
NSInteger selectedScopeButtonIndex	搜索栏下部的选择栏按钮的个数
BOOL showsScopeBar	控制搜索栏下部的选择栏是否显示出来

7.24 实现文字输入的自动填充和自动提示功能

范例7-24	实现文字输入的自动填充和自动提示功能
源码路径	光盘\daima\第7章\7-24

7.24.1 范例说明

本实例的功能是实现文字输入的自动填充/自动提示功能。当用户在UITextField中输入英文后，会根据输入的字母出现文字提示，实现类似于电话本的首字母索引功能。

7.24.2 具体实现

（1）在文件AutocompletionTableView.h中定义接口和属性对象，主要实现代码如下所示。
```
#import <UIKit/UIKit.h>
//设置是否区分大小写，YES是区分
#define ACOCaseSensitive @"ACOCaseSensitive"
// UITextField中的字体
#define ACOUseSourceFont @"ACOUseSourceFont"
#define ACOHighlightSubstrWithBold @"ACOHighlightSubstrWithBold"

//设置UITextField视图在顶部显示
#define ACOShowSuggestionsOnTop @"ACOShowSuggestionsOnTop"
@interface AutocompletionTableView : UITableView <UITableViewDataSource,
UITableViewDelegate>
// 文本字典
@property (nonatomic, strong) NSArray *suggestionsDictionary;
// 字典完成选项
@property (nonatomic, strong) NSDictionary *options;
// 初始化调用
- (UITableView *)initWithTextField:(UITextField *)textField
inViewController:(UIViewController *) parentViewController withOptions:(NSDictionary
*)options;
@end
```
（2）文件AutocompletionTableView.m的功能是获取在文本框中输入的关键字，然后从字典中检索出对应的字符串，并在下方的单元格中显示出提示结果。

本实例执行后的效果如图7-36所示。输入关键字"h"后的效果如图7-37所示。

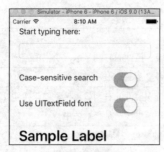 

图7-36 执行效果　　　　　　图7-37 输入关键字"h"后的效果

7.24.3 范例技巧——修改UISearchBar的背景颜色

UISearchBar是由两个subView组成的，一个是UISearchBarBackGround，另一个是UITextField。要IB中没有直接操作背景的属性。方法是直接将UISearchBarBackGround移去。

```
seachBar=[[UISearchBar alloc] init];
seachBar.backgroundColor=[UIColor clearColor];
    for (UIView *subview in seachBar.subviews)
        {
            if ([subview isKindOfClass:NSClassFromString(@"UISearchBarBackground")])
            {
                [subview removeFromSuperview];
                break;
            }
        }
```

7.25 使用检索控件快速搜索信息

范例7-25	使用检索控件快速搜索信息
源码路径	光盘\daima\第7章\7-25

7.25.1 范例说明

本实例的功能是使用检索控件快速搜索信息。系统预先设置了如下所示的存储信息。
- Java EE教程。
- Android教程。
- Ajax。
- HTML5/CSS3/JavaScript教程。
- iOS。
- Swift教程。
- Java EE应用实战。
- Java教程。
- Java基础教程。
- 学习Java。
- Objective-C教程。
- Ruby教程。
- iOS开发教程。

7.25.2 具体实现

文件ViewController.m的主要实现代码如下所示。

```objc
#import "ViewController.h"
@implementation ViewController{
    UISearchBar * _searchBar;
    // 保存原始表格数据的NSArray对象
    NSArray * _tableData;
    // 保存搜索结果数据的NSArray对象
    NSArray* _searchData;
    BOOL _isSearch;
}
- (void)viewDidLoad
{
    [super viewDidLoad];
    _isSearch = NO;
    // 初始化原始表格数据
    _tableData = @[@"Java教程",
                   @"Java EE教程",
                   @"Android教程",
                   @"Ajax",
                   @"HTML5/CSS3/JavaScript教程",
                   @"iOS讲义",
                   @"Swift教程",
                   @"Java EE应用实战",
                   @"Java教程",
                   @"Java基础教程",
                   @"学习Java",
                   @"Objective-C教程",
                   @"Ruby教程",
                   @"iOS开发教程"];
    // 设置UITableView控件的delegate、dataSource都是该控制器本身
    self.table.delegate = self;
    self.table.dataSource = self;
    // 创建UISearchBar控件
    _searchBar = [[UISearchBar alloc] initWithFrame:
        CGRectMake(0, 0 , self.table.bounds.size.width, 44)];
    _searchBar.placeholder = @"输入字符";
    _searchBar.showsCancelButton = YES;
    self.table.tableHeaderView = _searchBar;
    // 设置搜索条的delegate是该控制器本身
    _searchBar.delegate  = self;
}
- (NSInteger)tableView:(UITableView *)tableView
  numberOfRowsInSection:(NSInteger)section
{
    // 如果处于搜索状态
    if(_isSearch)
    {
        // 使用_searchData作为表格显示的数据
        return _searchData.count;
    }
    else
    {
        // 否则使用原始的_tableData作为表格显示的数据
        return _tableData.count;
    }
}

- (UITableViewCell*) tableView:(UITableView *)tableView
  cellForRowAtIndexPath: (NSIndexPath *)indexPath
{
    static NSString* cellId = @"cellId";
    // 从可重用的表格行队列中获取表格行
    UITableViewCell* cell = [tableView
        dequeueReusableCellWithIdentifier:cellId];
    // 如果表格行为nil
    if(!cell)
    {
        // 创建表格行
        cell = [[UITableViewCell alloc] initWithStyle:
            UITableViewCellStyleDefault reuseIdentifier:cellId];
    }
    // 获取当前正在处理的表格行的行号
```

```objc
    NSInteger rowNo = indexPath.row;
    // 如果处于搜索状态
    if(_isSearch) {
        // 使用_searchData作为表格显示的数据
        cell.textLabel.text = _searchData[rowNo];
    }
    else {
        // 否则使用原始的_tableData作为表格显示的数据
        cell.textLabel.text = _tableData[rowNo];
    }
    return cell;
}
// UISearchBarDelegate定义的方法，用户单击取消按钮时激发该方法
- (void)searchBarCancelButtonClicked:(UISearchBar *)searchBar
{
    // 取消搜索状态
    _isSearch = NO;
    [self.table reloadData];
}
// UISearchBarDelegate定义的方法，当搜索文本框内的文本改变时激发该方法
- (void)searchBar:(UISearchBar *)searchBar
    textDidChange:(NSString *)searchText
{
    // 调用filterBySubstring:方法执行搜索
    [self filterBySubstring:searchText];
}
// UISearchBarDelegate定义的方法，用户单击虚拟键盘上的"Search"按键时激发该方法
- (void)searchBarSearchButtonClicked:(UISearchBar *)searchBar
{
    // 调用filterBySubstring:方法执行搜索
    [self filterBySubstring:searchBar.text];
    // 放弃作为第一个响应者，关闭键盘
    [searchBar resignFirstResponder];
}
- (void) filterBySubstring:(NSString*) subStr
{
    // 设置为搜索状态
    _isSearch = YES;
    // 定义搜索谓词
    NSPredicate* pred = [NSPredicate predicateWithFormat:
        @"SELF CONTAINS[c] %@" , subStr];
    // 使用谓词过滤NSArray
    _searchData = [_tableData filteredArrayUsingPredicate:pred];
    // 让表格控件重新加载数据
    [self.table reloadData];
}
@end
```

本实例执行后的效果如图7-38所示，输入关键字"java"后的效果如图7-39所示。

图7-38 执行效果

图7-39 输入关键字"java"后的效果

7.25.3 范例技巧——利用委托进行搜索的过程

利用UISearchBar的委托事件 textDidChange，当在搜索框中输入完成后，如果输入的文本长度>0，可以调用自己的搜索方法，得到搜索结果，然后再reloadData，刷新一下。如果输入的文本长度<0，则需要恢复到原始数据。这个方法可以边输入搜索文本边显示结果。如果需要单击"search"按钮再搜索，则将上述操作放在searchBarSearchButtonClicked中。

7.26 使用UISearchBar控件（Swift版）

范例7-26	使用UISearchBar控件
源码路径	光盘\daima\第7章\7-26

7.26.1 范例说明

本实例的功能是在界面顶部通过UISearchBar控件显示一个搜索表单，在下方通过TableView控件显示信息列表和搜索结果。

7.26.2 具体实现

文件SearchTableViewController.swift的主要实现代码如下所示。

```swift
import UIKit
class SearchTableViewController: UITableViewController, UISearchBarDelegate{
    var colors : [String] = []
    var filteredColors = [String]()
    @IBOutlet weak var searchBar: UISearchBar!
    override func viewDidLoad() {
        super.viewDidLoad()
        colors = ["Red","White","Blue","Yellow","Green","Black","Purple","Getting Tired","Have I mentioned that I like Objective C"]
        //searchbar
        searchBar.delegate = self
        searchBar.showsScopeBar = true
    }
    override func didReceiveMemoryWarning() {
        super.didReceiveMemoryWarning()
        // Dispose of any resources that can be recreated.
    }
    // MARK: - Table view data source
    override func numberOfSectionsInTableView(tableView: UITableView) -> Int {
        
        return 1
    }
    
    override func tableView(tableView: UITableView, numberOfRowsInSection section: Int) -> Int {
        if tableView == self.searchDisplayController!.searchResultsTableView{
            return self.filteredColors.count
        }else{
            return colors.count
        }
        
    }
    override func tableView(tableView: UITableView, cellForRowAtIndexPath indexPath: NSIndexPath) -> UITableViewCell {
        let cell = self.tableView.dequeueReusableCellWithIdentifier("Cell", forIndexPath: indexPath) as UITableViewCell
        var color : String
        if tableView == self.searchDisplayController!.searchResultsTableView{
            color = self.filteredColors[indexPath.row]as (String)
```

```
        }
        else
        {
            color = self.colors[indexPath.row]as (String)
        }
        cell.textLabel.text = color
        return cell
    }
}
```

到此为止,整个实例介绍完毕。此时执行后的效果如图7-40所示。

在顶部搜索表单中输入关键字后,在下方列表中可以显示检索结果。例如输入关键字"B"后的执行效果如图7-41所示。

图7-40 工程UI主界面的执行效果

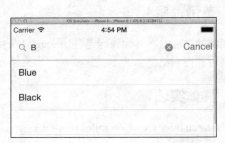

图7-41 显示检索结果

7.26.3 范例技巧——searchDisplayController的搜索过程

因为searchDisplayController自身有一个searchResultsTableView,所以在执行操作的时候首先要判断是否是搜索结果的tableView,如果是显示的就是搜索结果的数据,如果不是,而是TableView自身的view,则需要显示原始数据。

7.27 在屏幕中显示一个日期选择器

范例7-27	在屏幕中显示一个日期选择器
源码路径	光盘\daima\第7章\7-27

7.27.1 范例说明

本实例的功能是在屏幕中显示一个日期选择器,分别设置显示日期的数据和显示日期的格式。

7.27.2 具体实现

文件ViewController.m的主要实现代码如下所示。
```
#import "ViewController.h"
@interface ViewController ()
@property (weak, nonatomic) IBOutlet UILabel *topLabel;
@property (weak, nonatomic) IBOutlet UIDatePicker *topDatePicker;
@end
@implementation ViewController

- (void)viewDidLoad {
    [super viewDidLoad];
```

```
    //设置日期数据
    self.topDatePicker.datePickerMode = UIDatePickerModeDateAndTime;
    self.topDatePicker.minuteInterval = 5;

}
- (void)didReceiveMemoryWarning {
    [super didReceiveMemoryWarning];
}
//设置日期格式
- (IBAction)didTapSelectForTopPicker:(id)sender {
    NSDateFormatter* formatter = [[NSDateFormatter alloc] init];
    formatter.dateFormat = @"dd MMM yyyy, HH:mm";
    self.topLabel.text = [formatter stringFromDate:self.topDatePicker.date];
}
- (NSDate*)clampDate:(NSDate *)dt toMinutes:(int)minutes {

    int referenceTimeInterval = (int)[dt timeIntervalSinceReferenceDate];
    int remainingSeconds = referenceTimeInterval % (minutes*60);
    int timeRoundedTo5Minutes = referenceTimeInterval - remainingSeconds;
    return [NSDate dateWithTimeIntervalSinceReferenceDate:(NSTimeInterval)
timeRoundedTo5Minutes];
}
@end
```

本实例执行后的效果如图7-42所示。

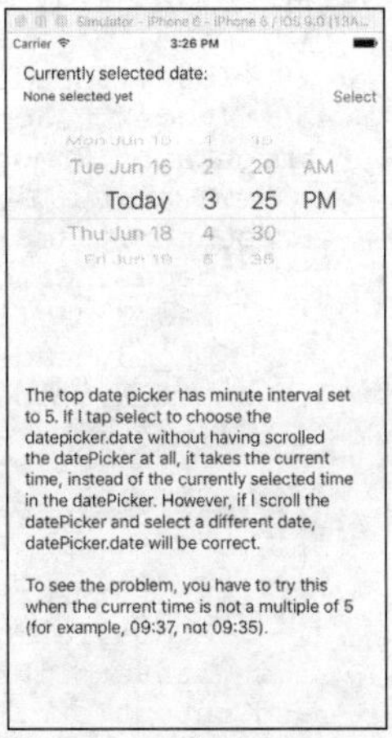

7.27.3 范例技巧——创建日期/时间选取器

UIDatePicker是一个控制器类,封装了UIPickerView,但是它是UIControl的子类,专门用于接受日期、时间和持续时长的输入。日期选取器的各列会按照指定的风格进行自动配置,这样就让开发者不必关心如何配置表盘这样的底层操作。也可以使用如下代码对其进行定制,令其使用任何范围的日期。

```
NSDate* _date = [ [ NSDate alloc] initWithString:@"207-03-07
00:35:00 -0500"];
```

UIDatePicker 使用起来比标准 UIPickerView 更简单。它会根据指定的日期范围创建自己的数据源。使用它只需要创建一个对象,如下述代码所示。

```
UIDatePicker *datePicker =
[[ UIDatePicker alloc] initWithFrame:CGRectMake(0.0,0.0,0.0,0.0)];
```

图7-42 执行效果

默认情况下会显示目前的日期和时间,并提供几个表盘,分别显示可以选择的月份和日期、小时、分钟,以及上午、下午。因此,用户默认可以选择任何日期和时间的组合。

7.28 通过滚动屏幕的方式浏览信息

范例7-28	通过滚动屏幕的方式浏览信息
源码路径	光盘\daima\第7章\7-28

7.28.1 范例说明

本实例的功能是通过上下滚动屏幕的方式滚动浏览"三章"信息内容。在"Classes"的"MMParallaxPresenter"目录中,通过如下4个文件实现滚动特效功能。

❑ MMParallaxPage.h。
❑ MMParallaxPage.m。
❑ MMParallaxPresenter.h。
❑ MMParallaxPresenter.m。

7.28.2 具体实现

文件MainViewController.m的功能是调用在上面文件中定义的特效功能，分三章浏览"三章"信息内容，主要实现代码如下所示。

```
@implementation MainViewController
- (void)viewDidLoad
{
    [super viewDidLoad];
    [self.mmParallaxPresenter setFrame:CGRectMake(0, 0, [[UIScreen mainScreen] bounds].size.width, [[UIScreen mainScreen] bounds].size.height)];
    PageViewController *pageThreeViewController = [[PageViewController alloc] initWithNibName:@"PageViewController" bundle:nil];
    MMParallaxPage *page1 = [[MMParallaxPage alloc] initWithScrollFrame:self.mmParallaxPresenter.frame withHeaderHeight:150 andContentText:[self sampleText]];
    [page1.headerLabel setText:@"Section 1"];
    [page1.headerView addSubview:[[UIImageView alloc] initWithImage:[UIImage imageNamed:@"stars.jpeg"]]];
    MMParallaxPage *page2 = [[MMParallaxPage alloc] initWithScrollFrame:self.mmParallaxPresenter.frame withHeaderHeight:150 withContentText:[self sampleText] andContextImage:[UIImage imageNamed:@"icon.png"]];
    [page2.headerLabel setText:@"Section 2"];
    [page2.headerView addSubview:[[UIImageView alloc] initWithImage:[UIImage imageNamed:@"mountains.jpg"]]];
    MMParallaxPage *page3 = [[MMParallaxPage alloc] initWithScrollFrame:self.mmParallaxPresenter.frame withHeaderHeight:150 andContentView:pageThreeViewController.view];
    [page3.headerLabel setText:@"Section 3"];
    [page3 setTitleAlignment:MMParallaxPageTitleBottomLeftAlignment];
    [page3.headerView addSubview:[[UIImageView alloc] initWithImage:[UIImage imageNamed:@"dock.jpg"]]];
    [self.mmParallaxPresenter addParallaxPageArray:@[page1, page2, page3]];
}
- (IBAction)resetPresenter:(id)sender
{
    [self.mmParallaxPresenter reset];
    MMParallaxPage *page1 = [[MMParallaxPage alloc] initWithScrollFrame:self.mmParallaxPresenter.frame withHeaderHeight:150 andContentText:[self sampleText]];
    [page1.headerLabel setText:@"Section 4"];
    [page1.headerView addSubview:[[UIImageView alloc] initWithImage:[UIImage imageNamed:@"forest.jpg"]]];
    MMParallaxPage *page2 = [[MMParallaxPage alloc] initWithScrollFrame:self.mmParallaxPresenter.frame withHeaderHeight:150 withContentText:[self sampleText] andContextImage:[UIImage imageNamed:@"icon.png"]];
    [page2.headerLabel setText:@"Section 35"];
    [page2.headerView addSubview:[[UIImageView alloc] initWithImage:[UIImage imageNamed:@"mountains.jpg"]]];
    [self.mmParallaxPresenter addParallaxPageArray:@[page1, page2]];
}
```

本实例执行后的效果如图7-43所示。

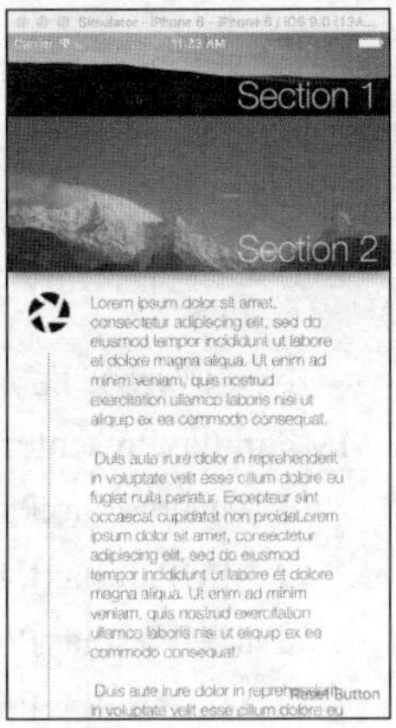

7.28.3 范例技巧——滚动控件的属性总结

UIScrollView的最大属性就是可以滚动，那种效果很好看。其实滚动效果主要的原理是修改他的坐标，准确地讲是修改原点坐标。而UIScrollView跟其他组件一样，有自己的delegate，在.h文件中要继承UIScrollView的delegate，需要在.m文件的viewDidLoad中设置delegate为self。具体代码如下所示。

```
sv.pagingEnabled = YES;
sv.backgroundColor = [UIColor blueColor];
sv.showsVerticalScrollIndicator = NO;
sv.showsHorizontalScrollIndicator = NO;
sv.delegate = self;
```

图7-43 执行效果

```
CGSize newSize = CGSizeMake(self.view.frame.size.width * 2, self.view.frame.size.height);
[sv setContentSize:newSize];
[self.view addSubview: sv];
```

在上面的代码中，一定要设置UIScrollView的pagingEnable为YES。不然就是设置好了其他属性，它还是无法拖动，接下来分别是设置背景颜色和是否显示水平和竖直拖动条，最后最重要的是设置其ContentSize。ContentSize的意思就是它所有内容的大小，这个和它的Frame是不一样的，只有ContentSize的大小大于Frame才可以支持拖动。

7.29 实现一个图文样式联系人列表效果

范例7-29	实现一个图文样式联系人列表效果
源码路径	光盘\daima\第7章\7-29

7.29.1 范例说明

本实例的功能是实现一个图文样式联系人列表效果。本实例遵循了MVC编程模式，首先看"Models"目录下的文件ContactModel.h，这是接口文件，定义了系统中需要的属性对象。在"Views"目录下保存了视图文件，文件ContactTableViewCell.m实现了联系人信息的表格视图单元格。在"Controllers"目录下，文件ContactsTableViewController.m实现了联系人表格视图控制器。文件ContactRepository.m的功能是获取联系人信息库，然后将获取的信息显示在单元格列表中。

7.29.2 具体实现

文件ContactModel.m的主要实现代码如下所示。
```
#import "ContactModel.h"
@implementation ContactModel
- (instancetype)initWithDictionary:(NSDictionary *)contactDictionary {
    self = [super init];
    if(!self)
        return nil;
    self.name = [contactDictionary valueForKey:ContactNameKey];
    self.job = [contactDictionary valueForKey:ContactJobKey];
    self.thumbnail = [NSURL URLWithString:[contactDictionary valueForKey:ContactThumbnailKey]];
    return self;
}
@end
```

文件ContactTableViewCell.m的主要实现代码如下所示。
```
#import "ContactTableViewCell.h"
@implementation ContactTableViewCell
- (void)awakeFromNib {
}

- (void)setSelected:(BOOL)selected animated:(BOOL)animated {
    [super setSelected:selected animated:animated];
}
@end
```

文件ContactsTableViewController.m的主要实现代码如下所示。
```
#import <UIKit/UIKit.h>
@interface ContactsTableViewController : UIViewController
<UITableViewDataSource,UITableViewDelegate>
@property (strong, nonatomic) NSArray *contacts;
@property (weak, nonatomic) IBOutlet UITableView *tableView;
@end
```
本实例执行后的效果如图7-44所示。

图7-44 执行效果

7.29.3 范例技巧——UIScrollView的实现理念

UIScrollView是iOS中的一个重要的视图，它提供了一个方法，让我们能在一个界面中看到所有的内容，从而不必担心因为屏幕的大小有限，必须翻到下一页进行阅览。确实对于用户来说这是一个很好的体验。但是如何把所有的内容都加入到scrollView？是简单的addsubView。假如是这样，岂不是scrollView界面上要放置很多的图形、图片？移动设备的显示设备肯定不如PC，怎么可能放得下如此多的视图？所以在使用scrollView时一定要考虑这个问题，当某些视图滚动出可见范围的时候，应该怎么处理？苹果公司的UITableView就很好地展示了在UIScrollView中如何重用可视的空间，减少内存的开销。UIScrollView类支持显示比屏幕更大的应用窗口的内容。它通过挥动手势，能够使用户滚动内容，并且通过捏合手势缩放部分内容。UIScrollView是UITableView和UITextView的超类。

7.30 在屏幕中实现一个环形进度条效果

范例7-30	在屏幕中实现一个环形进度条效果
源码路径	光盘\daima\第7章\7-30

7.30.1 范例说明

本实例的功能是在屏幕中实现一个环形进度条效果。其中核心文件JxbCircleLoading.m的功能是定义一个环形进度条样式，通过CGRectMake在屏幕中绘制一个圆环，然后通过函数start和stop分别实现圆环进度条效果。

7.30.2 具体实现

文件JxbCircleLoading.m的主要实现代码如下所示。
```
- (void)setFrame:(CGRect)frame
{
    [super setFrame:frame];
    self.layer.cornerRadius = frame.size.width / 2;

    [self initCircle];
}
- (void)initCircle
{
    if (!vCircle)
    {
        vCircle = [[UIView alloc] init];
        vCircle.layer.borderColor = [lineColor CGColor];
        vCircle.layer.borderWidth = 3;
        vCircle.layer.masksToBounds = YES;
        [self addSubview:vCircle];
    }
    [vCircle setFrame:CGRectMake(5, 5, self.bounds.size.width - 10, self.bounds.size.height - 10)];
    vCircle.layer.cornerRadius = (self.bounds.size.width - 10) / 2;
    if (!vDot)
    {
        vDot = [[UIView alloc] init];
        vDot.backgroundColor = [UIColor whiteColor];
        vDot.layer.anchorPoint = CGPointMake(0.5, 1.0);
        [self addSubview:vDot];
    }
    CGFloat w = self.bounds.size.width / 6;
    [vDot setFrame:CGRectMake((self.bounds.size.width - w) / 2, 0, w, self.bounds.size.height - self.bounds.size.height / 2)];
}
```

```
//开始圆环动画
- (void)start
{
    if (![vDot.layer.animationKeys containsObject:@"rotationAnimation"])
    {
        CABasicAnimation *rotationAnimation = [CABasicAnimation animationWithKeyPath:@"transform.rotation.z"];
        rotationAnimation.toValue = [NSNumber numberWithFloat:M_PI * 2.0];
        rotationAnimation.duration = 2;
        rotationAnimation.cumulative = YES;
        rotationAnimation.repeatCount = HUGE_VALF;
        rotationAnimation.byValue = @(M_PI*2);
        [vDot.layer addAnimation:rotationAnimation forKey:@"rotationAnimation"];
    }
}
//停止动画
- (void)stop
{
    [vDot.layer removeAllAnimations];
}
@end
```

文件ViewController.m的功能是调用上面的样式，执行后的效果如图7-45所示。

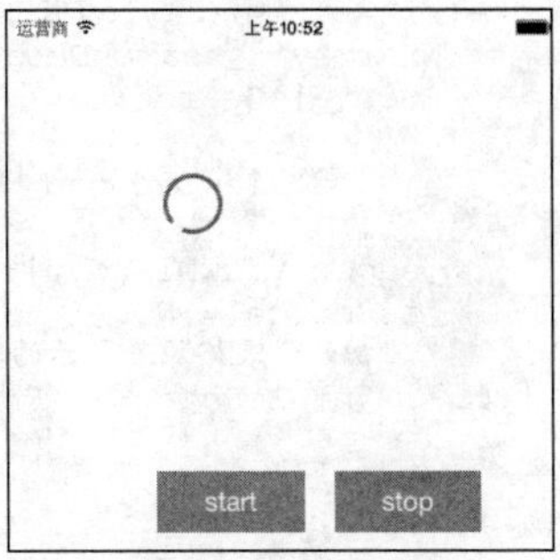

图7-45 执行效果

7.30.3 范例技巧——改变UIProgressView控件的高度

一般来说不可改变UIProgressView控件的高度，通过以下代码可以解决这个问题。

```
CGAffineTransform transform = CGAffineTransformMakeScale(1.0f, 3.0f);
progressView.transform = transform;
```

在使用上述代码前需要导入CoreGraphics.framework包。

7.31 实现快速搜索功能

范例7-31	使用UISearchDisplayController实现搜索功能
源码路径	光盘\daima\第7章\7-31

7.31.1 范例说明

本实例的功能是使用UISearchDisplayController控件实现搜索功能，系统内置了如下所示的检索信息。
- Java教程。
- Java EE教程。
- Android教程。
- Ajax讲义。
- HTML5/CSS3/JavaScript教程。
- iOS讲义。
- Swift教程。
- Java EE应用实战。
- Java教程。
- Java基础教程。
- 学习Java。
- Objective-C教程。
- Ruby教程。

❑ iOS开发教程。

7.31.2 具体实现

文件ViewController.m的主要实现代码如下所示。

```objc
#import "ViewController.h"
@implementation ViewController{
 // 定义一个NSArray保存表格显示的原始数据
 NSArray* _tableData;
 // 定义一个NSArray保存查询结果数据
 NSArray* _searchData;
 BOOL _isSearch;
}
- (void)viewDidLoad
{
 [super viewDidLoad];
 _isSearch = NO;
 // 初始化表格原始显示的数据
    _tableData = @[@"Java教程",
                   @"Java EE教程",
                   @"Android教程",
                   @"Ajax讲义",
                   @"HTML5/CSS3/JavaScript教程",
                   @"iOS讲义",
                   @"Swift教程",
                   @"Java EE应用实战",
                   @"Java教程",
                   @"Java基础教程",
                   @"学习Java",
                   @"Objective-C教程",
                   @"Ruby教程",
                   @"iOS开发教程"];
}

- (NSInteger)tableView:(UITableView *)tableView
 numberOfRowsInSection:(NSInteger)section
{
 // 如果处于搜索状态
 if(_isSearch)
 {
     // 使用_searchData作为表格显示的数据
     return _searchData.count;
 }
 else
 {
     // 否则使用原始的_tableData作为表格显示的数据
     return _tableData.count;
 }
}

- (UITableViewCell*) tableView:(UITableView *)tableView
 cellForRowAtIndexPath: (NSIndexPath *)indexPath
{
 static NSString* cellId = @"cellId";
 // 从可重用的表格行队列中获取表格行
 UITableViewCell* cell = [tableView
     dequeueReusableCellWithIdentifier:cellId];
 // 如果表格行为nil
 if(!cell)
 {
     // 创建表格行
     cell = [[UITableViewCell alloc] initWithStyle:
         UITableViewCellStyleDefault reuseIdentifier:cellId];
 }
 // 将单元格的边框设置为圆角
 cell.layer.cornerRadius = 12;
 cell.layer.masksToBounds = YES;
```

```
    // 获取当前正在处理的表格行的行号
    NSInteger rowNo = indexPath.row;
    // 如果处于搜索状态
    if(_isSearch)
    {
        // 使用searchData作为表格显示的数据
        cell.textLabel.text = _searchData[rowNo];
    }
    else{
        // 否则使用原始的tableData作为表格显示的数据
        cell.textLabel.text = _tableData[rowNo];
    }
    return cell;
}
// UISearchBarDelegate定义的方法，用户单击取消按钮时激发该方法
- (void)searchBarCancelButtonClicked:(UISearchBar *)searchBar
{
    _isSearch = NO;    // 取消搜索状态
}
// UISearchBarDelegate定义的方法，当搜索文本框内的文本改变时激发该方法
- (void)searchBar:(UISearchBar *)searchBar textDidChange:(NSString *)searchText
{
    // 调用filterBySubstring:方法执行搜索
    [self filterBySubstring:searchText];
}
// UISearchBarDelegate定义的方法，用户单击虚拟键盘上的"Search"按键时激发该方法
- (void)searchBarSearchButtonClicked:(UISearchBar *)searchBar
{
    // 调用filterBySubstring:方法执行搜索
    [self filterBySubstring:searchBar.text];
    // 放弃作为第一个响应者，关闭键盘
    [searchBar resignFirstResponder];
}
- (void) filterBySubstring:(NSString*) subStr
{
    _isSearch = YES;    // 设置为开始搜索
    // 定义搜索谓词
    NSPredicate* pred = [NSPredicate predicateWithFormat:
    @"SELF CONTAINS[c] %@" , subStr];
    // 使用谓词过滤NSArray
    _searchData = [_tableData filteredArrayUsingPredicate:pred];
}
@end
```

本实例执行后的效果如图7-46所示，输入关键字"java"后的效果如图7-47所示。

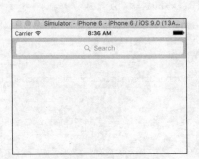

图7-46 执行效果

图7-47 输入关键字"java"后的效果

7.31.3 范例技巧——去除SearchBar背景的方法

```objc
- (void)viewDidLoad
{
    [[_searchBarOf_Ready.subviews objectAtIndex:0] setHidden:YES];
    [[_searchBarOf_Ready.subviews objectAtIndex:0] removeFromSuperview];
    for (UIView *subview in _searchBarOf_Ready.subviews) {
        if ([subview isKindOfClass:NSClassFromString(@"UISearchBarBackground")]) {
            [subview removeFromSuperview];
            break;
        }
    }
    [super viewDidLoad];
    //Do any additional setup after loading the view from its nib.
}
```

7.32 实现一个"星期"选择框（Swift版）

范例7-32	实现一个"星期"选择框
源码路径	光盘\daima\第7章\7-32

7.32.1 范例说明

本实例的功能是以"周一""周二""周三""周四"为选项创建一个日期选择框。

7.32.2 具体实现

视图文件ViewController.swift的主要实现代码如下所示。

```swift
import UIKit
class ViewController: UIViewController, UIPickerViewDelegate, UIPickerViewDataSource {
    var myUIPicker: UIPickerView = UIPickerView()
    //显示排列的值
    var myValues: NSArray = ["周一","周二","周三","周四"]
    override func viewDidLoad() {
        super.viewDidLoad()
        //指定大小
        myUIPicker.frame = CGRectMake(0,0,self.view.bounds.width, 180.0)
        
        // Delegate设定
        myUIPicker.delegate = self
        
        // DataSource设定
        myUIPicker.dataSource = self
        
        // View追加
        self.view.addSubview(myUIPicker)
    }
    func numberOfComponentsInPickerView(pickerView: UIPickerView) -> Int {
        return 1
    }
    /*
    返回数据
    */
    func pickerView(pickerView: UIPickerView, numberOfRowsInComponent component: Int) -> Int {
        return myValues.count
    }
    /*
    传入值
    */
    func pickerView(pickerView: UIPickerView, titleForRow row: Int, forComponent component: Int) -> String? {
```

```
            return myValues[row] as? String
    }
    /*
    Picker项被选择时
    */
    func pickerView(pickerView: UIPickerView, didSelectRow row: Int, inComponent
component: Int) {
        print("row: \(row)")
        print("value: \(myValues[row])")
    }
    override func didReceiveMemoryWarning() {
        super.didReceiveMemoryWarning()
    }
}
```

本实例执行后的效果如图7-48所示。

7.32.3 范例技巧——日期选取器的模式

日期/时间选取器支持4种不同模式的选择方式。通过如下代码设置datePickerMode属性，可以定义选择模式。

```
datePicker.datePickerMode = UIDatePickerModeTime;
```

支持的模式有以下4种。

```
typedef enum {
    UIDatePickerModeTime,
    UIDatePickerModeDate,
    UIDatePickerModeDateAndTime,
    UIDatePickerModeCountDownTimer
} UIDatePickerMode;
```

图7-48 执行效果

7.33 实现一个自动输入系统（Swift版）

范例7-33	实现一个自动输入系统
源码路径	光盘\daima\第7章\7-33

7.33.1 范例说明

本实例的功能是实现一个自动输入系统，首先在故事板中插入一个开关控件来控制是否显示密码明文，然后在上方的文本框控件中可以输入密码文本，如图7-49所示。

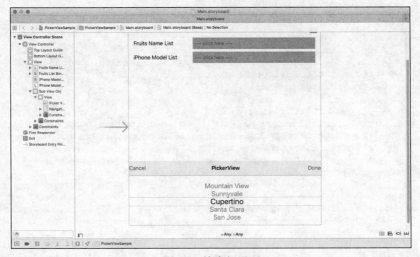

图7-49 故事板界面

7.33.2 具体实现

视图文件ViewController.swift的功能是创建自定义选项值的自动输入框,主要实现代码如下所示。

```swift
//声明方法
func numberOfComponentsInPickerView(pickerView: UIPickerView) -> Int {
    return 1
}
func pickerView(pickerView: UIPickerView, numberOfRowsInComponent component: Int) -> Int {
    //使用pickerviewObj.tag动态委派方法
    if pickerViewObj.tag == 0 {
        return fruitsArrayValues.count
    }
    else {
        return iPhoneModelArrayValues.count
    }
}
func pickerView(pickerView: UIPickerView, titleForRow row: Int, forComponent component: Int) -> String! {
    if pickerViewObj.tag == 0 {
        return "\(fruitsArrayValues[row])" //显示行标题
    }
    else {
        return "\(iPhoneModelArrayValues[row])"
    }
}

func pickerView(pickerView: UIPickerView, didSelectRow row: Int, inComponent component: Int) {
}

@IBAction func selectItemsBtn(sender: AnyObject) {
    subViewObj.hidden = false
    switch sender.tag {
    case 0:
        pickerViewObj.tag = 0
    case 1:
        pickerViewObj.tag = 1
    default:
        break;
    }
    pickerViewObj.reloadAllComponents()
}
@IBAction func cancelBtn(sender: AnyObject) {
    subViewObj.hidden = true
}

@IBAction func doneBtn(sender: AnyObject) {
    if pickerViewObj.tag == 0 {
        let selectedIndex = pickerViewObj.selectedRowInComponent(0)
        fruitsListBtnObj.setTitle(fruitsArrayValues[selectedIndex], forState: UIControlState.Normal)
    }
    else if pickerViewObj.tag == 1 {
        let selectedIndex = pickerViewObj.selectedRowInComponent(0)
        iPhoneModelListBtnObj.setTitle(iPhoneModelArrayValues[selectedIndex], forState: UIControlState.Normal)
    }
    subViewObj.hidden = true
}

override func didReceiveMemoryWarning() {
    super.didReceiveMemoryWarning()
}
```

执行后会显示两个文本输入框,单击第一个文本框和第二个文本框后会分别在下方显示对应的自动输入框，执行效果如图7-50所示。

图7-50 执行效果

7.33.3 范例技巧——设置时间间隔

可以将分钟表盘设置为以不同的时间间隔来显示分钟，前提是该间隔要能够被60整除。默认间隔是1分钟。如果要使用不同的间隔，需要参照如下代码改变 minuteInterval 属性。

```
datePicker.minuteInterval = 5;
```

7.34 自定义UIDatePicker控件（Swift版）

范例7-34	自定义UIDatePicker控件
源码路径	光盘\daima\第7章\7-34

7.34.1 范例说明

本实例的功能是自定义创建一个指定样式的UIDatePicker控件，并且设置UIDatePicker单元格的各个选项。

7.34.2 具体实现

文件UIDatePickerViewController.swift的主要实现代码如下所示。

```swift
import Foundation
import UIKit

class UIDatePickerViewController: UITableViewController, UITextFieldDelegate {

    // DatePicker实例
    private var _datePicker: UIDatePicker!

    //日期设置文本框
    private var _dataText: UITextField!
```

```swift
        // DatePicker状态
        private var _datePickerIsShowing = true
        
        // DatePicker单元高度
        private let _DATEPICKER_CELL_HEIGHT: CGFloat = 210
        
        override func viewDidLoad() {
            super.viewDidLoad()
            // 注册类
            self.tableView.registerClass(UITableViewCell.self, forCellReuseIdentifier: "testCell")
            
            
            // 生成UITextField。
            self._dataText = UITextField()
            self._dataText.delegate = self
            self._dataText.borderStyle = UITextBorderStyle.Line
            
            // 生成UIDatePicker
            self._datePicker = UIDatePicker()
            // 活动追加
            self._datePicker.addTarget(self, action: "onDatePickerValueChanged:", forControlEvents: UIControlEvents.ValueChanged)
            self._datePicker.datePickerMode = UIDatePickerMode.Date
            // 隐藏处理
            hideDatePickerCell()
        }
        override func didReceiveMemoryWarning() {
            super.didReceiveMemoryWarning()
        }
        
        override func tableView(tableView: UITableView, numberOfRowsInSection section: Int) -> Int {
            //返回单元格数据
            return 2
        }
        
        override func tableView(tableView: UITableView, cellForRowAtIndexPath indexPath: NSIndexPath) -> UITableViewCell {
            
            //生成单元格
            let cell: UITableViewCell = UITableViewCell(style: UITableViewCellStyle.Default, reuseIdentifier: "testCell")
            switch indexPath.row {
            case 0:
                // 第一行单元格的文本字段
                cell.contentView.addSubview(self._dataText)
                self._dataText.frame = CGRectMake(cell.frame.width / 3, cell.frame.height / 3, cell.frame.width / 2, cell.frame.height / 2)
                
            case 1:
                // 第2行单元格的DatePicker
                cell.contentView.addSubview(self._datePicker)
            default:
                print("非法的行。")
            }
            
            return cell
        }
        
        override func tableView(tableView: UITableView, heightForRowAtIndexPath indexPath: NSIndexPath) -> CGFloat {
            var height: CGFloat = self.tableView.rowHeight
            
            if (indexPath.row == 1){
                height = self._datePickerIsShowing ? self._DATEPICKER_CELL_HEIGHT : CGFloat(0)
            }
```

```
            return height
        }
    override func tableView(tableView: UITableView, didSelectRowAtIndexPath indexPath:
NSIndexPath) {
        if (indexPath.row == 0) {
            dspDatePicker()
        }
    }
    func dspDatePicker() {
        if (self._datePickerIsShowing){
            hideDatePickerCell()
        } else {
            showDatePickerCell()
        }
    }

    func showDatePickerCell() {
        self._datePickerIsShowing = true

        self.tableView.beginUpdates()
        self.tableView.endUpdates()

        self._datePicker.hidden = false
        self._datePicker.alpha = 0
        UIView.animateWithDuration(0.25, animations: { () -> Void in
            self._datePicker.alpha = 1.0
        }, completion: {(Bool) -> Void in

        })
    }

    func hideDatePickerCell() {
        self._datePickerIsShowing = false
        self.tableView.beginUpdates()
        self.tableView.endUpdates()

        UIView.animateWithDuration(0.25,
            animations: {() -> Void in
                self._datePicker.alpha = 0
        }, completion: {(Bool) -> Void in
            self._datePicker.hidden = true
        })
    }
}
```

本实例执行后的效果如图7-51所示。

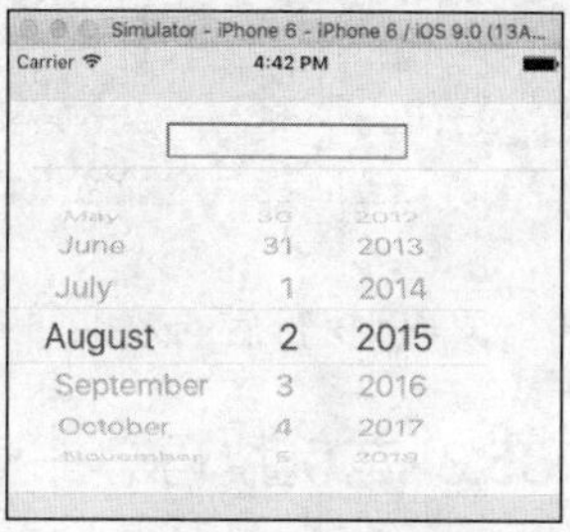

图7-51 执行效果

7.34.3 范例技巧——设置日期的范围

在iOS程序中，可以通过设置mininumDate 和 maxinumDate 属性，来指定使用的日期范围。如果用户试图滚动到超出这一范围的日期，表盘会回滚到最近的有效日期。两个方法都需要NSDate 对象作为参数。

```
NSDate* minDate = [[NSDate alloc]initWithString:@"1900-01-01 00:00:00 -0500"];
NSDate* maxDate = [[NSDate alloc]initWithString:@"2099-01-01 00:00:00 -0500"];
datePicker.minimumDate = minDate;
datePicker.maximumDate = maxDate;
```

如果两个日期范围属性中任何一个未被设置，则默认行为将会允许用户选择过去或未来的任意日期。这在某些情况下很有用处，比如，当选择生日时，可以是过去的任意日期，但终止于当前日期。也可以使用date属性设置默认显示的日期，例如下述所示的代码。

```
datePicker.date = minDate;
```

此外，如果选择了使用动画，则可以用setDate方法设置表盘会滚动到指定的日期，例如下述所示的代码。

```
[datePicker setDate:maxDate animated:YES];
```

7.35 自定义"日期-时间"控件（Swift版）

范例7-35	自定义"日期-时间"控件
源码路径	光盘\daima\第7章\7-35

7.35.1 范例说明

本实例的功能是自定义设置UIDatePicker控件的显示内容，设置显示格式的代码如下所示。
yyyy年MM月dd日 HH时mm分

7.35.2 具体实现

视图文件ViewController.swift的功能是设置UIDatePicker控件的显示内容，主要实现代码如下所示。

```
import UIKit
class ViewController: UIViewController {
    @IBOutlet weak var lbDate: UILabel!
    override func viewDidLoad() {
        super.viewDidLoad()
    }
    override func didReceiveMemoryWarning() {
        super.didReceiveMemoryWarning()
    }
    //值变化的时候
    @IBAction func changeDate(sender: UIDatePicker) {
        
        //显示格式设定
        let df:NSDateFormatter = NSDateFormatter()
        df.dateFormat = "yyyy年MM月dd日 HH时mm分"
        //选择时间的表示
        let mySelectedDate: NSString = df.stringFromDate(sender.date)
        self.lbDate.text = mySelectedDate as String
    }
}
```

本实例执行后的效果如图7-52所示。

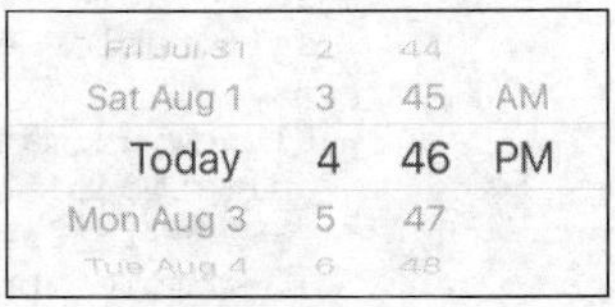

图7-52 执行效果

7.35.3 范例技巧——显示日期选择器的方法

```
[self.view addSubview:datePicker];
```
需要注意的是，选取器的高度始终是216像素，要确定分配了足够的空间来容纳。

7.36 实现一个图片浏览器（Swift版）

范例7-36	实现一个图片浏览器
源码路径	光盘\daima\第7章\7-36

7.36.1 范例说明

本实例的功能是使用UIScrollView控件实现一个图片浏览器，可以用滚动的方式浏览指定的素材图片。

7.36.2 具体实现

（1）打开Xcode 7，然后新建一个名为"UIScrollViewDemo"的工程。
（2）准备要浏览的素材图片"CourseCover.jpg"，如图7-53所示。

图7-53 素材图片

（3）视图文件ViewController.swift的功能是，使用UIScrollView控件浏览指定的素材图片，主要实现代码如下所示。

```swift
import UIKit
class ViewController: UIViewController
{
    var imageView: UIImageView!
    var scrollView: UIScrollView!
    var image = UIImage(named: "CourseCover.jpg")!
    
    override func viewDidLoad() {
        super.viewDidLoad()
        
        imageView = UIImageView(image: self.image)
        
        scrollView = UIScrollView(frame: view.bounds)
        scrollView.contentSize = imageView.bounds.size
        scrollView.addSubview(imageView)
        view.addSubview(scrollView)
    }
}
```

本实例执行后的效果如图7-54所示。

图7-54 执行效果

7.36.3 范例技巧——UIScrollView的核心理念

UIScrollView的核心理念是，它是一个可以在内容视图之上调整自己原点位置的视图。它根据自身框架的大小，剪切视图中的内容，通常框架和应用程序窗口一样大。一个滚动的视图可以根据手指的移动，调整原点的位置。展示内容的视图，根据滚动视图的原点位置，开始绘制视图的内容，这个原点位置就是滚动视图的偏移量。ScrollView本身不能绘制，除非显示水平和竖直的指示器。滚动视图必须知道内容视图的大小，以便于知道什么时候停止。一般而言，当滚动出内容的边界时，它就返回了。

7.37 实现一个分页图片浏览器（Swift版）

范例7-37	实现一个分页图片浏览器
源码路径	光盘\daima\第7章\7-37

7.37.1 范例说明

本实例的功能是实现一个分页图片浏览器，其中文件Carrousel.swift的功能是实现分页设置，设置3幅图片在3个分页中显示。视图文件ViewController.swift的功能是，在屏幕中加载显示3个分页的图像。

7.37.2 具体实现

（1）打开Xcode 7，然后新建一个名为"ZCarousel"的工程。

（2）准备3幅要浏览的素材图片，如图7-55所示。

图7-55 素材图片

（3）视图文件ViewController.swift的主要实现代码如下所示。

```
import UIKit
class ViewController: UIViewController, ZCarouselDelegate {
    var menu: ZCarousel!
    var images: ZCarousel!
    
    override func viewDidLoad() {
        super.viewDidLoad()
        menu = ZCarousel(frame: CGRect( x: self.view.frame.size.width/5,
            y: 100,
            width: (self.view.frame.size.width/5)*3,
            height: 50))
        menu.ZCdelegate = self
        menu.addButtons(["iOS 8 by Tutorials", "Swift by Tutorials", "Core Data by Tutorials", "WatchKit by Tutorials"])
        self.view.addSubview(menu!)
        images = ZCarousel(frame: CGRect( x: self.view.frame.size.width/5,
            y: 200,
            width: (self.view.frame.size.width/5)*3,
            height: 150))
        images.ZCdelegate = self
        images.addImages(["1", "2", "3"])
        self.view.addSubview(images)
    }
    func ZCarouselShowingIndex(scrollview: ZCarousel, index: Int) {
        if scrollview == menu {
            print("Showing Button at index \(index)")
        }
        else if scrollview == images {
            print("Showing Image at index \(index)")
        }
    }
    override func didReceiveMemoryWarning() {
        super.didReceiveMemoryWarning()
    }
}
```

本实例执行后的效果如图7-56所示。

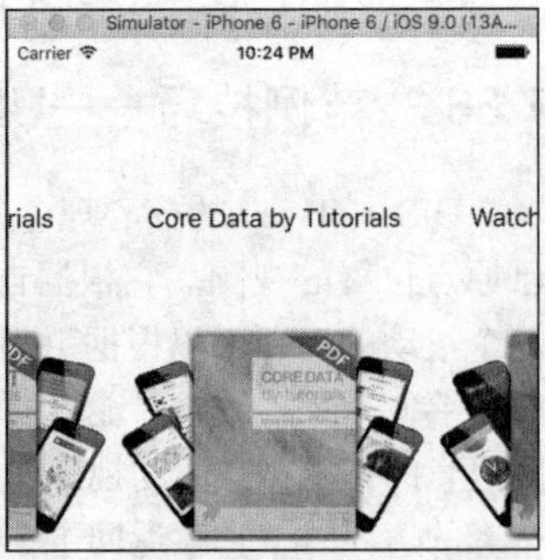

图7-56 执行效果

7.37.3 范例技巧——实现翻页通知的方法

当用户点触分页控件时，会产生一个 UIControlEventVakueChanged 事件。可以用类UIControl中的addTarget方法为其指定一个动作，例如下面的代码。

```
-(void)pageChanged:(id)sender{
    UIPageControl* control = (UIPageControl*)sender;
```

```
        NSInteger page = control.currentPage;
        //添加你要处理的代码
    }
    [myPageControl addTarget:self action:@selector(pageChanged:) forControlEvents:
UIControlEventValueChanged];
```

7.38 实现一个图片浏览器（Swift版）

范例7-38	实现一个图片浏览器
源码路径	光盘\daima\第7章\7-38

7.38.1 范例说明

本实例的功能是联合使用翻页控件和滚动控件实现一个图片浏览器。

7.38.2 具体实现

（1）打开Xcode 7，然后新建一个名为"UIPageControl"的工程。
（2）准备好3幅要浏览的素材图片，如图7-57所示。

图7-57 要浏览的素材图片

（3）视图文件ViewController.swift的功能是联合使用翻页控件和滚动控件加载指定的素材图片，在屏幕中实现滚动触摸浏览图片功能。文件ViewController.swift的主要实现代码如下所示。

```swift
import UIKit
class ViewController: UIViewController, UIScrollViewDelegate {
    var pageControl = UIPageControl()
    override func viewDidLoad() {
        super.viewDidLoad()
        // UIScrollView滚动条
        let scrollView = UIScrollView(frame: CGRectMake(0, 0,
        self.view.frame.size.width, self.view.frame.size.height))
        print("scrollView.frame = \(scrollView.frame)")
        
        let numImage = 3
        let imageFiles = ["image1.jpg", "image2.jpg", "image3.png"]
        for var i=0; i<numImage; i++ {
            let image = UIImage(named: imageFiles[i])!
            let imageView = UIImageView(image: image)
            imageView.frame.origin = CGPointMake(/*image.size.width*/self.view.frame.size.width
            * CGFloat(i), 0)
            imageView.frame.size = /*image.size*/CGSizeMake(self.view.frame.size.width,
            image.size.height)
            //imageView.tag = i + 1
            scrollView.addSubview(imageView)
        }
        let widthImage: CGFloat = self.view.frame.size.width
        let heightImage: CGFloat = 180
        scrollView.contentSize = CGSizeMake(widthImage * CGFloat(numImage), heightImage)
        scrollView.pagingEnabled = true // 滚动开关on
// 横向指示器开关OFF
        scrollView.showsHorizontalScrollIndicator = false
// 纵向指示器开关OFF
  scrollView.showsVerticalScrollIndicator = false
        scrollView.delegate = self
        self.view.addSubview(scrollView)
```

```
        // UIPageControl控件
        let heightPageControl = 15
        pageControl.frame = CGRectMake(0, CGFloat(180 - heightPageControl), self.view.frame.size.width, CGFloat(heightPageControl))
        pageControl.userInteractionEnabled = false
        pageControl.numberOfPages = numImage
        pageControl.currentPage = 0
        self.view.addSubview(pageControl)
    }
    override func didReceiveMemoryWarning() {
        super.didReceiveMemoryWarning()
    }
    // UIScrollView声明
    func scrollViewDidScroll(scrollView: UIScrollView) {
        print("scrollViewDidScroll")
    }

    func scrollViewDidEndDecelerating(scrollView: UIScrollView) {
        print("scrollViewDidEndDecelerating")
        pageControl.currentPage = Int(scrollView.contentOffset.x /
            scrollView.frame.size.width)
    }
}
```

执行可以滚动触摸的方式浏览图，执行效果如图7-58所示。

图7-58 执行效果

7.38.3 范例技巧——给UIPageControl控件添加背景

```
int pagesCount =5;
UIPageControl *pageControl = [[UIPageControl alloc] init];
pageControl.center = CGPointMake(self.view.frame.size.width/2,
self.view.frame.size.height-15);   // 设置pageControl的位置
pageControl.numberOfPages = pagesCount;
pageControl.currentPage = 0;

[pageControl setBounds:CGRectMake(0,0,16*(pagesCount-1)+16,16)];  //页面控件上的圆点间距基本在16左右
[pageControl.layer setCornerRadius:8];  // 圆角层
[pageControl.setBackgroundColor:[UIColor clorWithWhite:0.0 alpha:0.2]];
[self.view addSubview:pageControl];
```

7.39 设置多个分页视图（Swift版）

范例7-39	设置多个分页视图
源码路径	光盘\daima\第7章\7-39

7.39.1 范例说明

本实例的功能是在屏幕中设置多个分页视图，可以用翻页的方式浏览这些视图。

7.39.2 具体实现

视图文件ViewController.swift的功能是在屏幕中设置多个分页视图,主要实现代码如下所示。

```swift
override func viewDidLoad() {
    super.viewDidLoad()
}
override func viewDidAppear(animated: Bool) {
    super.viewDidAppear(animated)
    
    configureScrollView()
    configurePageControl()
}
override func didReceiveMemoryWarning() {
    super.didReceiveMemoryWarning()
}
override func preferredStatusBarStyle() -> UIStatusBarStyle {
    return UIStatusBarStyle.LightContent
}
// MARK: 自定义方法
func configureScrollView() {
    // 启用分页
    scrollView.pagingEnabled = true
    //设置下标值
    scrollView.showsHorizontalScrollIndicator = false
    scrollView.showsVerticalScrollIndicator = false
    scrollView.scrollsToTop = false
    //设置滚动视图内容大小
    scrollView.contentSize = CGSizeMake(scrollView.frame.size.width *
    CGFloat(totalPages), scrollView.frame.size.height)
    // 设置scrollview委托
    scrollView.delegate = self
    //从TestView.xib文件中加载TestView视图
    for var i=0; i<totalPages; ++i {
        // 加载TestView视图
        let testView = NSBundle.mainBundle().loadNibNamed("TestView", owner: self,
        options: nil)[0] as! UIView
        //设置边框和背景色
        testView.frame = CGRectMake(CGFloat(i) * scrollView.frame.size.width,
        scrollView.frame.origin.y, scrollView.frame.size.width, scrollView.frame.size.height)
        testView.backgroundColor = sampleBGColors[i]
        //设置正确的消息到测试视图的标签
        let label = testView.viewWithTag(1) as! UILabel
        label.text = "Page #\(i + 1)"
        //为scrollview添加测试视图
        scrollView.addSubview(testView)
    }
}
func configurePageControl() {
    //将总页数设置为页面控制
    pageControl.numberOfPages = totalPages
    //设置初始页面
    pageControl.currentPage = 0
}
// MARK: UIScrollViewDelegate方法
func scrollViewDidScroll(scrollView: UIScrollView) {
    //根据内容宽度计算新的页面索引
    let currentPage = floor(scrollView.contentOffset.x /
    UIScreen.mainScreen().bounds.size.width);
    //将新的页面索引设置为页面控制
    pageControl.currentPage = Int(currentPage)
}
// MARK: IBAction方法的实现

@IBAction func changePage(sender: AnyObject) {
    //计算应滚动到基于页面控制当前页的帧
    var newFrame = scrollView.frame
```

```
            newFrame.origin.x = newFrame.size.width * CGFloat(pageControl.currentPage)
            scrollView.scrollRectToVisible(newFrame, animated: true)
    }
}
```

执行后可以滚动浏览多个分页，执行效果如图7-59所示。

图7-59 显示不同的分页

7.39.3 范例技巧——推出UIPageControl的意义

UIPageControl类提供一行点来指示当前显示的是多页面视图的哪一页。当然，由于UIPageControl类可视样式的点击不太好操作，所以最好是确保添加了可选择的导航选项，以便让页面控件看起来更像一个指示器，而不是一个控件。当用户界面需要按页面进行显示时，使用UIPageControl控件将要显示的用户界面内容分页进行显示会使编程工作变得快捷。

7.40 自定义UIActivityIndicatorView控件（Swift版）

范例7-40	自定义UIActivityIndicatorView控件
源码路径	光盘\daima\第7章\7-40

7.40.1 范例说明

本实例的功能是自定义UIActivityIndicatorView控件的显示样式。其中文件UIActivityOverlay.swift的功能是自定义实现UIActivityIndicatorView 控件的样式，定义类UIActivityOverlay，使用CGRect、CGPoint和CGRectMake在屏幕中绘制实现类似UIActivityIndicatorView样式的图形。视图文件ViewController.swift的功能是监听用户对屏幕的操作，单击"Toggle"后加载显示自定义的指示器样式。

7.40.2 具体实现

文件ViewController.swift的主要实现代码如下所示。
```
var indicator = UIActivityOverlay()
    @IBAction func toggle() {
        if indicator.isActive {
            indicator.stopActivity()
            indicator.removeFromSuperview()
```

```
            print("Stopping")
        } else {
            indicator.startActivity()
            self.view.addSubview(indicator)
            print("Starting")
        }
    }
    override func viewDidLoad() {
        super.viewDidLoad()
    }
    override func didReceiveMemoryWarning() {
        super.didReceiveMemoryWarning()
    }
}
```
执行后在屏幕中单击"Toggle"后的效果如图7-60所示。

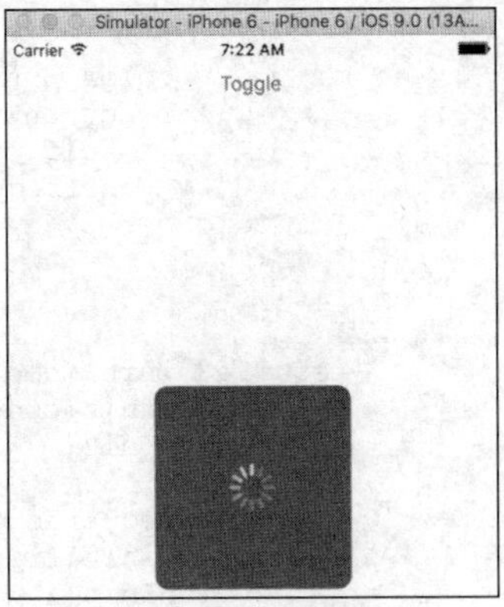

7.40.3 范例技巧——关闭活动指示器动画的方法

图7-60 执行效果

```
dispatch_after(dispatch_time(DISPATCH_TIME_NOW, (int64_t)(5* NSEC_PER_SEC)), dispatch_
get_global_queue(DISPATCH_QUEUE_PRIORITY_DEFAULT, 0),^{
    [self.activityIndicatorView stopAnimating];
});
```

7.41 实现5种样式的活动指示器效果（Swift版）

范例7-41	实现5种样式的活动指示器效果
源码路径	光盘\daima\第7章\7-41

7.41.1 范例说明

本实例的功能是实现5种样式的活动指示器效果，具体说明如下所示。
- 文件GLSSpinActivityIndicatorView.swift的功能是实现红色圆形旋转进度条样式的活动指示器效果。
- 文件GLSImageRotationsActivityIndicatorView.swift的功能是实现一个图片旋转样式的活动指示器效果。
- 文件GLSBouncingBarsActivityIndicatorView.swift的功能是实现弹跳杆样式的活动指示器效果。
- 文件GLSZoomingDotsActivityIndicatorView.swift的功能是实现缩放红色圆点动画样式的活动指示器效果。
- 文件GLSRipplesActivityIndicator.swift的功能是实现圆环涟漪样式的活动指示器效果。
- 视图文件ViewController.swift的功能是在屏幕中加载显示上述5种样式的活动指示器效果。

7.41.2 具体实现

文件GLSSpinActivityIndicatorView.swift的主要实现代码如下所示。

```
/**
如果是true，当停止时活动指示器就被隐藏
*/
var hidesWhenStopped : Bool = false

/**
指示器的颜色
*/
var color : UIColor? {
    get
    {
        return _color!
    }
```

```swift
        set
        {
            _color = newValue
            if let unwrappedColor = _color {
                self.progressLayer?.strokeColor = unwrappedColor.CGColor
                self.progressPath?.strokeColor = unwrappedColor.colorWithAlphaComponent(0.2).CGColor
            }
        }
    }
    required init?(coder aDecoder: NSCoder) {
        super.init(coder: aDecoder)
        commonInit()
    }
    override required init(frame: CGRect) {
        super.init(frame: frame)
        commonInit()
    }
    /**
    初始化旋转指示器
    */
    private func commonInit() {
        self.backgroundColor = UIColor.clearColor()
        let arcCenter = CGPointMake(CGRectGetMidX(self.bounds), CGRectGetMidY(self.bounds))
        let radius = min(CGRectGetMaxX(self.bounds), CGRectGetMaxY(self.bounds))/2
        let circlePath = UIBezierPath(arcCenter: arcCenter, radius: radius, startAngle: CGFloat(0), endAngle: CGFloat(2*M_PI), clockwise: true)
        self.progressLayer = CAShapeLayer()
        self.progressLayer?.frame = self.layer.bounds
        self.progressLayer?.path = circlePath.CGPath
        self.progressLayer?.fillColor = UIColor.clearColor().CGColor
        self.progressLayer?.lineWidth = 6.0
        self.progressLayer?.strokeStart = 0.0
        self.progressLayer?.strokeEnd = 0.3

        // 背景地址
        self.progressPath = CAShapeLayer()
        self.progressPath?.path = circlePath.CGPath
        self.progressPath?.frame = self.layer.bounds
        self.progressPath?.fillColor = UIColor.clearColor().CGColor
        self.progressPath?.lineWidth = 6.0

        // 颜色
        if let unwrappedColor = _color {
            self.progressLayer?.strokeColor = unwrappedColor.CGColor
            self.progressPath?.strokeColor = unwrappedColor.colorWithAlphaComponent(0.2).CGColor
        }

        self.layer.addSublayer(self.progressPath!)
        self.layer.addSublayer(self.progressLayer!)
    }

    /**
    设置旋转弧的大小, 在一个圆的一小部分
    *arcSize* - A CGFloat from 0.0 to 1.0.
    */
    func setSpinningArcSize(arcSize:CGFloat) {
        self.progressLayer?.strokeEnd = arcSize
    }

    /**
    设置该指示器的背景圆路径的可见性
    *showPath* - A boolean that indicates the path's visibility.
    */
    func showArcPath(showPath:Bool) {
        self.hideSpinnerPath = !showPath
        self.progressPath?.hidden = !showPath
```

```
}
/**
设置进度指示线宽度
*arcWidth* - A CGFloat to use as width for drawing the indicator.
*/
func setArcWidth(arcWidth:CGFloat) {
    self.progressLayer?.lineWidth = arcWidth
    self.progressPath?.lineWidth = arcWidth
}
/**
开始旋转动画
*/
func startAnimating() {
    if self.isAnimating()
    {
        return
    }
    self.progressLayer?.hidden = false
    if (!self.hideSpinnerPath)
    {
        self.progressPath?.hidden = false
    }
    self.animating = true
    self.animation = CABasicAnimation(keyPath:"transform.rotation.z")
    self.animation?.duration = 1.0
    self.animation?.removedOnCompletion = false
    self.animation?.fromValue = 0.0
    self.animation?.toValue = 2*M_PI
    self.animation?.timingFunction = CAMediaTimingFunction(name: kCAMediaTimingFunctionLinear)
    self.animation?.repeatCount = Float.infinity
    self.progressLayer?.addAnimation(self.animation!, forKey: "progressAnimation")
}
/**
停止旋转动画
*/
func stopAnimating() {
    if !self.isAnimating()
    {
        return
    }
    self.animating = false
    self.progressLayer?.hidden = self.hidesWhenStopped
    if (!self.hideSpinnerPath)
    {
        self.progressPath?.hidden = self.hidesWhenStopped
    }
    self.progressLayer?.removeAnimationForKey("progressAnimation")
}

/**
如果旋转指示器是动画
*returns* - A boolean indicator if the animation is in progress.
*/
func isAnimating() -> Bool {
    return self.animating
}

override func layoutSubviews() {
    super.layoutSubviews()
    self.progressLayer?.frame = self.layer.bounds
    self.progressPath?.frame = self.layer.bounds
}
}
```

本实例执行后的效果如图7-61所示。

图7-61 执行效果

7.41.3 范例技巧——设置UIActivityIndicatorView背景颜色的方法

因为UIActivityIndicatorView继承的是UIView，所以可以用父类的setBackgroundColor方法设置View的背景颜色，但是它的样式只有如下3种。

```
typedef enum {
    UIActivityIndicatorViewStyleWhiteLarge,
    UIActivityIndicatorViewStyleWhite,
    UIActivityIndicatorViewStyleGray,
} UIActivityIndicatorViewStyle;
```

7.42 自定义设置ProgressBar的样式（Swift版）

范例7-42	自定义设置ProgressBar的样式
源码路径	光盘\daima\第7章\7-42

7.42.1 范例说明

本实例十分简单，功能是基于Swift语言自定义设置ProgressBar控件的样式。

7.42.2 具体实现

视图文件ViewController.swift的功能是在屏幕中显示自定义的进度条控件，主要实现代码如下所示。

```swift
import UIKit
class ViewController: UIViewController {
    @IBOutlet var progressBarView:UIProgressView!
    var progressBarTimer:NSTimer!

    override func viewDidLoad() {
        super.viewDidLoad()
        self.progressBarTimer = NSTimer.scheduledTimerWithTimeInterval(1.0, target: self, selector: "updateProgressBar", userInfo: nil, repeats: true)
    }
    override func didReceiveMemoryWarning() {
        super.didReceiveMemoryWarning()
    }
    func updateProgressBar(){
        self.progressBarView.progress += 0.1
        if(self.progressBarView.progress == 1.0)
        {
            self.progressBarView.removeFromSuperview()
        }
    }
}
```

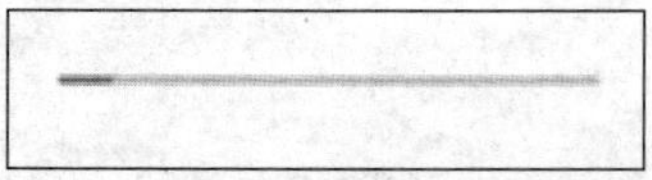

图7-62 执行效果

本实例执行后的效果如图7-62所示。

7.42.3 范例技巧——单独设置已走过进度的进度条颜色的方法

```
@property(nonatomic, retain) UIColor* progressTintColor;
```

7.43 设置UIProgressView的样式（Swift版）

范例7-43	设置UIProgressView的样式
源码路径	光盘\daima\第7章\7-43

7.43.1 范例说明

本实例十分简单，功能是基于Swift语言自定义设置ProgressBar控件的显示样式。

7.43.2 具体实现

视图文件ViewController.swift的主要实现代码如下所示。
```
import UIKit
class ViewController: UIViewController {
    var progressView:UIProgressView!;

    override func viewDidLoad() {
        super.viewDidLoad()
        progressView=UIProgressView(progressViewStyle:UIProgressViewStyle.Bar)
        progressView.center=view.center
        progressView.setProgress(0.5, animated: true)
        progressView.progressTintColor=UIColor.grayColor()
        progressView.trackTintColor=UIColor.redColor()
        self.view.addSubview(progressView)
    }
    override func didReceiveMemoryWarning() {
        super.didReceiveMemoryWarning()
    }
}
```
本实例执行效果如图7-63所示。

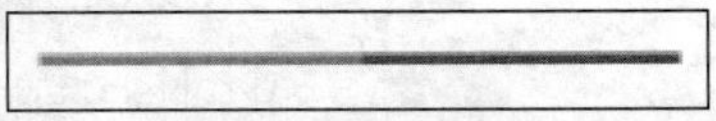

图7-63 执行效果

7.43.3 范例技巧——如何设置未走过进度的进度条颜色

```
@property(nonatomic, retain) UIColor* trackTintColor;
```

7.44 快速搜索系统（Swift版）

范例7-44	快速搜索系统
源码路径	光盘\daima\第7章\7-44

7.44.1 范例说明

本实例的功能是在表视图中使用UISearchBar控件，实现一个快速信息搜索系统。

7.44.2 具体实现

文件SearchTableViewController.swift的主要实现代码如下所示。
```
import UIKit
class SearchTableViewController: UITableViewController, UISearchResultsUpdating {
    //设置表视图中单元格的选项
    let teams = ["Arsenal", "Chelsea", "Everton", "Liverpool", "Manchester City", "Manchester United", "Newcastle", "Spurs", "Swansea"]
    var filtredTeams = [String]()
    var resultSeachController = UISearchController()
    override func viewDidLoad() {
        super.viewDidLoad()
        //启动一个空的UISearchController
        self.resultSeachController = UISearchController(searchResultsController: nil)
        self.resultSeachController.searchResultsUpdater = self
        self.resultSeachController.dimsBackgroundDuringPresentation = false
        self.resultSeachController.searchBar.sizeToFit()
        self.title = "BPL Teams"
        self.tableView.tableHeaderView = self.resultSeachController.searchBar
```

```
            self.tableView.reloadData()
    }
    override func didReceiveMemoryWarning() {
        super.didReceiveMemoryWarning()
    }
    // MARK: - 表视图资源
    override func numberOfSectionsInTableView(tableView: UITableView) -> Int {
        return 1
    }
    override func tableView(tableView: UITableView, numberOfRowsInSection section: Int)->Int {

        // 验证tSeachController 是否返回filtred 数组信息
        if self.resultSeachController.active {
            return self.filtredTeams.count
        } else {
            return self.teams.count
        }
    }
    override func tableView(tableView: UITableView, cellForRowAtIndexPath indexPath:
    NSIndexPath) -> UITableViewCell {
        let cell = tableView.dequeueReusableCellWithIdentifier("cell", forIndexPath:
        indexPath)

        if self.resultSeachController.active {
            cell.textLabel?.text = self.filtredTeams[indexPath.row]
        } else {
            cell.textLabel?.text = self.teams[indexPath.row]
        }
        return cell
    }
    // MARK: - 搜索结果改变
    func updateSearchResultsForSearchController(searchController: UISearchController) {

        //删除所有的filtredTeams条目
        self.filtredTeams.removeAll(keepCapacity: false)

        // 创建Predicate
        let searchPredicate = NSPredicate(format: "SELF CONTAINS[c] %@",
        searchController.searchBar.text!)
        //创建数组
        let array = (self.teams as NSArray).filteredArrayUsingPredicate(searchPredicate)
        // 从数组中获取新的filtredTeams
        self.filtredTeams = array as! [String]
        // 刷新载入TableView的数据
        self.tableView.reloadData()
    }
}
```

本实例执行后的效果如图7-64所示。在搜索表单中输入关键字后会显示搜索结果，如图7-65所示。

图7-64 执行效果

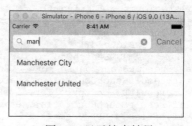

图7-65 显示搜索结果

7.44.3 范例技巧——4个搜索状态改变的关键函数

- -searchDisplayControllerWillBeginSearch:。
- -searchDisplayControllerDidBeginSearch:。
- -searchDisplayControllerWillEndSearch:。
- -searchDisplayControllerDidEndSearch:。

7.45 实现具有两个视图界面的搜索系统（Swift版）

范例7-45	实现具有两个视图界面的搜索系统
源码路径	光盘\daima\第7章\7-45

7.45.1 范例说明

本实例的功能是实现具有两个视图界面的搜索系统。其中文件MasterViewController.swift的功能是实现主视图界面，在顶部实现一个快速搜索框，在下方单元格中列表显示时间信息条目。文件DetailViewController.swift的功能是，当用户单击下方列表中的某个列表项后，会在新界面中显示这条信息的详情。

7.45.2 具体实现

文件DetailViewController.swift的主要实现代码如下所示。

```
import UIKit
class DetailViewController: UIViewController {
    @IBOutlet weak var detailDescriptionLabel: UILabel!
    var detailItem: AnyObject? {
        didSet {
            // 更新视图
            self.configureView()
        }
    }
    func configureView() {
        // 更新条目详情界面
        if let detail: AnyObject = self.detailItem {
            if let label = self.detailDescriptionLabel {
                label.text = detail.description
            }
        }
    }
    override func viewDidLoad() {
        super.viewDidLoad()
        self.configureView()
    }
    override func didReceiveMemoryWarning() {
        super.didReceiveMemoryWarning()
    }
}
```

本实例执行后的效果如图7-66所示。

图7-66 执行效果

7.45.3 范例技巧——显示和隐藏tableview的4种方法

- -searchDisplayController:willShowSearchResultsTableView:。
- -searchDisplayController:didShowSearchResultsTableView:。
- -searchDisplayController:willHideSearchResultsTableView:。
- -searchDisplayController:didHideSearchResultsTableView:。

第8章 图形、图像和动画实战

图形和图像永远是多媒体的重要组成部分，在智能设备中，图形、图像和动画处理也是极其重要的构成部分。本书前面的章节已经讲解了和图像有关的基本知识，本章将通过具体实例的实现流程，来详细讲解在iOS系统中处理图形、图像和动画的基本方法。

8.1 实现图像的模糊效果

范例8-1	展示了图像的正常模糊、超级模糊和不模糊着色3种效果
源码路径	光盘\daima\第8章\8-1

8.1.1 范例说明

本实例展示了图像的正常模糊、超级模糊和不模糊着色3种效果。当切换正常模糊和色彩模糊时，重新基于图像的大小和帧计数计算框架的过程。

8.1.2 具体实现

（1）启动Xcode 7，在故事板上方插入一个图片控件作为被操作的图像，在下方插入3个文本控件分别表示3种特效：正常模糊、超级模糊和不模糊着色。

（2）文件ANBlurredImageView.m定义了正常模糊、超级模糊和不模糊着色这3种特效的具体实现过程，分别设置了模糊效果的持续时间和动画效果的图像持续样式。文件ANBlurredImageView.m的具体实现代码如下所示。

```
#import "ANBlurredImageView.h"
#import "UIImage+BoxBlur.h"
@implementation ANBlurredImageView

- (id)initWithFrame:(CGRect)frame
{
    self = [super initWithFrame:frame];
    if (self) {
        // 初始化代码
    }
    return self;
}
//通过layoutSubviews处理子视图中的数据
-(void)layoutSubviews{
    [super layoutSubviews];
    _baseImage = self.image;
    [self generateBlurFramesWithCompletion:^{}];
    // 默认值
    self.animationDuration = 0.1f;
    self.animationRepeatCount = 1;
}

// 下载采样图像从而避免需要一个巨大的模糊图像
```

```objc
-(UIImage*)downsampleImage{
    NSData *imageAsData = UIImageJPEGRepresentation(self.baseImage, 0.001);
    UIImage *downsampledImaged = [UIImage imageWithData:imageAsData];
    return downsampledImaged;
}
#pragma mark -
#pragma mark Animation Methods
-(void)generateBlurFramesWithCompletion:(void(^)())completion{
    // 重置阵列
    _framesArray = [[NSMutableArray alloc]init];
    _framesReverseArray = [[NSMutableArray alloc]init];
//默认的帧数
//保持低值，防止产生巨大的性能问题
NSInteger frames = 5;
    if (_framesCount)
        frames = _framesCount;
    if (!_blurTintColor)
        _blurTintColor = [UIColor clearColor];
    // 设置blur值,如果为0~1不可用
    // If < 0, 重置为最小的 blur。 If > 1, 重置为最大的blur
    CGFloat blurLevel = _blurAmount;
    if (_blurAmount < 0.0f || !_blurAmount)
        blurLevel = 0.1f;
    if (_blurAmount > 1.0f)
        blurLevel = 1.0f;
    UIImage *downsampledImage = [self downsampleImage];
    //创建数组，设置每个图像为数组中的一个点
    for (int i = 0; i < frames; i++){
        UIImage *blurredImage = [downsampledImage
drn_boxblurImageWithBlur:((CGFloat)i/frames)*blurLevel withTintColor:[_blurTintColor
colorWithAlphaComponent:(CGFloat)i/frames *
CGColorGetAlpha(_blurTintColor.CGColor)]];
        if (blurredImage){
            //正常动画
            [_framesArray addObject:blurredImage];
            // 反转动画
            [_framesReverseArray insertObject:blurredImage atIndex:0];
        }
    }
    completion();
}
//设置模糊动画的持续时间
-(void)blurInAnimationWithDuration:(CGFloat)duration{
    // 设置时间
    self.animationDuration = duration;
    // 设置forwards 图像阵列
    self.animationImages = _framesArray;
    // 将图像的最后形象作为持续动画的最后
    [self setImage:[_framesArray lastObject]];
    // BOOM! Blur in.
    [self startAnimating];
}
-(void)blurOutAnimationWithDuration:(CGFloat)duration{
    // 设置持续时间
    self.animationDuration = duration;
        //设置反向图像数组
    self.animationImages = _framesReverseArray;
     //设置结束帧
    [self setImage:_baseImage];
    [self startAnimating];
}

-(void)blurInAnimationWithDuration:(CGFloat)duration
completion:(void(^)())completion{
    [self blurInAnimationWithDuration:duration];
    dispatch_time_t popTime = dispatch_time(DISPATCH_TIME_NOW, self.animationDuration
* NSEC_PER_SEC);
    dispatch_after(popTime, dispatch_get_main_queue(), ^(void){
        if(completion){
            completion();
```

```
        }
    });
}

-(void)blurOutAnimationWithDuration:(CGFloat)duration
completion:(void(^)())completion{
    [self blurOutAnimationWithDuration:duration];
    dispatch_time_t popTime = dispatch_time(DISPATCH_TIME_NOW, self.animationDuration * NSEC_PER_SEC);
    dispatch_after(popTime, dispatch_get_main_queue(), ^(void){
        if(completion){
            completion();
        }
    });
}
@end
```

（3）文件ANViewController.h和ANViewController.m是测试文件，调用了目录"Classes"中的样式来处理屏幕中的图像。其中文件ANViewController.h是接口文件。在文件ANViewController.m中监听用户触摸屏幕下方的3个文本，执行对应的3种模糊特效。

本实例执行后的效果如图8-1所示，超级模糊效果如图8-2所示。

正常模糊效果如图8-3所示。

图8-1 执行效果　　　　图8-2 超级模糊效果　　　　图8-3 正常模糊效果

8.1.3 范例技巧——iOS模糊功能的发展历程

从iOS 7系统开始，苹果改变了App的UI风格和动画效果，例如导航栏出现在屏幕上的效果。尤其是苹果在iOS 7中，使用了全新的雾玻璃效果（模糊特效）。不仅仅是导航栏，通知中心和控制中心也采用了这个特殊的视觉效果。但是苹果并没有在SDK中放入这个特效，程序员不得不使用自己的方法模拟这个效果，一直到iOS 8的出现。在iOS 8中，SDK中终于正式加入了这个特性，不但让程序员易于上手，而且性能表现也很优秀，苹果将之称为VisualEffects。在iOS系统中，通过控件UIVisualEffectView可以创建毛玻璃（Blur）效果，也就是实现模糊效果。

8.2 滚动浏览图片

范例8-2	滚动浏览图片
源码路径	光盘\daima\第8章\8-2

8.2.1 范例说明

本实例的功能是滚动浏览图片,使用3个UIImageView控件实现无限循环的图片轮播效果。

8.2.2 具体实现

(1)文件R0PageView.h是一个接口文件,定义了功能函数和属性对象,具体实现代码如下所示。

```
#import <UIKit/UIKit.h>
@class R0PageView;
@protocol R0PageViewDelegate <NSObject>
@optional
/**
 * 当被单击时调用,并且可以得到单击页码的下标
 */
- (void)pageViewDidClick:(R0PageView *)pageView atCurrentPage:(NSInteger)currentPage;
@end
@interface R0PageView : UIView
/**
 * 代理属性
 */
@property (weak, nonatomic) id<R0PageViewDelegate> delegate;
/**
 * 图片名称数组,传入之后会自动加载图片
 */
@property (strong, nonatomic) NSArray *imagesName;
/**
 * 当前页小圆点颜色,默认是白色
 */
@property (strong, nonatomic) UIColor *currentIndicatorColor;

/**
 * 其他页小圆点颜色,默认是亮灰色
 */
@property (strong, nonatomic) UIColor *pageIndicatorColor;
/**
 * 定时器执行时间间隔,默认是两秒。如果设置为0,则不自动滚动
 */
@property (assign, nonatomic) NSTimeInterval timerInterval;

/**
 * 返回R0PageView的对象
 */
+ (instancetype)pageView;
@end
```

(2)视图界面文件ViewController.h和ViewController.m是测试文件,其中在文件ViewController.m中载入了预置的4幅图片素材,调用前面定义的滚动功能实现对这4幅图片的滚动特效。

本实例执行后的效果如图8-4所示。

图8-4 执行效果

8.2.3 范例技巧——图像视图的作用

在iOS应用中,图像视图(UIImageView)用于显示图像。可以将图像视图加入到应用程序中,并用于向用户呈现信息。UIImageView实例还可以创建简单的基于帧的动画,其中包括开始、停止和设置动画播放速度的控件。在使用Retina屏幕的设备中,图像视图可利用其高分辨率屏幕。令开发人员兴奋的是,无需编写任何特殊代码,无需检查设备类型,而只需将多幅图像加入到项目中,图像视图即可在正确的时间加载正确的图像。

8.3 实现一个图片浏览器

范例8-3	实现一个图片浏览器
源码路径	光盘\daima\第8章\8-3

8.3.1 范例说明

本实例的功能是实现一个图片浏览器工具，在屏幕上方插入文本控件显示提示信息，并提供 "下一张"链接，在下方插入图片控件来循环显示指定的图像。文件ViewController.m中定义了5幅素材图片，通过 "userInteractionEnabled = YES"设置允许启动用户手势功能。然后通过_alpha调整图像的透明度，并调用函数next显示下一幅图像。

8.3.2 具体实现

（1）文件ViewController.h中定义了接口和功能函数，其具体实现代码如下所示。

```
#import <UIKit/UIKit.h>
@interface ViewController : UIViewController
@property (strong, nonatomic) IBOutlet UIImageView *iv1;
@property (strong, nonatomic) IBOutlet UIImageView *iv2;
- (IBAction)plus:(id)sender;
- (IBAction)minus:(id)sender;
- (IBAction)next:(id)sender;
@end
```

（2）文件ViewController.m的具体实现代码如下所示。

```
#import "ViewController.h"

@implementation ViewController{
 NSArray* _images;
 int _curImage;
 CGFloat _alpha;
}
- (void)viewDidLoad
{
 [super viewDidLoad];
 _curImage = 0;
 _alpha = 1.0;
 _images = @[@"lijiang.jpg", @"qiao.jpg", @"xiangbi.jpg"
     , @"shui.jpg", @"shuangta.jpg" ];
 // 启用iv1控件的用户交互，从而允许该控件能响应用户手势
 self.iv1.userInteractionEnabled = YES;
 // 创建一个轻击的手势检测器
 UITapGestureRecognizer *singleTap = [[UITapGestureRecognizer alloc]
     initWithTarget:self action:@selector(tapped:)];
 [self.iv1 addGestureRecognizer:singleTap]; // 为UIImageView添加手势检测器
}
- (IBAction)plus:(id)sender {
 _alpha += 0.02;
 // 如果透明度已经大于或等于1.0,将透明度设置为1.0
 if(_alpha >= 1.0)
 {
     _alpha = 1.0;
 }
 self.iv1.alpha = _alpha;  // 设置iv1控件的透明度
}
- (IBAction)minus:(id)sender {
 _alpha -= 0.02;
 // 如果透明度已经小于或等于0.0,将透明度设置为0.0
 if(_alpha <= 0.0)
 {
     _alpha = 0.0;
 }
```

```
     self.iv1.alpha = _alpha;    // 设置iv1控件的透明度
}
- (IBAction)next:(id)sender {
  // 控制iv1的image显示_images数组中的下一张图片
  self.iv1.image = [UIImage imageNamed:
      _images[++_curImage % _images.count]];
}
- (void) tapped:(UIGestureRecognizer *)gestureRecognizer
{
 UIImage* srcImage = self.iv1.image;    // 获取正在显示的原始位图
 // 获取用户手指在iv1控件上的触碰点
 CGPoint pt = [gestureRecognizer locationInView: self.iv1];
 // 获取正在显示的原图对应的CGImageRef
 CGImageRef sourceImageRef = [srcImage CGImage];
 // 获取图片实际大小与第一个UIImageView的缩放比例
 CGFloat scale = srcImage.size.width / 320;
 // 将iv1控件上触碰点的左边换算成原始图片上的位置
 CGFloat x = pt.x * scale;
 CGFloat y = pt.y * scale;
 if(x + 120  > srcImage.size.width)
 {
     x = srcImage.size.width - 140;
 }
 if(y + 120  > srcImage.size.height)
 {
     y = srcImage.size.height - 140;
 }
 // 调用CGImageCreateWithImageInRect函数获取
sourceImageRef中指定区域的图片
 CGImageRef newImageRef =
CGImageCreateWithImageInRect(sourceImageRef
    , CGRectMake(x,  y, 140, 140));
 // 让iv2控件显示newImageRef对应的图片
 self.iv2.image = [UIImage
imageWithCGImage:newImageRef];
}
@end
```

本实例执行后的效果如图8-5所示。

图8-5 执行效果

8.3.3 范例技巧——创建一个UIImageView的方法

UIImageView是用来放置图片的，当使用Interface Builder设计界面时，可以直接将控件拖进去并设置相关属性。在iOS应用程序中，有如下5种创建一个UIImageView对象的方法。

```
UIImageView *imageView1 = [[UIImageView alloc] init];
UIImageView *imageView2 = [[UIImageView alloc] initWithFrame:(CGRect)];
UIImageView *imageView3 = [[UIImageView alloc] initWithImage:(UIImage *)];
UIImageView *imageView4 = [[UIImageView alloc] initWithImage:(UIImage *)
highlightedImage:(UIImage *)];
UIImageView *imageView5 = [[UIImageView alloc] initWithCoder:(NSCoder *)];
```

其中比较常用的是前3种方法，当第4种方法 ImageView的highlighted属性是YES时，显示的就是参数highlightedImage，一般情况下显示的是第一个参数UIImage。

8.4 实现3个图片按钮（Swift版）

范例8-4	实现3个图片按钮
源码路径	光盘\daima\第8章\8-4

8.4.1 范例说明

本实例的功能是使用UIImageView控件实现3个图片按钮，具体实现流程如下所示。
（1）编写类文件ButtonWithImageAndTitleExtension.swift，功能是为UIButton和按钮图像设置标题，

并为每个图像按钮设置对应的标题。在本实现文件中通过case语句处理了Top、Bottom、Left和Right 4种位置的图标按钮。

（2）编写文件ViewController.swift，功能是调用类文件的功能，通过viewDidLoad()根据屏幕位置载入对应的按钮图像。

8.4.2 具体实现

文件ButtonWithImageAndTitleExtension.swift的具体实现代码如下所示。

```
import UIKit

extension UIButton {
    @objc func set(image anImage: UIImage?, title: NSString!, titlePosition:
UIViewContentMode, additionalSpacing: CGFloat, state: UIControlState){
        self.imageView?.contentMode = .Center
        self.setImage(anImage?, forState: state)

        positionLabelRespectToImage(title!, position: titlePosition, spacing: additionalSpacing)

        self.titleLabel?.contentMode = .Center
        self.setTitle(title?, forState: state)
    }

    private func positionLabelRespectToImage(title: NSString, position: UIViewContentMode,
spacing: CGFloat) {
        let imageSize = self.imageRectForContentRect(self.frame)
        let titleFont = self.titleLabel?.font!
        let titleSize = title.sizeWithAttributes([NSFontAttributeName: titleFont!])

        var titleInsets: UIEdgeInsets
        var imageInsets: UIEdgeInsets

        switch (position){
        case .Top:
            titleInsets = UIEdgeInsets(top: -(imageSize.height + titleSize.height +
spacing), left: -(imageSize.width), bottom: 0, right: 0)
            imageInsets = UIEdgeInsets(top: 0, left: 0, bottom: 0, right:
-titleSize.width)
        case .Bottom:
            titleInsets = UIEdgeInsets(top: (imageSize.height + titleSize.height +
spacing), left: -(imageSize.width), bottom: 0, right: 0)
            imageInsets = UIEdgeInsets(top: 0, left: 0, bottom: 0, right: -titleSize.width)
        case .Left:
            titleInsets = UIEdgeInsets(top:0, left: -(imageSize.width * 2), bottom:0, right:0)
            imageInsets = UIEdgeInsets(top: 0, left: 0, bottom: 0, right:
-(titleSize.width * 2 + spacing))
        case .Right:
            titleInsets = UIEdgeInsets(top: 0, left: 0, bottom: 0, right: -spacing)
            imageInsets = UIEdgeInsets(top: 0, left: 0, bottom: 0, right: 0)
        default:
            titleInsets = UIEdgeInsets(top: 0, left: 0, bottom: 0, right: 0)
            imageInsets = UIEdgeInsets(top: 0, left: 0, bottom: 0, right: 0)
        }

        self.titleEdgeInsets = titleInsets
        self.imageEdgeInsets = imageInsets
    }
}
```

本实例执行后将分别在屏幕顶部、中间和底部显示不同的按钮图标，如图8-6所示。

顶部按钮　　　　中间按钮　　　　底部按钮

图8-6 执行效果

8.4.3 范例技巧——属性frame与属性bounds

在8.3.3节介绍的创建UIImageView的5种方法中，第2种方法是在创建时就设定位置和大小。当以后想改变位置时，可以重新设定frame属性，代码如下所示。
```
imageView.frame = CGRectMake(CGFloat x, CGFloat y, CGFloat width, CGFloat heigth);
```
在此需要注意UIImageView还有一个bounds属性，设定该属性的代码如下所示。
```
imageView.bounds = CGRectMake(CGFloat x, CGFloat y, CGFloat width, CGFloat heigth);
```
这个属性跟frame有一点区别：frame属性用于设置其位置和大小，而bounds属性只能设置其大小，其参数中的x、y不起作用，即便是之前没有设定frame属性，控件最终的位置也不是bounds所设定的参数。bounds实现的是将UIImageView控件以原来的中心为中心进行缩放。例如有如下代码。
```
imageView.frame = CGRectMake(0, 0, 320, 460);
imageView.bounds = CGRectMake(100, 100, 160, 230);
```
执行之后，这个imageView的位置和大小是（80，115，160，230）。

8.5 在屏幕中绘制一个三角形

范例8-5	在屏幕中绘制一个三角形
源码路径	光盘\daima\第8章\8-5

8.5.1 范例说明

本实例的功能是在屏幕中绘制一个三角形。核心文件TestView.h中定义了三角形的3个CGPoint点对象firstPoint、secondPoint和thirdPoint，通过这3个点对象实现绘制功能。

8.5.2 具体实现

（1）编写文件ViewController.h，此文件的功能是布局视图界面中的元素。本实例比较简单，只用到了UIViewController，具体代码如下所示。
```
#import <UIKit/UIKit.h>
@interface ViewController : UIViewController
@end
```
（2）文件ViewController.m是文件ViewController.h的实现，具体代码如下所示。
```
#import "ViewController.h"
#import "TestView.h"
@implementation ViewController
- (void)didReceiveMemoryWarning
{
    [super didReceiveMemoryWarning];
    // 释放任何没有使用的缓存的数据、图像
}
#pragma mark - View lifecycle
- (void)viewDidLoad
{
    [super viewDidLoad];
    // 加载视图
    TestView *view = [[TestView alloc]initWithFrame:self.view.frame];
    self.view = view;
    [view release];
}
- (void)viewDidUnload
{
    [super viewDidUnload];
}
- (void)viewWillAppear:(BOOL)animated
{
    [super viewWillAppear:animated];
```

```
}
- (void)viewDidAppear:(BOOL)animated
{
    [super viewDidAppear:animated];
}
- (void)viewWillDisappear:(BOOL)animated
{
    [super viewWillDisappear:animated];
}
- (void)viewDidDisappear:(BOOL)animated
{
    [super viewDidDisappear:animated];
}
- (BOOL)shouldAutorotateToInterfaceOrientation:(UIInterfaceOrientation)interfaceOrientation
{
    // 返回支持的方向
    return (interfaceOrientation != UIInterfaceOrientationPortraitUpsideDown);
}
@end
```

本实例执行后的效果如图8-7所示。

8.5.3 范例技巧——在iOS中绘图的两种方式

iOS的视图可以通过drawRect自己绘图，每个View的Layer（CALayer）就像一个视图的投影。其实也可以来操作它定制一个视图，例如半透明圆角背景的视图。在iOS中绘图可以有以下两种方式。

（1）采用iOS的核心图形库。

（2）采用OpenGL ES。

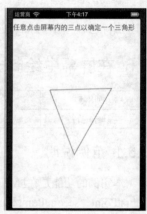

图8-7 执行效果

8.6 在屏幕中绘制一个三角形

范例8-6	使用CoreGraphic实现绘图操作
源码路径	光盘\daima\第8章\8-6

8.6.1 范例说明

本实例的功能是使用CoreGraphic控件实现绘图操作。在本例中定义了绘制各种常见图形的功能函数，例如矩形、文字、图片、直线和椭圆等，读者可以直接调用这些绘图函数。

8.6.2 具体实现

编写文件KView.m，在里面定义绘制各种常见图形的功能函数，例如矩形、文字、图片、直线和椭圆等，具体实现代码如下所示。

```
#import "KView.h"
#import "CGContextObject.h"
#import "RedGradientColor.h"
@interface KView ()
@property (nonatomic, strong) CGContextObject *contextObject;
@end
@implementation KView
- (instancetype)initWithFrame:(CGRect)frame {
    self = [super initWithFrame:frame];
    if (self) {
        self.backgroundColor = [UIColor clearColor];
    }
```

```objc
    return self;
}
- (void)drawRect:(CGRect)rect {
    [self type_Five];
}

- (void)type_One {
    CGFloat height = self.frame.size.height;
    // 获取操作句柄
    _contextObject = [[CGContextObject alloc] initWithCGContext:UIGraphicsGetCurrentContext()];
    // 开始绘图
    for (int count = 0; count < 6; count++) {
        // 获取随机高度
        CGFloat lineHeight = arc4random() % (int)(height - 20);
        // 绘制矩形
        [_contextObject drawFillBlock:^(CGContextObject *contextObject) {
            _contextObject.fillColor = [RGBColor randomColorWithAlpha:1];
            [contextObject addRect:CGRectMake(count * 30, height - lineHeight, 15, lineHeight)];

        }];
        // 绘制文字
        [_contextObject drawString:[NSString stringWithFormat:@"%.f", lineHeight]
                           atPoint:CGPointMake(2 + count * 30, height - lineHeight - 12)
                    withAttributes:@{NSFontAttributeName          : [UIFont fontWithName:@"AppleSDGothicNeo-UltraLight" size:10.f],
                                     NSForegroundColorAttributeName : [UIColor grayColor]}];
        // 绘制图片
        [_contextObject drawImage:[UIImage imageNamed:@"source"] inRect:CGRectMake(count * 30, height - lineHeight, 15, 15)];
    }
}
- (void)type_two {
    CGFloat height = self.frame.size.height;
    _contextObject = [[CGContextObject alloc] initWithCGContext:UIGraphicsGetCurrentContext()];
    // 绘制直线(Stroke)
    [_contextObject drawStrokeBlock:^(CGContextObject *contextObject) {
        _contextObject.strokeColor = [RGBColor randomColorWithAlpha:1];
        _contextObject.lineWidth   = 2;
        [_contextObject moveToStartPoint:CGPointMake(10, 10)];
        [_contextObject addLineToPoint:CGPointMake(height, height)];
    }];
    // 绘制矩形(Stroke)
    [_contextObject drawStrokeBlock:^(CGContextObject *contextObject) {
        _contextObject.strokeColor = [RGBColor randomColorWithAlpha:1];
        _contextObject.lineWidth   = 1.f;
        [_contextObject addRect:CGRectMake(0, 0, 100, 100)];
    }];
    // 绘制椭圆(Stroke)
    [_contextObject drawStrokeBlock:^(CGContextObject *contextObject) {
        _contextObject.strokeColor = [RGBColor randomColorWithAlpha:1];
        _contextObject.lineWidth   = 1.f;
        _contextObject.fillColor   = [RGBColor randomColorWithAlpha:1];
        [_contextObject addEllipseInRect:CGRectMake(0, 0, 100, 100)];
    }];
    // 绘制椭圆(Fill)
    [_contextObject drawFillBlock:^(CGContextObject *contextObject) {

        _contextObject.fillColor = [RGBColor randomColorWithAlpha:1];
        [_contextObject addEllipseInRect:CGRectMake(10, 10, 30, 30)];
    }];
    // 绘制椭圆(Stroke + Fill)
    [_contextObject drawStrokeAndFillBlock:^(CGContextObject *contextObject) {
        _contextObject.fillColor   = [RGBColor randomColorWithAlpha:1];
        _contextObject.strokeColor = [RGBColor randomColorWithAlpha:1];
        _contextObject.lineWidth   = 4.f;
        [_contextObject addEllipseInRect:CGRectMake(70, 70, 100, 100)];
```

```objectivec
        }];
        // 绘制文本
        [_contextObject drawString:@"YouXianMing" atPoint:CGPointZero withAttributes:nil];
}
- (void)type_Three {
    // 获取操作句柄
    _contextObject = [[CGContextObject alloc] initWithCGContext:UIGraphicsGetCurrentContext()];
    // 绘制二次贝塞尔曲线
    [_contextObject drawStrokeBlock:^(CGContextObject *contextObject) {
        _contextObject.strokeColor = [RGBColor randomColorWithAlpha:1];
        _contextObject.lineWidth   = 2;
        [_contextObject moveToStartPoint:CGPointMake(0, 100)];
        [_contextObject addCurveToPoint:CGPointMake(200, 100) controlPointOne:CGPointMake(50, 0) controlPointTwo:CGPointMake(150, 200)];
    } closePath:NO];
    // 绘制一次贝塞尔曲线
    [_contextObject drawStrokeBlock:^(CGContextObject *contextObject) {
        _contextObject.strokeColor = [RGBColor randomColorWithAlpha:1];
        _contextObject.lineWidth   = 1;

        [_contextObject moveToStartPoint:CGPointMake(100, 0)];
        [_contextObject addQuadCurveToPoint:CGPointMake(100, 200) controlPoint:CGPointMake(0, arc4random() % 200)];
    } closePath:NO];
    // 绘制图片
    [_contextObject drawImage:[UIImage imageNamed:@"source"] atPoint:CGPointZero];
}
- (void)type_Four {
    // 获取操作句柄
    _contextObject = [[CGContextObject alloc] initWithCGContext:UIGraphicsGetCurrentContext()];
    // 绘制彩色矩形1
    GradientColor *color1 = [GradientColor createColorWithStartPoint:CGPointMake(100, 100) endPoint:CGPointMake(200, 200)];
    [_contextObject drawLinearGradientAtClipToRect:CGRectMake(100, 100, 100, 100) gradientColor:color1];
    // 绘制彩色矩形2
    GradientColor *color2 = [RedGradientColor createColorWithStartPoint:CGPointMake(0, 0) endPoint:CGPointMake(0, 100)];
    [_contextObject drawLinearGradientAtClipToRect:CGRectMake(0, 0, 100, 100) gradientColor:color2];
}
- (void)type_Five {
    CGFloat height = self.frame.size.height;
    // 获取操作句柄
    _contextObject = [[CGContextObject alloc] initWithCGContext:UIGraphicsGetCurrentContext()];
    // 开始绘图
    for (int count = 0; count < 50; count++) {
        // 获取随机高度
        CGFloat lineHeight = arc4random() % (int)(height - 20);
        if (lineHeight > 100) {
            GradientColor *color = [RedGradientColor createColorWithStartPoint:CGPointMake(count * 4, height - lineHeight) endPoint:CGPointMake(count * 4, height)];
            [_contextObject drawLinearGradientAtClipToRect:CGRectMake(count * 4, height - lineHeight, 2, lineHeight) gradientColor:color];

        } else {
            GradientColor *color = [GradientColor createColorWithStartPoint:CGPointMake(count * 4, height - lineHeight) endPoint:CGPointMake(count * 4, height)];
            [_contextObject drawLinearGradientAtClipToRect:CGRectMake(count * 4, height - lineHeight, 2, lineHeight) gradientColor:color];
        }
    }
}
@end
```

本实例执行后的效果如图8-8所示。

图8-8 执行效果

8.6.3 范例技巧——iOS的核心图形库的绘图原理

iOS的核心图形库是Core Graphics，缩写为CG。其原理主要是通过核心图形库和UIKit进行封装，使其更加贴近我们经常操作的视图（UIView）或者窗体（UIWindow）。例如前面提到的 drawRect，我们只负责在drawRect里进行绘图即可，没有必要去关注界面的刷新频率，至于什么时候调用drawRect都由iOS的视图绘制功能来管理。

8.7 绘制移动的曲线（Swift版）

范例8-7	使用Quartz 2D绘制移动的曲线
源码路径	光盘\daima\第8章\8-7

8.7.1 范例说明

在下面的内容中，将通过一个具体实例的实现过程，详细讲解基于Swift使用Quartz 2D绘制移动的曲线的过程。

8.7.2 具体实现

（1）打开Main.storyboard，为本工程设计一个视图界面，然后编写视图文件ViewController.swift，设置项目执行后载入绘制视图界面，具体实现代码如下所示。

```
import UIKit
class ViewController: UIViewController {
  var timerSource: dispatch_source_t = 0;
  let deltaTMsec:UInt64 = 10;
  override func viewDidLoad() {
    super.viewDidLoad()
    let graphicsView = (view as! GraphicsView)
    graphicsView.createPoints()
    var l:Int8 = 12
    var q = dispatch_queue_create(&l, DISPATCH_QUEUE_SERIAL)
    timerSource = dispatch_source_create(DISPATCH_SOURCE_TYPE_TIMER, 0, 0, q)
    dispatch_source_set_timer(timerSource, dispatch_time(DISPATCH_TIME_NOW, 0),
deltaTMsec*NSEC_PER_MSEC, 0);
    dispatch_source_set_event_handler(timerSource, {
       dispatch_async(dispatch_get_main_queue(), {
         graphicsView.movePoints(CGFloat(self.deltaTMsec)/1000.0)
       });
    });
    dispatch_resume(timerSource);
  }
  override func didReceiveMemoryWarning() {
    super.didReceiveMemoryWarning()
  }
}
```

（2）编写文件GraphicsView.swift，调用Quartz 2D绘制二维曲线。通过函数drawRect绘制曲线，通过函数movePoints移动绘制点。

执行后将在屏幕中绘制一个移动的二维曲线，如图8-9所示。

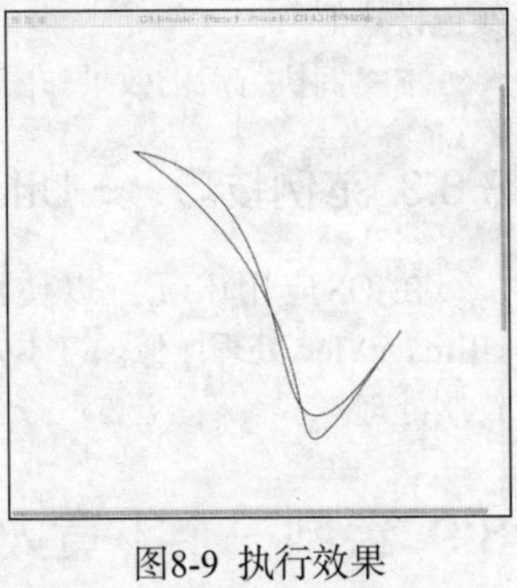

图8-9 执行效果

8.7.3 范例技巧——OpenGL ES绘图方式的原理

OpenGL ES经常用在游戏等需要对界面进行高频刷新和自由控制的程序中，通俗地理解就是其更加贴近直接对屏幕的操控。在很多游戏编程中可能不需要一层一层的框框，可以直接在界面上绘制，并且通过多个内存缓存绘制来让画面更加流畅。由此可见，OpenGL ES完全可以作为视图机制的底层图形引擎。

8.8 在屏幕中实现颜色选择器/调色板功能

范例8-8	在屏幕中实现颜色选择器/调色板功能
源码路径	光盘\daima\第8章\8-8

8.8.1 范例说明

本实例的功能是在屏幕中实现颜色选择器/调色板功能，可以十分简单地使用颜色选择器。在本实例中没有用到任何图片素材，在颜色选择器上面可以根据饱和度（saturation）和亮度（brightness）来选择某个色系，十分类似于PhotoShop上的颜色选择器。

8.8.2 具体实现

（1）编写文件ILColorPickerDualExampleControllerr.m，此文件的功能是实现一个随机颜色效果，具体实现代码如下所示。

```
#import "ILColorPickerDualExampleController.h"
@implementation ILColorPickerDualExampleController
#pragma mark - View lifecycle
- (void)viewDidLoad
{
    [super viewDidLoad];
    // 建立一个随机颜色
    UIColor *c=[UIColor colorWithRed:(arc4random()%100)/100.0f
                            green:(arc4random()%100)/100.0f
                            blue:(arc4random()%100)/100.0f
                            alpha:1.0];
    colorChip.backgroundColor=c;
    colorPicker.color=c;
    huePicker.color=c;
}
#pragma mark - ILSaturationBrightnessPickerDelegate implementation

-(void)colorPicked:(UIColor *)newColor
forPicker:(ILSaturationBrightnessPickerView *)picker
{
    colorChip.backgroundColor=newColor;
}
@end
```

（2）编写文件UIColor+GetHSB.m，此文件通过CGColorSpaceModel设置了颜色模式值。

本实例执行后的效果如图8-10所示。

图8-10 执行效果

8.8.3 范例技巧——UIImageView和Core Graphics都可以绘图

在iOS应用中，可以使用UIImageView来处理图像，在本书前面的内容中已经讲解了使用UIImageView处理图像的基本知识。其实除了UIImageView外，还可以使用Core Graphics实现对图像的绘制处理。

8.9 绘制一个小黄人图像

范例8-9	绘制一个小黄人图像
源码路径	光盘\daima\第8章\8-9

8.9.1 范例说明

本实例的功能是利用CoreGraphics绘制一个小黄人图像。

8.9.2 具体实现

（1）编写视图文件ViewController.m，在加载时通过动画样式显示屏幕中的图像，具体实现代码如下所示。

```
#import "ViewController.h"
#import "Circle.h"
@interface ViewController ()
{
    Circle *circle;
}
@end

@implementation ViewController
- (void)viewDidLoad {
    [super viewDidLoad];
}
-(void)touchesBegan:(NSSet *)touches withEvent:(UIEvent *)event
{
    /* 开始动画 */
    [UIView beginAnimations:@"clockwiseAnimation" context:NULL];
    /* Make the animation 5 seconds long */
    [UIView setAnimationDuration:3];
    [UIView setAnimationRepeatCount:100];
    [UIView setAnimationDelegate:self];
    [UIView setAnimationRepeatAutoreverses:NO];
    //停止动画时候调用clockwiseRotationStopped方法
//    [UIView setAnimationDidStopSelector:@selector(clockwiseRotationStopped:
finished:context:)];
    //顺时针旋转90度
    circle.transform = CGAffineTransformMakeRotation( M_PI*1.75);
    /* Commit the animation */
    [UIView commitAnimations];

}
- (void)didReceiveMemoryWarning {
    [super didReceiveMemoryWarning];
    // Dispose of any resources that can be recreated.
}

@end
```

（2）编写文件HumanView.m，功能是创建并实现小黄人对象，在屏幕中分别绘制小黄人身体的各个部分。

本实例执行后的效果如图8-11所示。

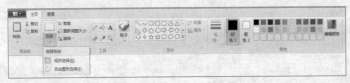

图8-11 执行效果

8.9.3 范例技巧——绘图中的坐标系

在iOS的众多绘图功能中，OpenGL和Direct X等是到处都能看到的，所以在本书中不再赘述了，本书的侧重点是如何通过绘图机制来定制视图。先来看看Windows自带的画图器（我觉得它就是对原始画图工具的最直接体现），如图8-12所示。

图8-12 Windows自带的画图器

如果会用绘图器来绘制线条、形状、文字，选择颜色，并且可以填充颜色，那么iOS中的绘图机制也可以做得到这些功能，只是用程序绘制的时候需要牢牢记住这个画图板。如果要绘图，最起码得有一个面板。在iOS绘图中，面板是一个画图板（Graphics Contexts）。所有画图板需要先规定一下，否则计算机的画图都需要用数字告诉人家。在 iOS的2D绘图中采用的就是直角坐标系，即原点在左下方，右上方为正轴，这里和视图（UIView）中布局的坐标系是不一样的，它的圆点在左上方，右下方为正轴。当在视图的drawRect中工作的时候拿到的画板已经是左上坐标的了，这时候把一个有自己坐标体系的内容直接绘制出来，就会出现坐标不一致的问题，例如直接绘制图片就会倒立（后面会介绍坐标变换的一些内容，在这里不要急）。

8.10 实现图片、文字以及翻转效果

范例8-10	利用CALayer实现UIView图片、文字以及翻转效果
源码路径	光盘\daima\第8章\8-10

8.10.1 范例说明

本实例的功能是利用CALayer实现UIView图片、文字以及翻转效果。首先利用函数setImage设置一幅指定的图片，并监听用户对屏幕的操作动作，监听到滑动动作时将实现翻转操作。然后通过函数drawLayer在屏幕中绘制一幅图像。

8.10.2 具体实现

（1）编写视图文件ViewController.m，利用函数setImage设置一幅指定的图片，并监听用户对屏幕的操作动作，监听到滑动动作时将实现翻转操作，具体实现代码如下所示。

```objc
#import "ViewController.h"
#import <QuartzCore/QuartzCore.h>
#import "DelegateView.h"
@interface ViewController ()
@property (strong, nonatomic) DelegateView *delegateView;
@end
@implementation ViewController

- (void)viewDidLoad {
    [super viewDidLoad];
    [self setImage];
}

- (void)setImage
{
    UIImage *image = [UIImage imageNamed:@"pushing"];
    self.view.layer.contentsScale = [[UIScreen mainScreen] scale];
    self.view.layer.contentsGravity = kCAGravityCenter;
    self.view.layer.contents = (id)[image CGImage];
    
    UITapGestureRecognizer *tap = [[UITapGestureRecognizer alloc] initWithTarget:self action:@selector(performFlip)];
    [self.view addGestureRecognizer:tap];
}

- (void)performFlip
{
    self.delegateView = [[DelegateView alloc] initWithFrame:self.view.frame];
    [UIView transitionFromView:self.view toView:self.delegateView duration:1 options:UIViewAnimationOptionTransitionFlipFromRight completion:nil];
    UITapGestureRecognizer *tap = [[UITapGestureRecognizer alloc] initWithTarget:self action:@selector(performFlipBack)];
    [self.delegateView addGestureRecognizer:tap];
```

}
- (void)performFlipBack
{
    [UIView transitionFromView:self.delegateView toView:self.view duration:1
options:UIViewAnimationOptionTransitionFlipFromRight completion:nil];
}

@end

（2）编写接口对象文件DelegateView.m，通过函数drawLayer在屏幕中绘制一幅图像。
本实例执行后的效果如图8-13所示。

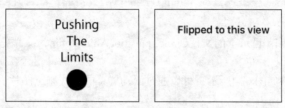

图8-13 执行效果

8.10.3 范例技巧——绘图系统的画图板原理

在Windows画图板里面至少能看到一个画图板，在iOS绘图中其实也有一个"虚拟"的画图板（Graphics Contexts），所有的绘图操作都在这个画图板里面操作。在视图（UIView）的drawRect中操作时，其实视图引擎已经帮我们准备好了画板，甚至当前线条的粗细和当前绘制的颜色等都给传递过来了，我们只需要"接"到这个画图板，然后拿起各种绘图工具绘图就可以了。

8.11 滑动展示不同的图片

范例8-11	滑动展示不同的图片
源码路径	光盘\daima\第8章\8-11

8.11.1 范例说明

本实例的功能是滑动展示不同的图片，这些图片都是系统内置的。首先在"controller"目录下编写视图文件ViewController.m，功能是创建一个视图控制器，在里面设置引用两个视图容器。Alpha值为1表明下面层的内容，而内容0隐藏下的α值。然后在"viewModel"目录下编写文件CircleTransitionAnimator.m，功能是设置一个圆来激活动画视图，并自定义实现动画效果。

8.11.2 具体实现

（1）首先看"controller"目录下的视图文件ViewController.m，创建一个视图控制器，在里面设置引用两个视图容器。Alpha值为1表明下面层的内容，而内容0隐藏下的α值。文件ViewController.m的具体实现代码如下所示。

```
#import "ViewController.h"
@interface ViewController ()
@end
@implementation ViewController
- (void)viewDidLoad {
    [super viewDidLoad];
}
- (void)didReceiveMemoryWarning {
    [super didReceiveMemoryWarning];
```

```
}
- (IBAction)didTap:(id)sender {
   if (self.navigationController.viewControllers.count>1) {
      [self.navigationController popViewControllerAnimated:YES];
      return;
   }
    ViewController * vc2 =[[ViewController alloc]initWithNibName:@"ViewController"
bundle:[NSBundle mainBundle]];
   vc2.view.backgroundColor =[UIColor colorWithRed:1.000 green:0.000 blue:0.502
alpha:1.000];
   vc2.imageView.image = [UIImage imageNamed:@"b.jpg"];
   [self.navigationController pushViewController:vc2 animated:YES];
}
@end
```

（2）再看"viewModel"目录下的文件CircleTransitionAnimator.m，设置一个圆来激活动画视图，并自定义实现动画效果。

本实例执行后的效果如图8-14所示，可以通过滑动屏幕的方式浏览图片。

图8-14 执行效果

8.11.3 范例技巧——什么是图层

UIView与图层（CALayer）相关，UIView实际上不是将其自身绘制到屏幕，而是将自身绘制到图层，然后图层在屏幕上显示出来。iOS系统不会频繁地重画视图，而是将绘图缓存起来，这个缓存版本的绘图在需要时就被使用。缓存版本的绘图实际上就是图层。理解了图层就能更深入地理解视图，图层使视图看起来更强大。

8.12 演示CALayers图层的用法（Swift版）

范例8-12	演示CALayers图层的用法（Swift版）
源码路径	光盘\daima\第8章\8-12

8.12.1 范例说明

在下面的内容中，将通过一个具体实例的实现过程，详细讲解基于Swift语言使用CALayers图层的过程。

8.12.2 具体实现

打开Main.storyboard，为本工程设计一个视图界面。在视图文件ViewController.swift中分别实现圆角、边框、阴影和动画效果，具体实现代码如下所示。

```swift
import UIKit
class ViewController: UIViewController {
    override func viewDidLoad() {
        super.viewDidLoad()
        setup()
    }
    override func didReceiveMemoryWarning() {
        super.didReceiveMemoryWarning()
        // Dispose of any resources that can be recreated.
    }
    func setup(){
        let redLayer = CALayer()
        redLayer.frame = CGRectMake(50, 50, 300, 50)
        redLayer.backgroundColor = UIColor.redColor().CGColor
        
        // 圆角
        redLayer.cornerRadius = 15
        
        //设置边框
        redLayer.borderColor = UIColor.blackColor().CGColor
        redLayer.borderWidth = 2.5
        
        // 设置阴影
        redLayer.shadowColor = UIColor.blackColor().CGColor
        redLayer.shadowOpacity = 0.8
        redLayer.shadowOffset = CGSizeMake(5, 5)
        redLayer.shadowRadius = 3
        
        self.view.layer.addSublayer(redLayer)
        
        let imageLayer = CALayer()
        let image = UIImage(named: "ButterflySmall.jpg")!
        imageLayer.contents = image.CGImage
        
        imageLayer.frame = CGRect(x: 50, y: 150, width: image.size.width, height: image.size.height)
        imageLayer.contentsGravity = kCAGravityResizeAspect
        imageLayer.contentsScale = UIScreen.mainScreen().scale
        
        imageLayer.shadowColor = UIColor.blackColor().CGColor
        imageLayer.shadowOpacity = 0.8
        imageLayer.shadowOffset = CGSizeMake(5, 5)
        imageLayer.shadowRadius = 3
        self.view.layer.addSublayer(imageLayer)
        // 使用"cornerRadius"创建一个空白动画
        let animation = CABasicAnimation(keyPath: "cornerRadius")
         //设置初始值
        animation.fromValue = redLayer.cornerRadius
         // 完成值
        animation.toValue = 0
        // 设置动画重复值
        animation.repeatCount = 10
        //添加动画层
        redLayer.addAnimation(animation, forKey: "cornerRadius")
    }
}
```

本实例执行后的效果如图8-15所示。

图8-15 执行效果

8.12.3 范例技巧——图层有影响绘图效果的属性

由于图层是视图绘画的接收者和呈现者，因此可以通过访问图层属性来修改视图的屏幕显示。换言之，通过访问图层，可以让视图达到仅仅通过UIView方法无法达到的效果。

8.13 使用图像动画

范例8-13	在屏幕中联合使用图像动画、滑块和步进控件
源码路径	光盘\daima\第8章\8-13

8.13.1 范例说明

经过本章前面内容的学习我们了解到，图像视图可以显示图像文件和简单动画，而滑块让用户能够以可视化方式从指定范围内选择一个值。我们将在一个名为"lianhe"的应用程序中结合使用它们。在这个项目中，将使用一系列图像和一个图像视图（UIImageView）实例创建一个循环动画，还将使用一个滑块（UISlider）让用户能够设置动画的播放速度。动画的内容是一个跳跃的小兔子，可以控制每秒跳多少次。跳跃速度通过滑块设置，并显示在一个标签（UILabel）中；步进控件提供了另一种以特定的步长调整速度的途径。用户还可使用按钮（UIButton）开始或停止播放动画。在下面的内容中，将通过一个具体实例的实现过程，来演示联合使用图像动画、滑块和步进控件的方法。本实例将使用这些新UI元素（和一些介绍过的控件）来创建一个用户控制的动画。

8.13.2 具体实现

文件 ViewController.m的具体实现代码如下所示。

```
#import "ViewController.h"

@implementation ViewController
@synthesize bunnyView1;
@synthesize bunnyView2;
@synthesize bunnyView3;
@synthesize bunnyView4;
@synthesize bunnyView5;
@synthesize speedSlider;
@synthesize speedStepper;
@synthesize hopsPerSecond;
@synthesize toggleButton;

- (void)didReceiveMemoryWarning
{
    [super didReceiveMemoryWarning];
    // Release any cached data, images, etc that aren't in use.
}

#pragma mark - View lifecycle

- (void)viewDidLoad
{
    NSArray *hopAnimation;
    hopAnimation=[[NSArray alloc] initWithObjects:
            [UIImage imageNamed:@"frame-1.png"],
            [UIImage imageNamed:@"frame-2.png"],
            [UIImage imageNamed:@"frame-3.png"],
            [UIImage imageNamed:@"frame-4.png"],
            [UIImage imageNamed:@"frame-5.png"],
            [UIImage imageNamed:@"frame-6.png"],
            [UIImage imageNamed:@"frame-7.png"],
            [UIImage imageNamed:@"frame-8.png"],
            [UIImage imageNamed:@"frame-7.png"],
            [UIImage imageNamed:@"frame-10.png"],
            [UIImage imageNamed:@"frame-11.png"],
            [UIImage imageNamed:@"frame-12.png"],
            [UIImage imageNamed:@"frame-13.png"],
```

```objc
                    [UIImage imageNamed:@"frame-14.png"],
                    [UIImage imageNamed:@"frame-15.png"],
                    [UIImage imageNamed:@"frame-16.png"],
                    [UIImage imageNamed:@"frame-17.png"],
                    [UIImage imageNamed:@"frame-18.png"],
                    [UIImage imageNamed:@"frame-17.png"],
                    [UIImage imageNamed:@"frame-23.png"],
                    nil
                    ];
    self.bunnyView1.animationImages=hopAnimation;
    self.bunnyView2.animationImages=hopAnimation;
    self.bunnyView3.animationImages=hopAnimation;
    self.bunnyView4.animationImages=hopAnimation;
    self.bunnyView5.animationImages=hopAnimation;
    self.bunnyView1.animationDuration=1;
    self.bunnyView2.animationDuration=1;
    self.bunnyView3.animationDuration=1;
    self.bunnyView4.animationDuration=1;
    self.bunnyView5.animationDuration=1;
    [super viewDidLoad];
}

- (void)viewDidUnload
{
    [self setBunnyView1:nil];
    [self setBunnyView2:nil];
    [self setBunnyView3:nil];
    [self setBunnyView4:nil];
    [self setBunnyView5:nil];
    [self setSpeedSlider:nil];
    [self setSpeedStepper:nil];
    [self setHopsPerSecond:nil];
    [self setToggleButton:nil];
    [super viewDidUnload];
    // Release any retained subviews of the main view.
    // e.g. self.myOutlet = nil;
}

- (void)viewWillAppear:(BOOL)animated
{
    [super viewWillAppear:animated];
}

- (void)viewDidAppear:(BOOL)animated
{
    [super viewDidAppear:animated];
}

- (void)viewWillDisappear:(BOOL)animated
{
    [super viewWillDisappear:animated];
}

- (void)viewDidDisappear:(BOOL)animated
{
    [super viewDidDisappear:animated];
}

- (BOOL)shouldAutorotateToInterfaceOrientation:(UIInterfaceOrientation)interfaceOrientation
{
    // Return YES for supported orientations
    return (interfaceOrientation != UIInterfaceOrientationPortraitUpsideDown);
}

- (IBAction)toggleAnimation:(id)sender {
    if (bunnyView1.isAnimating) {
        [self.bunnyView1 stopAnimating];
        [self.bunnyView2 stopAnimating];
        [self.bunnyView3 stopAnimating];
```

```
            [self.bunnyView4 stopAnimating];
            [self.bunnyView5 stopAnimating];
            [self.toggleButton setTitle:@"跳跃!"
                            forState:UIControlStateNormal];
        } else {
            [self.bunnyView1 startAnimating];
            [self.bunnyView2 startAnimating];
            [self.bunnyView3 startAnimating];
            [self.bunnyView4 startAnimating];
            [self.bunnyView5 startAnimating];
            [self.toggleButton setTitle:@"停下!"
                            forState:UIControlStateNormal];
        }
    }

    - (IBAction)setSpeed:(id)sender {
        NSString *hopRateString;

        self.bunnyView1.animationDuration=2-self.speedSlider.value;
        self.bunnyView2.animationDuration=
        self.bunnyView1.animationDuration+((float)(rand()%11+1)/10);
        self.bunnyView3.animationDuration=
        self.bunnyView1.animationDuration+((float)(rand()%11+1)/10);
        self.bunnyView4.animationDuration=
        self.bunnyView1.animationDuration+((float)(rand()%11+1)/10);
        self.bunnyView5.animationDuration=
        self.bunnyView1.animationDuration+((float)(rand()%11+1)/10);

        [self.bunnyView1 startAnimating];
        [self.bunnyView2 startAnimating];
        [self.bunnyView3 startAnimating];
        [self.bunnyView4 startAnimating];
        [self.bunnyView5 startAnimating];

        [self.toggleButton setTitle:@"Sit Still!"
                        forState:UIControlStateNormal];

        hopRateString=[[NSString alloc]
                    initWithFormat:@"%1.2f hps",1/(2-self.speedSlider.value)];
        self.hopsPerSecond.text=hopRateString;
    }

    - (IBAction)setIncrement:(id)sender {
        self.speedSlider.value=self.speedStepper.value;
        [self setSpeed:nil];
    }

@end
```

在调用setSpeed时,传递了参数nil。默认情况下,操作方法接受一个sender参数,该参数被自动设置为触发操作的对象。这样,操作便可查看sender,并做出相应的响应。在setSpeed中,从未使用sender,因此只需将其设置为nil,以满足调用该方法的要求即可。

到此为止,整个实例介绍完毕。单击Xcode工具栏中的"Run"按钮,几秒钟后,应用程序"lianhe"将启动,初始效果如图8-16所示,跳跃后的效果如图8-17所示。

图8-16 初始效果

图8-17 跳跃后的效果

8.13.3 范例技巧——需要提前考虑的两个问题

在具体实现之前,需要考虑如下两个问题。

(1)动画是使用一系列图像创建的。在这个项目中提供了一个20帧的动画,当然读者也可以使用自己的图像。

(2)虽然滑块和步进控件让用户能够以可视化方式输入指定范围内的值,但对其如何设置该值您没有太大的控制权。例如最小值必须小于最大值,但是无法控制沿哪个方向拖曳滑块将增大或减小设置的值。这些局限性并非障碍,而只是意味着可能需要做一些计算(或试验)才能获得所需的行为。

8.14 实现UIView分类动画效果

范例8-14	实现UIView分类动画效果
源码路径	光盘\daima\第8章\8-14

8.14.1 范例说明

本实例的功能是实现UIView分类动画效果,在文件UIView+Animation.h中定义了各种动画效果的功能函数接口,可以为任意UI控件添加动画效果。

8.14.2 具体实现

文件UIView+Animation.h的具体实现代码如下所示。

```
#import <UIKit/UIKit.h>
@interface UIView (Animation)
@property (nonatomic, assign) CGFloat x;
@property (nonatomic, assign) CGFloat y;
@property (nonatomic, assign) CGFloat width;
@property (nonatomic, assign) CGFloat height;
/**
 *  上部弹入
 *  @param duration 用时(秒)
 */
- (void)bounceUpWithDuration:(NSTimeInterval)duration;
/**
 *  下部弹入
 *  @param duration 用时(秒)
 */
- (void)bounceDownWithDuration:(NSTimeInterval)duration;
/**
 *  左侧弹入
 *  @param duration 用时(秒)
 */
- (void)bounceLeftWithDuration:(NSTimeInterval)duration;
/**
 *  右侧弹入
 *  @param duration 用时(秒)
 */
- (void)bounceRightWithDuration:(NSTimeInterval)duration;
/**
 *  缓慢变化(建议使用圆形图片)
 *  @param duration 用时(秒)
 */
- (void)slowBubbleWithDuraiton:(NSTimeInterval)duration;
/**
 *  闪烁效果
 *  @param duration 用时(秒)
 */
```

```objc
- (void)flashWithDuration:(NSTimeInterval)duration;
/**
 *  气泡消失
 *  @param duration 用时(秒)
 */
- (void)bubbleOutWithDuration:(NSTimeInterval)duration;
/**
 *  气泡效果
 *  @param duration 用时(秒)
 */
- (void)bubbleWithDuration:(NSTimeInterval)duration;
/**
 *  左侧滑出
 *
 *  @param duration 用时(秒)
 */
- (void)fadeoutLeftWithDuration:(NSTimeInterval)duration;
/**
 *  右侧滑出
 *  @param duration 用时(秒)
 */
- (void)fadeOutRightWithDuration:(NSTimeInterval)duration;
/**
 *  熄灭效果
 *
 *  @param duration 用时(秒)
 */
- (void)fadeOutWithDuration:(NSTimeInterval)duration;
/**
 *  闪现效果
 *  @param duration 用时(秒)
 */

- (void)fadeInWithDuration:(NSTimeInterval)duration;
/**
 *  向下滑出
 *
 *  @param duration 用时(秒)
 */
- (void)sliderDownWithDuration:(NSTimeInterval)duration;

/**
 *  向上滑出
 *  @param duration 用时(秒)
 */
- (void)sliderUpWithDuration:(NSTimeInterval)duration;
/**
 *  淡入效果
 *  @param duration 用时(秒)
 */
- (void) zoomOutWithDuration:(NSTimeInterval)duration;
/**
 *  淡出效果
 *  @param duration 用时(秒)
 *  @param delay    延时(秒)
 */
- (void) zoomInWithDuration:(NSTimeInterval)duration;
/**
 *  抖动效果
 *  @param duration 用时(秒)
 */
- (void)shakeWithDuration:(NSTimeInterval)duration;
@end
```

本实例执行后的效果如图8-18所示。

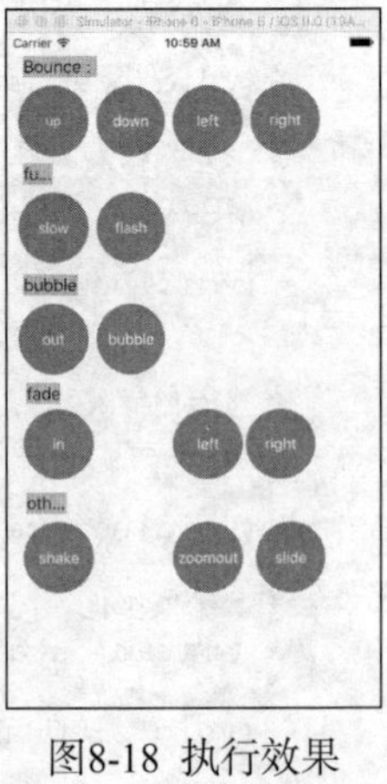

图8-18 执行效果

8.14.3 范例技巧——在iOS中实现动画的方法

动画就是随着时间的推移而改变界面上的显示。例如：视图的背景颜色从红逐步变为绿，而视图

8.15 使用动画的样式显示电量的使用情况

范例8-15	使用动画的样式显示电量的使用情况
源码路径	光盘\daima\第8章\8-15

8.15.1 范例说明

本实例的功能是使用动画的样式显示电量的使用情况，在屏幕中可以监听用户单击屏幕事件，获取提醒框中输入的数字，在屏幕中以动画的方式绘制电量。

8.15.2 具体实现

编写视图文件ViewController.m，功能是监听用户单击屏幕事件，获取提醒框中输入的数字，在屏幕中以动画的方式绘制电量。文件ViewController.m的具体实现代码如下所示。

```
- (void)viewDidLoad {
    [super viewDidLoad];
    //绘制电池电量计1的接口界面
    self.view.backgroundColor = [UIColor colorWithRed:48/255.0f green:108/255.0f blue:115/255.0f alpha:1.0f];
    //绘制电池电量计2的接口界面
    CAShapeLayer *markLayer1 = [CAShapeLayer layer];
    [markLayer1 setPath:[[UIBezierPath bezierPathWithArcCenter:CGPointMake(BatteryGauge1PosX, BatteryGauge1PosY) radius: BatteryGauge1Width/2-17 startAngle:DEGREES_TO_RADIANS(180) endAngle:DEGREES_TO_RADIANS(198) clockwise:YES] CGPath]];
    [markLayer1 setStrokeColor:[[UIColor redColor] CGColor]];
    [markLayer1 setLineWidth:45];
    [markLayer1 setFillColor:[[UIColor clearColor] CGColor]];
    [[self.view layer] addSublayer:markLayer1];
    ..................
    [[self.view layer] addSublayer:circleLayer2];
        //初始化电池电量值为0
    _BatteryLifeNumber = 0;
    /  /绘制电池电量
    _BatteryLifeLabel = [[UILabel alloc] initWithFrame:CGRectMake(BatteryGauge1PosX-6, BatteryGauge1PosY-15, 300, 30)];
    _BatteryLifeLabel.text = [NSString stringWithFormat:@"%d", _BatteryLifeNumber];
    _BatteryLifeLabel.textColor = [UIColor whiteColor];
    _BatteryLifeLabel.font = [UIFont fontWithName:@"Helvetica" size:24.0];
    [self.view addSubview:_BatteryLifeLabel];
//绘制第二个电量计的接口
    CAShapeLayer *battery2Layer = [CAShapeLayer layer];
    battery2Layer.frame = CGRectMake(BatteryGauge2PosX, BatteryGauge2PosY, 0, 0);
    UIBezierPath *linePath2 = [UIBezierPath bezierPath];
    [linePath2 moveToPoint: CGPointMake(0, 0)];
    [linePath2 addLineToPoint:CGPointMake(BatteryGauge2Width, 0)];
    [linePath2 addLineToPoint:CGPointMake(BatteryGauge2Width, BatteryGauge2Width/3)];
    [linePath2 addLineToPoint:CGPointMake(0, BatteryGauge2Width/3)];
    [linePath2 addLineToPoint:CGPointMake(0, 0)];
    [linePath2 moveToPoint: CGPointMake(BatteryGauge2Width, BatteryGauge2Width/8)];
    [linePath2 addLineToPoint:CGPointMake(BatteryGauge2Width+5, BatteryGauge2Width/8)];
    [linePath2 addLineToPoint:CGPointMake(BatteryGauge2Width+5, BatteryGauge2Width/5)];
    [linePath2 addLineToPoint:CGPointMake(BatteryGauge2Width, BatteryGauge2Width/5)];
    battery2Layer.path = linePath2.CGPath;
    battery2Layer.fillColor = nil;
    battery2Layer.lineWidth = 1;
    battery2Layer.opacity = 4;
    battery2Layer.strokeColor = [[UIColor whiteColor] CGColor];
```

```objc
    [[self.view layer] addSublayer:battery2Layer];
    //绘制第二个电量计的值
    _BatteryLifeMark = [[UIView alloc] initWithFrame:CGRectMake(BatteryGauge2PosX+2,
BatteryGauge2PosY+2, 0, BatteryGauge2Width/3-4)];
    _BatteryLifeMark.backgroundColor = [UIColor greenColor];
    [self.view addSubview:_BatteryLifeMark];
}
//设置为白色状态栏
-(UIStatusBarStyle)preferredStatusBarStyle
{
    return UIStatusBarStyleLightContent;
}

//设置电池寿命按钮事件
- (IBAction)Button:(UIButton *)sender {
    //弹出一个警告窗口
    UIAlertView *alert = [[UIAlertView alloc] initWithTitle:@"Set Battery Life"
    message:@"Please Enter a number between 0 to 100" delegate:self cancelButton
Title:@"Cancel" otherButtonTitles:@"Set", nil];
    alert.alertViewStyle = UIAlertViewStylePlainTextInput;
    [[alert textFieldAtIndex:0] setKeyboardType:UIKeyboardTypeNumberPad];
    [[alert textFieldAtIndex:0] becomeFirstResponder];

    [alert show];
}
//处理提示框中的数据
- (void) alertView:(UIAlertView *)alertView
clickedButtonAtIndex:(NSInteger)buttonIndex{

    switch (buttonIndex) {
        case 0:
            //"cancel" button
            break;
        case 1:
            //"set" button
            if([[[alertView textFieldAtIndex:0] text] isEqual:@""]){
                break;
            }
            int intNumber = [[[alertView textFieldAtIndex:0] text] intValue];
            //输入值不能大于100
            if(intNumber>100){
                UIAlertView * alert =[[UIAlertView alloc ] initWithTitle:@"Invalid Number"
                message:@"Battery life value must be between 0 to 100."delegate:self
                cancelButtonTitle:@"OK" otherButtonTitles: nil]; [alert show];
                break;
            }
            //if the input value between 0 to 100, pass the value to NewBatteryLifeNumber variable
            _NewBatteryLifeNumber = intNumber;
            break;
    }

}

//提示框动画特效
- (void)alertView:(UIAlertView *)alertView
didDismissWithButtonIndex:(NSInteger)buttonIndex;{
    _CurrentBatteryLifeNumber = _BatteryLifeNumber;
    self.UITimer = [NSTimer scheduledTimerWithTimeInterval:0.1 target:self
selector:@selector(BatteryLifeNumberChange) userInfo:nil repeats: YES];
    [self BatteryLifeArrowChange];
    [self BatteryLifeMarkChange];
    _BatteryLifeNumber = _NewBatteryLifeNumber;
```

```
}
- (void)BatteryLifeNumberChange{
    if(_CurrentBatteryLifeNumber<_NewBatteryLifeNumber){
        _CurrentBatteryLifeNumber++;
        _BatteryLifeLabel.text = [NSString stringWithFormat:@"%d", _CurrentBatteryLifeNumber];
    }
    else if(_CurrentBatteryLifeNumber>_NewBatteryLifeNumber){
        _CurrentBatteryLifeNumber--;
        _BatteryLifeLabel.text = [NSString stringWithFormat:@"%d", _CurrentBatteryLifeNumber];
    }
    else{
        [_UITimer invalidate];
    }
}

- (void)BatteryLifeArrowChange{
    //计算箭头变化的角度
    int angle = _NewBatteryLifeNumber*1.8;
    int angle2 = (_NewBatteryLifeNumber-_BatteryLifeNumber)*1.8;
    //计算动画的时间
    int time = fabs((_NewBatteryLifeNumber-_BatteryLifeNumber)*0.1);
    
    //旋转箭头
    _arrowLayer.transform = CATransform3DRotate(_arrowLayer.transform, DEGREES_TO_RADIANS(angle2), 0, 0, 1);
    CABasicAnimation *animation = [CABasicAnimation animation];
    animation.keyPath = @"transform.rotation";
    animation.duration = time;
    animation.fromValue = @(DEGREES_TO_RADIANS(_BatteryLifeNumber*1.8));
    animation.toValue = @(DEGREES_TO_RADIANS(angle));
    [self.arrowLayer addAnimation:animation forKey:@"rotateAnimation"];
}
//处理电量刻度变化
- (void)BatteryLifeMarkChange{
    //计算刻度变化的长度
    int length = _NewBatteryLifeNumber*(BatteryGauge2Width-4)/100;
    //计算动画的时间
    int time = fabs((_NewBatteryLifeNumber-_BatteryLifeNumber)*0.1);
    
    [UIView animateWithDuration:time animations:^{
        _BatteryLifeMark.frame = CGRectMake(BatteryGauge2PosX+2, BatteryGauge2PosY+2, length, BatteryGauge2Width/3-4);
    }completion:nil];
}

- (void)didReceiveMemoryWarning {
    [super didReceiveMemoryWarning];
}
@end
```

执行后单击"Set Bettery Life"后会弹出提醒框，效果如图8-19所示。在提醒框中设置一个100以内的数值，按下"Set"按钮后会在屏幕中显示动画样式的电量值，如图8-20所示。

图8-19 弹出提醒框　　　　图8-20 显示动画样式的电量值

8.15.3 范例技巧——UIImageView实现动画的原理

可以使用UIImageView来实现动画效果。UIImageView的annimationImages属性或highlightedAnimationImages属性是一个UIImage数组，这个数组代表一帧帧动画。当发送startAnimating消息时，图像就被轮流显示，animationDuration属性确定帧的速率（间隔时间），animationRepeatCount属性（默认为0，表示一直重复，直到收到stopAnimating消息）指定重复的次数。

8.16 图形图像的人脸检测处理（Swift版）

范例8-16	图形图像的人脸检测处理
源码路径	光盘\daima\第8章\8-16

8.16.1 范例说明

在下面的内容中，将通过一个具体实例的实现过程，详细讲解基于Swift语言实现人脸检测的过程。在本实例中，用到了UIImageView控件、Label控件和Toolbar控件。

8.16.2 具体实现

（1）文件BFImageView.swift的功能是实现人脸检测和对应的标记处理，并根据用户操作实现水平移动或垂直移动操作，并设置对应的图像图层处理。

（2）文件 ViewController.swift 的功能是，根据用户的选择，在IImageView控件中加载显示不同的图片。文件 ViewController.swift 的具体实现代码如下所示。

```swift
import UIKit

class ViewController: UIViewController {
    @IBOutlet var view0 : UIImageView
    @IBOutlet var view1 : BFImageView

    override func viewDidLoad() {
        super.viewDidLoad()

        self.view0.layer.borderColor = UIColor.grayColor().CGColor
        self.view0.layer.borderWidth = 0.5
        self.view0.contentMode = UIViewContentMode.ScaleAspectFill
        self.view0.clipsToBounds = true

        self.view1.layer.borderColor = UIColor.grayColor().CGColor
        self.view1.layer.borderWidth = 0.5
        self.view1.contentMode = UIViewContentMode.ScaleAspectFill
        self.view1.clipsToBounds = true
        self.view1.needsBetterFace = true
        self.view1.fast = true
    }

    override func didReceiveMemoryWarning() {
        super.didReceiveMemoryWarning()
        // Dispose of any resources that can be recreated.
    }

    @IBAction func tabPressed(sender : AnyObject) {
        var imageStr:String = ""
        switch sender.tag {
        case Int(0):
            imageStr = "up1.jpg"
        case Int(1):
            imageStr = "up2.jpg"
```

```
            case Int(2):
                imageStr = "up3.jpg"
            case Int(3):
                imageStr = "up4.jpg"
            case Int(4):
                imageStr = "l1.jpg"
            case Int(5):
                imageStr = "l2.jpg"
            case Int(6):
                imageStr = "l3.jpg"
            case Int(7):
                imageStr = "l4.jpg"
            case Int(8):
                imageStr = "m1.jpg"
            case Int(9):
                imageStr = "m2.jpg"
            default:
                imageStr = ""
            }
            self.view0.image = UIImage(named: imageStr)
            self.view1.image = UIImage(named: imageStr)
        }
    }
```

到此为止，整个实例介绍完毕，执行后的效果如图8-21所示。在下方单击不同的选项，可以在上方展示不同的对应图像。

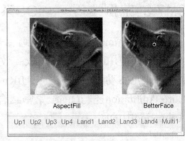

图8-21 执行效果

8.16.3 范例技巧——在UIImageView中和动画相关的方法和属性

在UIImageView中，和动画相关的方法和属性如下所示。

- animationDuration 属性：指定多长时间运行一次动画循环。
- animationImages 属性：识别图像的NSArray，以加载到UIImageView中。
- animationRepeatCount 属性：指定运行多少次动画循环。
- image 属性：识别单个图像，以加载到UIImageView中。
- startAnimating 方法：开启动画。
- stopAnimating 方法：停止动画。

8.17 实现一个幻灯片播放器效果

范例8-17	实现一个幻灯片播放器效果
源码路径	光盘\daima\第8章\8-17

8.17.1 范例说明

本实例的功能是实现一个幻灯片播放器效果，执行后将以幻灯片的方式播放预制的图片。

8.17.2 具体实现

在文件ViewController.m中创建一个NSArray集合，所有集合元素都是将要在幻灯片中显示的UIImage对象。文件ViewController.m的具体实现代码如下所示。

```
#import "ViewController.h"
@implementation ViewController
- (void)viewDidLoad
{
    [super viewDidLoad];
    // 创建一个NSArray集合，其中集合元素都是UIImage对象
    NSArray* images = @[[UIImage imageNamed:@"lijiang.jpg"],
                [UIImage imageNamed:@"qiao.jpg"],
```

```
              [UIImage imageNamed:@"xiangbi.jpg"],
              [UIImage imageNamed:@"shui.jpg"],
              [UIImage imageNamed:@"shuangta.jpg"]];
// 设置iv控件需要动画显示的图片为images集合元素
self.iv.animationImages = images;
self.iv.animationDuration = 12;      // 设置动画持续时间
self.iv.animationRepeatCount = 999999;//设置动画重复次数
[self.iv startAnimating];     // 让iv控件开始播放动画
}
@end
```

执行后将以幻灯片的方式播放预制的图片，效果如图8-22所示。

8.17.3 范例技巧——iOS系统的核心动画

图8-22 执行效果

Core Animation即核心动画，开发人员可以为应用创建动态用户界面，而无需使用低级别的图形API，例如使用OpenGL来获取高效的动画性能。Core Animation负责所有的滚动、旋转、缩小和放大以及所有的iOS动画效果。其中UIKit类通常都有animated:参数部分，它可以允许是否使用动画。另外，Core Animation还与Quartz紧密结合在一起，每个UIView都关联到一个CALayer对象，CALayer是Core Animation中的图层。

8.18 绘制几何图形

范例8-18	绘制几何图形
源码路径	光盘\daima\第8章\8-18

8.18.1 范例说明

本实例的功能是重写方法drawRect，使用Quartz 2D绘制多种几何图形。

8.18.2 具体实现

定义类GeometryView继承于类UIView，功能是重写方法drawRect来绘图，文件GeometryView.m的具体实现代码如下所示。

```
#import "GeometryView.h"
@implementation GeometryView
// 重写该方法进行绘图
- (void)drawRect:(CGRect)rect
{
CGContextRef ctx = UIGraphicsGetCurrentContext();   // 获取绘图上下文
CGContextSetLineWidth(ctx, 16);   // 设置线宽
CGContextSetRGBStrokeColor(ctx, 0 , 1, 0, 1);
// ----------下面绘制3个线段测试端点形状----------
// 定义4个点，绘制线段
const CGPoint points1[] = {CGPointMake(10 , 40), CGPointMake(100 , 40)
    ,CGPointMake(100 , 40) , CGPointMake(20, 70)};
CGContextStrokeLineSegments(ctx ,points1 , 4);   // 绘制线段（默认不绘制端点）
CGContextSetLineCap(ctx, kCGLineCapSquare);   // 设置线段的端点形状：方形端点
const CGPoint points2[] = {CGPointMake(130 , 40), CGPointMake(230 , 40)
    ,CGPointMake(230 , 40) , CGPointMake(140, 70)};// 定义4个点，绘制线段
CGContextStrokeLineSegments(ctx ,points2 , 4);   // 绘制线段
CGContextSetLineCap(ctx, kCGLineCapRound);   // 设置线段的端点形状：圆形端点
const CGPoint points3[] = {CGPointMake(250 , 40), CGPointMake(350 , 40)
    ,CGPointMake(350 , 40) , CGPointMake(260, 70)};   // 定义4个点，绘制线段
CGContextStrokeLineSegments(ctx ,points3 , 4);   // 绘制线段
// ----------下面绘制3个线段测试点线模式----------
CGContextSetLineCap(ctx, kCGLineCapButt);   // 设置线段的端点形状
CGContextSetLineWidth(ctx, 10);   // 设置线宽
CGFloat patterns1[] = {6 , 10};
```

```objc
// 设置点线模式：实线宽6，间距宽10
CGContextSetLineDash(ctx , 0 , patterns1 , 1);
// 定义两个点，绘制线段
const CGPoint points4[] = {CGPointMake(40 , 85), CGPointMake(280 , 85)};
CGContextStrokeLineSegments(ctx ,points4 , 2);   // 绘制线段
// 设置点线模式：实线宽6，间距宽10，但第1个实线宽为3
CGContextSetLineDash(ctx , 3 , patterns1 , 1);
// 定义两个点，绘制线段
const CGPoint points5[] = {CGPointMake(40 , 105), CGPointMake(280 , 105)};
CGContextStrokeLineSegments(ctx ,points5 , 2);   // 绘制线段
CGFloat patterns2[] = {5,1,4,1,3,1,2,1,1,1,1,2,1,3,1,4,1,5};
CGContextSetLineDash(ctx , 0 , patterns2 , 18);   // 设置点线模式
const CGPoint points6[] = {CGPointMake(40 , 125), CGPointMake(280 , 125)};
CGContextStrokeLineSegments(ctx ,points6 , 2);   // 绘制线段
// ---------下面填充矩形---------
// 设置线条颜色
CGContextSetStrokeColorWithColor(ctx, [UIColor blueColor].CGColor);
CGContextSetLineWidth(ctx, 14);    // 设置线条宽度
// 设置填充颜色
CGContextSetFillColorWithColor(ctx, [UIColor redColor].CGColor);
CGContextFillRect(ctx , CGRectMake(30 , 140 , 120 , 60));  // 填充一个矩形
// 设置填充颜色
CGContextSetFillColorWithColor(ctx, [UIColor yellowColor].CGColor);
CGContextFillRect(ctx, CGRectMake(80 , 180 , 120 , 60));    // 填充一个矩形
// ---------下面绘制矩形边框---------
CGContextSetLineDash(ctx, 0, 0, 0);    // 取消设置点线模式
// 绘制一个矩形边框
CGContextStrokeRect(ctx, CGRectMake(30 , 250 , 120 , 60));
// 设置线条颜色
CGContextSetStrokeColorWithColor(ctx, [UIColor purpleColor].CGColor);
CGContextSetLineJoin(ctx, kCGLineJoinRound);   // 设置线条连接点的形状
// 绘制一个矩形边框
CGContextStrokeRect(ctx , CGRectMake(80 , 280 , 120 , 60));
CGContextSetRGBStrokeColor(ctx, 1.0, 0, 1.0 , 1.0); // 设置线条颜色
CGContextSetLineJoin(ctx, kCGLineJoinBevel);   // 设置线条连接点的形状
// 绘制一个矩形边框
CGContextStrokeRect(ctx , CGRectMake(130 , 310 , 120 , 60));
CGContextSetRGBStrokeColor(ctx, 0, 1 , 1 , 1);    // 设置线条颜色
// ---------下面绘制和填充一个椭圆---------
// 绘制一个椭圆
CGContextStrokeEllipseInRect(ctx , CGRectMake(30 , 400 , 120 , 60));
CGContextSetRGBFillColor(ctx, 1, 0 , 1 , 1);// 设置填充颜色
// 填充一个椭圆
CGContextFillEllipseInRect(ctx , CGRectMake(180 , 400 , 120 , 60));
}
@end
```

本实例执行后的效果如图8-23所示。

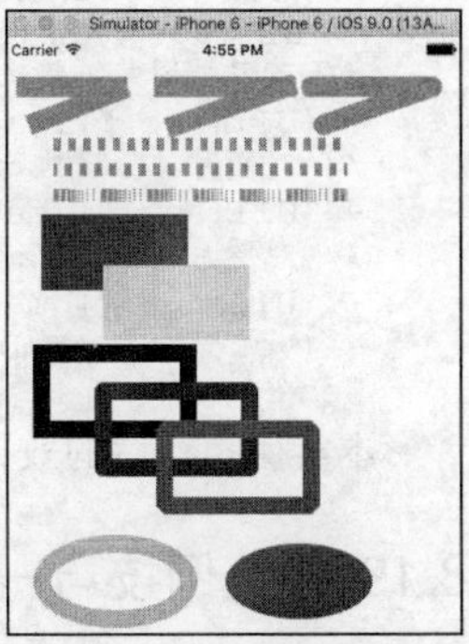

8.18.3 范例技巧——基本的绘图过程

接下来举一个简单的例子来说明一下基本的绘图过程。

图8-23 执行效果

```objc
-(void)drawRect:(CGRect)rect{
    CGContextRef ref=UIGraphicsGetCurrentContext();  //拿到当前被准备好的画板。在这个画板上画就是在当前视图上画
    CGContextBeginPath(ref);    //这里提到了一个很重要的概念叫路径（path），其实就是告诉画板环境，我们要开始画了，你记下
    CGContextMoveToPoint(ref, 0, 0);//画线需要我解释吗？不用了吧？就是两点确定一条直线了
    CGContextAddLineToPoint(ref, 300,300);
    CGFloat redColor[4]={1.0,0,0,1.0};
    CGContextSetStrokeColor(ref, redColor);//设置了一下当前那个画笔的颜色。画笔啊！你记得前面说的windows画图板吗
    CGContextStrokePath(ref);//告诉画板，对移动的路径用画笔画一下
}
```

在上述代码中，通过注释详细说明了每一个步骤。在iOS应用中，无论你画圈还是绘制各种图形，都离不开如下所示的步骤。

（1）拿到当前面板。
（2）开始画声明。
（3）绘制。
（4）提交画。

8.19 实现对图片的旋转和缩放

范例8-19	实现对图片的旋转和缩放
源码路径	光盘\daima\第8章\8-19

8.19.1 范例说明

本实例的功能是扩展使用UIImage控件，实现对指定图片的旋转和缩放操作。

8.19.2 具体实现

文件NSObject+UIImage_Bitmap.h的具体实现代码如下所示。

```
#import <UIKit/UIKit.h>

@interface UIImage (Bitmap)
// 对指定的UI控件进行截图
+ (UIImage*)captureView:(UIView *)targetView;
+ (UIImage*)captureScreen;
// 定义一个方法用于"挖取"图片的指定区域
- (UIImage*)imageAtRect:(CGRect)rect;
// 保持图片纵横比缩放，最短边必须匹配targetSize的大小
// 可能有一条边的长度会超过targetSize指定的大小
- (UIImage *)imageByScalingAspectToMinSize:(CGSize)targetSize;
// 保持图片纵横比缩放，最长边匹配targetSize的大小即可
// 可能有一条边的长度会小于targetSize指定的大小
- (UIImage *)imageByScalingAspectToMaxSize:(CGSize)targetSize;
// 不保持图片纵横比缩放
- (UIImage *)imageByScalingToSize:(CGSize)targetSize;
// 对图片按弧度执行旋转
- (UIImage *)imageRotatedByRadians:(CGFloat)radians;
// 对图片按角度执行旋转
- (UIImage *)imageRotatedByDegrees:(CGFloat)degrees;
- (void) saveToDocuments:(NSString*)fileName;
@end
```

本实例执行后的效果如图8-24所示。

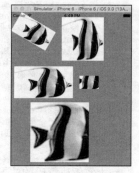

图8-24 执行效果

8.19.3 范例技巧——总结Core Graphics中常用的绘图方法

❑ drawAsPatternInRect：在矩形中绘制图像，不缩放，但是在必要时平铺。
❑ drawAtPoint：利用CGPoint作为左上角，绘制完整的不缩放的图像。
❑ drawAtPoint:blendMode:alpha：drawAtPoint的一种更复杂的形式。
❑ drawInRect：在CGRect中绘制完整的图像，适当地缩放。
❑ drawInRect:blendMode:alpha：drawInRect的一种更复杂的形式。

8.20 使用属性动画

范例8-20	使用属性动画
源码路径	光盘\daima\第8章\8-20

8.20.1 范例说明

本实例的功能是使用属性动画分别实现位移、旋转、缩放和动画组效果。

8.20.2 具体实现

文件ViewController.m的具体实现代码如下所示。

```objc
#import "ViewController.h"
@implementation ViewController{
 CALayer * _imageLayer;
}
- (void)viewDidLoad
{
 [super viewDidLoad];
 // 创建一个CALayer对象
 _imageLayer = [CALayer layer];
 // 设置该CALayer的边框、大小、位置等属性
 _imageLayer.cornerRadius = 6;
 _imageLayer.borderWidth = 1;
 _imageLayer.borderColor = [UIColor blackColor].CGColor;
 _imageLayer.masksToBounds = YES;
 _imageLayer.frame = CGRectMake(30, 30, 100, 135);
 // 设置该_imageLayer显示的图片
 _imageLayer.contents = (id)[[UIImage imageNamed:@"android"] CGImage];
 [self.view.layer addSublayer:_imageLayer];
 NSArray* bnTitleArray = @[@"位移", @"旋转", @"缩放", @"动画组"];
 // 获取屏幕的内部高度
 CGFloat totalHeight = [UIScreen mainScreen].bounds.size.height;
 NSMutableArray* bnArray = [[NSMutableArray alloc] init];
 for(int i = 0 ; i < 4 ; i++)   // 采用循环创建4个按钮
 {
     UIButton* bn = [UIButton buttonWithType:UIButtonTypeRoundedRect];
     bn.frame = CGRectMake(20 + i * 90, totalHeight - 45 - 20 , 70 , 35);
     [bn setTitle:bnTitleArray[i]
         forState:UIControlStateNormal];
     [bnArray addObject:bn];
     [self.view addSubview:bn];
 }
 // 为4个按钮绑定不同的事件处理方法
 [bnArray[0] addTarget:self action:@selector(move:)
         forControlEvents:UIControlEventTouchUpInside];
 [bnArray[1] addTarget:self action:@selector(rotate:)
         forControlEvents:UIControlEventTouchUpInside];
 [bnArray[2] addTarget:self action:@selector(scale:)
         forControlEvents:UIControlEventTouchUpInside];
 [bnArray[3] addTarget:self action:@selector(group:)
         forControlEvents:UIControlEventTouchUpInside];
}
-(void) move:(id)sender
{
 CGPoint fromPoint = _imageLayer.position;
 CGPoint toPoint = CGPointMake(fromPoint.x + 80 , fromPoint.y);
 // 创建不断改变CALayer的position属性的属性动画
 CABasicAnimation* anim = [CABasicAnimation
                  animationWithKeyPath:@"position"];
 anim.fromValue = [NSValue valueWithCGPoint:fromPoint];  // 设置动画开始的属性值
 anim.toValue = [NSValue valueWithCGPoint:toPoint];   // 设置动画结束的属性值
 anim.duration = 0.5;
 _imageLayer.position = toPoint;
 anim.removedOnCompletion = YES;
 [_imageLayer addAnimation:anim forKey:nil];    // 为_imageLayer添加动画
}
-(void) rotate:(id)sender
{
```

```objc
    // 创建不断改变CALayer的transform属性的属性动画
    CABasicAnimation* anim = [CABasicAnimation animationWithKeyPath:@"transform"];
    CATransform3D fromValue = _imageLayer.transform;
    // 设置动画开始的属性值
    anim.fromValue = [NSValue valueWithCATransform3D:fromValue];
    // 绕X轴旋转180°
    CATransform3D toValue = CATransform3DRotate(fromValue, M_PI , 1 , 0 , 0);
    // 绕Y轴旋转180°
//    CATransform3D toValue = CATransform3DRotate(fromValue, M_PI , 0 , 1 , 0);
    // 绕Z轴旋转180°
//    CATransform3D toValue = CATransform3DRotate(fromValue, M_PI , 0 , 0 , 1);
    anim.toValue = [NSValue valueWithCATransform3D:toValue];   // 设置动画结束的属性值
    anim.duration = 0.5;
    _imageLayer.transform = toValue;
    anim.removedOnCompletion = YES;
    [_imageLayer addAnimation:anim forKey:nil];   // 为_imageLayer添加动画
}
-(void) scale:(id)sender
{
    // 创建不断改变CALayer的transform属性的属性动画
    CAKeyframeAnimation* anim = [CAKeyframeAnimation
                                              animationWithKeyPath:@"transform"];
    // 设置CAKeyframeAnimation控制transform属性依次经过的属性值
    anim.values = [NSArray arrayWithObjects:
                   [NSValue valueWithCATransform3D: _imageLayer.transform],
                   [NSValue valueWithCATransform3D:CATransform3DScale
                       (_imageLayer.transform , 0.2, 0.2, 1)],
                   [NSValue valueWithCATransform3D:CATransform3DScale
                       (_imageLayer.transform, 2, 2 , 1)],
                   [NSValue valueWithCATransform3D:_imageLayer.transform], nil];
    anim.duration = 5;
    anim.removedOnCompletion = YES;
    [_imageLayer addAnimation:anim forKey:nil];   // 为_imageLayer添加动画
}
-(void) group:(id)sender
{
    CGPoint fromPoint = _imageLayer.position;
    CGPoint toPoint = CGPointMake(280 , fromPoint.y + 300);
    // 创建不断改变CALayer的position属性的属性动画
    CABasicAnimation* moveAnim = [CABasicAnimation
                                              animationWithKeyPath:@"position"];
    // 设置动画开始的属性值
    moveAnim.fromValue = [NSValue valueWithCGPoint:fromPoint];
    moveAnim.toValue = [NSValue valueWithCGPoint:toPoint];   // 设置动画结束的属性值
    moveAnim.removedOnCompletion = YES;
    // 创建不断改变CALayer的transform属性的属性动画
    CABasicAnimation* transformAnim = [CABasicAnimation
                                              animationWithKeyPath:@"transform"];
    CATransform3D fromValue = _imageLayer.transform;
    // 设置动画开始的属性值
    transformAnim.fromValue = [NSValue valueWithCATransform3D: fromValue];
    CATransform3D scaleValue = CATransform3DScale(fromValue,
                                      0.5, 0.5, 1);   // 创建在X、Y两个方向上缩放为0.5的变换矩阵
    CATransform3D rotateValue = CATransform3DRotate(fromValue,
                                      M_PI , 0, 0, 1);   // 绕Z轴旋转180°的变换矩阵
    // 计算两个变换矩阵的和
    CATransform3D toValue = CATransform3DConcat(scaleValue, rotateValue);
    // 设置动画技术的属性值
    transformAnim.toValue = [NSValue valueWithCATransform3D:toValue];
    transformAnim.cumulative = YES;      // 动画效果累加
    transformAnim.repeatCount = 2;   // 动画重复执行两次，旋转360°
    transformAnim.duration = 3;
    // 位移、缩放、旋转组合起来执行
    CAAnimationGroup *animGroup = [CAAnimationGroup animation];
    animGroup.animations = [NSArray arrayWithObjects:moveAnim, transformAnim , nil];
```

```
            animGroup.duration = 6;
            [_imageLayer addAnimation:animGroup forKey:nil];   // 为_imageLayer
添加动画
        }
        @end
```

执行后会分别实现位移变化、图片旋转、图片缩放和动画等效果，效果如图8-25所示。

8.20.3 范例技巧——总结beginAnimations:context:的功能

beginAnimations:context:表示开始一个动画块。

格式：+ (void)beginAnimationsNSString *)animationID contextvoid *)context

参数：

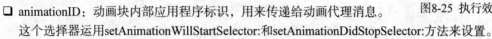

- animationID：动画块内部应用程序标识，用来传递给动画代理消息。这个选择器运用setAnimationWillStartSelector:和setAnimationDidStopSelector:方法来设置。

图8-25 执行效果

- context：附加的应用程序信息用来传递给动画代理消息，这个选择器使用setAnimationWillStartSelector:和setAnimationDidStopSelector:方法。

这个属性值改变是因为设置了一些需要在动画块中产生动画的属性。动画块可以被嵌套，如果没有在动画块中调用那么setAnimation类方法将什么都不做。使用 beginAnimations:context:来开始一个动画块，并用类方法commitAnimations来结束一个动画块。

8.21 给图片着色（Swift版）

范例8-21	给图片着色
源码路径	光盘\daima\第8章\8-21

8.21.1 范例说明

本实例的功能是使用ImageView给指定的图片着色。监听用户对屏幕的触摸操作，并给触摸后的五角星着色。

8.21.2 具体实现

视图控制器文件ViewController.swift的功能是监听用户对屏幕的触摸操作，并给触摸后的五角星着色。文件ViewController.swift的主要实现代码如下所示。

```swift
import UIKit
class ViewController: UIViewController,UIGestureRecognizerDelegate {
    let defaultColor = UIColor.lightGrayColor()
    let selectedColor = UIColor.blueColor()
    var starOneOn = false
    var starTwoOn = false
    @IBOutlet weak var starOneImgView: UIImageView!
    @IBOutlet weak var starTwoImgView: UIImageView!
    func setDefaultStyle(view : UIImageView) {
        view.image = view.image!.imageWithRenderingMode(UIImageRenderingMode.AlwaysTemplate)
        view.tintColor = defaultColor
    }
    func setSelectedStyle(view : UIImageView) {
        view.image = view.image!.imageWithRenderingMode(UIImageRenderingMode.AlwaysTemplate)
        view.tintColor = selectedColor
    }
    func addHandlers() {
        let starOneTap = UITapGestureRecognizer(target: self, action: Selector("starOneTapHandler:"))
        starOneTap.delegate = self
        starOneImgView.addGestureRecognizer(starOneTap)
```

```
            let starTwoTap = UITapGestureRecognizer(target: self, action: Selector
("starTwoTapHandler:"))
        starTwoTap.delegate = self
        starTwoImgView.addGestureRecognizer(starTwoTap)
    }
    override func viewDidLoad() {
        super.viewDidLoad()
        addHandlers()
        starOneImgView.tintImageColor(defaultColor)
        setDefaultStyle(starTwoImgView)
    }
```

本实例执行后的效果如图8-26所示。选中某个五角星后会实现着色效果,如图8-27所示。

图8-26 执行效果　　　　　　　图8-27 着色后的效果

8.21.3 范例技巧——总结contentMode属性

属性contentMode用来设置图片的显示方式,如居中、居右、是否缩放等,有以下几个常量可供设定。
- UIViewContentModeScaleToFill。
- UIViewContentModeScaleAspectFit。
- UIViewContentModeScaleAspectFill。
- UIViewContentModeRedraw。
- UIViewContentModeCenter。
- UIViewContentModeTop。
- UIViewContentModeBottom。
- UIViewContentModeLeft。
- UIViewContentModeRight。
- UIViewContentModeTopLeft。
- UIViewContentModeTopRight。
- UIViewContentModeBottomLeft。
- UIViewContentModeBottomRight。

在上述常量中,凡是没有带Scale的,当图片尺寸超过 ImageView尺寸时,只有部分显示在ImageView中。UIViewContentModeScaleToFill属性会导致图片变形。UIViewContentModeScaleAspectFit会保证图片比例不变,而且全部显示在ImageView中,这意味着ImageView会有部分空白。UIViewContentModeScaleAspectFill也会证图片比例不变,但是是填充整个ImageView的,可能只有部分图片显示出来。

其中前3个效果如图8-28所示。

图8-28 显示效果

8.22 实现旋转动画效果（Swift版）

范例8-22	实现旋转动画效果
源码路径	光盘\daima\第8章\8-22

8.22.1 范例说明

本实例的功能是使用ImageView实现旋转动画效果，通过视图控制器文件ViewController.swift加载显示指定的图片，当用户触摸图片后会显示旋转效果。

8.22.2 具体实现

文件ViewController.swift的主要实现代码如下所示。

```
import UIKit
class ViewController: UIViewController, UIGestureRecognizerDelegate {
    @IBOutlet weak var syncButton: UIButton!
    @IBOutlet weak var syncImage: UIImageView!
    @IBOutlet weak var syncContainer: UIStackView!
    let tapSyncMethod = "handleSyncTap:"
    override func viewDidLoad() {
        super.viewDidLoad()
        let syncTapButton = UITapGestureRecognizer(target: self, action: Selector(tapSyncMethod))
        syncTapButton.delegate = self
        let syncTapView = UITapGestureRecognizer(target: self, action: Selector(tapSyncMethod))
        syncTapView.delegate = self
        syncContainer.addGestureRecognizer(syncTapView)
        syncButton.addGestureRecognizer(syncTapButton)
    }
    override func didReceiveMemoryWarning() {
        super.didReceiveMemoryWarning()
    }
    func startSpinning() {
        syncImage.image = UIImage(named:"sync-spinning")
        syncImage.startRotating()
    }
    func stopSpinning() {
        syncImage.stopRotating()
        syncImage.image = UIImage(named:"sync-not-spinning")
    }
    func handleSyncTap(sender: UITapGestureRecognizer? = nil) {
        startSpinning()
        let dispatchTime: dispatch_time_t = dispatch_time(DISPATCH_TIME_NOW, Int64(3 * Double(NSEC_PER_SEC)))

        dispatch_after(dispatchTime, dispatch_get_main_queue(), {
            self.stopSpinning()
        })
    }
}
```

本实例执行后的效果如图8-29所示，单击图片后的效果如图8-30所示。

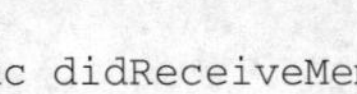

图8-29 执行效果　　　　图8-30 单击图片后的效果

8.22.3 范例技巧——总结+ (void)commitAnimations

如果当前的动画块是最外层的动画块，当应用程序返回到循环运行时开始执行动画块。动画在一个独立的线程中所有应用程序不会中断。使用这个方法，多个动画可以被实现。当另外一个动画在播放的时候，可以查看setAnimationBeginsFromCurrentState:来了解如何开始一个动画。

8.23 绘制一个时钟（Swift版）

范例8-23	绘制一个时钟
源码路径	光盘\daima\第8章\8-23

8.23.1 范例说明

本实例的功能是使用Graphics绘制一个时钟，其中文件ClockViewController.swift的功能是实现时钟视图控制器界面，在屏幕中通过Graphics绘制时钟的刻度。文件ClockFaceView.swift的功能是加载显示时钟表面视图。

8.23.2 具体实现

文件ClockFaceView.swift的主要实现代码如下所示。

```
import Foundation
import UIKit
let π:CGFloat = CGFloat(M_PI)
class ClockFaceView : UIView {

    func drawFrame() {
        let center = CGPoint(x:bounds.width/2, y: bounds.height/2)
        let radius: CGFloat = (max(bounds.width, bounds.height) / 2)
        let arcWidth: CGFloat = 0
        let startAngle: CGFloat = 0
        let endAngle: CGFloat = 2*π

        let path = UIBezierPath(arcCenter: center, radius: radius-(bounds.height *
            0.083),startAngle: startAngle, endAngle: endAngle, clockwise: true)

        let strokeColor: UIColor = UIColor.blackColor()
        path.lineWidth = arcWidth
        strokeColor.setStroke()
        path.lineWidth = (bounds.height * 0.083)
        path.stroke()

        let fillColor: UIColor = UIColor.whiteColor()
        fillColor.setFill()
        path.fill()
    }

    func drawTicks() {
        let context = UIGraphicsGetCurrentContext()

        //保存原始状态
        CGContextSaveGState(context)
        let strokeColor1: UIColor = UIColor.blackColor()
        strokeColor1.setFill()

        //分钟刻度
        let minuteWidth:CGFloat = (bounds.height * 0.0125)
        let minuteSize:CGFloat = (bounds.height * 0.025)

        let minutePath = UIBezierPath(rect: CGRect(x: -minuteWidth/2, y: 0,
            width: minuteWidth, height: minuteSize))

        // 小时刻度
        let hourWidth:CGFloat = (bounds.height * 0.020)
        let hourSize:CGFloat = (bounds.height * 0.0333)
```

```swift
        let hourPath = UIBezierPath(rect: CGRect(x: -hourWidth/2, y: 0, width: hourWidth,
            height: hourSize))

        // 移到中心位置
        CGContextTranslateCTM(context, bounds.width/2, bounds.height/2)

        let arcLengthPerGlass = π/30

        // 刻度
        for i in 1...60 {
            // 保存context到中心
            CGContextSaveGState(context)

            //计算旋转角度
            let angle = arcLengthPerGlass * CGFloat(i) - π/2

            //旋转和平移
            CGContextRotateCTM(context, angle)

            // 添加小时刻度
            if (i%5 == 0) {
                CGContextTranslateCTM(context,
                    0, ((bounds.height/2) - (bounds.height * 0.1235)) - hourSize)
                hourPath.fill()
            } // 添加分钟刻度
            else {
                CGContextTranslateCTM(context,
                    0, ((bounds.height/2) - (bounds.height * 0.116)) - hourSize)
                minutePath.fill()
            }
            CGContextRestoreGState(context)
        }
    }

    func drawHourLabels() {
        let radius:CGFloat = (bounds.width/2 * 0.6 )
        var numLabel = [UILabel]()

        for i in 0...11 {
            numLabel.append(UILabel(frame: CGRectMake(bounds.width/2, bounds.height/ 2, 75, 75)))
            numLabel[i].textAlignment = NSTextAlignment.Center
            numLabel[i].font = UIFont(name: numLabel[i].font.fontName, size: bounds.width/ 2 * 0.13)
            numLabel[i].text = String(i+1)
            let angle = CGFloat((Double(i-2) * M_PI) / 6)
            numLabel[i].center = CGPoint(x: Double(bounds.width/2 + cos(angle) *
                radius), y: Double(bounds.height/2 + sin(angle) * radius))
            self.addSubview(numLabel[i])
        }
    }
    override func drawRect(rect: CGRect) {
        drawFrame()
        drawTicks()
        drawHourLabels()
    }
}
```

本实例执行后的效果如图8-31所示。

图8-31 执行效果

8.23.3 范例技巧——更改图片位置的方法

更改一个UIImageView的位置，可以使用以下几种方法。
（1）直接修改其frame属性。
（2）修改其center属性，实现代码如下所示。

```
imageView.center = CGPointMake(CGFloat x, CGFloat y);
```
center属性指的就是这个ImageView的中间点。

（3）使用transform属性，实现代码如下所示。
```
imageView.transform = CGAffineTransformMakeTranslation(CGFloat dx, CGFloat dy);
```
其中dx与dy表示想要往x或者y方向移动多少，而不是移动到多少。

8.24 绘制一个可控制的环形进度条（Swift版）

范例8-24	绘制一个可控制的环形进度条
源码路径	光盘\daima\第8章\8-24

8.24.1 范例说明

本实例的功能是绘制一个可控制的环形进度条。首先在屏幕中绘制增加和减小两个图标按钮，然后通过文件CounterView.swift根据用户单击按钮的次数，来设置环形进度条的的进度区域。最后通过文件在屏幕中加载显示绘制的按钮和进度条图形。

8.24.2 具体实现

文件PushButtonView.swift的功能是在屏幕中绘制增加和减小两个图标按钮，主要实现代码如下所示。
```
override func drawRect(rect: CGRect) {
    let path = UIBezierPath(ovalInRect: rect)
    fillColor.setFill()
    path.fill()

    let plusHeight: CGFloat = 3.0
    let plusWidth: CGFloat = min(bounds.width, bounds.height) * 0.6

    let plusPath = UIBezierPath()
    plusPath.lineWidth = plusHeight

    plusPath.moveToPoint(CGPoint(
        x: bounds.width/2 - plusWidth/2 + 0.5,
        y: bounds.height/2 + 0.5))
    plusPath.addLineToPoint(CGPoint(
        x: bounds.width/2 + plusWidth/2 + 0.5,
        y: bounds.height/2 + 0.5))

    if isAddButton {
        plusPath.moveToPoint(CGPoint(
            x:bounds.width/2 + 0.5,
            y:bounds.height/2 - plusWidth/2 + 0.5))
        plusPath.addLineToPoint(CGPoint(
            x:bounds.width/2 + 0.5,
            y:bounds.height/2 + plusWidth/2 + 0.5))
    }

    UIColor.whiteColor().setStroke()
    plusPath.stroke()
}
```
本实例执行后的效果如图8-32所示。

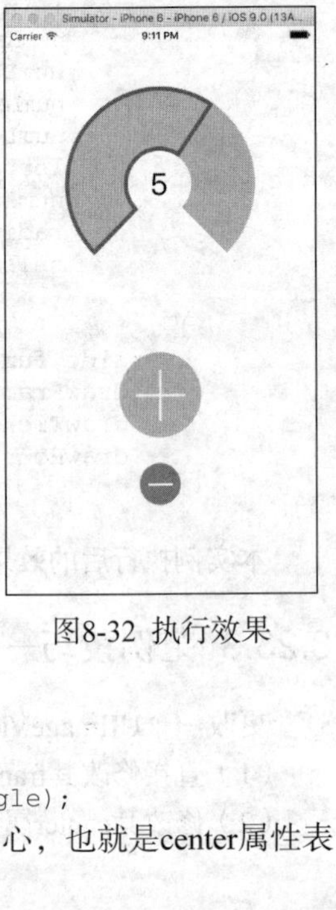

图8-32 执行效果

8.24.3 范例技巧——总结旋转图像的方法

请看下面的代码。
```
imageView.transform = CGAffineTransformMakeRotation(CGFloat angle);
```
要注意它是按照顺时针方向旋转的，而且旋转中心是原始ImageView的中心，也就是center属性表示的位置。这个方法的参数angle的单位是弧度，而不是度数，所以可以写一个宏定义，代码如下所示。
```
#define degreesToRadians(x) (M_PI*(x)/180.0)
```
上述代码用于将度数转化成弧度，图8-33所示是旋转45°的情况。

图8-33 旋转前后的效果

8.25 实现大小图形的变换（Swift版）

范例8-25	实现大小图形的变换
源码路径	光盘\daima\第8章\8-25

8.25.1 范例说明

本实例的功能是使用CALayers实现大小图形的变换，能够根据用户触摸屏幕的手势，实现大小两种图片效果的展示。

8.25.2 具体实现

文件ViewController.swift的功能是根据用户触摸屏幕的手势，实现大小两种图片效果的展示。文件ViewController.swift的主要实现代码如下所示。

```swift
import UIKit
class ViewController: UIViewController {
    @IBOutlet weak var viewForLayer: UIImageView!
    var l : CALayer {
        return viewForLayer.layer //每个view都带着一个layer
    }
    override func viewDidLoad() {
        super.viewDidLoad()
        setUpLayer()
    }
    override func didReceiveMemoryWarning() {
        super.didReceiveMemoryWarning()
    }
    func setUpLayer() { //可以单独设置layer的属性
        l.backgroundColor = UIColor.blueColor().CGColor
        l.borderWidth = 100.0
        l.borderColor = UIColor.redColor().CGColor
        l.contents = UIImage(named: "star")?.CGImage
        l.contentsGravity = kCAGravityCenter
    }
    @IBAction func tapGestureRecognized(sender: UITapGestureRecognizer) {
        l.borderWidth = l.borderWidth == 100.0 ? 50.0 : 100.0
```

```
        }
        @IBAction func pinchGestureRecognized(sender: UIPinchGestureRecognizer) {
            let offset:CGFloat = sender.scale < 1 ? 5.0 : -5.0
            let oldFrame = l.frame
            let oldOrigin = oldFrame.origin
            let newOrigin = CGPoint(x: oldOrigin.x + offset, y: oldOrigin.y + offset)
            let newSize = CGSize(width: oldFrame.width + (offset * -2.0), height: oldFrame.height + (offset * -2.0))
            let newFrame = CGRect(origin: newOrigin, size: newSize)
            if (newFrame.width >= 100.0 && newFrame.width <= 300) {
                l.borderWidth -= offset
                l.cornerRadius += (offset / 2.0)
                l.frame = newFrame
                l.masksToBounds = true
            }
        }
    }
```

执行后会展示大小两种图片效果,如图8-34所示。

图8-34 执行效果

8.25.3 范例技巧——图层可以在一个单独的视图中被组合起来

视图的图层可以包含其他图层。由于图层是用来绘图的,在屏幕上显示,使得UIView的绘图能够有多个不同板块。通过把一个绘图的组成元素看成对象,将使绘图更简单。

8.26 为图层增加阴影效果(Swift版)

范例8-26	为图层增加阴影效果
源码路径	光盘\daima\第8章\8-26

8.26.1 范例说明

本实例的功能是加载显示指定的图片,当用户手势触摸屏幕后,会在图片所在图层绘制阴影效果。

8.26.2 具体实现

文件ViewController.swift的主要实现代码如下所示。
```
import UIKit
class ViewController: UIViewController {
    @IBOutlet weak var viewForLayer: UIView!
    var l: CALayer {
        return viewForLayer.layer
    }
    override func viewDidLoad() {
        super.viewDidLoad()
        self.setUpLayer()
    }
    func setUpLayer() {
        l.backgroundColor = UIColor.blueColor().CGColor
        l.borderWidth = 100.0
        l.borderColor = UIColor.redColor().CGColor
        l.shadowOpacity = 0.7
        l.shadowRadius = 10.0
        l.contents = UIImage(named: "star")?.CGImage
        l.contentsGravity = kCAGravityCenter
    }
    @IBAction func tapGestureRecognized(sender: UITapGestureRecognizer) {

        l.shadowOpacity = l.shadowOpacity == 0.7 ? 0.0 : 0.7
    }
```

```
        @IBAction func pinchGestureRecognized(sender: UIPinchGestureRecognizer) {
            let offset: CGFloat = sender.scale < 1 ? 5.0 : -5.0
            let oldFrame = l.frame
            let oldOrigin = oldFrame.origin
            let newOrigin = CGPoint(x: oldOrigin.x + offset, y: oldOrigin.y + offset)
            let newSize = CGSize(width: oldFrame.width + (offset * -2.0), height: oldFrame.height + (offset * -2.0))
            let newFrame = CGRect(origin: newOrigin, size: newSize)
            if newFrame.width >= 100.0 && newFrame.width <= 300 {
                l.borderWidth -= offset
                l.cornerRadius += (offset / 2.0)
                l.frame = newFrame
            }
        }
    }
```

本实例执行后的效果如图8-35所示,单击图像后会去掉四周的阴影,如图8-36所示。

图8-35 执行效果　　　　图8-36 去掉阴影后的效果

8.26.3 范例技巧——图层是动画的基本组成部分

动画能够给界面增添明晰感、着重感,以及简单的酷感。图层被赋予动感(CALayer里面的CA代表Core Animation)。例如在应用程序界面上添加一个指南针时,可以将箭头放在它自己的图层上。指南针上的其他部分也分别是图层,即圆圈是一个图层,每个基点字母也是一个图层。用代码很容易组合绘图,各版块可以重定位以及各自动起来,因此很容易使箭头转动而不移动圆圈。

CALayer不是UIKit的一部分,而是Quanz Core框架的一部分。该框架默认情况下不会链接到工程模板。因此,如果要使用CALayer,应该导入<QuartzCore/QuartzCore.h>,并且必须将QuartzCore框架链接到项目中。

8.27 实现触摸动画效果(Swift版)

范例8-27	实现触摸动画效果
源码路径	光盘\daima\第8章\8-27

8.27.1 范例说明

本实例的功能是实现触摸动画效果,使用视图文件ViewController.swift监听用户对屏幕的触摸操作,单击"Tap"后会实现动画效果。

8.27.2 具体实现

文件ViewController.swift的主要实现代码如下所示。
```
import UIKit
class ViewController: UIViewController {
    @IBOutlet weak var tap: UIButton!
    var imageView: UIImageView!
    var currentAnimation = 0
    @IBAction func tapped(sender: AnyObject) {
```

```
                tap.hidden = true
                UIView.animateWithDuration(1, delay: 0, usingSpringWithDamping: 0.5,
initialSpringVelocity: 5, options: UIViewAnimationOptions.AllowAnimatedContent,
animations: { [unowned self] in
                    switch self.currentAnimation {
                    case 0:
                        self.imageView.transform = CGAffineTransformMakeScale(2, 2)
                    case 1:
                        self.imageView.transform = CGAffineTransformIdentity
                    case 2:
                        self.imageView.transform = CGAffineTransformMakeTranslation(-256, -256)
                    case 3:
                        self.imageView.transform = CGAffineTransformIdentity
                    case 4:
                        self.imageView.transform = CGAffineTransformMakeRotation(CGFloat(M_PI))
                    case 5:
                        self.imageView.transform = CGAffineTransformIdentity
                    case 6:
                        self.imageView.alpha = 0.1
                        self.imageView.backgroundColor = UIColor.greenColor()
                    case 7:
                        self.imageView.alpha = 1
                        self.imageView.backgroundColor = UIColor.clearColor()
                    default:
                        break
                    }
                }) {[unowned self] (finnished: Bool) in
                    self.tap.hidden = false
                }
                ++currentAnimation
                if currentAnimation > 7 {
                    currentAnimation = 0
                }
            }
        }
    override func viewDidLoad() {
        super.viewDidLoad()
        imageView = UIImageView(image: UIImage(named: "penguin"))
        imageView.center = CGPoint(x: 512, y: 384)
        view.addSubview(imageView)
    }
    override func didReceiveMemoryWarning() {
        super.didReceiveMemoryWarning()
        // Dispose of any resources that can be recreated.
    }
}
```

执行后单击"Tap"后的效果如图8-37所示。

图8-37 执行效果

8.27.3 范例技巧——视图和图层的关系

UIView实例有CALayer实例伴随,通过视图的图层(layer)属性即可访问。图层没有对应的视图属性,但是视图是图层的委托。默认情况下,当UIView被实例化时,它的图层是CALayer的一个实例。如果想为UIView添加子类并且想要子类的图层是CALayer子类的实例,那么,需要实现UIView子类的layerClass类方法。

由于每个视图都有图层,它们两者紧密联系。图层在屏幕上显示并且描绘所有界面。视图是图层的委托,并且当视图绘图时,它通过让图层绘图来绘图。视图的属性通常仅仅为了便于访问图层绘图属性。例如,当设置视图背景色时,实际上是在设置图层的背景色,并且如果直接设置图层背景色,视图的背景色自动匹配。类似地,视图框架实际上就是图层框架。

8.28 实现动画效果(Swift版)

范例8-28	实现动画效果
源码路径	光盘\daima\第8章\8-28

8.28.1 范例说明

本实例的功能是使用Core Animation实现动画效果，基于Swift语言实现一个容器视图，并创建渲染实现动画特效。

8.28.2 具体实现

文件ContainerView.swift的主要实现代码如下所示。

```swift
//容器视图——这是一个代理视图，将渲染动画
class ContainerView : UIView
{
    let apple : UIImageView = UIImageView(image: UIImage(named: "apple"))

    override init(frame: CGRect) {
        super.init(frame: frame)
        setupAnimation()
    }

    func setupAnimation()
    {
        let screenWidth = bounds.width
        //设置动画持续时间，利用时间百分比实现
        let baseDuration : NSTimeInterval = 8
        /// 1 -大粉红钻石效果
        var shape = CAShapeLayer.diamondShapeWithSize(CGRectMake(bounds.midX, bounds.midY, 40, 40), color: UIColor(rgba: "#FBDEFE"))
        animation(shape, groupDuration : baseDuration, groupDelay : 0.0, translateOffset : screenWidth * 0.5, translateDelay : 1.2, zoomToSize : 10, zoomDuration : baseDuration, alphaDuration : baseDuration)

        /// 2 -较小的粉红色钻石效果
        shape = CAShapeLayer.diamondShapeWithSize(CGRectMake(bounds.midX, bounds.midY, 22, 22), color: UIColor(rgba: "#F297C0").colorWithAlphaComponent(0.8))
        animation(shape, groupDuration : baseDuration, groupDelay : 0.2, translateOffset : screenWidth * 0.75, translateDelay : 1.0, zoomToSize : 10, zoomDuration : baseDuration, alphaDuration : baseDuration)

        /// 3 -大圆圈效果
        shape = CAShapeLayer.circleShapeWithSize(CGRectMake(bounds.midX, bounds.midY, 40, 40), color: UIColor(rgba: "#CEFFFE").colorWithAlphaComponent(0.7))
        shape.transform = CATransform3DMakeTranslation(0, -20, 0) // tighten it
        animation(shape, groupDuration : baseDuration, groupDelay : 1.4, translateOffset : screenWidth * 0.45, translateDelay : 1.4, zoomToSize : 22, zoomDuration : baseDuration * 0.7, alphaDuration : baseDuration)

        /// 4 -水平蓝钻效果
        shape = CAShapeLayer.diamondShapeWithSize(CGRectMake(bounds.midX, bounds.midY, 40, 40), color: UIColor(rgba: "#6934F2").colorWithAlphaComponent(0.5))
        shape.transform = CATransform3DMakeTranslation(0, -20, 0) // tighten it
        animation(shape, groupDuration : baseDuration, groupDelay : 0.5, translateOffset : screenWidth * 0.25, translateDelay : 2.0, zoomToSize : 10, zoomDuration : baseDuration * 1.1, alphaDuration : baseDuration, instances : 2, replicatorRotation: 0, replicatorInstanceRotation: CGFloat(M_PI))

        /// 5 -垂直蓝钻效果
        shape = CAShapeLayer.diamondShapeWithSize(CGRectMake(bounds.midX, bounds.midY, 40, 40), color: UIColor(rgba: "#6934F2").colorWithAlphaComponent(0.5))
        shape.transform = CATransform3DMakeTranslation(0, -20, 0) // tighten it
        animation(shape, groupDuration : baseDuration, groupDelay : 0.3, translateOffset : screenWidth * 0.25, translateDelay : 2.0, zoomToSize : 10, zoomDuration : baseDuration * 1.1, alphaDuration : baseDuration, instances : 2, replicatorRotation: CGFloat(M_PI_2), replicatorInstanceRotation: CGFloat(M_PI))

        /// 6 -内层粉红色钻石效果
        shape = CAShapeLayer.diamondShapeWithSize(CGRectMake(bounds.midX, bounds.midY, 22, 22), color: UIColor(rgba: "#D16DDE").colorWithAlphaComponent(0.9))
```

```
                animation(shape, groupDuration : baseDuration, groupDelay : 0.5,
        translateOffset : screenWidth * 0.75, translateDelay : 1.0, zoomToSize : 10,
        zoomDuration : baseDuration, alphaDuration : baseDuration)

                /// 7 -内层粉红色小钻石效果
                shape = CAShapeLayer.diamondShapeWithSize(CGRectMake(bounds.midX, bounds.midY,
        12, 12), color: UIColor(rgba: "#E662CA").colorWithAlphaComponent(0.5))
                animation(shape, groupDuration : baseDuration, groupDelay : 0.2,
        translateOffset : screenWidth * 0.85, translateDelay : 1.0, zoomToSize : 10,
        zoomDuration : baseDuration, alphaDuration : baseDuration)

                /// 8 -绿色圆圈效果
                shape = CAShapeLayer.circleShapeWithSize(CGRectMake(bounds.midX, bounds.midY,
        40, 40), color: UIColor(rgba: "#E5FDB5").colorWithAlphaComponent(0.7))
                shape.transform = CATransform3DMakeTranslation(0, -20, 0) // tighten it
                animation(shape, groupDuration : baseDuration, groupDelay : 2.8,
        translateOffset : screenWidth * 0.65, translateDelay : 1.4, zoomToSize : 8, zoomDuration :
        baseDuration * 0.7, alphaDuration : baseDuration)

                /// 9 -绿色钻石效果
                shape = CAShapeLayer.diamondShapeWithSize(CGRectMake(bounds.midX, bounds.midY,
        40, 40), color: UIColor(rgba: "#63E9D3").colorWithAlphaComponent(0.6))
                animation(shape, groupDuration : baseDuration, groupDelay : 2.8,
        translateOffset : screenWidth * 0.75, translateDelay : 1.5, zoomToSize : 12,
        zoomDuration : baseDuration, alphaDuration : baseDuration)

                apple.center = CGPointMake(frame.midX, frame.midY)
                apple.contentMode = .Center
                addSubview(apple)
        }
        func animation(shape : CAShapeLayer
            , groupDuration : NSTimeInterval
            , groupDelay : NSTimeInterval
            , translateOffset : CGFloat
            , translateDelay : NSTimeInterval
            , zoomToSize : CGFloat
            , zoomDuration : NSTimeInterval
            , alphaDuration : NSTimeInterval
            , instances : Int = 4
            , replicatorRotation : CGFloat = 0
            , replicatorInstanceRotation : CGFloat = CGFloat(M_PI_2)
            )
        {

                /// 创建并复制视图
                let replicator = CAReplicatorLayer.replicatorLayer(shape, bounds: bounds,
        instancesCount : instances)
                replicator.instanceTransform =
        CATransform3DMakeRotation(replicatorInstanceRotation, 0, 0, 1)
                replicator.transform = CATransform3DMakeRotation(replicatorRotation, 0, 0, 1)
                ///添加到视图
                layer.addSublayer(replicator)
                ///开始生成动画
                let duration = groupDuration
                ///缩放，移动，和不透明度动画
                let zoomAnimation = CABasicAnimation.zoom(shape, start : 0.01, finish:
        zoomToSize, duration: zoomDuration, beginOffset: 0.0)
                let moveAway = CABasicAnimation.moveAway(shape, duration : duration,
        beginOffset: translateDelay, moveAwayOffset : translateOffset)
                let opacity = CABasicAnimation.fadeOut(shape, duration : alphaDuration,
        beginOffset: 0.0)
                /// 动画参考数组
                let animations : [CABasicAnimation] = [zoomAnimation,moveAway,opacity]
                ///增加所有的开始时间，因为需要把这一时间发送到我们的动画组
///目的是增加动画的持续时间
                let beginTimes: [CFTimeInterval] = animations.map { return $0.beginTime } ///
        return array of begin times
                let maxTime    = beginTimes.reduce(0) { return max($0, $1) } /// reduce to the
        max value
```

```
                let totalGroupDuration = duration + maxTime /// set the final animation duration
///生成动画组,添加动画的数组
                let group = CAAnimationGroup()
                group.beginTime = CACurrentMediaTime() + CFTimeInterval(groupDelay)
                group.duration = totalGroupDuration + groupDelay
                group.timingFunction = CAMediaTimingFunction(name: kCAMediaTimingFunctionEaseIn)
                group.animations = animations
                group.removedOnCompletion = false
                group.fillMode = kCAFillModeForwards

                /// kick off animation
                shape.addAnimation(group, forKey: "")

        }
        required init(coder aDecoder: NSCoder) {
            fatalError("init(coder:) has not been implemented")
        }
    }
```

本实例执行后的效果如图8-38所示。

8.28.3 范例技巧——实现多个动画的方法

如果当前的动画块是最外层的动画块,当应用程序返回到循环运行时开始执行动画块。动画在一个独立的线程中所有应用程序不会中断。使用这个方法,多个动画可以被实现。当另外一个动画在播放的时候,可以查看setAnimationBeginsFromCurrentState:来了解如何开始一个动画。

图8-38 执行效果

8.29 在屏幕中实现模糊效果

范例8-29	在屏幕中实现模糊效果
源码路径	光盘\daima\第8章\8-29

8.29.1 范例说明

本实例的功能是使用UIVisualEffectView控件在屏幕中实现模糊效果。

8.29.2 具体实现

视图界面控制器文件ViewController.m的具体实现代码如下所示。
```
#import "ViewController.h"
@implementation ViewController{
NSMutableArray* _list;
}
- (void)viewDidLoad
{
[super viewDidLoad];
// 初始化NSMutableArray集合
_list = [[NSMutableArray alloc] initWithObjects:@"AA",
@"BB",
@"CC",
@"DD",
@"EE",
@"FF" , nil];
// 设置refreshControl属性,该属性值应该是UIRefreshControl控件
self.refreshControl = [[UIRefreshControl alloc] init];
// 设置UIRefreshControl控件的颜色
self.refreshControl.tintColor = [UIColor grayColor];
// 设置该控件的提示标题
self.refreshControl.attributedTitle = [[NSAttributedString alloc]
initWithString:@"下拉刷新"];
```

```objc
// 为UIRefreshControl控件的刷新事件设置事件处理方法
[self.refreshControl addTarget:self action:@selector(refreshData)
forControlEvents:UIControlEventValueChanged];
}
// 该方法返回该表格的各部分包含多少行
- (NSInteger) tableView:(UITableView *)tableView numberOfRowsInSection:
(NSInteger)section
{
return [_list count];
}
// 该方法的返回值将作为指定表格行的UI控件
- (UITableViewCell*) tableView:(UITableView *)tableView
cellForRowAtIndexPath:(NSIndexPath *)indexPath
{
static NSString *myId = @"moveCell";
// 获取可重用的单元格
UITableViewCell *cell = [tableView
dequeueReusableCellWithIdentifier:myId];
// 如果单元格为nil
if(cell == nil)
{
// 创建UITableViewCell对象
cell = [[UITableViewCell alloc] initWithStyle:
UITableViewCellStyleDefault reuseIdentifier:myId];
}
NSInteger rowNo = [indexPath row];
// 设置textLabel显示的文本
cell.textLabel.text = _list [rowNo];
return cell;
}
// 刷新数据的方法
- (void) refreshData
{
// 使用延迟2秒来模拟远程获取数据
[self performSelector:@selector(handleData) withObject:nil
afterDelay:2];
}
- (void) handleData
{
NSString* randStr = [NSString stringWithFormat:@"%d"
, arc4random() % 10000];    // 获取一个随机数字符串
[_list addObject:randStr];    // 将随机数字符串添加到_list集合中
self.refreshControl.attributedTitle = [[NSAttributedString alloc]
initWithString:@"正在刷新..."];
[self.refreshControl endRefreshing];    // 停止刷新
[self.tableView reloadData];    // 控制表格重新加载数据
}
@end
```

本实例执行后的效果如图8-39所示。

8.29.3 范例技巧——避免将UIVisualEffectView的Alpha设置为小于1.0的值

尽量避免将UIVisualEffectView对象的Alpha值设置为小于1.0的值，因为创建半透明的视图会导致系统在离屏渲染时去对UIVisualEffectView对象及所有相关的子视图做混合操作。这不但消耗CPU/GPU，也可能会导致许多效果显示不正确或者根本不显示。

8.30 给指定图片实现模糊效果

图8-39 执行效果

范例8-30	给指定图片实现模糊效果
源码路径	光盘\daima\第8章\8-30

8.30.1 范例说明

本实例的功能是使用UIVisualEffectView给指定的图片实现模糊效果。通过编写文件ViewController.m，将任何子视图添加到 UIVisualEffectView 的contentView属性上，而不是直接 UIVisualEffectView addSubViews。在使用 UIVisualEffectView 时避免设置透明度小于1.0，否则会使自己和父视图"显示不正常甚至不显示"。通过使用遮罩(Masks)可以为其效果视图的contentView上，但给其效果视图的父视图添加遮罩会使效果失去作用，并且"Crash"。在使用VisualEffectView 的快照功能时，必须捕捉整个屏幕或者窗口使得Effect可见。

8.30.2 具体实现

（1）在故事板中插入创建一个 UIVisualEffectView，选择适合的虚拟效果,并且设置它的Position和Size属性。在 "contentView" 属性上添加想要显示在VisualEffectView上的子视图，例如按钮和图片，并给选择合适的父视图：addSubview:VisualEffectView，如图8-40所示。

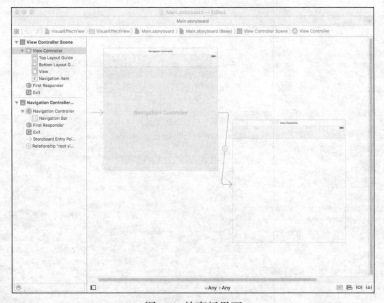

图8-40 故事板界面

由上述故事板界面可以看出，"UIVisualEffectView" 有如下3个子视图。
- UIVisualEffectBackdropView：背景。
- UIVisualEffectFilterView：模糊作用的地方。
- UIVisualEffectContentView：子视图添加到的地方。

（2）文件ViewController.m的具体实现代码如下所示。
```
#import "ViewController.h"
@interface ViewController ()
@end
@implementation ViewController
- (void)viewDidLoad {
    [super viewDidLoad];
    [self setVisualEffectView];
}
-(void)touchesBegan:(NSSet *)touches withEvent:(UIEvent *)event
{
}
```

```objc
- (void)setVisualEffectView{
    UIView *imgeView = [[UIImageView alloc]initWithImage:[UIImage imageNamed:@"images.png"]];
    [imgeView sizeToFit];
    imgeView.center = CGPointMake(self.view.bounds.size.width*.5, self.view.bounds.size.height*.5);
    [self.view addSubview:imgeView];
    UIButton *button = [UIButton buttonWithType:UIButtonTypeContactAdd];
    button.center = imgeView.center;
    /**
     *  UIVisualEffectView
     */
    UIBlurEffect *blur = [UIBlurEffect effectWithStyle:UIBlurEffectStyleDark];
    UIVisualEffectView *bluView = [[UIVisualEffectView alloc]initWithEffect:blur];
    bluView.frame = self.view.frame;
    UIVibrancyEffect *vibrancy = [UIVibrancyEffect effectForBlurEffect:blur];
    UIVisualEffectView *vibView = [[UIVisualEffectView alloc]initWithEffect:vibrancy];
    vibView.frame = self.view.frame;
    [vibView.contentView addSubview:button];
    
    [bluView.contentView addSubview:vibView];
    [self.view addSubview:vibView];
    
}

/**
 *  快照
 */
- (void)snapshot{
    
    UIGraphicsBeginImageContextWithOptions(self.view.bounds. size, YES,1.0);
    
    [self.view drawViewHierarchyInRect:self.view.bounds afterScreenUpdates:YES];
    
    UIImage *image = UIGraphicsGetImageFromCurrentImageContext();
    
    UIImageWriteToSavedPhotosAlbum(image, nil,NULL, nil);
    
    UIGraphicsEndImageContext();
}
- (void)didReceiveMemoryWarning {
    [super didReceiveMemoryWarning];
    // Dispose of any resources that can be recreated.
}
@end
```

本实例执行后的效果如图8-41所示。

图8-41 执行效果

8.30.3 范例技巧——初始化一个UIVisualEffectView对象的方法

初始化一个UIVisualEffectView对象的方法是UIVisualEffectView(effect: blurEffect)，其定义如下。
```
init(effect effect: UIVisualEffect)
```
这个方法的参数是一个UIVisualEffect对象。查看官方文档，可以看到在UIKit中，定义了几个专门用来创建视觉特效的，它们分别是UIVisualEffect、UIBlurEffect和UIVibrancyEffect。它们的继承层次如下所示。
```
NSObject
| -- UIVisualEffect
    | -- UIBlurEffect
    | -- UIVibrancyEffect
```
UIVisualEffect是一个继承自NSObject的创建视觉效果的基类，然而这个类除了继承自NSObject的属性和方法外，没有提供任何新的属性和方法。其主要目的是用于初始化UIVisualEffectView，在这个初始化方法中可以传入UIBlurEffect或者UIVibrancyEffect对象。

8.31 编码实现指定图像的模糊效果（Swift版）

范例8-31	编码实现指定图像的模糊效果
源码路径	光盘\daima\第8章\8-31

8.31.1 范例说明

本实例的功能是通过编码的方式对指定图像实现模糊效果。在本实例中对UIVisualEffectView控件进行了改造，对指定图片分别实现了3种特效效果。

8.31.2 具体实现

视图界面控制器文件ViewController.swift的具体实现代码如下所示。
```
import UIKit
class ViewController: UIViewController {
    let animationDuration = 0.5
    @IBOutlet var imageView: UIImageView!
    @IBOutlet var extraLightBlurView: UIVisualEffectView!
    @IBOutlet var lightBlurView: UIVisualEffectView!
    @IBOutlet var darkBlurView: UIVisualEffectView!
    override func viewDidLoad() {
        super.viewDidLoad()
    }
    override func didReceiveMemoryWarning() {
        super.didReceiveMemoryWarning()
    }
    @IBAction func extraLightSwitchChanged(sender: UISwitch) {
        UIView .animateWithDuration(self.animationDuration, animations: { () -> Void in
            self.extraLightBlurView.alpha = sender.on ? 1.0:0.0
        })
    }
    
    @IBAction func lightSwitchChanged(sender: UISwitch) {
        UIView .animateWithDuration(self.animationDuration, animations: { () -> Void in
            self.lightBlurView.alpha = sender.on ? 1.0:0.0
        })
    }
    
    @IBAction func darkSwitchChanged(sender: UISwitch) {
        UIView .animateWithDuration(self.animationDuration, animations: { () -> Void in
            self.darkBlurView.alpha = sender.on ? 1.0:0.0
```

        })
    }
}

全都关闭时的效果如图8-42所示,打开第一项"Extra Light"后的效果如图8-43所示。

图8-42 全都关闭时的效果　　　　图8-43 打开第一项"Extra Light"后的效果

打开第一项"Extra Light"和第二项"Light"后的效果如图8-44所示,三项开关按钮全都打开后的效果如图8-45所示。

图8-44 打开第一项和第二项后的效果　　　　图8-45 三项开关按钮全都打开后的效果

8.31.3 范例技巧——UIBlurEffect和UIVibrancyEffect的区别

与UIBlurEffect不同的是,UIVibrancyEffect主要用于放大和调整UIVisualEffectView视图下的内容的颜色,同时让UIVisualEffectView的contentView中的内容看起来更加生动。通常UIVibrancyEffect对象与UIBlurEffect一起使用,主要用于处理在UIBlurEffect特效上的一些显示效果。

第 9 章 多媒体应用实战

在移动智能设备应用中，多媒体是一个重要的应用领域。从严格意义上讲，多媒体包含了屏保、动画、图片、音频、视频和相机等应用。本章将通过典型实例的实现过程，详细介绍在iOS系统中开发多媒体音频、视频、相册和摄像方面的方法，为读者步入本书后面知识的学习打下基础。

9.1 播放声音文件

范例9-1	播放声音文件
源码路径	光盘\daima\第9章\9-1

9.1.1 范例说明

本实例的功能是播放两个指定的声音素材文件"Music.mp3"和"Sound12.aif"。

9.1.2 具体实现

（1）打开Xcode，设置创建项目的工程名，然后设置设备为"iPad"，如图9-1所示。

（2）设置一个UI界面，在里面插入两个按钮，效果如图9-2所示。

图9-1 设置设备

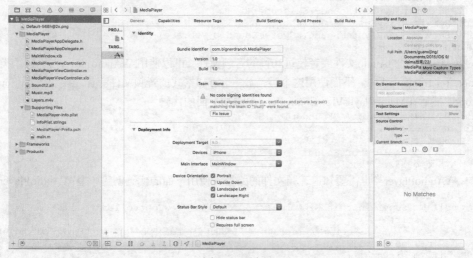

图9-2 UI界面

（3）准备两个声音素材文件"Music.mp3"和"Sound12.aif"，如图9-3所示。

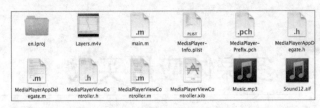

图9-3 声音素材文件

（4）声音文件必须放到设备的本地文件夹下面。通过方法AudioServicesCreateSystemSoundID注册这个声音文件。AudioServicesCreateSystemSoundID需要声音文件的url的CFURLRef对象，看下面的注册代码。

```
#import <AudioToolbox/AudioToolbox.h>
@interface MediaPlayerViewController : UIViewController{
IBOutlet UIButton *audioButton;
SystemSoundID shortSound;}- (id)init{
self = [super initWithNibName:@"MediaPlayerViewController" bundle:nil];
if (self) {
// Get the full path of Sound12.aif
NSString *soundPath = [[NSBundle mainBundle] pathForResource:@"Sound12"
                                                       ofType:@"aif"];
// If this file is actually in the bundle...
 if (soundPath) {
// Create a file URL with this path
 NSURL *soundURL = [NSURL fileURLWithPath:soundPath];
// Register sound file located at that URL as a system sound
 OSStatus err = AudioServicesCreateSystemSoundID((CFURLRef)soundURL,
                                  &shortSound);
      if (err != kAudioServicesNoError)
        NSLog(@"Could not load %@, error code: %d", soundURL, err);
    }
 }
 return self;
}
```

这样就可以使用下面的代码播放声音了。

```
- (IBAction)playShortSound:(id)sender{
   AudioServicesPlaySystemSound(shortSound);
}
```

（5）使用下面的代码可以添加一个振动的效果。

```
- (IBAction)playShortSound:(id)sender{
AudioServicesPlaySystemSound(shortSound);
AudioServicesPlaySystemSound(kSystemSoundID_Vibrate);}
AVFoundation framework
```

（6）对于压缩过的Audio文件或者超过30秒的音频文件，可以使用AVAudioPlayer类。这个类定义在AVFoundation framework中。下面使用这个类播放一个mp3格式的音频文件。首先要引入AVFoundation framework，然后在MediaPlayerViewController.h中添加下面的代码。

```
#import <AVFoundation/AVFoundation.h>
@interface MediaPlayerViewController : UIViewController <AVAudioPlayerDelegate>{
    IBOutlet UIButton *audioButton;
    SystemSoundID shortSound;
    AVAudioPlayer *audioPlayer;
```

（7）AVAudioPlayer类也需要知道音频文件的路径，使用下面的代码创建一个AVAudioPlayer实例。

```
- (id)init{
    self = [super initWithNibName:@"MediaPlayerViewController" bundle:nil];
      if (self) {
             NSString *musicPath = [[NSBundle mainBundle]  pathForResource: @"Music"
        ofType:@"mp3"];
      if (musicPath) {
             NSURL *musicURL = [NSURL fileURLWithPath:musicPath];
            audioPlayer = [[AVAudioPlayer alloc]   initWithContentsOfURL:musicURL
```

```
                    error:nil];
            [audioPlayer setDelegate:self];
    }
    NSString *soundPath = [[NSBundle mainBundle] pathForResource:@"Sound12"
ofType:@"aif"];
```
（8）可以在一个button的单击事件中开始播放这个mp3文件，例如下面的代码。
```
- (IBAction)playAudioFile:(id)sender{
    if ([audioPlayer isPlaying]) {
            // Stop playing audio and change text of button
            [audioPlayer stop];
            [sender setTitle:@"Play Audio File"
            forState:UIControlStateNormal];
    } else {
    // Start playing audio and change text of button so
    // user can tap to stop playback
    [audioPlayer play];
    [sender setTitle:@"Stop Audio File"
    forState:UIControlStateNormal];
    }
}
```
这样，运行程序，就可以播放音乐了。

（9）这个类对应的AVAudioPlayerDelegate有两个委托方法。一个是 audioPlayerDidFinishPlaying: successfully:，当音频播放完成之后触发。当播放完成之后，可以将播放按钮的文本重新设置成 "Play Audio File"，相应的代码如下所示。
```
- (void)audioPlayerDidFinishPlaying:(AVAudioPlayer *)player
                    successfully:(BOOL)flag
            {
        [audioButton setTitle:@"Play Audio File"
                    forState:UIControlStateNormal];
        }
```
另一个是audioPlayerEndInterruption:，当程序被外部应用打断之后，重新回到应用程序的时候触发。在这里当回到此应用程序的时候，继续播放音乐，相应的代码如下所示。
```
- (void)audioPlayerEndInterruption:(AVAudioPlayer *)player{     [audioPlayer play];}
MediaPlayer framework
```
这样执行后即可播放指定的音频，效果如图9-4所示。

除此之外，iOS sdk中还可以使用MPMoviePlayerController来播放电影文件。但是在iOS设备上播放电影文件有严格的格式要求，只能播放下面两种格式的电影文件。

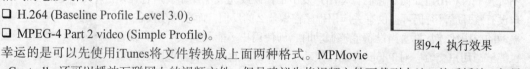

❏ H.264 (Baseline Profile Level 3.0)。

❏ MPEG-4 Part 2 video (Simple Profile)。

图9-4 执行效果

幸运的是可以先使用iTunes将文件转换成上面两种格式。MPMoviePlayerController还可以播放互联网上的视频文件。但是建议先将视频文件下载到本地，然后播放。如果不这样做，iOS可能会拒绝播放很大的视频文件。

这个类定义在MediaPlayer framework中。在应用程序中，先添加这个引用，然后修改MediaPlayerViewController.h文件，代码如下所示。
```
#import <MediaPlayer/MediaPlayer.h>
@interface MediaPlayerViewController : UIViewController <AVAudioPlayerDelegate>
{
    MPMoviePlayerController *moviePlayer;
```
下面使用这个类来播放一个.m4v 格式的视频文件。与前面类似，需要一个url路径即可，代码如下所示。
```
- (id)init {
 self = [super initWithNibName:@"MediaPlayerViewController" bundle:nil];
    if (self) {              NSString *moviePath = [[NSBundle mainBundle]
    pathForResource:@"Layers"
    ofType:@"m4v"
```

```
        ];
    if (moviePath) {
        NSURL *movieURL = [NSURL fileURLWithPath:moviePath];
        moviePlayer = [[MPMoviePlayerController alloc]
        initWithContentURL:movieURL];
    }
```

MPMoviePlayerController有一个视图来展示播放器控件,在viewDidLoad方法中,将这个播放器展示出来,代码如下所示。

```
- (void)viewDidLoad{
[[self view] addSubview:[moviePlayer view]];
    float halfHeight = [[self view] bounds].size.height / 2.0;
    float width = [[self view] bounds].size.width;
    [[moviePlayer view] setFrame:CGRectMake(0, halfHeight, width, halfHeight)];
}
```

还有一个MPMoviePlayerViewController类,用于全屏播放视频文件,用法和MPMoviePlayerController一样,代码如下所示。

```
MPMoviePlayerViewController *playerViewController =
    [[MPMoviePlayerViewController alloc] initWithContentURL:movieURL];
[viewController presentMoviePlayerViewControllerAnimated:playerViewController];
```

当我们在听音乐的时候,可以使用iPhone做其他的事情,这个时候需要播放器在后台也能运行,我们只需要在应用程序中做个简单的设置就行了。

(10)在Info property list中加一个 Required background modes节点,它是一个数组,将第一项设置成App plays audio。

(11)在播放mp3的代码中加入下面的代码。

```
if (musicPath) {
NSURL *musicURL = [NSURL fileURLWithPath:musicPath];
[[AVAudioSession sharedInstance]
            setCategory:AVAudioSessionCategoryPlayback error:nil];
audioPlayer = [[AVAudioPlayer alloc] initWithContentsOfURL:musicURL
                                error:nil];
        [audioPlayer setDelegate:self];
```

此时运行后可以看到播放视频的效果,如图9-5所示。

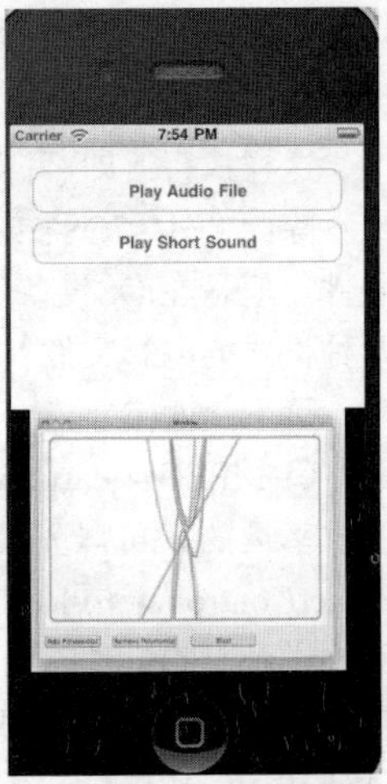

9.1.3 范例技巧——访问声音服务

在当前的设备中,声音几乎在每个计算机系统中都扮演了重要角色,而不管其平台和用途如何。它们告知用户发生了错误或完成了操作。声音在用户没有紧盯屏幕时仍可提供有关应用程序在做什么的反馈。而在移动设备中,振动的应用比较常见。当设备能够振动时,即使用户不能看到或听到,设备也能够与用户交流。对iPhone来说,振动意味着即使它在口袋里或附近的桌子上,应用程序也可将事件告知用户。这是不是最好的消息?可通过简单代码处理声音和振动,这让您能够在应用程序中轻松地实现它们。

9.2 播放列表中的音乐(Swift版)

图9-5 执行效果

范例9-2	播放列表中的音乐
源码路径	光盘\daima\第9章\9-2

9.2.1 范例说明

下面的内容将通过一个具体实例的实现过程,详细讲解使用AudioToolbox播放列表中的音乐的过程。

9.2.2 具体实现

编写文件SoundGenerator.swift,分别引入媒体播放框架AudioToolbox、AVFoundation和CoreAudio,通过play函数播放列表中的音乐,主要实现代码如下所示。

```swift
func augraphSetup() {
    var status : OSStatus = 0
    status = NewAUGraph(&self.processingGraph)
    CheckError(status)
    
    // create the sampler
    var samplerNode = AUNode()
    var cd:AudioComponentDescription = AudioComponentDescription(
        componentType: OSType(kAudioUnitType_MusicDevice),
        componentSubType: OSType(kAudioUnitSubType_Sampler),
        componentManufacturer: OSType(kAudioUnitManufacturer_Apple),
        componentFlags: 0,
        componentFlagsMask: 0)
    status = AUGraphAddNode(self.processingGraph, &cd, &samplerNode)
    CheckError(status)
    
    // 创建ionode
    var ioNode:AUNode = AUNode()
    var ioUnitDescription:AudioComponentDescription = AudioComponentDescription(
        componentType: OSType(kAudioUnitType_Output),
        componentSubType: OSType(kAudioUnitSubType_RemoteIO),
        componentManufacturer: OSType(kAudioUnitManufacturer_Apple),
        componentFlags: 0,
        componentFlagsMask: 0)
    status = AUGraphAddNode(self.processingGraph, &ioUnitDescription, &ioNode)
    CheckError(status)
    
    status = AUGraphOpen(self.processingGraph)
    CheckError(status)
    
    status = AUGraphNodeInfo(self.processingGraph, samplerNode, nil, &self.samplerUnit)
    CheckError(status)
    
    var ioUnit:AudioUnit  = AudioUnit()
    status = AUGraphNodeInfo(self.processingGraph, ioNode, nil, &ioUnit)
    CheckError(status)
    
    var ioUnitOutputElement:AudioUnitElement = 0
    var samplerOutputElement:AudioUnitElement = 0
    status = AUGraphConnectNodeInput(self.processingGraph,
        samplerNode, samplerOutputElement, // srcnode, inSourceOutputNumber
        ioNode, ioUnitOutputElement) // destnode, inDestInputNumber
    CheckError(status)
}

func graphStart() {
    var status : OSStatus = OSStatus(noErr)
    var outIsInitialized:Boolean = 0
    status = AUGraphIsInitialized(self.processingGraph, &outIsInitialized)
    println("isinit status is \(status)")
    println("bool is \(outIsInitialized)")
    if outIsInitialized == 0 {
        status = AUGraphInitialize(self.processingGraph)
        CheckError(status)
    }
    
    var isRunning:Boolean = 0
    AUGraphIsRunning(self.processingGraph, &isRunning)
    println("running bool is \(isRunning)")
    if isRunning == 0 {
        status = AUGraphStart(self.processingGraph)
```

```swift
                    CheckError(status)
            }

        }
        func playNoteOn(noteNum:UInt32, velocity:UInt32)    {
            var noteCommand:UInt32 = 0x90 | 0;
            var status : OSStatus = OSStatus(noErr)
            status = MusicDeviceMIDIEvent(self.samplerUnit, noteCommand, noteNum, velocity, 0)
            CheckError(status)
            println("noteon status is \(status)")
        }

        func playNoteOff(noteNum:UInt32)    {
            var noteCommand:UInt32 = 0x80 | 0;
            var status : OSStatus = OSStatus(noErr)
            status = MusicDeviceMIDIEvent(self.samplerUnit, noteCommand, noteNum, 0, 0)
            CheckError(status)
            println("noteoff status is \(status)")
        }


        func loadSF2Preset(preset:UInt8)   {

            if let bankURL = NSBundle.mainBundle().URLForResource("GeneralUser GS MuseScore v1.442", withExtension: "sf2") {
                var instdata = AUSamplerInstrumentData(fileURL:
                    Unmanaged.passUnretained(bankURL),
                        instrumentType: UInt8(kInstrumentType_DLSPreset),
                        bankMSB: UInt8(kAUSampler_DefaultMelodicBankMSB),
                        bankLSB: UInt8(kAUSampler_DefaultBankLSB),
                        presetID: preset)

                var status = AudioUnitSetProperty(
                    self.samplerUnit,
                    UInt32(kAUSamplerProperty_LoadInstrument),
                    UInt32(kAudioUnitScope_Global),
                    0,
                    &instdata,
                    UInt32(sizeof(AUSamplerInstrumentData)))
                CheckError(status)
            }
        }


        func loadDLSPreset(pn:UInt8) {
            if let bankURL = NSBundle.mainBundle().URLForResource("gs_instruments", withExtension: "dls") {
                var instdata = AUSamplerInstrumentData(fileURL:
                    Unmanaged.passUnretained(bankURL),
                    instrumentType: UInt8(kInstrumentType_DLSPreset),
                    bankMSB: UInt8(kAUSampler_DefaultMelodicBankMSB),
                    bankLSB: UInt8(kAUSampler_DefaultBankLSB),
                    presetID: pn)
                var status = AudioUnitSetProperty(
                    self.samplerUnit,
                    UInt32(kAUSamplerProperty_LoadInstrument),
                    UInt32(kAudioUnitScope_Global),
                    0,
                    &instdata,
                    UInt32(sizeof(AUSamplerInstrumentData)))
                CheckError(status)
            }
        }


        func createMusicSequence() -> MusicSequence {
            // create the sequence
```

```swift
    var musicSequence:MusicSequence = MusicSequence()
    var status = NewMusicSequence(&musicSequence)
    if status != OSStatus(noErr) {
        println("\(__LINE__) bad status \(status) creating sequence")
        CheckError(status)
    }

    // add a track
    var track:MusicTrack = MusicTrack()
    status = MusicSequenceNewTrack(musicSequence, &track)
    if status != OSStatus(noErr) {
        println("error creating track \(status)")
        CheckError(status)
    }

    // now make some notes and put them on the track
    var beat:MusicTimeStamp = 1.0
    for i:UInt8 in 60...72 {
        var mess = MIDINoteMessage(channel: 0,
            note: i,
            velocity: 64,
            releaseVelocity: 0,
            duration: 1.0 )
        status = MusicTrackNewMIDINoteEvent(track, beat, &mess)
        if status != OSStatus(noErr) {
            CheckError(status)
        }
        beat++
    }

    // associate the AUGraph with the sequence.
    MusicSequenceSetAUGraph(musicSequence, self.processingGraph)

    return musicSequence
}

func createPlayer(musicSequence:MusicSequence) -> MusicPlayer {
    var musicPlayer:MusicPlayer = MusicPlayer()
    var status = OSStatus(noErr)
    status = NewMusicPlayer(&musicPlayer)
    if status != OSStatus(noErr) {
        println("bad status \(status) creating player")
        CheckError(status)
    }
    status = MusicPlayerSetSequence(musicPlayer, musicSequence)
    if status != OSStatus(noErr) {
        println("setting sequence \(status)")
        CheckError(status)
    }
    status = MusicPlayerPreroll(musicPlayer)
    if status != OSStatus(noErr) {
        println("prerolling player \(status)")
        CheckError(status)
    }
    return musicPlayer
}

func play() {
    var status = OSStatus(noErr)
    var playing:Boolean = 0
    status = MusicPlayerIsPlaying(musicPlayer, &playing)
    if playing != 0 {
        println("music player is playing. stopping")
        status = MusicPlayerStop(musicPlayer)
        if status != OSStatus(noErr) {
            println("Error stopping \(status)")
            CheckError(status)
            return
```

```
            }
        } else {
            println("music player is not playing.")
        }
        status = MusicPlayerSetTime(musicPlayer, 0)
        if status != OSStatus(noErr) {
            println("setting time \(status)")
            CheckError(status)
            return
        }
        status = MusicPlayerStart(musicPlayer)
        if status != OSStatus(noErr) {
            println("Error starting \(status)")
            CheckError(status)
            return
        }
    }
}
```

图9-6 执行效果

本实例执行后的效果如图9-6所示，单击"Play"可以播放列表中的音乐。

9.2.3 范例技巧——iOS系统的播放声音服务

为了支持声音播放和振动功能，iOS系统中的系统声音服务（System Sound Services）提供了一个接口，用于播放不超过30秒的声音。虽然它支持的文件格式有限，目前只支持CAF、AIF和使用PCM或IMA/ADPCM数据的WAV文件，并且这些函数没有提供操纵声音和控制音量的功能，但是为开发人员提供了很大的方便。

9.3 使用iOS的提醒功能

范例9-3	使用iOS的提醒功能
源码路径	光盘\daima\第9章\9-3

9.3.1 范例说明

下面的演示实例将实现一个沙箱效果，在里面可以实现提醒视图、多个按钮的提醒视图、文本框的提醒视图、操作表和声音提示和振动提示效果。本实例只包含一些按钮和一个输出区域，其中按钮用于触发操作，以便演示各种提醒用户的方法，而输出区域用于指出用户的响应。生成提醒视图、操作表、声音和振动的工作都是通过代码完成的，因此越早完成项目框架的设置，就能越早实现逻辑。

9.3.2 具体实现

文件ViewController.m的具体实现代码如下所示。
```
- (IBAction)doMultiButtonAlert:(id)sender {
    UIAlertView *alertDialog;
    alertDialog = [[UIAlertView alloc]
                   initWithTitle: @"Alert Button Selected"
                   message:@"I need your attention NOW!"
                   delegate: self
                   cancelButtonTitle: @"Ok"
                   otherButtonTitles: @"Maybe Later", @"Never", nil];
    [alertDialog show];
}
- (IBAction)doAlertInput:(id)sender {
    UIAlertView *alertDialog;
    alertDialog = [[UIAlertView alloc]
```

```objc
                    initWithTitle: @"Email Address"
                    message:@"Please enter your email address:"
                    delegate: self
                    cancelButtonTitle: @"Ok"
                    otherButtonTitles: nil];
    alertDialog.alertViewStyle=UIAlertViewStylePlainTextInput;
    [alertDialog show];
}
- (IBAction)doActionSheet:(id)sender {
    UIActionSheet *actionSheet;
    actionSheet=[[UIActionSheet alloc] initWithTitle:@"Available Actions"
                                    delegate:self
                                    cancelButtonTitle:@"Cancel"
                                    destructiveButtonTitle:@"Destroy"
                                    otherButtonTitles:@"Negotiate",@"Compromise",nil];
    actionSheet.actionSheetStyle=UIActionSheetStyleBlackTranslucent;
    [actionSheet showFromRect:[(UIButton *)sender frame]
                    inView:self.view animated:YES];
//    [actionSheet showInView:self.view];
}
- (IBAction)doSound:(id)sender {
    SystemSoundID soundID;
    NSString *soundFile = [[NSBundle mainBundle]
                            pathForResource:@"soundeffect" ofType:@"wav"];
    AudioServicesCreateSystemSoundID((__bridge CFURLRef)
                            [NSURL fileURLWithPath:soundFile]
                            , &soundID);
    AudioServicesPlaySystemSound(soundID);
}
- (IBAction)doAlertSound:(id)sender {
    SystemSoundID soundID;
    NSString *soundFile = [[NSBundle mainBundle]
                            pathForResource:@"alertsound" ofType:@"wav"];

    AudioServicesCreateSystemSoundID((__bridge CFURLRef)
                            [NSURL fileURLWithPath:soundFile]
                            , &soundID);
    AudioServicesPlayAlertSound(soundID);
}

- (IBAction)doVibration:(id)sender {
    AudioServicesPlaySystemSound(kSystemSoundID_Vibrate);
}

- (void)actionSheet:(UIActionSheet *)actionSheet
clickedButtonAtIndex:(NSInteger)buttonIndex {
    NSString *buttonTitle=[actionSheet buttonTitleAtIndex:buttonIndex];
    if ([buttonTitle isEqualToString:@"Destroy"]) {
        self.userOutput.text=@"Clicked 'Destroy'";
    } else if ([buttonTitle isEqualToString:@"Negotiate"]) {
        self.userOutput.text=@"Clicked 'Negotiate'";
    } else if ([buttonTitle isEqualToString:@"Compromise"]) {
        self.userOutput.text=@"Clicked 'Compromise'";
    } else {
        self.userOutput.text=@"Clicked 'Cancel'";
    }
}
- (void)alertView:(UIAlertView *)alertView
clickedButtonAtIndex:(NSInteger)buttonIndex {
    NSString *buttonTitle=[alertView buttonTitleAtIndex:buttonIndex];
    if ([buttonTitle isEqualToString:@"Maybe Later"]) {
        self.userOutput.text=@"Clicked 'Maybe Later'";
    } else if ([buttonTitle isEqualToString:@"Never"]) {
        self.userOutput.text=@"Clicked 'Never'";
    } else {
        self.userOutput.text=@"Clicked 'Ok'";
    }
    if ([alertView.title
         isEqualToString: @"Email Address"]) {
```

```
            self.userOutput.text=[[alertView textFieldAtIndex:0] text];
    }
}
@end
```

到此为止,已经实现7种引起用户注意的方式,可在任何应用程序中使用这些技术,以确保用户知道发生的变化并在需要时做出响应。

9.3.3 范例技巧——创建包含多个按钮的提醒视图

只有一个按钮的提醒视图很容易实现,因为不需要实现额外的逻辑。用户轻按按钮后,提醒视图将关闭,而程序将恢复到正常执行状态。然而,如果添加了额外的按钮,应用程序必须能够确定用户按下了哪个按钮,并采取相应的措施。除了创建的只包含一个按钮的提醒视图外,还有其他两种配置,它们之间的差别在于提醒视图显示的按钮数。创建包含多个按钮提醒的方法非常简单,只需利用初始化方法的otherButtonTitles参数即可实现,不将其设置为nil,而是提供一个以nil结尾的字符串列表,这些字符串将用作新增按钮的标题。当只有两个按钮时,取消按钮总是位于左边。当有更多按钮时,取消按钮将位于最下面。

9.4 实现两种类型的振动效果(Swift版)

范例9-4	实现两种类型的振动效果
源码路径	光盘\daima\第9章\9-4

9.4.1 范例说明

本实例的功能是导入AudioToolbox框架实现多媒体功能,分别定义函数vib1和vib2实现两种振动效果。

9.4.2 具体实现

在视图界面文件ViewController.swift中导入AudioToolbox框架以实现振动功能,定义函数vib1和vib2分别实现两种振动效果,具体实现代码如下所示。

```
import UIKit
import AudioToolbox
class ViewController: UIViewController {
    override func viewDidLoad() {
        super.viewDidLoad()
    }

    override func didReceiveMemoryWarning() {
        super.didReceiveMemoryWarning()
    }

    @IBAction func vib1(sender: AnyObject) {
        AudioServicesPlayAlertSound(SystemSoundID(kSystemSoundID_Vibrate)) // Plays a vibrate, but plays a sound instead if your device does not support vibration
    }
    @IBAction func vib2(sender: AnyObject) {
        AudioServicesPlaySystemSound(SystemSoundID(kSystemSoundID_Vibrate)) // Plays vibrate only
    }
}
```

本实例执行后的效果如图9-7所示,按下"1"和"2"后会产生两种振动效果。

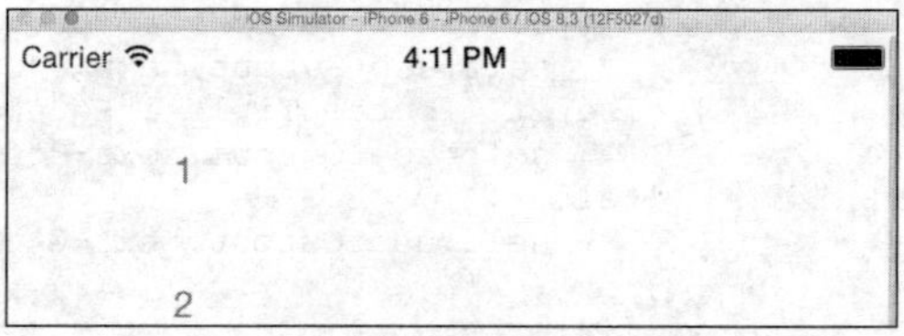

图9-7 执行效果

9.4.3 范例技巧——System Sound Services 支持的3种通知

iOS使用 System Sound Services 支持以下3种不同的通知。
- 声音：立刻播放一个简单的声音文件。如果手机被设置为静音，用户什么也听不到。
- 提醒：也播放一个声音文件，但如果手机被设置为静音和振动，将通过振动提醒用户。
- 振动：振动手机，而不考虑其他设置。

9.5 使用Media Player播放视频

范例9-5	使用Media Player播放视频
源码路径	光盘\daima\第9章\9-5

9.5.1 范例说明

本实例的功能是使用Media Player播放指定的视频。首先编写视图文件ViewController.m，监听用户单击屏幕中的 "Play" 链接，单击后将播放指定的视频文件：promo_full.mp4。然后编写文件YCMoviePlayerController.m，功能是定义视频播放操作的各个功能函数。

9.5.2 具体实现

文件YCMoviePlayerController.m的具体实现代码如下所示。

```
#import "YCMoviePlayerController.h"
#import "MediaPlayer/MediaPlayer.h"
@interface YCMoviePlayerController ()
@property (nonatomic,strong) MPMoviePlayerController *moviePlayer;
@end
@implementation YCMoviePlayerController
- (void)viewDidLoad {
    [super viewDidLoad];
    [self.moviePlayer play];
// 返回上一级目录的思路：通知、代理
    [self addNotification];
}
- (void)viewDidAppear:(BOOL)animated {
    self.moviePlayer.fullscreen = YES;
}
#pragma mark - 添加通知
- (void)addNotification {
    // 1.添加播放状态的监听
    [[NSNotificationCenter defaultCenter] addObserver:self selector:@selector(stateChanged)
name:MPMoviePlayerPlaybackStateDidChangeNotification object:nil];
    // 2.添加完成的监听
    [[NSNotificationCenter defaultCenter] addObserver:self selector:@selector(finished)
name:MPMoviePlayerPlaybackDidFinishNotification object:nil];
    // 3.全屏
    [[NSNotificationCenter defaultCenter] addObserver:self selector:@selector(finished)
name:MPMoviePlayerDidExitFullscreenNotification object:nil];
    // 4.截屏完成通知
    [[NSNotificationCenter defaultCenter] addObserver:self selector:@selector
(captureFinished:) name:MPMoviePlayerThumbnailImageRequestDidFinishNotification object:nil];
// 数组中有多少时间，就通知几次
// MPMovieTimeOptionExat          精确的
// MPMovieTimeOptionNearesKeyFrame    大概精确的
    [self.moviePlayer requestThumbnailImagesAtTimes:@[@(1.0f), @(2.0f)] timeOption:
MPMovieTimeOptionNearestKeyFrame];
}
/**
 *  截屏完成
 */
- (void)captureFinished:(NSNotification *)notification {
```

```objc
    if ([self.delegate respondsToSelector:@selector(moviePlayerDidCaptureWithImage:)]) {
        [self.delegate moviePlayerDidCaptureWithImage:notification.userInfo[MPMoviePlayerThumbnailImageKey]];
    }
    NSLog(@"%@", notification);
}
- (void)finished {
    // 1.删除通知监听
    [[NSNotificationCenter defaultCenter] removeObserver:self];
    // 2.返回上级窗体
    [self.delegate moviePlayerDidFinishPlay];
}
- (void)stateChanged {
    /**
            MPMoviePlaybackStateStopped,          停止
            MPMoviePlaybackStatePlaying,          播放
            MPMoviePlaybackStatePaused,           暂停
            MPMoviePlaybackStateInterrupted,      中断
            MPMoviePlaybackStateSeekingForward,   下一个
            MPMoviePlaybackStateSeekingBackward   上一个
     */
    switch (self.moviePlayer.playbackState) {
        case MPMoviePlaybackStatePlaying:
            NSLog(@"开始播放");
            break;
        case MPMoviePlaybackStatePaused:
            NSLog(@"暂停");
            break;
        case MPMoviePlaybackStateInterrupted:
            NSLog(@"中断");
            break;
        case MPMoviePlaybackStateStopped:
            NSLog(@"停止");
            break;
        default:
            break;
    }
}
- (MPMoviePlayerController *)moviePlayer {
    if (!_moviePlayer) {
        // 负责控制媒体播放的控制器
        _moviePlayer = [[MPMoviePlayerController alloc] initWithContentURL:self.movieURL];
        _moviePlayer.view.frame = self.view.bounds;
        _moviePlayer.view.autoresizingMask = UIViewAutoresizingFlexibleWidth | UIViewAutoresizingFlexibleHeight;
        [self.view addSubview:_moviePlayer.view];
    }
    return _moviePlayer;
}
@end
```

本实例执行后的效果如图9-8所示。单击"Play"后会播放视频，如图9-9所示。

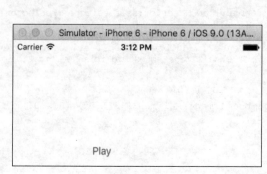
图9-8 执行效果

图9-9 播放视频

9.5.3 范例技巧——iOS系统的多媒体播放机制

作为一款智能设备的操作系统，iOS提供了强大的多媒体功能，例如视频播放、音频播放等。通过这些多媒体应用，吸引了广大用户的眼球。在iOS系统中，这些多媒体功能是通过专用的框架实现的，通过这些框架可以实现如下功能。

- 播放本地或远程（流式）文件中的视频。
- 在iOS设备中录制和播放视频。
- 在应用程序中访问内置的音乐库。
- 显示和访问内置照片库或相机中的图像。
- 使用Core Image过滤器轻松地操纵图像。
- 检索并显示有关当前播放的多媒体内容的信息。

Apple提供了很多Cocoa类，通过这些类可以将多媒体（视频、照片、录音等）加入到应用程序中。

9.6 边下载边播放视频

范例9-6	边下载边播放视频
源码路径	光盘\daima\第9章\9-6

9.6.1 范例说明

本实例的功能是使用MPMoviePlayerController实现边下载边播放视频功能。在视图控制器文件VideoViewController.m中，设置在iOS本地开启Local Server服务，然后通过MPMoviePlayerController请求本地Local Server服务。本地Local Server服务会不停地在对应的视频地址获取视频流。当本地Local Server请求时，可以把视频流缓存在本地，同时通过函数videoPlay播放视频。

9.6.2 具体实现

文件VideoViewController.m的具体实现代码如下所示。

```
#import "VideoViewController.h"
#import "ASIHTTPRequest.h"
#import "AudioButton.h"
#import <MediaPlayer/MediaPlayer.h>
@interface VideoViewController ()
@end
@implementation VideoViewController
- (id)initWithNibName:(NSString *)nibNameOrNil bundle:(NSBundle *)nibBundleOrNil
{
    self = [super initWithNibName:nibNameOrNil bundle:nibBundleOrNil];
    if (self) {
        // Custom initialization
        //视频播放结束通知
        [[NSNotificationCenter defaultCenter] addObserver:self selector:@selector(videoFinished)
          name:MPMoviePlayerPlaybackDidFinishNotification object:nil];
    }
    return self;
}

- (void)viewDidLoad
{
    [super viewDidLoad];
    AudioButton *musicBt = [[AudioButton alloc]initWithFrame:CGRectMake(135, 210, 50, 50)];
    [musicBt addTarget:self action:@selector(videoPlay) forControlEvents:UIControlEvent
```

```objc
     TouchUpInside];
    [musicBt setTag:1];
    [self.view addSubview:musicBt];
}

- (void)didReceiveMemoryWarning
{
    [super didReceiveMemoryWarning];
}
- (void)videoPlay{
    NSString *webPath = [NSHomeDirectory() stringByAppendingPathComponent:@"Library/Private Documents/Temp"];
    NSString *cachePath = [NSHomeDirectory() stringByAppendingPathComponent:@"Library/Private Documents/Cache"];
    NSFileManager *fileManager=[NSFileManager defaultManager];
    if(![fileManager fileExistsAtPath:cachePath])
    {
        [fileManager createDirectoryAtPath:cachePath withIntermediateDirectories:YES attributes:nil error:nil];
    }
    if ([fileManager fileExistsAtPath:[cachePath stringByAppendingPathComponent:[NSString stringWithFormat:@"vedio.mp4"]]]) {
        MPMoviePlayerViewController *playerViewController = [[MPMoviePlayerViewController alloc]initWithContentURL:[NSURL fileURLWithPath:[cachePath stringByAppendingPathComponent:[NSString stringWithFormat:@"vedio.mp4"]]]];
        [self presentMoviePlayerViewControllerAnimated:playerViewController];
        videoRequest = nil;
    }else{
        ASIHTTPRequest *request=[[ASIHTTPRequest alloc] initWithURL:[NSURL URLWithString:@"http://static.tripbe.com/videofiles/20121214/9533522808.f4v.mp4"]];
        AudioButton *musicBt = (AudioButton *)[self.view viewWithTag:1];
        [musicBt startSpin];
        //下载完存储目录
        [request setDownloadDestinationPath:[cachePath stringByAppendingPathComponent:[NSString stringWithFormat:@"vedio.mp4"]]];
        //临时存储目录
        [request setTemporaryFileDownloadPath:[webPath stringByAppendingPathComponent:[NSString stringWithFormat:@"vedio.mp4"]]];
        [request setBytesReceivedBlock:^(unsigned long long size, unsigned long long total) {
            [musicBt stopSpin];
            NSUserDefaults *userDefaults = [NSUserDefaults standardUserDefaults];
            [userDefaults setDouble:total forKey:@"file_length"];
            Recordull += size;//Recordull全局变量，记录已下载的文件的大小
            if (!isPlay&&Recordull > 400000) {
                isPlay = !isPlay;
                [self playVideo];
            }
        }];
        //断点续载
        [request setAllowResumeForFileDownloads:YES];
        [request startAsynchronous];
        videoRequest = request;
    }
}
- (void)playVideo{
    MPMoviePlayerViewController *playerViewController =[[MPMoviePlayerViewController alloc]initWithContentURL:[NSURL URLWithString:@"http://127.0.0.1:12345/vedio.mp4"]];
    [self presentMoviePlayerViewControllerAnimated:playerViewController];
}
//播放视频完成
- (void)videoFinished{
    if (videoRequest) {
        isPlay = !isPlay;
        [videoRequest clearDelegatesAndCancel];
        videoRequest = nil;
```

```
        }
    }
@end
```
本实例执行后的效果如图9-10所示。

9.6.3 范例技巧——Media Player框架介绍

Media Player框架用于播放本地和远程资源中的视频和音频。在应用程序中可使用它打开模态iPod界面、选择歌曲以及控制播放。这个框架让我们能够与设备提供的所有内置多媒体功能集成。iOS的MediaPlayer框架不仅支持MOV、MP4和3GP格式，还支持其他视频格式。该框架还提供了控件播放、设置回放点、播放视频及文件停止功能，同时对播放各种视频格式的iPhone屏幕窗口进行尺寸调整和旋转。

9.7 播放指定的视频（Swift版）

图9-10 执行效果

范例9-7	播放指定的视频
源码路径	光盘\daima\第9章\9-7

9.7.1 范例说明

本实例的功能是播放指定的视频文件，首先在屏幕中插入一个文本框控件供用户输入视频的URL地址，然后在下方通过文本控件显示"play"文本，按下"play"后会播放文本框URL地址中的视频。

9.7.2 具体实现

视图控制器文件ViewController.swift的功能是，在文本框中加载显示指定的视频路径，监听用户是否按下"play"文本，按下"play"后会调用MediaPlayer播放文本框URL地址中的视频。文件ViewController.swift的具体实现代码如下所示。

```swift
import UIKit
import CoreMedia
import MediaPlayer
import AVKit
import AVFoundation

class ViewController: UIViewController {
    
    @IBOutlet var urlField : UITextField!
    
    var videoAsset : AVURLAsset?
    
    var composition : AVMutableComposition?
    var compositionVideoTrack : AVMutableCompositionTrack?
    var compositionAudioTrack : AVMutableCompositionTrack?
    var playerItem : AVPlayerItem?
    var player : AVPlayer?
    var playerController : AVPlayerViewController?
    var rateSet = false
    @IBAction func tapGesture(sender: AnyObject) {
        urlField.resignFirstResponder()
        NSLog("tapGesture called " + urlField.text!)
    }
    @IBAction func urlChanged(sender: AnyObject) {
        NSLog("urlChanged called " + urlField.text!)
        playVideo()
    }
```

```swift
@IBAction func playPushed(sender: AnyObject) {
    NSLog("playPushed called " + urlField.text!)
    playVideo()
}
var path = NSBundle.mainBundle().pathForResource("victusSlowMo", ofType: "mov")
func initValues() {
    urlField.text = path!;
}
func playVideo() {
    let videoURL = NSURL.fileURLWithPath(urlField.text!)
    self.videoAsset = AVURLAsset(URL: videoURL, options: nil)
    self.composition = AVMutableComposition()
    self.compositionVideoTrack = self.composition?.addMutableTrackWithMediaType
        (AVMediaTypeVideo, preferredTrackID: CMPersistentTrackID())
    self.compositionAudioTrack = self.composition?.addMutableTrackWithMediaType
        (AVMediaTypeAudio, preferredTrackID: CMPersistentTrackID())
    var error : NSError?
    let trimStart = CMTimeMake(75192227, 1000000000)
    let duration = CMTimeMake(2772044114, 1000000000)
    let timeRange = CMTimeRange(start: trimStart, duration: duration)
    let allTime = CMTimeRange(start: kCMTimeZero, duration:
        self.videoAsset!.duration)
    
    let videoScaleFactor : Double = 8.0
    let videoTracks : [AVAssetTrack] = self.videoAsset!.tracksWithMediaType
        (AVMediaTypeVideo) as [AVAssetTrack]
    var videoInsertResult: Bool
    do {
        try self.compositionVideoTrack?.insertTimeRange(allTime,
                ofTrack: videoTracks[0],
                atTime: kCMTimeZero)
        videoInsertResult = true
    } catch var error1 as NSError {
        error = error1
        videoInsertResult = false
    }
    if !videoInsertResult || error != nil {
        print("error inserting time range for video")
    }
    let audioTracks : [AVAssetTrack] =
self.videoAsset!.tracksWithMediaType(AVMediaTypeAudio) as [AVAssetTrack]
    var audioInsertResult: Bool
    do {
        try self.compositionAudioTrack?.insertTimeRange(allTime,
                ofTrack: audioTracks[0],
                atTime: kCMTimeZero)
        audioInsertResult = true
    } catch var error1 as NSError {
        error = error1
        audioInsertResult = false
    }
    if !audioInsertResult || error != nil {
        print("error inserting time range for audio")
    }
    self.compositionVideoTrack?.scaleTimeRange(timeRange, toDuration: CMTimeMake
(Int64(Double(duration.value) * videoScaleFactor), duration.timescale))
    self.compositionAudioTrack?.scaleTimeRange(timeRange, toDuration: CMTimeMake
(Int64(Double(duration.value) * videoScaleFactor), duration.timescale))
    self.playerItem = AVPlayerItem(asset: self.composition!)
    self.playerItem?.audioTimePitchAlgorithm = AVAudioTimePitchAlgorithmVarispeed
    self.player = AVPlayer(playerItem: self.playerItem!)
    self.playerController = AVPlayerViewController()
    self.playerController!.player = player
    self.playerController!.view.frame = self.view.frame
    self.presentViewController(self.playerController!, animated: true, completion: nil)
    self.player!.addPeriodicTimeObserverForInterval(
        CMTimeMake(1,30),
        queue: dispatch_get_main_queue(),
```

```
            usingBlock: {
                (callbackTime: CMTime) -> Void in
                _ = CMTimeGetSeconds(callbackTime)
                let t2 = CMTimeGetSeconds(self.player!.currentTime())
                print(t2)
            })
        NSLog("all done")
        self.player!.play()
    }
    override func viewDidLoad() {
        super.viewDidLoad()
        initValues()
    }
    override func didReceiveMemoryWarning() {
        super.didReceiveMemoryWarning()
    }
}
```

本实例执行后的初始效果如图9-11所示，按下"play"后会播放指定的视频，如图9-12所示。

图9-11　初始效果　　　　图9-12　视频播放界面

9.7.3　范例技巧——Media Player的原理

用户可以利用iOS中的通知来处理已完成的视频，还可以利用bada中IPlayerEventListener接口的虚拟函数来处理。在bada中，用户可以利用上述Osp::Media::Player类来播放视频。Osp::Media命名空间支持H.264、H.263、MPEG和VC-1视频格式。与音频播放不同，在播放视频时，应显示屏幕。为显示屏幕，借助Osp::Ui::Controls::OverlayRegion类来使用OverlayRegion。OverlayRegion还可用于照相机预览。

9.8　播放指定的视频

范例9-8	播放指定的视频
源码路径	光盘\daima\第9章\9-8

9.8.1　范例说明

本实例的功能是使用AV Foundation框架播放视频，分别实现自定义的用户界面和交互界面，无尺寸限制处理和设备方向变化支持。

9.8.2 具体实现

（1）首先看"PBJVideoPlayer"目录下的文件PBJVideoPlayerController.h，为播放流媒体视频提供接口，具体实现代码如下所示。

```
#import <UIKit/UIKit.h>
typedef NS_ENUM(NSInteger, PBJVideoPlayerPlaybackState) {
    PBJVideoPlayerPlaybackStateStopped = 0,
    PBJVideoPlayerPlaybackStatePlaying,
    PBJVideoPlayerPlaybackStatePaused,
    PBJVideoPlayerPlaybackStateFailed,
};
typedef NS_ENUM(NSInteger, PBJVideoPlayerBufferingState) {
    PBJVideoPlayerBufferingStateUnknown = 0,
    PBJVideoPlayerBufferingStateReady,
    PBJVideoPlayerBufferingStateDelayed,
};
// PBJVideoPlayerController.接口
@protocol PBJVideoPlayerControllerDelegate;
@interface PBJVideoPlayerController : UIViewController
@property (nonatomic, weak) id<PBJVideoPlayerControllerDelegate> delegate;
@property (nonatomic, copy) NSString *videoPath;
@property (nonatomic, copy, setter=setVideoFillMode:) NSString *videoFillMode; //
@property (nonatomic) BOOL playbackLoops;
@property (nonatomic) BOOL playbackFreezesAtEnd;
@property (nonatomic, readonly) PBJVideoPlayerPlaybackState playbackState;
@property (nonatomic, readonly) PBJVideoPlayerBufferingState bufferingState;
@property (nonatomic, readonly) NSTimeInterval maxDuration;
- (void)playFromBeginning;
- (void)playFromCurrentTime;
- (void)pause;
- (void)stop;
@end
@protocol PBJVideoPlayerControllerDelegate <NSObject>
@required
- (void)videoPlayerReady:(PBJVideoPlayerController *)videoPlayer;
- (void)videoPlayerPlaybackStateDidChange:(PBJVideoPlayerController *)videoPlayer;
- (void)videoPlayerPlaybackWillStartFromBeginning:(PBJVideoPlayerController *)videoPlayer;
- (void)videoPlayerPlaybackDidEnd:(PBJVideoPlayerController *)videoPlayer;
@optional
- (void)videoPlayerBufferringStateDidChange:(PBJVideoPlayerController *)videoPlayer;
@end
```

（2）文件PBJVideoPlayerController.m是接口文件PBJVideoPlayerController.h的具体实现，分别实现了自定义的用户界面和交互界面，无尺寸限制处理和设备方向变化支持。

本实例执行后的效果如图9-13所示。

9.8.3 范例技巧——官方建议使用AV Foundation框架

虽然使用Media Player框架可以满足所有普通多媒体播放需求，但是Apple推荐使用AV Foundation框架来实现大部分系统声音服务不支持的、超过30秒的音频播放功能。另外，AV Foundation框架还提供了录音功能，能够在应用程序中直接录制声音文件。整个编程过程非常简单，只需4条语句就可以实现录音工作。

图9-13 执行效果

9.9 播放和暂停指定的MP3文件（Swift版）

范例9-9	播放和暂停指定的MP3文件
源码路径	光盘\daima\第9章\9-9

9.9.1 范例说明

在下面的内容中，将通过一个具体实例的实现过程，详细讲解使用AVAudioPlayer播放和暂停指定的MP3文件的过程。

9.9.2 具体实现

编写视图界面文件ViewController.swift，用以载入播放指定的文件"beethoven-2-1-1-pfaul.mp3"，具体实现代码如下所示。

```
import UIKit
import AVFoundation
class ViewController: UIViewController {
    var player:AVAudioPlayer = AVAudioPlayer()
    @IBAction func play(sender: AnyObject) {
        var audioPath = NSBundle.mainBundle().pathForResource("beethoven-2-1-1-pfaul", ofType: "mp3")!
        var error : NSError? = nil
        player = AVAudioPlayer(contentsOfURL: NSURL(string: audioPath), error: &error)
        if error == nil {
            player.play()
        } else {
            println(error)
        }
    }
    @IBAction func pause(sender: AnyObject) {
        player.pause()
    }
    @IBAction func sliderChanged(sender: AnyObject) {
    // both player and slider defaults are between 0 and 1
    player.volume = sliderValue.value
    }
    @IBOutlet var sliderValue: UISlider!
    override func viewDidLoad() {
        super.viewDidLoad()
        // Do any additional setup after loading the view, typically from a nib.
    }
    override func didReceiveMemoryWarning() {
        super.didReceiveMemoryWarning()
        // Dispose of any resources that can be recreated.
    }
}
```

本实例执行后的效果如图9-14所示，可以播放或暂停指定的多媒体文件。

图9-14 执行效果

9.9.3 范例技巧——牢记开发前的准备工作

要在应用程序中添加音频播放和录音功能，需要添加如下所示的两个新类。

（1）AVAudioRecorder：以各种不同的格式将声音录制到内存或设备本地文件中。录音过程可在应用程序执行其他功能时持续进行。

（2）AVAudioPlayer：播放任意长度的音频。使用这个类可实现游戏配乐和其他复杂的音频应用程序。可全面控制播放过程，包括同时播放多个音频。

9.10 获取相机Camera中的图片并缩放

范例9-10	获取相机Camera中的图片并缩放
源码路径	光盘\daima\第9章\9-10

9.10.1 范例说明

本实例的功能是获取相机Camera中的图片并缩放图片。本实例的核心实现文件是文件ViewController.m，这是文件ViewController.h的具体实现，功能是从相机Camera或相册中获取照片，然后保存在沙盒中并显示在应用程序内，单击图片后调用操作函数实现放大预览和缩小功能，并且带动画效果。

9.10.2 具体实现

文件ViewController.m的具体实现代码如下所示。

```objc
#import "ViewController.h"
@interface ViewController ()
{
    BOOL isFullScreen;
}
@end
@implementation ViewController
- (void)viewDidLoad
{
    [super viewDidLoad];
}
- (void)didReceiveMemoryWarning
{
    [super didReceiveMemoryWarning];
}
#pragma mark - 保存图片至沙盒
- (void) saveImage:(UIImage *)currentImage withName:(NSString *)imageName
{
    NSData *imageData = UIImageJPEGRepresentation(currentImage, 0.5);
    // 获取沙盒目录
    NSString *fullPath = [[NSHomeDirectory() stringByAppendingPathComponent:@"Documents"] stringByAppendingPathComponent:imageName];
    // 将图片写入文件
    [imageData writeToFile:fullPath atomically:NO];
}

#pragma mark - image picker delegte
- (void)imagePickerController:(UIImagePickerController *)picker didFinishPickingMediaWithInfo:(NSDictionary *)info
{
 [picker dismissViewControllerAnimated:YES completion:^{}];

    UIImage *image = [info objectForKey:UIImagePickerControllerOriginalImage];

    [self saveImage:image withName:@"currentImage.png"];

    NSString *fullPath = [[NSHomeDirectory() stringByAppendingPathComponent:@"Documents"] stringByAppendingPathComponent:@"currentImage.png"];

    UIImage *savedImage = [[UIImage alloc] initWithContentsOfFile:fullPath];

    isFullScreen = NO;
    [self.imageView setImage:savedImage];

    self.imageView.tag = 100;

}
- (void)imagePickerControllerDidCancel:(UIImagePickerController *)picker
{
 [self dismissViewControllerAnimated:YES completion:^{}];
}
```

```objc
-(void)touchesBegan:(NSSet *)touches withEvent:(UIEvent *)event
{
    isFullScreen = !isFullScreen;
    UITouch *touch = [touches anyObject];
    
    CGPoint touchPoint = [touch locationInView:self.view];
    
    CGPoint imagePoint = self.imageView.frame.origin;
    //touchPoint.x , touchPoint.y 就是触点的坐标
    
    // 触点在imageView内，单击imageView时放大,再次单击时缩小
    if(imagePoint.x <= touchPoint.x && imagePoint.x +self.imageView.frame.size.width
>=touchPoint.x && imagePoint.y <=  touchPoint.y &&
imagePoint.y+self.imageView.frame.size.height >= touchPoint.y)
    {
        // 设置图片放大动画
        [UIView beginAnimations:nil context:nil];
        // 动画时间
        [UIView setAnimationDuration:1];
        
        if (isFullScreen) {
            // 放大尺寸
            
            self.imageView.frame = CGRectMake(0, 0, 320, 480);
        }
        else {
            // 缩小尺寸
            self.imageView.frame = CGRectMake(50, 65, 90, 115);
        }
        
        // commit动画
        [UIView commitAnimations];
        
    }
    
}

#pragma mark - actionsheet delegate
-(void) actionSheet:(UIActionSheet *)actionSheet
clickedButtonAtIndex:(NSInteger)buttonIndex
{
    if (actionSheet.tag == 255) {
        
        NSUInteger sourceType = 0;
        
        // 判断是否支持相机
        if([UIImagePickerController isSourceTypeAvailable:UIImagePickerController
SourceTypeCamera]) {
            
            switch (buttonIndex) {
                case 0:
                    // 取消
                    return;
                case 1:
                    // 相机
                    sourceType = UIImagePickerControllerSourceTypeCamera;
                    break;
                    
                case 2:
                    // 相册
                    sourceType = UIImagePickerControllerSourceTypePhotoLibrary;
                    break;
            }
        }
        else {
            if (buttonIndex == 0) {
```

```
            return;
        } else {
            sourceType = UIImagePickerControllerSourceTypeSavedPhotosAlbum;
        }
    }
    // 跳转到相机或相册页面
    UIImagePickerController *imagePickerController = [[UIImagePickerController alloc] init];

    imagePickerController.delegate = self;

    imagePickerController.allowsEditing = YES;

    imagePickerController.sourceType = sourceType;

    [self presentViewController:imagePickerController animated:YES completion:^{}];

    [imagePickerController release];
    }
}
- (IBAction)chooseImage:(id)sender {

    UIActionSheet *sheet;

    // 判断是否支持相机
    if([UIImagePickerController isSourceTypeAvailable:UIImagePickerControllerSourceTypeCamera])
    {
        sheet  = [[UIActionSheet alloc] initWithTitle:@"选择" delegate:self cancelButtonTitle:nil destructiveButtonTitle:@"取消" otherButtonTitles:@"拍照",@"从相册选择", nil];
    }
    else {

        sheet = [[UIActionSheet alloc] initWithTitle:@"选择" delegate:self cancelButtonTitle:nil destructiveButtonTitle:@"取消" otherButtonTitles:@"从相册选择", nil];
    }

    sheet.tag = 255;

    [sheet showInView:self.view];

}
- (void)dealloc {
    [_imageView release];
    [super dealloc];
}
@end
```

本实例执行后的效果如图9-15所示。单击"选择图片"后弹出提示框，如图9-16所示。

图9-15 执行效果

图9-16 弹出提示框

选择"从相册选择"选项后弹出本设备的相册，如图9-17所示。选择相册中的一幅图片后会放大显示这幅图片，如图9-18所示。

然后选择"Choose"选项后会将选中的这幅图片放置在图9-19所示的屏幕中。

图9-17 相册中的图片

图9-18 放大显示

图9-19 显示被选中的图片

9.10.3 范例技巧——图像选择器的重要功能

图像选择器（UIImagePickerController）的工作原理与MPMediaPickerController类似，但不是显示一个可用于选择歌曲的视图，而是显示用户的照片库。用户选择照片后，图像选择器会返回一个相应的UIImage对象。与MPMediaPickerController一样，图像选择器也以模态方式出现在应用程序中。因为这两个对象都实现了自己的视图和视图控制器，所以几乎只需调用presentModalViewController就能显示它们。

9.11 选择相机中的照片（Swift版）

范例9-11	通过弹出式菜单选择相机中的照片
源码路径	光盘\daima\第9章\9-11

9.11.1 范例说明

本实例的功能是通过弹出式菜单选择相机中的照片，当用户单击按钮后可以从屏幕底部弹出选择菜单，供用户选择是否要从照片库或相机中挑选照片。

9.11.2 具体实现

视图控制器文件ViewController.swift的功能是从屏幕底部弹出选择菜单，供用户选择是否要从照片库或相机中挑选照片。文件ViewController.swift的具体实现代码如下所示。

```swift
import UIKit
class ViewController: UIViewController, UIImagePickerControllerDelegate,
UINavigationControllerDelegate {
    @IBOutlet weak var idealImage: UIImageView!
    let imagePicker = UIImagePickerController()
    override func viewDidLoad() {
        super.viewDidLoad()
        idealImage.image = UIImage(named: "idealBody.jpeg")
```

```swift
        imagePicker.delegate = self
    }
    override func didReceiveMemoryWarning() {
        super.didReceiveMemoryWarning()
    }
    @IBOutlet weak var imageButton: UIButton!
    @IBOutlet weak var imageButtonImage: UIImageView!
    @IBAction func imageButtonDidPress(sender: AnyObject) {
        print("pressed")
        let optionMenu = UIAlertController(title: nil, message: "Where would you like the image from?", preferredStyle: UIAlertControllerStyle.ActionSheet)
        
        let photoLibraryOption = UIAlertAction(title: "Photo Library", style: UIAlertActionStyle.Default, handler: { (alert: UIAlertAction!) -> Void in
            print("from library")
            //显示照片库
            self.imagePicker.allowsEditing = true
            self.imagePicker.sourceType = .PhotoLibrary
            self.imagePicker.modalPresentationStyle = .Popover
            self.presentViewController(self.imagePicker, animated: true, completion: nil)
        })
        let cameraOption = UIAlertAction(title: "Take a photo", style: UIAlertActionStyle.Default, handler: { (alert: UIAlertAction!) -> Void in
            print("take a photo")
            //显示相机
            self.imagePicker.allowsEditing = true
            self.imagePicker.sourceType = .Camera
            self.imagePicker.modalPresentationStyle = .Popover
            self.presentViewController(self.imagePicker, animated: true, completion: nil)
            
        })
        let cancelOption = UIAlertAction(title: "Cancel", style: UIAlertActionStyle.Cancel, handler: {
            (alert: UIAlertAction!) -> Void in
            print("Cancel")
            self.dismissViewControllerAnimated(true, completion: nil)
        })
        optionMenu.addAction(photoLibraryOption)
        optionMenu.addAction(cancelOption)
        if UIImagePickerController.isSourceTypeAvailable(UIImagePickerControllerSourceType.Camera) == true {
            optionMenu.addAction(cameraOption)} else {
            print ("I don't have a camera.")
        }
        self.presentViewController(optionMenu, animated: true, completion: nil)
    }
    
    // MARK: - Image Picker Delegates
    //显示UIImagePickerController视图控制器
    
    func imagePickerController(picker: UIImagePickerController, didFinishPickingImage image: UIImage, editingInfo: [String : AnyObject]?) {
        print("finished picking image")
    }
    
    func imagePickerController(picker: UIImagePickerController, didFinishPickingMediaWithInfo info: [String : AnyObject]) {
        //处理照片
        print("imagePickerController called")
        let chosenImage = info[UIImagePickerControllerOriginalImage] as! UIImage
        imageButtonImage.image = chosenImage
        dismissViewControllerAnimated(true, completion: nil)
    }
    func imagePickerControllerDidCancel(picker: UIImagePickerController) {
        dismissViewControllerAnimated(true, completion: nil)
    }
}
```

本实例执行后的初始效果如图9-20所示，底部弹出选择框的效果如图9-21所示。

来到本机相册时的效果如图9-22所示。

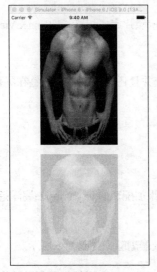
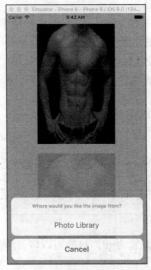

图9-20 初始效果　　　　图9-21 弹出选择框　　　　图9-22 本机相册

9.11.3 范例技巧——使用图像选择器的通用流程

要显示图像选择器，可以分配并初始化一个UIImagePickerController实例，然后再设置属性sourceType，以指定用户可从哪些地方选择图像。此属性有如下3个值。

❑ UIImagePickerControllerSourceTypeCamera：使用设备的相机拍摄一张照片。
❑ UIImagePickerControllerSourceTypePhotoLibrary：从设备的照片库中选择一张图片。
❑ UIImagePickerControllerSourceTypeSavedPhotosAlbum：从设备的相机胶卷中选择一张图片。

接下来应设置图像选择器的属性delegate，功能是设置在用户选择（拍摄）照片或按"Cancel"按钮后做出响应的对象。最后，使用presentModalViewController:animated显示图像选择器。例如下面的演示代码配置并显示了一个将相机作为图像源的图像选择器。

```
UIImagePickerController *imagePicker;
imagePicker=[[UIImagePickerController alloc] init];
imagePicker.sourceType=UIImagePickerControllerSourceTypeCamera;
imagePicker.delegate=self;
[[UIApplication sharedApplication]setstatusBarHidden:YES];
[self presentModalViewController:imagePicker animated:YES];
```

在上述代码中，方法setStatusBarHidden的功能是隐藏应用程序的状态栏，因为照片库和相机界面需要以全屏模式显示。语句[UIApplication sharedApplication]获取应用程序对象，再调用其方法setStatusBarHidden以隐藏状态栏。

9.12 实现一个多媒体的应用程序

范例9-12	实现一个多媒体的应用程序
源码路径	光盘\daima\第9章\9-12

9.12.1 范例说明

本实例程序包含5个主要部分，具体说明如下所示。

（1）设置一个视频播放器，它在用户按下一个按钮时播放一个MPEG-4视频文件，还有一个开关可用于切换到全屏模式。

（2）创建一个有播放功能的录音机。

（3）添加一个按钮、一个开关和一个UIImageView，按钮用于显示照片库或相机，UIImageView用于显示选定的照片，而开关用于指定图像源。

（4）选择图像后，用户可对其应用滤镜（CIFilter）。

（5）可以让用户能够从音乐库中选择歌曲以及开始和暂停播放，并且还将使用一个标签在屏幕上显示当前播放的歌曲名。

9.12.2 具体实现

首先，在文件ViewController.h上添加这个新属性，代码如下所示。

```
@property (strong, nonatomic) AVAudioPlayer *audioPlayer;
```

然后在文件ViewController.m中，在现有编译指令@synthesize后面添加配套的@synthesize编译指令，代码如下所示。

```
@synthesize audioPlayer;
```

在方法viewDidUnload中将该属性设置为nil，这样可以将音频播放器删除，代码如下所示。

```
[self setAudioPlayer:nil];
```

然后在方法viewDidLoad中分配并初始化音频播放器，在方法viewDidLoad中添加如下所示的代码，这样使用默认声音初始化了音频播放器。

```
1: - (void)viewDidLoad
2:    {
3://Set up the movie player
4:NSString  kmovieFile=[[NSBundle mainBundle]
5:pathForResource:@"movie" ofType:@"m4v"];
6:self.moviePlayer=[[MPMoviePlayerController alloc]
7:initWithContentURL: [NSURL
8:     fileURLWithPath:
9:     movieFile]];
10:    self.moviePlayer.allowsAirPlay=YES;
11:    [self .moviePlayer.view  setFrame:
12:    CGRectMake(145.0,  20.0,  155.0,100.0)];
13:
14:
15:    //Set up the audio recorder
16:    NSURL *soundFileURL=[NSURL fileURLWithPath:
17:    [NSTemporaryDirectory()
18:    stringByAppendingString:@" sound.caf"]];
19:
20:    NSDictionary *soundSetting;
22:    soundsetting[NSNumber numberWithFloat:y 44100.O],AVSampleRateKey,
22:    [NSNumber numberWithFloat:44100.0],AVSampleRateKey,
23:    [NSNumber numberWithInt: kAudioFormatMPEG4AAC] ,AVFormatIDKey,
24:    [NSNumber numberWithInt:2],AVNumberOfChannelsKey,
25:    [NSNumber numberWithInt: AVAudioQualityHigh],
26:    AVEncoderAudioQualityKey,nil];
27:
28:    self.audioRecorder=[[AVAudioRecorder alloc]
29:    initWithURL: soundFileURL
30:    settings: soundSetting
31:    error: nil];
32:
33:    //Set up the audio player
34:    NSURL *noSoundFileURL=[NSURL fileURLWithPath:
35:    [[NSBundle mainBundle]
36:    pathForResource:@"norecording" ofType:@"wav'
37:    self.audioPlayer=  [[AVAudioPlayer alloc]
38:    lnitWithContentsOfURL:noSoundFileURL error:nil]
39:
40:    [super   viewDidLoad];
41: }
```

9.12 实现一个多媒体的应用程序

在上述代码中，音频播放器设置代码始于第34行。在此处创建了一个NSURL（noSoundFileURL），它指向文件norecording.wav，这个文件包含在前面创建项目时添加的文件夹Media中。第37行分配一个音频播放器实例（audioPlayer），并使用noSoundFileURL的内容初始化它。现在可以使用对象audioPlayer来播放默认声音了。

要播放audioPlayer指向的声音，只需向它发送消息play即可，所以需要在方法playAudio中添加如下实现上述功能的代码。

```
- (IBAction)playAudio:(id)sender {
//     self.audioPlayer.delegate=self;
    [self.audioPlayer play];
}
```

为了加载录音，最佳方式是在用户单击"停止录音"按钮时在方法recordAudio中加载。在此按照如下代码修改方法recordAudio。

```
- (IBAction)recordAudio:(id)sender {
    if ([self.recordButton.titleLabel.text
                isEqualToString:@"录音"]) {
        [self.audioRecorder record];
        [self.recordButton setTitle:@"停止录音"
                    forState:UIControlStateNormal];
    } else {
        [self.audioRecorder stop];
        [self.recordButton setTitle:@"Record Audio"
                    forState:UIControlStateNormal];
        // Load the new sound in the audioPlayer for playback
        NSURL *soundFileURL=[NSURL fileURLWithPath:
                    [NSTemporaryDirectory()
                    stringByAppendingString:@"sound.caf"]];
        self.audioPlayer = [[AVAudioPlayer alloc]
                    initWithContentsOfURL:soundFileURL error:nil];
    }
}
```

在上述代码中，第12～14行用于获取并存储临时目录的路径，再使用它来初始化一个NSURL对象soundFileURL，使其指向录制的声音文件sound.caf。第15～16行用于分配音频播放器audioPlayer，并使用soundFileURL的内容来初始化它。

如果此时运行该应用程序，当按下"播放录音"按钮时，如果还未录音，将听到默认声音，如果已经录制过声音，将听到录制的声音。

修改方法viewDidLoad，使用MPMusicPlayerController类的方法iPodMusicPlayer新建一个音乐文件，此方法的最终代码如下所示。

```
- (void)viewDidLoad
{
    //Setup the movie player
    NSString *movieFile = [[NSBundle mainBundle]
                    pathForResource:@"movie" ofType:@"m4v"];
    self.moviePlayer = [[MPMoviePlayerController alloc]
                    initWithContentURL: [NSURL
                            fileURLWithPath:
                            movieFile]];
    self.moviePlayer.allowsAirPlay=YES;
    [self.moviePlayer.view setFrame:
                    CGRectMake(145.0, 20.0, 155.0 , 100.0)];


    //Setup the audio recorder
    NSURL *soundFileURL=[NSURL fileURLWithPath:
                    [NSTemporaryDirectory()
                    stringByAppendingString:@"sound.caf"]];

    NSDictionary *soundSetting;
    soundSetting = [NSDictionary dictionaryWithObjectsAndKeys:
            [NSNumber numberWithFloat: 44100.0],AVSampleRateKey,
            [NSNumber numberWithInt: kAudioFormatMPEG4AAC],AVFormatIDKey,
```

```
                    [NSNumber numberWithInt: 2],AVNumberOfChannelsKey,
                    [NSNumber numberWithInt: AVAudioQualityHigh],
                    AVEncoderAudioQualityKey,nil];

    self.audioRecorder = [[AVAudioRecorder alloc]
                    initWithURL: soundFileURL
                    settings: soundSetting
                    error: nil];

    //Setup the audio player
    NSURL *noSoundFileURL=[NSURL fileURLWithPath:
                    [[NSBundle mainBundle]
                      pathForResource:@"norecording" ofType:@"wav"]];
    self.audioPlayer = [[AVAudioPlayer alloc]
                    initWithContentsOfURL:noSoundFileURL error:nil];

    //Setup the music player
    self.musicPlayer=[MPMusicPlayerController iPodMusicPlayer];

    [super viewDidLoad];
}
```

在上述代码中，只有第42行是新增的，功能是创建一个MPMusicPlayerController实例，并将其赋给属性musicPlayer。

9.12.3 范例技巧——系统总体规划

为了让本应用程序正确运行，需要设置很多输出口和操作。对于多媒体播放器，需要设置一个连接到开关的输出口toggleFullScreen，该开关切换到全屏模式。另外还需要一个引用MPMoviePlayerController实例的属性/实例变量moviePlayer，这不是输出口，我们将使用代码而不是通过Interface Builder编辑器来创建它。

为了使用AV Foundation录制和播放音频，需要一个连接到"Record"按钮的输出口，以便能够将该按钮的名称在Record和Stop之间切换。在此将这个输出口命名为recordButton，还需要声明指向录音机（AVAudioRecorder）和音频播放器（AVAudioPlayer）的属性/实例变量：audioRecorder和audioPlayer。同样，这两个属性无需暴露为输出口，因为没有UI元素连接到它们。

为了实现播放音乐功能，需要连接到"播放音乐"按钮和按钮的输出口（分别是musicPlayButton和displayNowPlaying），其中按钮的名称将在Play和Pause之间切换，而标签将显示当前播放的歌曲的名称。与其他播放器/录音机一样，还需要一个指向音乐播放器本身的属性：musicPlayer。

为了显示图像，需要启用相机的开关连接到输出口toggleCamera，而显示选定图像的图像视图将连接到displayImageView。

最后开始看具体操作，在此总共需要定义7个操作：playMovie、recordAudio、playAudio、chooseImage、applyFilter、chooseMusic和playMusic，每个操作都将有一个名称与之类似的按钮触发。

9.13 实现一个音乐播放器（Swift版）

范例9-13	实现一个音乐播放器
源码路径	光盘\daima\第9章\9-13

9.13.1 范例说明

本实例的功能是通过视图文件ViewController.swift加载显示故事板文件中的视图，播放指定的多媒体音频文件。

9.13.2 具体实现

文件ViewController.swift的主要实现代码如下所示。
```
import UIKit
import AVFoundation
class ViewController: UIViewController, AVAudioPlayerDelegate {
    @IBOutlet weak var volumeControl: UISlider!
    @IBOutlet weak var playAudio: UIButton!
    @IBOutlet weak var stopAudio: UIButton!
    var audioPlayer : AVAudioPlayer? = AVAudioPlayer()
    override func viewDidLoad() {
        super.viewDidLoad()
        let url = NSURL.fileURLWithPath(NSBundle.mainBundle().pathForResource("we_cant_Stop", ofType: "mp3")!)
        var error : NSError?

        do {
            audioPlayer = try AVAudioPlayer(contentsOfURL: url)
        } catch let error1 as NSError {
            error = error1
            audioPlayer = nil
        }
        if let err = error{
            print("audioPlayer error \(err.localizedDescription)")
        }else{
            audioPlayer?.delegate = self
            audioPlayer?.prepareToPlay()
        }
    }
    @IBAction func playTapped(sender: AnyObject) {
        if let player = audioPlayer{
            player.play()
        }
    }
    @IBAction func stopTapped(sender: AnyObject) {
        if let player = audioPlayer {
            player.stop()
        }
    }
    @IBAction func adjustVolume(sender: AnyObject) {
        if audioPlayer != nil{
            audioPlayer?.volume = volumeControl.value
        }
    }
}
```
本实例执行后的效果如图9-23所示。

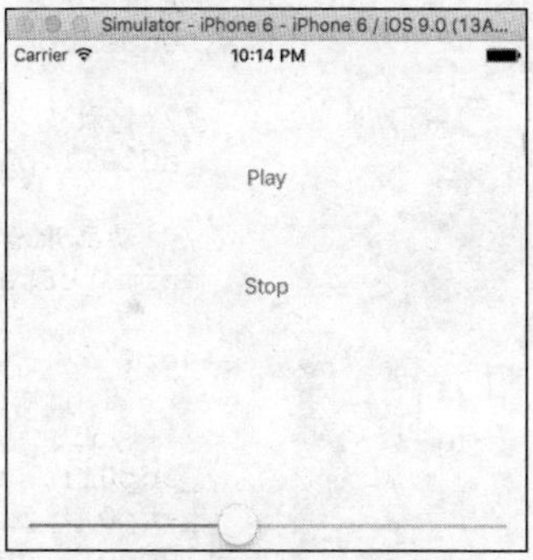

图9-23 执行效果

9.13.3 范例技巧——使用AV Foundation框架前的准备

要使用AV Foundation框架，必须将其加入到项目中，再导入如下两个（而不是一个）接口文件。
```
#import <AVFoundation/AVFoundation.h>
#import<CoreAudio/CoreAudioTypes.h>
```
在文件CoreAudioTypes.h中定义了多种音频类型，因为希望能够通过名称引用它们，所以必须先导入这个文件。

9.14 实现一个美观的音乐播放器（Swift版）

范例9-14	实现一个美观的音乐播放器
源码路径	光盘\daima\第9章\9-14

9.14.1 范例说明

本实例的功能是实现一个美观的音乐播放器,通过视图文件ViewController.swift在屏幕中加载显示音频播放器的界面,在上方显示动画特效,在下方显示播放器的控制开关和进度条。

9.14.2 具体实现

文件ViewController.swift的主要实现代码如下所示。

```swift
import UIKit
import AVFoundation
import QuartzCore
class ViewController: UIViewController,AVAudioPlayerDelegate {
    var _adp01:AVAudioPlayer?
    @IBOutlet weak var ivImage: UIImageView!
    @IBOutlet weak var lbInformation: UILabel!
    @IBOutlet weak var swPlay: UISwitch!
    override func viewDidLoad() {
        super.viewDidLoad()
        //准备处理
        doReady()
    }
    
    override func didReceiveMemoryWarning() {
        super.didReceiveMemoryWarning()
    }
    // 改变"播放/停止"开关
    @IBAction func changePlay(sender: UISwitch) {
        
        // 开关值的判定
        if (sender.on == true) {
            
            // 播放
            _adp01!.play()
            
            // 动画开始
            animateStart(self.ivImage)
            
        } else {
            
            // 停止
            _adp01!.stop()
            _adp01!.prepareToPlay()
            _adp01!.currentTime = 0.0
            
            //动画停止
            self.animateEnd(self.ivImage)
        }
        
    }
    
    // 改变声音大小
    @IBAction func changeVolume(sender: UISlider) {
        // 设置音量(0.0~1.0)
        _adp01!.volume = sender.value
    }
    
    // 改变播放
    @IBAction func changePanning(sender: UISlider) {
        _adp01!.pan = sender.value
        
    }
    
    // 改变播放速度
    @IBAction func changeSpeed(sender: UISlider) {
```

9.14 实现一个美观的音乐播放器（Swift版）

```swift
        //设置播放速度 (0.0~2.0)
        _adp01!.rate = sender.value
    }

    // 播放完毕
    func audioPlayerDidFinishPlaying(player: AVAudioPlayer, successfully flag: Bool)
{

        // [播放/停止]开关关闭
        self.swPlay.on = false

    }
    //准备处理
    func doReady(){

        // 要播放的音乐文件
        let bnd01:NSBundle = NSBundle.mainBundle()
        let pth01:NSString = bnd01.pathForResource("She's_a_Rainbow",ofType:"mp3")!
        let url01:NSURL = NSURL.fileURLWithPath(pth01 as String)

        do {
            // 生成AVAudioPlayer对象
            _adp01 = try AVAudioPlayer(contentsOfURL: url01)
        } catch _ {
            _adp01 = nil
        }

        //设定（播放速度的变更许可）
        _adp01!.enableRate = true

        //设定（代理）
        _adp01!.delegate = self

        // 播放准备
        _adp01!.prepareToPlay()

        // 音乐信息
        let name01:NSString = url01.lastPathComponent!
        let len01:NSTimeInterval = _adp01!.duration

        //位数指定文字列
        let len02 = "".stringByAppendingFormat("%.f", len01)

        self.lbInformation.text = NSString(format: "%@\n%@秒", "\(name01)","\(len02)") as String
        //println(" \(name01) 秒: \(len01)")
    }

    // 动画开始（需要使用QuartzCore.framework）
    func animateStart(imageView: UIImageView){
        let ani:CABasicAnimation = CABasicAnimation(keyPath:
"transform.rotation.z")
        ani.fromValue = 0.0
        ani.toValue   = 2.0 * M_PI

        ani.duration = 2.0
        ani.repeatCount = 99999    // 无限
        imageView.layer.addAnimation(ani, forKey:"ANIM01")
    }
    func animateEnd(imageView: UIImageView){
        imageView.layer.removeAnimationForKey("ANIM01")
    }
}
```

本实例执行后的效果如图9-24所示。

9.14.3 范例技巧——使用AV音频播放器的通用流程

要使用AV音频播放器播放音频文件，需要执行的步骤与使用电影播放

图9-24 执行效果

器相同。首先，创建一个引用本地或远程文件的NUSRL实例，然后分配播放器，并使用AVAudioPlayer的方法initWithContentsOtIJRL: error初始化它。

例如，要创建一个音频播放器，以播放存储在当前应用程序中的声音文件sound.wav，可以编写如下代码实现。

```
NSString *soundFile=[[NSBundle mainBundle]
pathForResource:@"mysound"ofType:@"wav"];
AVAudioPlayer  *audioPlayer=[[AVAudioPlayer alloc]
initWithContentsOfURL:[NSURL fileURLWithPath: soundFile]  :
error:nil];
```

要播放声音，可以向播放器发送play消息，代码如下所示。

```
[audioPlayer play];
```

要想暂停或禁止播放，只需发送消息pause或stop即可。还有其他方法，可以用于调整音频或跳转到音频文件的特定位置，这些方法可在类参考中找到。

如果要在AV音频播放器播放完声音时做出反应，可以遵守协议AVAudioPlayerDelegate，并将播放器的delegate属性设置为处理播放结束的对象，代码如下所示。

```
audioPlayer.delegate=self;
```

然后，实现方法audioPlayerDidFinishPlaying:successfully。例如下面的代码演示了这个方法的存根。

```
-(void) audioPlayerDidFinishPlaying: (AVAudioPlayer *)player
    successfully: (BOOL)flag{
    //Do something here, if needed
    }
```

这不同于电影播放器，不需要在通知中心添加通知，而只需遵守协议、设置委托并实现该方法即可。在有些情况下，甚至都不需要这样做，而只需播放文件即可。

9.15 实现视频播放和调用照片库功能（Swift版）

范例9-15	实现视频播放和调用照片库功能
源码路径	光盘\daima\第9章\9-15

9.15.1 范例说明

本实例的功能是实现视频播放和调用照片库功能，单击上面的链接会播放指定的视频，单击下面的链接会打开本机的照片库。

9.15.2 具体实现

视图文件ViewController.swift的主要实现代码如下所示。

```swift
import UIKit
import MobileCoreServices
import AssetsLibrary

class ViewController: UIViewController ,UINavigationControllerDelegate,
UIImagePickerControllerDelegate{

    /**
    摄像

    :param: sender <#sender description#>
    */
    @IBAction func takeVideo(sender: AnyObject) {
        // 1. 检查项目是否在有摄像头的设备上运行
        if UIImagePickerController.isSourceTypeAvailable(.Camera) {
            // 2.UIImagePickerController当前所使用的视频
            let controller = UIImagePickerController()
            controller.sourceType = .Camera
            controller.mediaTypes = [kUTTypeMovie as String]
```

```
                controller.delegate = self
                controller.videoMaximumDuration = 10.0
                presentViewController(controller, animated: true, completion: nil)
            }else{
                print("Camera is not available")
            }
    }

    @IBAction func viewLibrary(sender: AnyObject) {
        let controller = UIImagePickerController()
        //显示照片库
        controller.sourceType = UIImagePickerControllerSourceType.PhotoLibrary
        controller.mediaTypes = [kUTTypeMovie as String]
        controller.delegate = self

        presentViewController(controller, animated: true, completion: nil)
    }
    override func viewDidLoad() {
        super.viewDidLoad()
    }
    override func didReceiveMemoryWarning() {
        super.didReceiveMemoryWarning()
    }
}
```

本实例执行后的效果如图9-25所示，单击"View Library"后会调用照片库，如图9-26所示。

图9-25 执行效果　　　　图9-26 打开照片库

9.15.3 范例技巧——总结Media Player框架中的常用类

在Media Player框架中，通常使用其中如下所示的5个类。
- MPMoviePlayerController：能够播放多媒体，无论它位于文件系统中还是远程URL处，播放控制器均可以提供一个GUI，用于浏览视频、暂停、快进、倒带或发送到AirPlay。
- MPMediaPickerController：向用户提供用于选择要播放的多媒体的界面。可以筛选媒体选择器显示的文件，也可让用户从多媒体库中选择任何文件。
- MPMediaItem：单个多媒体项，如一首歌曲。
- MPMediaItemCollection：表示一个将播放的多媒体项集。MPMediaPickerController实例提供一个MPMediaItemCollection实例，可在下一个类（音乐播放器控制器中）直接使用它。
- MPMusicPlayerController：处理多媒体项和多媒体项集的播放。不同于电影播放器控制器，音乐播放器在幕后工作，让我们能够在应用程序的任何地方播放音乐，而不管屏幕上当前显示的是什么。

9.16 播放指定的MP4视频（Swift版）

范例9-16	播放指定的MP4视频
源码路径	光盘\daima\第9章\9-16

9.16.1 范例说明

视图文件ViewController.swift的功能是调用MediaPlayer播放指定的MP4视频。

9.16.2 具体实现

文件ViewController.swift的主要实现代码如下所示。

```
import UIKit
import MediaPlayer
class ViewController: UIViewController {
    var mediaVideoPath = NSURL(fileURLWithPath: "Intro.mp4")
    var mediaPlayer = MPMoviePlayerController()
    override func viewDidLoad() {
        super.viewDidLoad()
    }
    override func didReceiveMemoryWarning() {
        super.didReceiveMemoryWarning()
    }
    @IBAction func playVideo(){
        mediaPlayer = MPMoviePlayerController(contentURL: mediaVideoPath)
        mediaPlayer.prepareToPlay()
        mediaPlayer.view.frame = CGRectMake(0, 0, 320, 320)
        view.addSubview(mediaPlayer.view)
        mediaPlayer.play()
    }
}
```

本实例执行后的效果如图9-27所示。

9.16.3 范例技巧——使用多媒体播放器前的准备

要使用任何多媒体播放器功能，都必须导入框架Media Player，并在要使用它的类中导入相应的接口文件，代码如下所示。

```
#import <MediaPlayer/MediaPlayer.h>
```

这就为应用程序使用各种多媒体播放功能做好了准备。

图9-27 执行效果

9.17 播放和暂停指定的MP3（Swift版）

范例9-17	播放和暂停指定的MP3（Swift版）
源码路径	光盘\daima\第9章\9-17

9.17.1 范例说明

本实例的功能是使用AVAudioPlayer播放和暂停指定的MP3，其中文件RecordSoundsViewController.swift的功能是实现录制音频视图控制器，而文件playSoundsViewController.swift的功能是播放录制的音频。

9.17.2 具体实现

文件RecordSoundsViewController.swift的主要实现代码如下所示。

```
import UIKit
import AVFoundation
class RecordSoundsViewController: UIViewController, AVAudioRecorderDelegate {
    //变量
    @IBOutlet weak var recordingLabel: UILabel!
    @IBOutlet weak var stopButton: UIButton!
    @IBOutlet weak var micButton: UIButton!
    var audioRecorder:AVAudioRecorder!
```

```swift
    var recAudio:RecordedAudio!
    //使用视图控制器代码
    override func viewDidLoad() {
        super.viewDidLoad()
    }
    override func didReceiveMemoryWarning() {
        super.didReceiveMemoryWarning()
    }
    // 在显示视图前调整界面UI
    override func viewWillAppear(animated: Bool) {
        resetUI()
    }
    // 触摸"stop"按钮后的动作
    @IBAction func stopRecording(sender: AnyObject) {
        resetUI()
        micButton.enabled = true
        audioRecorder.stop()
        let audioSession = AVAudioSession.sharedInstance()
        do {
            try audioSession.setActive(false)
        } catch _ {
        }
    }
    //触摸麦克风按钮的动作
    @IBAction func recordAudio(sender: AnyObject) {
        // UI updates
        recordingLabel.text = "recording"
        recordingLabel.hidden = false
        stopButton.hidden = false
        micButton.enabled = false
        //文件处理
        let dirPath = NSSearchPathForDirectoriesInDomains(.DocumentDirectory, .UserDomainMask, true)[0]
        let recordingName = "recordedAudio.wav"
        let pathArray = [dirPath, recordingName]
        _ = NSURL.fileURLWithPathComponents(pathArray)
        // 录制音频
        let session = AVAudioSession.sharedInstance()
        do {
            try session.setCategory(AVAudioSessionCategoryPlayAndRecord)
        } catch _ {
        }
        audioRecorder.delegate = self
        audioRecorder.meteringEnabled = true
        audioRecorder.prepareToRecord()
        audioRecorder.record()
    }
    //重置用户界面为它的原始状态
    func resetUI () {
        recordingLabel.text = "tap the mic to start"
        stopButton.hidden = true
    }

    //处理录制的音频,显示下一个屏幕
    func audioRecorderDidFinishRecording(recorder: AVAudioRecorder, successfully flag: Bool) {
        if (flag) {
            recAudio = RecordedAudio(title: recorder.url.lastPathComponent!, filePathUrl: recorder.url)
            self.performSegueWithIdentifier("stopRecording", sender: recAudio)
        }
    }
//将数据传递到下一个屏幕
    override func prepareForSegue(segue: UIStoryboardSegue, sender: AnyObject?) {
        if (segue.identifier == "stopRecording") {
            let playSoundsVC:playSoundsViewController = segue.destinationViewController as! playSoundsViewController
            let data = sender as! RecordedAudio
            playSoundsVC.receivedAudio = data
```

        }
    }
本实例执行后的效果如图9-28所示。

9.17.3 范例技巧——总结使用AV录音机的基本流程

在应用程序中录制音频时，需要指定用于存储录音的文件（NSURL），配置要创建的声音文件参数（NSDictionary），然后再使用上述文件和设置分配并初始化一个AVAudioRecorder实例。下面开始讲解录音的基本流程。

（1）准备声音文件。如果不想将录音保存到声音文件中，可将录音存储到temp目录，否则，应存储到Documents目录。有关访问文件系统的更详细信息，请参阅本书前面的内容。例如在下面的代码中创建了一个NSURL，它指向temp目录中的文件sound.caf。

```
NSURL *soundFileURL=[NSURL fileURLWithPath:
    [NSTemporaryDirectory()
    stringByAppendingString:@" sound.caf"]];
```

图9-28 执行效果

（2）创建一个NSDictionary，它包含录制的音频的设置，代码如下所示。

```
NSDictionary *soundSetting=[NSDictionary dictionaryWithObjectsAndKeys:
[NSNumber numberWithFloat: 44100.O],AVSampleRateKey,
[NSNumber numberWithInt: kAudioFormatMPEG4AAC],AVFormatIDKey,
[NSNumber numberWithInt:2],AVNumberOfChannelsKey,
[NSNumber numberWithInt: AVAudioQualityHigh], AVEncoderAudioQualityKey,
nil];
```

上述代码创建一个名为soundSetting的NSDictionary，下面简要地总结一下这些键。

- AVSampleRateKey：录音机每秒采集的音频样本数。
- AVFormatIDKey：录音的格式。
- AVNumberofChannelsKey：录音的声道数。例如，立体声为双声道。
- AVEncoderAudioQualityKey：编码器的质量设置。

> 注意：要想更详细地了解各种设置及其含义和可能取值，请参阅Xcode开发文档中的AVAudioRecorder Class Reference（滚动到Constants部分）。

（3）在指定声音文件和设置后，就可以创建AV录音机实例了。为此可以分配一个这样的实例，并使用方法initWithURL:settings:error初始化它，例如如下所示的代码。

```
AVAudioRecorder csoundRecorder=[[AVAudioRecorder alloc]
initWithURL: soundFileURL
settings: soundSetting
error:   nil];
```

（4）现在可以录音了。如果要录音，可以给录音机发送record消息；如果要停止录音，可以发送stop消息。执行如下所示的代码开始录音。

```
[soundRecorder record];
```

录制好后，就可以使用AV音频播放器播放新录制的声音文件了。

9.18 实现一个图片浏览器（Swift版）

范例9-18	实现一个图片浏览器
源码路径	光盘\daima\第9章\9-18

9.18.1 范例说明

本实例的功能是使用ImagePickerView实现一个图片浏览器功能。

9.18.2 具体实现

视图文件ViewController.swift的功能是监听用户是否单击了"Choose Image"按钮,单击后会进入本机的照片系统,然后通过ImagePickerView显示用户选定的图片。文件ViewController.swift的主要实现代码如下所示。

```swift
import UIKit
class ViewController:
UIViewController,UIAlertViewDelegate,UIImagePickerControllerDelegate,UINavigationCo
ntrollerDelegate,UIPopoverControllerDelegate
{
    @IBOutlet weak var btnClickMe: UIButton!
    @IBOutlet weak var imageView: UIImageView!
    var picker:UIImagePickerController?=UIImagePickerController()
    var popover:UIPopoverController?=nil
    override func viewDidLoad()
    {
        super.viewDidLoad()
        picker!.delegate=self
    }
    override func didReceiveMemoryWarning() {
        super.didReceiveMemoryWarning()
    }
    @IBAction func btnImagePickerClicked(sender: AnyObject)
    {
        let alert:UIAlertController=UIAlertController(title: "Choose Image", message: nil, preferredStyle: UIAlertControllerStyle.ActionSheet)
        let cameraAction = UIAlertAction(title: "Camera", style: UIAlertActionStyle.Default)
        {
            UIAlertAction in
            self.openCamera()
        }
        let gallaryAction = UIAlertAction(title: "Gallary", style: UIAlertActionStyle.Default)
        {
            UIAlertAction in
            self.openGallary()
        }
        let cancelAction = UIAlertAction(title: "Cancel", style: UIAlertActionStyle.Cancel)
        {
            UIAlertAction in
        }
        //添加动作
        picker?.delegate = self
        alert.addAction(cameraAction)
        alert.addAction(gallaryAction)
        alert.addAction(cancelAction)
        // 当前的Controller
        if UIDevice.currentDevice().userInterfaceIdiom == .Phone
        {
            self.presentViewController(alert, animated: true, completion: nil)
        }
        else
        {
            popover=UIPopoverController(contentViewController: alert)
            popover!.presentPopoverFromRect(btnClickMe.frame, inView: self.view, permittedArrowDirections: UIPopoverArrowDirection.Any, animated: true)
        }
    }
    func openCamera()
    {
        if(UIImagePickerController .isSourceTypeAvailable(UIImagePickerControllerSourceType.Camera))
        {
            picker!.sourceType = UIImagePickerControllerSourceType.Camera
            self .presentViewController(picker!, animated: true, completion: nil)
        }
        else
        {
```

```
            openGallary()
        }
    }
    func openGallary()
    {
        picker!.sourceType = UIImagePickerControllerSourceType.PhotoLibrary
        if UIDevice.currentDevice().userInterfaceIdiom == .Phone
        {
            self.presentViewController(picker!, animated: true, completion: nil)
        }
        else
        {
            popover=UIPopoverController(contentViewController: picker!)
            popover!.presentPopoverFromRect(btnClickMe.frame, inView: self.view,
permittedArrowDirections: UIPopoverArrowDirection.Any, animated: true)
        }
    }
    func imagePickerController(picker: UIImagePickerController, didFinishPickingMediaWithInfo
info: [String : AnyObject])
    {
        picker .dismissViewControllerAnimated(true, completion: nil)
        imageView.image=info[UIImagePickerControllerOriginalImage] as? UIImage
    }
    func imagePickerControllerDidCancel(picker: UIImagePickerController)
    {
        print("picker cancel.")
    }
}
```

本实例执行后的效果如图9-29所示,单击"Choose Image"按钮后的效果如图9-30所示。此时可以选择从相机或照片库中选择要展示的图片,例如调用照片库后的效果如图9-31所示。

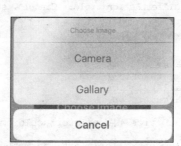

图9-29 执行效果　　图9-30 单击"Choose Image"后的效果　　图9-31 调用照片库后的效果

9.18.3 范例技巧——图像选择器控制器委托

在iOS系统中,要想在用户取消选择图像或选择图像时采取相应的措施,必须让我们的类遵守协议UIImagePicker ControllerDelegate,并实现方法imagePickerController:didFinishPickingMediaWithInfo和imagePicker ControllerDidCancel。

首先,用户在图像选择器中做出选择时,将自动调用方法imagePickerController:didFinishPickingMediaWithInfo。给这个方法传递了一个NSDictionary对象,它可能包含多项信息,例如,图像本身、编辑后的图像版本(如果允许裁剪/缩放)或有关图像的信息。要想获取所需的信息,必须提供相应的键。例如要获取选定的图像(UIImage),需要使用UIImagePickerControllerOriginalImage键。例如下面的演示代码是该方法的一个实现,能够获取选择的图像、显示状态栏并关闭图像选择器。

```
-(void)imagePickerController: (UIImagePickerCantroller *)picker
   didFinishPickingMediaWithInfo: (NSDictionary *)info{
   [[UIApplication sharedApplication]setStatusBarHidden:NO];
   [self dismissModalViewControllerAnimated:YES];
   UIImage *chosenImage=[info objectForKey:
   UIImagePickerControllerOriginalImage];
   // Do something with the image here
   }
```

> 注意：有关图像选择器可返回的数据的更详细信息，请参阅Apple开发文档中的UIImagePicker ControllerDelegate协议。

在第二个协议方法中，对用户取消选择图像做出响应以显示状态栏，并关闭图像选择器这个模态视图。下面的演示代码是该方法的一个示例实现。

```
- (void)imagePickerControllerDidCancel: (UIImagePickerController *)picker{
[[UIApplication sharedApplication] setStatusBarHidden:NO];
[self dismissModalViewControllerAnimated:YES];
}
```

由此可见，图像选择器与多媒体选择器很像，掌握其中一个后，使用另一个就是小菜一碟了。另外读者需要注意，使用图像选择器时必须遵守导航控制器委托（UINavigation ControllerDelegate），好消息是无需实现该协议的任何方法，而只需在接口文件中引用它即可。

9.19 实现一个智能图片浏览器（Swift版）

范例9-19	实现一个智能图片浏览器
源码路径	光盘\daima\第9章\9-19

9.19.1 范例说明

本实例的功能是实现一个智能图片浏览器工具，在视图界面的上方插入一个Image View控件来展示图片，在下方插入一个"Choose Image"按钮，Main.storyboard设计界面如图9-32所示。

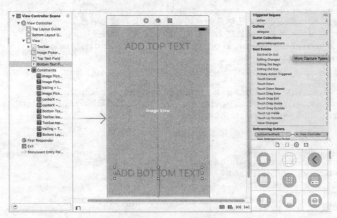

图9-32 Main.storyboard设计界面

9.19.2 具体实现

声明文件AppDelegate.swift的主要实现代码如下所示。

```
    lazy var applicationDocumentsDirectory: NSURL = {
        let urls = NSFileManager.defaultManager().URLsForDirectory(.DocumentDirectory,
inDomains: .UserDomainMask)
        return urls[urls.count-1]
```

```swift
        }()
    
    lazy var managedObjectModel: NSManagedObjectModel = {
        let modelURL = NSBundle.mainBundle().URLForResource("singleImagePicker", withExtension: "momd")!
        return NSManagedObjectModel(contentsOfURL: modelURL)!
    }()
    lazy var persistentStoreCoordinator: NSPersistentStoreCoordinator? = {
        var coordinator: NSPersistentStoreCoordinator? = NSPersistentStoreCoordinator(managedObjectModel: self.managedObjectModel)
        let url = self.applicationDocumentsDirectory.URLByAppendingPathComponent("singleImagePicker.sqlite")
        var error: NSError? = nil
        var failureReason = "There was an error creating or loading the application's saved data."
        do {
            try coordinator!.addPersistentStoreWithType(NSSQLiteStoreType, configuration: nil, URL: url, options: nil)
        } catch var error1 as NSError {
            error = error1
            coordinator = nil
            //得到的任何错误报告
            var dict = [String: AnyObject]()
            dict[NSLocalizedDescriptionKey] = "Failed to initialize the application's saved data"
            dict[NSLocalizedFailureReasonErrorKey] = failureReason
            dict[NSUnderlyingErrorKey] = error
            error = NSError(domain: "YOUR_ERROR_DOMAIN", code: 9999, userInfo: dict)
            //用代码替换这个错误,适当地处理错误
            // abort()会导致应用产生崩溃日志和终止
            //建议在开发过程中不使用此功能,虽然在开发过程中可能是有用的
            NSLog("Unresolved error \(error), \(error!.userInfo)")
            abort()
        } catch {
            fatalError()
        }
        
        return coordinator
    }()

    lazy var managedObjectContext: NSManagedObjectContext? = {
    //返回应用程序的托管对象上下文(已绑定到应用程序的持久存储协调器)
    //此属性是可选的,因为有可能导致创建上下文失败的合法错误条件
        let coordinator = self.persistentStoreCoordinator
        if coordinator == nil {
            return nil
        }
        var managedObjectContext = NSManagedObjectContext()
        managedObjectContext.persistentStoreCoordinator = coordinator
        return managedObjectContext
    }()
    // MARK: - 保存核心数据
    func saveContext () {
        if let moc = self.managedObjectContext {
            var error: NSError? = nil
            if moc.hasChanges {
                do {
                    try moc.save()
                } catch let error1 as NSError {
                    error = error1
            //用代码替换这个错误,适当地处理错误
            // abort()会导致应用产生崩溃日志和终止
            //建议在开发过程不使用此功能,虽然在开发过程中可能是有用的
                    NSLog("Unresolved error \(error), \(error!.userInfo)")
                    abort()
                }
            }
        }
    }
}
```

本实例执行后的效果如图9-33所示,单击 按钮后可以拍照,单击"Album"后可以打开本机相册,如图9-34所示。

图9-33 执行效果　　　图9-34 打开本机相册

9.19.3 范例技巧——UIImagePickerController在iPhone和iPad上的区别

在iPhone中获取照片库的常用方法如下所示。
```
UIImagePickerController *imagePicker = [[UIImagePickerController alloc] init];
if ([UIImagePickerController isSourceTypeAvailable:
        UIImagePickerControllerSourceTypePhotoLibrary]) {
    imagePicker.sourceType = UIImagePickerControllerSourceTypePhotoLibrary;
    imagePicker.delegate = self;
    [imagePicker setAllowsEditing:NO];
    [self presentModalViewController:imagePicker animated:YES];
    [imagePicker release];
} else {
    UIAlertView *alert = [[UIAlertView alloc]initWithTitle:nil message:@"Error accessing photo library!" delegate:nil cancelButtonTitle:@"Close" otherButtonTitles: nil];
    [alert show];
    [alert release];
}
```
这在iPhone下操作是没有问题的,但在iPad下就会有问题了,运行时会报出下面的错误。
```
Terminating app due to uncaught exception 'NSInvalidArgumentException', reason: 'On iPad, UIImagePickerController must be presented via UIPopoverController'
```
所以必须通过UIPopoverController来实现才行,具体的实现如下所示。
```
UIImagePickerController *imagePicker = [[UIImagePickerController alloc] init];
if ([UIImagePickerController isSourceTypeAvailable:
        UIImagePickerControllerSourceTypePhotoLibrary]) {
    imagePicker.sourceType = UIImagePickerControllerSourceTypePhotoLibrary;
    imagePicker.delegate = self;
    [imagePicker setAllowsEditing:NO];
    UIPopoverController *popover = [[UIPopoverController alloc]
initWithContentViewController:imagePicker];
    self.popoverController = popover;
    [popoverController presentPopoverFromRect:CGRectMake(0, 0, 300, 300)
inView:self.view permittedArrowDirections:UIPopoverArrowDirectionAny animated:YES];
    [popover release];
    [imagePicker release];
} else {
    UIAlertView *alert = [[UIAlertView alloc]initWithTitle: nil message:@"Error accessing photo library!" delegate:nil cancelButtonTitle:@"Close" otherButtonTitles:nil];
    [alert show];
    [alert release];
}
```

第 10 章 互联网应用实战

21世纪的前十年被称为信息时代，互联网是信息时代铸造的产物。互联网的推出，直接改变了人们的日常生活。现在人们已经越来越离不网上冲浪和发送邮件等互联网应用了。本章将通过几个典型实例的实现过程，来详细介绍在iOS系统中开发互联网应用程序的基本知识，为读者步入本书后面知识的学习打下基础。

10.1 调用JavaScript脚本

范例10-1	在UIWebView控件中调用JavaScript 脚本
源码路径	光盘\daima\第10章\10-1

10.1.1 范例说明

本实例的功能是在UIWebView控件中调用指定的JavaScript 脚本，设置手机端的默认搜索网址为m.baidu.com，然后调用JavaScript搜索关键字为"toppr.net"的信息。

10.1.2 具体实现

文件ZViewController.m的功能是设置手机端的搜索网址为 m.baidu.com，然后调用JavaScript搜索关键字为"toppr.net"的信息。文件ZViewController.m的具体实现代码如下所示。

```
#import "ZViewController.h"

@interface ZViewController ()<UIWebViewDelegate>
{
    BOOL isFirstLoadWeb;
}
@property (nonatomic,retain) UIWebView *webview;

@end

@implementation ZViewController

- (void)viewDidLoad
{
    [super viewDidLoad];
 // Do any additional setup after loading the view, typically from a nib.
    [super viewDidLoad];
    _webview = [[UIWebView alloc] initWithFrame:CGRectMake(0, 0, 320, 460)];
    _webview.backgroundColor = [UIColor clearColor];
    _webview.scalesPageToFit =YES;
    _webview.delegate =self;
    [self.view addSubview:_webview];
    
    //注意这里的url为手机端的网址 m.baidu.com，不要写成 www.baidu.com
    NSURL *url =[[NSURL alloc] initWithString:@"http://m.baidu.com/"];
    NSURLRequest *request =  [[NSURLRequest alloc] initWithURL:url];
```

```
    [_webview loadRequest:request];
    [url release];
    [request release];
}

-(void)webViewDidFinishLoad:(UIWebView *)webView
{
    //程序会一直调用该方法,所以判断若是第一次加载后就使用自己定义的js,此后不再调用JS,否则会出现网
页抖动现象
    if (!isFirstLoadWeb) {
        isFirstLoadWeb = YES;
    }else
        return;
    //给webview添加一段自定义的javascript

    [webView stringByEvaluatingJavaScriptFromString:@"var script = document.createElement('script');"
        "script.type = 'text/javascript';"
        "script.text = \"function myFunction() { "

        //注意这里的Name为搜索引擎的Name,不同的搜索引擎使用不同的Name
        //<input type=\"text\" name=\"word\" maxlength=\"64\" size=\"20\" id=\"word\"/> 百度手机端代码
        "var field = document.getElementsByName('word')[0];"

        //给变量取值,就是通常输入的搜索内容,这里为toppr.net
        "field.value='toppr.net';"

        "document.forms[0].submit();"
        "}\";"
        "document.getElementsByTagName('head')[0].appendChild(script);"];
    //开始调用自定义的javascript
    [webView stringByEvaluatingJavaScriptFromString:@"myFunction();"];
    //以上内容均参考自互联网,再次分享给互联网
}
- (void)didReceiveMemoryWarning
{
    [super didReceiveMemoryWarning];
    // Dispose of any resources that can be recreated.
}
-(void)dealloc
{
    [_webview release];
    [super dealloc];
}
@end
```
本实例执行后的效果如图10-1所示。

10.1.3 范例技巧——Web视图的作用

在iOS应用中,可以将Web视图视为没有边框的Safari窗口,可以将其加入应用程序中并以编程方式进行控制。通过使用这个类,可以用免费方式显示HTML、加载网页以及支持两个手指张合与缩放手势。

图10-1 执行效果

10.2 动态改变字体的大小

范例10-2	使用滑动条动态改变WebView加载网页中的字体的大小
源码路径	光盘\daima\第10章\10-2

10.2.1 范例说明的

本实例的功能是使用滑动条动态改变WebView加载网页中的字体的大小,在系统中设置默认显示网

页为http://m.baidu.com，然后定义函数SlideChange，根据滑动条UISlider的值改变网页中的字体大小。

10.2.2 具体实现

文件ViewController.m的功能是设置默认显示的网页为http://m.baidu.com，然后定义函数SlideChange，根据滑动条UISlider的值改变网页中的字体大小。文件ViewController.m的具体实现代码如下所示。

```objc
#import "ViewController.h"
@interface ViewController ()
@end
@implementation ViewController
- (void)viewDidLoad
{
    [super viewDidLoad];
    Slide = [[UISlider alloc] initWithFrame:CGRectMake(50, 10, 1000, 20)];
    [Slide addTarget:self action:@selector(SlideChange) forControlEvents:UIControlEventValueChanged];
    Slide.maximumValue = 1000.0f;
    Slide.minimumValue =10.0f;
    Slide.value = 10.0f;
    [self.view addSubview:Slide];
    _webView = [[UIWebView alloc] initWithFrame:CGRectMake(0,40,1024, 728)];
    _webView.delegate = self;
    [self.view addSubview:_webView];
    NSURL* url = [NSURL URLWithString:@"http://m.baidu.com"];
    NSURLRequest* request = [[NSURLRequest alloc] initWithURL:url];
    [_webView loadRequest:request];
    activityIndicator = [[UIActivityIndicatorView alloc] initWithFrame:CGRectMake(0.0f, 0.0f, 40, 50)];
    activityIndicator.center = self.view.center;
    activityIndicator.backgroundColor = [UIColor grayColor];
    [activityIndicator setActivityIndicatorViewStyle:UIActivityIndicatorViewStyleWhite];
    [activityIndicator startAnimating];
    [self.view addSubview:activityIndicator];
}
@end
```

本实例执行后的效果如图10-2所示。滑动滑动条会改变网页中字体的大小，如图10-3所示。

图10-2 执行效果

图10-3 滑动放大后的效果

10.2.3 范例技巧——总结Web视图可以实现的文件

Web视图还可以用于实现如下类型的文件。
- HTML、图像和CSS。

10.3 实现一个迷你浏览器工具

- Word文档（.doc/.docx）。
- Excel电子表格（.xls/.xlsx）。
- Keynote演示文稿（.key.zip）。
- Numbers电子表格（.numbers.zip）。
- Pages文档（.pages.zip）。
- PDF文件（.pdf）。
- PowerPoint演示文稿（.ppt/.pptx）。

可以将上述文件作为资源加入到项目中，并在Web视图中显示它们，也可以访问远程服务器中的这些文件或读取iOS设备存储空间中的这些文件。

10.3 实现一个迷你浏览器工具

范例10-3	实现一个迷你浏览器工具
源码路径	光盘\daima\第10章\10-3

10.3.1 范例说明

本实例的功能是实现一个迷你浏览器工具，可以加载显示指定URL地址的网页信息。在屏幕上方插入一个文本框控件供用户输入URL网址，在下方插入一个WebView控件来显示网页信息。

10.3.2 具体实现

文件ViewController.m的具体实现代码如下所示。
```
#import "ViewController.h"
@implementation ViewController{
 UIActivityIndicatorView* _activityIndicator;
}
- (void)viewDidLoad
{
 [super viewDidLoad];
 // 设置自动缩放网页以适应该控件
 self.webView.scalesPageToFit = YES;
 // 为UIWebView控件设置委托
 self.webView.delegate = self;
 // 创建一个UIActivityIndicatorView控件
 _activityIndicator = [[UIActivityIndicatorView alloc]
     initWithFrame : CGRectMake(0.0f, 0.0f, 32.0f, 32.0f)];
 // 控制UIActivityIndicatorView显示在当前View的中央
 [_activityIndicator setCenter: self.view.center];
 _activityIndicator.activityIndicatorViewStyle
     = UIActivityIndicatorViewStyleWhiteLarge;
 [self.view addSubview : _activityIndicator];
 // 隐藏_activityIndicator控件
 _activityIndicator.hidden = YES;
}
// 当UIWebView开始加载时激发该方法
- (void)webViewDidStartLoad:(UIWebView *)webView
{
 // 显示_activityIndicator控件
 _activityIndicator.hidden = NO;
 // 启动_activityIndicator控件的转动
 [_activityIndicator startAnimating] ;
}
// 当UIWebView加载完成时激发该方法
- (void)webViewDidFinishLoad:(UIWebView *)webView
{
 // 停止_activityIndicator控件的转动
```

```objc
    [_activityIndicator stopAnimating];
    // 隐藏_activityIndicator控件
    _activityIndicator.hidden = YES;
}
// 当UIWebView加载失败时激发该方法
- (void)webView:(UIWebView *)webView didFailLoadWithError:(NSError *)error
{
    // 使用UIAlertView显示错误信息
    UIAlertView *alert = [[UIAlertView alloc] initWithTitle:@""
        message:[error localizedDescription]
        delegate:nil cancelButtonTitle:nil
        otherButtonTitles:@"确定", nil];
    [alert show];
}
- (IBAction)goTapped:(id)sender {
    [self.addr resignFirstResponder];
    // 获取用户输入的字符串
    NSString* reqAddr = self.addr.text;
    // 如果reqAddr不以http://开头,为该用户输入的网址添加http://前缀
    if (![reqAddr hasPrefix:@"http://"]) {
        reqAddr = [NSString stringWithFormat:@"http://%@" , reqAddr];
        self.addr.text = reqAddr;
    }
    NSURLRequest* request = [NSURLRequest requestWithURL:
        [NSURL URLWithString:reqAddr]];
    // 加载指定URL对应的网址
    [self.webView loadRequest:request];
}
@end
```

执行后输入URL网址,单击"GO"按钮后的效果如图10-4所示。

10.3.3 范例技巧——总结使用Web视图的基本流程

图10-4 执行效果

在Web视图中,通过一个名为requestWithURL的方法来加载任何URL指定的内容,但是不能通过传递一个字符串来调用它。要想将内容加载到Web视图中,通常使用NSURL和NSURLRequest。这两个类能够操作URL,并将其转换为远程资源请求。为此首先需要创建一个NSURL实例,这通常是根据字符串创建的。例如,要创建一个存储Apple网站地址的NSURL,可以使用如下所示的代码实现。

```
NSURL *appleURL;
appleURL=[NSURL alloc] initWithString:@http://www.apple.com/];
```

创建NSURL对象后,需要创建一个可将其传递给Web视图进行加载的NSURLRequest对象。要根据NSURL创建一个NSURLRequest对象,可以使用NSURLRequest类的方法 requestWithURL,它根据给定的NSURL创建相应的请求对象,代码如下所示。

```
[NSURLRequest requestWithURL: appleURL]
```

最后将该请求传递给Web视图的loadRequest方法,该方法将接管工作并处理加载过程。将这些功能合并起来后,将Apple网站加载到Web视图appleView中的代码类似于下面这样。

```
NSURL *appleURL;
appleURL=[[NSURL alloc] initWithString:@"http://www.apple.com/"];
    [appleView loadRequest:[NSURLRequest requestWithURL: appleURL]];
```

10.4 加载显示指定的网页(Swift版)

范例10-4	加载指定的HTML网页并自动播放网页音乐
源码路径	光盘\daima\第10章\10-4

10.4.1 范例说明

本实例的功能是使用WebView控件加载指定的HTML网页,单击网页中的链接后可以自动播放指

定的音乐。

10.4.2 具体实现

(1) 网页文件index.html的功能是在线播放MP3文件，具体实现代码如下所示。

```html
<!DOCTYPE html>
<html>
<head>
    <title>AutoPlayInWebView</title>
    <meta charset="UTF-8">
    <meta name="description" content="">
    <meta name="keywords" content="">

    <script type="text/javascript">
        var baseAudio = new Audio();

        function playAudioFn(_arg){
            document.getElementById("bgm").play();
//            baseAudio.src = _arg + ".mp3";
//            baseAudio.play();
        }

        function pauseAudioFn(){
            document.getElementById("bgm").pause();
//            baseAudio.pause();
        }

        function doFireEvent(_arg){
            location.href = _arg;
        }
    </script>

</head>
<body onload="doFireEvent('autoplaytest://sampleaudio')">
    <p>
        <a href="autoplaytest://sampleaudio">Click AutoPlayInWebView Test</a>
    </p>
    <p>
        <a href="javascript:playAudioFn('sampleaudio')">ClickPlay Test</a>
    </p>
    <p>
        <a href="javascript:pauseAudioFn()">ClickPause Test</a>
    </p>
    <p>
        <audio id="bgm" src="sampleaudio.mp3" controls autoplay />
    </p>
    <p>
        <a href="http://apple.com">Click WebSite:apple Test</a>
    </p>
</body>
</html>
```

(2) 编写文件ViewController.swift，功能是使用UIWebView控件加载指定的HTML网页，实现自动播放网页音乐的功能。

本实例执行后的效果如图10-5所示，单击链接后会播放音乐。

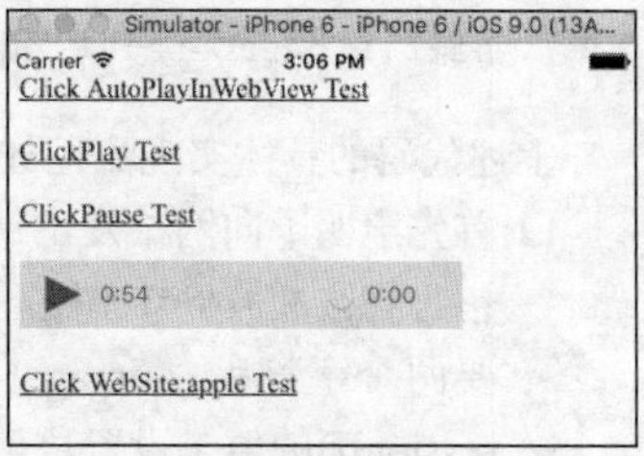

10.4.3 范例技巧——显示内容的另一种解决方案

在应用程序中显示内容的另一种方式是，将HTML直接加载到Web视图中。例如将HTML代码存储在一个名为myHTML的字符串中，则可以用Web视图的方法loadHTMLString:baseURL加载并显示HTML内容。假设Web视图名为htmlView，则可编写类似于下面

图10-5 执行效果

的代码。
```
[htmlView loadHTMLString:myHTML baseURL:nil]
```

10.5 使用可滚动视图控件（Swift版）

范例10-5	使用可滚动视图控件
源码路径	光盘\daima\第10章\10-5

10.5.1 范例说明

在下面的实例中，将详细讲解联合使用Web视图、分段和开关控件的方法。本演示项目的功能是获取FloraPhotographs.com的花朵照片和花朵信息。该应用程序让用户轻按分段控件（ljLSegmentedControll）中的一种花朵颜色，然后从网站FloraPhotographs.com中取回一朵这样颜色的花朵，并在Web视图中显示它，随后用户可以使用开关UISwitch来显示和隐藏另一个视图，该视图包含有关该花朵的详细信息。最后，一个标准按钮（UIButton）让用户能够从网站取回另一张当前选定颜色的花朵照片。

10.5.2 具体实现

ViewController.m的具体实现代码如下所示。
```
- (IBAction)getFlower:(id)sender {
   NSURL *imageURL;
   NSURL *detailURL;
   NSString *imageURLString;
   NSString *detailURLString;
   NSString *color;
   int sessionID;

   color=[self.colorChoice titleForSegmentAtIndex:
           self.colorChoice.selectedSegmentIndex];
   sessionID=random()%50000;

   imageURLString=[[NSString alloc] initWithFormat:
@"http://www.floraphotographs.com/showrandomios.php?color= %@&session=%d"
                ,color,sessionID];
   detailURLString=[[NSString alloc] initWithFormat:
                @"http://www.floraphotographs.com/detailios.php?session=%d"
                ,sessionID];

   imageURL=[[NSURL alloc] initWithString:imageURLString];
   detailURL=[[NSURL alloc] initWithString:detailURLString];

   [self.flowerView loadRequest:[NSURLRequest requestWithURL:imageURL]];
   [self.flowerDetailView loadRequest:[NSURLRequest requestWithURL:detailURL]];

   self.flowerDetailView.backgroundColor=[UIColor clearColor];
}
```
上述代码的具体实现流程如下所示。

❏ 首先声明了向网站发出请求所需要的变量，前两个变量imageURL 和detailURL是NSURL实例，包含将被加载到Web视图nowerView nowerDetail View中的UI 。为了创建这些NSURL对象，需要两个字符串：-imageURLString和detailURLString，使用前面介绍的URL（其中包括color和sessionID的值）设置这两个字符串的格式。

❏ 然后获取分段控件实例colorChoice中选定分段的标题，使用了此对象的实例方法tiffleForSegmentAtIndex 和属性 selectedSegmentIndex 。将 [colorChoicetitleForSegmentAtIndex:colorChoice.SelectedSegmentIndex]的结果存储在字符串color中，以便在Web请求中使用。

- 然后生成一个0~49999范围内的随机数，并将其存储在整型变量sessionID中。
- 然后让imageURLString和detailURLString包含将请求的URL。首先给这些字符串对象分配内存，然后使用initWithFormat方法来合并网站地址以及颜色和会话ID。为了使用颜色和会话ID替换字符串中相应的内容，使用了分别用于字符串和整数的格式化占位符%@和%d。
- 给NSURL对象imageURL和detailURL分配内存，并使用类方法initWithString和两个字符串（imageURLString和detailURLString）初始化它们。
- 使用Web视图flowerView和flowerDetailView的方法loadRequest加载NSURLimageURL和detailURL。这些代码行执行时，将更新两个Web视图的内容。
- 最后进一步优化了该应用程序。这行代码将Web视图flowerDetailView的背景设置为一种名为clearColor的特殊颜色，这与前面设置的Alpha通道值一起赋予图像上面的详细信息以漂亮的透明外观。要了解有何不同，可将这行代码注释掉或删除。

执行效果如图10-6所示。

图10-6 执行效果

10.5.3 范例技巧——本项目规划

要创建本实例中介绍的这个基于Web的图像查看器，需要3个输出口和两个操作。分段控件将被连接到一个名为colorChoice的输出口，因为需要使用它来确定用户选择的颜色。包含花朵图像的Web视图将连接到输出口flowerView，而包含详细信息的Web视图将连接到输出口flowerDetailView。应用程序必须使用操作来完成两项工作：获取并显示一幅花朵图像以及"显示/隐藏"有关花朵的详细信息，其中前者将通过操作getFlower来完成，而后者将使用操作toggleFlowerDetail来处理。

10.6 使用Message UI发送邮件（Swift版）

范例10-6	使用Message UI发送邮件
源码路径	光盘\daima\第10章\10-6

10.6.1 范例说明

本实例的功能是使用Message UI控件发送邮件，在屏幕上方插入一个文本框控件用于输入发送邮件的内容，在屏幕下方通过文本控件分别显示文本"Send via Email"和"Send via Massage"。

10.6.2 具体实现

视图控制器文件ViewController.swift的功能是，根据主题和收件人信息发送邮件，具体实现代码如下所示。

```
import UIKit
import MessageUI
class ViewController: UIViewController {
    @IBOutlet var contentField: UITextField!
    override func viewDidLoad() {
        super.viewDidLoad()
    }
}
extension ViewController {
    @IBAction func sendEmailTouched() {
```

```
        let mailComposer = configureMailComposer()
        if MFMailComposeViewController.canSendMail() {
            presentViewController(mailComposer, animated: true, completion: nil)
        } else {
            showError("Email Composer Error")
        }
    }
    @IBAction func sendMessageTouched() {
        let messageComposer = configureMessageComposer()
        if MFMessageComposeViewController.canSendText() {
            presentViewController(messageComposer, animated: true, completion: nil)
        } else {
            showError("Message Composer Error")
        }
    }

    private func configureMailComposer() -> MFMailComposeViewController {
        let mailComposer = MFMailComposeViewController()
        mailComposer.mailComposeDelegate = self
        mailComposer.setToRecipients(["macbaszii@gmail.com"]) //默认收件人(可选)
        mailComposer.setSubject("http://www.macbaszii.com") // 默认主题(可选)
        mailComposer.setMessageBody(contentField.text!, isHTML: false) // 默认内容(可选)
        return mailComposer
    }
    private func configureMessageComposer() -> MFMessageComposeViewController {
        let messageComposer = MFMessageComposeViewController()
        messageComposer.messageComposeDelegate = self;
        messageComposer.body = contentField.text // 默认内容(可选)
        messageComposer.recipients = ["11223344"] //默认收件人(可选)
        return messageComposer
    }

    private func showError(title: String) {
        let alert = UIAlertController(title: title, message: nil, preferredStyle: .Alert)
        alert.addAction(UIAlertAction(title: "Try Again", style: .Default, handler: nil))

        presentViewController(alert, animated: true, completion: nil)
    }
}
```

本实例执行后的初始效果如图10-7所示,发送邮件界面效果如图10-8所示。

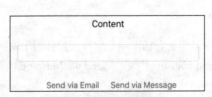

图10-7 初始执行效果

图10-8 发送邮件界面

10.6.3 范例技巧——总结使用框架Message UI的基本流程

在使用框架Message UI之前,必须先将其加入到项目中,并在要使用该框架的类(可能是视图控制器)中导入其接口文件,代码如下所示。

```
#import <MessageUI/MessageUI.h>
```

要想显示邮件书写窗口,必须分配并初始化一个MFMailComposeViewController对象,它负责显示电子邮件。然后需要创建一个用作收件人的电子邮件地址数组,并使用方法setToRecipients给邮件书写视图控制器配置收件人。最后需要指定一个委托,它负责在用户发送邮件后做出响应,使用

presentModalViewController显示邮件书写视图。例如下面的代码是这些功能的一种简单实现。

```
1: MFMailComposeViewController *mailComposer;
2: NSArray *emailAddresses;
3:
4: mailComposer=[[MFMailComposeViewController alloc]init];
5: emailAddresses=[[ NSArray   alloc]initWithObj ects:@"me@myemail.com",nil];
6:
7: mailComposer.mailComposeDelegate=self;
8: [mailComposer setToRecipients:emailAddresses];
9: [self presentModalViewController:mailComposer animated:YES];
```

在上述代码中，第1行和第2行分别声明了邮件书写视图控制器和电子邮件地址数组。第4行分配并初始化邮件书写视图控制器。第5行使用一个地址 me@myemail.com 来初始化邮件地址数组。第7行设置邮件书写视图控制器的委托。委托负责执行用户发送或取消邮件后需要完成的任务。第8行给邮件书写视图控制器指定收件人，而第9行显示邮件书写窗口。

10.7 开发一个Twitter客户端（Swift版）

范例10-7	开发一个Twitter客户端
源码路径	光盘\daima\第10章\10-7

10.7.1 范例说明

在下面的演示实例中，将使用Swift语言开发一个Twitter客户端应用程序。首先在主界面中提供一个输入官方指令的文本框，验证通过后将在下方列表显示Twitter标题信息。单击某一条推特信息后，会在新界面中显示这条Twitter的详细信息。

10.7.2 具体实现

（1）文件TwitterAuthenticationWebController.swift实现了推特认证控制器服务，定义了newPinJS和oldPinJS两个JS数据传输变量，通过用户的token指令获取远程推特信息。通过推特官方公布的API验证URL进行指令验证，确保只有输入的合法的指令才能将本客户端项目连接到推特服务器，并在主界面下方列表显示当前用户的推特标题信息。文件TwitterAuthenticationWebController.swift的具体实现代码如下所示。

```
import Foundation
import UIKit

class TwitterAuthenticationWebController : UIViewController, UIWebViewDelegate {
    var webView : UIWebView?
    var requestToken : Token?
    let newPinJS = "var d = document.getElementById('oauth-pin'); if (d == null) d = document.getElementById('oauth_pin'); if (d) { var d2 = d.getElementsByTagName('code'); if (d2.length > 0) d2[0].innerHTML; }"
    let oldPinJS = "var d = document.getElementById('oauth-pin'); if (d == null) d = document.getElementById('oauth_pin'); if (d) d = d.innerHTML; d;"
    required init(coder aDecoder: NSCoder) {
        super.init(coder: aDecoder)
    }
    init (requestToken : Token) {
        super.init(nibName: nil, bundle: nil)
        let screenRect = UIScreen.mainScreen().bounds
        self.webView = UIWebView (frame: screenRect)
        self.webView?.delegate = self
        self.requestToken = requestToken
    }
    override func viewDidLoad() {
        super.viewDidLoad()
        self.view.addSubview(self.webView!);
```

```swift
            self.navigationItem.leftBarButtonItem = UIBarButtonItem (barButtonSystemItem:
UIBarButtonSystemItem.Cancel, target: self, action: "dismiss")
            if let oauth_token = self.requestToken?.key {
                var urlString = "https://api.twitter.com/oauth/authorize?oauth_token=\(oauth_token)"
                var request = NSMutableURLRequest (URL: NSURL(string: urlString)!)
                self.webView?.loadRequest(request)
            }
        }
        func dismiss () {
            self.dismissViewControllerAnimated(true, completion: nil)
        }
        func webView(webView: UIWebView, shouldStartLoadWithRequest request: NSURLRequest,
navigationType: UIWebViewNavigationType) -> Bool {
            return true
        }

        func webViewDidStartLoad(webView: UIWebView) {
        }
        func webViewDidFinishLoad(webView: UIWebView) {
            var pin : String? =
webView.stringByEvaluatingJavaScriptFromString(self.newPinJS)?.stringByTrimmingCharactersInSet(NSCharacterSet.whitespaceAndNewlineCharacterSet())
            if pin?.utf16Count < 7 {
                pin = webView.stringByEvaluatingJavaScriptFromString(self.oldPinJS)?.stringByTrimmingCharactersInSet(NSCharacterSet.whitespaceAndNewlineCharacterSet())
            }
            if pin?.utf16Count > 0 {
                self.requestToken?.verifier = pin!
                TwitterEngine.sharedEngine.requestAccessToken(self.requestToken!)
                self.dismiss()
            }
        }
    }
```

（2）文件Token.swift实现了指令处理功能，首先实现oauth_token认证处理，然后实现指令校验。

（3）文件ViewController.swift的功能是，当在屏幕中载入视图界面时，通过TwitterEngine获取远程推特信息，并将信息显示在TableView列表中。

到此为止，整个实例介绍完毕。通过指令验证后会在屏幕列表中显示推特信息，执行效果如图10-9所示。

图10-9 执行效果

10.7.3 范例技巧——总结使用Twitter框架的基本流程

Twitter不同于邮件书写视图，显示推特信息书写视图后，无需做任何清理工作，只需显示这个视图即可。首先，在项目中加入框架Twitter后，必须导入其接口文件。

```
#import <Twitter/Twitter.h>
```

然后必须声明、分配并初始化一个TWTweetComposeViewController，以提供用户界面。在发送推特信息之前，必须使用TWTweetComposeViewController类的方法canSendTweet确保用户配置了活动的Twitter账户。然后便可以使用方法setInitialText设置推特信息的默认内容，然后再显示视图。例如下面的代码演示了准备发送推特信息的实现。

```
TWTweetComposeViewController *tweetComposer;
tweetComposer=[[TWTweetComposeViewController alloc] init];
if([TWTweetComposeViewController canSendTweet])   {
[tweetComposer setInitialText:@"Hello World."];
[self presentModalViewController:tweetComposer animated:YES];
}
```

在显示这个模态视图后就大功告成了。

10.8 联合使用地址簿、电子邮件、Twitter和地图（Swift版）

范例10-8	联合使用地址簿、电子邮件、Twitter和地图
源码路径	光盘\daima\第10章\10-8

10.8.1 范例说明

本实例的功能是联合使用地址簿、电子邮件、Twitter和地图。首先将让用户从地址簿中选择一位好友。用户选择好友后，应用程序将从地址簿中检索有关这位好友的信息，并将其显示在屏幕上，这包括姓名、照片和电子邮件地址。并且用户还可以在一个交互式地图中显示朋友居住的城市以及给朋友发送电子邮件或推特信息，这些都将在一个应用程序屏幕中完成。本实例涉及的领域很多，但无需输入大量代码。首先创建界面，然后添加地址簿、地图、电子邮件和Twitter功能。实现其中每项功能时，都必须添加框架，并在视图控制器接口文件中添加相应的#import编译指令。也就是说，如果程序不能正常运行，请确保没有遗漏添加框架和导入头文件的步骤。

10.8.2 具体实现

（1）在文件ViewController.m中添加一个委托方法peoplePickerNavigationController:shouldContinueAfterSelectingPerson，此方法能够在用户选择了联系人时做出响应，具体代码如下所示。

```
- (BOOL)peoplePickerNavigationController:
(ABPeoplePickerNavigationController *)peoplePicker
    shouldContinueAfterSelectingPerson:(ABRecordRef)person {

    // Retrieve the friend's name from the address book person record
    NSString *friendName;
    NSString *friendEmail;
    NSString *friendZip;

    friendName=(__bridge NSString *)ABRecordCopyValue
                (person, kABPersonFirstNameProperty);
    self.name.text = friendName;

    ABMultiValueRef friendAddressSet;
    NSDictionary *friendFirstAddress;
    friendAddressSet = ABRecordCopyValue
                (person, kABPersonAddressProperty);

    if (ABMultiValueGetCount(friendAddressSet)>0) {
        friendFirstAddress = (__bridge NSDictionary *)
            ABMultiValueCopyValueAtIndex(friendAddressSet,0);
        friendZip = [friendFirstAddress objectForKey:@"ZIP"];
        [self centerMap:friendZip showAddress:friendFirstAddress];
    }

    ABMultiValueRef friendEmailAddresses;
    friendEmailAddresses = ABRecordCopyValue
                    (person, kABPersonEmailProperty);

    if (ABMultiValueGetCount(friendEmailAddresses)>0) {
        friendEmail=(__bridge NSString *)
            ABMultiValueCopyValueAtIndex(friendEmailAddresses, 0);
        self.email.text = friendEmail;
    }

    if (ABPersonHasImageData(person)) {
        self.photo.image = [UIImage imageWithData:
                (__bridge NSData *)ABPersonCopyImageData(person)];
    }
```

```
        [self dismissModalViewControllerAnimated:YES];
        return NO;
}
```

（2）打开实现文件ViewController.m，并添加方法centerMap，通过此方法添加标注，具体代码如下所示。

```
- (void)centerMap:(NSString*)zipCode
       showAddress:(NSDictionary*)fullAddress {
    NSString *queryURL;
    NSString *queryResults;
    NSArray *queryData;
    double latitude;
    double longitude;
    MKCoordinateRegion mapRegion;

    queryURL = [[NSString alloc]
                 initWithFormat:
                 @"http://maps.google.com/maps/geo?output=csv&q=%@",
                 zipCode];

    queryResults = [[NSString alloc]
                 initWithContentsOfURL: [NSURL URLWithString:queryURL]
                 encoding: NSUTF8StringEncoding
                 error: nil];
    queryData = [queryResults componentsSeparatedByString:@","];

    if([queryData count]==4) {
        latitude=[[queryData objectAtIndex:2] doubleValue];
        longitude=[[queryData objectAtIndex:3] doubleValue];
        //     CLLocationCoordinate2D;
        mapRegion.center.latitude=latitude;
        mapRegion.center.longitude=longitude;
        mapRegion.span.latitudeDelta=0.2;
        mapRegion.span.longitudeDelta=0.2;
        [self.map setRegion:mapRegion animated:YES];

        if (zipAnnotation!=nil) {
            [self.map removeAnnotation: zipAnnotation];
        }
        zipAnnotation = [[MKPlacemark alloc]
                         initWithCoordinate:mapRegion.center
                         addressDictionary:fullAddress];
        [map addAnnotation:zipAnnotation];
    }
}
```

（3）如果要定制标注视图，可以实现地图视图的委托方法mapView:viewForAnnotation，通过此方法定制标注视图，具体代码如下所示。

```
- (MKAnnotationView *)mapView:(MKMapView *)mapView
           viewForAnnotation:(id <MKAnnotation>)annotation {
    MKPinAnnotationView *pinDrop=[[MKPinAnnotationView alloc]
                         initWithAnnotation:annotation
                         reuseIdentifier:@"myspot"];
    pinDrop.animatesDrop=YES;
    pinDrop.canShowCallout=YES;
    pinDrop.pinColor=MKPinAnnotationColorPurple;
    return pinDrop;
}
```

本实例执行后的效果如图10-10所示。

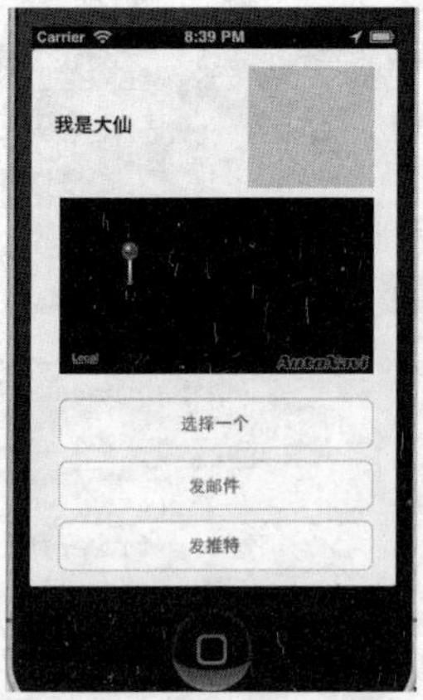

10.8.3 范例技巧——总结为iOS项目添加第三方框架的方法

接下来以本实例为素材，总结为iOS项目添加第三方框架的方法。选择项目"lianhe"的顶级编组，并确保选择了默认目标"lianhe"。单击编辑器中的标签"Summary"，在该选项卡中向下滚动到"Linked Frameworks and Libraries"部分。单击列表下方的"+"按钮，从出现的列表中选择"AddressBook.framework"，再单击"Add"按钮。重复上述操作，

图10-10 执行效果

分别添加如下框架。
- AddressBookUI.frameworkMapKitframework。
- CoreLocation.fiamework。
- MessageUI.framework。
- Twitter.framework。

添加上述框架后，将它们拖放到编组"Frameworks"中，这样可以让项目显得更加整洁有序，最后的项目的目录结构如图10-11所示。

在本实例中，将让用户从地址簿中选择一个联系人，并显示该联系人的姓名、电子邮件地址和照片。对于姓名和电子邮件地址，将通过两个名为name和email的标签（UILabel）显示；而对于照片，将通过一个名为photo的UIImageView显示。最后，需要显示一个地图（MKMapView），通过输出口map引用它；还需要一个类型为MKPlacemark的属性/实例变量zipAnnotation，它表示地图上的一个点，将在这里显示特殊的标志。

本应用程序还将实现如下所示的3个操作。
- newBFF：让用户能够从地址簿中选择一位朋友。
- sendEmail：让用户能够给朋友发送电子邮件。
- sendTweet：让用户能够在Twitter上发布信息。

图10-11 项目的目录结构

10.9 获取网站中的照片信息（Swift版）

范例10-9	使用JSON获取网站中的照片信息
源码路径	光盘\daima\第10章\10-9

10.9.1 范例说明

本实例的功能是使用JSON获取网站中的照片信息，使用JSON获取http://www.flickr.com网站中济南照片的信息。

10.9.2 具体实现

实例文件PhotoTableViewController.m的实现代码如下所示。

```
#import "PhotoTableViewController.h"
#import "JSON.h"
#import "FlickrAPIKey.h"

@implementation PhotoTableViewController
-(void) loadPhotos
{
    NSString *urlString = [NSString stringWithFormat:@"http://api.flickr.com/services/rest/?method=flickr.photos.search&api_key=%@&tags=%@&per_page=10&format=json&nojsoncallback=1", FlickrAPIKey, @"jinan"];
    NSURL *url = [NSURL URLWithString:urlString];

    // 得到的内容作为一个字符串的网址，并解析为基础的对象
    NSString *jsonString = [NSString stringWithContentsOfURL:url encoding:NSUTF8StringEncoding error:nil];
    NSDictionary *results = [jsonString JSONValue];

    NSLog(@"%@",[results description]);

    // 需要通过挖掘得到的对象
    NSArray *photos = [[results objectForKey:@"photos"] objectForKey:@"photo"];
    for (NSDictionary *photo in photos) {
```

```objc
        // 得到标题的每一张照片
        NSString *title = [photo objectForKey:@"title"];
        [photoNames addObject:(title.length > 0 ? title : @"Untitled")];

        // 为每个照片构建的网址
        NSString *photoURLString = [NSString stringWithFormat:@"http://farm%@.static.flickr.com/%@/%@_%@_s.jpg", [photo objectForKey:@"farm"], [photo objectForKey:@"server"], [photo objectForKey:@"id"], [photo objectForKey:@"secret"]];
        [photoURLs addObject:[NSURL URLWithString:photoURLString]];
    }

}

//初始化属性
-(id) initWithStyle:(UITableViewStyle)style
{
    self = [super initWithStyle:style];
    if (self)
    {
        photoURLs = [[NSMutableArray alloc] init];
        photoNames = [[NSMutableArray alloc] init];
        [self loadPhotos];
    }
    return self;
}

#pragma mark -
#pragma mark Table view data source
//返回行数
- (NSInteger)numberOfSectionsInTableView:(UITableView *)tableView {
    return 1;
}
- (NSInteger)tableView:(UITableView *)tableView
numberOfRowsInSection:(NSInteger)section {
    return [photoNames count];
}

//  生成显示图片的单元格
- (UITableViewCell *)tableView:(UITableView *)tableView
cellForRowAtIndexPath:(NSIndexPath *)indexPath {

    static NSString *CellIdentifier = @"Cell";

    UITableViewCell *cell = [tableView
dequeueReusableCellWithIdentifier:CellIdentifier];
    if (cell == nil) {//不存在的话
        //创建一个单元格单元
        cell = [[UITableViewCell alloc] initWithStyle:UITableViewCellStyleDefault
reuseIdentifier:CellIdentifier];
    }

    // 配置单元格，表单元的文本信息就是照片名字
    cell.textLabel.text = [photoNames objectAtIndex:indexPath.row];

    NSData *imageData = [NSData dataWithContentsOfURL:[photoURLs
objectAtIndex:indexPath.row]];
    cell.imageView.image = [UIImage imageWithData:imageData];

    return cell;
}
```

运行后会返回Flickr数据，具体如下所示。

```
2015-6-24 18:47:11.596 WebPhotoes[4774:c07] {
    photos =     {
        page = 1;
        pages = 1182;
        perpage = 10;
        photo =             (
                            {
```

```
            farm = 9;
            id = 8208104583;
            isfamily = 0;
            isfriend = 0;
            ispublic = 1;
            owner = "10782329@N03";
            secret = 88c0b691eb;
            server = 8346;
            title = "Baotu Spring Garden 02";
    },
                {
            farm = 9;
            id = 8203273905;
            isfamily = 0;
            isfriend = 0;
            ispublic = 1;
            owner = "27823382@N03";
            secret = db7840cd14;
            server = 8197;
            title = "Jinan rush hour";
    },
                {
            farm = 9;
            id = 8199135645;
            isfamily = 0;
            isfriend = 0;
            ispublic = 1;
            owner = "43372673@N08";
            secret = f04ae46da7;
            server = 8487;
            title = P1020672;
    },
                {
            farm = 9;
            id = 8199141545;
            isfamily = 0;
            isfriend = 0;
            ispublic = 1;
            owner = "43372673@N08";
            secret = 048b1327d5;
            server = 8490;
            title = P1020670;
    },
                {
            farm = 9;
            id = 8200219032;
            isfamily = 0;
            isfriend = 0;
            ispublic = 1;
            owner = "43372673@N08";
            secret = 6c17d0778e;
            server = 8477;
            title = P1020675;
    },
                {
            farm = 9;
            id = 8200224534;
            isfamily = 0;
            isfriend = 0;
            ispublic = 1;
            owner = "43372673@N08";
            secret = 7e277b5e40;
            server = 8346;
            title = P1020673;
    },
                {
            farm = 9;
            id = 8200254180;
```

```
                isfamily = 0;
                isfriend = 0;
                ispublic = 1;
                owner = "43372673@N08";
                secret = 0f9c1de768;
                server = 8346;
                title = P1020676;
            },
                {
                farm = 9;
                id = 8200230700;
                isfamily = 0;
                isfriend = 0;
                ispublic = 1;
                owner = "43372673@N08";
                secret = 54ac24f7ab;
                server = 8483;
                title = P1020671;
            },
                {
                farm = 9;
                id = 8200236282;
                isfamily = 0;
                isfriend = 0;
                ispublic = 1;
                owner = "43372673@N08";
                secret = 1df4ed20fc;
                server = 8065;
                title = P1020669;
            },
                {
                farm = 9;
                id = 8199130717;
                isfamily = 0;
                isfriend = 0;
                ispublic = 1;
                owner = "43372673@N08";
                secret = c85fc492af;
                server = 8478;
                title = P1020674;
            }
        );
        total = 11814;
    };
    stat = ok;
}
2015-9-24 18:47:11.721 WebPhotoes[4774:c07] Application windows are expected to have
a root view controller at the end of application launch
```

10.9.3 范例技巧——手机和云平台之间传递的通用数据格式

在手机和云计算平台之间传递的数据格式主要分为两种：XML和JSON。在程序中发送和接收信息时，可以选择以纯文本或XML作为交换数据的格式。其实XML格式与HTML格式的纯文本数据相同，只是采用XML格式而已。有两种方法来操作XML数据，一种是使用libxml2，另一种是使用NSXMLParser。XML格式采用名称/值的格式。同XML类似，JSON（JavaScript Object Notation的缩写）也是使用名称/值的格式。JSON数据颇像字典数据。例如：{"name":"liudehua"}，前一个是名称（键），后一个是值。等效的纯文本名称/值对为name=liudehua。

10.10 快速浏览不同的站点（Swift版）

范例10-10	快速浏览不同的站点
源码路径	光盘\daima\第10章\10-10

10.10.1 范例说明

本实例的功能是快速浏览不同的站点，其中文件GithubUIWebviewController.swift的功能是加载显示Github站点的网页，文件SolebrityUIWebViewController.swift的功能是加载显示Solebrity站点的网页。

10.10.2 具体实现

文件GithubUIWebviewController.swift的主要实现代码如下所示。

```
override func viewDidLoad() {
    super.viewDidLoad()
    let url = NSURL(string:
"http://github.com/taylorobrien")!
    let request = NSURLRequest(URL: url)
    
    githubView.loadRequest(request)
}
```

本实例执行后的效果如图10-12所示。

图10-12 执行效果

10.10.3 范例技巧——控制屏幕中的网页的方法

在iOS应用中，当使用UIWebView控件在屏幕中显示指定的网页后，可以设置一些链接来控制访问页，例如"返回上一页""进入下一页"等。此类功能是通过如下方法实现的。
- reload：重新读入页面。
- stopLoading：读入停止。
- goBack：返回前一画面。
- goForward：进入下一画面。

10.11 实现一个网页浏览器（Swift版）

范例10-11	实现一个网页浏览器
源码路径	光盘\daima\第10章\10-11

10.11.1 范例说明

本实例的功能是构建一个具有搜索框和导航条的浏览器，打造一个精美的网页浏览器程序。

10.11.2 具体实现

视图文件ViewController.swift的功能是构建一个具有搜索框和导航条的浏览器，主要实现代码如下所示。

```
//MARK: - UIWebView声明
func webView(webView: UIWebView, shouldStartLoadWithRequest request: NSURLRequest,
navigationType: UIWebViewNavigationType) -> Bool {
    return true
}
func webViewDidStartLoad(webView: UIWebView) {
    self.loading.startAnimating()
}
func webViewDidFinishLoad(webView: UIWebView) {
    self.loading.stopAnimating()
}
func webView(webView: UIWebView, didFailLoadWithError error: NSError?) {
```

```
            self.loading.stopAnimating()
        }
    //MARK: - 搜索框
    func searchBarSearchButtonClicked(searchBar: UISearchBar) {
        var urlStr:String = searchBar.text!
        if (urlStr.rangeOfString("http://", options: [], range: nil, locale: nil) == nil
&&
            urlStr.rangeOfString("https://", options: [], range: nil, locale: nil) == nil)
{
            urlStr = ("http://\(urlStr)")
        }
        if let url = NSURL(string: urlStr){
            let request = NSURLRequest(URL: url)
            self.myWebView.loadRequest(request)
        }
        searchBar.resignFirstResponder()
    }
    func searchBarCancelButtonClicked(searchBar:
UISearchBar) {
        searchBar.resignFirstResponder()
    }
}
```

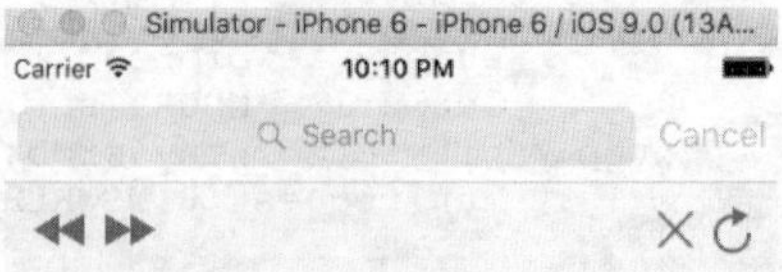

本实例执行后的效果如图10-13所示。

图10-13 执行效果

10.11.3 范例技巧——在网页中实现触摸处理的方法

在iOS应用中，当使用UIWebView控件在屏幕中显示指定的网页后，可以通过触摸的方式浏览指定的网页。在具体实现时，是通过webView:shouldStartLoadWithRequest:navigationType方法实现的。NavigationType包括如下所示的可选参数值。

- UIWebViewNavigationTypeLinkClicked：链接被触摸时请求这个链接。
- UIWebViewNavigationTypeFormSubmitted：form被提交时请求这个form中的内容。
- UIWebViewNavigationTypeBackForward：当通过goBack或goForward进行页面转移时移动目标URL。
- UIWebViewNavigationTypeReload：当页面重新导入时导入这个URL。
- UIWebViewNavigationTypeOther：使用loadRequest方法读取内容。

10.12 自动缓存网页数据

范例10-12	使用UIWebView自动缓存网页数据
源码路径	光盘\daima\第10章\10-12

10.12.1 范例说明

本实例的功能是使用UIWebView控件自动缓存png/jpeg/jpg/js/css数据。

10.12.2 具体实现

（1）文件RootViewController.h是根视图文件，定义了根视图接口。

（2）文件RootViewController.m的功能是加载显示远程网页文件message.css和jquery.js，加载请求完成后会显示对应的提示框。文件RootViewController.m的具体实现代码如下所示。

```
#import "RootViewController.h"
#import "CustomUrlCache.h"
@interface RootViewController ()
@end
@implementation RootViewController
```

```
- (void)viewDidLoad
{
    [super viewDidLoad];
    NSDictionary *localWebSourcesFiles = @{@"http://www.ifanr.com/res/css/message.css":@"message.css",
                                            @"http://www.ifanr.com/res/js/lib/jquery.js":@"jquery.js"};
    [CustomUrlCache setReplaceRequestFileWithLocalFile:localWebSourcesFiles];
    self.webView = [[AutoCacheWebView alloc] initWithFrame:CGRectMake(0, 64, 320, 504)];
    self.webView.delegate = self;
    self.webView.scalesPageToFit = YES;
    [self.view addSubview:self.webView];
    NSString *baseUrl = @"http://www.ifanr.com";
    NSString *url = @"/432516";
    [self.webView loadUrl:url baseUrl:baseUrl responseEncodingName:NSUTF8StringEncoding completeBlock:^(NSError *err) {
        UIAlertView *alert = [[UIAlertView alloc] initWithTitle:nil message:@"请求html完成" delegate:nil cancelButtonTitle:@"sure" otherButtonTitles:nil];
        [alert show];
    }];
}
```

（3）文件AutoCacheWebView.h的功能是实现页面的加载缓存功能，设置默认的请求超时时间为30秒。

（4）文件AutoCacheWebView.m的功能是调用文件文件CustomUrlCache.h和AutoCacheWebView.h，缓存指定URL地址网页中的数据。

本实例执行后的效果如图10-14所示。

图10-14 执行效果

10.12.3 范例技巧——总结UIWebView中主要的委托方法

- ❏ - (void)webViewDidStartLoad:(UIWebView *)webView：开始加载的时候执行该方法。
- ❏ - (void)webViewDidFinishLoad:(UIWebView *)webView：加载完成的时候执行该方法。
- ❏ - (void)webView:(UIWebView *)webView didFailLoadWithError:(NSError *)error：加载出错的时候执行该方法。

10.13 实现一个Web浏览器

范例10-13	使用UIWebView实现一个Web浏览器
源码路径	光盘\daima\第10章\10-13

10.13.1 范例说明

本实例的功能是打造一个Web浏览器的视图控制器，使用UIWebView实现一个具有搜索功能的浏览器。

10.13.2 具体实现

（1）文件WebBrowserViewController.m的功能是实现Web浏览器的视图控制器，实现一个具有搜索功能的浏览器，主要实现代码如下所示。

```
- (BOOL)textFieldShouldReturn:(UITextField *)textField
{
    [textField resignFirstResponder];
    
    NSString *URLString = textField.text;
    NSURL *URL          = [NSURL URLWithString:URLString];
    
    if (!URL.scheme) {
        //如果不是HTTP或HTTPS类型
        URL = [NSURL URLWithString:[NSString stringWithFormat:@"http://%@", URLString]];
```

```objc
    }
    if ([URLString containsString:@" "])
    {
        NSArray *queryArray    = [URLString componentsSeparatedByString:@" "];
        NSString *queryString  = [queryArray componentsJoinedByString:@"+"];

        URL = [NSURL URLWithString:[NSString stringWithFormat:@"http://google.com/search?q=%@", queryString]];
    }
    else if (![URLString containsString:@"."])
    {
        URL = [NSURL URLWithString:[NSString stringWithFormat:@"http://google.com/search?q=%@", URLString]];
    }
// 输入一个十进制数

    if (URL)
    {
        NSURLRequest *request = [NSURLRequest requestWithURL:URL];
        [self.webView loadRequest:request];
        self.newWebView = NO;
    }
    return NO;
}

- (void)textFieldDidBeginEditing:(UITextField *)textField
{
    //当用户选择开始输入时，会清除文本字段
    self.tempTextField = self.textField.text;
    self.textField.text = [NSString stringWithFormat:@""];
}

- (void)textFieldDidEndEditing:(UITextField *)textField
{
    //如果用户没有输入查询或网络地址，则该文本字段被重置为上一个字符串

    if ([self.textField.text isEqualToString:[NSString stringWithFormat:@""]])
    {
        self.textField.text = self.tempTextField;
    }
}

#pragma mark - UIWebViewDelegate

- (void)webViewDidStartLoad:(UIWebView *)webView
{
    self.frameCount++;
    [self updateButtonsAndTitle];

}

- (void)webViewDidFinishLoad:(UIWebView *)webView
{
    self.frameCount--;
    [self updateButtonsAndTitle];
    [self displayCurrentUrlHostInTextField];
}

- (void)webView:(UIWebView *)webView didFailLoadWithError:(NSError *)error
{
    if (error.code != -999)
    {
        UIAlertView *alert = [[UIAlertView alloc] initWithTitle:NSLocalizedString(@"Error", @"Error") message:[error localizedDescription] delegate:nil cancelButtonTitle:NSLocalizedString(@"OK", nil) otherButtonTitles:nil];

        [alert show];
    }
    [self updateButtonsAndTitle];
```

10.13 实现一个 Web 浏览器

```objc
        self.frameCount--;
    [self.activityIndicator stopAnimating];
    [self updateButtonsAndTitle];
    [self displayCurrentUrlHostInTextField];
}

- (void)resetWebView
{
    [self.webView removeFromSuperview];
    self.newWebView = YES;
    UIWebView *newWebView = [[UIWebView alloc] init];
    newWebView.delegate = self;
    [self.view addSubview:newWebView];
    self.webView = newWebView;
    [self.view bringSubviewToFront:self.awesomeToolBar];
    [self addButtonTargets];
    [self.activityIndicator stopAnimating];
    self.textField.text = nil;
    [self updateButtonsAndTitle];
}
#pragma mark - AwesomeFloatingToolbarDelegate
- (void)floatingToolbar:(AwesomeFloatingToolbar *)toolbar didTryToPanWithOffset:
(CGPoint)offset
{
    CGPoint startingPoint = toolbar.frame.origin;
    CGPoint newPoint = CGPointMake(startingPoint.x + offset.x, startingPoint.y +
offset.y);
    
    CGRect potentialNewFrame = CGRectMake(newPoint.x, newPoint.y, CGRectGetWidth
(toolbar.frame), CGRectGetHeight(toolbar.frame));
    
    if (CGRectContainsRect(self.view.bounds, potentialNewFrame))
    {
        toolbar.frame = potentialNewFrame;
    }
}

- (void)floatingToolbar:(AwesomeFloatingToolbar *)toolbar didTryToResizeWithScale:
(CGFloat)scale
{
    NSLog(@"Scale is %f", scale);
    
    if (toolbar.frame.size.width * scale < self.webView.bounds.size.width)
    {
    toolbar.transform = CGAffineTransformMakeScale(scale, scale);
    NSLog(@"toolbar.frame = %@", NSStringFromCGSize(toolbar.frame.size));
    }
}

#pragma mark - Miscellaneous
- (void)updateButtonsAndTitle
{
    NSString *webpageTitle = [self.webView
stringByEvaluatingJavaScriptFromString:@"document.title"];
    if (webpageTitle)
    {
        self.title = webpageTitle;
    }
    else
    {
        self.title = self.webView.request.URL.absoluteString;
    }
    if (self.frameCount > 0)
    {
        [self.activityIndicator startAnimating];
    }
    else
    {
```

```objc
        [self.activityIndicator stopAnimating];
    }

    [self.awesomeToolBar setEnabled:[self.webView canGoBack]
forButtonWithTitle:kWebBrowserBackString];
    [self.awesomeToolBar setEnabled:[self.webView canGoForward]
forButtonWithTitle:kWebBrowserForwardString];
    [self.awesomeToolBar setEnabled:((self.frameCount > 0) || self.activityIndicator.
isAnimating == YES) forButtonWithTitle:kWebBrowserStopString];
    [self.awesomeToolBar setEnabled:((self.webView.request.URL && self.frameCount ==
0) || (self.activityIndicator.isAnimating == NO && self.newWebView == NO))forButton-
WithTitle:kWebBrowserRefreshString];
}

- (void)addButtonTargets
{
    for (UIButton *currentButton in self.awesomeToolBar.buttons)
    {
        if ([currentButton.titleLabel.text isEqual:kWebBrowserBackString])
        {
            [currentButton addTarget:self.webView action:@selector(goBack)
forControlEvents:UIControlEventTouchUpInside];
        } else if ([currentButton.titleLabel.text isEqual:kWebBrowserForwardString])
        {
            [currentButton addTarget:self.webView action:@selector(goForward)
forControlEvents:UIControlEventTouchUpInside];
            [self displayCurrentUrlHostInTextField];
        } else if ([currentButton.titleLabel.text isEqual:kWebBrowserStopString])
        {
            [currentButton addTarget:self.webView action:@selector(stopLoading)
forControlEvents:UIControlEventTouchUpInside];
        } else if ([currentButton.titleLabel.text isEqual:kWebBrowserRefreshString])
        {
            [currentButton addTarget:self.webView action:@selector(reload)
forControlEvents:UIControlEventTouchUpInside];
        }
    }
}

- (void) displayCurrentUrlHostInTextField
{
    //从主机在文本字段中显示正确的URL
    NSString *textForTextField = [[NSString alloc] init];
    textForTextField = self.webView.request.URL.host;
    NSLog(@"Host before transformation: %@", textForTextField);
    textForTextField = [textForTextField stringByReplacingOccurrencesOfString:@"www."
withString:@""];
    textForTextField = [textForTextField stringByReplacingOccurrencesOfString:
@"http://" withString:@""];
    textForTextField = [textForTextField stringByReplacing-
OccurrencesOfString:@"https://" withString:@""];
    NSLog(@"Host after transformation: %@", textForTextField);
    if (![self.textField.text isEqualToString:textForTextField])
    {
        self.textField.text = textForTextField;
    }
}
@end
```

（2）文件AwesomeFloatingToolbar.m的功能是为Web浏览器设计工具栏，设置工具栏中的4个菜单标签。

本实例执行后的效果如图10-15所示。

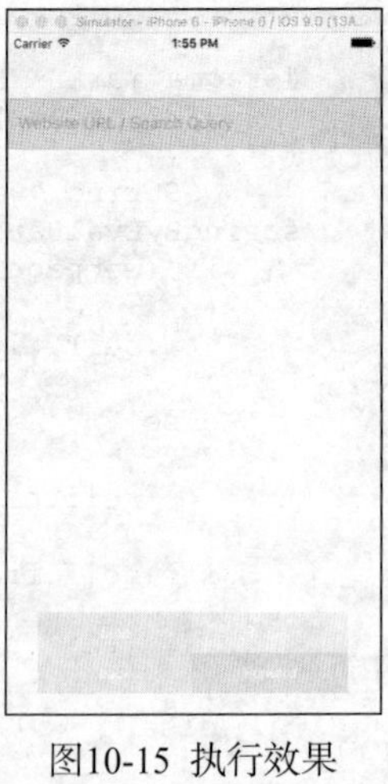

10.13.3 范例技巧——MIME在浏览器中的作用

MIME的英文全称是"Multipurpose Internet Mail Extensions"，意为多用途互联网邮件扩展，是一个互联网标准，最早应用于电子邮件系统，后来应

图10-15 执行效果

用到浏览器服务器，通过说明多媒体数据的MIME类型，告诉浏览器发送的多媒体数据的类型，从而让浏览器知道接收到的信息哪些是MP3文件，哪些是Shockwave文件等。服务器将MIME标志符放入传送的数据中，告诉浏览器使用哪种插件读取相关文件。MIME类型能包含视频、图像、文本、音频、应用程序等数据。

10.14 实现Cookie功能的登录系统（Swift版）

范例10-14	实现Cookie功能的登录系统
源码路径	光盘\daima\第10章\10-14

10.14.1 范例说明

在本实例中，首先在View里面放置一个WebView，系统会先连接到使用者账户。若用户没有登录，需要先登录系统，输入完账号和密码登入系统之后就可以正常浏览信息了。

10.14.2 具体实现

文件ViewController.swift实现视图控制器界面，设置登录站点是https://ecvip.pchome.com.tw，具体实现代码如下所示。

```swift
import UIKit
class ViewController: UIViewController, UIWebViewDelegate, NSURLConnectionDelegate
{
    var webView: UIWebView?
    var _authenticated:Bool = false
    var _urlConnection:NSURLConnection?
    var _request:NSMutableURLRequest?
    let kUserDefaultsCookie = "kUserDefaultsCookie"
    var storage: NSHTTPCookieStorage = NSHTTPCookieStorage.sharedHTTPCookieStorage()
    let memberUrl = NSURL(string: "https://ecvip.pchome.com.tw")!
    override func viewDidLoad() {
        super.viewDidLoad()
        self.webView = UIWebView(frame: self.view.bounds)
        self.webView!.scalesPageToFit = true
        self.webView!.delegate = self
        self.view.addSubview(self.webView!)
        self._request = NSMutableURLRequest(URL: memberUrl)
        resetRequestHeader()
        self.webView!.loadRequest(self._request!)
    }

    func saveCookiesToLocal() {
        let data = NSKeyedArchiver.archivedDataWithRootObject(storage.cookies!)
        NSUserDefaults.standardUserDefaults().setObject(data, forKey: self.kUserDefaultsCookie)
    }

    func reSaveToStorage() {
        let cookiesdata = NSUserDefaults.standardUserDefaults().objectForKey(self.kUserDefaultsCookie) as? NSData
        if let cookiesdata = cookiesdata {
            let cookies = NSKeyedUnarchiver.unarchiveObjectWithData(cookiesdata) as? [NSHTTPCookie]
            for cookie in cookies! {
                storage.setCookie(cookie)
            }
        }
    }
    func resetRequestHeader() {
        reSaveToStorage()
        let cookieHeaders = NSHTTPCookie.requestHeaderFieldsWithCookies(storage.cookies!)
        self._request!.allHTTPHeaderFields = cookieHeaders
```

```
    func webView(webView: UIWebView, shouldStartLoadWithRequest request: NSURLRequest,
navigationType: UIWebViewNavigationType) -> Bool {
        NSLog("Did start loading: %@ auth:%d", request.URL!.absoluteString, _authenticated)
        resetRequestHeader()
        if !_authenticated {
            _authenticated = false
            _urlConnection = NSURLConnection(request: self._request!, delegate: self)!
            _urlConnection!.start()
            return false
        }
        return true
    }
    func connection(connection: NSURLConnection, willSendRequest request: NSURLRequest,
redirectResponse response: NSURLResponse?) -> NSURLRequest? {
        NSLog("redirect %@", request.URL!.absoluteString)
        resetRequestHeader()
        return self._request
    }
    func connection(connection: NSURLConnection, didReceiveResponse response:
NSURLResponse) {
        NSLog("WebController received response via NSURLConnection")
        _authenticated = true
        _urlConnection!.cancel()
        resetRequestHeader()
        webView!.loadRequest(self._request!)
    }
    func webViewDidFinishLoad(webView: UIWebView) {
        NSLog("Did finish load")
    }
    func connection(connection: NSURLConnection, willSendRequestForAuthenticationChallenge
challenge: NSURLAuthenticationChallenge) {
        NSLog("WebController Got auth challange via NSURLConnection")
        if challenge.previousFailureCount == 0 {
            _authenticated = true
            let credential: NSURLCredential = NSURLCredential(forTrust:
challenge.protectionSpace.serverTrust!)
            challenge.sender!.useCredential(credential, forAuthenticationChallenge:
challenge)
        }
        else {
            challenge.sender!.cancelAuthenticationChallenge(challenge)
        }
        challenge.sender!.continueWithoutCredentialForAuthenticationChallenge(challenge)

    }
}
```

执行后在控制台中显示数据传输过程，如图10-16所示。

登录系统界面效果如图10-17所示。

图10-16 执行效果　　　　　　图10-17 登录系统界面效果

10.14.3 范例技巧——本实例的两个难点

在本实例中有几个问题需要克服。第一点，如果WebView预加载了一个https的网址，那么这个预设是被阻止的，需要特别设置的才可以解决；第二点，登录成功后生成的Cookie，在App再次启动时就会消失，需要再登录一次，这一点不够友善，需要在登入之后将Cookies存起来，App再次启动时再恢复。

10.15 加载指定的网页文件

范例10-15	加载指定的网页文件
源码路径	光盘\daima\第10章\10-15

10.15.1 范例说明

众所周知，UIWebView一直存在内存泄露的诟病，而iOS 8.0以后苹果推出的WKWebView有效解决了这个问题，但是它只支持8.0以上的版本，但是现在的App至少也得兼容到7.0。当在项目中需要大量加载Web页面时，可以通过本实例的方式对这两个加载WebView的控件进行封装后使用，在使用时完全不用考虑SDK版本问题，因为内部已经集成了版本判断，且使用方式十分简单。在本实例中，CDWebView会在当前运行的SDK支持WKWebView的情况下优先使用WK加载Web。

10.15.2 具体实现

（1）文件ViewController.m的功能是实现视图控制器界面，在界面中显示如下两个文本链接。
- 演示CDWebView的Web加载功能。
- 演示CDWebView的js-oc交互功能。

文件ViewController.m的具体实现代码如下所示。
```
#import "ViewController.h"
#import "WebLoadedViewController.h"
#import "JSAndOCViewController.h"
@interface ViewController ()
@end
@implementation ViewController
#pragma mark - view
- (void)viewDidLoad {
    [super viewDidLoad];
    self.title = @"Select  Function  Test";
    CGPoint center = self.view.center;
    UIButton *buttonOne = [[UIButton alloc] initWithFrame:CGRectMake(10.0, center.y - 100, self.view.bounds.size.width - 10*2.0, 35.0)];
    [buttonOne setTitle:@"演示CDWebView的web加载功能" forState:UIControlStateNormal];
    [buttonOne setTitleColor:[UIColor redColor] forState:UIControlStateNormal];
    buttonOne.tag = 1;
    [buttonOne addTarget:self action:@selector(buttonPressEvent:)
forControlEvents:UIControlEventTouchUpOutside | UIControlEventTouchUpInside];
    [self.view addSubview:buttonOne];

    UIButton *buttonTwo = [[UIButton alloc] initWithFrame:CGRectMake(10.0, center.y + 100, self.view.bounds.size.width - 10*2.0, 35.0)];
    [buttonTwo setTitle:@"演示CDWebView的js-oc交互功能" forState:UIControlStateNormal];
    [buttonTwo setTitleColor:[UIColor redColor] forState:UIControlStateNormal];
    buttonTwo.tag = 2;
    [buttonTwo addTarget:self action:@selector(buttonPressEvent:)
forControlEvents:UIControlEventTouchUpOutside | UIControlEventTouchUpInside];
    [self.view addSubview:buttonTwo];
}
```

```objectivec
- (void)buttonPressEvent:(UIButton *)button
{
    if (button.tag == 1) {
        WebLoadedViewController *webLoaded = [[WebLoadedViewController alloc] init];
        [self.navigationController pushViewController:webLoaded animated:YES];
    } else if (button.tag == 2) {
        JSAndOCViewController *jsAndOc = [[JSAndOCViewController alloc] init];
        [self.navigationController pushViewController:jsAndOc animated:YES];
    }
}

@end
```

（2）文件WebLoadedViewController.m是单击"演示CDWebView的web加载功能"后执行的文件，功能是加载显示指定网址（https://m.baidu.com）的网页。

（3）文件JSAndOCViewController.m是单击"演示CDWebView的js-oc交互功能"后执行的文件，功能是加载显示指定的网页文件"test.html"，实现基本的JS交互测试功能。

（4）测试文件test.html的具体实现代码如下所示。

```html
<!DOCTYPE html>
<html class="fullpage">
    <head lang="en">
        <meta charset="UTF-8">
    </head>
    <body>
        <button font="40px Arial" onclick="calledFunction()" >点击我可以调用你本地的oc代码哦</button>
<script>
    var SdkVersion = '9.0';   // 此变量的值是iOS客户端运行的sdk版本号,是客户端请求时必须附带过来的参数,在这里由于是加载的本地html,所以直接写的是我当前的测试机版本号9.0,(实际开发过程中应该是由我们请求带参数发到服务器的)
    function calledFunction()
    {
        if (SdkVersion >= 8.0) {

window.webkit.messageHandlers.TestJsCalledOCFunctionName.postMessage('WKWebView called !');
        } else {
            TestJsCalledOCFunctionName('UIWebView called !');
        }
    }

</script>
    </body>
</html>
```

本实例执行后的初始效果如图10-18所示。

单击"演示CDWebView的js-oc交互功能"后会显示一个网页按钮，效果如图10-19所示。

单击上面的网页按钮后会实现和JS的交互功能，在控制台中输出交互结果，如图10-20所示。

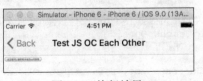
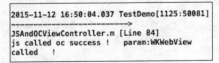

图10-18 执行效果 　　　　　　图10-19 执行效果 　　　　　　图10-20 执行效果

10.15.3 范例技巧——总结UIWebView的优点

（1）可跨平台。

开发一次可以部署iOS、Android等平台。

（2）发布更新快。

在服务器端发布，能够实时更新终端展示，便于快速升级以及紧急修复bug。

（3）排版布局能力强。

强大的HTML+CSS让人膜拜。

10.16 实现Objective-C和JS桥接功能

范例10-16	实现Objective-C和JS桥接功能
源码路径	光盘\daima\第10章\10-16

10.16.1 范例说明

本实例是一个苹果Mac桌面应用程序，实现Objective-C和JS的桥接功能。在网页文件ExampleApp.html中定义了多个JavaScript函数，然后加载到Objective-C程序进行测试。这是一个典型的Objective-C和JS加护解决方案，具有很强的借鉴意义。

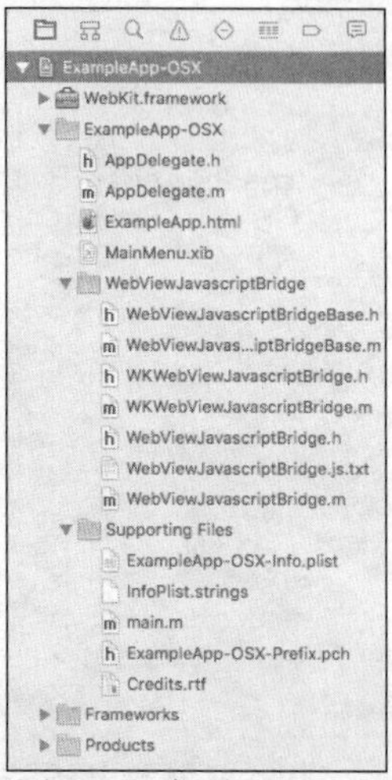

10.16.2 具体实现

（1）启动Xcode 7，本项目工程的最终目录结构如图10-21所示。

（2）在文件ExampleApp.html中定义了大量的JavaScript函数，具体实现代码如下所示。

图10-21 本项目工程的最终目录结构

```html
<!doctype html>
<html><head>
    <meta name="viewport" content="user-scalable=no, width=device-width, initial-scale=1.0, maximum-scale=1.0">
    <style type='text/css'>
        html { font-family:Helvetica; color:#222; }
        h1 { color:steelblue; font-size:24px; margin-top:24px; }
        button { margin:0 3px 10px; font-size:12px; }
        .logLine { border-bottom:1px solid #ccc; padding:4px 2px; font-family:courier; font-size:11px; }
    </style>
</head><body>
    <h1>WebViewJavascriptBridge Demo</h1>
    <script>
    window.onerror = function(err) {
        log('window.onerror: ' + err)
    }

    function connectWebViewJavascriptBridge(callback) {
        if (window.WebViewJavascriptBridge) {
            callback(WebViewJavascriptBridge)
        } else {
            document.addEventListener('WebViewJavascriptBridgeReady', function() {
                callback(WebViewJavascriptBridge)
            }, false)
        }
    }

    connectWebViewJavascriptBridge(function(bridge) {
        var uniqueId = 1
        function log(message, data) {
            var log = document.getElementById('log')
            var el = document.createElement('div')
            el.className = 'logLine'
            el.innerHTML = uniqueId++ + '. ' + message + ':<br/>' + JSON.stringify(data)
            if (log.children.length) { log.insertBefore(el, log.children[0]) }
            else { log.appendChild(el) }
```

```
        }

        bridge.init(function(message, responseCallback) {
            log('JS got a message', message)
            var data = { 'Javascript Responds':'Wee!' }
            log('JS responding with', data)
            responseCallback(data)
        })

        bridge.registerHandler('testJavascriptHandler', function(data,
responseCallback) {
            log('ObjC called testJavascriptHandler with', data)
            var responseData = { 'Javascript Says':'Right back atcha!' }
            log('JS responding with', responseData)
            responseCallback(responseData)
        })


        var button = document.getElementById('buttons').appendChild(document.
createElement('button'))
        button.innerHTML = 'Send message to ObjC html按钮 send'
        button.onclick = function(e) {


            e.preventDefault()
            var data = '123123'
            log('####', data)
            bridge.send(data, function(responseData) {
                log('JS got response', responseData)
            })
        }

        document.body.appendChild(document.createElement('br'))

        var callbackButton = document.getElementById('buttons').appendChild
(document.createElement('button'))
        callbackButton.innerHTML = 'Fire testObjcCallback html按钮 fire'
        callbackButton.onclick = function(e) {
            e.preventDefault()
            log('---JS calling handler "testObjcCallback"','data')
            bridge.callHandler('testObjcCallback', {'foo': 'bar'}, function(response) {
                log('****JS got response', response)
            })
        }
    })

    function aaa(){
        alert("asdf");
    }
    </script>
    <div id='buttons'></div> <div id='log'></div>
  <div><a href="javascript:;" onclick =
"window.nativeApis.InputInput2('111','2222');">ssss</a></div>
</body>
</html>
```

（3）文件WebViewJavascriptBridgeBase.m的功能是实现Objective-C和JS桥接功能，加载显示上述HTML测试文件。

本实例执行后的效果如图10-22所示。

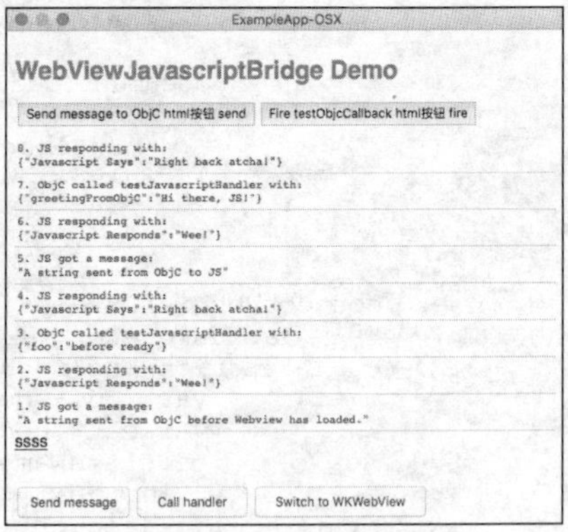

图10-22 执行效果

10.16.3 范例技巧——iOS中最常用的桥接开发

在iOS系统中，最常见的桥接开发是Objective-C和 Swift混编开发。Objective-C文件和 Swift文件可以在一个工程中并存，无论这个工程原本是基于Objective-C 还是Swift。可以直接向现有工程中添加另一种语言的源文件，这种创建混合语言的应用或框架target的方式与单独用一种语言时一样简单。混合语言的工作流程和单一语言的开发流程相比,仅有的区别在于开发者编写的是应用还是框架。图10-23所示描述了使用两种语言在一个target中导入模型的情况。

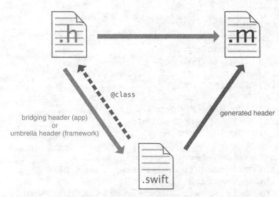

图10-23 使用两种语言在一个target中导入模型

10.17 实现微信样式的导航效果

范例10-17	实现微信样式的导航效果
源码路径	光盘\daima\第10章\10-17

10.17.1 范例说明

本实例的功能是实现类似微信的WebView样式的导航效果,包括进度条、左滑返回上个网页或者直接关闭等功能效果,就像UINavigationController的样式那样。

10.17.2 具体实现

(1)在"RxLabel"目录下定义微信样式导航条,接口文件RxLabel.h的具体实现代码如下所示。
```
#import <UIKit/UIKit.h>
@protocol RxLabelDelegate;
@interface RxLabel : UIView
@property id<RxLabelDelegate> delegate;
@property (nonatomic,copy)NSString* text;
@property (nonatomic,strong)UIColor* textColor;
@property (nonatomic) NSTextAlignment textAlignment;
@property (nonatomic,strong)UIFont* font;
@property (nonatomic)NSInteger linespacing;
@property (nonatomic)UIColor* linkButtonColor;
@property (nonatomic,copy)NSArray* customUrlArray;
-(void)sizeToFit;

+(CGFloat)heightForText:(NSString*)text width:(CGFloat)width font:(UIFont*)font linespacing:(CGFloat)linespacing;
+(void)filtUrlWithOriginText:(NSString*)originText urlArray:(NSMutableArray*)urlArray filteredText:(NSString**)filterText;
@end
@protocol RxLabelDelegate <NSObject>
-(void)RxLabel:(RxLabel*)label didDetectedTapLinkWithUrlStr:(NSString*)urlStr;
@end
```
(2)文件RxTextLinkTapView.h实现单击文本链接视图样式,具体实现代码如下所示。
```
#import <UIKit/UIKit.h>

typedef enum : NSUInteger {
```

```
        RxTextLinkTapViewTypeDefault,
        RxTextLinkTapViewTypeCustom
} RxTextLinkTapViewType;

@protocol RxTextLinkTapViewDelegate;

@interface RxTextLinkTapView : UIView
-(id)initWithFrame:(CGRect)frame urlStr:(NSString*)urlStr font:(UIFont*)font linespacing:(CGFloat)linespacing;
@property id<RxTextLinkTapViewDelegate> delegate;
@property (nonatomic) RxTextLinkTapViewType type;
@property (nonatomic)NSString* urlStr;
@property (nonatomic)BOOL highlighted;
@property (nonatomic)UIColor* tapColor;
@property (nonatomic)CGFloat linespacing;
@property (nonatomic)NSString* title;
@end
@protocol RxTextLinkTapViewDelegate <NSObject>
-(void)RxTextLinkTapView:(RxTextLinkTapView*)linkTapView didDetectTapWithUrlStr:(NSString*)urlStr;
-(void)RxTextLinkTapView:(RxTextLinkTapView*)linkTapView didBeginHighlightedWithUrlStr:(NSString*)urlStr;
-(void)RxTextLinkTapView:(RxTextLinkTapView*)linkTapView didEndHighlightedWithUrlStr:(NSString*)urlStr;
@end
```

（3）上面介绍的实例文件都是公用样式文件，直接将"RxWebViewController"文件夹拖进工程中即可使用。如果需要更进一步自定义WebWiew的导航效果，只需实现子类化即可。

在导航栏中出现的"返回"和"关闭"均会继承navigationController中对navigationBar的设置。例如在本实例中，编写文件ViewController.m调用上面的公用样式文件进行了测试，具体实现代码如下所示。

```
#import "ViewController.h"
#import "RxLabel.h"
#import "RxWebViewController.h"
#define UIColorFromHexRGB(rgbValue) [UIColor colorWithRed:((float)((rgbValue & 0xFF0000) >> 16))/255.0 green:((float)((rgbValue & 0xFF00) >> 8))/255.0 blue:((float)(rgbValue & 0xFF))/255.0 alpha:1.0]
@interface ViewController ()<RxLabelDelegate>
@property (strong, nonatomic) IBOutlet RxLabel *label;
- (IBAction)navigationStyleSegmentChanged:(id)sender;
@end
@implementation ViewController
- (void)viewDidLoad {
    [super viewDidLoad];
    self.title = @"RxWebViewController";
    self.label.delegate = self;
    self.label.text = @"长者，指年纪大、辈分高、德高望重的人。一般多用于对别人的尊称，也可用于自称。能被称为长者的人往往具有丰富的人生经验，可以帮助年轻人提高知识水平 http://github.com";
    self.label.customUrlArray = @[
                                  @{
                                      @"scheme":@"baidu",
                                      @"color":@0X459df5,
                                      @"title":@"百度"
                                      },
                                  @{
                                      @"scheme":@"github",
                                      @"color":@0X333333,
                                      @"title":@"Github"
                                      }
                                  ];

    self.navigationController.navigationBar.tintColor = [UIColor whiteColor];
    self.navigationController.navigationBar.barTintColor = UIColorFromHexRGB(0X151515);
    [self.navigationController.navigationBar setTitleTextAttributes:@{

NSForegroundColorAttributeName:[UIColor whiteColor]
                                                                     }];
```

```objc
    self.navigationItem.backBarButtonItem = [[UIBarButtonItem alloc] initWithTitle:@"
返回" style:UIBarButtonItemStylePlain target:nil action:nil];
}
-(void)RxLabel:(RxLabel *)label didDetectedTapLinkWithUrlStr:(NSString *)urlStr{
    RxWebViewController* webViewController = [[RxWebViewController alloc]
initWithUrl:[NSURL URLWithString:urlStr]];
    [self.navigationController pushViewController:webViewController animated:YES];
}
- (void)didReceiveMemoryWarning {
    [super didReceiveMemoryWarning];
}

- (IBAction)navigationStyleSegmentChanged:(id)sender {
    UISegmentedControl* seg = (UISegmentedControl*)sender;

    UIColor* tintColor;
    UIColor* barTintColor;
    switch (seg.selectedSegmentIndex) {
        case 0:
        {
            tintColor = [UIColor whiteColor];
            barTintColor = UIColorFromHexRGB(0X151515);
        }
            break;
        case 1:
        {
            tintColor = [UIColor redColor];
            barTintColor = [UIColor blueColor];
        }
            break;
        case 2:
        {
            tintColor = [UIColor whiteColor];
            barTintColor = UIColorFromHexRGB(0X4BAFF3);
        }
            break;

        default:
            break;
    }

    self.navigationController.navigationBar.tintColor = tintColor;
    self.navigationController.navigationBar.barTintColor = barTintColor;
    [self.navigationController.navigationBar setTitleTextAttributes:@{
    NSForegroundColorAttributeName:tintColor
    }];

}
@end
```

本实例执行后的效果如图10-24所示。

10.17.3 范例技巧——加载本地文本文件的通用方法

使用UIWebView加载本地文本文件的通用方法如下。

```objc
- (void)loadText
{
    NSString *path = [[NSBundle mainBundle]pathForResource:@"
关于.txt" ofType:nil];
    NSURL *url = [NSURL fileURLWithPath:path];

    NSLog(@"%@", [self mimeType:url]);
    NSData *data = [NSData dataWithContentsOfFile:path];
    [self.webView loadData:data MIMEType:@"text/plain"
textEncodingName:@"UTF-8" baseURL:nil];
}
```

图10-24 执行效果

10.18 实现和JavaScript的交互

范例10-18	实现和JavaScript的交互
源码路径	光盘\daima\第10章\10-18

10.18.1 范例说明

本实例的功能是实现和指定JavaScript程序的交互，在素材文件RedPacket.html中定义JavaScript函数来监听用户按下的文本区域。

10.18.2 具体实现

（1）预先准备HTML素材文件RedPacket.html，在里面定义JavaScript函数来监听用户按下的文本区域，具体实现代码如下所示。

```
<!DOCTYPE html>
<html>
<head>
<meta name="viewport" content="width=device-width,initial-scale=1,user-scalable=no,minimal-ui">
    <meta http-equiv="X-UA-Compatible" content="IE=edge,chrome=1">
    <meta name="apple-mobile-web-app-capable" content="yes">
    <meta name="format-detection" content="telephone=no">
    <meta name="robots" content="nofollow">
    <meta name="format-detection" content="telephone=no" /><!-- 禁止数字自动识别电话号码 -->
    <meta name="apple-mobile-web-app-capable" content="yes" />
    <meta name="full-screen" content="yes" />
    <meta name="x5-fullscreen" content="true" />
    <meta http-equiv="Content-Type" content="text/html; charset=utf-8">
        <title></title>
</head>
<body>

        <div id="a0"><span>关闭
</span><br><span>testcheme://</span><span>funcNameA</span><span>?</span><span>paraName</span></div>
        <div id="a1"><span>功能
1</span><br><span>testcheme://</span><span>funcNameA</span><span>/</span><span>paraName1</span><span>?</span><span>a=1</span></div>
        <div id="a2"><span>功能
2</span><br><span>testcheme://</span><span>funcNameB</span><span>/</span><span>paraName1</span><span>?</span><span>a=1&b=4</span></div>
        <div id="a3"><span>功能
3</span><br><span>testcheme://</span><span>funcNameB</span><span>/</span><span>paraName1</span><span>/</span><span>paraName2</span></div>
        <div id="a4"><span>功能
4</span><br><span>testchemeB://</span><span>funcNameB</span><span>?</span><span>name=ccc&arg=1356</span></div>
        <div id="as">结果</div>
<script type="text/javascript">
     var a = [];
     var as = document.getElementById('as');
     for(var i=0;i<5;i++){
         a[i] = document.getElementById('a'+i);
         events(a[i], i);
     }
     function events(a, i){
       //注册事件
       if (typeof addEventListener == 'undefined') {
```

```
                a.attachEvent('ontouchstart', mouseMove);
        } else {
                a.addEventListener('touchstart', mouseMove, false);
        }
        function mouseMove(){
                var spans = a.getElementsByTagName('span');
                var text = spans[0].innerText;
                var html = '';
                var len = spans.length;
                for(var i=1;i<len;i++){
                        html += spans[i].innerText;
                }
                        execute(html);
                as.innerHTML = '结果:按下（<font color="red">'+text+'</font>）<br>'+html;
        }
        }
        function execute(url){
                var iframe = document.createElement("IFRAME");
                iframe.setAttribute("src", url);
                document.documentElement.appendChild(iframe);
                iframe.parentNode.removeChild(iframe);
                iframe = null;
        }

        function funToShow(a, b){
                var html = '';
                for(var i=0;i<arguments.length;i++){
                        html += '参数'+(i+1)+':'+arguments[i]+'、';
                }
                as.innerHTML = '（手机端响应）结果: '+html;
                return 'funToReturnText:-----';
        }
</script>

</body>
</html>
```

图10-25 执行效果

（2）在视图控制器文件ViewController.m中加载显示上面的HTML文件，执行后的效果如图10-25所示。

10.18.3 范例技巧——总结UIWebViewDelegate的代理方法

```
// 网页开始加载的时候调用
- (void)webViewDidStartLoad:(UIWebView *)webView

// 网页加载完成的时候调用
- (void)webViewDidFinishLoad:(UIWebView *)webView

// 网页加载出错的时候调用
- (void)webView:(UIWebView *)webView didFailLoadWithError:(NSError *)error

// 网页中的每一个请求都会触发这个方法，返回NO代表不执行这个请求(常用于JS与iOS之间通信)
- (BOOL)webView:(UIWebView *)webView shouldStartLoadWithRequest:(NSURLRequest
*)request navigationType:(UIWebViewNavigationType)navigationType
```

10.19 浏览网页返回时显示"关闭"按钮

范例10-19	浏览网页返回时显示"关闭"按钮
源码路径	光盘\daima\第10章\10-19

10.19.1 范例说明

本实例的功能是，仿照微信在浏览网页返回时显示"关闭"按钮，设置默认显示的主页是

m.baidu.com。

10.19.2 具体实现

（1）视图控制器文件ViewController.m的功能是实现一个网页浏览器，默认主页是m.baidu.com，具体实现代码如下所示。

```objc
#define ScreenWidth     [UIScreen mainScreen].bounds.size.width
#define ScreenHeight    [UIScreen mainScreen].bounds.size.height
#import "ViewController.h"
#import "WebViewController.h"
@interface ViewController ()
@property (nonatomic, strong) UITextField * textView;
@property (nonatomic, strong) UIButton * submitBtn;
@end
@implementation ViewController
- (void)viewDidLoad {
    [super viewDidLoad];
    self.title = @"web浏览器";
    [self.view addSubview:self.textView];
    [self.view addSubview:self.submitBtn];
}
- (UITextField *)textView{
    if(!_textView){
        _textView = ({
            UITextField * textField = [[UITextField alloc]initWithFrame:CGRectMake(10, 100, ScreenWidth - 20, 40)];
            textField.placeholder = @"输入网址";
            textField.layer.borderColor = [UIColor colorWithWhite:0.797 alpha:1.000].CGColor;
            textField.layer.borderWidth = 0.5f;
            textField;
        });
    }
    return _textView;
}
- (UIButton *)submitBtn{
    if (!_submitBtn) {
        _submitBtn = ({
            UIButton * btn = [[UIButton alloc]initWithFrame:CGRectMake(ScreenWidth/2 -75, CGRectGetMaxY(self.textView.frame)+50, 150, 44)];
            btn.backgroundColor = [UIColor colorWithRed:0.226 green:0.780 blue:1.000 alpha:1.000];
            [btn setTitle:@"确定" forState:UIControlStateNormal];
            [btn addTarget:self action:@selector(clickedBtn:) forControlEvents:UIControlEventTouchUpInside];
            btn;
        });
    }
    return _submitBtn;
}
- (void)clickedBtn:(UIButton *)btn{
    NSString * url = self.textView.text;
    if(!url.length) url = @"m.baidu.com";
    
    if (![url hasPrefix:@"http://"]) {
        url = [NSString stringWithFormat:@"http://%@",url];
    }
    WebViewController * web = [[WebViewController alloc]init];
    web.url = url;
    web.title = @"web";
    [self.navigationController pushViewController:web animated:YES];
}
- (void)didReceiveMemoryWarning {
    [super didReceiveMemoryWarning];
```

```
    // Dispose of any resources that can be recreated.
}
@end
```
（2）文件WebViewController.m的功能是在返回浏览的上一页时显示关闭按钮。

本实例执行后的效果如图10-26所示。

图10-26 执行效果

10.19.3 范例技巧——UIWebView加载PDF文件的方法

```
NSString *path = [[NSBundle mainBundle]pathForResource:@"iOS6Cookbook.pdf"
ofType:nil];
    NSURL *url = [NSURL fileURLWithPath:path];
    NSLog(@"%@", [self mimeType:url]);
    // 以二进制数据的形式加载沙箱中的文件
    NSData *data = [NSData dataWithContentsOfFile:path];
    [self.webView loadData:data MIMEType:@"application/pdf" textEncodingName:@"UTF-8"
baseURL:nil];
```

第 11 章 地图定位应用实战

在当前智能手机系统应用中，地图导航已经成为了必不可少的功能之一。作为一款强大的智能设备系统，iOS也具备了地图导航功能。本章将通过几个典型实例的实现过程，详细介绍在iOS系统中使用地图服务的基本知识，为读者步入本书后面知识的学习打下基础。

11.1 定位显示当前的位置信息（Swift版）

范例11-1	定位显示当前的位置信息
源码路径	光盘\daima\第11章\11-1

11.1.1 范例说明

本实例的功能是定位显示当前的位置信息。视图控制器文件LocationViewController.swift的功能是，调用CLLocationManager获取当前的位置，通过函数updateUI及时更新UI视图界面，这样可以及时显示位置更新信息。

11.1.2 具体实现

视图控制器文件LocationViewController.swift的具体实现代码如下所示。

```swift
import UIKit
import CoreLocation
class LocationViewController: UIViewController, CLLocationManagerDelegate {
    // 对象
    @IBOutlet weak var statusMessageLabel: UILabel!
    @IBOutlet weak var latitudeLabel: UILabel!
    @IBOutlet weak var longitudeLabel: UILabel!
    @IBOutlet weak var addressLabel: UILabel!
    @IBOutlet weak var getMyLocationButton: UIButton!
    @IBOutlet weak var rememberButton: UIButton!
    // 动作
    @IBAction func rememberButtonPressed(sender: UIButton) {
    }
    @IBAction func getMyLocationButtonPressed(sender: UIButton) {
        let authStatus = CLLocationManager.authorizationStatus()
        
        if authStatus == .NotDetermined {
            locationManager.requestWhenInUseAuthorization()
            return
        } else if authStatus == .Denied || authStatus == .Restricted {
            showLocationServicesDeniedAlert()
            return
        }
        //位置更新
        if updatingLocation {
            stopLocationManager()
        } else {
            location = nil
```

11.1 定位显示当前的位置信息（Swift版）

```swift
            lastLocationError = nil
            placemark = nil
            lastGeocodingError = nil
            startLocationManager()
        }

        updateUI()
    }
    // 属性
    let locationManager = CLLocationManager()
    var location: CLLocation?
    var updatingLocation = false
    var lastLocationError: NSError?
    //可以执行地理编码的对象
    let geocoder = CLGeocoder()
    //对象的地址以及结果
    var placemark: CLPlacemark?
    var performingReverseGeocoding = false
    var lastGeocodingError: NSError?
    // 更新UI函数, 及时获取当前的地址信息
    func updateUI() {
        if let location = location {
            latitudeLabel.text = String(format: "%.8f", location.coordinate.latitude)
            longitudeLabel.text = String(format: "%.8f",
                location.coordinate.longitude)
            if updatingLocation {
                statusMessageLabel.text = "Getting more accurate coordinates..."
                addressLabel.text = ""
            } else {
                statusMessageLabel.text = ""
            }

            if let placemark = placemark {
                addressLabel.text = stringFromPlacemark(placemark)
                rememberButton.setTitle("Remember", forState: .Normal)
                rememberButton.hidden = false
            } else if performingReverseGeocoding {
                addressLabel.text = "Searching for Address..."
            } else if lastGeocodingError != nil {
                addressLabel.text = "Error Finding Address"
            } else if updatingLocation {
                addressLabel.text = "Waiting for accurate GPS coordinates"
            } else {
                addressLabel.text = "No Address Found"
            }
        } else {
            latitudeLabel.text = ""
            longitudeLabel.text = ""
            addressLabel.text = ""
            rememberButton.hidden = true
            var statusMessage = ""
            if let error = lastLocationError {
                if error.domain == kCLErrorDomain && error.code == CLError.Denied.
                rawValue {
                    statusMessage = "Location Services Disabled"
                }
            } else if !CLLocationManager.locationServicesEnabled() {
                statusMessage = "Location Services Disabled"
            } else if updatingLocation {
                statusMessage = "Searching..."
            } else {
                statusMessage = "Tap 'Get My Location' to Start"
            }
            statusMessageLabel.text = statusMessage
        }
        configureGetButton()
    }
//开始定位处理
```

```swift
    func startLocationManager() {
        if CLLocationManager.locationServicesEnabled() {
            locationManager.delegate = self
            locationManager.desiredAccuracy = kCLLocationAccuracyNearestTenMeters
            locationManager.startUpdatingLocation()
            updatingLocation = true
        }
    }
    //结束定位处理
    func stopLocationManager() {
        if updatingLocation {
            locationManager.stopUpdatingLocation()
            locationManager.delegate = nil
            updatingLocation = false
        }
    }

    func configureGetButton() {
        if updatingLocation {
            getMyLocationButton.setTitle("Stop", forState: .Normal)
        } else {
            getMyLocationButton.setTitle("Get My Location", forState: .Normal)
        }
    }

    func stringFromPlacemark(placemark: CLPlacemark) -> String {

        return "\(placemark.subThoroughfare) \(placemark.thoroughfare)\n" +
"\(placemark.locality) \(placemark.administrativeArea) " + "\(placemark.postalCode)"
    }
    override func viewDidLoad() {
        super.viewDidLoad()
        updateUI()
    }
    override func didReceiveMemoryWarning() {
        super.didReceiveMemoryWarning()
    }
    override func prepareForSegue(segue: UIStoryboardSegue, sender: AnyObject?) {
        if segue.identifier == "RememberLocation" {
            let navigationController = segue.destinationViewController as! UINavigationController
            let controller = navigationController.topViewController as! LocationDetailsTableViewController

            controller.coordinate = location!.coordinate
            controller.placemark = placemark
        }
    }
    func locationManager(manager: CLLocationManager, didFailWithError error: NSError) {

        print("didFailWithError \(error)")

        if error.code == CLError.LocationUnknown.rawValue {
            return
        }
        lastLocationError = error
        stopLocationManager()
        updateUI()
    }
    func locationManager(manager: CLLocationManager, didUpdateLocations locations:
[AnyObject]) {
        let newLocation = locations.last as! CLLocation
        print("didUpdateLocations \(newLocation)")
        //忽略缓存的位置
        if newLocation.timestamp.timeIntervalSinceNow < -5 {
            return
        }
        // 负数无效
```

11.1 定位显示当前的位置信息（Swift版）

```
        if newLocation.horizontalAccuracy < 0 {
            return
        }
        if location == nil || location!.horizontalAccuracy > newLocation.horizontalAccuracy {
            //清除以前的任何错误和更新UI
            lastLocationError = nil
            location = newLocation
            updateUI()
            //如果新的位置的精度等于或优于所需的精度，则停止定位
            if newLocation.horizontalAccuracy <= locationManager.desiredAccuracy {
                print("done")
                stopLocationManager()
                if !performingReverseGeocoding {
                    self.updateUI()
                    print("*** Going to geocode")
                    performingReverseGeocoding = true
                    geocoder.reverseGeocodeLocation(location!, completionHandler: {
                        placemarks, error in

                        print("*** Found placemarks: \(placemarks), error: \(error)")

                        self.performingReverseGeocoding = false
                        self.updateUI()
                    })
                }
                self.updateUI()
            }
        }
    }
    //位置服务权限
    func showLocationServicesDeniedAlert() {
        let alert = UIAlertController(title: "Location Services Disabled", message:
        "Please enable location services for this app in Settings", preferredStyle: .Alert)
        let okAction = UIAlertAction(title: "Ok", style: .Default, handler: nil)
        alert.addAction(okAction)
        presentViewController(alert, animated: true, completion: nil)
    }
}
```

本实例执行后的效果如图11-1所示，需要在真机中运行才会显示定位信息。

11.1.3 范例技巧——iOS实现位置监听功能的技术方案

根据设备的当前状态（在服务区、在大楼内等），可以使用如下3种技术之一。

（1）使用GPS定位系统，可以精确地定位当前所在的地理位置，但由于GPS接收机需要对准天空才能工作，因此在室内环境基本无用。

（2）找到自己所在位置的有效方法是使用手机基站，当手机开机时会与周围的基站保持联系，如果知道这些基站的身份，就可以使用各种数据库（包含基站的身份和它们的确切地理位置）计算出手机的物理位置。基站不需要卫星，和GPS不同，它对室内环境一样管用。但它没有GPS那样精确，它的精度取决于基站的密度，它在基站密集型区域的准确度最高。

图11-1 执行效果

（3）依赖Wi-Fi，当使用这种方法时，将设备连接到Wi-Fi网络，通过检查服务提供商的数据确定位置，它既不依赖卫星，也不依赖基站，因此这个方法对于可以连接到Wi-Fi网络的区域有效，但它的精确度也是这3种方法中最差的。

在上述技术中，GPS最为精准，如果有GPS硬件，Core Location将优先使用它。如果设备没有GPS硬件（如Wi-Fi iPad）或使用GPS获取当前位置时失败，Core Location将退而求其次，选择使用蜂窝或Wi-Fi。

11.2 在地图中定位当前的位置信息（Swift版）

范例11-2	在地图中定位当前的位置信息
源码路径	光盘\daima\第11章\11-2

11.2.1 范例说明

本实例的功能是在地图中定位当前的位置信息，在系统中设置两个视图界面，一个视图用于显示地图定位信息，另外一个视图界面的功能是用文字显示当前位置的详细位置信息。

11.2.2 具体实现

（1）视图控制器文件ViewController.swift的功能是调用MapKit在地图中定位当前位置，具体实现代码如下所示。

```swift
import UIKit
import MapKit
import CoreLocation
class ViewController: UIViewController, MKMapViewDelegate, CLLocationManagerDelegate {
    @IBOutlet weak var map: MKMapView!
    var locationManager = CLLocationManager()
    override func viewDidLoad() {
        super.viewDidLoad()
        map.showsUserLocation = true
        locationManager.delegate = self
        locationManager.desiredAccuracy = kCLLocationAccuracyBest
        locationManager.requestWhenInUseAuthorization()
        locationManager.startUpdatingLocation()
        let latitude: CLLocationDegrees = 42.569186
        let longitude: CLLocationDegrees = -83.251906
        let longDelta: CLLocationDegrees = 0.01
        let latDelta: CLLocationDegrees = 0.01
        let span: MKCoordinateSpan = MKCoordinateSpanMake(latDelta, longDelta)
        let location: CLLocationCoordinate2D = CLLocationCoordinate2DMake(latitude, longitude)
        let region: MKCoordinateRegion = MKCoordinateRegionMake(location, span)
        map.setRegion(region, animated: true)
        let annotation = MKPointAnnotation()
        annotation.coordinate = location
        annotation.title = "My School"
        annotation.subtitle = "A Test"
        map.addAnnotation(annotation)
        let uilpgr = UILongPressGestureRecognizer(target: self, action: "action:")
        uilpgr.minimumPressDuration = 2
        map.addGestureRecognizer(uilpgr)
    }
    func locationManager(manager: CLLocationManager, didUpdateLocations locations: [AnyObject]) {
        print(locations)
        let userLocation: CLLocation = locations[0] as! CLLocation
        let latitude = userLocation.coordinate.latitude
        let longitude = userLocation.coordinate.longitude
        let longDelta: CLLocationDegrees = 0.01
        let latDelta: CLLocationDegrees = 0.01
        
        let span: MKCoordinateSpan = MKCoordinateSpanMake(latDelta, longDelta)
        let location: CLLocationCoordinate2D = CLLocationCoordinate2DMake(latitude, longitude)
        let region: MKCoordinateRegion = MKCoordinateRegionMake(location, span)
        self.map.setRegion(region, animated: true)
    }
```

```
    func action(gestureRecognizer: UIGestureRecognizer) {
        print("longPress Detected")
        let touchPoint = gestureRecognizer.locationInView(self.map)
        let newCorrdinate: CLLocationCoordinate2D = map.convertPoint(touchPoint, toCoordinateFromView: self.map)
        let annotation = MKPointAnnotation()
        annotation.coordinate = newCorrdinate
        annotation.title = "New Pin"
        annotation.subtitle = "I like this place"
        map.addAnnotation(annotation)
    }
    override func didReceiveMemoryWarning() {
        super.didReceiveMemoryWarning()
    }
}
```

（2）文件LocationViewController.swift的功能是调用CoreLocation以文字显示当前的位置信息，包括纬度、经度、速度、高度和最近的地址。

本实例执行后的效果如图11-2所示，文字位置信息界面如图11-3所示。

图11-2 地图定位信息

图11-3 文字信息

11.2.3 范例技巧——实现定位功能需要的类

想得到定位点的信息，需要涉及如下几个类。

- CLLocationManager。
- CLLocation。
- CLLocationManagerdelegate协议。
- CLLocationCoodinate2D。
- CLLocationDegrees。

11.3 创建一个支持定位的应用程序（Swift版）

范例11-3	创建一个支持定位的应用程序
源码路径	光盘\daima\第11章\11-3

11.3.1 范例说明

本实例的功能是，得到当前位置到Apple总部的距离。在创建该应用程序时，将分两步进行：首先使用Core Location指出当前位置离Apple总部有多少英里；然后，使用设备指南针显示一个箭头，在用户偏离轨道时指明正确方向。在具体实现时，先创建一个位置管理器实例，并使用其方法计算当前位置离Apple总部有多远。在计算距离期间，将显示一条消息，让用户耐心等待。如果用户位于Apple总部，程序将表示祝贺，否则以英里为单位显示离Apple总部有多远。

11.3.2 具体实现

方法locationManager:didUpdateToLocation:fromLocation能够计算离Apple总部有多远，这需要使用CLLocation的另一个功能。在此无需编写根据经度和纬度计算距离的代码，可以使用distanceFromLocation计算两个CLLocation之间的距离。在locationManager:didUpdateLocation:fromLocation的实现中，将创建一个表示Apple总部的CLLocation实例，并将其与从Core Location获得的CLLocation实例进行比较，以获得以米为单位表示的距离，然后将米转换为英里。如果距离超过3英里（1英里 = 1609.34千米），则显示它，并使用NSNumberFormatter在超过1000英里的距离中添加逗号；如果小于3英里，则停止位置更新，并输出祝贺用户信息"欢迎你成为我们的一员"。方法locationManager:didUpdateLocation:fromLocation的完整实现代码如下所示。

```
- (void)locationManager:(CLLocationManager *)manager
    didUpdateToLocation:(CLLocation *)newLocation
           fromLocation:(CLLocation *)oldLocation {

    if (newLocation.horizontalAccuracy >= 0) {
        CLLocation *Cupertino = [[CLLocation alloc]
                                  initWithLatitude:kCupertinoLatitude
                                         longitude:kCupertinoLongitude];
        CLLocationDistance delta = [Cupertino
                                    distanceFromLocation:newLocation];
        long miles = (delta * 0.000621371) + 0.5; // meters to rounded miles
        if (miles < 3) {
            // Stop updating the location
            [self.locMan stopUpdatingLocation];
            // Congratulate the user
            self.distanceLabel.text = @"欢迎你\n成为我们的一员!";
        } else {
            NSNumberFormatter *commaDelimited = [[NSNumberFormatter alloc]
                                                  init];
            [commaDelimited setNumberStyle:NSNumberFormatterDecimalStyle];
            self.distanceLabel.text = [NSString stringWithFormat:
                                       @"%@ 英里\n到Apple",
                                       [commaDelimited stringFromNumber:
                                        [NSNumber numberWithLong:miles]]];
        }
        self.waitView.hidden = YES;
        self.distanceView.hidden = NO;
    }
}
```

可以在应用程序运行时设置模拟的位置。为此，启动应用程序，在菜单栏中单击View→Debug Area→Show Debug Area命令（或在Xcode工具栏的"View"部分，单击中间的按钮），将在调试区域顶部看到标准的iOS"位置"图标，单击它并选择众多的预置位置之一。

另一种方法是，在iOS模拟器的菜单栏中单击Debug→Location命令，这让您能够轻松地指定经度和纬度，以便进行测试。请注意，要让应用程序使用当前位置，必须设置位置，否则当单击"OK"按钮时，它将指出无法获取位置。如果犯了这种错，可在Xcode中停止执行应用程序，将应用程序从iOS模拟器中卸载，然后再次运行它。这样它将再次提示输入位置信息。

本实例执行后的效果如图11-4所示。

图11-4 执行效果

11.3.3 范例技巧——规划变量和连接

在本实例中，ViewController将充当位置管理器委托，接收位置更新，并更新用户界面以指出当前位置。在这个视图控制器中，需要一个实例变量/属性（但不需要相应的输出口），它指向位置管理器实例。把这个属性命名为locMan。在本实例的界面中，需要一个标签（distanceLabel）和两个子视图（distanceView和waitView）。其中标签将显示到Apple总部的距离；子视图包含标签distanceLabel，仅当获取了当前位置并计算出距离后才显示；而子视图waitView将在iOS设备获取航向时显示。

11.4 定位当前的位置信息

范例11-4	定位当前的位置信息
源码路径	光盘\daima\第11章\11-4

11.4.1 范例说明

本实例的功能是定位当前的位置信息。在文件MMLocationManager.m中使用MapView实现定位功能，获取当前位置的坐标和地址信息，可以精确地获取街道信息。在视图控制器文件TestViewController.m中，设置4个按钮分别获取当前所在的城市、坐标、地址或获取所有信息。

11.4.2 具体实现

编写文件MMLocationManager.h定义定位接口，具体实现代码如下所示。

```
#import <Foundation/Foundation.h>
#import <MapKit/MapKit.h>
#define  MMLastLongitude  @"MMLastLongitude"
#define  MMLastLatitude   @"MMLastLatitude"
#define  MMLastCity       @"MMLastCity"
#define  MMLastAddress    @"MMLastAddress"
typedef void (^LocationBlock)(CLLocationCoordinate2D locationCorrrdinate);
typedef void (^LocationErrorBlock) (NSError *error);
typedef void (^NSStringBlock)(NSString *cityString);
typedef void (^NSStringBlock)(NSString *addressString);
@interface MMLocationManager : NSObject<MKMapViewDelegate>
@property(nonatomic,strong) MKMapView *mapView;
@property (nonatomic) CLLocationCoordinate2D lastCoordinate;
@property(nonatomic,strong)NSString *lastCity;
@property (nonatomic,strong) NSString *lastAddress;
@property(nonatomic,assign)float latitude;
@property(nonatomic,assign)float longitude;

+ (MMLocationManager *)shareLocation;

/**
 *  获取坐标
 *  @param locaiontBlock locaiontBlock description
 */
- (void) getLocationCoordinate:(LocationBlock) locaiontBlock ;
/**
 *  获取坐标和地址
 *  @param locaiontBlock locaiontBlock description
 *  @param addressBlock  addressBlock description */
- (void) getLocationCoordinate:(LocationBlock) locaiontBlock
 withAddress:(NSStringBlock) addressBlock;

/**
 *  获取地址
 *  @param addressBlock addressBlock description
```

```
 */
- (void) getAddress:(NSStringBlock)addressBlock;
/**
 * 获取城市
 *
 * @param cityBlock cityBlock description
 */
- (void) getCity:(NSStringBlock)cityBlock;

/**
 * 获取城市和定位失败
 *
 * @param cityBlock   cityBlock description
 * @param errorBlock errorBlock description
 */
- (void) getCity:(NSStringBlock)cityBlock
error:(LocationErrorBlock) errorBlock;
@end
```
本实例执行后的效果如图11-5所示。

图11-5 执行效果

11.4.3 范例技巧——总结实现位置定位的基本流程

（1）先实例化一个CLLocationManager，同时设置委托及精确度等，代码如下所示。
```
CCLocationManager *manager = [[CLLocationManager alloc] init];//初始化定位器
[manager setDelegate: self];//设置代理
[manager setDesiredAccuracy: kCLLocationAccuracyBest];//设置精确度
```
其中desiredAccuracy属性表示精确度，有下表所示的5种选择。

表 desiredAccuracy属性

desiredAccuracy属性	描述
kCLLocationAccuracyBest	精确度最佳
kCLLocationAccuracynearestTenMeters	精确度在10m以内
kCLLocationAccuracyHundredMeters	精确度在100m以内
kCLLocationAccuracyKilometer	精确度在1000m以内
kCLLocationAccuracyThreeKilometers	精确度在3000m以内

NOTE 的精确度越高，用点越多，这要根据实际情况而定，代码如下所示。
```
manager.distanceFilter = 250;//表示在地图上每隔250m才更新一次定位信息
[manager startUpdateLocation];//用于启动定位器，如果不用的时候就必须调用stopUpdateLocation
//以关闭定位功能
```

（2）在CCLocation对象中包含着定点的相关信息数据。其属性主要包括coordinate、altitude、horizontalAccuracy、verticalAccuracy、timestamp等，具体说如下所示。

❑ coordinate 用来存储地理位置的latitude和longitude,分别表示纬度和经度，都是float类型。例如可以使用如下代码。
```
float latitude = location.coordinat.latitude;
```
❑ location：是CCLocation的实例。上面提到的CLLocationDegrees，其实是一个double类型，在core Location框架中用来储存CLLocationCoordinate2D实例coordinate的latitude 和longitude，代码如下所示。
```
typedef double CLLocationDegrees;
typedef struct
  {CLLocationDegrees latitude;
  CLLocationDegrees longitude}  CLLocationCoordinate2D;
```
❑ altitude：表示位置的海拔高度，这个值是极不准确的。

❑ horizontalAccuracy：表示水平准确度，是以coordinate为圆心的半径，返回的值越小，证明准确度越好，如果是负数，则表示core location定位失败。

11.4 定位当前的位置信息

- verticalAccuracy：表示垂直准确度，它的返回值与altitude相关，所以不准确。
- Timestamp：返回的是定位时的时间，是NSDate类型。

（3）CLLocationMangerDelegate协议。

我们只需实现两个方法就可以了，例如下面的代码。

```
- (void)locationManager:(CLLocationManager *)manager
didUpdateToLocation:(CLLocation *)newLocation
   fromLocation:(CLLocation *)oldLocation ;
- (void)locationManager:(CLLocationManager *)manager
   didFailWithError:(NSError *)error;
```

上面第一个是定位时调用，后者是定位出错时调用。

（4）现在可以去实现定位了。假设新建一个view-based application模板的工程，项目名称为coreLocation。在controller的头文件和源文件中，.h文件的代码如下所示。

```
#import <UIKit/UIKit.h>
#import <CoreLocation/CoreLocation.h>
@interface CoreLocationViewController : UIViewController
<CLLocationManagerDelegate>{
 CLLocationManager *locManager;
}
@property (nonatomic, retain) CLLocationManager *locManager;
@end
```

.m文件的代码如下所示。

```
#import "CoreLocationViewController.h"
@implementation CoreLocationViewController
@synthesize locManager;
// Implement viewDidLoad to do additional setup after loading the view, typically from a nib.
- (void)viewDidLoad {
locManager = [[CLLocationManager alloc] init];
locManager.delegate = self;
locManager.desiredAccuracy = kCLLocationAccuracyBest;
[locManager startUpdatingLocation];
    [super viewDidLoad];
}
- (void)didReceiveMemoryWarning {
// Releases the view if it doesn't have a superview.
    [super didReceiveMemoryWarning];

// Release any cached data, images, etc that aren't in use.
}
- (void)viewDidUnload {
// Release any retained subviews of the main view.
// e.g. self.myOutlet = nil;
}
- (void)dealloc {
[locManager stopUpdatingLocation];
[locManager release];
[textView release];
    [super dealloc];
}
#pragma mark -
#pragma mark CoreLocation Delegate Methods

- (void)locationManager:(CLLocationManager *)manager
didUpdateToLocation:(CLLocation *)newLocation
    fromLocation:(CLLocation *)oldLocation {
CLLocationCoordinate2D locat = [newLocation coordinate];
float lattitude = locat.latitude;
float longitude = locat.longitude;
float horizon = newLocation.horizontalAccuracy;
float vertical = newLocation.verticalAccuracy;
NSString *strShow = [[NSString alloc] initWithFormat:
@"currentpos：经度=%f 纬度=%f 水平准确度=%f 垂直准确度=%f ",
lattitude, longitude, horizon, vertical];
UIAlertView *show = [[UIAlertView alloc] initWithTitle:@"coreLoacation"
```

```
                    message:strShow delegate:nil cancelButtonTitle:@"i got it"
                    otherButtonTitles:nil];
    [show show];
    [show release];
}
- (void)locationManager:(CLLocationManager *)manager
    didFailWithError:(NSError *)error{

NSString *errorMessage;
if ([error code] == kCLErrorDenied){
            errorMessage = @"你的访问被拒绝";}
if ([error code] == kCLErrorLocationUnknown) {
            errorMessage = @"无法定位到你的位置!";}
UIAlertView *alert = [[UIAlertView alloc]
        initWithTitle:nil  message:errorMessage
     delegate:self  cancelButtonTitle:@"确定"  otherButtonTitles:nil];
[alert show];
[alert release];
}
@end
```

通过上述流程，就实现了简单的定位处理。

11.5 在地图中绘制导航线路

范例11-5	在地图中绘制导航线路
源码路径	光盘\daima\第11章\11-5

11.5.1 范例说明

本实例的功能是在地图中绘制导航线路，在屏幕上方插入文本"serch"，在下方插入MapView控件来显示地图。在视图控制器文件ViewController.m中，使用当前位置作为出发点在地图中绘制导航路线。用户可自行修改为固定经纬度的出发点，请注意本项目需要真机调试。

11.5.2 具体实现

文件ViewController.m的具体实现代码如下所示。

```
#import "ViewController.h"
#import <MapKit/MapKit.h>
@interface ViewController ()
{
    CLLocationCoordinate2D _coordinate;
}
@property (weak, nonatomic) IBOutlet MKMapView *mapView;
@end
@implementation ViewController
- (void)viewDidLoad
{
    [super viewDidLoad];
    self.mapView.showsUserLocation = YES;
}
- (void)didReceiveMemoryWarning
{
    [super didReceiveMemoryWarning];
}
- (IBAction)goSearch {
    CLLocationCoordinate2D fromCoordinate = _coordinate;
    CLLocationCoordinate2D toCoordinate   = CLLocationCoordinate2DMake(32.010241,
                                                                118.719635);
    MKPlacemark *fromPlacemark = [[MKPlacemark alloc] initWithCoordinate:fromCoordinate
                                               addressDictionary:nil];
    MKPlacemark *toPlacemark   = [[MKPlacemark alloc] initWithCoordinate:toCoordinate
                                               addressDictionary:nil];
```

```objc
    MKMapItem *fromItem = [[MKMapItem alloc] initWithPlacemark:fromPlacemark];
    MKMapItem *toItem   = [[MKMapItem alloc] initWithPlacemark:toPlacemark];

    [self findDirectionsFrom:fromItem
                          to:toItem];
}

#pragma mark - Private

- (void)findDirectionsFrom:(MKMapItem *)source
                        to:(MKMapItem *)destination
{
    MKDirectionsRequest *request = [[MKDirectionsRequest alloc] init];
    request.source = source;
    request.destination = destination;
    request.requestsAlternateRoutes = YES;

    MKDirections *directions = [[MKDirections alloc] initWithRequest:request];

    [directions calculateDirectionsWithCompletionHandler:
     ^(MKDirectionsResponse *response, NSError *error) {

         if (error) {

             NSLog(@"error:%@", error);
         }
         else {

             MKRoute *route = response.routes[0];

             [self.mapView addOverlay:route.polyline];
         }
     }];
}

#pragma mark - MKMapViewDelegate

- (MKOverlayRenderer *)mapView:(MKMapView *)mapView
            rendererForOverlay:(id<MKOverlay>)overlay
{
    MKPolylineRenderer *renderer = [[MKPolylineRenderer alloc] initWithOverlay:overlay];
    renderer.lineWidth = 5.0;
    renderer.strokeColor = [UIColor purpleColor];
    return renderer;
}

- (void)mapView:(MKMapView *)mapView didUpdateUserLocation:(MKUserLocation *)userLocation
{
    _coordinate.latitude = userLocation.location.coordinate.latitude;
    _coordinate.longitude = userLocation.location.coordinate.longitude;

    [self setMapRegionWithCoordinate:_coordinate];
}

- (void)setMapRegionWithCoordinate:(CLLocationCoordinate2D) coordinate
{
    MKCoordinateRegion region;

    region = MKCoordinateRegionMake(coordinate, MKCoordinateSpanMake(.1, .1));
    MKCoordinateRegion adjustedRegion = [_mapView regionThatFits:region];
    [_mapView setRegion:adjustedRegion animated:YES];
}
@end
```

本实例执行后可看到效果。

11.5.3 范例技巧——Map Kit的作用

通过使用Map Kit，可以将地图嵌入到视图中，并提供显示该地图所需的所有图块（图像）。它在需要时处理滚动、缩放和图块加载。Map Kit还能执行反向地理编码（reverse geocoding），即根据坐标获取位置信息（国家、州、城市、地址）。Map Kit图块（map tile）来自Google Maps/Google Earth API，虽然不能直接调用该API，但Map Kit代表您进行这些调用，因此使用Map Kit的地图数据时，我们和我们的应用程序必须遵守Google Maps/Google Earth API服务条款。

11.6 实现一个轨迹记录仪（Swift版）

范例11-6	实现一个轨迹记录仪
源码路径	光盘\daima\第11章\11-6

11.6.1 范例说明

本实例的功能是实现一个轨迹记录仪，在主视图界面中设置3个按钮，单击按钮后会分别来到对应的子视图界面，通过子视图界面可以显示轨迹信息和位置定位信息。其中文件RunDetailViewController.swift的功能是，实现子视图"Run Detail View Controller"界面控制器。文件IBMulticolorPolylineSegment.swift的功能是用不同线条表示运行速度。

11.6.2 具体实现

（1）启动Xcode 7，然后单击"Creat a new Xcode project"新建一个iOS工程。本项目工程的最终目录结构如图11-6所示。

（2）打开故事板文件Main.storyboard，在里面设置主视图和子视图，其中在主视图中设置3个按钮，如图11-7所示。

图11-6 本项目工程的最终目录结构

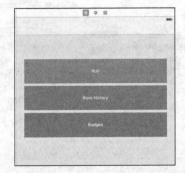

图11-7 故事板中的主视图界面

（3）子视图"New Run View Controller"的设计界面如图11-8所示。
（4）子视图"Run Detail View Controller"的设计界面如图11-9所示。

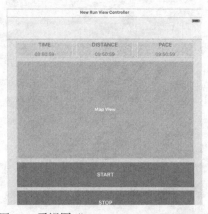

图11-8 子视图"New Run View Controller"的设计界面

图11-9 子视图"Run Detail View Controller"的设计界面

（5）子视图"Table View Controller"的设计界面如图11-10所示。

（6）在"Model"目录下，文件Run+CoreDataProperties.swift的功能是定义Run的属性变量，具体实现代码如下所示。

```
import Foundation
import CoreData
extension Run {
    @NSManaged var distance: NSNumber?
    @NSManaged var duration: NSNumber?
    @NSManaged var timestamp: NSDate?
    @NSManaged var locations: NSOrderedSet?
}
```

（7）文件Location+CoreDataProperties.swift的功能是定义和定位相关的属性变量，具体实现代码如下所示。

```
import Foundation
import CoreData
extension Location {
    @NSManaged var latitude: NSNumber?
    @NSManaged var longitude: NSNumber?
    @NSManaged var timestamp: NSDate?
    @NSManaged var run: Run?
}
```

图11-10 子视图"Table View Controller"的设计界面

（8）在"Controller"目录下，文件IBHomeViewController.swift的功能是实现主视图界面控制器，具体实现代码如下所示。

```
import UIKit
import CoreData
class IBHomeViewController: UIViewController {
    var managedObjectContext : NSManagedObjectContext?
    override func prepareForSegue(segue: UIStoryboardSegue, sender: AnyObject?) {
        if segue.destinationViewController.isKindOfClass(IBNewRunViewController) {
            if let newRunVC = segue.destinationViewController as? IBNewRunViewController {
                newRunVC.managedObjectContext = managedObjectContext
            }
        }
    }
}
```

（9）文件NewRunViewController.swift的功能是实现子视图"New Run View Controller"界面控制器，具体实现代码如下所示。

```
import UIKit
import CoreData
import CoreLocation
import HealthKit
import MapKit
```

```swift
class IBNewRunViewController: UIViewController {
    var managedObjectContext : NSManagedObjectContext?
    var run:Run!
    
    @IBOutlet weak var timeLabel: UILabel!
    @IBOutlet weak var distanceLabel: UILabel!
    @IBOutlet weak var paceLabel: UILabel!
    
    @IBOutlet weak var startButton: UIButton!
    @IBOutlet weak var stopButton: UIButton!
    
    @IBOutlet weak var mapView: MKMapView!
    
    var seconds = 0.0
    var distance = 0.0
    
    lazy var locationManager : CLLocationManager = {
        var _locationManager = CLLocationManager()
        _locationManager.delegate = self
        _locationManager.desiredAccuracy = kCLLocationAccuracyBest
        _locationManager.activityType = .Fitness
        _locationManager.distanceFilter = 10.0
        return _locationManager
    }()
    lazy var locations = [CLLocation]()
    lazy var timer = NSTimer()
    override func viewDidLoad() {
        super.viewDidLoad()
        initUI()
    }
    func initUI()
    {
        timeLabel.text = "00:00:00"
        distanceLabel.text = "--"
        paceLabel.text = "--"
    }
    override func didReceiveMemoryWarning() {
        super.didReceiveMemoryWarning()
    }
    override func viewWillAppear(animated: Bool) {
        super.viewWillAppear(animated)
        switchButtonsWithStartState(true)
        locationManager.requestAlwaysAuthorization()
    }
    override func viewWillDisappear(animated: Bool) {
        super.viewWillDisappear(animated)
        timer.invalidate()
    }
    @IBAction func startAction(sender: UIButton)
    {
        switchButtonsWithStartState(false)
        seconds = 0.0
        distance = 0.0
        locations.removeAll(keepCapacity: false)
        timer = NSTimer.scheduledTimerWithTimeInterval(1, target: self, selector: "eachSecond:", userInfo: nil, repeats: true)
        startLocation()
    }
    @IBAction func stopAction(sender: UIButton)
    {
        let actionSheetController = UIAlertController (title: "Run Stopped", message: "", preferredStyle: UIAlertControllerStyle.ActionSheet)
        
        //添加"取消"动作
        actionSheetController.addAction(UIAlertAction(title: "Cancel", style: UIAlertActionStyle.Cancel, handler: nil))
        //添加"保存"动作
        actionSheetController.addAction(UIAlertAction(title: "Save", style:
```

```swift
UIAlertActionStyle.Default, handler: { (actionSheetController) -> Void in
        self.saveRun()
        self.performSegueWithIdentifier("ShowRunDetail", sender: nil)
    }))
    //添加"丢弃"动作
    actionSheetController.addAction(UIAlertAction(title: "Discard", style:
UIAlertActionStyle.Default, handler: { (actionSheetController) -> Void in
        self.stopLocation()
    }))
    presentViewController(actionSheetController, animated: true, completion: nil)
}
func switchButtonsWithStartState(start:Bool)
{
    if start
    {
        stopButton.enabled = false
        stopButton.alpha = 0.5
        startButton.enabled = true
        startButton.alpha = 1.0
    }else
    {
        stopButton.enabled = true
        stopButton.alpha = 1.0
        startButton.enabled = false
        startButton.alpha = 0.5
    }
}
// MARK: -位置处理程序
func startLocation() {
    locationManager.startUpdatingLocation()
}
func stopLocation() {
    locationManager.stopUpdatingLocation()
    seconds = 0.0
    distance = 0.0
    locations.removeAll(keepCapacity: false)
    timer.invalidate()
    switchButtonsWithStartState(true)
    mapView.removeOverlays(mapView.overlays)
}
func eachSecond(timer : NSTimer) {
    seconds++
    let secondsQuantity = HKQuantity(unit: HKUnit.secondUnit(), doubleValue: seconds)
    timeLabel.text = secondsQuantity.description
    let distanceQuantity = HKQuantity(unit: HKUnit.meterUnit(), doubleValue: distance)
    distanceLabel.text = distanceQuantity.description
    let paceUnit = HKUnit.secondUnit().unitDividedByUnit(HKUnit.meterUnit())
    let paceQuantity = HKQuantity(unit: paceUnit, doubleValue: seconds/distance)
    paceLabel.text = paceQuantity.description
}
    // MARK: -开始记录运行轨迹
func locationManager(manager: CLLocationManager, didUpdateLocations locations:
[CLLocation]) {
    for location in locations as [CLLocation] {
        let howRecent = location.timestamp.timeIntervalSinceNow
        if abs(howRecent) < 10 && location.horizontalAccuracy < 20 {
            //更新距离
            if self.locations.count > 0
            {
                distance += location.distanceFromLocation(self.locations.last!)
                
                var coords = [CLLocationCoordinate2D]()
                coords.append(self.locations.last!.coordinate)
                coords.append(location.coordinate)
                
                let region = MKCoordinateRegionMakeWithDistance(location.coordinate,
                500, 500)
                (mapView.setRegion(region, animated: true)
```

```
                mapView.addOverlay(MKPolyline(coordinates: &coords, count: coords.count))
            }
            //保存位置
            self.locations.append(location)
        }
    }
}

// MARK: - 保存这个轨迹

func saveRun()
{
    let savedRun = NSEntityDescription.insertNewObjectForEntityForName("Run",
inManagedObjectContext: managedObjectContext!) as! Run
    savedRun.distance = distance
    savedRun.duration = seconds
    savedRun.timestamp = NSDate()

    var savedLocations = [Location]()
    for location in locations {
        let savedLocation = NSEntityDescription.insertNewObjectForEntity
ForName("Location", inManagedObjectContext: managedObjectContext!) as! Location
        savedLocation.timestamp = location.timestamp
        savedLocation.latitude = location.coordinate.latitude
        savedLocation.longitude = location.coordinate.longitude
        savedLocations.append(savedLocation)
    }
    savedRun.locations = NSOrderedSet(array: savedLocations)
    run = savedRun
    do {
        try managedObjectContext!.save()
    } catch {
        print("Could not save the run!")
    }
}
```

本实例执行后的效果如图11-11所示。

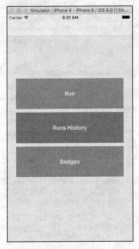 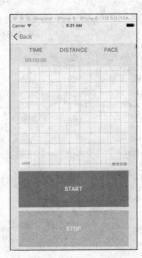

主视图界面　　　　　　　新的移动轨迹界面

图11-11　执行效果

11.6.3 范例技巧——总结Map Kit的开发流程

开发人员无需编写任何代码就可使用Map Kit，只需将Map Kit框架加入到项目中，并使用Interface Builder将一个MKMapView实例加入到视图中即可。添加地图视图后，便可以在Attributes Inspector中设置多个属性，这样可以进一步定制它。

可以在地图、卫星和混合模式之间选择，可以指定让用户的当前位置在地图上居中，还可以控制用户是否可与地图交互，例如通过轻扫和张合来滚动和缩放地图。如果要以编程方式控制地图对象（MKMapView），可以使用各种方法，例如移动地图和调整其大小。然而必须先使用如下代码导入框架Map Kit的接口文件。

```
#import <MapKit/MapKit-h>
```

当需要操纵地图时，在大多数情况下都需要添加框架Core Location并导入其接口文件，代码如下所示。

```
#import<CoreLocation/CoreLocation.h>
```

11.7 实现一个位置跟踪器（Swift版）

范例11-7	实现一个位置跟踪器
源码路径	光盘\daima\第11章\11-7

11.7.1 范例说明

本实例的功能是实现一个位置跟踪器，各个文件的具体功能如下所示。

（1）在"model"目录下，文件Location.swift的功能是输出当前的位置信息。

（2）在"viewControllers"目录下，文件AddAdressViewController.swift的功能是实现增加位置信息视图控制器界面。

（3）文件AddLocationController.swift的功能是实现增加位置信息视图控制器界面。

（4）文件LocationsTableViewController.swift的功能是实现位置表视图控制器视图界面，在屏幕中列表显示位置信息。

（5）文件SettingsViewController.swift的功能是实现系统设置视图控制器界面。

（6）文件InfoViewController.swift的功能是实现列表中某条信息的详情视图控制器界面。

11.7.2 具体实现

（1）启动Xcode 7，然后单击"Creat a new Xcode project"新建一个iOS工程。本项目工程的最终目录结构如图11-12所示。

（2）打开故事板文件Main.storyboard，在里面设置主视图和子视图，其中"Location Table View"视图界面如图11-13所示。

图11-12 本项目工程的最终目录结构

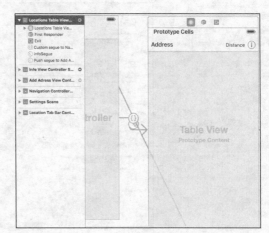

图11-13 "Location Table View"视图界面

（3）"Info View Controller"视图界面如图11-14所示。

(4)"Add Adress View Controller"视图界面如图11-15所示。

图11-14 "Info View Controller"视图界面   图11-15 "Add Adress View Controller"视图界面

(5)"Navigation Controller"视图界面如图11-16所示。
(6)"Settings Scene"视图界面如图11-17所示。

图11-16 "Navigation Controller"视图界面   图11-17 "Settings Scene"视图界面

(7)"Location Tab Bar Controller"视图界面如图11-18所示。

图11-18 "Location Tab Bar Controller"视图界面

(8）文件InfoViewController.swift的功能是实现列表中某条信息的详情视图控制器界面，具体实现代码如下所示。

```swift
import UIKit
import Social
import MobileCoreServices
class InfoViewController: UIViewController, UIImagePickerControllerDelegate,
UINavigationControllerDelegate {
    var selectedLocation:AnyObject = ""
    @IBOutlet weak var addressLabel: UILabel!
    @IBOutlet weak var postImage: UIImageView!
    @IBAction func selectImage(sender: UIBarButtonItem) {
        let imagePicker = UIImagePickerController()
        imagePicker.delegate = self
        imagePicker.sourceType =
            UIImagePickerControllerSourceType.PhotoLibrary
        imagePicker.allowsEditing = false
        self.presentViewController(imagePicker, animated: true,
            completion: nil)
    }
    @IBAction func sendPost(sender: AnyObject) {
        var activityItems: [AnyObject]?
        let textToPost = addressLabel.text!
        if (postImage.image != nil) {
            activityItems = [textToPost, postImage.image!]
        } else {
            activityItems = [textToPost]
        }
        let activityController = UIActivityViewController(activityItems:
            activityItems!, applicationActivities: nil)
        self.presentViewController(activityController, animated: true,
            completion: nil)
    }
    override func viewDidLoad() {
        super.viewDidLoad()
        let address:String = (selectedLocation.valueForKey("address") as? String)!
        let city:String = (selectedLocation.valueForKey("city") as? String)!
        let state:String = (selectedLocation.valueForKey("state") as? String)!
        addressLabel.text = address + " " + city + " " + state
    }
    override func didReceiveMemoryWarning() {
        super.didReceiveMemoryWarning()
    }
    func imagePickerController(picker: UIImagePickerController,
        didFinishPickingMediaWithInfo info: [String : AnyObject]) {
            self.dismissViewControllerAnimated(true, completion: nil)
            let image = info[UIImagePickerControllerOriginalImage] as! UIImage
            postImage.image = image
    }
    func imagePickerControllerDidCancel(picker:
        UIImagePickerController) {
            self.dismissViewControllerAnimated(true,
completion: nil)
    }
}
```

本实例执行后的效果如图11-19所示。

11.7.3 范例技巧——地图视图区域的常见操作

为了管理地图的视图，需要定义一个地图区域，再调用方法setRegion:animated。区域（region）是一个MKCoordinateRegion结构（而不是对象），它包含成员center和span。其中center是一个CLLocationCoordinate2D结构，这种结构来自框架Core Location，包含成员latitude和longitude；而span指定从中心出发向东西南北延伸多少度。一个纬度相当于69英里；在赤道上，一个经度也相当于69英里。通过将区域的跨度（span

图11-19 执行效果

设置为较小的值，如0.2，可将地图的覆盖范围缩小到绕中心几英里。例如，如果要定义一个区域，其中心的经度和纬度都为60.0度，并且每个方向的跨越范围为0.2度，可编写如下代码。

```
MKCoordinateRegion mapRegion;
mapRegion.center.latitude=60.0;
mapRegion.center.longitude=60.0;
mapRegion. span .latit udeDelta=0.2;
mapRegion.span.longitudeDelta=0.2;
```

要在名为map的地图对象中显示该区域，可以使用如下代码实现。

```
[map setRegion:mapRegion animated:YES];
```

另一种常见的地图操作是添加标注，通过标注能够在地图上突出重要的点。

11.8 在地图中搜索和选择附近位置（Swift版）

范例11-8	在地图中搜索和选择附近位置
源码路径	光盘\daima\第11章\11-8

11.8.1 范例说明

本实例的功能是定位当前的位置信息，并在地图中搜索和选择附近位置。其中视图文件ViewController.swift的功能是在屏幕底部显示文本"Show Map"。文件MapViewController.swift的功能是在屏幕中加载显示地图，并在地图中显示当前的位置。

11.8.2 具体实现

（1）启动Xcode 7，然后单击"Creat a new Xcode project"新建一个iOS工程。打开故事板文件Main.storyboard，在底部插入文本"Show Map"，如图11-20所示。

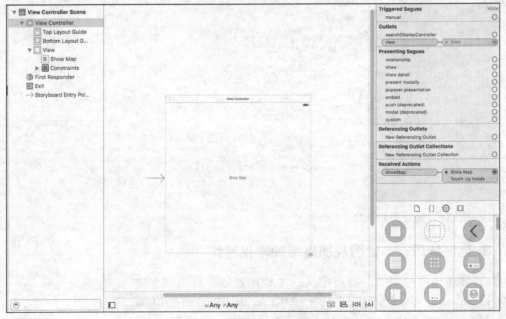

图11-20 故事板界面

（2）设计视图界面文件MapViewController.xib，在里面插入一个Map View控件，如图11-21所示。

11.8 在地图中搜索和选择附近位置（Swift版）

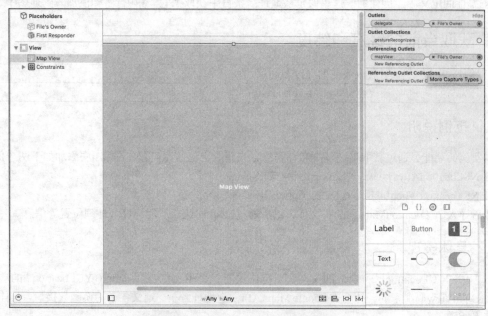

图11-21 插入一个Map View控件

（3）视图文件ViewController.swift的具体实现代码如下所示。
```
import UIKit
class ViewController: UIViewController {
    @IBAction func showMap(sender: AnyObject) {
        let mapViewController = MapViewController()
        self.presentViewController(mapViewController, animated: true, completion: nil)
    }
}
```
本实例执行后单击"Show Map"后会显示地图信息。

11.8.3 范例技巧——总结给地图添加标注的方法

在应用程序中可以给地图添加标注，就像Google Maps一样。要想使用标注功能，通常需要实现一个MKAnnotationView子类，它描述了标注的外观以及应显示的信息。对于加入到地图中的每个标注，都需要一个描述其位置的地点标识对象（MKPlaceMark）。为了理解如何结合使用这些对象，接下来看一个简单的示例，目的是在地图视图map中添加标注，必须分配并初始化一个MKPlacemark对象。为初始化这种对象，需要一个地址和一个CLLocationCoordinate2D结构。该结构包含了经度和纬度，指定了要将地点标识放在什么地方。在初始化地点标识后，使用MKMapView的方法addAnnotation将其加入地图视图中，例如通过下面的代码添加了一段简单的标注。

```
1: CLLocationCoordinate2D myCoordinate;
2: myCoordinate.latitude=28.0;
3: myCoordinate.longitude=28.0;
4:
5: MKPlacemark *myMarker;
6: myMarker=  [[MKPlacemark alloc]
7:initWithCoordinate:myCoordinate
8:addressDictionary:fullAddress];
9:  [map addAnnotation:myMarker];
```

在上述代码中，第1～3行声明并初始化了一个CLLocationCoordinate2D结构（myCoordinate），它包含的经度和纬度都是28.0度。第5～8行声明和分配了一个MKPlacemark (myMarker)，并使用myCoordinate和fullAddress初始化它。fullAddress要么是从地址簿条目中获取的，要么是根据ABPerson参考文档中的

Address属性的定义手工创建的。这里假定从地址簿条目中获取了它。第9行将标注加入到地图中。

11.9 获取当前的经度和纬度

范例11-9	获取当前的经度和纬度
源码路径	光盘\daima\第11章\11-9

11.9.1 范例说明

本实例的功能是通过获取当前经度和纬度的方式获取定位信息,首先在plist中添加如下两个值。
- NSLocationAlwaysUsageDescription = YES。
- NSLocationWhenInUseUsageDescription = YES。

然后导入CCLocationManager.h头文件,最后通过block回调获取经纬度和地理位置等信息。

11.9.2 具体实现

(1)用"CCLocation"目录下的文件实现定位功能,其中文件CLLocation+YCLocation.h的功能是用从MKMapView取出来的经纬度去Google Maps API做逆地址解析,定义各个转换函数接口,具体实现代码如下所示。

```
#import <CoreLocation/CoreLocation.h>
@interface CLLocation (YCLocation)
//从地图坐标转化到火星坐标
- (CLLocation*)locationMarsFromEarth;
//从火星坐标转化到百度坐标
- (CLLocation*)locationBaiduFromMars;
//从百度坐标到火星坐标
- (CLLocation*)locationMarsFromBaidu;
//从火星坐标到地图坐标
//- (CLLocation*)locationEarthFromMars; // 未实现
@end
```

(2)文件CCLocationManager.h的功能是根据坐标系统获取当前的地址信息。

(3)文件ViewController.m是视图控制器文件,导入CCLocationManager.h头文件后,通过block回调获取当前的经纬度和地理位置等信息。

本实例执行后的效果如图11-22所示。

图11-22 执行效果

11.9.3 范例技巧——总结市面中常用的坐标系统

本实例中用到了多个市面中常用的坐标系统,例如地球坐标、火星坐标(iOS mapView 高德,国内Google,搜搜、阿里云都是火星坐标)和百度坐标(百度地图数据主要都是四维图新提供的)。其中火星坐标是MKMapView,地球坐标是CLLocationManager。各种坐标API对应的坐标系如下所示。
- 百度地图API:百度坐标。
- 腾讯搜搜地图API:火星坐标。
- 搜狐搜狗地图API:搜狗坐标。
- 阿里云地图API:火星坐标。
- 图吧MapBar地图API:图吧坐标。
- 高德MapABC地图API:火星坐标。
- 灵图51ditu地图API:火星坐标。

11.10 在地图中添加大头针提示

范例11-10	在地图中添加大头针提示
源码路径	光盘\daima\第11章\11-10

11.10.1 范例说明

本实例的功能是在地图中添加大头针样式的提示信息。视图控制器文件ViewController.m的功能是加载地图信息，在载入视图时将手势加入到地图中，当Tap触摸地图时调用AddAnnotationInMapView:(UITapGestureRecognizer *)tap在视图中弹出大头针提示信息。

11.10.2 具体实现

文件ViewController.m的具体实现代码如下所示。

```
#import "ViewController.h"
#import <MapKit/MapKit.h>
#import "ZYAnnotation.h"
@interface ViewController ()<MKMapViewDelegate>
///地图视图
@property (weak, nonatomic) IBOutlet MKMapView *mapView;
@end
@implementation ViewController
- (void)viewDidLoad {
    [super viewDidLoad];
    ///创建手势附带方法
    UITapGestureRecognizer *tap = [[UITapGestureRecognizer alloc]initWithTarget:self action:@selector(AddAnnotationInMapView:)];
    ///设置代理
    self.mapView.delegate = self;
    ///将手势添加到视图
    [self.mapView addGestureRecognizer:tap];
}

///单击视图的时候调用
- (void)AddAnnotationInMapView:(UITapGestureRecognizer *)tap
{
    //1. 获取位置    手势单击视图的位置
    CGPoint point = [tap locationInView:self.mapView];

    //创建大头针模型对象
    ZYAnnotation *anno = [[ZYAnnotation alloc]init];

    //2. 将坐标转化成经纬度
    anno.coordinate = [self.mapView convertPoint:point toCoordinateFromView:self.mapView];
    //设置属性
    anno.title    = @"东莞";
    anno.subtitle = @"一个神奇的地方";
    anno.imageName = @"category_3";

    ///将大头针添加到视图
    [self.mapView addAnnotation:anno]; //这里的
}
#pragma mark - MKMapViewDelegate
/**
 * 每添加一个大头针模型，就会调用的代理方法，返回一个大头针视图
 *
 * @param mapView    mapView
 * @param annotation 大头针模型，这个大头针模型
 */
#warning TODO annotation是什么东西？   文档里说是，当前被添加到view的大头针对象，里面有上面anno被设置属性但是不能使用点语法
```

```objc
- (MKAnnotationView *)mapView:(MKMapView *)mapView viewForAnnotation:(id<MKAnnotation>)
annotation
{
    static NSString *ID = @"anno";
    MKAnnotationView *view = [mapView dequeueReusableAnnotationViewWithIdentifier:ID];

    if (view == nil) {
        view = [[MKAnnotationView alloc]initWithAnnotation:annotation
                reuseIdentifier:ID];
        // If YES, a standard callout bubble will be shown when the annotation is selected.
        // The annotation must have a title for the callout to be shown.
        //显示详情,返回yes的话,必须设置大头针的title
        view.canShowCallout = YES;
        //设置大头针
        view.rightCalloutAccessoryView=[UIButtonbuttonWithType:UIButtonTypeContactAdd];
        view.leftCalloutAccessoryView=[UIButtonbuttonWithType:UIButtonTypeDetail Disclosure];

        ///得到当前的大头针
        ZYAnnotation *anno = annotation;
        view.image = [UIImage imageNamed:anno.imageName];
    }
    return view;
}
@end
```

本实例执行效果读者可运行程序实现。

11.10.3 范例技巧——删除地图标注的方法

要想删除地图视图中的标注,只需将addAnnotation替换为removeAnnotation即可,而参数完全相同,无需修改。当添加标注时,iOS会自动完成其他工作。Apple提供了一个MKAnnotationView子类MKPinAnnotationView。当对地图视图对象调用addAnnotation时,iOS会自动创建一个MKPinAnnotationView实例。要想进一步定制图钉,还必须实现地图视图的委托方法mapView:viewForAnnotation。

例如在下面的代码中,方法mapView:viewForAnnotation 分配并配置了一个自定义的MKPinAnnotationView实例。

```
1: - (MKAnnotationView *)mapView: (MKMapView *)mapView
2:viewForAnnotation:(id <MKAnnotation>annotation{
3:
4:MKPinAnnotationView *pinDrop=[[MKPinAnnotationView alloc]
5:initWithAnnotation:annotation reuseIdentifier:@"myspot"];
6:pinDrop.animatesDrop=YES;
7:pinDrop.canShowCallout=YES;
8:pinDrop.pinColor=MKPinAnnotationColorPurple;
9:    return pinDrop;
10:   }
```

在上述代码中,第4行声明和分配一个MKPinAnnotationView实例,并使用iOS传递给方法mapView:viewForAnnotation的参数annotation和一个重用标识符字符串初始化它。这个重用标识符是一个独特的字符串,让您能够在其他地方重用标注视图。就这里而言,可以使用任何字符串。第6~8行通过3个属性对新的图钉标注视图pinDrop进行了配置。animatesDrop是一个布尔属性,当其值为true时,图钉将以动画方式出现在地图上;通过将属性canShowCallout设置为YES,当用户触摸图钉时将在注解中显示额外信息;最后,pinColor设置图钉图标的颜色。正确配置新的图钉标注视图后,第9行将其返回给地图视图。

如果在应用程序中使用上述方法,它将创建一个带注解的紫色图钉效果,该图钉以动画方式加入到地图中。但是可以在应用程序中创建全新的标注视图,它们不一定非得是图钉。在此使用了Apple提供的MKPinAnnotationView,并对其属性做了调整,这样显示的图钉将与根本没有实现这个方法时稍有不同。

注意:从iOS 6系统开始,Apple产品不再使用Google地图产品,而是使用自己的地图系统。

11.11 在地图中标注移动的飞机

范例11-11	在地图中标注移动的飞机
源码路径	光盘\daima\第11章\11-11

11.11.1 范例说明

本实例的功能是在地图中标注移动的飞机，在文件MovingPlane.m中创建一个移动的飞机视图。

11.11.2 具体实现

文件MovingPlane.m的功能是创建移动的飞机视图，具体实现代码如下所示。

```
#import "MovingPlane.h"
#import "MovePath.h"
static double interpolate(double from, double to, NSTimeInterval time) {
    return (to - from) * time + from;
}
static CLLocationDegrees interpolateDegrees(CLLocationDegrees from, CLLocationDegrees to, NSTimeInterval time) {
    return interpolate(from, to, time);
}
static CLLocationCoordinate2D interpolateCoordinate(CLLocationCoordinate2D from, CLLocationCoordinate2D to, NSTimeInterval time) {
    return CLLocationCoordinate2DMake(interpolateDegrees(from.latitude, to.latitude, time),
                                        interpolateDegrees(from.longitude, to.longitude, time));
}
@interface MovingPlane()
@property (nonatomic, assign, readwrite) movePathSegment currentSegment;
@property (nonatomic, assign, readwrite) float angle;
@end
@implementation MovingPlane{
    CFTimeInterval _lastStep;
    NSTimeInterval _timeOffset;
}
@synthesize coordinate,title,subtitle;
- (instancetype)init {
    self = [super init];
    if (self) {
        _currentSegment = movePathSegmentNull;
    }
    return self;
}
- (void)moveStep {
    if (![self isMoving]) {
        _lastStep = CACurrentMediaTime();
        if (movePathSegmentIsNull(_currentSegment)) {
            _currentSegment = [self.movePath popSegment];
        }
        if (!movePathSegmentIsNull(_currentSegment)) {
            self.moving = YES;
            [self updateAngle];
        }
    }
    if (movePathSegmentIsNull(_currentSegment)) {
        if (self.moving) {
            self.moving = NO;
        }
        _timeOffset = 0;
        return;
    }
    CFTimeInterval thisStep = CACurrentMediaTime();
```

```objectivec
        CFTimeInterval stepDuration = thisStep - _lastStep;
        _lastStep = thisStep;
        _timeOffset = MIN(_timeOffset + stepDuration, _currentSegment.duration);
        NSTimeInterval time = _timeOffset / _currentSegment.duration;
        self.coordinate = interpolateCoordinate(_currentSegment.from, _currentSegment.to, time);
        if (_timeOffset >= _currentSegment.duration) {
            _currentSegment = [self.movePath popSegment];
            _timeOffset = 0;
            BOOL isCurrentSegmentNull = movePathSegmentIsNull(_currentSegment);
            if (isCurrentSegmentNull && self.moving) {
                self.moving = NO;
            }
            if (!isCurrentSegmentNull) {
                [self updateAngle];
            }
        }
    }
}
- (void)updateAngle {
    self.angle = movePathSegmentGetAngle(_currentSegment);
}
-(id)initWithTitle:(NSString *)newTitle Location:(CLLocationCoordinate2D)location
{
    self = [super init];
    if(self){
        self.title =newTitle;
        self.coordinate=location;
    }
    return self;
}
-(MKAnnotationView *)planeAnnoView
{
    MKAnnotationView *annoView =[[MKAnnotationView alloc] initWithAnnotation:self reuseIdentifier:@"MovingPlane"];
    annoView.enabled=YES;
    annoView.canShowCallout=YES;
    CGSize planeImgSize=CGSizeMake(21, 21);
    UIImage *planeImage = [self OriginImage:[UIImage imageNamed:@"plane.png"] scaleToSize:planeImgSize];
    annoView.image=planeImage;
    annoView.leftCalloutAccessoryView =[UIButton buttonWithType:UIButtonTypeDetailDisclosure];
    return annoView;
}
-(UIImage*) OriginImage:(UIImage *)image scaleToSize:(CGSize)size
{
    // 创建一个bitmap的context
    // 并把它设置成为当前正在使用的context
    UIGraphicsBeginImageContext(size);
    // 绘制改变大小的图片
    [image drawInRect:CGRectMake(0, 0, size.width, size.height)];
    // 从当前context中创建一个改变大小后的图片
    UIImage* scaledImage = UIGraphicsGetImageFromCurrentImageContext();
    // 使当前的context出堆栈
    UIGraphicsEndImageContext();
    // 返回新的改变大小后的图片
    return scaledImage;
}
@end
```

本实例执行后的效果读者运行程序实现。

11.11.3 范例技巧——总结获取当前位置的基本方法

  Core Location的大多数功能都是由位置管理器提供的，后者是CLLocationManager类的一个实例。可以使用位置管理器来指定位置更新的频率和精度以及开始和停止接收这些更新。要想使用位置管理器，必须首先将框架Core Location加入到项目中，再导入其如下接口文件。

```objectivec
#import<CoreLocation/CoreLocation.h>
```

接下来需要分配并初始化一个位置管理器实例,指定将接收位置更新的委托并启动更新,代码如下所示。

```
CLLocationManager *locManager= [[CLLocationManager alloc] init ];
locManager.delegate=self;
[locManager startUpdatingLocation];
```

应用程序接收完更新(通常一个更新就够了)后,使用位置管理器的stopUpdatingLocation方法停止接收更新。

11.12 在地图中定位当前位置(Swift版)

范例11-12	在地图中定位当前位置
源码路径	光盘\daima\第11章\11-12

11.12.1 范例说明

本实例的功能是在地图中定位当前位置,在视图控制器文件ViewController.swift中加载一个地图视图,当单击"定位"按钮时在地图中显示当前的定位信息。

11.12.2 具体实现

文件ViewController.swift的具体实现代码如下所示。

```swift
import UIKit
import MapKit

class ViewController: UIViewController,CLLocationManagerDelegate,MKMapViewDelegate {
    
    @IBOutlet weak var mapViewLoca: MKMapView!
    
    var locateManage = CLLocationManager()
    
    var currentCoordinate:CLLocationCoordinate2D?
    
    override func viewDidLoad() {
        super.viewDidLoad()
        
        //--------------CLLocationManager--------------
        self.locateManage.delegate = self
        //请求定位权限
        if self.locateManage.respondsToSelector(Selector("requestAlwaysAuthorization")) {
            self.locateManage.requestAlwaysAuthorization()
        }
        
        self.locateManage.desiredAccuracy = kCLLocationAccuracyBest//定位精准度
        self.locateManage.startUpdatingLocation()//开始定位
        
        //显示定位点
        self.mapViewLoca.showsUserLocation = true
        
    }
    
    //CLLocationManager定位代理方法
    func locationManager(manager: CLLocationManager, didUpdateLocations locations: [CLLocation]) {
        print("hello")
        if let newLoca = locations.last {
            CLGeocoder().reverseGeocodeLocation(newLoca, completionHandler: { (pms, err) -> Void in
                if let newCoordinate = pms?.last?.location?.coordinate {
                    //此处设置地图中心点为定位点,缩放级别18
                    self.mapViewLoca.setCenterCoordinateLevel(newCoordinate, zoomLevel: 15, animated: true)
```

```swift
                        manager.stopUpdatingLocation()//停止定位，节省电量，只获取一次定位

                        self.currentCoordinate = newCoordinate

                        //取得最后一个地标，地标中存储了详细的地址信息，注意：一个地名可能搜索出多个地址
                        let placemark:CLPlacemark = (pms?.last)!
                        let location = placemark.location;//位置
                        let region = placemark.region;//区域
                        let addressDic = placemark.addressDictionary;
                        //详细地址信息字典,包含以下部分信息
                        // let name=placemark.name;//地名
                        // let thoroughfare=placemark.thoroughfare;//街道
                        // let subThoroughfare=placemark.subThoroughfare;
                        //街道相关信息，例如门牌等
                        // let locality=placemark.locality; // 城市
                        // let subLocality=placemark.subLocality; // 城市相关信息，例如标志性建筑
                        // let administrativeArea=placemark.administrativeArea; // 州
                        // let subAdministrativeArea=placemark.subAdministrativeArea;
                        //其他行政区域信息
                        // let postalCode=placemark.postalCode; //邮编
                        // let ISOcountryCode=placemark.ISOcountryCode; //国家编码
                        // let country=placemark.country; //国家
                        // let inlandWater=placemark.inlandWater; //水源、湖泊
                        // let ocean=placemark.ocean; // 海洋
                        // let areasOfInterest=placemark.areasOfInterest;
                        //关联的或利益相关的地标
                        print(location,region,addressDic)
                    }
                })
            }
        }
    @IBAction func resetLocate(sender: UIButton) {
        if let _coordinate = self.currentCoordinate {
            self.mapViewLoca.setCenterCoordinate(_coordinate, animated: true)
        }
        else {
            self.locateManage.startUpdatingLocation()
        }

        print("点击定位")
    }
}

extension MKMapView {

    var MERCATOR_OFFSET:Double {
        return 268435456.0
    }
    var MERCATOR_RADIUS:Double {
        return 85445659.44705395
    }

    public func setCenterCoordinateLevel(centerCoordinate:CLLocationCoordinate2D,var zoomLevel:Double,animated:Bool) {
        //设置最小缩放级别
        zoomLevel   = min(zoomLevel, 22)

        let span  = self.coordinateSpanWithMapView(self, centerCoordinate: centerCoordinate, zoomLevel: zoomLevel);
        let region = MKCoordinateRegionMake(centerCoordinate, span);

        self.setRegion(region, animated: animated)

    }

    func longitudeToPixelSpaceX(longitude:Double) ->Double {
        return round(MERCATOR_OFFSET + MERCATOR_RADIUS * longitude * M_PI / 180.0)
    }
```

```swift
    func latitudeToPixelSpaceY(latitude:Double) ->Double {
        return round(MERCATOR_OFFSET - MERCATOR_RADIUS * log((1 + sin(latitude * M_PI
/ 180.0)) / (1 - sin(latitude * M_PI / 180.0))) / 2.0)
    }

    func pixelSpaceXToLongitude(pixelX:Double) ->Double {
        return ((round(pixelX) - MERCATOR_OFFSET) / MERCATOR_RADIUS) * 180.0 / M_PI
    }

    func pixelSpaceYToLatitude(pixelY:Double) ->Double {
        return (M_PI / 2.0 - 2.0 * atan(exp((round(pixelY) - MERCATOR_OFFSET) /
MERCATOR_RADIUS))) * 180.0 / M_PI
    }

    func coordinateSpanWithMapView(mapView:MKMapView,
                        centerCoordinate:CLLocationCoordinate2D,
                              zoomLevel:Double) -> MKCoordinateSpan
    {
        let centerPixelX = self.longitudeToPixelSpaceX(centerCoordinate.longitude)
        let centerPixelY = self.latitudeToPixelSpaceY(centerCoordinate.latitude)
        let zoomExponent = 20.0 - zoomLevel
        let zoomScale = pow(2.0, zoomExponent)

        let mapSizeInPixels = mapView.bounds.size
        let scaledMapWidth  = Double(mapSizeInPixels.width) * zoomScale
        let scaledMapHeight = Double(mapSizeInPixels.height) * zoomScale

        let topLeftPixelX = centerPixelX - (scaledMapWidth/2)
        let topLeftPixelY = centerPixelY - (scaledMapHeight/2)

        let minLng = self.pixelSpaceXToLongitude(topLeftPixelX)
        let maxLng = self.pixelSpaceXToLongitude(topLeftPixelX + scaledMapWidth)
        let longitudeDelta = maxLng - minLng

        let minLat = self.pixelSpaceYToLatitude(topLeftPixelY);
        let maxLat = self.pixelSpaceYToLatitude(topLeftPixelY + scaledMapHeight);
        let latitudeDelta = -1 * (maxLat - minLat);

        let span = MKCoordinateSpanMake(latitudeDelta, longitudeDelta)
        return span
    }
}
```

本实例执行后的效果读者运行程序实现。

11.12.3 范例技巧——总结位置管理器委托

位置管理器委托协议定义了用于接收位置更新的方法。对于被指定为委托以接收位置更新的类，必须遵守协议CLLocationManagerDelegate。该委托有如下两个与位置相关的方法。

❏ locationManager:didUpdateToLocation:fromLocation。
❏ locationManager:didFailWithError。

方法locationManager:didUpdateToLocation:fromLocation的参数为位置管理器对象和两个CLLocation对象，其中一个表示新位置，另一个表示以前的位置。CLLocation实例有一个 coordinate属性，该属性是一个包含longitude和latitude的结构，而longitude和latitude的类型为CLLocationDegrees。CLLocation-Degrees是类型为double的浮点数的别名。不同的地理位置定位方法的精度也不同，而同一种方法的精度随计算时可用的点数（卫星、蜂窝基站和Wi-Fi热点）而异。CLLocation通过属性horizontalAccuracy指出了测量精度。

位置精度通过一个圆表示，实际位置可能位于这个圆内的任何地方。这个圆是由属性coordmate和horizontalAccuracy表示的，其中前者表示圆心，而后者表示半径。属性horizontalAccuracy的值越大，它定义的圆就越大，因此位置精度越低。如果属性horizontalAccuracy的值为负，则表明coordinate的值无效，应忽略它。

除经度和纬度外，CLLocation还以米为单位提供了海拔高度（altitude属性）。该属性是一个CLLocationDistance实例，而CLLocationDistance也是double型浮点数的别名。正数表示在海平面之上，而负数表示在海平面之下。还有另一种精度：verticalAccuracy，它表示海拔高度的精度。verticalAccuracy为正表示海拔高度的误差为相应的米数，为负表示altitude的值无效。

例如在下面的演示代码中，演示了位置管理器委托方法locationManager:didUpdateToLocation:fromLocation的一种实现，它能够显示经度、纬度和海拔高度。

```
1: - (void)locationManager:(CLLocationManager *)manager
2:didUpdateToLocation: (CLLocation *)newLocation
3:fromLocation: (CLLocation *)oldLocation{
4:
5:NSString *coordinateDesc=@"Not Available";
6:NSString taltitudeDesc=@"Not Available";
7:
8:if (newLocation.horizontalAccuracy>=0){
9:coordinateDesc=[NSString stringWithFormat:@"%f,%f+/-,%f meters",
10:    newLocation.coordinate.latitude,
11:    newLocation.coordinate.longitude,
12:    newLocation.horizontalAccuracy];
13:    }
14:
15:    if (newLocation.verticalAccuracy>=0){
16:    altitudeDesc=[NSString stringWithFormat:@"%f+/-%f meters",
17:    newLocation.altitude, newLocation.verticalAccuracy];
18:    }
19:
20:    NSLog(@"Latitude/Longitude:%@ Altitude:%@",coordinateDesc,
21:    altitudeDesc);
22:    }
```

在上述演示代码中，需要注意的重要语句是对测量精度的访问（第8行和第15行），还有对经度、纬度和海拔的访问（第10行、第11行和第17行），这些都是属性。第20行的函数NSLog提供了一种输出信息（通常是调试信息）的方便方式，而无需设计视图。上述代码的执行结果类似于如下代码。

```
Latitude/Longitude: 35.904392, -79.055735 +1- 76.356886 meters Altitude:   -
28.000000 +1- 113.175757 meters
```

另外，CLLocation还有一个speed属性，该属性是通过比较当前位置和前一个位置，并比较它们之间的时间差异和距离计算得到的。鉴于Core Location更新的频率，speed属性的值不是非常精确，除非移动速度变化很小。

11.13 实现一个位置管理器（Swift版）

范例11-1	实现一个位置管理器
源码路径	光盘\daima\第11章\11-1

11.13.1 范例说明

本实例的功能是通过TableView+MapView实现一个位置管理器，在TableView列表中可以添加一些常用的位置信息，单击列表中的选项后来到地图界面显示位置信息。

11.13.2 具体实现

（1）文件TableViewController.swift是单元格视图控制器文件，在里面可以添加新的列表信息，具体实现代码如下所示。

```
import UIKit
var places = [Dictionary<String,String>()]
var activePlace = -1
class TableViewController: UITableViewController {
    override func viewDidLoad() {
```

```swift
        super.viewDidLoad()
        if places.count == 1 {
            places.removeAtIndex(0)
            places.append(["name":"Taj Mahal","lat":"27.175277","lon":"78.042128"])
        }
    }

    override func didReceiveMemoryWarning() {
        super.didReceiveMemoryWarning()
        // Dispose of any resources that can be recreated.
    }
    override func numberOfSectionsInTableView(tableView: UITableView) -> Int {
        return 1
    }

    override func tableView(tableView: UITableView, numberOfRowsInSection section: Int) -> Int {
        return places.count
    }
    override func tableView(tableView: UITableView, cellForRowAtIndexPath indexPath: NSIndexPath) -> UITableViewCell {
        let cell = tableView.dequeueReusableCellWithIdentifier("Cell", forIndexPath: indexPath) as UITableViewCell
        cell.textLabel?.text =  places[indexPath.row]["name"]
        return cell
    }
    override func tableView(tableView: UITableView, willSelectRowAtIndexPath indexPath: NSIndexPath) -> NSIndexPath? {
        activePlace = indexPath.row
        return indexPath
        
    }
    override func prepareForSegue(segue: UIStoryboardSegue, sender: AnyObject?) {
        if segue.identifier == "newPlace" {
            activePlace = -1
        }
    }
    override func viewWillAppear(animated: Bool) {
        tableView.reloadData()
    }
```

（2）文件ViewController.swift是地图控制器视图界面文件，能够在地图中定位显示当前的位置信息。本实例执行后的效果如图11-23所示。

单击单元格列表中的某个选项后会显示定位信息，如图11-24所示。

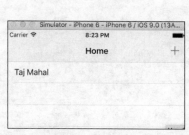

图11-23 执行效果

图11-24 定位信息

11.13.3 范例技巧——处理定位错误的方法

应用程序开始跟踪用户的位置时会在屏幕上显示一条警告消息，如果用户禁用定位服务，iOS不会禁止应用程序运行，但位置管理器将生成错误。当发生错误时，将调用位置管理器委托方法locationManager:didFailWithError，让我们知道设备无法返回位置更新。该方法的参数指出了失败的原因。如果用户禁止应用程序定位，error参数将为kCLErrorDenied。如果Core Location经过努力后无法确定位置，error参数将为kCLErrorLocationUnknown。如果没有可供获取位置的源，error参数将为kCLErrorNetwork。

通常，Core Location将在发生错误后继续尝试确定位置，但如果是用户禁止定位，它就不会这样做。在这种情况下，需要使用方法stopUpdatingLocation停止位置管理器，并将相应的实例变量（如果使用了这样的变量）设置为nil，以释放位置管理器占用的内存。例如下面的代码是locationManager:didFailWithError的一种简单实现。

```
1:  - (void)locationManager:(CLLocationManager  *)manager
2:didFailWithError: (NSError ')error{
3:
4:    if (error.code==kCLErrorLocationUnknown){
5:        NSLog(@"Currently unable to retrieve location.");
6:    } else if (error.code==kCLErrorNetwork){
7:        NSLog(@"Network used to retrieve location is unavailable.");
8:    } else if (error.code==kCLErrorDenied){
9:        NSLog(@"Permission to retrieve location is denied.");
10:       Lmanager stopUpdatingLocation];
11:   }
12: }
```

与前面处理位置管理器更新的实现一样，错误处理程序也只使用了通过参数接收的对象的属性。上述第4、6行和第8行将传入的NSError对象的code属性同可能的错误条件进行比较，并采取相应的措施。

第 12 章 传感器、触摸和交互实战

在当前智能手机系统应用中，通常使用触摸的方式才操控设备。在操控过程中，通常使用传感器来实现需要的功能。通过触摸操作设备的最终目的是实现和设备之间的交互。在本章将通过几个典型实例的实现过程，详细介绍在iOS系统中使用传感器等技术实现触摸交互的基本知识，为读者步入本书后面知识的学习打下基础。

12.1 实现界面自适应（Swift版）

范例12-1	实现界面自适应
源码路径	光盘\daima\第12章\12-1

12.1.1 范例说明

下面的内容将通过一个具体实例的实现过程，详细讲解基于Swift语言实现界面自适应的过程。

12.1.2 具体实现

（1）打开Xcode 7，然后新建一个名为"test1"的工程，工程的最终目录结构如图12-1所示。
（2）打开Main.storyboard为本工程设计一个视图界面，如图12-2所示。

图12-1 工程的目录结构　　　　　　图12-2 Main.storyboard界面

（3）在Media.xcassets中实现界面自适应，实现不同版本iPhone、iPad和cloud的自适应处理，分别如图12-3和图12-4所示。

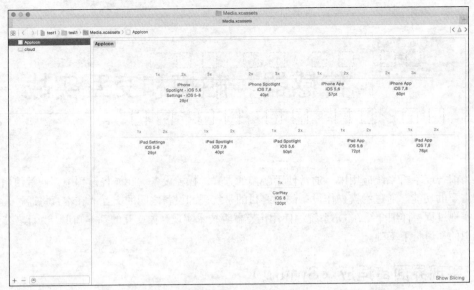

图12-3 Appicon自适应设置

图12-4 cloud自适应设置

(4)视图界面文件ViewController.swift非常简单,具体实现代码如下所示。
```
import UIKit
class ViewController: UIViewController {
    @IBOutlet var b1: [UIButton]!
    override func viewDidLoad() {
        super.viewDidLoad()
        // Do any additional setup after loading the view, typically from a nib.
    }
    override func didReceiveMemoryWarning() {
        super.didReceiveMemoryWarning()
        // Dispose of any resources that can be recreated.
    }
}
```
执行后将实现大小自适应功能,如图12-5所示。

图12-5 执行效果

12.1.3 范例技巧——多点触摸和手势识别基础

iPad和iPhone无键盘的设计是为屏幕争取到更多的显示空间。用户不再是隔着键盘发出指令。在触摸屏上的典型操作有:轻按(tap)某个图标来启动一个应用程序,向上或向下(也可以左右)拖移来滚动屏幕,将手指合拢或张开(pinch)来进行放大和缩小等。在邮件应用中,如果决定删除收件箱中的某个邮件,那么只需轻扫(swipe)要删除的邮件的标题,邮件应用程序就会弹出一个删除按钮,然后轻击这个删除按钮,这样就删除了邮件。UIView能够响应多种触摸操作。例如,UIScrollView就能响应手指合拢或张开来进行放大和缩小。在程序代码上,可以监听某一个具体的触摸操作,并作出响应。

12.2 创建可旋转和调整大小的界面

范例12-1	使用Interface Builder创建可旋转和调整大小的界面
源码路径	光盘\daima\第12章\12-2

12.2.1 范例说明

在下面的内容中，将使用Interface Builder内置的工具来指定视图如何适应旋转。因为本实例完全依赖于Interface Builder工具来支持界面旋转和大小调整，所以几乎所有的功能都是在Size Inspector中使用自动调整大小和锚定工具完成的。本实例将使用一个标签（UILabel）和几个按钮（UIButton），可以将它们换成其他界面元素，你将发现旋转和大小调整处理适用于整个iOS对象库。

12.2.2 具体实现

1．创建项目

首先启动Xcode，并使用Apple模板Single View Application创建一个名为"xuanzhuan"的项目，如图12-6所示。

图12-6 创建项目

打开视图控制器的实现文件ViewController.m，并找到方法shouldAutorotateToInterfaceIOrientation。在该方法中返回YES，以支持所有的iOS屏幕朝向，具体代码如下所示。

```
-(BOOL) shouldAutorotateToInterfaceOrientation:
    (UlInterfaceOrientation) interfaceOrientation
{
    return YES;
}
```

2．设计灵活的界面

在创建可旋转和调整大小的界面时，开头与创建其他iOS界面一样，只需拖放即可实现。然后依次在菜单栏中单击View→Utilities→Show Object Library命令打开对象库，拖曳一个标签（UILabel）和4个按钮（UIButton）到视图SimpleSpin中。将标签放在视图顶端居中，并将其标题改为"我不怕旋转"。按如下方式给按钮命名以便能够区分它们："点我1""点我2""点我3"和"点我4"，并将它们放在标签下方，如图12-7所示。创建可旋转的应用程序界面与创建其他应用程序界面的方法相同。

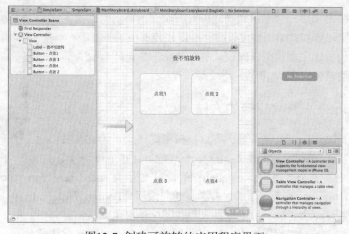

图12-7 创建可旋转的应用程序界面

自动旋转和自动调整大小功能是通过Size Inspector中的Autosizing设置实现的，如图12-8所示。

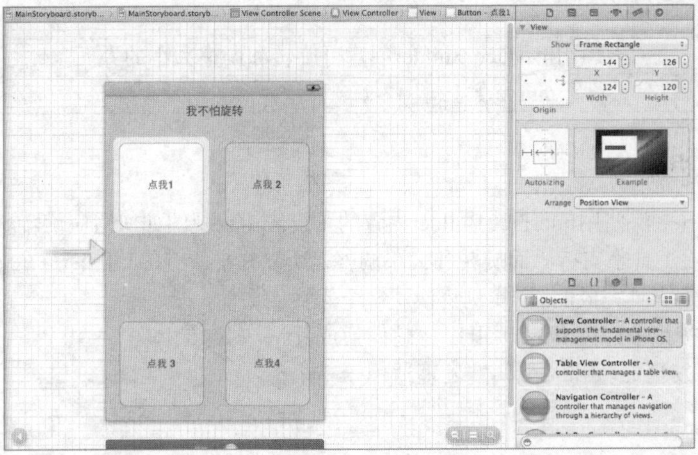

图12-8 Autosizing控制屏幕对象的属性anchor和size

3．指定界面的Autosizing设置

为了使用合适的Autosizmg属性来修改simplespin界面，需要选择每个界面元素，按下快捷键"Option+command+5"打开size Inspector，再按下面的描述配置其锚定和大小调整属性。

- 我不怕旋转：这个标签应显示在视图顶端并居中，因此其上边缘与视图上边缘的距离应保持不变，大小也应保持不变（Anchor设置为Top，Resizing设置为None）。
- 点我1：该按钮的左边缘与视图左边缘的距离应保持不变，但应让它在需要时上下浮动。它应能够水平调整大小以填满更大的水平空间（Anchor设置为Left，Resizing设置为Horizontal）。
- 点我2：该按钮右边缘与视图右边缘之间的距离应保持不变，但应允许它在需要时上下浮动。它应能够水平调整大小以填满更大的水平空间（Anchor设置为Right，Resizing设置为Horizontal）。
- 点我3：该按钮左边缘与视图左边缘之间的距离应保持不变，其下边缘与视图下边缘之间的距离也应如此。它应能够水平调整大小以填满更大的水平空间（Anchor设置为Left和Bottom，Resizing设置为Horizontal）。
- 点我4：该按钮右边缘与视图右边缘之间的距离应保持不变，其下边缘与视图下边缘之间的距离也应如此。它应能够水平调整大小以填满更大的水平空间（Anchor设置为Right和Bottom，Resizing设置为Horizontal）。

当处理一两个UI对象后，会意识到描述需要的设置所需的时间比实际进行设置要长。指定锚定和大小调整设置后就可以旋转视图了。

此时运行该应用程序（或模拟横向模式）并预览结果，随着设备的移动，界面元素将自动调整大小，如图12-9所示。

12.2.3 范例技巧——测试旋转的方法

为了查看旋转后该界面是什么样的，可以模拟横向效果。为此在文档大纲中选择视图控制器，再打开Attributes Inspector(Option+ Command+ 4)，在"Simulated Metrics"部分，将"Orientation"的设置改为"Landscape"，Interface Builder编辑器将相应地调整，如图12-10所示。查看完毕后，务必将朝向改回到Portrait或Inferred。

图12-9 执行效果

此时旋转后的视图不太正确，原因是加入到视图中的对象默认锚定其左上角。这说明无论屏幕的朝向如何，对象左上角相对于视图左上角的距离都保持不变。另外在默认情况下，对象不能在视图中调整大小。因此,无论是在纵向还是横向模式下,所有元素的大小都保持不变,哪怕它们不适合视图。为了修复这种问题并创建出与iOS设备相称的界面,需要使用Size Inspector(大小检查器)。

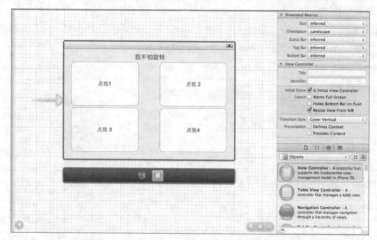

图12-10 修改模拟的朝向以测试界面旋转

12.3 在旋转时调整控件

范例12-3	在旋转时调整控件
源码路径	光盘\daima\第12章\12-3

12.3.1 范例说明

本实例将创建两次界面,在Interface Builder编辑器中创建该界面的第一个版本后,将使用Size Inspector获取其中每个元素的位置和大小,然后旋转该界面,并调整所有控件的大小和位置,使其适合新朝向,并再次收集所有的框架值。最后通过实现一个方法设置在设备朝向发生变化时自动设置每个控件的框架值。

12.3.2 具体实现

1. 创建项目

本实例不能依赖于单击来完成所有工作,因此需要编写一些代码。首先需要使用模板Single View Application创建一个项目,并将其命名为"kuang"。

(1)规划变量和连接。

在本实例中将手工调整3个UI元素的大小和位置:两个按钮(UIButton)和一个标签(UILabel)。首先需要编辑头文件和实现文件,在其中包含对应于每个UI元素的输出口:buttonOne、buttonTwo和viewLabel。需要实现一个方法,但它不是由UI触发的操作。编写willRotateToInterfaceOrientation:toInterfaceOrientation:duration:的实现,每当界面需要旋转时都将自动调用它。

(2)启用旋转。

因为必须在方法shouldAutorotateToInterfaceOrientation:中启用旋转,所以需要修改文件ViewController.m,使其包含在本章上一个示例中添加的实现,具体代码如下所示。

```
- (BOOL)shouldAutorotateToInterfaceOrientation:(UIInterfaceOrientation) interfaceOrientation
{
    // Return YES for supported orientations
    return YES;
}
```

2. 设计界面

单击文件MainStoryboard.storyboard开始设计视图，具体流程如下所示。

（1）禁用自动调整大小。

首先单击视图以选择它，并按"Option+ Command+4"快捷键打开Attributes Inspector。在"View"部分取消选中复选框"Autoresize Subviews"，如图12-11所示。

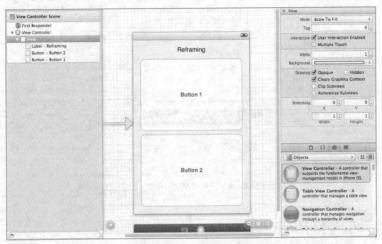

图12-11 禁用自动调整大小

如果没有禁用视图的自动调整大小功能，则应用程序代码调整UI元素的大小和位置的同时，iOS也将尝试这样做，但是结果可能极其混乱。

（2）第一次设计视图。

接下来需要像创建其他应用程序一样设计视图，在对象库中单击并拖曳这些元素到视图中。将标签的文本设置为"改变框架"，并将其放在视图顶端；将按钮的标题分别设置为"点我1"和"点我2"，并将它们放在标签下方，最终的布局如图12-12所示。

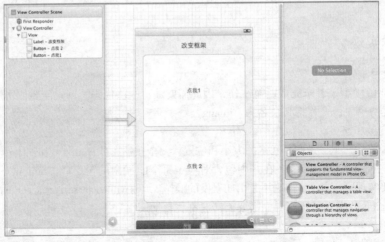

图12-12 设计视图

在获得所需的布局后，通过Size Inspector获取每个UI元素的frame属性值。首先选择标签，并按"Option+ Command+5"快捷键打开Size Inspector。单击Origin方块左上角，将其设置为度量坐标的原点。然后确保在下拉列表"Show"中选择了"Frame Rectangle"，如图12-13所示。

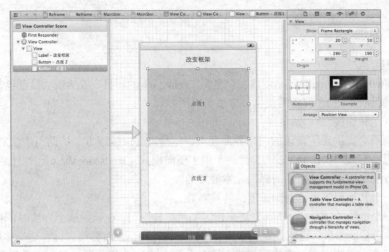

图12-13 使用Size Inspector显示要收集的信息

然后将该标签的X、Y、W（宽度）和H（高度）属性值记录下来，它们表示视图中对象的frame属性。对两个按钮重复上述过程。每个ui元素都将获得4个值，其中iPhone项目中的框架值如下所示。
- 标签：X为95.0、Y为22.0、W为130.0、H为22.0。
- 点我1：X为22.0、Y为50.0、W为280.0、H为190.0。
- 点我2：X为22.0、Y为250.0、W为280.0、H为190.0。

iPad项目中的框架值如下所示。
- 标签：X为275.0、Y为22.0、W为225.0、H为60.0。
- 点我1：X为22.0、Y为168.0、W为728.0、H为400.0。
- 点我2：X为22.0、Y为584.0、W为728.0、H为400.0。

12.3.3 范例技巧——当Interface Builder不满足需求时的解决方案

在实例12-2中，已经演示了使用Interface Builder编辑器快速创建在横向和纵向模式下都能正确显示的界面。但是在很多情况下，使用Interface Builder都难以满足现实项目的需求，如果界面包含间距不规则的控件且布局紧密，将难以按预期的方式显示。另外，还可能想在不同朝向下调整界面，使其看起来截然不同，例如将原本位于视图顶端的对象放到视图底部。在这两种情况下，可能想调整控件的框架以适合旋转后的iOS设备屏幕。本实例演示了旋转时调整控件的框架的方法，整个实现逻辑很简单：当设备旋转时，判断它将旋转到哪个朝向，然后设置每个要调整其位置或大小的UI元素的frame属性。下面就介绍如何完成这种工作。

12.4 管理横向和纵向视图（Swift版）

范例12-4	管理横向和纵向视图
源码路径	光盘\daima\第12章\12-4

12.4.1 范例说明

在iOS项目应用中，有一些应用程序可以根据设备的朝向显示完全不同的用户界面。例如，iPhone应用程序Music在纵向模式下显示一个可滚动的歌曲列表，而在横向模式下显示一个可快速滑动的CoverFlow式专辑视图。通过在手机旋转时切换视图，可以创建外观剧烈变化的应用程序。本实例演示了在Interface Builder编辑器中管理横向和纵向视图的知识。

12.4.2 具体实现

1. 创建项目

使用模板Single View Application创建一个名为"xuanqie"的项目。虽然该项目已包含一个视图（将把它用作默认的纵向视图），但还需提供一个横向视图。

（1）规划变量和连接。

虽然本实例不会提供任何真正的用户界面元素，但是需要以编程方式访问两个UIView实例，其中一个视图用于纵向模式（portraitView），另一个用于横向模式（landscapeView）。与上一个实例一样，也是实现一个方法，但它不是由任何界面元素触发的。

（2）添加一个常量用于表示度到弧度的转换系数。

需要调用一个特殊的Core Graphics方法来指定如何旋转视图，在调用这个方法时，需要传入一个以弧度而不是度为单位的参数。也就是说，不需要将视图旋转90°，而必须告诉它要旋转1.57弧度。为了帮助实现这种转换，需要定义一个表示转换系数的常量，将度数与该常量相乘将得到弧度数。为了定义该常量，在文件ViewController.m中将下面的代码行添加到#import代码行的后面。

```
#define kDeg2Rad (3.1415926/180.0)
```

（3）启用旋转。

在此需要确保视图控制器的shouldAutorotateToInterfaceOrientation的行为与期望的一致。本实例将只允许在两个横向模式和非倒转纵向模式之间旋转。修改文件ViewController.m，其中包含如下所示的代码。

```
- (BOOL)shouldAutorotateToInterfaceOrientation:(UIInterfaceOrientation)
interfaceOrientation
{
    return (interfaceOrientation != UIInterfaceOrientationPortraitUpsideDown);
}
```

其实可以将参数interfaceOrientation同UIInterfaceOrientationPortrait、UIInterfaceOrientationLandscapeRight和UIInterfaceOrientationLandscapeLeft进行比较。

2. 设计界面

采用切换视图的方式时，对视图的设计没有任何限制，可像在其他应用程序中一样创建视图。唯一的不同是，如果有多个由同一个视图控制器处理的视图，将需要定义针对所有界面元素的输出口。首先打开文件MainStoryboard.storyboard，从对象库中拖曳一个UIView实例到文档大纲中，并将它放在与视图控制器同一级的地方，而不要将其放在现有视图中，如图12-14所示。

然后打开默认视图并在其中添加一个标签，然后设置背景色，以方便区分视图。这就完成了一个视图的设计，但是还需要设计另一个视图。但是在Interface Builder中，只能编辑被分配给视图控制器的视图。

在文档大纲中，将刚创建的视图拖出视图控制器的层次结构，将其放到与视图控制器同一级的地方。在文档大纲中，将第二个视图拖曳到视图控制器上。这样就可编辑该视图了，并且指定了独特的背景色，并添加了一个标签（如Landscape View）。

在设计好第二个视图后，重新调整视图层次结构，将纵向视图嵌套在视图控制器中，并将横向视图放在与视图控制器同一级的地方。如果想让这个应用程序更加有趣，也可以添加其他控件并根据需要设计视图，图12-15显示了最终的横向视图和纵向视图。

3. 创建并连接输出口

为完成界面方面的工作，需要将两个视图连接到两个输出口。嵌套在视图控制器中的默认视图将连接到portraitView，而第二个视图将连接到landscpaeView。切换到助手编辑器模式，并确保文档大纲。因为要连接的是视图而不是界面元素，所以建立这些连接的最简单方式是按住"Control"键，并将文档大纲中的视图拖曳到文件ViewController.h中。

12.5 实现屏幕视图的自动切换（Swift版）

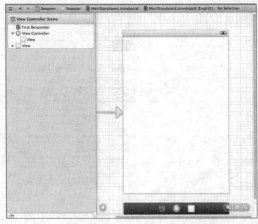

图12-14 在场景中再添加一个视图

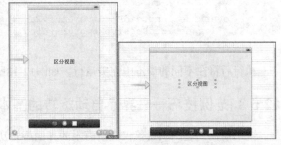

图12-15 对两个视图进行编辑

按住 "Control" 键，并从默认（嵌套）视图拖曳到ViewController.h中代码行 @interface下方。为该视图创建一个名为portraitView的输出口，对第二个视图重复上述操作，并将输出口命名为landscapeView。

到此为止，整个实例介绍完毕，执行后的效果如图12-16所示。

12.4.3 范例技巧——视图太复杂时的解决方案

本章前面的实例都使用一个视图，并重新排列该视图以适应不同的朝向。但是如果视图太复杂或在不同朝向下差别太大，导致这种方式不可行，可使用两个不同的视图和单个视图控制器。这个示例就将这样做。我们首先在传统的单视图应用程序中再添加一个视图，然后对两个视图进行设计，并确保能够在代码中通过属性轻松访问它们。完成这些工作后还需要编写必要的代码，设备旋转时在这两个视图之间进行切换。

图12-16 执行效果

12.5 实现屏幕视图的自动切换（Swift版）

范例12-5	实现屏幕视图的自动切换
源码路径	光盘\daima\第12章\12-5

12.5.1 范例说明

在下面的内容中，将通过一个具体实例的实现过程，详细讲解基于Swift语言实现屏幕视图的自动切换的过程。

12.5.2 具体实现

（1）通过Images.xcassets设置实现不同设备的界面切换自适应功能，如图12-17所示。

图12-17 Images.xcassets设计界面

（2）视图文件ViewController.swift的具体实现代码如下所示。
```
import UIKit
class ViewController: UIViewController {

    override func viewDidLoad() {
        super.viewDidLoad()
    }
    override func didReceiveMemoryWarning() {
        super.didReceiveMemoryWarning()
    }
}
```
执行后将在不同的设备中完美运行，如图12-18所示。

12.5.3 范例技巧——界面自动旋转的基本知识

图12-18 执行效果

本书前面创建的项目仅仅支持有限的界面旋转功能，此功能是由视图控制器的一个方法中的一行代码实现的。当使用iOS模板创建项目时，默认将添加这行代码。当iOS设备要确定是否应旋转界面时，它向视图控制器发送消息shouldAutorotateToInterfaceOrientation，并提供一个参数来指出它要检查哪个朝向。

shouldAutorotateToInterfaceOrientation会对传入的参数与iOS定义的各种朝向常量进行比较，并对要支持的朝向返回TRUE（或YES）。在iOS应用中，会用到如下4个基本的屏幕朝向常量。

- UIInterfaceOrientationPortrait：纵向。
- UiInterfaceOrientationPortraitUpsideDown：纵向倒转。
- UIInterfaceOrientationLandscapeLeft：主屏幕按钮在左边的横向。
- UIInterfaceOrientationLandscapeRight：主屏幕按钮在右边的横向。

12.6 使用触摸的方式移动当前视图

范例12-6	使用触摸的方式移动当前视图
源码路径	光盘\daima\第12章\12-6

12.6.1 范例说明

本实例的功能是使用触摸的方式移动当前视图。视图控制器文件ViewController.m的功能是，通过函数touchesMoved监听用户触摸屏幕的手势，根据触摸的位置移动当前视图到指定的位置。

12.6.2 具体实现

文件ViewController.m的具体实现代码如下所示。
```
#import "ViewController.h"
@interface ViewController ()
@end
@implementation ViewController
- (void)viewDidLoad {
    [super viewDidLoad];
}
- (void)didReceiveMemoryWarning {
[super didReceiveMemoryWarning];
}
- (void)touchesMoved:(NSSet *)touches withEvent:(UIEvent *)event{
    // 获取到触摸的手指
    UITouch *touch = [touches anyObject]; // 获取集合中的对象
    // 获取开始时的触摸点
    CGPoint previousPoint = [touch previousLocationInView:self.view];
    // 获取当前的触摸点
```

```
        CGPoint latePoint = [touch locationInView:self.view];
        // 获取当前点的位移量
        CGFloat dx = latePoint.x - previousPoint.x;
        CGFloat dy = latePoint.y - previousPoint.y;
        // 获取当前视图的center
        CGPoint center = self.view.center;
        // 根据位移量修改center的值
        center.x += dx;
        center.y += dy;
        // 把新的center赋给当前视图
        self.view.center = center;
}
@end
```

执行后可以触摸的方式移动当前的白色视图,如图12-19所示。

12.6.3 范例技巧——总结常用的手势识别类

图12-19 执行效果

为了简化编程工作,对于在应用程序中可能实现的所有常见手势,简单来说,需要创建一个UIGestureRecognizer类的对象,或者是它的子类的对象。Apple创建了如下所示的"手势识别器"类。
- 轻按(UITapGestureRecognizer):用一个或多个手指在屏幕上轻按。
- 按住(UILongPressGestureRecognizer):用一个或多个手指在屏幕上按住。
- 长时间按住(UILongPressGestureRecogrlizer):用一个或多个手指在屏幕上按住指定时间。
- 张合(UIPinchGestureRecognizer):张合手指以缩放对象。
- 旋转(UIRotationGestureRecognizer):沿圆形滑动两个手指。
- 轻扫(UISwipeGestureRecognizer):用一个或多个手指沿特定方向轻扫。
- 平移(UIPanGestureRecognizer):触摸并拖曳。
- 摇动:摇动iOS设备。

12.7 触摸挪动彩色方块(Swift版)

范例12-7	触摸挪动彩色方块
源码路径	光盘\daima\第12章\12-7

12.7.1 范例说明

本实例的功能是以触摸的方式挪动彩色方块,在实例中构建一个用户可以移动的视图界面,实现触摸移动事件处理。用户可以用触摸的方式移动界面中的3个方块。

12.7.2 具体实现

实现视图界面文件APLViewController.swift,构建一个用户可以移动的视图界面,实现触摸移动事件处理,具体实现代码如下所示。

```
import UIKit

@objc(APLViewController)
class APLViewController: UIViewController {
    private var piecesOnTop: Bool = false    // Keeps track of whether two or more pieces are on top of each other.
    private var startTouchPosition: CGPoint = CGPoint()

    //用户可以移动视图
    @IBOutlet private var firstPieceView: UIImageView!
    @IBOutlet private var secondPieceView: UIImageView!
    @IBOutlet private var thirdPieceView: UIImageView!
```

```swift
    @IBOutlet private var touchPhaseText: UILabel! // Displays the touch phase.
    @IBOutlet private var touchInfoText: UILabel! // Displays touch information for multiple taps.
    @IBOutlet private var touchTrackingText: UILabel! // Displays touch tracking information
    @IBOutlet private var touchInstructionsText: UILabel! // Displays instructions for how to split apart pieces that are on top of each other.

    private final let GROW_ANIMATION_DURATION_SECONDS = 0.15    // Determines how fast a piece size grows when it is moved.
    private final let SHRINK_ANIMATION_DURATION_SECONDS = 0.15 // Determines how fast a piece size shrinks when a piece stops moving.

    //MARK: -触摸处理

    /**
    开始处理触摸
    */
    override func touchesBegan(touches: Set<NSObject>, withEvent event: UIEvent) {
        let numTaps = (touches.first! as! UITouch).tapCount
        self.touchPhaseText.text = NSLocalizedString("Phase: Touches began", comment: "Phase label text for touches began")
        self.touchInfoText.text = ""
        if numTaps >= 2 {
            let infoFormatString = NSLocalizedString("%d taps", comment: "Format string for info text for number of taps")
            self.touchInfoText.text = String(format: infoFormatString, numTaps)
            if numTaps == 2 && piecesOnTop {
                //要想当两块或更多，在彼此顶部双击
                if self.firstPieceView.center.x == self.secondPieceView.center.x {
                    self.secondPieceView.center = CGPointMake(self.firstPieceView.center.x - 50, self.firstPieceView.center.y - 50)
                }
                if self.firstPieceView.center.x == self.thirdPieceView.center.x {
                    self.thirdPieceView.center  = CGPointMake(self.firstPieceView.center.x + 50, self.firstPieceView.center.y + 50)
                }
                if self.secondPieceView.center.x == self.thirdPieceView.center.x {
                    self.thirdPieceView.center  = CGPointMake(self.secondPieceView.center.x + 50, self.secondPieceView.center.y + 50)
                }
                self.touchInstructionsText.text = ""
            }
        } else {
            self.touchTrackingText.text = ""
        }
        //枚举所有的触摸对象
        var touchCount = 0
        for touch in touches as! Set<UITouch> {
            //发送的调度方法，在触摸后这将确保提供适当的子视图
            self.dispatchFirstTouchAtPoint(touch.locationInView(self.view), forEvent: nil)
            touchCount++
        }
    }

    /**检查视图界面，调用一个方法来执行开场动画*/
    private func dispatchFirstTouchAtPoint(touchPoint: CGPoint, forEvent event: UIEvent?) {
        if CGRectContainsPoint(self.firstPieceView.frame, touchPoint) {
            self.animateFirstTouchAtPoint(touchPoint, forView: self.firstPieceView)
        }
        if CGRectContainsPoint(self.secondPieceView.frame, touchPoint) {
            self.animateFirstTouchAtPoint(touchPoint, forView: self.secondPieceView)
        }
        if CGRectContainsPoint(self.thirdPieceView.frame, touchPoint) {
            self.animateFirstTouchAtPoint(touchPoint, forView: self.thirdPieceView)
        }
    }
```

12.7 触摸挪动彩色方块（Swift 版）

```swift
/**
处理一个触摸的延续
*/
override func touchesMoved(touches: Set<NSObject>, withEvent event: UIEvent) {
    var touchCount = 0
    self.touchPhaseText.text = NSLocalizedString("Phase: Touches moved", comment: "Phase label text for touches moved")
    //枚举所有触摸对象
    for touch in touches as! Set<UITouch> {
        // Send to the dispatch method, which will make sure the appropriate subview is acted upon
        self.dispatchTouchEvent(touch.view, toPosition: touch.locationInView(self.view))
        touchCount++
    }
    
    //发生多个触动动作后，报告触摸次数
    if touchCount > 1 {
        let trackingFormatString = NSLocalizedString("Tracking %d touches", comment: "Format string for tracking text for number of touches being tracked")
        self.touchTrackingText.text = String(format: trackingFormatString, Int32(touchCount))
    } else {
        self.touchTrackingText.text = NSLocalizedString("Tracking 1 touch", comment: "String for tracking text for 1 touch being tracked")
    }
}


/**
检查视图界面中的移动位置点，然后将其移动到中心点
如果是直接对彼此顶部的视图，则它们一起移动
*/
private func dispatchTouchEvent(theView: UIView, toPosition position: CGPoint) {
    //移动到那个位置
    if CGRectContainsPoint(self.firstPieceView.frame, position) {
        self.firstPieceView.center = position
    }
    if CGRectContainsPoint(self.secondPieceView.frame, position) {
        self.secondPieceView.center = position
    }
    if CGRectContainsPoint(self.thirdPieceView.frame, position) {
        self.thirdPieceView.center = position
    }
}

/**
处理触摸事件结束
*/
override func touchesEnded(touches: Set<NSObject>, withEvent event: UIEvent) {
    self.touchPhaseText.text = NSLocalizedString("Phase: Touches ended", comment: "Phase label text for touches ended")
    //枚举所有触摸对象
    for touch in touches as! Set<UITouch> {
        // Sends to the dispatch method, which will make sure the appropriate subview is acted upon
        self.dispatchTouchEndEvent(touch.view, toPosition: touch.locationInView(self.view))
    }
}


/**
调用一个方法来执行关闭动画，返回到其原始位置
*/
private func dispatchTouchEndEvent(theView: UIView, toPosition position: CGPoint) {
    // Check to see which view, or views, the point is in and then animate to that position.
    if CGRectContainsPoint(self.firstPieceView.frame, position) {
        self.animateView(self.firstPieceView, toPosition: position)
    }
```

```
            if CGRectContainsPoint(self.secondPieceView.frame, position) {
                self.animateView(self.secondPieceView, toPosition: position)
            }
            if CGRectContainsPoint(self.thirdPieceView.frame, position) {
                self.animateView(self.thirdPieceView, toPosition: position)
            }

            //如果一个掩盖了另一个,则显示一个消息,用户可以移动将两者分开
            if CGPointEqualToPoint(self.firstPieceView.center, self.secondPieceView.center) ||
                CGPointEqualToPoint(self.firstPieceView.center, self.thirdPieceView.center) ||
                CGPointEqualToPoint(self.secondPieceView.center, self.thirdPieceView.center)
            {

                self.touchInstructionsText.text = NSLocalizedString("Double tap the
background to move the pieces apart.", comment: "Instructions text string.")
                piecesOnTop = true
            } else {
                piecesOnTop = false
            }
        }
    override func touchesCancelled(touches: Set<NSObject>, withEvent event: UIEvent)
{
        self.touchPhaseText.text = NSLocalizedString("Phase: Touches cancelled",
comment: "Phase label text for touches cancelled")
        //枚举所有触摸对象
        for touch in touches as! Set<UITouch> {
            // 确保提供合适的子视图
            self.dispatchTouchEndEvent(touch.view, toPosition: touch.locationInView
(self.view))
        }
    }

    //MARK: - 动画视图
    private func animateFirstTouchAtPoint(touchPoint: CGPoint, forView theView: UIImageView) {
        UIView.beginAnimations(nil, context: nil)
        UIView.setAnimationDuration(GROW_ANIMATION_DURATION_SECONDS)
        theView.transform = CGAffineTransformMakeScale(1.2, 1.2)
        UIView.commitAnimations()
    }

    /**
    缩小视图并将其移动到新的位置
    */
    private func animateView(theView: UIView, toPosition thePosition: CGPoint) {
        UIView.beginAnimations(nil, context: nil)
        UIView.setAnimationDuration(SHRINK_ANIMATION_DURATION_SECONDS)
        // Set the center to the final postion.
        theView.center = thePosition
        // Set the transform back to the identity, thus undoing the previous scaling effect.
        theView.transform = CGAffineTransformIdentity
        UIView.commitAnimations()
    }
}
```

本实例执行后的效果如图12-20所示,用户可以用触摸的方式移动界面中的3个方块,如图12-21所示。

图12-20 执行效果

图12-21 移动方块

12.7.3 范例技巧——触摸识别的意义

在以前的iOS版本中,开发人员必须读取并识别低级触摸事件,以判断是否发生了张合:屏幕上是否有两个触摸点?它们是否相互接近?在iOS 4和更晚的版本中,可指定要使用的识别器类型,并将其加入到视图(UIView)中,然后就能自动收到触发的多点触摸事件。您甚至可获悉手势的值,如张合手势的速度和缩放比例(scale)。下面来看看如何使用代码实现这些功能。

12.8 实现一个手势识别器

范例12-8	实现一个手势识别器
源码路径	光盘\daima\第12章\12-8

12.8.1 范例说明

在下面的演示实例中,将实现5种手势识别器(轻按、轻扫、张合、旋转和摇动)以及这些手势的反馈。每种手势都会更新标签,指出有关该手势的信息。在张合、旋转和摇动的基础上更进一步。当用户执行这些手势时,将缩放、旋转或重置一个图像视图。为了给手势输入提供空间,这个应用程序显示的屏幕中包含4个嵌套的视图(UIView),在故事板场景中,直接给每个嵌套视图指定一个手势识别器。当在视图中执行操作时,将调用视图控制器中相应的方法,在标签中显示有关手势的信息。另外,根据执行的手势,还可能更新屏幕上的一个图像视图(UIImageView)。

12.8.2 具体实现

为了响应摇动手势,motionEnded:withEvent方法的实现代码如下所示。

```
- (void)motionEnded:(UIEventSubtype)motion withEvent:(UIEvent *)event {
    if (motion==UIEventSubtypeMotionShake) {
        self.outputLabel.text=@"Shaking things up!";
        self.imageView.transform = CGAffineTransformMakeRotation(0.0);
        self.imageView.frame=CGRectMake(kOriginX,
                                       kOriginY,
                                       kOriginWidth,
                                       kOriginHeight);
    }
}
```

此时就可以运行该应用程序并使用本章实现的所有手势了。尝试使用张合手势缩放图像;摇动设备将图像恢复到原始大小;缩放和旋转图像、轻按、轻扫——一切都按您预期的那样进行,而令人惊讶的是,需要编写的代码很少,执行后的效果如图12-22所示。

12.8.3 范例技巧——规划本实例的变量和连接

对于要检测的每个触摸手势,都需要提供让其能够得以发生的视图。通常,这可使用主视图,但出于演示目的,将在主视图中添加4个UIView,每个UIView都与一个手势识别器相关联。令人惊讶的是,这些UIView都不需要输出口,因为将在Interface Builder编辑器中直接将它们连接到手势识别器。但是需要两个输出口/属性:outputLabel和imageView,它们分别连接到一个UILabel和一个UIImageView。其中标签用于向用户提供文本反馈,而图像视图在用户执行张合和旋转手势时提供视觉反馈。

当在本实例的这4个视图中检测到手势时,应用程序需要调用一个操

图12-22 执行效果

作方法，以便与标签和图像交互。把手势识别器UI连接到方法foundTap、foundSwipe、foundPinch、foundRotantion。

12.9 识别手势并移动屏幕中的方块（Swift版）

范例12-9	识别手势并移动屏幕中的方块
源码路径	光盘\daima\第12章\12-9

12.9.1 范例说明

本实例的功能是识别手势并移动屏幕中的方块，在屏幕中插入3个不同颜色的方块。当用户触摸屏幕时实现手势识别功能，获取用户手势的触摸的位置，通过函数panPiece移动方块到指定的位置。

12.9.2 具体实现

文件APLViewController.swift的功能是实现手势识别，获取手势的触摸位置，通过函数panPiece移动方块到指定的位置。文件APLViewController.swift的具体实现代码如下所示。

```swift
import UIKit
import QuartzCore

@objc(APLViewController)
class APLViewController: UIViewController, UIGestureRecognizerDelegate {
    // 可以移动3个图片
    @IBOutlet private weak var firstPieceView: UIImageView!
    @IBOutlet private weak var secondPieceView: UIImageView!
    @IBOutlet private weak var thirdPieceView: UIImageView!

    private weak var pieceForReset: UIView?

    //MARK: - Utility methods

    /**
     旋转变换层，移动一个手势识别的尺度
     */
    private func adjustAnchorPointForGestureRecognizer(gestureRecognizer: UIGestureRecognizer) {
        if gestureRecognizer.state == .Began {
            let piece = gestureRecognizer.view!
            let locationInView = gestureRecognizer.locationInView(piece)
            let locationInSuperview = gestureRecognizer.locationInView(piece.superview)
            piece.layer.anchorPoint = CGPointMake(locationInView.x / piece.bounds.size.width, locationInView.y / piece.bounds.size.height)
            piece.center = locationInSuperview
        }
    }
    /**
     显示一个菜单，该菜单中有一个项目，允许该区域转换被重置
     */
    @IBAction private func showResetMenu(gestureRecognizer: UILongPressGestureRecognizer) {
        if gestureRecognizer.state == .Began {
            self.becomeFirstResponder()
            self.pieceForReset = gestureRecognizer.view
            /*
             设置重置菜单
             */
            let menuItemTitle = NSLocalizedString("Reset", comment: "Reset menu item title")
            let resetMenuItem = UIMenuItem(title: menuItemTitle, action: "resetPiece:")

            let menuController = UIMenuController.sharedMenuController()
            menuController.menuItems = [resetMenuItem]
```

12.9 识别手势并移动屏幕中的方块（Swift 版）

```swift
        let location = gestureRecognizer.locationInView(gestureRecognizer.view)
        let menuLocation = CGRectMake(location.x, location.y, 0, 0)
        menuController.setTargetRect(menuLocation, inView: gestureRecognizer.view!)

        menuController.setMenuVisible(true, animated: true)
    }
}
/**
以动画方式返回到默认的锚点
*/
func resetPiece(controller: UIMenuController) {
    let pieceForReset = self.pieceForReset!

    let centerPoint = CGPointMake(CGRectGetMidX(pieceForReset.bounds), CGRectGetMidY(pieceForReset.bounds))
    let locationInSuperview = pieceForReset.convertPoint(centerPoint, toView: pieceForReset.superview)
    pieceForReset.layer.anchorPoint = CGPointMake(0.5, 0.5)
    pieceForReset.center = locationInSuperview

    UIView.beginAnimations(nil, context: nil)
    pieceForReset.transform = CGAffineTransformIdentity
    UIView.commitAnimations()
}
// UIMenuController要求成为第一个响应者，或者不会显示
override func canBecomeFirstResponder() -> Bool {
    return true
}
//MARK: - 开始触摸处理
/**
平移方块中心
*/
@IBAction private func panPiece(gestureRecognizer: UIPanGestureRecognizer) {
    let piece = gestureRecognizer.view!

    self.adjustAnchorPointForGestureRecognizer(gestureRecognizer)

    if gestureRecognizer.state == .Began || gestureRecognizer.state == .Changed {
        let translation = gestureRecognizer.translationInView(piece.superview!)

        piece.center = CGPointMake(piece.center.x + translation.x, piece.center.y + translation.y)
        gestureRecognizer.setTranslation(CGPointZero, inView: piece.superview)
    }
}


/**
旋转方块
*/
@IBAction private func rotatePiece(gestureRecognizer: UIRotationGestureRecognizer)
{
    self.adjustAnchorPointForGestureRecognizer(gestureRecognizer)

    if gestureRecognizer.state == .Began || gestureRecognizer.state == .Changed {
        gestureRecognizer.view!.transform = CGAffineTransformRotate(gestureRecognizer.view!.transform, gestureRecognizer.rotation)
        gestureRecognizer.rotation = 0
    }
}
/**
按比例缩放
*/
@IBAction private func scalePiece(gestureRecognizer: UIPinchGestureRecognizer) {
    self.adjustAnchorPointForGestureRecognizer(gestureRecognizer)

    if gestureRecognizer.state == .Began || gestureRecognizer.state == .Changed {
```

```
                gestureRecognizer.view!.transform = CGAffineTransformScale(gestureRecognizer.
view!.transform, gestureRecognizer.scale, gestureRecognizer.scale)
                gestureRecognizer.scale = 1
        }
    }

    /**
    实现手势识别
    */
    func gestureRecognizer(gestureRecognizer: UIGestureRecognizer, shouldRecognize-
SimultaneouslyWithGestureRecognizer otherGestureRecognizer: UIGestureRecognizer) -> Bool {
        if gestureRecognizer.view !== self.firstPieceView && gestureRecognizer.
view !== self.secondPieceView && gestureRecognizer.view != self.thirdPieceView {
            return false
        }

        if gestureRecognizer.view !== otherGestureRecognizer {
            return false
        }

        if gestureRecognizer is UILongPressGestureRecognizer || otherGestureRecognizer
is UILongPressGestureRecognizer {
            return false
        }

        return true
    }
```

本实例执行后的效果如图12-23所示,移动后的效果如图12-24所示。

图12-23 执行效果　　　　　　　图12-24 移动后的效果

12.9.3 范例技巧——iOS触摸处理的基本含义

触摸就是用户把手指放到屏幕上,系统和硬件一起工作,知道手指什么时候触碰屏幕以及在屏幕中的触碰位置。UIView是UIResponder的子类,触摸发生在UIView上。用户看到的和触摸到的是视图(用户也许能看到图层,但图层不是一个UIResponder,它不参与触摸)。触摸是一个UITouch对象,该对象被放在一个UIEvent中,然后系统将UIEvent发送到应用程序上。最后,应用程序将UIEvent传递给一个适当的UIView。通常不需要关心UIEvent和UITouch。大多数系统视图会处理这些低级别的触摸,并且通知高级别的代码。例如,当UIButton发送一个动作消息报告一个Touch Up Inside事件时,它已经汇总了一系列复杂的触摸动作("用户将手指放到按钮上,也许还移来移去,最后手指抬起来了")。UITableView报告用户选择了一个表单元;当滚动UIScrollView时,它报告滚动事件。还有,有些界面视图只是自己响应触摸动作,而不通知代码。例如,当拖动UIWebView时,它仅滚动而已。

然而，知道怎样直接响应触摸是有用的，可以实现你自己的可触摸视图，并且充分理解Cocoa的视图在做些什么。

12.10 使用Force Touch

范例12-10	使用Force Touch
源码路径	光盘\daima\第12章\12-10

12.10.1 范例说明

本实例的功能是在屏幕中设置一个UILabel对象label，通过label文本显示用户对Force Touch技术的使用。

12.10.2 具体实现

（1）文件ViewController.m的功能是，在屏幕中设置UILabel对象label，通过label文本显示对Force Touch的使用，具体实现代码如下所示。

```
#import "ViewController.h"
@interface ViewController ()
@end
@implementation ViewController
- (void)viewDidLoad {
    [super viewDidLoad];
    [self.forceTouchView setForceTouchDelegate:self];
}
- (void)viewDidForceTouched:(HGForceTouchView*)forceTouchView {
    for (UIView *views in self.forceTouchView.subviews) {
        [views removeFromSuperview];
    }
    UILabel *label = [[UILabel alloc] initWithFrame:CGRectMake(0, 0, self.view.frame.size.width, 44)];
    [label setText:@"FORCE TOUCHED!"];
    [label setTextAlignment:NSTextAlignmentCenter];
    [label setCenter:CGPointMake(self.view.frame.size.width/2, self.view.frame.size.height/2)];
    [self.forceTouchView addSubview:label];
    [self performSelector:@selector(removeFrom) withObject:nil afterDelay:1];
}
- (void)removeFrom {
    for (UIView *views in self.forceTouchView.subviews) {
        [views removeFromSuperview];
    }
}
- (void)didReceiveMemoryWarning {
    [super didReceiveMemoryWarning];
}
@end
```

（2）ForceTouch接触面接口文件ForceTouchSurface.h的具体实现代码如下所示。

```
#import <UIKit/UIKit.h>
#import <CoreMotion/CoreMotion.h>
@class HGForceTouchView;
@protocol HGForceTouchViewDelegate <NSObject>
- (void)viewDidForceTouched:(HGForceTouchView*)forceTouchView;
@end
@interface HGForceTouchView : UIScrollView
{
    BOOL countPressing;
    NSTimer *mainTimer;
}
@property (strong, nonatomic) CMMotionManager *motionManager;
```

```
@property(nonatomic, assign) id<HGForceTouchViewDelegate> forceTouchDelegate;
@property UITouch *touchPosition;
@property CGFloat lastX, lastY, lastZ, timePressing;
@end
```

（3）文件ForceTouchSurface.m的功能是，在函数start中通过motionManager监听对屏幕的触摸位置坐标，通过函数outputAccelertionData输出加速度的数据，通过函数touchesBegan实现触摸开始时的操作事件，通过函数touchesEnded实现触摸结束时的操作事件。

本项目需要在真机中测试运行结果，在模拟器中的执行效果如图12-25所示。

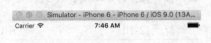

图12-25 在模拟器中的执行效果

12.10.3 范例技巧——Force Touch介绍

Force Touch是Apple用于Apple Watch、全新MacBook和13英寸MacBook Pro的一项经过重新设计的触摸传感技术。通过使用Force Touch，设备可以感知用户单击的力度，根据力度的不同调出相应的不同功能。这一技术的推出，让Apple Watch如此小的操作空间也能够实现更多的互动。比如说，一个轻触的作用可能和平时的简单单击一样，而当浏览Safari时，一个加重力度的单击可能会弹出一个显示Wikipedia（维基）入口的窗口。

12.11 启动Force Touch触控面板

范例12-11	启动Force Touch触控面板
源码路径	光盘\daima\第12章\12-11

12.11.1 范例说明

本实例的功能是启动Force Touch触控面板，通过手指按摩的方式调用核心图形移动触控板，并通过Force Touch设置振动强度和振动速度。

12.11.2 具体实现

（1）文件MassageWindow.m的功能是设置标题栏透明显示，具体实现代码如下所示。

```
#import "MassageWindow.h"
@implementation MassageWindow
- (void)awakeFromNib {
    self.titlebarAppearsTransparent = YES;
    self.appearance = [NSAppearance appearanceNamed:NSAppearanceNameVibrantDark];
}
@end
```

（2）视图控制器文件ViewController.m的功能是启动苹果的Force Touch触控板，通过手指按摩的方式调用核心图形移动触控板，并通过Force Touch设置振动强度和振动速度。

本实例执行后的效果如图12-26所示。

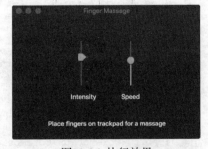

图12-26 执行效果

12.11.3 范例技巧——总结常用的Force Touch API

在全新的Force Touch中，提供了如下所示的API类型。

❑ Pressure sensitivity（压力感应）：例如通过对压力的感应，在绘图过程中使线条变粗或改变画刷的风格。

- Accelerators（加速器）：通过感应对触控板的压力敏感性为用户提供更多的控制。例如，可以随着压力的增加来快进播放多媒体。
- Drag and drop（拖曳）：可以感应用户手势的拖曳过程，根据拖曳距离执行对应的操作。
- Force click（单击力度）：应用程序可以感应对按钮、控制区域或在屏幕上进行的单击操作，根据单击的力度分别提供对应的功能，这样能够提供极强的用户体验。

12.12 实现界面旋转的自适应处理（Swift版）

范例12-12	实现界面旋转的自适应处理
源码路径	光盘\daima\第12章\12-12

12.12.1 范例说明

本实例的功能是实现界面旋转的自适应处理功能。其中文件AppDelegate.swift的功能是设置应用程序界面视图的执行过程，文件FixedViewController.swift的功能是实现固定视图控制器界面，文件RotatingViewController.swift的功能是实现旋转视图控制器界面。

12.12.2 具体实现

（1）文件AppDelegate.swift的功能是设置应用程序界面视图的执行过程，具体实现代码如下所示。

```swift
import UIKit
@UIApplicationMain
class AppDelegate: UIResponder, UIApplicationDelegate {
    var fixedWindow: UIWindow!
    var rotatingWindow: UIWindow!
    func application(application: UIApplication, didFinishLaunchingWithOptions launchOptions: [NSObject : AnyObject]?) -> Bool {
        let screenBounds = UIScreen.mainScreen().bounds
        let inset: CGFloat = fabs(screenBounds.width - screenBounds.height)
        fixedWindow = UIWindow(frame: screenBounds)
        fixedWindow.rootViewController = FixedViewController()
        fixedWindow.backgroundColor = UIColor.blackColor()
        fixedWindow.hidden = false
        rotatingWindow = UIWindow(frame: CGRectInset(screenBounds, -inset, -inset))
        rotatingWindow.rootViewController = RotatingViewController()
        rotatingWindow.backgroundColor = UIColor.clearColor()
        rotatingWindow.opaque = false
        rotatingWindow.makeKeyAndVisible()
        return true
    }
}
```

（2）文件FixedViewController.swift的功能是实现固定视图控制器界面，具体实现代码如下所示。

```swift
import UIKit
class FixedViewController: UIViewController {
    override func viewDidLoad() {
        super.viewDidLoad()
        view.backgroundColor = UIColor.blueColor()
    }
    override func shouldAutorotate() -> Bool {
        return false
    }
}
```

（3）文件RotatingViewController.swift的功能是实现旋转视图控制器界面。执行后将会实现界面旋转自适应效果，如图12-27所示。

图12-27 执行效果

12.12.3 范例技巧——实现界面自动旋转的基本方法

要让界面在纵向模式或主屏幕按钮位于左边的横向模式下都旋转，可以在视图控制器中通过如下代码实现方法shouldAutorotateToInterfaceOrientation启用界面旋转。

```
- (BOOL) shouldAutorotateToInterfaceOrientation:
  (UIInterfaceOrientation)interfaceOrientation
{
    return (interfaceOrientation==UlInterfaceOrientationPortrait ||
    interfaceOrientation==UIInterfaceOrientationLandscapeLeft);
}
```

这样只需一条return语句就可以了，会返回一个表达式的结果，该表达式将传入的朝向参数interfaceOrientation与UIInterfaceOrientationPortrait和UIInterfaceOrientationLandscapeLeft进行比较。只要任何一项比较为真，便会返回TRUE。如果检查的是其他朝向，则该表达式的结果为FALSE。只需在视图控制器中添加这个简单的方法，应用程序便能够在纵向和主屏幕按钮位于左边的横向模式下自动旋转界面。

如果使用Apple iOS模板指定创建iOS应用程序，方法shouldAutorotateToInterfaceOrientation将默认支持除纵向倒转外的其他所有朝向。iPad模板支持所有朝向。要想在所有可能的朝向下都旋转界面，可以将方法shouldAutorotateToInterfaceOrentation实现为return YES，这也是iPad模板的默认实现方式。

12.13 实现手势识别（Swift版）

范例12-13	实现手势识别
源码路径	光盘\daima\第12章\12-13

12.13.1 范例说明

本实例的功能是定义各种各样的手势识别函数，根据用户对屏幕的操作调用手势函数实现对应的功能。

12.13.2 具体实现

视图文件ViewController.swift的功能是定义各种手势的识别函数，具体实现代码如下所示。

```swift
import UIKit
class ViewController: UIViewController
{
    @IBOutlet weak var vwBox: UIView!
    
    var firstX:Double = 0;
    var firstY:Double = 0;
    
    override func viewDidLoad()
    {
        super.viewDidLoad()
        self.initializeGestureRecognizer()
    }
    func initializeGestureRecognizer()
    {
        //识别Tap（单击和双击）手势
        let tapGesture: UITapGestureRecognizer = UITapGestureRecognizer(target: self, action: Selector("recognizeTapGesture:"))
        vwBox.addGestureRecognizer(tapGesture)
        //识别长按手势
        let longPressedGesture: UILongPressGestureRecognizer = UILongPressGestureRecognizer(target: self, action: Selector("recognizeLongPressedGesture:"))
        vwBox.addGestureRecognizer(longPressedGesture)
```

```
        //识别旋转手势
        let rotateGesture: UIRotationGestureRecognizer = UIRotationGestureRecognizer
(target: self, action: Selector("recognizeRotateGesture:"))
        vwBox.addGestureRecognizer(rotateGesture)
        //识别缩放手势
        let pinchGesture: UIPinchGestureRecognizer = UIPinchGestureRecognizer(target:
self, action: Selector("recognizePinchGesture:"))
        vwBox.addGestureRecognizer(pinchGesture)
        //识别拖动手势
        let panGesture: UIPanGestureRecognizer = UIPanGestureRecognizer(target: self,
action: Selector("recognizePanGesture:"))
        panGesture.minimumNumberOfTouches = 1
        panGesture.maximumNumberOfTouches = 1
        vwBox.addGestureRecognizer(panGesture)
    }
```

单击方块后会变换颜色，并且可以触摸移动方块，执行效果如图12-28所示。

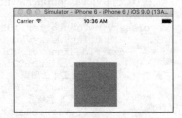

图12-28 执行效果

12.13.3 范例技巧——总结iOS的屏幕触摸操作

假设在一个屏幕上用户没有触摸。现在，用户用一个或更多手指接触屏幕。从这一刻开始到屏幕上没有手指触摸为止，所有触摸以及手指移动一起组成Apple所谓的多点触控序列。在一个多点触控序列期间，系统向应用程序报告每个手指的改变，从而应用程序知道用户在做什么。每个报告是一个UIEvent。事实上，在一个多点触控序列上的报告是相同的UIEvent实例。每一次手指发生改变时，系统就发布这个报告。每一个UIEvent包含一个或更多个UITouch对象。每个UITouch对象对应一个手指。一旦某个UITouch实例表示一个触摸屏幕的手指，那么，在一个多点触控序列上，这个UITouch实例就被一直用来表示该手指（直到该手指离开屏幕）。

在一个多点触控序列期间，系统只有在手指触摸形态改变时才需要报告。对于一个给定的UITouch对象（即一个具体的手指），只有4件事情会发生。它们被称为触摸阶段，下面通过一个UITouch实例的phase（阶段）属性来描述。

- UITouchPhaseBegan：手指首次触摸屏幕，该UITouch实例刚刚被构造。这通常是第一阶段，并且只有一次。
- UITouchPhaseMoved：手指在屏幕上移动。
- UITouchPhaseStationary：手指停留在屏幕上不动。为什么要报告这个？一旦一个UITouch实例被创建，它必须在每一次UIEvent中出现。因此，如果由于其他某事发生（例如，另一个手指触摸屏幕）而发出UIEvent，必须报告该手指在干什么，即使它没有做任何事情。
- UITouchPhaseEnded：手指离开屏幕。和UITouchPhaseBegan一样，该阶段只有一次。该UITouch实例将被销毁，并且不再出现在多点触控序列的UIEvents中。
- UITouchPhaseCancelled：系统已经摒弃了该多点触控序列，可能是由于某事打断了它。那么，什么事情可能打断一个多点触控序列？这有很多可能性。也许用户在当中单击了"Home"按钮或者屏幕锁按钮，也许在iPhone上一个电话进来了。所以，如果你自己正在处理触摸操作，那么就不能忽略这个取消动作；当触摸序列被打断时，你可能需要完成一些操作。

当UITouch首次出现时（UITouchPhaseBegan），应用程序定位与此相关的UIView。该视图被设置为触摸的View（视图）属性值。从那一刻起，该UITouch一直与该视图关联。一个UIEvent就被分发到UITouch的所有视图上。

12.14 识别手势并移动图像（Swift版）

范例12-14	识别手势并移动图像
源码路径	光盘\daima\第12章\12-14

12.14.1 范例说明

本实例的实现过程十分简单，功能是识别手势并移动在屏幕中指定的素材图像。

12.14.2 具体实现

视图文件ViewController.swift的具体实现代码如下所示。

```swift
import UIKit
class ViewController: UIViewController {
    @IBOutlet weak var ivTarget: UIImageView!
    override func viewDidLoad() {
        super.viewDidLoad()
        // 设置背景图像
        let image:UIImage = UIImage(named:"bg01")!
        //设置背景颜色
        self.view.backgroundColor = UIColor(patternImage:image)
        // 设置当前UIView接受并响应用户的交互
        self.ivTarget.userInteractionEnabled = true
        // 动画开始
        animateStart(target: ivTarget, key: "Ani01")
    }
    override func didReceiveMemoryWarning() {
        super.didReceiveMemoryWarning()
    }
    //动画开始//动画开始旋转（要用到QuartzCore.framework）
    func animateStart(target target: UIView, key: String!) {
        // 动画设定
        // （种类（Z轴旋转）
        let ani:CABasicAnimation = CABasicAnimation(keyPath:"transform.rotation.z")
        //设定（变化值（弧度角）
        ani.fromValue = 0.0         // 0°
        ani.toValue   = 2.0 * M_PI  // 360°
        // （动画时间（秒））
        ani.duration = 2.0;
        // （重复次数）
        ani.repeatCount = HUGE
        // 动画开始
        target.layer.addAnimation(ani, forKey: key)
    }
    // 移动目标图像
    @IBAction func panTarget(sender: UIPanGestureRecognizer) {
        // 移动处理
        sender.view!.center = sender.locationInView(view.superview)
    }
    // 动画停止
    func animateEnd(target target: UIView, key: String!) {
        // 删除动画
        target.layer.removeAnimationForKey(key)
    }
}
```

执行后可以触摸的方式移动屏幕中的地球图像，如图12-29所示。

12.14.3 范例技巧——如何调整框架

每个UI元素都由屏幕上的一个矩形区域定义，这个矩形区域就是UI元素的frame属性。要调整视图中UI元素的大小或位置，可以使用Core Graphics中的C语言函数CGRectMake（*x,y,width*，*height*）来重新定义frame属性。该函数接受*x*和*y*坐标以及宽度和高度（单位都是点）作为参数，并返回一个框架对象。通过重新定义视图中每个UI元素的框架，便可以全面控制它们的位置和大小。但是需要跟踪每个对象的坐标位置，这本身并不难，但当需要将

图12-29 执行效果

一个对象向上或向下移动几个点时，可能发现需要调整它上方或下方所有对象的坐标，这就会比较复杂。

12.15 实现一个绘图板系统（Swift版）

范例12-15	实现一个绘图板系统
源码路径	光盘\daima\第12章\12-15

12.15.1 范例说明

本实例的功能是基于PennyPincher快速手势识别算法实现一个绘图板系统。

12.15.2 具体实现

（1）文件PennyPincher.swift的具体实现代码如下所示。

```
import UIKit
public class PennyPincher {
    private static let NumResamplingPoints = 16
    public init() {
    }
    
    public class func createTemplate(id: String, points: [CGPoint]) -> PennyPincherTemplate? {
        if points.count == 0 {
            return nil
        }
        
        return PennyPincherTemplate(id: id, points: PennyPincher.resampleBetweenPoints(points))
    }
    //定义手势识别函数
    public class func recognize(points: [CGPoint], templates: [PennyPincherTemplate]) -> (template: PennyPincherTemplate, similarity: CGFloat)? {
        if points.count == 0 || templates.count == 0 {
            return nil
        }
        let c = PennyPincher.resampleBetweenPoints(points)
        if c.count == 0 {
            return nil
        }
        var similarity = CGFloat.min
        var t: PennyPincherTemplate!
        var d: CGFloat
        for template in templates {
            d = 0.0
            let count = min(c.count, template.points.count)
            for i in 0...count - 1 {
                let tp = template.points[i]
                let cp = c[i]
                
                d = d + tp.x * cp.x + tp.y * cp.y
                
                if d > similarity {
                    similarity = d
                    t = template
                }
            }
        }
        if t == nil {
            return nil
        }
        
        return (t, similarity)
    }
    //实现识别点的重新采样处理
    private class func resampleBetweenPoints(var points: [CGPoint]) -> [CGPoint] {
```

```swift
            let i = pathLength(points) / CGFloat(PennyPincher.NumResamplingPoints - 1)
            var d: CGFloat = 0.0
            var v = [CGPoint]()
            var prev = points.first!
            var index = 0
            for _ in points {
                if index == 0 {
                    index++
                    continue
                }
                
                let thisPoint = points[index]
                let prevPoint = points[index - 1]
                
                let pd = distanceBetweenPoint(thisPoint, andPoint: prevPoint)
                
                if (d + pd) >= i {
                    let q = CGPointMake(
                        prevPoint.x + (thisPoint.x - prevPoint.x) * (i - d) / pd,
                        prevPoint.y + (thisPoint.y - prevPoint.y) * (i - d) / pd)
                    
                    var r = CGPointMake(q.x - prev.x, q.y - prev.y)
                    let rd = distanceBetweenPoint(CGPointZero, andPoint: r)
                    r.x = r.x / rd
                    r.y = r.y / rd
                    
                    d = 0.0
                    prev = q
                    
                    v.append(r)
                    points.insert(q, atIndex: index)
                    index++
                } else {
                    d = d + pd
                }
                
                index++
            }
            
            return v
        }
        //路径长度设置
        private class func pathLength(points: [CGPoint]) -> CGFloat {
            var d: CGFloat = 0.0
            
            for i in 1..<points.count {
                d = d + distanceBetweenPoint(points[i - 1], andPoint: points[i])
            }
            
            return d
        }
        
        private class func distanceBetweenPoint(pointA: CGPoint, andPoint pointB: CGPoint) -> CGFloat {
            let distX = pointA.x - pointB.x
            let distY = pointA.y - pointB.y
            
            return sqrt((distX * distX) + (distY * distY))
        }
    }
```

（2）文件PennyPincherGestureRecognizer.swift的功能是实现基本的手势触摸屏幕操作。

（3）文件PennyPincherTemplate.swift的功能是定义触摸模板。文件PennyPincherTests.swift的核心功能是通过templatePoints在模板中实现坐标处理。

（4）创建测试工程"PennyPincherExample"，工程的最终目录结构如图12-30所示。

（5）打开Main.storyboard，为本工程设计一个视图界面，在里面插入3个不同颜色的方块，如图12-31所示。

12.16 使用 Force Touch 技术（Swift版）

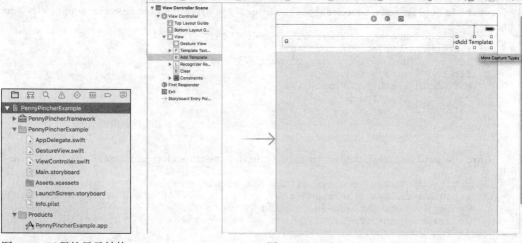

图12-30 工程的目录结构　　　　图12-31 Main.storyboard界面

（6）文件GestureView.swift的功能是构建手势识别测试视图，根据监听到的用户触摸手势来绘制图形。

（7）文件ViewController.swift的功能是调用前面的手势识别算法识别用户手势，将绘制的图形显示在屏幕中。

本实例执行后的效果如图12-32所示。

12.15.3 范例技巧——如何切换视图

为了让视图适合不同的朝向，一种更激动人心的方法是给横向和纵向模式提供不同的视图。当用户旋转手机时，当前视图将替换为另一个布局适合该朝向的视图。这意味着可以在单个场景中定义两个布局符合需求的视图，但这也意味着需要为每个视图跟踪独立的输出口。虽然不同视图中的元素可调用相同的操作，但它们不能共享输出口，因此在视图控制器中需要跟踪的UI元素数量可能翻倍。为了获悉何时需要修改框架或切换视图，可在视图控制器中实现方法villRotateToInterfaceOrientation: toInterfaceOrientation:duration:，这个方法在改变朝向前被调用。

图12-32 执行效果

12.16 使用Force Touch技术（Swift版）

范例12-16	使用Force Touch技术
源码路径	光盘\daima\第12章\12-16

12.16.1 范例说明

在本实例中演示了使用Force Touch技术的基本过程，其中文件PIForceTouchView.swift的功能是定义各个手势识别函数。视图文件ViewController.swift的功能是加载显示测试屏幕，并调用识别函数来识别用户的手势。

12.16.2 具体实现

（1）文件PIForceTouchView.swift的功能是定义各个手势识别函数，具体实现代码如下所示。

```swift
    override public func touchesBegan(touches: Set<UITouch>, withEvent event: UIEvent?)
{
    super.touchesBegan(touches, withEvent: event)
    for touch: AnyObject in touches {
      let t: UITouch = touch as! UITouch
      let rad = t.majorRadius
      threshold = rad * CGFloat(1.3)
      delegate?.beganTouch?(t)
      isForce = false
    }
  }

  override public func touchesMoved(touches: Set<UITouch>, withEvent event: UIEvent?)
{
    super.touchesMoved(touches, withEvent: event)
    for touch: AnyObject in touches {
      let t: UITouch = touch as! UITouch
      let rad = t.majorRadius
      if rad > threshold && !isForce {
        delegate?.beganForceTouch?(t)
        isForce = true
      }
    }
  }

  override public func touchesEnded(touches: Set<UITouch>, withEvent event: UIEvent?) {
    super.touchesEnded(touches, withEvent: event)
    for touch: AnyObject in touches {
      let t: UITouch = touch as! UITouch
      let l = t.locationInView(self)
      if frame.origin.x < l.x && l.x < frame.origin.x + frame.size.width &&
         frame.origin.y < l.y && l.y < frame.origin.y + frame.size.height {
        if isForce {
          delegate?.forceTouchUpInside?(t)
        } else {
          delegate?.touchUpInside?(t)
        }
      }
      isForce = false
      delegate?.endedAllTouch?(t)
    }
  }
  override public func touchesCancelled(touches: Set<UITouch>?, withEvent event:
UIEvent?) {
    super.touchesCancelled(touches, withEvent: event)
    for touch: AnyObject in touches {
      var t: UITouch = touch as! UITouch
      isForce = false
      delegate?.cancelledAllTouch?(t)
    }
  }
}
```

（2）视图文件ViewController.swift的功能是加载显示测试屏幕，并调用识别函数来识别用户的手势。

本实例需要在真机中运行，执行效果如图12-33所示。

图12-33 执行效果

12.16.3 范例技巧——挖掘Force Touch技术的方法

有关Force Touch APIs的基本语法和具体用法，读者可以参考苹果公司的开发中心中的相关介绍：https://developer.apple.com/osx/force-touch/，如图12-34所示。

图12-34 官方Force Touch

12.17 实现Touch ID身份验证

范例12-17	实现Touch ID身份验证
源码路径	光盘\daima\第12章\12-17

12.17.1 范例说明

本实例的功能是使用Touch ID技术对用户实现身份验证。

12.17.2 具体实现

视图文件ViewController.m的具体实现代码如下所示。

```
#import "ViewController.h"
#import <LocalAuthentication/LocalAuthentication.h>

@interface ViewController ()
@end

@implementation ViewController

#pragma mark - lifecycle
- (void)viewDidLoad {
    [super viewDidLoad];
}

#pragma mark - event
- (IBAction)authoriseClicked:(id)sender {
    LAContext *myContext = [[LAContext alloc] init];
    NSError *authError = nil;
    NSString *myLocalizedReasonString = @"Authentication needed to allow to view other screen";

    if ([myContext canEvaluatePolicy:LAPolicyDeviceOwnerAuthenticationWithBiometrics error:&authError]) {
        [myContext evaluatePolicy:LAPolicyDeviceOwnerAuthenticationWithBiometrics
                  localizedReason:myLocalizedReasonString
                            reply:^(BOOL success, NSError *error) {
                                if (success) {
                                    // User authenticated successfully, take appropriate action
                                    dispatch_async(dispatch_get_main_queue(), ^{
                                        [self presentViewController:[[UINavigationController alloc] initWithRootViewController:[[UIStoryboard storyboardWithName:@"Main" bundle:nil] instantiateViewControllerWithIdentifier:@"ITRAuthorisedViewController"]] animated:YES completion:nil];
```

```
                                                });
                                            } else {
                                                // User did not authenticate successfully, look at
    error and take appropriate action

                                                dispatch_async(dispatch_get_main_queue(), ^{
                                                    [[[UIAlertView alloc] initWithTitle:@"Error"
    message:error.localizedDescription delegate:self cancelButtonTitle:@"Ok"
    otherButtonTitles:nil, nil] show];
                                                });
                                            }
                                        }];
        } else {
            // Could not evaluate policy; look at authError and present an appropriate
    message to user
            [[[UIAlertView alloc] initWithTitle:@"Error"
    message:authError.localizedDescription delegate:self cancelButtonTitle:@"Ok"
    otherButtonTitles:nil, nil] show];
        }
    }
    @end
```
本实例执行后的效果如图12-35所示。

12.17.3 范例技巧——什么是Touch ID

图12-35 执行效果

苹果公司从iPhone 5S手机开始便推出了指纹识别功能,这一功能提高了手机设备的安全性,方便了用户对设备的管理操作,提高了对个人隐私的保护。iPhone 5S的指纹识别功能是通过Touch ID实现的,从iOS 8系统开始,苹果开发了一些Touch ID的API,这样开发人员可以在自己的应用程序中调用指纹识别功能。令广大开发者兴奋是,从iOS 8系统开始开放了Touch ID的验证接口功能,在应用程序中可以判断输入的Touch ID是否设置了持有者的Touch ID。虽然还是无法获取到关于Touch ID的任何信息,但是,毕竟可以在应用程序中调用Touch ID的验证功能了。

12.18 演示触摸拖动操作

范例12-18	演示触摸拖动操作
源码路径	光盘\daima\第12章\12-18

12.18.1 范例说明

本实例演示了通过触摸方式拖动屏幕元素的具体过程。其中视图文件ViewController.m设置背景颜色为红色。文件TouchDragView.m的功能是定义操作函数- (void)touchesBegan、- (void)touchesMoved和- (void)touchesEnded:,分别实现触摸开始、触摸移动和触摸结束时的操作事件。

12.18.2 具体实现

视图文件ViewController.m的具体实现代码如下所示。
```
#import "ViewController.h"
#import "TouchDragView.h"
@interface ViewController ()
@end
@implementation ViewController
- (void)viewDidLoad {
    [super viewDidLoad];
    TouchDragView *view = [[TouchDragView alloc] init];
    view.backgroundColor = [UIColor redColor];
    view.delegate = self;
```

```
        view.frame = self.view.bounds;
        [self.view addSubview:view];
}
- (void)didReceiveMemoryWarning {
        [super didReceiveMemoryWarning];
        // Dispose of any resources that can be recreated.
}
@end
```

本实例执行后的效果如图12-36所示。

控制台中的效果如图12-37所示。

图12-36 执行效果　　　　　　　　　　图12-37 控制台界面效果

12.18.3 范例技巧——总结接收触摸的方法

作为一个UIResponder的UIView，它继承与4个UITouch阶段对应的4种方法（各个阶段需要UIEvent）。通过调用这4种方法中的一个或多个方法，一个UIEvent被发送给一个视图。

❑ touchesBegan:withEvent：一个手指触摸屏幕，创建一个UITouch。

❑ touchesMoved:withEvent：手指移动了。

❑ touchesEnded:withEvent：手指已经离开了屏幕。

❑ touchesCancelled:withEvent：取消一个触摸操作。

上述方法包括如下所示的参数。

❑ 相关的触摸：这些是事件的触摸，它们存放在一个NSSet中。如果知道这个集合中只有一个触摸，或者在集合中的任何一个触摸都可以，那么，可以用anyObject来获得这个触摸。

❑ 事件：这是一个UIEvent实例，它把所有触摸放在一个NSSet中，可以通过allTouches消息来获得它们。这意味着包括所有事件的触摸，包括但并不局限于在第一个参数中的那些触摸。它们可能是在不同阶段的触摸，或者是用于其他视图的触摸。可以调用touchesForView:或touchesForWindow:来获得一个指定视图或窗口所对应的触摸的集合。

UITouch中还有如下所示的有用的方法和属性。

❑ locationInView:和previousLocationInView：在一个给定视图的坐标系上，该触摸的当前或之前的位置。你感兴趣的视图通常是self或者self.superview，如果是nil，则得到相对于窗口的位置。仅当是UITouchPhaseMoved阶段时，你才会感兴趣之前的位置。

- timestamp：最近触摸的时间。当它被创建（UITouchPhaseBegan）时，有一个创建时间，每次移动（UITouchPhaseMoved）时也有一个时间。
- tapCount：连续多个轻击的次数。如果在相同位置上连续两次轻击，那么，第二个被描述为第一个的重复，它们是不同的触摸对象，但第二个将被分配一个tapCount，比前一个大1。默认值为1。因此，如果一个触摸的tapCount是3，那么这是在相同位置上的第三次轻击（连续轻击3次）。
- View：与该触摸相关联的视图。下面是一些UIEvent属性。
  - Type：主要是UIEventTypeTouches。
  - Timestamp：事件发生的时间。

12.19 实现一个绘图板系统（Swift版）

范例12-19	实现一个绘图板系统
源码路径	光盘\daima\第12章\12-19

12.19.1 范例说明

本实例的功能是实现一个触摸方式的绘图板系统。其中视图文件DrawView.swift的功能是通过CGPoint构建一个绘图区域。文件TouchSlider.swift的功能是根据用户触摸屏幕的手势绘制对应的图形。

12.19.2 具体实现

视图文件DrawView.swift的具体实现代码如下所示。
```
import UIKit
class DrawView: UIView {
    var lines = [Line] ()
    override func drawRect(rect: CGRect) {
    let context = UIGraphicsGetCurrentContext()
        UIColor.magentaColor().set()
        for line in lines {
            if let start = line.start, let end = line.end{
                if let fillColor = line.fillColor{
                    fillColor.set()
                    if let shape = line as? Shape {
                        let width = end.x - start.x
                        let height = end.y - start.y

                        let rect = CGRect(x: start.x, y: start.y, width: width, height: height)
                        switch shape.type ?? .Rectangle {
                        case .Circle :
                            CGContextFillEllipseInRect(context, rect)
                        case .Triangle :
                            let top = CGPoint(x: width / 2 + start.x ,y: start.y)
                            let right = end
                            let left = CGPoint(x: start.x ,y: end.y)
                            CGContextMoveToPoint(context, top.x, top.y)
                            CGContextAddLineToPoint(context, right.x, right.y)
                            CGContextAddLineToPoint(context, left.x, left.y)
                            CGContextAddLineToPoint(context, top.x, top.y)
                            CGContextFillPath(context)
                        case .Rectangle :

                            CGContextFillRect(context, rect)
                        case .Diamond :
                            let top = CGPoint(x: width / 2 + start.x, y: start.y)
                            let right = CGPoint(x: end.x, y: height / 2 + start.y)
                            let bottom = CGPoint(x: width / 2 + start.x, y: end.y)
                            let left = CGPoint(x: start.x, y: height / 2 + start.y)
                            CGContextMoveToPoint(context, top.x, top.y)
```

```swift
                            CGContextAddLineToPoint(context, right.x, right.y)
                            CGContextAddLineToPoint(context, bottom.x, bottom.y)
                            CGContextAddLineToPoint(context, left.x, left.y)
                            CGContextAddLineToPoint(context, top.x, top.y)
                            CGContextFillPath(context)
                        }
                    }
                }
                if let strokeColor = line.strokeColor {
                    strokeColor.set()
                    CGContextSetLineWidth(context, line.strokeWidth)
                    CGContextSetLineCap(context, .Round)
                    CGContextSetLineJoin(context, .Round)
                    if let shape = line as? Shape {
                        let width = end.x - start.x
                        let height = end.y - start.y
                        let rect = CGRect(x: start.x, y: start.y, width: width, height: height)
                        switch shape.type ?? .Rectangle {
                        case .Circle :
                         CGContextStrokeEllipseInRect(context, rect)
                        case .Triangle :
                            
                            let top = CGPoint(x: width / 2 + start.x ,y: start.y)
                            let right = end
                            let left = CGPoint(x: start.x ,y: end.y)
                            CGContextMoveToPoint(context, top.x, top.y)
                            CGContextAddLineToPoint(context, right.x, right.y)
                            CGContextAddLineToPoint(context, left.x, left.y)
                            CGContextAddLineToPoint(context, top.x, top.y)
                            CGContextStrokePath(context)
                        case .Rectangle :
                            CGContextStrokeRect(context, rect)
                        case .Diamond :
                            let top = CGPoint(x: width / 2 + start.x, y: start.y)
                            let right = CGPoint(x: end.x, y: height / 2 + start.y)
                            let bottom = CGPoint(x: width / 2 + start.x, y: end.y)
                            let left = CGPoint(x: start.x, y: height / 2 + start.y)
                            CGContextMoveToPoint(context, top.x, top.y)
                            CGContextAddLineToPoint(context, right.x, right.y)
                            CGContextAddLineToPoint(context, bottom.x, bottom.y)
                            CGContextAddLineToPoint(context, left.x, left.y)
                            CGContextAddLineToPoint(context, top.x, top.y)
                            CGContextStrokePath(context)
                        }
                    } else {
                        if let scribble = line as? Scribble {
                            CGContextAddLines(context, scribble.points, scribble.
                            points.count)
                        }
                         CGContextAddLineToPoint(context, end.x, end.y)
                        CGContextStrokePath(context)
                    }
                }
            }
        }
        UIColor.blueColor()
    }
}
class Line {
    var start: CGPoint?
    var end: CGPoint?
    var strokeColor: UIColor?
    var fillColor: UIColor?
    var strokeWidth: CGFloat = 0
}
class Scribble: Line {
```

```
        var points = [CGPoint] () {
            didSet {
                start = points.first
                end = points.last
            }
        }
    }
    enum ShapeType {
        case Rectangle, Circle, Triangle, Diamond
    }
    class Shape: Line{
        var type: ShapeType!
        init(type: ShapeType) {
            self.type = type
        }

    }
```
本实例执行后的效果如图12-38所示。

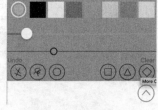

图12-38 执行效果

12.19.3 范例技巧——实现多点触摸的方法

在iOS系统中实现多点触摸的代码如下。
```
-(void)touchesBegan:(NSSet *)touches withEvent:(UIEvent *)event{
    NSUInteger numTouches = [touches count];
}
```
上述方法传递一个NSSet实例与一个UIEvent实例，可以通过获取touches参数中的对象来确定当前有多少根手指触摸，touches中的每个对象都是一个UITouch事件，表示一个手指正在触摸屏幕。倘若该触摸是一系列轻击的一部分，则还可以通过询问任何UITouch对象来查询相关的属性。

同鼠标操作一样，iOS也可以有单击、双击甚至更多类似的操作，有了这些，在这个有限大小的屏幕上，可以完成更多的功能。正如上文所述，可以通过访问它的touches属性来查询，代码如下所示。
```
-(void)touchesBegan:(NSSet *)touches withEvent:(UIEvent *)event{
    NSUInteger numTaps = [[touches anyObject] tapCount];
}
```

12.20 实现手势识别

范例12-20	实现手势识别
源码路径	光盘\daima\第12章\12-20

12.20.1 范例说明

在本实例中演示了实现多种手势动作的识别过程，例如文件Tap.m的功能是实现Tap单击操作识别，文件Pan.m的功能是实现Pan触摸操作功能。

12.20.2 具体实现

文件Tap.m的具体实现代码如下所示。
```
#import "Tap.h"

@implementation Tap
{
    UIImageView* grass;

}

- (void)viewDidLoad
{
    [super viewDidLoad];
```

```
    grass = [[UIImageView alloc] initWithFrame:self.view.bounds];
    grass.image = [UIImage imageNamed:@"grass.png"];
    grass.userInteractionEnabled = YES;
    grass.multipleTouchEnabled = YES;
    [self.view addSubview:grass];

    UITapGestureRecognizer* tapGesture = [[UITapGestureRecognizer alloc] initWithTarget:self

action:@selector(onTap:)];

    [grass addGestureRecognizer: tapGesture];
}
- (void) onTap: (UITapGestureRecognizer*) tap
{
    CGPoint point = [tap locationInView:self.view];
    // NSLog(@"x=%f - y=%f", point.x, point.y);
    UIImageView *ant = [[UIImageView alloc] initWithImage:[UIImage imageNamed:@"ant.png"]];
    ant.center = point;
    [grass addSubview:ant];
}
@end
```

Tap操作的执行效果如图12-39所示。

Pan操作的执行效果如图12-40所示。

图12-39 执行效果

图12-40 执行效果

12.20.3 范例技巧——总结iOS触摸处理事件

iPhone/iPad无键盘的设计是为了给屏幕争取更多的显示空间，大屏幕在观看图片、文字、视频等方面为用户带来了更好的体验。而触摸屏幕是iOS设备接受用户输入的主要方式，包括单击、双击、拨动以及多点触摸等，这些操作都会产生触摸事件。

在Cocoa中，代表触摸对象的类是UITouch。当用户触摸屏幕后，就会产生相应的事件，所有相关的UITouch对象都被包装在事件中，被程序交由特定的对象来处理。UITouch对象直接包括触摸的详细信息。

在UITouch类中包含如下5个属性。

（1）window：触摸产生时所处的窗口。由于窗口可能发生变化，当前所在的窗口不一定是最开始的窗口。

（2）view：触摸产生时所处的视图。由于视图可能发生变化，当前视图也不一定是最初的视图。

（3）tapCount：轻击（Tap）操作和鼠标的单击操作类似，tapCount表示短时间内轻击屏幕的次数。因此可以根据tapCount判断单击、双击或更多的轻击。

（4）timestamp：时间戳记录了触摸事件产生或变化时的时间。单位是秒。

（5）phase：触摸事件在屏幕上有一个周期，即触摸开始、触摸点移动、触摸结束，还有中途取消。而通过phase可以查看当前触摸事件在一个周期中所处的状态。phase是UITouchPhase类型，这是一个枚举配型，包含如下5种。

- UITouchPhaseBegan：触摸开始。
- UITouchPhaseMoved：接触点移动。
- UITouchPhaseStationary：接触点无移动。
- UITouchPhaseEnded：触摸结束。
- UITouchPhaseCancelled：触摸取消。

在UITouch类中包含如下所示的成员函数。

（1）- (CGPoint)locationInView:(UIView *)view：函数返回一个CGPoint类型的值，表示触摸在view这个视图上的位置，这里返回的位置是针对view的坐标系的。调用时传入的view参数为空的话，返回的是触摸点在整个窗口的位置。

（2）- (CGPoint)previousLocationInView:(UIView *)view：该方法记录了前一个坐标值，函数返回的也是一个CGpoint类型的值，表示触摸在view这个视图上的位置，这里返回的位置是针对view的坐标系的。调用时传入的view参数为空的话，返回的是触摸点在整个窗口的位置。

当手指接触到屏幕时，不管是单点触摸还是多点触摸，事件都会开始，直到用户所有的手指都离开屏幕。期间所有的UITouch对象都被包含在UIEvent事件对象中，由程序分发给处理者。事件记录了这个周期中所有触摸对象状态的变化。

只要屏幕被触摸，系统就会报若干个触摸的信息封装到UIEvent对象中发送给程序，由管理程序UIApplication对象将事件分发。一般来说，事件将被发给主窗口，然后传给第一响应者对象（FirstResponder）处理。

12.21 实现单击手势识别器

范例12-21	单击手势识别器
源码路径	光盘\daima\第12章\12-21

12.21.1 范例说明

本实例的功能是实现一个基本的单击手势识别器，首先在屏幕中绘制一个指定大小的正方形区域，当用户单击屏幕后将这块黑色区域的宽度扩充为两倍。

12.21.2 具体实现

文件ViewController.m的具体实现代码如下所示。
```
#import "ViewController.h"
@interface ViewController ()
-(void)handleSingleTapGesture:(UITapGestureRecognizer *)tapGestureRecognizer;
@end
@implementation ViewController
@synthesize testView;
- (void)viewDidLoad {
    [super viewDidLoad];
    UITapGestureRecognizer *singleTapGestureRecognizer = [[UITapGestureRecognizer alloc]
                                         initWithTarget:self action:
                                         @selector(handleSingleTapGesture:)];
```

```
        [self.testView addGestureRecognizer:singleTapGestureRecognizer];
}
- (void)didReceiveMemoryWarning {
        [super didReceiveMemoryWarning];
}
-(void)handleSingleTapGesture:(UITapGestureRecognizer *)tapGestureRecognizer{
        CGFloat newWidth = 100.0;
        if (self.testView.frame.size.width == 100.0) {
            newWidth = 200.0;
        }

        CGPoint currentCenter = self.testView.center;

        self.testView.frame = CGRectMake(self.testView.frame.origin.x,
                                        self.testView.frame.origin.y, newWidth,
                                        self.testView.frame.size.height);
        self.testView.center = currentCenter;
}
@end
```

本实例执行后的效果如图12-41所示。

单击屏幕后的效果如图12-42所示。

图12-41 执行效果

图12-42 执行效果

12.21.3 范例技巧——总结触摸和响应链操作

一个UIView是一个响应器,并且参与到响应链中。如果一个触摸被发送给UIView(它是命中测试视图),并且该视图没有实现相关的触摸方法,那么,沿着响应链寻找那个实现了触摸方法的响应器(对象)。如果该对象被找到了,则触摸被发送给该对象。这里有一个问题:如果touchesBegan:withEvent:在一个超视图上而不是子视图上实现,那么在子视图上的触摸将导致超视图的touchesBegan:withEvent:被调用。它的第一个参数包含一个触摸,该触摸的View属性值是那个子视图。但是,大多数UIView触摸方法都假定第一个参数(触摸)的View属性值是self,还有,如果touchesBegan:withEvent:同时在超视图和子视图上实现,那么,在子视图上调用super,相同的参数传递给超视图的touchesBegan:withEvent:,超视图的touchesBegan: withEvent:第一个参数包含一个触摸,该触摸的View属性值还是子视图。

上述问题的解决方法如下。

- ❑ 如果整个响应链都是你自己的UIView子类或UIViewController子类,那么,在一个类中实现所有的触摸方法,并且不要调用super。
- ❑ 如果创建了一个系统的UIView的子类,并且重载它的触摸处理,那么,不必重载每个触摸事件,但需要调用super(触发系统的触摸处理)。
- ❑ 不要直接调用一个触摸方法(除了调用super)。

12.22 获取单击位置的坐标

范例12-22	获取单击位置的坐标
源码路径	光盘\daima\第12章\12-22

12.22.1 范例说明

本实例的功能是获取单击位置的具体坐标信息，实例文件ASViewController.m的功能是在屏幕中绘制一个红色正方形区域，监听用户单击触摸屏幕的手势，单击方块后方块的颜色会发生变化，并在控制台中显示被单击位置的坐标信息。

12.22.2 具体实现

文件ASViewController.m的具体实现代码如下所示。

```
#import "ASViewController.h"
@interface ASViewController () <UIGestureRecognizerDelegate>
@property (weak, nonatomic) UIView* testView;
@property (assign, nonatomic) CGFloat testViewScale;
@property (assign, nonatomic) CGFloat testViewRotation;
@end
@implementation ASViewController
- (void)viewDidLoad
{
    [super viewDidLoad];
    UIView* view = [[UIView alloc] initWithFrame:CGRectMake(CGRectGetMidX(self.view.bounds) - 50,
CGRectGetMidY(self.view.bounds) - 50,
                                                            100, 100)];
    view.autoresizingMask = UIViewAutoresizingFlexibleLeftMargin | UIViewAutoresizingFlexibleRightMargin |
                            UIViewAutoresizingFlexibleTopMargin | UIViewAutoresizingFlexibleBottomMargin;
    view.backgroundColor = [UIColor greenColor];
    [self.view addSubview:view];
    self.testView = view;
    UITapGestureRecognizer* tapGesture =
    [[UITapGestureRecognizer alloc] initWithTarget:self
                                            action:@selector(handleTap:)];
    [self.view addGestureRecognizer:tapGesture];
    UITapGestureRecognizer* doubleTapGesture =
    [[UITapGestureRecognizer alloc] initWithTarget:self
                                            action:@selector(handleDoubleTap:)];
    doubleTapGesture.numberOfTapsRequired = 2;
    [self.view addGestureRecognizer:doubleTapGesture];
    [tapGesture requireGestureRecognizerToFail:doubleTapGesture];
    UITapGestureRecognizer* doubleTapDoubleTouchGesture =
    [[UITapGestureRecognizer alloc] initWithTarget:self
                                            action:@selector(handleDoubleTapDoubleTouch:)];
    doubleTapDoubleTouchGesture.numberOfTapsRequired = 2;
    doubleTapDoubleTouchGesture.numberOfTouchesRequired = 2;
    [self.view addGestureRecognizer:doubleTapDoubleTouchGesture];
    UIPinchGestureRecognizer* pinchGesture =
    [[UIPinchGestureRecognizer alloc] initWithTarget:self
        action:@selector(handlePinch:)];
    pinchGesture.delegate = self;
    [self.view addGestureRecognizer:pinchGesture];
    UIRotationGestureRecognizer* rotationGesture =
    [[UIRotationGestureRecognizer alloc] initWithTarget:self
        action:@selector(handleRotation:)];
    rotationGesture.delegate = self;
    [self.view addGestureRecognizer:rotationGesture];
    UIPanGestureRecognizer* panGesture =
    [[UIPanGestureRecognizer alloc] initWithTarget:self
                                            action:@selector(handlePan:)];

    panGesture.delegate = self;
    [self.view addGestureRecognizer:panGesture];
```

```objc
    UISwipeGestureRecognizer* verticalSwipeGesture =
    [[UISwipeGestureRecognizer alloc] initWithTarget:self
                                    action:@selector(handleVerticalSwipe:)];
    verticalSwipeGesture.direction = UISwipeGestureRecognizerDirectionDown |
UISwipeGestureRecognizerDirectionUp;
    verticalSwipeGesture.delegate = self;
    [self.view addGestureRecognizer:verticalSwipeGesture];
    UISwipeGestureRecognizer* horizontalSwipeGesture =
    [[UISwipeGestureRecognizer alloc] initWithTarget:self
                                    action:@selector(handleHorizontalSwipe:)];
    horizontalSwipeGesture.direction = UISwipeGestureRecognizerDirectionLeft |
UISwipeGestureRecognizerDirectionRight;
    horizontalSwipeGesture.delegate = self;
    [self.view addGestureRecognizer:horizontalSwipeGesture];
}
#pragma mark - Methods
- (UIColor*) randomColor {
    CGFloat r = (float)(arc4random() % 256) / 255.f;
    CGFloat g = (float)(arc4random() % 256) / 255.f;
    CGFloat b = (float)(arc4random() % 256) / 255.f;
    return [UIColor colorWithRed:r green:g blue:b alpha:1.f];
}
#pragma mark - Gestures
- (void) handleTap:(UITapGestureRecognizer*) tapGesture {
    NSLog(@"Tap: %@", NSStringFromCGPoint([tapGesture locationInView:self.view]));
    self.testView.backgroundColor = [self randomColor];
}
- (void) handleDoubleTap:(UITapGestureRecognizer*) tapGesture {
    NSLog(@"Double Tap: %@", NSStringFromCGPoint([tapGesture
locationInView:self.view]));
    CGAffineTransform currentTransform = self.testView.transform;
    CGAffineTransform newTransform = CGAffineTransformScale(currentTransform, 1.2f,
1.2f);

    [UIView animateWithDuration:0.3
                     animations:^{
                         self.testView.transform = newTransform;
                     }];
    self.testViewScale = 1.2f;
}
- (void) handleDoubleTapDoubleTouch:(UITapGestureRecognizer*) tapGesture {
    NSLog(@"Double Tap Double Touch: %@", NSStringFromCGPoint([tapGesture
locationInView:self.view]));
    CGAffineTransform currentTransform = self.testView.transform;
    CGAffineTransform newTransform = CGAffineTransformScale(currentTransform, 0.8f,
0.8f);
    [UIView animateWithDuration:0.3
                     animations:^{
                         self.testView.transform = newTransform;
                     }];
    self.testViewScale = 0.8f;
}
- (void) handlePinch:(UIPinchGestureRecognizer*) pinchGesture {
    NSLog(@"handlePinch %1.3f", pinchGesture.scale);
    if (pinchGesture.state == UIGestureRecognizerStateBegan) {
        self.testViewScale = 1.f;
    }
    CGFloat newScale = 1.f + pinchGesture.scale - self.testViewScale;
    CGAffineTransform currentTransform = self.testView.transform;
    CGAffineTransform newTransform = CGAffineTransformScale(currentTransform,
newScale, newScale);

    self.testView.transform = newTransform;
    self.testViewScale = pinchGesture.scale;
}
- (void) handleRotation:(UIRotationGestureRecognizer*) rotationGesture {
    NSLog(@"handleRotation %1.3f", rotationGesture.rotation);
    if (rotationGesture.state == UIGestureRecognizerStateBegan) {
```

```
        self.testViewRotation = 0;
    }
    CGFloat newRotation = rotationGesture.rotation - self.testViewRotation;
    CGAffineTransform currentTransform = self.testView.transform;
    CGAffineTransform newTransform = CGAffineTransformRotate(currentTransform,
newRotation);
    self.testView.transform = newTransform;
    self.testViewRotation = rotationGesture.rotation;
}

- (void) handlePan:(UIPanGestureRecognizer*) panGesture {
    NSLog(@"handlePan");
    self.testView.center = [panGesture locationInView:self.view];
}

- (void) handleVerticalSwipe:(UISwipeGestureRecognizer*) swipeGesture {

    NSLog(@"Vertical Swipe");
}
- (void) handleHorizontalSwipe:(UISwipeGestureRecognizer*) swipeGesture {
    NSLog(@"Horizontal Swipe");
}
#pragma mark - UIGestureRecognizerDelegate
- (BOOL)gestureRecognizer:(UIGestureRecognizer *)gestureRecognizer
        shouldRecognizeSimultaneouslyWithGestureRecognizer:(UIGestureRecognizer
*)otherGestureRecognizer {
    return YES;
}
- (BOOL)gestureRecognizer:(UIGestureRecognizer *)gestureRecognizer
shouldRequireFailureOfGestureRecognizer:(UIGestureRecognizer
*)otherGestureRecognizer {
    return [gestureRecognizer isKindOfClass:[UIPanGestureRecognizer class]] &&
[otherGestureRecognizer isKindOfClass:[UISwipeGestureRecognizer class]];
}
@end
```

本实例执行后的效果如图12-43所示。

控制台中线束被单击位置的坐标信息如图12-44所示。

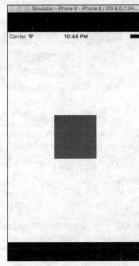

图12-43 执行效果　　　　图12-44 输出坐标信息

12.22.3 范例技巧——总结iOS中的手势操作

在iOS应用中，最常见的触摸操作是通过UIButton按钮实现的，这也是最简单的一种方式。iOS中包含如下所示的操作手势。

- 单击（Tap）：单击作为最常用的手势，用于按下或选择一个控件或条目（类似于普通的鼠标单击）。
- 拖动（Drag）：拖动用于实现一些页面的滚动，以及对控件的移动功能。
- 滑动（Flick）：滑动用于实现页面的快速滚动和翻页的功能。
- 横扫（Swipe）：横扫手势用于激活列表项的快捷菜单。
- 双击（Double Tap）：双击放大并居中显示图片，或恢复原大小（如果当前已经放大）。同时，双击能够激活针对文字的编辑菜单。
- 放大（Pinch open）：放大手势可以实现打开订阅源、打开文章的详情等功能。在照片查看的时候，放大手势也可实现放大图片的功能。
- 缩小（Pinch close）：缩小手势可以实现与放大手势相反且对应的功能，如关闭订阅源退出到首页、关闭文章退出至索引页等。在照片查看的时候，缩小手势也可实现缩小图片的功能。
- 长按（Touch & Hold）：如果针对文字长按，将出现放大镜辅助功能。松开后，则出现编辑菜单。针对图片长按，将出现编辑菜单。
- 摇晃（Shake）：摇晃手势，将出现撤销与重做菜单，主要是针对用户文本输入的。

第 13 章 硬件设备操作实战

在iOS应用中，经常需要和硬件设备进行交互，通过获取这些设备的信息可以实现更好的服务，例如及时显示剩余电量、获取硬件配置信息和休眠处理等。本章将通过具体实例的实现过程来详细讲解和设备操作相关的知识，为读者步入本书后面知识的学习打下基础。

13.1 检测设备的倾斜和旋转

范例13-1	检测设备的倾斜和旋转
源码路径	光盘\daima\第13章\13-1

13.1.1 范例说明

假设要创建一个这样的赛车游戏，即通过让iPhone左右倾斜来表示方向盘，而前后倾斜表示油门和制动，则为让游戏做出正确的响应，知道玩家将方向盘转了多少以及将油门牙动踏板踏下了多少很有用。考虑到陀螺仪提供的测量值，应用程序现在能够知道设备是否在旋转，即使其倾斜角度没有变化。想想在玩家之间进行切换的游戏吧，玩这种游戏时，只需将iPhone或iPad放在桌面上并旋转它即可。在本实例的应用程序中，在用户左右倾斜或加速旋转设备时，设置将纯色逐渐转换为透明色。在视图中添加两个开关（UISwitch），用于启用/禁用加速计和陀螺仪。

13.1.2 具体实现

方法controlHardware的实现比较简单，如果加速计开关是开的，则请求CMMotionManager实例motionManager开始监视加速计。每次更新都将由一个处理程序块进行处理，为了简化工作，该处理程序块调用方法doAcceleration。如果这个开关是关的，则停止监视加速计。陀螺仪的实现与此类似，但每次更新时陀螺仪处理程序块都将调用方法doGyroscope。方法controlHardware的具体代码如下所示。

```
- (IBAction)controlHardware:(id)sender {
    if ([self.toggleAccelerometer isOn]) {
        [self.motionManager
            startAccelerometerUpdatesToQueue:[NSOperationQueue currentQueue]
            withHandler:^(CMAccelerometerData *accelData, NSError *error) {
                [self doAcceleration:accelData.acceleration];
            }];
    } else {
        [self.motionManager stopAccelerometerUpdates];
    }

    if ([self.toggleGyroscope isOn] && self.motionManager.gyroAvailable) {
        [self.motionManager
            startGyroUpdatesToQueue:[NSOperationQueue currentQueue]
            withHandler:^(CMGyroData *gyroData, NSError *error) {
                [self doRotation:gyroData.rotationRate];
            }];
    } else {
```

```objc
        [self.toggleGyroscope setOn:NO animated:YES];
        [self.motionManager stopGyroUpdates];
    }
}
```

在Xcode工具栏的"Scheme"下拉列表中选择插入的设备,再单击"Run"按钮。尝试倾斜和旋转,结果如图13-1所示。在此需要注意,请务必尝试同时启用加速计和陀螺仪,然后尝试每次启用其中的一个。

13.1.3 范例技巧——本实例的应用程序逻辑

要让应用程序正常运行,需要处理如下所示的工作。
- 初始化Core Motion运动管理器(CMMotionManager)并对其进行配置。
- 管理事件以启用/禁用加速计和陀螺仪(controlHardware),并在启用了这些硬件时注册一个处理程序块。
- 响应加速计/陀螺仪更新,修改背景色和透明度值。
- 放置界面旋转,旋转将干扰反馈显示。

图13-1 执行效果

13.2 使用Motion传感器(Swift版)

范例13-2	使用Motion传感器
源码路径	光盘\daima\第13章\13-2

13.2.1 范例说明

本实例的功能是使用Motion传感器,在屏幕中通过添加Label控件的方式来展示Motion传感器的各个数值。

13.2.2 具体实现

编写文件ViewController.swift,调用iOS中的Motion传感器在屏幕中分别显示如下数据。
- accel: x、y和z轴3个方向的加速值。
- gyro: x、y和z轴3个方向的陀螺值。
- attitude: 姿态传感器值。
- Quaternion: 旋转传感器,在Unity中由x、y、z、w表示4个值。

文件ViewController.swift的具体实现代码如下所示。

```swift
import UIKit
import CoreMotion

class ViewController: UIViewController {
    
    // Connection with interface builder
    @IBOutlet var acc_x: UILabel!
    @IBOutlet var acc_y: UILabel!
    @IBOutlet var acc_z: UILabel!
    @IBOutlet var gyro_x: UILabel!
    @IBOutlet var gyro_y: UILabel!
    @IBOutlet var gyro_z: UILabel!
    @IBOutlet var attitude_roll: UILabel!
    @IBOutlet var attitude_pitch: UILabel!
    @IBOutlet var attitude_yaw: UILabel!
    @IBOutlet var attitude_x: UILabel!
    @IBOutlet var attitude_y: UILabel!
    @IBOutlet var attitude_z: UILabel!
    @IBOutlet var attitude_w: UILabel!
```

```
        // create instance of MotionManager
        let motionManager: CMMotionManager = CMMotionManager()
        override func viewDidLoad() {
            super.viewDidLoad()
            // Initialize MotionManager
            motionManager.deviceMotionUpdateInterval = 0.05 // 20Hz

            // Start motion data acquisition
    motionManager.startDeviceMotionUpdatesToQueue( NSOperationQueue.currentQueue(), withHandler:{
            deviceManager, error in
            var accel: CMAcceleration = deviceManager.userAcceleration
            self.acc_x.text = String(format: "%.2f", accel.x)
            self.acc_y.text = String(format: "%.2f", accel.y)
            self.acc_z.text = String(format: "%.2f", accel.z)
            var gyro: CMRotationRate = deviceManager.rotationRate
            self.gyro_x.text = String(format: "%.2f", gyro.x)
            self.gyro_y.text = String(format: "%.2f", gyro.y)
            self.gyro_z.text = String(format: "%.2f", gyro.z)
            var attitude: CMAttitude = deviceManager.attitude
            self.attitude_roll.text = String(format: "%.2f", attitude.roll)
            self.attitude_pitch.text = String(format: "%.2f", attitude.pitch)
            self.attitude_yaw.text = String(format: "%.2f", attitude.yaw)
            var quaternion: CMQuaternion = attitude.quaternion
            self.attitude_x.text = String(format: "%.2f", quaternion.x)
            self.attitude_y.text = String(format: "%.2f", quaternion.y)
            self.attitude_z.text = String(format: "%.2f", quaternion.z)
            self.attitude_w.text = String(format: "%.2f", quaternion.w)
        })
        }
        override func didReceiveMemoryWarning() {
            super.didReceiveMemoryWarning()
            // Dispose of any resources that can be recreated.
        }
    }
```

本实例执行后的效果如图13-2所示,在真机中运行会显示获取的具体的传感器值。

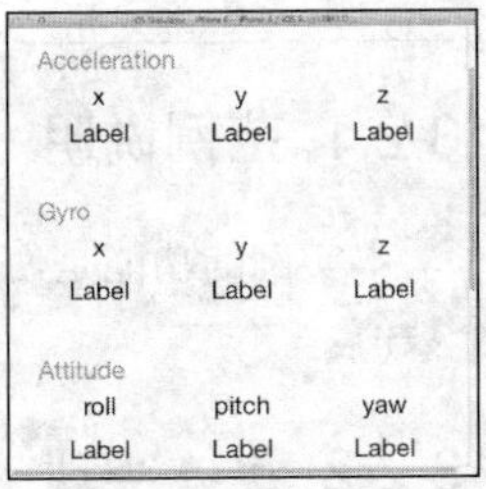

13.2.3 范例技巧——加速剂和陀螺仪的作用

图13-2 执行效果

在当前应用中,Nintendo Wii将运动检测作为一种有效的输入技术引入到了主流消费电子设备中,而Apple将这种技术应用到了iPhone、iPod Touch和iPad中,并获得了巨大成功。在Apple设备中装备了加速计,可用于确定设备的朝向、移动和倾斜。通过iPhone加速计,用户只需调整设备的朝向并移动它,便可以控制应用程序。另外,在iOS设备(包括iPhone 4、iPad 2和更新的产品)中,Apple还引入了陀螺仪,这样设备能够检测到不与重力方向相反的旋转。总之,如果用户移动支持陀螺仪的设备,应用程序就能够检测到移动并做出相应的反应。

13.3 检测设备的朝向

范例13-3	检测设备的朝向
源码路径	光盘\daima\第13章\13-3

13.3.1 范例说明

为了介绍如何检测移动,将首先创建一个名为Orientation的应用程序。该应用程序不会让用户叫绝,它只指出设备当前处于6种可能朝向中的哪种。本实例能够检测朝向正立、倒立、左立、右立、正面朝向和正面朝下。在实例中将设计一个只包含一个标签的界面,然后编写一个方法,每当朝向发生变化时都调用这个方法。为了让这个方法被调用,必须向NSNotificationCenter注册,以便在合适的时候收到通知。本实例需改变界面，能够处理倒立和左立朝向。

13.3.2 具体实现

为了判断设备的朝向，需要使用UIDevice的属性orientation。属性orientation的类型为UIDevice Orientation，这是简单常量，而不是对象，这意味着可以使用一条简单的switch语句检查每种可能的朝向，并在需要时更新界面中的标签orientationLabel。方法orientationChanged的实现代码如下所示。

```
- (void)orientationChanged:(NSNotification *)notification {

    UIDeviceOrientation orientation;
    orientation = [[UIDevice currentDevice] orientation];

    switch (orientation) {
        case UIDeviceOrientationFaceUp:
            self.orientationLabel.text=@"Face Up";
            break;
        case UIDeviceOrientationFaceDown:
            self.orientationLabel.text=@"Face Down";
            break;
        case UIDeviceOrientationPortrait:
            self.orientationLabel.text=@"Standing Up";
            break;
        case UIDeviceOrientationPortraitUpsideDown:
            self.orientationLabel.text=@"Upside Down";
            break;
        case UIDeviceOrientationLandscapeLeft:
            self.orientationLabel.text=@"Left Side";
            break;
        case UIDeviceOrientationLandscapeRight:
            self.orientationLabel.text=@"Right Side";
            break;
        default:
            self.orientationLabel.text=@"Unknown";
            break;
    }
}
```

上述实现代码的逻辑非常简单，每当收到设备朝向更新时都会调用这个方法。将通知作为参数传递给了这个方法，但没有使用它。到此为止，整个实例介绍完毕，执行后的效果如图13-3所示。

如果在iOS模拟器中运行该应用程序，可以旋转虚拟硬件（从菜单"Hardware"中选择"Rotate Left"或"Rotate Right"），但无法切换到正面朝上和正面朝下这两种朝向。

图13-3 执行效果

13.3.3 范例技巧——需要解决的两个问题

本实例应用程序需要解决如下两个问题。
- 必须告诉iOS，希望在设备朝向发生变化时得到通知。
- 必须对设备朝向发生变化做出响应。由于这是第一次接触通知中心，它可能看起来有点不同寻常，但是请将重点放在结果上。当能够看到结果时，处理通知的代码就不难理解。

13.4 传感器综合练习（Swift版）

范例13-4	传感器综合练习
源码路径	光盘\daima\第13章\13-4

13.4.1 范例说明

在下面的内容中,将通过一个具体实例的实现过程,详细讲解基于Swift语言实现一个海拔和距离测试器的过程。

13.4.2 具体实现

文件ViewController.swift的具体实现代码如下所示。

```swift
import UIKit
import CoreMotion
class ViewController: UIViewController {
    @IBOutlet weak var updateRate: UILabel!
    @IBOutlet weak var aLabelX: UILabel!
    @IBOutlet weak var aLabelY: UILabel!
    @IBOutlet weak var aLabelZ: UILabel!

    @IBOutlet weak var aMaxX: UILabel!
    @IBOutlet weak var aMaxY: UILabel!
    @IBOutlet weak var aMaxZ: UILabel!
    var AMX:Double!
    var AMY:Double!
    var AMZ:Double!

    @IBOutlet weak var rLabelX: UILabel!
    @IBOutlet weak var rLabelY: UILabel!
    @IBOutlet weak var rLabelZ: UILabel!

    @IBOutlet weak var rMaxX: UILabel!
    @IBOutlet weak var rMaxY: UILabel!
    @IBOutlet weak var rMaxZ: UILabel!
    var RMX:Double!
    var RMY:Double!
    var RMZ:Double!

    var motionManager = CMMotionManager()
    var isStart = false
        override func viewDidLoad() {
        super.viewDidLoad()
        AMX = 0
        AMY = 0
        AMZ = 0
        RMX = 0
        RMY = 0
        RMZ = 0

        motionManager.accelerometerUpdateInterval = 0.5//告诉manager,更新频率是5000Hz
        motionManager.gyroUpdateInterval = 0.5//更新频率
    }

    //测试3个轴的加速度
    func outputA(data:CMAcceleration) {

        aLabelX.text = String(format: "%.2f", data.x)
        if fabs(data.x) > AMX {
            AMX = fabs(data.x)
            aMaxX.text = String(format: "%.2f", AMX)
        }

        aLabelY.text = String(format: "%.2f", data.y)
        if fabs(data.y) > AMY {
            AMY = fabs(data.y)
            aMaxY.text = String(format: "%.2f", AMY)
        }
```

```swift
            aLabelZ.text = String(format: "%.2f", data.z)
            if fabs(data.z) > AMZ {
                AMZ = fabs(data.z)
                aMaxZ.text = String(format: "%.2f", AMZ)
            }
        }
        //获得3个轴的旋转速度
        func outputR(data:CMRotationRate) {

            rLabelX.text = String(format: "%.2f", data.x)
            if fabs(data.x) > RMX {
                RMX = fabs(data.x)
                rMaxX.text = String(format: "%.2f", RMX)
            }

            rLabelY.text = String(format: "%.2f", data.y)
            if fabs(data.y) > RMY {
                RMY = fabs(data.y)
                rMaxY.text = String(format: "%.2f", RMY)
            }

            rLabelZ.text = String(format: "%.2f", data.z)
            if fabs(data.z) > RMZ {
                RMZ = fabs(data.z)
                rMaxZ.text = String(format: "%.2f", RMZ)
            }
        }

        override func didReceiveMemoryWarning() {
            super.didReceiveMemoryWarning()
            // Dispose of any resources that can be recreated.
        }

        @IBAction func updateRate(sender: UISlider) {
            updateRate.text = String(format: "%.2f", sender.value)
            motionManager.accelerometerUpdateInterval = Double(sender.value)
            motionManager.gyroUpdateInterval = Double(sender.value)
        }

        @IBAction func onSwitch(sender: UIButton) {
            if !isStart {
                isStart = true
                sender.setTitle("Stop", forState: UIControlState.Normal)
                if isStart {
motionManager.startAccelerometerUpdatesToQueue(NSOperationQueue. currentQueue()) {
                    acceData, error in

                    if (error != nil) {
                        println("Error: \(error)")
                    }
                    self.outputA(acceData.acceleration)
                }
motionManager.startGyroUpdatesToQueue(NSOperationQueue.currentQueue()) {
                    gyroData, error in
                    if (error != nil) {
                        println("Error: \(error)")
                    }
                    self.outputR(gyroData.rotationRate)
                }
            }
        } else {
            isStart = false
            sender.setTitle("Start", forState: UIControlState.Normal)
            motionManager.stopAccelerometerUpdates()
            motionManager.stopGyroUpdates()
        }
    }

//重置时都设置为0
```

```
    @IBAction func reset(sender: AnyObject) {
        AMX = 0
        AMY = 0
        AMZ = 0
        RMX = 0
        RMY = 0
        RMZ = 0
        
        aMaxX.text = "0"
        aMaxY.text = "0"
        aMaxZ.text = "0"
        rMaxX.text = "0"
        rMaxY.text = "0"
        rMaxZ.text = "0"
        
        rLabelX.text = "0"
        rLabelY.text = "0"
        rLabelZ.text = "0"
        aLabelX.text = "0"
        aLabelY.text = "0"
        aLabelZ.text = "0"
    }
}
```

执行后将在列表中显示本项目的测试功能列表，如图13-4所示。

图13-4 执行效果

13.4.3 范例技巧——分析核心文件的功能

视图界面文件ViewController.swift的功能是通过import命令导入CoreMotion框架，插入UILabel控件显示信息文本，在MotionManager对象中设置更新频率。并且定义专用函数分别实现获取3个轴的加速度和旋转速度值。

文件MagnetoViewController.swift的功能是实现磁力传感处理。首先通过import命令导入CoreMotion框架，并插入UILabel控件显示信息文本。然后定义专用函数分别获取3个方向的磁力值，并获取设备的当前空间的位置和姿势。

文件StepCounterViewController.swift的功能是实现位移计步器处理。首先通过import命令导入CoreMotion框架，然后通过updateP计算移动距离，最后通过函数onSwitch检测用户按下了哪个按钮。

13.5 使用Touch ID认证

范例13-5	使用Touch ID认证
源码路径	光盘\daima\第13章\13-5

13.5.1 范例说明

在接下来的实例中，将通过一个具体实例的实现过程，详细讲解在iOS应用程序中调用Touch ID认证功能的过程。

13.5.2 具体实现

文件ViewController.m的功能是调用开发的Touch ID API进行验证，在窗口中显示是否验证成功的提示信息。文件ViewController.m的具体实现代码如下所示。

```objc
#import "ViewController.h"
#import <LocalAuthentication/LocalAuthentication.h>

@interface ViewController ()

@end

@implementation ViewController

- (void)viewDidLoad {
    [super viewDidLoad];
    // Do any additional setup after loading the view, typically from a nib.
    [self configAuthButton];
}

- (void)didReceiveMemoryWarning {
    [super didReceiveMemoryWarning];
    // Dispose of any resources that can be recreated.
}

#pragma mark - config

- (void)configAuthButton {
    UIButton *btn = [UIButton buttonWithType:UIButtonTypeCustom];
    [btn setTitle:@"test touch ID" forState:UIControlStateNormal];
    [btn setFrame:CGRectMake(60, 100, 200, 30)];
    [btn setTitleColor:[UIColor blackColor] forState:UIControlStateNormal];
    [btn addTarget:self action:@selector(authBtnTouch:) forControlEvents:UIControlEventTouchUpInside];
    [self.view addSubview:btn];
}

#pragma mark - event

- (void)authBtnTouch:(UIButton *)sender {
    // 初始化验证上下文
    LAContext *context = [[LAContext alloc] init];

    NSError *error = nil;
    // 验证的原因，应该会显示在会话窗中
    NSString *reason = @"测试：验证touchID";

    // 判断是否能够进行验证
    if ([context canEvaluatePolicy:LAPolicyDeviceOwnerAuthenticationWithBiometrics error:&error]) {
        [context evaluatePolicy:LAPolicyDeviceOwnerAuthenticationWithBiometrics localizedReason:reason reply:^(BOOL succes, NSError *error)
        {
            NSString *text = nil;
            if (succes) {
                text = @"验证成功";
            } else {
                text = error.domain;
            }
            UIAlertView *alert = [[UIAlertView alloc] initWithTitle:@"提示" message:text delegate:nil cancelButtonTitle:@"确定" otherButtonTitles: nil];
            [alert show];
        }];
    }
```

```
        else
        {
            UIAlertView *alert = [[UIAlertView alloc] initWithTitle:@"提示" message:[error
domain] delegate:nil cancelButtonTitle:@"确定" otherButtonTitles: nil];
            [alert show];
        }
}

@end
```

13.5.3 范例技巧——Touch ID的官方资料

通过iOS中的本地验证框架的验证接口，可以调用并使用Touch ID的认证机制。例如，可以通过如下所示的代码调用并进行Touch ID验证。

```
        LAContext *myContext = [[LAContext alloc] init];
        NSError *authError = nil;
        NSString *myLocalizedReasonString = <#String explaining why app needs
authentication#>;
        if ([myContext canEvaluatePolicy:LAPolicyDeviceOwnerAuthenticationWithBiometrics
error:&authError]) {
            [myContext evaluatePolicy:LAPolicyDeviceOwnerAuthenticationWithBiometrics
            localizedReason:myLocalizedReasonString
            reply:^(BOOL succes, NSError *error) {
            if (success) {
            // User authenticated successfully, take appropriate action
            } else {
            // User did not authenticate successfully, look at error and take appropriate action
            }
            }];
        } else {
            // Could not evaluate policy; look at authError and present an appropriate message
to user
        }
```

在调用Touch ID功能之前，需要先在自己的应用程序中导入SDK库LocalAuthentication.framework，并引入关键模块LAContext。

由此可见，苹果并没有对Touch ID完全开放，只是开放了如下所示的两个接口。

（1）canEvaluatePolicy:error：判断是否能够认证Touch ID。

（2）evaluatePolicy:localizedReason:reply：认证Touch ID。

13.6 使用Touch ID密码和指纹认证

范例13-6	使用Touch ID密码和指纹认证
源码路径	光盘\daima\第13章\13-6

13.6.1 范例说明

在下面的内容中，将通过一个具体实例的实现过程，详细讲解在iOS应用程序中调用Touch ID密码和指纹认证功能的过程。

13.6.2 具体实现

文件ViewController.m的功能是调用开发的Touch ID API进行验证，分别实现取消验证、删除验证和添加密码功能。文件ViewController.m的具体实现代码如下所示。

```
#import "ViewController.h"
#import <LocalAuthentication/LocalAuthentication.h>
#import <Security/Security.h>

@interface ViewController ()<NSURLSessionDelegate,UITextViewDelegate>
```

```objc
@property (nonatomic, retain) UIButton *dropButton;
@property (nonatomic, retain) NSURLSession *mySession;
@property (nonatomic, retain) UIButton *dropButton1;
@property (nonatomic, retain) UITextView *textView;
@property (nonatomic, retain) UIButton *dropButton2;
@property (nonatomic, retain) NSString *strBeDelete;
@end
@implementation ViewController

@synthesize dropButton = _dropButton;
@synthesize dropButton1 = _dropButton1;
@synthesize textView = _textView;
@synthesize dropButton2 = _dropButton2;
@synthesize strBeDelete = _strBeDelete;

-(void)viewDidAppear:(BOOL)animated
{
//TODO:其实只需要加载一次就可以了
    CFErrorRef error = NULL;
    SecAccessControlRef sacObject;
    sacObject = SecAccessControlCreateWithFlags(kCFAllocatorDefault,
kSecAttrAccessibleWhenPasscodeSetThisDeviceOnly,
                                 kSecAccessControlUserPresence, &error);
    if(sacObject == NULL || error != NULL)
    {
        NSLog(@"can't create sacObject: %@", error);
        self.textView.text = [_textView.text stringByAppendingString:[NSString stringWithFormat:NSLocalizedString(@"SEC_ITEM_ADD_CAN_CREATE_OBJECT", nil), error]];
        return;
    }

    NSDictionary *attributes = @{
                                 (__bridge id)kSecClass: (__bridge id)kSecClassGenericPassword,
                                 (__bridge id)kSecAttrService: @"SampleService",
                                 (__bridge id)kSecValueData: [@"SECRET_PASSWORD_TEXT" dataUsingEncoding:NSUTF8StringEncoding],
                                 (__bridge id)kSecUseNoAuthenticationUI: @YES,
                                 (__bridge id)kSecAttrAccessControl: (__bridge id)sacObject
                                 };

    dispatch_async(dispatch_get_global_queue( DISPATCH_QUEUE_PRIORITY_DEFAULT, 0),
^(void){
        OSStatus status =  SecItemAdd((__bridge CFDictionaryRef)attributes, nil);

        NSString *msg = [NSString stringWithFormat:NSLocalizedString (@"SEC_ITEM_ADD_STATUS", nil), [self keychainErrorToString:status]];
        [self printResult:self.textView message:msg];
    });
}

- (void)viewDidLoad {
    [super viewDidLoad];
    //Do any additional setup after loading the view, typically from a nib.

    self.dropButton                          = [UIButtonbuttonWithType:UIButtonTypeCustom];
    self.dropButton.frame                    = CGRectMake(self.view.frame.size.width - 60, 100, 60, 60);
    self.dropButton.backgroundColor          = [UIColor purpleColor];
    [self.dropButton setTitle:@"指纹" forState:UIControlStateNormal];
    self.dropButton.layer.borderColor        = [UIColor clearColor].CGColor;
    self.dropButton.layer.borderWidth        = 2.0;
    self.dropButton.layer.cornerRadius       = 5.0;
    [self.dropButton setTitleColor:[UIColor whiteColor] forState:UIControlStateNormal];
    [self.dropButton.titleLabel setFont:[UIFont systemFontOfSize:14.0]];
    [self.dropButton addTarget:self action:@selector(dropDown:) forControlEvents:UIControlEventTouchDown];
```

```objc
    [self.view addSubview:self.dropButton];
    
    self.dropButton1 = [UIButton buttonWithType:UIButtonTypeCustom];
    self.dropButton1.frame = CGRectMake(0, 100, 60, 60);
    self.dropButton1.backgroundColor = [UIColor purpleColor];
    [self.dropButton1 setTitle:@"密码" forState:UIControlStateNormal];
    self.dropButton1.layer.borderColor = [UIColor clearColor].CGColor;
    self.dropButton1.layer.borderWidth = 2.0;
    self.dropButton1.layer.cornerRadius = 5.0;
    [self.dropButton1 setTitleColor:[UIColor whiteColor]
    forState:UIControlStateNormal];
    [self.dropButton1.titleLabel setFont:[UIFont systemFontOfSize:14.0]];
    [self.dropButton1 addTarget:self action:@selector(tapkey) forControlEvents:
UIControlEventTouchDown];
    [self.view addSubview:self.dropButton1];
    
    self.dropButton2 = [UIButton buttonWithType:UIButtonTypeCustom];
    self.dropButton2.frame=CGRectMake(self.view.frame.size.width/2 - 30, 100, 60, 60);
    self.dropButton2.backgroundColor = [UIColor purpleColor];
    [self.dropButton2 setTitle:@"清除" forState:UIControlStateNormal];
    self.dropButton2.layer.borderColor = [UIColor clearColor].CGColor;
    self.dropButton2.layer.borderWidth = 2.0;
    self.dropButton2.layer.cornerRadius = 5.0;
    [self.dropButton2 setTitleColor:[UIColor whiteColor] forState: UIControlStateNormal];
    [self.dropButton2.titleLabel setFont:[UIFont systemFontOfSize:14.0]];
    [self.dropButton2 addTarget:self action:@selector(delete) forControlEvents:
UIControlEventTouchDown];
    [self.view addSubview:self.dropButton2];
    
    self.textView = [[UITextView alloc] initWithFrame:CGRectMake(0, 200,
self.view.frame.size.width, self.view.frame.size.height - 200)];
    self.textView.backgroundColor = [UIColor redColor];
    self.textView.userInteractionEnabled = NO;
    [self.view addSubview:self.textView];
    
    
}

-(void)dropDown:(id)sender
{
    LAContext *lol = [[LAContext alloc] init];
    
    NSError *hi = nil;
    NSString *hihihihi = @"验证XXXXXX";
//TODO:TOUCHID是否存在
    if ([lol canEvaluatePolicy:LAPolicyDeviceOwnerAuthenticationWithBiometrics error:&hi]) {
//TODO:TOUCHID开始运作
        [lol evaluatePolicy:LAPolicyDeviceOwnerAuthenticationWithBiometrics
localizedReason:hihihihi reply:^(BOOL succes, NSError *error)
         {
             if (succes) {
                 NSLog(@"yes");
             }
             else
             {
                 NSString *str = [NSString stringWithFormat:@"%@",error.
                 localizedDescri ption];
                 if ([str isEqualToString:@"Tapped UserFallback button."]) {
                     if ([self.strBeDelete isEqualToString:@"SEC_ITEM_DELETE_ STATUS"]) {
                         NSLog(@"密码被清空了");
                     }
                     else
                     {
                         [self tapkey];
                     }
                 }
                 else
                 {
```

```objc
                    NSLog(@"你取消了验证");
                }
            }];

        }
        else
        {
            NSLog(@"没有开启TOUCHID设备自行解决");
        }

}

-(void)delete
{
    NSDictionary *query = @{
                            (__bridge id)kSecClass: (__bridge id)kSecClassGenericPassword,
                            (__bridge id)kSecAttrService: @"SampleService"
                            };

    dispatch_async(dispatch_get_global_queue(DISPATCH_QUEUE_PRIORITY_DEFAULT, 0), ^(void){
        OSStatus status = SecItemDelete((__bridge CFDictionaryRef)(query));

        NSString *msg = [NSString stringWithFormat:NSLocalizedString(@"SEC_ITEM_DELETE_STATUS", nil), [self keychainErrorToString:status]];
        [self printResult:self.textView message:msg];
        self.strBeDelete = [NSString stringWithFormat:@"%@",msg];
    });
}

-(void)tapkey
{
    NSDictionary *query = @{
                            (__bridge id)kSecClass: (__bridge id)kSecClassGenericPassword,
                            (__bridge id)kSecAttrService: @"SampleService",
                            (__bridge id)kSecUseOperationPrompt:@"用你本机密码验证登录"
                            };

    NSDictionary *changes = @{
                              (__bridge id)kSecValueData: [@"UPDATED_SECRET_PASSWORD_TEXT" dataUsingEncoding:NSUTF8StringEncoding]
                              };

    dispatch_async(dispatch_get_global_queue( DISPATCH_QUEUE_PRIORITY_DEFAULT, 0), ^(void){
        OSStatus status = SecItemUpdate((__bridge CFDictionaryRef)query, (__bridge CFDictionaryRef)changes);
        NSString *msg = [NSString stringWithFormat:NSLocalizedString(@"SEC_ITEM_UPDATE_STATUS", nil), [self keychainErrorToString:status]];
        [self printResult:self.textView message:msg];
        if (status == -26276) {
            NSLog(@"按了取消键");
        }
        else if (status == 0)
        {
            NSLog(@"验证成功之后cauozuo");
        }
        else
        {
            NSLog(@"其他操作");
        }
        NSLog(@"------(%d)",(int)status);
    });
}

- (void)didReceiveMemoryWarning {
    [super didReceiveMemoryWarning];
    // Dispose of any resources that can be recreated.
```

```
}

- (void)printResult:(UITextView*)textView message:(NSString*)msg
{
    dispatch_async(dispatch_get_main_queue(), ^{
        textView.text = [textView.text stringByAppendingString:[NSString stringWithFormat:@"%@\n",msg]];
        [textView scrollRangeToVisible:NSMakeRange([textView.text length], 0)];
    });
}

- (NSString *)keychainErrorToString: (NSInteger)error
{
    NSString *msg = [NSString stringWithFormat:@"%ld",(long)error];

    switch (error) {
        case errSecSuccess:
            msg = NSLocalizedString(@"SUCCESS", nil);
            break;
        case errSecDuplicateItem:
            msg = NSLocalizedString(@"ERROR_ITEM_ALREADY_EXISTS", nil);
            break;
        case errSecItemNotFound :
            msg = NSLocalizedString(@"ERROR_ITEM_NOT_FOUND", nil);
            break;
        case -26276:
            msg = NSLocalizedString(@"ERROR_ITEM_AUTHENTICATION_FAILED", nil);

        default:
            break;
    }

    return msg;
}
@end
```

本实例执行后的效果如图13-5所示。

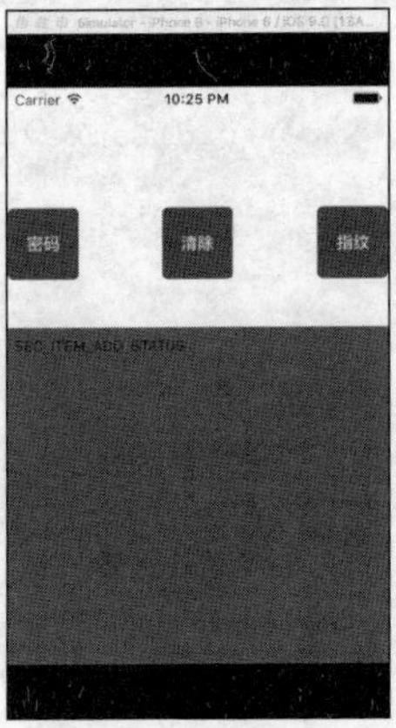

图13-5 执行效果

13.6.3 范例技巧——总结开发Touch ID应用程序的基本步骤

（1）打开Xcode 7，创建一个iOS工程项目。

（2）打开工程的"Link Frameworks and Libraries"面板，单击"+"按钮添加"LocalAuthentication.framework"框架，如图13-6所示。

（3）开始编写调用Touch ID的应用程序文件，在程序开始时需要导入"LocalAuthentication.framework"框架中的如头文件，代码如下所示。

```
#import <LocalAuthentication/LocalAuthentication.h>
```

图13-6 添加"LocalAuthentication.framework"框架

例如，下面是一段完整演示了调用Touch ID验证的实例代码。

```
#import "ViewController.h"
#import <LocalAuthentication/LocalAuthentication.h>
@interface ViewController ()
@end
@implementation ViewController
- (void)viewDidLoad
{
```

```
    [super viewDidLoad];
}

- (IBAction)authenticationButton
{
    LAContext *myContext = [[LAContext alloc] init];
    NSError *authError = nil;
    NSString *myLocalizedReasonString = @"请继续扫描你的指纹.";

    if ([myContext canEvaluatePolicy:LAPolicyDeviceOwnerAuthenticationWithBiometrics error:&authError]) {
        [myContext evaluatePolicy:LAPolicyDeviceOwnerAuthenticationWithBiometrics
                  localizedReason:myLocalizedReasonString
                            reply:^(BOOL success, NSError *error) {
                                if (success) {
                                    //认证成功, 采取适当的行动
                                    NSLog(@"authentication success");
                                    if (!success) {
                                        NSLog(@"%@", error);
                                    }
                                } else {
                                    //认证失败, 则执行错误处理操作
                                    NSLog(@"authentication failed");
                                    if (!success) {
                                        NSLog(@"%@", error);
                                    }
                                }
                            }];
    } else {
        // 无法验证成功, 可以查看错误处理提供的出错信息
        NSLog(@"发生一个错误");
        if (!success) {
            NSLog(@"%@", error);
        }
    }
}
@end
```

13.7 Touch ID认证的综合演练

范例13-7	Touch ID认证的综合演练
源码路径	光盘\daima\第13章\13-7

13.7.1 范例说明

在下面的内容中,将通过一个具体实例的实现过程,详细讲解在iOS应用程序中调用Touch ID认证功能的过程。

13.7.2 具体实现

(1)文件AAPLBasicTestViewController.m的功能是,通过UITableViewCell控件列表显示SELECT_TEST等和Touch ID操作相关的列表项。文件AAPLBasicTestViewController.m的具体实现代码如下所示。

```
#import "AAPLBasicTestViewController.h"
#import "AAPLTest.h"
@interface AAPLBasicTestViewController ()
@end
@implementation AAPLBasicTestViewController

- (instancetype)initWithNibName:(NSString *)nibNameOrNil bundle:(NSBundle *)nibBundleOrNil
{
    self = [super initWithNibName:nibNameOrNil bundle:nibBundleOrNil];
```

```objc
    return self;
}
- (void)viewDidLoad
{
    [super viewDidLoad];
}
#pragma mark - UITableViewDataSource

- (NSInteger)numberOfSectionsInTableView:(UITableView *)aTableView
{
    return 1;
}
- (NSInteger)tableView:(UITableView *)tableView
numberOfRowsInSection:(NSInteger)section
{
    return [self.tests count];
}
- (NSString *)tableView:(UITableView *)aTableView
titleForHeaderInSection:(NSInteger)section
{
    return NSLocalizedString(@"SELECT_TEST", nil);
}
- (AAPLTest*)testForIndexPath:(NSIndexPath *)indexPath
{
    if (indexPath.section > 0 || indexPath.row >= self.tests.count) {
        return nil;
    }
    
    return [self.tests objectAtIndex:indexPath.row];
}
- (void)tableView:(UITableView *)tableView didSelectRowAtIndexPath:(NSIndexPath *)indexPath
{
    AAPLTest *test = [self testForIndexPath:indexPath];
    
    // invoke the selector with the selected test
    [self performSelector:test.method withObject:nil afterDelay:0.0f];
    [tableView deselectRowAtIndexPath:indexPath animated:YES ];
}
- (UITableViewCell *)tableView:(UITableView *)tableView
cellForRowAtIndexPath:(NSIndexPath *)indexPath
{
    static NSString *cellIdentifier = @"TestCell";
    
    UITableViewCell *cell = [tableView dequeueReusableCellWithIdentifier:cellIdentifier];
    if (cell == nil) {
        cell = [[UITableViewCell alloc] initWithStyle:UITableViewCellStyleSubtitle
            reuseIdentifier:cellIdentifier];
    }
    
    AAPLTest *test = [self testForIndexPath:indexPath];
    cell.textLabel.text = test.name;
    cell.detailTextLabel.text = test.details;
    
    return cell;
}

- (void)printResult:(UITextView*)textView message:(NSString*)msg
{
    dispatch_async(dispatch_get_main_queue(), ^{
        //update the result in the main queue because we may be calling from asynchronous block
        textView.text = [textView.text stringByAppendingString:[NSString
            stringWithFormat:@"%@\n",msg]];
        [textView scrollRangeToVisible:NSMakeRange([textView.text length], 0)];
    });
}
@end
```

（2）文件AAPLKeychainTestsViewController.m的功能是实现密钥验证功能，分别提供了Touch ID功能的远程服务器的密钥验证、SEC密钥复制匹配状态、密钥更新、SEC密钥状态更新、删除密钥等功能。

（3）文件AAPLLocalAuthenticationTestsViewController.m的功能是，在项目中展示并调用Local Authentication指纹验证功能，显示authentication UI验证界面，获取指纹成功后，将实现指纹验证功能。

到此为止，整个实例介绍完毕，执行后的效果如图13-7所示。

注意：要想验证调试本章中的实例代码，必须在iPhone 5S以上的真机中进行测试。

13.7.3 范例技巧——指纹识别的安全性

指纹识别的性能由Sensor和指纹识别算法共同决定。华为采用的是瑞典Fingerprint Cards的指纹Sensor，苹果采用的是美国Authentec公司的Sensor，当年Authentec已经成为行业巨无霸的时候，Fingerprint Cards还小得令Authentec不屑一顾。在指纹识别算法的研究上，苹果更是遥遥领先。Authentec一直在秘密进行小尺寸图象指纹识别算法的研究，这也是其被苹果收购的筹码之一。密码长度提高一倍就把安全性的理论上限提高到平方，但还要考虑密码本身的复杂程度才能决定最终的安全性。指纹图象的面积相当于密码的长度差，而指纹传感器和指纹识别算法的技术水准则相当于密码的复杂程度。苹果虽然有远远高于华为的指纹识别技术，但智能手机"脸小背大"，由于对审美的偏执，就不得不走更艰难的路。

图13-7 执行效果

13.8 使用CoreMotion传感器（Swift版）

范例13-8	使用CoreMotion传感器
源码路径	光盘\daima\第13章\13-8

13.8.1 范例说明

本实例的功能是在视图文件ViewController.swift中调用CoreMotion传感器，测试并显示当前设备在3个方向上的值。

13.8.2 具体实现

文件ViewController.swift的具体实现代码如下所示。
```
@IBAction func startButtonPressed(sender: UIButton) {
    self.rollLabel.hidden = false
    self.yawLabel.hidden = false
    self.pitchLabel.hidden = false
    self.rollDiffLabel.hidden = false
    self.pitchDiffLabel.hidden = false
    self.yawDiffLabel.hidden = false
    
    self.resetButtonLabel.setTitle("Stop", forState: UIControlState.Normal)
    self.resultLabel.hidden = true
    sender.hidden = true
    print("Game begins!")
    let winMargin = 3.0
    let closeMargin = 15.0
    targetRoll = Double(arc4random_uniform(UInt32(360)))-180.0
    targetYaw = Double(arc4random_uniform(UInt32(360)))-180.0
    targetPitch = Double(arc4random_uniform(UInt32(180)))-90.0
```

```swift
if motionManager.deviceMotionAvailable {
    let mainQueue = NSOperationQueue.mainQueue()
    motionManager.startDeviceMotionUpdatesToQueue(mainQueue) {
        (motion, error) in
        let roll = motion!.attitude.roll
        let rollDegrees = roll * 180 / M_PI
        // ---------------------- Roll Diff Test --------------------- //
        var rollDiff: Double
        if self.targetRoll < 0 {
            print("If: 360 - Target")
            print("Targets: Roll = \(self.targetRoll), Yaw = \(self.targetYaw), Pitch = \(self.targetPitch)")
            let diffTest1 = 360 + self.targetRoll - abs(rollDegrees)
            let diffTest2 = abs(self.targetRoll) - abs(rollDegrees)
            if diffTest1 < diffTest2 {
                print("rolldiff = test1")
                rollDiff = diffTest1
            } else {
                rollDiff = diffTest2
                print("rolldiff = test2")
            }
        } else {
            print("Target - abs")
            print("Targets: Roll = \(self.targetRoll), Yaw = \(self.targetYaw), Pitch = \(self.targetPitch)")
            rollDiff = self.targetRoll - abs(rollDegrees)
        }
        // ---------------------- end test --------------------------- //
        if abs(rollDiff) <= winMargin {
            self.rollDiffLabel.textColor = UIColor.greenColor()
        }
        else if abs(rollDiff) <= closeMargin {
            self.rollDiffLabel.textColor = UIColor.yellowColor()
        }
        else {
            self.rollDiffLabel.textColor = UIColor.redColor()
        }
        let yaw = motion!.attitude.yaw
        let yawDegrees = yaw * 180 / M_PI
        // ---------------------- Yaw Diff Test --------------------- //
        var yawDiff: Double
        if self.targetYaw < 0 {
            print("If: 360 - Target")
            print("Targets: Roll = \(self.targetRoll), Yaw = \(self.targetYaw), Pitch = \(self.targetPitch)")
            let diffTest1 = 360 + self.targetYaw - abs(yawDegrees)
            let diffTest2 = abs(self.targetYaw) - abs(yawDegrees)
            if diffTest1 < diffTest2 {
                print("yawdiff = test1")
                yawDiff = diffTest1
            } else {
                yawDiff = diffTest2
                print("yawdiff = test2")
            }
        } else {
            print("Target - abs")
            print("Targets: Roll = \(self.targetRoll), Yaw = \(self.targetYaw), Pitch = \(self.targetPitch)")
            yawDiff = self.targetYaw - abs(yawDegrees)
        }
        // ---------------------- end test --------------------------- //
        if abs(yawDiff) <= winMargin {
            self.yawDiffLabel.textColor = UIColor.greenColor()
        }
        else if abs(yawDiff) <= closeMargin {
            self.yawDiffLabel.textColor = UIColor.yellowColor()
```

```swift
                    }
                    else {
                        self.yawDiffLabel.textColor = UIColor.redColor()
                    }
                    // ========= PITCH ========= //
                    let pitch = motion!.attitude.pitch
                    let pitchDegrees = pitch * 180 / M_PI
                    var pitchDiff: Double
                    if self.targetPitch < 0 {
                        print("If: 360 - Target")
                        //查看控制台中当前的目标值
                        print("Targets: Roll = \(self.targetRoll), Yaw = \(self.targetYaw),
                            Pitch = \(self.targetPitch)")
                        let diffTest1 = 360 + self.targetPitch - abs(pitchDegrees)
                        let diffTest2 = abs(self.targetPitch) - abs(pitchDegrees)
                        if diffTest1 < diffTest2 {
                            print("pitchdiff = test1")
                            pitchDiff = diffTest1
                        } else {
                            pitchDiff = diffTest2
                            print("pitchdiff = test2")
                        }
                    } else {
                        print("Target - abs")
                        //查看控制台中当前的目标值
                        print("Targets: Roll = \(self.targetRoll), Yaw = \(self.targetYaw),
                            Pitch = \(self.targetPitch)")
                        pitchDiff = self.targetPitch - abs(pitchDegrees)
                    }
                    // --------------------- end test --------------------------- //
                    if abs(pitchDiff) <= winMargin {
                        self.pitchDiffLabel.textColor = UIColor.greenColor()
                    }
                    else if abs(pitchDiff) <= closeMargin {
                        self.pitchDiffLabel.textColor = UIColor.yellowColor()
                    }
                    else {
                        self.pitchDiffLabel.textColor = UIColor.redColor()
                    }
                    self.rollLabel.text = String(format: "Roll: %.0f\u{00B0}", rollDegrees)
                    self.rollDiffLabel.text = String(format: "Diff: %.0f\u{00B0}", rollDiff)
                    self.yawLabel.text = String(format: "Yaw: %.0f\u{00B0}", yawDegrees)
                    self.yawDiffLabel.text = String(format: "Diff: %.0f\u{00B0}", yawDiff)
                    self.pitchLabel.text = String(format: "Pitch: %.0f\u{00B0}", pitchDegrees)
                    self.pitchDiffLabel.text = String(format: "Diff: %.0f\u{00B0}", pitchDiff)
                    
                    if (abs(rollDiff) <= winMargin) && (abs(yawDiff) <= winMargin) &&
                        (abs(pitchDiff) <= winMargin) {
                        self.resultLabel.text = "You Won!"
                        self.resultLabel.hidden = false
                        self.motionManager.stopDeviceMotionUpdates()
                    }
                }
            }
    }
    override func viewDidLoad() {
        super.viewDidLoad()
        mainView.backgroundColor = UIColor.blackColor()
        resultLabel.textColor = UIColor.greenColor()
        resultLabel.hidden = true
        rollLabel.textColor = UIColor.whiteColor()
        pitchLabel.textColor = UIColor.whiteColor()
        yawLabel.textColor = UIColor.whiteColor()
        rollLabel.hidden = true
        yawLabel.hidden = true
        pitchLabel.hidden = true
```

```
            rollDiffLabel.textColor = UIColor.redColor()
            pitchDiffLabel.textColor = UIColor.redColor()
            yawDiffLabel.textColor = UIColor.redColor()
            rollDiffLabel.hidden = true
            pitchDiffLabel.hidden = true
            yawDiffLabel.hidden = true
        }
    }
```

需要在真机中执行本实例,单击"Start"后的效果如图13-8所示。

图13-8 执行效果

13.8.3 范例技巧——硬件设备的必要性

在iOS中,通过框架Core Motion将这种移动输入机制暴露给了第三方应用程序。并且可以使用加速计来检测摇动手势。在当前所有的iOS设备中,都可以使用加速计检测到运动。新型号的iPhone和iPad新增的陀螺仪都补充了这种功能。为了更好地理解这对应用程序来说意味着什么,下面简要地介绍一下这些硬件可以提供哪些信息。对本书中的大多数应用程序来说,使用iOS模拟器是完全可行的,但模拟器无法模拟加速计和陀螺仪硬件。因此在学习本章时,您可能需要一台用于开发的设备。

13.9 获取加速度的值(Swift版)

范例13-9	使用CoreMotion传感器获取加速度的值
源码路径	光盘\daima\第13章\13-9

13.9.1 范例说明

本实例的功能是使用CoreMotion传感器获取加速度的值,文件MainVC.swift的功能是通过CoreMotion获取当前设备在3个方向上的加速度值,并在控制台中输出文本"Hello!"。

13.9.2 具体实现

文件MainVC.swift的具体实现代码如下所示。

```
import UIKit
import CoreMotion
class MainVC: UIViewController {
    @IBOutlet weak var acceleLabel: UILabel!
    override func viewDidLoad() {
        helloCoreMotion()
    }
    // Hello! CoreMotion
    // ------------------
    var motionManager = CMMotionManager()
    func helloCoreMotion() {
        print("Hello!")
        motionManager.accelerometerUpdateInterval = 1/10
motionManager.startAccelerometerUpdatesToQueue(NSOperationQueue.currentQueue()!) {
            data, error in
            if let e = error {
                print("error: \(e)")
                return
            }
            let d = data!.acceleration
            let x=round(d.x*10000)
            let y=round(d.y*10000)
            let z=round((d.z)*10000)
            self.acceleLabel.text = "x=\(x)\ny=\(y)\n z=\(z)"
```

```
            print("x=\(x), y=\(y),   z=\(z)")
        }
    }
```

本实例执行后的效果如图13-9所示,在控制台中输出文本"Hello!"。

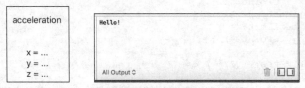

图13-9 执行效果

13.9.3 范例技巧——总结使用加速计的流程

(1) 在使用加速计之前必须开启重力感应计,方法如下。

01.self.isAccelerometerEnabled = YES; //设置layer是否支持重力计感应,打开重力感应支持,会得到accelerometer:didAccelerate: 的 回 调。开启此方法以后设备才会对重力进行检测,并调用accelerometer:didAccelerate:方法。下面例举了例子。

```
- (void)accelerometer:(UIAccelerometer *)accelerometer didAccelerate:(UIAcceleration *)acceleration
{
CGPoint sPoint = _player.position;      //获取精灵所在位置
sPoint.x += acceleration.x*10;      //设置坐标变化速度
_player.position =sPoint;       //对精灵的位置进行更新
}
```

使用加速计在模拟器上是看不出效果的,需要使用真机测试。_player.position.x实际上调用的是位置的获取方法(getter method):[_player position]。这个方法会获取当前主角精灵的临时位置信息,上述一行代码实际上是在尝试着改变这个临时CGPoint中成员变量*x*的值。不过这个临时的CGPoint是要被丢弃的。在这种情况下,精灵位置的设置方法(setter method): [_player setPosition]根本不会被调用。必须直接赋值给_player.position属性,这里使用的值是一个新的CGPoint。在使用Objective-C的时候,必须习惯于这个规则,而唯一的办法是改变从Java、C++或C#里带来的编程习惯。上面只是一个简单的说明,下面看进一步的功能。

(2) 首先在本类的初始化方法init里添加,代码如下所示。
01.[self scheduleUpdate];   //预定信息
(3) 然后添加如下方法。

```
- (void)accelerometer:(UIAccelerometer *)accelerometer didAccelerate:(UIAcceleration *)acceleration
{
float deceleration = 0.4f;//控制减速的速率(值越低=可以更快改变方向)
float sensitivity = 6.0f;//加速计敏感度的值越大,主角精灵对加速计的输入就越敏感
float maxVelocity = 100; //最大速度值
// 基于当前加速计的加速度调整速度
_playerVelocity.x = _playerVelocity.x*deceleration+acceleration.x*sensitivity;
//必须在两个方向上都限制主角精灵的最大速度值
if(_playerVelocity.x > maxVelocity){
_playerVelocity.x = maxVelocity;
}else if(_playerVelocity.x < -maxVelocity){
_playerVelocity.x = -maxVelocity;
}
}
- (void)update:(ccTime)delta
CGPoint pos = _player.position;
pos.x += _playerVelocity.x;
CGSize size = [[CCDirector sharedDirector] winSize];
```

```
        float imageWidthHalved = [_player texture].contentSizeInPixels.width*0.5;
        float leftBorderLimit = imageWidthHalved;
        float rightBorderLimit = size.width - imageWidthHalved;
        // 如果主角精灵移动到了屏幕以外的话,它应该被停止
        if(pos.x<leftBorderLimit){
        pos.x = leftBorderLimit;
        _playerVelocity = CGPointZero;
        }else if(pos.x>rightBorderLimit){
        pos.x = rightBorderLimit;
        _playerVelocity = CGPointZero;
        }
        _player.position = pos;      //位置更新
    }
```

边界测试可以防止主角精灵离开屏幕。需要将精灵贴图的contentSize考虑进来,因为精灵的位置在精灵贴图的中央,但是我们不想让贴图的任何一边移动到屏幕外面。所以我们计算得到了imageWidthHalved值,并用它来检查当前的精灵位置是不是落在左右边界里面。上述代码可能有些啰嗦,但是这样比以前更容易理解。这就是所有与加速计处理逻辑相关的代码。

在计算imageWidthHalved时,将contentSize乘以0.5,而不是用它除以2。这是一个有意的选择,因为除法可以用乘法来代替以得到同样的计算结果。因为上述更新方法在每一帧都会被调用,所以所有代码必须在每一帧的时间里以最快的速度运行。iOS设备使用的ARM CPU不支持直接在硬件上做除法,乘法一般会快一些。虽然在我们的例子里效果并不明显,但是养成这个习惯对我们很有好处。

13.10 演示CoreMotion的加速旋转功能

范例13-10	演示CoreMotion的加速旋转功能
源码路径	光盘\daima\第13章\13-10

13.10.1 范例说明

本实例的实现过程十分简单,功能是演示使用CoreMotion实现加速旋转操作的过程。

13.10.2 具体实现

视图控制器文件ViewController.m的具体实现代码如下所示。

```
#import "ViewController.h"
#import <CoreMotion/CoreMotion.h>

#define kFilteringFactor 0.175

@interface ViewController ()
{
    CMMotionManager * animationManager;
    UIImageView * imageView;
}
@end

@implementation ViewController

- (void)viewDidLoad {
    [super viewDidLoad];
    
    imageView = [[UIImageView alloc]initWithFrame:CGRectMake(100, 100, 30, 30)];
    imageView.image = [UIImage imageNamed:@"tagshop.png"];
    [self.view addSubview:imageView];
    animationManager = [[CMMotionManager alloc]init];
    animationManager.deviceMotionUpdateInterval = 0.01;
    [animationManager startAccelerometerUpdatesToQueue:[NSOperationQueue mainQueue]
```

```
                                    withHandler:^(CMAccelerometerData *data, NSError *error) {
                                        CGFloat x = data.acceleration.x;
                                        x = data.acceleration.x * kFilteringFactor + x
* (1.0 - kFilteringFactor);
                                        [UIView beginAnimations:@"rotate" context:nil];
                                        [UIView setAnimationDuration:0.1];
imageView.transform=CGAffineTransformMakeRotation(-x);
                                        [UIView commitAnimations];
                                    }];

}
- (void)didReceiveMemoryWarning {
    [super didReceiveMemoryWarning];
    // Dispose of any resources that can be recreated.
}

@end
```
本实例执行后的效果如图13-10所示。

图13-10 执行效果

13.10.3 范例技巧——总结UIAccelerometer类

加速计（UIAccelerometer）是一个单例模式的类，所以需要通过方法sharedAccelerometer获取其唯一的实例。加速计需要设置如下两点。

（1）设置其代理，用以执行获取加速计信息的方法。

（2）设置加速计获取信息的频率。最高支持每秒100次。

例如下面的代码。

```
UIAccelerometer *accelerometer = [UIAccelerometer sharedAccelerometer];
accelerometer.delegate = self;
accelerometer.updateInterval = 1.0/30.0f;
```

下面是加速计的代理方法，需要符合协议<UIAccelerometerDelegate>。

```
-(void)accelerometer:(UIAccelerometer *)accelerometer didAccelerate:(UIAcceleration
*)acceleration
{
//      NSString *str = [NSString stringWithFormat:@"x:%g\ty:%g\tz:%g",acceleration.x,
acceleration.y,acceleration.z];
//      NSLog(@"%@",str);
    // 检测摇动，1.5为轻摇，2.0为重摇
//      if (fabsf(acceleration.x)>1.8||
//          fabsf(acceleration.y)>1.8||
//          fabsf(acceleration.z>1.8)) {
//          NSLog(@"你摇动我了~");
//      }
    static NSInteger shakeCount = 0;
    static NSDate *shakeStart;
    NSDate *now = [[NSDate alloc]init];
    NSDate *checkDate=[[NSDate alloc]initWithTimeInterval:1.5f sinceDate:shakeStart];
    if ([now compare:checkDate] == NSOrderedDescending || shakeStart == nil) {
        shakeCount = 0;
        [shakeStart release];
        shakeStart = [[NSDate alloc]init];
    }
    [now release];
    [checkDate release];
    if (fabsf(acceleration.x)>1.7||
        fabsf(acceleration.y)>1.7||
        fabsf(acceleration.z)>1.7) {
        shakeCount ++;
        if (shakeCount >4) {
            NSLog(@"你摇动我了~");
            shakeCount = 0;
            [shakeStart release];
            shakeStart = [[NSDate alloc]init];
```

            }
        }
}

UIAccelerometer能够检测iphone手机在*x*、*y*、*z*轴3个轴上的加速度，要想获得此类需要调用如下代码。

```
UIAccelerometer *accelerometer = [UIAccelerometer sharedAccelerometer];
```

同时还需要设置它的delegate，代码如下所示。

```
UIAccelerometer *accelerometer = [UIAccelerometer sharedAccelerometer];
accelerometer.delegate = self;
accelerometer.updateInterval = 1.0/60.0;
```

在如下委托方法中：

- (void) accelerometer:(UIAccelerometer *)accelerometer didAccelerate:(UIAcceleration *)acceleration，UIAcceleration表示加速度类，包含了来自加速计UIAccelerometer的真实数据。它有3个属性的值*x*、*y*、*z*。iPhone的加速计支持最高以每秒100次的频率进行轮询。此时是60次。

（1）应用程序可以通过加速计来检测摇动，例如用户可以通过摇动iphone擦除绘图。也可以连续摇动几次iPhone，执行一些特殊的代码。

```
- (void) accelerometer:(UIAccelerometer *)accelerometer didAccelerate:(UIAcceleration *)acceleration
{
static NSInteger shakeCount = 0;
static NSDate *shakeStart;
NSDate *now = [[NSDate alloc] init];
NSDate *checkDate = [[NSDate alloc] initWithTimeInterval:1.5f sinceDate:shakeStart];
if ([now compare:checkDate] == NSOrderedDescending || shakeStart == nil)
{
shakeCount = 0;
[shakeStart release];
shakeStart = [[NSDate alloc] init];
}
 [now release];
[checkDate release];
if (fabsf(acceleration.x) > 2.0 || fabsf(acceleration.y) > 2.0 || fabsf(acceleration.z) > 2.0)
{
shakeCount++;
if (shakeCount > 4)
{
// -- DO Something
shakeCount = 0;
[shakeStart release];
shakeStart = [[NSDate alloc] init];
}
}
}
```

（2）加速计最常见的是用作游戏控制器，在游戏中使用加速计控制对象的移动。在简单情况下，可能只需获取一个轴的值，乘上某个数（灵敏度），然后添加到所控制对象的坐标系中。在复杂的游戏中，因为所建立的物理模型更加真实，所以必须根据加速计返回的值调整所控制对象的速度。

在Cocos 2D中接收加速计输入input，使其平滑运动，一般不会去直接改变对象的position。看下面的代码。

```
- (void) accelerometer:(UIAccelerometer *)accelerometer didAccelerate:(UIAcceleration *)acceleration
{
// -- controls how quickly velocity decelerates(lower = quicker to change direction)
float deceleration = 0.4;
// -- determins how sensitive the accelerometer reacts(higher = more sensitive)
float sensitivity = 6.0;
// -- how fast the velocity can be at most
float maxVelocity = 100;
// adjust velocity based on current accelerometer acceleration
playerVelocity.x = playerVelocity.x * deceleration + acceleration.x * sensitivity;
```

```
// -- we must limit the maximum velocity of the player sprite, in both directions
if (playerVelocity.x > maxVelocity)
{
playerVelocity.x = maxVelocity;
}
else if (playerVelocity.x < - maxVelocity)
{
playerVelocity.x = - maxVelocity;
}
}
```

在上述代码中，deceleration表示减速的比率，sensitivity表示灵敏度。maxVelocity表示最大速度，如果不限制则一直加大就很难停下来。

在playerVelocity.x = playerVelocity.x * deceleration + acceleration.x * sensitivity;中，playerVelocity是一个速度向量，是累积的。看下面的代码。

```
- (void) update: (ccTime)delta
{
// -- keep adding up the playerVelocity to the player's position
CGPoint pos = player.position;
pos.x += playerVelocity.x;

// -- The player should also be stopped from going outside the screen
CGSize screenSize = [[CCDirector sharedDirector] winSize];
float imageWidthHalved = [player texture].contentSize.width * 0.5f;
float leftBorderLimit = imageWidthHalved;
float rightBorderLimit = screenSize.width - imageWidthHalved;

// -- preventing the player sprite from moving outside the screen
if (pos.x < leftBorderLimit)
{
pos.x = leftBorderLimit;
playerVelocity = CGPointZero;
}
else if (pos.x > rightBorderLimit)
{
pos.x = rightBorderLimit;
playerVelocity = CGPointZero;
}

// assigning the modified position back
player.position = pos;
}
```

13.11 CoreMotion远程测试（Swift版）

范例13-11	CoreMotion远程测试
源码路径	光盘\daima\第13章\13-11

13.11.1 范例说明

本实例的功能是使用CoreMotion实现远程测试，在视图控制器文件ViewController.swift中建立一个和远程端口连接的界面，通过"Up""Left""Right"和"Down"4个按钮控制移动传感器。

13.11.2 具体实现

文件ViewController.swift的具体实现代码如下所示。
```
import UIKit
import CoreMotion
import Darwin
```

```swift
class ViewController: UIViewController, UITextFieldDelegate {
    @IBOutlet weak var connectButton:UIButton?
    @IBOutlet weak var disconnectButton:UIButton?
    @IBOutlet weak var launchButton:UIButton!
    @IBOutlet weak var upButton:UIButton!
    @IBOutlet weak var downButton:UIButton!
    @IBOutlet weak var leftButton:UIButton!
    @IBOutlet weak var rightButton:UIButton!
    @IBOutlet weak var ipTextField:UITextField!
    @IBOutlet weak var portTextField:UITextField!
    @IBOutlet weak var yawLabel:UILabel!
    @IBOutlet weak var pitchLabel:UILabel!
    let motionManager: CMMotionManager = CMMotionManager()
    var inputStream: NSInputStream!
    var outputStream: NSOutputStream!
    var yawCurrent: Int!
    var pitchCurrent: Int!
    var rollCurrent: Int!
    var upPressed:    Int = 0
    var downPressed:  Int = 0
    var leftPressed:  Int = 0
    var rightPressed: Int = 0
    var launch:       Int = 0
    var connected:Bool = false
    let pi = M_PI
    override func viewDidLoad() {
        super.viewDidLoad()
        ipTextField?.delegate = self
        portTextField?.delegate = self
        motionManager.deviceMotionUpdateInterval = 0.2
        motionManager.gyroUpdateInterval = 0.1

motionManager.startDeviceMotionUpdatesUsingReferenceFrame(CMAttitudeReferenceFrame.XArbitraryZVertical, toQueue: NSOperationQueue.mainQueue()) {
            (motion: CMDeviceMotion?, _) in
            if let attitude: CMAttitude = motion?.attitude {
                self.rollCurrent = Int(attitude.roll * 180/self.pi)
                self.pitchCurrent = Int(attitude.pitch * 180/self.pi)
                self.yawCurrent = Int(attitude.yaw * 180/self.pi)
                self.yawLabel.text = "Yaw: " + String(self.yawCurrent)
                self.pitchLabel.text = "Picth: " + String(self.pitchCurrent)
                print(self.upPressed)
                if self.connected {
                    self.sendOrientationData()
                }
            }
        }
    }
    @IBAction func buttonAction(sender:NSObject) {
        if sender == connectButton! {
            self.connected = true
            let ip:CFString = (self.ipTextField?.text)!
            let port:UInt32? = UInt32(self.portTextField!.text!)
            var readStream: Unmanaged<CFReadStream>?
            var writeStream: Unmanaged<CFWriteStream>?
            CFStreamCreatePairWithSocketToHost(nil, ip, port!, &readStream, &writeStream)
            self.inputStream = readStream!.takeRetainedValue()
            self.outputStream = writeStream!.takeRetainedValue()
            self.inputStream.scheduleInRunLoop(NSRunLoop.currentRunLoop(), forMode: NSDefaultRunLoopMode)
            self.outputStream.scheduleInRunLoop(NSRunLoop.currentRunLoop(), forMode: NSDefaultRunLoopMode)
            self.inputStream.open()
            self.outputStream.open()
        }
        else if sender == launchButton {
```

```swift
            print("Button Action")
            launch = 1;
        }
        else if sender == upButton {
            print("up action")
            upPressed = 1;
        }
        else if sender == downButton {
            print("down action")
            downPressed = 1;
        }
        else if sender == leftButton {
            print("left action")
            leftPressed = 1;
        }
        else if sender == rightButton {
            print("right action")
            rightPressed = 1;
        }
        else if sender == disconnectButton {
            self.inputStream.close()
            self.outputStream.close()
            self.connected = false
        }
        else if sender == ipTextField {
            ipTextField?.resignFirstResponder()
        }
        else if sender == portTextField {
            portTextField?.resignFirstResponder()
        }
    }
    @IBAction func buttonReleased(sender:NSObject) {
        if sender == upButton {
            upPressed = 0;
        }
        else if sender == downButton {
            downPressed = 0;
        }
        else if sender == leftButton {
            leftPressed = 0;
        }
        else if sender == rightButton {
            rightPressed = 0;
        }
        else if sender == launchButton {
            launch = 0;
        }
    }
    func sendOrientationData(){
        let data:NSData = (String(self.launch) + "," + String(self.upPressed) + "," + String(self.downPressed) + "," + String(self.leftPressed) + "," + String (self.rightPressed) + "," + String(self.yawCurrent) + "," +  String(self.pitchCurrent) + ";").dataUsingEncoding(NSUTF8StringEncoding)!
        self.outputStream.write(UnsafePointer<UInt8>(data.bytes), maxLength: data.length)
    }
    override func didReceiveMemoryWarning() {
        super.didReceiveMemoryWarning()
        // Dispose of any resources that can be recreated.
    }
}
```

本实例执行后的效果如图13-11所示。

在控制台中会显示单击的按钮,如图13-12所示。

图13-11 执行效果

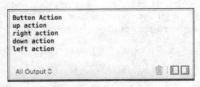
图13-12 执行效果

13.11.3 范例技巧——陀螺仪的工作原理

很多初学者误以为：使用加速计提供的数据好像能够准确地猜测到用户在做什么，其实并非如此。加速计可以测量重力在设备上的分布情况，假设设备正面朝上放在桌子上，将可以使用加速计检测出这种情形，但如果在玩游戏时水平旋转设备，加速计测量到的值不会发生任何变化。

当设备通过一边直立着并旋转时，情况也如此。仅当设备的朝向相对于重力的方向发生变化时，加速计才能检测到；而无论设备处于什么朝向，只要它在旋转，陀螺仪就能检测到。陀螺仪是一个利用高速回转体的动量矩敏感壳体相对惯性空间、绕正交于自转轴的一个或两个轴的角运动检测装置。另外，利用其他原理制成的角运动检测装置起同样功能的也称陀螺仪。当我们查询设备的陀螺仪时，它将报告设备绕x、y和z轴的旋转速度，单位为弧度每秒。2弧度相当于一整圈，因此陀螺仪返回的读数2表示设备绕相应的轴每秒转一圈。

第 14 章 游戏应用实战

自从手持设备诞生以来,游戏就成为了最重要的应用之一。无论是在旅行和上下班的路上,还是躺在家中的床上,都可以用手机游戏来打发无聊的时间。本章将通过几个典型实例的实现过程,详细介绍在iOS系统中实现游戏项目的基本知识,为读者步入本书后面知识的学习打下基础。

14.1 开发一个SpriteKit游戏

范例14-1	开发一个SpriteKit游戏
源码路径	光盘\daima\第14章\14-1

14.1.1 范例说明

根据专业统计机构的数据显示,在苹果商店提供的众多应用产品中,游戏数量排名第一。无论是iPhone还是iPad,iOS游戏为玩家提供了良好的用户体验。在本章的内容中,将详细讲解使用SpriteKit框架开发一个游戏项目的方法。在本实例中,演示了开发一个SpriteKit游戏的基本过程。

14.1.2 具体实现

(1)打开Xcode 7,单击"Create a new Xcode Project"创建一个工程文件,如图14-1所示。
(2)在弹出的界面中,在左侧栏目中选择iOS下的"Application"选项,在右侧选择"Game",然后单击"Next"按钮,如图14-2所示。

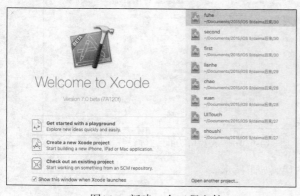
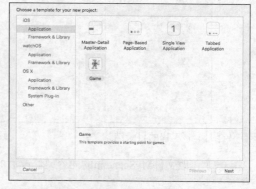

图14-1 新建一个工程文件　　　　　图14-2 创建一个"Game"工程

(3)在弹出的界面中设置各个选项值,在"Language"选项中设置编程语言为"Objective-C",设置"Game Technology"选项为"SpriteKit",然后单击"Next"按钮,如图14-3所示。
(4)在弹出的界面中设置当前工程的保存路径,如图14-4所示。

图14-3 设置编程语言为"Objective-C"

图14-4 设置保存路径

(5)单击"Create"按钮后将创建一个Sprite Kit工程,工程的最终目录结构如图14-5所示。

就像Cocos2D一样,SpriteKit被组织在Scene(场景)之上。Scene是一种类似于"层级"或者"屏幕"的概念。举个例子,可以同时创建两个Scene,一个位于游戏的主显示区域,另一个可以用作游戏地图展示放在其他区域,两者是并列的关系。

在自动生成的工程目录中会发现,Sprite Kit的模板已经默认创建了一个Scene——MyScene。打开文件MyScene.m后会看到它包含了一些代码,这些代码实现了如下两个功能。

❑ 把一个Label放到屏幕上。
❑ 在屏幕上随意点按时添加旋转的飞船。

(6)在项目导航栏中单击"SpriteKitSimpleGame"项目,选中对应的"target"。然后在"Deployment Info"区域内取消"Orientation"中"Portrait"(竖屏)的勾选,这样就只有"Landscape Left"和"Landscape Right" 是被选中的,如图14-6所示。

图14-5 工程的目录结构

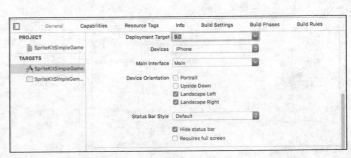

图14-6 切换成竖屏方向运行

(7)修改文件MyScene.m的内容,修改后的代码如下所示。

```
#import "MyScene.h"
// 1
@interface MyScene ()
@property (nonatomic) SKSpriteNode * player;
@end
@implementation MyScene
-(id)initWithSize:(CGSize)size {
    if (self = [super initWithSize:size]) {
```

```objc
        // 2
        NSLog(@"Size: %@", NSStringFromCGSize(size));
        
        // 3
        self.backgroundColor = [SKColor colorWithRed:1.0 green:1.0 blue:1.0 alpha:1.0];
        
        // 4
        self.player = [SKSpriteNode spriteNodeWithImageNamed:@"player"];
        self.player.position = CGPointMake(100, 100);
        [self addChild:self.player];
    }
    return self;
}
@end
```

对上述代码的具体说明如下所示。

- 创建一个当前类的private（私有访问权限）声明，为player声明一个私有的变量（即忍者），这就是即将要添加到Scene上的sprite对象。
- 在控制台中输出当前Scene的大小，这样做的原因稍后会看到。
- 设置当前Scene的背景颜色，在SpriteKit中只需要设置当前Scene的backgoundColor属性即可。这里设置成白色。
- 添加一个Sprite到Scene上面也很简单，在此只需要调用方法spriteNodeWithImageNamed把对应图片素材的名字作为参数传入即可。然后设置这个Sprite的位置，调用方法addChild把它添加到当前Scene上。把Sprite的位置设置成(100,100)，这一位置在屏幕左下角的右上方一点。

（8）打开文件ViewController.m，原来viewDidLoad方法的代码如下所示。

```objc
- (void)viewDidLoad
{
    [super viewDidLoad];
    // Configure the view.
    SKView * skView = (SKView *)self.view;
    skView.showsFPS = YES;
    skView.showsNodeCount = YES;
    
    // Create and configure the scene.
    SKScene * scene = [MyScene sceneWithSize:skView.bounds.size];
    scene.scaleMode = SKSceneScaleModeAspectFill;
    
    // Present the scene.
    [skView presentScene:scene];
}
```

通过上述代码，从skView的bounds属性获取了Size，创建了相应大小的Scene。但是，当viewDidLoad方法被调用时，skView还没有被加到View的层级结构上，因而它不能响应方向以及布局的改变。所以，skView的bounds属性此时还不是它横屏后的正确值，而是默认竖屏所对应的值。由此可见，此时不是初始化Scene的好时机。

所以，需要后移上述初始化方法的运行时机，通过如下所示的方法来替换viewDidLoad。

```objc
- (void)viewWillLayoutSubviews
{
    [super viewWillLayoutSubviews];
    // Configure the view.
    SKView * skView = (SKView *)self.view;
    if (!skView.scene) {
        skView.showsFPS = YES;
        skView.showsNodeCount = YES;
        
        // Create and configure the scene.
        SKScene * scene = [MyScene sceneWithSize:skView.bounds.size];
        scene.scaleMode = SKSceneScaleModeAspectFill;
        
        // Present the scene.
```

```
        [skView presentScene:scene];
    }
}
```

此时运行后会在屏幕中显示一个忍者，如图14-7所示。

（9）接下来需要把一些怪物添加到Scene上，与现有的忍者形成战斗场景。为了使游戏更有意思，怪兽应该是移动的，否则游戏就毫无挑战性可言了！那么，在屏幕的右侧一点创建怪兽，然后为它们设置Action使它们能够向左移动。首先在文件MyScene.m中添加如下所示的方法。

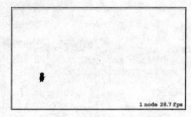

图14-7 显示一个忍者

```
- (void)addMonster {
    // 创建怪物Sprite
    SKSpriteNode * monster = [SKSpriteNode spriteNodeWithImageNamed:@"monster"];

    // 决定怪物在竖直方向上的出现位置
    int minY = monster.size.height / 2;
    int maxY = self.frame.size.height - monster.size.height / 2;
    int rangeY = maxY - minY;
    int actualY = (arc4random() % rangeY) + minY;

    // Create the monster slightly off-screen along the right edge,
    // and along a random position along the Y axis as calculated above
    monster.position = CGPointMake(self.frame.size.width + monster.size.width/2,
    actualY);
    [self addChild:monster];

    // 设置怪物的速度
    int minDuration = 2.0;
    int maxDuration = 4.0;
    int rangeDuration = maxDuration - minDuration;
    int actualDuration = (arc4random() % rangeDuration) + minDuration;

    // Create the actions
    SKAction * actionMove = [SKAction moveTo:CGPointMake(-monster.size.width/2,
    actualY) duration:actualDuration];
    SKAction * actionMoveDone = [SKAction removeFromParent];
    [monster runAction:[SKAction sequence:@[actionMove, actionMoveDone]]];
}
```

在上述代码中，首先做一些简单的计算来创建怪物对象，为它们设置合适的位置，并且用和忍者Sprite（player）一样的方式把它们添加到Scene上，并在相应的位置出现。接下来添加Action，Sprite Kit提供了一些超级实用的内置Action，比如移动、旋转、淡出、动画等。这里要在怪物身上添加如下所示的3种Aciton。

- moveTo:duration：这个Action用来让怪物对象从屏幕左侧直接移动到右侧。值得注意的是，可以自己定义移动持续的时间。在这里怪物的移动速度会随机分布在2到4秒之间。
- removeFromParent：Sprite Kit有一个方便的Action能让一个node从它的父母节点上移除。当怪物不再可见时，可以用这个Action来把它从Scene上移除。移除操作很重要，因为如果不这样做你会面对无穷无尽的怪物而最终它们会耗尽iOS设备的所有资源。
- Sequence：Sequence（系列）Action允许把很多Action连到一起按顺序运行，同一时间仅会执行一个Action。用这种方法，你可以先运行moveTo: 这个Action让怪物先移动，当移动结束时继续运行removeFromParent: 这个Action把怪物从Scene上移除。

然后调用addMonster方法来创建怪物，为了让游戏再有趣一点，设置让怪物们持续不断地涌现出来。Sprite Kit不能像Cocos2D一样设置一个每几秒运行一次的回调方法。它也不能传递一个增量时间参数给update方法。然而可以用一小段代码来模仿类似的定时刷新方法。首先把这些属性添加到MyScene.m的私有声明里，代码如下所示。

```
@property (nonatomic) NSTimeInterval lastSpawnTimeInterval;
@property (nonatomic) NSTimeInterval lastUpdateTimeInterval;
```

使用属性lastSpawnTimeInterval来记录上一次生成怪物的时间，使用属性lastUpdateTimeInterval来记录上一次更新的时间。

（10）编写一个每帧都会调用的方法，这个方法的参数是上次更新后的时间增量。由于它不会被默认调用，所以，需要在下一步编写另一个方法来调用它，代码如下所示。

```
- (void)updateWithTimeSinceLastUpdate:(CFTimeInterval)timeSinceLast {
    self.lastSpawnTimeInterval += timeSinceLast;
    if (self.lastSpawnTimeInterval &gt; 1) {
        self.lastSpawnTimeInterval = 0;
        [self addMonster];
    }
}
```

在这里只是简单地把上次更新后的时间增量加给lastSpawnTimeInterval，一旦它的值大于1秒，就要生成一个怪物然后重置时间。

（11）添加如下方法来调用上面的updateWithTimeSinceLastUpdate方法。

```
- (void)update:(NSTimeInterval)currentTime {
    // 获取时间增量
    // 如果每秒运行的帧数低于60，依然希望一切和每秒60帧移动的位移相同
    CFTimeInterval timeSinceLast = currentTime - self.lastUpdateTimeInterval;
    self.lastUpdateTimeInterval = currentTime;
    if (timeSinceLast &gt; 1) { // 如果上次更新后得时间增量大于1秒
        timeSinceLast = 1.0 / 60.0;
        self.lastUpdateTimeInterval = currentTime;
    }
    [self updateWithTimeSinceLastUpdate:timeSinceLast];
}
```

update: Sprite Kit会在每帧自动调用这个方法。

到此为止，所有的代码实际上源自苹果的Adventure范例。系统会传入当前的时间，我们可以据此来计算出上次更新后的时间增量。此处需要注意的是，这里做了一些必要的检查，如果出现意外致使更新的时间间隔变得超过1秒，这里会把间隔重置为1/60秒来避免发生奇怪的情况。

如果此时编译运行，会看到怪物们在屏幕上移动着，如图14-8所示。

图14-8 移动的Sprite对象

（12）接下来开始为这些忍者精灵添加一些动作，例如攻击动作。攻击的实现方式有很多种，但在这个游戏里攻击会在玩家单击屏幕时触发，忍者会朝着点按的方向发射一颗子弹。本项目使用moveTo:action动作来实现子弹的前期运行动画，为了实现它需要一些数学运算。这是因为moveTo:需要传入子弹运行轨迹的终点，由于用户点按触发的位置仅代表了子弹射出的方向，显然不能直接将其当作运行终点。这样就算子弹超过了触摸点，也应该让子弹保持移动直到子弹超出屏幕为止。

子弹向量运算方法的标准实现代码如下所示。

```
static inline CGPoint rwAdd(CGPoint a, CGPoint b) {
    return CGPointMake(a.x + b.x, a.y + b.y);
}
static inline CGPoint rwSub(CGPoint a, CGPoint b) {
    return CGPointMake(a.x - b.x, a.y - b.y);
}
static inline CGPoint rwMult(CGPoint a, float b) {
    return CGPointMake(a.x * b, a.y * b);
}
static inline float rwLength(CGPoint a) {
    return sqrtf(a.x * a.x + a.y * a.y);
}
// 让向量的长度（模）等于1
static inline CGPoint rwNormalize(CGPoint a) {
    float length = rwLength(a);
    return CGPointMake(a.x / length, a.y / length);
}
```

(13) 然后添加一个如下所示的新方法。

```objc
-(void)touchesEnded:(NSSet *)touches withEvent:(UIEvent *)event {

    // 1 - 选择其中的一个touch对象
    UITouch * touch = [touches anyObject];
    CGPoint location = [touch locationInNode:self];

    // 2 - 初始化子弹的位置
    SKSpriteNode * projectile = [SKSpriteNodespriteNodeWithImageNamed:@"projectile"];
    projectile.position = self.player.position;

    // 3- 计算子弹移动的偏移量
    CGPoint offset = rwSub(location, projectile.position);

    // 4 - 如果子弹是向后射的，那就不做任何操作直接返回
    if (offset.x <= 0) return;

    // 5 - 好了,把子弹添加上,我们已经检查了两次位置了
    [self addChild:projectile];
    // 6 - 获取子弹射出的方向
    CGPoint direction = rwNormalize(offset);

    // 7 - 让子弹射得足够远来确保它到达屏幕边缘
    CGPoint shootAmount = rwMult(direction, 1000);

    // 8 - 把子弹的位移加到它现在的位置上
    CGPoint realDest = rwAdd(shootAmount, projectile.position);

    // 9 - 创建子弹发射的动作
    float velocity = 480.0/1.0;
    float realMoveDuration = self.size.width / velocity;
    SKAction * actionMove = [SKAction moveTo:realDest duration:realMoveDuration];
    SKAction * actionMoveDone = [SKAction removeFromParent];
    [projectile runAction:[SKAction sequence:@[actionMove, actionMoveDone]]];
}
```

对上述代码的具体说明如下所示。

- SpriteKit包括了UITouch类的一个category扩展，有两个方法locationInNode和previousLocationInNode，使用它们可以获取到一次触摸操作相对于某个SKNode对象的坐标体系的坐标。
- 然后创建一颗子弹，并且把它放在忍者发射它的地方。此时还没有把它添加到Scene上，原因是还需要做一些合理性检查工作，本游戏项目不允许玩家向后发射子弹。
- 把触摸的坐标和子弹当前的位置做减法来获得相应的向量。
- 如果在x轴的偏移量小于零，则表示玩家在尝试向后发射子弹。这是游戏里不允许的，不做任何操作直接返回。
- 如果没有向后发射，那么就把子弹添加到Scene上。
- 调用rwNormalize方法把偏移量转换成一个单位向量（即长度为1），这会使得在同一个方向上生成一个固定长度的向量更容易，因为1乘以它本身的长度还是等于它本身的长度。
- 把想要发射的方向上的单位向量乘以1000，然后赋值给shootAmount。
- 为了知道子弹从哪里飞出屏幕，需要把上一步计算好的shootAmount与当前的子弹位置做加法。
- 最后创建moveTo和removeFromParent这两个Action。

(14) 接下来把Sprite Kit的物理引擎引入到游戏中，目的是监测怪物和子弹的碰撞。在之前需要做如下所示的准备工作。

- 创建物理体系（physics world）：一个物理体系是用来进行物理计算的模拟空间，它是被默认创建在Scene上的，可以配置一些它的属性，比如重力。
- 为每个Sprite创建物理上的外形：在Sprite Kit中，可以为每个Sprite关联一个物理形状来实现碰撞监测功能，并且可以直接设置相关的属性值。这个"形状"就叫作"物理外形"（physics body）。

注意物理外形可以不必与Sprite自身的形状（即显示图像）一致。相对于Sprite自身形状来说，通常物理外形更简单，只需要差不多就可以，并不要精确到每个像素点，而这已经足够适用大多数游戏了。

- 为碰撞的两种sprite（即子弹和怪物）分别设置对应的种类（category）。这个种类是需要设置的物理外形的一个属性，它是一个"位掩码"（bitmask），用来区分不同的物理对象组。在这个游戏中，将会有两个种类：一个是子弹的，另一个是怪物的。当这两种Sprite的物理外形发生碰撞时，可以根据category很简单地区分出它们是子弹还是怪物，然后针对不同的Sprite来做不同的处理。
- 设置一个关联的代理：可以为物理体系设置一个与之相关联的代理，当两个物体发生碰撞时来接收通知。这里将要添加一些有关对象种类判断的代码，用来判断到底是子弹还是怪物，然后会为它们增加碰撞的声音等效果。

开始碰撞监测和物理特性的实现，首先添加两个常量，将它们添加到文件MyScene.m中代码如下所示。

```
static const uint32_t projectileCategory = 0x1 << 0;
static const uint32_t monsterCategory = 0x1 << 1;
```

此处设置了两个种类，一个是子弹的，一个是怪物的。

然后在initWithSize方法中把忍者加到Scene的代码后面，再加入如下所示的两行代码。

```
self.physicsWorld.gravity = CGVectorMake(0,0);
self.physicsWorld.contactDelegate = self;
```

这样设置了一个没有重力的物理体系，为了收到两个物体碰撞的消息需要把当前的Scene设为它的代理。

在方法addMonster中创建完怪物后，添加如下所示的代码。

```
monster.physicsBody = [SKPhysicsBody bodyWithRectangleOfSize:monster.size]; // 1
monster.physicsBody.dynamic = YES; // 2
monster.physicsBody.categoryBitMask = monsterCategory; // 3
monster.physicsBody.contactTestBitMask = projectileCategory; // 4
monster.physicsBody.collisionBitMask = 0; // 5
```

对上述代码的具体说明如下所示。

- 为怪物Sprite创建物理外形。此处这个外形被定义成和怪物Sprite大小一致的矩形，与怪物自身大致相匹配。
- 将怪物物理外形的dynamic（动态）属性置为YES。这表示怪物的移动不会被物理引擎所控制。可以在这里不受影响而继续使用之前的代码（指之前怪物的移动Action）。
- 把怪物物理外形的种类掩码设为刚定义的 monsterCategory。
- 当发生碰撞时，当前怪物对象会通知它contactTestBitMask 这个属性所代表的category。这里应该把子弹的种类掩码projectileCategory赋给它。
- 属性collisionBitMask表示哪些种类的对象与当前怪物对象相碰撞时，物理引擎要让其有所反应（比如回弹效果）。

（15）添加一些如下所示的相似代码到touchesEnded:withEvent方法里，即在设置子弹位置的代码之后添加。

```
projectile.physicsBody=[SKPhysicsBody bodyWithCircleOfRadius:projectile.size.width/2];
projectile.physicsBody.dynamic = YES;
projectile.physicsBody.categoryBitMask = projectileCategory;
projectile.physicsBody.contactTestBitMask = monsterCategory;
projectile.physicsBody.collisionBitMask = 0;
projectile.physicsBody.usesPreciseCollisionDetection = YES;
```

（16）添加一个在子弹和怪物发生碰撞后会被调用的方法。这个方法不会被自动调用，将要在后面的步骤中调用它。

```
- (void)projectile:(SKSpriteNode *)projectile didCollideWithMonster:(SKSpriteNode *)monster {
    NSLog(@"Hit");
    [projectile removeFromParent];
    [monster removeFromParent];
}
```

上述代码是为了在子弹和怪物发生碰撞时把它们从当前的Scene上移除。

（17）开始实现接触后代理方法，将下面的代码添加到文件中。

```objc
- (void)didBeginContact:(SKPhysicsContact *)contact
{
    // 1
    SKPhysicsBody *firstBody, *secondBody;

    if (contact.bodyA.categoryBitMask < contact.bodyB.categoryBitMask)
    {
        firstBody = contact.bodyA;
        secondBody = contact.bodyB;
    }
    else
    {
        firstBody = contact.bodyB;
        secondBody = contact.bodyA;
    }

    // 2
    if ((firstBody.categoryBitMask & projectileCategory) != 0 &&
        (secondBody.categoryBitMask & monsterCategory) != 0)
    {
        [self projectile:(SKSpriteNode *) firstBody.node didCollideWithMonster:
        (SKSpriteNode *) secondBody.node];
    }
}
```

因为将当前的Scene设为了物理体系发生碰撞后的代理（contactDelegate），所以上述方法会在两个物理外形发生碰撞时被调用（调用的条件还有它们的contactTestBitMasks属性也要被正确设置）。上述方法分成如下所示的两个部分。

❑ 方法的前一部分传给发生碰撞的两个物理外形（子弹和怪物），但是不能保证它们会按特定的顺序传给你。所以有一部分代码是用来把它们按各自的种类掩码进行排序的。这样稍后才能针对对象种类进行操作。这部分代码来源于苹果官方Adventure例子。

❑ 方法的后一部分是用来检查这两个外形是否一个是子弹，另一个是怪物，如果是就调用刚刚写的方法（只把它们从Scene上移除的方法）。

（18）通过如下代码替换文件GameOverLayer.m中的原有代码。

```objc
#import "GameOverScene.h"
#import "MyScene.h"
@implementation GameOverScene
-(id)initWithSize:(CGSize)size won:(BOOL)won {
    if (self = [super initWithSize:size]) {

        // 1
        self.backgroundColor = [SKColor colorWithRed:1.0 green:1.0 blue:1.0 alpha:1.0];

        // 2
        NSString * message;
        if (won) {
            message = @"You Won!";
        } else {
            message = @"You Lose :[";
        }

        // 3
        SKLabelNode *label = [SKLabelNode labelNodeWithFontNamed:@"Chalkduster"];
        label.text = message;
        label.fontSize = 40;
        label.fontColor = [SKColor blackColor];
        label.position = CGPointMake(self.size.width/2, self.size.height/2);
        [self addChild:label];

        // 4
        [self runAction:
```

```
                [SKAction sequence:@[
                    [SKAction waitForDuration:3.0],
                    [SKAction runBlock:^{
                        // 5
                        SKTransition*reveal=[SKTransition flipHorizontalWithDuration:0.5];
                        SKScene * myScene = [[MyScene alloc] initWithSize:self.size];
                        [self.view presentScene:myScene transition: reveal];
                    }]
                ]]
            ];

    }
    return self;
}
@end
```

对上述代码的具体说明如下所示。

- 将背景颜色设置为白色,与主要的Scene(MyScene)相同。
- 根据传入的输赢参数,设置弹出的消息字符串"You Won"或者"You Lose"。
- 演示在Sprite Kit下如何把文本标签显示到屏幕上,只需要选择字体然后设置一些参数即可。
- 创建并且运行一个系列类型动作,它包含两个子动作。第一个Action仅仅等待3秒,然后会执行runBlock中的第二个Action来做一些马上会执行的操作。

上述代码实现了在Sprite Kit下实现转场(从现有场景转到新的场景)的方法。首先可以从多种转场特效动画中挑选一个自己喜欢的用来展示,这里选了一个0.5秒的翻转特效。然后创建即将要被显示的Scene,使用self.view的presentScene:transition: 方法进行转场即可。

(19)把新的Scene引入到MyScene.m文件中,具体代码如下所示。

```
#import "GameOverScene.h"
```

然后在addMonster方法中用下面的Action替换最后一行的Action。

```
SKAction * loseAction = [SKAction runBlock:^{
    SKTransition *reveal = [SKTransition flipHorizontalWithDuration:0.5];
    SKScene * gameOverScene = [[GameOverScene alloc] initWithSize:self.size won:NO];
    [self.view presentScene:gameOverScene transition: reveal];
}];
[monster runAction:[SKAction sequence:@[actionMove, loseAction, actionMoveDone]]];
```

通过上述代码创建了一个新的"失败Action"用来展示游戏结束的场景,当怪物移动到屏幕边缘时游戏就结束运行。

到此为止,整个实例介绍完毕,执行后的效果如图14-9所示。

图14-9 执行效果

14.1.3 范例技巧——SpriteKit的优点和缺点

在iOS平台中,通过SpriteKit制作2D游戏的主要优点如下所示。

(1)内置于iOS,因此不需要再额外下载类库,也不会产生外部依赖。它是苹果官方编写的,所以可以确信它会被良好支持和持续更新。

(2)为纹理贴图集和粒子提供了内置的工具。

(3)可以让你做一些用其他框架很难甚至不可能做到的事情,比如把视频当作Sprites来使用或者实现很炫的图片效果和遮罩。

在iOS平台中,通过SpriteKit制作2D游戏的主要缺点如下所示。

(1)如果使用了SpriteKit,那么游戏就会被限制在iOS系统上。可能永远也不会知道自己的游戏是否会在Android平台上变成热门。

(2)因为SpriteKit刚起步,所以,现阶段可能没有像其他框架那样有那么多的实用特性,比如

Cocos2D 的某些细节功能。

（3）不能直接编写OpenGL代码。

14.2 开发一个四子棋游戏（Swift版）

范例14-2	开发一个四子棋游戏
源码路径	光盘\daima\第14章\14-2

14.2.1 范例说明

四子棋是一种益智的棋类游戏。黑白两方（也有其他颜色的棋子）在8×8的格子内依次落子。黑方为先手，白方为后手。落子规则为，每一列必须从最底下的一格开始。依此可向上一格落子。一方落子后另一方落子，依此轮次，直到游戏结束为止。在下面的内容中，将通过一个具体实例的实现过程，详细讲解使用Xcode 7+Sprite Kit开发一个四子棋游戏项目的过程，本实例是基于Swift语言实现的。

14.2.2 具体实现

（1）在项目中加入对SpriteKit.framework框架的引用，如图14-10所示。

（2）准备系统所需要的图片素材文件，保存在"Supporting Files"目录下，图片素材文件在Xcode 7工程目录中的效果如图14-11所示。

图14-10 引用SpriteKit.framework框架　　　图14-11 Xcode 7工程目录中的图片素材文件

（3）打开Main.storyboard，在View视图界面中添加键盘按钮，如图14-12所示。

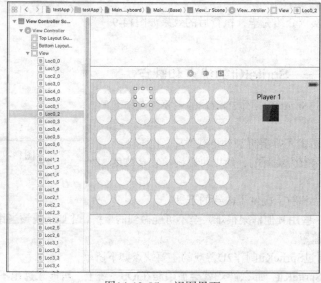

图14-12 View视图界面

（4）编写文件Player.swift，功能是定义玩家对象Player，不同玩家的颜色不一样。具体实现代码如下所示。
```
import Foundation
class Player
{
    var firstName : String
    var color : Board.Slot

    init(colorChosen : Board.Slot)
    {
        firstName = ""
        color = colorChosen
    }
}
```
（5）编写文件Board.swift，功能是绘制四子棋的棋盘，并设置行和列的显示范围，检查水平方向和垂直方向的棋子。

（6）文件ViewController.swift的功能是构造四子棋视图界面，在视图中加载显示棋盘和棋子，具体实现代码如下所示。
```
import UIKit
import GameKit

class ViewController: UIViewController {

    var theBoard :Board = Board.shared()
    var p1 : Player = Player(colorChosen: Board.Slot.Red)
    var p2 : Player = Player(colorChosen: Board.Slot.Black)
    var p1Turn : Bool = true
    @IBOutlet weak var player: UILabel!
    @IBOutlet weak var imageView: UIImageView!
    @IBOutlet weak var winnerLabel: UILabel!

    @IBOutlet weak var loc0_0: UIButton!
    @IBOutlet weak var loc0_1: UIButton!
    @IBOutlet weak var loc0_2: UIButton!
    @IBOutlet weak var loc0_3: UIButton!
    @IBOutlet weak var loc0_4: UIButton!
    @IBOutlet weak var loc0_5: UIButton!
    @IBOutlet weak var loc0_6: UIButton!
    @IBOutlet weak var loc1_0: UIButton!
    @IBOutlet weak var loc1_1: UIButton!
    @IBOutlet weak var loc1_2: UIButton!
    @IBOutlet weak var loc1_3: UIButton!
    @IBOutlet weak var loc1_4: UIButton!
    @IBOutlet weak var loc1_5: UIButton!
    @IBOutlet weak var loc1_6: UIButton!
    @IBOutlet weak var loc2_0: UIButton!
    @IBOutlet weak var loc2_1: UIButton!
    @IBOutlet weak var loc2_2: UIButton!
    @IBOutlet weak var loc2_3: UIButton!
    @IBOutlet weak var loc2_4: UIButton!
    @IBOutlet weak var loc2_5: UIButton!
    @IBOutlet weak var loc2_6: UIButton!
    @IBOutlet weak var loc3_0: UIButton!
    @IBOutlet weak var loc3_1: UIButton!
    @IBOutlet weak var loc3_2: UIButton!
    @IBOutlet weak var loc3_3: UIButton!
    @IBOutlet weak var loc3_4: UIButton!
    @IBOutlet weak var loc3_5: UIButton!
    @IBOutlet weak var loc3_6: UIButton!
    @IBOutlet weak var loc4_0: UIButton!
    @IBOutlet weak var loc4_1: UIButton!
    @IBOutlet weak var loc4_2: UIButton!
    @IBOutlet weak var loc4_3: UIButton!
    @IBOutlet weak var loc4_4: UIButton!
    @IBOutlet weak var loc4_5: UIButton!
    @IBOutlet weak var loc4_6: UIButton!
    @IBOutlet weak var loc5_0: UIButton!
```

```swift
    @IBOutlet weak var loc5_1: UIButton!
    @IBOutlet weak var loc5_2: UIButton!
    @IBOutlet weak var loc5_3: UIButton!
    @IBOutlet weak var loc5_4: UIButton!
    @IBOutlet weak var loc5_5: UIButton!
    @IBOutlet weak var loc5_6: UIButton!

    override func viewDidLoad() {
        super.viewDidLoad()

}
//按下屏幕实现下棋操作
    @IBAction func buttonPressed(sender: UIButton) {

        if p1Turn == true
        {
          if theBoard.dropTokenAtSlotWithTagNumber(number: sender.tag, withSlotType: Board.Slot.Red)
            {
                sender.setBackgroundImage(UIImage(named: "red.png"), forState: UIControlState.Normal)
            if theBoard.isFull()
            {
                self.handelTie()
            }
            let results = theBoard.checkWin()
            if results.0 == true
            {
                handleWin(results)
                return
            }
            p1Turn = false
            player.text = "Player 2"
            imageView.image = UIImage(named: "black.png")
            }

        }
        else   // p2 turn
        {
          if theBoard.dropTokenAtSlotWithTagNumber(number: sender.tag, withSlotType: Board.Slot.Black)
            {
                sender.setBackgroundImage(UIImage(named: "black.png"), forState: UIControlState.Normal)

                if theBoard.isFull()
                {
                    self.handelTie()
                }

                let results = theBoard.checkWin()
                if results.0 == true
                {
                    handleWin(results)
                    return
                }
                p1Turn = true
                player.text = "Player 1"
                imageView.image = UIImage(named: "red.png")
            }
        }
    }
    func handelTie()
    {
        resetGame()
    }
    //重置游戏
```

```swift
    func resetGame()
    {
        self.theBoard.clear()
        self.resetBackgroundImages()
        self.player.text = "Player 1"
        self.p1Turn = true
        self.imageView.image = UIImage(named: "red.png")
    }

    @IBAction func resetPressed(sender: AnyObject) {

    }

    func handleWin(t:(didWin: Bool, atPositions: [Int], withSlotColor: Board.Slot))
    {
        var player = ""

        if   t.withSlotColor == Board.Slot.Black
        {
          player = "Player 2"
        }
        else
        {
            player = "Player 1"
        }

        let alertVC = UIAlertController(title: "Winner", message: "\(player) wins!",
preferredStyle: UIAlertControllerStyle.Alert)

        let action = UIAlertAction(title: "OK", style: UIAlertActionStyle.Default)
{ (action) -> Void in
            self.resetGame()
        }

        alertVC.addAction(action)
        self.presentViewController(alertVC, animated: true) { () -> Void in

        }
    }

    func resetBackgroundImages()
    {
        loc0_0.setBackgroundImage(UIImage(named: "white.png"), forState: UIControlState.Normal)
        loc0_1.setBackgroundImage(UIImage(named: "white.png"), forState: UIControlState.Normal)
        loc0_2.setBackgroundImage(UIImage(named: "white.png"), forState: UIControlState.Normal)
        loc0_3.setBackgroundImage(UIImage(named: "white.png"), forState: UIControlState.Normal)
        loc0_4.setBackgroundImage(UIImage(named: "white.png"), forState: UIControlState.Normal)
        loc0_5.setBackgroundImage(UIImage(named: "white.png"), forState: UIControlState.Normal)
        loc0_6.setBackgroundImage(UIImage(named: "white.png"), forState: UIControlState.Normal)
        loc1_0.setBackgroundImage(UIImage(named: "white.png"), forState: UIControlState.Normal)
        loc1_1.setBackgroundImage(UIImage(named: "white.png"), forState: UIControlState.Normal)
        loc1_2.setBackgroundImage(UIImage(named: "white.png"), forState: UIControlState.Normal)
        loc1_3.setBackgroundImage(UIImage(named: "white.png"), forState: UIControlState.Normal)
        loc1_4.setBackgroundImage(UIImage(named: "white.png"), forState: UIControlState.Normal)
        loc1_5.setBackgroundImage(UIImage(named: "white.png"), forState: UIControlState.Normal)
        loc1_6.setBackgroundImage(UIImage(named: "white.png"), forState: UIControlState.Normal)
        loc2_0.setBackgroundImage(UIImage(named: "white.png"), forState: UIControlState.Normal)
        loc2_1.setBackgroundImage(UIImage(named: "white.png"), forState: UIControlState.Normal)
        loc2_2.setBackgroundImage(UIImage(named: "white.png"), forState: UIControlState.Normal)
        loc2_3.setBackgroundImage(UIImage(named: "white.png"), forState: UIControlState.Normal)
        loc2_4.setBackgroundImage(UIImage(named: "white.png"), forState: UIControlState.Normal)
        loc2_5.setBackgroundImage(UIImage(named: "white.png"), forState: UIControlState.Normal)
        loc2_6.setBackgroundImage(UIImage(named: "white.png"), forState: UIControlState.Normal)
        loc3_0.setBackgroundImage(UIImage(named: "white.png"), forState: UIControlState.Normal)
        loc3_1.setBackgroundImage(UIImage(named: "white.png"), forState: UIControlState.Normal)
        loc3_2.setBackgroundImage(UIImage(named: "white.png"), forState: UIControlState.Normal)
        loc3_3.setBackgroundImage(UIImage(named: "white.png"), forState: UIControlState.Normal)
        loc3_4.setBackgroundImage(UIImage(named: "white.png"), forState: UIControlState.Normal)
```

```
        loc3_5.setBackgroundImage(UIImage(named: "white.png"), forState: UIControlState.Normal)
        loc3_6.setBackgroundImage(UIImage(named: "white.png"), forState: UIControlState.Normal)
        loc4_0.setBackgroundImage(UIImage(named: "white.png"), forState: UIControlState.Normal)
        loc4_1.setBackgroundImage(UIImage(named: "white.png"), forState: UIControlState.Normal)
        loc4_2.setBackgroundImage(UIImage(named: "white.png"), forState: UIControlState.Normal)
        loc4_3.setBackgroundImage(UIImage(named: "white.png"), forState: UIControlState.Normal)
        loc4_4.setBackgroundImage(UIImage(named: "white.png"), forState: UIControlState.Normal)
        loc4_5.setBackgroundImage(UIImage(named: "white.png"), forState: UIControlState.Normal)
        loc4_6.setBackgroundImage(UIImage(named: "white.png"), forState: UIControlState.Normal)
        loc5_0.setBackgroundImage(UIImage(named: "white.png"), forState: UIControlState.Normal)
        loc5_1.setBackgroundImage(UIImage(named: "white.png"), forState: UIControlState.Normal)
        loc5_2.setBackgroundImage(UIImage(named: "white.png"), forState: UIControlState.Normal)
        loc5_3.setBackgroundImage(UIImage(named: "white.png"), forState: UIControlState.Normal)
        loc5_4.setBackgroundImage(UIImage(named: "white.png"), forState: UIControlState.Normal)
        loc5_5.setBackgroundImage(UIImage(named: "white.png"), forState: UIControlState.Normal)
        loc5_6.setBackgroundImage(UIImage(named: "white.png"), forState: UIControlState.Normal)
    }
}
```

本游戏项目执行后的效果如图14-13所示。

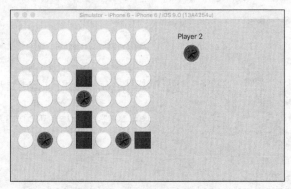

图14-13 执行效果

14.2.3 范例技巧——SpriteKit、Cocos2D、Cocos2D-X和Unity的选择

在iOS平台中，主流的二维游戏开发框架有SpriteKit、Cocos2D、Cocos2D-X和Unity。读者在开发游戏项目时，可以根据如下原则来选择游戏框架。

（1）如果是一个新手，或只专注于iOS平台，那么建议选择SpriteKit，因为SpriteKit是iOS内置框架，简单易学。

（2）如果需要编写自己的OpenGL代码，则建议使用Cocos2D或者尝试其他的引擎，因为SpriteKit当前并不支持OpenGL。

（3）如果想要制作跨平台的游戏，请选择Cocos2D-X或者Unity。Cocos2D-X的好处是几乎面面俱到，为2D游戏而构建，几乎可以用它做任何你想做的事情。Unity的好处是可以带来更大的灵活性，例如，可以为游戏添加一些3D元素，尽管在用它制作2D游戏时不得不经历一些小麻烦。

14.3 使用SpriteKit框架

范例14-3	使用SpriteKit框架
源码路径	光盘\daima\第14章\14-3

14.3.1 范例说明

本实例的功能是使用SpriteKit框架开发一个小型游戏。

14.3.2 具体实现

(1) 启动Xcode 7, 设计MonsterSecene.sks界面效果如图14-14所示。

(2) 文件MonsterSecene.m的功能是构建怪物的场景, 具体实现代码如下所示。

```objc
#import "MonsterSecene.h"
@interface MonsterSecene () {
    SKNode *leg_upper_left;
    SKNode *leg_lower_left;
    SKNode *leg_feet_left;
    SKNode *torso;
    SKNode *wing_left;
    SKNode *wing_right;
}
@end
@implementation MonsterSecene
- (void)didMoveToView:(SKView *)view {
    torso = [self childNodeWithName:@"torso"];
    torso.position = CGPointMake(CGRectGetMidX(self.frame),
CGRectGetMidY(self.frame));
    wing_left = [torso childNodeWithName:@"wing_left"];
    wing_right = [torso childNodeWithName:@"wing_right"];
    leg_upper_left = [torso childNodeWithName:@"leg_upper_left"];
    leg_lower_left = [leg_upper_left childNodeWithName:@"leg_lower_left"];
    leg_feet_left = [leg_lower_left childNodeWithName:@"leg_feet_left"];
    [self flapWings];
}
- (void)flapWings {
    SKAction *flap = [SKAction rotateToAngle:-2* M_PI_4 duration:0.15 shortestUnitArc:YES];
    SKAction *flap1 = [SKAction rotateToAngle:-1* M_PI_4 duration:0.15 shortestUnitArc:YES];
    SKAction *sequence = [SKAction sequence:@[flap, flap1]];
    SKAction * loop = [SKAction repeatActionForever:sequence];
    [wing_left runAction:loop];
    SKAction *flap2 = [SKAction rotateToAngle:2* M_PI_4 duration:0.15 shortestUnitArc:YES];
    SKAction *flap3 = [SKAction rotateToAngle:1* M_PI_4 duration:0.15 shortestUnitArc:YES];
    SKAction *sequence1 = [SKAction sequence:@[flap2, flap3]];
    SKAction * loop1 = [SKAction repeatActionForever:sequence1];
    [wing_right runAction:loop1];
}

- (void)kickAtLocation:(CGPoint)location {
    SKAction *kick = [SKAction reachTo:location
                              rootNode:leg_upper_left
                              duration:0.1];
    [leg_lower_left runAction:kick];
}

- (void)touchesBegan:(NSSet<UITouch *> *)touches withEvent:(UIEvent *)event {
    for (UITouch *anyTouch in touches) {
        CGPoint location = [anyTouch locationInNode:self];
        [self kickAtLocation:location];
    }
}
@end
```

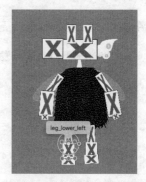

图14-14 MonsterSecene.sks界面

(3) 文件ViewController.m的功能是构建在屏幕中显示的视图元素。本实例执行后的效果如图14-15所示。

图14-15 执行效果

14.3.3 范例技巧——总结开发游戏的流程

一款iOS典型游戏的开发流程如图14-16所示。

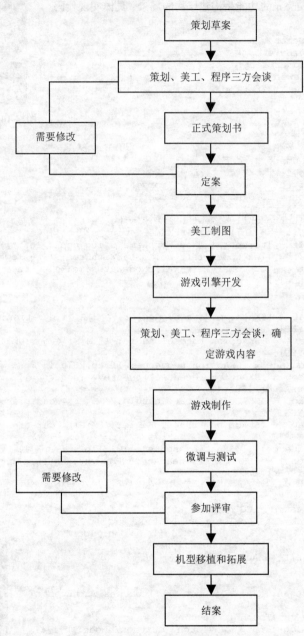

图14-16 典型iOS游戏开发流程

14.4 开发一个SpriteKit游戏（Swift版）

范例14-4	开发一个SpriteKit游戏
源码路径	光盘\daima\第14章\14-4

14.4.1 范例说明

本实例是基于Swift语言实现的，功能是使用SpriteKit框架开发一款游戏。

14.4.2 具体实现

（1）文件GameScene.swift的功能是实现游戏场景，具体实现代码如下所示。

```swift
import SpriteKit
struct PhysicsCategory {
    static let None      : UInt32 = 0
    static let All       : UInt32 = UInt32.max
    static let Monster   : UInt32 = 0b1       // 1
    static let Projectile: UInt32 = 0b10      // 2
}

func + (left: CGPoint, right: CGPoint) -> CGPoint {
    return CGPoint(x: left.x + right.x, y: left.y + right.y)
}

func - (left: CGPoint, right: CGPoint) -> CGPoint {
    return CGPoint(x: left.x - right.x, y: left.y - right.y)
}

func * (point: CGPoint, scalar: CGFloat) -> CGPoint {
    return CGPoint(x: point.x * scalar, y: point.y * scalar)
}
func / (point: CGPoint, scalar: CGFloat) -> CGPoint {
    return CGPoint(x: point.x / scalar, y: point.y / scalar)
}
#if !(arch(x86_64) || arch(arm64))
    func sqrt(a: CGFloat) -> CGFloat {
        return CGFloat(sqrtf(Float(a)))
    }
#endif
extension CGPoint {
    func length() -> CGFloat {
        return sqrt(x*x + y*y)
    }
    func normalized() -> CGPoint {
        return self / length()
    }
}
class GameScene: SKScene, SKPhysicsContactDelegate {
    var monstersDestroyed = 0
    let player = SKSpriteNode(imageNamed: "player")
    override func didMoveToView(view: SKView) {
        backgroundColor = SKColor.whiteColor()
        player.position = CGPoint(x: size.width * 0.1, y: size.height * 0.5)
        addChild(player)
        physicsWorld.gravity = CGVectorMake(0, 0)
        physicsWorld.contactDelegate = self
        runAction(SKAction.repeatActionForever(
            SKAction.sequence([
                SKAction.runBlock(addMonster),
                SKAction.waitForDuration(1.0)
                ])
            ))
        let backgroundMusic = SKAudioNode(fileNamed: "background-music-aac.caf")
        backgroundMusic.autoplayLooped = true
        addChild(backgroundMusic)
    }
    func random() -> CGFloat {
        return CGFloat(Float(arc4random()) / 0xFFFFFFFF)
    }
    func random(min min: CGFloat, max: CGFloat) -> CGFloat {
```

```swift
        return random() * (max - min) + min
    }
    func addMonster() {
        let monster = SKSpriteNode(imageNamed: "monster")
        monster.physicsBody = SKPhysicsBody(rectangleOfSize: monster.size) // 1
        monster.physicsBody?.dynamic = true // 2
        monster.physicsBody?.categoryBitMask = PhysicsCategory.Monster // 3
        monster.physicsBody?.contactTestBitMask = PhysicsCategory.Projectile // 4
        monster.physicsBody?.collisionBitMask = PhysicsCategory.None // 5
        let actualY = random(min: monster.size.height/2, max: size.height - 
        monster.size.height/2)
        monster.position = CGPoint(x: size.width + monster.size.width/2, y: actualY)
        addChild(monster)
        let actualDuration = random(min: CGFloat(2.0), max: CGFloat(4.0))
        let actionMove = SKAction.moveTo(CGPoint(x: -monster.size.width/2, y: actualY),
            duration: NSTimeInterval(actualDuration))
        let actionMoveDone = SKAction.removeFromParent()
        let loseAction = SKAction.runBlock() {
            let reveal = SKTransition.flipHorizontalWithDuration(0.5)
            let gameOverScene = GameOverScene(size: self.size, won: false)
            self.view?.presentScene(gameOverScene, transition: reveal)
        }
        monster.runAction(SKAction.sequence([actionMove, loseAction, actionMoveDone]))
    }
    override func touchesEnded(touches: Set<UITouch>, withEvent event: UIEvent?) {
        guard let touch = touches.first else {
            return
        }
        let touchLocation = touch.locationInNode(self)
        let projectile = SKSpriteNode(imageNamed: "projectile")
        projectile.position = player.position
        projectile.physicsBody = SKPhysicsBody(circleOfRadius: projectile.size.width/2)
        projectile.physicsBody?.dynamic = true
        projectile.physicsBody?.categoryBitMask = PhysicsCategory.Projectile
        projectile.physicsBody?.contactTestBitMask = PhysicsCategory.Monster
        projectile.physicsBody?.collisionBitMask = PhysicsCategory.None
        projectile.physicsBody?.usesPreciseCollisionDetection = true
        let offset = touchLocation - projectile.position
        if (offset.x < 0) { return }
        runAction(SKAction.playSoundFileNamed("pew-pew-lei.caf", waitForCompletion: false))
        addChild(projectile)
        let direction = offset.normalized()
        let shootAmount = direction * 1000
        let realDest = shootAmount + projectile.position
        let actionMove = SKAction.moveTo(realDest, duration: 2.0)
        let actionMoveDone = SKAction.removeFromParent()
        projectile.runAction(SKAction.sequence([actionMove, actionMoveDone]))
        
    }
    
    func projectileDidCollideWithMonster(projectile:SKSpriteNode, monster:SKSpriteNode) {
        print("Hit")
        projectile.removeFromParent()
        monster.removeFromParent()
        monstersDestroyed++
        if (monstersDestroyed > 30) {
            let reveal = SKTransition.flipHorizontalWithDuration(0.5)
            let gameOverScene = GameOverScene(size: self.size, won: true)
            self.view?.presentScene(gameOverScene, transition: reveal)
        }
        
    }
    
    
    func didBeginContact(contact: SKPhysicsContact) {
        
        // 1
        var firstBody: SKPhysicsBody
```

```
                var secondBody: SKPhysicsBody
                if contact.bodyA.categoryBitMask < contact.bodyB.categoryBitMask {
                    firstBody = contact.bodyA
                    secondBody = contact.bodyB
                } else {
                    firstBody = contact.bodyB
                    secondBody = contact.bodyA
                }

                // 2
                if ((firstBody.categoryBitMask & PhysicsCategory.Monster != 0) &&
                    (secondBody.categoryBitMask & PhysicsCategory.Projectile != 0)) {
                        projectileDidCollideWithMonster(firstBody.node as! SKSpriteNode,
monster: secondBody.node as! SKSpriteNode)
                }

        }

}
```

（2）文件GameOverScene.swift的功能是构建游戏结束时的场景。

本实例执行后的效果如图14-17所示。

图14-17 执行效果

14.4.3 范例技巧——一款游戏产品受到的限制

在制作游戏之前，策划首先要确定一点：到底想要制作一个什么样的游戏？而要制作一个游戏并不是闭门造车，一个策划说了就算数的简单事情。制作一款游戏受到多方面的限制。

（1）市场：即将做的游戏是不是具备市场潜力？在市场上推出以后会不会被大家所接受？是否能够取得良好的市场回报？

（2）技术：即将做的游戏从程序和美术上是不是完全能够实现？如果不能实现，是不是能够有折中的办法？

（3）规模：以现有的资源是否能很好地协调并完成即将要做的游戏？是否需要另外增加人员或设备？

（4）周期：游戏的开发周期是否长短合适？能否在开发结束时正好赶上游戏的销售旺季？

（5）产品：即将做的游戏在其同类产品中是否有新颖的设计？是否能有吸引玩家的地方？如果在游戏设计上达不到革新，是否能够在美术及程序方面加以补足？如果同类型的游戏市场上已经有了很多，那么即将做的游戏的卖点在哪里？

以上各个问题都是要经过开发组全体成员反复进行讨论才能够确定下来的，大家一起集思广益，共同探讨一个可行的方案。如果对上述全部问题都能够有肯定的答案的话，那么这个项目基本是可行的。但是即便项目获得了通过，在进行过程中也可能会有种种不可预知的因素导致意外情况的发生，所以项目能够成立，只是游戏制作的开始。

在项目确立了以后，下一步要进行的就是游戏的大纲策划工作。

14.5 开发一个小球游戏（Swift版）

范例14-5	开发一个小球游戏
源码路径	光盘\daima\第14章\14-5

14.5.1 范例说明

本实例的功能是开发一个小球游戏。其中文件GameScene.swift的功能是构建游戏场景，文件GameOverScene.swift的功能是实现游戏界面场景。

14.5.2 具体实现

（1）启动Xcode 7，GameScene.sks界面效果如图14-18所示。

（2）文件GameScene.swift的具体实现代码如下所示。

图14-18 GameScene.sks界面效果

```
import SpriteKit
let BallCategoryName = "ball"
let PaddleCategoryName = "paddle"
let BlockCategoryName = "block"
let BlockNodeCategoryName = "blockNode"

let BallCategory    : UInt32 = 0x1 << 0  // 00000000000000000000000000000001
let BottomCategory  : UInt32 = 0x1 << 1  // 00000000000000000000000000000010
let BlockCategory   : UInt32 = 0x1 << 2  // 00000000000000000000000000000100
let PaddleCategory  : UInt32 = 0x1 << 3  // 00000000000000000000000000001000

class GameScene: SKScene, SKPhysicsContactDelegate {

  var isFingerOnPaddle = false

  override func didMoveToView(view: SKView) {
    super.didMoveToView(view)
    let borderBody = SKPhysicsBody(edgeLoopFromRect: self.frame)
    borderBody.friction = 0
    self.physicsBody = borderBody

    physicsWorld.gravity = CGVectorMake(0, 0)

    let ball = childNodeWithName(BallCategoryName) as! SKSpriteNode
    ball.physicsBody!.applyImpulse(CGVectorMake(5, -15))

    let bottomRect = CGRectMake(frame.origin.x, frame.origin.y, frame.size.width, 1)
    let bottom = SKNode()
    bottom.physicsBody = SKPhysicsBody(edgeLoopFromRect: bottomRect)
    addChild(bottom)

    let paddle = childNodeWithName(PaddleCategoryName) as! SKSpriteNode

    bottom.physicsBody!.categoryBitMask = BottomCategory
    ball.physicsBody!.categoryBitMask = BallCategory
    paddle.physicsBody!.categoryBitMask = PaddleCategory

    ball.physicsBody!.contactTestBitMask = BottomCategory | BlockCategory

    physicsWorld.contactDelegate = self
    let numberOfBlocks = 5

    let blockWidth = SKSpriteNode(imageNamed: "block.png").size.width
    let totalBlocksWidth = blockWidth * CGFloat(numberOfBlocks)

    let padding: CGFloat = 10.0
    let totalPadding = padding * CGFloat(numberOfBlocks - 1)
    let xOffset = (CGRectGetWidth(frame) - totalBlocksWidth - totalPadding) / 2

    for i in 0..<numberOfBlocks {
      let block = SKSpriteNode(imageNamed: "block.png")
      block.position = CGPointMake(xOffset + CGFloat(CGFloat(i) + 0.5)*blockWidth +
        CGFloat(i-1)*padding, CGRectGetHeight(frame) * 0.8)
      block.physicsBody = SKPhysicsBody(rectangleOfSize: block.frame.size)
      block.physicsBody!.allowsRotation = false
      block.physicsBody!.friction = 0.0
      block.physicsBody!.dynamic = false
      block.physicsBody!.affectedByGravity = false
      block.name = BlockCategoryName
      block.physicsBody!.categoryBitMask = BlockCategory
      addChild(block)
    }
  }
}
```

```swift
override func touchesBegan(touches: Set<UITouch>, withEvent event: UIEvent?) {
  let touch = touches.first as UITouch?
  let touchLocation = touch!.locationInNode(self)

  if let body = physicsWorld.bodyAtPoint(touchLocation) {
    if body.node!.name == PaddleCategoryName {
      print("Began touch on paddle")
      isFingerOnPaddle = true
    }
  }
}

override func touchesMoved(touches: Set<UITouch>, withEvent event: UIEvent?) {
  if isFingerOnPaddle {
    let touch = touches.first as UITouch?
    let touchLocation = touch!.locationInNode(self)
    let previousLocation = touch!.previousLocationInNode(self)
    let paddle = childNodeWithName(PaddleCategoryName) as! SKSpriteNode
    var paddleX = paddle.position.x + (touchLocation.x - previousLocation.x)
    paddleX = max(paddleX, paddle.size.width/2)
    paddleX = min(paddleX, size.width - paddle.size.width/2)
    paddle.position = CGPointMake(paddleX, paddle.position.y)
  }
}

override func touchesEnded(touches: Set<UITouch>, withEvent event: UIEvent?) {
  isFingerOnPaddle = false
}

func didBeginContact(contact: SKPhysicsContact) {
  // 1. 创建局部变量的2个物理机构
  var firstBody: SKPhysicsBody
  var secondBody: SKPhysicsBody

  // 2.两个物理体, 将一个较低的范畴始终存储在firstbody中
  if contact.bodyA.categoryBitMask < contact.bodyB.categoryBitMask {
    firstBody = contact.bodyA
    secondBody = contact.bodyB
  } else {
    firstBody = contact.bodyB
    secondBody = contact.bodyA
  }

  // 3. 对球和底部的接触作出反应
  if firstBody.categoryBitMask == BallCategory && secondBody.categoryBitMask == BottomCategory {
    if let mainView = view {
      let gameOverScene = GameOverScene.unarchiveFromFile("GameOverScene") as! GameOverScene
      gameOverScene.gameWon = false
      mainView.presentScene(gameOverScene)
    }
  }

  if firstBody.categoryBitMask == BallCategory && secondBody.categoryBitMask == BlockCategory {
    secondBody.node!.removeFromParent()
    if isGameWon() {
      if let mainView = view {
        let gameOverScene = GameOverScene.unarchiveFromFile("GameOverScene") as! GameOverScene
        gameOverScene.gameWon = true
        mainView.presentScene(gameOverScene)
      }
    }
  }
}

func isGameWon() -> Bool {
  var numberOfBricks = 0
  self.enumerateChildNodesWithName(BlockCategoryName) {
    node, stop in
    numberOfBricks = numberOfBricks + 1
```

```
    }
    return numberOfBricks == 0
}

override func update(currentTime: NSTimeInterval) {
    let ball = self.childNodeWithName(BallCategoryName) as! SKSpriteNode
    
    let maxSpeed: CGFloat = 1000.0
    let speed = sqrt(ball.physicsBody!.velocity.dx * ball.physicsBody!.velocity.dx +
    ball.physicsBody!.velocity.dy * ball.physicsBody!.velocity.dy)
    
    if speed > maxSpeed {
        ball.physicsBody!.linearDamping = 0.4
    }
    else {
        ball.physicsBody!.linearDamping = 0.0
    }
}
```

（3）GameOverScene.sks效果如图14-19所示。

本实例执行后的效果如图14-20所示。

图14-19 GameOverScene.sks效果　　　　　图14-20 执行效果

14.5.3 范例技巧——游戏的大纲策划

在项目确立了以后，下一步要进行的就是游戏的大纲策划工作，具体步骤如下。

（1）大纲策划的进行。

游戏大纲关系到游戏的整体面貌，当大纲策划案定稿以后，没有特别特殊的情况，是不允许进行更改的。程序和美术工作人员将按照策划所构思的游戏形式来架构整个游戏，因此，在制定策划案时一定要做到慎重和尽量考虑成熟。

（2）正式制作。

当游戏大纲策划案完成并讨论通过后，游戏就由三方面同时开始进行制作了。在这一阶段，策划的主要任务是在大纲的基础上对游戏的所有细节进行完善，将游戏大纲逐步填充为完整的游戏策划案。根据不同的游戏种类，所要进行细化的部分也不尽相同。

在正式制作的过程中，策划、程序、美工人员进行及时和经常性的交流，了解工作进展以及是否有难以克服的困难，并且根据现实情况有目的地变更工作计划或设计思想。三方面的配合在游戏正式制作过程中是最重要的。

（3）配音、配乐。

在程序和美工进行得差不多要结束的时候，就要进行配音和配乐的工作了。虽然音乐和音效是游戏的重要组成部分，能够起到很好的烘托游戏气氛的作用，但是限于J2ME游戏的开发成本和设置的处理能力，这部分已经被弱化到可有可无的地步了。但仍应选择跟游戏风格能很好配合的音乐当作游戏背景音乐，这个工作交给策划比较合适。

（4）检测、调试。

游戏刚制作完成，肯定在程序上会有很多的错误，严重情况下会导致游戏完全没有办法进行下去。同样，策划的设计也会有不完善的地方，主要在游戏的参数部分。参数部分的不合理，会影响游戏的可玩性。此时测试人员需检测程序上的漏洞，和通过试玩，调整游戏的各个部分参数使之基本平衡。

第15章 WatchOS 2开发实战

2015年3月，出现了一件令科技界振奋的消息，苹果公司在举行的新品发布会上发布了Apple Watch。这是苹果公司产品线中的一款全新产品，其对产业链的影响力是无与伦比的。其实在Apple Watch上市之前，2014年11月，苹果公司针对开发者就推出了开发Apple Watch应用程序的平台WatchKit。2015年的WWDC上，苹果公司发布了Apple Watch的最新系统WatchOS 2。本章将详细讲解开发WatchOS 2手表应用程序的基本知识，为读者步入本书后面知识的学习打下基础。

15.1 实现Apple Watch界面布局

范例15-1	实现Apple Watch界面布局
源码路径	光盘\daima\第15章\15-1

15.1.1 范例说明

本实例实现了一个基本的WatchKit演示应用程序，本实例是一个官方教程，是使用Objective-C语言开发的。通过本应用程序演示了WatchKit界面元素的使用和布局方法。本实例演示了在WatchKit框架中使用UI元素的方法，讲解了如何使用并配置每个UI元素的方法和相互之间的作用。本实例还展示了如何使用wkinterfacegroup对象创建复杂界面布局的方法，如何在iPhone中加载显示图像的过程，以及如何从Glance或notification中传递数据到WatchKit的方法。本实例的具体实现流程如下。

15.1.2 具体实现

（1）打开Xcode 7，新建一个名为"WatchKitInterfaceElements"的工程，在工程中加入WatchKit扩展，工程的最终目录结构如图15-1所示。

（2）实现WatchKit Extension部分，该部分位于用户的iPhone安装的对应App上，这里包括需要实现的代码逻辑和其他资源文件。这两个部分之间通过WatchKit进行连接通讯。WatchKit Extension部分的代码比较多，具体来说分为如下所示的几个部分。

❑ Initial Interface Controller：界面初始化控制器。
❑ Table Detail Controller：单元格详情控制器。
❑ Notifications：通知处理。
❑ Glance：界面控制器。

图15-1 工程的最终目录结构

首先看Initial Interface Controller部分的具体实现，其中文件AAPLInterfaceController.m用于实现界面的整体配置，设置执行后界面的初始化显示内容。文件AAPLInterfaceController.m的具体实现代码如下所示。

```
#import "AAPLInterfaceController.h"
#import "AAPLElementRowController.h"
@interface AAPLInterfaceController()
```

```objc
@property (weak, nonatomic) IBOutlet WKInterfaceTable *interfaceTable;
@property (strong, nonatomic) NSArray *elementsList;
@end
@implementation AAPLInterfaceController
- (instancetype)init {
    self = [super init];
    if (self) {
        self.elementsList = [NSArray arrayWithContentsOfFile:[[NSBundle mainBundle] pathForResource:@"AppData" ofType:@"plist"]];

        [self loadTableRows];
    }
    return self;
}
- (void)willActivate {
    // This method is called when the controller is about to be visible to the wearer.
    NSLog(@"%@ will activate", self);
}
- (void)didDeactivate {
    NSLog(@"%@ did deactivate", self);
}
- (void)handleUserActivity:(NSDictionary *)userInfo {
    [self pushControllerWithName:userInfo[@"controllerName"] context:userInfo[@"detailInfo"]];
}
- (void)table:(WKInterfaceTable *)table didSelectRowAtIndex:(NSInteger)rowIndex {
    NSDictionary *rowData = self.elementsList[rowIndex];
    [self pushControllerWithName:rowData[@"controllerIdentifier"] context:nil];
}
- (void)loadTableRows {
    [self.interfaceTable setNumberOfRows:self.elementsList.count withRowType:@"default"];
    [self.elementsList enumerateObjectsUsingBlock:^(NSDictionary *rowData, NSUInteger idx, BOOL *stop) {
        AAPLElementRowController *elementRow = [self.interfaceTable rowControllerAtIndex:idx];
        [elementRow.elementLabel setText:rowData[@"label"]];
    }];
}
@end
```

而其余文件的功能比较类似,都是实现界面中各个控件的界面布局处理。这些界面布局文件十分重要,因为在手表中呈现出的内容便是这部分推送过去的数据。

再看Table Detail Controller部分的具体实现,其中文件AAPLDeviceDetailController.m用于实现设备详情控制器,具体实现代码如下所示。

```objc
#import "AAPLDeviceDetailController.h"
@interface AAPLDeviceDetailController()
@property (weak, nonatomic) IBOutlet WKInterfaceLabel *boundsLabel;
@property (weak, nonatomic) IBOutlet WKInterfaceLabel *scaleLabel;
@property (weak, nonatomic) IBOutlet WKInterfaceLabel *preferredContentSizeLabel;
@end
@implementation AAPLDeviceDetailController
- (instancetype)init {
    self = [super init];
    if (self) {
        CGRect bounds = [[WKInterfaceDevice currentDevice] screenBounds];
        CGFloat scale = [[WKInterfaceDevice currentDevice] screenScale];
        [self.boundsLabel setText:NSStringFromCGRect(bounds)];
        [self.scaleLabel setText:[NSString stringWithFormat:@"%f",scale]];
        [self.preferredContentSizeLabel setText:[[WKInterfaceDevice currentDevice] preferredContentSizeCategory]];
    }
    return self;
}
- (void)willActivate {
    NSLog(@"%@ will activate", self);
}
```

```objc
- (void)didDeactivate {
    // This method is called when the controller is no longer visible.
    NSLog(@"%@ did deactivate", self);
}
@end
```

再看Notifications部分的具体实现,其中控制器文件AAPLNotificationController.m用于处理显示一个自定义的或静态的通知,具体实现代码如下所示。

```objc
#import "AAPLNotificationController.h"
@implementation AAPLNotificationController
- (instancetype)init {
    self = [super init];
    if (self) {
    }
    return self;
}
- (void)willActivate {
    NSLog(@"%@ will activate", self);
}
- (void)didDeactivate {
    NSLog(@"%@ did deactivate", self);
}
- (void)didReceiveRemoteNotification:(NSDictionary *)remoteNotification
withCompletion:(void (^)(WKUserNotificationInterfaceType))completionHandler {
    completionHandler(WKUserNotificationInterfaceTypeCustom);
}
@end
```

再看Glance部分的具体实现,其中AAPLGlanceController.m控制器展示了Glance的内容,实现了信息传递功能,通过Handoff切换到WatchKit佩戴者的应用程序路径,单击浏览将发送出WatchKit App应用数据。文件AAPLGlanceController.m的具体实现代码如下所示。

```objc
#import "AAPLGlanceController.h"
@interface AAPLGlanceController()
@property (weak, nonatomic) IBOutlet WKInterfaceImage *glanceImage;
@end
@implementation AAPLGlanceController
- (void)awakeWithContext:(id)context {
    [self.glanceImage setImage:[UIImage imageNamed:@"Walkway"]];
}
- (void)willActivate {
    NSLog(@"%@ will activate", self);
    [self updateUserActivity:@"com.example.apple-samplecode.WatchKit-Catalog" userInfo:@{@"controllerName": @"imageDetailController", @"detailInfo": @"This is some more detailed information to pass."} webpageURL:nil];
}
- (void)didDeactivate {
    NSLog(@"%@ did deactivate", self);
}
@end
```

iPhone端的执行效果如图15-2所示。

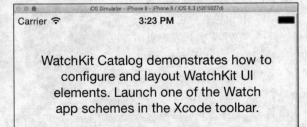

图15-2 iPhone端的执行效果

(3)再看WatchKit App部分,此部分位于用户的Apple Watch上,它目前为止只允许包含Storyboard文件和Resources文件。在我们的项目里,这一部分不包括任何代码。故事板文件Interface.storyboard的设计效果如图15-3所示。

图15-3 故事板设计效果

手表端的界面执行效果如图15-4所示,单击列表中的某个选项可以来到详情界面,例如单击"Button"后的效果如图15-5所示。

 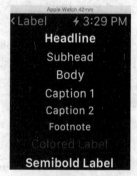

图15-4 手表端的界面执行效果　　　　　图15-5 详情界面

15.1.3 范例技巧——Apple Watch介绍

北京时间2015年3月10日凌晨,苹果公司2015年春季发布会在美国旧金山芳草地艺术中心召开。此次亮相的Apple Watch中包含3个版本,其中Apple Watch Edition售价为10000美元起。目前Apple Watch国内官网(http://store.apple.com/cn/buy-watch/apple-watch-edition)已经上线,最贵售价为126800元。分为运动款、普通款和定制款3种,采用蓝宝石屏幕,有银色、金色、红色、绿色和白色等多种颜色可以选择。在苹果公司官方页面中介绍了Apple Watch的主要功能特点,如图15-6所示。

在Apple Watch官网中,通过Timekeeping、New Ways to Connect和Health&Fitness3个独立的功能页面,分别对Apple Watch所有界面模式命名、新交互方式和健康及健身等方面的细节进行详细介绍。此外,Apple的市场营销团队还为其添加了新的动画,来展示Apple Watch将如何在屏幕之间自由切换,以及Apple Watch上的应用都是如何工作的。

图15-6 苹果官方对Apple Watch的介绍

15.2 演示Apple Watch的日历事件

范例15-2	演示Apple Watch的日历事件
源码路径	光盘\daima\第15章\15-2

15.2.1 范例说明

在本实例中实现一个watchOS 2应用程序，演示Apple Watch日历事件的操作过程。

15.2.2 具体实现

（1）启动Xcode 7，打开"AppleWatchDemo"目录下的故事板文件Main.storyboard设计iPhone端的界面，如图15-7所示。

（2）打开"AppleWatchDemoWatchKit App"目录下的故事板文件Interface.storyboard，设计手表端的UI界面，如图15-8所示。

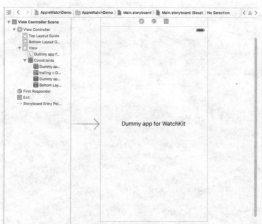
图15-7 iPhone端的UI界面

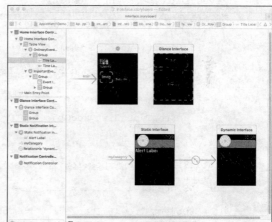
图15-8 手表端的UI界面

（3）iPhone端视图控制器文件ViewController.m的具体实现代码如下所示。

```
#import "ViewController.h"
@interface ViewController ()
@end
@implementation ViewController
- (void)viewDidLoad {
    [super viewDidLoad];
}

- (void)didReceiveMemoryWarning {
    [super didReceiveMemoryWarning];
    // Dispose of any resources that can be recreated.
}
@end
```

（4）来到手表端的程序扩展目录"AppleWatchDemo WatchKit Extension"，控制器接口文件InterfaceController.h的具体实现代码如下所示。

```
#import <WatchKit/WatchKit.h>
#import <Foundation/Foundation.h>
@interface HomeInterfaceController : WKInterfaceController
@property(nonatomic, weak) IBOutlet WKInterfaceTable *tableView;
@end
```

控制器接口实现文件InterfaceController.m的功能是监听屏幕中的操作事件，具体实现代码如下所示。

```objectivec
#import "HomeInterfaceController.h"
#import "Event.h"
#import "OrdinaryEventRow.h"
#import "ImportantEventRow.h"
@interface HomeInterfaceController() {
    NSArray *_eventsData;
}
@end
@implementation HomeInterfaceController
@synthesize tableView;

- (void)awakeWithContext:(id)context {
    [super awakeWithContext:context];
}
- (void)willActivate {
    [super willActivate];
    [self setupTable];
}
- (void)didDeactivate {
    [super didDeactivate];
}
- (void)setupTable
{
    _eventsData = [Event eventsList];
    NSMutableArray *rowTypesList = [NSMutableArray array];
    for (Event *event in _eventsData)
    {
        if (event.eventImageName.length > 0)
        {
            [rowTypesList addObject:@"ImportantEventRow"];
        }
        else
        {
            [rowTypesList addObject:@"OrdinaryEventRow"];
        }
    }

    [tableView setRowTypes:rowTypesList];

    for (NSInteger i = 0; i < tableView.numberOfRows; i++)
    {
        NSObject *row = [tableView rowControllerAtIndex:i];
        Event *event = _eventsData[i];

        if ([row isKindOfClass:[ImportantEventRow class]])
        {
            ImportantEventRow *importantRow = (ImportantEventRow *) row;
            [importantRow.eventImage setImage:[UIImage
             imageNamed:event.eventImageName]];
            [importantRow.titleLabel setText:event.eventTitle];
            [importantRow.timeLabel setText:event.eventTime];
        }
        else
        {
            OrdinaryEventRow *ordinaryRow = (OrdinaryEventRow *) row;
            [ordinaryRow.titleLabel setText:event.eventTitle];
            [ordinaryRow.timeLabel setText:event.eventTime];
        }
    }
}
@end
```

（5）文件GlanceController.m的功能是拉取对应的视图信息并呈现在用户面前，具体实现代码如下所示。

```objectivec
#import "GlanceController.h"
@interface GlanceController()
@end
@implementation GlanceController
- (void)awakeWithContext:(id)context {
    [super awakeWithContext:context];
```

```
    }
- (void)willActivate {
    [super willActivate];
}
- (void)didDeactivate {
    [super didDeactivate];
}
@end
```

（6）文件Event.m的功能是定义具体的事件，并设置不同事件的名称。

执行后需要在iPhone端打开这个应用程序，如图15-9所示。

图15-9 打开应用程序

15.2.3 范例技巧——总结Apple Watch的3大核心功能

（1）Timekeeping（计时）。

进入Timekeeping页面后，可以了解到Apple Watch拥有着各种风格的所有时间显示界面信息，用户可以对界面颜色、样式及其他元素进行完全自定义。另外，Apple Watch还具备了常见手表所不具备的功能，除了闹钟、计时器、日历、世界时间之外，使用者还可以获取月光照度、股票、天气、日出/日落时间、日常活动等信息。

（2）New Ways to Connect（全新的交互方式）。

New Ways to Connect详细展示了Apple Watch简单有趣的"腕对腕"互动交流新方式。使用Apple Watch，并不仅仅只是更简捷地收发信息、电话和邮件那么简单，用户可以用更个性化、更少文字的表达方式来与人交流，如图15-10所示。

其主打的3个功能：Sketch允许用户直接在表盘上快速绘制简单的图形动画并发送，Tap（基于触觉反馈的无声交互）触碰功能能让对方感受到含蓄的心意，而Heartbeat（心率传感器）红艳艳的心跳真是让"单身喵"感受到苹果浓浓的恶意了。

（3）Health & Fitness（健康&健身）。

健康和健身一直是Apple Watch主打的功能项，不同于普通的智能腕带，Apple Watch能够详细记录用户的所有运动量，从跑步、汽车、健身到遛狗、爬楼梯、抱孩子等皆涵盖在内，并以Move（消耗卡路里）、Exercise（运动）、Stand（站立）3个彩色圆环进行直观显示，如图15-11所示。

图15-10 全新的交互方式

图15-11 健康&健身

Apple Watch会针对用户的运动习惯为其制定出合理的健身目标，并用加速计来计算运动量和卡路里燃烧量，心率感应器来测量运动心率，Wi-Fi和GPS来测量户外运动时的距离和速度。除此之外，Apple Watch内置的Workout应用能实时追踪包括时间、距离、卡路里燃烧量、速度、步行和骑行在内的运动状态，而Fitness应用则可以记录用户每天的运动量，并将所有数据共享到Health，实现将健身和健康数据相整合，帮助用户更好地进行健身锻炼。

15.3 在手表中控制小球的移动

范例15-3	在手表中控制小球的移动
源码路径	光盘\daima\第15章\15-3

15.3.1 范例说明

本实例是一个Apple Watch应用程序,功能是在苹果手表中控制小球的移动。

15.3.2 具体实现

(1)打开"WatchApp"目录下的故事板文件Interface.storyboard设计手表端的界面,在上方设置一个红色的圆,在下方插入分别代表上下左右4个方向的按钮,如图15-12所示。

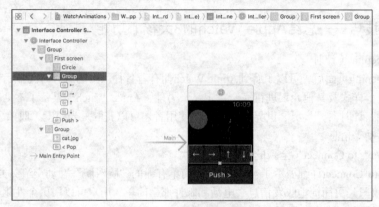

图15-12 手表端的UI界面

(2)来到"WatchApp Extension"目录,视图接口文件InterfaceController.m分别实现了4个方向移动按钮的操作函数和Push滑动函数,具体实现代码如下所示。

```objc
#import "InterfaceController.h"
@interface InterfaceController()
@property (nonatomic, weak) IBOutlet WKInterfaceGroup *circleGroup;
@property (nonatomic, weak) IBOutlet WKInterfaceGroup *firstScreenGroup;
@end
@implementation InterfaceController
//方向按钮
- (IBAction)leftButtonPressed {
    [self animateWithDuration:0.5 animations:^{
        [self.circleGroup setHorizontalAlignment:WKInterfaceObjectHorizontalAlignmentLeft];
    }];
}
- (IBAction)rightButtonPressed {
    [self animateWithDuration:0.5 animations:^{
        [self.circleGroup setHorizontalAlignment:WKInterfaceObjectHorizontalAlignmentRight];
    }];
}
- (IBAction)upButtonPressed {
    [self animateWithDuration:0.5 animations:^{
        [self.circleGroup setVerticalAlignment:WKInterfaceObjectVerticalAlignmentTop];
    }];
}
- (IBAction)downButtonPressed {
    [self animateWithDuration:0.5 animations:^{
        [self.circleGroup setVerticalAlignment:WKInterfaceObjectVerticalAlignmentBottom];
    }];
}
- (IBAction)pushButtonPressed {
    [self animateWithDuration:0.1 animations:^{
        [self.firstScreenGroup setAlpha:0];
```

```
        }];
        [self animateWithDuration:0.3 animations:^{
            [self.firstScreenGroup setWidth:0];
        }];
}
- (IBAction)popButtonPressed {
        [self animateWithDuration:0.3 animations:^{
            [self.firstScreenGroup setRelativeWidth:1 withAdjustment:0];
        }];
        dispatch_after(dispatch_time(DISPATCH_TIME_NOW, (int64_t)(0.2 * NSEC_PER_SEC)),
dispatch_get_main_queue(), ^{
            [self animateWithDuration:0.1 animations:^{
                [self.firstScreenGroup setAlpha:1];
            }];
        });
}
@end
```

本实例执行后的效果如图15-13所示。

15.3.3 范例技巧——学习watchOS 2开发的官方资料

图15-13 执行效果

有关watchOS 2开发的基本知识，读者可以参考官方教程：https://developer.apple.com/watchos/pre-release/，如图15-14所示。

图15-14 watchOS 2官方教程页面

15.4 实现一个Watch录音程序

范例15-4	实现一个Watch录音程序
源码路径	光盘\daima\第15章\15-4

15.4.1 范例说明

本实例的功能是实现一个Apple Watch录音程序，各个文件的具体说明如下所示。

- 文件AAPLAudioRecordingTableViewController.m的功能是构造iPhone端的视图控制器界面，功能是建立和手表端的连接，将录音文件保存在设备上，并在单元格中列表显示录制的音频名。
- 主界面视图文件InterfaceController.m的功能是，通过Label列表显示Alert、Crown、Video、Audio、Action-View、Animation、Phone和SMS文本，按下这些文本后可以分别进入到对应的子界面，并且分别定义了实现上述功能的函数。
- 文件ImageSequenceInterfaceController.m的功能是在Picker选择器中显示多个图片，图片素材被保存在"Resources"目录下。
- 文件pickerTypeController.m的功能是在屏幕中设置3个类型按钮：ListPicker、Crown、ImageSequence。

- 文件PickerInterfaceController.m的功能是，通过函数stackPicker构造一个堆栈选择器，分别设置选择中显示的素材图片。
- 文件ListPickerInterfaceController.m是列表选择器视图控制器，列表显示3个标题：Narrow Band、Wide Band、High Quality。
- 文件AnimationInterfaceController.h是动画接口视图控制器，定义了从Group1到Group12共计12个对象。
- 文件AnimationInterfaceController.m的功能是在屏幕中排列从Group1到Group12共计12个属性对象，这12个对象按照顺时针方向排列。

15.4.2 具体实现

（1）启动Xcode 7，打开"AppleWatchDemo"目录下的故事板文件Main.storyboard设计iPhone端的界面，设计单元格视图来显示录音文件，单击录音文件后可以播放音频，如图15-15所示。

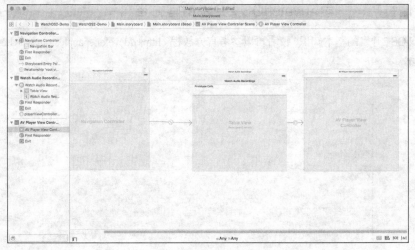

图15-15 iPhone端的UI界面

（2）打开"AppleWatchDemo WatchKit App"目录下的故事板文件Interface.storyboard，设计手表端的UI界面，如图15-16所示。

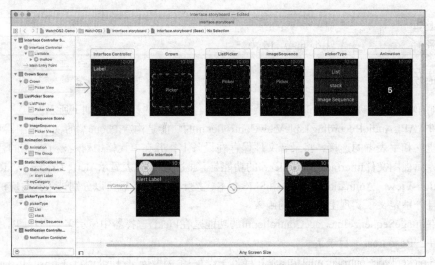

图15-16 Interface.storyboard设计界面

（3）文件AAPLAudioRecordingTableViewController.m的具体实现代码如下所示。

```objc
@import AVKit;
@import AVFoundation;
@import WatchConnectivity;
#import "AAPLAudioRecordingTableViewController.h"
NSString *const AAPLAudioRecordingCellReuseIdentifier =
@"audioRecordingCellIdentifier";
NSString *const AAPLPlayerViewControllerSegue = @"playerViewControllerSegue";
@interface AAPLAudioRecordingTableViewController () <WCSessionDelegate>

@property NSMutableArray <NSURL *> *audioRecordingURLs;
@property NSURL *selectedURL;
@property WCSession *watchConnectivitySession;
@end
@implementation AAPLAudioRecordingTableViewController
#pragma mark - View did Load
- (instancetype)initWithCoder:(nonnull NSCoder *)aDecoder {
    self = [super initWithCoder:aDecoder];
    if (self) {
        _audioRecordingURLs = [[self previouslySavedAudioRecordings] mutableCopy];
    }
    return self;
}
- (void)viewDidLoad {
    [super viewDidLoad];
    // 如果支持手表连接，则设置该委托并激活会话
    if ([WCSession isSupported]) {
        self.watchConnectivitySession = [WCSession defaultSession];
        self.watchConnectivitySession.delegate = self;
        [self.watchConnectivitySession activateSession];
    }
}
- (NSArray *)previouslySavedAudioRecordings{
    NSMutableArray *audioRecordingURLs = [NSMutableArray array];
    NSFileManager *defaultManager = [NSFileManager defaultManager];
    // 保存录音到文档中
    NSURL *directory = [defaultManager URLsForDirectory:NSDocumentDirectory
inDomains:NSUserDomainMask].firstObject;
    //创建一个录音目录枚举
    NSDirectoryEnumerator *audioRecordingEnumerator = [defaultManager
enumeratorAtURL:directory includingPropertiesForKeys:@[NSURLNameKey]
options:NSDirectoryEnumerationSkipsHiddenFiles errorHandler:^BOOL(NSURL * __nonnull
url, NSError * __nonnull error) {
        if (error) {
            NSLog(@"There was an error getting the previously saved audio recoring:
            %@", error);
            return NO;
        }
        return YES;
    }];

    for (NSURL *audioRecordingURL in audioRecordingEnumerator) {
        //如果是一个MP4文件，则展示在UI界面中
        if ([audioRecordingURL.lastPathComponent.pathExtension
           isEqualToString:@"mp4"]) {
            [audioRecordingURLs addObject:audioRecordingURL];
        }
    }
    return [audioRecordingURLs copy];
}
#pragma mark - UITableViewDataSource
- (NSInteger)tableView:(UITableView *)tableView
numberOfRowsInSection:(NSInteger)section {
    return self.audioRecordingURLs.count;
}
- (UITableViewCell *)tableView:(UITableView *)tableView
cellForRowAtIndexPath:(NSIndexPath *)indexPath {
    UITableViewCell *cell = [tableView
```

```objc
dequeueReusableCellWithIdentifier:AAPLAudioRecordingCellReuseIdentifier
forIndexPath:indexPath];
    // 用录音名填充单元格
    NSURL *nextURL = self.audioRecordingURLs[indexPath.row];
    cell.textLabel.text = nextURL.lastPathComponent;
    return cell;
}
- (void)tableView:(nonnull UITableView *)tableView didSelectRowAtIndexPath:(nonnull
NSIndexPath *)indexPath {
    self.selectedURL = self.audioRecordingURLs[indexPath.row];
    //如果单元格被选定，则根据选定的音频URL推进一个AVPlayerViewController 视图
    [self performSegueWithIdentifier:AAPLPlayerViewControllerSegue sender:self];
}

#pragma mark - Navigation
//延续不停顿操作
- (void)prepareForSegue:(UIStoryboardSegue *)segue sender:(id)sender {
    if ([segue.identifier isEqualToString:AAPLPlayerViewControllerSegue]) {

        // 根据选定的网址创建AVPlayerViewController
        AVPlayerViewController *playerViewController = segue.destinationViewController;
        NSLog(@"Selected URL: %@", self.selectedURL);
        playerViewController.player = [AVPlayer playerWithURL:self.selectedURL];
    }
}

#pragma mark - WCSessionDelegate
//当会话接收到文件时，则调用此函数将文件链接添加到音频录制列表中
- (void)session:(nonnull WCSession *)session didReceiveFile:(nonnull WCSessionFile *)file {

    NSURL *urlDirectory = [[NSFileManager defaultManager]
URLsForDirectory:NSDocumentDirectory inDomains:NSUserDomainMask].firstObject;
    NSURL *destinationURL = [urlDirectory
URLByAppendingPathComponent:file.fileURL.lastPathComponent];
    NSError *error = nil;

    // Copy the file to our documents directory so we can reference it later.
    BOOL success = [[NSFileManager defaultManager] copyItemAtURL:file.fileURL
toURL:destinationURL error:&error];

    if (!success) {
        NSLog(@"There was an error copying the file to the destination URL: %@.", error);

        return;
    }

    [self.audioRecordingURLs addObject:destinationURL];

    // Ensure that any UI updates occur on the main queue.
    dispatch_async(dispatch_get_main_queue(), ^{
        [self.tableView reloadData];
    });

    NSLog(@"Session did receive file: %@.", file);
}

@end
```

执行后会实现录音功能，在iPhone端会显示录制的音频文件名，模拟器中的执行效果如图15-17所示。

图15-17 执行效果

15.4.3 范例技巧——WatchKit的核心功能

从苹果公司官方提供的开发文档中可以看出，Apple Watch最终通过安装在iPhone上的WatchKit扩展包，以及安装在Apple Watch上的UI界面来实现两者的互联，如图15-18所示。

除了为Apple Watch提供单独的App之外,开发者还可以借助与iPhone的互联,单独在Apple Watch上使用Glances。顾名思义,WatchKit像许多已经诞生的智能手表一样,可以让用户通过滑动屏幕浏览卡片式信息及数据;此外还可以单独在Apple Watch上实现可操作的弹出式通知,比如当用户离开家时,智能家庭组件可以弹出消息询问是否关闭室内的灯光,在手腕上即可实现关闭操作。苹果公司官方展示了WatchKit的几大核心功能,如图15-19所示。

图15-18 Apple WatchKit向开发者发布

图15-19 WatchKit核心功能展示

15.5 综合性智能手表管理系统(Swift版)

范例15-5	综合性智能手表管理系统
源码路径	光盘\daima\第15章\15-5

15.5.1 范例说明

在下面的的实例中,将演示使用Xcode 7+ watchOS 2开发一个综合性智能手表管理系统的具体过程,因为源码内容很多,所以在本书中只介绍重点的内容。在具体编码之前,大家需要先了解本实例项目的基本功能,了解各个模块的具体结构,为后期的编码工作打好基础。本综合性智能手表管理系统具有如下所示的功能。

(1)调用CoreMotion传感器显示加速度信息。
(2)调用CoreMotion传感器显示陀螺仪信息。
(3)调用CoreMotion传感器显示计步信息,包括步数、距离、上升和下降数据。
(4)用HealthKit框架连接苹果健康应用显示心率信息。
(5)动态增加或删除屏幕中的单元格视图,对手表内的布局进行重组。
(6)提供了3个按钮控制显示屏幕中的图片。
(7)录音或播放音频。
(8)通过触控的方式实现播放控制。
(9)快速打开系统中的短信和电话应用程序。
(10)发送信息到连接的iPhone设备,或接收来自iPhone设备的信息。
(11)使用NSURLSession获取指定网址的图像。

15.5.2 具体实现

1. iPhone端的具体实现

在iPhone端的故事板中插入一个文本控件来显示文本"Send Massage to Watch",如图15-20所示。

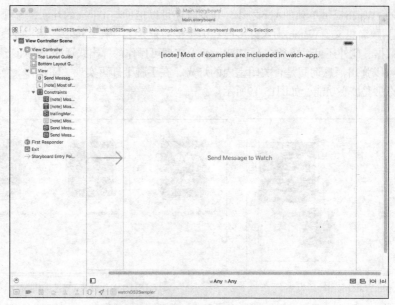

图15-20 iPhone端的故事板界面

文件AppDelegate.swift的具体实现代码如下所示。

```
import UIKit
import WatchConnectivity
@UIApplicationMain
class AppDelegate: UIResponder, UIApplicationDelegate, WCSessionDelegate {

    var window: UIWindow?
    func application(application: UIApplication, didFinishLaunchingWithOptions launchOptions: [NSObject: AnyObject]?) -> Bool {

        let settings = UIUserNotificationSettings(
            forTypes: [.Badge, .Sound, .Alert],
            categories: nil)
        UIApplication.sharedApplication().registerUserNotificationSettings(settings)

        if (WCSession.isSupported()) {
            let session = WCSession.defaultSession()
            session.delegate = self // 符合WCSessionDelegate
            session.activateSession()
        }
        return true
    }
```

视图控制器文件ViewController.swift的功能是验证iPhone是否和手表建立了连接，具体实现代码如下所示。

```
import UIKit
import WatchConnectivity


class ViewController: UIViewController {

    override func viewDidLoad() {
        super.viewDidLoad()
    }

    override func didReceiveMemoryWarning() {
        super.didReceiveMemoryWarning()
    }
    // ======================================================================
    // MARK: - Actions
```

```
@IBAction func sendToWatchBtnTapped(sender: UIButton!) {

    // 验证信息是否送达
    if WCSession.defaultSession().reachable == false {

        let alert = UIAlertController(
            title: "Failed to send",
            message: "Apple Watch is not reachable.",
            preferredStyle: UIAlertControllerStyle.Alert)
        self.presentViewController(alert, animated: true, completion: nil)

        return
    }

    let message = ["request": "showAlert"]
    WCSession.defaultSession().sendMessage(
        message, replyHandler: { (replyMessage) -> Void in
            //
        }) { (error) -> Void in
            print(error.localizedDescription)
    }
}
```

iPhone端的执行效果如图15-21所示。

2．Watch端的具体实现

打开"watchOS2Sampler WatchKit App"目录下的Interface.storyboard文件，这是在Watch端的故事板文件，在里面构建Watch端的的各个视图界面，如图15-22所示。

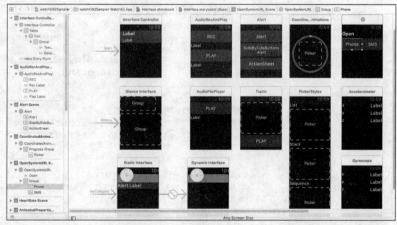

图15-21 iPhone端的执行效果　　　　　图15-22 iPhone端的故事板界面

（1）主界面视图。

下面开始介绍"watchOS2Sampler WatchKit Extension"下的程序文件，首先看子目录"Main"中的文件InterfaceController.swift，功能是设置在表盘中列表显示的选项条目，其中"kItemKeyTitle"表示条目标题，"kItemKeyDetail"介绍了当前条目的具体描述和说明信息，"kItemKeyClassPrefix"表示条目的简称代号。文件InterfaceController.swift的具体实现代码如下所示。

```
import WatchKit
import Foundation
let kItemKeyTitle       = "title"
let kItemKeyDetail      = "detail"
let kItemKeyClassPrefix = "prefix"
class InterfaceController: WKInterfaceController {
    @IBOutlet weak var table: WKInterfaceTable!
    var items: [Dictionary<String, String>]!
    override func awakeWithContext(context: AnyObject?) {
        super.awakeWithContext(context)
```

```
items = [
    [
        kItemKeyTitle: "Accelerometer",
        kItemKeyDetail: "Access to Accelerometer data using CoreMotion.",
        kItemKeyClassPrefix: "Accelerometer"
    ],
    [
        kItemKeyTitle: "Gyroscope",
        kItemKeyDetail: "Access to Gyroscope data using CoreMotion.",
        kItemKeyClassPrefix: "Gyroscope",
    ],
    [
        kItemKeyTitle: "Pedometer",
        kItemKeyDetail: "Counting steps demo using CMPedometer.",
        kItemKeyClassPrefix: "Pedometer",
    ],
    [
        kItemKeyTitle: "Heart Rate",
        kItemKeyDetail: "Access to Heart Rate data using HealthKit.",
        kItemKeyClassPrefix: "HeartRate",
    ],
    [
        kItemKeyTitle: "Table Animations",
        kItemKeyDetail: "Insert and remove animations for WKInterfaceTable.",
        kItemKeyClassPrefix: "TableAnimation",
    ],
    [
        kItemKeyTitle: "Animated Props",
        kItemKeyDetail: "Animate width/height and alignments.",
        kItemKeyClassPrefix: "AnimatedProperties",
    ],
    [
        kItemKeyTitle: "Audio Rec & Play",
        kItemKeyDetail: "Record and play audio.",
        kItemKeyClassPrefix: "AudioRecAndPlay",
    ],
    [
        kItemKeyTitle: "Picker Styles",
        kItemKeyDetail: "WKInterfacePicker styles catalog.",
        kItemKeyClassPrefix: "PickerStyles",
    ],
    [
        kItemKeyTitle: "Taptic Engine",
        kItemKeyDetail: "Access to the Taptic engine using playHaptic method.",
        kItemKeyClassPrefix: "Taptic",
    ],
    [
        kItemKeyTitle: "Alert",
        kItemKeyDetail: "Present an alert or action sheet.",
        kItemKeyClassPrefix: "Alert",
    ],
    [
        kItemKeyTitle: "DigitalCrown-Anim",
        kItemKeyDetail: "Coordinated Animations with WKInterfacePicker and
        Digital Crown.", kItemKeyClassPrefix: "CoordinatedAnimations",
    ],
    [
        kItemKeyTitle: "Interactive Messaging",
        kItemKeyDetail: "Sending message to phone and receiving from phone demo
        with WatchConnectivity.", kItemKeyClassPrefix: "MessageToPhone",
    ],
    [
        kItemKeyTitle: "Open System URL",
        kItemKeyDetail: "Open Tel or SMS app using openSystemURL: method.",
        kItemKeyClassPrefix: "OpenSystemURL",
    ],
```

15.5 综合性智能手表管理系统（Swift版）

```
            [
                kItemKeyTitle: "Audio File Player",
                kItemKeyDetail: "Play an audio file with WKAudioFilePlayer.",
                kItemKeyClassPrefix: "AudioFilePlayer",
            ],
            [
                kItemKeyTitle: "Network Access",
                kItemKeyDetail: "Get an image data from network using NSURLSession.",
                kItemKeyClassPrefix: "NSURLSession",
            ],
        ]
    }
    override func willActivate() {
        super.willActivate()
        print("willActivate")
        
        self.loadTableData()
    }
    override func didDeactivate() {
        super.didDeactivate()
    }
    // 载入列表数据
    private func loadTableData() {
        table.setNumberOfRows(items.count, withRowType: "Cell")
        var i=0
        for anItem in items {
            let row = table.rowControllerAtIndex(i) as! RowController
            row.showItem(anItem[kItemKeyTitle]!, detail: anItem[kItemKeyDetail]!)
            i++
        }
    }
    // 列表中每一行的索引
    override func table(table: WKInterfaceTable, didSelectRowAtIndex rowIndex: Int) {
        print("didSelectRowAtIndex: \(rowIndex)")
        let item = items[rowIndex]
        let title = item[kItemKeyClassPrefix]
        self.pushControllerWithName(title!, context: nil)
    }
}
```

文件RowController.swift通过函数showItem显示每一个条目的具体内容，显示条目的标题和详情描述信息。

```
import WatchKit
class RowController: NSObject {
    @IBOutlet weak var textLabel: WKInterfaceLabel!
    @IBOutlet weak var detailLabel: WKInterfaceLabel!
    func showItem(title: String, detail: String) {
        self.textLabel.setText(title)
        self.detailLabel.setText(detail)
    }
}
```

主界面视图的执行效果如图15-23所示。

（2）各个子界面视图的具体实现。

接下来开始分析子目录"SampleControllers"中的各个子视图文件，当按下主视图界面中的列表选项后，就会来到对应的子视图界面。

- AccelerometerInterfaceController.swift是加速计视图控制器文件，功能是调用CoreMotion传感器显示加速度信息。加速计视图的执行效果如图15-24所示。
- GyroscopeInterfaceController.swift是陀螺仪接口视图控制器，功能是调用CoreMotion传感器显示陀螺仪信息。陀螺仪界面视图的执行效果如图15-25所示。
- PedometerInterfaceController.swift是计步器视图控制器文件，功能是调用CoreMotion传感器显示计步信息，包括步数、距离、上升和下降数据。计步器视图界面的执行效果如图15-26所示。
- HeartRateInterfaceController.swift是心率控制器视图文件，功能是调用HealthKit框架连接苹果健

康应用显示心率信息。心率界面视图的执行效果如图15-27所示。

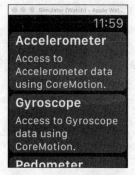

图15-23 主界面视图效果　　图15-24 加速计视图界面效果　　图15-25 陀螺仪界面视图的执行效果

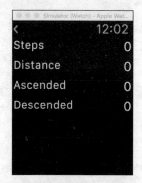
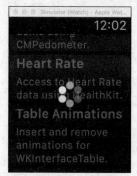

图15-26 计步器视图界面的效果　　图15-27 心率界面视图的执行效果

为节省本书篇幅，在书中只介绍上述几个子视图界面的实现过程。其他视图界面和功能的具体实现过程，请读者参考本书光盘中的源码和配套的实例讲解视频。

15.5.3 范例技巧——快速搭建WatchKit开发环境

在苹果公司的WWDC 2015大会上，发布了苹果手表的最新系统：Watch OS 2。当成功搭建Xcode 7环境后，便可以使用其集成开发环境开发Watch OS 2应用程序。打开Xcode 7后的界面效果如图15-28所示。

和以往版本相比，在Xcode 7中直接提供了"watchOS"选项，方法是选择左侧的"watch OS"选项，然后在右侧直接选择应用程序类型即可，如图15-29所示。

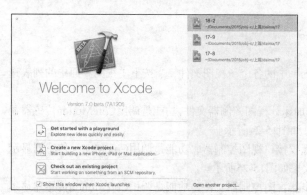
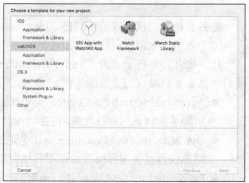

图15-28 打开Xcode 7后的界面效果　　　　图15-29 添加Watch应用对象

15.6 移动视频播放系统（Swift版）

范例15-6	移动视频播放系统
源码路径	光盘\daima\第15章\15-6

15.6.1 范例说明

本实例是一个苹果手表应用程序，功能是基于Swift语言开发一个移动视频播放系统。

15.6.2 具体实现

（1）开始设计故事板，iPhone端故事板Main.storyboard的设计界面效果如图15-30所示。

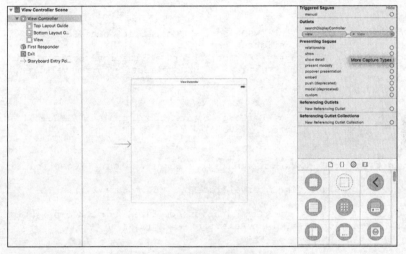

图15-30 iPhone端的故事板界面

WatchKit App端故事板Interface.storyboard的设计界面效果如图15-31所示。

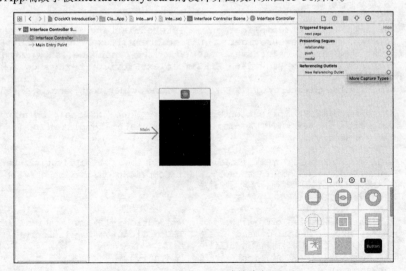

图15-31 WatchKit App端故事板界面

（2）开始具体编码工作，文件ComplicationController.swift的功能是预先设置播放视频的时间表，获取系统当前的时间,实现自动播放视频功能。文件ComplicationController.swift的具体实现代码如下所示。

```swift
import ClockKit
struct Show {
    var 名称: String
    var 简称: String?
    var 类型: String
    var 开始时间: NSDate
    var 播放时长: NSTimeInterval
}
let hour: NSTimeInterval = 60 * 60
let shows = [
    Show(名称: "舌尖上的中国", 简称: "舌尖", 类型: "纪录片", 开始时间: NSDate(), 播放时长: hour * 1),
    Show(名称: "盗墓笔记", 简称: nil, 类型: "电视剧", 开始时间: NSDate(timeIntervalSinceNow: hour * 1), 播放时长: hour),
    Show(名称: "泰坦尼克号", 简称: nil, 类型: "电影", 开始时间: NSDate(timeIntervalSinceNow: hour * 2), 播放时长: hour * 3),
    Show(名称: "新闻30分", 简称: nil, 类型: "新闻", 开始时间: NSDate(timeIntervalSinceNow: hour * 5), 播放时长: hour)
]

class ComplicationController: NSObject, CLKComplicationDataSource {
    // MARK: - Timeline Configuration
    func getSupportedTimeTravelDirectionsForComplication(complication: CLKComplication, withHandler handler: (CLKComplicationTimeTravelDirections) -> Void)
    {
        handler(.Forward)
    }
    func getTimelineStartDateForComplication(complication: CLKComplication, withHandler handler: (NSDate?) -> Void) {
        handler(NSDate())
    }
    func getTimelineEndDateForComplication(complication: CLKComplication, withHandler handler: (NSDate?) -> Void) {
        handler(NSDate(timeIntervalSinceNow: (60 * 60 * 24)))
    }
    func getPrivacyBehaviorForComplication(complication: CLKComplication, withHandler handler: (CLKComplicationPrivacyBehavior) -> Void) {
        handler(.ShowOnLockScreen)
    }
    // MARK: - 获取时间表
    func getCurrentTimelineEntryForComplication(complication: CLKComplication, withHandler handler: ((CLKComplicationTimelineEntry?) -> Void)) {
        // 获取当前时间
        let show = shows[0]
        let template = CLKComplicationTemplateModularLargeStandardBody()
        template.headerTextProvider = CLKTimeIntervalTextProvider(startDate: show.开始时间, endDate: NSDate(timeInterval: show.播放时长, sinceDate: show.开始时间))
        template.body1TextProvider = CLKSimpleTextProvider(text: show.名称, shortText: show.简称)
        template.body2TextProvider = CLKSimpleTextProvider(text: show.类型, shortText: nil)

        let entry = CLKComplicationTimelineEntry(date: NSDate(timeInterval: hour * -0.25, sinceDate: show.开始时间), complicationTemplate: template)
        handler(entry)
    }
    func getTimelineEntriesForComplication(complication: CLKComplication, beforeDate date: NSDate, limit: Int, withHandler handler: (([CLKComplicationTimelineEntry]?) -> Void)) {
        //在给定日期之前调用时间轴项的处理程序
        handler(nil)
    }
    func getTimelineEntriesForComplication(complication: CLKComplication, afterDate date: NSDate, limit: Int, withHandler handler: (([CLKComplicationTimelineEntry]?) -> Void)) {
        //在给定日期之后调用时间轴项的处理程序
        var entries: [CLKComplicationTimelineEntry] = []
        for show in shows
        {
            if entries.count < limit && show.开始时间.timeIntervalSinceDate(date) > 0
            {
```

```
                let template = CLKComplicationTemplateModularLargeStandardBody()
                template.headerTextProvider = CLKTimeIntervalTextProvider(startDate:
show.开始时间, endDate: NSDate(timeInterval: show.播放时长, sinceDate: show.开始时间))
                template.body1TextProvider = CLKSimpleTextProvider(text: show.名称,
shortText: show.简称)
                template.body2TextProvider = CLKSimpleTextProvider(text: show.类型,
shortText: nil)

                let entry = CLKComplicationTimelineEntry(date: NSDate(timeInterval:
hour * -0.25, sinceDate: show.开始时间), complicationTemplate: template)
                entries.append(entry)
            }
        }
        handler(entries)
    }
    // MARK: - 更新时间表
    func getNextRequestedUpdateDateWithHandler(handler: (NSDate?) -> Void) {
        handler(nil);
    }
    // MARK: -占位符模板
    func getPlaceholderTemplateForComplication(complication: CLKComplication,
withHandler handler: (CLKComplicationTemplate?) -> Void) {
        let template = CLKComplicationTemplateModularLargeStandardBody()
        template.headerTextProvider = CLKTimeIntervalTextProvider(startDate: NSDate(),
endDate: NSDate(timeIntervalSinceNow: 60 * 60 * 1.5))
        template.body1TextProvider = CLKSimpleTextProvider(text: "剧名", shortText: "名字")
        template.body2TextProvider = CLKSimpleTextProvider(text: "类型", shortText: nil)
        handler(template)
    }
}
```

需要在真机中调试运行，在模拟器中的执行效果如图15-32所示。

15.6.3 范例技巧——总结WatchKit架构

通过使用WatchKit，可以为Watch App创建一个全新的交互界面，而且可以通过iOS App Extension去控制它们。所以我们能做的并不只是一个简单的iOS Apple Watch Extension，而是有很多新的功能需要我们去挖掘。目前提供的比如特定的UI控制方式、Glance、可自定义的Notification和Handoff的深度结合、图片缓存等。

图15-32 执行效果

Apple Watch应用程序包含两个部分，分别是Watch应用和WatchKit应用扩展。Watch应用驻留在用户的Apple Watch中，只含有故事板和资源文件，要注意，它并不包含任何代码。而WatchKit应用扩展驻留在用户的iPhone上（在关联的iOS应用当中），含有相应的代码和管理Watch应用界面的资源文件。

当用户开始与Watch应用互动时，Apple Watch将会寻找一个合适的故事板场景来显示。它根据用户是否在查看应用的Glance界面，是否在查看通知，或者是否在浏览应用的主界面等行为来选择相应的场景。当选择完场景后，watchOS将通知配对的iPhone启动WatchKit应用扩展，并加载相应对象的运行界面，所有的消息交流工作都在后台中进行。

Watch应用和WatchKit应用扩展之间的信息交流过程如图15-33所示。

Watch应用的构建基础是界面控制器，这部分是由WKInterfaceController类的实例实现的。WatchKit中的界面控制器用来模拟iOS中的视图控制器，功能是显示和管理屏幕上的内容，并且响应用户的交互工作。

如果用户直接启动应用程序，系统将从主故事板文件中加载初始界面控制器。根据用户的交互动作，可以显示其他界面控制器以让用户得到需要的信息。究竟如何显示额外的界面控制器，这取决于应用程序所使用的界面样式。WatchKit支持基于页面的风格以及基于层次的风格。

注意：在图15-34所示的信息交流过程中，Glance和通知只会显示一个界面控制器，其中包含了相关的信息。与界面控制器的互动操作会直接进入到应用程序的主界面中。

通过上面的描述可知，在运行Watch App时是由两部分相互结合进行具体工作的，如图15-34所示。

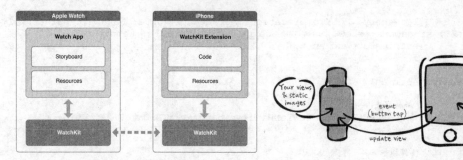

图15-33 信息交流过程　　　　　　　　图15-34 Watch App运行组成部分

Watch App运行组成部分的具体说明如下所示。

（1）Apple Watch主要包含用户界面元素文件（Storyboard文件和静态的图片文件）和处理用户的输入行为。这部分代码不会真正在Apple Watch中运行，也就是说，Apple Watch仅是一个"视图"容器。

（2）在iPhone中包含的所有逻辑代码，用于响应用户在Apple Watch上产生的行为，例如应用启动、单击按钮、滑动滑杆等。也就是说，iPhone包含了控制器和模型。

上述Apple Watch和iPhone的这种交互操作是在幕后自动完成的，开发者要做的工作只是在Storyboard中设置好UI的Outlet，其他的事都交给WatchKit SDK在幕后通过蓝牙技术自动进行交互即可。即使iPhone和Apple Watch是两个独立的设备，也只需要关注本地的代码以及Outlet的连接情况即可。

综上所述，在Watch App架构模式中，要想针对Apple Watch进行开发，首先需要建立一个传统的iOS App，然后在其中添加 Watch App的target对象。添加后会在项目中发现多出了如下两个target。

❑ 一个是WatchKit的扩展。
❑ 一个是Watch App。

此时在项目中相应的group下可以看到，WatchKit Extension 中含有InterfaceController.h/m之类的代码，而在Watch App中只包含了 Interface.storyboard，如图15-35所示。Apple 并没有像对 iPhone Extension 那样明确要求针对 Watch 开发的App 必须还是以 iOS App为核心。也就是说，将 iOS App 空壳化而专注提供 Watch 的 UI 和体验是被允许的。

在安装应用程序时，负责逻辑部分的WatchKit Extension 将随 iOS App的主target被一同安装到iPhone中，而负责界面部分的WatchKit App将会在安装主程序后，由 iPhone 检测有没有配对的Apple Watch，并提示安装到Apple Watch中。所以在实际使用时，所有的运算、逻辑以及控制实际上都是在iPhone中完成的。当需要界面执行刷新操作时，由iPhone向Watch发送指令并在手表盘面上显示。反过来，用户触摸手表进行交互时的信息也由手表传回给 iPhone 并进行处理。而这个过程

图15-35 项目工程目录

WatchKit 会在幕后完成，并不需要开发者操心。我们需要知道的就是，原则上来说，我们应该将界面相关的内容放在Watch App的 target中，而将所有代码逻辑等放到Extension里。

由此可见，在整个Watch App中，当在手表上单击App 图标运行Watch App时，手表将会负责唤醒手机上的WatchKit Extension。而WatchKit Extension和iOS App之间的数据交互需求则由App Groups来完成，这和Today Widget以及其他一些Extension 是一样的。

第16章

开发框架实战

为了帮助开发人员迅速开发出适应客户需求的应用程序，苹果公司为开发者提供了多个开发框架，例如HomeKit、HealthKit和CloudKit等。本章将以具体实例来介绍使用苹果开发框架的基本知识，为读者步入本书后面知识的学习打下基础。

16.1 实现一个HomeKit控制程序

范例16-1	实现一个HomeKit控制程序
源码路径	光盘\daima\第16章\16-1

16.1.1 范例说明

本实例实现了一个基本的HomeKit控制应用程序，通过本应用程序可以添加设置不同的房间，并且使用者可以选择要控制的Home。例如用户可能有多个离得较远的住所，比如一个经常使用的住所和一个度假别墅。或者他们可能有两个离得比较近的住所，比如一个主要住宅和一个别墅。

16.1.2 具体实现

（1）打开Xcode 7，新建一个名为"HomeKitty"的工程，在工程中需要引入HomeKit.framework框架，工程的最终目录结构如图16-1所示。

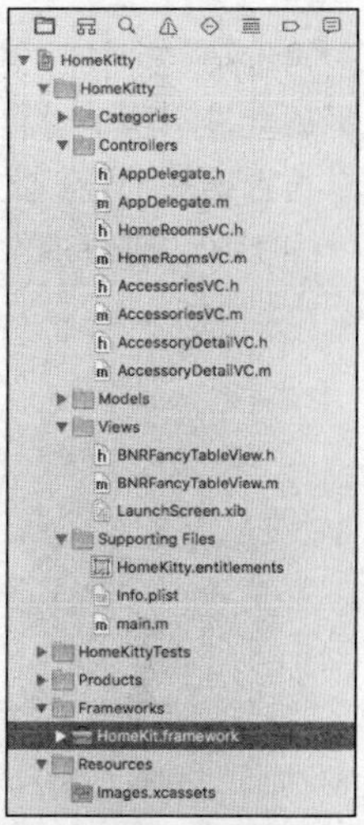

（2）在"Categories"目录下有两个核心文件，其中在文件NSLayoutConstraint+BNRQuickConstraints.m中，通过使用NSLayoutConstraint实现了UI界面的自动布局，具体实现代码如下所示。

图16-1 工程的最终目录结构

```
#import "NSLayoutConstraint+BNRQuickConstraints.h"
@implementation NSLayoutConstraint (BNRQuickConstraints)
+ (NSArray
*)bnr_constraintsWithCommaDelimitedFormat:(NSString *)format views:(NSDictionary
*)views {
    NSMutableArray *constraints = [NSMutableArray array];

    NSArray *formats = [format componentsSeparatedByString:@","];
    for (NSString *aFormat in formats) {
        [constraints addObjectsFromArray:[self constraintsWithVisualFormat:aFormat options:0 metrics:nil views:views]];
    }
    return [constraints copy];
}
@end
```

文件UIColor+BNRAppColors.m的功能是设置UI界面中的颜色属性，具体实现代码如下所示。

```
#import "UIColor+BNRAppColors.h"
@implementation UIColor (BNRAppColors)
+ (UIColor *)bnr_backgroundColor {
```

```
        return [self colorWithRed:0.2 green:0.7 blue:1 alpha:1];
}
@end
```

(3)在"Controllers"目录下有3个核心文件,其中文件HomeRoomsVC.m的功能是设置Home中的房间,如图16-2所示。单击"+"可以在提醒框中添加一个新的房间信息,如图16-3所示。

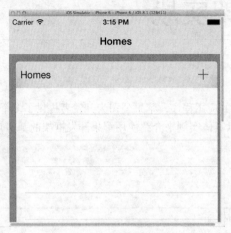

图16-2 设置Home中的房间　　　　　　　图16-3 添加新的房间信息

再看第二个核心文件AccessoriesVC.m,功能是提供一个附属设备列表供用户查看,如图16-4所示。选择后会显示这个附属设备的详细信息。

再看第三个核心文件AccessoryDetailVC.m,功能是显示列表中被选中附属设备的详细信息。

(4)在"Models"目录下有4个核心文件,其中HomeDataSource.m是一个用户数据源列表文件。

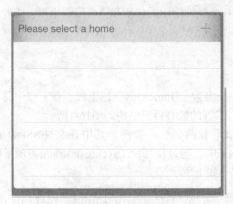

图16-4 Room列表

在此可以选择要控制的Home数据。文件HomeDataSource.m的具体实现代码如下所示。

```
#import "HomeDataSource.h"
@import HomeKit;
NSString * const HomeDataSourceDidChangeNotification =
@"HomeDataSourceDidChangeNotification";

@interface HomeDataSource() <HMHomeManagerDelegate>
@property (nonatomic) HMHomeManager *homeManager;
@end

@implementation HomeDataSource

#pragma mark - Initializers

- (instancetype)init {
```

```objc
    HMHomeManager *homeManager = [[HMHomeManager alloc] init];
    return [self initWithHomeManager:homeManager];
}

- (instancetype)initWithHomeManager:(HMHomeManager *)homeManager {
    self = [super init];
    if (self) {
        _homeManager = homeManager;
        _homeManager.delegate = self;
    }
    return self;
}
#pragma mark - Table View Data Source

- (NSInteger)numberOfSectionsInTableView:(UITableView *)tableView {
    return 1;
}
- (NSInteger)tableView:(UITableView *)tableView
numberOfRowsInSection:(NSInteger)section {
    return [self.homeManager.homes count];
}
- (UITableViewCell *)tableView:(UITableView *)tableView
cellForRowAtIndexPath:(NSIndexPath *)indexPath {
    UITableViewCell *cell = [tableView
dequeueReusableCellWithIdentifier:@"HomeCell"];
    if (!cell) {
        cell = [[UITableViewCell alloc] initWithStyle:UITableViewCellStyleDefault
reuseIdentifier:@"HomeCell"];
    }
    HMHome *home = [self homeForRow:indexPath.row];
    cell.textLabel.text = home.name;

    return cell;
}
- (HMHome *)homeForRow:(NSInteger)row {
    return self.homeManager.homes[row];
}
- (BOOL)tableView:(UITableView *)tableView canEditRowAtIndexPath:(NSIndexPath
*)indexPath {
    return YES;
}
- (void)tableView:(UITableView *)tableView
commitEditingStyle:(UITableViewCellEditingStyle)editingStyle
forRowAtIndexPath:(NSIndexPath *)indexPath {
    if (editingStyle == UITableViewCellEditingStyleDelete) {
        HMHome *home = self.homeManager.homes[indexPath.row];
        [self.homeManager removeHome:home completionHandler:^(NSError *error) {
            if (error) {
                NSLog(@"%@", error);
            } else {
                [tableView deleteRowsAtIndexPaths:@[ indexPath ] withRowAnimation:
UITableViewRowAnimationAutomatic];
                [[NSNotificationCenter defaultCenter]
postNotificationName:HomeDataSourceDidChangeNotification object:nil];
            }
        }];
    }
}
#pragma mark - Home Manager Delegate
- (void)homeManagerDidUpdateHomes:(HMHomeManager *)manager {
    [[NSNotificationCenter defaultCenter]
postNotificationName:HomeDataSourceDidChangeNotification object:nil];
}

#pragma mark - Home Management

- (void)addHomeWithName:(NSString *)name {
    [self.homeManager addHomeWithName:name completionHandler:^(HMHome *home, NSError
*error) {
        if (error) {
```

```
            NSLog(@"%@", error);
        } else {
            [[NSNotificationCenter defaultCenter]
postNotificationName:HomeDataSourceDidChangeNotification object:nil];
        }
    }];
}
@end
```

文件RoomDataSource.m是一个Room数据源列表文件，在其中可以选择要控制的Room。

文件AccessoriesInRoomDataSource.m的功能是设置在某个Room中的附属配件信息。

文件UnassignedAccessoriesDataSource.m的功能是设置未指定的附件数据源信息。

（5）最后看"Views"目录下的文件BNRFancyTableView.m，这是一个BNR数据视图显示系统主界面，功能是在屏幕视图中列表显示Home信息和Room。

16.1.3 范例技巧——苹果HomeKit如何牵动全国智能硬件格局

HomeKit到底是什么？简单地说，HomeKit要打破现在各个智能硬件厂家各自为政，用户体验参差不齐的混乱市场格局，让各个厂家的智能家居设备能在iOS层面互动协作，而无需这些厂家直接对接。仔细研究这个架构后，我们发现HomeKit是一套协议，是一个iOS上的数据库，更是智能家居产品互联互通的新思维模式。苹果留给了智能硬件开发商以及第三方开发者很多的发展空间。

在通信协议方面，HomeKit规范了智能家居产品如何和iOS终端连接和通信。苹果软件高级副总裁Craig Federighi在WWDC Keynote里轻描淡写地说，通过HomeKit协议的绑定功能（Secure Pairing）能确保只有你的iPhone能够开你的车库门。当然软硬件通信协议学问大了。苹果宣布的芯片合作伙伴里有Broadcom、Marvell和Ti，这几家都是植入式Wi-Fi芯片的主流供应商，所以可以确认HomeKit前期主要支持Wi-Fi或者直连以太网的设备。目前Wi-Fi智能硬件开发上有不少难点要克服，包括设备如何与手机配对，如何得到Wi-Fi密码并且加入家里的热点，如何保证稳定和安全的远程连接等。

在数据库层面，苹果推出了一个有利于行业发展的基础设施：在iOS上建立了一个可以供第三方App查询和编辑的智能家居数据库。这个数据库包含的几个非常重要的概念是对现在的智能硬件开发商有借鉴意义的：家庭、房间、区域、设备、服务、动作和触发。

HomeKit把家庭看作一个智能家居设备的集合，通过家庭、房间、区域把这些设备有机组合起来。设备和服务这两个概念很有意思。这里苹果引入了一个对于硬件产业相对陌生，但是相当于"互联网"的概念：面向服务设计（Service Oriented Architecture）。硬件设备被定义成一个提供一个或者多个服务的单元，而这些服务可以被第三方应用发现和调用。例如飞利浦的Hue LED灯就可以被理解成一个提供照明服务的设备，其中开关控制，颜色和亮度的控制都是属于这个服务的具体功能。同样，海尔的天尊空调可以理解为一个提供制冷、制热、空气净化等多个和空气质量相关的服务的设备。

家庭里所有支持HomeKit标准的智能设备把支持的服务发布出来，通过iOS的发现机制被收录到一个统一的数据库里。在设备和服务这些基本单位之上，HomeKit定义了家、房间、区域（多个房间的组合）等场景单元来让家里的多台设备形成有机的组合。例如睡房里的电器（例如灯和窗帘）可以被组织成一个场景，统一控制。区域可以把多个房间的设备组合起来一起控制。

16.2 实现一个智能家居控制程序（Swift版）

范例16-2	实现一个智能家居控制程序
源码路径	光盘\daima\第16章\16-2

16.2.1 范例说明

本实例的功能是联合使用WatchKit+HomeKit实现一个智能家居控制系统，各个实现文件的具体说明如下所示。

- 文件ErrorInterfaceController.swift是错误接口视图控制器，上面显示标题，下面显示详细信息。
- 文件HomesInterfaceController.swift是家居接口控制器，功能是列表显示当前运行的智能家居设备。
- 文件InterfaceController.swift是接口控制器，功能是建立智能家居系统和家居设备附件的连接。
- 文件AccessoryCellController.swift是附件单元格控制器，功能是显示附件设备单元格。
- 文件HomeCell.swift是家居单元控制器。
- 文件ExtensionDelegate.swift属于WatchKit Extension部分的逻辑实现。
- 文件HMUtilities.swift定义了灯泡服务控制器类lightbulbServiceToCharacteristics和恒温器控制器服务类thermostatServiceToCharacteristics。
- 文件HomeKitExt.swift实现了智能家居系统的扩展，分别设置了不同功能的服务类型serviceType。
- 文件SwitchInterfaceController.swift是开关接口控制器，功能是实现亮度滑块开关的功能，滑块可以在左右方向滑动。
- 文件ColorsInterfaceController.swift是颜色接口控制器，功能是实现一个颜色选择器视图。
- 文件ThermostatInterfaceController.swift是恒温器视图控制器，功能是设置恒温器的温度。

16.2.2 具体实现

（1）打开Xcode 7，新建一个名为"HomeKitDemo"的工程。打开iPhone端的Main.storyboard故事板设计面板，在里面设置整个工程需要的UI视图界面，如图16-5所示。

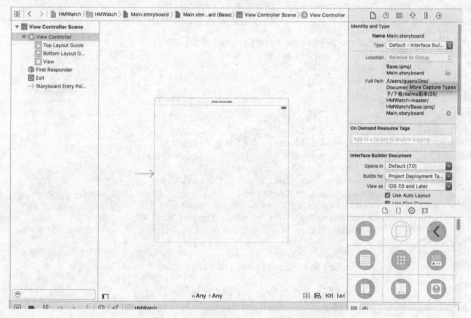

图16-5 Main.storyboard设计面板

（2）打开手表端的Interface.storyboard界面设计面板，在里面设置整个工程需要的手表视图界面，如图16-6所示。

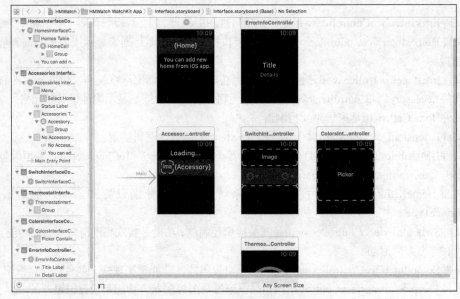

图16-6 Interface.storyboard界面设计面板

（3）文件ErrorInterfaceController.swift的具体实现代码如下所示。

```
import WatchKit
import Foundation
class ErrorObject {
    var title: String?
    var details: String?
    var dismissText: String?
    var actionButton: String?
    var action: ((WKInterfaceController)->())?
    init(title: String, details: String) {
        self.title = title
        self.details = details
    }
}
class ErrorInterfaceController: WKInterfaceController {
    @IBOutlet weak var titleLabel: WKInterfaceLabel!
    @IBOutlet weak var detailLabel: WKInterfaceLabel!
    @IBOutlet weak var actionButton: WKInterfaceButton!
    var action: ((WKInterfaceController) -> ())?
    override func awakeWithContext(context: AnyObject?) {
        super.awakeWithContext(context)
        if let context = context as? ErrorObject {
            if let dismissText = context.dismissText {
                self.setTitle(dismissText)
            }
            if let title = context.title {
                self.titleLabel.setText(title)
            }
            if let details = context.details {
                self.detailLabel.setText(details)
            }
            if let actionButtonText = context.actionButton {
                self.action = context.action
                self.actionButton.setTitle(actionButtonText)
                self.actionButton.setHidden(false)
            }
        }
    }
    @IBAction func didPressActionButton() {
```

```
        if let action = self.action {
            action(self)
        }
    }
    override func willActivate() {
        super.willActivate()
    }
    override func didDeactivate() {
        super.didDeactivate()
    }
}
```

本项目需要在真机中进行测试,执行后需要先在iPhone端建立和手表端的连接,如图16-7所示。建立连接后就可以通过手表控制智能家居设备了。

16.2.3 范例技巧——HomeKit给开发者和厂家提供的巨大机会

在目前市场环境下,主要有如下4种智能家居产品的市场策略。

图16-7 在iPhone端建立和手表端的连接

(1)第一类是像海尔uHome或者美国的Control4这样的整体智能家居系统,通过物理布线或Zigbee等无线通信方式把兼容的照明、影音、安防电子设备连接到一个中控系统实现统一控制。这种整体方案功能完整,用户体验统一,但需要专业的安装,而且价格不菲。国内厂家一般选择跟房地产开发商合作,主打前装市场,但是普及速度比较慢。

(2)第二类是国际一线的家电企业先制定一套软件协议把自家产品连接起来成为一个平台,然后通过协议的开放让其他厂家的产品加入其生态系统。三星的Smart Home和海尔的U＋智慧家庭操作系统都是这个理念。三星是从强势的电视和手机方面切入,海尔则凭着白色家电的领先优势入场。

(3)第三类是以路由器/网关方式切入,用取代路由器这样的普及性产品来降低进入家庭的门槛,占领家庭的数据入口,然后逐渐整合其他产品。最近市面上智能路由器的玩家不少。小米更是高调地用小米智能家居样板间来展示小米路由器的整合能力。

上述3类策略走的是平台思维之路,但是门槛高而且周期长。大多数创业团队和厂家选择的是第四种策略:把单一功能的产品做到极致,单点突破进入家庭,然后逐渐扩展产品线,尝试整合其他产品。例如Dropcam、Belkin WeMo、Smartthings、Hue、墨迹天气等大多数的家电企业和智能硬件创客都是走的这个产品方向。

显然 HomeKit的定位对第四类的玩家更为友好,而前三类玩家将在未来受到较大冲击。苹果希望通过一个比较开放的模式来吸引这些单品硬件厂家与其对接。除了提供完善的协议,通用数据库和庞大的iOS用户群,还引入了第三方开发者,使其为厂家产品所用,给不同场景的应用提供软件支持。于是,有能力和野心操作前三种平台模式的玩家局面有点尴尬。那些在硬件产品上和苹果没有直接竞争的企业,倒是可以尽量与苹果HomeKit兼容。而三星、小米这些定位和苹果类似的平台的发展必然会使市场形成多个具有规模的智能家居平台同时存在的群雄割据的局面,给希望能与这些平台同时兼容的硬件厂家带来非常高的研发和维护成本。

对于苹果公司来说,帮助这些硬件厂家克服这些智能家居平台之间的兼容性问题,也给物联网技术和云端服务的供应商带来了新的机遇,可以通过提供硬件产品的跨平台的接入能力而被更多的智能家居厂家接受。

总的来说,苹果HomeKit的推出对整个智能家居产业的发展是个利好。iOS 8在2014年10月推出后大大提升了消费者对相关智能硬件的关注度。在手机操作系统上搭建了合理的架构,留出来给各路玩家的机会也相当巨大。Google召开的Google IO开发者大会也让智能家居市场的热度继续升温。

16.3 检测一天消耗掉的能量

范例16-3	检测一天消耗掉的能量
源码路径	光盘\daima\第16章\16-3

16.3.1 范例说明

本实例实现了一个基本的HealthKit演示应用程序。本实例是一个官方教程，是使用Objective-C语言开发的。通过本应用程序可以检测个人基本体征资料：体重、身高和年龄。可以及时了解每天饮食食物的热量状况，以及每天消耗掉的Calories能量。本实例是苹果官方提供的一个简单的HealthKit快速入门，演示了Healthkit数据写入与Healthkit数据读取的过程。本实例使用查询来检索食物热量信息，并实现了一天的热量统计计算。实例中的基础类nslengthformatter、nsmassformatter和nsenergyformatter已经成为行业开发标杆，被世界各地的开发者广泛应用于现实项目中。

16.3.2 具体实现

（1）打开Xcode 7，新建一个名为"Fit"的工程，在工程中引入HealthKit.framework框架。

（2）打开"Main.storyboard"设计面板，在里面设置整个工程需要的UI视图界面，在项目中设置3个子视图，如图16-8所示。

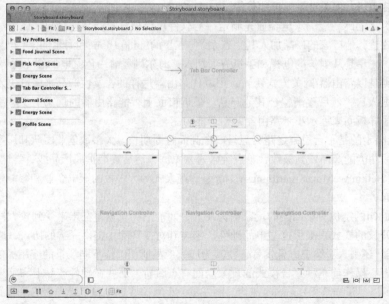

图16-8 "Main.storyboard"设计面板

（3）编写文件AAPLProfileViewController.m，通过aaplprofileviewcontroller对象检索Healthkit显示用户的年龄、身高、体重信息。这是一个特征数据类型实例，演示了查询hkhealthstore对象中这些特征数据的值。文件AAPLProfileViewController.m的具体实现代码如下所示。

```
#import "AAPLProfileViewController.h"
@import HealthKit;

@interface AAPLProfileViewController ()<UITextFieldDelegate>

@property (nonatomic, weak) IBOutlet UILabel *ageHeightValueLabel;
```

```objectivec
@property (nonatomic, weak) IBOutlet UITextField *heightValueTextField;
@property (nonatomic, weak) IBOutlet UILabel *heightUnitLabel;

@property (nonatomic, weak) IBOutlet UITextField *weightValueTextField;
@property (nonatomic, weak) IBOutlet UILabel *weightUnitLabel;

@end

@implementation AAPLProfileViewController

- (void)viewWillAppear:(BOOL)animated {
    [super viewWillAppear:animated];
    [self updateUsersAge];
    [self updateUsersHeight];
    [self updateUsersWeight];
}

#pragma mark - Using HealthKit API

- (void)updateUsersAge {
    NSError *error;
    NSDate *dateOfBirth = [self.healthStore dateOfBirthWithError:&error];

    if (error) {
        NSLog(@"An error occured fetching the user's age information. In your app, try to handle this gracefully. The error was: %@.", error);
        abort();
    }

    if (!dateOfBirth) {
        return;
    }

    // 计算用户的年龄
    NSDate *now = [NSDate date];

    NSDateComponents *ageComponents = [[NSCalendar currentCalendar] components:NSCalendarUnitYear fromDate:dateOfBirth toDate:now options:NSCalendarWrapComponents];

    NSUInteger usersAge = [ageComponents year];

    NSString *ageHeightValueString = [NSNumberFormatter localizedStringFromNumber:
    @(usersAge) numberStyle:NSNumberFormatterNoStyle];

    self.ageHeightValueLabel.text = [NSString stringWithFormat:NSLocalizedString(@"%@
    years", nil), ageHeightValueString];
}

- (void)updateUsersHeight {
    //获取用户的默认高度,单位为英寸
    NSLengthFormatter *lengthFormatter = [[NSLengthFormatter alloc] init];
    lengthFormatter.unitStyle = NSFormattingUnitStyleLong;

    NSLengthFormatterUnit heightFormatterUnit = NSLengthFormatterUnitInch;
    self.heightUnitLabel.text = [lengthFormatter unitStringFromValue:10
    unit:heightFormatterUnit];

    HKQuantityType *heightType = [HKQuantityType
    quantityTypeForIdentifier:HKQuantityTypeIdentifierHeight];

    //查询到用户的新的高度,如果它存在的话
    [self fetchMostRecentDataOfQuantityType:heightType withCompletion:^(HKQuantity
    *mostRecentQuantity, NSError *error) {
        if (error) {
            NSLog(@"An error occured fetching the user's height information. In your
            app, try to handle this gracefully. The error was: %@.", error);
            abort();
        }
```

```
        //确定所需的单元高度
        double usersHeight = 0.0;

        if (mostRecentQuantity) {
            HKUnit *heightUnit = [HKUnit inchUnit];
            usersHeight = [mostRecentQuantity doubleValueForUnit:heightUnit];

            //更新UI界面
            dispatch_async(dispatch_get_main_queue(), ^{
                self.heightValueTextField.text = [NSNumberFormatter localizedStringFrom
                Number:@(usersHeight) numberStyle:NSNumberFormatterNoStyle];
            });
        }
    }];
}

- (void)updateUsersWeight {
    // 获取用户体重,单位为磅
    NSMassFormatter *massFormatter = [[NSMassFormatter alloc] init];
    massFormatter.unitStyle = NSFormattingUnitStyleLong;

    NSMassFormatterUnit weightFormatterUnit = NSMassFormatterUnitPound;
    self.weightUnitLabel.text = [massFormatter unitStringFromValue:10 unit:weight
FormatterUnit];

    //查询到用户的新的重量,如果它存在的话.
    HKQuantityType *weightType = [HKQuantityType quantityTypeForIdentifier:
HKQuantityTypeIdentifierBodyMass];
    [self fetchMostRecentDataOfQuantityType:weightType withCompletion:^(HKQuantity
*mostRecentQuantity, NSError *error) {
        if (error) {
            NSLog(@"An error occured fetching the user's weight information. In your
            app, try to handle this gracefully. The error was: %@.", error);
            abort();
        }

        // Determine the weight in the required unit.
        double usersWeight = 0.0;

        if (mostRecentQuantity) {
            HKUnit *weightUnit = [HKUnit poundUnit];
            usersWeight = [mostRecentQuantity doubleValueForUnit:weightUnit];

            dispatch_async(dispatch_get_main_queue(), ^{
                self.weightValueTextField.text = [NSNumberFormatter
localizedStringFromNumber:@(usersWeight) numberStyle:NSNumberFormatterNoStyle];
            });
        }
    }];
}

// 从苹果商店获取食品清单
- (void)fetchMostRecentDataOfQuantityType:(HKQuantityType *)quantityType
withCompletion:(void (^)(HKQuantity *mostRecentQuantity, NSError *error))completion {
    NSSortDescriptor *timeSortDescriptor = [[NSSortDescriptor alloc]
    initWithKey:HKSampleSortIdentifierEndDate ascending:NO];

    HKSampleQuery *query = [[HKSampleQuery alloc] initWithSampleType:quantityType
predicate:nil limit:1 sortDescriptors:@[timeSortDescriptor]
resultsHandler:^(HKSampleQuery *query, NSArray *results, NSError *error) {
        if (completion && error) {
            completion(nil, error);
            return;
        }

        // If quantity isn't in the database, return nil in the completion block.
        HKQuantitySample *quantitySample = results.firstObject;
```

```objc
        HKQuantity *quantity = quantitySample.quantity;
        
        if (completion) completion(quantity, error);
    }];
    
    [self.healthStore executeQuery:query];
}

#pragma mark - UITextFieldDelegate

- (BOOL)textFieldShouldReturn:(UITextField *)textField {
    [textField resignFirstResponder];
    
    if (textField == self.heightValueTextField) {
        [self saveHeightIntoHealthStore];
    } else if (textField == self.weightValueTextField) {
        [self saveWeightIntoHealthStore];
    }
    
    return YES;
}

- (void)saveHeightIntoHealthStore {
    NSNumberFormatter *formatter = [self numberFormatter];
    NSNumber *height = [formatter numberFromString:self.heightValueTextField.text];
    
    if (!height && [self.heightValueTextField.text length]) {
        NSLog(@"The height entered is not numeric. In your app, try to handle this gracefully.");
        abort();
    }
    
    if (height) {
        // 保存用户身高到HealthKit
        HKQuantityType *heightType = [HKQuantityType
        quantityTypeForIdentifier:HKQuantityTypeIdentifierHeight];
        HKQuantity *heightQuantity = [HKQuantity quantityWithUnit:[HKUnit inchUnit]
        doubleValue:[height doubleValue]];
        HKQuantitySample *heightSample = [HKQuantitySample
        quantitySampleWithType:heightType quantity:heightQuantity startDate:[NSDate
        date] endDate:[NSDate date]];
        
        [self.healthStore saveObject:heightSample withCompletion:^(BOOL success,
NSError *error) {
            if (!success) {
                NSLog(@"An error occured saving the height sample %@. In your app, try to
                handle this gracefully. The error was: %@.", heightSample, error);
                abort();
            }
            
        }];
    }
}

- (void)saveWeightIntoHealthStore {
    NSNumberFormatter *formatter = [self numberFormatter];
    NSNumber *weight = [formatter numberFromString:self.weightValueTextField.text];
    
    if (!weight && [self.weightValueTextField.text length]) {
        NSLog(@"The weight entered is not numeric. In your app, try to handle this
        gracefully.");
        abort();
    }
    
    if (weight) {
        // 保存用户体重到HealthKit
        HKQuantityType *weightType = [HKQuantityType quantityTypeForIdentifier:
```

```
                HKQuantityTypeIdentifierBodyMass];
                HKQuantity *weightQuantity = [HKQuantity quantityWithUnit:[HKUnit poundUnit]
                doubleValue:[weight doubleValue]];
                HKQuantitySample *weightSample = [HKQuantitySample
                quantitySampleWithType:weightType quantity:weightQuantity startDate:[NSDate
                date] endDate:[NSDate date]];

                [self.healthStore saveObject:weightSample withCompletion:^(BOOL success,
        NSError *error) {
                    if (!success) {
                        NSLog(@"An error occured saving the weight sample %@. In your app, try
                        to handle this gracefully. The error was: %@.", weightSample, error);
                        abort();
                    }
                }];
            }
        }
```

（4）编写文件AAPLJournalViewController.m，功能是通过aapljournalviewcontroller跟踪用户一天的食品消费明细。将用户消耗的食品保存到HealthKit中，可以定期查看食品的热量。

（5）编写文件AAPLFoodPickerViewController.m，功能是列表显示系统中的食物能量清单。

（6）编写文件AAPLFoodItem.m，这是一个变成模式文件，构建了食物热量变成模型。

（7）编写文件AAPLEnergyViewController.m，功能是显示使用统计实例查询，使用这个统计查询来检索所有的食品样品在aapljournalviewcontroller对象中的热量累积。

（8）编写文件AAPLAppDelegate.m，这是本实例的主应用程序，调用前面的开发模式文件和视图文件实现主界面和子界面的数据交换处理。

到此为止，整个实例介绍完毕。本实例需要在iOS真机设备上运行调试，需要最少使用Xcode 6和iOS 8 SDK工具调试，需要iOS 8或更高版本系统运行调试。在设备上运行本项目时，需要先创建一个有效的AppID healthkit并启用，然后生成相应的配置文件，并从开发门户下载链接适合这个配置文件，这一步不要忘记更换包的标识符以匹配新的AppID Entitle。执行后的初始效果如图16-9所示。

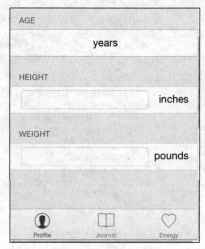

图16-9 初始执行效果

食物列表界面效果如图16-10所示。

每天消耗能量界面效果如图16-11所示。

图16-10 食物列表界面效果　　　　　图16-11 每天消耗能量界面

16.3.3 范例技巧——HomeKit应用程序的层次模型

通过使用HomeKit，在支持苹果Home Automation Protocol和iOS设备的附属配件之间实现了无缝集成和融合，从而推进了家庭自动化的发展和革新。通过一个通用的家庭自动化设备协议，以及一个可以配置这些设备并与之通信的公开API，HomeKit使得App用户控制自己的home成为可能，而不需要由生产家庭自动化配件的厂商创建。HomeKit也使得来自多个厂商的家庭自动化配件集成为一体，而无需厂商之间彼此直接协调。

具体来说，HomeKit允许第三方应用执行如下3大主要功能。
- 发现附属设备，并把它们添加到一个持久的、跨设备的Home配置数据库中。
- 在home配置数据库中展示、编辑以及操作数据。
- 与配置的附属设备和服务进行通信，从而使之执行相关操作，比如关掉起居室的灯。

Home配置数据库并不仅仅适用于第三方应用，也适用于Siri。用户可用Siri发出指令，比如"Siri, 关掉起居室的灯。"如果用户通过符合逻辑的分组配件、服务以及命令创建了家居配置，那么Siri可通过声音控制来完成一系列复杂精细的操作。

HomeKit将Home看作一个家庭自动化配件的集合。家居配置的目的是允许终端用户为他们购买和安装的家庭自动化配件提供有意义的标签和分组。应用程序可以提供建议来帮助用户创建有意义的标签和分组，但不能把它们自己的偏好设定强加给用户，用户的意愿最重要。

作为一个基本的HomeKit应用程序，应该包含如下所示的层级模型。

（1）Homes（HMHome）。

Homes（HMHome）是最顶层的容器，展示了用户一般都会认为是单个家庭单位的结构。

（2）Rooms（HMRoom）。

Rooms（HMRoom）是Home的可选部分，并且代表Home中单独的Room。Room并没有任何物理特性，如大小、位置等。对用户来说，它们是简单且有意义的命名，比如"起居室"或者"厨房"。有意义的Room名称可以启用类似"Siri, 打开起厨房的灯"的指令。

（3）Accessories（HMAccessory）。

Accessories表示附属设备，被安装在Home中，并且被分配给每个Room。它们是实际的物理家庭自动化设备，比如一个车库门遥控开关。如果用户没有配置任何Room，那么HomeKit将会把附属设备分配给Home中特殊的默认Room。

（4）Services（HMService）。

Services(HMService)是由附属配件提供的实际服务。附属配件有用户可控制的服务，比如灯光；也有它们自用的服务，比如框架更新服务。HomeKit更多关注用户可以控制的服务。单个附属配件可能有多个用户可控制的服务。比如大部分车库遥控开关有打开或者关闭车库门的服务，并且在车库门上还有控制灯光的服务。

（5）Zones（HMZone）。

Zones（HMZone）是Home中可选择的Room分组。"Upstairs"和"downstairs"可以由Zones代表。Zones是完全可选择的，Room不需要处于Zone中。通过把Room添加到Zone中，用户可以给Siri发命令，比如"Siri,打开楼下所有的灯。"

16.4 心率检测（Swift版）

范例16-4	心率检测
源码路径	光盘\daima\第16章\16-4

16.4.1 范例说明

本实例使用Swift语言实现一个基本的HealthKit演示应用程序，本项目用到了苹果手表框架WatchKit。本项目基于当前最新的watchOS 2.0系统，实现了在苹果手表中检测心率的功能。

16.4.2 具体实现

（1）打开Xcode 7，新建一个名为"VimoHeartRate"的工程，在工程中引入HealthKit.framework框架，工程的最终目录结构如图16-12所示。

（2）首先看"VimoHeartRate"目录下的iPhone程序，打开"Main.storyboard"设计面板，设置iPhone端的UI视图界面，如图16-13所示。

 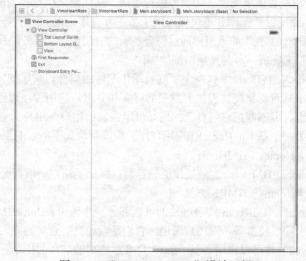

图16-12 工程的最终目录结构　　　图16-13 "Main.storyboard"设计面板

（3）再看"VimoHeartRate WatchKit App"目录下的手表程序，在面板文件"Interface.storyboard"中设计手表端的视图，在里面添加"Start"和"Stop"两个按钮，如图16-14所示。

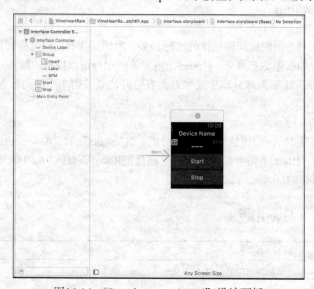

图16-14 "Interface.storyboard"设计面板

（4）文件InterfaceController.swift的功能是创建手表和iPhone设备传感器的连接，监听用户对心率的测试数据，并将结果显示在手表中。文件InterfaceController.swift的具体实现代码如下所示。

```swift
import WatchKit
import Foundation
import HealthKit
class InterfaceController: WKInterfaceController, HKWorkoutSessionDelegate {
    @IBOutlet weak var label: WKInterfaceLabel!
    @IBOutlet weak var deviceLabel : WKInterfaceLabel!
    @IBOutlet weak var heart: WKInterfaceImage!
    let healthStore = HKHealthStore()
    let heartRateType = HKQuantityType.quantityTypeForIdentifier(HKQuantityTypeIdentifierHeartRate)!

    //定义活动类型和位置
    let workoutSession = HKWorkoutSession(activityType: HKWorkoutActivityType.CrossTraining, locationType: HKWorkoutSessionLocationType.Indoor)
    let heartRateUnit = HKUnit(fromString: "count/min")
    // 设备位置传感器
    let deviceSensorLocation = HKHeartRateSensorLocation.Other
    //从HealthKit返回设备的传感器位置
    let location = HKHeartRateSensorLocation.Other
    var anchor = 0
    override func awakeWithContext(context: AnyObject?) {
        super.awakeWithContext(context)
        workoutSession.delegate = self
    }
    override func willActivate() {
        super.willActivate()

        if HKHealthStore.isHealthDataAvailable() != true {
            self.label.setText("not availabel")
            return
        }
        let dataTypes = NSSet(object: heartRateType) as! Set<HKObjectType>
        healthStore.requestAuthorizationToShareTypes(nil, readTypes: dataTypes) { (success, error) -> Void in
            if success != true {
                self.label.setText("not allowed")
            }
        }
    }
    override func didDeactivate() {
        // 使视图控制器不可见
        super.didDeactivate()
    }
    func workoutSession(workoutSession: HKWorkoutSession, didChangeToState toState: HKWorkoutSessionState, fromState: HKWorkoutSessionState, date: NSDate){
        switch toState{
        case .Running:
            self.workoutDidStart(date)
        case .Ended:
            self.workoutDidEnd(date)
        default:
            print("Unexpected state \(toState)")
        }
    }
    func workoutSession(workoutSession: HKWorkoutSession, didFailWithError error: NSError){
    }

    func workoutDidStart(date : NSDate){
        let query = createHeartRateStreamingQuery(date)
        self.healthStore.executeQuery(query)
    }
    func workoutDidEnd(date : NSDate){
        let query = createHeartRateStreamingQuery(date)
```

```swift
            self.healthStore.stopQuery(query)
            self.label.setText("Stop")
        }
    }
    @IBAction func startBtnTapped() {
        self.healthStore.startWorkoutSession(self.workoutSession) { (success, error) -> Void in
        }
    }
    @IBAction func stopBtnTapped() {
        self.healthStore.stopWorkoutSession(self.workoutSession) { (success, error) -> Void in
        }
    }
    //创建查询心率数据流
    func createHeartRateStreamingQuery(workoutStartDate: NSDate) ->HKQuery{
        var anchorValue = Int(HKAnchoredObjectQueryNoAnchor)
        if anchor != 0 {
            anchorValue = self.anchor
        }
        let sampleType = HKObjectType.quantityTypeForIdentifier(HKQuantityTypeIdentifierHeartRate)
        let heartRateQuery = HKAnchoredObjectQuery(type: sampleType!, predicate: nil, anchor: anchorValue, limit: 0) { (query, sampleObjects, deletedObjects, newAnchor, error) -> Void in
            self.anchor = anchorValue
            self.updateHeartRate(sampleObjects)
        }
        
        heartRateQuery.updateHandler = {(query, samples, deleteObjects, newAnchor, error) -> Void in
            self.anchor = newAnchor
            self.updateHeartRate(samples)
        }
        return heartRateQuery
    }
    
    func updateHeartRate(samples: [HKSample]?){
        guard let heartRateSamples = samples as?[HKQuantitySample] else {return}
        dispatch_async(dispatch_get_main_queue()){
            let sample = heartRateSamples.first
            let value = sample!.quantity.doubleValueForUnit(self.heartRateUnit)
            self.label.setText(String(UInt16(value)))
            //检索来源
            let name = sample!.sourceRevision.source.name
            self.updateDeviceName(name)
            self.animateHeart()
        }
    }
    func updateDeviceName(deviceName: String) {
        self.deviceLabel.setText(deviceName)
    }
    func animateHeart() {
        self.animateWithDuration(0.5) { () -> Void in
            self.heart.setWidth(60)
            self.heart.setHeight(90)
        }
        let when = dispatch_time(DISPATCH_TIME_NOW, Int64(0.5 * double_t(NSEC_PER_SEC)))
        let queue = dispatch_get_global_queue(DISPATCH_QUEUE_PRIORITY_DEFAULT, 0)
        dispatch_after(when, queue) { () -> Void in
            dispatch_async(dispatch_get_main_queue(), {
                self.animateWithDuration(0.5, animations: { () -> Void in
                    self.heart.setWidth(50)
                    self.heart.setHeight(80)
                })
            })
        }
    }
}
```

本实例执行后的效果如图16-15所示。

图16-15 执行效果

16.4.3 范例技巧——HomeKit程序架构模式

HomeKit应用程序将遵循MVC模式进行开发，实现了界面视图、数据存储和操作的分离。通过使用HomeKit框架，开发者能够利用他们iOS设备上的家庭自动化应用程序，来控制和配置家里已连接的配件设备，而不管制造商是谁。通常，一个家庭自动化应用程序需要帮助用户完成如下所示的任务。

❑ 设置一个Home。
❑ 管理用户。
❑ 添加和移除配件。
❑ 定义场景。

另外，一个家庭自动化应用程序还应该具备易于使用的特点，并且能给用户愉悦感。下面是一些用来创建卓越体验的方式。

❑ 集成Siri。
❑ 自动寻找配件。
❑ 使用平易近人的语句。

在接下来的内容中，将详细讲解实现上述任务的架构方法。

（1）设置一个Home。

HomeKit系统以3种类型的位置为中心：房间（Rooms）、区域（Zones）和住宅（Homes）。房间有客厅和卧室之类的选项类型，这是基本的组成概念，并且可能包含任意数量的配件。区域是房间的集合，如"楼上"。

在应用程序中，用户必须选定至少一个住宅来放置他们的智能配件。每一个住宅包括不同的房间，并且可能包括区域。房间和区域使用户能方便地寻找和控制配件。Apps（应用程序）应该提供一个创建、命名、修改和删除住宅、房间和区域的方法。如果一个人有多个住宅，允许选择一个默认的首选住宅来更快地设置和配置新配件。

（2）管理用户。

HomeKit应用程序应当提供允许用户管理住宅中配件的方法。当一个iCloud账户被添加到住宅时，账号的拥有者将能够调整配件们的特性。当一个账户拥有者被指定为管理员时，他们也将能够添加新配件、管理用户、设置住宅和创建场景。

（3）添加和移除配件。

在HomeKit应用程序中，让添加新配件的操作简单快捷十分重要。家庭自动化Apps应当能自动寻找新配件并且在用户界面中突出显示。因为用户需要用特定方法来识别调整中的配件，所以要确保能快速接入控件。比如在电灯泡控制应用中，应该让用户能使用App来打开灯泡以确认其位于Home中。

另外，配置还应当包括给一个配件分配名称、住宅、房间，以及可选的区域。管理员需要输入配件的安装码（包含在硬件的说明文档或包装盒里）来将它与住宅连接起来。

苹果的无线配件配置（WAC）被用来添加支持Wi-Fi的配件到住宅网络中。用户能够从Settings或App里面连接到WAC。使用ExternalAccessory框架API来显示一个系统提供的UI，在这个UI中，用户能使用WAC来发现和配置配件而无需离开App。在使用WAC配置完配件之后，用户能将它加到住宅里，并且给它分配名字和房间。在此需要注意的是，应该始终让用户通过在前台运行App来初始化配件的发现和配置。

（4）寻找配件。

在HomeKit应用程序中，需要确保给用户提供不同的方式来快速找到配件。每天、每个季节以及一个人的位置都能影响哪个配件在当时是重要的，所以用户应该能够以类型、名称或住宅里的位置来寻找配件。

（5）定义场景。

在HomeKit应用程序中，场景是同时调整多个配件特性的重要方式。每个场景都有自己的名称，并且能包含任意数量的动作，这些动作与不同的配件和他们的特性相关联。如果可能，可以提供一些建议的场景，这样用户能基于它们来配置配件。比如，一个"离开"的场景应该调低房子里的温度、关掉灯泡，并且锁上所有的门。

当用户创建自己的场景时，考虑按照选中的房间和区域来推荐配件，给用户提供选择让他们能更快、更方便地进行配置。

（6）集成Siri。

在HomeKit应用程序中，通过Siri能够让复杂操作的执行简单到只需要一句命令。Siri能识别住宅、房间和区域的名字，并且支持这样的表述："Siri, lock up my house in Tahoe" "Siri, turn off the upstairs lights"以及"Siri, make it warmer in the media room"。Siri也能识别配件的名字和特性，因此用户能发布这样的命令："Siri, dim the desk lamp"。

为了识别场景，给Siri的命令里应该包含单词"模式"(mode)或"scene"（场景），比如如下的命令："Siri, set the Movie Scene" "Siri, enable Movie mode"或者"Siri, set up for Movie"。最好让用户在配置动作的时候知道哪些动作能被Siri触发。比如，在确认Movie场景已经设置好的时候，显示推荐用户向Siri说的语句，如"你能够使用Siri来激活这个场景，命令是'Siri, set the house to Movie mode'"。

（7）通知。

在HomeKit应用程序中，不适当的家庭自动化可能会吓到用户。开发的应用程序应该是平易近人的、易于使用的、具有交谈时语言的以及对用户友好型的。避免使用用户可能不理解的缩略词和科技术语。HomeKit是一个关于API的术语，你不应该在你的App里使用它。如果你是一名拥有MFi执照的开发者，请参照MFi portal里的指南来规范配件包装的命名和通知。

第 17 章 移动Web应用实战

从移动电话的产生，到当前移动互联应用的风生水起，我们步入到了任何人都有机会获得大量信息资源的移动互联网时代。尽管移动计算技术已扮演了如此重要的角色，但它仍处于发展初期。对于需要吸引不同群体用户，满足不同业务需求的应用而言，如何使用一个实用、价格合理，且可支持大量应用的方式来实现我们的移动愿景？在很多情况下看来，答案是使用Web技术。本章将通过几个典型范例的实现过程，详细介绍为iOS系统开发移动Web应用程序的过程。

17.1 在 iOS模拟器中测试网页

范例17-1	在 iOS模拟器中测试网页
视频路径	光盘\视频\17-1

17.1.1 范例说明

本范例讲解了搭建测试iOS移动Web环境的方法，其实整个过程比较简单，只需要有一个网络空间即可。将网页上传到空间中，然后保证在Andorid模拟器中上网浏览这个网页即可。可能有的读者本来就有自己的网站，也有的没有。没有的读者也不要紧张，可以申请一个免费的空间。很多网站提供了免费空间服务，例如http://www.3v.cm/。

17.1.2 具体实现

申请免费空间的基本流程如下所示。
（1）登录http://www.3v.cm/，如图17-1所示。
（2）单击左侧的"注册"按钮来到服务条款界面，如图17-2所示。

图17-1 登录http://www.3v.cm/

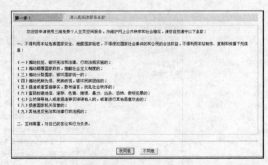

图17-2 服务条款界面

（3）单击"我同意"按钮后来到填写用户名界面，如图17-3所示。
（4）填写完毕后单击"下一步"按钮，在弹出的填写注册信息界面填写注册信息，如图17-4所示。

图17-3 填写用户名界面　　　　　　　　图17-4 填写注册信息界面

（5）填写完毕后单击"递交"按钮完成注册，在用户中心界面可以管理自己的空间，如图17-5所示。
（6）单击左侧的"FTP管理"链接可以更改FTP密码，并且可以查看空间的IP地址，如图17-6所示。

图17-5 用户中心界面　　　　　　　　图17-6 FTP管理

根据图17-6中的资料可以用专业的上传工具上传编写的程序文件。
（7）单击左侧的"文件管理"链接，在弹出的界面中可以在线管理空间中的文件，如图17-7所示。

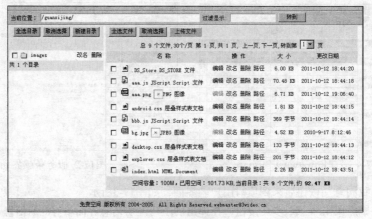

图17-7 文件管理

单击图17-7中每一个文件的"路径"链接,可以获取这个文件的URL地址,这样在iOS手机中即可用这个URL来访问此文件,查看此文件在iOS手机中的执行效果。

17.1.3 范例技巧——移动设备将占据未来计算机市场

据国外媒体报道,爱立信近日发布的一份报告称,到2017年,移动设备的数量将从2012年初的62亿增长到90亿。在2012年的第一季度,移动设备数量约为62亿,低于全球人口数量70亿。但是,由于一个用户可能拥有多个移动设备,因此移动设备用户的数量可能只有42亿。

17.2 使用页面模板

范例17-2	在iOS中使用页面模板
源码路径	光盘\daima\第17章\17-2
视频路径	光盘\视频\17-2

17.2.1 范例说明

在我们的日常生活中,已经离不开天气预报这个高科技产物,无论是远行旅游还是上班,都根据天气预报决定是否带伞和选择衣物。本范例是一个天气预报程序,能够根据选择的城市显示天气情况。和前面范例的区别是在平板电脑上的浏览程序,所以分辨率的大小和本书前面介绍的有所差别。

17.2.2 具体实现

范例文件template.html的具体实现代码如下所示。

```
<!DOCTYPE html>
<html>
    <head>
    <meta charset="utf-8">
    <title>Page Template</title>
    <meta name="viewport" content="width=device-width, initial-scale=1">
    <link rel="stylesheet" href="http://code.jquery.com/mobile/1.0/jquery.mobile-1.0.min.css" />
    <script src="http://code.jquery.com/jquery-1.6.4.min.js"></script>
    <script src="http://code.jquery.com/mobile/1.0/jquery.mobile-1.0.min.js"></script>
</head>
<body>
<div data-role="page">
    <div data-role="header">
        <h1>页头</h1>
    </div>
    <div data-role="content">
        <p>你好jQuery Mobile!</p>
    </div>
    <div data-role="footer" data-position="fixed">
        <h4>页尾</h4>
    </div>
</div>
</body>
</html>
```

将上述HTML文件在台式机上运行,效果如图17-8所示。

如果在iOS模拟器中运行上述程序,则执行效果如图17-9所示。

对于上述代码来说,无论使用的是什么浏览器,运行效果都好似相同的。这是因为上述模板符合HTML 5语法标准,并且包含了jQuery Mobile的特定属性和asset文件(CSS、js)。

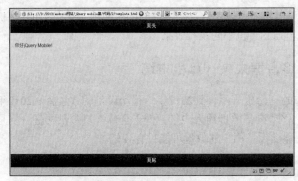

图17-8 在台式机中的执行效果　　　　图17-9 在iOS模拟器中的运行效果

17.2.3 范例技巧——组件的增强样式

在本范例的body标签中，包含了header、content和footer组件的增强样式。默认情况下，所有组件都是使用默认的主题和特定的移动CSS增强来设计（styled）的。作为一个额外的好处，所有组件现在都证明了可访问性，而这要归功于WAI-ARIA角色和级别。我们可以免费获得这些增强。

17.3 使用多页面模板

范例17-3	在iOS中使用多页面模板
源码路径	光盘\daima\第17章\17-3
视频路径	光盘\视频\17-3

17.3.1 范例说明

jQuery Mobile支持在一个HTML文档中嵌入多个页面，该策略可以用来预先获取最前面的多个页面，当载入子页面时，其响应时间会缩短。读者在下面的例子中可以看到，多页面文档与前面看到的单页面文档相同，第二个页面附加在第一个页面后面的情况除外。

17.3.2 具体实现

范例文件duo.html的具体实现代码如下所示。
```
<!DOCTYPE html>
<html>
   <head>
   <meta charset="utf-8">
   <title>Multi Page Example</title>
   <meta name="viewport" content="width=device-width, initial-scale=1">
   <link rel="stylesheet" href="http://code.jquery.com/mobile/1.0/jquery.mobile-1.0.min.css" />
   <script src="http://code.jquery.com/jquery-1.6.4.min.js"></script>
   <script type="text/javascript">/* Shared scripts for all internal and ajax-loaded pages */</script>
   <script src="http://code.jquery.com/mobile/1.0/jquery.mobile-1.0.min.js"></script>
   </head>
<body>
<!-- First Page -->
<div data-role="page" id="home" data-title="Welcome">
   <div data-role="header">
      <h1>Multi-Page</h1>
   </div>
```

```html
      <div data-role="content">
        <a href="#contact-info" data-role="button">联系我们</a>
      </div>
      <script type="text/javascript">
        /* Page specific scripts here. */
      </script>
</div>
<!-- Second Page -->
<div data-role="page" id="contact-info" data-title="Contacts">
      <div data-role="header">
        <h1>联系我们</h1>
      </div>
      <div data-role="content">
        联系信息详情……
      </div>
</div>
</body>
</html>
```

上述代码在iOS中的初始执行效果如图17-10所示。

单击"联系我们"按钮后会显示一个新界面，如图17-11所示。此新界面效果也是由上述代码实现的。

图17-10 初始执行效果

图17-11 显示一个新界面

17.3.3 范例技巧——设置内部页面的标题

在iOS应用中，内部页面的标题（title）可以按照如下优先顺序进行设置。

（1）如果data-title值存在，则它会用作内部页面的标题。例如，"multi-page.html#home"页面的标题将被设置为"Home"。

（2）如果不存在data-title值，则页眉（header）将会用作内部页面的标题。例如，如果"multi-page.html#home"页面的data-title属性不存在，则标题将被设置为页面header标记的值"Welcome Home"。

（3）最后，如果内部页面既不存在data-title，也不存在页眉，则head标记中的title元素将会用作内部页面的标题。例如，如果"multi-page.html#page"页面不存在data-title属性，也不存在页眉，则该页面的标题将被设置为其父文档的title标记的值"Multi Page Example"。

17.4 使用Ajax驱动导航

范例17-4	在 iOS中使用Ajax驱动导航
源码路径	光盘\daima\第17章\17-4
视频路径	光盘\视频\17-4

17.4.1 范例说明

当一个单页面转换到另外一个单页面时，导航模型是不同的。例如，可以从多页面中提取出contact页面，然后命名为contact.html文件。现在我们的home页面（hijax.html）可以通过一个普通的HTTP链接引用来返回contact页面，下面的范例演示了上述过程。

17.4.2 具体实现

范例文件ajax.html的具体实现代码如下所示。

```
<!DOCTYPE html>
<html>
   <head>
   <meta charset="utf-8">
   <title>Hijax Example</title>
   <meta name="viewport" content="width=device-width, initial-scale=1">
   <link rel="stylesheet"
href="http://code.jquery.com/mobile/1.0/jquery.mobile-1.0.min.css" />
   <script src="http://code.jquery.com/jquery-1.6.4.min.js"></script>
   <script
src="http://code.jquery.com/mobile/1.0/jquery.mobile-1.0.min.js"></script>
</head>
<body>
<!-- First Page -->
<div data-role="page">
   <div data-role="header">
      <h1>Ajax 页面</h1>
   </div>
   <div data-role="content">
      <a href="contact.html" data-role="button">联系我们</a>
   </div>
</div>
</body>
</html>
```

上述代码在iOS中的初始执行效果如图17-12所示。

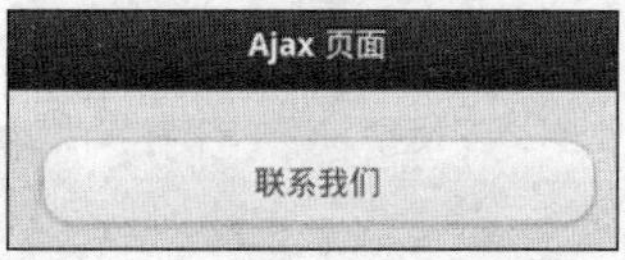

图17-12 执行效果

当单击上述代码中的“联系我们”链接后会来到新页面contact.html，此文件的实现代码如下所示。

```
<div data-role="page">
   <div data-role="header">
      <h1>联系我们</h1>
   </div>

   <div data-role="content">
      电话：010-111111111</div>
       <div data-role="content">
      邮箱：7291017304@qq.com</div>
       <div data-role="content">地址：中国山东</div>
</div>
```

当单击“联系我们”链接后会显示一个Ajax特效，如图17-13所示，然后显示一个如图17-14所示的新页面。

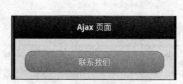

图17-13 Ajax特效导航

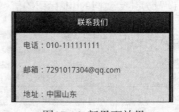

图17-14 新界面效果

17.4.3 范例技巧——分析jQuery Mobile的处理流程

当单击上述范例中的“联系我们”链接时，jQuery Mobile将会按照如下所示的步骤处理该请求。

（1）jQuery Mobile会解析href，然后通过一个Ajax请求（Hij ax）载入页面。如果成功载入页面，则该页面会添加到当前页面的DOM中。执行过程如图17-15所示。

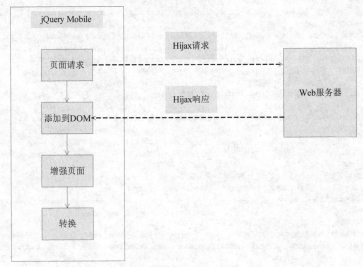

图17-15 处理过程

当页面成功添加到DOM中后,jQuery Mobile可以根据需要来增强该页面,更新基础(base)元素的@href,并设置data-url属性(如果没有被显式设置的话)。

(2)框架随后使用应用的默认"滑动"转换模式转换到一个新的页面。框架也可以实现无缝的CSS转换,因为"from"页面和"to"页面都存在于DOM中。在转换完成之后,当前可见的页面或活动页面将会被指定为"ui-page-active" CSS类。

(3)产生的URL也可以作为书签。例如,如果想深链接(deep link)到contact页面,则可以通过如下完整的路径来访问。

```
http://<host:port>/2/contact.html
```

(4)如果页面载入失败,则会显示和弹出一条短的错误消息,该消息是对"Error Loading Page(页面载入错误)"消息的覆写(overlay)。

17.5 实现基本对话框效果

范例17-5	在iOS系统中实现对话框效果
源码路径	光盘\daima\第17章\17-5
视频路径	光盘\视频\17-5

17.5.1 范例说明

对话框与页面相似,只不过对话框的边界是有间距的(inset),从而产生模态对话框(modal dialog)的外观。在对话框的设计方面,jQuery Mobile相当灵活。可以创建确认对话框、警告对话框,甚至是动作表单样式的对话框。

17.5.2 具体实现

范例文件duihuakuang.html的具体实现流程如下所示。

(1)实现链接级别的转换,具体代码如下所示。

```
<!DOCTYPE html>
<html>
    <head>
        <meta charset="utf-8">
        <title>Multi Page Example</title>
```

```html
        <meta name="viewport" content="width=device-width, initial-scale=1">
        <link rel="stylesheet" href="http://code.jquery.com/mobile/1.0/jquery.mobile-1.0.min.css" />
        <style>
            .ui-header .ui-title, .ui-footer .ui-title { margin-right: 0 !important; margin-left: 0 !important; }
        </style>
        <script src="http://code.jquery.com/jquery-1.6.4.min.js"></script>
        <script src="http://code.jquery.com/mobile/1.0/jquery.mobile-1.0.min.js"></script>
    </head>
<body>

<!--第一页 -->
<div data-role="page" id="home">
    <div data-role="header">
        <h1>对话框范例</h1>
    </div>

    <div data-role="content">
        <a href="#terms" data-transition="slidedown">会员注册条款</a>
    </div>
</div>
```

（2）实现页面级别的转换，具体代码如下所示。

```html
<!--第二页-对话框 -->
<div data-role="dialog" id="terms">
    <div data-role="header">
        <h1>注册条款</h1>
    </div>

    <div data-role="content" data-theme="c">
        你同意上述条款吗？
        <br><br>
        <a href="#home" data-role="button" data-inline="true" data-rel="back" data-theme="a">不同意！</a><a href="javascript:agree();" data-role="button" data-inline="true">同意！</a>
    </div>
```

（3）处理按钮进程，具体代码如下所示。

```html
    <script>
        function agree() {
            // process dialog...

            // close dialog
            $('.ui-dialog').dialog('close');
        }
    </script>
</div>
</body>
</html>
```

本范例执行后的初始效果如图17-16所示。

单击"会员注册条款"链接后来到如图17-17所示的对话框界面效果。

图17-16 初始执行效果

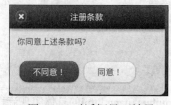

图17-17 对话框界面效果

17.5.3 范例技巧——使用操作表

除了传统的对话框之外，还可以将对话框设计为一个操作表（action sheet），只需移除标题便可添加较少的样式（styling）更新，其对话框就成为了一个操作表。操作表通常用来请求一个来自用户的响应。为了获得最佳的用户体验，建议为操作表使用"向下滑动"转换。为方便起见，当对话框关闭时，会自动应用相反的转换。例如当关闭某动作表单时，将会应用"卷起"转换。

17.6 实现警告框

范例17-6	在iOS系统中实现警告框效果
源码路径	光盘\daima\第17章\17-6
视频路径	光盘\视频\17-6

17.6.1 范例说明

在移动网站中，通常使用警告框显示可以影响应用程序使用的重要信息。警告按钮要么是浅颜色的，要么是深颜色的。对于单按钮的警告来说，按钮总是浅颜色的。对于一个包含两个按钮的对话框，左边的按钮总是深颜色的，而右边的按钮总是浅颜色的。在一个包含两个按钮的对话框中，如果提出了一个肯定的动作，而且用户很有可能会选择这个动作，则取消该动作的按钮应该位于右边，而且是浅颜色的。在通常情况下，执行有风险的动作的按钮是红色的。

17.6.2 具体实现

范例文件jing.html的具体实现代码如下所示。

```html
<!DOCTYPE html>
<html>
    <head>
        <meta charset="utf-8">
        <title>Alert Example</title>
        <meta name="viewport" content="width=device-width, initial-scale=1">
        <link rel="stylesheet" href="http://code.jquery.com/mobile/1.0/jquery.mobile-1.0.min.css" />
        <style>
            .ui-header .ui-title, .ui-footer .ui-title { margin-right: 0 !important; margin-left: 0 !important; }
        </style>
        <script src="http://code.jquery.com/jquery-1.6.4.min.js"></script>
        <script src="http://code.jquery.com/mobile/1.0/jquery.mobile-1.0.min.js"></script>
    </head>
<body>

<!-- First Page -->
<div data-role="page" id="home">
    <div data-role="header">
        <h1>演示警告框的用法</h1>
    </div>

    <div data-role="content">
        <a href="#alert" data-transition="slidedown">警告框</a>
    </div>
</div>

<!-- Second Page/Dialog -->
<div data-role="dialog" id="alert">
    <div data-role="header">
        <h1>Connection Required</h1>
    </div>

    <div data-role="content" data-theme="b">
        注意，有一个网络连接需要同步你的数据，允许吗？<br>
        <br>
```

```
            <a href="#home" data-role="button" data-theme="c" data-rel="back">允许</a>
        </div>
    </div>
</body>
</html>
```

上述代码执行后的初始效果如图17-18所示。单击"警告框"链接后会弹出一个警告框,效果如图17-19所示。

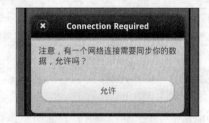

图17-18 初始执行效果　　　　　　　　图17-19 警告框效果

17.6.3 范例技巧——使用多选项操作表

在现实应用中,通常使用操作表来收集用户发起的任务的确认信息。另外,操作表也可以针对当前的任务为用户提供一系列选项,具体说明如下所示。

- 一个操作表至少包含两个按钮,它可以让用户选择如何完成它们的任务。
- 包含一个取消按钮,以允许用户放弃任务。取消按钮位于操作表的底部,以促使用户在做出选择之前,阅读了所有的选项。取消按钮的颜色应该与背景的颜色相同。

17.7 实现竖屏和横屏自适应效果

范例17-7	在iOS系统中实现竖屏和横屏自适应效果
源码路径	光盘\daima\第17章\17-7
视频路径	光盘\视频\17-7

17.7.1 范例说明

在某些情况下,jQuery Mobile将会创建响应式设计。下面将讲解将jQuery Mobile的响应式设计应用于竖屏(pomait)模式和横屏(landscape)模式中的表单字段。例如,在竖屏视图中标签位于表单字段的上面。而当将设备横屏放置时表单字段和标签并排显示。这种响应式设计可以基于设备可用的屏幕真实状态提供最实用的体验。jQuery Mobile为用户提供了很多这样优秀的UX(用户体验)原则。

17.7.2 具体实现

范例文件zishiyong.html的具体实现代码如下所示。
```
<!DOCTYPE html>
<html>
    <head>
    <meta charset="utf-8">
    <title>Responsive Design Example</title>
    <meta name="viewport" content="width=device-width, initial-scale=1">
    <link rel="stylesheet" href="http://code.jquery.com/mobile/1.0/jquery.mobile-1.0.min.css" />
    <script src="http://code.jquery.com/jquery-1.6.4.min.js"></script>
    <script src="http://code.jquery.com/mobile/1.0/jquery.mobile-1.0.min.js"></script>
    </head>
```

```
<body>
<div data-role="page">
    <div data-role="header">
        <h1>会员注册</h1>
    </div>

    <div data-role="content">
        <label for="username">用户名:</label>
        <input type="text" name="username" id="username" value="" />

        <label for="password">密 码:</label>
        <input type="password" name="password" id="password" value="" />
    </div>
</div>
</body>
</html>
```

上述代码执行后的效果如图17-20所示，如果将设备纵向放置，则注册表单将自动旋转，实现自适应效果。

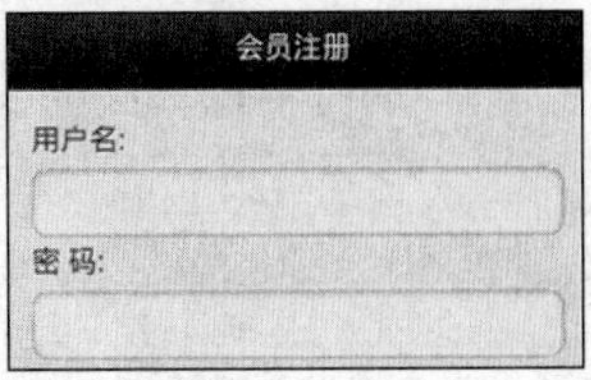

17.7.3 范例技巧——WebKit的媒体扩展

图17-20 执行效果

在上述范例代码中，通过使用min-max宽度媒体特性，jQuery Mobile能够应用响应式设计。例如，当浏览器支持的宽度大于450像素时，表单元素可以浮动在它们的标签旁边。CSS支持文本输入的这种行为，如下所示。

```
label.ui-input-text{
display:block;
}
@media all and (min-width: 450px){
label.ui-input-text{display:inline-block;}
```

读者可以找到一组数量有限的特定WebKit的媒体扩展。例如，如果要在具有高分辨率的retina（视网膜）显示屏的新iOS设备上应用CSS增强，可以使用webkit-min-device-piexel-ratio媒体特性，代码如下所示。

```
// WebKit询问iOS高分辨率视网膜显示屏幕内容
and (-webkit-min-device-pixel-ratio: 2){
//应用视网膜显示增强
}
```

17.8 实现全屏显示效果

范例17-8	在iOS系统中实现全屏显示效果
源码路径	光盘\daima\第17章\17-8
视频路径	光盘\视频\17-8

17.8.1 范例说明

页眉通常用于显示页面标题，还可以包含控件，以辅助用户在屏幕中进行导航或管理对象。页眉栏显示当前屏幕的标题。此外，也可以在上面添加用于导航的按钮，或者是添加用来管理页面中的项目的控件。尽管页眉是可选的，但是它通常用来提供活动页面的标题。在接下来的内容中，将通过一个具体范例的实现过程，详细讲解在iOS中实现页眉定位的方法。

17.8.2 具体实现

范例文件position-full.html的具体实现代码如下所示。
```
<!DOCTYPE html>
<html>
```

```html
<head>
    <meta charset="utf-8">
    <title>Fullscreen Example</title>
    <meta name="viewport" content="width=device-width, maximum-scale=1">
    <link rel="stylesheet" href="http://code.jquery.com/mobile/1.0/jquery.mobile-1.0.min.css" />
    <style>
       .detailimage { width: 100%; text-align: center; margin-right: 0; margin-left: 0; }
       .detailimage img { width: 100%; }
    </style>
    <script src="http://code.jquery.com/jquery-1.6.4.min.js"></script>
    <script src="http://code.jquery.com/mobile/1.0/jquery.mobile-1.0.min.js"></script>
</head>
<body>
<div data-role="page" data-fullscreen="true">
   <div data-role="header" data-position="fixed">
       <h6>4/10</h6>
   </div>

   <div data-role="content">
       <div class="detailimage"><img src="images/123.jpg" /></div>
   </div>

   <!-- toolbar with icons -->
   <div data-role="footer" data-position="fixed">
       <div data-role="navbar">
          <ul>
             <li><a href="#" data-icon="forward"></a></li>
             <li><a href="#" data-icon="arrow-l"></a></li>
             <li><a href="#" data-icon="arrow-r"></a></li>
             <li><a href="#" data-icon="delete"></a></li>
          </ul>
       </div>
   </div>
</div>
</body>
</html>
```

执行上述代码后将首先显示一个有页眉的效果，如图17-21所示。

在图17-21所示的效果中有一个用来显示照片的全屏页面，如果用户轻敲屏幕，则页眉和页脚将会消失，这样便形成了一个全屏显示效果，如图17-22所示。

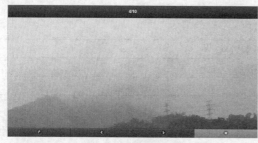
图17-21 有页眉的效果

图17-22 页眉消失后全屏显示

在本范例中有一个照片查看器，其页眉显示照片的计数信息，页脚显示一个工具栏以辅助导航、发送电子邮件或删除照片。

17.8.3 范例技巧——可以用于定位页眉的3种样式

在设计过程中，有如下3种样式可以用于定位页眉。

（1）Default（默认）：默认的页眉会在屏幕的顶部边缘显示，而且在屏幕滚动时，页眉将会滑到可视范围之外。

```html
<div data-role="header">
<h1>Default Header</h1>
</div>
```

（2）Fixed（固定）：固定的页眉总是位于屏幕的顶部边缘位置，而且总是保持可见。但是，在屏幕滚动的过程期间，页眉是不可见的，当滚动结束之后，页眉才出现。通过添加data-position="fixed"属性，可以创建一个固定的页眉。

```html
<div data-role="header" data-position="fixed">
<h1>Fixed Header</h1>
</div>
```

（3）Responsive（响应式）：当创建一个全屏页面时，页面中的内容会全屏显示，而页眉和页脚则基于触摸响应来出现或消失。对显示照片和播放视频来说，全屏模式相当有用。要创建一个全屏的页面，需要在页面容器中添加如下代码。

```
data-fullscreen="true"
```

然后在页眉和页脚元素中添加如下所示的属性。

```
data-position="fixed"
```

17.9 实现只有图标的按钮效果

范例17-9	在页眉中实现只有图标的按钮效果
源码路径	光盘\daima\第17章\17-9
视频路径	光盘\视频\17-9

17.9.1 范例说明

jQuery Mobile包含多个标准图标，可以用它们来创建只带有图标的按钮。例如，"info"图标通常与"翻转"（flip）转换一起使用，来显示配置选项或更多的信息。标准图标在使用时，只占用很小的屏幕空间，而且它们的含义在所有的设备上都是相对一致的。假如想要添加一个条目到现有的一个列表中，可以选择一个"plus"图标，用户通过该图标可以添加一个条目到列表中。

17.9.2 具体实现

在本范例中显示了一个电视剧评论列表，用户可以轻敲➕图标来创建新的评论。创建一个只带有图标的按钮，需要添加两个专用的属性。范例文件icons.html的具体实现代码如下所示。

```html
<!DOCTYPE html>
<html>
    <head>
    <meta charset="utf-8">
    <title>Header Example</title>
    <meta name="viewport" content="width=device-width, initial-scale=1">
    <link rel="stylesheet" href="http://code.jquery.com/mobile/1.0/jquery.mobile-1.0.min.css" />
    <style>
        .ui-li-heading { overflow: visible; }
        .ui-li-thumb { top: 1em; }
        .ui-li-rating { font-size: 32px; }
    </style>
    <script src="http://code.jquery.com/jquery-1.6.4.min.js"></script>
    <script src="http://code.jquery.com/mobile/1.0/jquery.mobile-1.0.min.js"></script>
</head>
<body>

<div data-role="page" data-theme="b">
    <div data-role="header">
        <h1>评论信息</h1>
        <a href="#" data-icon="plus" data-iconpos="notext" class="ui-btn-right"></a>
    </div>
```

```html
            <div data-role="content">
                <ul data-role="listview" data-inset="true" data-theme="e">
                    <li data-role="list-divider">调查报告</li>
                    <li>
                        <img src="images/456.jpg">
                        <h3>葫芦兄弟</h3>
                        <p><span class="ui-li-rating">90%</span><strong>喜欢看!</strong></p>
                        <p>用户评价: <em>1,888,888,8</em></p>
                    </li>
                </ul>
                <ul data-role="listview" data-inset="true" data-theme="d">
                    <li data-role="list-divider">用户评论列表</li>
                    <li>
                     <a href="#">
                        <img src="images/user.png" class="ui-li-icon">
                        <p><strong>去看看!</strong></p>
                        <p>非常精彩,非常精彩,非常精彩,非常精彩,非常精彩,非常精彩,非常精彩,非常精彩,非常精彩.</p>
                     </a>
                    </li>
                    <li>
                     <a href="#">
                        <img src="images/user.png" class="ui-li-icon">
                        <p><strong>去看看!</strong></p>
                        <p>非常精彩,</p>
                     </a>
                    </li>
                    <li>
                     <a href="#">
                        <img src="images/user.png" class="ui-li-icon">
                        <p><strong>去看看!</strong></p>
                        <p>非常精彩,非常精彩,非常精彩.</p>
                     </a>
                    </li>
                    <li>
                        <p><a href="#">显示更多的评论...</a></p>
                        <p>120页共1188条评论</p>
                    </li>
                </ul>
            </div>
        </div>
    </body>
</html>
```

本实例执行后的效果如图17-23所示。

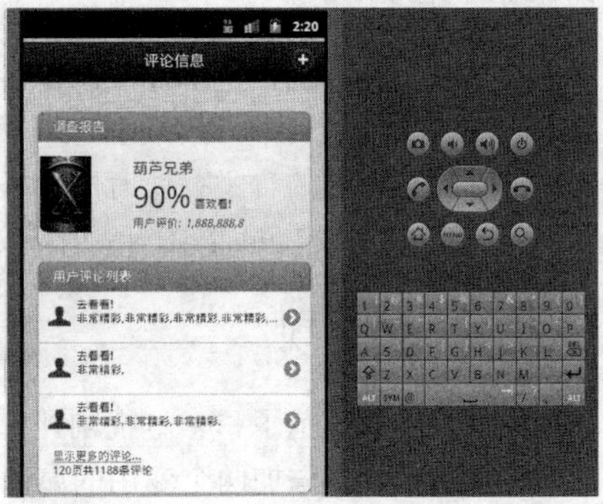

17.9.3 范例技巧——在页眉中使用分段控件

图17-23 执行效果

除了在页眉中使用按钮之外,还可以使用分段控件。分段控件是一组内联(inline)的控件,其中每一个控件可以显示一个不同的视图。在具体使用时,建议将分段控件放置在主页眉内。如果将页眉作为一个固定控件来放置,则这种放置方式可以让分段控件与主页眉无缝集成。通过添加少量的样式更新方式,可以实现一个允许用户以不同视图来快速查看数据的分段控件效果。

17.10 实现回退按钮效果

范例17-10	在页眉中实现回退按钮效果
源码路径	光盘\daima\第17章\17-10
视频路径	光盘\视频\17-10

17.10.1 范例说明

如果在全局中启用了回退按钮,可以通过在页面页眉中添加data-add-back-btn="false"属性,禁用特定页面上的回退按钮。这会将回退按钮从特定页面的页眉中移除。
```
<div data-role="header" data-add-back-btn="false">
```
在接下来的内容中,将通过一个具体范例的实现过程,详细讲解在页眉中实现回退按钮效果的方法。

17.10.2 具体实现

范例文件back.html的具体实现代码如下所示。
```
<!DOCTYPE html>
<html>
    <head>
    <meta charset="utf-8">
    <title>Contact</title>
    <meta name="viewport" content="width=device-width, initial-scale=1">
    <link rel="stylesheet" href="http://code.jquery.com/mobile/1.0/jquery.mobile-1.0.min.css" />
    <script src="http://code.jquery.com/jquery-1.6.4.min.js"></script>
    <script src="http://code.jquery.com/mobile/1.0/jquery.mobile-1.0.min.js"></script>
</head>
<body>
<div data-role="page" id="home">
    <div data-role="header">
        <h1>返回演示</h1>
    </div>
    <div data-role="content">
        <a href="#back">点击观看详情</a>
    </div>
</div>
<div data-role="page" data-add-back-btn="true" id="back">
    <div data-role="header">
        <h1>联系我们</h1>
    </div>
    <div data-role="content">
        <ul data-role="listview" data-inset="true">
            <li data-role="list-divider">联系方式</li>
            <li><a href="#"><img src="images/717-phone.png" alt="Call" class="ui-li-icon">电话</a></li>
            <li><a href="#"><img src="images/117-envelope.png" alt="Email" class="ui-li-icon">邮箱</a></li>
            <li><a href="#"><img src="images/017-chat-2.png" alt="SMS" class="ui-li-icon">短信</a></li>
            <li><a href="#"><img src="images/1017-map.png" alt="Directions" class="ui-li-icon">其他</a></li>
        </ul>
    </div>
</div>
</body>
</html>
```

本范例执行后将首先显示一个链接主页,如图17-24所示。单击"点击观看详情"链接后会来到一个新界面,在新界面中显示了一个回退按钮,如图17-25所示。触摸回退按钮 Back 后会返回到图17-24所示的链接界面。

图17-24 链接主页　　　　图17-25 页眉中有回退按钮

17.10.3 范例技巧——在页眉中添加回退链接

如果希望创建一个行为与回退按钮相类似的按钮，则可以为任何锚元素添加data-rel="back"属性。具体代码如下所示。

```
<a href="home.html" data-rel="back" data-role="button">返回</a>
```

通过使用data-rel="back"属性，链接将会模拟回退按钮，返回一个历史条目（window.history.back()），并忽略链接的默认href值。对于C级浏览器或不支持JavaScript的浏览器来说，它们会忽略data-rel，而且将属性href作为一个备用。

17.11 在表单中输入文本

范例17-11	在iOS系统的表单中输入文本
源码路径	光盘\daima\第17章\17-11
视频路径	光盘\视频\17-11

17.11.1 范例说明

文本输入工作是移动设备上最麻烦的表单字段，当在物理或真实的QWERTY键盘上输入文字时，效率会非常低。所以在移动设备中，需要尽可能自动收集用户的信息。前面提到，设备API有助于简化这一用户体验。尽管最大限度地减少这些繁琐的任务是我们所期望的目标，但是有时必须使用文本输入来收集用户的反馈信息。在接下来的内容中，将通过一个具体范例的实现过程，详细讲解在iOS中实现在表单中输入文本的方法。

17.11.2 具体实现

范例文件text.html的具体实现代码如下所示。

```
<!DOCTYPE html>
<html>
    <head>
    <meta charset="utf-8">
    <title>Forms</title>
    <meta name="viewport" content="width=device-width, minimum-scale=1.0, maximum-scale=1.0;">
    <link rel="stylesheet" href="http://code.jquery.com/mobile/1.0/jquery.mobile-1.0.min.css" />
    <style>
        label {
        float: left;
        width: 5em;
    }
        input.ui-input-text {
        display: inline !important;
            width: 12em !important;
        }
        form p {
            clear:left;
            margin:1px;
        }
    </style>
    <script src="http://code.jquery.com/jquery-1.6.4.min.js"></script>
    <script src="http://code.jquery.com/mobile/1.0/jquery.mobile-1.0.min.js"></script>
</head>
<body>

<div data-role="page" data-theme="b">
    <div data-role="header">
        <h1>输入文本</h1>
```

```html
        </div>

        <div data-role="content">
            <form id="test" id="test" action="#" method="post">
                <p style="margin-bottom:8px;">
                    <label for="search" class="ui-hidden-accessible">Search</label>
                    <input type="search" name="search" id="search" value="" placeholder="Search" data-theme="d" />
                </p>
                <p>
                    <label for="text">名字:</label>
                    <input type="text" name="text" id="text" value="" placeholder="Text" data-theme="d"/>
                </p>
                <p>
                    <label for="number">编号:</label>
                    <input type="number" name="number" id="number" value="" placeholder="Number" data-theme="d" />
                </p>
                <p>
                    <label for="email">邮箱:</label>
                    <input type="email" name="email" id="email" value="" placeholder="Email" data-theme="d" />
                </p>
                <p>
                    <label for="url">网址:</label>
                    <input type="url" name="url" id="url" value="" placeholder="URL" data-theme="d" />
                </p>
                <p>
                    <label for="tel">电话:</label>
                    <input type="tel" name="tel" id="tel" value="" placeholder="Telephone" data-theme="d" />
                </p>

                <!-- Future: http://www.w3.org/2011/02/mobile-web-app-state.html -->
                <!--
                <p>
                <label for="date">date:</label>
                <input type="date" name="date" id="date" value="" placeholder="Date" data-theme="d" />
                <p>
                -->

                <p>
                    <label for="textarea">留言:</label>
                    <textarea cols="40" rows="8" name="textarea" id="textarea" placeholder="Textarea" data-theme="d"></textarea>
                </p>
            </form>
        </div>
    </div>

</body>
</html>
```

在上述范例代码中,通过为输入元素添加属性data-theme的方法,为文本输入选择一个合适的主题,从而增强表单字段的对比。执行后,如果在"名字"文本框中输入信息,则自动弹出文字键盘,如图17-26所示。如果在"编号"文本框中输入信息,则自动弹出数字键盘,如图17-27所示。

图17-26 自动弹出文字键盘   图17-27 自动弹出数字键盘

17.11.3 范例技巧——将输入字段与其语义类型关联

在构建表单时,一定要将输入字段与其语义类型关联起来,这种关联有如下所示的两种优势。

(1) 当输入字段接收到焦点时,它会为用户显示合适的键盘。例如,被指明为type="number"的字段会自动向用户显示一个数字键盘。

(2) 使用type="tel"进行关联的字段,则会显示一个特定的电话号码键盘。

并且,该规范允许浏览器针对字段类型应用验证规则。在用户填写表单期间,浏览器能够自动对每个字段类型进行实时验证。

所有移动浏览器都能很好支持的另外一个特性是placeholder属性。该属性为文本输入添加了一个提示或标签,而且能够在字段接收到焦点时自动消失。

17.12 动态输入文本

范例17-12	使用textinput插件动态输入文本
源码路径	光盘\daima\第17章\17-12
视频路径	光盘\视频\17-12

17.12.1 范例说明

在jQuery Mobile应用中,可以给input元素直接绑定事件,可以使用jQuery Mobile的虚拟事件,或者绑定JavaScript的标准事件,例如change、focus和blur等。例如如下代码所示。

```
$( ".selector" ).bind( "change", function(event, ui) {
    ...
});
```

17.12.2 具体实现

范例文件dynamic-text.html的具体实现代码如下所示。

```
<div data-role="page" data-theme="b">
  <div data-role="header">
      <h1>动态输入文本</h1>
  </div>

  <div data-role="content">
   <form id="test" action="#" method="post">
      <a href="#" data-role="button" id="create-text1">创建文本输入框1</a>
      <a href="#" data-role="button" id="create-text2">创建文本输入框2</a>
      <br><br>
      <a href="#" data-role="button" id="disable-text1" data-theme="a">不可用输入框1</a>
      <a href="#" data-role="button" id="enable-text1" data-theme="a">可用输入框1</a>
   </form>
  </div>
  <script type="text/javascript">
      $( "#create-text1" ).bind( "click", function() {
          $( '<input type="text" name="text1" id="text1" value="" placeholder="text1"
          data-theme="c" />' )
              .insertAfter( "#create-text1" )
              .textinput();
      });

      $( "#create-text2" ).bind( "click", function() {
          $( '<input type="text" name="text2" id="text2" value="" placeholder="text2" />' )
              .insertAfter( "#create-text2" )
              .textinput({
                  theme: 'c',
                  create: function(event) {
```

```
                console.log( "Creating text input..." );
                for (prop in event) {
                    console.log(prop + ' = ' + event[prop]);
                }
            }
        });
    });

    $( "#disable-text1" ).bind( "click", function() {
        $( "#text1").textinput( "disable" );
    });

    $( "#enable-text1" ).bind( "click", function() {
        $( "#text1" ).textinput( "enable" );
    });
    </script>
</div>
```

执行后的初始效果如图17-28所示。触摸按下某个按钮后会自动创建一个文本输入框，例如触摸按下"创建文本输入框1"按钮后会创建一个如图17-29所示的输入框。

图17-28 初始效果

图17-29 自动创建一个文本输入框

17.12.3 范例技巧——使用选择菜单

在无需添加额外标记的情况下，jQuery Mobile框架就能够自动增强所有本地的选择元素。这种转变会使用jQuery Mobile风格的按钮来取代原始的选择，而且前者包含一个右对齐的下拉箭头图标。默认情况下，轻敲该选择按钮，会为移动设备启动本地选择选择器。作为一种替换方法，可以配置jQuery Mobile使其显示自定义的选择菜单。

17.13 实现一个自定义选择菜单效果

范例17-13	在 iOS中实现一个自定义选择菜单
源码路径	光盘\daima\第17章\17-13
视频路径	光盘\视频\17-13

17.13.1 范例说明

在jQuery Mobile应用中，替代本机呈现选项列表的一个方法是，可以使用一个自定义的HTML/CSS视图来呈现选择菜单，并且可以为选择元素添加如下所示的属性。
```
data-native-menu="false"
```
与本机呈现菜单相比，以自定义方式呈现选择菜单的优点如下所示。
❑ 在所有设备上提供了统一的用户体验。
❑ 自定义菜单普遍支持多选的选项列表。

- ❏ 增加了一种优雅的方式来处理占位符选项。下一节会讲解占位符选项。
- ❏ 自定义菜单是可主题化的。

17.13.2 具体实现

范例文件custom.html的具体实现代码如下所示。

```html
<div data-role="page" data-theme="b">
   <div data-role="header">
        <h1>使用选择菜单</h1>
   </div>

   <div data-role="content">
     <form id="test" id="test" action="#" method="post">

     <br><br>
        <p>
            <label for="genre">选择:</label>
            <select name="genre" id="genre" data-native-menu="false" data-theme="a">
            <option value="null">选择一个...</option>
            <option value="action">qq</option>
            <option value="comedy">ww</option>
            <option value="drama">rr</option>
            <option value="romance">tt</option>
                <!-- Alternate placeholder options:
                <option value="">Select one...</option>
                <option value=""></option>
                -->
</select>
        </p>
        <br><br><br><br><br>
        <p>
            <label for="delivery">方式:</label>
            <select name="delivery" id="delivery" data-native-menu="false" data-theme="d">
             <option value="">选择一个...</option>
             <option value="barcode">aa</option>
             <option value="nfc">bb</option>
             <option value="overnight">cc</option>
             <option value="express">dd</option>
             <option value="ground">ee</option>
             <option value="overnight">ff</option>
             <option value="express">gg</option>
             <option value="standard">hh</option>
                <optgroup label="Digital">
                    <option value="barcode">E-Ticket</option>
                    <option value="nfc">NFC</option>
                </optgroup>
                <optgroup label="FedEx">
                    <option value="overnight">Overnight</option>
                    <option value="express">Express</option>
                    <option value="ground">Ground</option>
                </optgroup>
                <optgroup label="US Mail">
                    <option value="overnight">Overnight</option>
                    <option value="express">Express</option>
                    <option value="standard">Standard</option>
                </optgroup>
            </select>
        </p>
     </form>
    </div>
 </div>
```

执行后的初始效果如图17-30所示。触摸按下某个选项后会自动弹出该选项下面的菜单,例如触摸按下"方式"后面的❤后会弹出一个如图17-31所示的菜单框,这些菜单框是用自定义样式实现的。

图17-30 初始效果

图17-31 弹出选项下的菜单框

17.13.3 范例技巧——占位符选项

在jQuery Mobile应用中，对自定义选择菜单来说，占位符是一个独特的特性，它具有如下所示的3种好处。

（1）占位符要求用户做出一个选择。默认情况下，如果没有配置占位符，则列表中的第一个选项会被选中。

（2）占位符可以为未选定的选择按钮显示提示文本。例如，未选定的Ticket Delivery字段将会与占位符文本"Select one…"一起显示。

（3）在显示选项列表时，占位符也可以作为页眉来显示。

在现实应用中，可以用如下3种方式来配置占位符。

（1）为选项添加不带有任何值的文本。
`<option value="">Select one…</option>`

（2）在选项包含文本和值的时候，可以为其添加data-placeholder="true"属性。
`<option value="null" data-placeholder="true">Select one…</option>`

（3）如果需要一个不带有提示文本和页眉的字段，可以使用一个空选项。
`<option value=""></option>`

17.14 使用内置列表

范例17-14	使用内置列表
源码路径	光盘\daima\第17章\17-14
视频路径	光盘\视频\17-14

17.14.1 范例说明

在jQuery Mobile应用中，显示内置列表（inset list）时不会占据整个屏幕。相反，它会自动存在于带有圆角的区域块内部，而且具有额外空间的边距设置。要创建一个内置列表，需要为列表元素添加data-inset="true"属性。如果列表需要嵌入在有其他内容的页面中，内嵌列表会将列表设为边缘圆角，周围留有magin的块级元素。给列表（ul或ol）添加data-inset="true"属性即可。

17.14.2 具体实现

范例文件inset.html.html的具体实现代码如下所示。
```
<div data-role="page" data-add-back-btn="true">
    <div data-role="header">
        <h1>联系亲们</h1>
```

```
        </div>

        <div data-role="content">
            <ul data-role="listview" data-inset="true">
                <li data-role="list-divider">选择联系方式</li>
                <li><a href="#"><img src="images/717-phone.png" alt="Call" class="ui-li-icon">
电话</a></li>
                <li><a href="#"><img src="images/117-envelope.png" alt="Email" class="ui-li-icon">
邮件</a></li>
                <li><a href="#"><img src="images/017-chat-2.png" alt="SMS" class="ui-li-icon">
短信</a></li>
                <li><a href="#"><img src="images/1017-map.png" alt="Directions" class="ui-li-icon">
腹语术</a></li>
            </ul>
        </div>
    </div>
```
本实例执行后的效果如图17-32所示。

17.14.3 范例技巧——使用列表分割线

在jQuery Mobile应用中，列表分割线（List Divider）可以用作一组列表条目的页眉。例如，如果应用程序有一个日历列表，可以选择按照日期对日历事件进行分组（见图17-32）。列表分割线也可以用作内置列表的页眉。在上一个例子中，使用列表分割线设置了内置列表的页眉。

图17-32 执行效果

为了创建列表分割线，需要为任何列表条目添加如下所示的属性：
```
data-role= "list-divider"
```
这样列表分割线的默认文本在显示时是左对齐的。

17.15 实现缩略图列表效果

范例17-15	在 iOS中实现缩略图列表效果
源码路径	光盘\daima\第17章\17-15
视频路径	光盘\视频\17-15

17.15.1 范例说明

在jQuery Mobile应用中，将一个图像作为列表条目的第一个子元素添加到列表条目中，可以在屏幕左方为列表条目添加缩略图，jQuery Mobile框架会将图像缩放为80像素的正方形。由此可见，要在列表项左侧添加缩略图，只需在列表项中添加一幅图片作为第一个子元素即可。jQuery Mobile会自动缩放图片为大小80像素的正方形，而要使用标准16×16的图标作为缩略图的话，需要为图片元素添加ui-li-icon class。

17.15.2 具体实现

范例文件suolue.html的具体实现代码如下所示。
```
<html>
    <head>
    <meta charset="utf-8">
    <title>List Example</title>
    <meta name="viewport" content="width=device-width, initial-scale=1">
    <link rel="stylesheet"
href="http://code.jquery.com/mobile/1.0/jquery.mobile-1.0.min.css" />
    <style>
        .tabbar .ui-btn .ui-btn-inner { font-size: 11px!important; padding-top:
24px!important; padding-bottom: 0px!important; }
```

```
        .tabbar .ui-btn .ui-icon { width: 30px!important; height: 20px!important;
margin-left: -15px!important; box-shadow: none!important; -moz-box-shadow:
none!important; -webkit-box-shadow: none!important; -webkit-border-radius:
none !important; border-radius: none !important; }
        #home .ui-icon { background: url(../images/517-house-w.png) 50% 50% no-repeat;
background-size: 22px 20px; }
        #movies .ui-icon { background: url(../images/1017-widescreen-w.png) 50% 50%
no-repeat; background-size: 25px 17px; }
        #theatres .ui-icon { background: url(../images/117-tags-w.png) 50% 50% no-repeat;
background-size: 20px 20px; }

        .segmented-control { text-align:center;}
        .segmented-control .ui-controlgroup { margin: 0.2em; }
        .ui-control-active, .ui-control-inactive { border-style: solid; border-color: gray; }
        .ui-control-active { background: #BBB; }
        .ui-control-inactive { background: #DDD; }
    </style>
    <script src="http://code.jquery.com/jquery-1.6.4.min.js"></script>
    <script src="http://code.jquery.com/mobile/1.0/jquery.mobile-1.0.min.js"></script>
</head>
<body>

<div data-role="page">
    <div data-role="header" data-theme="b" data-position="fixed">
        <div class="segmented-control ui-bar-d">
            <div data-role="controlgroup" data-type="horizontal">
                <a href="#" data-role="button" class="ui-control-active">歌曲</a>
                <a href="#" data-role="button" class="ui-control-inactive">影视</a>
                <a href="#" data-role="button" class="ui-control-inactive">小品</a>
            </div>
        </div>
    </div>

    <div data-role="content">
        <ul data-role="listview">
            <li>
                <a href="#">
                    <img src="images/111.jpg" />
                    <h3>变形金刚</h3>
                    <p>评级：PG</p>
                    <p>时长：95 min.</p>
                </a>
            </li>
            <li>
                <a href="#">
                    <img src="images/222.jpg" />
                    <h3>X战警</h3>
                    <p>评级：PG-13</p>
                    <p>时长：137 min.</p>
                </a>
            </li>
            <li>
                <a href="#">
                    <img src="images/333.jpg" />
                    <h3>雷雨</h3>
                    <p>评级：PG-13</p>
                    <p>时长：131 min.</p>
                </a>
            </li>
            <li>
                <a href="#">
                    <img src="images/444.jpg" />
                    <h3>小李飞刀</h3>
                    <p>评级：PG</p>
                    <p>时长：95 min.</p>
                </a>
            </li>
            <li>
```

```html
            <a href="#">
                <img src="images/111.jpg" />
                <h3>X战警</h3>
                    <p>评级: PG-13</p>
                    <p>时长: 131 min.</p>
            </a>
        </li>
    </ul>
</div>

<!-- tab bar with custom icons -->
<div data-role="footer" class="tabbar" data-position="fixed">
    <div data-role="navbar" class="tabbar">
        <ul>
            <li><a href="#" id="home" data-icon="custom">主页</a></li>
            <li><a href="#" id="movies" data-icon="custom"
class="ui-btn-active">Movies</a></li>
            <li><a href="#" id="theatres" data-icon="custom">音乐</a></li>
        </ul>
    </div>
</div>
</div>
```

本实例执行后的效果如图17-33所示。

17.15.3 范例技巧——使用拆分按钮列表

在某些情况下,需要让每个列表条目支持多个动作,对此,可以创建具有主(primary)按钮和附属(secondary)按钮的拆分按钮列表。在jQuery Mobile应用中,有时每个列表项会有多于一个操作,这时拆分按钮用来提供如下两个独立的可点击的部分。

❑ 列表项本身。

❑ 列表项右边的小icon。

图17-33 执行效果

要创建这种拆分按钮,在li 插入第二个链接即可,框架会创建一个竖直的分割线,并把链接样式化为一个只有icon的按钮,记得设置title属性以保证可访问性。可以通过指定data-split-icon属性来设置位于右边的分隔项的图标(图标详情参见图标分隔项的主题样式,可以通过data-split-theme属性来设置)。

17.16 实现可折叠设置效果

范例17-16	在iOS中实现可折叠设置效果
源码路径	光盘\daima\第17章\17-16
视频路径	光盘\视频\17-16

17.16.1 范例说明

在jQuery Mobile应用中,折叠组的标记和单个折叠区域的标记的开头是一样的。能够将若干可折叠区域用一个容器包裹,再给此容器增加data-role="collapsible-set"属性,框架会自动将这些可折叠的部件组合成为一个视觉上成组的部件,使它们看上去像手风琴,并且在同一时间只会有一个容器是展开的。默认情况下,手风琴中所有的部件都是收缩起来的。如果想设置某个部件是打开的,可以给这个部件的标题容器添加data-collapsed="false"属性。

17.16.2 具体实现

范例文件set.html的具体实现代码如下所示。

```html
<div data-role="page" id="home" data-theme="b">
    <div data-role="header" data-theme="a">
        <h1>设置</h1>
    </div>
    <div data-role="content">

        <div data-role="collapsible-set" data-theme="a" data-content-theme="b">
            <div data-role="collapsible" data-collapsed="true">
                <h3>无线</h3>
                <ul data-role="listview" data-inset="true">
                    <li><a href="#">&#xe117;AA</a></li>
                    <li><a href="#">&#xe01d;BB</a></li>
                </ul>
            </div>

            <div data-role="collapsible">
                <h3>应用</h3>
                <ul data-role="listview" data-inset="true">
                    <li><a href="#">&#xe001;CC</a></li>
                    <li><a href="#">&#xe428;DD</a></li>
                    <li><a href="#">&#xe03d;EE</a></li>
                </ul>
            </div>

            <div data-role="collapsible" data-collapsed="true">
                <h3>显示</h3>
                <ul data-role="listview" data-inset="true">
                    <li><a href="#">FF</a></li>
                    <li><a href="#">GG</a></li>
                </ul>
            </div>

            <div data-role="collapsible" data-collapsed="true">
                <h3>声音</h3>
                <ul data-role="listview" data-inset="true">
                    <li><a href="#">HH</a></li>
                    <li><a href="#">III</a></li>
                </ul>
            </div>

            <div data-role="collapsible" data-collapsed="true">
                <h3>安全</h3>
                <ul data-role="listview" data-inset="true">
                    <li><a href="#">GG</a></li>
                    <li><a href="#">HH</a></li>
                </ul>
            </div>
        </div>


        <!--
        <div data-role="collapsible-set">
            <div data-role="collapsible" data-collapsed="true">
                <h3>Section A</h3>
                <p>I'm the collapsible content in a set so this feels like an accordion. I'm hidden by default because I have the "collapsed" state; you need to expand the header to see me.</p>
            </div>
            <div data-role="collapsible" data-collapsed="true">
                <h3>Section B</h3>
                <p>I'm the collapsible content in a set so this feels like an accordion. I'm hidden by default because I have the "collapsed" state; you need to expand the header to see me.</p>

            </div>
            <div data-role="collapsible" data-collapsed="true">
                <h3>Section C</h3>
                <p>I'm the collapsible content in a set so this feels like an accordion. I'm hidden by default because I have the "collapsed" state; you need to expand the header to see me.</p>
```

```
            </div>
            <div data-role="collapsible" data-collapsed="true">
                <h3>Section D</h3>
                <p>I'm the collapsible content in a set so this feels like an accordion. I'm hidden by default because I have the "collapsed" state; you need to expand the header to see me.</p>
            </div>
            <div data-role="collapsible" data-collapsed="true">
                <h3>Section E</h3>
                <p>I'm the collapsible content in a set so this feels like an accordion. I'm hidden by default because I have the "collapsed" state; you need to expand the header to see me.</p>
            </div>
        </div>-->
    </div>
</div>
```

本实例执行后的效果如图17-34所示。

17.16.3 范例技巧——使用CSS设置样式

在jQuery Mobile应用中，可以使用CSS设置屏幕中元素的样式，通常在使用背景图像的地方使用CSS渐变。将CSS渐变替代图片的做法，能够很好地适用于灵活的布局，而且当浏览器不提供支持时，也可以优雅地降级。例如，通过添加渐变，可以将一个原始的图像以一种更为优雅的方式显示出来。但凡使用

图17-34 执行效果

背景图像的地方，就可以使用渐变。例如，渐变通常用于样式化页眉、内容和按钮背景等。此外，有两种类型的CSS渐变：线性渐变和放射性渐变。其中生成背景线性渐变CSS的方法最为简单。

17.17 使用网络连接API

范例17-17	在 iOS系统中使用网络连接API
源码路径	光盘\daima\第17章\17-17
视频路径	光盘\视频\17-17

17.17.1 范例说明

对于传统的Web应用开发来说，网络连接正常是一件理所当然的事。但是对于移动应用来说，用户很可能处于信号非常差的地方，或者为了节省流量，经常暂时关闭了网络连接。PhoneGap为此专门提供了网络连接API来获取此类信息。在PhoneGap应用中，网络连接API通过navigator.network.connection对象来访问。该对象的type属性代表了网络连接的类型，其所有的可能取值通过PhoneGap中的Connection来获取，分别是UNKNOWN、ETHERNET、WIFI、CELL_2G、CELL_3G、CELL_4G和NONE，分别对应未知连接、以太网络、Wi-Fi网络、2G网络、3G网络、4G网络以及无网络连接。

17.17.2 具体实现

本范例的实现文件是273.html，具体实现代码如下所示。
```
<!DOCTYPE html>
<html>
  <head>
    <meta http-equiv="Content-Type" content="text/html; charset=utf-8">
    <title>通知范例</title>
```

```
<script type="text/javascript" charset="utf-8" src="cordova.js"></script>
<script type="text/javascript" charset="utf-8">

document.addEventListener("deviceready", onDeviceReady, false);

function onDeviceReady() {
    // 监听网络的变化
    document.addEventListener("online", onOnline, false);
    document.addEventListener("offline", onOffline, false);
    // 检查网络连接
    checkNetworkConnection();
}

function checkNetworkConnection() {
    var states = {};
    states[Connection.UNKNOWN]  = '未知连接';
    states[Connection.ETHERNET] = '以太网';
    states[Connection.WIFI]     = 'Wi-Fi';
    states[Connection.CELL_2G]  = '2G网络';
    states[Connection.CELL_3G]  = '3G网络';
    states[Connection.CELL_4G]  = '4G网络';
    states[Connection.NONE]     = '无网络连接';
    alert('网络连接类型: ' + states[navigator.network.connection.type]);
}

function onOnline() {
    alert('您现在在线');
}

function onOffline() {
    alert('您现在离线');
}
</script>
</head>
<body>
    <p>检查网络类型的例子</p>
    <input type="button" value="检查网络" onClick="checkNetworkConnection()" />
</body>
</html>
```

在上述代码中,在deviceready的事件回调函数中安全地添加对online和offline事件的回调函数。当网络环境发生变化时,相应的事件回调函数便会被正确地调用。还有一点值得注意的是,在PhoneGap 1.5版本中,online和offline事件需要注册在Window对象上,而不是document对象上。而在PhoneGap的其他版本中,online和offline事件都是注册在document对象上的。

然后在文件 iOSManifest.xml中添加网络访问的权限,具体代码如下所示。
```
<uses-permission  iOS:name=" iOS.permission.INTERNET" />
<uses-permission  iOS:name=" iOS.permission.ACCESS_NETWORK_STATE" />
```

执行文件273.html后会在屏幕中显示当前设备的网络类型,执行效果如图17-35所示。

17.17.3 范例技巧——使用指南针API

在PhoneGap框架中,使用Compass接口可以实现指南针功能。拥有电子罗盘传感器的移动设备一般都有指南针功能,电子罗盘和传统罗盘的作用一样,用来指示方向。电子罗盘相关的应用很多,例如根据电子罗盘的读数,地图可以自动旋转到方便用户读取的方向,十分适合不太会用地图的人使用。此外,与传统罗盘一样,可以根据地标粗略估计自己所处的位置、控制行进方向等。此外,电子罗盘可方便地与GPS和电子地图等系统整合使用。熟练运用GPS导航功能和电子罗盘功能,能让我们在任何地方都不会迷路。

图17-35 执行效果

17.18 预加载一个网页

范例17-18	在iOS系统中使用方法$.mobile.loadPage()预加载页面
源码路径	光盘\daima\第17章\17-18
视频路径	光盘\视频\17-18

17.18.1 范例说明

在页面已成功加载并插入到DOM后触发，绑定到这个事件的回调函数会被作为一个数据对象作为第二个参数。这个对象包含如下的信息。

- url（字符串）：URL地址。
- absUrl（字符串）：url的绝对地址版本。

在接下来的内容中，将通过一个具体范例的实现过程，详细讲解使用方法$.mobile.loadPage()预加载页面的方法。

17.18.2 具体实现

范例文件yujia.html的具体实现代码如下所示。

```
<!DOCTYPE HTML >
<!DOCTYPE HTML PUBLIC "-//W3C//DTD HTML 4.0 Transitional//EN">
<HTML>
 <HEAD>
  <TITLE> New Document </TITLE>
  <meta name="viewport" content="width=device-width,initial-scale=1"/>
  <meta charset="utf-8">
  <link href="Css/jquery.mobile-1.2.0.min.css" rel="Stylesheet" type="text/css"/>
  <script src="Js/jquery-1.8.3.min.js" type"text/javascript"></script>
  <script src="Js/jquery.mobile-1.2.0.min.js" type="text/javascript"></script>
 </HEAD>
 <BODY>
   <div data-role="page">
     <div data-role="header"><h1>预加载页</h1></div>
<div data-role="content">
<p><a href="about.html"rel="external" data-prefetch="ture">点击进入</a></p>
  </div>
  <div data-role="footer"><h1>@2013 3i studio</h1></div>
   </div>
  </BODY>
 </HTML>
```

图17-36 执行效果

本实例执行后的效果如图17-36所示。

从图17-36中可以很清楚地看到，<a>元素链接的目标页面"about.htm"中，"page"容器的内容已经通过预加载的方式注入当前文档中。

17.18.3 范例技巧——Pagebeforechange事件

这是在页面改变期间触发的第一个事件。回调该事件时，会传递两个参数。第一个参数是事件，第二个参数是一个数据对象。通过调用事件的preventDefault，可以取消页面改变。此外，通过检查和更新数据对象，可以覆盖页面改变。作为第二个参数传递的数据对象包含如下属性。

- toPage（string）：一个文件URL或一个iQuery集对象。这与传递给$.mobile.changePage()的参数相同。
- options（object）。这与传递给$.mobile.changePage的选项相同。

例如如下代码所示。

```
$(document).bind("pagebeforechange",function(e,data){
console*log("Change page starting... ");
```

```
        e.preventDefault();
    });
```

17.19 开发一个Web版的电话簿系统

范例17-19	在 iOS系统中开发一个Web版的电话簿系统
源码路径	光盘\daima\第17章\17-19
视频路径	光盘\视频\17-19

17.19.1 范例说明

本范例使用HTML 5和PhoneGap实现了一个经典的电话本工具，能够实现对设备内联系人信息的管理，包括添加新信息、删除信息、快速搜索信息、修改信息、更新信息等功能。

17.19.2 具体实现

主页文件main.html的具体实现代码如下所示。

```html
        <script src="./js/jquery.js"></script>
        <script src="./js/jquery.mobile-1.2.0.js"></script>
        <script src="./cordova-2.1.0.js"></script>

</head>
<body>
        <!-- Home -->
        <div data-role="page" id="page1" style="background-image: url(./img/bg.gif);" >
            <div data-theme="e" data-role="header">
                <h2>电话本管理中心</h2>
            </div>
            <div data-role="content" style="padding-top:200px;">
                    <a data-role="button" data-theme="e" href="./select.html" id="chaxun" data-icon="search" data-iconpos="left" data-transition="flip">查询</a>
                    <a data-role="button" data-theme="e" href="./set.html" id="guanli" data-icon="gear" data-iconpos="left"> 管理 </a>
            </div>
            <div data-theme="e" data-role="footer" data-position="fixed">
                <span class="ui-title">免费组织制作v1.0</span>
            </div>

            <script type="text/javascript">
                //App custom javascript
                sessionStorage.setItem("uid","");

                $('#page1').bind('pageshow',function(){
                    $.mobile.page.prototype.options.domCache = false;

                });
                // 等待加载PhoneGap
                document.addEventListener("deviceready", onDeviceReady, false);

                // PhoneGap加载完毕
                function onDeviceReady() {
                    var db = window.openDatabase("Database", "1.0", "PhoneGap myuser", 200000);
                    db.transaction(populateDB, errorCB);
                }
                // 填充数据库
                function populateDB(tx) {
                    tx.executeSql('CREATE TABLE IF NOT EXISTS `myuser` (`user_id` integer primary key autoincrement , `user_name` VARCHAR( 25 ) NOT NULL , `user_phone` varchar( 15 ) NOT NULL , `user_qq` varchar( 15 ) , `user_email` VARCHAR( 50 ), `user_bz` TEXT)');

                }
```

```
            // 事务执行出错后调用的回调函数
            function errorCB(tx, err) {
                alert("Error processing SQL: "+err);
            }

        </script>
    </div>
</body>
```

添加信息文件add.html的主要实现代码如下所示。

```html
<script type="text/javascript" src="./js/jquery.js"></script>
</head>
<body>
 <!-- Home -->
    <div data-role="page" id="page1">
      <div data-theme="e" data-role="header">
         <a data-role="button"  id="tjlxr" data-theme="e" data-icon="info" data-iconpos="right" class="ui-btn-right">保存</a>
         <h3>添加联系人 </h3>
         <a data-role="button"  id="czlxr" data-theme="e"  data-icon="refresh" data-iconpos="left" class="ui-btn-left"> 重置</a>
      </div>
      <div data-role="content">
         <form action="" data-theme="e" >
           <div data-role="fieldcontain">
              <fieldset data-role="controlgroup" data-mini="true">
                <label for="textinput1">姓名:<input name="" id="textinput1" placeholder="联系人姓名" value="" type="text" /></label>
              </fieldset>
              <fieldset data-role="controlgroup" data-mini="true">
                 <label for="textinput2">电话: <input name="" id="textinput2" placeholder="联系人电话" value="" type="tel" /></label>
              </fieldset>
              <fieldset data-role="controlgroup" data-mini="true">
                 <label for="textinput3">QQ: <input name="" id="textinput3" placeholder="" value="" type="number" /></label>
              </fieldset>
              <fieldset data-role="controlgroup" data-mini="true">
                 <label for="textinput4">Emai: <input name="" id="textinput4" placeholder="" value="" type="email" /></label>
              </fieldset>
              <fieldset data-role="controlgroup">
                 <label for="textarea1"> 备注:</label>
                 <textarea name="" id="textarea1" placeholder="" data-mini="true"></textarea>
              </fieldset>
           </div>
           <div>
              <a data-role="button"  id="back" data-theme="e" >返回</a>
           </div>
         </form>

    </div>
    <script type="text/javascript">
    $.mobile.page.prototype.options.domCache = false;
    var textinput1 = "";
    var textinput2 = "";
    var textinput3 = "";
    var textinput4 = "";
    var textarea1  = "";
    $("#tjlxr").click(function(){

        textinput1 =  $("#textinput1").val();
        textinput2 =  $("#textinput2").val();
        textinput3 =  $("#textinput3").val();
        textinput4 =  $("#textinput4").val();
        textarea1  =  $("#textarea1").val();
        var db = window.openDatabase("Database", "1.0", "PhoneGap myuser", 200000);
        db.transaction(addBD, errorCB);
```

17.19 开发一个 Web 版的电话簿系统

```javascript
        });
        function addBD(tx){
            tx.executeSql("INSERT INTO 'myuser' ('user_name', 'user_phone', 'user_qq', 'user_email', 'user_bz') VALUES ('"+textinput1+"','"+textinput2+","+textinput3+"','"+textinput4+"','"+textarea1+"')", [], successCB, errorCB);
        }
        $("#czlxr").click(function(){
            $("#textinput1").val("");
            $("#textinput2").val("");
            $("#textinput3").val("");
            $("#textinput4").val("");
            $("#textarea1").val("");
        });
        $("#back").click(function(){
            successCB();
        });
        // 等待加载PhoneGap
        document.addEventListener("deviceready", onDeviceReady, false);

        // PhoneGap加载完毕
        function onDeviceReady() {
            var db = window.openDatabase("Database", "1.0", "PhoneGap myuser", 200000);
            db.transaction(populateDB, errorCB);
        }
        // 填充数据库
        function populateDB(tx) {
            //tx.executeSql('DROP TABLE IF EXISTS 'myuser'');
            tx.executeSql('CREATE TABLE IF NOT EXISTS 'myuser' ('user_id' integer primary key autoincrement ,'user_name' VARCHAR( 25 ) NOT NULL , 'user_phone' varchar( 15 ) NOT NULL , 'user_qq' varchar( 15 ) , 'user_email' VARCHAR( 50 ), 'user_bz' TEXT)");
            //tx.executeSql("INSERT INTO 'myuser' ('user_name', 'user_phone', 'user_qq', 'user_email', 'user_bz') VALUES ('刘',12222222,222,'nlllllull','null')");
            //tx.executeSql("INSERT INTO 'myuser' ('user_name', 'user_phone', 'user_qq', 'user_email', 'user_bz') VALUES ('张山',12222222,222,'nlllllull','null')");
            //tx.executeSql("INSERT INTO 'myuser' ('user_name', 'user_phone', 'user_qq', 'user_email', 'user_bz') VALUES ('李四',12222222,222,'nlllllull','null')");
            //tx.executeSql("INSERT INTO 'myuser' ('user_name', 'user_phone', 'user_qq', 'user_email', 'user_bz') VALUES ('李四搜索',12222222,222,'nlllllull','null')");
            //tx.executeSql('INSERT INTO DEMO (id, data) VALUES (2, "Second row")');
        }

        // 事务执行出错后调用的回调函数
        function errorCB(tx, err) {
            alert("Error processing SQL: "+err);
        }

        // 事务执行成功后调用的回调函数
        function successCB() {
            $.mobile.changePage ('set.html', 'fade', false, false);
        }
    </script>
    </div>
</body>
```

信息修改文件modfiry.html的主要实现代码如下所示。

```html
    <div data-role="page" id="page1">
        <div data-theme="e" data-role="header">
            <a data-role="button"  id="tjlxr" data-theme="e" data-icon="info" data-iconpos="right" class="ui-btn-right">修改</a>
            <h3>修改联系人 </h3>
            <a data-role="button"  id="back" data-theme="e"  data-icon="refresh" data-iconpos="left" class="ui-btn-left"> 返回</a>
        </div>
        <div data-role="content">
            <form action="" data-theme="e" >
                <div data-role="fieldcontain">
                    <fieldset data-role="controlgroup" data-mini="true">
                        <label for="textinput1">姓名:<input name="" id="textinput1" placeholder="联系人姓名" value="" type="text" /></label>
```

```html
              </fieldset>
              <fieldset data-role="controlgroup" data-mini="true">
                <label for="textinput2">电话：<input name="" id="textinput2" placeholder=
                "联系人电话" value="" type="tel" /></label>
              </fieldset>
              <fieldset data-role="controlgroup" data-mini="true">
                <label for="textinput3">QQ：<input name="" id="textinput3" placeholder=
                "" value="" type="number" /></label>
              </fieldset>
              <fieldset data-role="controlgroup" data-mini="true">
                <label for="textinput4">Emai:<input name="" id="textinput4" placeholder=
                "" value="" type="email" /></label>
              </fieldset>
              <fieldset data-role="controlgroup">
                <label for="textarea1"> 备注：</label>
                <textarea name="" id="textarea1" placeholder="" data-mini="true"></textarea>
              </fieldset>
          </div>
        </form>
    </div>
<script type="text/javascript">
$.mobile.page.prototype.options.domCache = false;
var textinput1 = "";
    var textinput2 = "";
    var textinput3 = "";
    var textinput4 = "";
    var textarea1  = "";
    var uid = sessionStorage.getItem("uid");
    //=========================================================================
          $("#tjlxr").click(function(){

          textinput1 =  $("#textinput1").val();
          textinput2 =  $("#textinput2").val();
          textinput3 =  $("#textinput3").val();
          textinput4 =  $("#textinput4").val();
          textarea1  =  $("#textarea1").val();
          var db = window.openDatabase("Database", "1.0", "PhoneGap myuser", 200000);
           db.transaction(modfiyBD, errorCB);
          });
          function modfiyBD(tx){
          // alert("UPDATE 'myuser'SET  'user_name'='"+textinput1+"', 'user_phone'='"+
          //textinput2+"','user_qq'='"+textinput3
          //   +"','user_email'='"+textinput4+"', 'user_bz'='"+textarea1+"' WHERE userid="+uid);
           tx.executeSql("UPDATE 'myuser'SET  'user_name'='"+textinput1+"',
           'user_phone'='"+textinput2+"','user_qq'='"+textinput3
           +"','user_email'='"+textinput4+"', 'user_bz'='"+textarea1+"'
           WHERE user_id="+uid, [], successCB, errorCB);
           }
//=================================================================================
          $("#back").click(function(){
           successCB();
          });


          //==================================================

          document.addEventListener("deviceready", onDeviceReady, false);
          // PhoneGap加载完毕
          function onDeviceReady() {
          var db = window.openDatabase("Database", "1.0", "PhoneGap myuser", 200000);
          db.transaction(selectDB, errorCB);
          }
          function selectDB(tx) {
                //alert("SELECT * FROM myuser where user_id="+uid);
           tx.executeSql("SELECT * FROM myuser where user_id="+uid, [], querySuccess,
           errorCB);
          }
          // 事务执行出错后调用的回调函数
```

```
            function errorCB(tx, err) {
                alert("Error processing SQL: "+err);
            }
            // 事务执行成功后调用的回调函数
            function successCB() {
                $.mobile.changePage ('set.html', 'fade', false, false);
            }
            function querySuccess(tx, results) {
                var len = results.rows.length;
                for (var i=0; i<len; i++){
                    //写入到logcat文件
                    //console.log("Row = " + i + " ID = " + results.rows.item(i).user_id +
" Data =   " + results.rows.item(i).user_name);
                    $("#textinput1").val(results.rows.item(i).user_name);
                    $("#textinput2").val(results.rows.item(i).user_phone);
                    $("#textinput3").val(results.rows.item(i).user_qq);
                    $("#textinput4").val(results.rows.item(i).user_email);
                    $("#textarea1").val(results.rows.item(i).user_bz);
                }
            }
        </script>
    </div>
```
本实例执行后的效果分别如图17-37和图17-38所示。

图17-37 系统主界面

图17-38 系统管理界面

17.19.3 范例技巧——使用页面初始化事件 Page initialization events

在jQuery Mobile增强页面之前和之后，会触发页面初始化事件。可以绑定到这些事件，以便在框架增强页面之前对标记进行预解析，或者是在框架增强页面之后设置DOM ready事件处理程序。在页面的生命周期之内，这些事件只被触发一次。jQuery Mobile会自动基于page内增强的约定自动初始化一些插件。例如给一个input输入框约定了type=range属性时，会自动生成一个自定义滑动条。

这些自动初始化的行为是受"page"插件控制的，它在执行前后部署事件，允许在初始化前后操作页面，或者自己提供初始化行为，禁止自动初始化。

读书笔记

读书笔记

读书笔记

欢迎来到异步社区！

异步社区的来历

异步社区（www.epubit.com.cn）是人民邮电出版社旗下IT专业图书旗舰社区，于2015年8月上线运营。

异步社区依托于人民邮电出版社20余年的IT专业优质出版资源和编辑策划团队，打造传统出版与电子出版和自出版结合、纸质书与电子书结合、传统印刷与POD按需印刷结合的出版平台，提供最新技术资讯，为作者和读者打造交流互动的平台。

社区里都有什么？

购买图书

我们出版的图书涵盖主流IT技术，在编程语言、Web技术、数据科学等领域有众多经典畅销图书。社区现已上线图书1000余种，电子书400多种，部分新书实现纸书、电子书同步出版。我们还会定期发布新书书讯。

下载资源

社区内提供随书附赠的资源，如书中的案例或程序源代码。

另外，社区还提供了大量的免费电子书，只要注册成为社区用户就可以免费下载。

与作译者互动

很多图书的作译者已经入驻社区，您可以关注他们、咨询技术问题；可以阅读不断更新的技术文章，听作译者和编辑畅聊好书背后有趣的故事；还可以参与社区的作者访谈栏目，向您关注的作者提出采访题目。

灵活优惠的购书

您可以方便地下单购买纸质图书或电子图书，纸质图书直接从人民邮电出版社书库发货，电子书提供多种阅读格式。

对于重磅新书，社区提供预售和新书首发服务，用户可以第一时间买到心仪的新书。

用户帐户中的积分可以用于购书优惠。100积分=1元，购买图书时，在　　　里填入可使用的积分数值，即可扣减相应金额。

特 别 优 惠

购买本书的读者专享**异步社区购书优惠券**。

使用方法：注册成为社区用户，在下单购书时输入 `S4XC5` 使用优惠码，然后点击"使用优惠码"，即可在原折扣基础上享受全单9折优惠。（订单满39元即可使用，本优惠券只可使用一次）

纸电图书组合购买

社区独家提供纸质图书和电子书组合购买方式，价格优惠，一次购买，多种阅读选择。

社区里还可以做什么？

提交勘误

您可以在图书页面下方提交勘误，每条勘误被确认后可以获得100积分。热心勘误的读者还有机会参与书稿的审校和翻译工作。

写作

社区提供基于Markdown的写作环境，喜欢写作的您可以在此一试身手，在社区里分享您的技术心得和读书体会，更可以体验自出版的乐趣，轻松实现出版的梦想。

如果成为社区认证作译者，还可以享受异步社区提供的作者专享特色服务。

会议活动早知道

您可以掌握IT圈的技术会议资讯，更有机会免费获赠大会门票。

加入异步

扫描任意二维码都能找到我们：

| 异步社区 | 微信服务号 | 微信订阅号 | 官方微博 | QQ群: 368449889 |

社区网址：www.epubit.com.cn

投稿&咨询：contact@epubit.com.cn